|山东省实用水文预报方案丛书|

山东省大型水库
实用水文预报方案

衣学军　徐时进　侯恩光　郭小东　胡友兵　李春俊　李文涛◎著

河海大学出版社
HOHAI UNIVERSITY PRESS
·南京·

图书在版编目(CIP)数据

山东省大型水库实用水文预报方案 / 衣学军等著
. --南京 : 河海大学出版社, 2023.11
(山东省实用水文预报方案丛书)
ISBN 978-7-5630-7778-6

Ⅰ. ①山… Ⅱ. ①衣… Ⅲ. ①大型水库—水文预报—方案-山东 Ⅳ. ①P338

中国版本图书馆CIP数据核字(2022)第210600号

书　　名　山东省大型水库实用水文预报方案
SHANDONG SHENG DAXING SHUIKU SHIYONG SHUIWEN YUBAO FANG'AN
书　　号　ISBN 978-7-5630-7778-6
责任编辑　章玉霞
特约校对　袁　蓉
装帧设计　徐娟娟
出版发行　河海大学出版社
地　　址　南京市西康路1号　（邮编：210098）
网　　址　http://www.hhup.com
电　　话　（025）83737852（总编室）
（025）83722833（发行部）
经　　销　江苏省新华发行集团有限公司
排　　版　南京布克文化发展有限公司
印　　刷　广东虎彩云印刷有限公司
开　　本　787 mm × 1092 mm　1/8
印　　张　71
字　　数　1771千字
版　　次　2023年11月第1版
印　　次　2023年11月第1次印刷
定　　价　1850.00元

前　言

水文预报是一项重要的防洪减灾非工程措施，水文预报方案是作业预报的基本依据和重要手段。近年来山东省暴雨频发，河道的防洪标准提高，河流汇流特性也发生了一定的改变。本次修编前，山东现有的省级重要断面预报方案资料仅更新至2010年，未涵盖近年来较大场次洪水，且现有的省级断面方案并未单独成册，而是分散刊印在《黄河流域实用水文预报方案》《海河流域实用水文预报方案》《淮河流域沂沭泗水系实用水文预报方案》等多本方案中，翻阅起来也较为不便。因此，有必要对山东省已有的预报方案进行修订，将资料年份更新至近年，且将方案刊印成册，方便预报人员翻阅，以满足新时期防洪要求。

山东省现有省级断面包含了全省33处大型水库站和33处骨干河道重要控制站，本次修订利用近年洪水资料和工程建设情况，将现有的山东省级断面方案资料更新至2020年，分水库和河道共2册刊印。本书为第1册，即《山东省大型水库实用水文预报方案》，包含了黄河流域大汶河水系、淮河流域沂沭泗及滨海诸河水系、南四湖及中运河水系、潍弥白浪河水系及胶东半岛水系共33座大型水库的预报方案。

为保证方案编制质量，山东省水文中心和淮河水利委员会水文局（信息中心）多次组织召开相关会议。2021年9月，在山东烟台召开了山东省级预报方案修订工作部署会，对省级方案的全面修订工作进行了安排部署；2022年3月，在山东济南组织召开预报方案培训交流会，进一步明确了需求，同时提升了山东各地市水文中心的方案编制水平；2022年5月，组织专家对省级预报方案的初稿进行了第1次专家函审；2022年8—9月，连续召开省级预报方案编制成果审查会，针对方案提出修改建议，进一步保证了方案编制质量；2022年11月，组织第2次专家函审，完成了省级方案的专家审查，并于2023年5月提交至出版社进行三审三校。

预报方案在修订成书过程中，得到了山东省各地市水文中心的大力支持，出版社及承印单位也为本书的编绘出版、装帧设计付出了辛劳工作。全部汇编工作历时2年多，现已汇编完成。

本次修订方案有以下特点：

（1）延长了资料系列。本次修订的方案资料系列延长至2020年，个别站点延长至了2021年，包含了大、中、小洪水年份，具有足够代表性的场次洪水资料，方案基本达到了规范化、标准化的要求。

（2）重新进行定线，能够反映近年来流域下垫面的改变对区域产汇流关系的影响。在产流关系线方面，共有8个站的产流关系线发生了变化，其中对黄前水库、光明水库、田庄水库、日照水库4站产流关系线重新进行定线；青峰岭水库和小仕阳水库2站原方案无$P+P_a-R$关系线，本次修订增加了$P+P_a-R$关系线；尼山水库针对近年来场次新增了1条$P+P_a-R$关系线；岩马水库新修订的产流关系线在原有关系线的基础上进行了微调。在汇流关系线方面，对黄前水库和光明水库2站的峰量关系线进行重新定线，共有19个站利用近年来典型洪水场次重新率定了单位线。

（3）按《水文情报预报规范》（GB/T 22482—2008）规定的技术标准进行评定，33个方案中共有甲级方案1个，乙级方案28个，占到了方案总数的88%，可用于发布正式预报；卧虎山水库和高崖水库为丙级方案，可用于参考性预报；另外，白浪河水库和崂山水库由于汇流方案峰量关系的精度为不合格，所以只用于参考性估报。

本次修订汇编工作，受时间和水平的限制，难免会有一些缺点、错误和遗漏，请使用单位发现问题后及时指正。

目　录

黄河流域

大汶河水系

淮河流域

沂沭河及滨海诸河水系

南四湖及中运河水系

潍弥白浪河水系

胶东半岛水系

第一章　玉符河卧虎山水库站水文预报方案编制说明

1　流域概况

1.1　流域自然地理特征

玉符河发源于泰山山脉北麓，上游山峰林立，最高峰海拔 885 m，中下游山岭起伏连绵，全流域均为山丘地形，平均高程在 500 m 左右。流域内山区山顶岩石裸露；丘陵地带遍布石渣土、岭沙土；山麓坡地分布黄土及红土。植被情况较好，农作物主要以小麦、玉米、地瓜为主。卧虎山水库流域属暖温带大陆性季风气候区，四季分明，日照充分，年平均气温 13.6℃，1 月最冷，平均气温 -1.9℃；7 月气温最高，平均气温 27℃。一般年份春季少雨，多东南风和西南风；夏季炎热，雨量集中；秋季天高气爽；冬季寒冷干燥，多东北风。

卧虎山水库流域地处泰山北麓，受泰山地形的影响，雨量一般较山前小，暴雨多系气旋雨。据 1957—2006 年资料统计，流域内多年平均年降水量为 719.6 mm，降水量年际变化较大，最大年降水量为 1 416.9 mm（1964 年），最小年降水量为 373.5 mm（1968 年），最大年份是最小年份的 3.79 倍。降水主要集中在 6—9 月份，多年平均 6—9 月降水量为 532.9 mm，约占全年总降水量的 74.1%，而汛期降水又主要集中在 7、8 月份，常形成春旱、夏涝、秋后又旱的局面。流域内多年平均最大 24 h 降水量为 102.4 mm，卧虎山水库站实测最大 24 h 降水量为 235.8 mm，发生于 1958 年 7 月 11 日(原宅科站资料，本站由宅科迁来)。一方面，由于流域地处石灰岩地区，风化岩层较厚，中小强度的降雨易形成蓄满产流，其入渗较大，地表径流产量甚小，洪水过程平缓，退水时间较长；另一方面，由于流域内山高坡陡，遇到强度较大的降雨，则易形成超渗产流，发生暴涨暴落的洪水过程。卧虎山水库站以上流域图见图 1–1。

1.2　水利工程概况

1.2.1　卧虎山水库概况

卧虎山水库位于黄河支流玉符河上游，沿玉符河向下至津浦铁路桥 16.2 km，至黄河入口 44.5 km，北距济南市 25 km，水库大坝以上汇锦绣、锦云、锦阳三川之水，蓄积成库。水库控制流域面积 554 km^2，锦绣川流域面积 290 km^2，河长 35 km，平均比降 1.14%；锦阳川流域面积 183 km^2，河长 34.5 km，平均比降 2.45%；锦云川流域面积 57 km^2，河长 15.5 km，平均比降 1.94%；水库大坝以上至并渡口区间流域面积 24 km^2，干流长 85 km，平均比降 0.26%。卧虎山水库水文站测验河段平面图见图 1–2。

卧虎山水库北临济南市，西靠津浦铁路、济南枢纽工程、张庄机场等，位置十分重要，万一水库的大坝出险，将给水库下游和济南市人民的生命财产造成极大的损失。为了探讨水库上游降雨 – 径流关系变化规律，及时掌握水库的水情、雨情，并为各级防汛领导机关提供可靠情报，当好参谋，编制卧虎山水库预报方案是十分必要的。

卧虎山水库控制流域面积 554 km^2（工程用 557 km^2），总库容 11 950 万 m^3，现状兴利库容 6 378 万 m^3，是一座以城市供水为主，结合防洪、农业灌溉等综合利用的大型水库。卧虎山水库于 1958 年 9 月开工兴建，至 1960 年 7 月按上级批复的临时标准竣工。1966 年变更设计对水库进行改建，于同年 4 月开工，修建了五孔净宽 50 m 的溢洪闸，大型水库改建为中型水库，总库容 0.67 亿 m^3，但仍按大型管理。1976 年又由中型扩建为大型，总库容 1.160 亿 m^3，大坝坝顶由 131.5 m 加高至 139.5 m，溢洪道坝顶高程由 118 m 加驼峰堰后改为 121 m，净宽由 50 m 加大为 70 m，将旧溢洪道拆除，新建 14 m × 11 m 溢洪闸五孔。现水库枢纽工程主要由大坝、溢洪闸、输水洞等工程组成。

1.2.2　上游水库工程概况

卧虎山水库站以上流域内于 1970 年建成锦绣川中型水库 1 座，控制流域面积 166 km^2，总库容 4 150 万 m^3，兴利库容 2 892 万 m^3。在锦绣川水库以上流域内自 1958—1973 年先后建成小（1）型水库 1 座、小（2）型水库 7 座；在锦绣川水库至卧虎山水库区间流域内自 1957—1981 年先后建成小（1）型水库 2 座、小（2）型水库 13 座。中小型水库总控制流域面积 260.9 km^2，总库容 5 687 万 m^3，对卧虎山水库防洪起到了一定作用。卧虎山水库站以上流域蓄水工程情况见表 1–1。

表 1–1　玉符河卧虎山水库站以上流域内蓄水工程统计表

水库名称	所在街道（办事处）	类型	流域面积（km^2）	建成年月	库容（万 m^3）	溢洪道泄量（m^3/s）
锦绣川	锦绣川办事处	中型	166	1970 年 1 月	4 150	1 820
黄巢	柳埠街道	小（1）型	15.1	1981 年 9 月	526	250
八大岭	高而办事处	小（1）型	26	1959 年 1 月	241	362
白炭窑	西营街道	小（1）型	6.8	1973 年 1 月	189	183
泉泸	仲宫街道	小（2）型	25	1966 年 8 月	86	—
枣林	西营街道	小（2）型	15	1966 年 6 月	72	317.5
龙湾	西营街道	小（2）型	9.5	1958 年 1 月	26	204
积米峪	西营街道	小（2）型	5.2	1960 年 1 月	26.8	152
黑牛窝	西营街道	小（2）型	1.3	1972 年 6 月	15	51
葫芦峪	西营街道	小（2）型	5.4	1973 年 1 月	21	—
藕池	西营街道	小（2）型	1.75	1958 年 1 月	13	—

续表

水库名称	所在街道（办事处）	类型	流域面积（km^2）	建成年月	库容（万 m^3）	溢洪道泄量（m^3/s）
下罗伽	西营街道	小（2）型	3.3	1964 年 1 月	33	—
桃科	柳埠街道	小（2）型	4.7	1972 年 1 月	84	136
大会	柳埠街道	小（2）型	6.3	1958 年 1 月	49	150
亓城	柳埠街道	小（2）型	11.6	1957 年 1 月	27	263
龙门	柳埠街道	小（2）型	4.2	1958 年 12 月	34	168
柏树崖（1）	柳埠街道	小（2）型	5.8	1958 年 12 月	14.4	179
柏树崖（2）	柳埠街道	小（2）型	4.5	1964 年 12 月	19.8	205
大南沟	柳埠街道	小（2）型	0.9	1967 年 1 月	12	53
榆科	柳埠街道	小（2）型	1.2	1975 年 5 月	12.6	73.6
吴家沟	柳埠街道	小（2）型	0.9	1963 年 1 月	10.7	47
园子台	柳埠街道	小（2）型	1.8	1958 年 1 月	1	—
川道	柳埠街道	小（2）型	1.5	1967 年 1 月	10	70
出泉沟	高而办事处	小（2）型	11	1976 年 1 月	48	—

1.3 测站概况

卧虎山水库水文站于 1960 年 6 月设立，流域面积 554 km^2，属区域代表站，测验任务有库内水位（高程基面为 1956 年黄海基面）、出库流量、降水量、冰情、水质、墒情等，同时负责水文调查、流域内 6 处基本雨量站管理等，还担负着向国家防汛抗旱总指挥部（以下简称国家防总），水利部黄河水利委员会（以下简称黄委），省、市防汛抗旱指挥部（以下简称省、市防指）提供水情、雨情、墒情和洪水预报等报汛任务，在历次大暴雨洪水的抗洪减灾中发挥了无可替代的尖兵、耳目和参谋作用。

卧虎山水库水文站水文特征值详见表 1-2，卧虎山水库水位库容关系曲线见图 1-3。

表 1-2 玉符河卧虎山水库水文站水文特征值表

项目	特征值	出现日期	相应水位（m）
日最大降水量（mm）	235.8	1958-7-11	—
24 小时最大降水量（mm）	235.8	1958-7-11	—
汛期（6-9 月）最大降水量（mm）	862.9	2004 年	—
年最大降水量（mm）	1 416.9	1964 年	—
实测最高水位（m）	129.89	2003-11-1	—
实测最大入库流量（m^3/s）	1 653	1964-7-28	124.99
建站以来最大入库流量（m^3/s）	1 653	1964-7-28	124.99
多年平均年径流深（mm）	122.4	—	—

续表

2 预报方案编制

2.1 预报方法的选定

产流预报依据蓄满产流的基本原理，采用降雨径流经验相关的方法。洪峰流量预报采用峰量相关并以有效降雨历时为参数的方法。峰现时间预报一般采用净峰流量 - 有效降雨历时 - 洪峰滞时相关（洪峰滞时是指净雨峰至洪峰出现的时间）的方法。

2.2 资料情况及方案沿革

2.2.1 资料情况

本方案对卧虎山水库站 1962—2020 年的资料进行了分析，共选用了 49 场次大洪水，采用枣林、西营、邱家庄、窝铺、柳埠、南高而、卧虎山水库 7 站（1971 年之前为 6 站）的资料按其算术平均计算；2019 年 8 月 10 日洪水由于历时过长，受下渗等影响较大，作为特殊洪水分析，不计入成果评定。在选取洪水时，尽量选用受工程影响较小的洪水，对雨洪对应不好或受工程影响较严重的洪水不予采用。卧虎山水库站降雨径流分析成果见表 1-3。

2.2.2 方案沿革

卧虎山水库水文站预报方案分别在 1991 年和 2013 年进行了两次补充修订，2013 年之后每年对预报方案进行成果补充。本次预报方案修订在 2020 年基础上只对部分文字及图表格式进行了修改，并未增加新的数据，产汇流方案没有改变。

2.3 产流方案

2.3.1 主要参数的计算

2.3.1.1 流域平均雨量P的计算

本方案中流域平均雨量采用 7 站算术平均法计算求得。

2.3.1.2 流域平均前期影响雨量P_a的计算

先统计流域内各站逐日降水量，采用 7 站算术平均法计算求得流域平均日雨量，流域平均前期影响雨量 P_a 的计算公式为

$$P_{a,t+1}=K\left(P_{a,t}+P_t\right)$$

式中：$P_{a,t}$、$P_{a,t+1}$ 分别为第 t 日和第 t+1 日流域平均前期影响雨量（mm）；P_t 为第 t 日流域平均降水量（mm）；K 为前期影响雨量折减系数，本方案采用 0.85。

2.3.1.3　径流深 R 的推求

采用还原后的洪水过程斜割基流计算出地表径流量，再除以流域面积从而推求出径流深 R。原预报方案中 1971 年以前采用的流域面积为 554 km^2，考虑锦绣川水库的拦蓄作用，由于历史原因，多个单位测量面积不同，为了统一计算，1971 年以后采用的流域面积为 384 km^2。

2.3.1.4　I_m 和 K 值的确定

本次未对流域最大损失量 I_m 及前期影响雨量折减系数 K 值进行重新分析，而是采用 1991 年编制方案时分析的结果，I_m=65 mm，K=0.85。

2.3.2　P+P_a–R 关系曲线

2.3.2.1　绘制 P+P_a–R 降雨径流相关图

选用 1962—2020 年共 49 场次洪水资料。计算各场次洪水的流域平均降雨量 P、流域平均前期影响雨量 P_a 及径流深 R 后，点绘 P+P_a–R 相关图，见图 1–4。

2.3.2.2　精度评定

按许可误差 =20% 实测值的标准（并当许可误差大于 20.0 mm 时以 20.0 mm 为上限，小于 3.0 mm 时以 3.0 mm 为下限）进行逐次洪水评定。49 个点据中 31 个合格，合格率为 63.3%，属于丙级方案，详见表 1–4。

2.3.2.3　突出点分析

940629 场次洪水净雨偏小原因：本次降水历时较长且分布不均匀，上游窝铺站降水量为 206.4 mm，南高而站为 208.8 mm，卧虎山水库站只有 86.7 mm，前期干旱严重，P_a 为 38.4 mm，上游拦蓄较多。

000809 场次洪水净雨偏小原因：本次降水分布不均匀，上游窝铺站降水量为 360.0 mm，邱家庄站仅为 105.0 mm，卧虎山水库站为 135.1 mm，前期降雨偏少，产流极少，上游拦蓄较多。

190810 场次洪水分析：降水分布不均匀，降水总量大，总历时长，有效降雨历时长达 41 h，暴雨中心在锦绣川水库，预报依据站为枣林、西营站，均在 300 mm 以上，分析成果较大。

2.3.3　P–P_a–R 关系曲线

2.3.3.1　绘制 P–P_a–R 降雨径流相关图

选用 1962　2020 年共 49 场次洪水资料。计算各场次洪水的流域平均降雨量 P、流蜮平均前期影响雨量 P_a 及径流深 R 后，点绘 P–P_a–R 相关图，见图 1–5。

2.3.3.2　精度评定

按照 P–P_a–R 相关图的精度标准进行洪水评定。49 个点据中 30 个合格，合格率为 61.2%，属于丙级方案，详见表 1–5。

2.3.3.3　突出点分析

730714 场次洪水净雨偏小原因：本次降水分布均匀，前期降雨较少，上游水库蓄水。

940629、000809、190810 场次洪水净雨偏小原因前文已做分析，不再赘述。

2.3.4　P–T_c–P_a–R 关系曲线

2.3.4.1　绘制 P–T_c–P_a–R 降雨径流相关图

有效降雨历时 T_c 按占总降雨量 80% 的时段降雨的时段数或时段降雨量大于 5 mm 的时段数计算，本方案按占总降水量 80% 的时段降雨的时段数计算。选用 1962—2020 年共 49 场次洪水资料，计算各场次洪水的流域平均降雨量 P、流域平均前期影响雨量 P_a、径流深 R 以及有效降雨历时 T_c 后，点绘 P–T_c–P_a–R 相关图，见图 1–6。

2.3.4.2　精度评定

按照 P+P_a–R 相关图的精度标准进行洪水评定。49 个点据中 32 个合格，合格率为 65.3%，属于丙级方案，详见表 1–6。

2.3.4.3　突出点分析

000809、190810 场次洪水净雨偏小原因前文已做分析，不再赘述。

2.4　汇流方案

2.4.1　峰量关系曲线 R–T_c–$Q_{m净}$

径流深 R 由次洪水总量除以相应集水面积而得，净峰流量 $Q_{m净}$ 由洪峰流量减去基流所得。以有效降雨历时 T_c 作为参数，建立峰量关系曲线 R–T_c–$Q_{m净}$。

2.4.1.1　R–T_c–$Q_{m净}$ 关系曲线的绘制

根据 1962—2020 年 49 次经过修正的净峰流量 $Q_{m净}$ 点据进行分析。由于时间因素的影响，点绘关系图时点群比较散乱，所以把有效降雨历时 T_c 作为参数，通过点群中心并照顾同一 R 值的 $Q_{m净}$ 逐渐减少的趋势定线，R–T_c–$Q_{m净}$ 关系图详见图 1–7。R，$Q_{m净}$ 关系接近直线，说明卧虎山水库上游河道调蓄能力较强。

2.4.1.2　精度评定

按许可误差 =20% 实测值的标准进行逐次洪水评定。本方案共选用 1962—2020 年 49 个点据，31 个合格，合格率为 63.3%，属于丙级方案。精度评定结果见表 1–7。

2.4.2　洪水历时相关曲线 W–$Q_{m净}$–$T_{洪}$ 及 $T_{洪}$–q_m/$Q_{m净}$–τ

洪水历时 $T_{洪}$ 是指相应降雨一次入库洪水总历时。

根据 1962—2020 年 49 个洪水点据进行分析，绘制 W–$Q_{m净}$–$T_{洪}$ 及 $T_{洪}$–q_m/$Q_{m净}$–τ 相关图，详见图 1–8。其中，W 为洪水总量，$Q_{m净}$ 为入库净峰流量，q_m 为溢洪道最大泄量，τ 为自水库水位起涨至最高库水位出现的时距。此图一般适用于闸门变动不大时查算，若闸门变动频繁，则应采用其他方法查算。

2.4.3 改正最大入库流量$Q'_{m净}$查算图及ΔW查算图

（1）$Q_{m净}-V_{拦}/W-Q'_{m净}$关系图

根据公式 $Q'_{m净}=Q_{m净}[1-V_{拦}/W/(1-K)]^{1/2}$（$K$=0.33）计算并绘制 $Q_{m净}-V_{拦}/W-Q'_{m净}$关系图，详见图 1–9。

（2）$W-q_m/Q_{m净}-\Delta W$ 关系图

根据公式 $\Delta W=W[1-(1-q_m/Q_{m净})^2]$ 计算并绘制 $W-q_m/Q_{m净}-\Delta W$ 关系图，详见图 1–9。

2.4.4 经验单位线

对 1962—2020 年 48 场次洪水进行分析，选取代表性较强的 2 场单峰洪水。采用试错法分析得到 1 h 单位线 2 条，详见图 1–10。

以下说明预报水库最高水位、最大泄量和出现时间的具体查算步骤。由于洪水进库之前，水库的起涨水位不同，故预报查算的方法也不完全相同，可概括为以下三种类型。

2.5 泄量关系曲线

根据堰闸流量计算公式分别计算并绘制了库内库容 – 闸门开启高度 – 泄量关系曲线。

2.5.1 孔流

$$Q=\mu nbe\sqrt{2gH}$$

$$\mu=0.65-0.186e/H+(0.25-0.375e/H)\cos\theta$$

$$\cos\theta=\frac{C-e}{R}$$

式中：为流量系数；θ 为闸门下缘切线与水平线之间的夹角（°）；R 为闸门半径，本方案取 15.5 m；C 为闸门轴心与闸槛的高差，本方案取 9.97 m；B 为闸孔总净宽，$B=nb$，本方案取 65 m；e 为闸门开启高度（m）；n 为开启孔数。

2.5.2 堰流

$$Q=m'B\sqrt{2g}\,H^{1.5}$$

式中：m' 为综合影响系数，本方案取 0.381；B 为闸孔总净宽（m），本方案取 65 m；H 为堰上水头（m）。

以闸门开启高度为参数，泄量关系曲线详见图 1–11。

3 预报方案使用说明

3.1 起涨水位在溢洪道底以下

起涨水位在溢洪道底以下有两种情况：①一次洪水总量 W 小于或等于拦洪库容 $V_{拦}$（即溢洪道底以下某一水位至溢洪水位之间的库容）时，洪水全部进库后，库水位不会超过溢洪水位；②一次洪水总量 W 大于拦洪库容 $V_{拦}$时，洪水在进库过程中就可能超过溢洪水位而溢洪。

3.1.1 已知某月某日某时至某时，卧虎山水库以上流域普降暴雨，计算的P、P_a、水库的起涨水位及其相应的蓄水量

（1）水库最高水位的预报

通过 P、P_a、T_c 从图 1–5 或图 1–6 中查得 R，然后根据上游锦绣川水库是否泄流确定区间流域面积，即当锦绣川水库水位较低，上游暴雨径流全部被拦蓄时，区间流域面积取 384 km^2；反之，当锦绣川水库泄流时，流域面积取 554 km^2。由公式 W=0.1RF 计算该次洪水总量 W，由图 1–13 第二象限的起涨库容 $V_{起}$处引水平线交第一象限的水位 – 库容（$Z-V$）关系曲线后，再向下引垂线查得水位，此水位即为预报的最高库水位。

（2）最高库水位出现时间的预报

先计算有效降雨历时 T_c，由 R 及 T_c 从图 1–7 查得最大入库流量 $Q_{m净}$（即入库净峰流量）。根据该次洪水总量 W 及最大入库流量 $Q_{m净}$，由图 1–8 的左半部关系曲线查得这次洪水的总历时 $T_{洪}$。由于洪水入库以后未发生溢洪，全部拦蓄在水库内，其洪水入库的终止时间即为最高库水位的出现时间。

3.1.2 已知某次暴雨的P、P_a、平均降雨历时、当时库水位及相应蓄水量$V_{起}$，5孔闸门全开

（1）水库最高水位和最大泄流量的预报

根据时段雨量和总雨量及降雨历时，分析得出该次暴雨的有效降雨历时 T_c。计算拦洪库容 $V_{拦}$与一次洪水总量 W 的比值 $V_{拦}/W$。由 R 及 T_c 从图 1–7 中查得最大入库流量 $Q_{m净}$，由于 $V_{拦}/W$ >0.33，故查得的 $Q_{m净}$需加以改正（当计算的 $V_{拦}/W\leq 0.33$ 时，$Q_{m净}$不必改正）。$Q_{m净}$改正方法如下：以 $V_{拦}/W$=0.37 为例，从图 1–9 中查得改正后的 $Q'_{m净}$，由于久旱初雨基流趋近于零，可忽略不计，故以入库净峰流量作为最大入库流量，对最大入库流量进行改正后再进行调洪演算（图 1–12）。根据闸门开高查 $V-e-q$ 图（图 1–11），再根据单孔计算多孔，查算最高库水位 Z_m 和最大泄流量 q_m。

以 P、P_a、T_c 按之前的方法查出 W，然后从图 1–13 第二象限起涨库容 $V_{起}$处引水平线交纵轴库容处，将此点定为 a 点，另从该图的第一象限的横轴上找出流量为改正后的入库流量值的点，以此点作为 b 点，连接 ab 交 $V-q$ 关系曲线于 c 点，向下引垂线，可在横轴上查得流量，此值作为所求的水库最大泄流量 q_m，又从 c 点引水平线交 $Z-V$ 关系曲线，可查得相应的最高库水位。

（2）水库最高水位出现时间的预报

计算最大泄流量 q_m 与最大入库流量 $Q_{m净}$的比值 $q_m/Q_{m净}$。以该次洪水的入库流量 $Q_{m净}$及 $q_m/Q_{m净}$值，从图 1–8 中查得自水库起涨至最高水位出现的时距 τ，已知水库起涨时间，故可以预报出水库最高水位出现时间。

3.2 起涨水位平溢洪道

已知一次暴雨的 P，P_a，T_c 及库水位与溢洪道底齐平、5 孔闸门全开时相应的库容 V，预报水库的最高水位和最大泄流量。

同 3.1 节，查至图 1–13 第二象限，在起涨库容 $V_{起}$处引水平线向右交于纵轴，库容处定为 a' 点。再由查得的 R 及 T_c 从图 1–7 中查得净峰流量 $Q_{m净}$后，垂直向上延长到第一象限的横轴上得 b' 点。连接 $a'b'$ 交 $V–q$ 关系曲线于 c' 点，由 c' 点引水平线交 $Z–V$ 曲线后，再向下引垂线得到水库最高水位 Z_m，再由 c' 点引垂线得到水库最大泄量 q_m。

3.3　水库5孔闸门全开，正在溢洪

已知某月某日流域平均雨量 P、前期影响雨量 P_a（锦绣川水库也正在溢洪，即按全流域面积 554 km^2 计算）、有效降雨历时 T_c，当时的库水位 $Z_{起}$、相应库容 $V_{起}$、溢洪道泄流量 $q_{起}$，预报雨后水库最高水位和最大泄流量。

同 3.1 节，分别由图 1–5 或图 1–6 查出 R，由图 1–7 查出 $Q_{m净}$。移动 $V–q$ 关系坐标在图 1–13 第一象限的 $V–q$ 关系曲线上，以该次洪水的起涨库容 $V_{起}$查得一点 O' 为原点，绘制与原来纵横坐标相平行的新坐标。根据 $q_{起}/Q_{m净}$，从图 1–9 的右半部关系曲线上查得 ΔW。再以 $P+P_a$，按前例所述，按顺序查图 1–13 至第二象限交起涨库容 $V_{起}$后，在纵坐标上查得 V（即等于 $V_{起}+W$），由此值减去 ΔW 值，则在纵坐标轴上可得到一蓄水量点，由该点引水平线延长至新纵轴上，定为 a'' 点，另在第一象限横轴上查得 $Q_{m净}$，向上延长到新的横轴上，得到 b'' 点。连接 $a''b''$ 交 $V–q$ 关系曲线于 c'' 点，由 c'' 点向右引水平线交 $Z–V$ 关系曲线，得最高库水位 Z_m，从 c'' 点向下引垂线得最大泄流量 q_m。

4　方案合理性检查及评定

在方案建立过程中，随时根据《水文情报预报规范》（GB/T 22482—2008）要求及有关文件规定进行合理性检查，特别对突出点据从原始资料反复查对，对中间处理过程也进行了认真审查，发现不合理的问题基本上做了检查改正。方案建立后，先从线形进行比较，防止出现矛盾现象，然后对每个方案尽量根据规范规定采用表格形式进行了精度评定（用许可误差法）。其中，$P–P_a–R$ 相关图合格率为 61.2%，属丙级方案；$P–T_c–P_a–R$ 相关图合格率为 65.3%，属丙级方案；$R–T_c–Q_{m净}$相关图合格率 61.2%，属丙级方案。

综合来说，本方案属于丙级方案。

5　方案适应能力

本方案适用于防洪标准以下的洪水作业预报。如遇超标准洪水，则需根据当时具体情况适当修正。由于本方案评定等级为丙级，所以本方案所得的预报结果只能用于参考性预报。

6　注意事项

（1）方案的制作未考虑上游众多小型水库及塘坝的影响，作业预报时要根据前期降雨情况适当修正。

（2）应随时掌握上游工程蓄水及泄洪情况，要根据实际情况对预报值进行及时修正。

（3）当发生短历时强降雨时，要注意超渗产流，可适当将查算的 R 值加大；久旱初雨时的产流偏小，应适当修正所查 R 值。

总之，由于影响因素太多，本方案不能完全反映实际情况，因而不能照搬，应具体问题具体分析，并采用多种方法，考虑各种因素进行综合分析，确定采用的预报值。

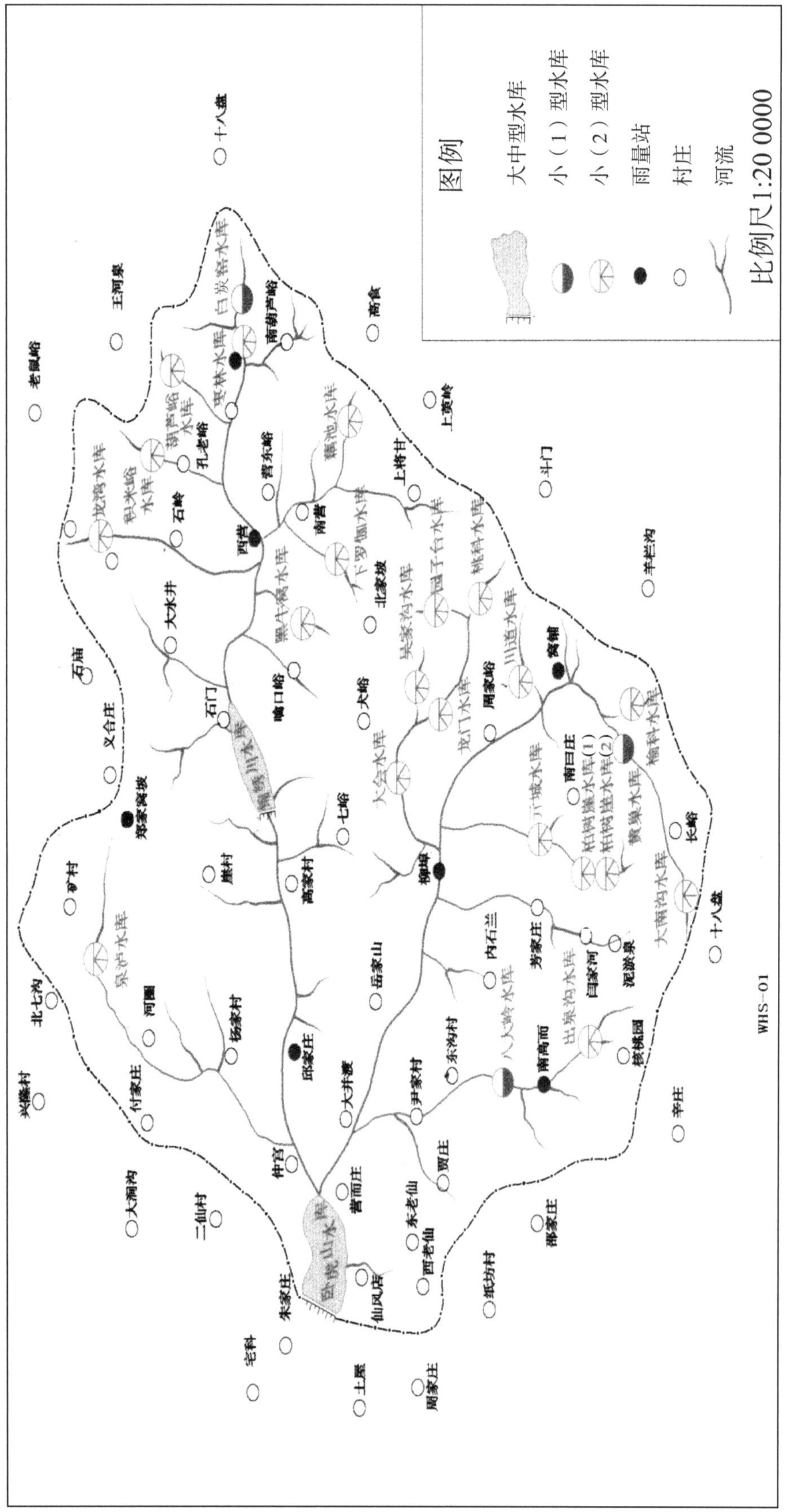

图 1-1　王符河卧虎山水库水文站以上流域图

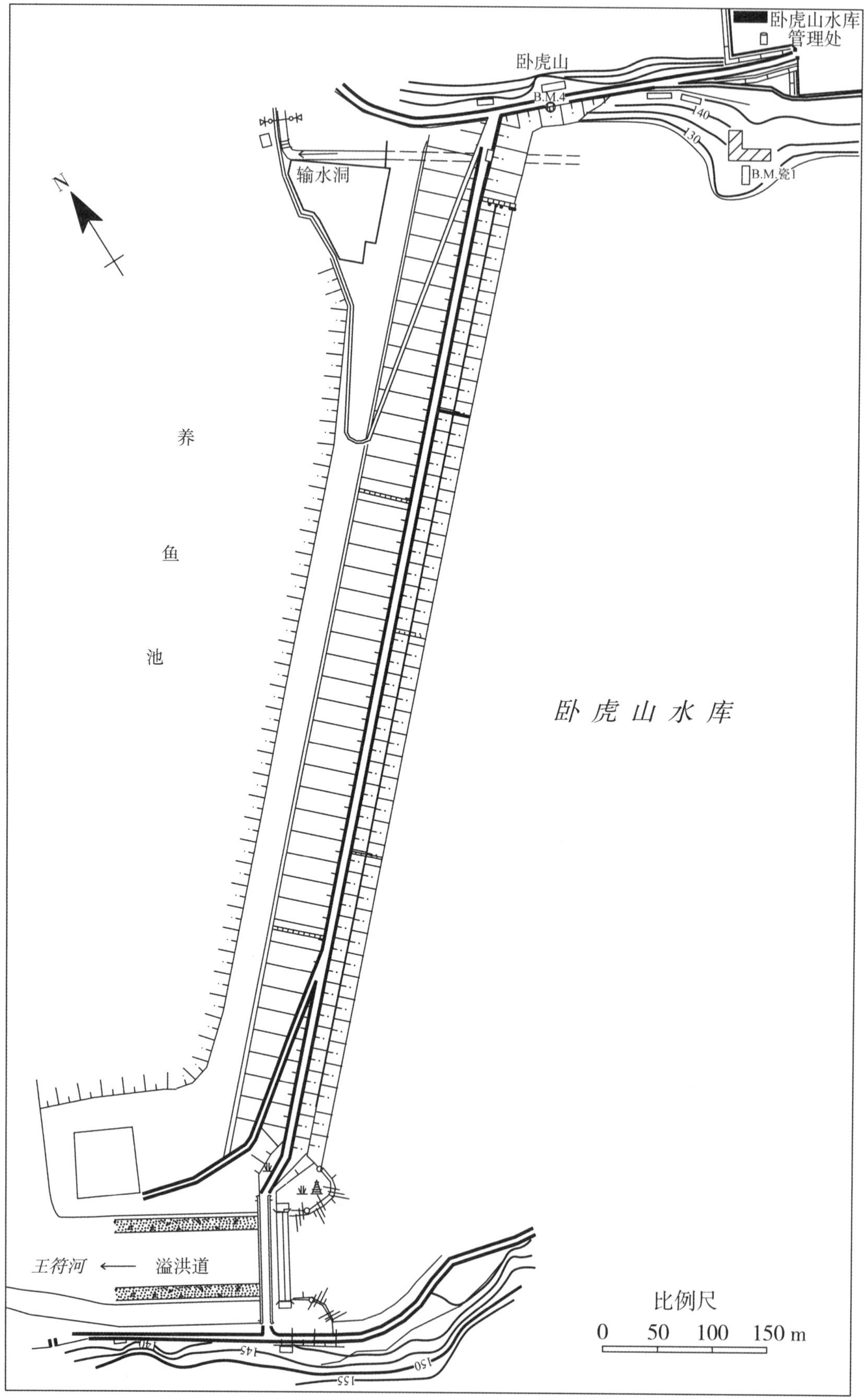

图 1-2　王符河卧虎山水库水文站测验河段平面图

表 1-3　玉符河卧虎山水库站降雨径流分析成果表

序号	洪号	降雨起讫时间 起 年	起 月	起 日	起 时	讫 月	讫 日	讫 时	流域平均雨量 P（mm）	前期影响雨量 P_a（mm）	$P+P_a$（mm）	降雨历时（h）全部 T	降雨历时（h）有效 T_c	暴雨中心位置	洪水发生时间 起涨 月	起涨 日	起涨 时	峰顶 月	峰顶 日	峰顶 时	落平 月	落平 日	落平 时	洪水总历时 $T_{洪}$（h）	洪峰滞时 t_p（h）	洪峰流量 Q_m（m^3/s）	净峰流量 $Q_{m净}$（m^3/s）	地表径流总量（万 m^3）	径流深 R（mm）	径流系数 α	集水面积 F（km^2）
1	630722	1963	7	22	4	7	22	14	155.9	22.5	178.4	10	5	普雨	7	22	6	7	22	10	7	22	24	18	—	—	1 196	3 082	55.6	0.36	554
2	640716	1964	7	16	16	7	17	4	68.0	37.2	105.2	12	4	上游	7	16	20	7	16	23	7	18	17	45	—	—	226	698	12.6	0.19	554
3	640727	1964	7	27	12	7	28	12	113.5	65.0	178.5	24	5	上游	7	28	5	7	28	11	7	29	5	24	—	—	1 175	3 064	55.3	0.58	554
4	640912	1964	9	12	2	9	12	18	136.8	30.9	167.7	16	4	中游	9	12	4	9	12	8	9	13	10	30	—	—	1 223	3 125	56.4	0.41	554
5	650727	1965	7	27	8	7	27	18	35.6	20.6	56.2	10	6	上游	7	27	12	7	27	16	7	28	8	20	—	—	21.5	40.1	0.7	0.02	554
6	660624	1966	6	24	6	6	24	10	31.1	4.9	36.0	4	3	普雨	6	24	6	6	24	9	6	24	20	14	—	—	19.0	26.4	0.5	0.02	554
7	660714	1966	7	14	2	7	14	8	68.6	16.8	85.4	6	4	中游	7	14	2	7	14	6	7	14	24	22	—	—	742	587	10.6	0.15	554
8	660730	1966	7	30	16	7	31	8	43.5	28.2	71.7	16	5	下游	7	30	18	7	31	7	8	2	20	74	—	—	37.0	301	5.4	0.12	554
9	660806	1966	8	6	4	8	6	14	24.9	25.4	50.3	10	4	下游	8	6	4	8	6	10	8	8	8	52	—	—	21.8	112	2.0	0.08	554
10	690723	1969	7	23	20	7	24	0	52.0	38.6	90.6	4	3	下游	7	23	21	7	23	23	7	25	20	47	—	—	222	394	7.1	0.14	554
11	690811	1969	8	11	10	8	12	2	76.3	30.0	106.3	16	8	普雨	8	11	12	8	13	14	8	15	14	98	—	—	42.7	929	16.8	0.22	554
12	710703	1971	7	3	14	7	3	24	68.5	43.9	112.4	10	5	中游	7	3	14	7	3	20	7	5	2	36	—	—	289	488	12.7	0.19	384
13	710730	1971	7	30	18	7	30	22	47.2	31.9	79.1	4	2	中游	7	30	18	7	30	22	8	3	7	85	—	—	47.9	297	7.7	0.16	384
14	720825	1972	8	25	4	8	25	10	55.5	36.6	92.1	6	5	下游	8	25	4	8	25	10	8	26	20	40	—	—	18.5	65	1.7	0.03	384
15	730714	1973	7	14	14	7	15	16	125.3	33.1	158.4	26	6	中下游	7	14	14	7	15	13	7	17	4	62	—	—	178	770	20.1	0.16	384
16	740722	1974	7	22	22	7	23	8	62.0	29.7	91.7	10	4	中游	7	22	23	7	23	9	7	26	20	93	—	—	38.9	287	7.5	0.12	384
17	740804	1974	8	4	10	8	5	6	91.1	29.6	120.7	20	12	中游	8	4	12	8	5	7	8	7	9	69	—	—	51.4	326	8.5	0.09	384
18	750831	1975	8	31	18	9	1	12	104.5	25.5	130.0	18	12	普雨	8	31	18	9	1	7	9	4	17	95	—	—	100	705	18.4	0.18	384
19	760820	1976	8	20	0	8	20	2	42.0	47.0	89.0	2	2	普雨	8	20	0	8	20	5	8	24	2	98	—	—	70.8	444	11.6	0.28	384
20	770705	1977	7	5	8	7	5	22	47.1	54.3	101.4	14	10	普雨	7	5	8	7	6	1	7	8	18	82	—	—	20.8	118	3.1	0.07	384
21	780704	1978	7	4	6	7	4	12	65.6	65.0	130.6	6	4	中下游	7	4	6	7	4	11	7	5	17	35	5	540	528	715	18.6	0.28	384
22	780726	1978	7	26	0	7	26	8	46.5	60.0	106.5	8	5	上游	7	26	2	7	26	13	7	27	5	27	11	111	91.0	366	9.5	0.20	384
23	850729	1985	7	29	4	7	29	14	114.1	40.0	154.1	10	6	上游	7	29	7	7	29	11	7	30	21	38	4	441	418	1 005	26.2	0.23	384
24	900815	1990	8	15	14	8	16	10	77.5	36.0	113.5	20	10	普雨	8	16	1	8	16	7	8	17	16	39	6	132	131	447	11.6	0.15	384
25	940629	1994	6	29	0	7	1	0	128.5	38.4	166.9	48	7	南高而、窝铺	6	29	4	6	29	10	6	30	14	34	6	314	311	627.5	16.3	0.13	384

序号	洪号	降雨起讫时间							流域平均雨量 P（mm）	前期影响雨量 P_a（mm）	$P+P_a$（mm）	降雨历时（h）		暴雨中心位置	洪水发生时间									洪水总历时 $T_{洪}$（h）	洪峰滞时 t_p（h）	洪峰流量 Q_m（m^3/s）	净峰流量 $Q_{m净}$（m^3/s）	地表径流总量（万 m^3）	径流深 R（mm）	径流系数 α	集水面积 F（km^2）
		起				讫									起涨			峰顶			落平										
		年	月	日	时	月	日	时				全部 T	有效 T_c		月	日	时	月	日	时	月	日	时								
26	940703	1994	7	3	4	7	4	6	63.9	65.0	128.9	26	6	枣林、南高而	7	4	0	7	4	5	7	5	14	38	5	208	180	543.4	14.2	0.22	384
27	940711	1994	7	11	0	7	11	10	28.7	51.3	80.0	10	8	卧虎山水库	7	11	2	7	11	8	7	12	8	30	6	92	71.0	109.1	2.8	0.10	384
28	940806	1994	8	6	14	8	8	0	173.0	13.2	186.2	34	13	南高而	8	6	20	8	7	23.1*	8	10	6	82	27.1	296	276	2 018.1	52.6	0.30	384
29	960627	1996	6	27	4	6	28	23	101.1	22.9	124.0	43	6	普雨	6	27	7	6	27	10	6	28	2	19	3	149	142	159.4	4.2	0.04	384
30	960730	1996	7	30	14	7	31	14	78.8	65.0	143.8	24	8	柳埠	7	30	14	7	30	19	8	1	2	36	5	314	283	784.7	20.4	0.26	384
31	960805	1996	8	5	11	8	6	8	72.5	45.0	117.5	21	14	普雨	8	5	20	8	6	10.5	8	9	2	78	14.5	200	166	1 336.3	34.8	0.48	384
32	000809	2000	8	9	2	8	10	6	113.1	55.1	168.2	28	4	窝铺	8	9	17	8	9	18	8	10	5	12	1	450	441	536.1	14.0	0.12	384
33	030826	2003	8	26	4	8	27	8	51.3	38.3	89.6	28	12	普雨	8	26	20	8	27	11	8	29	8	60	15	30.6	26.0	183.7	4.8	0.09	384
34	030903	2003	9	3	22	9	4	10	96.2	38.9	135.1	12	10	窝铺、柳埠	9	4	0	9	4	10	9	5	8	32	10	151	138	508.4	13.2	0.14	384
35	040716	2004	7	16	23	7	17	20	93.3	26.8	120.1	21	16	普雨	7	17	2	7	17	18	7	20	20	90	16	43	38.0	500.3	13.0	0.14	384
36	040726	2004	7	26	22	7	27	4	60.2	28.2	88.4	6	6	卧虎山水库	7	26	8	7	27	0	7	27	16	32	16	65	65.0	83.3	2.2	0.04	384
37	040809	2004	8	9	12	8	9	16	33.5	27.9	61.4	4	4	柳埠	8	9	12	8	9	17	8	10	6	18	5	61	46.0	118.8	3.1	0.09	384
38	040914	2004	9	14	4	9	15	0	52.4	0.6	53.0	20	13	枣林	9	13	8	9	14	20	9	16	8	72	36	15	12.0	86.8	2.3	0.04	384
39	050701	2005	7	1	23	7	3	9	78.8	51.6	130.4	34	10	南高而、窝铺	7	2	4	7	2	10	7	4	4	48	6	90	85.4	306.7	8.0	0.10	384
40	050723	2005	7	23	13	7	24	7	78.4	4.6	83.0	18	11	柳埠、西营	7	2	5	7	2	10	7	4	0	43	5	90	28.5	141.2	3.7	0.05	384
41	050918	2005	9	18	19	9	20	7	110.6	31.6	142.2	36	12	窝铺	9	19	2	9	19	11	9	20	8	30	9	200	181	511.7	13.3	0.12	384
42	060628	2006	6	28	5	6	29	4	99.5	7.8	107.3	23	6	窝铺、柳埠	6	28	21	6	29	3	6	30	2	29	6	90	88.7	203.9	5.3	0.05	384
43	060731	2006	7	31	14	8	1	8	25.9	32.1	58.0	18	5	普雨	7	31	8	7	31	17	8	2	8	48	9	13	11.0	30.0	0.8	0.03	384
44	060803	2006	8	3	16	8	4	11	45.2	41.1	86.3	19	6	普雨	8	4	0	8	4	12	8	6	20	68	12	30	25.0	184.3	4.8	0.11	384
45	120709	2012	7	9	17	7	10	6	84.0	55.4	139.4	13	13	柳埠、邱家庄	7	10	0	7	10	6	7	12	14	62	6	29.4	21.3	104	2.7	0.03	384
46	130723	2013	7	23	2	7	23	12	110.8	65.0	175.8	10	10	柳埠、南高而	7	23	2	7	23	6.5	7	25	21.5	67.5	4.5	389	353	1 043	27.2	0.25	384
47	130728	2013	7	28	2	7	29	16	96.2	65.0	161.2	38	8	窝铺、柳埠	7	28	2	7	28	8	7	30	10.5	56.5	6	234	189	1 348	35.1	0.36	384
48	180819	2018	8	19	4	8	20	6	120.1	65.0	185.1	26	13	普雨	8	19	5	8	19	16.3	8	23	1	92	11.3	112	107	1 008	26.3	0.22	384
49	190810	2019	8	10	9	8	13	16	276.4	33.7	310.1	79	41	中上游	8	10	11	8	13	16	8	24	8	333	53	95.2	98.3	4 360	78.7	0.28	554

备注：* 表中时间表示的是 23 时 06 分，下同。

表 1-4　玉符河卧虎山水库站 $P+P_a-R$ 精度评定表

序号	洪号	流域平均雨量 P（mm）	前期影响雨量 P_a（mm）	$P+P_a$（mm）	实测径流深 $R_{实}$（mm）	预报径流深 $R_{预}$（mm）	预报误差（mm）	许可误差（mm）	评定结果	
									合格	不合格
1	630722	155.9	22.5	178.4	55.6	53.5	−2.1	11.1	√	
2	640716	68.0	37.2	105.2	12.6	10.5	−2.1	3.0	√	
3	640727	113.5	65.0	178.5	55.3	53.5	−1.8	11.1	√	
4	640912	136.8	30.9	167.7	56.4	38.8	−17.6	11.3		√
5	650727	35.6	20.6	56.2	0.7	1.5	0.8	3.0	√	
6	660624	31.1	4.9	36.0	0.5	0.5	0	3.0	√	
7	660714	68.6	16.8	85.4	10.6	5.5	−5.1	3.0		√
8	660730	43.5	28.2	71.7	5.4	3.2	−2.2	3.0	√	
9	660806	24.9	25.4	50.3	2.0	0.9	−1.1	3.0	√	
10	690723	52.0	38.6	90.6	7.1	6.0	−1.1	3.0	√	
11	690811	76.3	30.0	106.3	16.8	8.9	−7.9	3.4		√
12	710703	68.5	43.9	112.4	12.7	9.9	−2.8	3.0	√	
13	710730	47.2	31.9	79.1	7.7	5.0	−2.7	3.0	√	
14	720825	55.5	36.6	92.1	1.7	6.2	4.5	3.0		√
15	730714	125.3	33.1	158.4	20.1	30.0	9.9	4.0		√
16	740722	62.0	29.7	91.7	7.5	6.1	−1.4	3.0	√	
17	740804	91.1	29.6	120.7	8.5	11.5	3.0	3.0	√	
18	750831	104.5	25.5	130.0	18.4	15.0	−3.4	3.7	√	
19	760820	42.0	47.0	89.0	11.6	5.6	−6.0	3.0		√
20	770705	47.1	54.3	101.4	3.1	7.9	4.8	3.0		√
21	780704	65.6	65.0	130.6	18.6	15.6	−3.0	3.7	√	
22	780726	46.5	60.0	106.5	9.5	9.0	−0.5	3.0	√	
23	850729	114.1	40.0	154.1	26.2	26.0	−0.2	5.2	√	
24	900815	77.5	36.0	113.5	11.6	10.2	−1.4	3.0	√	
25	940629	128.5	38.4	166.9	16.3	38.3	22.0	3.3		√
26	940703	63.9	65.0	128.9	14.2	14.7	0.5	3.0	√	
27	940711	28.7	51.3	80.0	2.8	4.6	1.8	3.0	√	
28	940806	173.0	13.2	186.2	52.6	55.6	3.0	10.5	√	
29	960627	101.1	22.9	124.0	4.2	12.5	8.3	3.0		√
30	960730	78.8	65.0	143.8	20.4	20.4	0	4.1	√	
31	960805	72.5	45.0	117.5	34.8	11.2	−23.6	7.0		√
32	000809	113.1	55.1	168.2	14.0	39.4	25.4	3.0		√
33	030826	51.3	38.3	89.6	4.8	5.8	1.0	3.0	√	
34	030903	96.2	38.9	135.1	13.2	15.8	2.6	3.0	√	
35	040716	93.3	26.8	120.1	13.0	11.7	−1.3	3.0	√	
36	040726	60.2	28.2	88.4	2.2	5.1	2.9	3.0	√	
37	040809	33.5	27.9	61.4	3.1	2.3	−0.8	3.0	√	
38	040914	52.4	0.6	53.0	2.3	1.5	−0.8	3.0	√	
39	050701	78.8	51.6	130.4	8.0	13.5	5.5	3.0		√
40	050723	78.4	4.6	83.0	3.7	4.8	1.1	3.0	√	
41	050918	110.6	31.6	142.2	13.3	19.1	5.8	3.0		√
42	060628	99.5	7.8	107.3	5.3	9.4	4.1	3.0		√
43	060731	25.9	32.1	58.0	0.8	1.8	1.0	3.0	√	
44	060803	45.2	41.1	86.3	4.8	4.6	−0.2	3.0	√	
45	120709	84.0	55.4	139.4	2.7	22.0	19.3	3.0		√
46	130723	110.8	65.0	175.8	27.2	52.0	24.8	5.4		√
47	130728	96.2	65.0	161.2	35.1	37.5	2.4	7.0	√	
48	180819	120.1	65.0	185.1	26.3	75.0	48.7	5.3		√
49	190810	276.4	33.7	310.1	78.7	180.0	101.3	15.7		√

备注：1. 合格率 =63.3%；2. 预报误差 = 预报值 − 实测值；3. 许可误差 = 实测值的 20%；4. 本方案等级为丙级。

表 1-5　玉符河卧虎山水库站 P–P_a–R 精度评定表

序号	洪号	流域平均雨量 P（mm）	前期影响雨量 P_a（mm）	实测径流深 $R_{实}$（mm）	预报径流深 $R_{预}$（mm）	预报误差（mm）	许可误差（mm）	评定结果	
								合格	不合格
1	630722	155.9	22.5	55.6	58.0	2.4	11.1	√	
2	640716	68.0	37.2	12.6	5.0	−7.6	3.0		√
3	640727	113.5	65.0	55.3	65.0	9.7	11.1	√	
4	640912	136.8	30.9	56.4	49.0	−7.4	11.3	√	
5	650727	35.6	20.6	0.7	1.8	1.1	3.0	√	
6	660624	31.1	4.9	0.5	0.5	0	3.0	√	
7	660714	68.6	16.8	10.6	3.0	−7.6	3.0		√
8	660730	43.5	28.2	5.4	2.8	−2.6	3.0	√	
9	660806	24.9	25.4	2.0	1.3	−0.7	3.0	√	
10	690723	52.0	38.6	7.1	4.5	−2.6	3.0	√	
11	690811	76.3	30.0	16.8	8.0	−8.8	3.4		√
12	710703	68.5	43.9	12.7	10.0	−2.7	3.0	√	
13	710730	47.2	31.9	7.7	3.5	−4.2	3.0		√
14	720825	55.5	36.6	1.7	3.5	1.8	3.0	√	
15	730714	125.3	33.1	20.1	36.0	15.9	4.0		√
16	740722	62.0	29.7	7.5	5.0	−2.5	3.0	√	
17	740804	91.1	29.6	8.5	11.5	3.0	3.0	√	
18	750831	104.5	25.5	18.4	18.0	−0.4	3.7	√	
19	760820	42.0	47.0	11.6	3.5	−8.1	3.0		√
20	770705	47.1	54.3	3.1	4.0	0.9	3.0	√	
21	780704	65.6	65.0	18.6	19.0	0.4	3.7	√	
22	780726	46.5	60.0	9.5	7.0	−2.5	3.0	√	
23	850729	114.1	40.0	26.2	32.0	5.8	5.2		√
24	900815	77.5	36.0	11.6	9.0	−2.6	3.0	√	
25	940629	128.5	38.4	16.3	28.0	11.7	3.3		√
26	940703	63.9	65.0	14.2	14.0	−0.2	3.0	√	
27	940711	28.7	51.3	2.8	3.0	0.2	3.0	√	
28	940806	173.0	13.2	52.6	60.0	7.4	10.5	√	
29	960627	101.1	22.9	4.2	12.0	7.8	3.0		√
30	960730	78.8	65.0	20.4	23.0	2.6	4.1	√	
31	960805	72.5	45.0	34.8	14.0	−20.8	7.0		√
32	000809	113.1	55.1	14.0	54.0	40.0	3.0		√
33	030826	51.3	38.3	4.8	3.8	−1.0	3.0	√	
34	030903	96.2	38.9	13.2	18.0	4.8	3.0		√
35	040716	93.3	26.8	13.0	10.0	−3.0	3.0	√	
36	040726	60.2	28.2	2.2	4.0	1.8	3.0	√	
37	040809	33.5	27.9	3.1	2.0	−1.1	3.0	√	
38	040914	52.4	0.6	2.3	0.5	−1.8	3.0	√	
39	050701	78.8	51.6	8.0	16.0	8.0	3.0		√
40	050723	78.4	4.6	3.7	3.5	−0.2	3.0	√	
41	050918	110.6	31.6	13.3	24.0	10.7	3.0		√
42	060628	99.5	7.8	5.3	6.0	0.7	3.0	√	
43	060731	25.9	32.1	0.8	0.7	−0.1	3.0	√	
44	060803	45.2	41.1	4.8	3.0	−1.8	3.0	√	
45	120709	84.0	55.4	2.7	26.0	23.3	3.0		√
46	130723	110.8	65.0	27.2	60.0	32.8	5.4		√
47	130728	96.2	65.0	35.1	50.0	14.9	7.0		√
48	180819	120.1	65.0	26.3	72.0	45.7	5.3		√
49	190810	276.4	33.7	78.7	150.0	71.3	15.7		√

备注：1. 合格率 =61.2%；2. 预报误差 = 预报值 − 实测值；3. 许可误差 = 实测值的 20%；4. 本方案等级为丙级。

表 1-6　玉符河卧虎山水库站 P–T_c–P_a–R 精度评定表

序号	洪号	流域平均雨量 P（mm）	前期影响雨量 P_a（mm）	有效降雨历时 T_c（h）	实测径流深 $R_{实}$（mm）	预报径流深 $R_{预}$（mm）	预报误差（mm）	许可误差（mm）	评定结果	
									合格	不合格
1	630722	155.9	22.5	5	55.6	57.0	1.4	11.1	√	
2	640716	68.0	37.2	4	12.6	10.5	−2.1	3.0	√	
3	640727	113.5	65.0	5	55.3	84.0	28.7	11.1		√
4	640912	136.8	30.9	4	56.4	70.0	13.6	11.3		√
5	650727	35.6	20.6	6	0.7	1.8	1.1	3.0	√	
6	660624	31.1	4.9	3	0.5	0.5	0	3.0	√	
7	660714	68.6	16.8	4	10.6	14.0	3.4	3.0		√
8	660730	43.5	28.2	5	5.4	4.0	−1.4	3.0	√	
9	660806	24.9	25.4	4	2.0	2.0	0	3.0	√	
10	690723	52.0	38.6	3	7.1	10.0	2.9	3.0	√	
11	690811	76.3	30.0	8	16.8	2.0	−14.8	3.4		√
12	710703	68.5	43.9	5	12.7	9.0	−3.7	3.0		√
13	710730	47.2	31.9	2	7.7	8.0	0.3	3.0		√
14	720825	55.5	36.6	5	1.7	3.2	1.5	3.0	√	
15	730714	125.3	33.1	6	20.1	14.0	−6.1	4.0		√
16	740722	62.0	29.7	4	7.5	4.5	−3.0	3.0	√	
17	740804	91.1	29.6	12	8.5	4.5	−4.0	3.0		√
18	750831	104.5	25.5	12	18.4	16.0	−2.4	3.7	√	
19	760820	42.0	47.0	2	11.6	3.6	−8.0	3.0		√
20	770705	47.1	54.3	10	3.1	4.0	0.9	3.0	√	
21	780704	65.6	65.0	4	18.6	20.0	1.4	3.7	√	
22	780726	46.5	60.0	5	9.5	9.0	−0.5	3.0	√	
23	850729	114.1	40.0	6	26.2	32.0	5.8	5.2		√
24	900815	77.5	36.0	10	11.6	6.0	−5.6	3.0		√
25	940629	128.5	38.4	7	16.3	16.0	−0.3	3.3	√	
26	940703	63.9	65.0	6	14.2	14.0	−0.2	3	√	
27	940711	28.7	51.3	8	2.8	2.5	−0.3	3	√	
28	940806	173.0	13.2	13	52.6	20.0	−32.6	10.5		√
29	960627	101.1	22.9	6	4.2	12.0	7.8	3		√
30	960730	78.8	65.0	8	20.4	18.0	−2.4	4.1	√	
31	960805	72.5	45.0	14	34.8	4.0	−30.8	5		√
32	000809	113.1	55.1	4	14.0	80.0	66	3		√
33	030826	51.3	38.3	12	4.8	2.0	−2.8	3	√	
34	030903	96.2	38.9	10	13.2	19.0	5.8	3		√
35	040716	93.3	26.8	16	13.0	3.0	−10	3		√
36	040726	60.2	28.2	6	2.2	6.0	3.8	3	√	
37	040809	33.5	27.9	4	3.1	3.0	−0.1	3	√	
38	040914	52.4	0.6	13	2.3	2.0	−0.3	3	√	
39	050701	78.8	51.6	10	8.0	8.0	0	3	√	
40	050723	78.4	4.6	11	3.7	3.6	−0.1	3	√	
41	050918	110.6	31.6	12	13.3	11.0	−2.3	3	√	
42	060628	99.5	7.8	6	5.3	5.0	−0.3	3	√	
43	060731	25.9	32.1	5	0.8	0.8	0	3	√	
44	060803	45.2	41.1	6	4.8	5.0	0.2	3	√	
45	120709	84.0	55.4	13	2.7	5.7	3	3	√	
46	130723	110.8	65.0	10	27.2	24.0	−3.2	5.4	√	
47	130728	96.2	65.0	8	35.1	32.0	−3.1	7	√	
48	180819	120.1	65.0	13	26.3	27.0	0.7	5.2	√	
49	190810	276.4	33.7	41	78.7	80.0	1.3	15.7	√	

备注：1. 合格率 =65.3%；2. 预报误差 = 预报值 − 实测值；3. 许可误差 = 实测值的 20%；4. 本方案等级为丙级。

表 1-7　玉符河卧虎山水库站 R–T_c–$Q_{m净}$ 精度评定表

序号	洪号	有效降雨历时 T_c（h）	实测径流深（mm）	净峰流量		预报误差（m³/s）	许可误差（m³/s）	评定结果		序号	洪号	有效降雨历时 T_c（h）	实测径流深（mm）	净峰流量		预报误差（m³/s）	许可误差（m³/s）	评定结果	
				实测 $Q_{m净实}$（m³/s）	预报 $Q_{m净预}$（m³/s）			合格	不合格					实测 $Q_{m净实}$（m³/s）	预报 $Q_{m净预}$（m³/s）			合格	不合格
1	630722	5	55.6	1 196	1 400	204	239	√		26	940703	6	14.2	180	250	70	36		√
2	640716	4	12.6	226	360	134	45.2		√	27	940711	8	2.8	71.0	60.0	–11	14.2	√	
3	640727	5	55.3	1 175	1 400	225	235	√		28	940806	11	52.6	276	280	4	55.2	√	
4	640912	4	56.4	1 223	1 950	727	245		√	29	960627	6	4.2	142	80.0	–62	28.4		√
5	650727	6	0.7	21.5	20	–1.5	4.3	√		30	960730	8	20.4	283	270	–13	56.6	√	
6	660624	3	0.5	19.0	20	1	3.8	√		31	960805	11	34.8	166	160	–6	33.2	√	
7	660714	4	10.6	742	320	–422	148		√	32	000809	4	14.0	441	400	–41	88.2	√	
8	660730	5	5.6	37.0	120	83	7.4		√	33	030826	7	4.8	26.0	30	4	5.2	√	
9	660806	4	2.0	21.8	20	–1.8	4.36	√		34	030903	6	13.2	138	140	2	27.5	√	
10	690723	3	7.1	222	300	78	44.4		√	35	040716	16	13.0	38.0	31	–7	7.6	√	
11	690811	8	16.8	42.7	200	157.3	8.54		√	36	040726	4	2.2	65.0	55	–10	13	√	
12	710703	5	12.7	289	310	21	57.8	√		37	040809	4	3.1	46.0	40	–6	9.2	√	
13	710730	2	7.7	47.9	300	252.1	9.58		√	38	040914	13	2.3	12.0	12.5	0.5	2.4	√	
14	720825	5	1.7	18.5	22	3.5	3.7	√		39	050701	8	8.0	85.4	70	–15.4	17.1	√	
15	730714	6	20.1	178	370	192	35.6		√	40	050723	6	3.7	28.5	30	1.5	5.7	√	
16	740722	4	7.5	38.9	225	186.1	7.78		√	41	050918	8	13.3	181	100	–81	36.3		√
17	740804	12	8.5	51.4	45	–6.4	10.3	√		42	060628	7	5.3	88.7	100	11.3	17.74	√	
18	750831	12	18.4	100	120	20	20	√		43	060731	5.5	0.8	11.0	10	–1	2.2	√	
19	760820	2	11.6	70.8	450	379.2	14.2		√	44	060803	5	4.8	25.0	90	65	5		√
20	770705	10	3.1	20.8	30	9.2	4.16		√	45	120709	13	2.7	21.3	17.2	–4.1	4.26	√	
21	780704	4	18.6	528	550	22	106	√		46	130723	10	27.2	353	295	–58	70.5	√	
22	780726	5	9.5	91.0	210	119	18.2		√	47	130728	8	35.1	189	460	271	37.8		√
23	850729	6	26.2	418	500	82	83.6	√		48	180819	13	26.3	107	128	21	21.4	√	
24	900815	10	11.6	131	110	–21	26.2	√		49	190810	41	78.7	98.3	250	151.7	19.7		√
25	940629	7	16.3	311	250	–61	62.2	√											

备注：1. 合格率 =63.3%；2. 预报误差 = 预报值 – 实测值；3. 许可误差 = 实测值的 20%；4. 本方案等级为丙级。

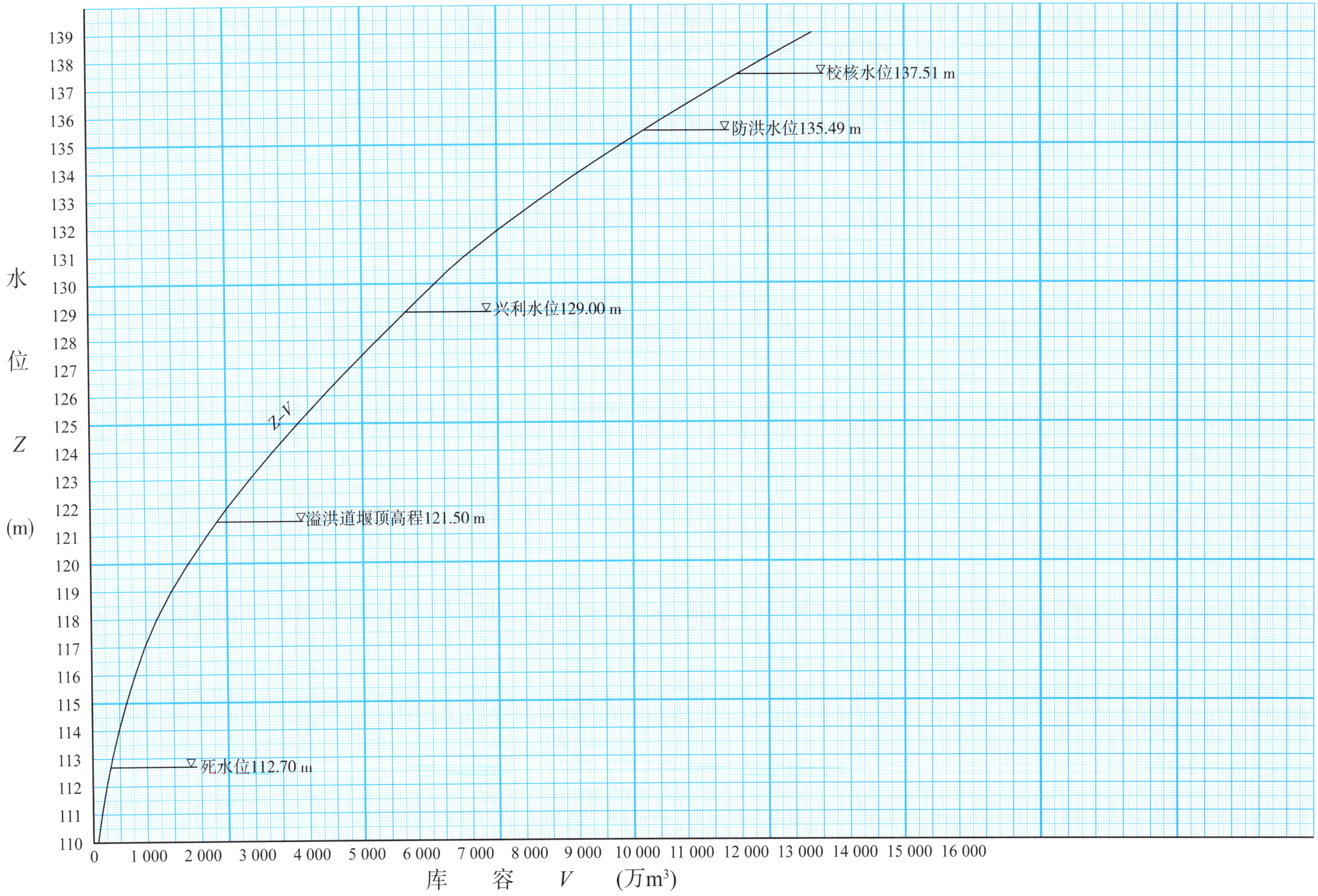

图 1-3 玉符河卧虎山水库水位 – 库容关系曲线

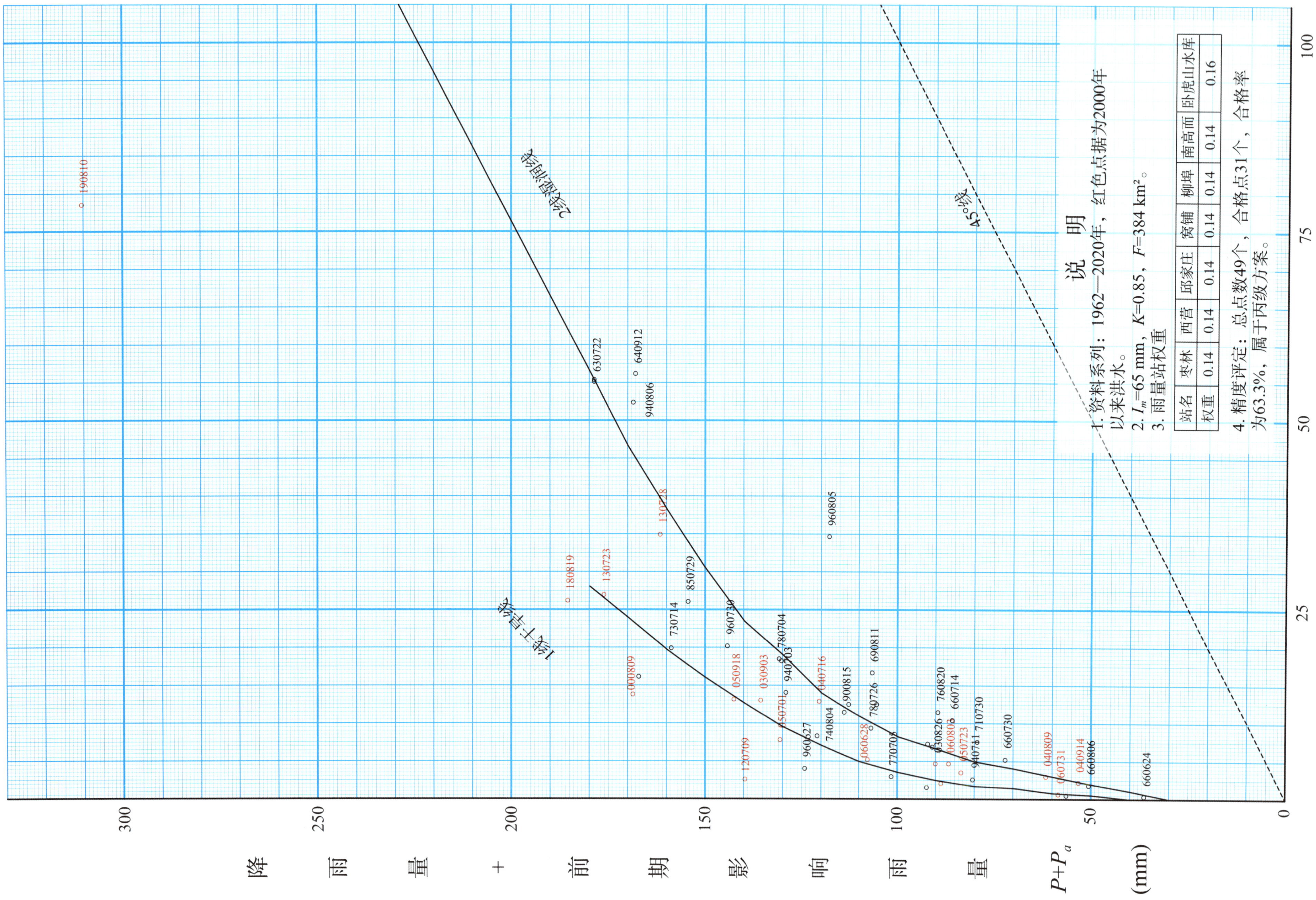

图 1-4 玉符河卧虎山水库站 $P+P_a$–R 相关图

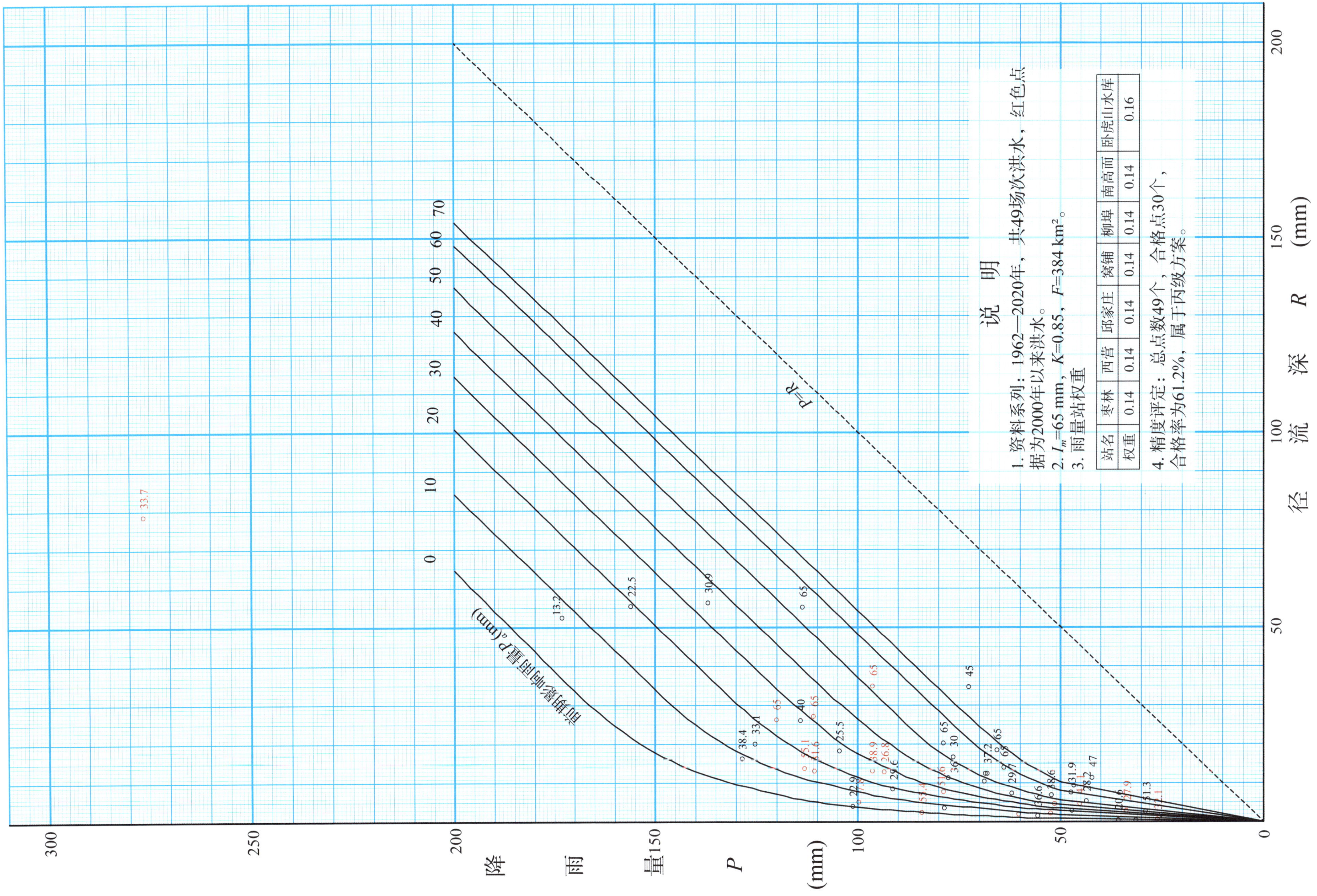

图 1-5　玉符河卧虎山水库站 P-P_a-R 相关图

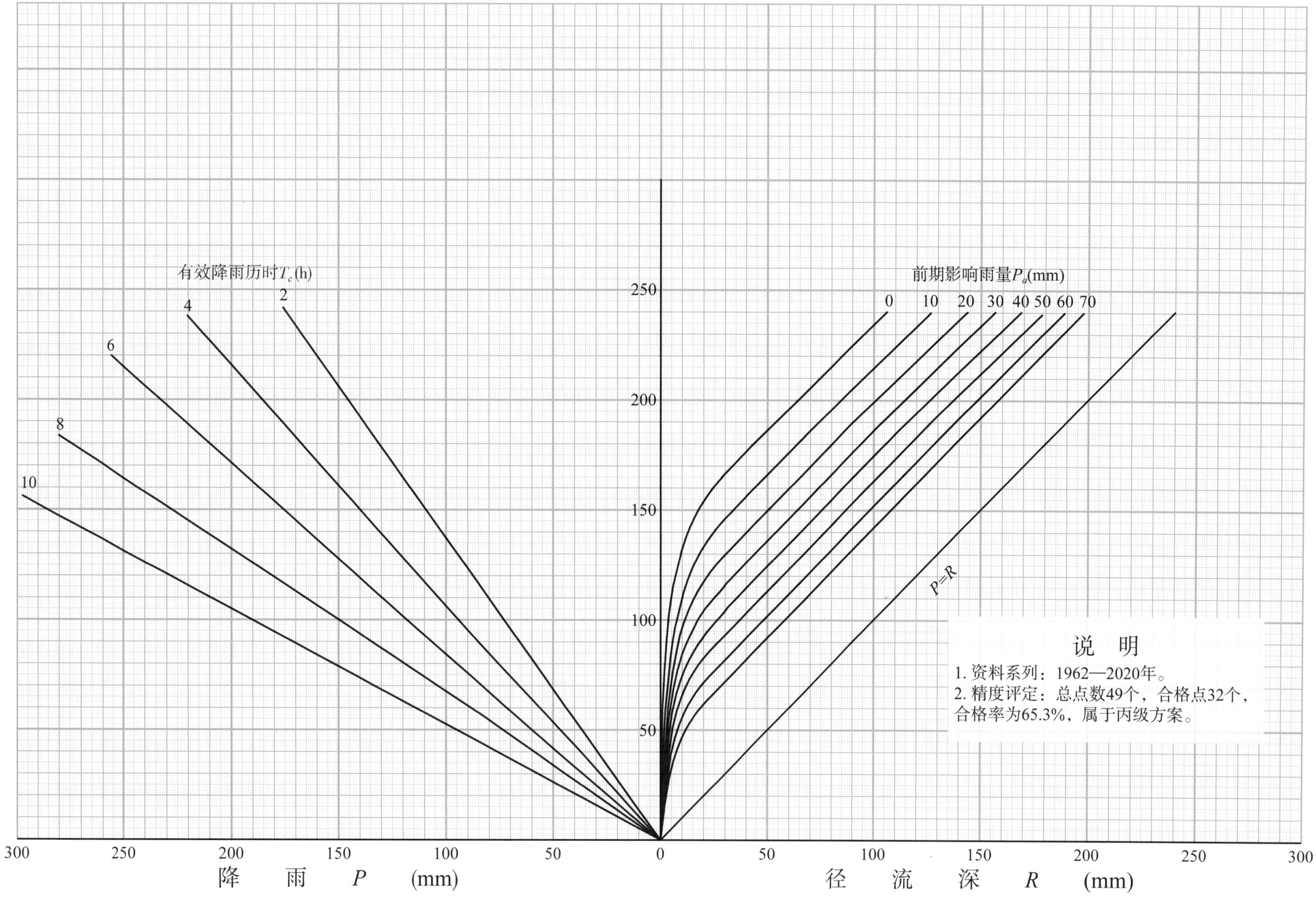

图 1-6　玉符河卧虎山水库站 P–T_c–P_a–R 相关图

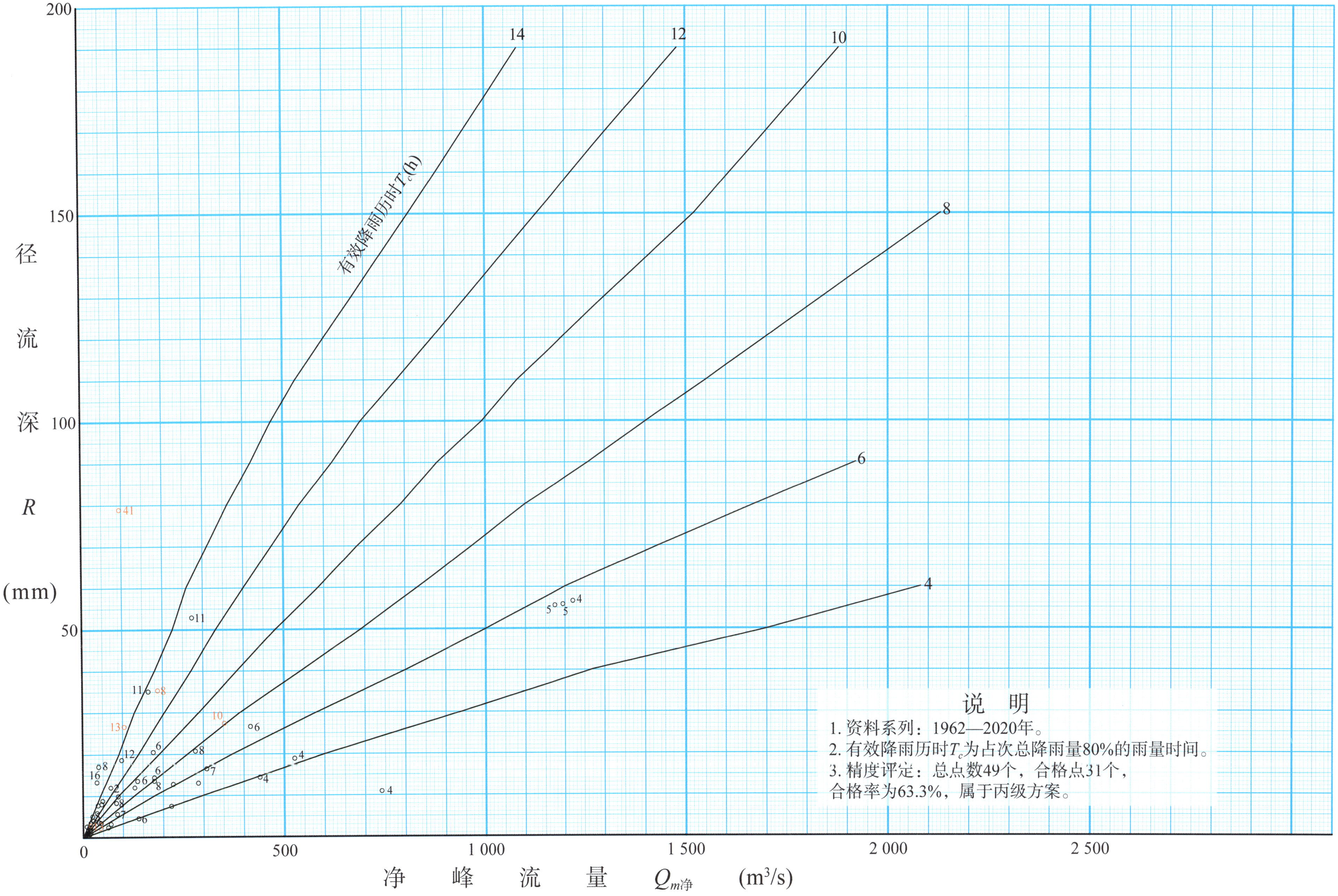

图 1-7　玉符河卧虎山水库站 R–T_c–$Q_{m净}$相关图

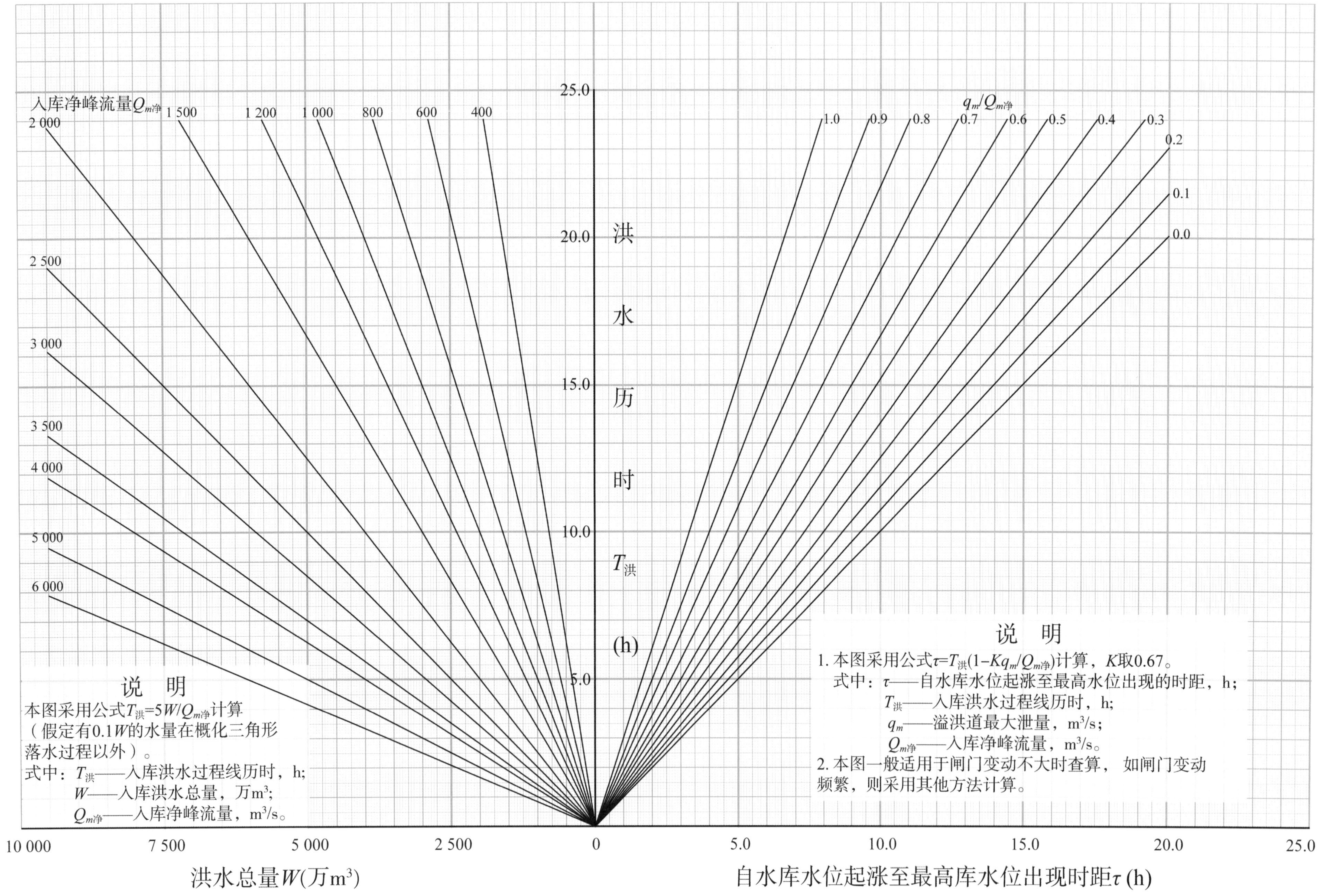

图 1-8　玉符河卧虎山水库站 W–$Q_{m净}$–$T_洪$和 $T_洪$–$q_m/Q_{m净}$–τ 关系曲线图

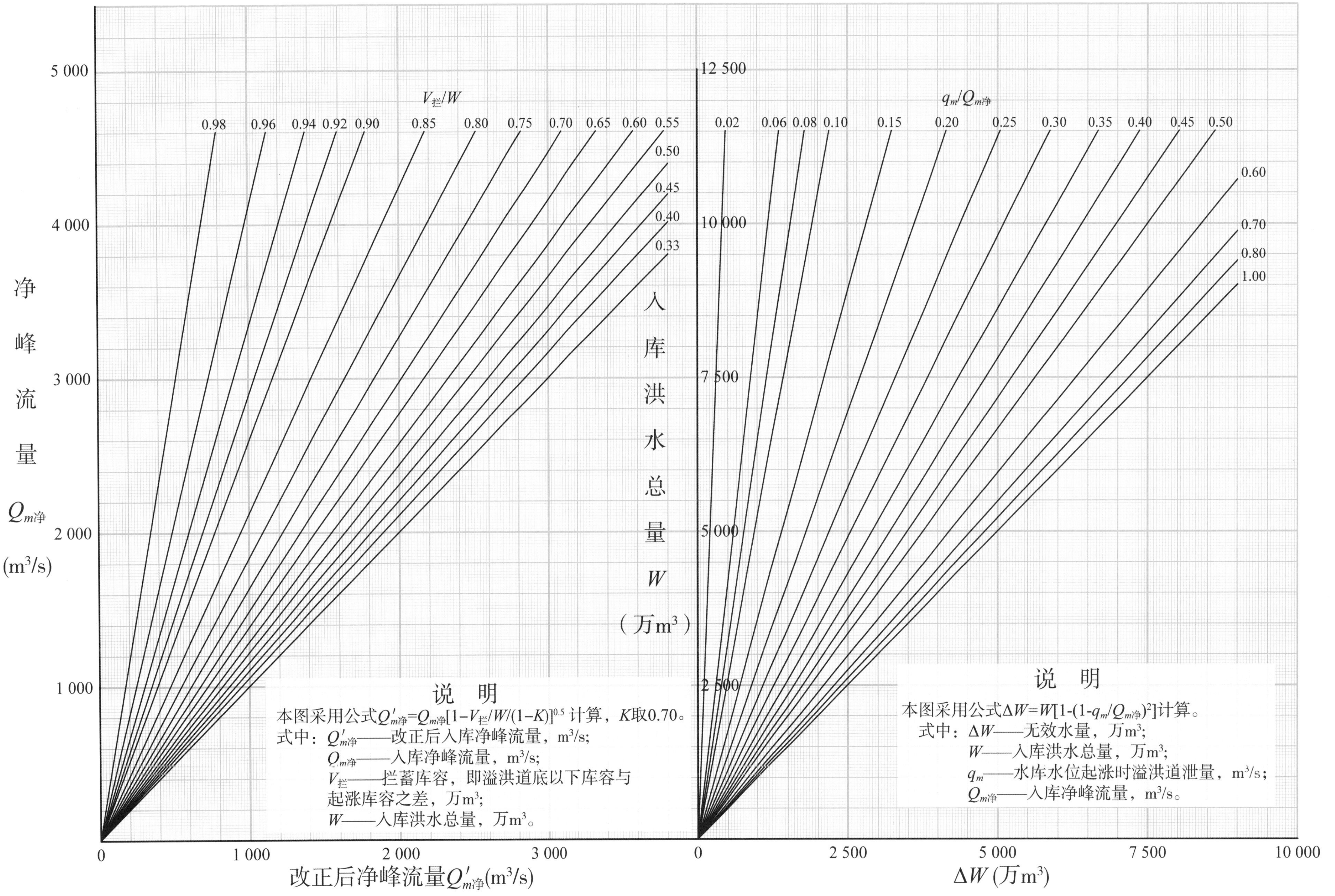

图1-9　玉符河卧虎山水库站$Q_{m净}-V_{拦}/W-Q'_{m净}$及$W-q_m/Q_{m净}-\Delta W$关系图

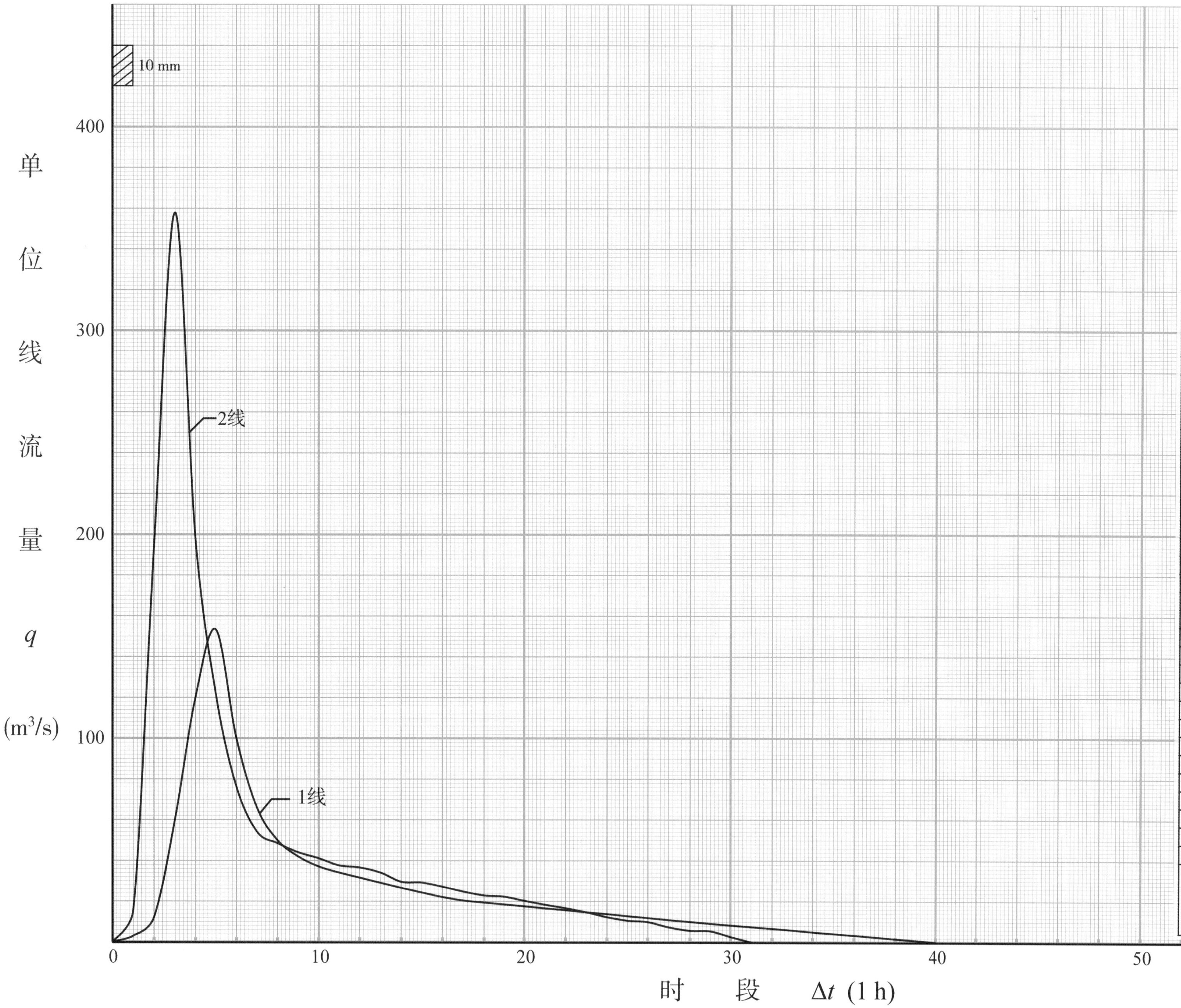

单位线成果表

Δt=1 h

时段	单位线流量 q(m³/s)		备注
	1线	2线	
	0.0	0.0	
1	2.9	15.5	
2	12.0	192.7	
3	60.0	357.8	
4	120.0	198.3	
5	153.2	121.6	
6	100.0	76.2	
7	65.8	54.0	
8	49.9	48.4	
9	42.0	44.0	
10	37.0	41.0	
11	34.0	37.5	
12	31.5	36.5	
13	29.0	34.0	
14	26.5	29.5	1 线洪水原型为710703。有效降雨历时 6 h，适用于降雨中心在中游的情况（流域面积 384km²）；2 线洪水原型为940629。有效降雨历时较 7 h，适用于降雨偏上游的情况（流域面积554 km²）；在锦绣川水库溢流的情况下，产流面积取 554 km2，反之取 384 km²
15	24.2	29.1	
16	22.0	27.1	
17	20.3	24.7	
18	19.3	22.8	
19	18.4	22.2	
20	17.5	20.2	
21	16.5	18.3	
22	15.6	16.6	
23	14.6	14.6	
24	13.7	12.2	
25	12.7	10.5	
26	11.8	9.8	
27	10.8	7.3	
28	9.9	5.6	
29	9.0	5.3	
30	8.2	2.6	
31	7.4	0.0	
32	6.6		
33	5.8		
34	4.9		
35	4.1		
36	3.3		
37	2.5		
38	1.6		
39	0.8		
40	0		
Σ	1 045.3	1 535.9	

图 1–10　玉符河卧虎山水库站单位线图（1 h）

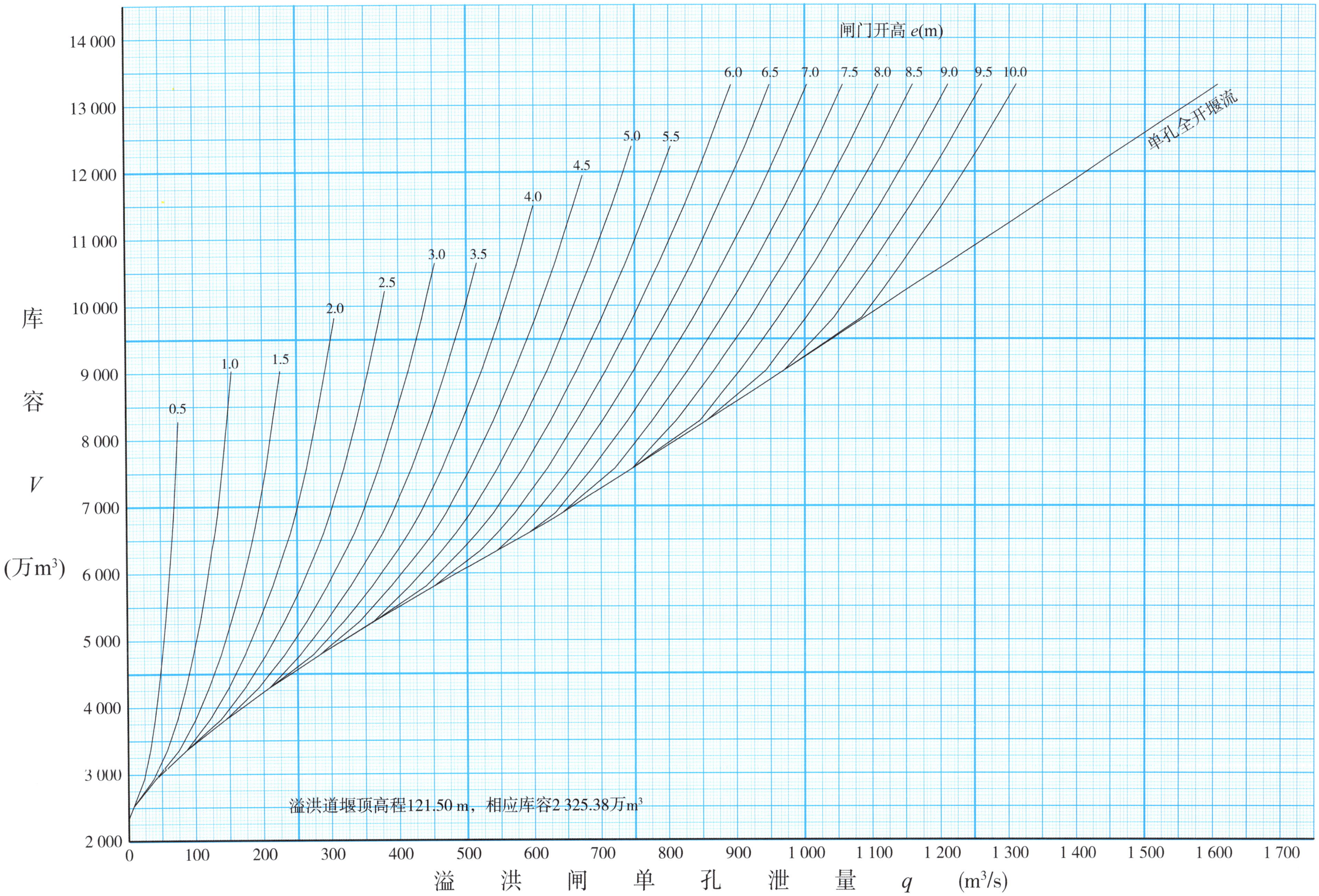

图 1-11 玉符河卧虎山水库站 V–e–q 关系图（单孔）

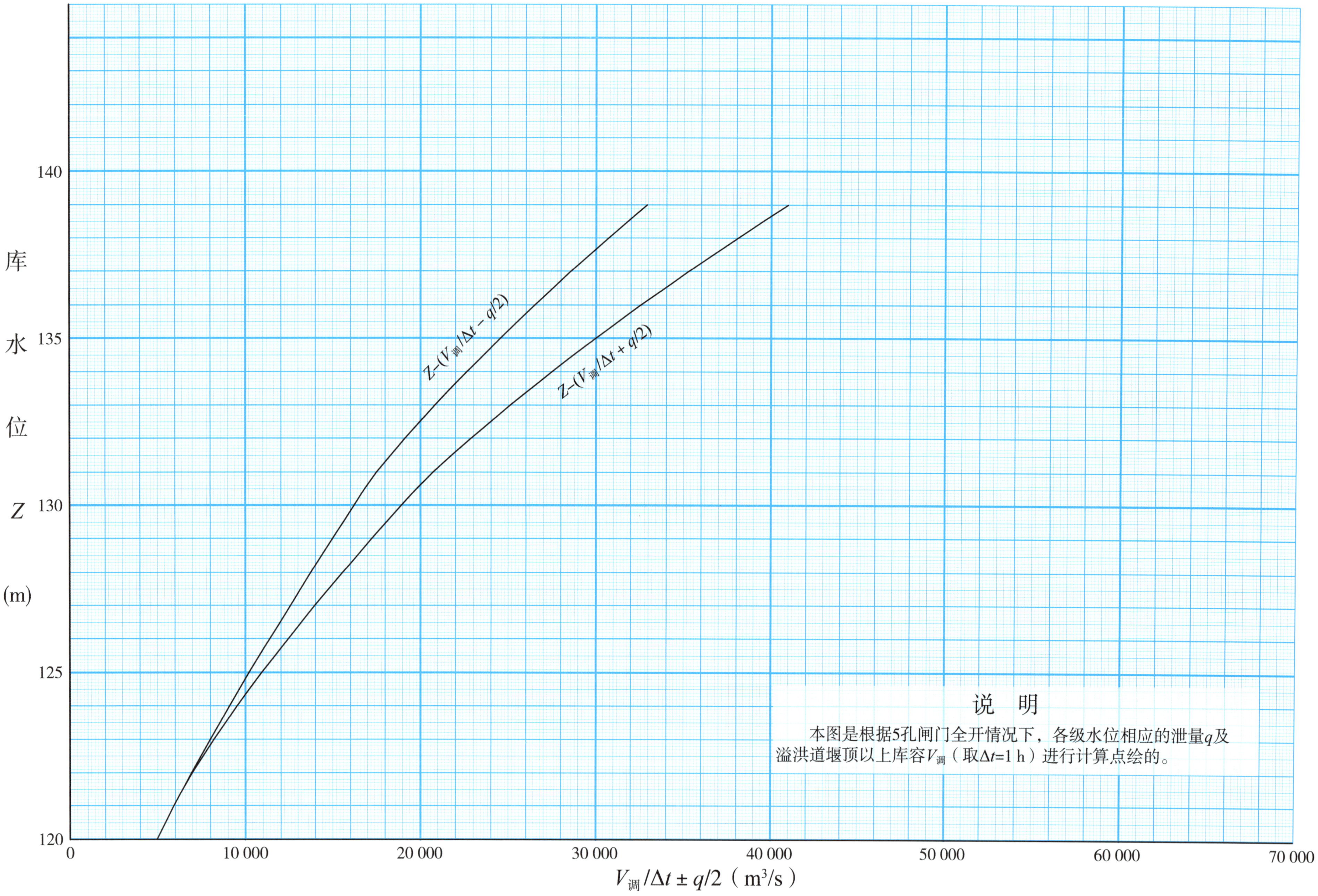

图 1–12　玉符河卧虎山水库蓄率中线调洪辅助线

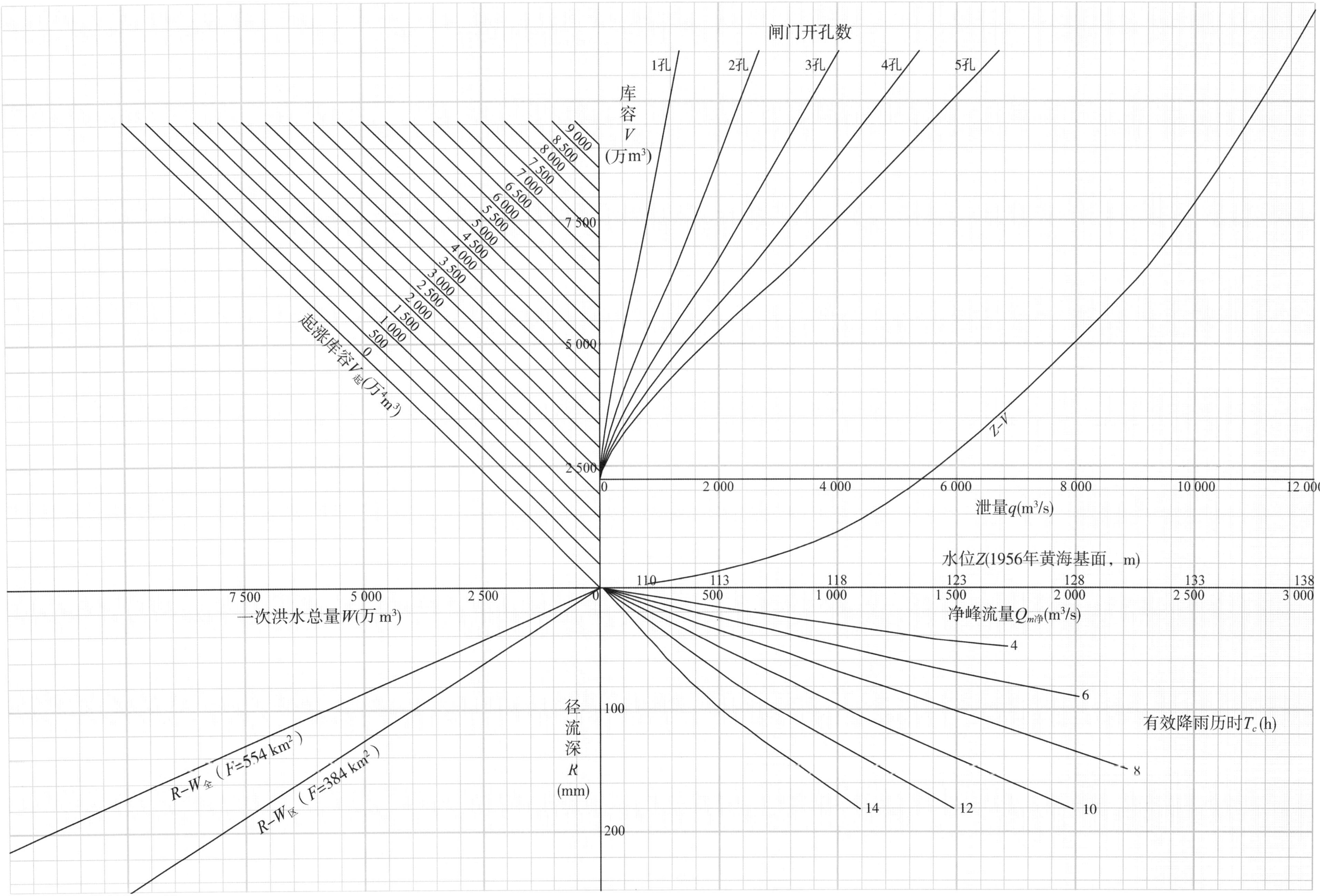

图 1-13　玉符河卧虎山水库洪水预报综合相关图

第二章　瀛汶河雪野水库站水文预报方案编制说明

1　流域概况

1.1　流域自然地理特征

雪野水库流域地处泰山东麓，属暖温带大陆性季风气候区，雨热同期，水库流域多年平均年降水量为 738.9 mm，年际变化较大，最大年降水量为 1 373.9 mm（1964 年），最小年降水量为 316.2 mm（1989 年）。降水年内分配也很不均匀，枯季少雨，汛期降水集中，6—9 月降水量占年降水量的 76.0%，形成春旱、夏涝、秋后又旱的局面。雪野水库的径流由大气降水补给，径流在时间上的变化特点与降水相似，但年际、年内变化更大。

雪野水库位于瀛汶河上游，瀛汶河发源于济南市章丘区西南峪黄石崖山麓，流域内上游地形多为丘陵地带，山坡较缓，平原较多分布在中下游，自观里镇以下地形多为浅山区。流域形状为扇形，流域平均宽度约为 10.9 km，水库以上干流长度为 39.4 km，干流坡度为 8.15‰，流域内下伏基岩主要为灰岩和片麻岩，岩质松软，风化深度一般在 10 ~ 20 m，底部新鲜岩石岩性较坚硬，无溶洞及泉水。流域土壤类型绝大多数为沙壤土，河谷多梯田，流域内植被较差，农作物以小麦、玉米、花生为主。

1.2　水利工程情况

1.2.1　雪野水库概况

雪野水库位于济南市莱芜区城区西北 30 km 的大汶河支流瀛汶河上游，莱芜区雪野街道冬暖村村北，控制流域面积 438 km²，总库容 19 782 万 m³，兴利库容 15 538 万 m³，死库容 741 万 m³，是一座以防洪为主，兼有城市供水、灌溉、养殖和旅游开发等综合利用的大（2）型水利枢纽工程。雪野水库水文站以上流域图见图 2–1，雪野水库水文站测验河段平面图见图 2–2，雪野水库水位（*Z*）– 库容（*V*）– 面积（*F*）关系线图见图 2–3。

雪野水库枢纽工程主要由大坝、溢洪闸、输水洞、电站等工程组成，工程高程基面为 1985 年国家高程基准。

水库主坝为壤土心墙砂壳坝，主坝全长 1 200 m，最大坝高 30.30 m，坝顶高程 239.44 m；副坝为壤土均质坝，全长 350 m，最大坝高 9.50 m，坝顶高程 239.44 m。溢洪道建有 8 孔（9 m × 7 m）溢洪闸，平板钢闸门，闸底高程为 226.04 m，堰型为驼峰堰，高 0.40 m，溢洪道长 625 m，最大泄水流量为 3 589 m³/s。

水库建有东西两个输水洞。西输水洞为廊道式压力钢管，1973 年内衬钢管 ∅1.9 m，平板钢闸门，进口底高程 214.50 m，最大输水流量 30 m³/s；东输水洞为廊道式钢筋砼有压衬管，∅0.8 m，为闸阀，进口底高程 222.00 m，最大输水流量 3 m³/s。西输水洞处建有电站一座，安装 2 台机组，总装机容量 1 050 kW。详见表 2–1。

表 2–1　瀛汶河雪野水库工程基本情况表

<table>
<tr><td colspan="6">1. 概况</td></tr>
<tr><td>位 置</td><td>山东省济南市</td><td colspan="4">水准基面：1985 年国家高程基准</td></tr>
<tr><td>所在河流</td><td>瀛汶河</td><td>流域面积</td><td>438 km²</td><td>河道干流平均坡度</td><td>8.15‰</td></tr>
<tr><td rowspan="3">水文特征</td><td>多年平均年降水量</td><td>738.9 mm</td><td>设计单位</td><td colspan="2">山东省水利勘察设计院</td></tr>
<tr><td>多年平均年径流量</td><td>0.921 0 亿 m³</td><td>施工单位</td><td colspan="2">莱芜县雪野水库施工指挥部</td></tr>
<tr><td>多年平均最大 24 h 降雨量</td><td>100.0 mm</td><td>开工时间</td><td colspan="2">1959 年 11 月</td></tr>
<tr><td>水库调节性能</td><td colspan="2">多年调节</td><td>竣工时间</td><td colspan="2">1966 年 7 月</td></tr>
<tr><td colspan="6">2. 水库特性指标</td></tr>
<tr><td>项目</td><td>水位（m）</td><td colspan="2">项目</td><td colspan="2">库容（万 m³）</td></tr>
<tr><td>死水位</td><td>214.44</td><td colspan="2">死库容</td><td colspan="2">741</td></tr>
<tr><td>兴利水位</td><td>232.74</td><td colspan="2">兴利库容</td><td colspan="2">15 538</td></tr>
<tr><td>设计洪水位</td><td>233.72</td><td colspan="2">调洪库容</td><td colspan="2">4 244</td></tr>
<tr><td>校核洪水位</td><td>235.55</td><td colspan="2">总库容</td><td colspan="2">19 782</td></tr>
<tr><td colspan="6">3. 大坝特性指标</td></tr>
<tr><td>项目</td><td colspan="3">主坝</td><td colspan="2">副坝</td></tr>
<tr><td>坝型</td><td colspan="3">心墙</td><td colspan="2">均质</td></tr>
<tr><td>坝顶高程（m）</td><td colspan="3">239.44</td><td colspan="2">239.44</td></tr>
<tr><td>最大坝高（m）</td><td colspan="3">30.30</td><td colspan="2">9.50</td></tr>
<tr><td>坝顶宽（m）</td><td colspan="3">6.00</td><td colspan="2">6.00</td></tr>
<tr><td>坝长（m）</td><td colspan="3">1 200</td><td colspan="2">350</td></tr>
<tr><td colspan="6">4. 正常溢洪道特性指标</td></tr>
<tr><td>型式</td><td colspan="2">驼峰堰</td><td>闸门尺寸</td><td colspan="2">9 m × 7 m</td></tr>
<tr><td>堰顶高程</td><td colspan="2">226.04 m</td><td>最大泄量</td><td colspan="2">3 589 m³/s</td></tr>
<tr><td>堰顶净宽</td><td colspan="2">8 × 10 m</td><td>消能型式</td><td colspan="2">挑流鼻坎</td></tr>
<tr><td>闸门型式</td><td colspan="2">平板直升钢闸门</td><td>启闭设备</td><td colspan="2">电动卷扬机 50 t</td></tr>
</table>

续表

<table>
<tr><td colspan="6">5. 输水洞特性指标</td></tr>
<tr><td rowspan="3">西输水洞</td><td>型　式</td><td>廊道式有压衬管</td><td rowspan="3">东输水洞</td><td>型　式</td><td>廊道式有压衬管</td></tr>
<tr><td>进口底高程</td><td>214.50 m</td><td>进口底高程</td><td>222.00 m</td></tr>
<tr><td>最大输水流量</td><td>30 m^3/s</td><td>最大输水流量</td><td>3 m^3/s</td></tr>
</table>

2014 年以前，雪野水库水位 – 库容 – 面积关系一直沿用《山东省水利工程三查三定资料汇编》成果，该成果是 1975 年山东水文总站（现山东省水文中心）根据勘测库区地形图量算而得，高程基准为 1956 年黄海高程系，自 1975 年勘算，已逾 40 余年，其间库区受自然因素及挖沙等人类活动影响发生了较大变化。2012 年，雪野水库管理处委托山东省水利勘测设计院有限公司进行新的库容曲线测量，2013 年 10 月完成新库容曲线成果。根据山东省水利厅《关于启用雪野水库新库容曲线的通知》（鲁水管函字〔2014〕12 号），雪野水库水文站自 2014 年 6 月 1 日启用新库容曲线进行报汛。

1.2.2 上游水利工程概况

流域分布于济南市莱芜区及章丘区境内，上游均为山区。流域上游有小（1）型水库 4 座，控制流域面积 48.6 km^2，总库容 560 万 m^3，总兴利库容 389 万 m^3，雪野水库站以上流域蓄水工程情况见表 2–2。

表 2–2　瀛汶河雪野水库站以上流域小型水库工程情况统计表

<table>
<tr><td rowspan="2">序号</td><td rowspan="2">水库名称</td><td rowspan="2">类型</td><td rowspan="2">地　址</td><td rowspan="2">集水面积（km^2）</td><td colspan="2">库容（万 m^3）</td><td rowspan="2">建成时间</td></tr>
<tr><td>总</td><td>兴利</td></tr>
<tr><td>1</td><td>岭东</td><td>小（1）型</td><td>雪野街道岭东村</td><td>27.8</td><td>335.8</td><td>186</td><td>1967 年 7 月</td></tr>
<tr><td>2</td><td>上法山</td><td>小（1）型</td><td>茶业口镇上法山村</td><td>3.9</td><td>127</td><td>96</td><td>1968 年</td></tr>
<tr><td>3</td><td>胡家庄</td><td>小（1）型</td><td>雪野街道胡家庄村</td><td>5.5</td><td>128</td><td>93.9</td><td>1973 年</td></tr>
<tr><td>4</td><td>上茶业</td><td>小（1）型</td><td>茶业口镇阁老村</td><td>10.2</td><td>132</td><td>97</td><td>1971 年</td></tr>
<tr><td colspan="4">总计</td><td>47.4</td><td>772.8</td><td>472.9</td><td></td></tr>
</table>

1.3　测站概况

雪野水库水文站于 1962 年 6 月设立，流域面积 438 km^2，属区域代表站，测验任务有库内水位、出库流量、降水量、冰情、水质、墒情、水文调查、流域内 5 处基本雨量站（其中 3 处报汛站）管理等，还担负着向国家防总，省、市防指提供水情、雨情、墒情和洪水预报等报汛任务。本次预报采用 1985 年国家高程基准。瀛汶河雪野水库站上游雨量站统计见表 2–3，瀛汶河雪野水库站概况说明见表 2–4。

表 2–3　瀛汶河雪野水库站上游雨量站情况表

站名	详细地址
雪野水库	山东省济南市莱芜区雪野街道冬暖村
上游	山东省济南市莱芜区雪野街道上游村
峪门	山东省济南市茶业口镇峪门村
茶业口	山东省济南市茶业口镇茶业口村
石匣	山东省济南市章丘区石匣村

表 2–4　瀛汶河雪野水库站概况说明表

<table>
<tr><td rowspan="9">测站沿革</td><td>设立或变动</td><td>发生年月</td><td>站　名</td><td>站别</td><td>领导机关</td><td>说明</td></tr>
<tr><td>设立</td><td>1962 年 6 月</td><td>雪野水库</td><td>水文</td><td>山东省水利厅</td><td>常年站</td></tr>
<tr><td>领导关系转移</td><td>1964 年 1 月</td><td>雪野水库</td><td>水文</td><td>山东省水文总站</td><td></td></tr>
<tr><td>集水面积变动</td><td>1965 年 1 月</td><td>雪野水库</td><td>水文</td><td>山东省水文总站</td><td>集水面积由 444 km^2 新量算为 439 km^2</td></tr>
<tr><td>集水面积变动</td><td>1971 年 1 月</td><td>雪野水库</td><td>水文</td><td>山东省水文总站</td><td>集水面积由 439 km^2 新量算为 438 km^2</td></tr>
<tr><td>领导机关更名</td><td>1998 年 1 月</td><td>雪野水库</td><td>水文</td><td>山东省水文水资源勘测局</td><td></td></tr>
<tr><td>领导机关更名</td><td>2011 年 12 月</td><td>雪野水库</td><td>水文</td><td>山东省水文局</td><td></td></tr>
<tr><td>领导机关更名</td><td>2021 年 3 月</td><td>雪野水库</td><td>水文</td><td>山东省水文中心</td><td></td></tr>
<tr><td colspan="6"></td></tr>
<tr><td rowspan="4">断面及主要测验设施布设情况</td><td colspan="3">名称</td><td>位置</td><td>布设年月</td><td>使用情况</td></tr>
<tr><td colspan="3">基本水尺断面（坝上）</td><td>原站房正北方向约 30 m</td><td>1962 年 6 月</td><td>各级水位使用</td></tr>
<tr><td colspan="3">西输水洞测流断面</td><td>大坝西头闸下 30 m</td><td>1975 年 8 月</td><td>各级水位使用</td></tr>
<tr><td colspan="3">西输水洞水尺断面</td><td>大坝西头闸下 40 m</td><td>1975 年 8 月</td><td>各级水位使用</td></tr>
</table>

2 预报方案的编制

2.1 预报方法的选定

产流预报依据蓄满产流的基本原理，采用降雨径流经验相关的方法。洪峰流量预报采用峰量相关并以有效降雨历时 T_c 为参数的方法。峰现时间预报一般采用净峰流量 – 有效降雨历时 – 洪峰滞时相关（洪峰滞时是指净雨峰至洪峰出现的时间）的方法。

2.2 资料情况及方案沿革

2.2.1 资料情况

本次编制的预报方案是在 2007 年原编制方案的基础上又补充了 2008—2020 年的资料，新增了 7 场洪水资料。仅将这 7 场洪水点据点绘到已有的图中，未重新定线，关系线没有改变。此次沿用上次编制成果，未新增单位线。

2.2.2 方案沿革

2007 年原编制方案对雪野水库站 1963—2007 年的资料进行了分析，共选用了 46 场次大洪水，此次修订对原有 1963—1997 年的 38 场次洪水进行了修改校核，新增了 2008—2020 年 7 场次洪水分析成果。采用上游、峪门、茶业口、雪野水库四站的资料，按其控制权重计算；在选取洪水时，尽量选用受工程影响较小的洪水，对雨洪对应不好或受工程影响较严重的洪水不予采用。

2.3 产流方案

2.3.1 主要参数的计算

2.3.1.1 流域平均雨量P的计算

1997 年之前，流域内雨量代表站为雪野水库、上游、峪门、茶业口、石匣，1999—2020 年流域内雨量代表站为雪野水库、上游、峪门、茶业口。流域内各代表站控制权重见表 2–5。

表 2–5 雪野水库站以上流域内各代表站的控制权重表

站名	雪野水库	上游	峪门	茶业口	石匣
五站权重	0.044	0.34	0.175	0.25	0.191
四站权重	0.093	0.414	0.148	0.345	—

本方案中 1963—1997 年的流域平均雨量直接采用 2007 年原编制方案的分析成果，1999—2020 年的流域平均雨量采用面积加权法计算求得。

2.3.1.2 流域平均前期影响雨量P_a的计算

先统计流域内各站逐日降水量，采用面积加权法计算求得流域平均日雨量，流域平均前期影响雨量 P_a 值的计算公式为

$$P_{a,t+1} = K(P_{a,t} + P_t)$$

式中：$P_{a,t}$，$P_{a,t+1}$ 分别为第 t 日和第 t+1 日流域平均前期影响雨量（mm）；P_t 为第 t 日平均降水量（mm）；K 为前期影响雨量折减系数，本方案采用 0.90。

2.3.1.3 径流深R的推求

采用还原后的洪水过程斜割基流计算出地表径流量，再除以流域面积推求出径流深 R。原预报方案采用的流域面积为 438 km^2, 本次计算考虑四个小（1）水库的拦蓄作用，故 1967—1970 年扣除小（1）型水库岭东水库后集水面积为 410 km^2, 1971 年再扣除小（1）型水库上法山水库后集水面积为 405 km^2，1972 年再扣除小（1）型水库胡家庄水库后集水面积为 400 km^2，1973—2020 年最后扣除小（1）型水库上茶业水库后集水面积为 389 km^2。瀛汶河雪野水库站降雨径流成果见表 2–6。

2.3.1.4 I_m和K值的确定

本次未对流域最大损失量 I_m 及前期影响雨量折减系数 K 值进行重新分析，而是采用 1987 年编制方案时分析的结果，I_m=65 mm，K=0.90。

2.3.2 $P+P_a-R$关系曲线

2.3.2.1 绘制$P+P_a-R$降雨径流相关图

选用 1963—2020 年共 52 场次洪水资料。计算各场次洪水的流域平均雨量 P、流域平均前期影响雨量 P_a 及径流深 R 后，点绘 $P+P_a-R$ 相关图，详见图 2–4。

2.3.2.2 精度评定

按许可误差 =20% 实测值的标准（并当许可误差大于 20.0 mm 时以 20.0 mm 为上限，小于 3.0 mm 时以 3.0 mm 为下限）进行逐次洪水评定。52 个点据中 38 个合格，合格率为 73.1%，属于乙级方案，详见表 2–7。

2.3.2.3 突出点分析

030707 场次洪水净雨偏小原因：降水分布不均匀，雪野水库站降水量为 216.0 mm，而上游站只有 124.0 mm，前期干旱严重，P_a 为 29.7 mm。

2.3.3 $P-P_a-R$关系曲线

2.3.3.1 绘制$P-P_a-R$降雨径流相关图

选用 1963—2020 年共 52 场次洪水资料。计算各次洪水的流域平均雨量 P、流域平均前期影响雨量 P_a 及径流深 R 后，点绘 $P-P_a-R$ 相关图，详见图 2–5。

2.3.3.2 精度评定

按许可误差 =20% 实测值的标准（并当许可误差大于 20.0 mm 时以 20.0 mm 为上限，小于 3.0 mm 时以 3.0 mm 为下限）进行逐次洪水评定。52 个点据中 37 个合格，合格率为 71.2%，属于乙级方案，详见表 2–8。

2.4 汇流方案

2.4.1 峰量关系曲线$R-T_c-Q_{m净}$

有效降雨历时 T_c 按占总降雨量 80% 的时段降雨的时段数或时段降雨量大于 5 mm 的时段数计算；径流深 R 由次洪水总量除以相应集水面积而得；净峰流量 $Q_{m净}$ 采用洪峰流量减去基流所得。

2.4.1.1 $R-T_c-Q_{m净}$关系曲线的绘制

根据 1963—2020 年 44 次经过修正后的净峰流量 $Q_{m净}$ 点据进行分析。由于时间因素的影响，点绘关系图时点群比较散乱，所以将有效降雨历时 T_c 作为参数，通过点群中心并照顾同一 R 值的 $Q_{m净}$ 逐渐减少的趋势定线，详见图 2-6。R，$Q_{m净}$ 关系接近直线，说明雪野水库上游河道调蓄能力中等。

2.4.1.2 精度评定

按许可误差 =20% 实测值的标准进行逐次洪水评定。本方案共选用 1963—2020 年 44 个点据，31 个合格，合格率为 70.5%，属于乙级方案，详见表 2-9。

2.4.2 径流深与洪水历时相关曲线$R-T_c-T_洪$

洪水历时 $T_洪$ 是指相应降雨一次入库洪水总历时。

2.4.2.1 $R-T_c-T_洪$关系曲线的绘制

根据 1963—2020 年 44 场次洪水历时的点据进行分析。由于时间因素的影响，点绘关系图时点群比较散乱，所以将有效降雨历时 T_c 作为参数，通过点群中心并照顾同一 R 值的 $T_洪$ 逐渐增大的趋势定线，根据 T_c =2 ~ 6 h，T_c =8 ~ 12 h，分别混合定为 I 线和 Ⅱ 线，其中，I 线适用于短历时、雨强大的暴雨洪水，Ⅱ 线适用于长历时的暴雨洪水。详见图 2-7。

2.4.2.2 精度评定

按许可误差 =30% 实测值的标准（并当许可误差小于 3 h 时以 3 h 为下限）进行逐次洪水评定。本方案共选用 1963—2020 年 44 个点据，28 个合格，合格率为 63.6%，属于丙级方案，详见表 2-10。

2.4.3 单位线

雪野水库站单位线直接采用前次编制方案时应用的分析成果。由于流域面积发生变化，780704 和 810621 场次洪水采用试算法重新分析计算。雪野水库水文站的所有单位线 Δt 均取 2 h，单位线图见图 2-8。

3 方案使用说明

3.1 入库洪水预报

3.1.1 最大入库洪峰流量及峰现时间

径流深预报：计算出雪野水库站流域平均雨量和流域平均前期影响雨量，查 $P-P_a-R$ 或 $P+P_a-R$ 相关图，预报出雪野水库站的径流深 R。

洪峰流量预报：由查到的雪野水库站径流深 R 查峰量关系图（$R-T_c-Q_{m净}$），并根据一次暴雨均有效降雨历时 T_c 得到该次降雨在上游出口断面处的净峰流量 $Q_{m净}$，加上基流，即为雪野水库站最大入库洪峰流量 Q_m。

洪水历时的预报：由查到的雪野水库站径流深 R 查 $R-T_c-T_洪$ 相关图，得到洪水历时 $T_洪$。

入库洪水总量的预报：利用公式 $W=0.1F_控R$ 计算入库洪水总量 W。

3.1.2 入库洪水过程

由次雨径流深 R、时段降雨量 P 采用扣损法割除入渗净雨深得到各时段净雨深，根据暴雨中心位置选择相应单位线，各时段净雨深错时段与 0.1 倍的单位线各时段流量相乘，然后同时段流量相加，再加上基流量即得到入库流量过程。

3.2 最高水库水位及其出现时间预报

3.2.1 当起涨水位低于溢洪道底时

当起涨水位低于溢洪道底且入库洪水总量 W 小于水库拦蓄水量时，不用开闸溢洪。此时，起涨库容加入库洪水总量 W 即得水库最大库容，查图 2-3 中水位 - 库容曲线得水库最高水位，洪水总历时加上起涨时间即为最高水位出现时间。

若 $V_拦/W$ > 0.33，需查图 2-9 对最大入库流量进行改正得 Q'_m。调洪库容 $V_调=V_起+W-V_拦$，根据闸门开启高度查 $V-e-q$ 相关图（图 2-11），再根据单孔计算多孔，得出最大库容和最大泄洪流量，查图 2-3 中水位 - 库容曲线得出水库最高水位，最高水位、最大泄洪流量出现时间 = 起涨时间 +（$1-0.67q_m/Q_m$）× $T_洪$。

3.2.2 当起涨水位高于溢洪道底时

由入库洪水总量 W 查图 2-10 得 ΔW，则调洪库容 $V_调=V_起+W-\Delta W$，根据闸门开启高度查 $V-e-q$ 相关图（图 2-11）时需移坐标，以 $V_起$ 和 $q_起$ 为原点绘制与原坐标平行的新坐标系，得到最大库容和最大泄洪流量，查图 2-3 中水位 - 库容曲线得出水库最高水位，最高水位、最大泄洪流量出现时间 = 起涨时间 +（$1-0.67q_m/Q_m$）× $T_洪$。

4 方案合理性检查及评定

在方案建立过程中，随时根据规范要求及有关文件规定进行合理性检查，特别对突出点据从原始资料反复查对，对中间处理过程也进行了认真审查，发现不合理的问题基本上做了检查改正。方案建立后，先从线形进行比较，防止出现矛盾现象，然后对每个方案尽量根据规范规定采用表格形式进行了精度评定（用许可误差法）。其中，$P-P_a-R$ 相关图合格率为 71.2%，属乙级方案；$P+P_a-R$ 相关图合格率为 73.1%，属乙级方案；$R-T_c-Q_{m净}$ 相关图合格率为 70.5%，属乙级方案。

综合来说，本方案属于乙级方案。

5 方案适应能力

本方案适用于防洪标准以下的洪水作业预报。如遇超标准洪水，则需根据当时具体情况酌情修正。

6 注意事项

（1）方案的制作未考虑上游众多小（2）型水库及塘坝的影响，作业预报时要根据前期降雨情况进行适当修正。

（2）应随时掌握上游工程蓄水及泄洪情况，要根据实际情况对预报值进行及时修正。

（3）局部暴雨时要注意超渗产流，可适当将查算的 R 值加大；久旱初雨时的产流偏小，应适当修正所查 R 值。

总之，由于影响因素太多，本方案不能完全反映实际情况，因而不能照搬，应具体问题具体分析，并采用多种方法，考虑各种因素进行综合分析，确定采用的预报值。

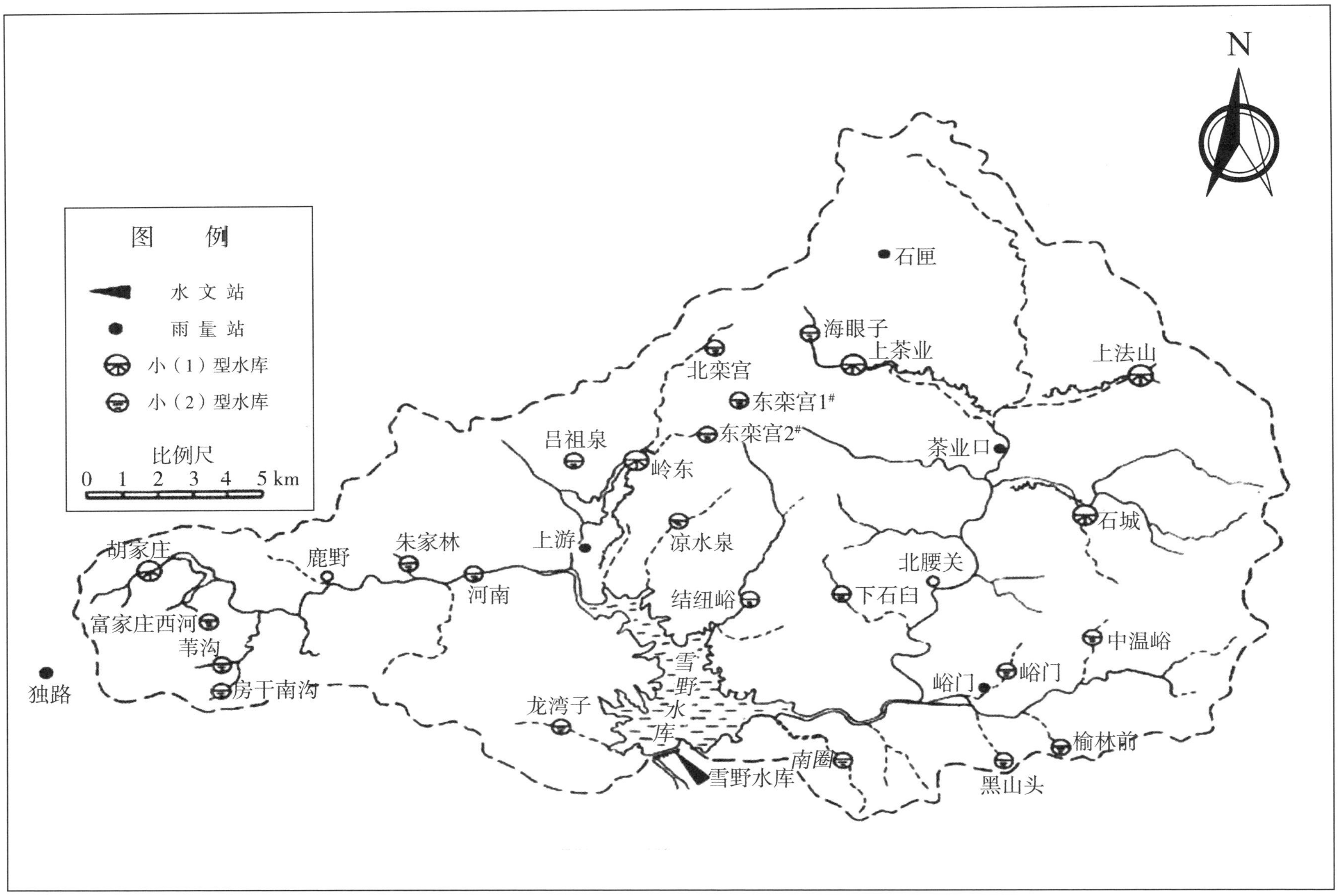

图 2-1　瀛汶河雪野水库水文站以上流域图

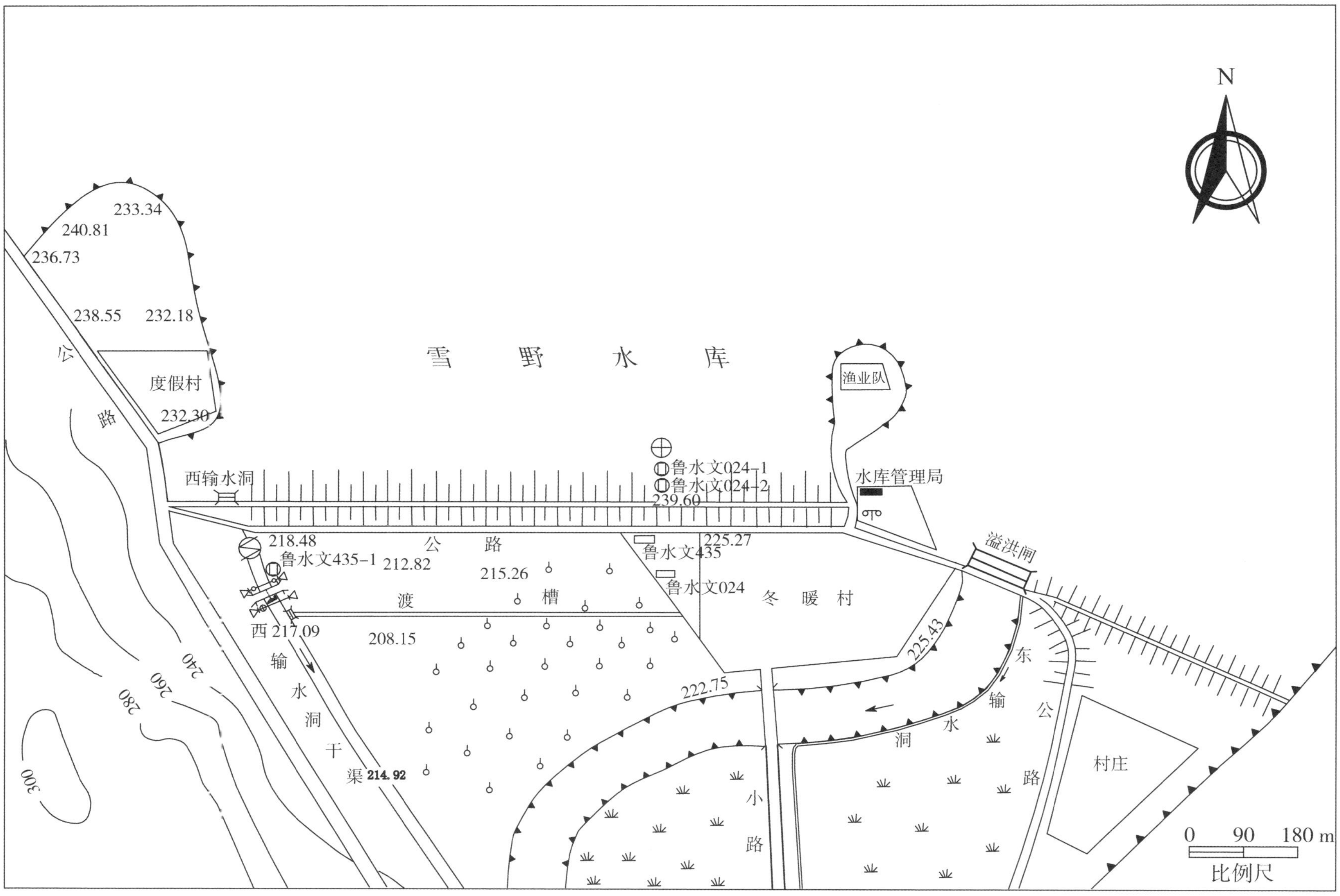

图 2-2　瀛汶河雪野水库水文站测验河段平面图

表 2-6 瀛汶河雪野水库站降雨径流成果表

序号	洪号	降雨起讫时间 起 年	起 月	起 日	起 时	讫 月	讫 日	讫 时	流域平均雨量 P（mm）	前期影响雨量 P_a（mm）	降雨历时（h）全部 T	降雨历时（h）有效 T_c	暴雨中心位置	洪水发生时间 起涨 月	起涨 日	起涨 时	峰顶 月	峰顶 日	峰顶 时	落平 月	落平 日	落平 时	洪水总历时 $T_{洪}$（h）	洪峰滞时 t_p（h）	洪峰流量 Q_m（m^3/s）	净峰流量 $Q_{m净}$（m^3/s）	改正流量 $Q'_{m净}$（m^3/s）	洪水总量 W（万 m^3）	地表径流总量（万 m^3）	集水面积 F（km^2）	径流深 R（mm）	径流系数 α
1	630829	1963	8	29	4	8	29	12	146.5	13.4	8	4	西支（中下）	8	29	4	8	29	9.5	8	30	23	43	5.5	1 820	1 440	1 440	2 478	2 192	438	50.0	0.34
2	640716	1964	7	16	14	7	17	4	79.8	46.4	14	6	中上	7	16	17	7	16	19.75	7	18	1	32	2.75	617	612	462	1 508	1 332	438	30.4	0.38
3	640727	1964	7	27	12	7	28	20	190.8	57.2	32	12	中（茶业口）	7	27	18	7	28	0	7	30	8	62	6	1 579	1 560	—	7 328	6 625	438	151.3	0.79
4	640830	1964	8	30	2	8	31	4	118.4	47.3	26	—	中	8	30	4	8	31	1.5	9	1	11	55	25.5	471	455	428	2 978	2 575	438	58.8	0.50
5	640912	1964	9	12	2	9	12	16	125.5	44.6	14	4	西支（上游）	9	12	4	9	12	7.5	9	13	20	40	3.5	2 570	2 570	1 986	3 670	3 300	438	75.3	0.60
6	660711	1966	7	11	0	7	11	8	86.0	33.5	8	4	中（峪门）	7	11	3	7	11	5.5	7	12	11	32	2.5	389	388	349	771	696	438	15.9	0.18
7	660714	1966	7	14	0	7	14	8	100.8	47.7	8	4	下	7	14	1	7	14	5.5	7	15	12	35	4.5	1 586	1 580	1 394	2 346	2 157	438	49.2	0.49
8	670710	1967	7	10	20	7	12	10	65.4	19.9	38	—	普雨	7	11	0	7	12	11	7	14	16	88	11	38.4	—	—	455	389	410.2	9.5	0.15
9	670901	1967	9	1	18	9	1	22	42.4	42.7	4	3	东支（中）	9	1	18	9	1	22.25	9	2	23	29	4.25	259	253	—	578	443	410.2	10.8	0.25
10	680819	1968	8	19	0	8	19	14	86.9	19.3	14	6	中（茶业口）	8	19	2	8	19	10.5	8	20	11	33	8.5	356	353	312	659	596	410.2	14.5	0.17
11	690807	1969	8	7	20	8	8	22	60.3	25.6	26	—	上（石匣）	8	7	20	8	8	10.5	8	9	20	48	14.5	228	224	—	622	518	410.2	12.6	0.21
12	690811	1969	8	11	12	8	12	4	71.3	52.0	16	8	普雨	8	11	12	8	11	22	8	13	20	56	10	267	255	—	1 524	1 241	410.2	30.3	0.42
13	700702	1970	7	2	10	7	3	8	74.6	37.6	22	6	西支（上中）	7	2	10	7	2	15.5	7	4	2	40	5.5	178	176	—	759	670	410.2	16.3	0.22
14	710703	1971	7	3	12	7	3	24	74.7	52.8	12	6	下（雪野水库）	7	3	12	7	3	17.5	7	5	2	38	5.5	747	740	647	1 492	1 251	405.4	30.9	0.41
15	720720	1972	7	20	12	7	20	20	58.3	12.7	8	4	下（雪野水库）	7	20	12	7	20	17	7	21	20	32	5	99.5	97	—	280	199	399.9	5.0	0.09
16	720901	1972	9	1	12	9	2	6	73.6	42.8	18	8	下	9	1	12	9	2	3	9	3	20	56	15	258	248	230	1 197	913	399.9	22.8	0.31
17	730714	1973	7	14	19	7	15	10	72.3	44.7	15	10	普雨	7	14	21	7	15	11	7	16	20	47	14	225	211	—	1 359	1 030	389.4	26.5	0.37
18	740723	1974	7	23	1	7	23	12	40.4	48.4	11	—	西支（雪野水库、上游、石匣）	7	23	1	7	23	5.5	7	24	11	34	4.5	117	109	93	478	338	389.4	8.7	0.22
19	740804	1974	8	4	15	8	5	11	59.5	49.8	20	12	下（雪野水库）	8	4	19	8	5	7	8	6	20	49	12	124	112		1 146	860	389.4	22.1	0.37
20	750730	1975	7	30	1	7	30	14	61.0	50.1	13	6	中（峪门）	7	30	1.5	7	30	7.5	7	31	17	40.5	6	525	498	386	1 485	1 041	389.4	26.7	0.44
21	760812	1976	8	12	17	8	13	8	71.7	65.0	15	8	下（雪野水库、峪门）	8	12	21	8	13	2.5	8	14	17	44	5.5	453	440	405	1 804	1 399	389.4	35.9	0.50
22	770719	1977	7	19	16	7	20	6	54.3	44.8	14	4	下（雪野水库、上游）	7	19	20	7	20	4.25	7	21	5	33	8.25	394	384	300	835	675	389.4	17.3	0.32
23	770722	1977	7	22	21	7	23	4	31.1	46.3	7	5	下	7	22	22	7	23	4.50	7	23	20	22	6.5	161	146	—	529	361	389.4	9.3	0.30
24	770807	1977	8	7	2	8	7	12	60.4	47.4	10	6	上（石匣）	8	7	3	8	7	6.50	8	8	11	32	3.5	364	350	—	1 140	850	389.4	21.8	0.36
25	780704	1978	7	4	4	7	5	2	95.5	58.5	22	6	下（雪野水库）	7	4	5	7	4	10.50	7	5	19	38	5.5	1 189	1 138	1 013	3 044	2 313	389.4	59.4	0.62
26	800629	1980	6	29	0	6	30	10	117.5	19.3	34	—	普雨	6	29	2	6	29	23.5	7	1	8	54	21.5	403	388	317	1 795	1 439	389.4	37.0	0.31
27	810621	1981	6	21	1	6	21	6	87.9	7.5	5	3	中（茶业口）	6	21	2	6	21	7.25	6	21	24	22	5.25	372	368	307	486	437	389.4	11.2	0.13

续表

序号	洪号	降雨起讫时间 起 年	起 月	起 日	起 时	讫 月	讫 日	讫 时	流域平均雨量 P（mm）	前期影响雨量 P_a（mm）	降雨历时（h）全部 T	降雨历时（h）有效 T_c	暴雨中心位置	洪水发生时间 起涨 月	起涨 日	起涨 时	峰顶 月	峰顶 日	峰顶 时	落平 月	落平 日	落平 时	洪水总历时 $T_洪$（h）	洪峰滞时 t_p（h）	洪峰流量 Q_m（m^3/s）	净峰流量 $Q_{m净}$（m^3/s）	改正流量 $Q'_{m净}$（m^3/s）	洪水总量 W（万 m^3）	地表径流总量（万 m^3）	集水面积 F（km^2）	径流深 R（mm）	径流系数 α
28	810714	1981	7	14	4	7	14	22	50.2	26.5	18	8	下（峪门、雪野水库）	7	14	7	7	14	12.5	7	15	7	24	5.5	91.7	87.5	—	300	246	389.4	6.3	0.13
29	820817	1982	8	17	12	8	17	22	35.5	21.6	10	8	普雨	8	17	12	8	17	14.5	8	19	2	38	2.5	33.3	30.8	—	167	118	389.4	3.0	0.08
30	830729	1983	7	29	14	7	29	22	76.0	32.1	8	6	下中（雪野水库、茶业口）	7	29	14	7	29	18.75	7	30	14	24	4.75	250	246	222	543	485	389.4	12.5	0.16
31	840711	1984	7	11	18	7	12	6	84.4	57.5	12	8	下	7	11	20	7	12	0.25	7	14	2	54	4.25	517	503	442	2 167	1 760	389.4	45.2	0.54
32	850711	1985	7	11	14	7	11	19	51.9	40.8	5	5	下	7	11	15	7	11	18.5	7	12	20	29	3.5	192	190	173	526	436	389.4	11.2	0.22
33	870710	1987	7	10	1	7	10	17	180.0	16.3	16	10	下（雪野水库、上游）	7	9	20	7	10	6.25	7	12	4	56	10.25	639	670	—	3 145	2 878	389.4	73.9	0.41
34	870815	1990	8	15	16	8	16	20	101.8	46.4	28	10	下（雪野水库、上游）	8	15	20	8	16	6.5	8	18	14	66	10.5	403	383	—	2 107	1 844	389.4	47.4	0.47
35	940629	1994	6	29	5	6	29	12	170.3	47.4	7	6	下（峪门、雪野水库）	6	29	6	6	29	9.25	7	2	8	74	3.25	2 083	2 053	—	4 694	4 219	389.4	108.3	0.64
36	960724	1996	7	24	20	7	25	8	151.0	18.4	12	8	中（茶业口）	7	24	0	7	24	23	7	26	6	54	23	1 469	1 456	—	3 091	2 887	389.4	74.1	0.49
37	960729	1996	7	29	22	7	31	20	144.0	45.0	46	12	下（雪野水库、上游）	7	30	0	7	30	19.17	8	2	6	78	19.17	1 164	1 150	—	4 695	4 214	389.4	108.2	0.75
38	970819	1997	8	19	8	8	20	22	140.0	14.2	38	10	上游、茶业口	8	19	8	8	20	10	8	23	8	96	26	267	254	—	1 737	1 277	389.4	32.8	0.23
39	990614	1999	6	14	21	6	15	14	79.9	7.2	17	7	茶业口、峪门	6	14	22	6	15	14	6	16	6	32	16	32.3	25.1	—	148	65	389.4	1.7	0.02
40	000809	2000	8	9	4	8	10	14	86.8	26.6	34	10	上游	8	9	8	8	10	2	8	11	20	60	18	84.3	78.9	—	537	394	389.4	10.1	0.12
41	030707	2003	7	7	21	7	8	13	150.4	26.7	16	6	雪野水库、峪门	7	7	22	7	8	7	7	10	20	70	9	917	912	—	1 773	1 591	389.4	40.9	0.27
42	030903	2003	9	3	23	9	4	0	141.0	50.0	1	9	上游	9	4	0	9	4	8	9	7	9	81	8	1 256	1 225	—	5 002	3 896	389.4	100.1	0.71
43	040729	2004	7	29	21	7	31	10	114.0	38.6	37	7	上游	7	29	20	7	30	2	8	2	0	76	6	227	220	—	2 616	1 736	389.4	44.6	0.39
44	050702	2005	7	2	3	7	3	9	76.9	54.0	30	9	茶业口、峪门、雪野水库	7	2	3	7	3	6	7	4	16.5	61.5	27	151	145	—	947	742	389.4	19.1	0.25
45	050918	2005	9	18	20	9	20	0	158.3	44.7	28	12	茶业口	9	18	20	9	19	9.5	9	23	20	120	13.5	456	430	—	4 246	3 331	389.4	85.5	0.54
46	070816	2007	8	16	0	8	18	3	133.4	38.3	51	—	茶业口、峪门	8	16	6	8	18	6	8	19	18	84	48	296	267	—	3 583	3 135	389.4	80.5	0.60
47	090708	2009	7	8	12	7	8	23	65.2	35.0	11	4	普雨	7	8	20	7	9	7	7	11	6	58	4.5	247	237	—	700	494	389.4	12.7	0.19
48	100804	2010	8	4	19	8	5	3	72.0	43.6	8	4	流域上游	8	4	20	8	4	23.5	8	7	8	60	3.5	276	276	—	766	743	389.4	19.1	0.27
49	120707	2012	7	7	18	7	8	11	212.7	24.0	17	4	普雨	7	8	0	7	8	9.8	7	9	8	32	1.8	2 333	2 333	—	3 218	3 206	389.4	82.3	0.39
50	130723	2013	7	23	3	7	23	13	89.5	60.0	10	4	茶业口	7	23	6	7	23	7.3	7	25	12	54	4.0	586	540	—	2 441	1 541	389.4	39.6	0.44
51	160719	2016	7	19	21	7	23	4	320.0	39.3	79	15	上游	7	20	6	7	22	5.25	7	25	16	130	8.25	1 001	978	—	7 920	6 817	389.4	175.1	0.55
52	180818	2018	8	18	7	8	20	10	156.9	58.5	51	15	上游	8	18	20	8	19	20.25	8	23	8	108	2.25	945	933	—	4 272	3 784	389.4	97.2	0.62
53	190810	2019	8	10	10	8	13	9	272.3	41.5	71	33	流域上游	8	10	20	8	11	12.12	8	14	2	78	9.12	1 855	1 835	—	7 012	6 460	389.4	165.9	0.61

表 2-7　瀛汶河雪野水库站 $P+P_a$-R 精度评定表

序号	洪号	$P+P_a$（mm）	实测径流深 $R_{实}$（mm）	预报径流深 $R_{预}$（mm）	预报误差（mm）	许可误差（mm）	评定结果	
							合格	不合格
1	630829	159.9	50.0	56.0	6.0	10.0	√	
2	640716	126.2	30.4	29.1	−1.3	6.1	√	
3	640727	248.0	151.3	143.5	−7.8	20.0	√	
4	640830	165.7	58.8	61.4	2.6	11.8	√	
5	640912	170.1	75.3	65.7	−9.6	15.1	√	
6	660711	119.5	15.9	25.0	9.1	3.2		√
7	660714	148.5	49.2	45.9	−3.3	9.8	√	
8	670710	85.3	9.5	9.9	0.4	3.0	√	
9	670901	85.1	10.8	9.9	−0.9	3.0	√	
10	680819	106.2	14.5	18.3	3.8	3.0		√
11	690807	85.9	12.6	10.1	−2.5	3.0	√	
12	690811	123.3	30.3	27.3	−3.0	6.1	√	
13	700702	112.2	16.3	21.2	4.9	3.3		√
14	710703	127.5	30.9	30.0	−0.9	6.2	√	
15	720720	71.0	5.0	5.7	0.7	3.0	√	
16	720901	116.4	22.8	23.3	0.5	4.6	√	
17	730714	117.0	26.5	23.6	−2.9	5.3	√	
18	740723	88.8	8.7	11.2	2.5	3.0	√	
19	740804	109.3	22.1	19.8	−2.3	4.4	√	
20	750730	111.1	26.7	20.6	−6.1	5.3		√
21	760812	136.7	35.9	36.6	0.7	7.2	√	
22	770719	99.1	17.3	15.2	−2.1	3.5	√	
23	770722	77.4	9.3	7.4	−1.9	3.0	√	
24	770807	107.8	21.8	19.1	−2.7	4.4	√	
25	780704	154.0	59.4	50.6	−8.8	11.9	√	
26	800629	136.8	37.0	36.6	−0.4	7.4	√	
27	810621	95.4	11.2	13.7	2.5	3.0	√	
28	810714	76.7	6.3	7.2	0.9	3.0	√	
29	820817	57.1	3.0	3.0	0	3.0	√	
30	830729	108.1	12.5	19.2	6.7	3.0		√
31	840711	141.9	45.2	40.6	−4.6	9.0	√	
32	850711	92.7	11.2	12.6	1.4	3.0	√	
33	870710	196.3	73.9	89.0	15.1	14.8		√
34	900815	148.2	47.4	45.7	−1.7	9.5	√	
35	940629	217.7	108.3	113.2	4.9	20.0	√	
36	960724	169.4	74.1	65.0	−9.1	14.8	√	
37	960729	189.0	108.2	84.5	−23.7	20.0		√
38	970819	154.2	32.8	50.8	18.0	6.6		√
39	990614	87.1	1.7	10.6	8.9	3.0		√
40	000809	113.4	10.1	21.7	11.6	3.0		√
41	030707	177.1	40.9	72.6	31.7	8.2		√
42	030903	191.0	100.1	86.5	−13.6	20.0	√	
43	040729	152.6	44.6	49.4	4.8	8.9	√	
44	050702	130.9	19.1	32.3	13.2	3.8		√
45	050918	203.0	85.5	98.5	13.0	17.1	√	
46	070816	171.7	80.5	67.2	−13.3	16.1	√	
47	090708	100.2	12.7	15.2	2.5	3.0	√	
48	100804	115.6	19.1	22.8	3.7	3.8	√	
49	120707	236.7	82.3	121.0	38.7	16.5		√
50	130723	149.5	39.6	46.0	6.4	7.9	√	
51	180818	215.4	97.2	110.0	12.8	19.4	√	
52	190810	313.8	165.9	210.0	44.1	20.0		√

说明：1. 合格率 =73.1%；2. 预报误差 = 预报值 − 实测值；3. 许可误差 = 实测值的 20%；4. 本方案等级为乙级。

表 2-8　瀛汶河雪野水库站 $P-P_a-R$ 精度评定表

序号	洪号	流域平均雨量 P（mm）	前期影响雨量 P_a（mm）	实测径流深 $R_{实}$（mm）	预报径流深 $R_{预}$（mm）	预报误差（mm）	许可误差（mm）	评定结果		序号	洪号	流域平均雨量 P（mm）	前期影响雨量 P_a（mm）	实测径流深 $R_{实}$（mm）	预报径流深 $R_{预}$（mm）	预报误差（mm）	许可误差（mm）	评定结果	
								合格	不合格									合格	不合格
1	630829	146.5	13.4	50.0	57.9	7.9	10.0	√		27	810621	87.9	7.5	11.2	11.8	0.6	3.0	√	
2	640716	79.8	46.4	30.4	27.4	−3.0	6.1	√		28	810714	50.2	26.5	6.3	6.4	0.1	3.0	√	
3	640727	190.8	57.2	151.3	146.0	−5.3	20.0	√		29	820817	35.5	21.6	3.0	2.8	−0.2	3.0	√	
4	640830	118.4	47.3	58.8	63.7	4.9	11.8	√		30	830729	76.0	32.1	12.5	16.9	4.4	3.0		√
5	640912	125.5	44.6	75.3	68.1	−7.2	15.1	√		31	840711	84.4	57.5	45.2	40.4	−4.8	9.0	√	
6	660711	86.0	33.5	15.9	23.1	7.2	3.2		√	32	850711	51.9	40.8	11.2	11.0	−0.2	3.0	√	
7	660714	100.8	47.7	49.2	46.7	−2.5	9.8	√		33	870710	180.0	16.3	73.9	94.4	20.5	14.8		√
8	670710	65.4	19.9	9.5	8.6	−0.9	3.0	√		34	900815	101.8	46.4	47.4	46.5	−0.9	9.5	√	
9	670901	42.4	42.7	10.8	8.6	−2.2	3.0	√		35	940629	170.3	47.4	108.3	115.7	7.4	20.0	√	
10	680819	86.9	19.3	14.5	16.0	1.5	3.0	√		36	960724	151.0	18.4	74.1	67.4	−6.7	14.8	√	
11	690807	60.3	25.6	12.6	8.8	−3.8	3.0		√	37	960729	144.0	45.0	108.2	87.0	−21.2	20.0		√
12	690811	71.3	52.0	30.3	25.7	−4.6	6.1	√		38	970819	140.0	14.2	32.8	52.2	19.4	6.6		√
13	700702	74.6	37.6	16.3	19.0	2.7	3.3	√		39	990614	79.9	7.2	1.7	9.2	7.5	3.0		√
14	710703	74.7	52.8	30.9	28.6	−2.3	6.2	√		40	000809	86.8	26.6	10.1	19.5	9.4	3.0		√
15	720720	58.3	12.7	5.0	5.3	0.3	3.0	√		41	030707	150.4	26.7	40.9	75.1	34.2	8.2		√
16	720901	73.6	42.8	22.8	21.4	−1.4	4.6	√		42	030903	141.0	50.0	100.1	89.0	−11.1	20.0	√	
17	730714	72.3	44.7	26.5	21.8	−4.7	5.3	√		43	040729	114.0	38.6	44.6	50.7	6.1	8.9	√	
18	740723	40.4	48.4	8.7	9.7	1.0	3.0	√		44	050702	76.9	54.0	19.1	31.1	12.0	3.8		√
19	740804	59.5	49.8	22.1	17.7	−4.4	4.4	√		45	050918	158.3	44.7	85.5	101.0	15.5	17.1	√	
20	750730	61.0	50.1	26.7	18.6	−8.1	5.3		√	46	070816	133.4	38.3	80.5	69.7	−10.8	16.1	√	
21	760812	71.7	65.0	35.9	35.6	−0.3	7.2	√		47	090708	65.2	35.0	12.7	14.0	1.3	3.0	√	
22	770719	54.3	44.8	17.3	13.4	−3.9	3.5		√	48	100804	72.0	43.6	19.1	22.0	2.9	3.8	√	
23	770722	31.1	46.3	9.3	6.5	−2.8	3.0	√		49	120707	212.7	24.0	82.3	138.0	55.7	16.5		√
24	770807	60.4	47.4	21.8	17.0	−4.8	4.4		√	50	130723	89.5	60.0	39.6	46.0	6.4	7.9	√	
25	780704	95.5	58.5	59.4	52.1	−7.3	11.9	√		51	180818	156.9	58.5	97.2	112.0	14.8	19.4	√	
26	800629	117.5	19.3	37.0	35.9	−1.1	7.4	√		52	190810	272.3	41.5	165.9	212.0	46.1	20.0		√

说明：1. 合格率 =71.2%；2. 预报误差 = 预报值 − 实测值；3. 许可误差 = 实测值的 20%；4. 本方案等级为乙级。

表 2-9　瀛汶河雪野水库站 R–T_c–$Q_{m净}$ 精度评定表

序号	洪号	有效降雨历时 T_c（h）	实测径流深 $R_{实}$（mm）	净峰流量		预报误差（m^3/s）	许可误差（m^3/s）	评定结果		序号	洪号	有效降雨历时 T_c（h）	实测径流深 $R_{实}$（mm）	净峰流量		预报误差（m^3/s）	许可误差（m^3/s）	评定结果	
				实测 $Q_{m净实}$（m^3/s）	预报 $Q_{m净预}$（m^3/s）			合格	不合格					实测 $Q_{m净实}$（m^3/s）	预报 $Q_{m净预}$（m^3/s）			合格	不合格
1	630829	4	50.0	1 440	1 300	−140	288	√		23	810714	8	6.3	87.5	82	−5.5	18	√	
2	640716	6	30.4	612	596	−16	122	√		24	820817	8	3.0	30.8	36	5.2	6	√	
3	640727	12	151.3	1 560	757	−803	312		√	25	830729	6	12.5	246	245	−1	49	√	
4	640912	4	75.3	2 570	1 958	−612	514		√	26	840711	8	45.2	503	588	85	101	√	
5	660711	4	15.9	388	413	25	78	√		27	850711	5	11.2	190	255	65	38		√
6	660714	4	49.2	1 580	1 279	−301	316	√		28	870710	10	73.9	670	591	−79	134	√	
7	670901	3	10.8	253	302	49	51	√		29	870815	10	47.4	383	379	−4	77	√	
8	680819	6	14.5	353	284	−69	71	√		30	940629	6	108.3	2 053	2 123	70	411	√	
9	690811	8	30.3	255	394	139	51		√	31	960724	8	74.1	1 456	963	−493	291		√
10	700702	6	16.3	176	319	143	35		√	32	960729	12	108.2	1 150	541	−609	230		√
11	710903	6	30.9	740	606	−134	148	√		33	970819	10	32.8	254	262	8	51	√	
12	720720	4	5.0	97	130	33	19.4		√	34	990614	7	1.7	25.1	29	3.9	5	√	
13	720901	8	22.8	248	296	48	50	√		35	000809	10	10.1	78.9	81	2.1	16	√	
14	730714	10	26.5	211	212	1	42	√		36	030707	6	40.9	912	802	−110	182	√	
15	740804	12	22.1	112	111	−1	22	√		37	030903	9	100.1	1 225	1 051	−174	245	√	
16	750730	6	26.7	498	523	25	100	√		38	040729	7	44.6	220	727	507	44		√
17	760812	8	35.9	440	467	27	88	√		39	050702	9	19.1	145	201	56	29		√
18	770719	4	17.3	384	450	66	77	√		40	050918	12	85.5	430	428	−2	86	√	
19	770722	5	9.3	146	212	66	29		√	41	090708	4	12.7	237	282	45	47	√	
20	770807	6	21.8	350	420	70	70	√		42	100804	4	19.1	276	480	204	55		√
21	780704	6	59.4	1 138	1 164	26	228	√		43	120707	4	82.3	2 333	2 200	−133	467	√	
22	810621	3	11.2	368	314	−54	74	√		44	130723	4	39.6	540	1 020	480	108		√

说明：1. 合格率 =70.5%；2. 预报误差 = 预报值 – 实测值；3. 许可误差 = 实测值的 20%；4. 本方案等级为乙级。

表 2-10　瀛汶河雪野水库站 R-T_c-$T_{洪}$精度评定表

序号	洪号	有效降雨历时 T_c（h）	实测径流深 $R_{实}$（mm）	实测洪水历时 $T_{洪实}$（h）	预报洪水历时 $T_{洪预}$（h）	预报误差（h）	许可误差（h）	评定结果	
								合格	不合格
1	630829	4	50.0	43	30	-13	13	√	
2	640716	6	30.4	32	29	-3	10	√	
3	640727	12	151.3	62	39	-23	19		√
4	640912	4	75.3	40	42	2	12	√	
5	660711	4	15.9	32	31	-1	10	√	
6	660714	4	49.2	35	38	3	11	√	
7	670901	3	10.8	26	25	-1	8	√	
8	680819	6	14.5	33	32	-1	10	√	
9	690811	8	30.3	50	28	-22	15		√
10	700702	6	16.3	40	29	-11	12	√	
11	710903	6	30.9	38	35	-3	11	√	
12	720720	4	5.0	32	31	-1	10	√	
13	720901	8	22.8	56	31	-25	17		√
14	730714	10	26.5	47	35	-12	14	√	
15	740804	12	22.1	49	34	-15	15	√	
16	750730	6	26.7	39.5	33	-6.5	12	√	
17	760812	8	35.9	44	40	-4	13	√	
18	770719	4	17.3	33	30	-3	10	√	
19	770722	5	9.3	22	46	24	7		√
20	770807	6	21.8	32	37	5	10	√	
21	780704	6	59.4	38	43	5	11	√	
22	810621	3	11.2	22	61	39	7		√
23	810714	8	6.3	24	59	35	7		√
24	820817	8	3.0	38	57	19	11		√
25	830729	6	12.5	24	60	36	7		√
26	840711	8	45.2	54	49	-5	16	√	
27	850711	5	11.2	29	45	16	9		√
28	870710	10	73.9	56	61	5	17	√	
29	870815	10	47.4	57	65	8	17	√	
30	940629	6	108.3	48	67	19	14		√
31	960724	8	74.1	33	55	22	10		√
32	960729	12	108.2	80	58	-22	24	√	
33	970819	10	32.8	74	65	-9	22	√	
34	990614	7	1.7	30	62	32	9		√
35	000809	10	10.1	59	59	0	18	√	
36	030707	6	40.9	70	51	-19	21	√	
37	030903	9	100.1	81	72	-9	24	√	
38	040729	7	44.6	76	56	-20	23	√	
39	050702	9	19.1	62	68	6	19	√	
40	050918	12	85.5	108	66	-42	32		√
41	090708	4	12.7	58	30	-28	17		√
42	100804	4	19.1	60	32.5	-27.5	18		√
43	120707	4	82.3	32	43	11	10		√
44	130723	4	39.6	54	37	-17	16	√	

说明：1. 合格率 =63.6%；2. 预报误差 = 预报值 - 实测值；3. 许可误差 = 实测值的 30%；4. 本方案等级为丙级。

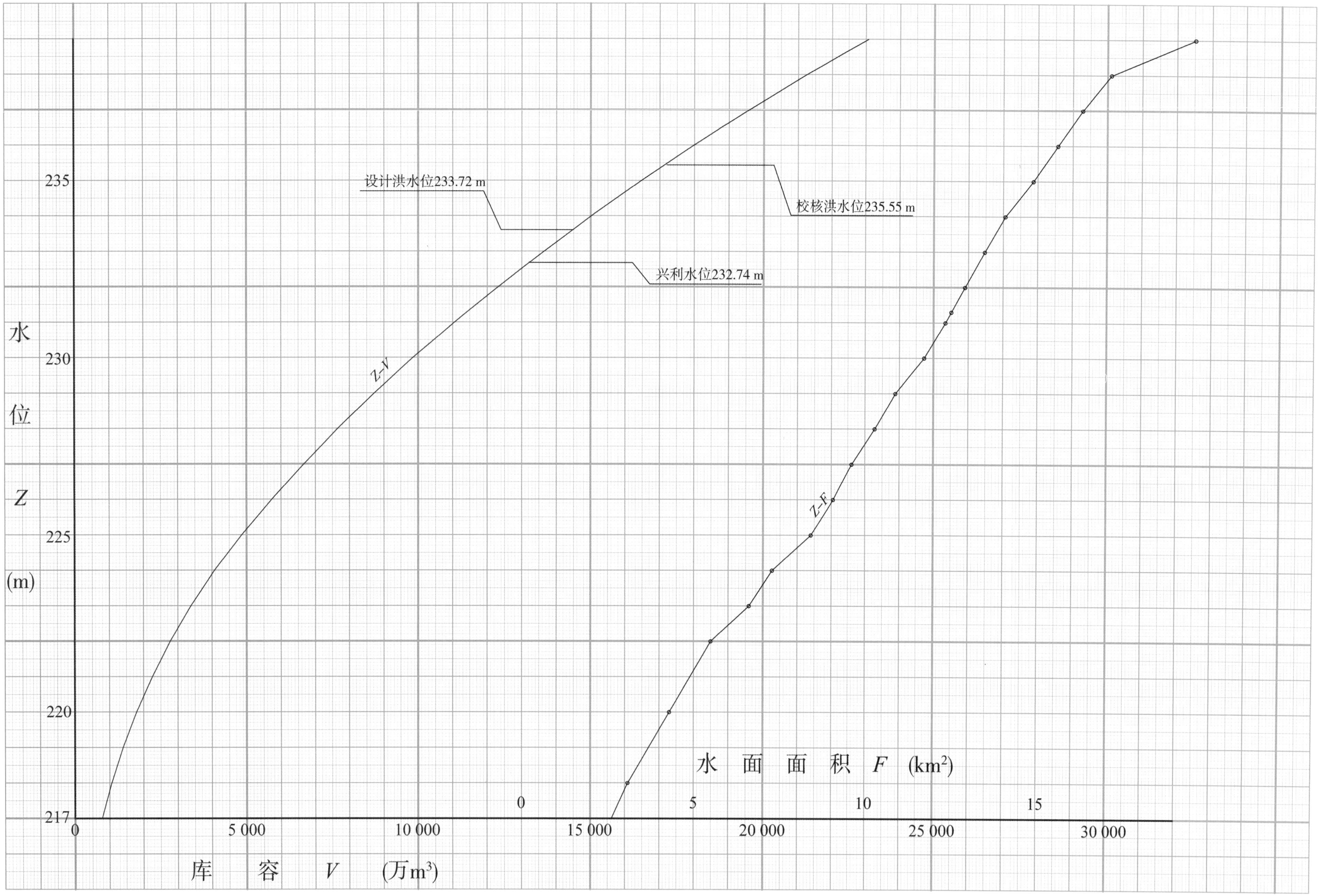

图 2-3 瀛汶河雪野水库水位 – 库容、水位 – 面积关系曲线图

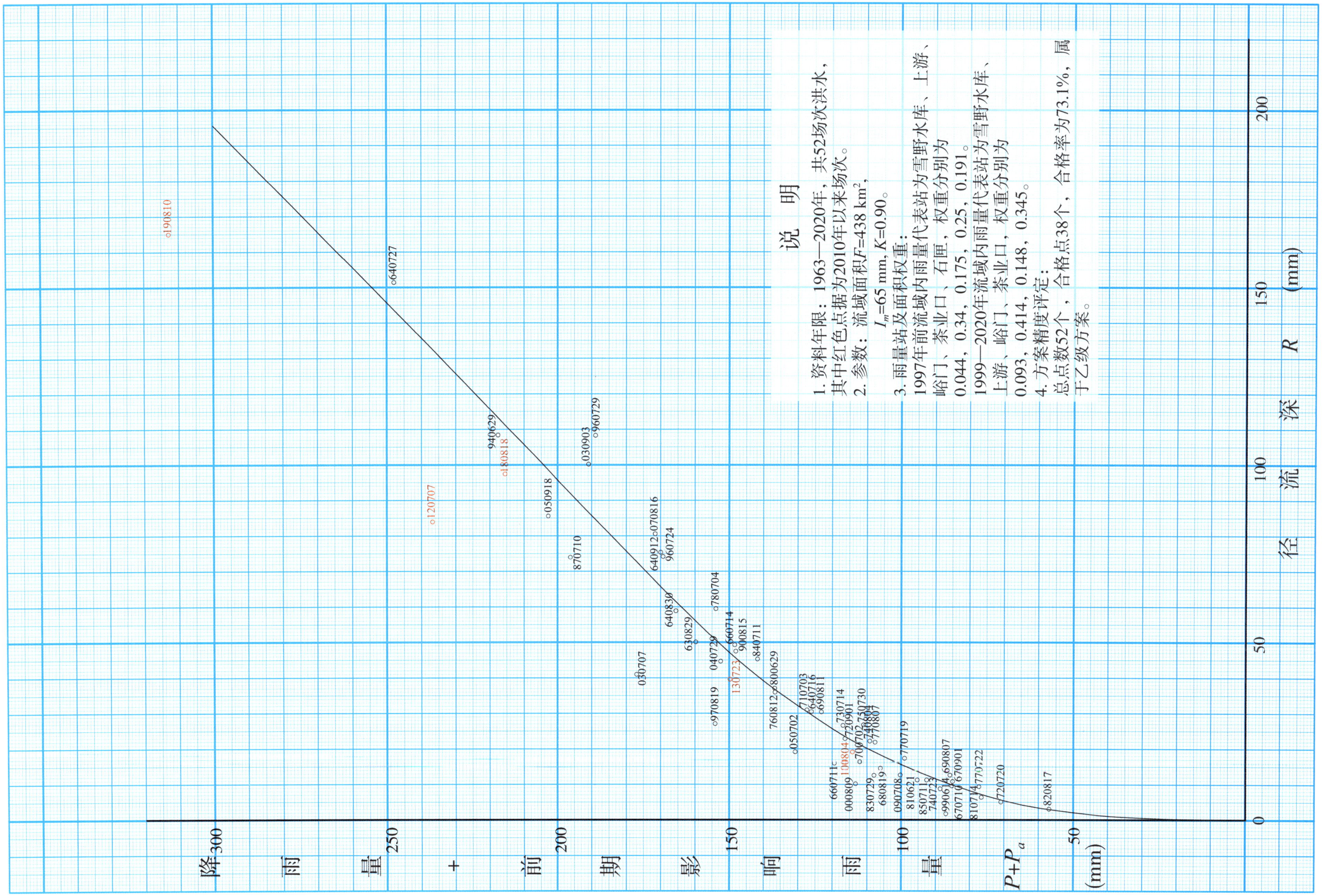

图 2-4 滦汶河雪野水库站 $P+P_a$–R 关系曲线图

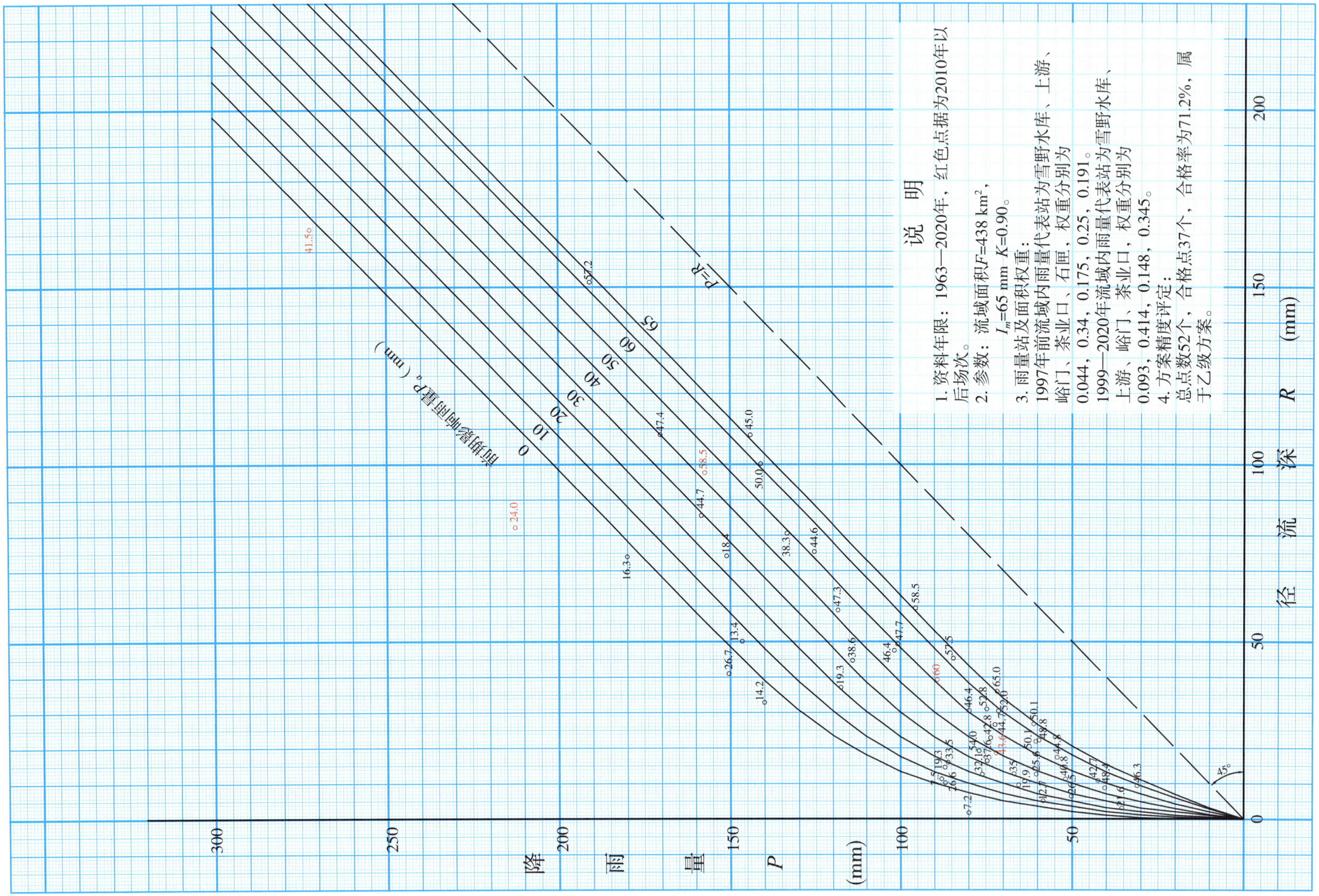

图 2-5　瀛汶河雪野水库站 P–P_a–R 关系曲线图

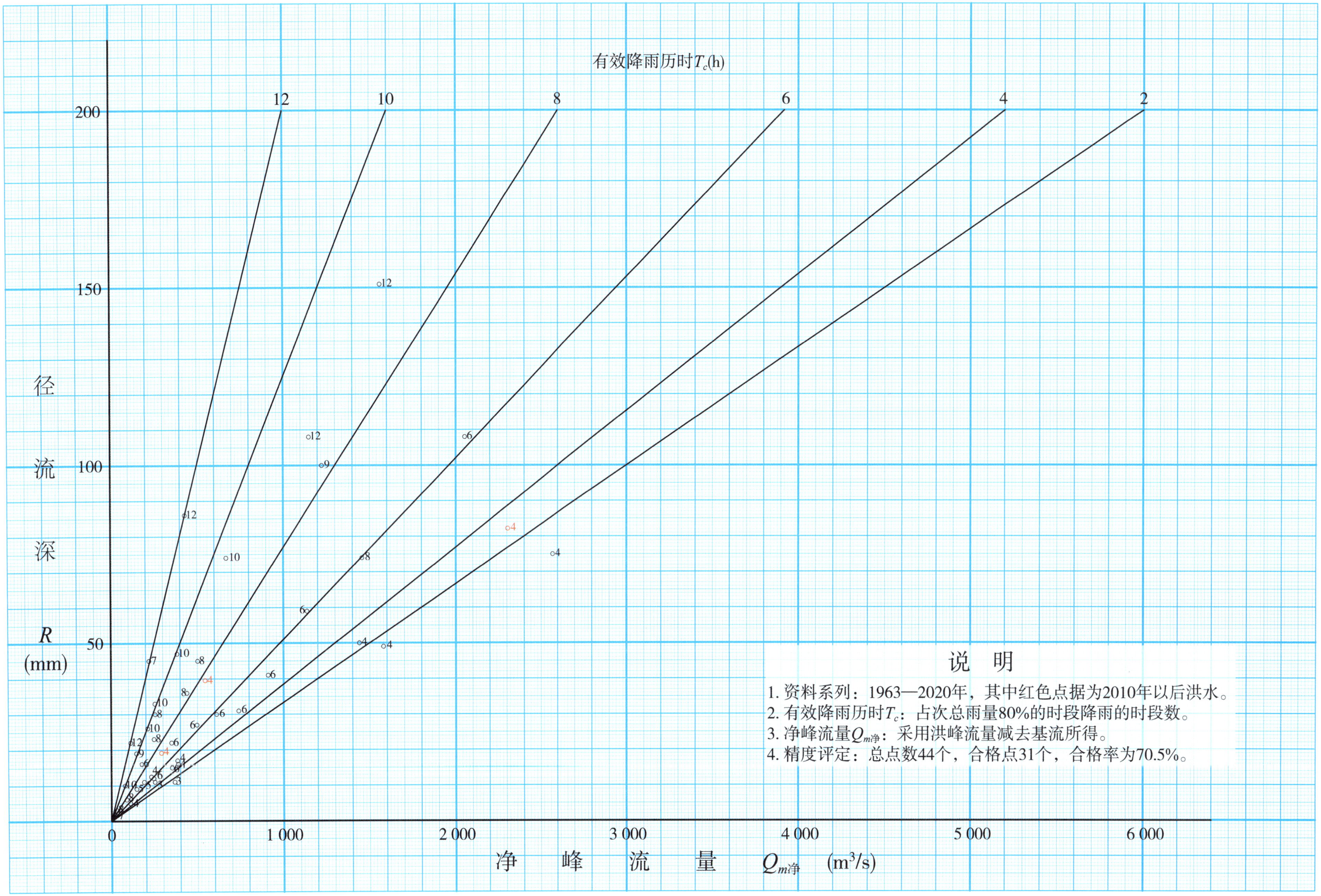

图 2-6 灜汶河雪野水库站 R–T_c–$Q_{m净}$ 关系曲线图

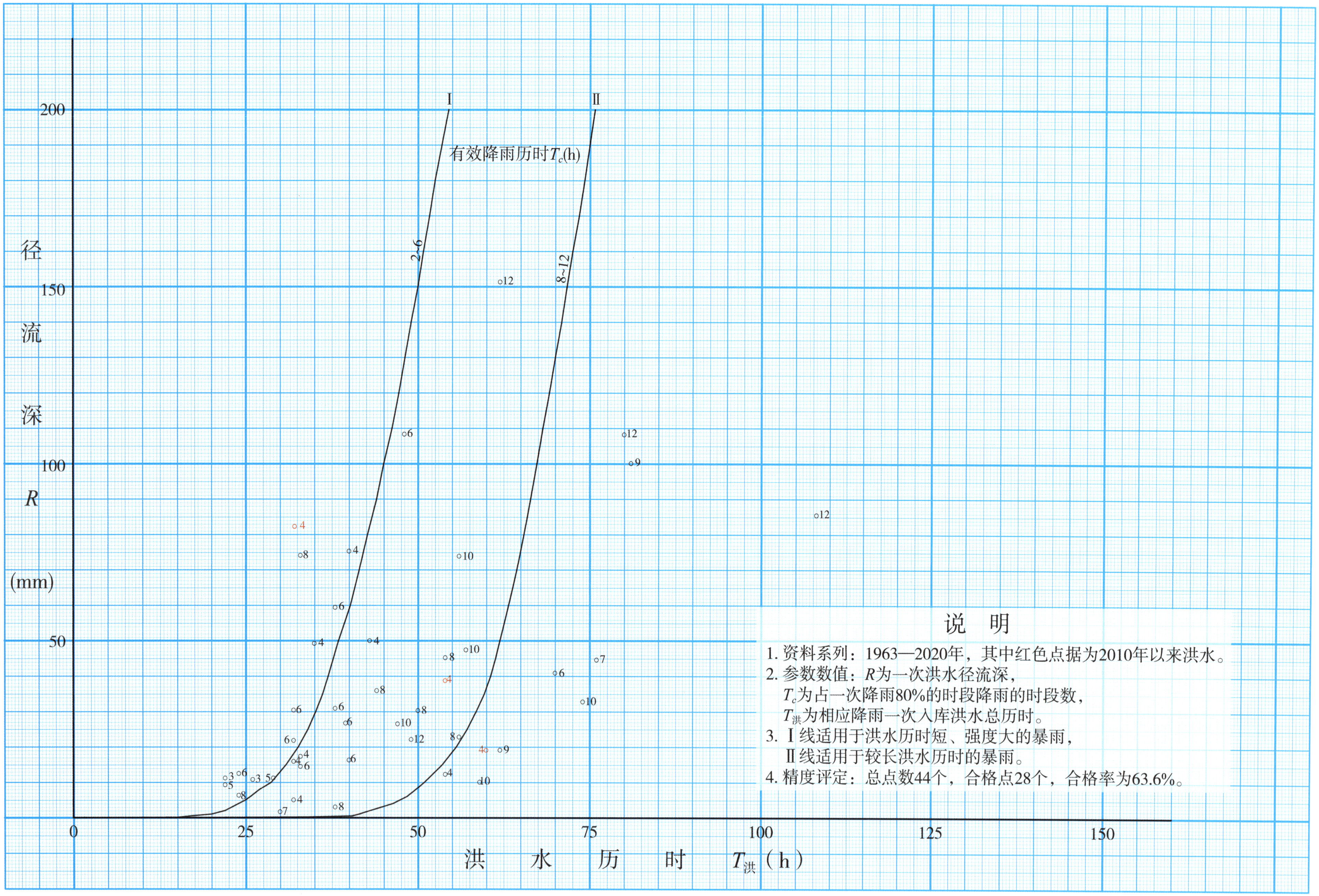

图 2-7　瀛汶河雪野水库站 R–T_c–$T_{洪}$关系曲线图

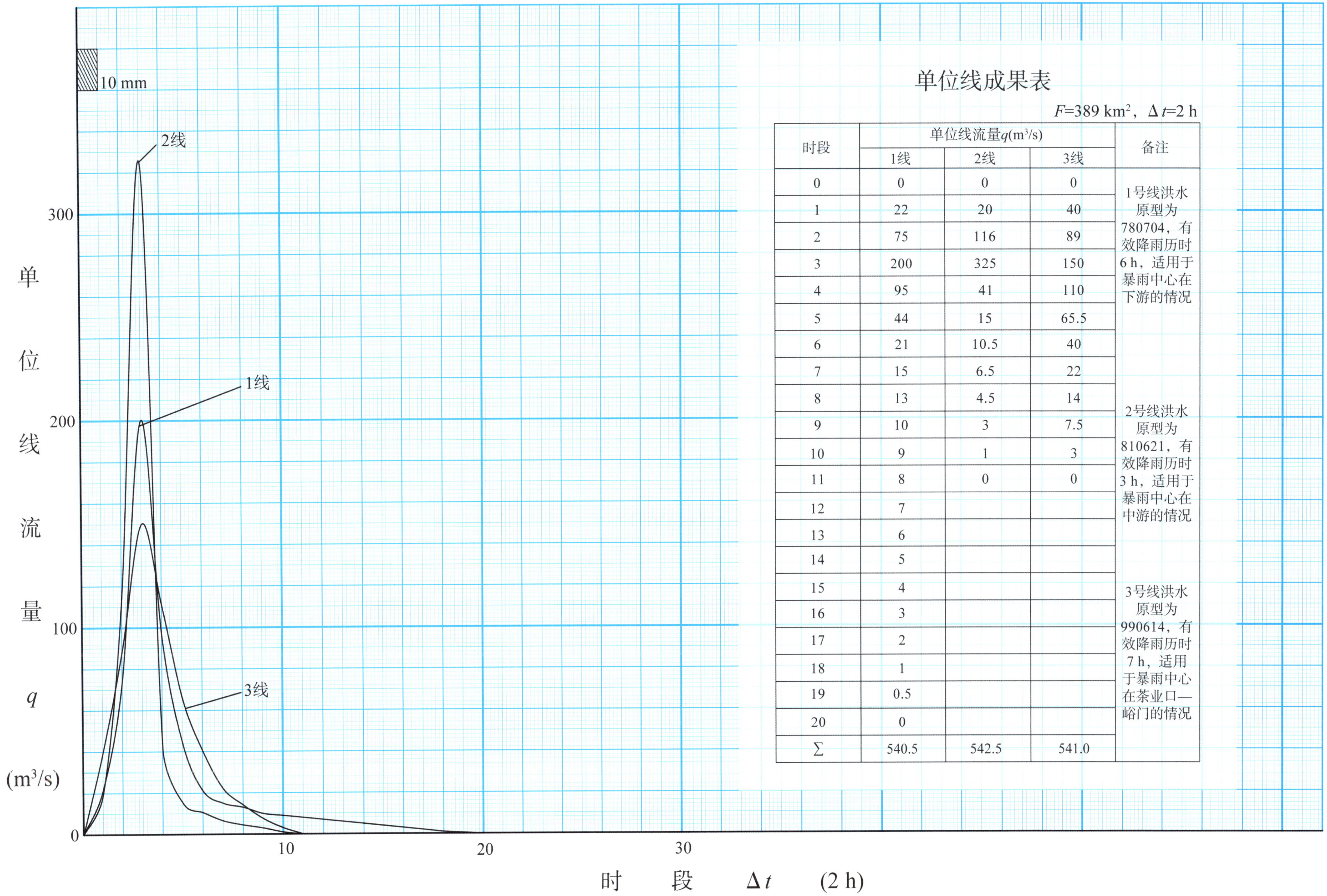

单位线成果表

F=389 km²，Δt=2 h

时段	单位线流量q(m³/s)			备注
	1线	2线	3线	
0	0	0	0	1号线洪水原型为780704，有效降雨历时6 h，适用于暴雨中心在下游的情况
1	22	20	40	
2	75	116	89	
3	200	325	150	
4	95	41	110	
5	44	15	65.5	
6	21	10.5	40	
7	15	6.5	22	
8	13	4.5	14	2号线洪水原型为810621，有效降雨历时3 h，适用于暴雨中心在中游的情况
9	10	3	7.5	
10	9	1	3	
11	8	0	0	
12	7			
13	6			
14	5			
15	4			3号线洪水原型为990614，有效降雨历时7 h，适用于暴雨中心在茶业口—峪门的情况
16	3			
17	2			
18	1			
19	0.5			
20	0			
Σ	540.5	542.5	541.0	

图 2-8 瀛汶河雪野水库站单位线综合图

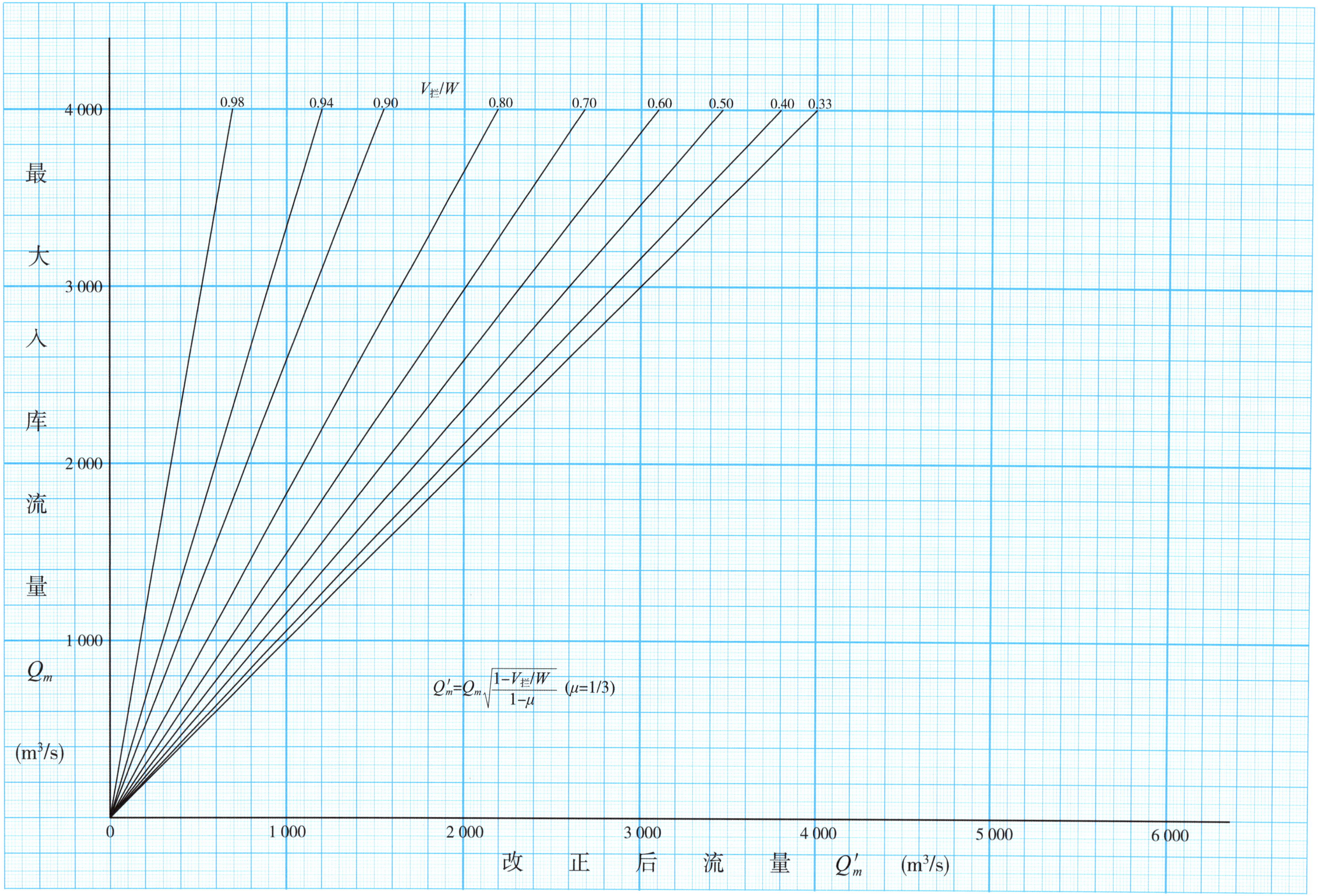

图 2–9　瀛汶河雪野水库站 Q_m–$V_{拦}/W$–Q'_m 关系曲线图

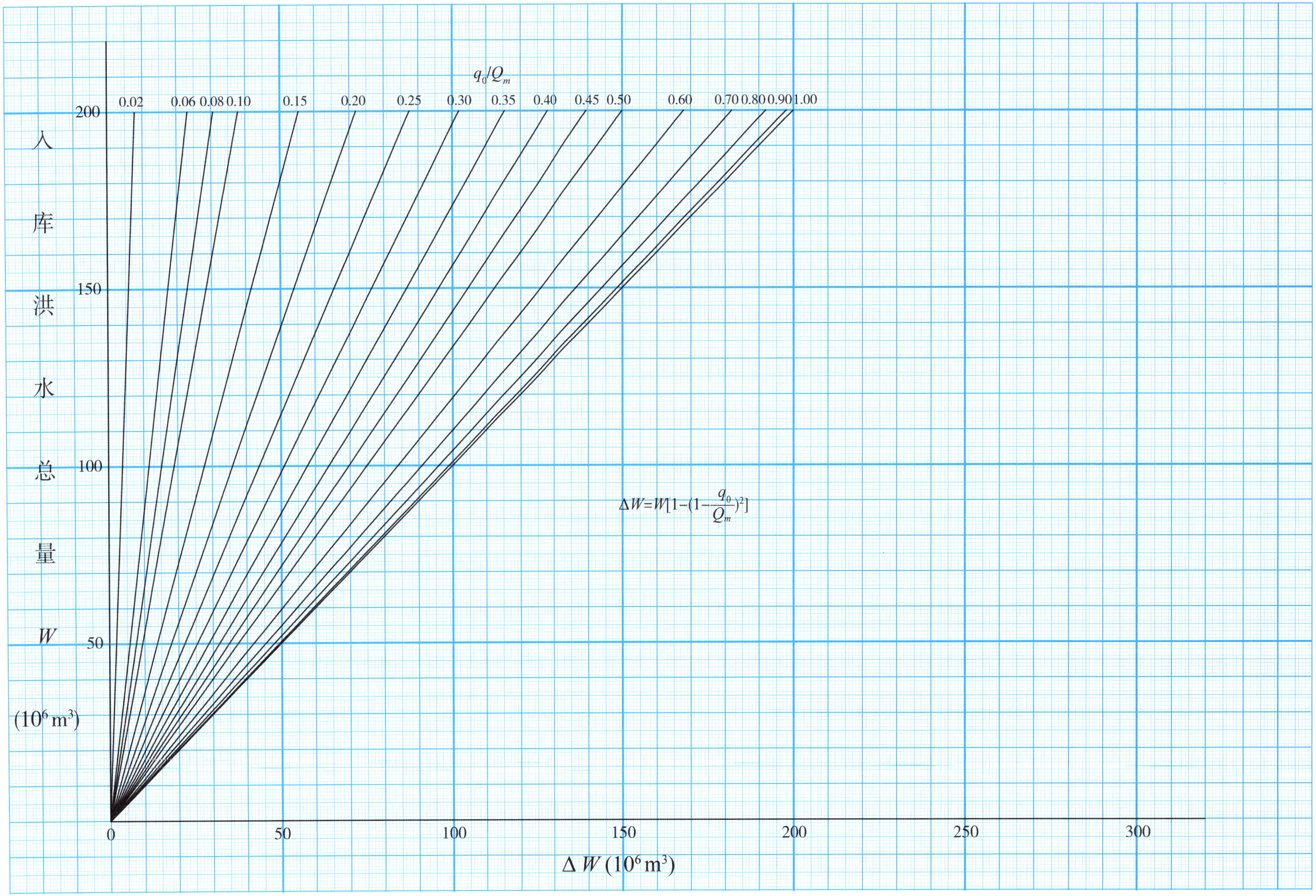

图 2-10　灜汶河雪野水库站 $W-q_0/Q_m-\Delta W$ 关系图

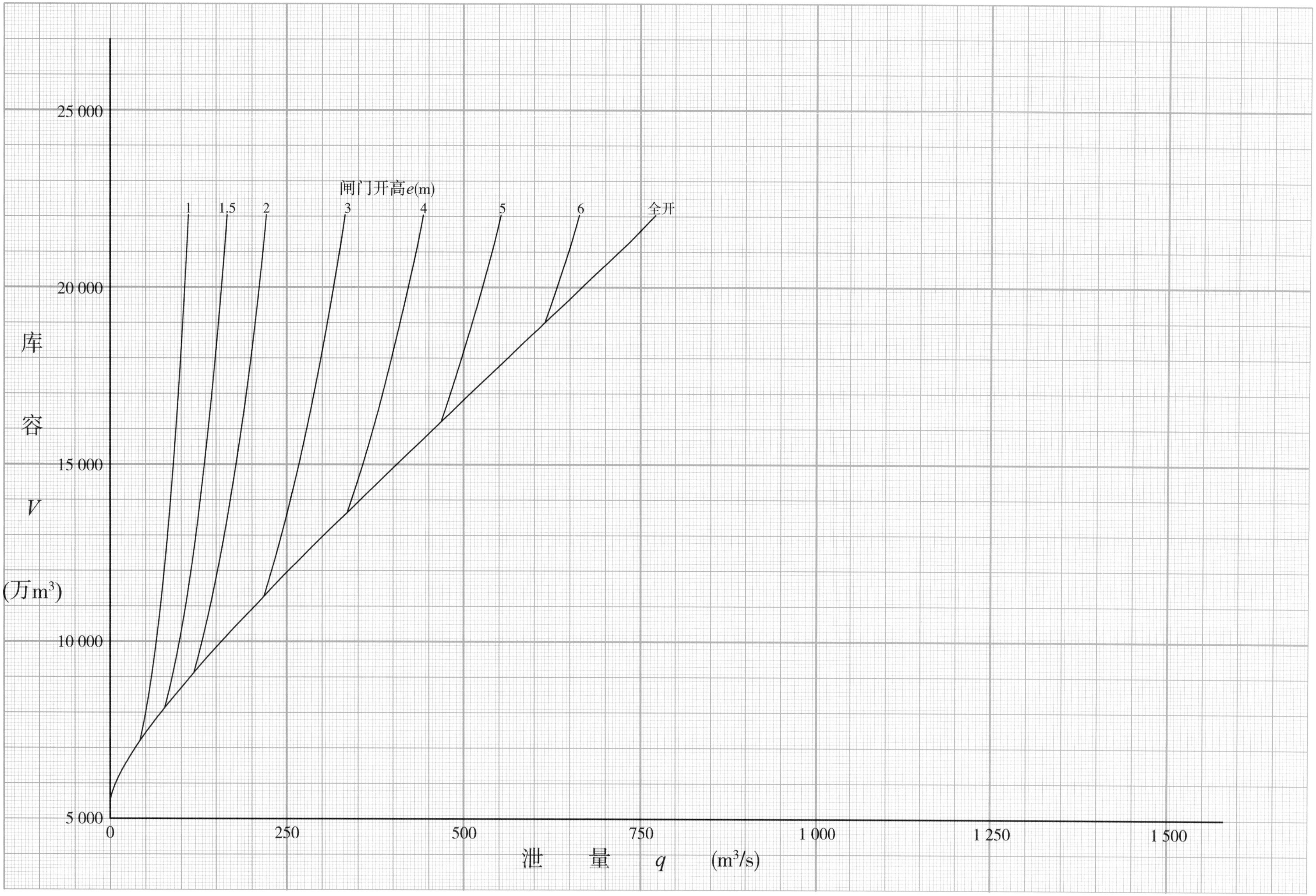

图 2-11　灜汶河雪野水库站 V-e-q 相关图（单孔）

第三章　石汶河黄前水库站水文预报方案编制说明

1　流域概况

1.1　流域自然地理特征

黄前水库位于泰安市岱岳区北部黄前镇，大汶河支流石汶河上游，该流域面积为 292 km^2，总库容为 8 248 万 m^3，兴利库容为 5 913 万 m^3。河长 21.1 km，干流平均坡度为 9.4‰，流域形状为扇形，形状系数为 0.66，河网密度为 0.26 km/km^2，流域平均宽度为 13.8 km，河道弯曲系数为 1.57，河道断面形状为矩形。

该流域坐落于泰山山麓，均系泰山山脉纯山区，绝大部分岩石为前震旦系的花岗岩、花岗片麻岩和混合岩，也有一部分是火成岩和变质岩，岩石出露明显，土层厚薄不均，一般平均厚度为 0.3~0.5 m，土壤性质一般为壤土、沙壤土以及部分黏土和沙土。农作物以地瓜、花生为主，小麦、玉米较少。由于该流域土壤性质较好，山区植树造林比较普遍，植被覆盖率为 57%，因此水土流失较轻。黄前水库站以上流域图见图 3–1。

1.2　水利工程情况

黄前水库枢纽工程包括大坝、溢洪道（闸）、输水洞三部分，工程高程基面为 1956 年黄海基面。大坝全长 1 530 m，顶宽 7 m，为黏土心墙砂壳坝，坝顶高程为 213.30 m，最大坝高 33.3 m。溢洪道（闸）的闸室为正槽开敞式宽顶堰型钢筋混凝土结构，长 16 m，共 7 孔，每孔净宽 10 m, 堰顶高程 201.00 m，设有 7 扇弧形钢闸门，闸门尺寸为 10 m × 8.5 m，闸门顶高程 209.00 m，最大泄洪流量为 4 050 m^3/s。输水洞分为南输水洞和北输水洞，南输水洞位于大坝 0+100 处，进水口底高程为 188.00 m, 设计流量 15.0 m^3/s；北输水洞位于大坝 1+440 处，进水口底高程为 200.00 m，设计最大泄量 2.00 m^3/s。黄前水库工程基本情况详见表 3–1，测验断面位置见图 3–2。黄前水库站水位（Z）– 库容（V）– 面积（F）关系图见图 3–3。

流域内自 1958 年以来先后建成小（1）型水库 3 座、小（2）型水库 14 座、塘坝 24 座，总控制流域面积为 134.7 km^2，总库容为 1 337.8 万 m^3，兴利库容为 1 045 万 m^3。其中小型水库共 17 座，总控制流域面积为 109.4 km^2，总库容为 1 292 万 m^3，兴利库容为 997.2 万 m^3。较大的小（1）型水库是下港镇的彭家峪水库，流域面积为 20.8 km^2，总库容为 710 万 m^3，兴利库容为 580 万 m^3。较大的小（2）型水库是大津口乡的栗杭水库，流域面积为 48 km^2，总库容为 97 万 m^3，兴利库容为 48 万 m^3。黄前水库站以上流域内主要水利工程情况见表 3–2。

表 3–1　黄前水库工程基本情况表

1. 概况					
位置	山东省泰安市		水准基面	1956 年黄海基面	
所在河流	石汶河	流域面积	292 km^2	河道干流平均坡度	9.4‰
开工时间		1958 年 5 月	竣工时间	1960 年 8 月	
2. 水库特性指标					
项目	水位（m）	项目	库容（万 m^3）		
死水位	190.60	死库容	440		
兴利水位	209.00	兴利库容	5 913		
设计洪水位	209.55	调洪库容	1 895		
校核洪水位	212.15	总 库 容	8 248		
3. 大坝特性指标					
项目	主坝	副坝			
坝型	黏土心墙砂壳坝	均质土坝			
坝顶高程（m）	213.30	213.30			
最大坝高（m）	33.3	29.0			
坝顶宽（m）	7.00	7.00			
4. 正常溢洪道特性指标					
型式	正槽开敞式宽顶堰	闸门尺寸	10 m × 8.5 m		
堰顶高程	201.00 m	最大泄量	4 050 m^3/s		
堰顶净宽	7 × 10 m	消能型式	底流消能		
闸门型式	弧形钢闸门	启闭设备	移动式电动葫芦配自动挂钩梁		
5. 输水洞特性指标					
南输水洞	型式	钢筋混凝土管内衬钢管（有压）	北输水洞	型式	拱涵内衬钢管（有压）
	进口底高程	188.00 m		进口底高程	200.00 m
	最大泄量	15.0 m^3/s		最大泄量	2.00 m^3/s

表 3-2　黄前水库站以上流域内主要水利工程统计表

工程类别	水库名称	所在乡镇	流域面积 F（km^2）	总库容 V（万 m^3）	兴利库容 $V_{兴}$（万 m^3）
小（1）型	彭家峪	下港	20.8	710	580
小（1）型	李子峪	黄前	3.5	114.5	84.7
小（1）型	药乡	大津口	2	115.5	91
小（2）型	马蹄峪	下港	2.55	15.6	7.2
小（2）型	赵峪	下港	1.8	13.2	8.4
小（2）型	蛤蟆营	下港	1	12	10.9
小（2）型	勤村	下港	1.2	12	11.2
小（2）型	黄芹	下港	2	12	10
小（2）型	陈寺峪	下港	0.8	14.6	12
小（2）型	石屋志	黄前	13	75	72
小（2）型	臭泉	黄前	3	11	5.5
小（2）型	大岭沟	黄前	0.5	20	18.3
小（2）型	花果峪	黄前	2.5	12	10
小（2）型	栗杭	大津口	48	97	48
小（2）型	牛山口	大津口	1.7	10.1	7
小（2）型	青杨峪	大津口	2.55	22	10
小（2）型	天龙	大津口	2.5	25.5	11

1.3　测站概况

黄前水库水文站于 1962 年 6 月 1 日设立，流域面积为 292 km^2；测站上游东支（主流）在下港镇的茅茨舍至观池河之间汇入水库，西支在黄前镇宋家庄村汇入水库。测站下游无支流，溢洪道和输水洞均在大坝右侧。黄前水库站属区域代表站，测验任务有库内水位、出库流量、降水量、冰情、水质、墒情、水文调查、蒸发等；该站还担负着向国家防总，省、市防指提供水情、雨情、墒情和洪水预报等报汛任务。黄前水库水文站概况说明见表 3-3，上游有 5 处长系列雨量站，详见表 3-4。

该站冻结基面高程 +67.844 m=1985 年国家高程基准高程。

表 3-3　黄前水库水文站概况说明表

	设立或变动	发生年月	站名	站别	领导机关	说明
测站沿革	设立	1962 年 6 月	黄前水库	水文	山东省水利厅	常年站
	领导关系转移	1964 年 1 月	黄前水库	水文	山东省水文总站	
	集水面积变动	1965 年 1 月	黄前水库	水文	山东省水文总站	集水面积由 291 km^2 新量算为 290 km^2
	集水面积变动	1971 年 1 月	黄前水库	水文	山东省水文总站	集水面积由 290 km^2 新量算为 292 km^2
	领导机关更名	1998 年 4 月	黄前水库	水文	山东省水文水资源勘测局	
		2021 年 3 月	黄前水库	水文	山东省水文中心	
断面及主要测验设施布设情况	名称		位置		布设年月	使用情况
	基本水尺断面（坝上）		站房北 30 m		1962 年 6 月	各级水位使用
	南输水洞测流断面		南输水洞闸下 170 m		1962 年 8 月	各级水位使用

表 3-4　黄前水库站以上流域雨量站情况表

站名	设站年份	详细地址
独路	1964 年	济南市莱芜区大王庄镇宅科村
彭家峪	1964 年	泰安市岱岳区下港镇彭家峪水库
下港	1953 年	泰安市岱岳区下港镇翟家岭
西麻塔	1963 年	泰安市岱岳区黄前镇西麻塔村
黄前水库	1962 年	泰安市岱岳区黄前镇黄前水库

2　预报方案编制

2.1　预报区间的确定

黄前水库上游均为小型水库汇入本水库站，因此预报区间面积确定为 292 km^2。

2.2　资料情况及方案沿革

2.2.1　资料情况

黄前水库预报方案于 1985 年分析编制完成，又在 2004 年、2007 年分别进行了预报方案的修订。本次分析选用实测资料年限为 57 年（1964—2020 年），共计 92 场次降雨洪水资料。

2.2.2 方案沿革

原方案中产流方案采用降雨径流相关图 $P-P_a-R$，汇流方案采用峰量关系曲线、单位线。原分析资料共有 50 场次洪水，本次修订仍沿用原方案的计算方法，新增加 42 场次，并对原 50 场次降雨洪水进行重新分析计算，雨量站点进行了重新选取，原始资料重新摘录，参数重新率定，所有曲线均根据新的点据重新定线，时段长修改为 1 h。

2.3 产流方案

产流方案分别采用降雨径流经验相关图 $P+P_a-R$ 和 $P-P_a-R$，根据分析计算的 92 个点据点绘定线。其中，P 为次降雨流域平均雨量（mm）；P_a 为流域平均前期影响雨量（mm）；R 为次降雨所产生的径流深（mm）。详见图 3–4、图 3–5。

2.3.1 主要参数的计算

2.3.1.1 流域平均雨量P的计算

流域平均雨量采用面积加权法计算求得，雨量站的面积控制权重见表 3–5。

表 3–5　黄前水库站以上流域内雨量站的控制权重表

站名	独路	彭家峪	下港	西麻塔	黄前水库
权重	0.102	0.238	0.259	0.346	0.055

2.3.1.2 流域平均前期影响雨量P_a的计算

每年自汛初开始连续计算，先以面积加权法计算流域平均雨量，然后计算前期影响雨量 P_a，其计算公式如下：

$$P_{a,t+1}=K（P_{a,t}+P_t）$$

式中：$P_{a,t+1}$ 为第 t+1 日的前期影响雨量（mm）；$P_{a,t}$ 为第 t 日的前期影响雨量（mm）；P_t 为第 t 日的流域平均雨量（mm）；K 为折减系数，本方案采用 0.9。

2.3.1.3 最大损失量I_m和K值的确定

本次方案选择久旱少雨和突降大雨产生径流较小的洪水，共选 15 场次洪水，采用五站平均计算，发现 2000 年以前 I_m 为 80 ～ 90 mm，取用 I_m=80 mm；2000 年以后为 90 ~ 100 mm，取用 I_m=90 mm；1985 年编制方案时分析的结果为 I_m=65 mm。分别按照 I_m=65 mm、80 mm、90 mm 进行分析，发现三次最大损失量对应的 92 场次降雨洪水资料前期影响雨量 P_a 差别很小，因此仍采用 I_m=65.0 mm。K-1-E_m/I_m，根据黄前水库站蒸发资料选用 E_m=6 mm，I_m=65.0 mm，所以 K≈0.90。其中 I_m 值采用下式计算：

$$I_m=P+P_a-R-E$$

式中：P 为流域平均降雨量（mm）；P_a 为前期影响雨量（mm）；R 为径流深（mm）；E 为雨间蒸发量（mm）。

2.3.1.4 径流深R的推求

在入库洪水过程线上采用斜线分割法切除基流，本次洪水径流深 R 等于洪水总量 W（扣除基流量）除以集水面积 F。其中流域面积 $F_全$=292 km^2，第一场降雨洪水流域面积 $F_控$选用流域面积 $F_全$扣除 17 座小型水库流域面积后的 182.6 km^2，第二场后流域面积 $F_控$为 $F_全$扣除小（1）型水库彭家峪水库流域面积后的 271.2 km^2。黄前水库水文站降雨径流分析成果见表 3–6。

2.3.1.5 有效降雨历时T_c的确定

有效降雨历时 T_c 是指占总降水量 80% 的降雨量的集中历时，当中间间隔了几个时段时，要把间隔的这几个时段也考虑在内。

2.3.1.6 暴雨中心位置的确定

根据流域特性和代表站分布情况，一般是：独路—彭家峪为上游区；彭家峪—下港为中游区；下港、西麻塔—黄前水库为下游区。

2.3.2 精度评定

按许可误差 =20% 实测值的标准（并当许可误差大于 20.0 mm 时以 20.0 mm 为上限，小于 3.0 mm 时以 3.0 mm 为下限）进行逐次洪水评定。$P+P_a-R$ 相关图共选用 92 个点据，74 个合格，合格率为 80.4%，属于乙级方案，见表 3–7；$P-P_a-R$ 相关图共选用 92 个点据，73 个合格，合格率为 79.3%，属于乙级方案，见表 3–8。

2.4 汇流方案

汇流方案主要采用峰量关系图、单位线等方法。

2.4.1 峰量关系图法

2.4.1.1 峰量关系曲线$R-T_c-Q_m$

以有效降雨历时 T_c 作为参数，建立峰量关系曲线 $R-T_c-Q_m$。其中，R 为一次降雨径流深，由次洪水总量除以相应集水面积而得；T_c 为有效降雨历时；Q_m 为一次降雨过程所产生的洪峰流量。

根据 1964—2020 年 92 次洪水点据进行分析，通过点群中心并照顾同一 R 值的 Q_m 逐渐减少的趋势定线，$R-T_c-Q_m$ 关系图见图 3–6。

精度评定：按许可误差 =20% 实测值的标准进行逐次洪水评定。本方案共选用 1964—2020 年 92 个点据，69 个合格，合格率为 75.0%，属于乙级方案，详见表 3–9。

2.4.1.2 径流深与洪水历时相关曲线$R-T_c-T_洪$

以有效降雨历时 T_c 作为参数，建立径流深与洪水历时相关曲线 $R-T_c-T_洪$。根据 1964—2020 年 92 场次洪水历时的点据进行分析定线。通过点群中心并照顾同一 R 值的 $T_洪$逐渐增大的趋势定线，绘制了 T_c=4 h，T_c=8 h 及 T_c=16 h 三条曲线，其余时间插补，详见图 3–7。

精度评定：按许可误差 =30% 实测值的标准（并当许可误差小于 3 h 时以 3 h 为下限）进行逐次洪水评定。本方案共选用 1964—2020 年 92 个点据，80 个合格，合格率为 87.0%，属于甲级方案，见表 3-10。

2.4.2 单位线法

根据 640912、070718 和 160722 场次洪水资料分析得到 3 条单位线。黄前水库水文站所有单位线的 Δt 均取 1 h，详见图 3-8。

2.5 泄量关系曲线

黄前水库泄量关系曲线见图 3-9。

3 方案使用说明

3.1 径流深预报

计算出流域平均雨量 P 和流域平均前期影响雨量 P_a，根据降雨径流关系图 $P+P_a-R$ 和 $P-P_a-R$ 的查算结果进行综合分析，确定地表径流深 R 的预报值。首先判断降雨是否为入汛以来第一场较大降雨洪水，如果是第一场洪水，流域面积为 182.6 km^2，第二场之后流域面积为 271.2 km^2。

3.2 最大入库洪峰流量及洪水历时预报

3.2.1 查$R-T_c-Q_m$图

根据 R，T_c 查询 $R-T_c-Q_m$ 关系曲线得到 Q_m，当 T_c 介于两条关系曲线之间时，首先查出两条曲线中对应的 Q_m 数值，然后进行插补，当 T_c 大于 16 h 或者小于 2 h 时，根据最近两条关系线进行插补外延。

3.2.2 查$R-T_c-T_{洪}$图

根据 R，T_c 查询 $R-T_c-T_{洪}$关系曲线得到 $T_{洪}$，当 T_c 介于两条关系曲线之间时，首先查出两条曲线中对应的 $T_{洪}$数值，然后进行插补，当 T_c 大于 16 h 或者小于 2 h 时，根据最近两条关系线进行插补外延。

3.2.3 单位线法

由次雨径流深 R、时段降雨量 P 采用扣损法得到各时段净雨深，根据暴雨中心位置选择相应单位线，各时段净雨深错时段与 0.1 倍的单位线各时段流量相乘，然后同时段流量相加，再加上基流量即为入库流量过程。最大入库洪峰流量可以从入库流量过程线上查得。

3.3 入库洪水总量预报

根据公式 $W=0.1FR$ 得出入库洪水总量 W。

3.4 方案合理性检查及评定

在方案建立过程中，随时根据规范要求及有关文件规定进行合理性检查，特别对突出点据从原始资料反复查对，对中间处理过程也进行了认真审查，发现不合理的问题后基本上做了检查改正。方案建立后，先从线形进行比较，防止出现矛盾现象，然后对每个方案尽量根据规范规定采用表格形式进行了精度评定（用许可误差法）。其中，$P+P_a-R$ 相关图合格率为 80.4%，属乙级方案；$R-T_c-Q_m$ 相关图合格率为 75.0%，属乙级方案。综合来说，本方案属于乙级方案。

3.5 方案适应能力

本方案适用于防洪标准以下的洪水作业预报。如遇超标准洪水，则需根据当时具体情况酌情修正。

3.6 注意事项

（1）方案的制作未考虑上游塘坝的影响，作业预报时要根据前期降雨情况适当修正。

（2）应随时掌握上游工程蓄水及泄洪情况，要根据实际情况对预报值进行及时修正。

（3）局部暴雨要注意超渗产流，可适当将查算的 R 值加大；久旱初雨时的产流偏小，应适当修正所查 R 值。

（4）若发生第三场、第四场洪水时上游小（1）型水库蓄满，流域面积仍按照扣除小（1）型水库后的流域面积进行分析，则径流深会偏大，应适当修正所查 R 值。

总之，由于影响因素太多，本方案不能全部反映实际情况，因而不能照搬，应具体问题具体分析，并采用多种方法，考虑各种因素进行综合分析，确定采用的预报值。

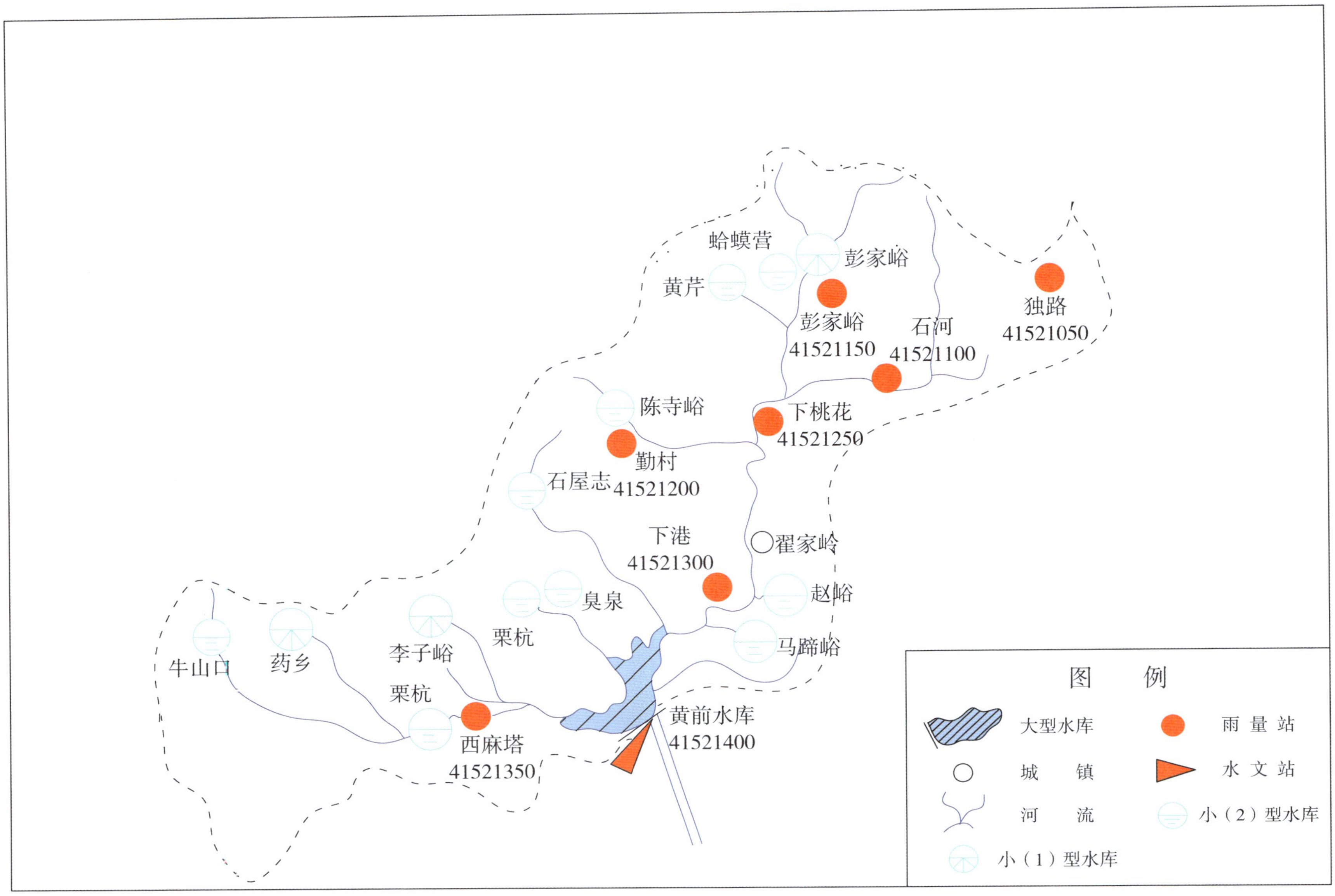

图 3-1　石汶河黄前水库站以上流域图

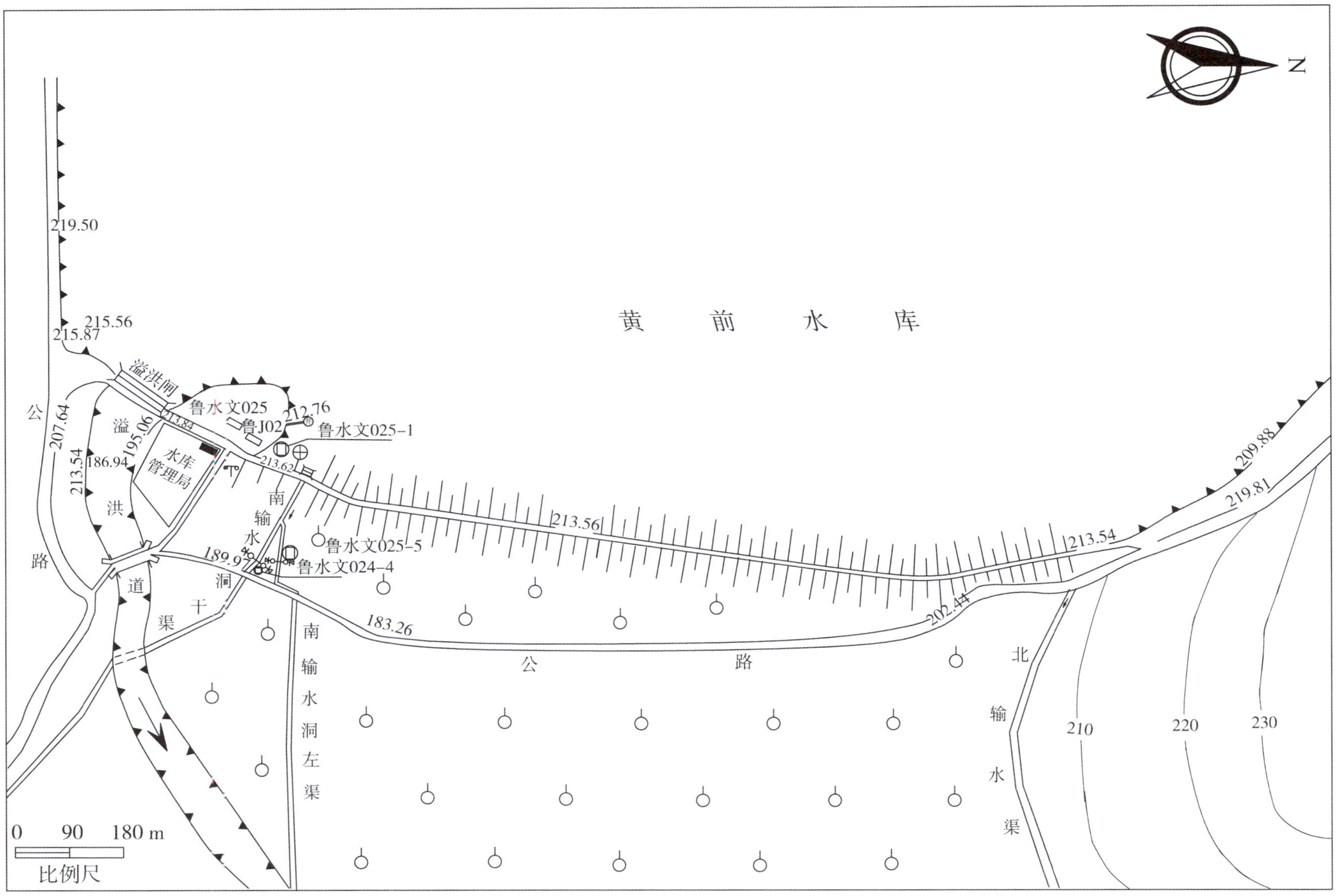

图 3-2　石汶河黄前水库站测验断面位置图

表 3-6　石汶河黄前水库站降雨径流分析成果表

序号	洪号	降雨起止时间		流域平均雨量 P（mm）	前期影响雨量 P_a（mm）	$P+P_a$（mm）	降雨历时（h）		暴雨中心位置或特点	洪水起止时间			洪水总历时 $T_{洪}$（h）	洪峰流量 Q_m（m^3/s）	径流深 R（mm）	径流系数 α	地表径流总量 W（万 m^3）
		起	止				全部 T	有效 T_c		起涨	峰顶	落平					
1	640728	7 月 27 日 12:00	7 月 28 日 18:00	185.8	59.6	245.4	30.0	8.0	下港、西麻塔（先上后下）	7 月 27 日 12:00	7 月 28 日 10:30	7 月 30 日 2:00	62.0	1 670	160.6	0.86	4 690
2	640830	8 月 30 日 2:00	8 月 31 日 14:00	140.9	36.4	177.3	36.0	19.0	西麻塔	8 月 30 日 0:00	8 月 30 日 22:30	9 月 2 日 8:00	80.0	508	85.3	0.61	2 490
3	640912	9 月 12 日 2:00	9 月 12 日 14:00	152.1	43.6	195.7	12.0	3.0	独路—彭家峪（上）	9 月 12 日 2:00	9 月 12 日 7:00	9 月 14 日 20:00	66.0	1 733	89.1	0.59	2 601
4	660624	6 月 24 日 9:00	6 月 24 日 22:00	55.3	15.6	70.9	13.0	7.0	下港、西麻塔（偏下）	6 月 24 日 18:00	6 月 24 日 21:30	6 月 25 日 20:00	26.0	44	4.5	0.08	130
5	680720	7 月 19 日 23:00	7 月 20 日 4:00	80.7	19.4	100.1	5.0	1.0	彭家峪、西麻塔（中）	7 月 20 日 0:00	7 月 20 日 4:00	7 月 21 日 8:00	32.0	322	13.1	0.16	382
6	690812	8 月 11 日 10:00	8 月 12 日 6:00	97.7	57.5	155.2	20.0	13.0	西麻塔（普）	8 月 11 日 16:00	8 月 12 日 1:00	8 月 14 日 20:00	76.0	333	57.8	0.59	1 689
7	690821	8 月 20 日 17:00	8 月 21 日 14:00	53.7	30.1	83.8	21.0	3.0	下港	8 月 20 日 17:00	8 月 21 日 12:30	8 月 23 日 0:00	55.0	172	12.3	0.23	360
8	700721	7 月 20 日 20:00	7 月 21 日 4:00	54.1	43.6	97.7	8.0	2.0	西麻塔（强度大）	7 月 20 日 20:00	7 月 21 日 0:30	7 月 22 日 14:00	42.0	236	14.1	0.26	411
9	700729	7 月 29 日 6:00	7 月 29 日 20:00	66.1	47.7	113.8	14.0	6.0	西麻塔（下）	7 月 29 日 6:00	7 月 29 日 18:30	7 月 31 日 20:00	62.0	417	38.8	0.59	1 134
10	710625	6 月 25 日 12:00	6 月 26 日 4:00	105.4	39.3	144.7	16.0	9.0	独路、西麻塔（偏上）	6 月 25 日 12:00	6 月 25 日 21:00	6 月 28 日 5:00	65.0	353	43.8	0.42	1 280
11	710629	6 月 28 日 23:00	6 月 29 日 18:00	55.3	60.4	115.7	19.0	5.0	下港（偏上）	6 月 28 日 22:00	6 月 29 日 4:30	7 月 1 日 8:00	58.0	219	32.6	0.59	952
12	710815	8 月 15 日 16:00	8 月 15 日 20:00	61.4	27.7	89.1	4.0	1.0	下港、西麻塔（偏下）	8 月 15 日 17:30	8 月 15 日 19:30	8 月 17 日 8:00	38.5	249	10.0	0.16	292
13	720707	7 月 6 日 17:00	7 月 7 日 4:00	73.9	16.7	90.6	11.0	6.0	独路、彭家峪（上游）	7 月 6 日 16:00	7 月 7 日 4:00	7 月 8 日 22:00	54.0	69	6.9	0.09	201
14	720902	9 月 1 日 14:00	9 月 2 日 7:00	80.4	46.2	126.6	17.0	8.0	西麻塔、下港（中、下普雨）	9 月 1 日 14:00	9 月 2 日 4:00	9 月 4 日 8:00	66.0	294	34.0	0.42	993
15	730715	7 月 14 日 15:00	7 月 15 日 10:00	139.2	47.5	186.7	19.0	12.0	西麻塔（中、下）	7 月 15 日 2:00	7 月 15 日 10:00	7 月 18 日 8:00	78.0	528	83.8	0.60	2 274
16	730729	7 月 28 日 17:00	7 月 29 日 8:00	65.8	36.4	102.2	15.0	5.0	独路（上）	7 月 29 日 2:00	7 月 29 日 6:00	7 月 30 日 20:00	42.0	167	14.5	0.22	392
17	750723	7 月 23 日 0:00	7 月 23 日 8:00	59.4	28.0	87.4	8.0	2.0	西麻塔（下）	7 月 23 日 2:00	7 月 23 日 6:00	7 月 24 日 8:00	30.0	150	7.6	0.13	205
18	750730	7 月 30 日 0:00	7 月 30 日 8:00	65.7	60.2	125.9	8.0	3.0	独路—彭家峪（上）	7 月 30 日 0:00	7 月 30 日 4:30	8 月 1 日 8:00	56.0	550	33.8	0.51	917
19	750830	8 月 30 日 6:00	8 月 30 日 22:00	93.9	10.1	104.0	16.0	5.0	下港、西麻塔（偏下）	8 月 30 日 8:00	8 月 30 日 20:12	9 月 1 日 8:00	48.0	239	15.6	0.17	424
20	750901	8 月 31 日 18:00	9 月 1 日 9:00	150.0	61.7	211.7	15.0	10.0	下港（普）	8 月 31 日 18:00	9 月 1 日 5:36	9 月 3 日 22:00	76.0	1 174	115.6	0.77	3 134
21	760812	8 月 12 日 3:00	8 月 13 日 6:00	135.2	33.9	169.1	27.0	10.0	下港（下）	8 月 12 日 4:00	8 月 12 日 6:00	8 月 17 日 8:00	124.0	144	51.0	0.38	1 383
22	760820	8 月 19 日 16:00	8 月 20 日 6:00	87.0	47.3	134.3	14.0	5.0	彭家峪（中）	8 月 19 日 18:00	8 月 20 日 2:30	8 月 22 日 14:00	68.0	422	44.6	0.51	1 210
23	770720	7 月 19 日 18:00	7 月 20 日 12:00	59.5	42.1	101.6	18.0	4.0	独路（偏上）	7 月 19 日 18:00	7 月 20 日 3:30	7 月 22 日 20:00	74.0	75	17.7	0.30	481
24	770723	7 月 22 日 20:00	7 月 23 日 6:00	66.2	51.7	117.9	10.0	10.0	下港—黄前（下）	7 月 22 日 20:00	7 月 23 日 2:30	7 月 25 日 18:00	70.0	228	33.7	0.51	913
25	771029	10 月 27 日 14:00	10 月 29 日 8:00	162.6	2.9	165.5	42.0	14.0	西麻塔、下港（偏下）	10 月 27 日 18:00	10 月 29 日 6:30	11 月 2 日 12:00	138.0	400	74.1	0.46	2 010
26	800615	6 月 15 日 16:00	6 月 16 日 14:00	90.8	12.6	103.4	22.0	8.0	西麻塔、下港（下）	6 月 15 日 18:00	6 月 15 日 20:30	6 月 19 日 8:00	86.0	100	10.4	0.11	283
27	800629	6 月 29 日 0:00	6 月 30 日 2:00	169.2	18.4	187.6	26.0	6.0	西麻塔—黄前（下）	6 月 29 日 2:00	6 月 29 日 20:30	7 月 3 日 8:00	102.0	1 090	76.0	0.45	2 060
28	840605	6 月 4 日 21:00	6 月 5 日 8:00	73.7	21.8	95.5	11.0	3.0	下港（偏下）	6 月 4 日 22:50	6 月 5 日 2:20	6 月 6 日 12:00	37.2	217	13.0	0.18	237

续表

序号	洪号	降雨起止时间		流域平均雨量 P（mm）	前期影响雨量 P_a（mm）	$P+P_a$（mm）	降雨历时（h）		暴雨中心位置或特点	洪水起止时间			洪水总历时 $T_{洪}$（h）	洪峰流量 Q_m（m^3/s）	径流深 R（mm）	径流系数 α	地表径流总量 W（万 m^3）
		起	止				全部 T	有效 T_c		起涨	峰顶	落平					
29	840711	7月11日18:00	7月12日6:00	132.7	55.7	188.4	12.0	6.0	下港（偏下）	7月11日18:00	7月11日22:30	7月14日10:00	64.0	1 160	84.8	0.64	2 300
30	850709	7月8日22:00	7月9日22:00	69.7	12.9	82.6	24.0	16.0	下港（偏下）	7月9日5:00	7月9日8:00	7月11日8:00	51.0	26	9.0	0.13	164
31	860726	7月25日20:00	7月26日2:00	75.0	53.0	128.0	6.0	3.0	下港（偏下），黄前	7月25日21:00	7月26日0:00	7月27日17:00	44.0	378	24.7	0.33	451
32	870710	7月9日15:00	7月10日15:00	135.3	19.2	154.5	24.0	15.0	独路	7月9日18:00	7月10日16:00	7月12日8:00	62.0	211	45.7	0.34	834
33	870903	9月3日13:00	9月4日2:00	119.0	48.9	167.9	13.0	11.0	西麻塔、下港（偏下）	9月3日14:00	9月3日23:00	9月7日8:00	90.0	473	75.8	0.64	2 056
34	880704	7月4日1:00	7月4日12:00	56.4	12.5	68.9	11.0	6.0	下港（偏下），黄前	7月4日5:00	7月4日7:00	7月4日18:00	13.0	14	1.4	0.02	25
35	890719	7月18日15:00	7月19日7:00	51.2	25.5	76.7	16.0	11.0	彭家峪，独路	7月19日6:00	7月19日9:00	7月20日8:00	26.0	21	4.2	0.08	77
36	900618	6月17日16:00	6月18日6:00	80.1	33.7	113.8	14.0	13.0	彭家峪，独路	6月17日23:00	6月18日11:00	6月20日12:00	61.0	109	22.1	0.28	404
37	900816	8月15日15:00	8月16日12:00	118.2	56.8	175.0	21.0	11.0	独路、西麻塔（偏上）	8月16日0:00	8月16日4:30	8月19日8:00	80.0	574	86.8	0.73	2 354
38	910718	7月17日21:00	7月18日8:00	67.3	17.2	84.5	11.0	7.0	西麻塔	7月17日22:30	7月18日0:00	7月19日20:00	45.5	73	7.9	0.12	145
39	920720	7月20日0:00	7月20日8:00	89.3	27.5	116.8	8.0	6.0	彭家峪	7月20日2:00	7月20日8:00	7月22日2:00	48.0	212	21.8	0.24	398
40	930512	5月11日20:00	5月12日5:00	68.8	7.8	76.6	9.0	8.0	彭家峪	5月12日3:00	5月12日20:00	5月13日20:00	41.0	47	6.0	0.09	110
41	940625	6月24日21:00	6月25日5:00	76.2	14.3	90.5	8.0	7.0	普雨	6月25日0:00	6月25日4:00	6月26日8:00	32.0	56	6.7	0.09	122
42	940629	6月29日1:00	6月29日9:00	188.6	44.1	232.7	8.0	4.0	下港—黄前	6月29日4:00	6月29日9:30	7月1日20:00	64.0	1 580	117.1	0.62	3 175
43	950807	8月6日19:00	8月7日10:00	57.5	61.3	118.8	15.0	10.0	彭家峪	8月6日20:00	8月7日8:00	8月9日8:00	60.0	245	35.3	0.61	644
44	960627	6月27日5:00	6月27日10:00	57.3	36.2	93.5	5.0	2.0	彭家峪，独路	6月27日6:00	6月27日10:00	6月28日8:00	26.0	153	8.9	0.16	162
45	960725	7月24日19:00	7月25日8:00	155.2	28.8	184.0	13.0	9.0	独路（偏上）	7月24日23:00	7月25日5:02	7月28日6:00	79.0	733	81.2	0.52	2 201
46	960730	7月30日13:00	7月31日14:00	96.8	63.7	160.5	25.0	11.0	西麻塔—黄前（偏下）	7月30日16:00	7月30日17:45	8月2日20:00	76.0	647	80.2	0.83	2 174
47	970704	7月3日22:00	7月4日2:00	61.5	7.2	68.7	4.0	3.0	下港（偏下），黄前	7月4日0:00	7月4日1:30	7月4日12:00	12.0	49	3.5	0.06	65
48	980720	7月20日0:00	7月20日6:00	60.0	45.5	105.5	6.0	2.0	下港（偏下），黄前	7月20日0:00	7月20日4:00	7月21日20:00	44.0	128	25.5	0.43	466
49	990615	6月14日22:00	6月15日13:00	67.2	13.7	80.9	15.0	3.0	下港（偏下）	6月15日0:00	6月15日4:00	6月15日20:00	20.0	86	5.4	0.08	100
50	000715	7月15日12:00	7月15日19:00	95.9	14.2	110.1	7.0	4.0	西麻塔	7月15日14:00	7月15日18:00	7月17日8:00	42.0	21	5.8	0.06	106
51	000809	8月9日3:00	8月10日9:00	225.0	15.0	240.0	30.0	6.0	勤村—彭家峪	8月9日8:00	8月9日17:30	8月12日20:00	84.0	1 788	144.7	0.64	3 925
52	000813	8月13日4:00	8月13日11.00	58.6	53.4	112.0	7.0	2.0	下港—黄前（下）	8月13日4:00	8月13日8:15	8月15日2:00	46.0	168	22.1	0.38	600
53	010622	6月22日12:00	6月22日22:00	78.5	39.3	117.8	10.0	5.0	彭家峪，独路	6月22日18:00	6月22日19:00	6月24日20:00	50.0	270	23.3	0.30	426
54	030708	7月7日22:00	7月8日7:00	110.7	16.2	126.9	9.0	9.0	下港—黄前（下）	7月7日22:00	7月8日7:00	7月10日8:00	58.0	113	15.4	0.14	280
55	030827	8月26日5:00	8月27日4:00	84.2	49.1	133.3	23.0	7.0	普雨	8月26日8:00	8月27日4:30	8月28日20:00	60.0	334	32.8	0.39	890
56	030904	9月4日0:00	9月4日8:00	129.2	53.3	182.5	8.0	8.0	普雨	9月4日0:00	9月4日7:18	9月6日8:00	56.0	726	83.2	0.64	2 256

续表

序号	洪号	降雨起止时间		流域平均雨量 P（mm）	前期影响雨量 P_a（mm）	$P+P_a$（mm）	降雨历时（h）		暴雨中心位置或特点	洪水起止时间			洪水总历时 $T_{洪}$（h）	洪峰流量 Q_m（m^3/s）	径流深 R（mm）	径流系数 α	地表径流总量 W（万 m^3）
		起	止				全部 T	有效 T_c		起涨	峰顶	落平					
57	031011	10月10日20:00	10月12日8:00	103.3	21.0	124.3	36.0	16.0	彭家峪（中）	10月11日8:00	10月11日19:00	10月13日8:00	48.0	304	44.2	0.43	1 199
58	040618	6月18日1:00	6月18日18:00	55.7	33.0	88.7	17.0	14.0	普雨	6月18日8:00	6月18日20:00	6月20日20:00	60.0	30	7.8	0.14	143
59	040717	7月17日2:00	7月17日18:00	150.3	54.8	205.1	16.0	14.0	普雨	7月17日1:00	7月17日18:30	7月18日15:00	38.0	501	87.1	0.58	2 362
60	040730	7月30日16:00	7月31日8:00	94.4	62.3	156.7	16.0	4.0	下港—黄前（下）	7月30日16:00	7月30日20:48	8月2日8:00	64.0	991	58.9	0.62	1 597
61	040828	8月26日15:00	8月28日1:00	98.7	25.8	124.5	34.0	12.0	普雨	8月27日8:00	8月28日1:00	8月29日11:00	51.0	146	26.1	0.26	708
62	040914	9月14日4:00	9月14日19:00	75.6	11.7	87.3	15.0	6.0	普雨	9月14日4:00	9月14日14:00	9月16日6:00	50.0	23	7.8	0.10	211
63	050626	6月25日20:00	6月26日15:00	58.9	14.5	73.4	19.0	13.0	普雨	6月25日20:00	6月26日8:00	6月26日20:00	24.0	14	2.1	0.04	38
64	050702	7月2日2:00	7月2日11:00	101.3	54.4	155.7	9.0	5.0	下港—黄前（下）	7月2日2:00	7月2日9:30	7月4日13:00	59.0	613	50.8	0.50	1 378
65	050919	9月18日19:00	9月19日12:00	109.8	51.7	161.5	17.0	10.0	中、上游	9月18日20:00	9月19日10:30	9月22日16:00	92.0	274	72.1	0.66	1 956
66	060629	6月28日21:00	6月29日4:00	92.5	16.2	108.7	7.0	3.0	下港—黄前（下）	6月28日22:00	6月29日2:00	6月30日20:00	46.0	248	17.1	0.18	312
67	070718	7月18日16:00	7月19日3:00	91.8	62.3	154.1	11.0	3.0	独路、下港（中、上游）	7月18日18:00	7月18日22:00	7月20日20:00	50.0	501	59.5	0.65	1 087
68	070810	8月9日20:00	8月10日15:00	67.3	39.6	106.9	19.0	14.0	彭家峪（中）	8月9日20:00	8月10日20:00	8月12日6:00	58.0	32	8.7	0.13	236
69	080705	7月4日21:00	7月5日15:00	69.2	29.6	98.8	18.0	15.0	彭家峪	7月4日22:00	7月5日14:00	7月7日8:00	58.0	46	13.7	0.20	250
70	090706	7月6日1:00	7月6日8:00	69.1	12.2	81.3	7.0	3.0	普雨	7月6日3:00	7月6日8:00	7月6日20:00	17.0	69	4.3	0.06	78
71	090713	7月13日8:00	7月13日19:00	45.9	29.7	75.6	11.0	12.0	普雨	7月13日8:00	7月13日20:00	7月16日6:00	70.0	50	11.8	0.26	321
72	100617	6月17日20:00	6月18日3:00	61.2	5.4	66.6	7.0	2.0	下港（偏下）	6月17日20:00	6月17日22:00	6月18日8:00	12.0	40	2.5	0.04	45
73	100804	8月4日17:00	8月5日0:00	117.4	39.0	156.4	7.0	5.0	下港—黄前（下）	8月4日17:00	8月4日23:00	8月7日20:00	75.0	240	22.7	0.19	616
74	100814	8月13日18:00	8月14日8:00	98.5	55.5	154.0	14.0	12.0	普雨	8月13日18:00	8月14日8:00	8月17日8:00	86.0	479	51.2	0.52	1 389
75	100824	8月23日23:00	8月24日16:00	68.8	57.2	126.0	17.0	10.0	普雨	8月23日23:00	8月24日18:00	8月28日20:00	117.0	106	41.8	0.61	1 134
76	110702	7月2日13:00	7月3日7:00	61.8	18.1	79.9	18.0	13.0	下港（偏下）	7月2日14:00	7月2日20:00	7月4日8:00	42.0	22	4.7	0.08	85
77	120708	7月7日16:00	7月8日9:00	123.2	20.5	143.7	17.0	14.0	西麻塔、独路、黄前	7月7日20:00	7月8日6:00	7月11日8:00	84.0	225	44.0	0.36	803
78	130716	7月16日3:00	7月16日5:00	66.3	57.3	123.6	2.0	2.0	西麻塔	7月16日4:00	7月16日6:00	7月18日6:00	50.0	584	38.3	0.58	700
79	130719	7月18日6:00	7月19日21:00	95.9	53.0	148.9	39.0	16.0	普雨	7月19日2:00	7月19日20:30	7月22日8:00	78.0	285	58.5	0.61	1 588
80	130723	7月23日2:00	7月23日13:00	73.8	52.7	126.5	11.0	11.0	独路—彭家峪（上）	7月23日2:00	7月23日8:00	7月25日8:00	54.0	258	42.1	0.57	1 142
81	130728	7月28日2:00	7月28日7:00	78.4	55.4	133.8	5.0	5.0	独路、下港（中、上游）	7月27日8:00	7月28日7:00	7月29日20:00	60.0	455	42.3	0.54	1 146
82	140620	6月19日16:00	6月20日13:00	85.6	9.2	94.8	21.0	19.0	西麻塔、黄前	6月19日20:00	6月20日8:00	6月22日8:00	60.0	12	8.7	0.10	158
83	150730	7月30日20:00	7月31日3:00	71.4	21.2	92.6	7.0	2.0	西麻塔、黄前	7月30日22:00	7月30日23:00	7月31日14:00	16.0	65	4.1	0.06	75
84	160720	7月19日20:00	7月20日16:00	177.5	38.0	215.5	20.0	12.0	西麻塔（下）	7月20日0:00	7月20日12:30	7月23日8:00	80.0	479	81.4	0.46	1 487

续表

序号	洪号	降雨起止时间		流域平均雨量 P（mm）	前期影响雨量 P_a（mm）	$P+P_a$（mm）	降雨历时（h）		暴雨中心位置或特点	洪水起止时间			洪水总历时 $T_{洪}$（h）	洪峰流量 Q_m（m^3/s）	径流深 R（mm）	径流系数 α	地表径流总量 W（万 m^3）
		起	止				全部 T	有效 T_c		起涨	峰顶	落平					
85	160722	7 月 21 日 15:00	7 月 22 日 8:00	184.6	62.8	247.4	17.0	10.0	黄前（下）	7 月 21 日 16:00	7 月 22 日 4:30	7 月 24 日 20:00	76.0	1134	144.6	0.78	3 922
86	170727	7 月 26 日 16:00	7 月 27 日 13:00	90.3	37.4	127.7	21.0	18.0	彭家峪	7 月 27 日 8:00	7 月 27 日 18:00	7 月 30 日 8:00	72.0	95	29.9	0.33	545
87	180626	6 月 25 日 7:00	6 月 26 日 3:00	134.7	6.4	141.1	20.0	16.0	彭家峪	6 月 25 日 20:00	6 月 26 日 6:00	6 月 28 日 8:00	60.0	140	17.6	0.13	321
88	180819	8 月 19 日 3:00	8 月 19 日 20:00	188.8	48.6	237.4	17.0	17.0	下港（偏下）	8 月 19 日 3:00	8 月 19 日 20:00	8 月 22 日 20:00	89.0	706	119.5	0.63	3 242
89	190807	8 月 6 日 15:00	8 月 7 日 7:00	56.7	36.1	92.8	16.0	4.0	西麻塔、独路	8 月 7 日 2:00	8 月 7 日 14:00	8 月 8 日 20:00	42.0	129	10.3	0.18	188
90	190811	8 月 10 日 12:00	8 月 12 日 1:00	158.1	51.6	209.7	37.0	24.0	独路（偏上）	8 月 10 日 8:00	8 月 11 日 11:00	8 月 14 日 20:00	108.0	218	97.1	0.61	2 633
91	200627	6 月 26 日 1:00	6 月 26 日 18:00	62.5	26.2	88.7	17.0	16.0	西麻塔、黄前	6 月 26 日 8:00	6 月 27 日 8:00	6 月 28 日 8:00	48.0	16	6.1	0.10	111
92	200802	8 月 1 日 21:00	8 月 2 日 7:00	79.9	23.0	102.9	10.0	4.0	下港—黄前（下）	8 月 1 日 2:00	8 月 2 日 8:00	8 月 3 日 20:00	46.0	259	14.1	0.18	383

表 3–7　石汶河黄前水库站 $P+P_a-R$ 预报精度评定表

序号	洪号	流域平均雨量 P（mm）	前期影响雨量 P_a（mm）	实测径流深 $R_{实}$（mm）	预报径流深 $R_{预}$（mm）	预报误差（mm）	许可误差（mm）	评定结果		序号	洪号	流域平均雨量 P（mm）	前期影响雨量 P_a（mm）	实测径流深 $R_{实}$（mm）	预报径流深 $R_{预}$（mm）	预报误差（mm）	许可误差（mm）	评定结果	
								合格	不合格									合格	不合格
1	640728	185.8	59.6	160.6	146.9	−13.7	20.0	√		27	800629	169.2	18.4	76.0	84.5	8.5	15.2	√	
2	640830	140.9	36.4	85.3	75.0	−10.3	17.1	√		28	840605	73.7	21.8	13.0	11.1	−1.9	3.0	√	
3	640912	152.1	43.6	89.1	98.3	9.2	17.8	√		29	840711	132.7	55.7	84.8	91.2	6.4	17.0	√	
4	660624	55.3	15.6	4.5	2.8	−1.7	3.0	√		30	850709	69.7	12.9	9.0	5.9	−3.1	3.0		√
5	680720	80.7	19.4	13.1	13.3	0.2	3.0	√		31	860726	75.0	53.0	24.7	35.5	10.8	4.9		√
6	690812	97.7	57.5	57.8	59.6	1.8	11.6	√		32	870710	135.3	19.2	45.7	54.1	8.4	9.1	√	
7	690821	53.7	30.1	12.3	6.4	−5.9	3.0		√	33	870903	119.0	48.9	75.8	71.6	−4.2	15.2	√	
8	700721	54.1	43.6	14.1	15.0	0.9	3.0	√		34	880704	56.4	12.5	1.4	2.4	1.0	3.0	√	
9	700729	66.1	47.7	38.8	24.9	−13.9	7.8		√	35	890719	51.2	25.5	4.2	4.2	0	3.0	√	
10	710625	105.4	39.3	43.8	45.4	1.6	8.8	√		36	900618	80.1	33.7	22.1	21.5	−0.6	4.4	√	
11	710629	55.3	60.4	32.6	26.2	−6.4	6.5	√		37	900816	118.2	56.8	86.8	78.4	−8.4	17.4	√	
12	710815	61.4	27.7	10.0	8.2	−1.8	3.0	√		38	910718	67.3	17.2	7.9	6.6	−1.3	3.0	√	
13	720707	73.9	16.7	6.9	8.9	2.0	3.0	√		39	920720	89.3	27.5	21.8	23.5	1.7	4.4	√	
14	720902	80.4	46.2	34.0	34.4	0.4	6.8	√		40	930512	68.8	7.8	6.0	4.2	−1.8	3.0	√	
15	730715	139.2	47.5	83.8	89.6	5.8	16.8	√		41	940625	76.2	14.3	6.7	8.8	2.1	3.0	√	
16	730729	65.8	36.4	14.5	14.5	0	3.0	√		42	940629	188.6	44.1	117.1	134.3	17.2	20.0	√	
17	750723	59.4	28.0	7.6	7.7	0.1	3.0	√		43	950807	57.5	61.3	35.3	28.4	−6.9	7.1	√	
18	750730	65.7	60.2	33.8	33.9	0.1	6.8	√		44	960627	57.3	36.2	8.9	10.2	1.3	3.0	√	
19	750830	93.9	10.1	15.6	15.6	0	3.1	√		45	960725	155.2	28.8	81.2	81.2	0	16.2	√	
20	750901	150.0	61.7	115.6	113.7	−1.9	20.0	√		46	960730	96.8	63.7	80.2	64.6	−15.6	16.0	√	
21	760812	135.2	33.9	51.0	67.4	16.4	10.2		√	47	970704	61.5	7.2	3.5	2.4	−1.1	3.0	√	
22	760820	87.0	47.3	44.6	40.8	−3.8	8.9	√		48	980720	60.0	45.5	25.5	19.5	−6.0	5.1		√
23	770720	59.5	42.1	17.7	17.1	−0.6	3.5	√		49	990615	67.2	13.7	5.4	5.3	−0.1	3.0	√	
24	770723	66.2	51.7	33.7	27.8	−5.9	6.7	√		50	000715	95.9	14.2	5.8	19.0	13.2	3.0		√
25	771029	162.6	2.9	74.1	64.2	−9.9	14.8	√		51	000809	225.0	15.0	144.7	133.7	−11.0	20.0	√	
26	800615	90.8	12.6	10.4	15.2	4.8	3.0		√	52	000813	58.6	53.4	22.1	23.6	1.5	4.4	√	

续表

序号	洪号	流域平均雨量 P（mm）	前期影响雨量 P_a（mm）	实测径流深 $R_{实}$（mm）	预报径流深 $R_{预}$（mm）	预报误差（mm）	许可误差（mm）	评定结果		序号	洪号	流域平均雨量 P（mm）	前期影响雨量 P_a（mm）	实测径流深 $R_{实}$（mm）	预报径流深 $R_{预}$（mm）	预报误差（mm）	许可误差（mm）	评定结果	
								合格	不合格									合格	不合格
53	010622	78.5	39.3	23.3	24.2	0.9	4.7	√		73	100804	117.4	39.0	22.7	55.9	33.2	4.5		√
54	030708	110.7	16.2	15.4	30.8	15.4	3.1		√	74	100814	98.5	55.5	51.2	58.5	7.3	10.2	√	
55	030827	84.2	49.1	32.8	39.9	7.1	6.6		√	75	100824	68.8	57.2	41.8	33.9	−7.9	8.4	√	
56	030904	129.2	53.3	83.2	85.6	2.4	16.6	√		76	110702	61.8	18.1	4.7	5.0	0.3	3.0	√	
57	031011	103.3	21.0	44.2	28.9	−15.3	8.8		√	77	120708	123.2	20.5	44.0	44.5	0.5	8.8	√	
58	040618	55.7	33.0	7.8	8.1	0.3	3.0	√		78	130716	66.3	57.3	38.3	32.1	−6.2	7.7	√	
59	040717	150.3	54.8	87.1	107.4	20.3	17.4		√	79	130719	95.9	53.0	58.5	53.7	−4.8	11.7	√	
60	040730	94.4	62.3	58.9	61.0	2.1	11.8	√		80	130723	73.8	52.7	42.1	34.3	−7.8	8.4	√	
61	040828	98.7	25.8	26.1	29.0	2.9	5.2	√		81	130728	78.4	55.4	42.3	40.3	−2.0	8.5	√	
62	040914	75.6	11.7	7.8	7.6	−0.2	3.0	√		82	140620	85.6	9.2	8.7	10.8	2.1	3.0	√	
63	050626	58.9	14.5	2.1	3.4	1.3	3.0	√		83	150730	71.4	21.2	4.1	9.8	5.7	3.0		√
64	050702	101.3	54.4	50.8	60.1	9.3	10.2	√		84	160720	177.5	38.0	81.4	110.5	29.1	16.3		√
65	050919	109.8	51.7	72.1	65.6	−6.5	14.4	√		85	160722	184.6	62.8	144.6	148.9	4.3	20.0	√	
66	060629	92.5	16.2	17.1	18.2	1.1	3.4	√		86	170727	90.3	37.4	29.9	31.4	1.5	6.0	√	
67	070718	91.8	62.3	59.5	58.6	−0.9	11.9	√		87	180626	134.7	6.4	17.6	42.3	24.7	3.5		√
68	070810	67.3	39.6	8.7	17.2	8.5	3.0		√	88	180819	188.8	48.6	119.5	139.0	19.5	20.0	√	
69	080705	69.2	29.6	13.7	12.7	−1.0	3.0	√		89	190807	56.7	36.1	10.3	9.9	−0.4	3.0	√	
70	090706	69.1	12.2	4.3	5.5	1.2	3.0	√		90	190811	158.1	51.6	97.1	111.9	14.8	19.4	√	
71	090713	45.9	29.7	11.8	3.9	−7.9	3.0		√	91	200627	62.5	26.2	6.1	8.1	2.0	3.0	√	
72	100617	61.2	5.4	2.5	2.1	−0.4	3.0	√		92	200802	79.9	23.0	14.1	14.9	0.8	3.0	√	

备注：1. 合格率 =80.4%；2. 预报误差 = 预报值 − 实测值；3. 许可误差 = 实测值的 20%，以 20.0 mm 为上限，以 3.0 mm 为下限；4. 本方案等级为乙级。

表 3-8　石汶河黄前水库站 $P-P_a-R$ 预报精度评定表

序号	洪号	流域平均雨量 P（mm）	前期影响雨量 P_a（mm）	实测径流深 $R_{实}$（mm）	预报径流深 $R_{预}$（mm）	预报误差（mm）	许可误差（mm）	评定结果	
								合格	不合格
1	640728	185.8	59.6	160.6	153.1	−7.5	20.0	√	
2	640830	140.9	36.4	85.3	72.3	−13.0	17.1	√	
3	640912	152.1	43.6	89.1	92.7	3.6	17.8	√	
4	660624	55.3	15.6	4.5	3.8	−0.7	3.0	√	
5	680720	80.7	19.4	13.1	10.0	−3.1	3.0		√
6	690812	97.7	57.5	57.8	62.7	4.9	11.6	√	
7	690821	53.7	30.1	12.3	7.5	−4.8	3.0		√
8	700721	54.1	43.6	14.1	15.3	1.2	3.0	√	
9	700729	66.1	47.7	38.8	24.0	−14.8	7.8		√
10	710625	105.4	39.3	43.8	44.9	1.1	8.8	√	
11	710629	55.3	60.4	32.6	30.9	−1.7	6.5	√	
12	710815	61.4	27.7	10.0	8.6	−1.4	3.0	√	
13	720707	73.9	16.7	6.9	7.9	1.0	3.0	√	
14	720902	80.4	46.2	34.0	32.0	−2.0	6.8	√	
15	730715	139.2	47.5	83.8	85.8	2.0	16.8	√	
16	730729	65.8	36.4	14.5	15.6	1.1	3.0	√	
17	750723	59.4	28.0	7.6	8.2	0.6	3.0	√	
18	750730	65.7	60.2	33.8	38.5	4.7	6.8	√	
19	750830	93.9	10.1	15.6	13.6	−2.0	3.1	√	
20	750901	150.0	61.7	115.6	120.4	4.8	20.0	√	
21	760812	135.2	33.9	51.0	63.9	12.9	10.2		√
22	760820	87.0	47.3	44.6	38.2	−6.4	8.9	√	
23	770720	59.5	42.1	17.7	16.6	−1.1	3.5	√	
24	770723	66.2	51.7	33.7	28.0	−5.7	6.7	√	
25	771029	162.6	2.9	74.1	59.4	−14.7	14.8	√	
26	800615	90.8	12.6	10.4	12.7	2.3	3.0	√	
27	800629	169.2	18.4	76.0	72.3	−3.7	15.2	√	
28	840605	73.7	21.8	13.0	9.2	−3.8	3.0		√
29	840711	132.7	55.7	84.8	93.3	8.5	17.0	√	
30	850709	69.7	12.9	9.0	6.4	−2.6	3.0	√	
31	860726	75.0	53.0	24.7	36.0	11.3	4.9		√
32	870710	135.3	19.2	45.7	45.3	−0.4	9.1	√	
33	870903	119.0	48.9	75.8	68.1	−7.7	15.2	√	
34	880704	56.4	12.5	1.4	3.7	2.3	3.0	√	
35	890719	51.2	25.5	4.2	5.3	1.1	3.0	√	
36	900618	80.1	33.7	22.1	19.6	−2.5	4.4	√	
37	900816	118.2	56.8	86.8	81.1	−5.7	17.4	√	
38	910718	67.3	17.2	7.9	6.4	−1.5	3.0	√	
39	920720	89.3	27.5	21.8	19.5	−2.3	4.4	√	
40	930512	68.8	7.8	6.0	5.6	−0.4	3.0	√	
41	940625	76.2	14.3	6.7	8.2	1.5	3.0	√	
42	940629	188.6	44.1	117.1	128.2	11.1	20.0	√	
43	950807	57.5	61.3	35.3	33.1	−2.2	7.1	√	
44	960627	57.3	36.2	8.9	12.2	3.3	3.0		√
45	960725	155.2	28.8	81.2	73.8	−7.4	16.2	√	
46	960730	96.8	63.7	80.2	69.9	−10.3	16.0	√	
47	970704	61.5	7.2	3.5	4.1	0.6	3.0	√	
48	980720	60.0	45.5	25.5	19.0	−6.5	5.1		√
49	990615	67.2	13.7	5.4	6.0	0.6	3.0	√	
50	000715	95.9	14.2	5.8	15.3	9.5	3.0		√
51	000809	225.0	15.0	144.7	116.6	−28.1	20.0		√
52	000813	58.6	53.4	22.1	25.1	3.0	4.4	√	

续表

序号	洪号	流域平均雨量 P（mm）	前期影响雨量 P_a（mm）	实测径流深 $R_{实}$（mm）	预报径流深 $R_{预}$（mm）	预报误差（mm）	许可误差（mm）	评定结果	
								合格	不合格
53	010622	78.5	39.3	23.3	24.2	0.9	4.7	√	
54	030708	110.7	16.2	15.4	25.3	9.9	3.1		√
55	030827	84.2	49.1	32.8	37.8	5.0	6.6	√	
56	030904	129.2	53.3	83.2	85.4	2.2	16.6	√	
57	031011	103.3	21.0	44.2	22.1	−22.1	8.8		√
58	040618	55.7	33.0	7.8	9.8	2.0	3.0	√	
59	040717	150.3	54.8	87.1	109.1	22.0	17.4		√
60	040730	94.4	62.3	58.9	66.1	7.2	11.8	√	
61	040828	98.7	25.8	26.1	24.3	−1.8	5.2	√	
62	040914	75.6	11.7	7.8	7.7	−0.1	3.0	√	
63	050626	58.9	14.5	2.1	4.3	2.2	3.0	√	
64	050702	101.3	54.4	50.8	60.8	10.0	10.2	√	
65	050919	109.8	51.7	72.1	64.2	−7.9	14.4	√	
66	060629	92.5	16.2	17.1	14.1	−3.0	3.4	√	
67	070718	91.8	62.3	59.5	63.6	4.1	11.9	√	
68	070810	67.3	39.6	8.7	18.6	9.9	3.0		√
69	080705	69.2	29.6	13.7	11.8	−1.9	3.0	√	
70	090706	69.1	12.2	4.3	6.2	1.9	3.0	√	
71	090713	45.9	29.7	11.8	5.6	−6.2	3.0		√
72	100617	61.2	5.4	2.5	3.9	1.4	3.0	√	
73	100804	117.4	39.0	22.7	54.8	32.1	4.5		√
74	100814	98.5	55.5	51.2	60.0	8.8	10.2	√	
75	100824	68.8	57.2	41.8	37.0	−4.8	8.4	√	
76	110702	61.8	18.1	4.7	5.2	0.5	3.0	√	
77	120708	123.2	20.5	44.0	36.7	−7.3	8.8	√	
78	130716	66.3	57.3	38.3	35.3	−3.0	7.7	√	
79	130719	95.9	53.0	58.5	53.5	−5.0	11.7	√	
80	130723	73.8	52.7	42.1	34.7	−7.4	8.4	√	
81	130728	78.4	55.4	42.3	42.2	−0.1	8.5	√	
82	140620	85.6	9.2	8.7	10.2	1.5	3.0	√	
83	150730	71.4	21.2	4.1	8.3	4.2	3.0		√
84	160720	177.5	38.0	81.4	107.4	26.0	16.3		√
85	160722	184.6	62.8	144.6	156.3	11.7	20.0	√	
86	170727	90.3	37.4	29.9	30.2	0.3	6.0	√	
87	180626	134.7	6.4	17.6	40.4	22.8	3.5		√
88	180819	188.8	48.6	119.5	136.3	16.8	20.0	√	
89	190807	56.7	36.1	10.3	11.9	1.6	3.0	√	
90	190811	158.1	51.6	97.1	111.0	13.9	19.4	√	
91	200627	62.5	26.2	6.1	8.3	2.2	3.0	√	
92	200802	79.9	23.0	14.1	11.7	−2.4	3.0	√	

备注：1. 合格率 =79.3%；2. 预报误差 = 预报值 − 实测值；3. 许可误差 = 实测值的 20%，以 20.0 mm 为上限，以 3.0 mm 为下限；4. 本方案等级为乙级。

表 3-9　石汶河黄前水库站 R–T_c–Q_m 预报精度评定表

序号	洪号	实测径流深 $R_{实}$（mm）	有效降雨历时 T_c（h）	洪峰流量		预报误差（m^3/s）	许可误差（m^3/s）	评定结果	
				实测 $Q_{m实}$（m^3/s）	查图 $Q_{m预}$（m^3/s）			合格	不合格
1	640728	160.6	8.0	1 670	1 663	−7	334.0	√	
2	640830	85.3	19.0	508	325	−183	101.6		√
3	640912	89.1	3.0	1 733	1 396	−337	346.6	√	
4	660624	4.5	7.0	44	44	0	8.8	√	
5	680720	13.1	1.0	322	298	−24	64.4	√	
6	690812	57.8	13.0	333	358	25	66.6	√	
7	690821	12.3	3.0	172	206	34	34.4	√	
8	700721	14.1	2.0	236	277	41	47.2	√	
9	700729	38.8	6.0	417	446	29	83.4	√	
10	710625	43.8	9.0	353	389	36	70.6	√	
11	710629	32.6	5.0	219	412	193	43.8		√
12	710815	10.0	1.0	249	232	−17	49.8	√	
13	720707	6.9	6.0	69	74	5	13.8	√	
14	720902	34.0	8.0	294	329	35	58.8	√	
15	730715	83.8	12.0	528	589	61	105.6	√	
16	730729	14.5	5.0	167	179	12	33.4	√	
17	750723	7.6	2.0	150	151	1	30.0	√	
18	750730	33.8	3.0	550	549	−1	110.0	√	
19	750830	15.6	5.0	239	194	−45	47.8	√	
20	750901	115.6	10.0	1174	1 008	−166	234.8	√	
21	760812	51.0	10.0	144	411	267	28.8		√
22	760820	44.6	5.0	422	568	146	84.4		√
23	770720	17.7	4.0	75	243	168	15.0		√
24	770723	33.7	10.0	228	263	35	45.6	√	
25	771029	74.1	14.0	400	437	37	80.0	√	
26	800615	10.4	8.0	100	93	−7	20.0	√	
27	800629	76.0	6.0	1 090	891	−199	218.0	√	
28	840605	13.0	3.0	217	216	−1	43.4	√	
29	840711	84.8	6.0	1 160	999	−161	232.0	√	
30	850709	9.0	16.0	26	25	−1	5.2	√	
31	860726	24.7	3.0	378	406	28	75.6	√	
32	870710	45.7	15.0	211	228	17	42.2	√	
33	870903	75.8	11.0	473	579	106	94.6		√
34	880704	1.4	6.0	14	15	1	2.8	√	
35	890719	4.2	11.0	21	25	4	4.2	√	
36	900618	22.1	13.0	109	120	11	21.8	√	
37	900816	86.8	11.0	574	673	99	114.8	√	
38	910718	7.9	7.0	73	78	5	14.6	√	
39	920720	21.8	6.0	212	246	34	42.4	√	
40	930512	6.0	8.0	47	54	7	9.4	√	
41	940625	6.7	7.0	56	66	10	11.2	√	
42	940629	117.1	4.0	1 580	1 671	91	316.0	√	
43	950807	35.3	10.0	245	276	31	49.0	√	
44	960627	8.9	2.0	153	177	24	30.6	√	
45	960725	81.2	9.0	733	747	14	146.6	√	
46	960730	80.2	11.0	647	616	−31	129.4	√	
47	970704	3.5	3.0	49	59	10	9.8		√
48	980720	25.5	2.0	128	486	358	25.6		√
49	990615	5.4	3.0	86	92	6	17.2	√	
50	000715	5.8	4.0	21	79	58	4.2		√
51	000809	144.7	6.0	1 788	1 739	−49	357.6	√	
52	000813	22.1	2.0	168	426	258	33.6		√

序号	洪号	实测径流深 $R_{实}$（mm）	有效降雨历时 T_c（h）	洪峰流量		预报误差（m^3/s）	许可误差（m^3/s）	评定结果		序号	洪号	实测径流深 $R_{实}$（mm）	有效降雨历时 T_c（h）	洪峰流量		预报误差（m^3/s）	许可误差（m^3/s）	评定结果	
				实测 $Q_{m实}$（m^3/s）	查图 $Q_{m预}$（m^3/s）			合格	不合格					实测 $Q_{m实}$（m^3/s）	查图 $Q_{m预}$（m^3/s）			合格	不合格
53	010622	23.3	5.0	270	292	22	54.0	√		73	100804	22.7	5.0	240	284	44	48.0	√	
54	030708	15.4	9.0	113	127	14	22.6	√		74	100814	51.2	12.0	479	339	−140	95.8		√
55	030827	32.8	7.0	334	346	12	66.8	√		75	100824	41.8	10.0	106	332	226	21.2		√
56	030904	83.2	8.0	726	833	107	145.2	√		76	110702	4.7	13.0	22	20	−2	4.4	√	
57	031011	44.2	16.0	304	199	−105	60.8		√	77	120708	44.0	14.0	225	239	14	45.0	√	
58	040618	7.8	14.0	30	29	−1	6.0	√		78	130716	38.3	2.0	584	708	124	116.8		√
59	040717	87.1	14.0	501	527	26	100.2	√		79	130719	58.5	16.0	285	278	−7	57.0	√	
60	040730	58.9	4.0	991	823	−168	198.2	√		80	130723	42.1	11.0	258	303	45	51.6	√	
61	040828	26.1	12.0	146	160	14	29.2	√		81	130728	42.3	5.0	455	537	82	91.0	√	
62	040914	7.8	6.0	23	83	60	4.6		√	82	140620	8.7	19.0	12	11	−1	2.4	√	
63	050626	2.1	13.0	14	9	−5	2.8		√	83	150730	4.1	2.0	65	82	17	13.0		√
64	050702	50.8	5.0	613	648	35	122.6	√		84	160720	81.4	12.0	479	570	91	95.8	√	
65	050919	72.1	10.0	274	599	325	54.8		√	85	160722	144.6	10.0	1134	1300	166	226.8	√	
66	060629	17.1	3.0	248	284	36	49.6	√		86	170727	29.9	18.0	95	95	0	19.0	√	
67	070718	59.5	3.0	501	943	442	100.2		√	87	180626	17.6	16.0	140	63	−77	28.0		√
68	070810	8.7	14.0	32	32	0	6.4	√		88	180819	119.5	17.0	706	618	−88	141.2	√	
69	080705	13.7	15.0	46	52	6	9.2	√		89	190807	10.3	4.0	129	140	11	25.8	√	
70	090706	4.3	3.0	69	72	3	13.8	√		90	190811	97.1	24.0	218	177	−41	43.6	√	
71	090713	11.8	12.0	50	63	13	10.0		√	91	200627	6.1	16.0	16	17	1	3.2	√	
72	100617	2.5	2.0	40	49	9	8.0		√	92	200802	14.1	4.0	259	193	−66	51.8		√

备注：1. 合格率 =75.0%；2. 预报误差 = 查图值 – 实测值；3. 许可误差 = 实测值的 20%；4. 本方案等级为乙级。

表 3-10　石汶河黄前水库站 R-T_c-$T_洪$预报精度评定表

序号	洪号	实测径流深 $R_实$（mm）	有效降雨历时 T_c（h）	洪水总历时		预报误差（h）	许可误差（h）	评定结果	
				$T_{洪实}$（h）	$T_{洪预}$（h）			合格	不合格
1	640728	160.6	8.0	62.0	76.2	14.2	18.6	√	
2	640830	85.3	19.0	80.0	84.6	4.6	24.0	√	
3	640912	89.1	3.0	66.0	53.3	-12.7	19.8	√	
4	660624	4.5	7.0	26.0	26.6	0.6	7.8	√	
5	680720	13.1	1.0	32.0	30.8	-1.2	9.6	√	
6	690812	57.8	13.0	76.0	72.0	-4	22.8	√	
7	690821	12.3	3.0	55.0	35.8	-19.2	16.5		√
8	700721	14.1	2.0	42.0	34.4	-7.6	12.6	√	
9	700729	38.8	6.0	62.0	56.6	-5.4	18.6	√	
10	710625	43.8	9.0	65.0	64.7	-0.3	19.5	√	
11	710629	32.6	5.0	58.0	51.9	-6.1	17.4	√	
12	710815	10.0	1.0	38.5	28.2	-10.3	11.5	√	
13	720707	6.9	6.0	54.0	32.4	-21.6	16.2		√
14	720902	34.0	8.0	66.0	60.7	-5.3	19.8	√	
15	730715	83.8	12.0	78.0	74.9	-3.1	23.4	√	
16	730729	14.5	5.0	42.0	43.1	1.1	12.6	√	
17	750723	7.6	2.0	30.0	23.9	-6.1	9.0	√	
18	750730	33.8	3.0	56.0	46.7	-9.3	16.8	√	
19	750830	15.6	5.0	48.0	43.8	-4.2	14.4	√	
20	750901	115.6	10.0	76.0	75.4	-0.6	22.8	√	
21	760812	51.0	10.0	124.0	67.5	-56.5	37.2		√
22	760820	44.6	5.0	68.0	55.0	-13	20.4	√	
23	770720	17.7	4.0	74.0	42.6	-31.4	22.2		√
24	770723	33.7	10.0	70.0	62.6	-7.4	21.0	√	
25	771029	74.1	14.0	138.0	76.1	-61.9	41.4		√
26	800615	10.4	8.0	86.0	48.9	-37.1	25.8		√
27	800629	76.0	6.0	102.0	62.2	-39.8	30.6		√
28	840605	13.0	3.0	37.2	36.4	-0.8	11.2	√	
29	840711	84.8	6.0	64.0	62.9	-1.1	19.2	√	
30	850709	9.0	16.0	51.0	54.8	3.8	15.3	√	
31	860726	24.7	3.0	44.0	43.6	-0.4	13.2	√	
32	870710	45.7	15.0	62.0	71.3	9.3	18.6	√	
33	870903	75.8	11.0	90.0	72.6	-17.4	27.0	√	
34	880704	1.4	6.0	13.0	13.7	0.7	3.9	√	
35	890719	4.2	11.0	26.0	32.9	6.9	7.8	√	
36	900618	22.1	13.0	61.0	61.1	0.1	18.3	√	
37	900816	86.8	11.0	80.0	73.9	-6.1	24.0	√	
38	910718	7.9	7.0	45.5	38.5	-7	13.7	√	
39	920720	21.8	6.0	48.0	50.3	2.3	14.4	√	
40	930512	6.0	8.0	41.0	34.4	-6.6	12.3	√	
41	940625	6.7	7.0	32.0	34.3	2.3	9.6	√	
42	940629	117.1	4.0	64.0	58.8	-5.2	19.2	√	
43	950807	35.3	10.0	60.0	63.2	3.2	18.0	√	
44	960627	8.9	2.0	26.0	27.8	1.8	7.8	√	
45	960725	81.2	9.0	79.0	70.6	-8.4	23.7	√	
46	960730	80.2	11.0	76.0	73.2	-2.8	22.8	√	
47	970704	3.5	3.0	12.0	13.9	1.9	3.6	√	
48	980720	25.5	2.0	44.0	41.3	-2.7	13.2	√	
49	990615	5.4	3.0	20.0	19.8	-0.2	6.0	√	
50	000715	5.8	4.0	42.0	23.6	-18.4	12.6		√
51	000809	144.7	6.0	84.0	67.7	-16.3	25.2	√	
52	000813	22.1	2.0	46.0	39.9	-6.1	13.8	√	

续表

序号	洪号	实测径流深 $R_{实}$（mm）	有效降雨历时 T_c（h）	洪水总历时		预报误差（h）	许可误差（h）	评定结果		序号	洪号	实测径流深 $R_{实}$（mm）	有效降雨历时 T_c（h）	洪水总历时		预报误差（h）	许可误差（h）	评定结果	
				$T_{洪实}$（h）	$T_{洪预}$（h）			合格	不合格					$T_{洪实}$（h）	$T_{洪预}$（h）			合格	不合格
53	010622	23.3	5.0	50.0	48.3	-1.7	15.0	√		73	100804	22.7	5.0	75.0	48.1	-26.9	22.5		√
54	030708	15.4	9.0	58.0	53.1	-4.9	17.4	√		74	100814	51.2	12.0	86.0	69.6	-16.4	25.8	√	
55	030827	32.8	7.0	60.0	57.5	-2.5	18.0	√		75	100824	41.8	10.0	117.0	65.2	-51.8	35.1		√
56	030904	83.2	8.0	56.0	69.5	13.5	16.8	√		76	110702	4.7	13.0	42.0	37.7	-4.3	12.6	√	
57	031011	44.2	16.0	48.0	71.9	23.9	14.4		√	77	120708	44.0	14.0	84.0	69.8	-14.2	25.2	√	
58	040618	7.8	14.0	60.0	48.8	-11.2	18.0	√		78	130716	38.3	2.0	50.0	44.9	-5.1	15.0	√	
59	040717	87.1	14.0	38.0	78.1	40.1	11.4		√	79	130719	58.5	16.0	78.0	75.5	-2.5	23.4	√	
60	040730	58.9	4.0	64.0	54.2	-9.8	19.2	√		80	130723	42.1	11.0	54.0	66.3	12.3	16.2	√	
61	040828	26.1	12.0	51.0	61.8	10.8	15.3	√		81	130728	42.3	5.0	60.0	54.5	-5.5	18.0	√	
62	040914	7.8	6.0	50.0	35.4	-14.6	15.0	√		82	140620	8.7	19.0	60.0	57.7	-2.3	18.0	√	
63	050626	2.1	13.0	24.0	29.6	5.6	7.2	√		83	150730	4.1	2.0	16.0	13.4	-2.6	4.8	√	
64	050702	50.8	5.0	59.0	56.2	-2.8	17.7	√		84	160720	81.4	12.0	80.0	74.6	-5.4	24.0	√	
65	050919	72.1	10.0	92.0	70.9	-21.1	27.6	√		85	160722	144.6	10.0	76.0	77.9	1.9	22.8	√	
66	060629	17.1	3.0	46.0	39.5	-6.5	13.8	√		86	170727	29.9	18.0	72.0	69.8	-2.2	21.6	√	
67	070718	59.5	3.0	50.0	51.1	1.1	15.0	√		87	180626	17.6	16.0	60.0	62.1	2.1	18.0	√	
68	070810	8.7	14.0	58.0	51.5	-6.5	17.4	√		88	180819	119.5	17.0	89.0	85.9	-3.1	26.7	√	
69	080705	13.7	15.0	58.0	58.7	0.7	17.4	√		89	190807	10.3	4.0	42.0	37.2	-4.8	12.6	√	
70	090706	4.3	3.0	17.0	16.4	-0.6	5.1	√		90	190811	97.1	24.0	108.0	93.4	-14.6	32.4	√	
71	090713	11.8	12.0	70.0	54.3	-15.7	21.0	√		91	200627	6.1	16.0	48.0	46.5	-1.5	14.4	√	
72	100617	2.5	2.0	12.0	8.5	-3.5	3.6	√		92	200802	14.1	4.0	46.0	40.0	-6	13.8	√	

备注：1. 合格率 =87.0%；2. 预报误差 = 预报值 − 实测值；3. 许可误差 = 实测值的 30%，以 3 h 为下限；4. 本方案等级为甲级。

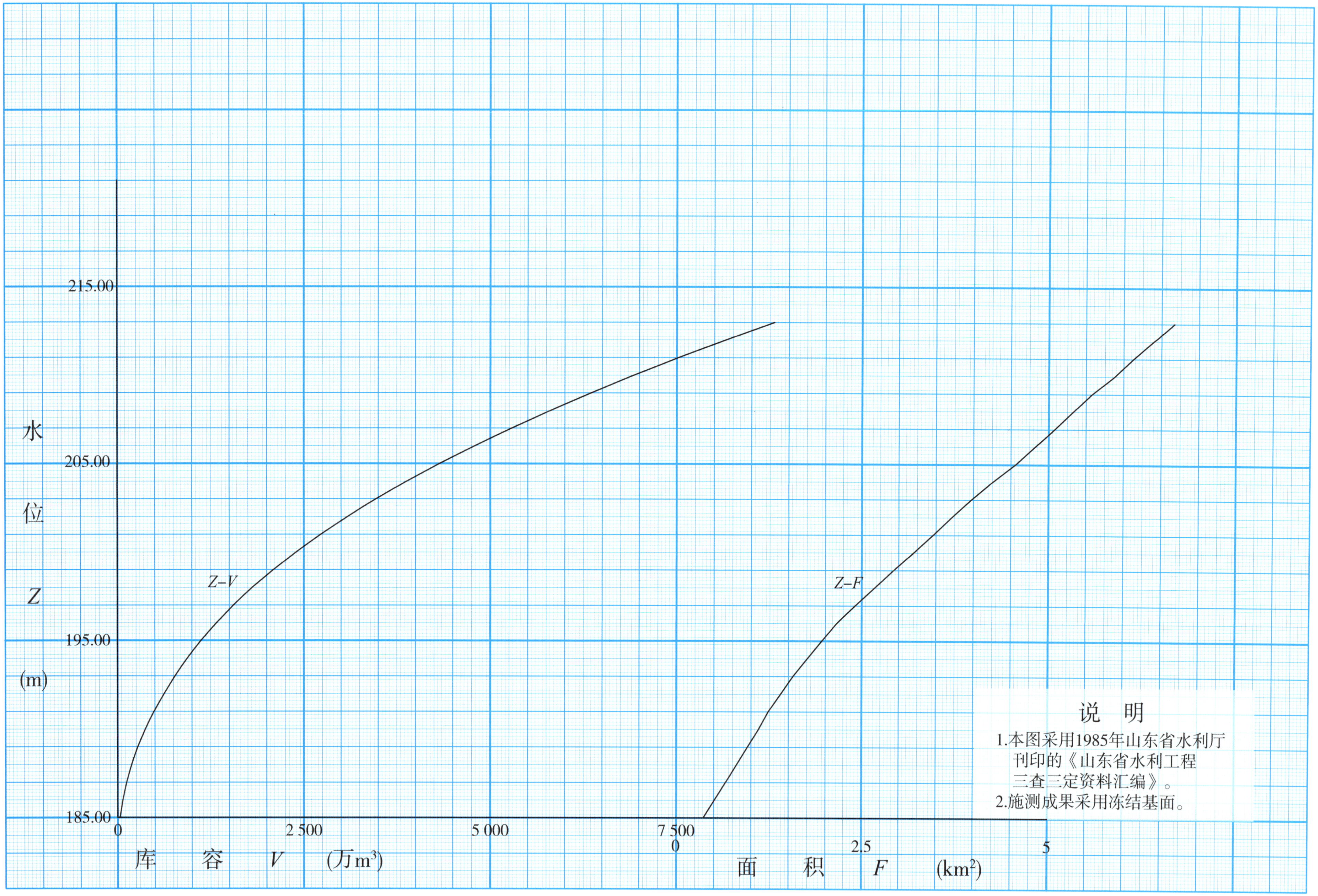

图 3–3 石汶河黄前水库水位 – 库容、水位 – 面积关系曲线图

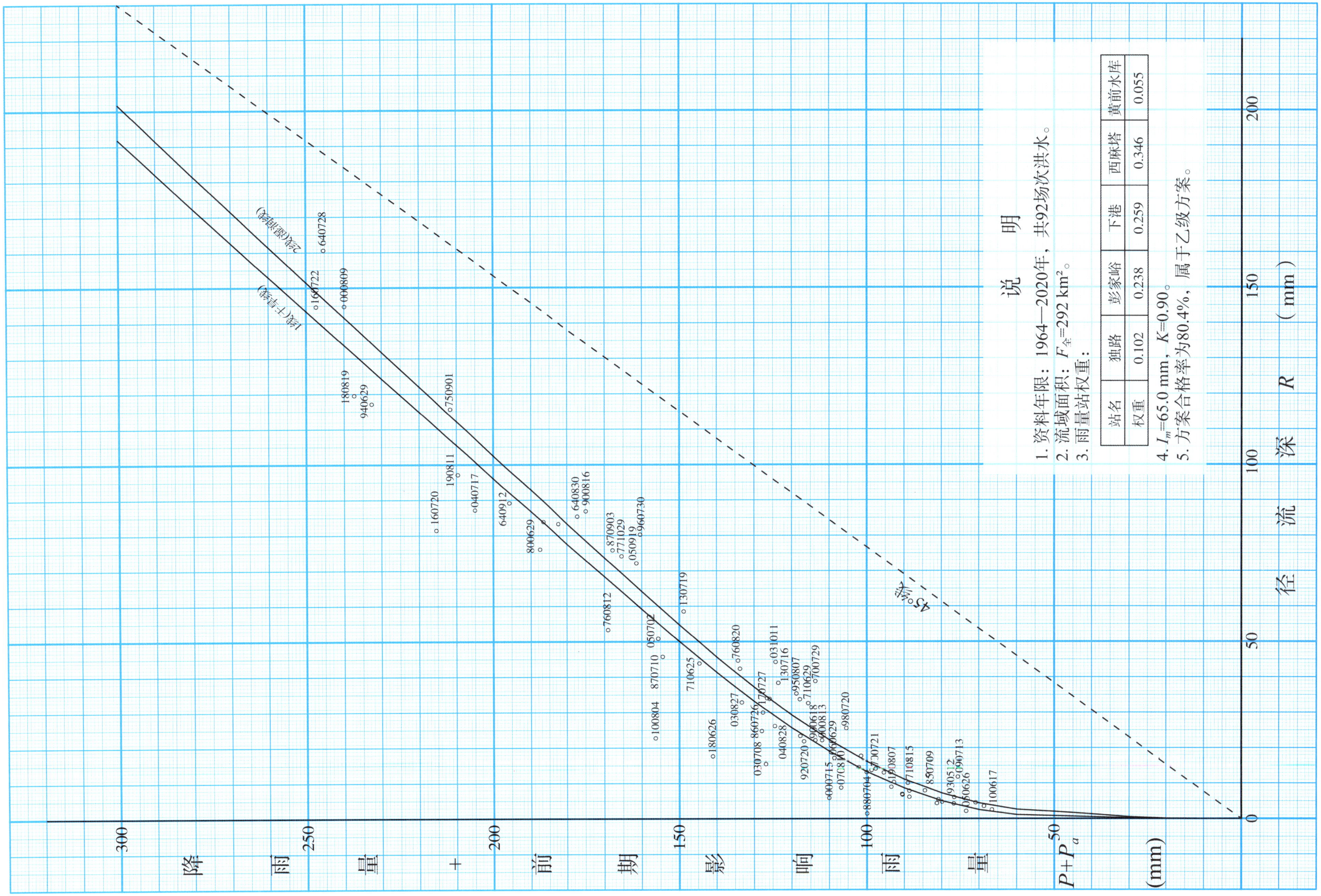

图 3-4 石汶河黄前水库站 $P+P_a$–R 相关图

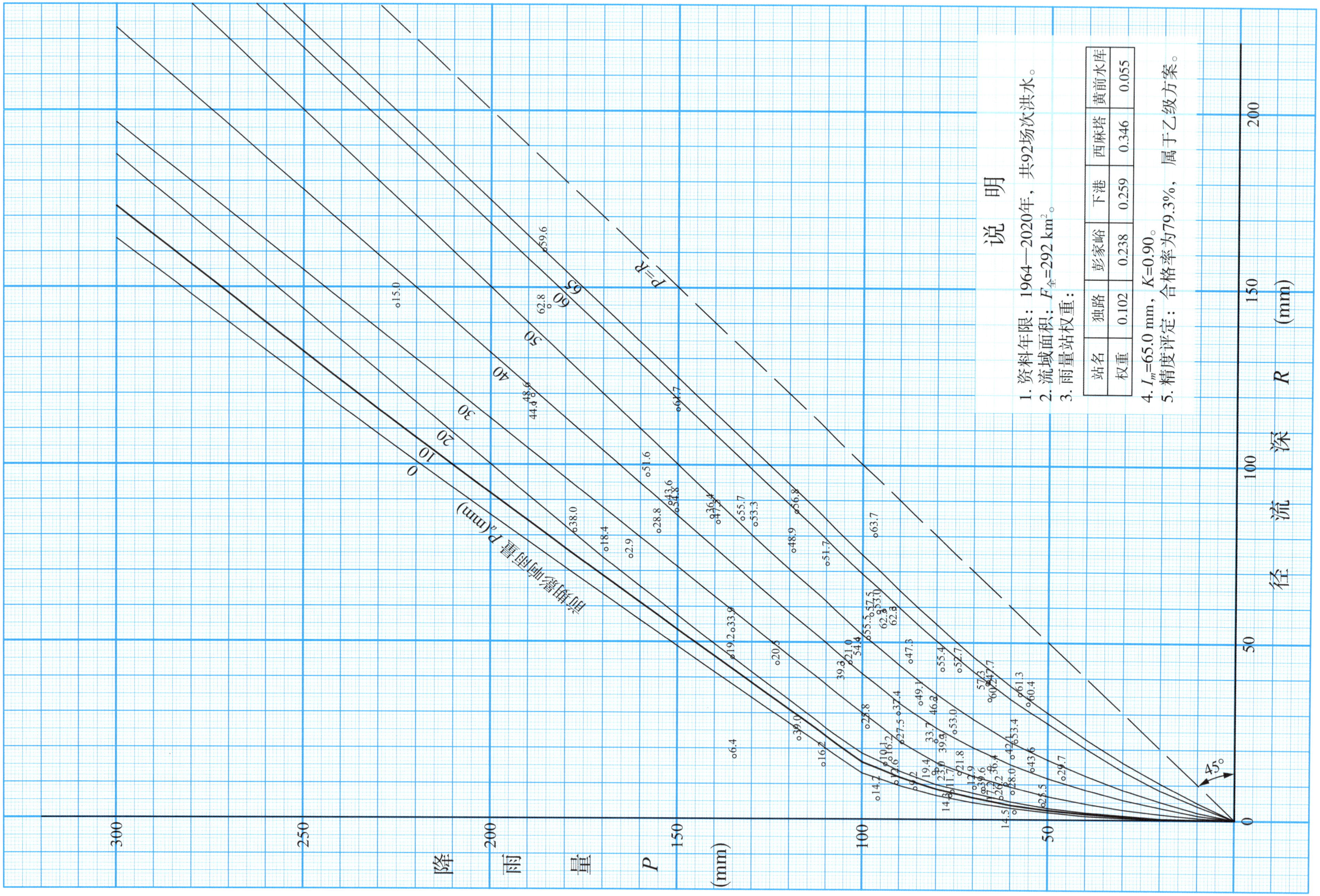

图 3–5 石汶河黄前水库站 P–P_a–R 相关图

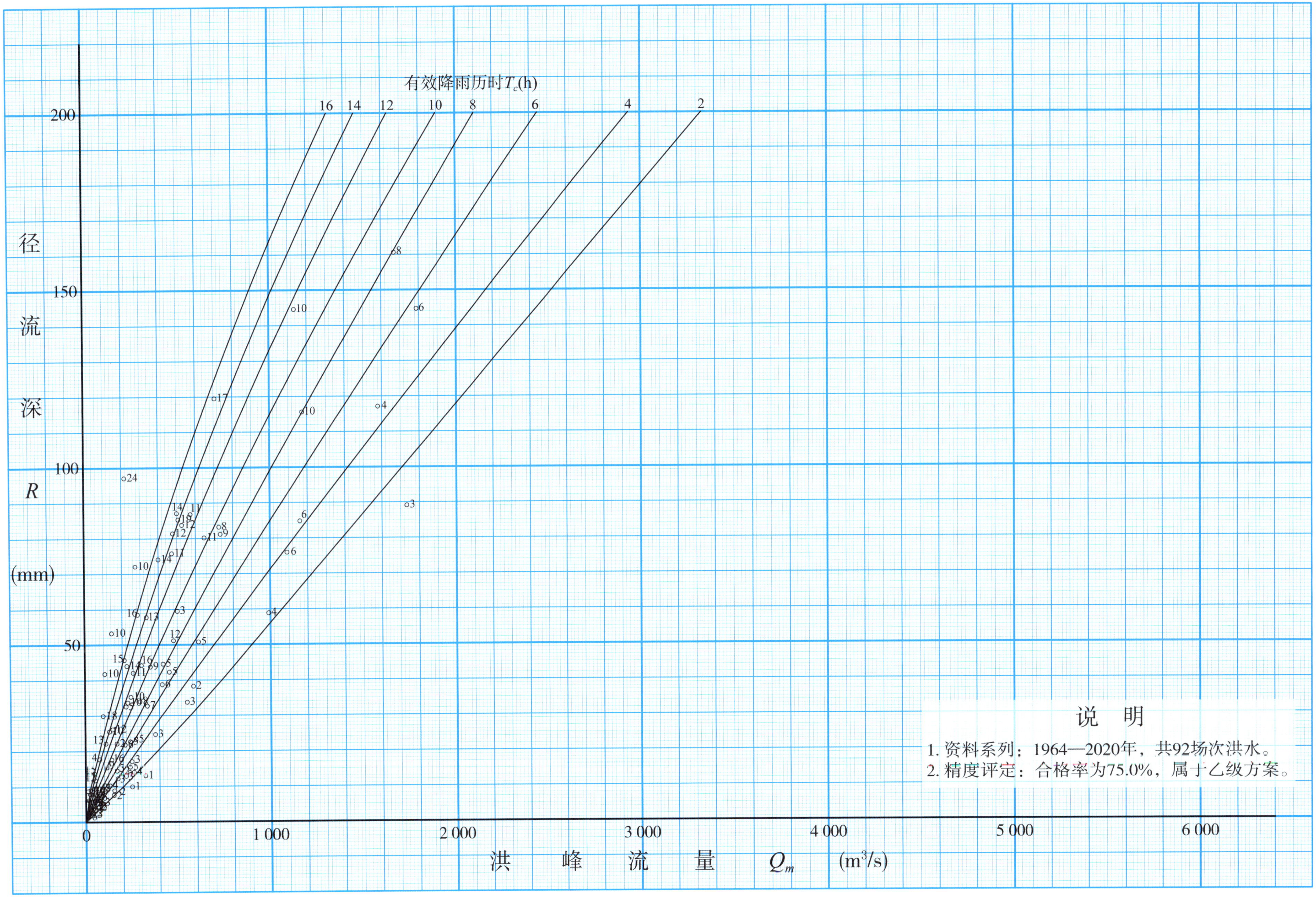

图 3-6 石汶河黄前水库站 R-T_c-Q_m 关系曲线图

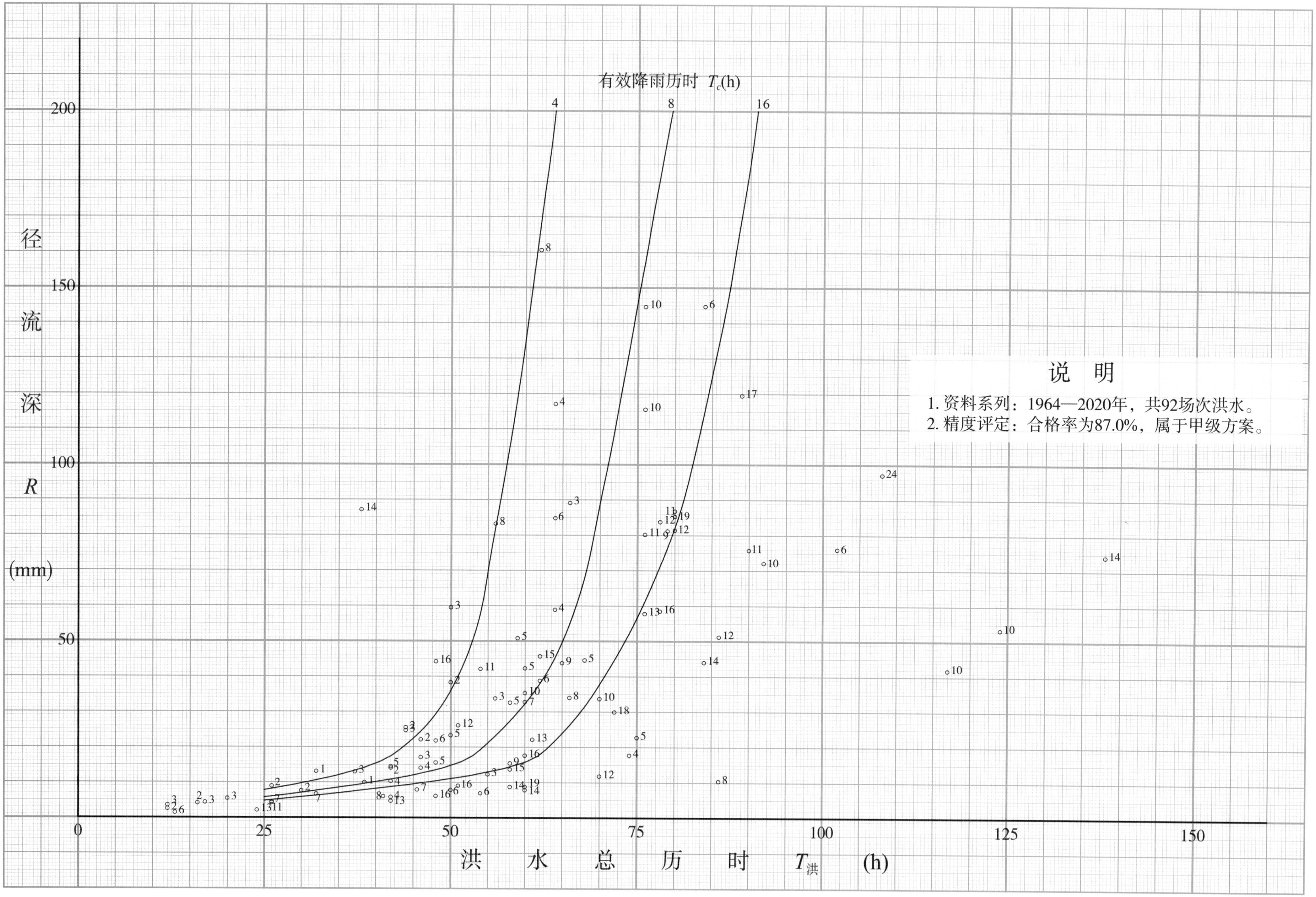

图 3-7　石汶河黄前水库站 $R-T_c-T_洪$相关曲线图

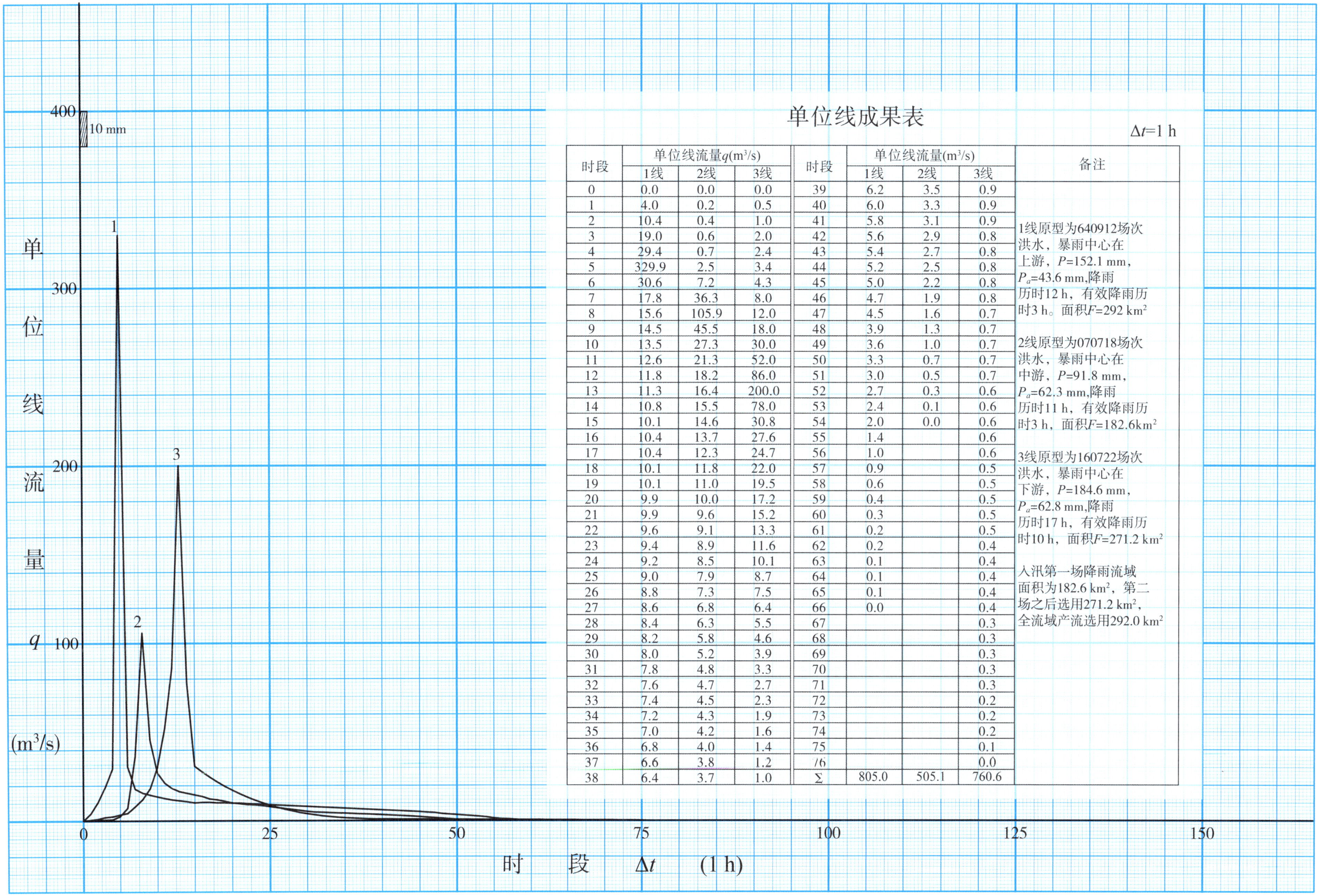

单位线成果表

Δt=1 h

时段	单位线流量q(m³/s)			时段	单位线流量(m³/s)		
	1线	2线	3线		1线	2线	3线
0	0.0	0.0	0.0	39	6.2	3.5	0.9
1	4.0	0.2	0.5	40	6.0	3.3	0.9
2	10.4	0.4	1.0	41	5.8	3.1	0.9
3	19.0	0.6	2.0	42	5.6	2.9	0.8
4	29.4	0.7	2.4	43	5.4	2.7	0.8
5	329.9	2.5	3.4	44	5.2	2.5	0.8
6	30.6	7.2	4.3	45	5.0	2.2	0.8
7	17.8	36.3	8.0	46	4.7	1.9	0.8
8	15.6	105.9	12.0	47	4.5	1.6	0.7
9	14.5	45.5	18.0	48	3.9	1.3	0.7
10	13.5	27.3	30.0	49	3.6	1.0	0.7
11	12.6	21.3	52.0	50	3.3	0.7	0.7
12	11.8	18.2	86.0	51	3.0	0.5	0.7
13	11.3	16.4	200.0	52	2.7	0.3	0.6
14	10.8	15.5	78.0	53	2.4	0.1	0.6
15	10.1	14.6	30.8	54	2.0	0.0	0.6
16	10.4	13.7	27.6	55	1.4		0.6
17	10.4	12.3	24.7	56	1.0		0.6
18	10.1	11.8	22.0	57	0.9		0.5
19	10.1	11.0	19.5	58	0.6		0.5
20	9.9	10.0	17.2	59	0.4		0.5
21	9.9	9.6	15.2	60	0.3		0.5
22	9.6	9.1	13.3	61	0.2		0.5
23	9.4	8.9	11.6	62	0.2		0.4
24	9.2	8.5	10.1	63	0.1		0.4
25	9.0	7.9	8.7	64	0.1		0.4
26	8.8	7.3	7.5	65	0.1		0.4
27	8.6	6.8	6.4	66	0.0		0.4
28	8.4	6.3	5.5	67			0.3
29	8.2	5.8	4.6	68			0.3
30	8.0	5.2	3.9	69			0.3
31	7.8	4.8	3.3	70			0.3
32	7.6	4.7	2.7	71			0.3
33	7.4	4.5	2.3	72			0.2
34	7.2	4.3	1.9	73			0.2
35	7.0	4.2	1.6	74			0.2
36	6.8	4.0	1.4	75			0.1
37	6.6	3.8	1.2	76			0.0
38	6.4	3.7	1.0	Σ	805.0	505.1	760.6

备注

1线原型为640912场次洪水，暴雨中心在上游，P=152.1 mm，P_a=43.6 mm,降雨历时12 h，有效降雨历时3 h。面积F=292 km²

2线原型为070718场次洪水，暴雨中心在中游，P=91.8 mm，P_a=62.3 mm,降雨历时11 h，有效降雨历时3 h，面积F=182.6km²

3线原型为160722场次洪水，暴雨中心在下游，P=184.6 mm，P_a=62.8 mm,降雨历时17 h，有效降雨历时10 h，面积F=271.2 km²

入汛第一场降雨流域面积为182.6 km²，第二场之后选用271.2 km²，全流域产流选用292.0 km²

图 3-8　石汶河黄前水库站单位线综合图

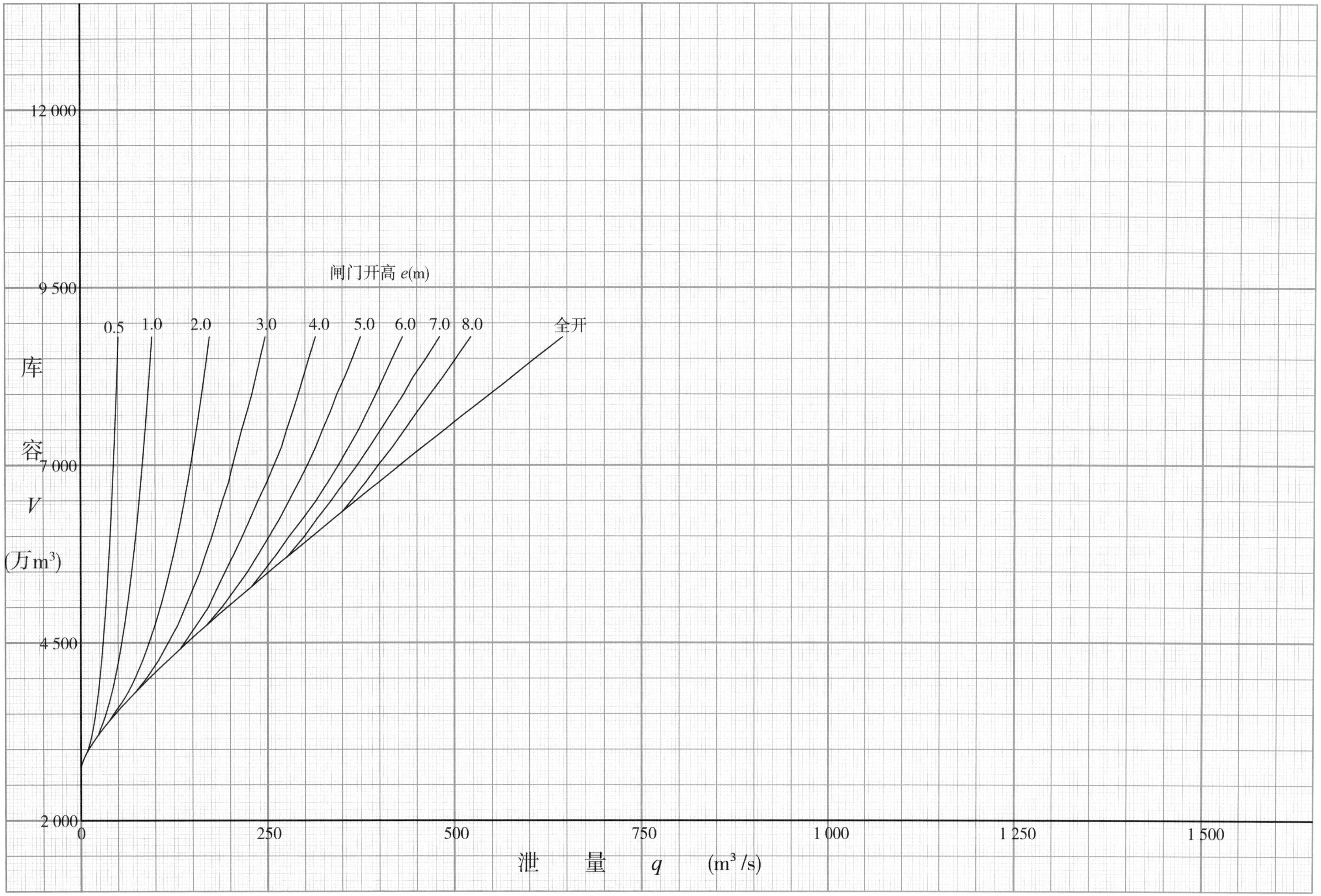

图 3-9 石汶河黄前水库 V–e–q 关系图（单孔）

第四章　光明河光明水库站水文预报方案编制说明

1　流域基本情况

1.1　流域自然地理特征

光明水库位于黄河流域大汶河水系大汶河南支上游的光明河上，控制流域面积为 132 km^2，控制流域内为浅山区和丘陵，山区约占 40%，丘陵约占 60%，流域形状为阔叶形，不对称系数为 0.044，流域长度为 18.7 km，干流长度为 20.6 km，流域平均宽度为 7.5 km，干流平均坡度为 2.55‰，流域形状系数为 0.378，河道弯曲系数为 1.22，河网密度为 0.3 km/km^2。水库以南刘杜镇以上为前震旦系花岗岩，中部有少部分奥陶系灰岩和少部分变质岩。水库两岸均为奥陶系、寒武系灰岩，左岸有三条小断层，右岸有一条小断层。山区绝大部分为青石山，土层较薄，一般在 0.3 m 左右，土壤为黏土；丘陵绝大部分为沙石，土层瘠薄，土质为沙土和沙壤土，植被条件较差，水土流失情况一般，农作物多为地瓜、花生，有少量小麦。光明水库站以上流域图见图 4-1。

1.2　水利工程情况

光明水库于 1958 年 5 月兴建，同年 9 月基本竣工，是一座以防洪、灌溉为主，兼顾水产养殖、工业供水等综合利用的大（2）型水库。主体枢纽工程由大坝、溢洪道、放水洞 3 部分组成。

水库大坝为黏土均质坝，坝长 860 m，坝顶宽 5.5 m，最大坝高 23 m，坝顶高程 181.00 m，防浪墙顶高程为 182.00 m。溢洪道设有 3 孔平板钢闸门，闸门尺寸为 8.0 m × 4.7 m，闸底高程为 173.45 m。放水洞位于大坝桩号 0+100 处，为钢筋混凝土箱涵，进口底高程为 165.18 m，设计最大泄量为 5.5 m^3/s。光明水库站测验断面总体布置图见图 4-2。

流域内从 1957 年至 1981 年先后兴建有小（1）型水库 2 座、小（2）型水库 13 座，控制流域面积 24.25 km^2，总库容 841.5 万 m^3，兴利库容 499.7 万 m^3。

光明水库主要工程技术指标见表 4-1，流域内主要水利工程情况见表 4-2，光明水库站水位（Z）- 库容（V）关系线图见图 4-3。

表 4-1　光明水库主要工程技术指标表

	项目	主坝
大坝	坝长（m）	860
	坝高（m）	23
	坝顶高程（m）	181.00
	坝顶宽（m）	5.5
溢洪闸	闸门型式	平板钢闸门
	闸底高程（m）	173.45
	孔数	3
	闸门尺寸（m × m）	8.0 × 4.7
	最大泄量（m^3/s）	559
放水洞	位置	大坝桩号 0+100
	型式	钢筋混凝土箱涵
	进口底高程（m）	165.18
	最大泄量（m^3/s）	5.5

备注：资料抄自 2013 年 6 月山东省水利厅《山东省水库资料汇编》（大型水库分册），基面高程为 1956 年黄海基面高程。

表 4-2　光明水库以上流域内主要水利工程统计表

序号	水库名称	类型	所在乡镇	流域面积（km^2）	库容（万 m^3）		建成时间
					总	兴利	
1	赵家沟	小（1）	岳家庄乡	6.6	271.0	145.0	1979 年
2	山头	小（1）	岳家庄乡	4.6	242.0	157.0	1978 年
3	柳树沟	小（2）	岳家庄乡	0.72	11.0	4.2	1966 年
4	良义	小（2）	岳家庄乡	2.2	28.2	15.0	1964 年
5	大良峪	小（2）	岳家庄乡	0.63	50.0	42.6	1979 年
6	东旺峪	小（2）	岳家庄乡	1.0	28.0	18.4	1967 年
7	朝阳寺	小（2）	岳家庄乡	1.2	18.8	18.4	1964 年
8	大汪涯	小（2）	岳家庄乡	0.93	24.6	14.2	1965 年
9	上盐	小（2）	刘杜镇	1.13	81.0	42.5	1976 年
10	下盐	小（2）	刘杜镇	1.13	12.0	5.0	1978 年
11	门家庄	小（2）	刘杜镇	0.82	16.0	10.1	1968 年
12	东赵	小（2）	刘杜镇	0.75	11.0	4.6	1966 年
13	魏家河	小（2）	刘杜镇	0.44	18.4	8.7	1981 年
14	邓家沟	小（2）	刘杜镇	1.1	12.5	5.0	1971 年
15	涝西	小（2）	岳家庄乡	1.0	17.0	9.0	1964 年

1.3　测站概况

光明水库水文站于 1962 年 6 月设立，测站位于光明河上，上游无较大支流汇入，下游汇入柴汶河，测站下游无支流。光明水库站属区域代表站，测验任务有库内水位、出库流量、降水量、冰情、水质、墒情、水文调查等；该站还担负着向国家防总，省、市防指提供水情、雨情、墒情和洪水预报等报汛任务。光明水库水文站概况说明见表 4-3，上游有 3 处长系列雨量站，详见表 4-4。

该站冻结基面高程 +87.391 m=1985 年国家高程基准高程。

表 4-3　光明水库水文站概况说明表

<table>
<tr><td rowspan="9">测站沿革</td><td>设立或变动</td><td>发生年月</td><td>站名</td><td>站别</td><td>领导机关</td><td>说明</td></tr>
<tr><td>设立</td><td>1962 年 6 月</td><td>光明水库</td><td>水文</td><td>山东省水利厅</td><td>常年站</td></tr>
<tr><td>领导关系转移</td><td>1964 年 1 月</td><td>光明水库</td><td>水文</td><td>山东省水文总站</td><td></td></tr>
<tr><td>集水面积变动</td><td>1965 年 1 月</td><td>光明水库</td><td>水文</td><td>山东省水文总站</td><td>集水面积由 134 km²
新量算为 108 km²</td></tr>
<tr><td>集水面积变动</td><td>1971 年 1 月</td><td>光明水库</td><td>水文</td><td>山东省水文总站</td><td>集水面积由 108 km²
新量算为 132 km²</td></tr>
<tr><td rowspan="3">领导机关更名</td><td>1998 年 4 月</td><td>光明水库</td><td>水文</td><td>山东省水文水资源勘测局</td><td></td></tr>
<tr><td>2011 年 12 月</td><td>光明水库</td><td>水文</td><td>山东省水文局</td><td></td></tr>
<tr><td>2021 年 3 月</td><td>光明水库</td><td>水文</td><td>山东省水文中心</td><td></td></tr>
<tr><td>名称</td><td colspan="3">位置</td><td>布设年月</td><td>使用情况</td></tr>
<tr><td rowspan="2">断面及主要测验设施布设情况</td><td>基本水尺断面（坝上）</td><td colspan="3">大坝西端放水洞东 20 m</td><td>1962 年 6 月</td><td>各级水位使用</td></tr>
<tr><td>放水洞测流断面</td><td colspan="3">放水洞闸下 100 m</td><td>1962 年 6 月</td><td>各级水位使用</td></tr>
</table>

表 4-4　光明水库站以上流域雨量站情况表

站名	设站年份	详细地址
山头	1964 年	新泰市岳家庄乡山头村
岔河	1964 年	新泰市岳家庄乡岔河村
光明水库	1962 年	新泰市小协镇光明水库

2　预报方案编制

2.1　预报区间的确定

光明水库上游均为小型水库汇入本水库站，因此预报区间确定为 132 km²。

2.2　资料情况及方案沿革

2.2.1　资料情况

光明水库站于 1987 年分析编制预报方案，2004 年、2007 年分别进行了预报方案的修订。本方案实测资料年限为 58 年（1963—2020 年），选用 51 场次洪水资料进行分析制作。

2.2.2　方案沿革

原方案中产流方案采用降雨径流相关图 P–P_a–R，汇流方案采用峰量关系曲线、单位线；原方案分析资料有 41 场次，本次修订仍沿用以前方案的计算方法，新增 10 场次，并对原 41 场次降雨洪水进行重新分析计算，重新选取雨量站点，对原始资料进行重新摘录，参数重新率定，所有曲线均根据新的点据重新定线，时段长修改为 1 h。

2.3　产流方案

产流方案分别采用降雨径流经验相关图 $P+P_a$–R 和 P–P_a–R，根据分析计算的 51 个点据点绘定线，见图 4-4 和图 4-5。其中，P 为次降雨流域平均雨量（mm）；P_a 为流域平均前期影响雨量（mm）；R 为次降雨所产生的径流深（mm）。

2.3.1　主要参数的计算

2.3.1.1　流域平均雨量P的计算

流域平均雨量采用面积加权法计算求得，雨量站的面积控制权重见表 4-5。

表 4-5　光明水库站以上流域内雨量站的控制权重表

站名	山头	岔河	光明水库
权重	0.393	0.229	0.378

2.3.1.2　流域平均前期影响雨量P_a的计算

每年自汛初开始连续计算，先以面积加权法计算流域平均雨量，然后计算前期影响雨量 P_a，其计算公式如下：

$$P_{a,t+1}=K\left(P_{a,t}+P_t\right)$$

式中：$P_{a,t+1}$ 为第 t+1 日的前期影响雨量（mm）；$P_{a,t}$ 为第 t 日的前期影响雨量（mm）；P_t 为第 t 日的流域平均雨量（mm）；K 为折减系数，本方案采用 0.9。

2.3.1.3　最大损失量I_m和K值的确定

本次方案选择久旱少雨和突降大雨产生径流较小的洪水，共选 9 场次洪水，采用三站平均计算，发现 2000 年以前 I_m 为 80 ~ 90 mm，取用 I_m=80 mm；2000 年以后 I_m 为 90 ~ 100 mm，取用 I_m=90 mm；1987 年编制方案时，I_m=65 mm。分别按照 I_m=65 mm、80 mm、90 mm 进行分析，发现三次最大损失量对应的 51 场次降雨洪水资料前期影响雨量 P_a 差别很小，因此仍采用 I_m=65.0 mm。$K=1-E_m/I_m$，根据光明水库站蒸发资料选用 E_m=6.0 mm，I_m=65.0 mm，所以 $K\approx 0.90$。其中 I_m 值采用下式计算：

$$I_m = P + P_a - R - E$$

式中：P 为流域平均降雨量（mm）；P_a 为前期影响雨量（mm）；R 为径流深（mm）；E 为雨间蒸发量（mm）。

2.3.1.4　径流深R的推求

在入库洪水过程线上采用斜线分割法切除基流，本次洪水径流深 R 等于洪水总量 W（扣除基流量）除以集水面积 F，其中流域面积 $F_{全}$=132 km^2。光明水库水文站降雨径流分析成果见表 4–6。

2.3.1.5　有效降雨历时T_c的确定

有效降雨历时 T_c 采用占总降水量 80% 的降雨量的集中历时，当中间间隔了几个时段时，要把间隔的这几个时段也考虑在内。

2.3.1.6　暴雨中心位置的确定

根据流域特性和代表站分布情况，一般是：山头站为上游区；岔河站为中游区；光明水库站为下游区。

2.3.2　精度评定

按许可误差 =20% 实测值的标准（并当许可误差大于 20.0 mm 时，以 20.0 mm 为上限；小于 3.0 mm 时，以 3.0 mm 为下限）进行逐次洪水评定。P+P_a–R 相关图共选用 51 个点据，44 个合格，合格率为 86.3%，属于甲级方案，见表 4–7；P–P_a–R 相关图共选用 51 个点据，44 个合格，合格率为 86.3%，属于甲级方案，见表 4–8。

2.4　汇流方案

汇流方案主要采用峰量关系图和经验单位线方法。

2.4.1　峰量关系图法

2.4.1.1　峰量关系曲线R–T_c–Q_m

以有效降雨历时 T_c 作为参数，建立峰量关系曲线 R–T_c–Q_m。其中，R 为一次降雨径流深，由次洪水总量除以相应集水面积而得；T_c 为有效降雨历时；Q_m 为一次降雨过程所产生的区间洪峰流量。

根据 1963—2020 年 51 场次洪水点据进行分析，通过点群中心并照顾同一 R 值的 Q_m 逐渐减少的趋势定线，R–T_c–Q_m 关系图见图 4–6。

精度评定：按许可误差 =20% 实测值的标准进行逐次洪水评定。本方案共选用 1963—2020 年 51 个点据，40 个合格，合格率为 78.4%，属于乙级方案，精度评定见表 4–9。

2.4.1.2　径流深与洪水历时相关曲线R–T_c–$T_洪$

以有效降雨历时 T_c 作为参数，建立径流深与洪水历时相关曲线 R–T_c–$T_洪$。根据 1963—2020 年 51 场次洪水历时的点据分析定线。通过点群中心并照顾同一 R 值的 $T_洪$逐渐增大的趋势定线，绘制了 T_c=3 h，T_c=4 h，T_c =8 h 及 T_c=16 h 四条曲线，其余时间插补，详见图 4–7。

精度评定：按许可误差 =30% 实测值的标准（并当许可误差小于 3 h 时，以 3 h 为下限）进行逐次洪水评定。本方案共选用 1963—2020 年 51 个点据，49 个合格，合格率为 96.1%，属于甲级方案，精度评定见表 4–10。

2.4.2　经验单位线法

根据 840605、200802 和 200807 场次洪水资料，分析出光明水库水文站 3 条单位线，Δt 均取 2 h。光明水库水文站单位线见图 4–8。

3　方案使用说明

3.1　径流深预报

计算出流域平均雨量 P 和流域平均前期影响雨量 P_a，根据降雨径流关系图 P+P_a–R 和 P–P_a–R 的查算结果进行综合分析，并考虑一次暴雨的有效降雨历时（或暴雨中心位置），确定地表径流深 R 的预报值。

3.2　最大入库洪峰流量预报

3.2.1　查R–T_c–Q_m图

根据 R，T_c 查询 R–T_c–Q_m 关系曲线得到 Q_m，当 T_c 介于两条关系曲线之间时，首先查出两条曲线中对应的 Q_m 数值，然后进行插补，当 T_c 大于 14 h 或者小于 2 h 时，根据最近两条关系线进行插补外延。

3.2.2　查R–T_c–$T_洪$图

根据 R，T_c 查询 R–T_c–$T_洪$关系曲线得到 $T_洪$，当 T_c 介于两条关系曲线之间时，首先查出两条曲线中对应的 $T_洪$数值，然后进行插补，当 T_c 大于 16 h 或者小于 3 h 时，根据最近两条关系线进行插补外延。

3.2.3　经验单位线法

由累积降雨量 $\sum P$，在降雨径流关系图中查出累积径流深 $\sum R$，相隔 Δt 的两个累积径流深相减即得时段径流深 R。根据暴雨中心位置选择相应单位线，各时段净雨深错时段与 0.1 倍的单位线各时段流量相乘，然后同时段流量相加，再加上基流量即为入库流量过程，最大入库洪峰流量可以从入库流量过程线上查得。

3.3　最高水库水情预报

3.3.1　当起涨水位低于溢洪道底时

3.3.1.1　当$W < V_{拦}$时

当起涨水位低于溢洪道底且入库洪水总量 W 小于水库拦蓄水量时，洪水全部入库后不溢洪。此时由起涨库容加入库洪水总量 W 得到水库最大库容，查水位 – 库容曲线（图 4–3）得到水库最高水位，由洪水总历时加上起涨时间即为最高水位出现时间。

3.3.1.2　当 $W > V_{拦}$ 时

调洪库容 $V_{调}=V_{起}+W-V_{拦}$，若最大入库流量 Q_m 出现在溢洪之前且 $V_{拦}/W > 0.33$，需查 $Q_m-V_{拦}/W-Q'_m$ 关系线（图 4–9），对最大入库流量进行改正再进行调洪演算。查 $V-e-q$ 关系图（图 4–10），得到最大库容和最大泄洪流量，查水位－库容曲线（图 4–3）得到水库最高水位，最高水位、最大泄洪流量出现时间 = 起涨时间 +（$1-0.67q_m/Q_m$）$\times T_{洪}$。

3.3.2　当起涨水位高于溢洪道底时

查 $W-q_0/Q_m-\Delta W$ 关系图（图 4–11）得到 ΔW，则调洪库容 $V_{调}=V_{起}+W-\Delta W$，根据闸门开启高度查相应 $V-e-q$ 关系图时需移坐标，以 $V_{起}$ 和 $q_{起}$ 为原点绘制与原坐标系平行的新坐标系，得到最大库容和最大泄洪流量，查水位－库容曲线得到水库最高水位，最高水位、最大泄洪流量出现时间 = 起涨时间 +（$1-0.67q_m/Q_m$）$\times T_{洪}$。

3.3.3　当起涨水位与溢洪道底齐平时

根据 Q_m 及调洪库容 $V_{调}=V_{起}+W$，查 $V-e-q$ 关系图，得到最大库容和最大泄洪流量，查水位－库容曲线得到水库最高水位，最高水位、最大泄洪流量出现时间 = 起涨时间 +（$1-0.67q_m/Q_m$）$\times T_{洪}$。

3.4　入库洪水总量预报

根据公式 $W=0.1FR$，得到入库洪水总量 W。

3.5　方案合理性检查及评定

在方案建立过程中，随时根据规范要求及有关文件规定进行合理性检查，特别对突出点据从原始资料反复查对，对中间处理过程也进行了认真审查，发现不合理的问题后基本上都做了检查改正。方案建立后，先从线形进行比较，防止出现矛盾现象，然后对每个方案尽量根据规范规定采用表格形式进行了精度评定（用许可误差法）。其中，$P+P_a-R$ 相关图合格率为 86.3%，属甲级方案；$P-P_a-R$ 相关图合格率为 86.3%，属甲级方案；$R-T_c-Q_m$ 相关图合格率为 78.4%，属乙级方案；$R-T_c-T_{洪}$ 相关图合格率为 96.1%，属甲级方案。综合来说，本方案属于乙级方案。

3.6　方案适应能力

本方案适用于防洪标准以下的洪水作业预报。如遇超标准洪水，则需根据当时具体情况酌情修正。

3.7　注意事项

（1）方案的制作未考虑上游众多小（1）、小（2）型水库及塘坝的影响，作业预报时要根据前期降雨情况适当修正。

（2）应随时掌握上游工程蓄水及泄洪情况，要根据实际情况对预报值进行及时修正。

（3）局部暴雨要注意超渗产流，可适当将查算的 R 值加大；久旱初雨时的产流偏小，应适当修正所查 R 值。

总之，由于影响因素太多，本方案不能全部反映实际情况，因而不能照搬，应具体问题具体分析，并采用多种方法，考虑各种因素进行综合分析，确定采用的预报值。

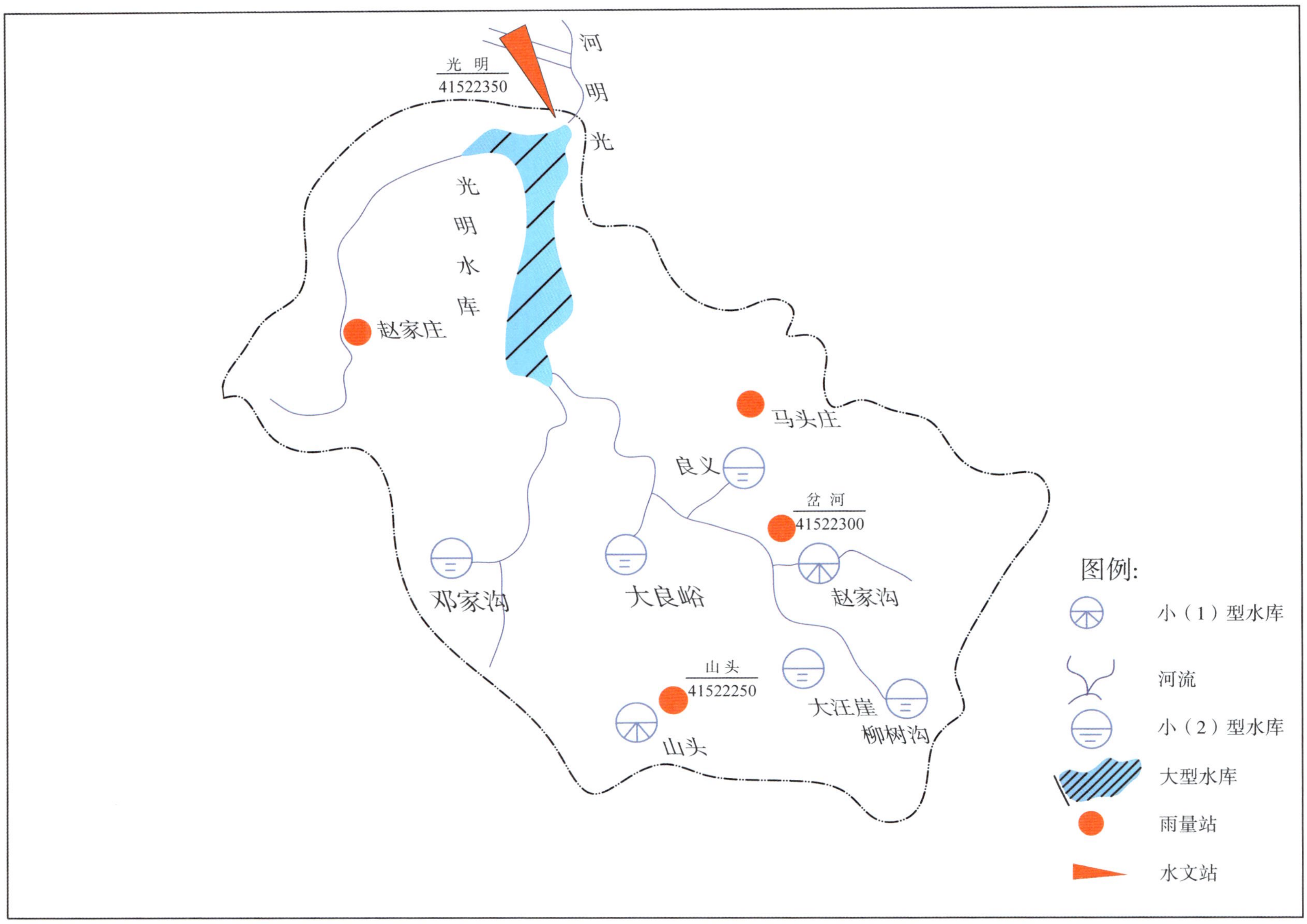

图 4–1　光明河光明水库站以上流域图

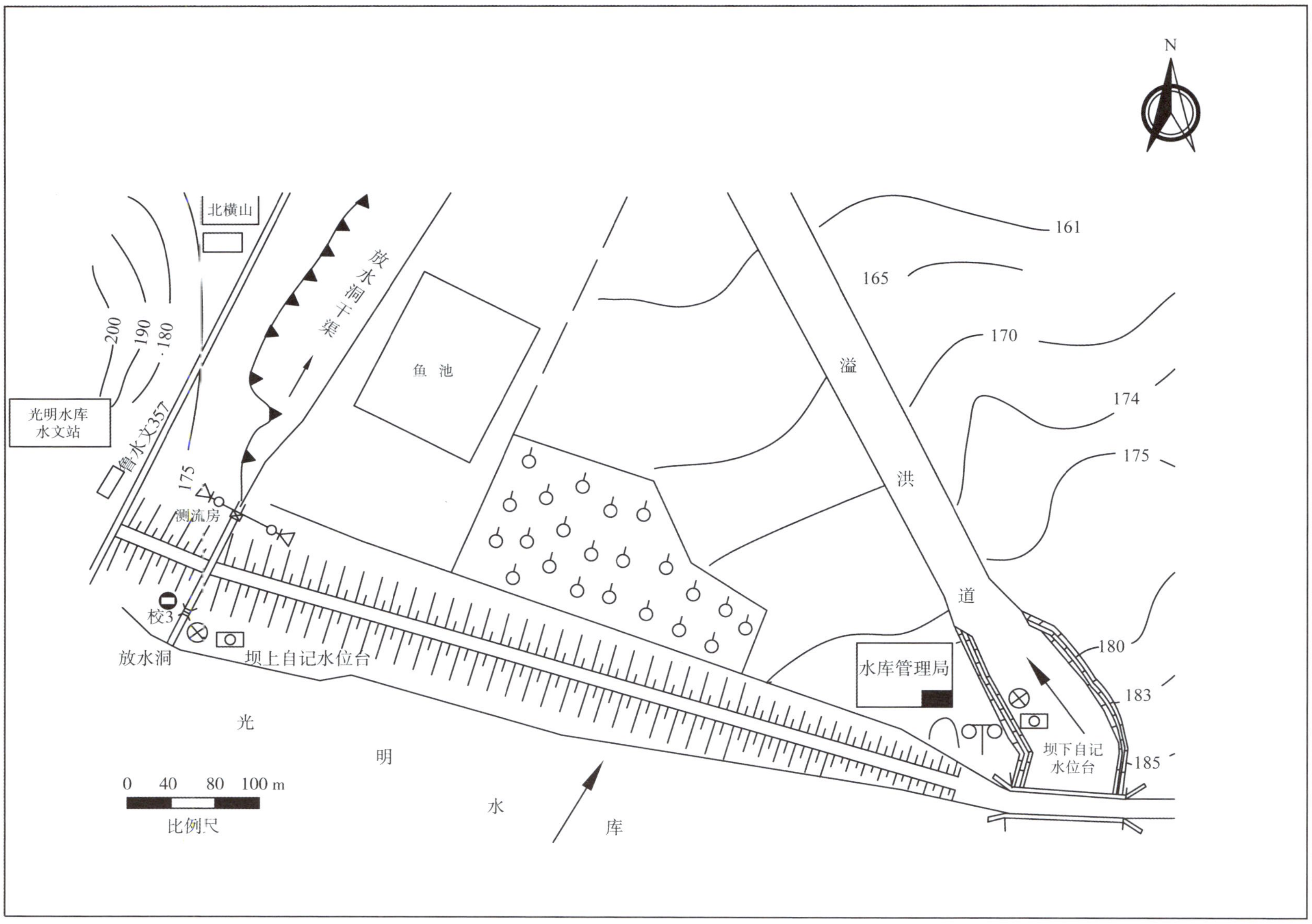

图 4–2　光明河光明水库站测验断面总体布置图

表 4–6　光明河光明水库站降雨径流分析成果表

序号	洪号	降雨起止时间			流域平均雨量 P（mm）	前期影响雨量 P_a（mm）	$P+P_a$（mm）	降雨历时（h）		暴雨中心位置	洪水起止时间			洪水总历时 $T_{洪}$（h）	洪峰流量 Q_m（m^3/s）	地表径流量 W（万 m^3）	集水面积 F（km^2）	径流深 R（mm）	径流系数 α
		年	起	止				全部 T	有效 T_c		起涨	峰顶	落平						
1	630706	1963	7 月 6 日 17:00	7 月 7 日 8:00	80.1	27.2	107.3	15	7	下游	7 月 6 日 20:00	7 月 6 日 23:00	7 月 8 日 8:00	36	144.4	243	132	18.4	0.23
2	630725	1963	7 月 24 日 22:00	7 月 25 日 0:00	78.7	54.3	133.0	2	2	下游	7 月 24 日 23:00	7 月 25 日 1:00	7 月 26 日 8:00	33	711	525	132	39.8	0.51
3	640717	1964	7 月 16 日 18:00	7 月 18 日 4:00	161.1	50.0	211.1	34	10	上游	7 月 16 日 20:00	7 月 17 日 3:00	7 月 19 日 8:00	60	877.8	1 636	132	123.9	0.77
4	640728	1964	7 月 27 日 16:00	7 月 28 日 22:00	105.8	42.1	147.9	30	6	普雨	7 月 27 日 20:00	7 月 28 日 8:00	7 月 30 日 8:00	60	472.2	650	132	49.2	0.47
5	650709	1965	7 月 9 日 7:00	7 月 9 日 22:00	118.4	21.7	140.1	15	5	普雨	7 月 9 日 14:00	7 月 9 日 18:00	7 月 11 日 20:00	54	427.8	600	132	45.5	0.38
6	660704	1966	7 月 4 日 20:00	7 月 5 日 2:00	54.5	32.0	86.5	6	3	下游	7 月 4 日 20:00	7 月 4 日 22:30	7 月 6 日 8:00	36	133.3	168	132	12.7	0.23
7	670719	1967	7 月 18 日 19:00	7 月 18 日 22:00	36.0	36.4	72.4	3	2	下游	7 月 18 日 20:00	7 月 19 日 0:00	7 月 19 日 20:00	24	88.9	87	132	6.6	0.18
8	690821	1969	8 月 21 日 11:00	8 月 21 日 16:00	68.5	22.8	91.3	5	2	普雨	8 月 21 日 12:00	8 月 21 日 15:30	8 月 22 日 14:00	26	222	198	132	15.0	0.22
9	700723	1970	7 月 22 日 19:00	7 月 23 日 8:00	163.6	58.1	221.7	13	5	普雨	7 月 22 日 20:00	7 月 23 日 2:00	7 月 25 日 8:00	60	1 139	1 522.8	132	115.4	0.71
10	710707	1971	7 月 6 日 20:00	7 月 7 日 1:00	62.2	49.4	111.6	5	3	普雨	7 月 6 日 22:00	7 月 7 日 2:00	7 月 8 日 8:00	34	450	352	132	26.7	0.43
11	720720	1972	7 月 20 日 14:00	7 月 20 日 21:00	45.3	29.2	74.5	7	3	普雨	7 月 20 日 16:00	7 月 20 日 19:00	7 月 21 日 20:00	28	113.9	149	132	11.3	0.25
12	720902	1972	9 月 1 日 15:00	9 月 2 日 6:00	110.0	44.1	154.1	15	7	下游	9 月 1 日 20:00	9 月 2 日 1:00	9 月 3 日 20:00	48	350	711	132	53.9	0.49
13	740716	1974	7 月 16 日 2:00	7 月 16 日 8:00	43.4	13.9	57.3	6	2	上游	7 月 16 日 2:00	7 月 16 日 7:30	7 月 16 日 20:00	18	94.4	92	132	7.0	0.16
14	740724	1974	7 月 23 日 12:00	7 月 24 日 6:00	57.1	50.2	107.3	18	8	普雨	7 月 23 日 14:00	7 月 24 日 6:30	7 月 25 日 8:00	42	139	328	132	24.8	0.43
15	740801	1974	8 月 1 日 0:00	8 月 1 日 12:00	93.3	54.1	147.4	12	5	普雨	8 月 1 日 2:00	8 月 1 日 12:30	8 月 3 日 8:00	54	622.2	707	132	53.6	0.57
16	750902	1975	9 月 1 日 22:00	9 月 2 日 12:00	63.8	28.6	92.4	14	3	上游	9 月 1 日 22:00	9 月 2 日 5:30	9 月 3 日 8:00	34	205.6	323	132	24.5	0.38
17	760728	1976	7 月 28 日 12:00	7 月 28 日 22:00	75.0	46.9	121.9	10	3	上游	7 月 28 日 14:00	7 月 28 日 18:00	7 月 30 日 8:00	42	422.9	422.9	132	32.0	0.43
18	800606	1980	6 月 6 日 15:00	6 月 7 日 0:00	71.2	9.9	81.1	9	5	下游	6 月 6 日 16:00	6 月 6 日 19:30	6 月 7 日 20:00	28	83.3	118.6	132	9.0	0.13
19	800706	1980	7 月 6 日 18:00	7 月 7 日 0:00	77.6	36.6	114.2	6	2	上游	7 月 6 日 20:00	7 月 6 日 23:00	7 月 8 日 5:00	33	505	365	132	27.7	0.36
20	800729	1980	7 月 29 日 2:00	7 月 29 日 12:00	65.8	59.7	125.5	10	5	上游	7 月 29 日 4:00	7 月 29 日 10:00	7 月 30 日 20:00	40	327	505	132	38.3	0.58
21	810725	1981	7 月 25 日 11:00	7 月 26 日 2:00	97.7	35.7	133.4	15	13	上游	7 月 25 日 10:00	7 月 25 日 22:00	7 月 27 日 20:00	58	94.4	408	132	30.9	0.32
22	840605	1984	6 月 4 日 23:00	6 月 5 日 4:00	98.4	26.6	125.0	5	4	中上游	6 月 5 日 0:00	6 月 5 日 4:00	6 月 6 日 20:00	44	345	455	132	34.5	0.35
23	880716	1988	7 月 15 日 18:00	7 月 16 日 5:00	110.3	53.4	163.7	11	8	中下游	7 月 15 日 16:00	7 月 16 日 3:00	7 月 17 日 20:00	52	311	566	132	42.9	0.39
24	900614	1990	6 月 13 日 23:00	6 月 14 日 9:00	77.4	18.2	95.6	10	8	普雨	6 月 14 日 1:00	6 月 14 日 7:00	6 月 15 日 20:00	43	110	305	132	23.1	0.30
25	900722	1990	7 月 21 日 5:00	7 月 22 日 4:00	123.4	51.7	175.1	23	12	下游	7 月 21 日 8:00	7 月 22 日 5:00	7 月 24 日 8:00	72	343	919	132	69.6	0.56
26	900816	1990	8 月 16 日 1:00	8 月 16 日 9:00	154.6	31.9	186.5	8	3	上游	8 月 16 日 4:00	8 月 16 日 7:30	8 月 18 日 0:00	44	1 277	1 066	132	80.8	0.52

序号	洪号	降雨起止时间			流域平均雨量 P（mm）	前期影响雨量 P_a（mm）	$P+P_a$（mm）	降雨历时（h）		暴雨中心位置	洪水起止时间			洪水总历时 $T_{洪}$（h）	洪峰流量 Q_m（m^3/s）	地表径流量 W（万 m^3）	集水面积 F（km^2）	径流深 R（mm）	径流系数 α
		年	起	止				全部 T	有效 T_c		起涨	峰顶	落平						
27	910719	1991	7月18日16:00	7月19日8:00	92.6	62.3	154.9	16	10	普雨	7月18日18:00	7月19日8:00	7月20日20:00	50	262.5	740	132	56.1	0.61
28	910724	1991	7月23日22:00	7月24日9:00	148.3	39.8	188.1	11	6	中游	7月23日22:00	7月24日6:30	7月24日18:28	20.5	808.3	1 229	132	93.1	0.63
29	930713	1993	7月12日23:00	7月13日8:00	72.5	60.4	132.9	9	5	上游	7月13日0:00	7月13日3:00	7月14日20:00	44	342	506	132	38.3	0.53
30	930716	1993	7月15日19:00	7月16日0:00	101.8	49.6	151.4	5	3	普雨	7月15日20:00	7月16日0:00	7月17日20:00	48	871	750	132	56.8	0.56
31	950818	1995	8月17日18:00	8月18日0:00	41.6	54.9	96.5	6	3	上游	8月17日20:00	8月18日1:00	8月19日8:00	36	166.7	208	132	15.8	0.38
32	970820	1997	8月19日19:00	8月20日8:00	88.4	21.6	110.0	13	8	中游	8月19日22:00	8月20日8:30	8月21日20:00	46	125.6	281	132	21.3	0.24
33	980804	1998	8月4日0:00	8月4日18:00	196.0	29.6	225.6	18	8	上中游	8月4日3:00	8月4日6:00	8月6日20:00	65	705.6	1 090	132	82.6	0.42
34	980815	1998	8月15日0:00	8月15日9:00	76.3	60.2	136.5	9	5	普雨（上游稍大）	8月15日0:00	8月15日7:00	8月16日20:00	44	383.3	557	132	42.2	0.55
35	980822	1998	8月22日6:00	8月22日11:00	53.6	32.7	86.3	5	1	普雨（山头大）	8月22日10:00	8月22日10:54	8月23日8:00	22	347	188	132	14.2	0.27
36	010721	2001	7月21日4:00	7月21日11:00	118.7	16.0	134.7	7	5	普雨	7月21日6:00	7月21日10:30	7月23日8:00	50	475.7	476	132	36.1	0.30
37	010731	2001	7月29日23:00	7月31日1:00	81.5	57.1	138.6	26	11	普雨	7月29日23:00	7月31日0:00	8月1日8:00	57	177.7	563	132	42.7	0.52
38	040828	2004	8月26日20:00	8月28日1:00	126.9	24.6	151.5	29	12	山头、光明	8月26日20:00	8月28日2:00	8月29日8:00	60	208.6	649	132	49.2	0.39
39	050626	2005	6月26日1:00	6月26日16:00	75.0	27.7	102.7	15	6	普雨	6月26日1:00	6月26日10:00	6月27日20:00	43	94.7	227	132	17.2	0.23
40	050724	2005	7月24日3:00	7月24日9:00	120.9	20.6	141.5	6	3	上中游	7月24日3:00	7月24日7:30	7月25日20:00	41	651.1	609	132	46.1	0.38
41	070817	2007	8月17日2:00	8月17日15:00	185.2	52.6	237.8	13	6	上中游	8月17日2:00	8月17日11:42	8月19日20:00	66	1 555.8	1 819	132	137.8	0.74
42	090708	2009	7月8日10:00	7月9日20:00	123.9	57.9	181.8	34	7	普雨（岔河稍大）	7月8日10:00	7月8日23:30	7月9日20:00	34	607	860	132	65.2	0.53
43	090818	2009	8月17日15:00	8月18日5:00	94.5	34.3	128.8	14	3	上中游	8月17日16:00	8月18日2:00	8月19日8:00	40	384.7	410	132	31.1	0.33
44	110914	2011	9月14日3:00	9月14日15:00	60.3	38.3	98.6	12	3	下游	9月14日3:00	9月14日12:00	9月15日20:00	41	248.7	373	132	28.3	0.47
45	120709	2012	7月9日15:00	7月10日2:00	82.0	62.7	144.7	11	6	普雨	7月9日15:00	7月9日22:30	7月11日20:00	53	488.3	561	132	42.5	0.52
46	130704	2013	7月4日3:00	7月4日15:00	143.8	28.9	172.7	12	7	上中游	7月4日4:00	7月4日10:30	7月6日8:00	52	468.3	658	132	49.8	0.35
47	200802	2020	8月2日0:00	8月2日8:00	133.8	31.2	165	8	4	下游	8月2日0:00	8月2日6:00	8月4日8:00	56	744.7	783	132	59.3	0.44
48	200807	2020	8月6日14:00	8月7日8:00	90.6	53.9	144.5	18	7	普雨（山头稍大）	8月6日14:00	8月7日0:00	8月8日20:00	54	350.2	638	132	48.3	0.53
49	200813	2020	8月13日17:00	8月14日0:00	144.0	36.9	180.9	7	4	上中游	8月13日17:00	8月13日23:30	8月15日20:00	51	579.2	1 053	132	79.8	0.55
50	200815	2020	8月14日16:00	8月15日1:00	56.8	62.3	119.1	9	2	上游	8月14日16:00	8月15日1:00	8月16日6:00	38	321.5	685	132	51.9	0.91
51	200820	2020	8月19日23:00	8月20日5:00	51.1	40.9	92.0	6	3	普雨	8月19日23:00	8月20日3:54	8月21日8:00	33	159.2	202	132	15.3	0.30

表 4-7　光明河光明水库站 $P+P_a-R$ 预报精度评定表

序号	洪号	$P+P_a$（mm）	径流深（mm）		预报误差（mm）	许可误差（mm）	评定结果	
			实测 $R_实$	预报 $R_预$			合格	不合格
1	630706	107.3	18.4	21.3	2.9	3.7	√	
2	630725	133.0	39.8	36.3	-3.5	8.0	√	
3	640717	211.1	123.9	107.9	-16.0	20.0	√	
4	640728	147.9	49.2	47.3	-1.9	9.8	√	
5	650709	140.1	45.5	41.3	-4.2	9.1	√	
6	660704	86.5	12.7	12.8	0.1	3.0	√	
7	670719	72.4	6.6	8.6	2.0	3.0	√	
8	690821	91.3	15.0	14.5	-0.5	3.0	√	
9	700723	221.7	115.4	119.2	3.8	20.0	√	
10	710707	111.6	26.7	23.4	-3.3	5.3	√	
11	720720	74.5	11.3	9.2	-2.1	3.0	√	
12	720902	154.1	53.9	52.3	-1.6	10.8	√	
13	740716	57.3	7.0	5.4	-1.6	3.0	√	
14	740724	107.3	24.8	21.3	-3.5	5.0	√	
15	740801	147.4	53.6	46.9	-6.7	10.7	√	
16	750902	92.4	24.5	14.9	-9.6	4.9		√
17	760728	121.9	32.0	29.2	-2.8	6.4	√	
18	800606	81.1	9.0	11.0	2.0	3.0	√	
19	800706	114.2	27.7	24.9	-2.8	5.5	√	
20	800729	125.5	38.3	31.4	-6.9	7.7	√	
21	810725	133.4	30.9	36.6	5.7	6.2	√	
22	840605	125.0	34.5	31.1	-3.4	6.9	√	
23	880716	163.7	42.9	60.6	17.7	8.6		√
24	900614	95.6	23.1	16.2	-6.9	4.6		√
25	900722	175.1	69.6	71.2	1.6	13.9	√	
26	900816	186.5	80.8	82.4	1.6	16.2	√	
27	910719	154.9	56.1	53.0	-3.1	11.2	√	
28	910724	188.1	93.1	84.0	-9.1	18.6	√	
29	930713	132.9	38.3	36.2	-2.1	7.7	√	
30	930716	151.4	56.8	50.1	-6.7	11.4	√	
31	950818	96.5	15.8	16.5	0.7	3.2	√	
32	970820	110.0	21.3	22.6	1.3	4.3	√	
33	980804	225.6	82.6	123.3	40.7	16.5		√
34	980815	136.5	42.2	38.7	-3.5	8.4	√	
35	980822	86.3	14.2	12.7	-1.5	3.0	√	
36	010721	134.7	36.1	37.5	1.4	7.2	√	
37	010731	138.6	42.7	40.2	-2.5	8.5	√	
38	040828	151.5	49.2	50.1	0.9	9.8	√	
39	050626	102.7	17.2	19.2	2.0	3.4	√	
40	050724	141.5	46.1	42.3	-3.8	9.2	√	
41	070817	237.8	137.8	136.3	-1.5	20.0	√	
42	090708	181.8	65.2	77.7	12.5	13.0	√	
43	090818	128.8	31.1	33.5	2.4	6.2	√	
44	110914	98.6	28.3	17.3	-11.0	5.7		√
45	120709	144.7	42.5	44.8	2.3	8.5	√	
46	130704	172.7	49.8	68.9	19.1	10.0		√
47	200802	165.0	59.3	61.8	2.5	11.9	√	
48	200807	144.5	48.3	44.6	-3.7	9.7	√	
49	200813	180.9	79.8	76.8	-3.0	16.0	√	
50	200815	119.1	51.9	27.5	-24.4	10.4		√
51	200820	92.0	15.3	14.7	-0.6	3.1	√	

备注：1. 合格率 =86.3%；2. 预报误差 = 预报值 - 实测值；3. 许可误差 = 实测值的 20%，以 20.0 mm 为上限，以 3.0 mm 为下限；4. 本方案等级为甲级。

表 4-8　光明河光明水库站 P–P_a–R 预报精度评定表

序号	洪号	降雨量 P（mm）	前期影响雨量 P_a（mm）	$P+P_a$（mm）	径流深（mm）		预报误差（mm）	许可误差（mm）	评定结果	
					实测 $R_{实}$	预报 $R_{预}$			合格	不合格
1	630706	80.1	27.2	107.3	18.4	21.7	3.3	3.7	√	
2	630725	78.7	54.3	133.0	39.8	37.3	–2.5	8.0	√	
3	640717	161.1	50.0	211.1	123.9	96.7	–27.2	20.0		√
4	640728	105.8	42.1	147.9	49.2	46.0	–3.2	9.8	√	
5	650709	118.4	21.7	140.1	45.5	38.1	–7.4	9.1	√	
6	660704	54.5	32.0	86.5	12.7	12.7	0.0	3.0	√	
7	670719	36.0	36.4	72.4	6.6	7.0	0.4	3.0	√	
8	690821	68.5	22.8	91.3	15.0	14.9	–0.1	3.0	√	
9	700723	163.6	58.1	221.7	115.4	107.2	–8.2	20.0	√	
10	710707	62.2	49.4	111.6	26.7	23.8	–2.9	5.3	√	
11	720720	45.3	29.2	74.5	11.3	8.5	–2.8	3.0	√	
12	720902	110.0	44.1	154.1	53.9	50.6	–3.3	10.8	√	
13	740716	43.4	13.9	57.3	7.0	5.3	–1.7	3.0	√	
14	740724	57.1	50.2	107.3	24.8	21.4	–3.4	5.0	√	
15	740801	93.3	54.1	147.4	53.6	47.2	–6.4	10.7	√	
16	750902	63.8	28.6	92.4	24.5	15.3	–9.2	4.9		√
17	760728	75.0	46.9	121.9	32.0	29.9	–2.1	6.4	√	
18	800606	71.2	9.9	81.1	9.0	11.6	2.6	3.0	√	
19	800706	77.6	36.6	114.2	27.7	25.4	–2.3	5.5	√	
20	800729	65.8	59.7	125.5	38.3	33.1	–5.2	7.7	√	
21	810725	97.7	35.7	133.4	30.9	36.1	5.2	6.2	√	
22	840605	98.4	26.6	125.0	34.5	30.4	–4.1	6.9	√	
23	880716	110.3	53.4	163.7	42.9	59.0	16.1	8.6		√
24	900614	77.4	18.2	95.6	23.1	16.5	–6.6	4.6		√
25	900722	123.4	51.7	175.1	69.6	68.0	–1.6	13.9	√	
26	900816	154.6	31.9	186.5	80.8	69.1	–11.7	16.2	√	
27	910719	92.6	62.3	154.9	56.1	55.8	–0.3	11.2	√	
28	910724	148.3	39.8	188.1	93.1	73.5	–19.6	18.6		√
29	930713	72.5	60.4	132.9	38.3	38.2	–0.1	7.7	√	
30	930716	101.8	49.6	151.4	56.8	49.8	–7.0	11.4	√	
31	950818	41.6	54.9	96.5	15.8	15.6	–0.2	3.2	√	
32	970820	88.4	21.6	110.0	21.3	22.5	1.2	4.3	√	
33	980804	196.0	29.6	225.6	82.6	97.1	14.5	16.5	√	
34	980815	76.3	60.2	136.5	42.2	40.4	–1.8	8.4	√	
35	980822	53.6	32.7	86.3	14.2	12.6	–1.6	3.0	√	
36	010721	118.7	16.0	134.7	36.1	34.4	–1.7	7.2	√	
37	010731	81.5	57.1	138.6	42.7	41.3	–1.4	8.5	√	
38	040828	126.9	24.6	151.5	49.2	45.2	–4.0	9.8	√	
39	050626	75.0	27.7	102.7	17.2	19.7	2.5	3.4	√	
40	050724	120.9	20.6	141.5	46.1	38.8	–7.3	9.2	√	
41	070817	185.2	52.6	237.8	137.8	120.5	–17.3	20.0	√	
42	090708	123.9	57.9	181.8	65.2	73.4	8.2	13.0	√	
43	090818	94.5	34.3	128.8	31.1	33.3	2.2	6.2	√	
44	110914	60.3	38.3	98.6	28.3	17.7	–10.6	5.7		√
45	120709	82.0	62.7	144.7	42.5	48.6	6.1	8.5	√	
46	130704	143.8	28.9	172.7	49.8	58.8	9.0	10.0	√	
47	200802	133.8	31.2	165.0	59.3	54.4	–4.9	11.9	√	
48	200807	90.6	53.9	144.5	48.3	45.1	–3.2	9.7	√	
49	200813	144.0	36.9	180.9	79.8	67.2	–12.6	16.0	√	
50	200815	56.8	62.3	119.1	51.9	30.3	–21.6	10.4		√
51	200820	51.1	40.9	92.0	15.3	14.4	–0.9	3.1	√	

备注：1. 合格率 =86.3%；2. 预报误差 = 预报值 – 实测值；3. 许可误差 = 实测值的 20%，以 20.0 mm 为上限，以 3.0 mm 为下限；4. 本方案等级为甲级。

表 4-9　光明河光明水库站 $R-T_c-Q_m$ 预报精度评定表

序号	洪号	$R_{实}$（mm）	有效降雨历时 T_c（h）	反推洪峰流量 $Q_{m实}$（m^3/s）	预报洪峰流量 $Q_{m预}$（m^3/s）	预报误差（m^3/s）	许可误差（m^3/s）	评定结果	
								合格	不合格
1	630706	18.4	7	144.4	118.8	−25.6	28.9	√	
2	630725	39.8	2	711.0	769.6	58.6	142.2	√	
3	640717	123.9	10	877.8	781.2	−96.6	175.6	√	
4	640728	49.2	6	472.2	410.6	−61.6	94.4	√	
5	650709	45.5	5	427.8	451.6	23.8	85.6	√	
6	660704	12.7	3	133.3	138.2	4.9	26.7	√	
7	670719	6.6	2	88.9	75.9	−13.0	17.8	√	
8	690821	15.0	2	222.0	225.0	3.0	44.4	√	
9	700723	115.4	5	1 139.0	1 288.7	149.7	227.8	√	
10	710707	26.7	3	450.0	365.6	−84.5	90.0	√	
11	720720	11.3	3	113.9	115.8	1.9	22.8	√	
12	720902	53.9	7	350.0	405.1	55.1	70.0	√	
13	740716	7.0	2	94.4	80.5	−13.9	18.9	√	
14	740724	24.8	8	139.0	151.2	12.2	27.8	√	
15	740801	53.6	5	622.2	546.7	−75.5	124.4	√	
16	750902	24.5	3	205.6	329.3	123.7	41.1		√
17	760728	32.0	3	422.9	454.0	31.1	84.6	√	
18	800606	9.0	5	83.3	63.0	−20.3	16.7		√
19	800706	27.7	2	505.0	504.4	−0.6	101.0	√	
20	800729	38.3	5	327.0	368.8	41.8	65.4	√	
21	810725	30.9	13	94.4	96.1	1.7	18.9	√	
22	840605	34.5	4	345.0	378.5	33.5	69.0	√	
23	880716	42.9	8	311.0	270.3	−40.7	62.2	√	
24	900614	23.1	8	110.0	140.2	30.2	22.0		√
25	900722	69.6	12	343.0	317.7	−25.3	68.6	√	
26	900816	80.8	3	1 277.0	1 335.2	58.2	255.4	√	
27	910719	56.1	10	262.5	285.0	22.5	52.5	√	
28	910724	93.1	6	808.3	872.7	64.4	161.7	√	
29	930713	38.3	5	342.0	368.8	26.8	68.4	√	
30	930716	56.8	3	871.0	895.8	24.8	174.2	√	
31	950818	15.8	3	166.7	187.8	21.1	33.3	√	
32	970820	21.3	8	125.6	128.5	2.9	25.1	√	
33	980804	82.6	8	705.6	593.4	−112.2	141.1	√	
34	980815	42.2	5	383.3	413.1	29.8	76.7	√	
35	980822	14.2	1	347.0	255.4	−91.6	69.4		√
36	010721	36.1	5	475.7	343.5	−132.2	95.1		√
37	010731	42.7	11	177.7	184.3	6.6	35.5	√	
38	040828	49.2	12	208.6	196.0	−12.6	41.7	√	
39	050626	17.2	6	94.7	122.6	27.9	18.9		√
40	050724	46.1	3	651.1	699.8	48.7	130.2	√	
41	070817	137.8	6	1 555.8	1 365.8	−190.0	311.2	√	
42	090708	65.2	7	607.0	508.5	−98.5	121.4	√	
43	090818	31.1	3	384.7	437.0	52.3	76.9	√	
44	110914	28.3	3	248.7	392.0	143.3	49.7		√
45	120709	42.5	6	488.3	348.3	−140.0	97.7		√
46	130704	49.8	7	468.3	368.4	−99.9	93.7		√
47	200802	59.3	4	744.7	710.9	−33.8	148.9	√	
48	200807	48.3	7	350.2	356.4	6.2	70.0	√	
49	200813	79.8	4	579.2	977.5	398.3	115.8		√
50	200815	51.9	2	321.5	1 035.4	713.9	64.3		√
51	200820	15.3	3	159.2	179.8	20.6	31.8	√	

备注：1. 合格率 =78.4%；2. 预报误差 = 预报值 − 实测值；3. 许可误差 = 实测值的 20%；4. 本方案等级为乙级。

表 4-10　光明河光明水库站 R–T_c–$T_{洪}$ 预报精度评定表

序号	洪号	$R_{实}$（mm）	有效降雨历时 T_c（h）	实测洪水总历时 $T_{洪实}$（h）	预报洪水总历时 $T_{洪预}$（h）	预报误差（h）	许可误差（h）	评定结果		序号	洪号	$R_{实}$（mm）	有效降雨历时 T_c（h）	实测洪水总历时 $T_{洪实}$（h）	预报洪水总历时 $T_{洪预}$（h）	预报误差（h）	许可误差（h）	评定结果	
								合格	不合格									合格	不合格
1	630706	18.4	7	36.0	39.0	3.0	10.8	√		27	910719	56.1	10	50.0	55.1	5.1	15	√	
2	630725	39.8	2	33.0	32.2	–0.8	9.9	√		28	910724	93.1	6	20.5	56.2	35.7	6.1		√
3	640717	123.9	10	60.0	62.3	2.3	18	√		29	930713	38.3	5	44.0	44.8	0.8	13.2	√	
4	640728	49.2	6	60.0	49.0	–11.0	18	√		30	930716	56.8	3	48.0	41.7	–6.3	14.4	√	
5	650709	45.5	5	54.0	47.0	–7.0	16.2	√		31	950818	15.8	3	36.0	30.3	–5.7	10.8	√	
6	660704	12.7	3	36.0	29.0	–7.0	10.8	√		32	970820	21.3	8	46.0	41.4	–4.6	13.8	√	
7	670719	6.6	2	24.0	22.2	–1.8	7.2	√		33	980804	82.6	8	65.0	57.1	–7.9	19.5	√	
8	690821	15.0	2	26.0	25.8	–0.2	7.8	√		34	980815	42.2	5	44.0	46.0	2.0	13.2	√	
9	700723	115.4	5	60.0	56.4	–3.6	18	√		35	980822	14.2	1	22.0	21.4	–0.6	6.6	√	
10	710707	26.7	3	34.0	34.4	0.4	10.2	√		36	010721	36.1	5	50.0	44.0	–6.0	15	√	
11	720720	11.3	3	28.0	28.4	0.4	8.4	√		37	010731	42.7	11	57.0	52.9	–4.1	17.1	√	
12	720902	53.9	7	48.0	51.1	3.1	14.4	√		38	040828	49.2	12	60.0	56.0	–4.0	18	√	
13	740716	7.0	2	18.0	22.4	4.4	5.4	√		39	050626	17.2	6	43.0	37.4	–5.6	12.9	√	
14	740724	24.8	8	42.0	42.8	0.8	12.6	√		40	050724	46.1	3	41.0	39.6	–1.4	12.3	√	
15	740801	53.6	5	54.0	49.1	–4.9	16.2	√		41	070817	137.8	6	66.0	58.0	–8.0	19.8	√	
16	750902	24.5	3	34.0	33.7	–0.3	10.2	√		42	090708	65.2	7	34.0	53.5	19.5	10.2		√
17	760728	32.0	3	42.0	36.1	–5.9	12.6	√		43	090818	31.1	3	40.0	35.8	–4.2	12	√	
18	800606	9.0	5	28.0	32.3	4.3	8.4	√		44	110914	28.3	3	41.0	35.0	–6.0	12.3	√	
19	800706	27.7	2	33.0	29.7	–3.3	9.9	√		45	120709	42.5	6	53.0	47.1	–5.9	15.9	√	
20	800729	38.3	5	40.0	44.8	4.8	12	√		46	130704	49.8	7	52.0	50.2	–1.8	15.6	√	
21	810725	30.9	13	58.0	51.5	–6.5	17.4	√		47	200802	59.3	4	56.0	49.5	–6.5	16.8	√	
22	840605	34.5	4	44.0	42.4	–1.6	13.2	√		48	200807	48.3	7	54.0	49.7	–4.3	16.2	√	
23	880716	42.9	8	52.0	49.2	–2.8	15.6	√		49	200813	79.8	4	51.0	52.9	1.9	15.3	√	
24	900614	23.1	8	43.0	42.1	–0.9	12.9	√		50	200815	51.9	2	38.0	33.9	–4.1	11.4	√	
25	900722	69.6	12	72.0	60.3	–11.7	21.6	√		51	200820	15.3	3	33.0	30.1	–2.9	9.9	√	
26	900816	80.8	3	44.0	44.8	0.8	13.2	√											

备注：1. 合格率 =96.1%；2. 预报误差 = 预报值 – 实测值；3. 许可误差 = 实测值的 30%，以 3 h 为下限；4. 本方案等级为甲级。

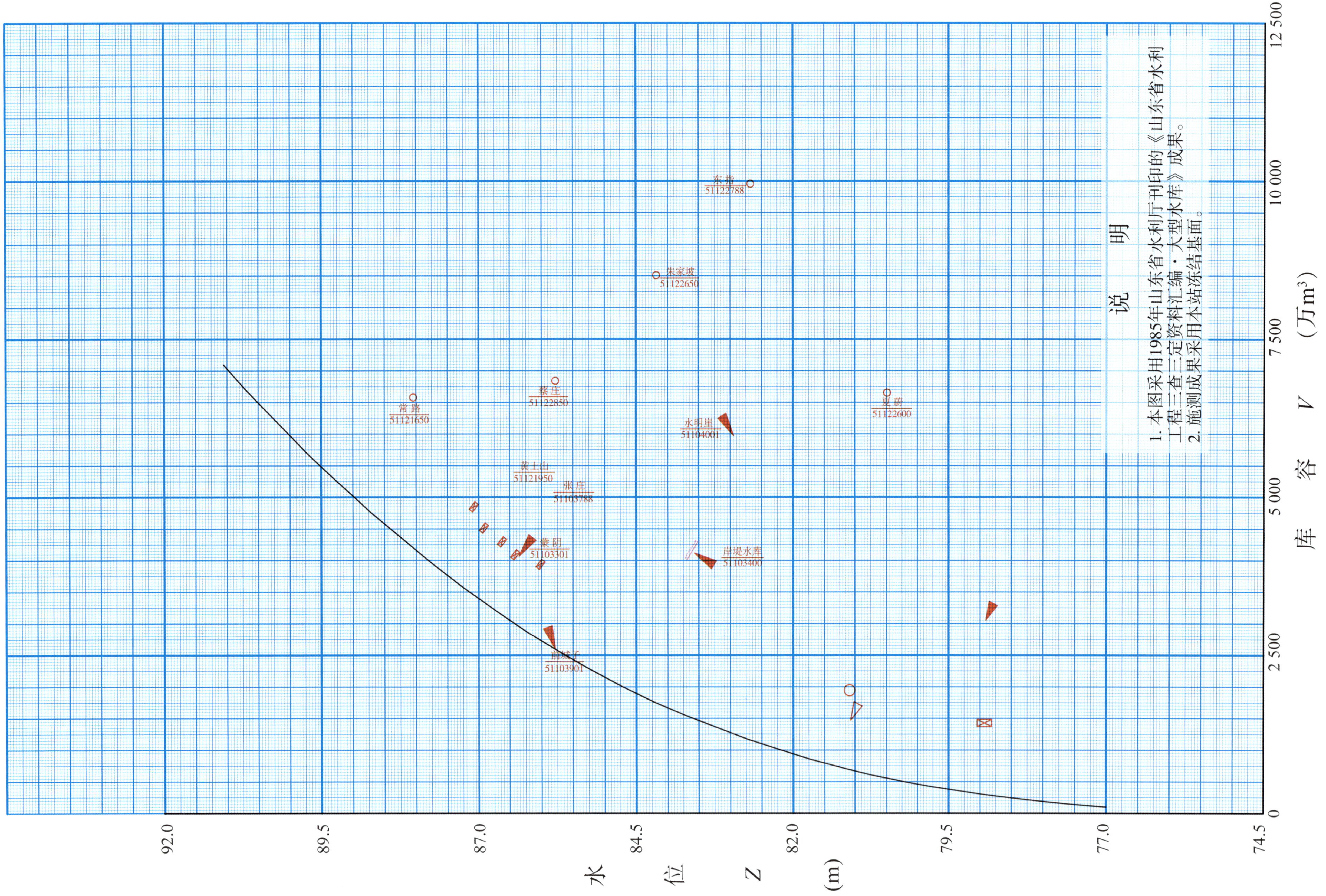

图 4-3　光明河光明水库水位－库容曲线图

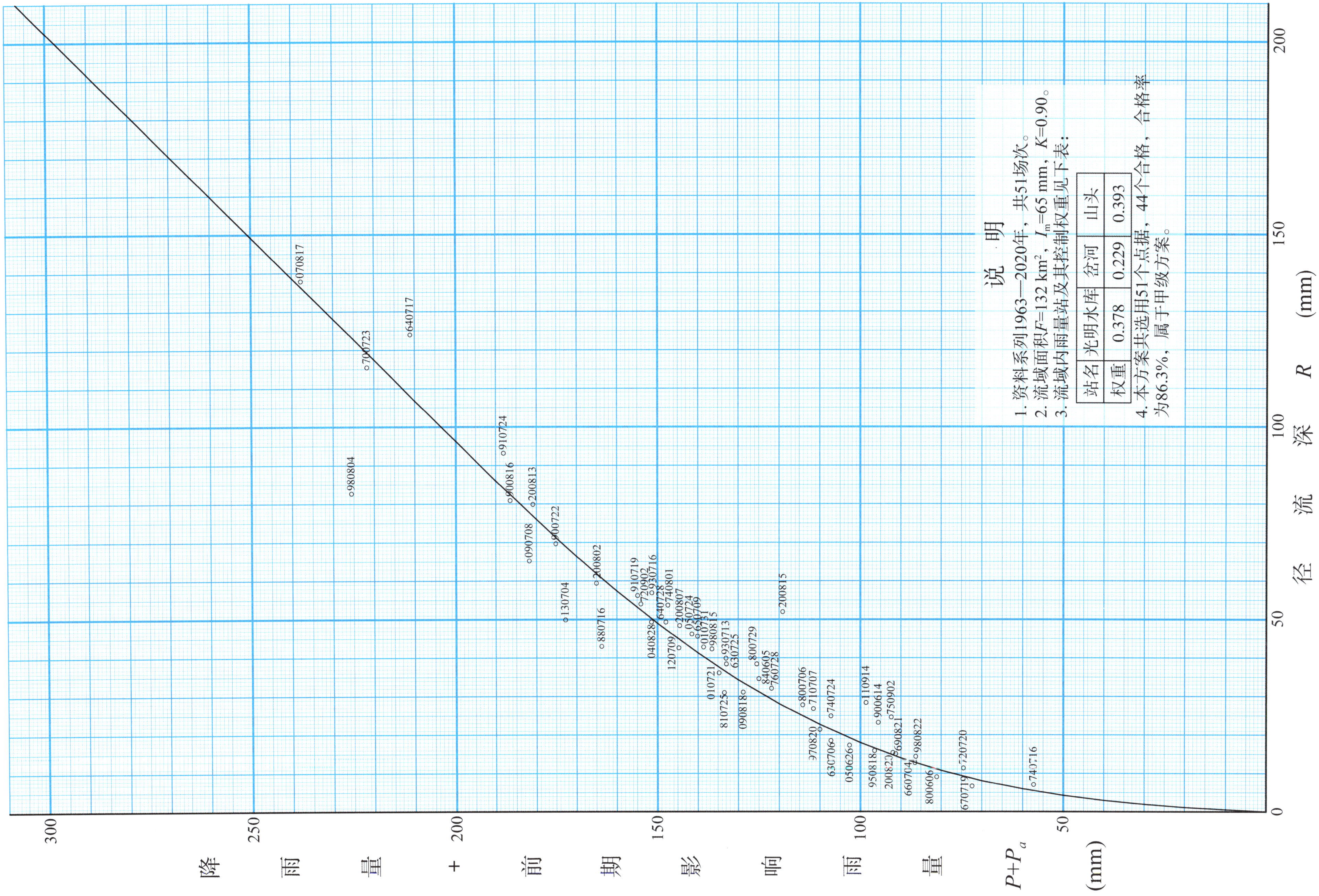

图 4-4 光明河光明水库站 $P+P_a-R$ 关系曲线图

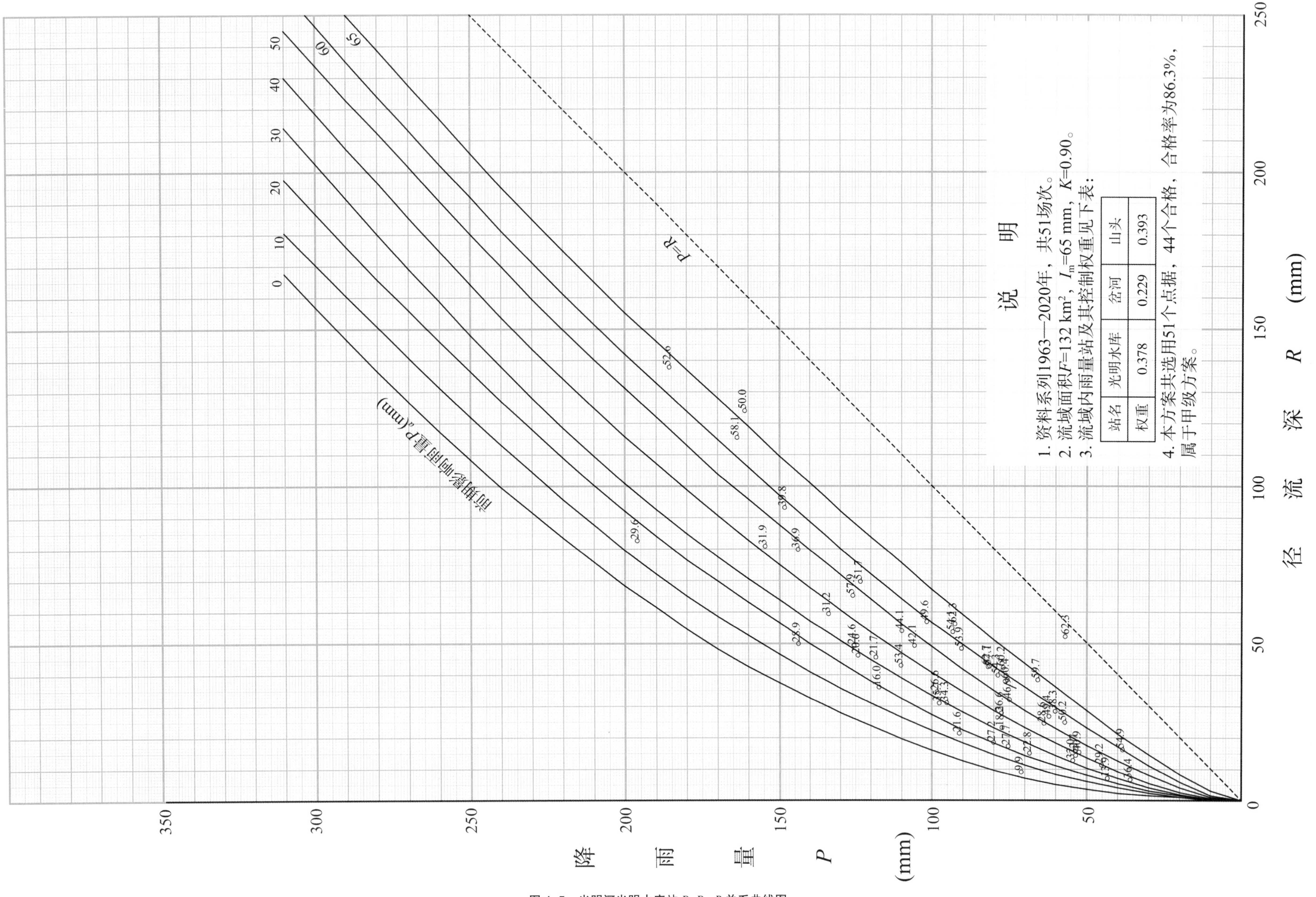

图 4-5 光明河光明水库站 P-P_a-R 关系曲线图

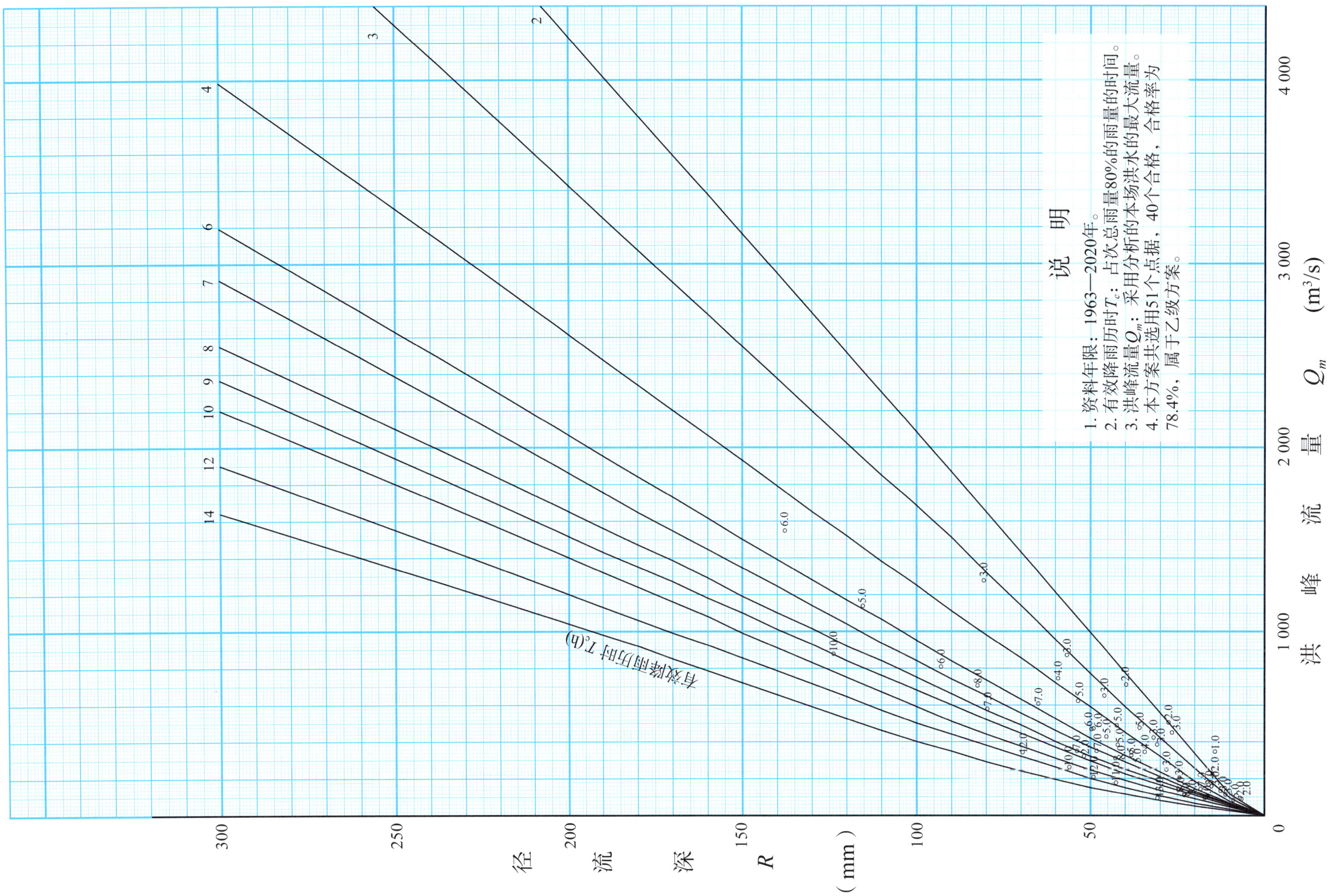

图 4-6　光明河光明水库站 R–T_c–Q_m 关系曲线图

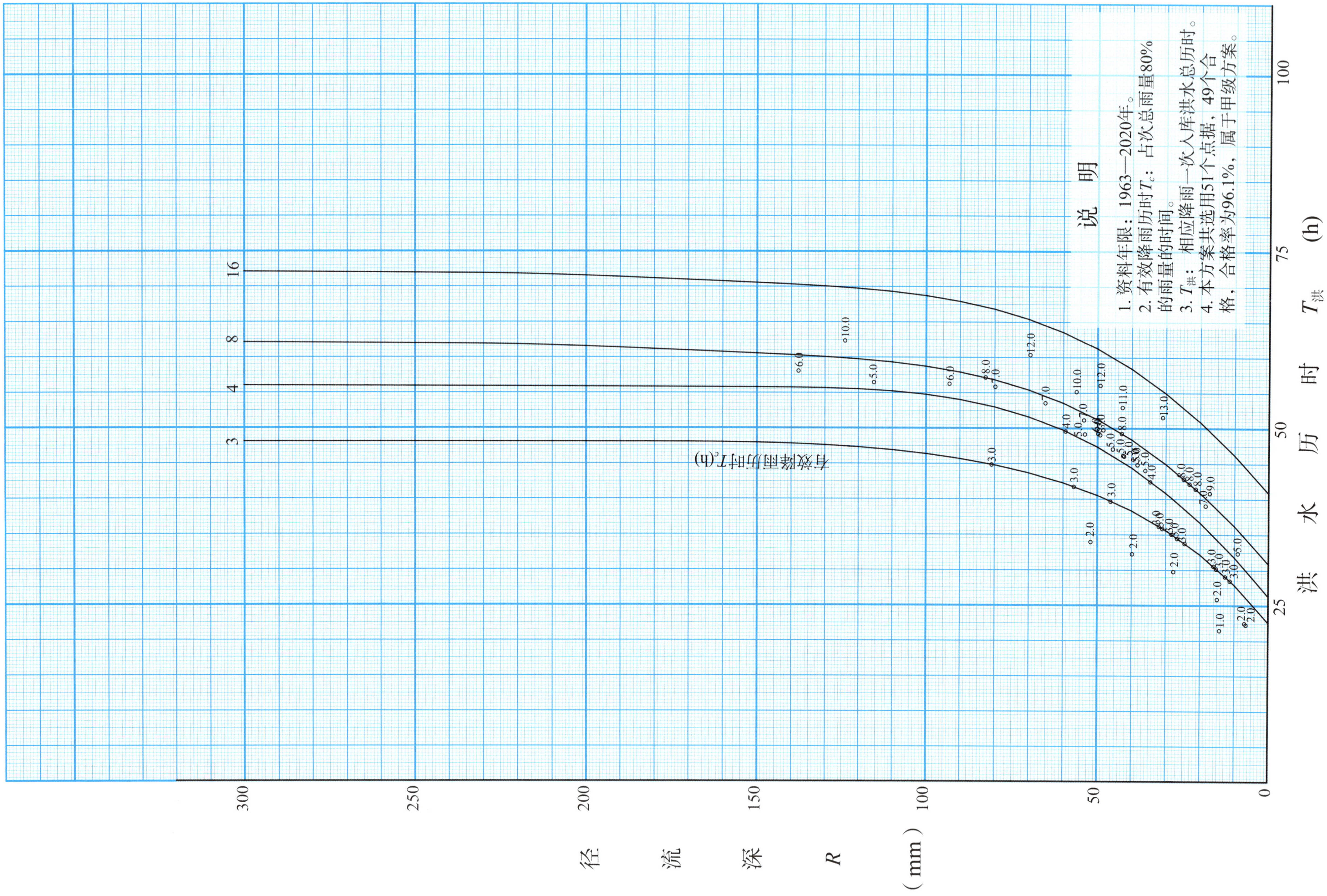

图 4-7　光明河光明水库站 R-T_c-$T_洪$关系曲线图

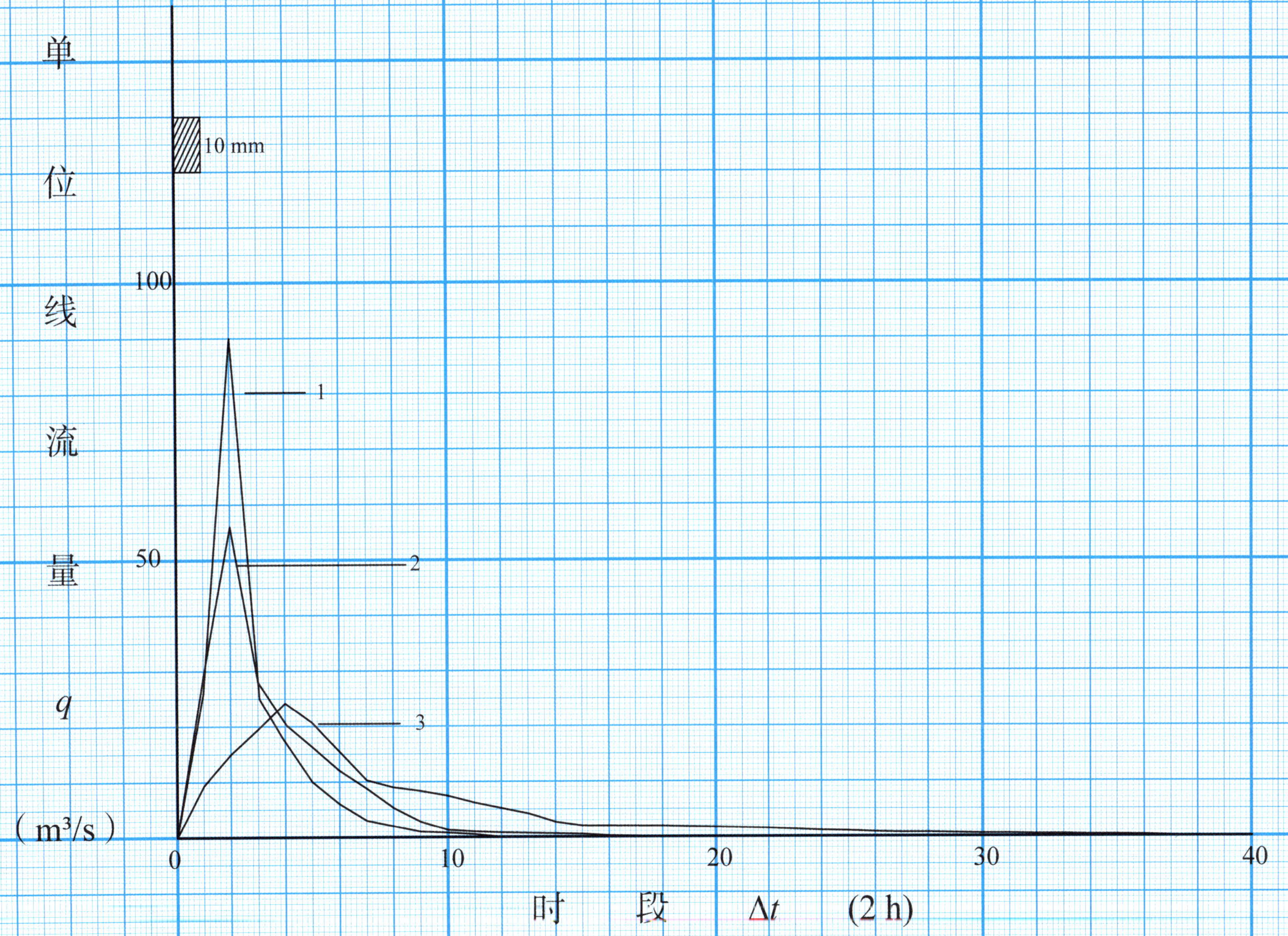

单位线成果表

F=132 km², Δt=2 h

时段/t	单位线流量(m²/s)			备注
	1线	2线	3线	
0	0	0	0	
1	26.0	29.0	9.3	
2	90.0	56.0	15.0	
3	25.0	28.0	19.5	
4	19.0	20.0	21. 2	1号线洪水原型为840605，暴雨中心在中上游，P=98.4 mm，P_a=26.6 mm，降雨历时5 h，有效降雨历时4 h；
5	10.0	16.3	21.0	
6	6.0	12.0	15.9	
7	3.0	8.8	10.3	
8	2.0	5.3	9.5	
9	1.0	2.8	8.9	
10	0.8	1.3	7.8	
11	0.5	1.0	6.2	
12	0	0.8	5.2	
13		0.7	4.2	
11		0.6	3.0	
15		0.5	2.0	
16		0.2	1.98	
17		0. 1	1.95	2号线洪水原型为200802，暴雨中心在下游，P=133.8 mm，P_a=31.2 mm，降雨历时8 h，有效降雨历时4h；
18			1.93	
19			1.80	
20			1.70	
21			1.60	
22			1.50	
23			1.30	
21			1. 10	
25			1.00	
26			0. 80	
27			0. 70	
28			0. 70	
29			0. 60	
30			0. 50	3号线洪水原型为200807，普雨，P=90.6mm，P_a=53.9 mm，降雨历时18 h，有效降雨历时7 h
31			0. 50	
32			0. 40	
33			0. 40	
31			0. 30	
35			0. 30	
36			0. 25	
37			0. 1	
3S			0.01	
39			0	
合计	183. 3	183. 4	183.1	

图 4–8　光明河光明水库站单位线图

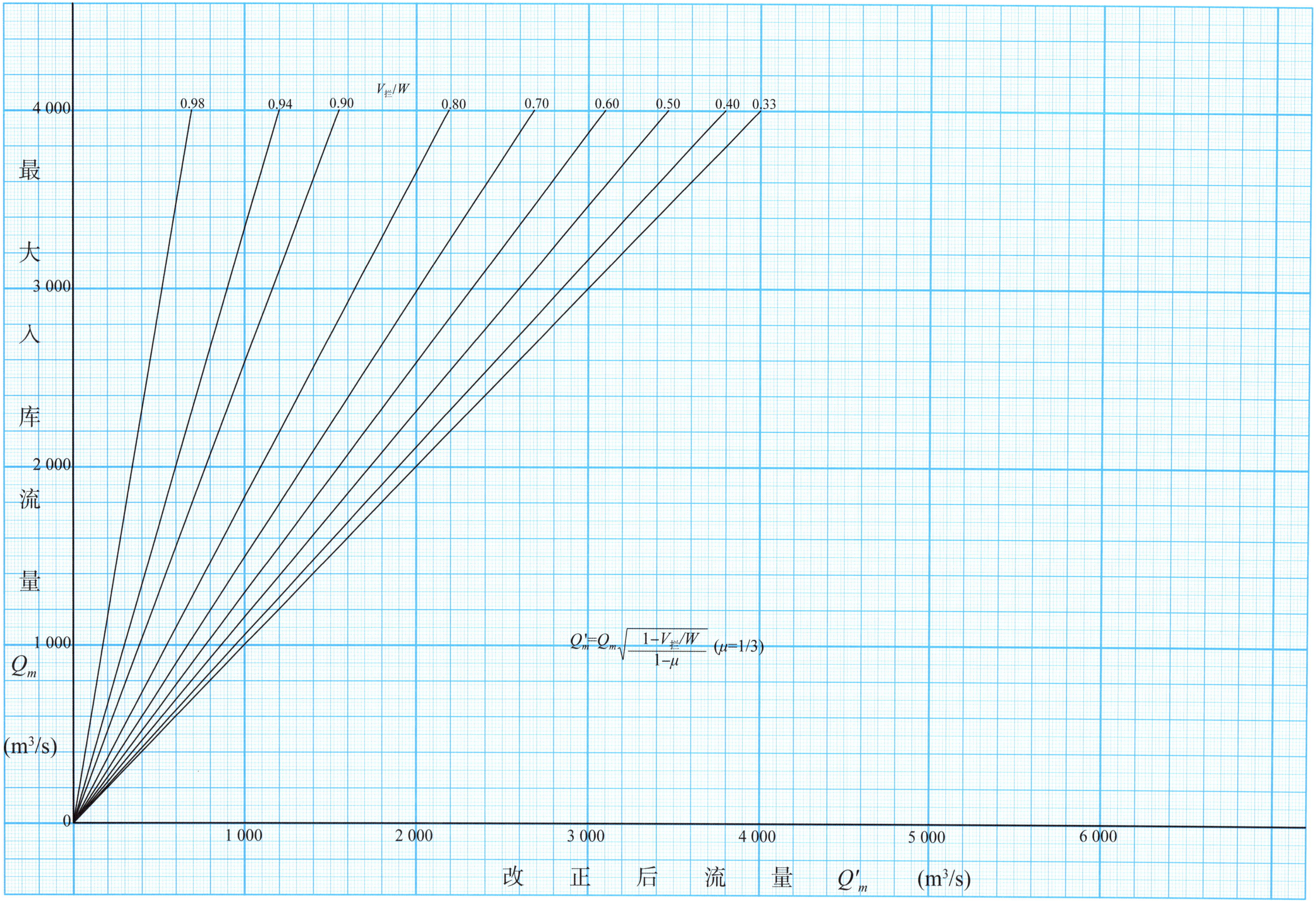

图 4–9　光明河光明水库站 Q_m–$V_{拦}/W$–Q'_m 关系曲线图

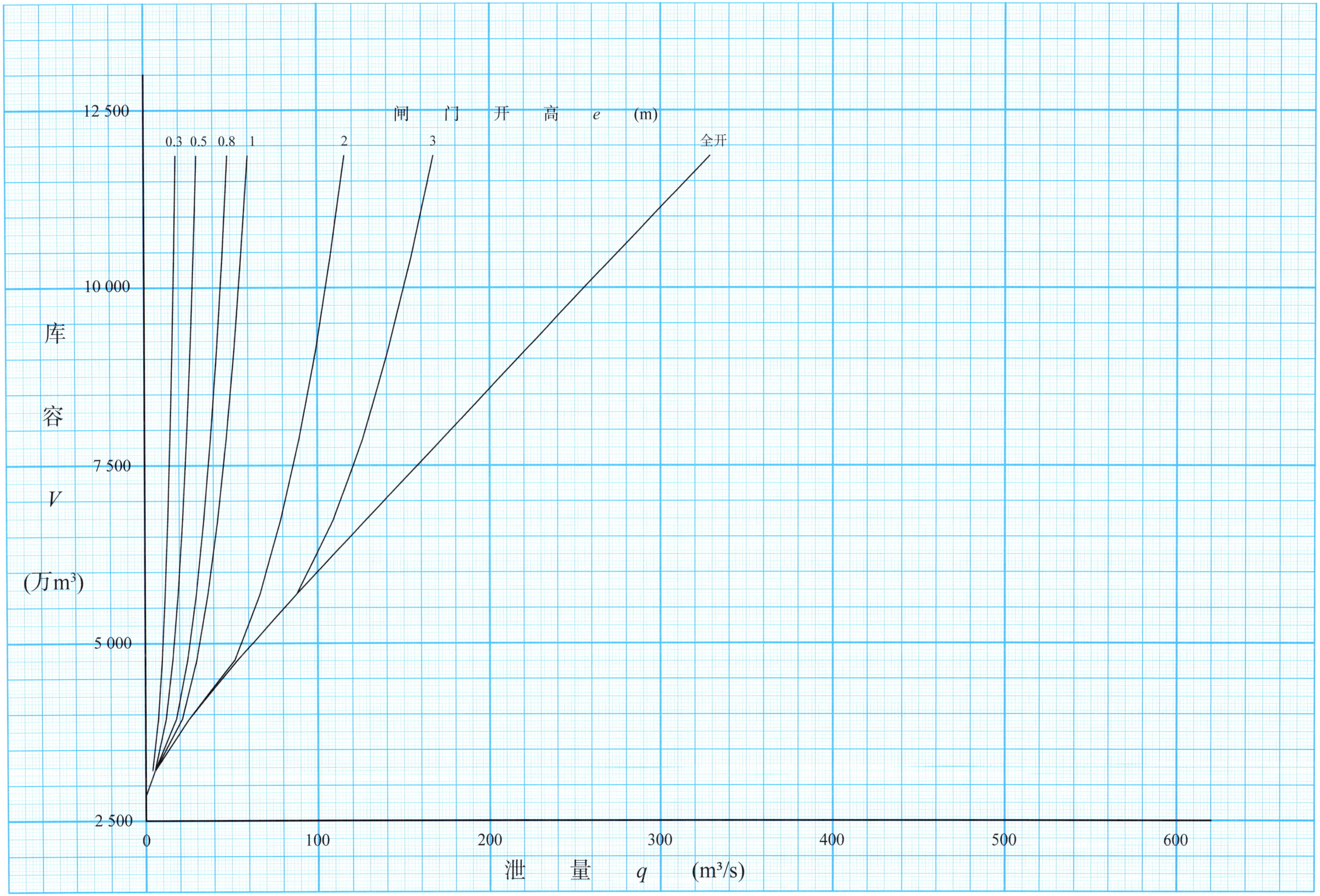

图 4-10 光明河光明水库站 V–e–q 关系图（单孔）

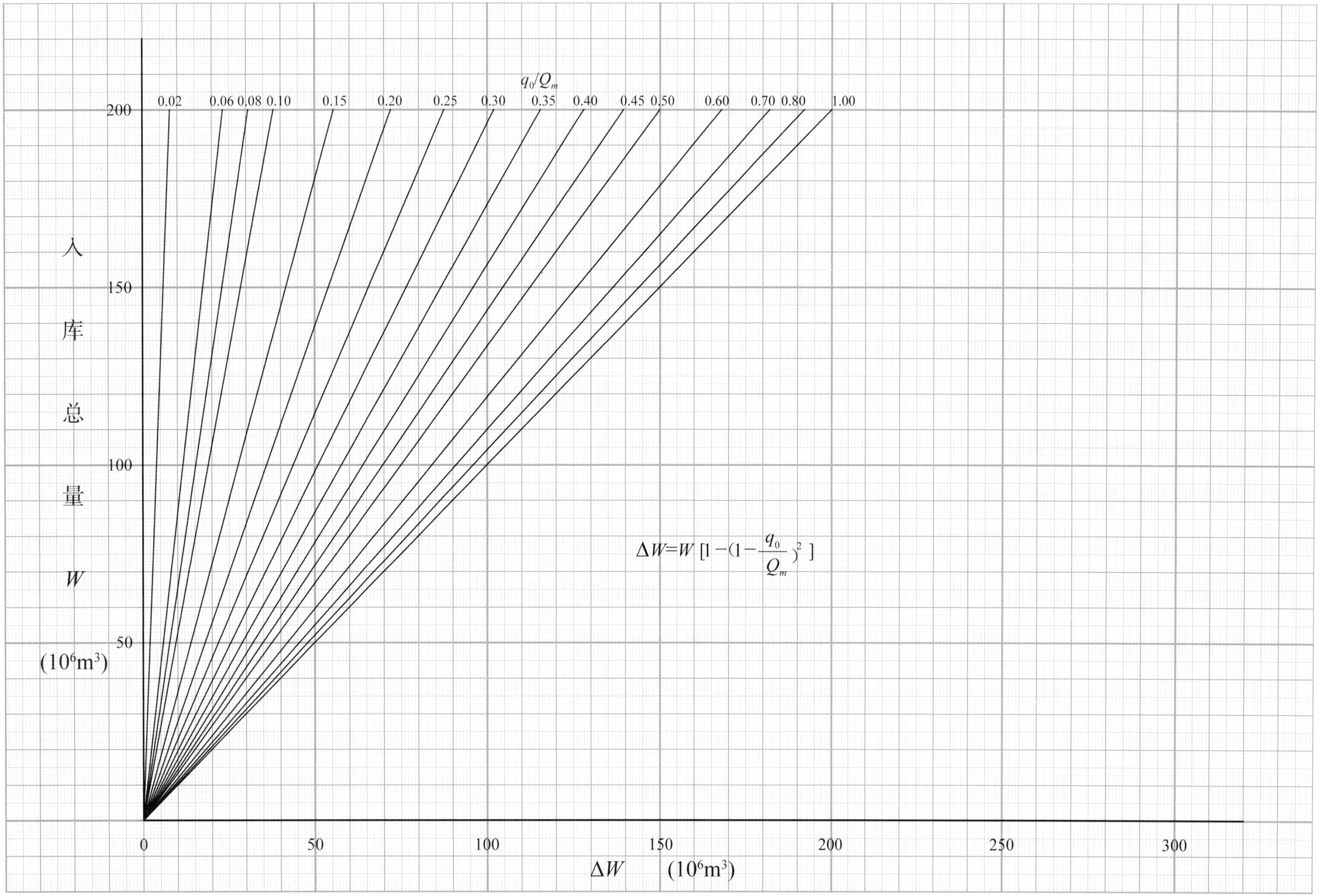

图 4–11　光明河光明水库站入库洪水总量 W–q_0/Q_m–ΔW 关系图

第五章　沂河田庄水库站水文预报方案编制说明

1　流域概况

1.1　流域自然地理特征

田庄水库地处鲁山南麓、沂河上游，集水面积为 417 km^2。流域内均为山区，山高坡陡，四周高山环绕，深山区主要分布在四周的分水岭附近，约占集水面积的 15%，其余均为浅山区。流域形状为扇形，长 20.2 km，平均宽 20.6 km，最大河长 30 km，平均坡度为 3.72‰。干流发源于三府山到抓鸡山之间。左岸仅有几股小支流，右岸则有徐家庄河、南岩河、大张庄河和高村河四条较大支流，从南边深山区集流而来。流域内以花岗岩、灰岩为多，石灰岩、砂岩、片麻岩次之。土壤一般为沙土、沙壤土，土质较贫瘠，河谷地带大多为淤土、黄土、黑土，土质较肥沃。种植物多为玉米、地瓜、花生。树木以松树、柏树、刺槐为主，经济果树较多，大片森林较少，植被覆盖率超过 20%。田庄水库水文站以上流域图见图 5-1。

流域内山高坡陡，河流源短流急，洪水陡涨陡落。涨洪历时受降水历时影响，一般在 4 ~ 10 h，最长 32 h，最短 2 h。洪水流量落至 100 m^3/s 左右时落水速度减慢，洪水历时一般在 30 h 左右，涨洪历时约占洪水历时的 1/4。田庄水库最大入库洪峰流量 2 430 m^3/s（1984 年 7 月 12 日），相应洪水总量 4 332 万 m^3，降水量 156.5 mm。从实测资料分析看，洪峰流量受降雨历时和降雨强度影响显著。

1.2　水利工程情况

1.2.1　田庄水库

田庄水库总库容 1.2 亿 m^3，兴利库容 0.684 0 亿 m^3。坝址位于离沂源县城 4 km 的北埠东村西 300 m 处，水库下游 60 km 处有韩旺铁矿。田庄水库水位 – 库容、水位 – 面积关系图见图 5-2。

水库于 1958 年动工兴建，1960 年建成蓄水，坝顶高程 310 m。后经多次续建、扩建和除险加固，达到现有规模。2008 年 12 月，山东省发改委以鲁发改重点〔2008〕1552 号文批准田庄水库除险加固，2010 年 12 月竣工，并通过了山东省水利厅组织的竣工验收鉴定。此次除险加固主要工程内容为：大坝坝体防渗、坝基灌浆，溢洪闸、机架桥、交通桥重建，闸门及启闭机更换，新建泄槽及出水渠等。水库设计标准为 100 年一遇设计，5 000 年一遇校核。

田庄水库是一座以防洪、灌溉为主，结合水力发电、水面养殖、工业供水等综合利用的大（2）型水库。水库枢纽工程主要由主坝、副坝、溢洪道、放水洞、坝后式水电站等几个部分组成。主坝长 980 m，坝顶高程 316.14 m（1956 年黄海高程系，下同），最大坝高 31.14 m，副坝两座：第一副坝位于溢洪闸右岸，全长 240 m，坝顶高程 316.14 m；第二副坝为非常溢洪道改建的浆砌石重力坝，全长 439 m，坝顶高程 316.14 m；溢洪闸有 12 m × 7.5 m 的弧形钢闸门 5 扇，闸底高程 303.64 m。

南放水洞型为钢筋混凝土管，内径为 1.2 m，进口底高程 300.00 m，设计流量 10.6 m^3/s。

北放水洞洞长 52 m，结构型式为廊道内衬钢管，内径为 1.5 m，进口底高程 298.94 m，设计流量 17.8 m^3/s。

中放水洞为发电放水洞，型式为砌石廊道内衬钢管，内径为 1.75 m，进口底高程 293.64 m，设计流量 11.0 m^3/s。

水库地理位置非常重要，水库保护下游沂源县城及南麻、悦庄、鲁村、东里、西里、中庄、燕崖等七个镇（街道）30 万人口及 10 万亩① 耕地，以及韩旺铁矿、济青高速公路南线、山东省道 234 沂台线、泰薛公路、沂蒙公路等重要的工矿企业和交通干线；灌区原设计灌溉面积 15.3 万亩，“三查三定”核实为 13.3 万亩，有效灌溉面积 3.5 万亩；水库电站设计总装机 2 210 kW；年供水能力 1 080 万 m^3，设计日供水能力为 3 万 t。水库自建成以来，发挥了巨大的防洪和灌溉效益，对维护国民经济的稳定持续发展、保护国家和人民生命财产安全具有举足轻重的作用。

根据《二〇二一年沂源县田庄水库汛期控制运用方案》，田庄水库控制运用指标及防洪调度方案见表 5-1、表 5-2。

表 5-1　田庄水库控制运用主要指标表

特征水位	允许最高水位	警戒水位	汛中限制水位	允许超蓄水位	汛末蓄水位
水位（m）	313.96	311.10	309.00	309.47	310.64
泄量（m^3/s）	3 355	2 062	0	600	600 ~ 1 000
库容（万 m^3）	10 765	7 490	5 510	5 928	7 097

表 5-2　田庄水库防洪调度方案简表

<table>
<tr><td>调度方案</td><td>不泄水</td><td colspan="2">正常洪水</td><td colspan="2">非常洪水</td><td>超标准洪水对策</td></tr>
<tr><td>泄流量（m^3/s）</td><td>0</td><td>600</td><td>1 000</td><td>2 062</td><td>3 355</td><td rowspan="4">最高水位将达到坝顶，溢洪道闸门全开泄洪，集中一切人力、物力和财力，确保大坝安全</td></tr>
<tr><td>雨前水位（m）</td><td>低于 309.00</td><td>309.00</td><td>309.00</td><td>309.00</td><td>309.00</td></tr>
<tr><td>洪峰（m^3/s）</td><td>—</td><td>2 512</td><td>3 664</td><td>4 587</td><td>10 129</td></tr>
<tr><td>24 h 径流深（mm）</td><td>0 ~ 86</td><td>101</td><td>141</td><td>170</td><td>372</td></tr>
</table>

① 1 亩 ≈ 667 m^2。

续表

<table>
<tr><td>调度方案</td><td>不泄水</td><td colspan="2">正常洪水</td><td colspan="2">非常洪水</td><td>超标准洪水对策</td></tr>
<tr><td>最高水位（m）</td><td>309.00</td><td>310.35</td><td>310.85</td><td>311.10</td><td>313.96</td><td rowspan="3">最高水位将达到坝顶，溢洪道闸门全开泄洪，集中一切人力、物力和财力，确保大坝安全</td></tr>
<tr><td>泄洪方式</td><td>不泄水区</td><td colspan="2">限制泄洪，水位小于 310.35 m，5 孔固定开度，e=1.32 m，最大泄量 600 m^3/s；水位大于 310.35 m 而小于 310.85 m，e=2.34 m，最大泄量 1 000 m^3/s</td><td colspan="2">限制泄洪，水位小于 310.35 m，5 孔固定开度，e=1.32 m，最大泄量 600 m^3/s；水位大于 310.35 m 而小于 310.85 m，e=2.34 m，最大泄量 1 000 m^3/s；水位大于 310.85 m，全开泄洪</td></tr>
<tr><td>重现期（年）</td><td>—</td><td>20</td><td>50</td><td>100</td><td>5 000</td></tr>
</table>

1.2.2 其他工程

流域内除田庄水库外，已建成小（1）型水库 9 座，小（2）型水库 35 座，控制流域面积 79.3 km^2，占全流域面积的 19%，总库容 2 812 万 m^3，详见表 5–3。此外，还建有众多的塘坝等蓄水工程，以及近年来水土保持综合治理工程，水土流失的严重状况有很大改善。

表 5–3 田庄水库以上流域小型水库统计表

水库名称	类型	所在位置	流域面积（km^2）	总库容（万 m^3）	兴利库容（万 m^3）
刘家庄	小（1）	大张庄	5.4	276.5	122
张家旁峪	小（1）	大张庄	6.3	384	223
水营	小（1）	大张庄	6.8	191.5	98.4
大娄	小（1）	大张庄	2.4	99	56.4
青杨圈	小（1）	鲁村	15.6	452	272
石门	小（1）	鲁村	8.4	480	283
石柱	小（1）	鲁村	2.7	155.8	99.2
王家庄	小（1）	鲁村	2.0	100.5	66.9
北官庄	小（1）	鲁村	2.5	127	75.5
小（2）（共 35 座）			27.2	545.7	
合计			79.3	2 812	

1.3 测站概况

田庄水库水文站于 1960 年 5 月设立，与上游支流高村河朱家庄径流站（1968 年 7 月设立）相距 11 km，下游 44 km 处为东里店水文站（1950 年 7 月设立）。流域内共有 9 处雨量站，其中报汛雨量站 4 处。

1960—1974 年采用假定基面，1975 年起改为 1956 年黄海基面，冻结基面高程为 278.697 m，2007 年冻结基面高程采用 278.676 m。

根据山东省水利厅刊印的《山东省洪水调查资料》，田庄水库历史洪水见表 5–4。

表 5–4 田庄水库历史洪水统计表

洪水发生时间	洪峰流量（m^3/s）	水位（m）
1908 年 8 月 19 日	4 210	284.33
1914 年 6 月 6 日	2 640	283.38
1947 年 8 月	1 500	282.60

2 预报方案编制

2.1 资料情况及方案沿革

2.1.1 资料情况

田庄水库预报方案于 1981 年分析编制完成，又分别在 1991 年、1999 年、2010 年进行了预报方案的修订。本次修订除选用了之前分析的 1960—2010 年共 64 场次暴雨洪水外，另外补充了 2011—2020 年 4 场次暴雨洪水进行分析，即资料系列为 1960—2020 年，共 68 场次洪水。

2.1.2 方案沿革

原方案中产流方案采用降雨径流相关图 $P+P_a-R$ 和 $P-P_a-R$；汇流方案采用峰量关系曲线图、单位线方法，单位线由地区综合瞬时单位线计算而得。本次修订，在原产流方案降雨径流相关图 $P+P_a-R$ 和 $P-P_a-R$ 上增加了 4 个点据，根据年份重新修订关系线；保持原汇流方案峰量关系线不变，重新率定了时段为 1 h 单位线 4 条、时段为 2 h 单位线 4 条。

2.2 产流方案

产流方案采用降雨径流相关法。根据实测径流资料建立 $P+P_a-R$、$P-P_a-R$ 相关图。其中，P 为次降雨流域平均雨量（mm）；P_a 为流域平均前期影响雨量（mm）；R 为次降雨所产生的径流深（mm）。

2.2.1 修订产流方案 $P+P_a-R$ 和 $P-P_a-R$

2000 年以后，为涵养水源、保护生态，治理了田庄水库上游河道，兴建了许多闸坝等拦蓄工程，对小型水库进行了除险加固，同时生态修复工程使流域内植被覆盖率大大增加。这些措施的实施，对流域内下垫面条件产生了较大影响，流域拦蓄洪水能力增强，地表径流减少。原产流方案建立的 $P+P_a-R$ 已经不适用于 2000 年以后新的下垫面条件下的产流情况。

本次修订的产流方案中降雨径流相关图 $P+P_a-R$ 共有两条。其中 Ⅰ 线根据 1960—2000 年洪水点据所绘制，Ⅱ 线根据 2001—2020 年洪水点据所绘制。由于 2000 年后下垫面条件变化较大，Ⅰ 线仅供预报时参考。$P+P_a-R$ 关系线见图 5–3。

本次修订增加的 4 场洪水均不合格，故本方案重新修订了 $P-P_a-R$ 关系线，详见图 5-4。

2.2.2 主要参数的计算

2.2.2.1 流域平均雨量P的计算

采用面积加权法求得流域平均雨量 P，雨量站资料的选取尽量采用报汛站资料。不同年份雨量站数量不同，采用的权重也不同，雨量站及权重系数统计详见表 5-5。

表 5-5 雨量站及权重系数统计表

年份	雨量站及其权重
1960 年	田庄 0.418，鲁村 0.582
1961 年	田庄 0.282，大张庄 0.537，芦芽店 0.181
1962—1964 年	田庄 0.228，大张庄 0.392，徐家庄 0.293，芦芽店 0.087
1965—1969 年、1971—1975 年	田庄 0.336，大张庄 0.392，徐家庄 0.272
1970 年	田庄 0.11，大张庄 0.35，徐家庄 0.19，包家庄 0.19，草埠 0.16
1976—2020 年	田庄 0.185，徐家庄 0.255，大张庄 0.370，草埠 0.190

2.2.2.2 流域平均前期影响雨量P_a的计算

每年自汛初开始连续计算，先计算单站 P_a，然后采用面积加权法计算流域平均前期影响雨量 P_a，其计算公式如下：

$$P_{a,t}=K(P_{a,t-1}+P_{t-1})$$

式中：$P_{a,t}$ 为当日的流域平均前期影响雨量（mm）；$P_{a,t-1}$ 为前一日的流域平均前期影响雨量（mm）；P_{t-1} 为前一日流域平均降雨量（mm）；K 为前期影响雨量递减系数，$K=1-\frac{E_m}{I_m}$，$K=0.85$；E_m 为流域蒸发能力（mm）；I_m 为流域最大损失量，本方案 $I_m=60$ mm。

2.2.2.3 径流深R的计算

在一次洪水过程线上采用斜线分割法切除基流。一次洪水径流深 R 等于洪水总量 W（已扣除基流量）除以集水面积 F。沂河田庄水库站降雨径流分析成果见表 5-6。

2.2.3 精度评定

以实测点据为依据分别点绘 $P+P_a-R$、$P-P_a-R$ 相关曲线，详见图 5-3、图 5-4。该方案采用 1960—2020 年 61 年的资料系列，共 68 个点据。精度评定采用合格点次占总点次的百分比为合格率，许可误差采用实测值的 20%，并以 20.0 mm 为上限，以 3.0 mm 为下限作为控制。$P+P_a-R$ 相关图合格率为 75%，属乙级方案；$P-P_a-R$ 相关图合格率为 72.1%，属乙级方案，皆可用于作业预报，详见表 5-7、表 5-8。

2.3 汇流方案

汇流方案采用峰量关系图及经验单位线两种方法。

2.3.1 峰量关系图

由实测暴雨洪水资料可知有效降雨历时 T_c 为影响峰量关系的主要因素，暴雨中心的影响较小，因此建立了以 T_c 为参数的 $R-T_c-Q_{m净}$ 关系曲线，见图 5-5。

精度评定：本方案采用 1960—2020 年资料系列，考虑方案的实用性和实测资料还原计算的精度，对洪峰流量小于 300 m^3/s 的洪水及复峰不做评定，参加精度评定的点据有 57 个，许可误差采用实测值的 20% 来控制，方案合格率为 70.2%，为乙级方案，其中洪峰流量在 1 000 m^3/s 以上的洪水点据全部合格，详见表 5-9。

2.3.2 单位线法

选取有代表性的 620725、620728、840712、010721 共四场暴雨洪水资料分析单位线，综合确定出本站 1h 单位线 4 条、2 h 单位线 4 条，见图 5-6、图 5-7。

2.3.3 综合瞬时单位线

综合瞬时单位线采用如下地区综合单位线方程：

$$M_1=CF^{0.33}J^{-0.27}R^{-0.2}T_c^{0.17}$$
$$M_2=0.34M_1^{-0.12}$$

式中：F 为集水面积（km^2）；J 为河道干流坡度，本站为 0.003 72；M_1 为瞬时单位线参数，$M_1=nk$；M_2 为瞬时单位线参数；n 为瞬时单位线反映流域汇流调节次数的参数；k 为瞬时单位线反映流域汇流时间的参数；C 为经验系数，$C=0.196$。

2.4 调洪演算方案

本方案采用高切林法（高氏法）、蓄率中线法进行水库调洪演算。

田庄水库溢洪道建有 5 孔溢洪闸，每孔净宽 12 m，总宽 60 m，闸底高程 303.64 m，装有 12 m × 7.5 m 弧形钢闸门。田庄水库泄量曲线图见图 5-8。

（1）闸门全开自由泄流

根据《溢洪道设计规范》(SL 253—2018)，溢洪道泄流计算公式如下：

$$q=\sqrt{2g}\,\varepsilon mBH_0^{\frac{3}{2}}$$

式中：q 为溢洪道泄量；B 为溢洪道净宽；H 为包括行近水头的溢洪道堰顶水头；m 为流量系数；ε 为水流侧向收缩系数，按下式计算：

$$\varepsilon=1-0.2[\zeta_k+(n-1)\zeta_b]\frac{H}{nb}$$

式中：n 为溢洪道孔数；b 为溢洪道单孔净宽；ζ_k 为边墩形状系数，取 0.7；ζ_b 为中墩形状系数，取 0.45。

（2）闸门控制泄流

$$q=\sigma_s\mu_0 enb\sqrt{2gH_0}$$

式中：μ_0 为闸孔自由出流的流量系数；e 为闸门开启高度（m）；b 为每孔净宽（m）；n 为闸

孔孔数；H_0 为包括行近流速水头的闸前水头（m）；σ_s 为淹没系数，自由出流时，σ_s=1。

其中，弧形闸门流量系数 μ_0 为

$$\mu_0=(0.97-0.81\frac{\theta}{180})-(0.56-0.81\frac{\theta}{180})\frac{e}{H}$$

夹角 θ 采用下式计算：

$$\cos\theta=\frac{C-e}{R}$$

式中：C 为弧形闸门转轴与闸门关闭时落点的高差；R 为弧形闸门的半径。

3 方案使用说明

（1）对于汛初第一、第二场洪水或久旱无雨（P_a < 10 mm）后的洪水，应适当修正所查 R 值。

（2）考虑降雨历时或降雨强度对产流的影响，在降雨径流预报时，可根据降雨历时对查图值做适当经验修正。

（3）同情况下，基流量数值如下：对于一般洪水，为 10 ~ 20 m^3/s；对于雨量大、历时长的连续洪水，可达 30 m^3/s；对于汛初洪水或久旱不雨后的洪水，在 10 m^3/s 以下。在预报时应采取包括基流的径流量 W 和洪峰流量 Q_m。

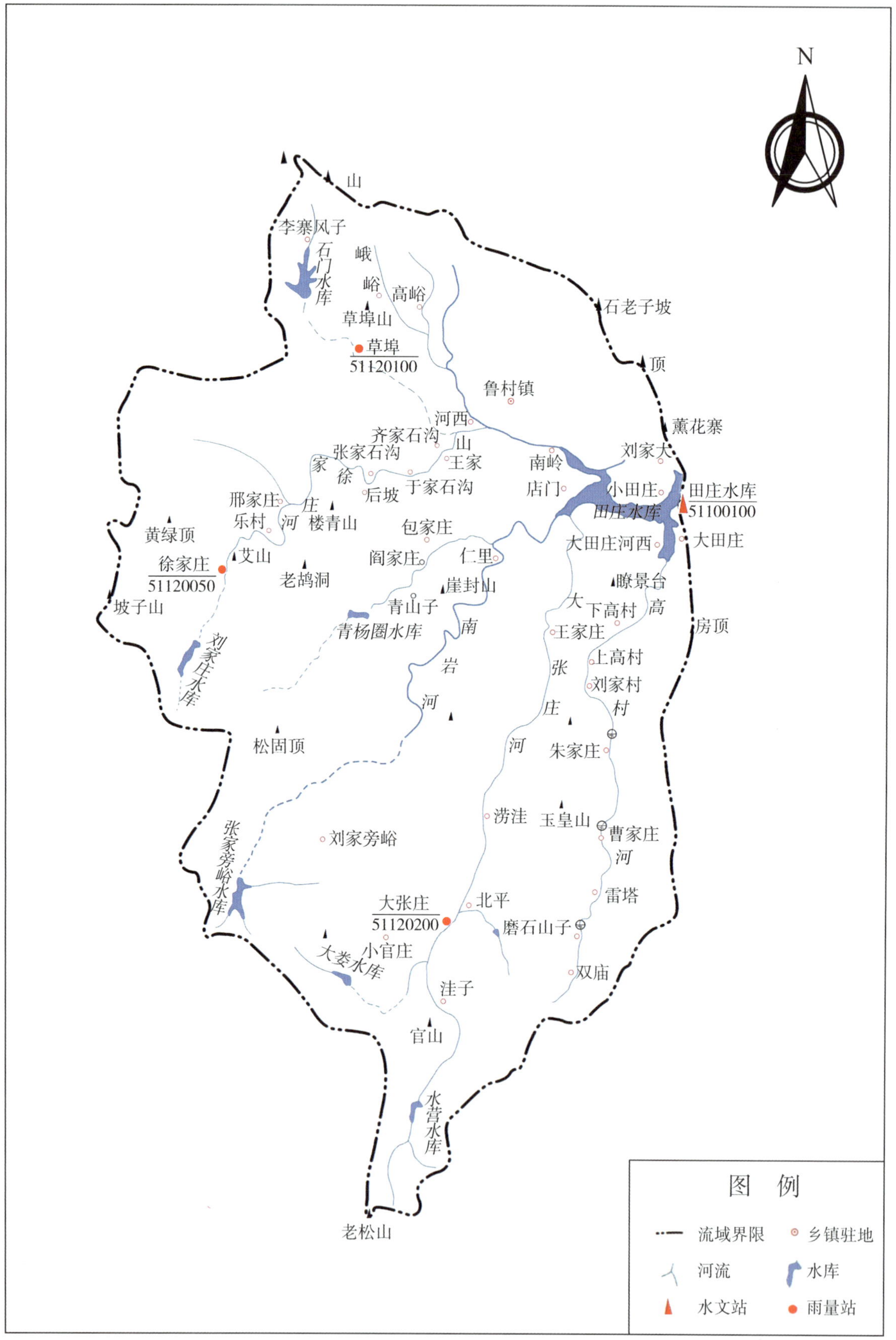

图 5-1　沂河田庄水库站以上流域图

表 5-6　沂河田庄水库站降雨径流分析成果表

序号	洪号	降雨起讫时间							流域平均雨量 P（mm）	前期影响雨量 P_a（mm）	$P+P_a$（mm）	降雨历时（h）		暴雨中心位置	洪水发生时间									洪水历时 $T_{洪}$（h）		洪峰流量 Q_m（m^3/s）	净峰流量 $Q_{m净}$（m^3/s）	地表径流总量 W（万 m^3）	集水面积 F（km^2）	径流深 R（mm）	径流系数 α	备注
		起				讫									起涨			峰顶			落平											
		年	月	日	时	月	日	时				全部 T	有效 T_c		月	日	时	月	日	时	月	日	时	全部	涨峰							
1	600702	1960	7	2	4	7	2	20	74.6	47.0	121.6	16	9	田庄	7	2	8	7	2	14	7	4	0	40	6	230	227	1 224	424	28.9	0.39	
2	600716	1960	7	16	2	7	17	4	60.4	47.8	108.2	26	12	田庄	7	16	8	7	16	17	7	19	16	80	9	148	136	1 359	424	32.1	0.53	
3	610714	1961	7	14	2	7	14	14	55.5	25.3	80.8	12	10	大张庄	7	14	6	7	14	15	7	15	0	18	9	276	274	712	424	16.8	0.30	
4	620719	1962	7	19	0	7	19	8	78.1	30.7	108.8	8	6	徐家庄	7	18	6	7	19	2	7	20	8	50	20	1 120	1 110	1 710	424	40.3	0.52	
5	620725	1962	7	25	4	7	26	0	83.2	45.8	129.0	20	7	大张庄	7	25	14	7	25	16	7	27	3	37	2	1 260	1 240	2 160	424	50.9	0.61	
6	620729	1962	7	29	2	7	29	14	45.3	48.7	94.0	12	9	徐家庄	7	29	3	7	29	13	7	30	18	39	10	528	484	1 080	424	25.5	0.56	
7	620807	1962	8	7	2	8	7	20	72.3	18.1	90.4	18	9.5	田庄	8	7	11	8	7	16	8	13	17	150	5	384	360	1 008	424	23.8	0.33	
8	620813	1962	8	13	16	8	14	0	30.7	28.0	58.7	8	4.7	田庄	8	13	18	8	13	22	8	16	0	54	4	323	296	245	424	5.8	0.19	
9	620818	1962	8	18	2	8	18	20	37.0	51.7	88.7	18	14	田庄	8	18	6	8	18	20	8	22	6	96	14	230	198	954	424	22.5	0.61	
10	630720	1963	7	19	6	7	20	4	127.1	56.4	183.5	22	12	田庄	7	19	16	7	20	1	7	20	20	28	9	2 080	2 050	4 680	424	110.4	0.87	
11	630725	1963	7	24	20	7	25	0	32.8	46.8	79.6	4	4	大张庄	7	24	20	7	25	1	7	25	10	14	5	666	636	702	424	16.6	0.51	
12	630725-2	1963	7	25	7	7	25	14	18.9	35.4	54.3	7	4	大张庄	7	25	13	7	25	15	7	26	0	11	2	341	321	270	424	6.4	0.34	
13	630728	1963	7	28	8	7	28	14	20.9	59.0	79.9	6	3.5	徐家庄	7	28	12	7	28	16	7	28	20	8	4	528	508	504	424	11.9	0.57	
14	640612	1964	6	12	18	6	12	22	43.3	6.0	49.3	4	4	徐家庄	6	12	18	6	12	22	6	13	23	29	4	163	162	270	424	6.4	0.15	
15	640703	1964	7	3	0	7	3	8	64.7	45.0	109.7	8	8	徐家庄	7	3	3	7	3	10	7	4	20	41	7	437	427	990	424	23.4	0.36	复峰
16	640717	1964	7	16	12	7	17	6	79.1	39.2	118.3	18	9	徐家庄	7	16	14	7	17	2	7	18	12	46	12	594	584	1 620	424	38.2	0.48	
17	640717-2	1964	7	17	6	7	17	20	65.0	60.0	125.0	14	10	大张庄	7	17	11	7	17	20	7	19	20	57	9	505	445	1 908	424	45.0	0.69	
18	640801	1964	7	31	14	8	1	10	83.3	43.4	126.7	20	7	田庄	7	31	20	8	1	7	8	2	20	48	11	1 250	1 230	2 320	424	54.7	0.66	
19	640806	1964	8	6	10	8	6	16	55.7	38.2	93.9	6	4	田庄	8	6	11	8	6	16	8	8	11	48	5	774	756	1 234	424	29.1	0.52	
20	640831	1964	8	30	18	8	31	16	78.3	60.0	138.3	22	6	田庄	8	31	0	8	31	4	9	2	2	50	4	1 995	1 965	2 690	424	63.5	0.81	
21	640912	1964	9	12	2	9	12	22	121.4	35.0	156.4	20	6.5	芦芽店	9	12	8	9	12	10	9	14	18	58	2	1 960	1 940	3 690	424	87.0	0.72	
22	650709	1965	7	9	8	7	10	2	75.5	11.0	86.5	18	10	田庄	7	9	14	7	9	20	7	11	6	40	6	318	316	792	417	19.0	0.25	
23	660624	1666	6	24	8	6	24	20	82.5	24.0	106.5	12	4	徐家庄	6	24	8	6	24	14	6	26	3	43	6	1 293	1 288	1 242	338	36.7	0.44	
24	660715	1666	7	14	8	7	15	4	69.0	37.4	106.4	20	4	徐家庄	7	14	14	7	15	2	7	16	10	44	12	1 597	1 580	1 728	417	41.4	0.60	
25	700725	1970	7	25	4	7	25	20	95.8	60.0	155.8	16	8	草埠	7	25	5	7	25	12	7	26	20	39	7	1 056	1 050	2 790	417	66.9	0.70	
26	700726	1970	7	25	20	7	26	18	45.2	60.0	105.2	22	10	田庄	7	25	22	7	26	5	7	27	13	39	7	471	465	1 206	417	28.9	0.64	
27	700727	1970	7	27	6	7	28	22	25.5	57.3	82.8	40	3	草埠	7	27	11	7	27	18	7	29	5	42	7	518	508	702	417	16.8	0.66	
28	700729	1970	7	29	8	7	30	0	44.5	59.0	103.5	16	6	草埠	7	29	9	7	29	20	8	1	14	77	11	1 025	1 020	1 575	417	37.8	0.85	
29	700828	1970	8	28	0	8	28	22	36.0	13.7	49.7	22	15	田庄	8	27	22	8	28	10	8	30	21	71	12	50.9	50.3	185	417	4.4	0.12	
30	710821	1971	8	21	12	8	22	2	60.0	45.0	105.0	14	9	徐家庄	8	21	8	8	21	21	8	25	6	94	13	313	298	1 436	417	34.4	0.57	
31	720902	1972	9	1	11	9	2	4	102.0	37.0	139.0	17	12	徐家庄	9	1	20	9	2	4	9	4	8	60	8	704	696	1 998	417	47.9	0.47	
32	740813	1974	8	13	8	8	14	0	104.0	46.0	150.0	16	13	田庄	8	13	8	8	13	21	8	16	2	66	13	1 001	976	3 123	417	74.9	0.72	
33	760813	1976	8	12	8	8	13	8	96.0	16.3	112.3	24	10.5	大张庄	8	12	8	8	13	16	8	14	16	56	32	600	593	1 125	338	33.3	0.35	
34	790624	1979	6	23	20	6	24	6	70.1	8.0	78.1	10	6	大张庄	6	23	22	6	24	4	6	25	14	40	6	240	238	463	338	13.7	0.20	

续表

序号	洪号	降雨起讫时间							流域平均雨量 P（mm）	前期影响雨量 P_a（mm）	$P+P_a$（mm）	降雨历时（h）		暴雨中心位置	洪水发生时间									洪水历时 $T_洪$（h）		洪峰流量 Q_m（m^3/s）	净峰流量 $Q_{m净}$（m^3/s）	地表径流总量 W（万 m^3）	集水面积 F（km^2）	径流深 R（mm）	径流系数 α	备注
		起				讫									起涨			峰顶			落平											
		年	月	日	时	月	日	时				全部 T	有效 T_c		月	日	时	月	日	时	月	日	时	全部	涨峰							
35	790921	1979	9	20	8	9	21	7	86.5	12.5	99.0	23	14	田庄	9	20	6	9	21	4	9	22	12	54	22	317	314	729	338	21.6	0.25	
36	800606	1980	6	6	15	6	7	0	90.0	9.0	99.0	9	6	草埠	6	6	20	6	6	24	6	8	16	44	4	477	474	821	338	24.2	0.27	
37	800616	1980	6	15	19	6	16	13	67.2	15.0	82.2	18	8	大张庄	6	15	20	6	16	12	6	17	22	50	16	366	360	738	417	17.7	0.26	
38	800630	1980	6	29	8	6	30	5	94.7	25.5	120.2	21	8	草埠	6	29	18	6	30	5	7	2	14	68	11	531	522	1 646	417	39.5	0.42	
39	840712	1984	7	11	20	7	12	8	156.5	34.6	191.1	12	6	徐家庄	7	12	0	7	12	6	7	16	12	108	6	2 430	2 420	4 332	417	103.9	0.66	
40	850709	1985	7	9	4	7	9	14	121.0	19.9	140.9	10	8	徐家庄	7	9	6	7	9	12	7	10	20	38	6	1 130	1 120	1 569	338	46.4	0.38	
41	850711	1985	7	11	4	7	11	22	82.3	51.0	133.3	18	16	大张庄	7	11	6	7	11	20	7	14	16	82	14	528	512	1 742	417	41.8	0.51	
42	860730	1986	7	29	20	7	30	6	65.9	35.9	101.8	10	8	徐家庄	7	30	0	7	30	6	8	1	0	48	6	606	596	1 042	417	25.0	0.38	
43	880716	1988	7	15	22	7	16	6	35.3	60.0	95.3	8	6	大张庄	7	16	0	7	16	4	7	18	20	68	4	333	326	874	417	21.0	0.59	
44	900614	1990	6	13	18	6	14	8	96.0	8.7	104.7	14	6	草埠	6	14	2	6	14	6	6	15	0	22	4	712	710	495	338	14.6	0.15	
45	900618	1990	6	17	16	6	18	12	85.2	43.4	128.6	20	6	草埠	6	17	20	6	18	8	6	19	20	48	12	735	725	1 077	417	25.8	0.30	
46	900716	1990	7	16	0	7	16	4	47.7	28.6	76.3	4	2	大张庄	7	16	0	7	16	3	7	17	2	26	3	370	362	577	417	13.8	0.29	
47	900717	1990	7	16	22	7	17	8	66.2	60.0	126.2	10	4	大张庄	7	17	0	7	17	5	7	19	0	48	5	1 310	1 300	1 959	417	47.0	0.71	
48	900722	1990	7	21	6	7	22	6	126.8	41.9	168.7	24	22	徐家庄	7	21	6	7	22	2	7	25	20	110	20	721	702	3 486	417	83.6	0.66	
49	930712	1993	7	11	22	7	12	6	62.4	45.3	107.7	8	6	大张庄	7	11	22	7	12	5	7	14	4	54	7	1 112	1 108	1 258	338	37.2	0.60	
50	930713	1993	7	12	14	7	13	8	82.9	56.3	139.2	18	10	大张庄	7	12	17	7	13	2	7	15	21	76	9	599	568	1 987	338	58.8	0.71	复峰
51	930716	1993	7	15	20	7	16	2	53.2	40.5	93.7	6	4	大张庄	7	15	23	7	16	2	7	18	6	55	3	702	679	944	417	22.6	0.42	
52	940629	1994	6	29	4	6	29	10	85.1	27.2	112.3	6	5	田庄	6	29	4	6	29	10	7	1	13	57	6	793	790	850	338	25.1	0.29	
53	940706	1994	7	5	18	7	6	20	95.2	30.9	126.1	26	2	徐家庄	7	6	4	7	6	14	7	9	2	70	10	634	621	1 060	338	31.4	0.33	
54	950822	1995	8	22	0	8	22	12	67.5	32.4	99.9	12	8	大张庄	8	22	2	8	22	10	8	25	12	82	8	617	601	1 117	417	26.8	0.40	
55	960725	1996	7	24	22	7	25	18	151.0	7.6	158.6	20	12	徐家庄	7	24	22	7	25	10	7	28	8	82	12	916	911	2 417	338	71.5	0.47	
56	970820	1997	8	19	6	8	20	14	160.4	7.8	168.2	32	14	田庄	8	19	19	8	20	7	8	24	8	109	12	556	550	1 845	338	54.6	0.34	
57	010623	2001	6	22	11	6	23	2	100.2	11.7	111.9	15	8	田庄	6	22	8	6	22	19.5	6	24	16	56	11.5	150	150	367	338	10.9	0.11	
58	010721	2001	7	21	4	7	21	12	75.9	8.9	84.8	8	5	大张庄	7	21	6	7	21	12	7	23	20	62	6	418	416	600	417	14.4	0.19	
59	010731	2001	7	29	20	7	31	2	97.8	48.7	146.5	30	22	草埠	7	30	8	7	31	1	8	2	10	74	17	448	448	2 398	417	57.5	0.59	
60	010804	2001	8	4	5	8	4	16	114.4	46.3	160.7	11	9	大张庄	8	4	6	8	4	10.5	8	5	9.5	27.5	4.5	1 024	996	3 110	417	74.6	0.65	
61	030827	2003	8	26	4	8	27	5	89.1	33.4	122.5	25	20	大张庄	8	26	8	8	27	6.5	8	30	20	108	22.5	450	445	1 189	417	28.5	0.32	
62	040828	2004	8	26	18	8	28	3	129.4	17.2	146.6	33	26	徐家庄	8	27	0	8	28	6	8	29	20	68	6	330	320	1 585	417	38.0	0.29	
63	070819	2007	8	16	4	8	18	6	156.4	37.5	193.9	50	37	大张庄	8	16	17	8	19	12	8	20	7	86	48.2	632	628	3 328	417	79.8	0.51	复峰
64	080718	2008	7	18	4	7	18	18	111.8	38.2	150.0	14	9	田庄	7	17	8	7	18	14	7	21	12	100	30	173	168	1 079	338	31.9	0.29	
65	180625	2018	6	25	8	6	26	4	176.5	3.5	180.0	20	12	田庄	6	25	20	6	26	7	6	28	20	72	11	435	423	1 600	338	47.4	0.27	
66	180818	2018	8	18	8	8	19	22	148.0	29.4	177.4	38	24	徐家庄	8	18	20	6	18	22	8	23	8	108	26	314	302	2 240	417	53.7	0.36	
67	190810	2019	8	10	10	8	11	18	273.0	40.6	313.6	32	20	田庄	8	10	16	8	11	12	8	17	8	160	20	863	853	6 804	417	163.2	0.60	
68	200801	2020	8	1	22	8	2	8	82.3	24.7	107.0	10	7	大张庄	8	1	0	8	2	11	8	5	6	102	11	103	99	629	338	18.6	0.23	

表 5-7　沂河田庄水库站降雨径流（$P+P_a$–R）预报精度评定表

序号	洪号	流域平均雨量 P（mm）	前期影响雨量 P_a（mm）	$P+P_a$（mm）	实测径流深 $R_{实}$（mm）	预报径流深 $R_{预}$（mm）	预报误差（mm）	许可误差（mm）	评定结果		序号	洪号	流域平均雨量 P（mm）	前期影响雨量 P_a（mm）	$P+P_a$（mm）	实测径流深 $R_{实}$（mm）	预报径流深 $R_{预}$（mm）	预报误差（mm）	许可误差（mm）	评定结果	
									合格	不合格										合格	不合格
1	600702	74.6	47.0	121.6	28.9	41.2	12.3	5.8		√	35	790921	86.5	12.5	99.0	21.6	25.3	3.7	4.3	√	
2	600716	60.4	47.8	108.2	32.1	32.5	0.4	6.4	√		36	800606	90.0	9.0	99.0	24.2	25.3	1.1	4.8	√	
3	610714	55.5	25.3	80.8	16.8	13.8	-3.0	3.4	√		37	800616	67.2	15.0	82.2	17.7	14.6	-3.1	3.5	√	
4	620719	78.1	30.7	108.8	40.3	32.9	-7.4	8.1	√		38	800630	94.7	25.5	120.2	39.5	40.5	1.0	7.9	√	
5	620725	83.2	45.8	129.0	50.9	45.5	-5.4	10.2	√		39	840712	156.5	34.6	191.1	103.9	90.4	-13.5	20.0	√	
6	620729	45.3	48.7	94.0	25.5	21.5	-4.0	5.1	√		40	850709	121.0	19.9	140.9	46.4	53.5	7.1	9.3	√	
7	620807	72.3	18.1	90.4	23.8	19.2	-4.6	4.8	√		41	850711	82.3	51.0	133.3	41.8	48.3	6.5	8.4	√	
8	620813	30.7	28.0	58.7	5.8	6.9	1.1	3.0	√		42	860730	65.9	35.9	101.8	25.0	27.5	2.5	5.0	√	
9	620818	37.0	51.7	88.7	22.5	18.3	-4.2	4.5	√		43	880716	35.3	60.0	95.3	21.0	22.5	1.5	4.2	√	
10	630720	127.1	56.4	183.5	110.4	84.7	-25.7	20.0		√	44	900614	96.0	8.7	104.7	14.6	29.8	15.2	3.0		√
11	630725	32.8	46.8	79.6	16.6	13.2	-3.4	3.3		√	45	900618	85.2	43.4	128.6	25.8	45.2	19.4	5.2		√
12	630725-2	18.9	35.4	54.3	6.4	5.8	-0.6	3.0	√		46	900716	47.7	28.6	76.3	13.8	11.8	-2.0	3.0	√	
13	630728	20.9	59.0	79.9	11.9	13.4	1.5	3.0	√		47	900717	66.2	60.0	126.2	47.0	43.8	-3.2	9.4	√	
14	640612	43.3	6.0	49.3	6.4	4.6	-1.8	3.0		√	48	900722	126.8	41.9	168.7	83.6	73.7	-9.9	16.7	√	
15	640703	64.7	45.0	109.7	23.4	33.6	10.2	4.7		√	49	930712	62.4	45.3	107.7	37.2	32.1	-5.1	7.4	√	
16	640717	79.1	39.2	118.3	38.2	39.4	1.2	7.6	√		50	930713	82.9	56.3	139.2	58.8	52.3	-6.5	11.8	√	
17	640717-2	65.0	60.0	125.0	45.0	43.1	-1.9	9.0	√		51	930716	53.2	40.5	93.7	22.6	21.3	-1.3	4.5	√	
18	640801	83.3	43.4	126.7	54.7	44.1	-10.6	10.9	√		52	940629	85.1	27.2	112.3	25.1	35.5	10.4	5.0		√
19	640806	55.7	38.2	93.9	29.1	21.4	-7.7	5.8		√	53	940706	95.2	30.9	126.1	31.4	43.7	12.3	6.3		√
20	640831	78.3	60.0	138.3	63.5	51.7	-11.8	12.7	√		54	950822	67.5	32.4	99.9	26.8	26.0	-0.8	5.4	√	
21	640912	121.4	35.0	156.4	87.0	64.6	-22.4	17.4		√	55	960725	151.0	7.6	158.6	71.5	66.3	-5.2	14.3	√	
22	650709	75.5	11.0	86.5	19.0	17.1	-1.9	3.8	√		56	970820	160.4	7.8	168.2	54.6	73.3	18.7	10.9		√
23	660624	82.5	24.0	106.5	36.7	31.2	-5.5	7.3	√		57	010623	100.2	11.7	111.9	10.9	20.8	9.9	3.0		√
24	660715	69.0	37.4	106.4	41.4	31.1	-10.3	8.3		√	58	010721	75.9	8.9	84.8	14.4	13.8	-0.6	3.0	√	
25	700725	95.8	60.0	155.8	66.9	64.2	-2.7	13.4	√		59	010731	97.8	48.7	146.5	57.5	35.0	-22.5	11.5		√
26	700726	45.2	60.0	105.2	28.9	30.2	1.3	5.8	√		60	010804	114.4	46.3	160.7	74.6	42.6	-32.0	14.9		√
27	700727	25.5	57.3	82.8	16.8	14.9	-1.9	3.4	√		61	030827	89.1	33.4	122.5	28.5	24.4	-4.1	5.7	√	
28	700729	44.5	59.0	103.5	37.8	28.8	-9.0	7.6		√	62	040828	129.4	17.2	146.6	38.0	35.1	-2.9	7.6	√	
29	700828	36.0	13.7	49.7	4.4	4.7	0.3	3.0	√		63	070819	156.4	37.5	193.9	79.8	65.0	-14.8	16.0	√	
30	710821	60.0	45.0	105.0	34.4	30.0	-4.4	6.9	√		64	080718	111.8	38.2	150.0	31.9	36.8	4.9	6.4	√	
31	720902	102.0	37.0	139.0	47.9	52.2	4.3	9.6	√		65	180625	176.5	3.5	180.0	47.4	55.0	7.6	9.5	√	
32	740813	104.0	46.0	150.0	74.9	60.0	-14.9	15.0	√		66	180818	148.0	29.4	177.4	53.7	53.2	-0.5	10.7	√	
33	760813	96.0	16.3	112.3	33.3	35.5	2.2	6.7	√		67	190810	273.0	40.6	313.6	163.2	175.8	12.6	20.0	√	
34	790624	70.1	8.0	78.1	13.7	12.5	-1.2	3.0	√		68	200801	82.3	24.7	107.0	18.6	19.2	0.6	3.7	√	

备注：1. 许可误差 = 实测值的 20%，以 20.0 mm 为上限，以 3.0 mm 为下限；2. 方案合格率为 75%，属乙级方案，可用于作业预报。

表 5-8　沂河田庄水库站降雨径流（P–P_a–R）预报精度评定表

序号	洪号	流域平均降雨 P（mm）	流域平均前雨 P_a（mm）	实测径流深 $R_{实}$（mm）	预报径流深 $R_{预}$（mm）	预报误差（mm）	许可误差（mm）	评定结果	
								合格	不合格
1	600702	74.6	47.0	28.9	44.8	15.9	5.8		√
2	600716	60.4	47.8	32.1	34.8	2.7	6.4	√	
3	610714	55.5	25.3	16.8	14.3	−2.5	3.4	√	
4	620719	78.1	30.7	40.3	29.0	−11.3	8.1		√
5	620725	83.2	45.8	50.9	49.9	−1.0	10.2	√	
6	620729	45.3	48.7	25.5	24.2	−1.3	5.1	√	
7	620807	72.3	18.1	23.8	17.9	−5.9	4.8		√
8	620813	30.7	28.0	5.8	6.7	0.9	3.0	√	
9	620818	37.0	51.7	22.5	20.3	−2.2	4.5	√	
10	630720	127.1	56.4	110.4	100.1	−10.3	20	√	
11	630725	32.8	46.8	16.6	14.5	−2.1	3.3	√	
12	630725-2	18.9	35.4	6.4	5.2	−1.2	3.0	√	
13	630728	20.9	59.0	11.9	14.6	2.7	3.0	√	
14	640612	43.3	6.0	6.4	5.3	−1.1	3.0	√	
15	640703	64.7	45.0	23.4	35.4	12.0	4.7		√
16	640717	79.1	39.2	38.2	39.4	1.2	7.6	√	
17	640717-2	65.0	60.0	45.0	50.4	5.4	9.0	√	
18	640801	83.3	43.4	54.7	47.1	−7.6	10.9	√	
19	640806	55.7	38.2	29.1	23.5	−5.6	5.8	√	
20	640831	78.3	60.0	63.5	62.2	−1.3	12.7	√	
21	640912	121.4	35.0	87.0	62.9	−24.1	17.4		√
22	650709	75.5	11.0	19.0	15.6	−3.4	3.8	√	
23	660624	82.5	24.0	36.7	26.5	−10.2	7.3		√
24	660715	69.0	37.4	41.4	30.9	−10.5	8.3		√
25	700725	95.8	60.0	66.9	77.8	10.9	13.4	√	
26	700726	45.2	60.0	28.9	33.8	4.9	5.8	√	
27	700727	25.5	57.3	16.8	16.6	−0.2	3.4	√	
28	700729	44.5	59.0	37.8	32.4	−5.4	7.6	√	
29	700828	36.0	13.7	4.4	5.6	1.2	3.0	√	
30	710821	60.0	45.0	34.4	32.1	−2.3	6.9	√	
31	720902	102.0	37.0	47.9	52.1	4.2	9.6	√	
32	740813	104.0	46.0	74.9	65.9	−9.0	15.0	√	
33	760813	96.0	16.3	33.3	27.6	−5.7	6.7	√	
34	790624	70.1	8.0	13.7	12.3	−1.4	3.0	√	
35	790921	86.5	12.5	21.6	20.6	−1.0	4.3	√	
36	800606	90.0	9.0	24.2	19.6	−4.6	4.8	√	
37	800616	67.2	15.0	17.7	14.6	−3.1	3.5	√	
38	800630	94.7	25.5	39.5	34.6	−4.9	7.9	√	
39	840712	156.5	34.6	103.9	87.2	−16.7	20	√	
40	850709	121.0	19.9	46.4	45.0	−1.4	9.3	√	
41	850711	82.3	51.0	41.8	55.3	13.5	8.4		√
42	860730	65.9	35.9	25.0	27.4	2.4	5.0	√	
43	880716	35.3	60.0	21.0	26.2	5.2	4.2		√
44	900614	96.0	8.7	14.6	21.6	7.0	3.0		√
45	900618	85.2	43.4	25.8	48.5	22.7	5.2		√
46	900716	47.7	28.6	13.8	12.2	−1.6	3.0	√	
47	900717	66.2	60.0	47.0	51.5	4.5	9.4	√	
48	900722	126.8	41.9	83.6	76.5	−7.1	16.7	√	
49	930712	62.4	45.3	37.2	34.0	−3.2	7.4	√	
50	930713	82.9	56.3	58.8	62.0	3.2	11.8	√	
51	930716	53.2	40.5	22.6	24.0	1.4	4.5	√	
52	940629	85.1	27.2	25.1	30.0	4.9	5.0	√	
53	940706	95.2	30.9	31.4	39.9	8.5	6.3		√
54	950822	67.5	32.4	26.8	24.8	−2.0	5.4	√	
55	960725	151.0	7.6	71.5	47.4	−24.1	14.3		√
56	970820	160.4	7.8	54.6	53.3	−1.3	10.9	√	
57	010623	100.2	11.7	10.9	25.9	15.0	3.0		√
58	010721	75.9	8.9	14.4	14.6	0.2	3.0	√	
59	010731	97.8	48.7	57.5	64.8	7.3	11.5	√	
60	010804	114.4	46.3	74.6	74.3	−0.3	14.9	√	
61	030827	89.1	33.4	28.5	39.1	10.6	5.7		√
62	040828	129.4	17.2	38.0	47.0	9.0	7.6		√
63	070819	156.4	37.5	79.8	91.1	11.3	16.0	√	
64	080718	111.8	38.2	31.9	60.4	28.5	6.4		√
65	180625	176.5	3.5	47.4	56.6	9.2	9.5	√	
66	180818	148.0	29.4	53.7	74.1	20.4	10.7		√
67	190810	273.0	40.6	163.2	183.1	19.9	20	√	
68	200801	82.3	24.7	18.6	26.9	8.3	3.7		√

备注：1. 许可误差 = 实测值的 20%，以 20.0 mm 为上限，以 3.0 mm 为下限；2. 方案合格率为 72.1%，属乙级方案，可用于作业预报。

表 5-9 沂河田庄水库站入库净峰流量预报精度评定表

序号	洪号	径流深 R（mm）	有效降雨历时 T_c（h）	净峰流量（m^3/s）		预报误差（m^3/s）	许可误差（m^3/s）	评定结果		备注
				实测	预报			合格	不合格	
1	620719	40.3	6	1 110	1 050	−60	222	√		
2	620725	50.9	7	1 240	1 180	−60	248	√		
3	620728	25.7	2	1 089	1 190	101	218	√		
4	620729	25.5	9	484	530	46	97	√		
5	620807	23.8	9.5	360	460	100	72		√	
6	630720	110.4	12	2 050	1 650	−400	410	√		
7	630725	16.6	4	636	636	0	127	√		
8	630725−2	6.4	4	321	275	−46	64	√		
9	630728	11.9	3.5	508	500	−8	102	√		
10	640717	38.2	9	584	760	176	117		√	
11	640717−2	45.0	10	445	814	369	89		√	
12	640801	54.7	7	1 230	1 240	10	246	√		
13	640806	29.1	4	756	1 010	254	151		√	
14	640810	21.2	6	562	600	38	112	√		
15	640830	14.9	4	620	570	−50	124	√		
16	640831	63.5	6	1 965	1 585	−380	393	√		
17	640912	87.0	6.5	1 940	2 030	90	388	√		
18	650709	19.0	10	316	360	44	63	√		
19	650818	54.6	16	546	650	104	109	√		
20	660624	36.7	4	1 288	1 220	−68	258	√		
21	660715	41.4	4	1 580	1 360	−220	316	√		
22	700725	66.9	8	1 050	1 180	130	210	√		
23	700726	28.9	10	465	540	75	93	√		
24	700727	16.8	3	508	720	212	102		√	
25	700729	37.8	6	1 020	1 000	−20	204	√		
26	720902	47.9	12	696	750	54	139	√		
27	740813	74.9	13	976	1 070	94	195	√		
28	760813	33.3	10.5	593	590	−3	119	√		
29	790921	21.6	14	314	300	−14	63	√		
30	800606	24.2	6	474	660	186	95		√	
31	800616	17.7	8	360	410	50	72	√		
32	800630	39.5	8	522	850	328	104		√	
33	840712	103.9	6	2 420	2 480	60	484	√		
34	850709	46.4	8	1 120	1 200	80	224	√		
35	850711	41.8	16	512	500	−12	102	√		
36	860730	25.0	8	596	560	−36	119	√		
37	880716	21.0	6	326	590	264	65		√	
38	900614	14.6	6	710	425	−285	142		√	
39	900618	25.8	6	725	700	−25	145	√		
40	900716	13.8	2	362	700	338	72		√	
41	900717	47.0	4	1 300	1 520	220	260	√		
42	900722	83.6	22	702	735	33	140	√		
43	930712	37.2	6	1 108	980	−128	222	√		
44	930716	22.6	4	679	813	134	136	√		
45	940629	25.1	5	790	801	11	158	√		
46	940706	31.4	2	621	1 404	783	124		√	
47	950822	26.8	8	601	598	−3	120	√		
48	960725	71.5	12	911	1 090	179	182	√		
49	970820	54.6	14	550	733	183	110		√	
50	010721	14.4	5	416	460	44	83	√		
51	010731	57.5	22	448	500	52	90	√		
52	010804	74.6	9	996	1 420	424	199		√	
53	030827	28.5	20	445	280	−165	89		√	
54	040828	38.0	26	320	300	−20	64	√		
55	180625	47.4	12	423	840	417	85		√	
56	180818	53.7	24	302	440	138	60		√	
57	190810	163.2	20	853	1 380	527	171		√	

备注：1. 许可误差 = 实测值的 20%；2. 合格率为 70.2%，属乙级方案，可用于作业预报。

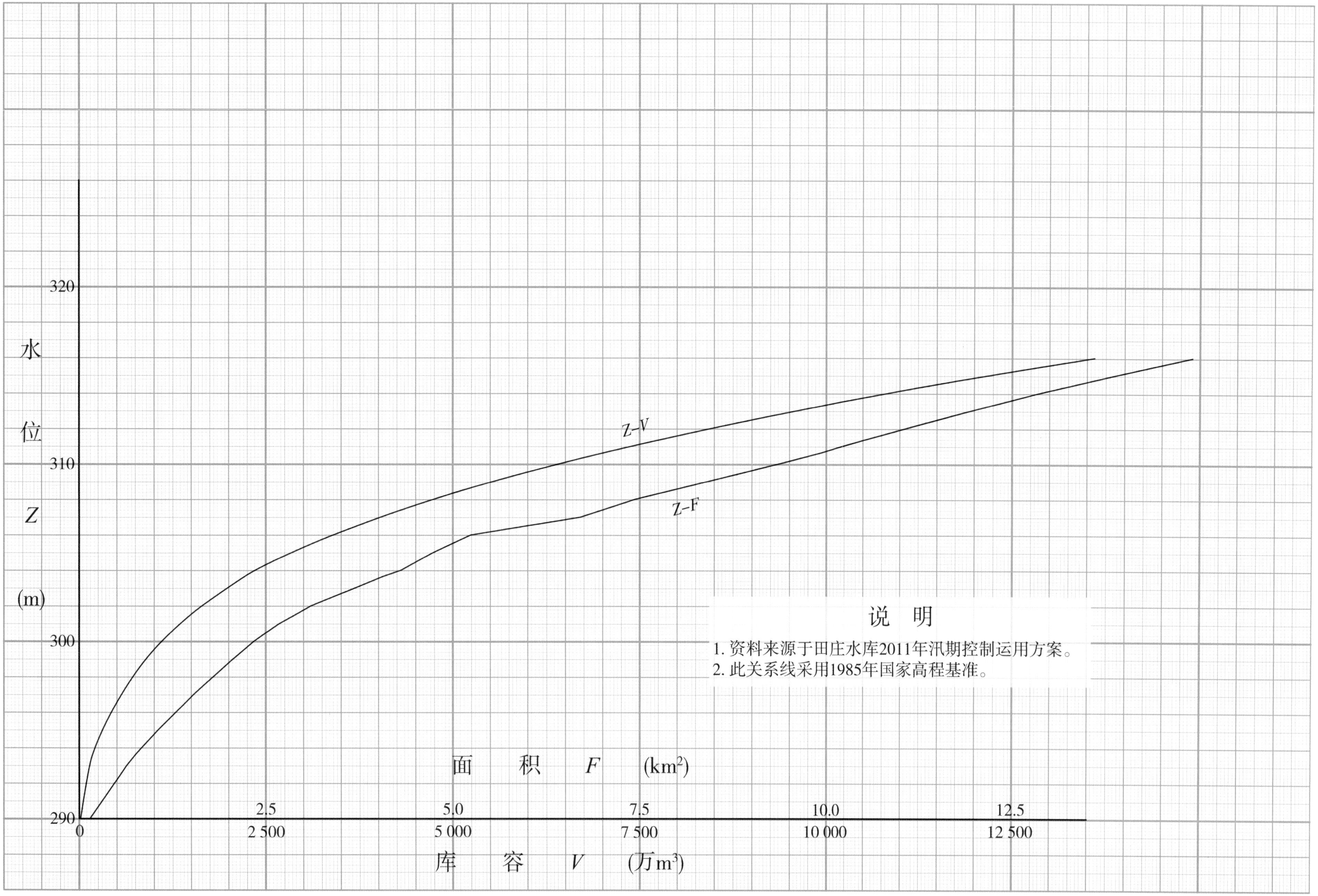

图 5-2 沂河田庄水库水位 - 库容、水位 - 面积关系曲线图

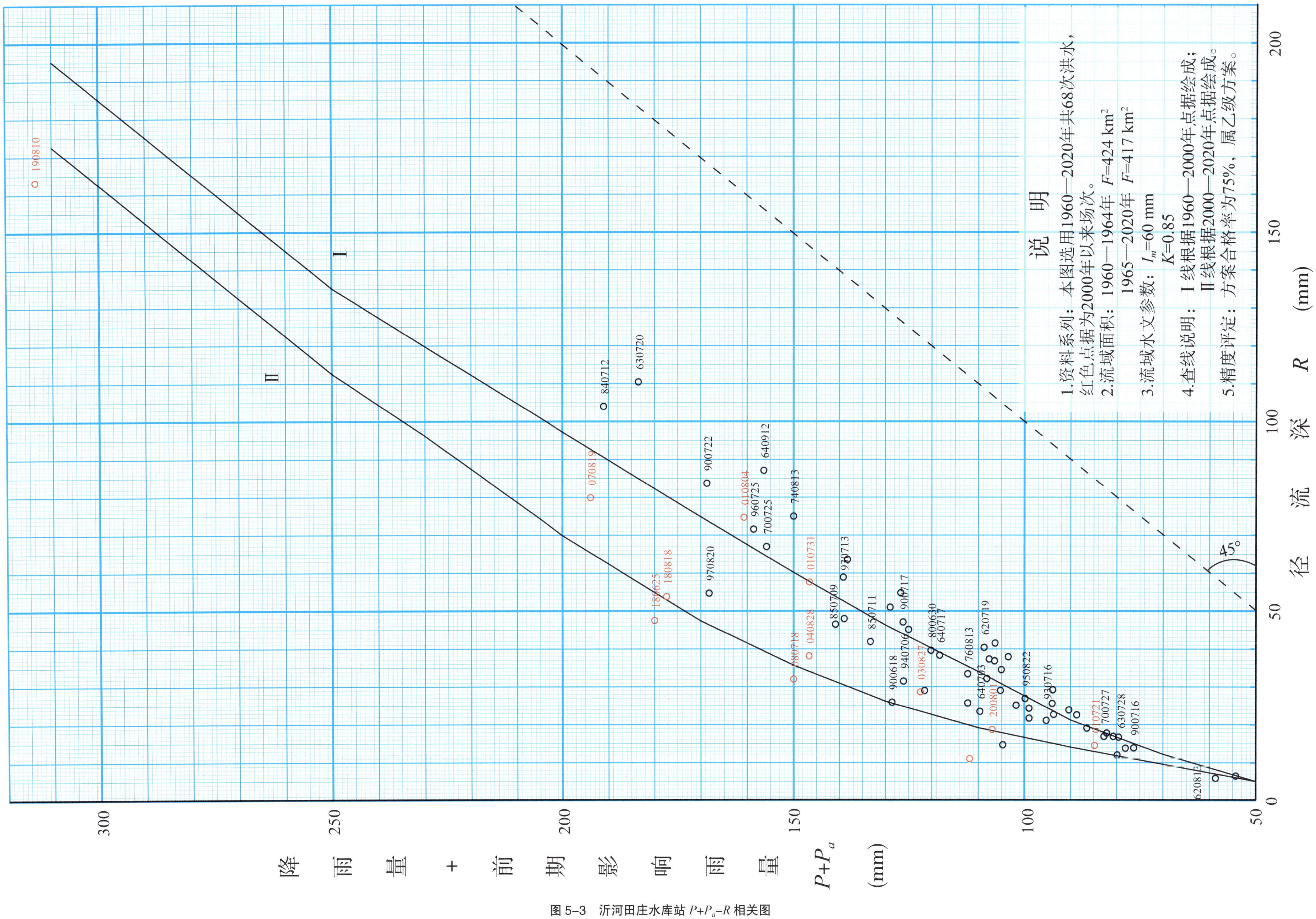

图 5-3 沂河田庄水库站 $P+P_a$–R 相关图

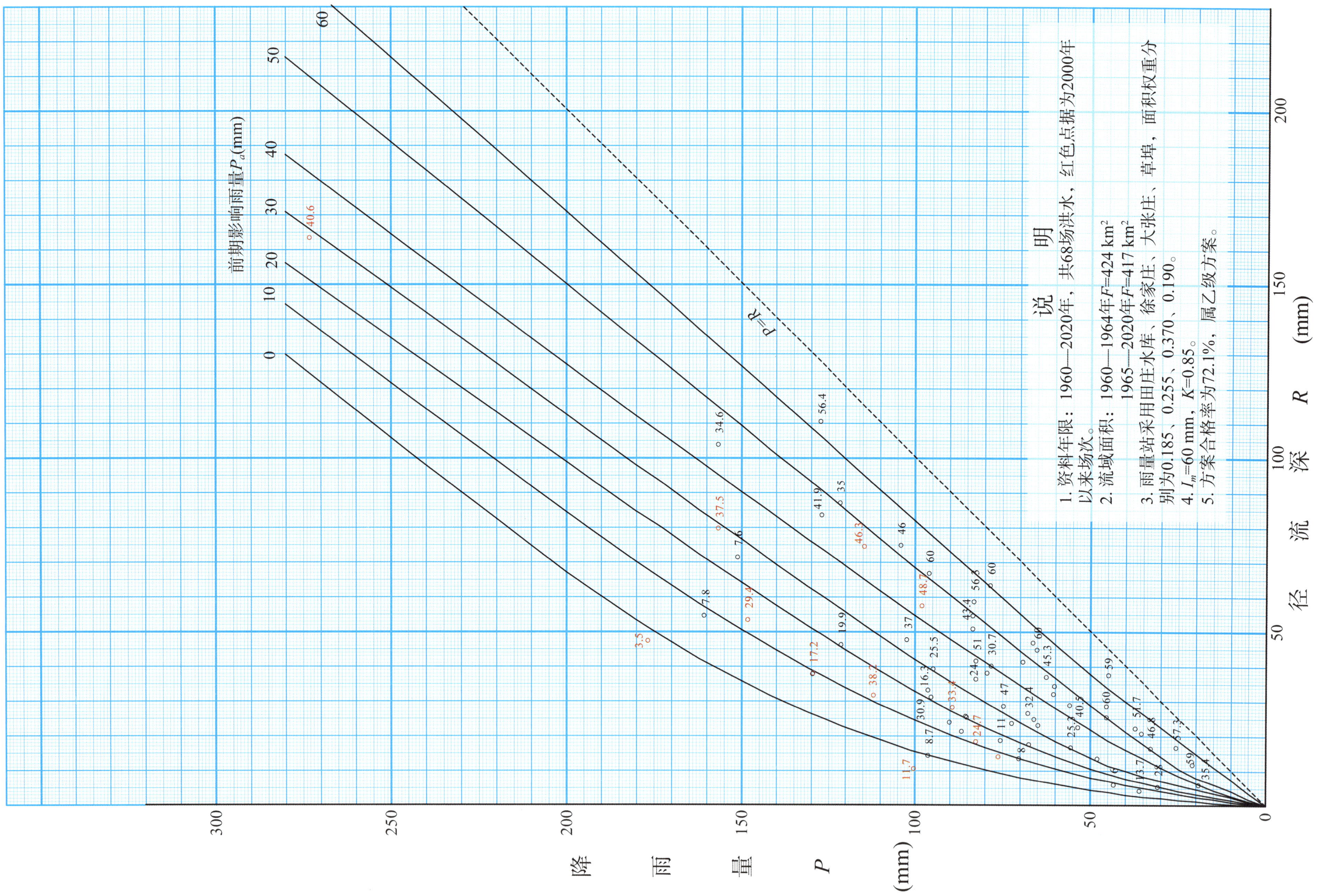

图 5-4 沂河田庄水库站 P-P_a-R 相关图

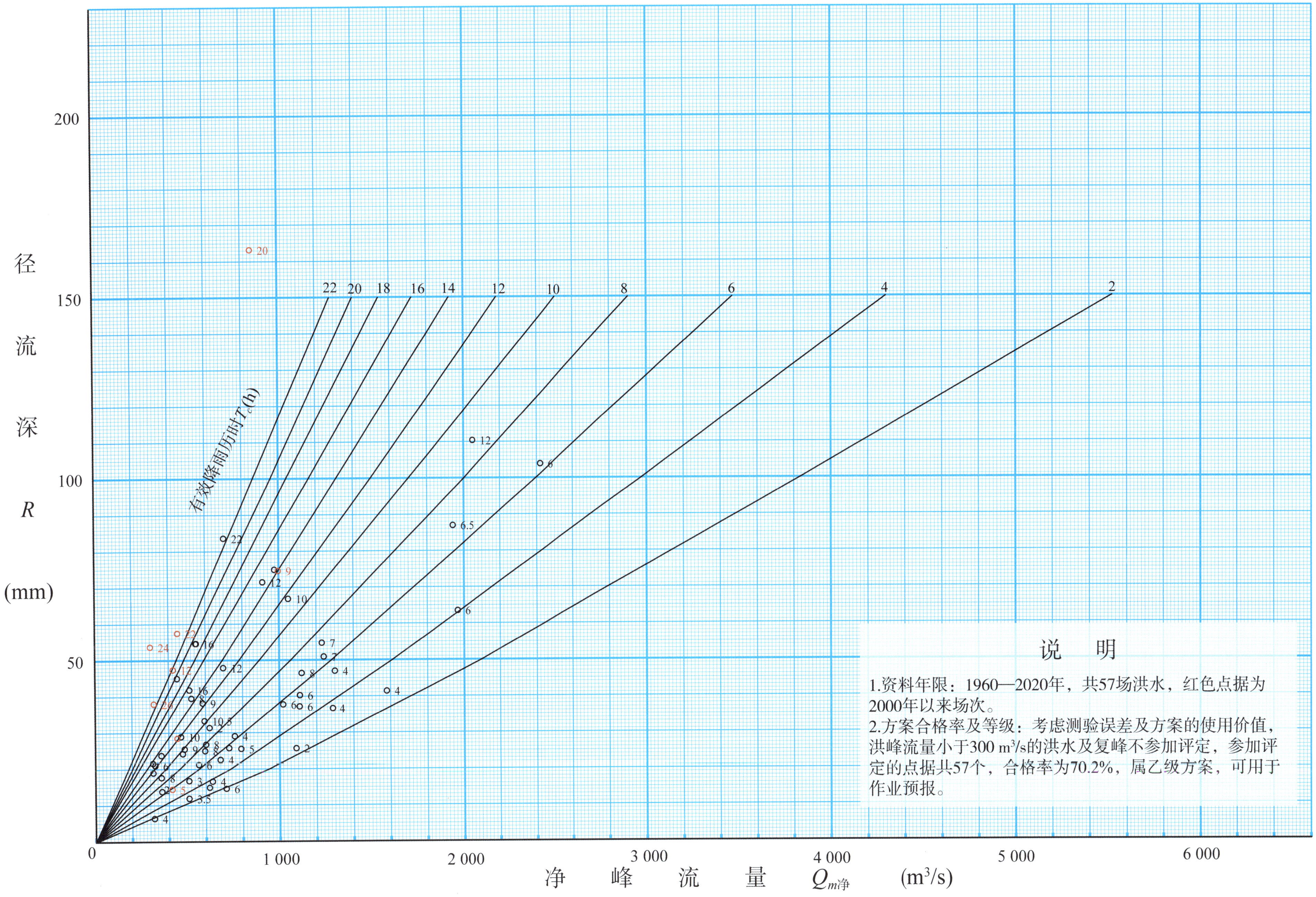

图 5-5　沂河田庄水库站峰量关系图

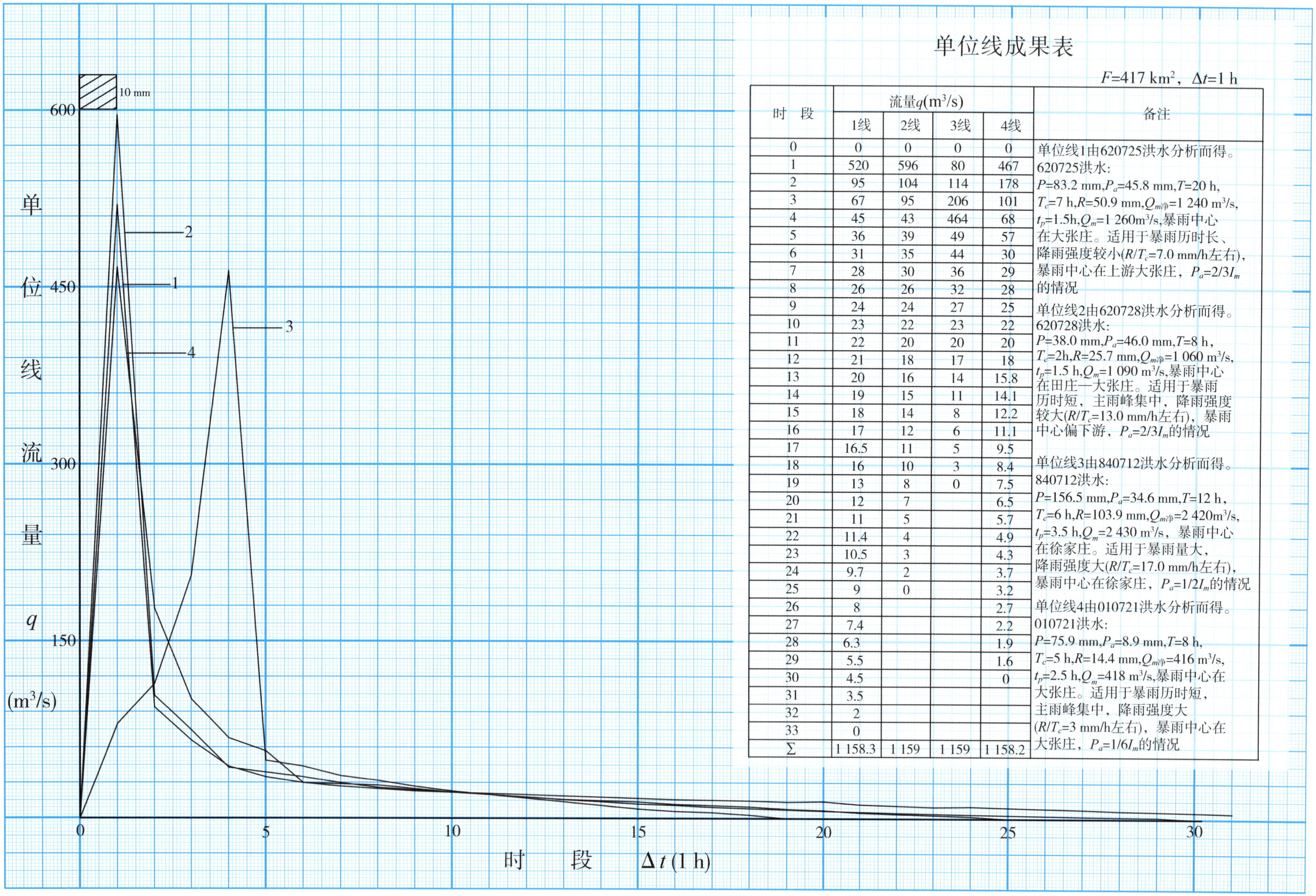

单位线成果表

F=417 km²，Δt=1 h

时段	流量q(m³/s) 1线	2线	3线	4线	备注
0	0	0	0	0	单位线1由620725洪水分析而得。620725洪水：P=83.2 mm,P_a=45.8 mm,T=20 h,T_c=7 h,R=50.9 mm,$Q_{m净}$=1 240 m³/s,t_p=1.5h,Q_m=1 260m³/s,暴雨中心在大张庄。适用于暴雨历时长、降雨强度较小(R/T_c=7.0 mm/h左右)，暴雨中心在上游大张庄，P_a=2/3I_m的情况
1	520	596	80	467	
2	95	104	114	178	
3	67	95	206	101	
4	45	43	464	68	
5	36	39	49	57	
6	31	35	44	30	
7	28	30	36	29	
8	26	26	32	28	
9	24	24	27	25	单位线2由620728洪水分析而得。620728洪水：P=38.0 mm,P_a=46.0 mm,T=8 h，T_c=2h,R=25.7 mm,$Q_{m净}$=1 060 m³/s,t_p=1.5 h,Q_m=1 090 m³/s,暴雨中心在田庄—大张庄。适用于暴雨历时短，主雨峰集中，降雨强度较大(R/T_c=13.0 mm/h左右)，暴雨中心偏下游，P_a=2/3I_m的情况
10	23	22	23	22	
11	22	20	20	20	
12	21	18	17	18	
13	20	16	14	15.8	
14	19	15	11	14.1	
15	18	14	8	12.2	
16	17	12	6	11.1	
17	16.5	11	5	9.5	
18	16	10	3	8.4	单位线3由840712洪水分析而得。840712洪水：P=156.5 mm,P_a=34.6 mm,T=12 h，T_c=6 h,R=103.9 mm,$Q_{m净}$=2 420m³/s,t_p=3.5 h,Q_m=2 430 m³/s，暴雨中心在徐家庄。适用于暴雨量大，降雨强度大(R/T_c=17.0 mm/h左右)，暴雨中心在徐家庄，P_a=1/2I_m的情况
19	13	8	0	7.5	
20	12	7		6.5	
21	11	5		5.7	
22	11.4	4		4.9	
23	10.5	3		4.3	
24	9.7	2		3.7	
25	9	0		3.2	
26	8			2.7	单位线4由010721洪水分析而得。010721洪水：P=75.9 mm,P_a=8.9 mm,T=8 h,T_c=5 h,R=14.4 mm,$Q_{m净}$=416 m³/s,t_p=2.5 h,Q_m=418 m³/s,暴雨中心在大张庄。适用于暴雨历时短，主雨峰集中，降雨强度大(R/T_c=3 mm/h左右)，暴雨中心在大张庄，P_a=1/6I_m的情况
27	7.4			2.2	
28	6.3			1.9	
29	5.5			1.6	
30	4.5			0	
31	3.5				
32	2				
33	0				
Σ	1 158.3	1 159	1 159	1 158.2	

图 5–6　沂河田庄水库站 1 h 单位线图

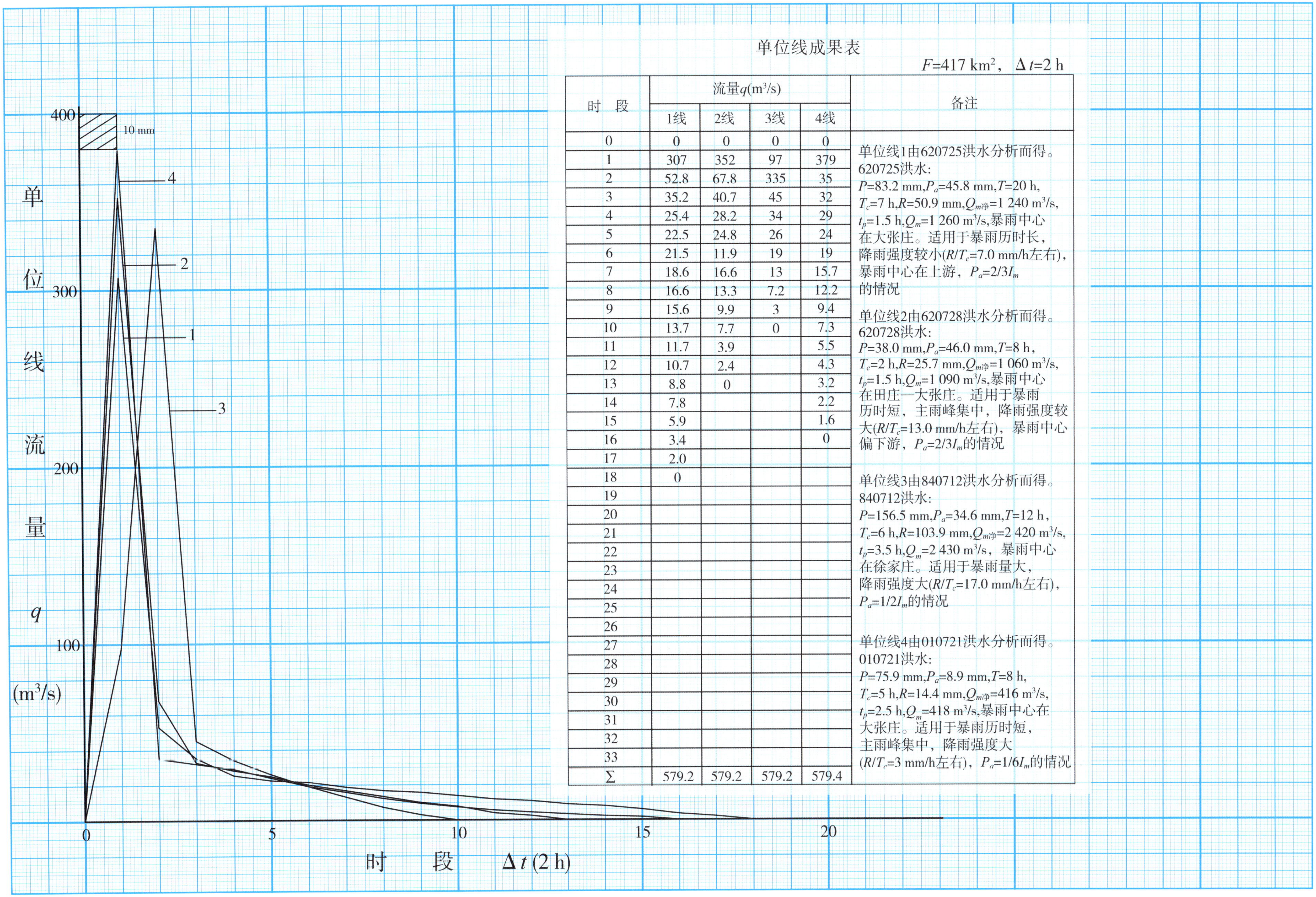

单位线成果表

F=417 km², Δt=2 h

时段	流量q(m³/s)				备注
	1线	2线	3线	4线	
0	0	0	0	0	
1	307	352	97	379	单位线1由620725洪水分析而得。620725洪水：P=83.2 mm,P_a=45.8 mm,T=20 h,T_c=7 h,R=50.9 mm,$Q_{m净}$=1 240 m³/s,t_p=1.5 h,Q_m=1 260 m³/s,暴雨中心在大张庄。适用于暴雨历时长，降雨强度较小(R/T_c=7.0 mm/h左右)，暴雨中心在上游，P_a=2/3I_m的情况
2	52.8	67.8	335	35	
3	35.2	40.7	45	32	
4	25.4	28.2	34	29	
5	22.5	24.8	26	24	
6	21.5	11.9	19	19	
7	18.6	16.6	13	15.7	
8	16.6	13.3	7.2	12.2	
9	15.6	9.9	3	9.4	单位线2由620728洪水分析而得。620728洪水：P=38.0 mm,P_a=46.0 mm,T=8 h,T_c=2 h,R=25.7 mm,$Q_{m净}$=1 060 m³/s,t_p=1.5 h,Q_m=1 090 m³/s,暴雨中心在田庄—大张庄。适用于暴雨历时短，主雨峰集中，降雨强度较大(R/T_c=13.0 mm/h左右)，暴雨中心偏下游，P_a=2/3I_m的情况
10	13.7	7.7	0	7.3	
11	11.7	3.9		5.5	
12	10.7	2.4		4.3	
13	8.8	0		3.2	
14	7.8			2.2	
15	5.9			1.6	
16	3.4			0	
17	2.0				
18	0				单位线3由840712洪水分析而得。840712洪水：P=156.5 mm,P_a=34.6 mm,T=12 h,T_c=6 h,R=103.9 mm,$Q_{m净}$=2 420 m³/s,t_p=3.5 h,Q_m=2 430 m³/s，暴雨中心在徐家庄。适用于暴雨量大，降雨强度大(R/T_c=17.0 mm/h左右)，P_a=1/2I_m的情况
19					
20					
21					
22					
23					
24					
25					
26					
27					单位线4由010721洪水分析而得。010721洪水：P=75.9 mm,P_a=8.9 mm,T=8 h,T_c=5 h,R=14.4 mm,$Q_{m净}$=416 m³/s,t_p=2.5 h,Q_m=418 m³/s,暴雨中心在大张庄。适用于暴雨历时短，主雨峰集中，降雨强度大(R/T_c=3 mm/h左右)，P_a=1/6I_m的情况
28					
29					
30					
31					
32					
33					
Σ	579.2	579.2	579.2	579.4	

图 5-7 沂河田庄水库站 2 h 单位线图

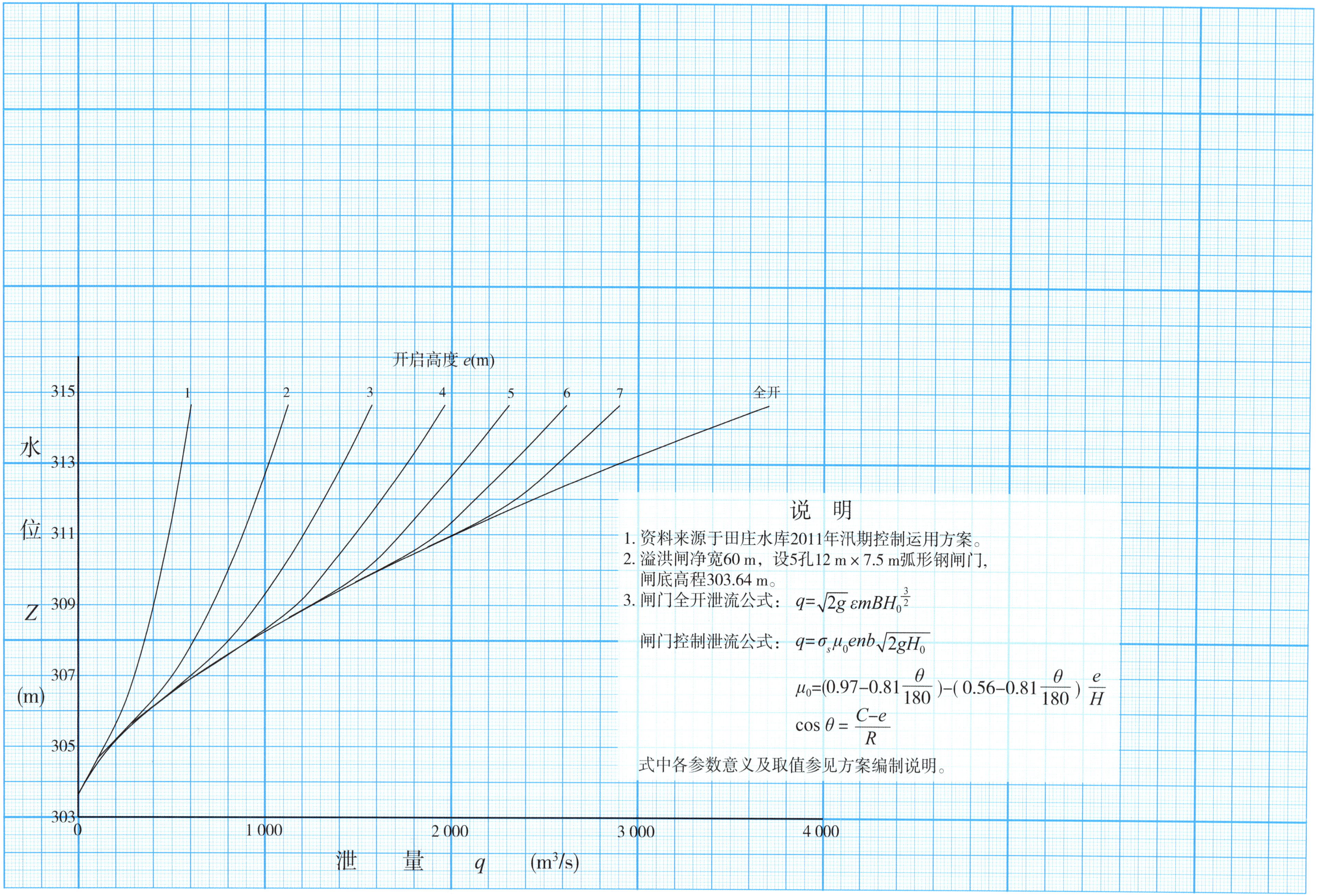

说明

1. 资料来源于田庄水库2011年汛期控制运用方案。
2. 溢洪闸净宽60 m，设5孔12 m × 7.5 m弧形钢闸门，闸底高程303.64 m。
3. 闸门全开泄流公式：$q=\sqrt{2g}\,\varepsilon mBH_0^{\frac{3}{2}}$

   闸门控制泄流公式：$q=\sigma_s\mu_0 enb\sqrt{2gH_0}$

   $\mu_0=(0.97-0.81\frac{\theta}{180})-(0.56-0.81\frac{\theta}{180})\frac{e}{H}$

   $\cos\theta=\frac{C-e}{R}$

式中各参数意义及取值参见方案编制说明。

图 5-8　沂河田庄水库泄量曲线图

第六章　沂河跋山水库站水文预报方案编制说明

1　流域概况

1.1　流域自然地理特征

跋山水库位于跋山与白腊顶之间沂河干流上。流域内支流甚多，共有大小支流 18 条，其中面积超出 100 km² 的支流就有三条，分别是沧浪河、白马河及暖阳河等。流域呈长阔叶形，山高势陡，山区约占 90% 以上。流域内多石灰岩、灰岩、花岗岩、片麻岩，土质瘠薄，植被较差。多年平均年降雨量为 743.8 mm（1956—2016 年系列），6—9 月降雨量为 555.8 mm，约占全年雨量的 74.7%。跋山水库水文站以上流域图见图 6–1。

1.2　水利工程情况

1.2.1　跋山水库概况

跋山水库位于淮河流域，坐落在沂水县城西北 18 km 处的沂城街道大伴城村，控制流域面积为 1 779 km²，总库容为 51 836 万 m³，河道干流坡度为 2.07‰。该水库于 1959 年 10 月动工，1960 年 5 月建成蓄水。坝顶高程为 185.65 m，1966 年水库溢洪道建闸 10 孔，闸门净宽 10 m，高 7.5 m，闸底高程为 171.00 m，1984 年建有东、西溢流堰，东堰顶高程为 176.00 m，宽度为 205.90 m，西堰顶高程为 178.00 m，宽度为 197.65 m。2000 年改建为 16 孔溢洪闸，闸门净宽 10 m，闸底高程为 171.00 m，最大泄洪流量为 12 194 m³/s。汛中限制水位为 176.00 m，汛末蓄水位为 177.00 m，允许最高水位为 183.99 m。

1.2.2　上游水利工程情况

流域内建有大、中型水库各 1 座，控制流域面积共 444.4 km²；小型水库 45 座，总流域面积 236.71 km²，总兴利库容 0.396 亿 m³；各种塘坝更是星罗棋布。流域内主要水利工程情况见表 6–1。

表 6–1　沂河跋山水库站以上流域内主要水利工程统计表

类型	库名	坝址位置	到本水库距离（km）	流域面积（km²）	校核水位时		兴利库容（万 m³）
					总库容（万 m³）	溢洪流量（m³/s）	
大型	田庄	沂源县南麻街道北埠东村西	69.0	417	12 000	3 837	6 840
中型	红旗	沂源县燕崖镇冯家峪村南	58.0	27.4	1 151	952	770
小（1）型	北营	沂源县悦庄镇北营村北	63.0	14.3	525	376	284
	赵庄	沂源县悦庄镇东赵庄三村	58.0	2.9	124.6	74	50.5
	刘家庄	沂源县鲁村镇刘家庄村南	93.0	5.4	286	97	179.3
	社庄	沂源县中庄镇社庄村	47.0	7.5	476.9	237	324.5
	郭家峪	沂源县石桥镇郭家上峪村	63.0	5.9	105.7	299	47
	曹宅	沂源县西里镇曹宅村	37.0	13.6	551.2	413	316
	北店子	沂源县张家坡镇北店子村北	40.0	22.0	412	887	188
	李家沟	沂源县东里镇北李家沟村	22.0	4.5	71.9	216	38
小（2）型	李家庄	沂源县悦庄镇李家庄村东	67.0	2.0	64.9	53	30
	上庄	沂源县中庄镇焦家上庄村	52.0	4.5	99.5	231	56.9

1.3　测站概况

跋山水库水文站于 1960 年 5 月 25 日设立，控制流域面积 1 779 km²。跋山水库站属区域代表站，承担降水、蒸发、水位、流量、水质、墒情等观测项目及属站管理、水文调查、区域年度用水量监测等工作，并承担向国家防总，省、市防指及工程管理部门等多家单位提供雨水情报、预报任务。上游有 6 处长系列雨量站，详见表 6–2。

该站采用冻结基面（废黄河口）高程 –1.643 m=1985 年国家高程基准高程，冻结基面（废黄河口）高程 –1.647 m=1956 年黄海基面高程。

表 6–2　沂河跋山水库站以上流域雨量站情况表

站名	设站年份	详细地址
跋山水库	1960 年	山东省沂水县沂城街道跋山水库
辉泉	1964 年	山东省沂水县沙沟镇辉泉社区
东里店	1950 年	山东省沂源县东里镇东里店村
悦庄	1951 年	山东省沂源县悦庄镇悦庄村
红旗（朱家坡）	1967 年	山东省沂源县燕崖镇红旗水库
田庄水库	1960 年	山东省沂源县田庄水库

2 预报方案编制

2.1 预报区间的确定

跋山水库上游建有大型水库田庄水库和中型水库红旗水库，因此将田庄水库和红旗水库作为上游入流站，预报区间确定为田庄水库、红旗水库—跋山水库，区间面积为 1 334.6 km^2，即跋山水库以上总控制面积 1 779 km^2 减去上游田庄水库、红旗水库控制面积 444.4 km^2。

2.2 资料情况及方案沿革

2.2.1 资料情况

跋山水库站预报方案于 1981 年分析编制完成，又分别于 1991 年、1999 年、2011 年进行了方案的修订。本次修订除选用之前分析的 1960—2010 年共 50 场次暴雨洪水外，另外补充了 2011—2020 年 12 场次暴雨洪水，即资料系列为 1960—2020 年，共 62 场次洪水。

2.2.2 方案沿革

原方案中产流方案采用降雨径流相关图 P–P_a–R，汇流方案采用峰量关系曲线图、经验单位线。本次修订，在原产流方案降雨径流相关图 P–P_a–R 中增加了 12 个点据，关系线保持不变；在原汇流方案峰量关系曲线图中增加了 12 个点据，关系线保持不变；经验单位线新增 2 条，其中 1 h 单位线 1 条、2 h 单位线 1 条。

2.3 产流方案

本方案采用降雨径流经验相关图 P–P_a–R，根据分析计算的 62 个点据点绘定线，见图 6–2、图 6–3。其中：P 为次降雨流域平均雨量（mm）；P_a 为流域平均前期影响雨量（mm）；R 为次降雨所产生的径流深（mm）。

2.3.1 主要参数的计算

2.3.1.1 流域平均雨量P的计算

流域平均雨量采用面积加权法计算求得，雨量站的面积控制权重见表 6–3。

表 6–3 跋山水库站以上流域内雨量站的控制权重表

站名	跋山水库	辉泉	东里店	悦庄	红旗	田庄水库
权重	0.12	0.08	0.32	0.21	0.11	0.16

2.3.1.2 流域平均前期影响雨量P_a的计算

每年自汛初开始连续计算，先以面积加权法计算流域平均雨量，然后计算前期影响雨量 P_a，其计算公式如下：

$$P_{a,t+1}=K(P_{a,t}+P_t)$$

式中：$P_{a,t+1}$ 为第 t+1 日的前期影响雨量（mm）；$P_{a,t}$ 为第 t 日的前期影响雨量（mm）；P_t 为第 t 日的流域平均雨量（mm）；K 为折减系数，$K=1-\frac{E_m}{I_m}$，本方案采用 0.85；E_m 为流域蒸发能力（mm）；I_m 为流域最大损失量，本方案采用 60 mm。

2.3.1.3 径流深R的推求

在一次洪水过程线上采用斜线分割法切除基流，上游水库放水时，要将水库放水形成的地表径流的那部分水量扣除。本次洪水径流深 R 等于洪水总量 W(已扣除水库放水量和基流量）除以集水面积 F。跋山水库站降雨径流分析成果见表 6–4。

2.3.2 精度评定

本方案采用 1960—2020 年 61 年的资料系列共 62 个点据，点绘 P–P_a–R 相关曲线。精度评定采用合格点次占总点次的百分比为合格率，许可误差采用实测值的 20%，并以 20.0 mm 为上限，以 3.0 mm 为下限作为控制。方案合格率为 74.2%，属乙级方案，详见表 6–5。

2.3.3 突出点据分析

采用原产流方案，本次修订补充的点据中 180626、180819 和 190811 场次洪水误差较大。由于 2018 年“温比亚”（现名为“普拉桑”）台风临境前的前期降雨极少，干旱严重，土壤含水率较低，且受上游水利工程调蓄影响较大，180626 场次洪水预报径流深远大于实测径流深；180819 和 190811 场次洪水降雨历时较大，总历时达到 50 h，主要历时也达到 30 h，前期降雨较少，分析成果偏差较大。

2.4 汇流方案

本方案主要采用峰量关系图、经验单位线和瞬时综合单位线等方法。

2.4.1 峰量关系曲线

本方案采用的 R–T_c–$Q_{m净}$关系图见图 6–4。图中 R 为一次降雨径流深。T_c 为有效降雨历时，是指实际能产生径流，对造峰有明显影响的降雨历时，如果两段较大降雨之间有一小段不产生径流，该段历时也统计在主要有效降雨历时之内；当降雨时段较长时，一般采取占总降雨量 80% 以上的主要降雨时段数。$Q_{m净}$为一次降雨过程所产生的区间净峰流量。受上游水利工程的影响，历年实测的净峰流量的相应集水面积不同，本次方案制作时统一改正为当前集水面积上的净峰流量，其计算公式为

$$Q_{m净}=Q'_{m净}(F_{现}/F_{原})^{2/3}$$

式中：$Q_{m净}$为改正后的净峰流量（m^3/s）；$Q'_{m净}$为原集水面积实测的净峰流量（m^3/s）；$F_{现}$为当前采用的集水面积，即扣除大中型水库拦截面积后的集水面积（km^2）；$F_{原}$为实测 $Q'_{m净}$相应的集水面积（km^2）。

精度评定：本方案采用 1960—2020 年资料系列，共 60 个洪水点据。许可误差采用实测值的 20% 作控制，方案合格率为 76.7%，为乙级方案。精度评定见表 6–6。

2.4.2 经验单位线

根据 960725、040914、080731、120803 场次洪水资料所分析的 7 条单位线，流域暴雨洪水特性及下垫面变化情况，综合确定出本站 1 h 单位线 3 条、2 h 单位线 4 条。详见图 6–5、图 6–6。

2.4.3 综合瞬时单位线

本方案采用如下地区综合单位线方程：

$$M_1=CF^{0.33}J^{-0.27}R^{-0.2}T_c^{0.17}$$

$$M_2=0.34M_1^{-0.12}$$

式中：F 为集水面积，本方案采用 1 334.6 km^2；J 为河道干流坡度，本站为 0.002 07；M_1 为瞬时单位线参数，$M_1=nk$；M_2 为瞬时单位线参数，$M_2=1/n$；n 为瞬时单位线反映流域汇流调节次数的参数；k 为瞬时单位线反映流域汇流时间的参数；C 为经验系数，$R \geqslant 50$ mm 时，$C=0.196$；$R < 50$ mm 时，$C=0.255$。

2.5 水位–库容、水位–面积关系

本方案采用 1977 年 6 月山东省测淤队测量成果，详见图 6–7。

2.6 泄量关系曲线

根据堰闸流量计算公式分别计算并绘制了库内水位 –16 孔闸同时开启高度 – 泄量、库内蓄水量 –16 孔闸同时开启高度 – 泄量关系曲线，详见图 6–8、图 6–9。

2.6.1 孔流

$$Q=\mu nbe\sqrt{2gH}=708.8\mu eH^{0.5}$$

其中，流量系数 μ 用如下公式计算：

$$\mu=1-0.016\,6\theta^{0.723}-(0.582-0.037\,1\theta^{0.547})\frac{e}{H}$$

闸门下缘切线与水平线之间的夹角 θ（°）用如下公式计算：

$$\theta=\arccos[(C-e)/R]$$

式中：R 为闸门半径，本站取 9.75 m；C 为闸门轴心与闸槛的高差，本站取 8.0 m；b 为闸孔宽度；e 为闸门开高；H 为闸上水头；n 为开启孔数。

2.6.2 堰流

$$Q=C_0nb\sqrt{2g}\,H^{3/2}$$

式中：C_0 为流量系数，$C_0=0.352$。

3 方案使用说明

3.1 径流量预报

根据流域平均降雨量 P 及前期影响雨量 P_a 在 P–P_a–R 关系线上查得 R。地表径流总量计算公式如下：

$$W_R=0.1RF$$

式中：F 为流域大中型水库以下集水面积，本站采用 1 334.6 km^2。

3.2 最大入库洪峰流量预报

3.2.1 查 R–T_c–$Q_{m净}$ 图

依据查得的径流深 R 及求出的有效降雨历时 T_c，通过本方案可查得流域大中型水库以下集水面积上所产生的净峰流量 $Q_{m净}$，加上基流 $Q_{基}$ 及上游水库放水即为所预报的洪峰流量。

3.2.2 经验单位线法

在进行洪水作业预报时，视本次降雨情况选定与降雨特点相近的洪水分析的经验单位线。

3.2.3 综合瞬时单位线法

将预报得出的径流深 R 及求出的有效降雨历时 T_c 代入上述地区综合单位线方程，求得 M_1、M_2 后，进而计算 n、k 值，代入 t/k 的 n 阶非完全伽马函数式，得到瞬时单位线的 $S(t)$ 曲线。

3.3 入库洪水总量预报

$$W_{总}=W_R+W_{基}$$

式中：$W_{总}$ 为一次洪水总量（万 m^3）；W_R 为一次降雨地表径流总量（万 m^3）；$W_{基}$ 为基流水量（万 m^3）。

3.4 方案合理性检查及评定

在方案建立过程中，随时根据规范要求及有关文件规定进行合理性检查，特别对突出点据从原始资料反复查对，对中间处理过程也进行了认真审查，发现不合理的问题后基本上做了检查改正。方案建立后，先从线形进行比较，防止出现矛盾现象，然后对每个方案尽量根据规范规定采用表格形式进行了精度评定(用许可误差法)。其中，P–P_a–R 相关图合格率为 74.2%，属乙级方案；R–T_c–$Q_{m净}$ 相关图合格率为 76.7%，属乙级方案。综合来说，本方案属于乙级方案。

3.5 方案适应能力

本方案适用于防洪标准以下的洪水作业预报，如遇超标准洪水，则需根据当时具体情况酌情修正。

图 6-1　沂河跋山水库水文站以上流域图

表 6-4　沂河跋山水库站降雨径流分析成果表

序号	降雨起讫时间							流域平均雨量 P（mm）	前期影响雨量 P_a（mm）	降雨历时（h）		暴雨中心位置	洪水发生时间									洪水历时 $T_{洪}$（h）	洪峰流量 Q_m（m^3/s）	净峰流量 $Q'_{m净}$（m^3/s）	地表径流总量 W（万 m^3）	集水面积 F（km^2）	径流深 R（mm）	径流系数 α	改正后的净峰流量 $Q_{m净}$（m^3/s）
	起				讫					全部 T	有效 T_c		起涨			峰顶			落平										
	年	月	日	时	月	日	时						月	日	时	月	日	时	月	日	时								
1	1960	7	27	2	7	28	6	87.5	19.0	28	12.0	东里店	7	27	8	7	27	19	7	28	7	23	612	562	3 348	1 362	24.6	0.28	554
2	1960	8	16	8	8	17	8	100.7	12.0	24	9.0	跋山	8	16	20	8	17	25	8	18	10	38	1 070	1 030	4 082	1 362	30.0	0.30	1 016
3	1961	7	13	12	7	15	6	84.3	29.0	42	11.6	跋山	7	14	5	7	14	13	7	16	18	61	506	490	2 821	1 362	20.7	0.25	483
4	1962	7	13	12	7	14	0	124.7	18.0	12	5.4	悦庄	7	13	22	7	13	23.5	7	14	22	24	4 480	4 070	5 850	1 362	43.0	0.34	4 012
5	1962	7	18	18	7	19	18	70.9	34.0	24	7.7	燕崖	7	19	2	7	19	9.5	7	21	0	46	1 398	1 358	3 465	1 362	25.4	0.36	1 340
6	1962	7	24	8	7	26	6	79.1	44.0	46	6.0	田庄	7	25	6	7	25	21	7	27	16	58	2 350	2 290	5 175	1 362	38.0	0.48	2 259
7	1962	7	29	2	7	29	14	51.4	50.0	12	7.0	燕崖	7	29	8	7	29	11	7	30	2	18	1 560	1 360	3 654	1 362	26.8	0.52	1 342
8	1963	7	18	22	7	20	4	232.0	32.0	30	16.9	燕崖	7	19	5	7	19	22	7	21	8	51	4 770	4 510	23 710	1 362	174.1	0.75	4 449
9	1963	8	29	7	8	30	8	45.7	21.0	25	12.3	燕崖	8	29	8	8	30	13	9	1	14	78	233	195	1 344	1 362	9.9	0.22	192
10	1964	7	16	12	7	18	0	169.4	41.9	36	26.0	燕崖	7	16	17	7	17	6	7	21	2	105	2 101	1 890	14 500	1 362	106.5	0.63	1 865
11	1964	7	27	14	7	28	14	63.1	34.6	24	4.0	燕崖	7	27	23	7	28	1	7	30	6	55	2 030	1 970	3 312	1 362	24.3	0.39	1 943
12	1964	7	31	12	8	1	10	90.8	38.7	22	5.0	燕崖	8	1	0	8	1	13	8	3	20	68	3 680	3 480	6 480	1 362	47.6	0.52	3 433
13	1964	8	30	20	8	31	16	51.5	29.4	20	4.0	燕崖	8	30	20	8	31	9	9	3	0	76	1 320	1 240	2 220	1 362	16.3	0.32	1 223
14	1964	9	12	2	9	12	16	85.9	34.8	14	6.0	大张庄	9	12	6	9	12	15	9	15	18	84	2 740	2 560	5 490	1 362	40.3	0.47	2 526
15	1965	7	27	14	7	28	0	62.9	27.4	10	6.8	东里店	7	27	14	7	27	22.5	7	29	18	52	557	535	2 367	1 362	17.4	0.28	528
16	1965	8	15	10	8	16	0	65.6	12.3	14	5.5	辉泉	8	15	14	8	15	23	8	17	6	40	666	644	1 674	1 362	12.3	0.19	635
17	1965	8	18	2	8	18	20	52.1	56.7	18	9.2	大张庄	8	18	10	8	18	21	8	21	12	74	1 032	988	4 158	1 362	30.5	0.59	975
18	1967	6	30	0	7	1	18	81.5	20.0	42	19.4	田庄	6	30	8	7	1	7	7	5	14	126	282	266	3 056	1 334.6	22.9	0.28	266
19	1967	8	17	1	8	18	0	52.4	15.7	23	10.4	东里店	8	17	1	8	17	14	8	20	6	77	151	144	814	1 334.6	6.1	0.12	144
20	1970	7	25	2	7	26	6	120.4	60.0	28	15.0	悦庄	7	25	5	7	25	18	7	28	8	75	1 793	1 768	10 215	1 334.6	76.5	0.64	1 768
21	1970	9	16	6	9	17	13	39.8	22.0	31	11.0	悦庄	9	16	8	9	16	21	9	19	8	72	286	271	1 270.8	1 334.6	9.5	0.24	271
22	1974	7	15	16	7	15	23	46.3	8.6	7	3.0	悦庄	7	15	20	7	16	7	7	17	2	30	363	357	669.6	1 334.6	5.0	0.11	357
23	1974	8	13	2	8	15	0	158.8	46.3	46	15.5	东里店	8	13	6	8	14	0	8	15	12	54	2 820	2 750	13 626	1 334.6	102.1	0.64	2 750
24	1979	7	12	8	7	12	20	55.7	27.8	12	3.0	东里店	7	12	8	7	12	15	7	14	14	54	709	689	2 302	1 334.6	17.2	0.31	689
25	1980	6	15	19	6	16	20	89.4	15.5	25	9.2	红旗	6	15	20	6	16	5	6	19	0	76	597	581	2 329	1 334.6	17.5	0.20	581
26	1980	6	29	2	6	30	8	75.1	19.6	30	17.6	田庄	6	29	8	6	30	23	7	3	8	96	581	453	2 206	1 334.6	16.5	0.22	453
27	1980	9	4	3	9	4	17	55.6	10.0	14	5.2	东里店	9	4	8	9	4	15	9	6	8	48	202	175	561	1 334.6	4.2	0.08	175
28	1984	7	11	21	7	12	8	86.6	39.6	11	5.0	田庄	7	12	4	7	12	9.5	7	16	8	100	3 197	3 179	5 458	1 334.6	40.9	0.47	3 179
29	1985	7	8	23	7	9	22	97.0	15.0	23	14.7	田庄	7	9	16	7	12	5	7	14	2	106	679	624	3 710	1 334.6	27.8	0.29	624
30	1987	9	3	9	9	4	8	67.6	17.0	23	13.3	跋山	8	3	20	8	4	7	8	6	20	72	189	181	1 458	1 334.6	10.9	0.16	181
31	1990	7	21	0	7	22	9	118.5	41.0	33	21.6	跋山	7	21	6	7	22	9	7	24	14	80	887	873	7 840	1 334.6	58.7	0.50	873

序号	降雨起讫时间							流域平均雨量 P（mm）	前期影响雨量 P_a（mm）	降雨历时（h）		暴雨中心位置	洪水发生时间									洪水历时 $T_{洪}$（h）	洪峰流量 Q_m（m^3/s）	净峰流量 $Q'_{m净}$（m^3/s）	地表径流总量 W（万 m^3）	集水面积 F（km^2）	径流深 R（mm）	径流系数 α	改正后的净峰流量 $Q_{m净}$（m^3/s）
	起				讫					全部 T	有效 T_c		起涨			峰顶			落平										
	年	月	日	时	月	日	时						月	日	时	月	日	时	月	日	时								
32	1990	8	2	17	8	3	12	109.4	14.2	19	8.2	悦庄	8	2	20	8	3	7	8	6	8	84	1 154	1 125	8 496	1 334.6	63.7	0.58	1 125
33	1990	8	15	15	8	16	20	98.9	23.5	29	7.8	跋山	8	16	4	8	16	10	8	19	8	76	1 425	1 373	8 082	1 334.6	60.6	0.61	1 373
34	1991	7	23	16	7	25	4	112.0	26.0	36	21.6	跋山	7	23	20	7	25	3	7	28	0	100	381	341	3 477	1 334.6	26.1	0.23	341
35	1993	7	12	16	7	13	8	104.0	53.0	16	10.7	东里店	7	12	20	7	13	9	7	15	0	52	1 515	1 495	5 262	1 334.6	39.4	0.38	1 495
36	1993	8	4	15	8	5	7	50.8	26.6	16	6.1	跋山	8	4	14	8	5	0	8	5	18	28	885	784	1 793	1 334.6	13.4	0.26	784
37	1994	8	7	10	8	9	18	171.0	15.8	56	28.1	东里店	8	7	16	8	9	4	8	12	6	110	802	764	10 039	1 334.6	75.2	0.44	764
38	1996	7	24	22	7	25	18	139.0	18.0	20	14.0	东里店	7	25	6	7	25	15	7	28	6	72	1 078	1 048	6 577	1 334.6	49.2	0.35	1 048
39	1998	8	3	23	8	5	1	102.0	16.9	26	15.8	跋山	8	4	2	8	4	7	8	6	17	63	702	657	3 701	1 334.6	27.7	0.27	657
40	1998	8	22	3	8	22	15	61.3	23.3	12	4.3	辉泉	8	21	20	8	22	13	8	23	8	36	773	703	1 736	1 334.6	13.0	0.21	703
41	2001	7	29	23	7	31	8	109.3	47.5	33	21.0	东里店	7	30	0	7	31	8.5	8	2	14	86	854	770	5 484	1 334.6	41.1	0.38	770
42	2001	8	4	5	8	4	19	61.2	57.4	14	6.0	朱家坡	8	4	11	8	4	22.5	8	5	7	20	1 760	1 627	4 304	1 334.6	32.2	0.53	1 627
43	2003	8	26	2	8	27	9	91.8	31.6	31	20.0	悦庄	8	26	5	8	27	15	8	29	3	70	367	334	2 628	1 334.6	19.7	0.21	334
44	2004	8	26	17	8	28	4	106.3	14.8	35	27.0	田庄	8	26	20	8	28	8.5	8	30	6	82	522	468	3 887	1 334.6	29.1	0.27	468
45	2004	9	14	1	9	14	21	111.1	4.7	20	7.0	辉泉	9	14	7	9	14	21	9	16	21	62	455	412	2 760	1 334.6	20.7	0.19	412
46	2005	9	19	20	9	21	14	99.1	53.7	42	25.0	跋山	9	20	6	9	21	11	9	25	6	120	608	571	7 389	1 334.6	55.4	0.56	572
47	2007	8	16	2	8	18	8	118.0	33.3	54	44.0	朱家坡	8	16	4	8	18	16.5	8	21	8	124	664	582	6 642	1 334.6	49.8	0.42	501
48	2008	7	22	17	7	24	5	102.2	40.2	36	11.0	辉泉	7	23	0	7	23	11.5	7	25	12.8	60.8	1 070	986	5 231	1 334.6	39.2	0.38	986
49	2008	7	30	13	7	31	23	38.5	27.1	34	9.0	跋山	7	30	14	7	31	8.5	8	2	1	59	281	232	950	1 334.6	7.1	0.18	232
50	2010	7	17	12	7	18	6	94.1	5.9	18	8.0	辉泉	7	17	13	7	18	7	7	18	19	30	245	210	701	1 334.6	5.3	0.06	210
51	2011	7	2	17	7	3	17	99.0	14.5	24	18.0	跋山	7	2	15	7	3	8	7	5	0	57	379	375	2 585	1 334.6	19.4	0.20	375
52	2011	9	12	19	9	15	18	133.5	35.0	71	55.0	田庄	9	14	7	9	14	18	9	21	12	173	894	838	7 518	1 334.6	56.3	0.42	838
53	2012	7	9	13	7	10	11	77.6	58.2	22	21.0	东里店	7	9	14	7	10	18	7	13	14	96	219	182	1 728	1 334.6	12.9	0.09	182
54	2012	8	2	20	8	3	15	76.9	31.1	19	19.0	辉泉	8	2	21	8	3	19	8	6	14	89	428	384	3 696	1 334.6	27.7	0.36	384
55	2016	8	7	1	8	8	1	90.8	39.0	24	15.0	东里店	8	7	3	8	7	20	8	12	14	131	444	410	2 917	1 334.6	21.9	0.24	410
56	2017	7	6	11	7	7	9	135.8	16.5	22	11.0	辉泉	7	6	12	7	7	3	7	9	21	81	538	520	2 197	1 334.6	16.5	0.12	520
57	2017	8	2	12	8	3	19	84.8	26.1	31	20.0	跋山	8	2	13	8	3	17	8	5	0	59	487	474	3 386	1 334.6	25.4	0.30	474
58	2018	6	25	8	6	26	16	202.3	1.8	32	17.0	辉泉	6	25	10	6	26	8	6	30	15	125	1 060	1 037	5 200	1 334.6	39.0	0.19	1 037
59	2018	8	18	2	8	20	7	179.1	34.0	53	30.0	东里店	8	18	7	8	19	23	8	22	14	103	1 720	1 668	9 090	1 334.6	68.1	0.38	1 668
60	2019	8	10	9	8	12	11	338.3	30.2	50	26.0	东里店	8	10	15	8	11	13	8	12	17	50	2 340	2 327	16 124	1 334.6	120.8	0.36	2 327
61	2020	8	6	7	8	7	20	84.3	40.8	37	20.0	辉泉	8	6	8	8	7	1	8	11	22	134	729	683	4 914	1 334.6	36.8	0.44	683
62	2020	8	13	17	8	14	3	72.0	31.8	10	5.0	东里店	8	13	11	8	13	21	8	15	1	38	508	455	2 745	1 334.6	20.6	0.29	455

表 6-5　沂河跋山水库站 $P-P_a-R$ 预报精度评定表

序号	洪号	流域平均雨量 P（mm）	前期影响雨量 P_a（mm）	实测径流深 $R_{实}$（mm）	预报径流深 $R_{预}$（mm）	预报误差（mm）	许可误差（mm）	评定结果	
								合格	不合格
1	600727	87.5	19.0	24.6	21.3	−3.3	4.9	√	
2	600817	100.7	12.0	30.0	22.0	−8.0	6.0		√
3	610714	84.3	29.0	20.7	27.4	6.7	4.1		√
4	620713	124.7	18.0	43.0	41.6	−1.4	8.6	√	
5	620719	70.9	34.0	25.4	23.9	−1.5	5.1	√	
6	620725	79.1	44.0	38.0	35.0	−3.0	7.6	√	
7	620729	51.4	50.0	26.8	23.3	−3.5	5.4	√	
8	630719	232.0	32.0	174.1	154.8	−19.3	20.0	√	
9	630830	45.7	21.0	9.9	8.1	−1.8	3.0	√	
10	640717	169.4	41.9	106.5	103.5	−3.0	20.0	√	
11	640728	63.1	34.6	24.3	20.7	−3.6	4.9	√	
12	640801	90.8	38.7	47.6	37.6	−10.0	9.5		√
13	640831	51.5	29.4	16.3	13.3	−3.0	3.3	√	
14	640912	85.9	34.8	40.3	32.2	−8.1	8.1	√	
15	650727	62.9	27.4	17.4	16.8	−0.6	3.5	√	
16	650815	65.6	12.3	12.3	9.9	−2.4	3.0	√	
17	650818	52.1	56.7	30.5	27.5	−3.0	6.1	√	
18	670701	81.5	20.0	22.9	19.6	−3.3	4.6	√	
19	670817	52.4	15.7	6.1	7.9	1.8	3.0	√	
20	700725	120.4	60.0	76.5	78.3	1.8	15.3	√	
21	700916	39.8	22.0	9.5	6.7	−2.8	3.0	√	
22	740716	46.3	8.6	5.0	4.0	−1.0	3.0	√	
23	740813	158.8	46.3	102.1	97.7	−4.4	20.0	√	
24	790712	55.7	27.8	17.2	14.3	−2.9	3.4	√	
25	800616	89.4	15.5	17.5	19.7	2.2	3.5	√	
26	800630	75.1	19.6	16.5	17.1	0.6	3.3	√	
27	800904	55.6	10.0	4.2	6.1	1.9	3.0	√	
28	840712	86.6	39.6	40.9	35.8	−5.1	8.2	√	
29	850712	97.0	15.0	27.8	22.6	−5.2	5.6	√	
30	870804	67.6	17.0	10.9	13.1	2.2	3.0	√	
31	900722	118.5	41.0	58.7	58.4	−0.3	11.7	√	
32	900803	109.4	14.2	63.7	28.3	−35.4	12.7		√
33	900816	98.9	23.5	60.6	30.2	−30.4	12.1		√
34	910725	112.0	26.0	26.1	40.0	13.9	5.2		√
35	930713	104.0	53.0	39.4	58.8	19.4	7.9		√
36	930805	50.8	26.6	13.4	11.9	−1.5	3.0	√	
37	940809	171.0	15.8	75.2	78.3	3.1	15.0	√	
38	960725	139.0	18.0	49.2	51.9	2.7	9.8	√	
39	980804	102.0	16.9	27.7	26.6	−1.1	5.5	√	
40	980822	61.3	23.3	13.0	14.2	1.2	3.0	√	
41	010731	109.3	47.5	41.1	57.8	16.7	8.3		√
42	010804	61.2	57.4	32.2	33.6	1.3	6.5	√	
43	030827	91.8	31.6	19.7	33.1	13.4	3.9		√
44	040828	106.3	14.8	29.1	27.2	−1.9	5.8	√	
45	040914	111.1	4.7	20.7	21.9	1.2	4.1	√	
46	050921	99.1	53.7	55.4	55.7	0.3	11.1	√	
47	070818	118.0	33.3	49.8	50.7	0.9	10.0	√	
48	080723	102.2	40.2	39.2	46.2	7.0	7.8	√	
49	080731	38.5	27.1	7.1	8.0	0.9	3.0	√	
50	100718	94.1	5.9	5.3	15.1	9.8	3.0		√
51	110703	99.0	14.5	19.4	23.2	3.8	3.9	√	
52	110914	133.5	35.0	56.3	63.8	7.5	11.3	√	
53	120710	77.6	58.2	12.9	41.5	28.6	3.0		√
54	120803	76.9	31.1	27.7	25.2	−2.5	5.5	√	
55	160807	90.8	39.0	21.9	37.8	15.9	4.4		√
56	170707	135.8	16.5	16.5	48.1	31.6	3.3		√
57	170803	84.8	26.1	25.4	25.5	0.1	5.1	√	
58	180626	202.3	1.8	39.0	96.0	57.0	7.8		√
59	180819	179.1	34.0	68.1	104.6	36.5	13.6		√
60	190811	338.3	30.2	120.8	262.0	141.2	20.0		√
61	200807	84.3	40.8	36.8	35.5	−1.3	7.4	√	
62	200813	72.0	31.8	20.6	23.1	2.5	4.1	√	

备注：1. 合格率＝74.2%；2. 许可误差＝实测值的 20%，以 20.0 mm 为上限，以 3.0 mm 为下限；3. 本方案等级为乙级。

表 6–6　沂河跋山水库站峰量关系预报精度评定表

序号	洪号	实测径流深 $R_{实}$ (mm)	有效降雨历时 T_c (h)	净峰流量 实测 $Q_{m净实}$ (m^3/s)	净峰流量 预报 $Q_{m净预}$ (m^3/s)	预报误差 (m^3/s)	许可误差 (m^3/s)	评定结果 合格	评定结果 不合格
1	600727	24.6	12.0	554	664	110	111	√	
2	600817	30.0	9.0	1 016	1 170	154	203	√	
3	610714	20.7	11.6	483	573	90	97	√	
4	620713	43.0	5.4	4 012	2 960	–1 052	802		√
5	620719	25.4	7.7	1 340	1 110	–230	268	√	
6	620725	38.0	6.0	2 259	2 210	–49	452	√	
7	620729	26.8	7.0	1 342	1 300	–42	268	√	
8	630719	174.1	16.9	4 449	4 320	–129	890	√	
9	630830	9.9	12.3	192	227	35	38	√	
10	640717	106.5	26.0	1 865	1 560	–305	373	√	
11	640728	24.3	4.0	1 943	1 930	–13	389	√	
12	640801	47.6	5.0	3 433	3 620	187	687	√	
13	640831	16.3	4.0	1 223	1 180	–43	245	√	
14	640912	40.3	6.0	2 526	2 380	–146	505	√	
15	650727	17.4	6.8	528	819	291	106		√
16	650815	12.3	5.5	635	643	8	127	√	
17	650818	30.5	9.2	975	1 160	185	195	√	
18	670701	22.9	19.4	266	362	96	53		√
19	670817	6.1	10.4	144	167	23	28.8	√	
20	700725	76.5	15.0	1 768	1 920	152	354	√	
21	700916	9.5	11.0	271	252	–19	54.2	√	
22	740716	5.0	3.0	357	408	51	71.4	√	
23	740813	102.1	15.5	2 750	2 560	–190	550	√	
24	790712	17.2	3.0	689	1 760	1 071	138		√
25	800616	17.5	9.2	581	623	42	116	√	
26	800630	16.5	17.6	453	284	–169	90.6		√
27	800904	4.2	5.2	175	186	11	35	√	
28	840712	40.9	5.0	3 179	3 020	–159	636	√	
29	850712	27.8	14.7	624	623	–1	125	√	
30	900722	58.7	21.6	873	932	59	175	√	

序号	洪号	实测径流深 $R_{实}$ (mm)	有效降雨历时 T_c (h)	净峰流量 实测 $Q_{m净实}$ (m^3/s)	净峰流量 预报 $Q_{m净预}$ (m^3/s)	预报误差 (m^3/s)	许可误差 (m^3/s)	评定结果 合格	评定结果 不合格
31	900803	63.7	8.2	1 125	2 980	1 855	225		√
32	900816	60.6	7.8	1 373	2 970	1 597	275		√
33	910725	26.1	21.6	341	340	–1	68	√	
34	930713	39.4	10.7	1 495	1 320	–175	299	√	
35	930805	13.4	6.1	784	652	–132	157	√	
36	940809	75.2	28.1	764	833	69	153	√	
37	960725	49.2	14.0	1 048	1 250	202	210	√	
38	980804	27.7	15.8	657	569	–88	131	√	
39	980822	13.0	4.3	703	802	99	141	√	
40	010731	41.1	21.0	770	618	–152	154	√	
41	010804	32.2	6.0	1 627	3 920	2 293	325		√
42	030827	19.7	20.0	334	296	–38	66.8	√	
43	040828	29.1	27.0	468	222	–246	93.6		√
44	040914	20.7	7.0	412	974	562	82.4		√
45	050921	55.4	25.0	571	664	93	114	√	
46	080723	39.2	11.0	986	1 270	284	197		√
47	080731	7.1	9.0	232	230	–2	46.4	√	
48	100718	5.3	8.0	210	177	–33	42	√	
49	110703	19.4	18.0	375	331	–44	75	√	
50	110914	56.3	55.0	838	738	–100	168	√	
51	120710	12.9	21.0	182	164	–18	36.4	√	
52	120803	27.7	19.0	384	458	74	76.8	√	
53	160807	21.9	15.0	410	466	56	82	√	
54	170707	16.5	11.0	520	475	–45	104	√	
55	170803	25.4	20.0	474	386	–88	94.8	√	
56	180626	39.0	17.0	1 037	775	–262	207		√
57	180819	68.1	30.0	1 668	977	–691	334		√
58	190811	120.8	26.0	2 327	2 040	–287	465	√	
59	200807	36.8	20.0	683	582	–101	137	√	
60	200813	20.6	5.0	455	1 320	865	91		√

备注：1. 合格率 =76.7%；2. 预报误差 = 预报值 – 实测值；3. 许可误差 = 实测值的 20%；4. 本方案等级为乙级。

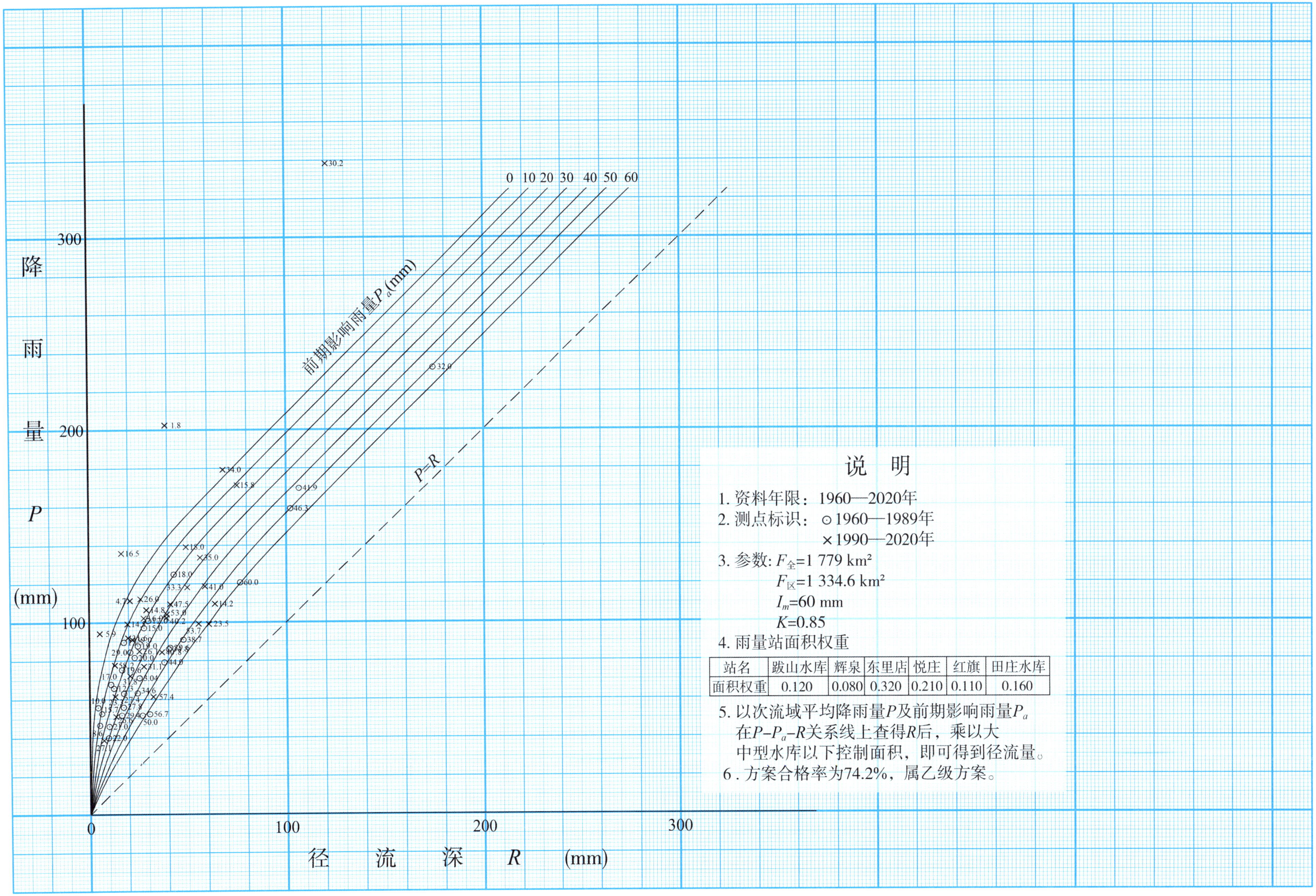

图 6-2 沂河跋山水库站降雨径流相关图

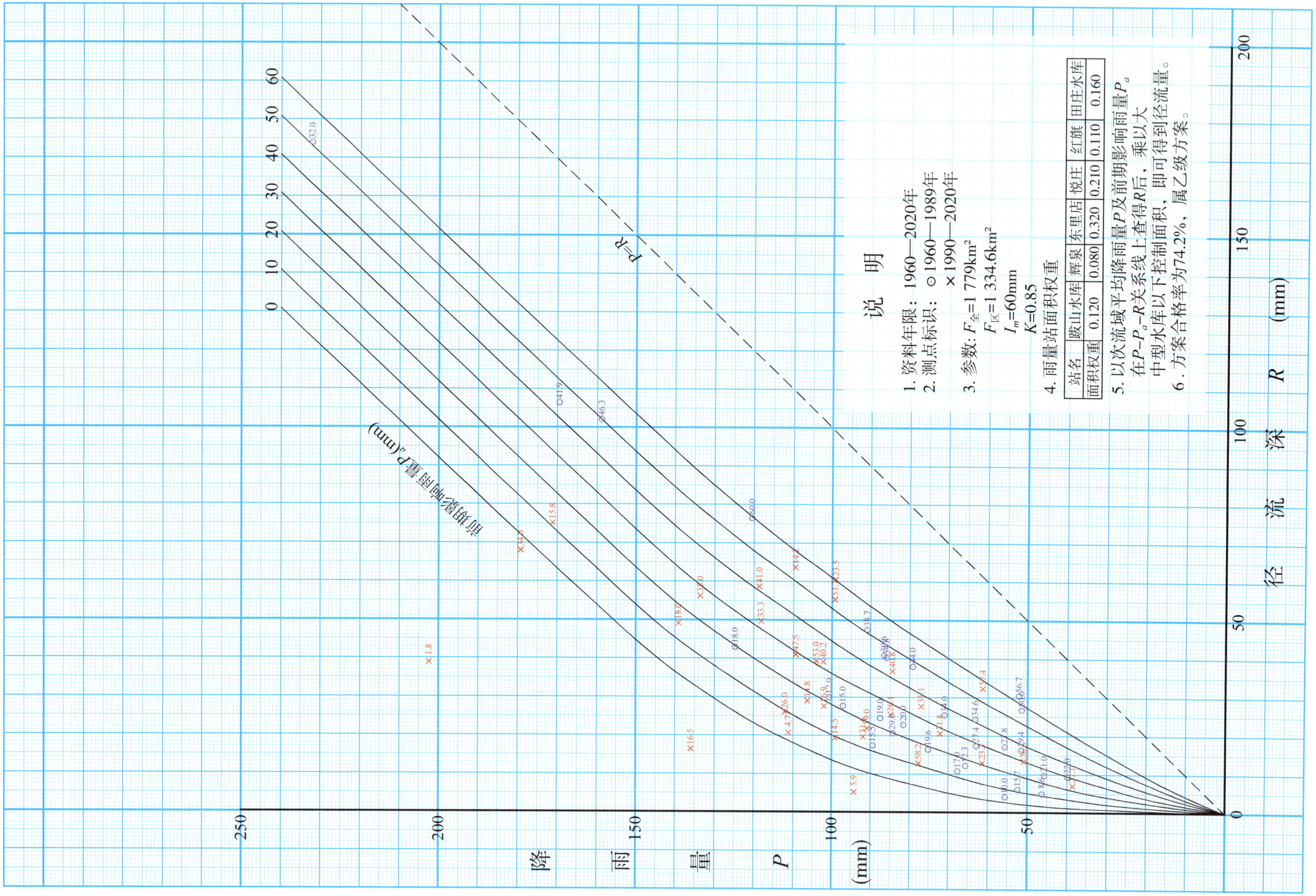

图 6-3　沂河跋山水库站降雨径流相关图（放大图）

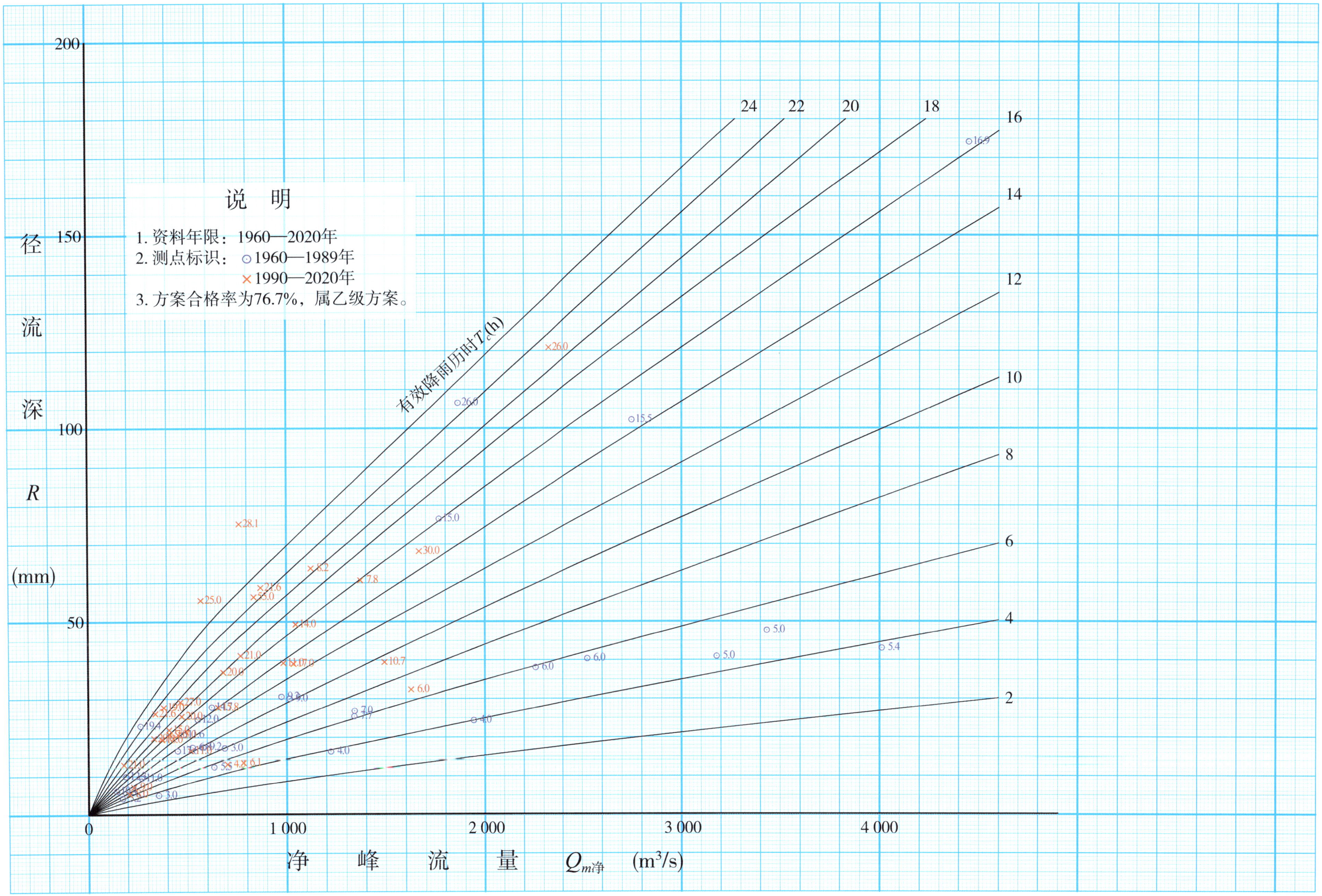

图 6-4　沂河跋山水库站峰量关系曲线图

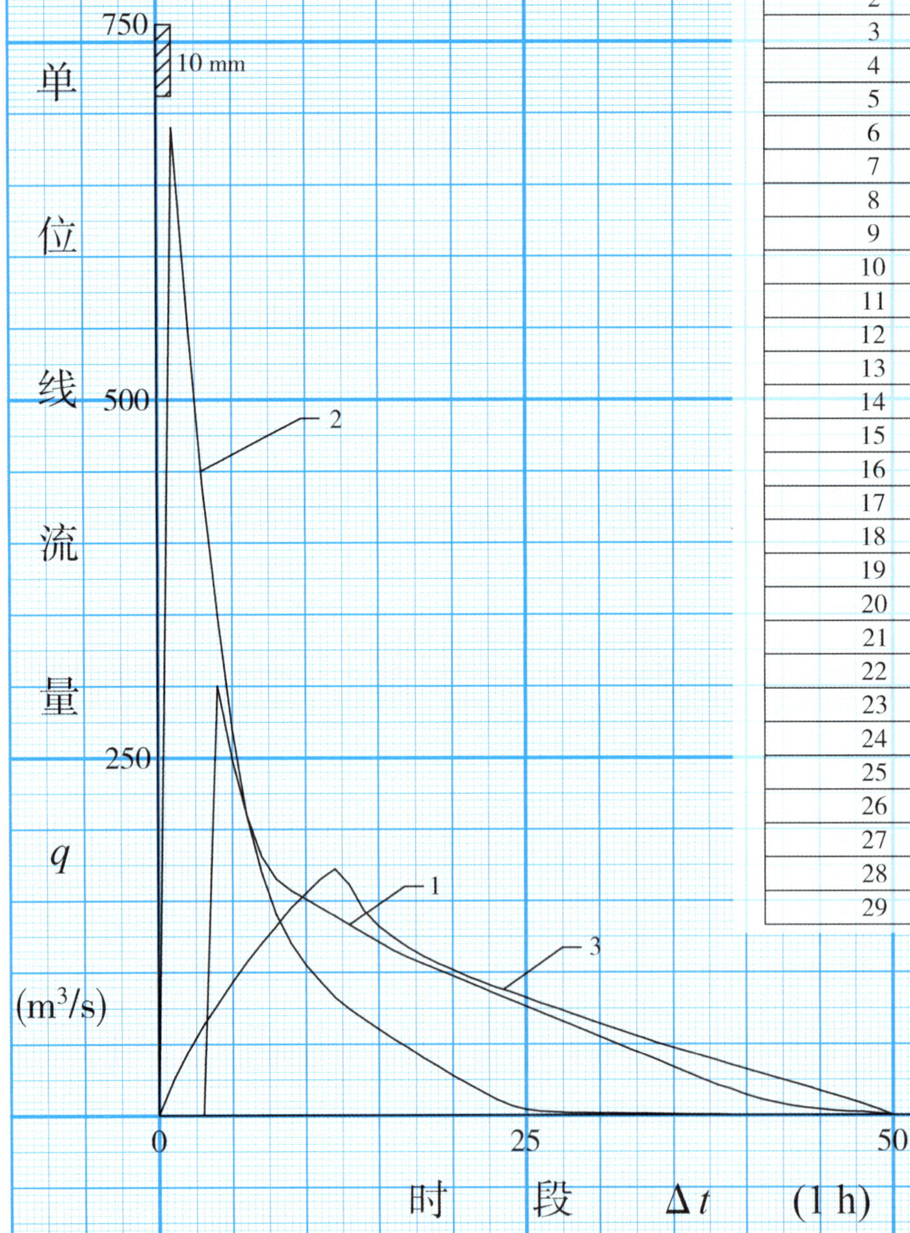

单位线成果表

F=1 334.6 km², Δt=1 h

时段	流量q(m³/s) 1线	2线	3线	时段	流量q(m³/s) 1线	2线	3线
0	0.0	0.0	0.0	30	54.7	1.3	64.0
1	0.0	690	25.0	31	50.5	1.2	60.5
2	0.0	560	45.0	32	46.2	1.0	57.0
3	0.0	440	63.0	33	42.0	0.8	53.5
4	300	350	78.0	34	37.8	0.7	50.0
5	249	270	93.0	35	33.5	0.5	47.0
6	210	210	107	36	29.2	0.5	44.0
7	181	170	120	37	25.0	0.5	41.0
8	165	140	132	38	21.0	0.0	38.0
9	157	120	145	39	18.0		35.0
10	151	105	155	40	14.0		32.0
11	145	93.0	165	41	11.0		29.0
12	139	82.0	172	42	8.7		26.0
13	133	74.0	161	43	6.5		23.0
14	127	67.0	143	44	5.0		20.0
15	121	60.0	132	45	4.0		16.9
16	115	53.0	124	46	3.0		13.9
17	110	47.0	117	47	2.3		10.9
18	106	40.0	111	48	2.1		7.5
19	102	34.0	106	49	1.1		4.0
20	97.3	27.5	102	50	0.0		0.0
21	93.0	22.0	97.0	Σ	3 707.2	3 707.2	3 707.2
22	88.8	16.5	93.0	洪水发生时间	2004-9-4	2008-7-31	2012-8-3
23	84.5	11.0	89.0	暴雨中心位置	中上游	中下游	中游
24	80.2	6.5	86.0		辉泉、田庄一带	跛山、辉泉一带	辉泉
25	76.0	3.7	82.0	降雨量(mm)	111.1	38.5	76.9
26	71.8	2.5	78.0	前期影响雨量(mm)	4.7	27.1	31.1
27	67.5	2.0	75.0	径流深(mm)	20.7	7.1	27.7
28	63.2	1.5	71.0	有效降雨历时(h)	7.0	9.0	19.0
29	59.0	1.4	67.5	净峰流量(m³/s)	412	232	384

图 6-5 沂河跋山水库站 1 h 单位线图

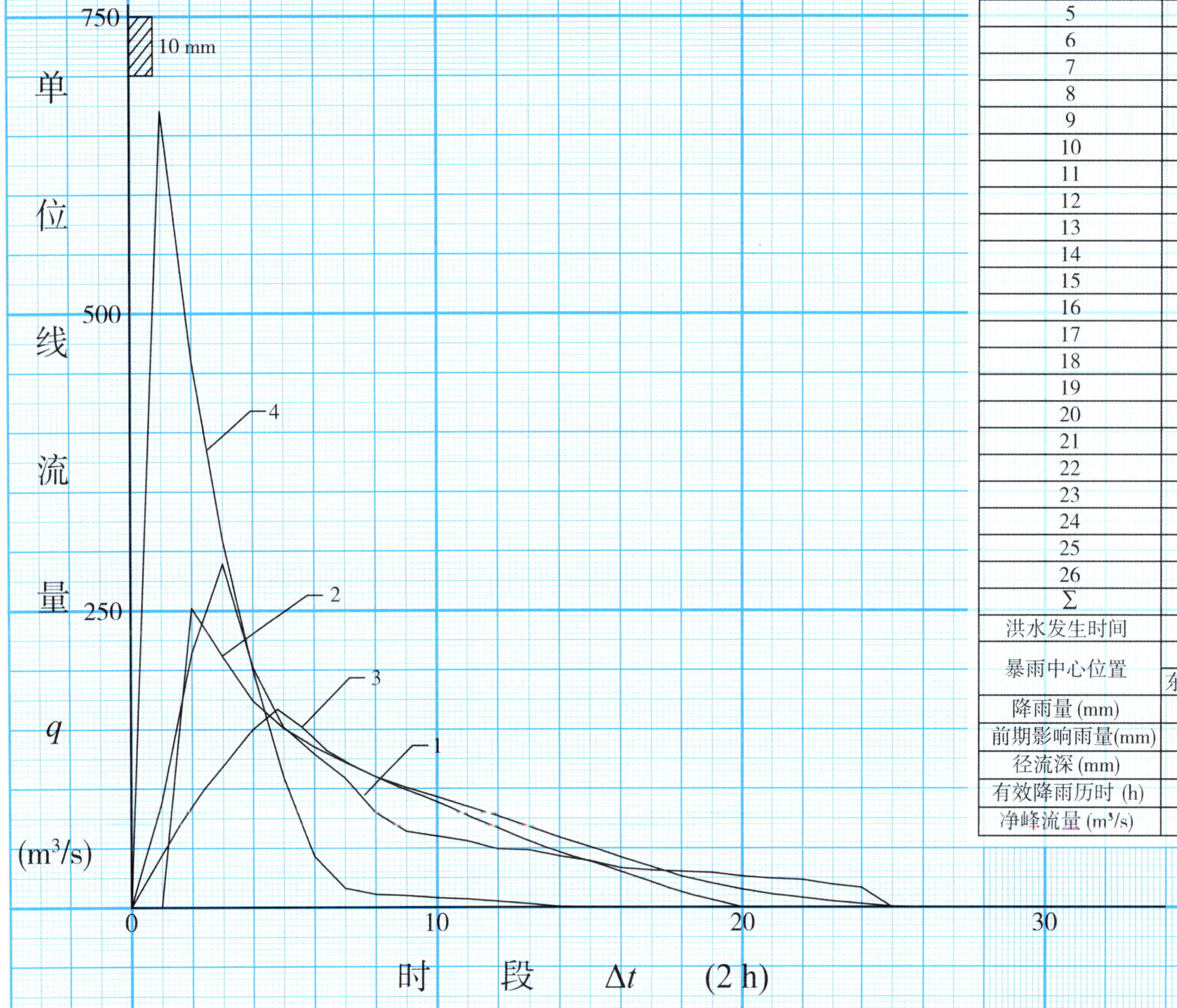

单位线成果表

F=1 334.6 km², Δt=2 h

时段	流量q(m³/s)			
	1线	2线	3线	4线
0	0.0	0.0	0.0	0.0
1	88.0	0.0	35.0	670.0
2	214	252	70.0	461.0
3	289	211	100	309.0
4	202	174	125	200.0
5	152	151	150	110.0
6	129	135	167	43.0
7	109	122	152	16.0
8	80.0	110	132	11.0
9	64.0	101	120	10.0
10	60.0	93.0	110	8.0
11	56.0	85.0	101	7.0
12	49.0	77.0	93.0	5.0
13	48.0	68.0	84.7	3.0
14	43.0	59.0	75.0	0.6
15	39.0	51.0	67.0	0.0
16	33.0	42.0	58.0	
17	31.0	34.0	50.0	
18	30.0	26.0	43.0	
19	29.0	20.0	37.0	
20	26.0	15.0	30.0	
21	24.0	11.0	23.0	
22	23.0	8.0	16.0	
23	19.1	5.0	10.0	
24	16.5	3.0	4.9	
25	0.0	0.6	0.0	
26		0.0		
Σ	1 853.6	1 853.6	1 853.6	1 853.6
洪水发生时间	1996-7-25	2004-9-14	2012-8-3	2008-7-31
暴雨中心位置	中上游	中上游	中游	中下游
	东里店、田庄一带	辉泉、田庄一带	辉泉	跋山、辉泉一带
降雨量 (mm)	139.0	111.1	76.9	38.5
前期影响雨量(mm)	18.0	4.7	31.1	27.1
径流深 (mm)	49.2	20.7	27.7	7.1
有效降雨历时 (h)	14.0	7.0	19.0	9.0
净峰流量 (m³/s)	1 048	412	384	232

图 6-6　沂河跋山水库站 2 h 单位线图

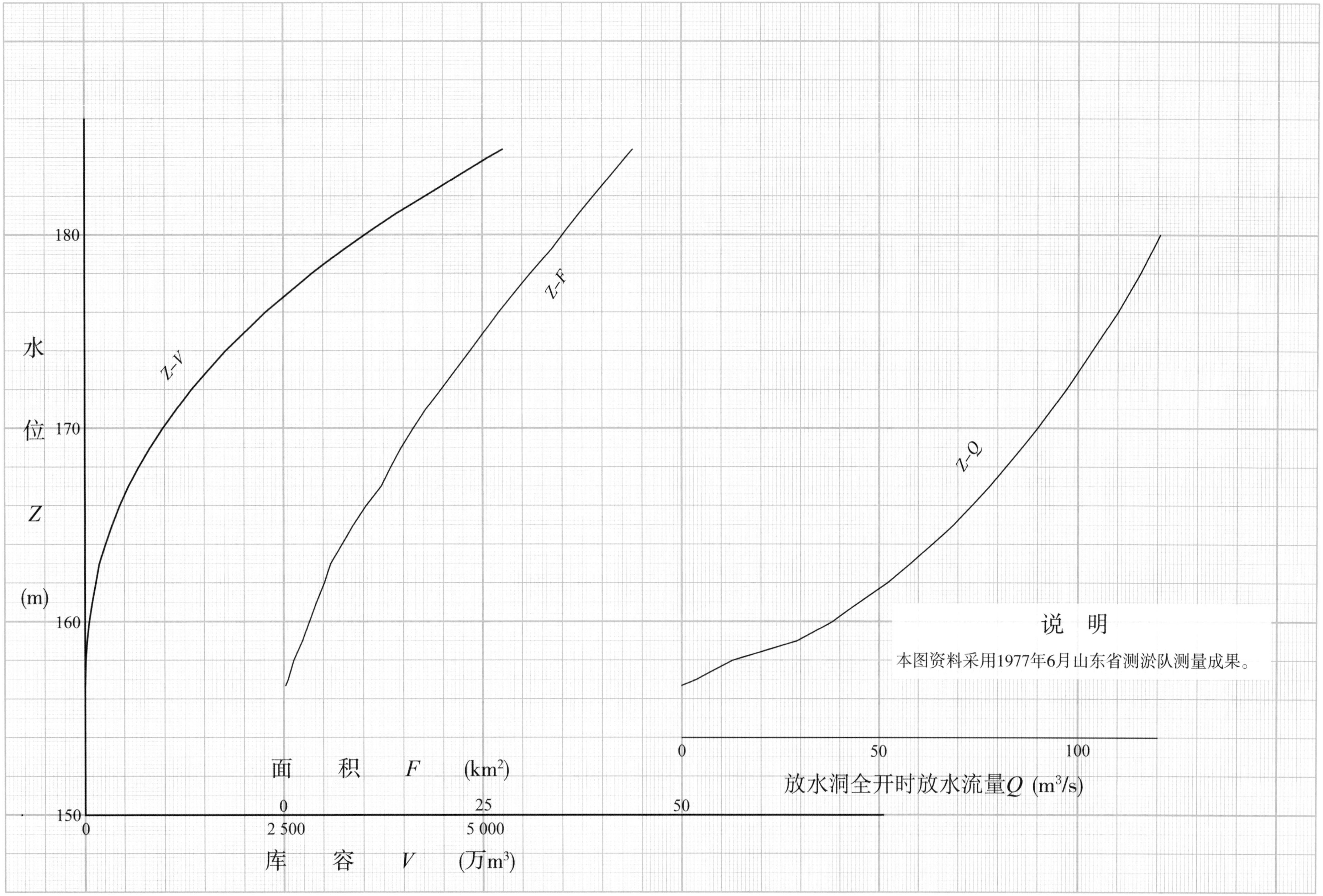

图 6–7　沂河跋山水库水位 – 库容、水位 – 面积、水位 – 放水流量关系曲线图

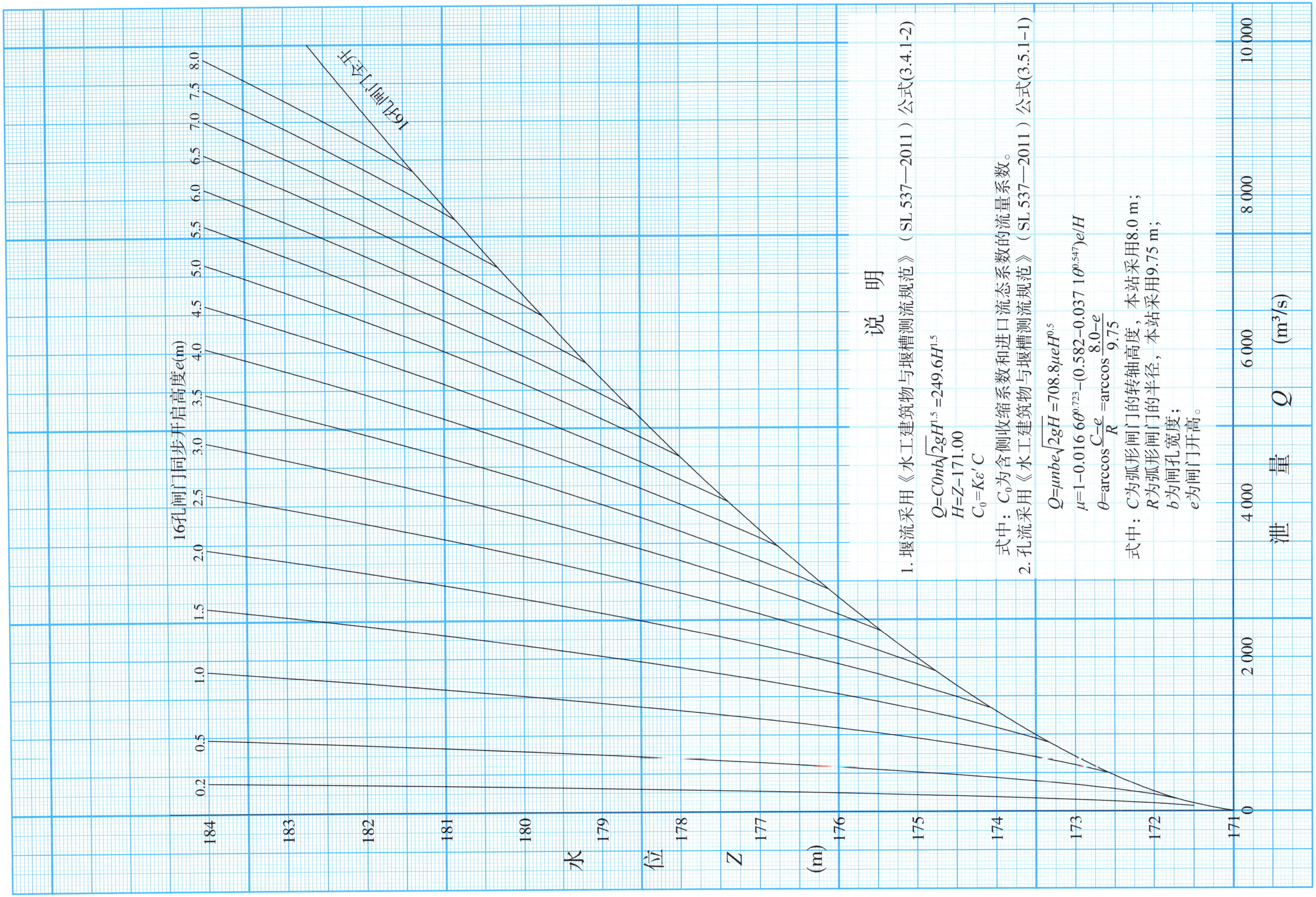

图 6-8　沂河跋山水库溢洪闸泄流曲线图（Z–Q）

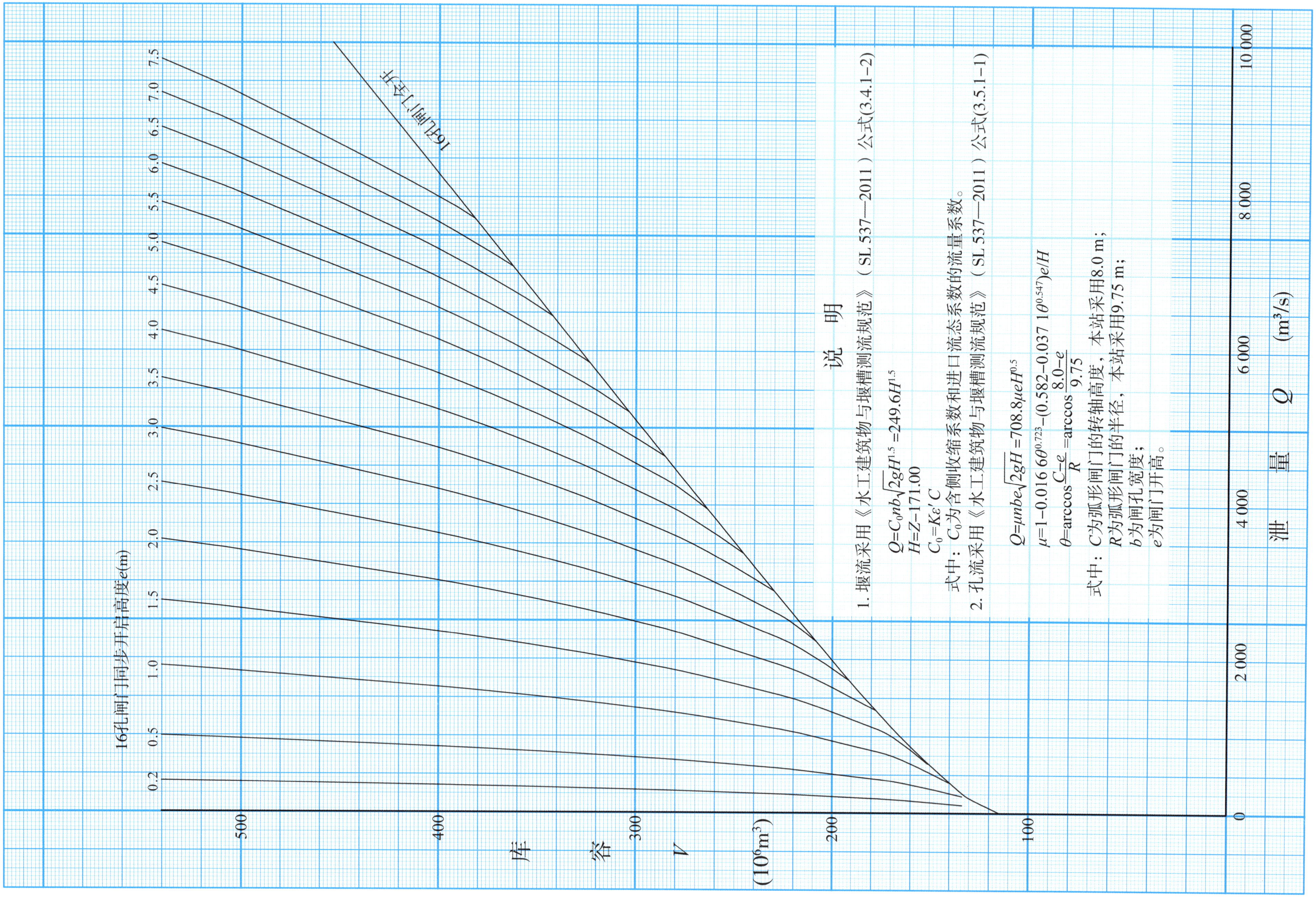

图 6-9 沂河跋山水库溢洪闸泄流曲线图（V–Q）

第七章　东汶河岸堤水库站水文预报方案编制说明

1　流域概况

1.1　流域自然地理特征

岸堤水库位于泰沂山脉南麓，沂河支流东汶河上。岸堤水库以上分两支，南支叫东汶河，北支称梓河。流域呈扇形，右岸有东儒来河、银麦河及桃墟河汇入；左岸有梓河、莫庄河等汇入。其中梓河流域面积 895.3 km^2，占岸堤水库以上集水面积的一半以上。东汶河是沿断裂带而发育的，其干支流上游段河底基岩裸露，地表岩层大多为片麻岩、页岩、砂岩，风化严重。东汶河干流左岸及梓河流域，因长期风化多成为岭谷相间的波状平原。流域内山丘面积占 40%，丘陵及丘谷间波状平原面积占 60%，土壤多是黄白沙土及黏土，植被状况随着近几年的经济发展愈来愈好。流域多年平均年降水量为 775.9 mm（1956—2016 年系列），汛期降雨量为 587.8 mm，汛期降雨量约占全年的 75.8%。岸堤水库站以上流域图见图 7–1。

1.2　水利工程情况

1.2.1　岸堤水库概况

岸堤水库坐落于蒙阴县垛庄镇，控制流域面积 1 694 km^2，中型水库以下区间集水面积 1 599.5 km^2，总库容为 7.80 亿 m^3，河道干流坡度为 2.63‰。该水库于 1959 年 11 月开工建设，1960 年 4 月建成蓄水。坝顶高程 181.80 m，1966 年建 5 孔 10 m × 9.3 m 溢洪闸，堰顶高程 167.00 m，1995 年将堰顶加高至 167.40 m；1983 年续建 10 孔 14 m × 12.2 m 溢洪闸，堰顶高程 164.50 m；1989 年 7 月至 1997 年 1 月进行安全加固；2018 年 9 月至 2020 年 11 月进行除险加固，左闸改建为 10 孔单孔净宽为 13 m 的溢洪闸，闸底板高程 164.50 m；右闸改建为 5 孔单孔净宽为 10 m 的溢流坝，坝顶高程 177.45 m。2021 年岸堤水库控制运用方案汛中限制水位 174.00 m，汛末蓄水位 175.00 m，允许最高水位 179.61 m。

1.2.2　上游水利工程情况

流域内建有中型水库 3 座、小（1）型水库 27 座、小（2）型水库 59 座，控制流域面积 394.8 km^2，总库容 10 761 万 m^3，塘坝更是星罗棋布，至 1985 年建有各类塘坝 526 座，总库容 1 523 万 m^3。自 1996 年以来，东汶河蒙阴城区段先后建设了 4 座橡胶坝，第一座橡胶坝位于蒙山路汶河大桥上游 20 m 处，坝长 316.8 m，坝高 2.3 m，库容为 160 万 m^3，水面面积 1 100 亩，河堤长 2 700 m；第二座橡胶坝位于东蒙路汶河大桥上游 60 m 处，坝长 338 m，坝高 2.6 m，库容 248.82 万 m^3，水面面积 1 286.37 亩，两岸河堤长 5 200 m；第三座橡胶坝位于蒙阴县跃进桥上游 50 m 处，坝长 205.6 m，坝高 2.9 m，库容为 152.3 万 m^3，两岸河堤长 2 500 m；第四座橡胶坝位于 S313 汶河大桥，坝长 206.4 m，坝高 3 m，库容 70 万 m^3。2017 年 6 月建成的青山埠拦河闸，位于基本水尺断面下游 2 300 m 处，设计洪水标准为 30 年一遇，相应洪水流量为 3 242 m^3/s；校核洪水标准为 100 年一遇，相应洪水流量为 4 673 m^3/s；设计蓄水位 178.00 m，正常蓄水位为 177.50 m，一次可拦蓄 249.5 万 m^3。流域内主要水利工程情况见表 7–1。

表 7–1　东汶河岸堤水库站以上流域内主要水利工程统计表

工程类别	水库名称	所在地址	到本水库距离（km）	流域面积 F（km^2）	总库容（万 m^3）	兴利库容 $V_{兴}$（万 m^3）
中型	黄土山	蒙阴县蒙阴街道黄土山水库	29.0	17.8	1 099.4	870
	张庄	蒙阴县蒙阴街道张庄水库	25.0	17.0	1 068	585
	朱家坡	蒙阴县野店镇朱家坡水库	41.0	35.7	1 208	742
小（1）型	东指	蒙阴县岱崮镇东指村	45.0	24.0	608	443
	夏蔚	沂水县夏蔚镇夏蔚东村	34.0	24.0	583	328
	石泉	蒙阴县野店镇石泉村	45.0	21.2	292	175
	完庄	蒙阴县蒙阴街道	36.2	14.0	650	228
	井旺庄	蒙阴县岱崮镇井旺庄	56.0	13.6	439	280
	天晴旺	蒙阴县旧寨乡	17.9	13.4	196.5	152.5
	石井	沂水县夏蔚镇	42.4	12.5	159	79

1.3　测站概况

岸堤水库水文站于 1960 年 6 月 1 日设立，流域面积为 1 694 km^2。岸堤水库站属国家重要水文站、区域代表站，测验项目有水位、流量、水质、降水、蒸发、墒情、冰情、水准测量、水文调查等，并承担向国家防总，省、市防指，工程管理部门等多家单位提供雨水情报、预报任务。岸堤水库上游有 9 处长系列雨量站，详见表 7–2。

该站冻结基面高程 –0.046 m=1985 年国家高程基准高程。

表 7–2　东汶河岸堤水库站以上流域雨量站情况表

站名	设站年份	详细地址
常路	1961 年	蒙阴县常路镇常路村
蒙阴	1951 年	蒙阴县蒙阴街道五里铺村
水明崖	1960 年	蒙阴县坦埠镇水明崖村
前城子	1960 年	蒙阴县桃墟镇前城子村
朱家坡水库	1967 年	蒙阴县野店镇朱家坡水库
东指	1972 年	蒙阴县岱崮镇东指村
夏蔚	1960 年	沂水县夏蔚镇夏蔚东村

续表

站名	设站年份	详细地址
蔡庄	1951 年	蒙阴县高都镇蔡庄村
岸堤水库	1960 年	蒙阴县垛庄镇岸堤水库

2 预报方案编制

2.1 预报区间的确定

岸堤水库上游建有中型水库黄土山水库、张庄水库、朱家坡水库，因此将这三座水库作为上游入流站，预报区间确定为中型水库以下—岸堤水库。区间面积为 1 599.5 km^2。

2.2 资料情况及方案沿革

2.2.1 资料情况

岸堤水库预报方案于 1981 年编制完成，又分别于 1991 年、1999 年、2011 年进行了方案的修订。本次修订除选用之前分析的 1960—2010 年共 73 场次暴雨洪水外，另外补充了 2011—2020 年 15 场次暴雨洪水进行分析，即资料系列为 1960—2020 年，共 88 场次洪水。

2.2.2 方案沿革

原方案中产流方案采用降雨径流相关图 $P+P_a-R$，汇流方案采用峰量关系曲线图、经验单位线。本次修订，在原产流方案降雨径流相关图 $P+P_a-R$ 中增加了 15 个点据，关系线保持不变；在原汇流方案峰量关系曲线图中增加了 13 个点据，关系线保持不变；经验单位线新增 2 条，其中 1 h 单位线 1 条、2 h 单位线 1 条。

2.3 产流方案

本方案采用降雨径流相关法，岸堤水库站 $P+P_a-R$ 关系曲线见图 7–2。其中：P 为次降雨流域平均雨量（mm）；P_a 为流域平均前期影响雨量（mm）；R 为次降雨所产生的径流深（mm）。

2.3.1 主要参数的计算

2.3.1.1 流域平均雨量P的计算

流域平均雨量采用面积加权法计算求得，雨量站的面积控制权重见表 7–3。

表 7–3 岸堤水库站以上流域内雨量站的控制权重表

站名	常路	蒙阴	水明崖	前城子	朱家坡水库
权重	0.102	0.173	0.109	0.126	0.117
站名	东指	夏蔚	蔡庄	岸堤水库	
权重	0.094	0.108	0.109	0.062	

2.3.1.2 流域平均前期影响雨量P_a的计算

每年自汛初开始连续计算，先以面积加权法计算流域平均雨量，然后计算前期影响雨量 P_a，K、I_m 取值本次未做分析，继续沿用原有成果。P_a 计算公式如下：

$$P_{a,t}=K\left(P_{a,t-1}+P_{t-1}\right)$$

式中：$P_{a,t}$ 为当日的流域平均前期影响雨量（mm）；$P_{a,t-1}$ 为前一日的流域平均前期影响雨量（mm）；P_{t-1} 为前一日流域平均降雨量（mm）；K 为前期影响雨量递减系数，$K=1-\frac{E_m}{I_m}$，K=0.85；E_m 为流域蒸发能力（mm）；I_m 为流域最大损失量，本方案采用 60 mm。

2.3.1.3 径流深R的推求

在一次洪水过程线上采用斜线分割法切割基流，上游水库放水时，要将水库放水形成的地表径流的那部分水量扣除。本次洪水径流深 R 等于洪水总量 W(已扣除水库放水量和基流量）除以集水面积 F，东汶河岸堤水库站降雨径流分析成果见表 7–4。

2.3.2 精度评定

本方案采用 1960—2020 年 61 年的资料系列共 88 个点据，绘制 $P+P_a-R$ 相关曲线。精度评定采用合格点次占总点次的百分比为合格率，许可误差采用实测值的 20%，并以 20.0 mm 为上限，以 3.0 mm 为下限作为控制。方案合格率为 81.8%，属乙级方案，详见表 7–5。

2.4 汇流方案

本方案主要采用峰量关系图、经验单位线和综合瞬时单位线等方法。

2.4.1 峰量关系曲线$R-T_c-Q_{m净}$

以有效降雨历时 T_c 作为参数，建立峰量关系曲线 $R-T_c-Q_{m净}$。其中，R 为一次降雨径流深，由次洪水总量除以相应集水面积而得。T_c 为有效降雨历时，是指实际能产生径流，对造峰有明显影响的降雨历时，如果两段较大降雨之间有一小段不产生径流，此段历时也统计在主要有效降雨历时之内；当降雨时段较长时，一般采取占总降雨量 80% 的主要降雨时段数。$Q_{m净}$ 为一次降雨过程中产生的区间净峰流量。

根据 1960—2020 年 71 次洪水点据分析，通过点群中心并照顾同一 R 值的 $Q_{m净}$逐渐减少的趋势定线，$R-T_c-Q_{m净}$关系图见图 7–3。

精度评定：按许可误差 =20% 实测值的标准进行逐次洪水评定。本方案共选用 1960—2020 年 71 个点据，54 个合格，合格率为 76.1%，属于乙级方案，详见表 7–6。

2.4.2 经验单位线法

参考 900816、010730、070817、120709 场次洪水资料，根据流域暴雨洪水特性及下垫面变化情况，综合确定出本站 1 h 单位线 4 条、2 h 单位线 4 条，单位线图见图 7–4、图 7–5。

2.4.3 综合瞬时单位线

本方案采用如下地区综合单位线方程：

$$M_1=CF_{区}^{0.33}J^{-0.27}R^{-0.2}T_c^{0.17}$$

$$M_2=0.34M_1^{-0.12}$$

式中：$F_{区}$为集水面积（km^2）；J 为河道干流坡度，本站为 0.002 63；M_1 为瞬时单位线参数，$M_1=nk$；M_2 为瞬时单位线参数，$M_2=1/n$；n 为瞬时单位线反映流域汇流调节次数的参数；k 为瞬时单位线反映流域汇流时间的参数；C 为经验系数，$R \geq 50$ mm 时，$C=0.196$，$R < 50$ mm 时，$C=0.255$。

2.5 水位与库容、面积、泄量关系曲线

岸堤水库水位与库容、面积、泄量曲线来自山东省水利厅（2014）鲁水管函字 27 号文，测量日期为 2013 年 1 月，于 2015 年 1 月 1 日启用，见图 7–6。

2.6 泄量关系曲线

岸堤水库以闸门开启高度为参数的泄流曲线见图 7–7、图 7–8。

2.6.1 孔流

孔流采用《水工建筑物与堰槽测流规范》（SL 537—2011）公式（3.5.1–1）：

$$Q=\mu nbe\sqrt{2gH}$$

式中：μ 为流量系数，$\mu=1-0.016\,6\theta^{0.723}-(0.582-0.037\,1\theta^{0.547})\dfrac{e}{H}$；$\theta$ 为闸门下缘切线与水平线之间的夹角（°），$\theta=\arccos[(C-e)/R]$；R 为闸门半径，本站取 15 m；n 为过水孔数；b 为堰口单孔宽，$b=13$ m；e 为闸门开启高度；C 为闸门轴心与闸槛的高差，本站取 11 m；H 为闸前水头（m），$H=Z-164.50$。

2.6.2 堰流

堰流采用《水工建筑物与堰槽测流规范》（SL 537—2011）公式（3.4.1–2）：

$$Q=C_0 nb\sqrt{2g}\,H^{1.5}$$

式中：C_0 为流量系数，$C_0=0.373$。

3 方案使用说明

3.1 径流深预报

首先计算出流域平均降雨量和流域平均前期影响雨量，根据降雨径流关系图 $P+P_a-R$ 的查算结果进行综合分析，确定地表径流深 R 的预报值。如果是连续枯水年、前期干旱及汛期第一场洪水，$P+P_a-R$ 关系线选择使用Ⅱ线；如果是平水年及丰水年的洪水，$P+P_a-R$ 关系线选择使用Ⅰ线。

根据如下公式计算地表径流总量：

$$W_R=0.1RF_{区}$$

式中：$F_{区}$为流域中型水库以下集水面积，本站采用 1 599.5 km^2。

3.2 最大入库洪峰流量预报

3.2.1 查 $R-T_c-Q_{m净}$ 图

依据查得的径流深 R 及求出的有效降雨历时 T_c，通过本方案可查得流域中型水库以下集水面积上所产生的净峰流量 $Q_{m净}$，加上基流 $Q_{基}$及上游水库放水即为所预报的洪峰流量。

3.2.2 经验单位线法

由次雨径流深 R、时段降雨量 P 采用扣损法得到各时段净雨深，根据暴雨中心位置选择相应单位线，各时段净雨深错时段与 0.1 倍的单位线各时段流量相乘，然后同时段流量相加，再加上基流量即为入库流量过程，洪峰流量可以从入库流量过程线上查得。

3.2.3 综合瞬时单位线法

将预报的次径流深 R 及求出的有效降雨历时 T_c 代入上述地区综合单位线方程，求得 M_1、M_2 后，进而计算 n、k 值，代入 t/k 的 n 阶非完全伽马函数式，计算瞬时单位线的 $S(t)$ 曲线。

3.3 入库洪水总量预报

$$W_{总}=W_R+W_{基}$$

式中：$W_{总}$为一次洪水总量（万 m^3）；W_R 为一次降雨地面径流总量（万 m^3）；$W_{基}$为基流水量（万 m^3）。

3.4 方案合理性检查及评定

在方案建立过程中，随时根据规范要求及有关文件规定进行合理性检查，特别对突出点据从原始资料反复查对，对中间处理过程也进行了认真审查，发现不合理的问题后基本上做了检查改正。方案建立后，先从线形进行比较，防止出现矛盾现象，然后对每个方案尽量根据规范规定采用表格形式进行了精度评定（用许可误差法）。其中 $P+P_a-R$ 相关图合格率为 81.8%，属乙级方案；$R-T_c-Q_{m净}$相关图合格率为 76.1%，属乙级方案。综上所述，本方案属于乙级方案。

3.5 方案适应能力

本方案适用于防洪标准以下的洪水作业预报。如遇超标准洪水，则需根据当时具体情况酌情修正。

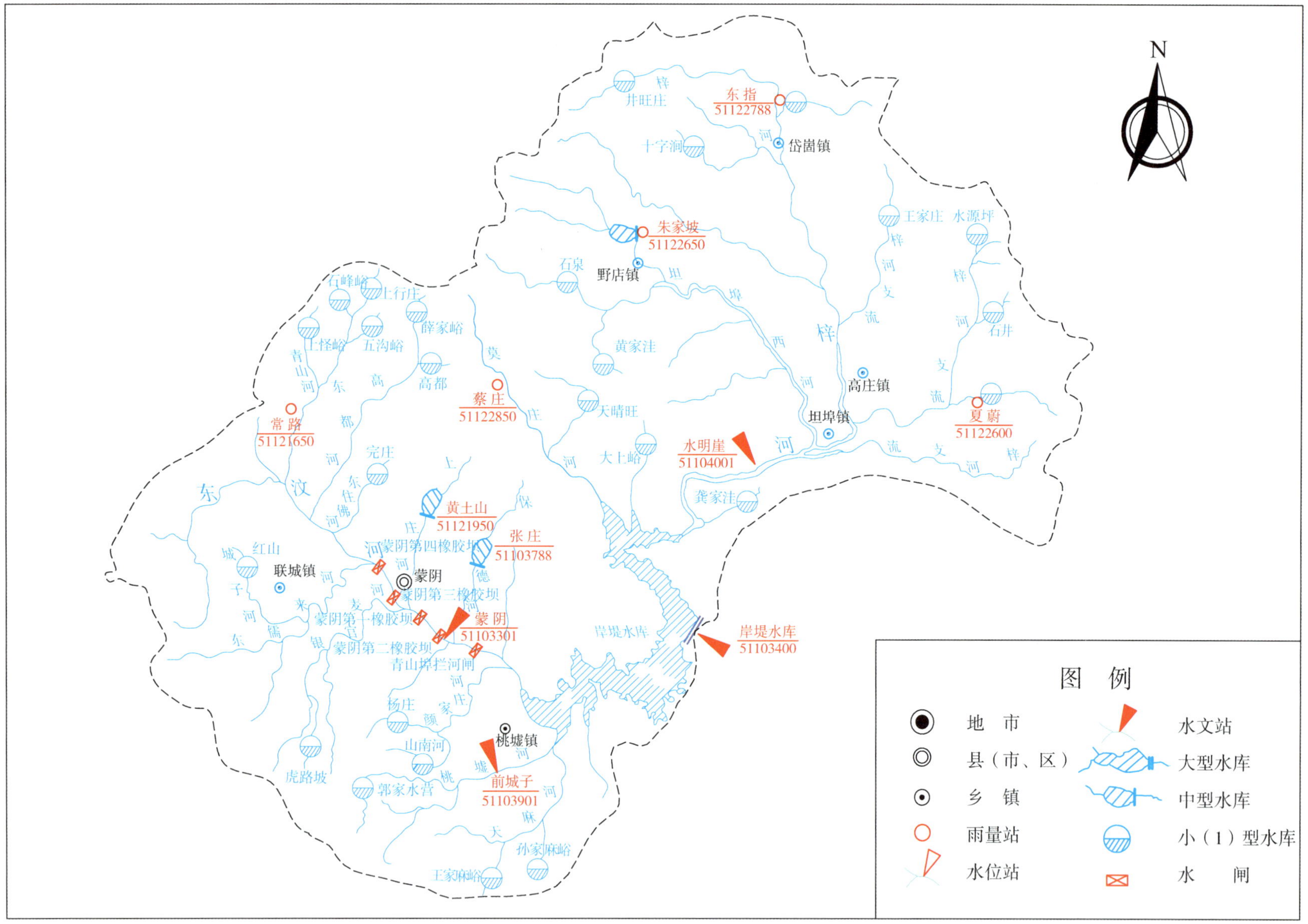

图 7-1　东汶河岸堤水库水文站以上流域图

表 7-4 东汶河岸堤水库站降雨径流分析成果表

序号	降雨起讫时间							流域平均雨量 P（mm）	前期影响雨量 P_a（mm）	降雨历时（h）		暴雨中心位置	洪水发生时间									洪水历时 $T_洪$（h）	洪峰流量 Q_m（m^3/s）	净峰流量 $Q'_{m净}$（m^3/s）	地表径流总量 W（万 m^3）	集水面积 F（km^2）	径流深 R（mm）	径流系数 α	改正后的净峰流量 $Q_{m净}$（m^3/s）
	起				讫					全部 T	有效 T_c		起涨			峰顶			落平										
	年	月	日	时	月	日	时						月	日	时	月	日	时	月	日	时								
1	1960	7	2	4	7	2	20	86.8	58.0	16	8.5	前城子	7	2	4	7	2	14	7	5	0	68	2 760	2 440	9 588	1 677	57.2	0.66	2 365
2	1960	7	6	6	7	6	14	47.6	45.0	8	3.2	蒙阴	7	6	8	7	6	13	7	7	12	28	2 250	2 180	4 500	1 677	26.8	0.56	2 113
3	1961	7	5	14	7	6	8	46.3	25.0	18	6.4	蒙阴	7	5	18	7	5	23	7	7	6	36	896	690	2 826	1 677	16.9	0.37	669
4	1961	7	13	12	7	14	14	76.0	36.0	26	5.4	贾庄	7	14	6	7	14	13	7	15	18	36	3 020	2 910	7 280	1 677	43.4	0.57	2 820
5	1961	8	7	4	8	8	14	35.6	15.0	34	12.4	前城子	8	8	6	8	8	12	8	9	6	24	352	314	1 440	1 677	8.6	0.24	304
6	1961	8	10	10	8	11	14	46.0	31.0	28	8	常路	8	10	18	8	10	20	8	13	6	60	930	783	3 229	1 677	19.3	0.42	759
7	1962	7	25	6	7	26	6	84.7	47.0	24	4.8	常路	7	25	6	7	25	17	7	27	6	48	3 860	3 540	9 393	1 677	56.0	0.66	3 431
8	1962	8	13	18	8	14	14	29.9	28.0	20	5.8	蔡庄	8	13	18	8	14	15	8	15	6	36	196	150	1 296	1 677	7.7	0.26	145
9	1963	7	3	4	7	3	20	52.5	19.0	16	8	夏蔚	7	3	8	7	3	19	7	6	8	72	602	421	2 250	1 677	13.4	0.26	408
10	1963	7	6	0	7	7	8	43.1	38.0	32	10	前城子	7	6	20	7	7	7	7	10	20	96	752	526	3 060	1 677	18.2	0.42	510
11	1963	7	18	22	7	20	8	266.2	26.0	34	23.6	野店	7	19	4	7	19	23.5	7	21	4	48	6 060	5 860	33 750	1 677	201.3	0.76	5 679
12	1963	7	24	22	7	25	4	104.4	48.0	6	2	前城子	7	24	22	7	25	1.8	7	26	3	29	7 730	7 650	12 150	1 677	72.5	0.69	7 414
13	1963	7	27	22	7	28	12	53.8	48.0	14	4.6	岸堤	7	27	22	7	28	3.5	7	28	12	14	1 990	1 860	4 860	1 677	29.0	0.54	1 803
14	1964	6	12	18	6	13	4	39.1	14.7	10	3.6	常路	6	12	21	6	13	0.5	6	14	12	39	695	615	1 773	1 677	10.6	0.27	596
15	1964	7	3	0	7	3	10	51.4	55.5	10	7.1	常路	7	3	0	7	3	11.5	7	4	16	40	1 524	1 480	4 626	1 677	27.6	0.54	1 434
16	1964	7	16	8	7	17	22	162.4	38.4	38	23.8	贾庄	7	16	20	7	17	4.5	7	19	5	57	3 930	3 820	17 064	1 677	101.8	0.63	3 702
17	1964	7	27	18	7	28	2	50.4	41.0	8	3.3	岸堤	7	27	18	7	27	22.5	7	29	16	46	3 090	3 060	4 860	1 677	29.0	0.58	2 966
18	1964	7	31	12	8	1	8	128.7	41.3	20	3	野店	7	31	14	8	1	8.5	8	1	18	28	7 170	7 100	12 510	1 677	74.6	0.58	6 881
19	1964	9	12	0	9	13	22	50.6	30.2	46	20	水明崖	9	12	8	9	14	0.5	9	16	12	100	430	391	3 942	1 677	23.5	0.46	379
20	1965	7	27	14	7	28	0	76.0	37.6	10	5	常路	7	27	14	7	27	20.5	7	29	2	36	2 999	2 940	6 408	1 677	38.2	0.50	2 849
21	1966	6	24	8	6	25	0	56.6	7.3	16	7.9	岸堤	6	24	10	6	24	13	6	26	14	52	658	604	2 052	1 677	12.2	0.22	585
22	1966	7	14	4	7	15	0	53.7	25.0	20	7.7	蔡庄	7	14	8	7	14	23.5	7	17	8	72	797	781	3 474	1 677	20.7	0.39	757
23	1966	7	20	22	7	21	10	78.2	29.1	12	6.6	夏尉	7	20	22	7	21	8.8	7	23	18	68	2 111	2 090	5 076	1 677	30.3	0.39	2 025
24	1967	8	17	0	8	17	20	67.5	34.3	20	10.6	蔡庄	8	17	0	8	17	17	8	21	8	104	441	428	3 082	1 623.5	19.0	0.28	424
25	1970	7	22	16	7	23	7	152.4	52.8	15	8.7	蒙阴	7	22	20	7	23	3.5	7	24	10	38	6 100	5 920	18 860	1 623.5	116.2	0.76	5 862
26	1971	8	8	20	8	9	23	63.2	37.7	27	13	岸堤	8	9	1	8	9	20	8	10	22	45	773	750	4 338	1 623.5	26.7	0.42	743
27	1974	8	13	0	8	14	6	146.2	49.9	30	14.4	水明崖	8	13	8	8	13	17.8	8	14	15	31	3 820	3 710	16 668	1 599.5	104.2	0.71	3 710
28	1976	8	12	2	8	13	20	81.8	24.9	42	23	岸堤	8	12	2	8	13	16	8	17	0	118	402	369	4 270	1 599.5	26.7	0.33	369
29	1979	6	23	16	6	24	8	119.6	12.8	16	7	水明崖	6	23	18	6	24	6.5	6	26	12	66	1 600	1 557	5 040	1 599.5	31.5	0.26	1 557
30	1980	6	29	18	6	30	7	77.3	29.5	13	5.5	蒙阴	6	29	20	6	30	7	7	3	8	84	2 710	2 680	6 361	1 599.5	39.8	0.51	2 680

序号	降雨起讫时间							流域平均雨量 P（mm）	前期影响雨量 P_a（mm）	降雨历时（h）		暴雨中心位置	洪水发生时间									洪水历时 $T_{洪}$（h）	洪峰流量 Q_m（m^3/s）	净峰流量 $Q'_{m净}$（m^3/s）	地表径流总量 W（万 m^3）	集水面积 F（km^2）	径流深 R（mm）	径流系数 α	改正后的净峰流量 $Q_{m净}$（m^3/s）
	起				讫					全部 T	有效 T_c		起涨			峰顶			落平										
	年	月	日	时	月	日	时						月	日	时	月	日	时	月	日	时								
31	1980	7	6	18	7	7	0	52.3	23.9	6	3	常路	7	6	20	7	7	4	7	8	4	32	919	892	2 446	1 599.5	15.3	0.29	892
32	1981	7	25	0	7	26	3	101.7	17.7	27	11.3	前城子	7	25	8	7	25	21	7	27	9	49	1 021	1 007	4 398	1 599.5	27.5	0.27	1 007
33	1984	6	4	23	6	5	9	53.1	10.8	10	4	前城子	6	4	23	6	5	10	6	7	0	49	281	479	1 437	1 599.5	9.0	0.17	479
34	1984	7	2	10	7	3	10	71.5	9.8	24	8.5	水明崖	7	2	20	7	3	11.5	7	4	23	51	326	323	1 644	1 599.5	10.3	0.14	323
35	1985	7	15	5	7	16	3	56.5	37.5	22	11	水明崖	7	15	6	7	15	20	7	18	8	74	694	690	2 520	1 599.5	15.8	0.28	690
36	1986	7	29	21	7	31	2	85.4	39.4	29	13.9	常路	7	30	6	7	31	5	8	3	8	98	785	770	4 032	1 599.5	25.2	0.30	770
37	1987	9	3	10	9	4	6	93.8	13.7	20	9.5	东指	9	3	14	9	4	6.5	9	7	20	102	676	673	3 564	1 599.5	22.3	0.24	673
38	1989	8	24	21	8	25	19	78.2	6.0	22	8	前城子	8	25	6	8	25	22	8	27	6	48	211	208	1 068	1 599.5	6.7	0.09	208
39	1990	6	13	19	6	14	13	109.3	6.0	18	8	水明崖	6	14	2	6	14	11.5	6	17	18	88	955	950	4 248	1 599.5	26.6	0.24	950
40	1990	7	13	8	7	14	1	57.8	10.2	17	5	前城子	7	13	8	7	13	23	7	15	8	48	706	690	2 115	1 599.5	13.2	0.23	690
41	1990	7	21	6	7	22	8	116.6	35.2	26	20.6	蒙阴	7	21	8	7	22	9	7	24	12	76	1 566	1 497	9 603	1 599.5	60.0	0.51	1 497
42	1990	8	2	13	8	3	12	104.8	20.0	23	6	岸堤	8	2	18	8	3	0.5	8	6	8	86	1 946	1 917	7 992	1 599.5	50.0	0.48	1 917
43	1990	8	15	16	8	16	16	88.4	26.3	24	7.2	岸堤	8	15	20	8	16	9.5	8	18	10	62	2 094	2 066	7 344	1 599.5	45.9	0.52	2 066
44	1991	7	18	6	7	19	10	76.6	44.6	28	8	蒙阴	7	19	2	7	19	10	7	20	8	30	906	844	4 033	1 599.5	25.2	0.33	844
45	1991	7	23	8	7	25	8	213.8	35.6	48	24.8	蒙阴	7	23	20	7	24	6	7	27	14	90	3 460	3 400	21 736	1 599.5	135.9	0.64	3 400
46	1993	7	12	6	7	13	18	69.9	45.7	36	7.4	夏蔚	7	12	20	7	13	9	7	15	6	58	794	754	3 628	1 599.5	22.7	0.32	754
47	1995	8	15	23	8	16	19	105.3	41.3	20	7.3	前城子	8	16	0	8	16	11	8	17	12	36	1 110	1 072	5 135	1 599.5	32.1	0.30	1 072
48	1995	8	17	10	8	18	8	92.6	60.0	22	7.7	常路	8	17	12	8	18	3	8	20	6	66	2 629	2 583	10 678	1 599.5	66.8	0.72	2 583
49	1995	8	21	15	8	22	17	67.9	46.3	26	8.7	前城子	8	21	20	8	22	12	8	24	8	60	1 019	909	4 783	1 599.5	29.9	0.44	909
50	1997	8	19	6	8	20	22	178.4	11.3	40	11	夏蔚	8	19	20	8	20	8	8	22	20	72	3 733	3 713	10 907	1 599.5	68.2	0.38	3 713
51	1998	8	3	21	8	5	2	140.8	12.7	29	13.9	常路	8	4	4	8	4	10	8	6	10	54	1 816	1 796	8 248	1 599.5	51.6	0.37	1 796
52	1998	8	14	6	8	15	16	69.5	57.1	34	8.2	前城子	8	14	20	8	15	11	8	17	14	66	2 069	1 969	8 040	1 599.5	50.3	0.72	1 969
53	1999	9	9	2	9	9	14	62.3	15.6	12	5	坡里	9	9	5	9	9	9	9	11	7	50	256	248	983	1 599.5	6.1	0.10	248
54	2001	7	27	16	7	28	11	46.2	52.8	19	4	夏蔚	7	27	17	7	27	19	7	29	7	38	794	741	2 433	1 599.5	15.2	0.33	741
55	2001	7	29	20	7	30	12	54.2	54.3	16	6	夏蔚	7	29	21	7	30	7	7	31	3	30	1 180	1 067	3 616	1 599.5	22.6	0.42	1 067
56	2001	7	30	14	7	31	8	41.7	60.0	18	6	坡里	7	30	23	7	31	5.5	8	1	3	28	1 890	1 764	4 542	1 599.5	28.4	0.68	1 764
57	2003	6	22	10	6	23	0	77.2	6.0	14	7	前城子	6	22	13	6	22	18	6	24	1	36	160	152	596	1 599.5	3.7	0.05	152
58	2004	7	15	22	7	19	11	119.9	29.2	85	54	前城子	7	16	0	7	18	11	7	23	14	182	666	627	7 477	1 599.5	46.7	0.39	627
59	2004	8	16	0	8	17	7	66.5	11.7	31	14	常路	8	16	3	8	17	7	8	20	20	113	243	200	2 172	1 599.5	13.6	0.20	200
60	2004	8	26	20	8	28	4	78.5	14.0	32	23	岸堤	8	27	0	8	28	7	8	30	14	86	370	326	3 195	1 599.5	20.0	0.25	326

续表

序号	降雨起讫时间							流域平均雨量 P（mm）	前期影响雨量 P_a（mm）	降雨历时（h）		暴雨中心位置	洪水发生时间									洪水历时 $T_洪$（h）	洪峰流量 Q_m（m^3/s）	净峰流量 $Q'_{m净}$（m^3/s）	地表径流总量 W（万 m^3）	集水面积 F（km^2）	径流深 R（mm）	径流系数 α	改正后的净峰流量 $Q_{m净}$（m^3/s）
	起				讫					全部 T	有效 T_c		起涨			峰顶			落平										
	年	月	日	时	月	日	时						月	日	时	月	日	时	月	日	时								
61	2004	9	14	2	9	14	20	96.3	4.8	18	12	夏蔚	9	14	5	9	15	5	9	16	2	45	560	507	2 447	1 599.5	15.3	0.16	507
62	2005	6	30	11	7	1	4	58.4	46.7	17	8	常路	6	30	13	7	1	7	7	5	20	127	817	786	4 313	1 599.5	27.0	0.46	786
63	2005	9	19	22	9	20	18	120.5	30.7	20	12	水明崖	9	20	0	9	20	10.5	9	22	4	52	1 860	1 823	8 251	1 599.5	51.6	0.43	1 823
64	2007	7	18	19	7	19	8	53.2	19.0	13	8	前城子	7	18	19	7	19	4	7	23	20	121	130	127	1 146	1 599.5	7.2	0.14	127
65	2007	8	9	18	8	11	7	119.5	27.3	37	31	坡里	8	9	20	8	10	15	8	14	14	114	852	832	6 333	1 599.5	39.6	0.33	832
66	2007	8	17	1	8	18	8	112.7	59.2	31	20	常路	8	17	2	8	17	17.5	8	21	1	95	2 580	2 457	12 447	1 599.5	77.8	0.69	2 457
67	2008	7	22	17	7	24	6	128.1	37.5	37	12	前城子	7	22	21	7	23	11.5	7	27	2	101	1 830	1 777	10 843	1 599.5	67.8	0.53	1 777
68	2009	6	19	14	6	19	22	82.9	10.4	8	6	坡里	6	19	15	6	20	2	6	21	2	35	240	219	745	1 599.5	4.7	0.06	219
69	2009	7	11	2	7	12	2	68.0	51.2	24	13	蒙阴	7	11	7	7	11	21	7	13	14	55	560	498	2 995	1 599.5	18.7	0.28	498
70	2009	7	13	8	7	14	2	61.2	51.0	18	10	常路	7	13	9	7	14	3	7	16	17	80	980	918	4 838	1 599.5	30.2	0.49	918
71	2009	7	18	2	7	18	9	30.3	36.9	7	3	坡里	7	18	3	7	18	9	7	20	14	59	275	204	1 147	1 599.5	7.2	0.24	204
72	2009	7	20	16	7	21	3	48.1	39.3	11	6	前城子	7	20	17	7	21	3	7	22	2	33	1 150	1 058	2 675	1 599.5	16.7	0.35	1 058
73	2010	7	17	10	7	18	4	147.3	13.3	18	12	水明崖	7	17	11	7	18	4.5	7	21	14	99	1 650	1 637	7 310	1 599.5	45.7	0.31	1 637
74	2011	7	2	19	7	3	15	124.3	11.4	20	13	朱家坡	7	2	19	7	3	13	7	6	7	84	684	639	3 670	1 599.5	22.9	0.18	639
75	2011	7	25	0	7	25	8	73.8	13.6	8	8	常路	7	25	0	7	25	10	7	26	20	44	594	558	1 990	1 599.5	12.4	0.17	558
76	2011	8	18	14	8	20	10	100.1	29.2	44	40	坡里	8	18	8	8	20	8	8	25	8	168	554	507	6 780	1 599.5	42.4	0.42	507
77	2011	9	14	7	9	15	16	84..8	43.4	33	26	蔡庄	9	14	7	9	15	8.5	9	18	15	104	1 060	996	10 540	1 599.5	65.9	0.78	996
78	2012	7	9	15	7	10	4	93.8	56.0	13	7	前城子	7	9	16	7	10	4.5	7	11	23.5	55.5	1 840	1 810	5 800	1 599.5	36.3	0.39	1 810
79	2013	7	4	3	7	4	22	104.5	18.7	19	12	蒙阴	7	4	4	7	4	13.5	7	8	20	112	929	915	4 220	1 599.5	26.4	0.25	915
80	2016	8	17	1	8	17	14	42.5	25.4	13	13	坡里	8	17	1	8	17	18	8	19	22	69	270	249	1 940	1 599.5	12.1	0.28	249
81	2016	8	19	16	8	20	5	24.2	39.1	13	7	坡里	8	19	16	8	19	22	8	24	18	122	204	155	2 440	1 599.5	15.3	0.63	155
82	2017	7	6	11	7	7	8	123.2	19.9	21	14	水明崖	7	6	14	7	6	23	7	10	19	101	614	598	3 460	1 599.5	21.6	0.18	598
83	2017	8	2	12	8	2	22	50.1	29.6	10	9	坡里	8	2	12	8	3	1	8	4	19	55	409	393	2 600	1 599.5	16.3	0.33	393
84	2018	8	18	2	8	19	23	160.8	27.1	45	39	常路	8	18	2	8	20	0.5	8	23	20	138	1 360	1 340	10 200	1 599.5	63.8	0.4	1 340
85	2019	8	10	9	8	11	19	251.7	39.4	34	28	前城子	8	10	9	8	11	8.5	8	15	7.5	118.5	4 500	4 450	26 210	1 599.5	163.9	0.65	4 450
86	2020	8	1	21	8	2	10	99.6	30.1	13	13	蔡庄	8	1	21	8	2	11	8	5	20	95	680	654	4 510	1 599.5	28.2	0.28	654
87	2020	8	6	13	8	7	12	99.6	43.3	23	20	夏蔚	8	6	13	8	7	0.5	8	11	6	113	1 540	1 470	10 710	1 599.5	67.0	0.67	1 470
88	2020	8	13	18	8	14	12	161.6	29.2	18	8	岸堤	8	13	18	8	14	2	8	15	7	37	5 260	4 900	13 920	1 599.5	87.0	0.54	4 900

表 7–5　东汶河岸堤水库站降雨径流预报精度评定表

序号	洪号	流域平均雨量 P（mm）	前期影响雨量 P_a（mm）	实测径流深 $R_{实}$（mm）	预报径流深 $R_{预}$（mm）	预报误差（mm）	许可误差（mm）	评定结果		序号	洪号	流域平均雨量 P（mm）	前期影响雨量 P_a（mm）	实测径流深 $R_{实}$（mm）	预报径流深 $R_{预}$（mm）	预报误差（mm）	许可误差（mm）	评定结果	
								合格	不合格									合格	不合格
1	600702	86.8	58.0	57.2	59.4	2.2	11.4	√		45	910724	213.8	35.6	135.9	149.4	13.5	20.0	√	
2	600706	47.6	45.0	26.8	24.4	−2.4	5.4	√		46	930713	69.9	45.7	22.7	22.2	−0.5	4.5	√	
3	610705	46.3	25.0	16.9	14.9	−2.0	3.4	√		47	950816	105.3	41.3	32.1	39.8	7.7	6.4		√
4	610714	76.0	36.0	43.4	36.4	−7.0	8.7	√		48	950818	92.6	60.0	66.8	64.9	−1.9	13.4	√	
5	610808	35.6	15.0	8.6	8.2	−0.4	3.0	√		49	950822	67.9	46.3	29.9	37.9	8.0	6.0		√
6	610810	46.0	31.0	19.3	17.2	−2.1	3.9	√		50	970820	178.4	11.3	68.2	70.3	2.1	13.6	√	
7	620725	84.7	47.0	56.0	50.2	−5.8	11.2	√		51	980804	140.8	12.7	51.6	44.2	−7.4	10.3	√	
8	620814	29.9	28.0	7.7	10.5	2.8	3.0	√		52	980815	69.5	57.1	50.3	46.6	−3.7	10.1	√	
9	630703	52.5	19.0	13.4	15.0	1.6	3.0	√		53	990909	62.3	15.6	6.1	7.6	1.5	3.0	√	
10	630707	43.1	38.0	18.2	18.9	0.7	3.6	√		54	010727	46.2	52.8	15.2	14.4	−0.8	3.0	√	
11	630719	266.2	26.0	201.3	192.2	−9.1	20.0	√		55	010730	54.2	54.3	22.6	18.7	−3.9	4.5	√	
12	630725	104.4	48.0	72.5	64.8	−7.7	14.5	√		56	010731	41.7	60.0	28.4	29.5	1.1	5.7	√	
13	630728	53.8	48.0	29.0	29.6	0.6	5.8	√		57	030622	77.2	6.0	3.7	8.9	5.2	3.0		√
14	640613	39.1	14.7	10.6	9.2	−1.4	3.0	√		58	040718	119.9	29.2	46.7	41.4	−5.3	9.3	√	
15	640703	51.4	55.5	27.6	33.0	5.4	5.5	√		59	040817	66.5	11.7	13.6	17.7	4.1	3.0		√
16	640717	162.4	38.4	101.8	104.5	2.7	20.0	√		60	040828	78.5	14.0	20.0	24.4	4.4	4.0		√
17	640727	50.4	41.0	29.0	23.8	−5.2	5.8	√		61	040915	96.3	4.8	15.3	15.3	0.0	3.1	√	
18	640801	128.7	41.3	74.6	78.3	3.7	14.9	√		62	050701	58.4	46.7	27.0	31.8	4.8	5.4	√	
19	640914	50.6	30.2	23.5	18.8	−4.7	4.7	√		63	050920	120.5	30.7	51.6	42.7	−8.9	10.3	√	
20	650727	76.0	37.6	38.2	37.5	−0.7	7.6	√		64	070719	53.2	19.0	7.2	6.4	−0.8	3.0	√	
21	660624	56.6	7.3	12.2	12.4	0.2	3.0	√		65	070810	119.5	27.3	39.6	40.0	0.4	7.9	√	
22	660714	53.7	25.0	20.7	17.9	−2.8	4.1	√		66	070817	112.7	59.2	77.8	79.8	2.0	15.6	√	
23	660721	78.2	29.1	30.3	33.2	2.9	6.1	√		67	080723	128.1	37.5	67.8	74.8	7.0	13.6	√	
24	670817	67.5	34.3	19.0	15.6	−3.4	3.8	√		68	090620	82.9	10.4	4.7	12.1	7.4	3.0		√
25	700723	152.4	52.8	116.2	108.2	−8.0	20.0	√		69	090711	68.0	51.2	18.7	24.0	5.3	3.7		√
26	710809	63.2	37.7	26.7	29.0	2.3	5.3	√		70	090714	61.2	51.0	30.2	36.5	6.3	6.0		√
27	740813	146.2	49.9	104.2	100.3	−3.9	20.0	√		71	090718	30.3	36.9	7.2	5.6	−1.6	3.0	√	
28	760813	81.8	24.9	26.7	32.8	6.1	5.3		√	72	090721	48.1	39.3	16.7	21.8	5.1	3.3		√
29	790624	119.6	12.8	31.5	31.2	−0.3	6.3	√		73	100718	147.3	13.3	45.7	48.6	2.9	9.1	√	
30	800630	77.3	29.5	39.8	32.9	−6.9	8.0	√		74	110703	124.3	11.4	22.9	33.1	10.2	4.6		√
31	800707	52.3	23.9	15.3	16.9	1.6	3.1	√		75	110725	73.8	13.6	12.4	10.1	−2.3	3.0	√	
32	810725	101.7	17.7	27.5	24.1	−3.4	5.5	√		76	110820	100.1	29.2	42.4	48.5	6.1	8.5	√	
33	840605	53.1	10.8	9.0	5.1	−3.9	3.0		√	77	110915	84..8	43.4	65.9	47.7	−18.2	13.2		√
34	840703	71.5	9.8	10.3	8.4	−1.9	3.0	√		78	120710	93.8	56.0	36.3	41.9	5.6	7.3	√	
35	850715	56.5	37.5	15.8	12.4	−3.4	3.2		√	79	130704	104.5	18.7	26.4	26.1	−0.3	5.3	√	
36	860731	85.4	39.4	25.2	27.0	1.8	5.0	√		80	160817	42.5	25.4	12.1	5.7	−6.4	3.0		√
37	870904	93.8	13.7	22.3	18.2	−4.1	4.5	√		81	160819	24.2	39.1	15.3	12.3	−3.0	3.1	√	
38	890825	78.2	6.0	6.7	9.2	2.5	3.0	√		82	170706	123.2	19.9	21.6	37.6	16.0	4.3		√
39	900614	109.3	6.0	26.6	22.0	−4.6	5.3	√		83	170803	50.1	29.6	16.3	18.3	2.0	3.3	√	
40	900713	57.8	10.2	13.2	13.8	0.6	3.0	√		84	180820	160.8	27.1	63.8	68.8	5.0	12.8	√	
41	900722	116.6	35.2	60.0	64.3	4.3	12.0	√		85	190811	251.7	39.4	163.9	160.7	−3.2	20.0	√	
42	900803	104.8	20.0	50.0	45.4	−4.6	10.0	√		86	200802	99.6	30.1	28.2	29.6	1.4	5.6	√	
43	900816	88.4	26.3	45.9	38.3	−7.6	9.2	√		87	200807	99.6	43.3	67.0	58.7	−8.3	13.4	√	
44	910719	76.6	44.6	25.2	25.0	−0.2	5.0	√		88	200814	161.6	29.2	87.0	95.5	8.5	17.4	√	

备注：1. 合格率 =81.8%；2. 许可误差 = 实测值的 20%，以 20.0 mm 为上限，以 3.0 mm 为下限；3. 方案等级属乙级。

表 7-6 东汶河岸堤水库站峰量关系预报精度评定表

序号	洪号	实测径流深 $R_{实}$（mm）	有效降雨历时 T_c（h）	净峰流量		预报误差（m^3/s）	许可误差（m^3/s）	评定结果	
				实测 $Q_{m净实}$（m^3/s）	预报 $Q_{m净预}$（m^3/s）			合格	不合格
1	600702	57.2	8.5	2 365	2 440	75	473	√	
2	600706	26.8	3.2	2 113	2 250	137	423	√	
3	610714	43.4	5.4	2 820	2 740	−80	564	√	
4	610810	19.3	8.0	759	723	−36	152	√	
5	620725	56.0	4.8	3 431	4 010	579	686	√	
6	630703	13.4	8.0	408	499	91	81.6		√
7	630707	18.2	10.0	510	542	32	102	√	
8	630719	201.3	23.6	5 679	5 790	111	1 136	√	
9	630725	72.5	2.0	7 414	7 700	286	1 483	√	
10	630728	29.0	4.6	1 803	1 980	177	361	√	
11	640703	27.6	7.1	1 434	1 260	−174	287	√	
12	640727	29.0	3.3	2 966	2 420	−546	593	√	
13	640801	74.6	3.0	6 881	7 040	159	1 376	√	
14	640914	23.5	20.0	379	420	41	75.8	√	
15	650727	38.2	5.0	2 849	2 520	−329	570	√	
16	660714	20.7	7.7	757	827	70	151	√	
17	660721	30.3	6.6	2 025	1 500	−525	405		√
18	700723	116.2	8.7	5 862	5 560	−302	1 172	√	
19	710809	26.7	13.0	743	715	−28	149	√	
20	740813	104.2	14.4	3 710	3 510	−200	742	√	
21	760813	26.7	23.0	369	417	48	73.8	√	
22	790624	31.5	7.0	1 557	1 490	−67	311	√	
23	800630	39.8	5.5	2 680	2 440	−240	536	√	
24	810725	27.5	11.3	1 007	813	−194	201	√	
25	840703	10.3	8.5	323	358	35	64.6	√	
26	860731	25.2	13.9	770	633	−137	154	√	
27	870904	22.3	9.5	673	726	53	135	√	
28	890825	6.7	8.0	208	248	40	41.6	√	
29	900614	26.6	8.0	950	1 050	100	190	√	
30	900713	13.2	5.0	690	806	116	138	√	
31	900722	60.0	20.6	1 497	1 270	−227	299	√	
32	900803	50.0	6.0	1 917	2 900	983	383		√
33	900816	45.9	7.2	2 066	2 250	184	413	√	
34	910719	25.2	8.0	844	984	140	169	√	
35	910724	135.9	24.8	3 400	3 330	−70	680	√	
36	930713	22.7	7.4	754	967	213	151		√
37	950816	32.1	7.3	1 072	1 450	378	214		√
38	950818	66.8	7.7	2 583	3 250	667	517		√
39	950822	29.9	8.7	909	1 110	201	182		√
40	970820	68.2	11.0	3 713	2 450	−1 263	743		√
41	980804	51.6	13.9	1 796	1 500	−296	359	√	
42	980815	50.3	8.2	1 969	2 170	201	394	√	
43	990909	6.1	5.0	248	368	120	49.6		√
44	010730	22.6	6.0	1 067	1 190	123	213	√	
45	010731	28.4	6.0	1 764	1 520	−244	353	√	
46	040817	13.6	14.0	200	316	116	40.0		√
47	040828	20.0	23.0	326	295	−31	65.2	√	
48	040915	15.3	12.0	507	404	−103	101		√
49	050701	27.0	8.0	786	1 060	274	157		√
50	050920	51.6	12.0	1 823	1 660	−163	365	√	
51	070817	77.8	20.0	2 457	1 840	−617	491		√
52	080723	67.8	12.0	1 777	2 320	543	355		√
53	090620	4.7	6.0	219	233	14	43.8	√	
54	090711	18.7	13.0	498	475	−23	99.6	√	
55	090714	30.2	10.0	918	970	52	184	√	
56	090718	7.2	3.0	204	574	370	40.8		√
57	090721	16.7	6.0	1 058	863	−195	212	√	
58	100718	45.7	12.0	1 637	1 490	−147	327	√	
59	110703	22.9	13.0	639	598	−41	128	√	
60	110820	42.4	40.0	507	658	151	101		√
61	110915	65.9	26.0	996	1 180	184	199	√	
62	120710	36.3	7.0	1 810	1 760	−50	362	√	
63	130704	26.4	12.0	915	747	−168	183	√	
64	160817	12.1	13.0	249	294	45	49.8	√	
65	160819	15.3	7.0	155	678	523	31.0		√
66	170706	21.6	14.0	598	526	−72	120	√	
67	180820	63.8	39.0	1 340	1 130	−210	268	√	
68	190811	163.9	28.0	4 450	4 290	−160	890	√	
69	200802	28.2	13.0	654	761	107	131	√	
70	200807	67.0	20.0	1 470	1 510	40	294	√	
71	200814	87.0	8.0	4 900	4 240	−660	980	√	

备注：1. 合格率 =76.1%；2. 预报误差 = 预报值 − 实测值；3. 许可误差 = 实测值的 20%；4. 方案等级属乙级。

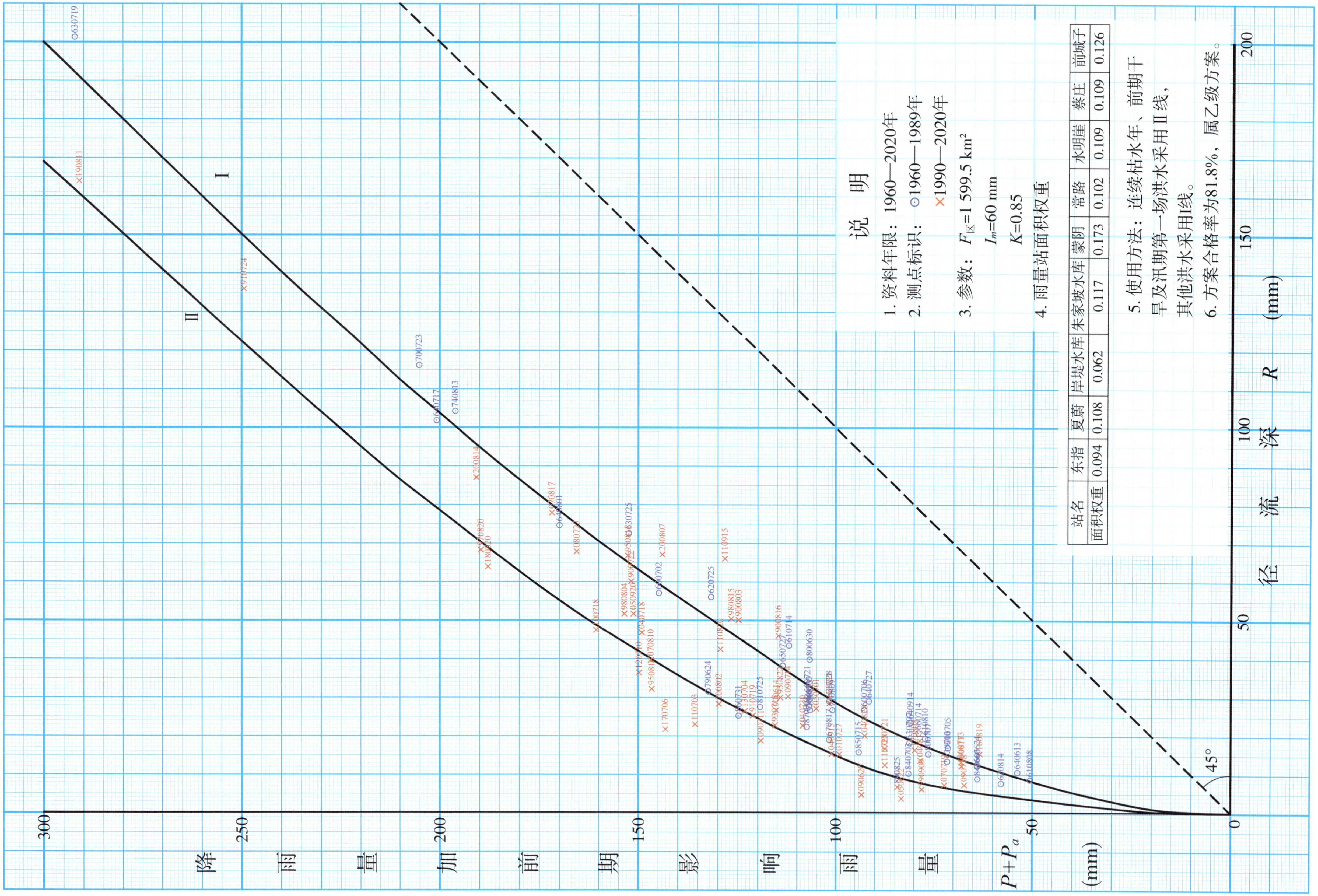

图 7–2　东汶河岸堤水库站降雨径流相关图

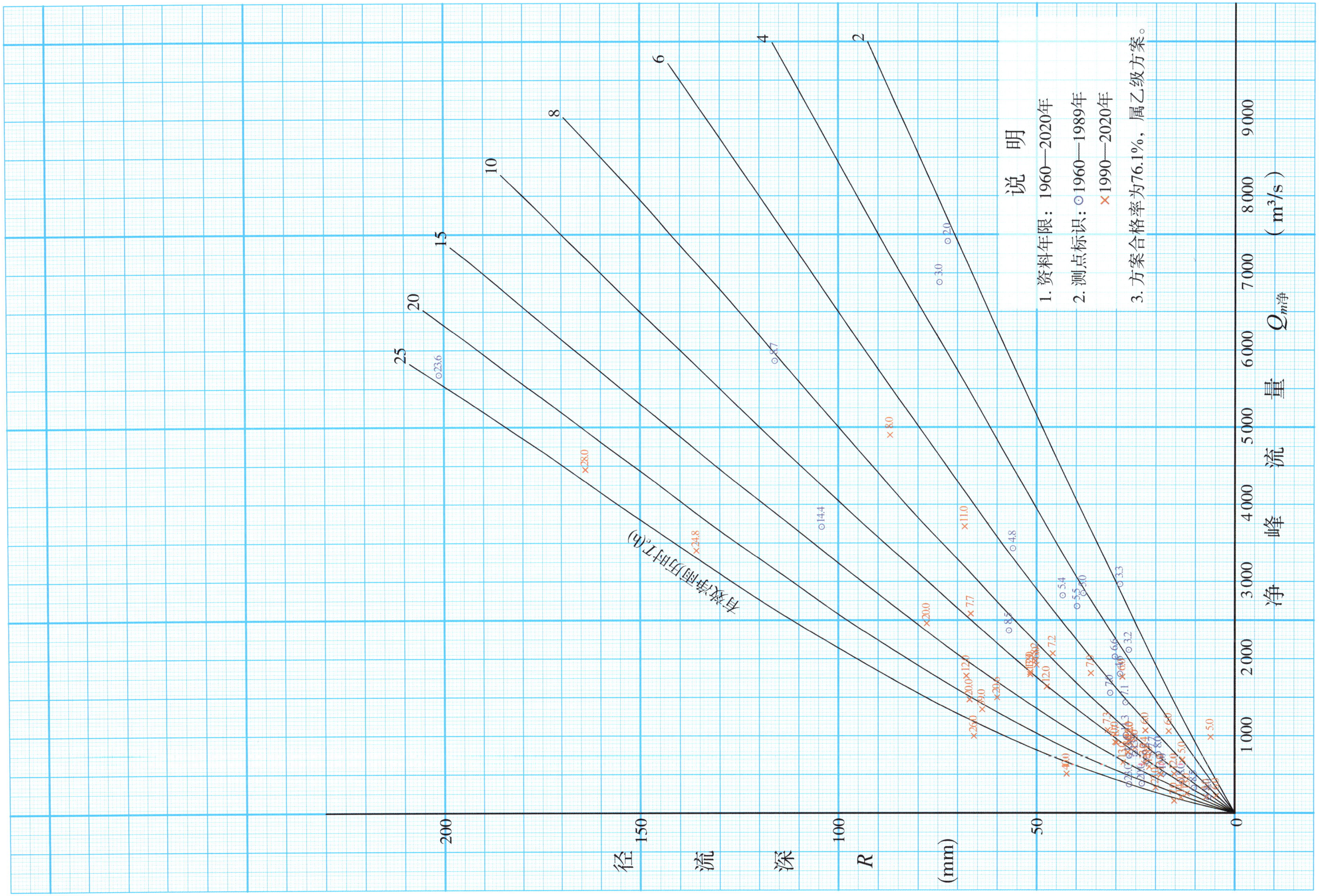

图 7–3 东汶河岸堤水库站峰量关系曲线图

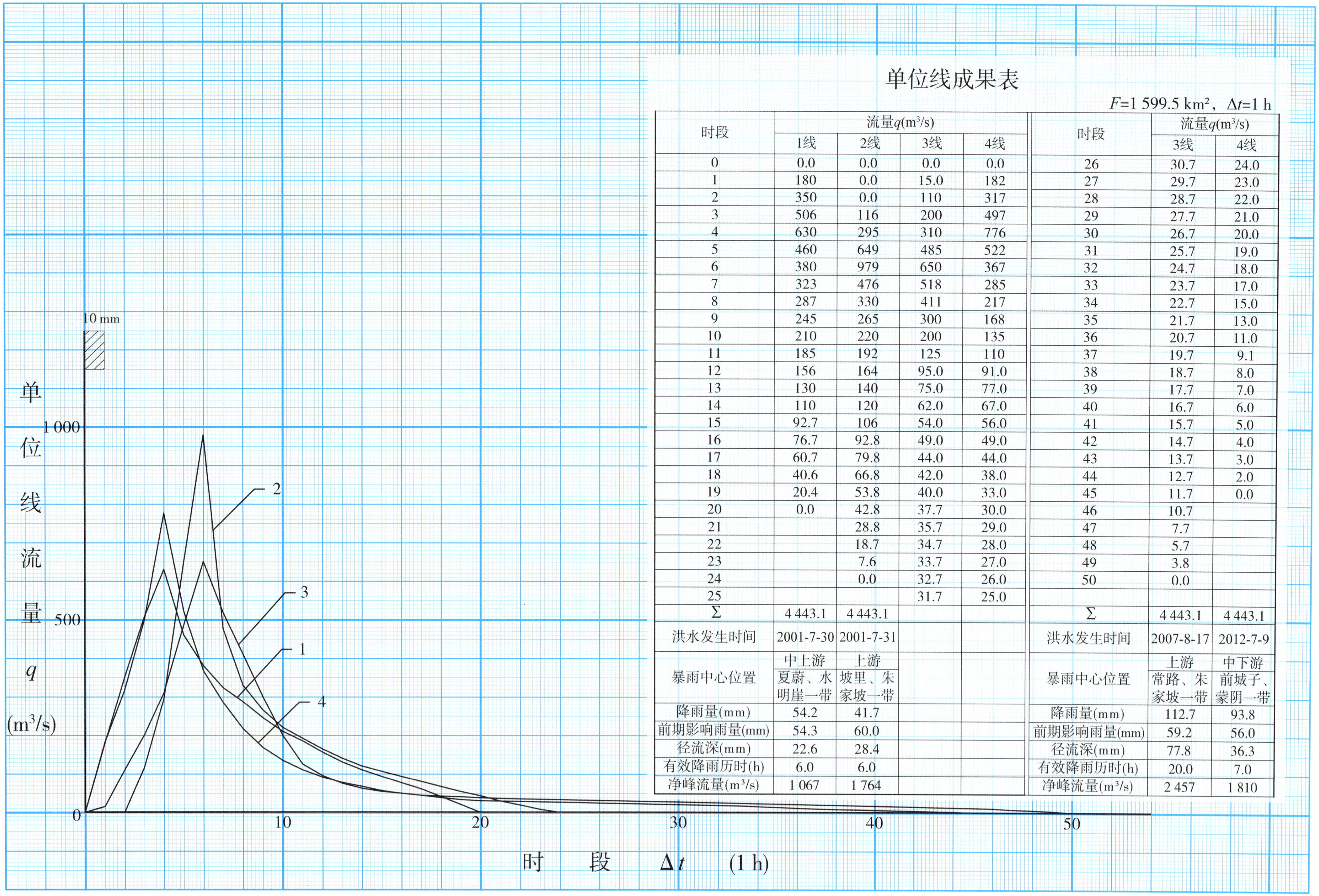

单位线成果表

F=1 599.5 km²，Δt=1 h

时段	流量q(m³/s)			
	1线	2线	3线	4线
0	0.0	0.0	0.0	0.0
1	180	0.0	15.0	182
2	350	0.0	110	317
3	506	116	200	497
4	630	295	310	776
5	460	649	485	522
6	380	979	650	367
7	323	476	518	285
8	287	330	411	217
9	245	265	300	168
10	210	220	200	135
11	185	192	125	110
12	156	164	95.0	91.0
13	130	140	75.0	77.0
14	110	120	62.0	67.0
15	92.7	106	54.0	56.0
16	76.7	92.8	49.0	49.0
17	60.7	79.8	44.0	44.0
18	40.6	66.8	42.0	38.0
19	20.4	53.8	40.0	33.0
20	0.0	42.8	37.7	30.0
21		28.8	35.7	29.0
22		18.7	34.7	28.0
23		7.6	33.7	27.0
24		0.0	32.7	26.0
25			31.7	25.0
Σ	4 443.1	4 443.1		
洪水发生时间	2001-7-30	2001-7-31		
暴雨中心位置	中上游 夏蔚、水明崖一带	上游 坡里、朱家坡一带		
降雨量(mm)	54.2	41.7		
前期影响雨量(mm)	54.3	60.0		
径流深(mm)	22.6	28.4		
有效降雨历时(h)	6.0	6.0		
净峰流量(m³/s)	1 067	1 764		

时段	流量q(m³/s)	
	3线	4线
26	30.7	24.0
27	29.7	23.0
28	28.7	22.0
29	27.7	21.0
30	26.7	20.0
31	25.7	19.0
32	24.7	18.0
33	23.7	17.0
34	22.7	15.0
35	21.7	13.0
36	20.7	11.0
37	19.7	9.1
38	18.7	8.0
39	17.7	7.0
40	16.7	6.0
41	15.7	5.0
42	14.7	4.0
43	13.7	3.0
44	12.7	2.0
45	11.7	0.0
46	10.7	
47	7.7	
48	5.7	
49	3.8	
50	0.0	
Σ	4 443.1	4 443.1
洪水发生时间	2007-8-17	2012-7-9
暴雨中心位置	上游 常路、朱家坡一带	中下游 前城子、蒙阴一带
降雨量(mm)	112.7	93.8
前期影响雨量(mm)	59.2	56.0
径流深(mm)	77.8	36.3
有效降雨历时(h)	20.0	7.0
净峰流量(m³/s)	2 457	1 810

图 7–4　东汶河岸堤水库站 1 h 单位线图

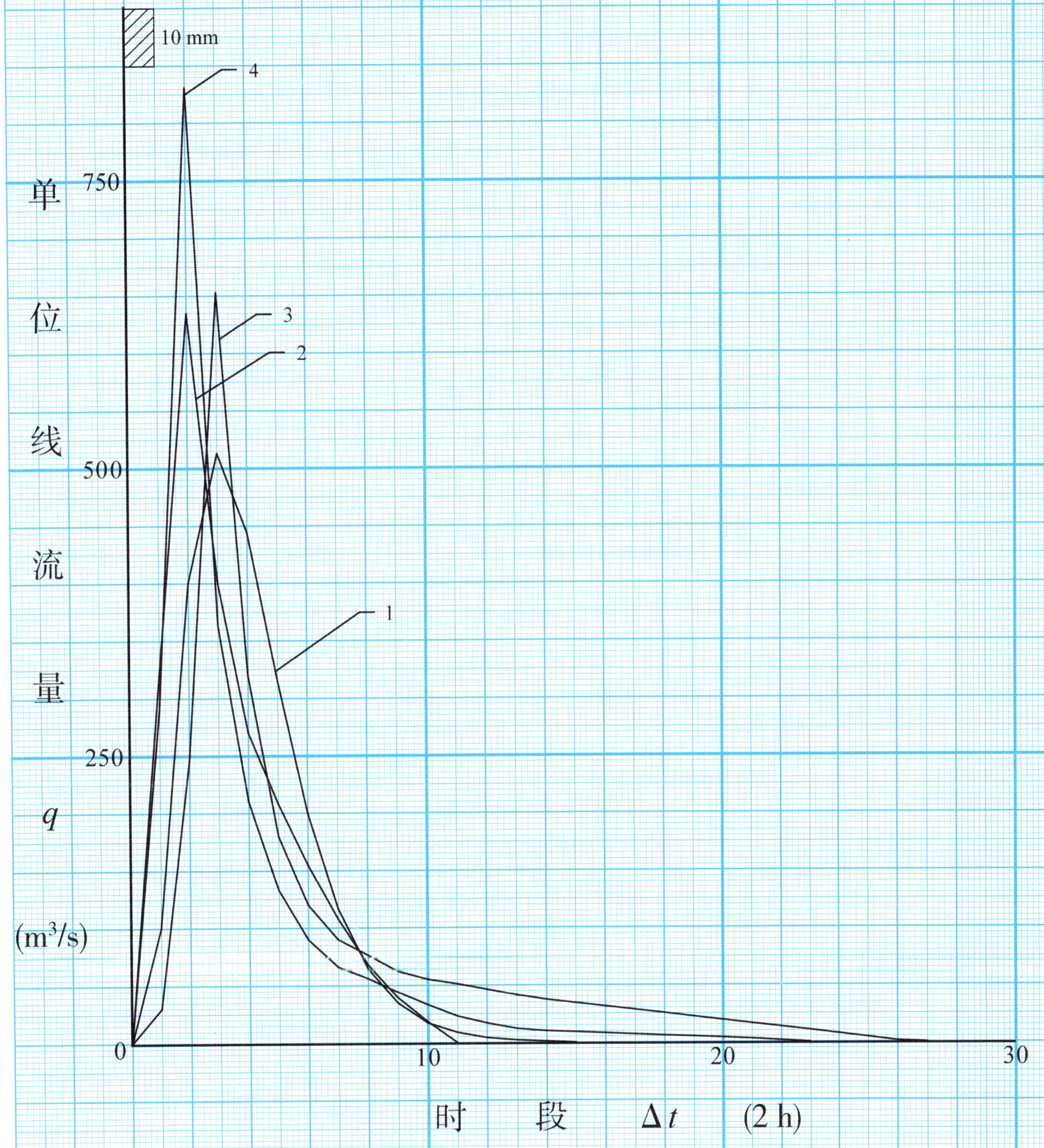

单位线成果表

F=1 599.5 km²，Δt=2 h

时段	流量q(m³/s)			
	1线	2线	3线	4线
0	0.0	0.0	0.0	0.0
1	100	320	30.0	290
2	400	635	245	831
3	513	400	653	363
4	444	270	320	210
5	315	208	180	133
6	200	155	120	90.0
7	117	108	90.0	66.0
8	64.7	68.2	76.3	56.0
9	34.4	39.2	62.3	44.0
10	17.1	18.1	55.3	33.0
11	8.9	0.0	51.3	23.0
12	4.3		46.3	17.0
13	2.1		41.3	12.0
14	1.0		37.3	10.0
15	0.0		34.3	9.0
16			31.3	8.0
17			28.3	7.0
18			25.3	6.0
19			22.3	5.0
20			19.3	4.0
21			16.3	3.0
22			13.3	1.5
23			10.3	0.0
24			7.3	
25			4.3	
26			1.1	
27			0.0	
∑	2 221.5	2 221.5	2 221.5	2 221.5
洪水发生时间	1990-8-16	2001-7-30	2007-8-17	2012-7-9
暴雨中心位置	全流域比较均匀	中上游夏蔚、水明崖一带	上游常路、朱家坡一带	中下游前城子、蒙阴一带
降雨量(mm)	88.4	54.2	112.7	93.8
前期影响雨量(mm)	26.3	54.3	59.2	56.0
径流深(mm)	45.9	22.6	77.8	36.3
有效降雨历时(h)	7.2	6.0	20.0	7.0
净峰流量(m³/s)	2 066	1 067	2 457	1 810

图 7-5　东汶河岸堤水库站 2 h 单位线图

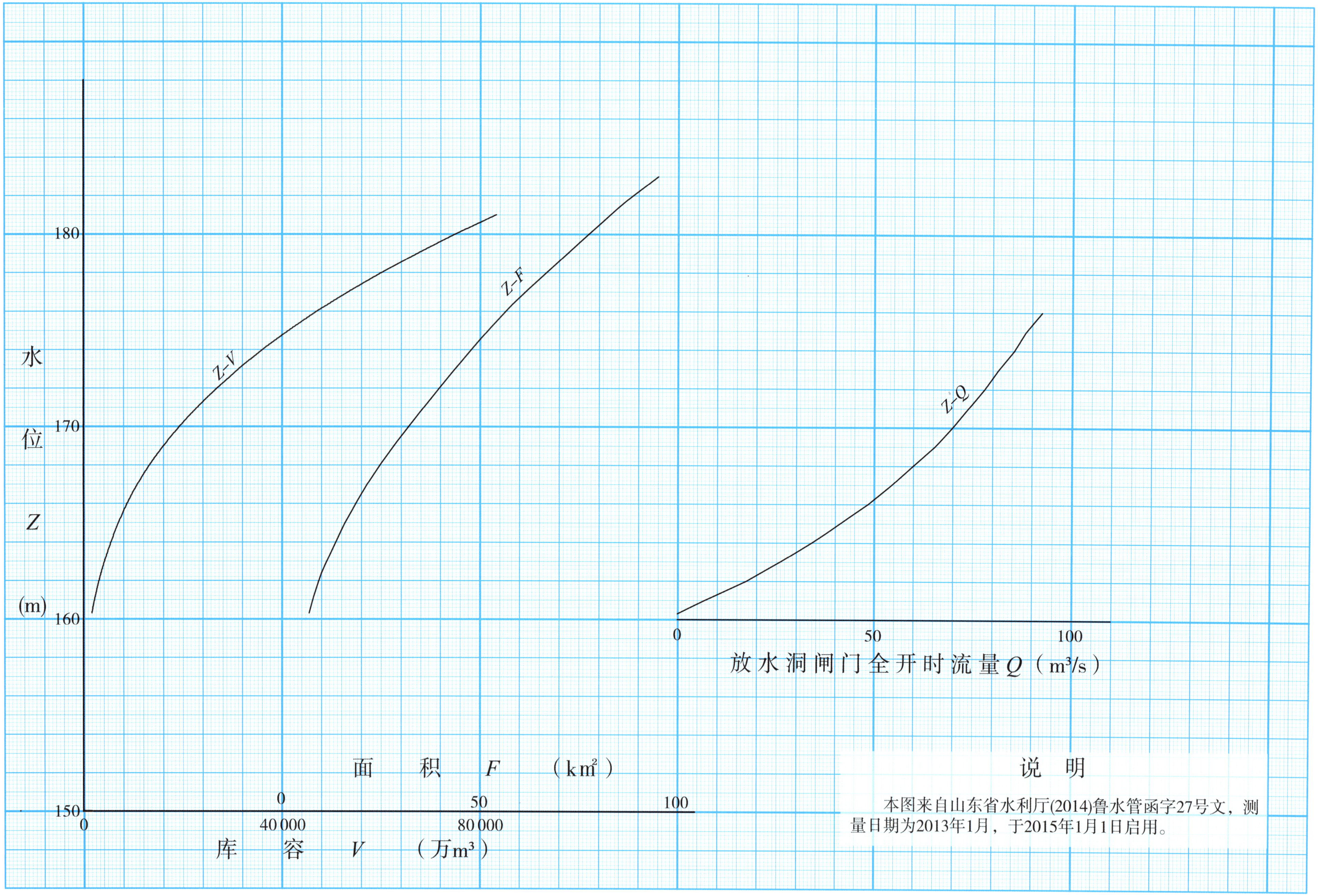

图 7–6　东汶河岸堤水库水位－库容、水位－面积、水位－放水流量关系曲线图

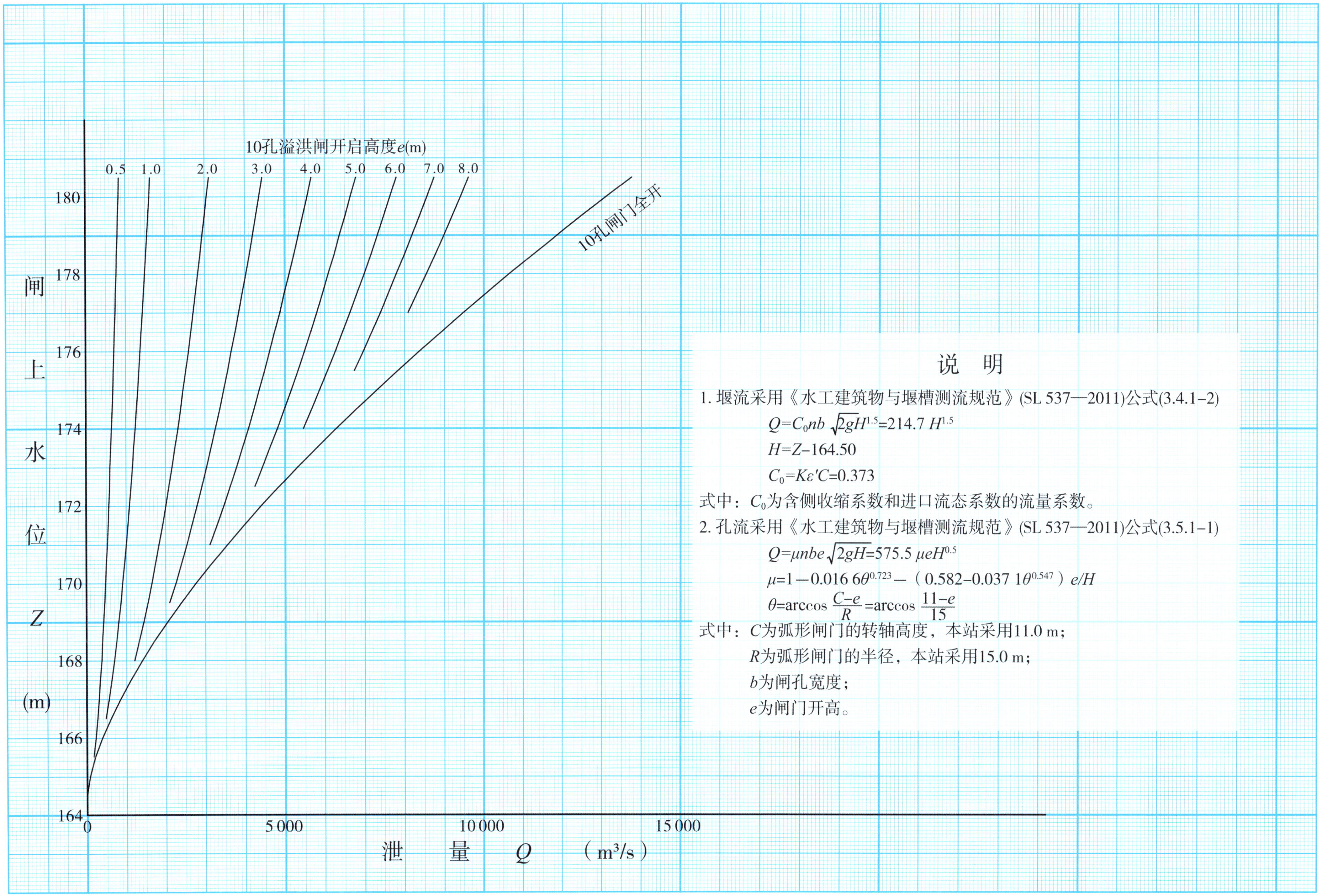

说　明

1. 堰流采用《水工建筑物与堰槽测流规范》(SL 537—2011)公式(3.4.1–2)

$$Q=C_0 nb\sqrt{2g}H^{1.5}=214.7\,H^{1.5}$$

$$H=Z-164.50$$

$$C_0=K\varepsilon' C=0.373$$

式中：C_0为含侧收缩系数和进口流态系数的流量系数。

2. 孔流采用《水工建筑物与堰槽测流规范》(SL 537—2011)公式(3.5.1–1)

$$Q=\mu nbe\sqrt{2gH}=575.5\,\mu eH^{0.5}$$

$$\mu=1-0.016\,6\theta^{0.723}-(0.582-0.037\,1\theta^{0.547})\,e/H$$

$$\theta=\arccos\frac{C-e}{R}=\arccos\frac{11-e}{15}$$

式中：C为弧形闸门的转轴高度，本站采用11.0 m；

R为弧形闸门的半径，本站采用15.0 m；

b为闸孔宽度；

e为闸门开高。

图 7–7　东汶河岸堤水库溢洪闸泄流曲线图（Z–Q）

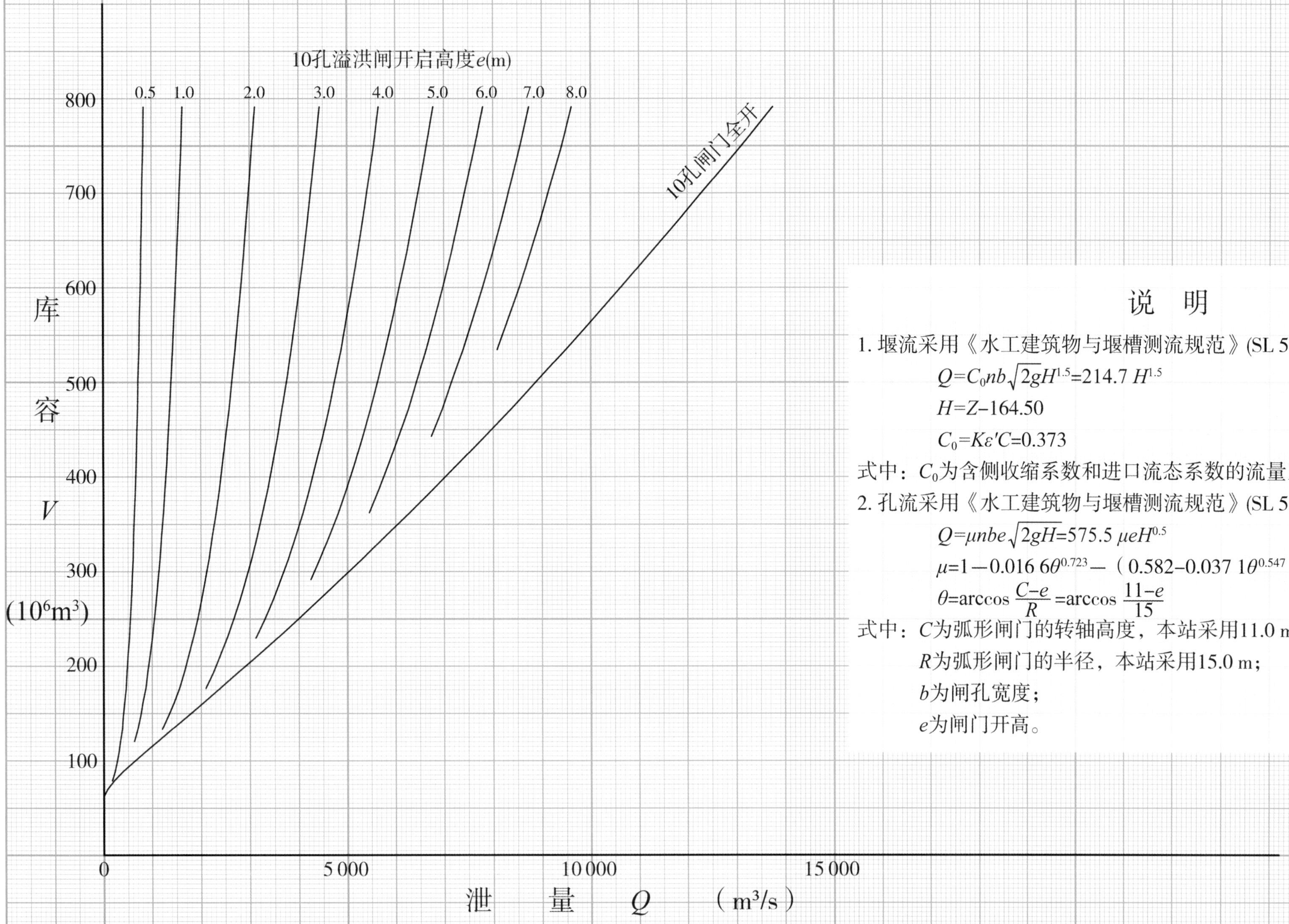

说　明

1. 堰流采用《水工建筑物与堰槽测流规范》(SL 537—2011)公式(3.4.1–2)

$$Q=C_0nb\sqrt{2g}H^{1.5}=214.7\ H^{1.5}$$

$$H=Z-164.50$$

$$C_0=K\varepsilon'C=0.373$$

式中：C_0为含侧收缩系数和进口流态系数的流量系数。

2. 孔流采用《水工建筑物与堰槽测流规范》(SL 537—2011)公式(3.5.1–1)

$$Q=\mu nbe\sqrt{2gH}=575.5\ \mu eH^{0.5}$$

$$\mu=1-0.016\,6\theta^{0.723}-(0.582-0.037\,1\theta^{0.547})\,e/H$$

$$\theta=\arccos\frac{C-e}{R}=\arccos\frac{11-e}{15}$$

式中：C为弧形闸门的转轴高度，本站采用11.0 m；
R为弧形闸门的半径，本站采用15.0 m；
b为闸孔宽度；
e为闸门开高。

图 7–8　东汶河岸堤水库溢洪闸泄流曲线图（V–Q）

第八章　祊河唐村水库站水文预报方案编制说明

1　流域概况

1.1　流域自然地理特征

唐村水库位于沂河水系祊河的上游，河道干流长 29.2 km。祊河支流有丰阳河、尚河等，流域形状近似长方形，地势南高北低。流域内以浅山区为主，占流域面积的 80%，丘陵占 20%，地质多系火成岩，由古老的片麻岩、沉积岩组成。岩石风化剥蚀严重，土壤多为黏壤土及沙壤土。流域内封山造林较好，农作物以玉米、小麦、地瓜等为主。流域多年平均年降水量为 763.0 mm（1956—2016 年系列），其中 6—9 月降雨量为 558.0 mm，占全年的 73.1%。唐村水库站以上流域见图 8-1。

1.2　水利工程情况

1.2.1　唐村水库概况

唐村水库坐落在平邑县城西南 12.5 km 处的流峪镇唐村岭，控制流域面积为 259 km^2，河道干流平均坡度为 2.41‰。该水库于 1958 年 11 月开工修建，1959 年 10 月建成蓄水，坝顶高程为 192.20 m，溢洪道主槽底高 184.6 m，宽 100 m。2002 年 11 月至 2005 年 4 月，对该水库进行除险加固，坝顶高程 192.20 m。2002 年建 10 m×5 m 溢洪闸 5 孔，闸底高程 183.00 m。2003 年对南放水洞进行重建，北放水洞进行维修，南放水洞进口底高程为 170.50 m，北放水洞进口底高程为 173.00 m。唐村水库汛中限制水位 185.00 m，汛末蓄水位 185.50 m，允许最高水位 189.69 m。

1.2.2　上游水利工程情况

由于自然原因，南卜庄水库常年淤泥淤积，致使水库废弃，改为河道。流域内小（1）型水库 5 座、小（2）型水库 14 座、塘坝 83 座，控制流域面积 86.4 km^2，总库容 1 152 万 m^3。流域内主要水利工程情况见表 8-1，小（1）型、小（2）型水库竣工时间见表 8-2。

表 8-1　流域内主要水利工程情况表

类型	库名	坝址位置	到本库距离（km）	流域面积（km^2）	校核洪水位时		兴利库容（万 m^3）
					总库容（万 m^3）	溢洪流量（m^3/s）	
小（1）型	外柿子峪	平邑县流峪镇外柿子峪村	8.4	7.8	101	60	49
小（1）型	大孟常	平邑县丰阳镇大孟常庄村	13.9	3.2	106	91	73
	娄山沟	平邑县丰阳镇娄山沟	9.8	3.0	116	70	60
	涝泉	平邑县临涧镇涝泉村	24.3	11.0	502	195	368
	南卜庄	平邑县丰阳镇南埠庄村	8.5	13.0	226	314	125
小（2）型	余粮店	平邑县临涧镇余粮店村	21.2	0.5	49.2	59	18
	上峪	平邑县临涧镇上峪村	26.8	0.5	12	7	8.2
	石门	平邑县临涧镇石门村	19.2	2.4	39	76	17
	下洼	平邑县临涧镇下洼村	18.2	0.9	11	27	6.3
	夫子山	平邑县临涧镇夫子山村	8.6	0.7	12	25	5.1
	蜑庄	平邑县临涧镇蜑庄村	11.4	0.4	10.8	11	9.2
	小卓庄	平邑县临涧镇小卓庄村	16.4	0.6	14	8	4.9
	外宋子峪	平邑县流峪镇外宋子峪村	6.9	2.4	16	42	8.74
	三寨	平邑县丰阳镇三寨村	11.1	0.32	12	10	8.3
	长岭	平邑县丰阳镇长岭村	7.9	1.02	13	14	8.8
	白石	平邑县丰阳镇白石庄村	13.5	0.55	10	15	3.7
	井泉	平邑县丰阳镇井泉庄	12.1	1.43	24.31	26	13.1
	土门	平邑县流峪镇土门村	6.1	0.75	11	9	6.5
	郑家峪东	平邑县丰阳镇郑家峪村	10.7	0.44	10.6	3	7.5

表 8-2　流域内小（1）型、小（2）型水库建库竣工时间表

类别	库名	竣工日期	备注	类别	库名	竣工日期	备注
小（1）型	南卜庄	1957 年 12 月	1990 年拆除	小（2）型	井泉	1966 年 12 月	
	涝泉	1971 年 6 月			长岭	1968 年 11 月	
	大孟常	1976 年 11 月			蜑庄	1972 年 1 月	
	外柿子峪	1978 年 10 月			夫子山	1973 年 9 月	
	娄山沟	1979 年 10 月			三寨	1973 年 11 月	
小（2）型	下洼	1956 年 12 月			郑家峪东	1974 年 10 月	
	石门	1959 年 12 月			白石	1976 年 10 月	
	上峪	1965 年 12 月			余粮店	1976 年 11 月	
	土门	1966 年 9 月			外宋子峪	1985 年 5 月	
	小卓庄	1966 年 12 月					

1.3 测站概况

1.3.1 基本情况

唐村水库水文站于 1961 年 6 月 1 日设立，流域面积为 259 km^2;唐村水库站属区域代表站，测验任务有库内水位、出库流量、降水量、冰情、水质、墒情、水文调查等；该站还承担向国家防总，省、市防指，工程管理部门等多家单位提供雨水情报、预报任务。唐村水库水文站上游有 3 处长系列雨量站，详见表 8–3。

该站冻结基面高程 +0.000 m=1956 年黄海基面高程，冻结基面高程 +0.021 m=1985 年国家高程基准高程。

表 8–3 祊河唐村水库站以上流域雨量站情况表

站名	设站年份	详细地址
临涧	1961 年	平邑县临涧镇临涧村
郑家峪	1968 年	平邑县丰阳镇郑家峪村
唐村水库	1959 年	平邑县流峪镇唐村水库

1.3.2 集水面积变化情况

由于上游小（1）、小（2）型水库的建设，本站集水面积发生了变化，其变化情况见表 8–4。

表 8–4 唐村水库站集水面积变化情况表

时间	起	1960 年 12 月	1966 年 9 月	1968 年 11 月	1971 年 6 月	1972 年 1 月	1973 年 9 月	1973 年 11 月	1974 年 10 月
	讫	1965 年 11 月	1968 年 10 月	1971 年 5 月	1971 年 12 月	1973 年 8 月	1973 年 10 月	1974 年 9 月	1976 年 9 月
小型水库以下区间流域面积（km^2）		242.2	238.4	234.4	227.4	227.0	226.3	226.0	225.5
时间	起	1976 年 10 月	1976 年 11 月	1976 年 11 月	1978 年 10 月	1979 年 10 月	1985 年 5 月	1991 年	
	讫	1976 年 10 月	1976 年 11 月	1978 年 9 月	1979 年 9 月	1985 年 4 月	1990 年	2020 年	
小型水库以下区间流域面积（km^2）		225.0	221.8	219.3	211.5	208.5	206.1	219.1	

2 预报方案编制

2.1 预报区间的确定

唐村水库上游无大中型水库，区间面积为 219.1 km^2，为唐村水库以上总控制面积 259 km^2 减去上游主要小型水库控制面积 39.9 km^2 得到。

2.2 资料情况及方案沿革

2.2.1 资料情况

唐村水库站预报方案于 1981 年编制完成，又分别于 1991 年、1999 年、2011 年进行了方案的修订。本次修订除选用之前分析的 1960—2010 年共 50 场次暴雨洪水外，另外补充了 2011—2020 年 10 场次暴雨洪水进行分析，即资料系列为 1960—2020 年，共 60 场次洪水。

2.2.2 方案沿革

原方案中产流方案采用降雨径流相关图 $P\text{–}P_a\text{–}R$，汇流方案采用峰量关系曲线图、经验单位线。本次修订，在原产流方案降雨径流相关图 $P\text{–}P_a\text{–}R$ 中增加了 9 个点据，关系线保持不变；在原汇流方案峰量关系曲线图中增加了 10 个点据，关系线保持不变；经验单位线新增 4 条，其中 1 h 和 2 h 单位线各 2 条。

2.3 产流方案

本方案采用降雨径流相关法，祊河唐村水库站 $P\text{–}P_a\text{–}R$ 关系曲线见图 8–2。其中：P 为次降雨流域平均雨量（mm）；P_a 为流域平均前期影响雨量（mm）；R 为次降雨所产生的径流深（mm）。

2.3.1 主要参数的计算

2.3.1.1 流域平均雨量P的计算

流域平均雨量采用加权平均法即泰森多边形法计算，本库流域采用的站点及其权重见表 8–5。

表 8–5 唐村水库站以上流域内雨量站的控制权重表

站名	唐村水库	郑家峪	临涧
权重	0.164	0.400	0.436

2.3.1.2 流域平均前期影响雨量P_a的计算

每年自汛初开始连续计算，先以面积加权法计算流域平均雨量，然后计算前期影响雨量 P_a。本次 K、I_m 取值未做分析，继续沿用原有成果，P_a 计算公式如下：

$$P_{a,t}=K\left(P_{a,t-1}+P_{t-1}\right)$$

式中：$P_{a,t}$ 为当日的流域平均前期影响雨量（mm）；$P_{a,t-1}$ 为前一日的流域平均前期影响雨量（mm）；P_{t-1} 为前一日流域平均降雨量（mm）；K 为前期影响雨量递减系数，$K=1-\frac{E_m}{I_m}$，$K=0.85$；E_m 为流域蒸发能力（mm）；I_m 为流域最大损失量，本方案采用 60 mm。

2.3.1.3 径流深R的推求

在一次洪水过程线上采用斜线分割法切割基流，上游水库放水时，要将水库放水形成的地表径流的那部分水量扣除。本次洪水径流深 R 等于洪水总量 W（已扣除水库放水量和基流量）除以集水面积 F。唐村水库水文站降雨径流分析成果见表 8–6。

2.3.2 精度评定

本方案采用 1960—2020 年共 61 年资料系列的 59 个点据，绘制 $P\text{–}P_a\text{–}R$ 相关曲线。精度评定采用合格点次占总点次的百分比为合格率，许可误差采用实测值的 20%，并以 20.0 mm 为上限，以 3.0 mm 为下限作为控制。方案合格率为 72.9%，属乙级方案，详见表 8–7。

2.3.3 突出点分析

本次修订补充的点据中 170707 和 190811 场次洪水误差较大，经分析，其原因为两次暴雨均是前期的降水量较少，土壤含水率较低，且受上游水利工程调蓄影响较大，从而导致实测径流深远小于预报径流深。

2.4 汇流方案

本方案主要采用峰量关系图、经验单位线和综合瞬时单位线等方法。

2.4.1 峰量关系曲线 R–T_c–$Q_{m净}$

本方案采用的峰量关系曲线图见图 8–3。图中 R 为一次降雨径流深；T_c 为有效降雨历时，是指实际能产生径流，对造峰有明显影响的降雨历时，如果两段较大降雨之间有一小段不产生径流，此段历时也统计在主要有效降雨历时之内，当降雨时段较长时，一般采取占总降雨量 80% 以上的主要降雨时段数；$Q_{m净}$为一次降雨过程所产生的区间净峰流量。受上游水利工程的影响，历年实测的净峰流量相应集水面积不同，本次方案制作时统一改正为当前集水面积上的净峰流量，其计算公式为

$$Q_{m净}=Q'_{m净}(F_{现}/F_{原})^{2/3}$$

式中：$Q_{m净}$为改正后的净峰流量（m^3/s）；$Q'_{m净}$为原集水面积实测的净峰流量（m^3/s）；$F_{现}$为当前采用的集水面积，即扣除小（1）型、小（2）型水库拦截面积后的集水面积（km^2）；$F_{原}$为实测 $Q'_{m净}$时相应集水面积（km^2）。

精度评定：本方案采用 1960—2020 年资料系列，共 59 次洪水点据。许可误差采用实测值的 20% 作控制，方案合格率为 74.6%，为乙级方案，详见表 8–8。

2.4.2 经验单位线

根据 910725、050921、070818、130718 和 200807 场次洪水资料共分析了 7 条单位线，其中 1 h 单位线 4 条、2 h 单位线 3 条。单位线见图 8–4 和图 8–5。

2.4.3 综合瞬时单位线

本方案采用如下地区综合单位线方程：

$$M_1=CF^{0.33}J^{-0.27}R^{-0.2}T_c^{0.17}$$

$$M_2=0.34M_1^{-0.12}$$

式中：F 为集水面积，本站取 219.1 km^2；J 为河道干流坡度，本站为 0.002 41；M_1 为瞬时单位线参数，$M_1=nk$；M_2 为瞬时单位线参数，$M_2=1/n$；n 为瞬时单位线反映流域汇流调节次数的参数；k 为瞬时单位线反映流域汇流时间的参数；C 为经验系数，$R\geqslant 50$ mm 时，C=0.196，$R<50$ mm 时，C=0.255。

2.5 水位与库容、面积、放水流量关系曲线

本方案采用 1973 年山东省水利局（75）鲁水文字第 5 号文公布成果，唐村水库水位 – 库容、水位 – 面积、水位 – 放水流量关系曲线见图 8–6。

2.6 水位泄量关系曲线

根据堰闸流量计算公式，计算并分别绘制了蓄水量 – 过闸流量和蓄水量 – 闸上水位溢洪闸泄流关系曲线，见图 8–7 和图 8–8。

2.6.1 堰流

$$Q=K\varepsilon'Cnb\sqrt{2g}\,H^{3/2}=C_0nb\sqrt{2g}\,H^{3/2},\quad C_0=K\varepsilon'C\,;$$

$$C_0=\frac{C_p(n-1)+C_a}{n}$$

式中：C_p 为孔流量系数，查表时，$\frac{b}{B}$用$\frac{b}{b+d}$代替，d 为墩厚，本站 d=1.3 m，b=10 m，$\frac{b}{b+d}\approx 0.885$，$\cot\theta=1.5/0.65\approx 2.308$，查得 C_p=0.375；C_a 为边孔流量系数，查表时，$\frac{b}{B}$用$\frac{b}{b+\Delta b}$代替，Δb 为边墩边缘与上游引渠水边线之间的水平距离，本站 Δb=0 m（闸墩前有 20 m 的矩形引水明渠），$\frac{b}{B}$=1.0，查得 C_a=0.385。

因此，5 孔闸门全开时，$C_0=\frac{C_p(n-1)+C_a}{n}=\frac{0.375\times(5-1)+0.385}{5}$=0.377。故本站自由式堰流公式为

$$Q=K\varepsilon'Cnb\sqrt{2g}\,H^{3/2}=C_0nb\sqrt{2g}\,H^{3/2}\approx 83.495H^{3/2}$$

式中：H 为闸上水头（m），$H=Z-183.00$。

2.6.2 孔流

$$Q=\mu nbe\sqrt{2gH}$$

式中：n 为闸门孔数，本站 n=5；b 为闸门单孔宽，本站 b=10 m；H 为 闸门水头（m）；e 为闸门开启高度（m）；μ 为流量系数，$\mu=0.454(e/H)^{-0.138}$。

当 $e/H\leqslant 0.65$ m 时，查自由式孔流曲线；当 $e/H>0.65$ m 时，查自由式堰流曲线。

3 方案使用说明

3.1 径流量预报

根据次流域平均降雨量 P 及前期影响雨量 P_a 在 P–P_a–R 关系线上查得 R。采用如下公式计算地表径流总量：

$$W_R=0.1RF$$

式中：F 为流域小型水库以下集水面积，可在图 8–9 上查得，本次方案采用 219.1 km^2。

3.2 最大入库洪峰流量预报

3.2.1 查R–T_c–$Q_{m净}$图

依据查得的径流深 R 及求出的有效降雨历时 T_c，通过本方案可查得流域集水面积上所产生的净峰流量 $Q_{m净}$，加上基流 $Q_{基}$即为所预报的洪峰流量。

3.2.2 经验单位线

在进行洪水作业预报时，视本次降雨情况选定与降雨特点相近的洪水分析的经验单位线。

3.2.3 综合瞬时单位线

将预报的次径流深 R 及求出的有效降雨历时 T_c 代入地区综合单位线方程，求得 M_1、M_2 后，进而计算 n、k 值，代入 t/k 的 n 阶非完全伽马函数式，计算瞬时单位线的 $S(t)$ 曲线。

3.3 入库洪水总量预报

$$W_{总}=W_R+W_{基}$$

式中：$W_{总}$为次洪水总量（万 m^3）；W_R 为次降雨地表径流总量（万 m^3）；$W_{基}$为基流量（万 m^3）。

3.4 方案合理性检查及评定

在方案建立过程中，随时根据规范要求及有关文件规定进行合理性检查，特别对突出点据从原始资料反复查对，对中间处理过程也进行了认真审查，发现不合理的问题后基本上做了检查改正。方案建立后，先从线形进行比较，防止出现矛盾现象，然后对每个方案尽量根据规范规定采用表格形式进行了精度评定（用许可误差法）。其中降雨径流相关图合格率为72.9%，属乙级方案；峰量关系曲线图合格率为 74.6%，属乙级方案。综上，本方案属于乙级方案。

3.5 方案适应能力

本方案适用于防洪标准以下的洪水作业预报。如遇超标准洪水，则需根据当时具体情况酌情修正。

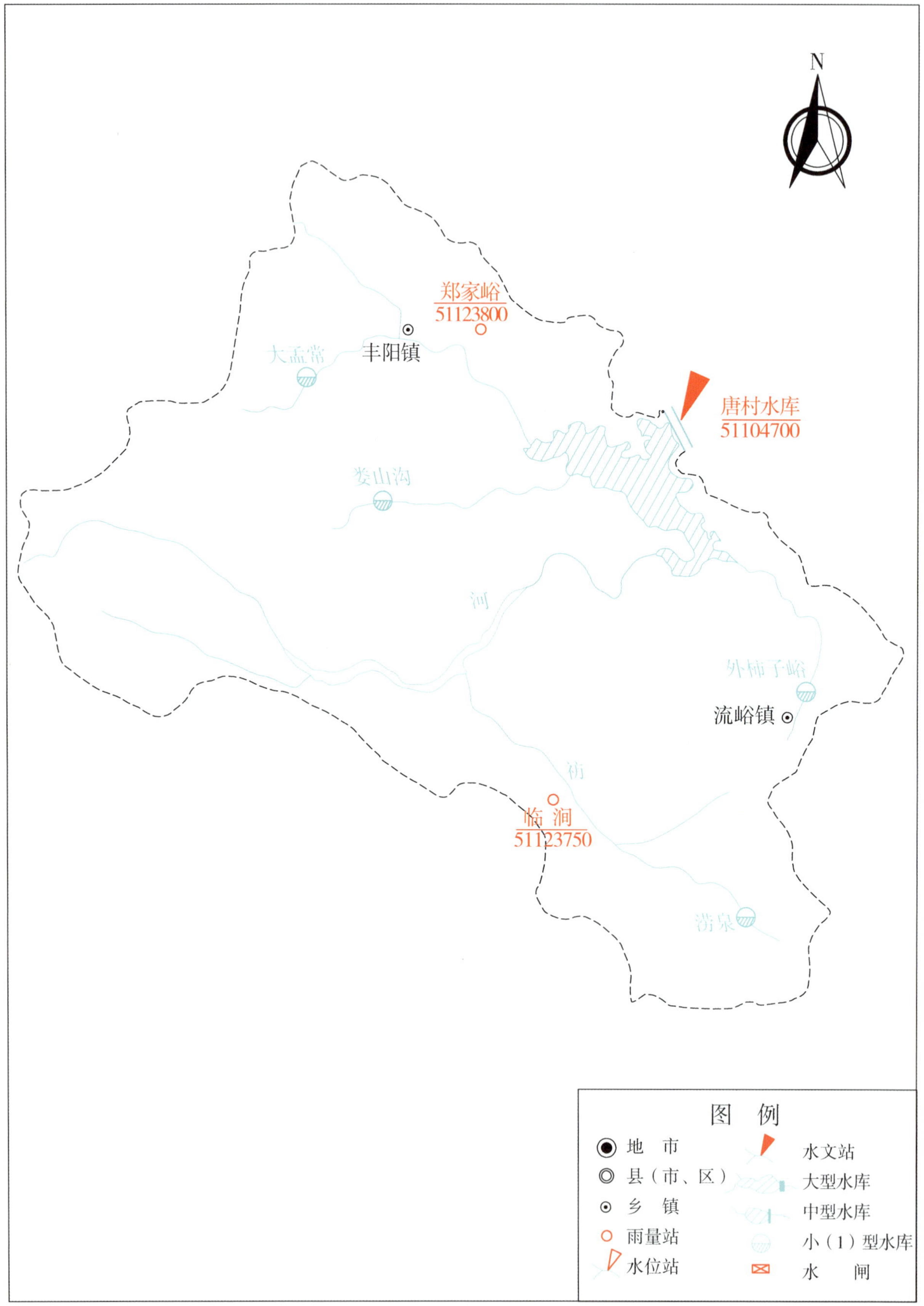

图 8–1 礽河唐村水库水文站以上流域图

表 8-6　汸河唐村水库站降雨径流分析成果表

序号	降雨起讫时间							流域平均雨量 P（mm）	前期影响雨量 P_a（mm）	降雨历时（h）		暴雨中心位置	洪水发生时间									洪水历时 $T_{洪}$（h）	洪峰流量 Q_m（m^3/s）	净峰流量 $Q'_{m净}$（m^3/s）	地表径流总量 W（万 m^3）	集水面积 F（km^2）	径流深 R（mm）	径流系数 α	改正后的净峰流量 $Q_{m净}$（m^3/s）
	起				讫					全部 T	有效 T_c		起涨			峰顶			落平										
	年	月	日	时	月	日	时						月	日	时	月	日	时	月	日	时								
1	1962	6	19	16	6	19	22	22.5	20.0	6	4	唐村	6	19	18	6	19	22	6	20	12	18	59.9	58.9	96	242.2	4.0	0.18	55
2	1962	7	18	10	7	18	12	23.6	26.0	2	2	临涧	7	18	6	7	18	13	7	19	6	24	126	125	134	242.2	5.5	0.23	117
3	1963	8	1	0	8	1	8	16.8	41.0	8	4.7	唐村	8	1	0	8	1	5	8	2	6	30	62.7	54.7	191	242.2	7.9	0.47	51
4	1963	8	29	20	8	30	8	110.6	60.0	12	10	唐村	8	29	21	8	30	2	8	31	12	39	932	927	2 354	242.2	97.2	0.88	867
5	1964	7	31	12	8	1	6	71.6	43.0	18	13	唐村	7	31	8	8	1	4	8	2	8	48	360	350	1 134	242.2	46.8	0.65	327
6	1965	7	9	12	7	10	2	118.3	28.0	14	13	郑家峪	7	9	12	7	9	21.5	7	11	2	38	726	716	1 175	242.2	48.5	0.41	670
7	1965	7	27	12	7	27	20	83.5	43.0	8	4	郑家峪	7	27	12	7	27	16.5	7	29	8	44	899	889	1395	242.2	57.6	0.69	832
8	1967	9	2	0	9	2	16	110.4	27.6	16	4	临涧	9	2	8	9	2	10	9	3	20	36	886	876	1 287	238.4	54.0	0.49	828
9	1970	7	19	11	7	19	18	32.0	20.8	7	4	临涧	7	19	11	7	19	15	7	20	20	33	102	99.4	145.8	234.4	6.2	0.19	95
10	1970	7	24	17	7	25	4	30.8	60.0	11	11	唐村	7	24	17	7	24	22	7	26	12	43	185	182	594	234.4	25.3	0.82	174
11	1970	7	25	5	7	25	20	105.2	60.0	15	14	唐村	7	25	6	7	25	10	7	27	5	47	650	647	2 099	234.4	89.5	0.85	619
12	1970	7	28	19	7	29	8	36.2	50.8	13	10	郑家峪	7	28	20	7	29	3	7	30	10	38	163	159	471.6	234.4	20.1	0.56	152
13	1971	8	8	21	8	9	12	105.7	25.0	15	4	临涧	8	9	4	8	9	7	8	10	9	29	934	929	1 278	227.4	56.2	0.53	906
14	1971	8	21	5	8	22	8	100.0	35.9	27	11	唐村	8	21	5	8	21	19	8	23	8	51	520	512	1 584	227.4	69.7	0.70	499
15	1972	8	27	8	8	27	13	52.2	19.1	5	4	临涧	8	27	8	8	27	11	8	28	20	36	78.5	78.3	217	227	9.6	0.18	76
16	1973	7	13	4	7	13	8	25.4	50.3	4	3	郑家峪	7	13	4	7	13	6.5	7	15	4	48	167	166	236	227	10.4	0.41	162
17	1974	8	1	0	8	1	12	85.0	49.8	12	6	唐村	8	1	0	8	1	6	8	2	2	26	858	848	1 449	226	64.1	0.75	831
18	1975	7	9	6	7	10	6	92.5	17.0	24	10	郑家峪	7	9	8	7	9	20	7	11	8	48	267	265	662.4	225.5	29.4	0.32	260
19	1978	6	25	7	6	25	20	69.1	15.5	13	8.4	临涧	6	25	8	6	25	17	6	26	12	28	55.5	55.5	202.5	219.3	9.2	0.13	55
20	1978	7	13	22	7	14	7	73.4	30.7	9	4.8	唐村	7	13	22	7	14	3	7	15	14	40	303	301	939.6	219.3	42.8	0.58	301
21	1980	6	15	20	6	16	17	164.3	11.6	21	10	郑家峪	6	15	20	6	15	21.5	6	18	2	54	711	711	2 034	208.5	97.6	0.59	735
22	1985	7	15	16	7	16	4	79.2	47.8	12	6.9	临涧	7	15	6	7	15	21	7	16	20	38	478	473	1 071	206.1	52.0	0.66	493
23	1985	8	22	12	8	23	2	76.0	60.0	14	8.4	唐村	8	22	12	8	22	20.5	8	24	6	42	487	482	1 134	206.1	55.0	0.72	502
24	1990	7	13	19	7	14	1	50.8	40.0	6	2	临涧	7	13	19	7	13	22.5	7	15	0	29	196	191	450.6	206.1	21.9	0.43	199
25	1990	7	21	2	7	21	20	71.5	24.9	18	5.3	唐村	7	21	6	7	21	12	7	21	22	16	170	168	515	206.1	25.0	0.35	175
26	1990	8	2	18	8	3	3	80.1	22.2	9	2	郑家峪	8	2	18	8	2	18.5	8	3	20	26	303	299	368.4	206.1	17.9	0.22	311
27	1991	7	24	19	7	25	6	111.0	60.0	11	10	郑家峪	7	24	18	7	25	0	7	26	0	30	640	625	1 749	219.1	79.8	0.72	625
28	1993	8	4	20	8	5	10	61.6	24.7	14	14	临涧	8	4	18	8	5	9	8	6	22	52	100	99	396.3	219.1	18.1	0.29	99
29	1995	8	15	16	8	16	8	147.1	34.8	16	9	临涧	8	15	17	8	16	3.5	8	16	23	30	777	755	2 009	219.1	91.7	0.62	755
30	1995	8	22	1	8	22	12	76.8	41.0	11	7	临涧	8	22	5	8	22	11.5	8	23	3.5	22.5	328	314	851	219.1	38.8	0.51	314

续表

序号	降雨起讫时间							流域平均雨量 P（mm）	前期影响雨量 P_a（mm）	降雨历时（h）		暴雨中心位置	洪水发生时间									洪水历时 $T_洪$（h）	洪峰流量 Q_m（m³/s）	净峰流量 $Q'_{m净}$（m³/s）	地表径流总量 W（万 m³）	集水面积 F（km²）	径流深 R（mm）	径流系数 α	改正后的净峰流量 $Q_{m净}$（m³/s）
	起				讫					全部 T	有效 T_c		起涨			峰顶			落平										
	年	月	日	时	月	日	时						月	日	时	月	日	时	月	日	时								
31	1997	8	8	3	8	8	10	141.3	27.2	7	5	郑家峪	8	8	3	8	8	9.5	8	9	7.5	28.5	625	625	1 271	219.1	58.0	0.41	625
32	1997	8	19	6	8	20	12	120.6	13.8	30	22	唐村	8	19	17	8	20	1.5	8	21	0	31	167	159	971.5	219.1	44.3	0.37	159
33	1998	8	15	0	8	15	9	94.5	60.0	9	6	临涧	8	15	1	8	15	6.5	8	16	2.5	25.5	707	682	1 576	219.1	71.9	0.76	682
34	1999	6	15	1	6	15	11	115.6	1.1	10	6	临涧	6	15	2.5	6	15	9.5	6	15	18.5	16	191	184	347	219.1	15.8	0.14	184
35	2003	6	22	9	6	22	20	102.2	3.3	11	6	临涧	6	22	11	6	22	21.5	6	23	5	18	198	190	390	219.1	17.8	0.17	190
36	2003	8	22	21	8	23	4	110.7	18.0	7	6	郑家峪	8	22	22.5	8	23	4.5	8	23	15	16.5	696	678	1 299	219.1	59.3	0.54	678
37	2003	8	25	20	8	26	11	54.4	60.0	15	10	郑家峪	8	25	23	8	26	10.5	8	27	1.5	26.5	265	238	748	219.1	34.1	0.63	238
38	2004	9	14	2	9	14	17	127.6	4.6	15	13	郑家峪	9	14	3	9	14	16.5	9	15	13	34	255	244	769	219.1	35.1	0.28	244
39	2005	7	24	5	7	24	9	63.8	22.8	4	3	郑家峪	7	24	5	7	24	8.5	7	24	17	12	408	397	556	219.1	25.4	0.40	397
40	2005	9	19	22	9	20	12	172.0	37.9	14	9	郑家峪	9	20	0	9	20	7.5	9	20	23.5	23.5	849	841	2 280	219.1	104.1	0.61	841
41	2005	9	20	23	9	21	9	57.8	60.0	10	9	唐村	9	20	23	9	21	1.5	9	22	1	26	476	444	1 287	259	49.7	0.86	397
42	2006	7	3	8	7	3	20	59.5	32.5	12	10	临涧	7	3	8	7	3	20.5	7	4	20	36	161	158	376	219.1	17.2	0.29	158
43	2006	8	28	16	8	29	13	72.8	41.6	21	17	郑家峪	8	28	18	8	29	9.5	8	30	17	47	330	321	1 232	219.1	56.2	0.77	321
44	2007	8	17	19	8	18	8	113.5	60.0	13	7	临涧	8	17	21	8	18	3.5	8	19	7	34	924	916	2 421	259	93.5	0.82	819
45	2008	7	9	9	7	9	13	40.5	49.2	4	2	唐村	7	9	9	7	9	11.5	7	10	4	19	348	346	481	219.1	22.0	0.54	346
46	2009	7	13	8	7	13	21	56.7	51.0	13	11	郑家峪	7	13	9	7	13	19.5	7	14	18	33	204	194	585	219.1	26.7	0.47	194
47	2009	7	20	15	7	21	4	120.4	30.7	13	10	唐村	7	20	17.5	7	20	22.5	7	22	4	34.5	339	333	1 484	219.1	67.7	0.56	333
48	2009	8	17	16	8	18	5	134.5	17.4	13	9	唐村	8	17	17	8	18	1.5	8	18	17	24	648	637	1 182	219.1	53.9	0.40	637
49	2010	7	17	10	7	18	2	147.6	9.1	16	11	郑家峪	7	17	12.5	7	18	1.5	7	19	1.5	37	617	611	1 433	219.1	65.4	0.44	611
50	2010	7	19	10	7	20	1	33.5	51.0	15	5	临涧	7	19	15	7	19	21	7	20	17	26	150	128	333	219.1	15.2	0.45	128
51	2011	9	14	9	9	15	16	71.9	31.5	31	24	郑家峪	9	14	22	9	15	10.5	9	16	2	28	214	193	633	219.1	28.9	0.40	193
52	2012	7	9	13	7	10	3	75.9	56.9	14	9	唐村	7	9	20	7	10	1.5	7	10	20	24	208	207	600	219.1	27.4	0.36	207
53	2013	7	18	11	7	19	2	73.5	38.5	15	12	临涧	7	18	11	7	18	15.5	7	19	20	33	208	204	560	219.1	25.6	0.35	204
54	2013	7	29	16	7	30	8	81.2	17.6	16	14	临涧	7	29	16	7	30	6.5	7	31	1	33	158	145	420	219.1	19.2	0.24	145
55	2016	6	23	11	6	23	20	84.4	17.3	9	4	郑家峪	6	23	11	6	23	16.5	6	24	3	16	161	158	270	219.1	12.3	0.15	158
56	2016	7	19	15	7	20	20	83.2	30.7	29	13	郑家峪	7	19	22	7	20	6.5	7	21	7	33	392	385	750	219.1	34.2	0.41	385
57	2017	7	6	8	7	7	6	130.0	11.4	22	13	唐村	7	6	10	7	7	0.5	7	7	13	27	208	203	590	219.1	26.9	0.21	203
58	2017	7	18	3	7	19	4	39.1	47.5	25	8	唐村	7	17	10	7	18	10	7	19	9	47	120	103	453	219.1	20.7	0.40	103
59	2019	8	10	9	8	12	10	171.0	33.5	49	33	唐村	8	10	9	8	11	15	8	14	17	104	154	151	1 399	219.1	63.9	0.37	151
60	2020	8	6	17	8	7	15	79.1	54.7	22	14	唐村	8	6	19	8	7	6	8	8	10	39	292	260	1 118	219.1	51.0	0.64	260

表 8-7　彷河唐村水库站降雨径流预报精度评定表

序号	洪号	流域平均雨量 P（mm）	前期影响雨量 P_a（mm）	实测径流深 $R_{实}$（mm）	预报径流深 $R_{预}$（mm）	预报误差（mm）	许可误差（mm）	评定结果	
								合格	不合格
1	620619	22.5	20.0	4.0	3.5	−0.5	3.0	√	
2	620718	23.6	26.0	5.5	4.7	−0.8	3.0	√	
3	630801	16.8	41.0	7.9	5.2	−2.7	3.0	√	
4	630830	110.6	60.0	97.2	80.8	−16.4	19.4	√	
5	640801	71.6	43.0	46.8	33.3	−13.5	9.4		√
6	650709	118.3	28.0	48.5	55.8	7.3	9.7	√	
7	650727	83.5	43.0	57.6	41.4	−16.2	11.5		√
8	670902	110.4	27.6	54.0	48.8	−5.2	10.8	√	
9	700719	32.0	20.8	6.2	5.5	−0.7	3.0	√	
10	700724	30.8	60.0	25.3	20.8	−4.5	5.1	√	
11	700725	105.2	60.0	89.5	75.8	−13.7	17.9	√	
12	700729	36.2	50.8	20.1	17.9	−2.2	4.0	√	
13	710809	105.7	25.0	56.2	41.8	−14.4	11.2		√
14	710821	100.0	35.9	69.7	48.0	−21.7	13.9		√
15	720827	52.2	19.1	9.6	9.1	−0.5	3.0	√	
16	730713	25.4	50.3	10.4	11.7	1.3	3.0	√	
17	740801	85.0	49.8	64.1	49.2	−14.9	12.8		√
18	750709	92.5	17.0	29.4	24.0	−5.4	5.9	√	
19	780625	69.1	15.5	9.2	12.2	3.0	3.0	√	
20	780714	73.4	30.7	42.8	24.0	−18.8	8.6		√
21	800615	164.3	11.6	97.6	81.2	−16.4	19.5	√	
22	850715	79.2	47.8	52.0	43.0	−9.0	10.4	√	
23	850822	76.0	60.0	55.0	52.8	−2.2	11.0	√	
24	900713	50.8	40.0	21.9	18.0	−3.9	4.4	√	
25	900721	71.5	24.9	25.0	18.6	−6.4	5.0		√
26	900802	80.1	22.2	17.9	20.8	2.9	3.6	√	
27	910725	111.0	60.0	79.8	81.2	1.4	16.0	√	
28	930805	61.6	24.7	18.1	14.3	−3.8	3.6		√
29	950816	147.1	34.8	91.7	88.8	−2.9	18.3	√	
30	950822	76.8	41.0	38.8	35.0	−3.8	7.8	√	
31	970808	141.3	27.2	58.0	75.7	17.7	11.6		√
32	970820	120.6	13.8	44.3	43.2	−1.1	8.9	√	
33	980815	94.5	60.0	71.9	67.0	−4.9	14.4	√	
34	990615	115.6	1.1	15.8	27.6	11.8	3.2		√
35	030622	102.2	3.3	17.8	20.2	2.4	3.6	√	
36	030823	110.7	18.0	59.3	38.9	−20.4	11.9		√
37	030826	54.4	60.0	34.1	37.2	3.1	6.8	√	
38	040914	127.6	4.6	35.1	40.7	5.6	7.0	√	
39	050724	63.8	22.8	25.4	14.0	−11.4	5.1		√
40	050920	172.0	37.9	104.1	114.7	10.6	20.0	√	
41	050921	57.8	60.0	49.7	39.8	−9.9	9.9	√	
42	060703	59.5	32.5	17.2	18.3	1.1	3.4	√	
43	060829	72.8	41.6	56.2	32.8	−23.4	11.2		√
44	070818	113.5	60.0	93.5	83.6	−9.9	18.7	√	
45	080709	40.5	49.2	22.0	19.2	−2.8	4.4	√	
46	090713	56.7	51.0	26.7	30.3	3.6	5.3	√	
47	090720	120.4	30.7	67.7	60.5	−7.2	13.5	√	
48	090818	134.5	17.4	53.9	59.6	5.7	10.8	√	
49	100718	147.6	9.1	65.4	63.5	−1.9	13.1	√	
50	100719	33.5	51.0	15.2	16.5	1.3	3.0	√	
51	110915	71.9	31.5	28.9	24.7	−4.2	5.8	√	
52	120710	75.9	56.9	27.4	49.7	22.3	5.5		√
53	130718	73.5	38.5	25.6	30.1	4.5	5.1	√	
54	130730	81.2	17.6	19.2	18.1	−1.1	3.8	√	
55	160720	83.2	30.7	34.2	31.3	−2.9	6.8	√	
56	170707	130.0	11.4	26.9	49.1	22.2	5.4		√
57	170718	39.1	47.5	20.7	17.4	−3.3	4.1	√	
58	190811	171.0	33.5	63.9	109.6	45.7	12.8		√
59	200807	79.1	54.7	51.0	49.8	−1.2	10.2	√	

备注：1. 合格率 =72.9%；2. 许可误差 = 实测值的 20%，以 20.0 mm 为上限，以 3.0 mm 为下限；3. 方案等级属乙级。

表 8-8　䒫河唐村水库站峰量关系预报精度评定表

序号	洪号	实测径流深 $R_{实}$（mm）	有效降雨历时 T_c（h）	净峰流量（m^3/s）		预报误差（m^3/s）	许可误差（m^3/s）	评定结果	
				实测 $Q_{m净实}$	预报 $Q_{m净预}$			合格	不合格
1	620619	4.0	4.0	55	54	−1	11	√	
2	620718	5.5	2.0	117	93.9	−23.1	23.4	√	
3	630801	7.9	4.7	51	98.9	47.9	10.2		√
4	630830	97.2	10.0	867	744	−123	173	√	
5	640801	46.8	13.0	327	304	−23	65.4	√	
6	650709	48.5	13.0	670	316	−354	134		√
7	650727	57.6	4.0	832	787	−45	166	√	
8	670902	54.0	4.0	828	738	−90	166	√	
9	700719	6.2	4.0	95	84.7	−10.3	19.0	√	
10	700724	25.3	11.0	174	184	10	34.8	√	
11	700725	89.5	14.0	619	548	−71	124	√	
12	700729	20.1	10.0	152	154	2	30.4	√	
13	710809	56.2	4.0	906	768	−138	181	√	
14	710821	69.7	11.0	499	506	7	99.9	√	
15	720827	9.6	4.0	76	131	55	15.3		√
16	730713	10.4	3.0	162	160	−2	32.4	√	
17	740801	64.1	6.0	831	669	−162	166	√	
18	750709	29.4	10.0	260	225	−35	52	√	
19	780625	9.2	8.4	55	82.9	27.9	11.1		√
20	780714	42.8	4.8	301	530	229	60.2		√
21	800615	97.6	10.0	735	747	12	147	√	
22	850715	52.0	6.9	493	507	14	98.5	√	
23	850822	55.0	8.4	502	478	−24	100	√	
24	900713	21.8	2.0	199	372	173	39.8		√
25	900721	25.0	5.3	175	289	114	35		√
26	900802	17.9	2.0	311	304	−7	62.3	√	
27	910725	79.8	10.0	625	611	−14	125	√	
28	930805	18.1	14.0	99	111	12	19.8	√	
29	950816	91.7	9.0	755	778	23	151	√	
30	950822	38.8	7.0	314	384	70	62.8		√
31	970808	58.0	5.0	625	699	74	125	√	
32	970820	44.3	22.0	159	183	24	31.8	√	
33	980815	71.9	6.0	682	750	68	136	√	
34	990615	15.8	6.0	184	165	−19	36.8	√	
35	030622	17.8	6.0	190	186	−4	38	√	
36	030823	59.3	6.0	678	618	−60	136	√	
37	030826	34.1	10.0	238	261	23	47.6	√	
38	040914	35.1	13.0	244	228	−16	48.8	√	
39	050724	25.4	3.0	397	390	−7	79.4	√	
40	050920	104.1	9.0	841	882	41	168	√	
41	050921	49.7	9.0	397	422	25	79.4	√	
42	060703	17.2	10.0	158	131	−27	31.6	√	
43	060829	56.2	17.0	321	284	−37	64.2	√	
44	070818	93.5	7.0	819	923	104	164	√	
45	080709	22.0	2.0	346	373	27	69.2	√	
46	090713	26.7	11.0	194	194	0	38.8	√	
47	090720	67.7	10.0	333	518	185	66.6		√
48	090818	53.9	9.0	637	458	−179	127		√
49	100718	65.4	11.0	611	476	−135	122		√
50	110915	28.9	24.0	193	124	−69	38.6		√
51	120710	27.4	9.0	207	228	21	41.4	√	
52	130718	25.6	12.0	204	176	−28	40.8	√	
53	130730	19.2	14.0	145	118	−27	29	√	
54	160623	12.3	4.0	158	168	10	31.6	√	
55	160720	34.2	13.0	385	222	−163	77		√
56	170707	26.9	13.0	203	175	−28	40.6	√	
57	170718	20.7	8.0	103	185	82	20.6		√
58	190811	63.9	33.0	151	274	123	30.2		√
59	200807	51.0	14.0	260	312	52	52	√	

备注：1. 合格率 =74.6%；2. 预报误差 = 预报值 − 实测值；3. 许可误差 = 实测值的 20%；4. 方案等级属乙级。

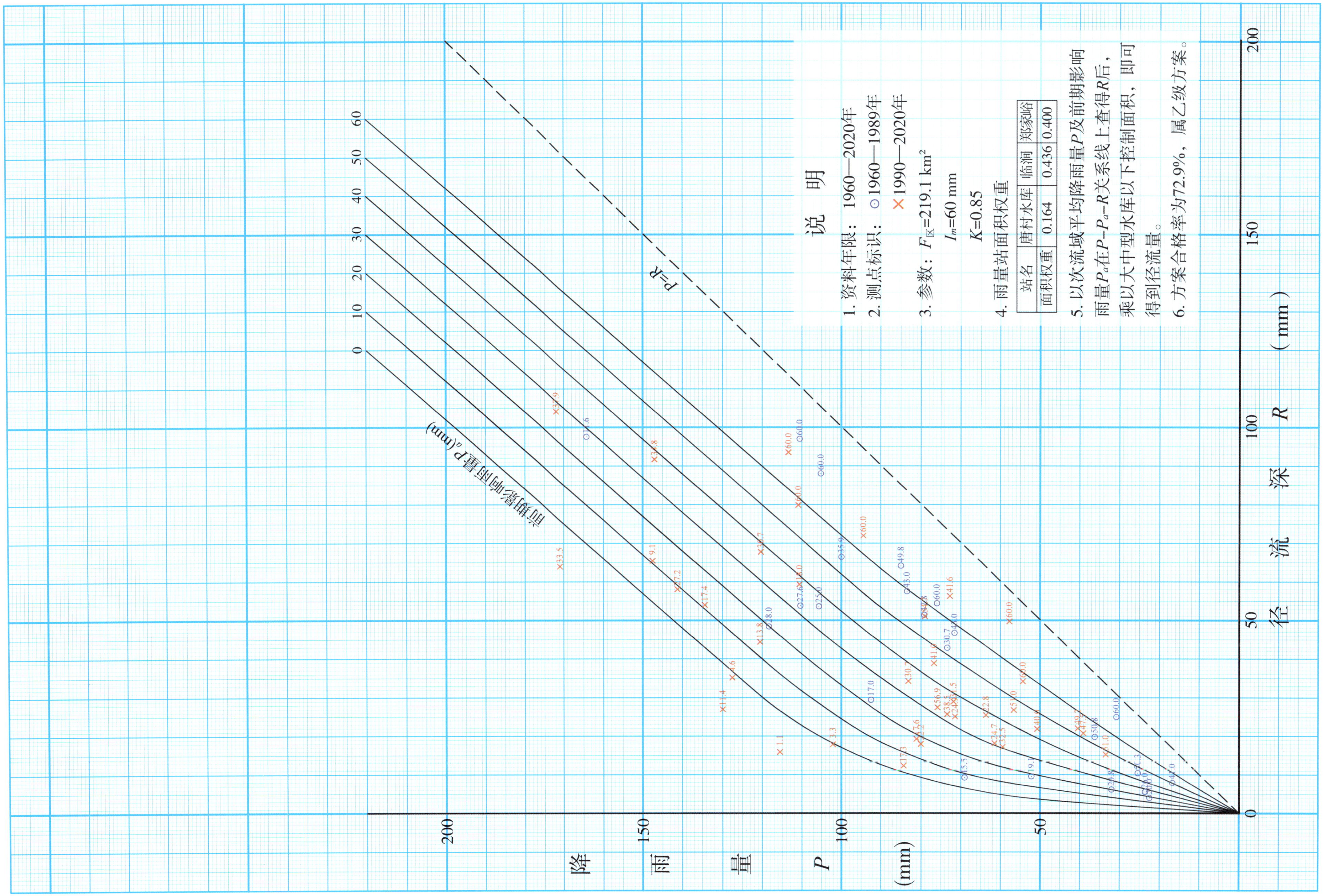

图 8–2　祊河唐村水库站降雨径流相关图

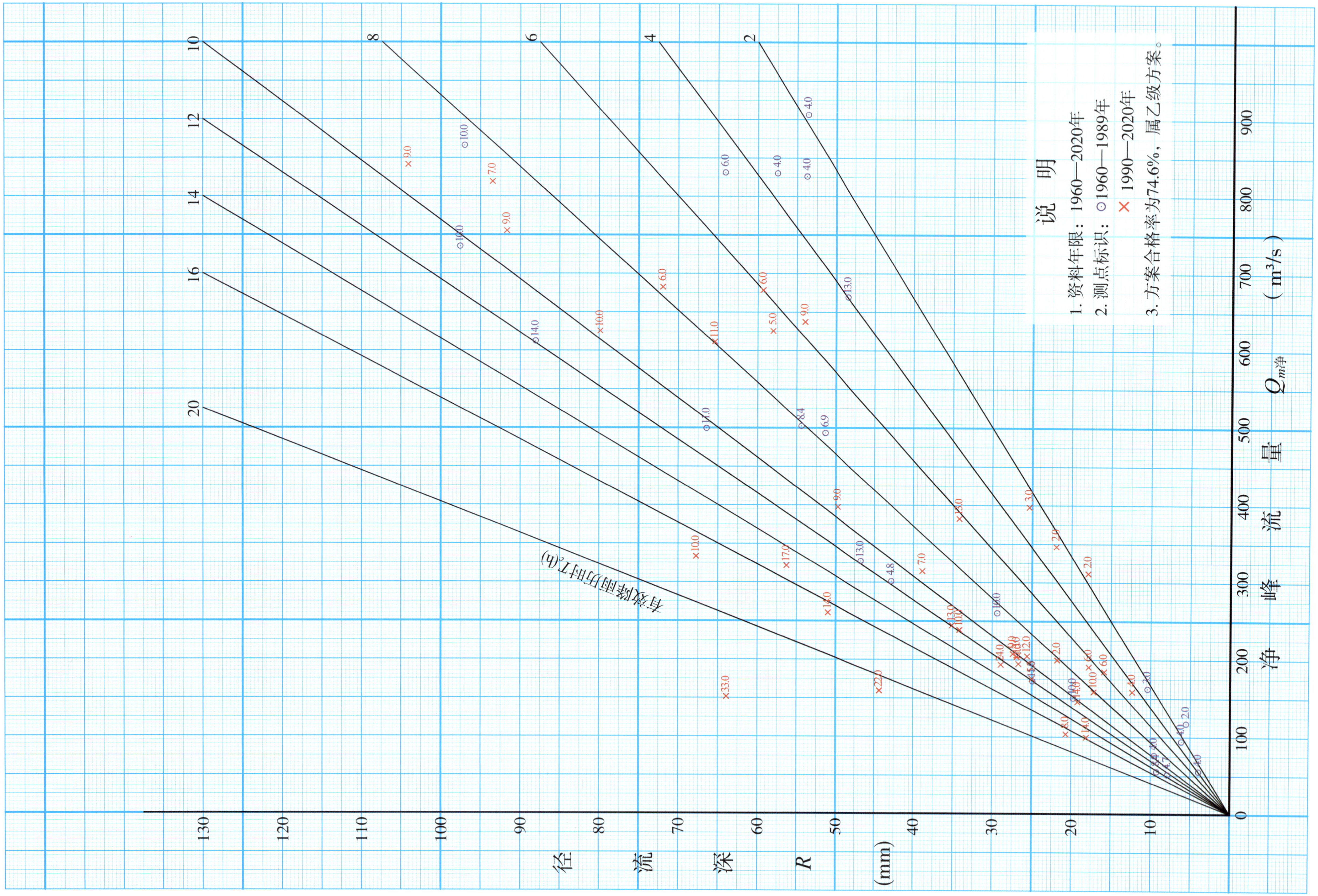

图 8-3　汸河唐村水库站峰量关系曲线图

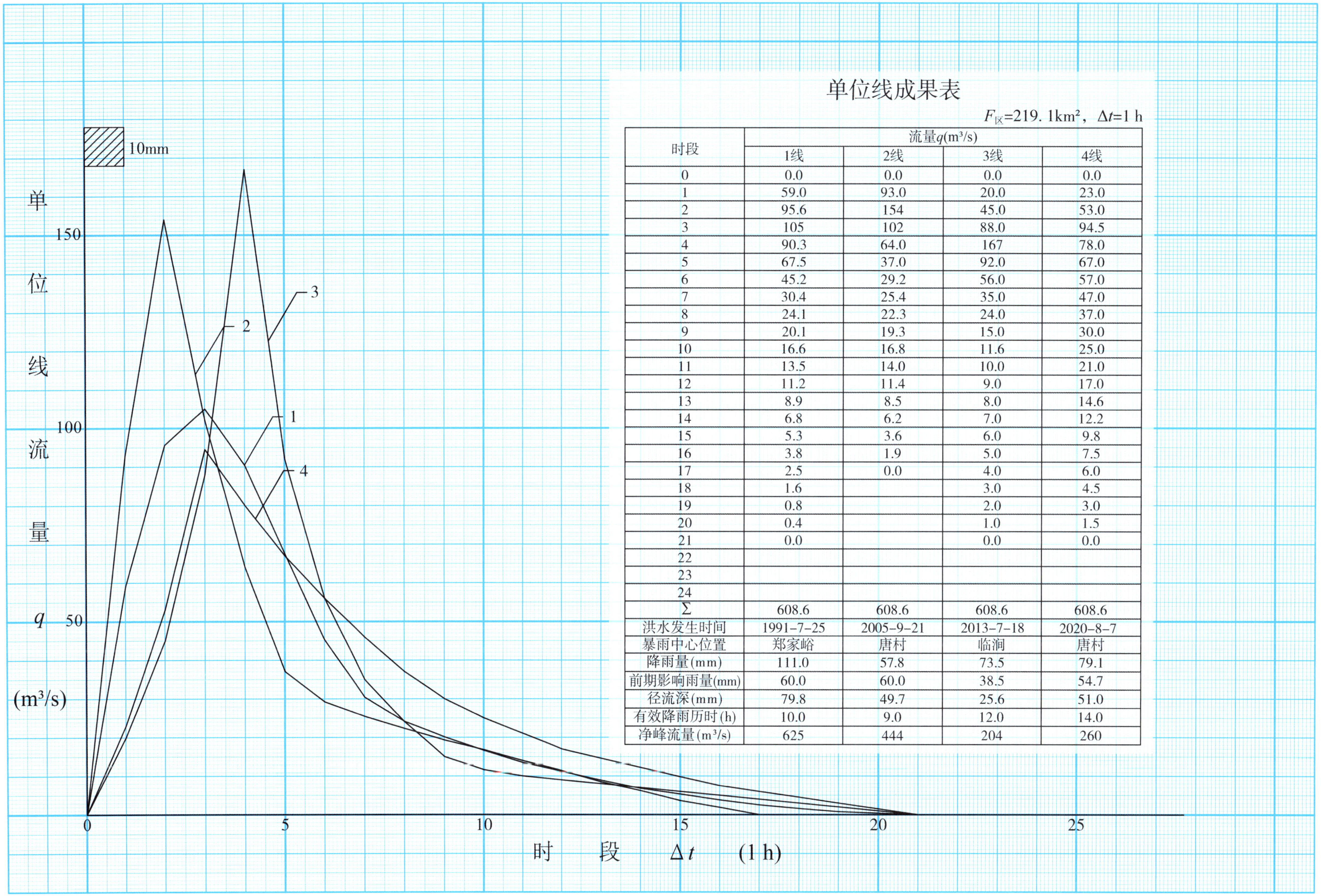

单位线成果表

$F_{区}$=219. 1km²，Δt=1 h

时段	流量q(m³/s)			
	1线	2线	3线	4线
0	0.0	0.0	0.0	0.0
1	59.0	93.0	20.0	23.0
2	95.6	154	45.0	53.0
3	105	102	88.0	94.5
4	90.3	64.0	167	78.0
5	67.5	37.0	92.0	67.0
6	45.2	29.2	56.0	57.0
7	30.4	25.4	35.0	47.0
8	24.1	22.3	24.0	37.0
9	20.1	19.3	15.0	30.0
10	16.6	16.8	11.6	25.0
11	13.5	14.0	10.0	21.0
12	11.2	11.4	9.0	17.0
13	8.9	8.5	8.0	14.6
14	6.8	6.2	7.0	12.2
15	5.3	3.6	6.0	9.8
16	3.8	1.9	5.0	7.5
17	2.5	0.0	4.0	6.0
18	1.6		3.0	4.5
19	0.8		2.0	3.0
20	0.4		1.0	1.5
21	0.0		0.0	0.0
22				
23				
24				
Σ	608.6	608.6	608.6	608.6
洪水发生时间	1991–7–25	2005–9–21	2013–7–18	2020–8–7
暴雨中心位置	郑家峪	唐村	临涧	唐村
降雨量(mm)	111.0	57.8	73.5	79.1
前期影响雨量(mm)	60.0	60.0	38.5	54.7
径流深(mm)	79.8	49.7	25.6	51.0
有效降雨历时(h)	10.0	9.0	12.0	14.0
净峰流量(m³/s)	625	444	204	260

图 8–4　邡河唐村水库站 1 h 单位线图

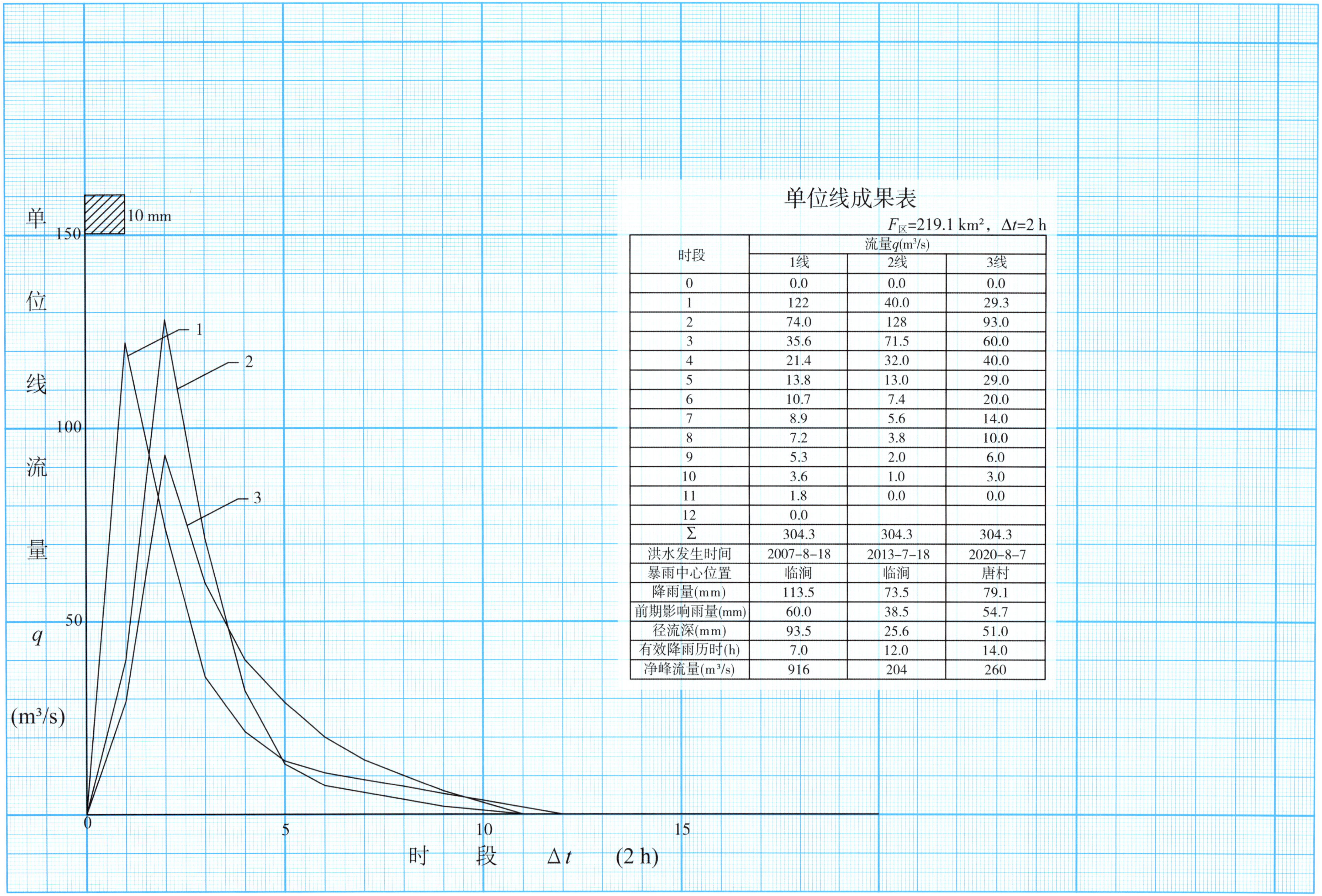

单位线成果表

$F_{区}$=219.1 km²，Δt=2 h

时段	流量q(m³/s)		
	1线	2线	3线
0	0.0	0.0	0.0
1	122	40.0	29.3
2	74.0	128	93.0
3	35.6	71.5	60.0
4	21.4	32.0	40.0
5	13.8	13.0	29.0
6	10.7	7.4	20.0
7	8.9	5.6	14.0
8	7.2	3.8	10.0
9	5.3	2.0	6.0
10	3.6	1.0	3.0
11	1.8	0.0	0.0
12	0.0		
Σ	304.3	304.3	304.3
洪水发生时间	2007-8-18	2013-7-18	2020-8-7
暴雨中心位置	临洞	临洞	唐村
降雨量(mm)	113.5	73.5	79.1
前期影响雨量(mm)	60.0	38.5	54.7
径流深(mm)	93.5	25.6	51.0
有效降雨历时(h)	7.0	12.0	14.0
净峰流量(m³/s)	916	204	260

图 8-5　祊河唐村水库站 2 h 单位线图

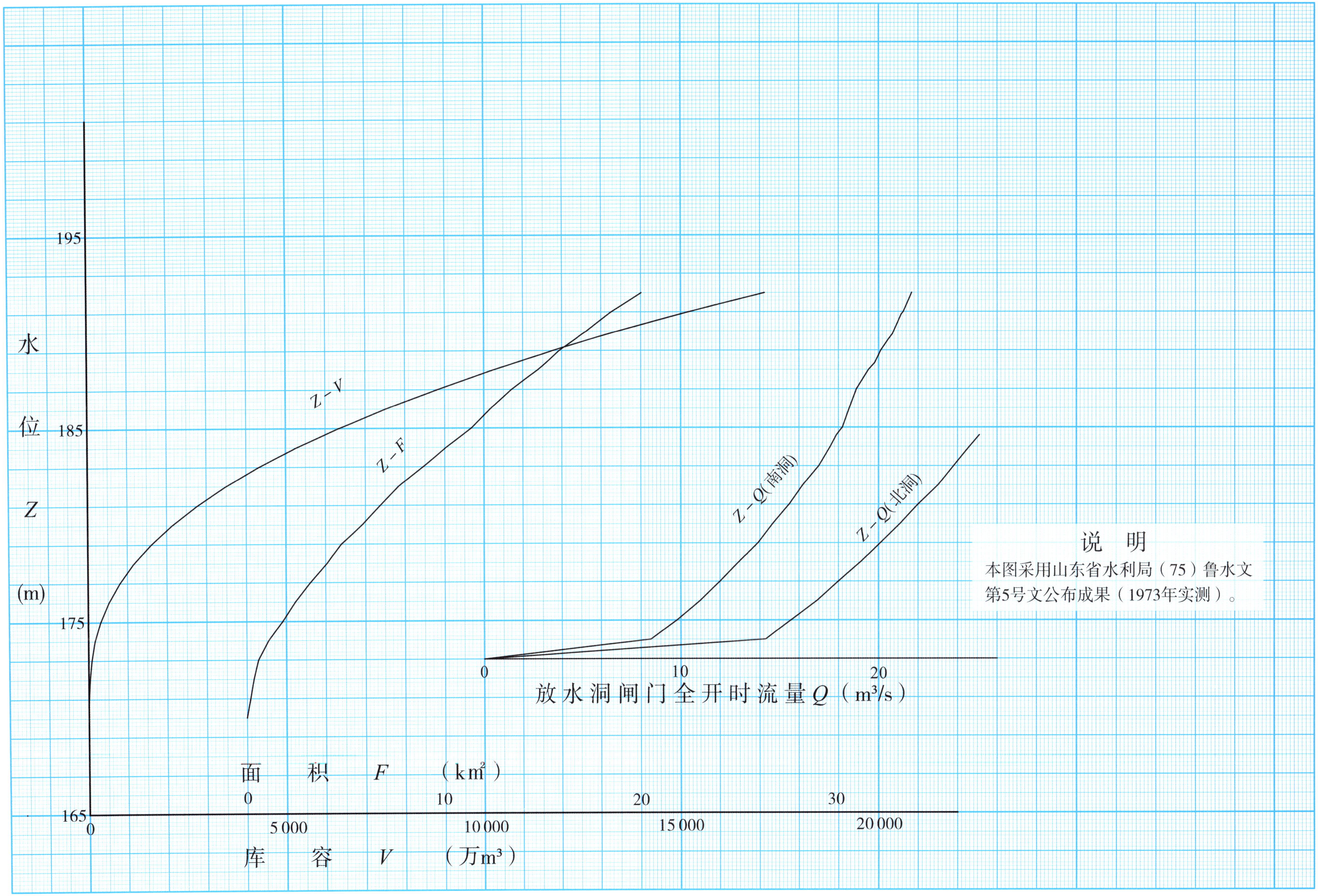

图 8-6　祊河唐村水库水位与库容、面积、放水流量关系曲线图

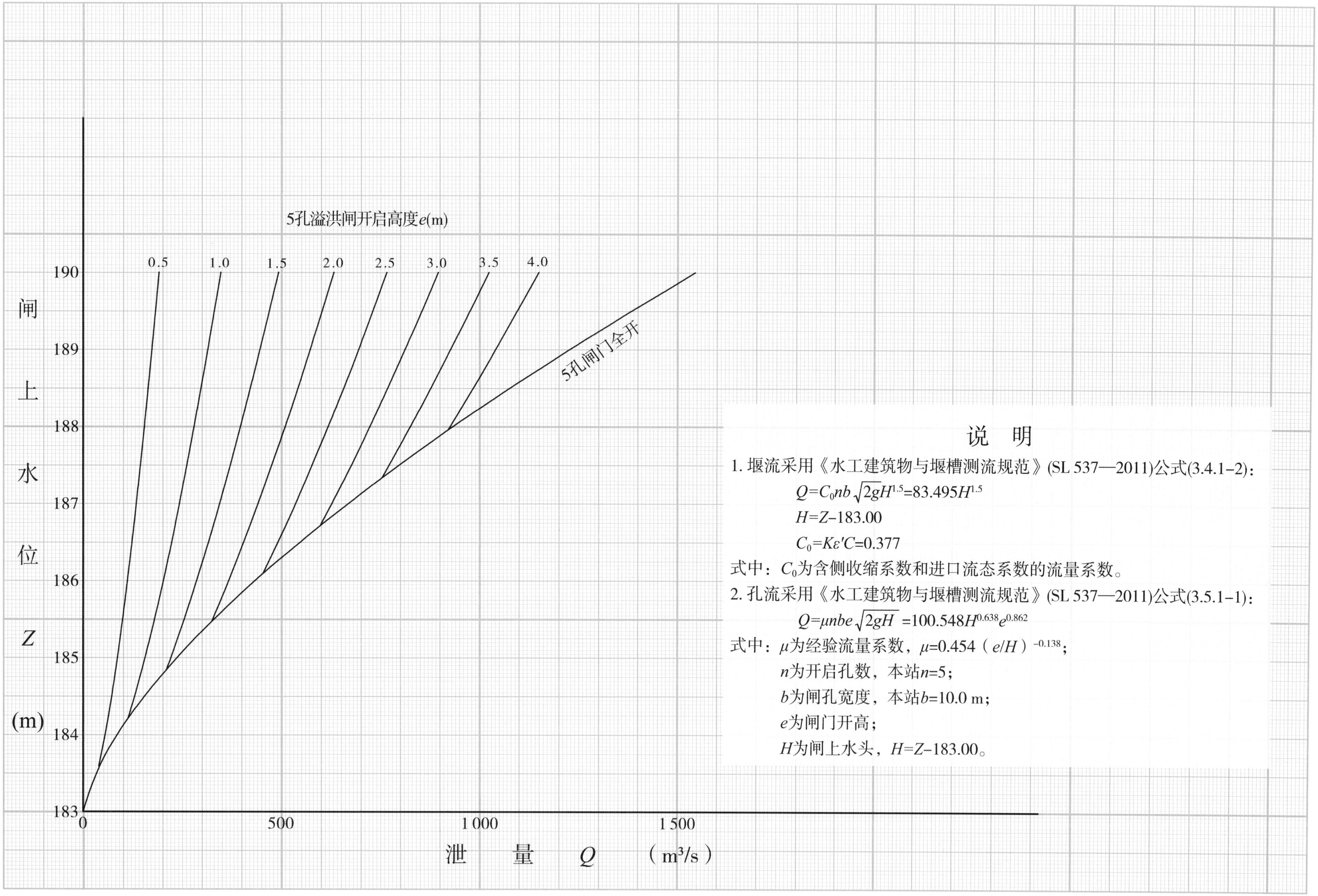

说 明

1. 堰流采用《水工建筑物与堰槽测流规范》(SL 537—2011)公式(3.4.1–2)：

$$Q=C_0nb\sqrt{2g}H^{1.5}=83.495H^{1.5}$$

$$H=Z-183.00$$

$$C_0=K\varepsilon'C=0.377$$

式中：C_0为含侧收缩系数和进口流态系数的流量系数。

2. 孔流采用《水工建筑物与堰槽测流规范》(SL 537—2011)公式(3.5.1–1)：

$$Q=\mu nbe\sqrt{2gH}=100.548H^{0.638}e^{0.862}$$

式中：μ为经验流量系数，$\mu=0.454\,(e/H)^{-0.138}$；

n为开启孔数，本站n=5；

b为闸孔宽度，本站b=10.0 m；

e为闸门开高；

H为闸上水头，$H=Z-183.00$。

图 8–7　祊河唐村水库溢洪闸泄流曲线图（Z–Q）

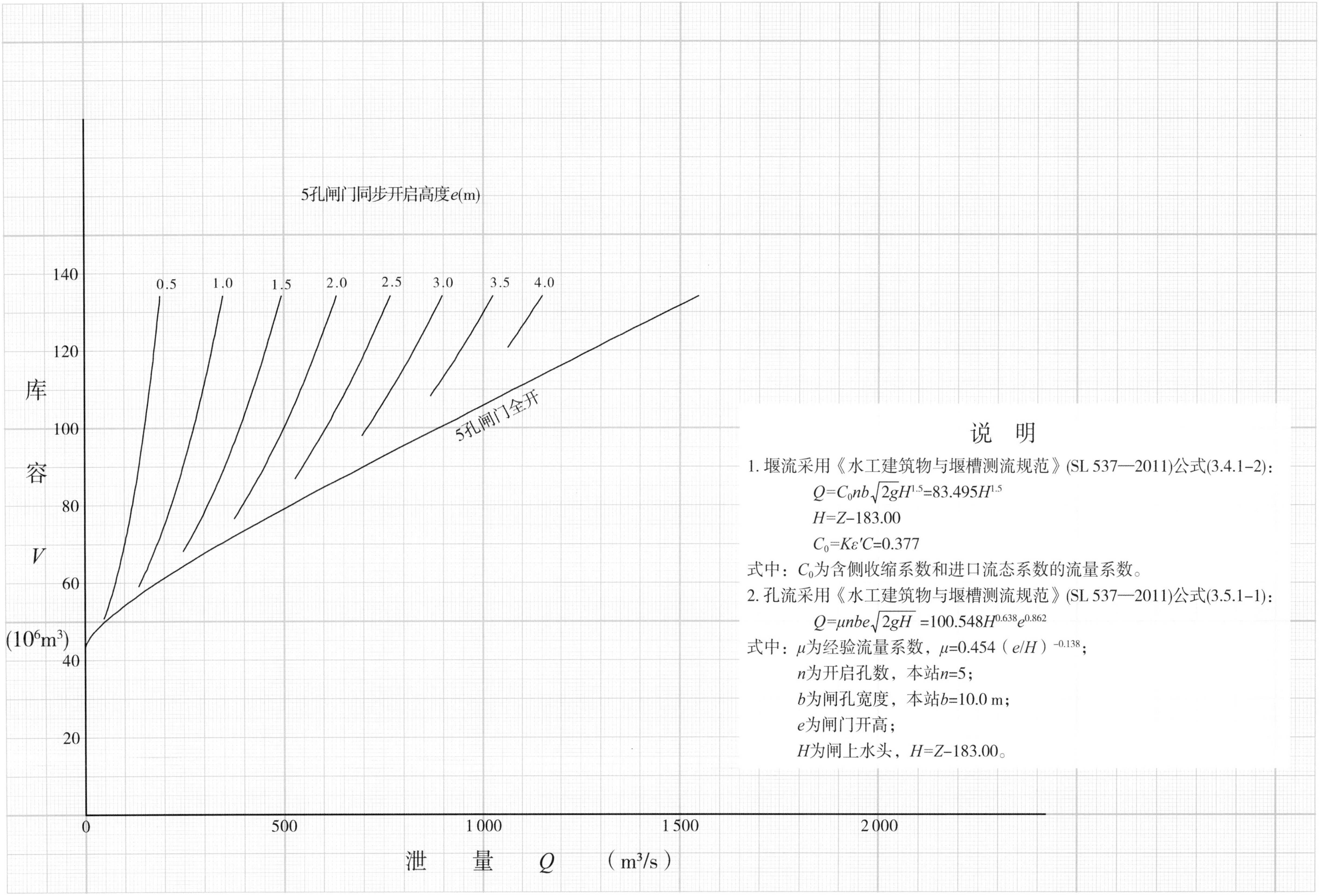

说　明

1. 堰流采用《水工建筑物与堰槽测流规范》(SL 537—2011)公式(3.4.1–2)：

$$Q=C_0nb\sqrt{2g}H^{1.5}=83.495H^{1.5}$$

$$H=Z-183.00$$

$$C_0=K\varepsilon'C=0.377$$

式中：C_0为含侧收缩系数和进口流态系数的流量系数。

2. 孔流采用《水工建筑物与堰槽测流规范》(SL 537—2011)公式(3.5.1–1)：

$$Q=\mu nbe\sqrt{2gH}=100.548H^{0.638}e^{0.862}$$

式中：μ为经验流量系数，$\mu=0.454\,(e/H)^{-0.138}$；

n为开启孔数，本站n=5；

b为闸孔宽度，本站b=10.0 m；

e为闸门开高；

H为闸上水头，$H=Z-183.00$。

图 8–8　枋河唐村水库溢洪闸泄流曲线图（V–Q）

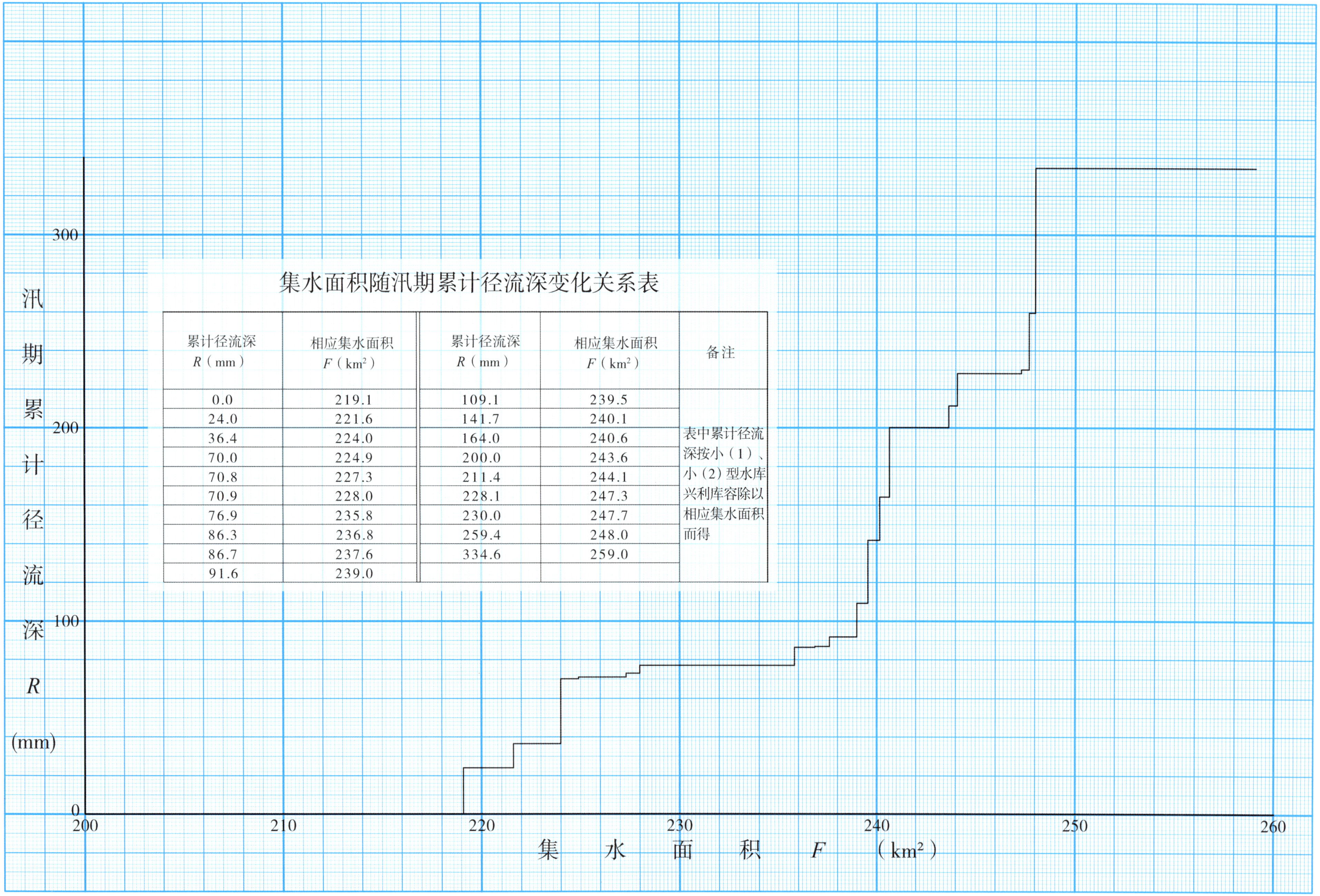

集水面积随汛期累计径流深变化关系表

累计径流深 R（mm）	相应集水面积 F（km²）	累计径流深 R（mm）	相应集水面积 F（km²）	备注
0.0	219.1	109.1	239.5	表中累计径流深按小（1）、小（2）型水库兴利库容除以相应集水面积而得
24.0	221.6	141.7	240.1	
36.4	224.0	164.0	240.6	
70.0	224.9	200.0	243.6	
70.8	227.3	211.4	244.1	
70.9	228.0	228.1	247.3	
76.9	235.8	230.0	247.7	
86.3	236.8	259.4	248.0	
86.7	237.6	334.6	259.0	
91.6	239.0			

图 8-9　访河唐村水库站汛期累计径流深与集水面积相关图

第九章　温凉河许家崖水库站水文预报方案编制说明

1　流域概况

1.1　流域自然地理特征

温凉河是祊河一级支流，在温河汇入前的上游段称凉河，发源于平邑县白彦镇八里沟附近，向东流经白彦至关阳司入费县境内，在梁邱镇南温河汇入后称温凉河，另有石井河和新庄河等较大支流。流域狭长，像一片弯曲的树叶。河谷两侧是海拔为 200 ~ 500 m 的群山，河谷较宽，河道多弯曲。全域内浅山区约占 46%，丘陵区约占 54%，多灰岩，部分为花岗岩，风化强，透水性好。土壤多为沙壤土、壤土，植被良好。流域多年平均年降水量为 840.0 mm，其中 6—9 月降雨量为 617.0 mm，占全年的 73.5%。许家崖水库站以上流域图见图 9–1。

1.2　水利工程情况

1.2.1　许家崖水库概况

许家崖水库坐落在费县县城西南 13 km 的许家崖村，控制流域面积为 584 km^2，总库容为 2.791 亿 m^3，河道干流平均坡度为 1.57‰，该水库于 1958 年 10 月开工建设，1959 年 10 月建成蓄水。坝顶高程为 151.60 m，1965 年建 10 m × 9.5 m 溢洪闸 6 孔，闸底高程为 138.0 m，2015 年除险加固工程将原 6 孔溢洪闸改建为 5 孔（12 m × 9.5 m）溢洪闸。许家崖水库汛限水位为 145.00 m，汛末蓄水位为 147.00 m，允许最高水位为 150.50 m。

1.2.2　上游水利工程情况

流域内有中型水库 1 座、小（1）型水库 8 座、小（2）型水库 25 座。上游小型水库总控制面积 100.2 km^2，总库容 3 234 万 m^3。流域内中型水库、小（1）型水库情况统计见表 9–1。

表 9–1　流域内中型水库、小（1）型水库情况统计表

类型	库名	到本库距离（km）	流域面积（km^2）	校核洪水位时			兴利库容（万 m^3）	建成年月
				重现期（年）	库容（万 m^3）	溢洪流量（m^3/s）		
中型	书房	25	18.5	1 000	1 228	249	777	1967 年 6 月
小（1）型	钓鱼台	22	12.5	500	414	307	189	1960 年 2 月
	稻港	25	5.0	500	283	126	226	1960 年 1 月
	苗家圈	30	6.1	500	272	192	204	1960 年 2 月
	齐家峪	30	1.2	500	110	36	84	1972 年 3 月
	新庄	12	3.2	500	101	95	43	1967 年 6 月
	石门	38	14.0	500	503	304	284	1971 年 3 月
	白露	14	2.3	100	128		90.6	1967 年 6 月
	徐家庄	45	3.0	300	100		65	1975 年 7 月

续表

1.3　测站概况

许家崖水库水文站于 1959 年 6 月设立，流域面积 565.5 km^2；测验项目有水位、流量、水质、降水、墒情、冰情、水准测量、水文调查。承担向国家防总、山东省防指、山东省水文中心、临沂市水文中心、费县人民政府、费县防汛抗旱指挥部等单位提供雨水情报汛任务以及水文服务工作。许家崖水库上游有 5 处长系列雨量站，详见表 9–2。

现用冻结基面高程 −0.309 m=1956 年黄海基面高程，冻结基面高程 −0.329 m=1985 年国家高程基准高程。

表 9–2　温凉河许家崖水库站以上流域雨量站情况表

站名	设站年份	详细地址
许家崖	1959 年	山东省费县费城街道办事处许家崖水库
高桥	1961 年	山东省费县石井镇石井村
白彦	1961 年	山东省平邑县白彦镇白彦村
王家邵庄	1967 年	山东省费县梁邱镇王家邵庄
书房	1967 年	山东省费县梁邱镇书房水库

2　预报方案编制

2.1　预报区间的确定

许家崖水库上游建有中型水库书房水库，因此将书房水库作为上游入流站，预报区间确定为书房水库—许家崖水库，区间面积为 565.5 km^2，即许家崖水库以上总控制面积 584 km^2 减去上游书房水库控制面积 18.5 km^2。

2.2 资料情况及方案沿革

2.2.1 资料情况

许家崖水库站预报方案于1981年编制完成，又分别于1991年、1999年、2011年进行了方案的修订。本次修订除选用之前分析的1960—2010年共53场次暴雨洪水外，另外补充了2011—2020年14场次暴雨洪水进行分析，即资料系列为1960—2020年，共67场次洪水。

2.2.2 方案沿革

原方案中产流方案采用降雨径流相关图 $P\text{-}P_a\text{-}R$，汇流方案采用峰量关系曲线图、经验单位线。本次修订，在原产流方案降雨径流相关图 $P\text{-}P_a\text{-}R$ 中增加了14个点据，关系线保持不变；在原汇流方案峰量关系曲线图中增加了14个点据，关系线保持不变；经验单位线新增4条，其中1 h单位线和2 h单位线各2条。

2.3 产流方案

本方案采用降雨径流相关法，温凉河许家崖水库站 $P\text{-}P_a\text{-}R$ 关系曲线见图9-2。其中：P 为次降雨流域平均雨量（mm）；P_a 为流域平均前期影响雨量（mm）；R 为次降雨所产生的径流深（mm）。

2.3.1 主要参数的计算

2.3.1.1 流域平均雨量P的计算

流域平均雨量采用加权平均法即泰森多边形法计算，雨量站的面积控制权重见表9-3。

表9-3 许家崖水库站以上流域内雨量站的控制权重表

站名	许家崖	王家邵庄	高桥	书房	白彦
权重	0.214	0.229	0.206	0.135	0.216

2.3.1.2 流域平均前期影响雨量P_a的计算

每年自汛初开始连续计算，先以面积加权法计算流域平均雨量，然后计算前期影响雨量 P_a。本次 K、I_m 取值未做分析，继续沿用原有成果。P_a 计算公式如下：

$$P_{a,t}=K\left(P_{a,t-1}+P_{t-1}\right)$$

式中：$P_{a,t}$ 为当日的流域平均前期影响雨量（mm）；$P_{a,t-1}$ 为前一日的流域平均前期影响雨量（mm）；P_{t-1} 为前一日流域平均降雨量（mm）；K 为前期影响雨量递减系数，$K=1-\dfrac{E_m}{I_m}$；$K=0.85$；E_m 为流域蒸发能力（mm）；I_m 为流域最大损失量，本方案采用60 mm。

2.3.1.3 径流深R的推求

在一次洪水过程线上采用斜线分割法切割基流，上游水库放水时，要将水库放水形成的地表径流的那部分水量扣除。本次洪水径流深 R 等于洪水总量 W（已扣除水库放水量和基流量）除以集水面积 F。许家崖水库水文站降雨径流分析成果见表9-4。

2.3.2 精度评定

本方案采用1960—2020年61年的资料系列共66个点据，点绘 $P\text{-}P_a\text{-}R$ 相关曲线。精度评定采用合格点次占总点次的百分比为合格率，许可误差采用实测值的20%，并以20.0 mm为上限，以3.0 mm为下限作为控制。方案合格率为75.8%，属乙级方案，详见表9-5。

2.3.3 突出点分析

本次修订补充的点据中200722和120708场次洪水误差较大，经分析，其原因为两次暴雨均是前期的降水量较少，土壤含水率较低，且受上游水利工程调蓄影响较大，从而导致预报径流深远大于实测径流深。

2.4 汇流方案

本方案主要采用峰量关系图、经验单位线和综合瞬时单位线等方法。

2.4.1 峰量关系曲线$R\text{-}T_c\text{-}Q_{m净}$

本方案采用的峰量关系曲线图见图9-3。图中 R 为一次降雨径流深；T_c 为有效降雨历时，是指实际能产生径流，对造峰有明显影响的降雨历时，如果两段较大降雨之间有一小段不产生径流，此段历时也统计在主要有效降雨历时之内，当降雨时段较长时，一般采取占总降雨量80%以上的主要降雨时段数；$Q_{m净}$ 为一次降雨过程所产生的区间净峰流量。受上游水利工程的影响，历年实测的净峰流量相应集水面积不同，本次方案制作时统一改正为当前集水面积上的净峰流量，其计算公式为

$$Q_{m净}=Q'_{m净}\left(\frac{F_{现}}{F_{原}}\right)^{\frac{2}{3}}$$

式中：$Q_{m净}$ 为改正后的净峰流量（m^3/s）；$Q'_{m净}$ 为原集水面积实测的净峰流量（m^3/s）；$F_{现}$ 为当前采用的集水面积，即扣除中型水库以下的集水面积（km^2）；$F_{原}$ 为实测 $Q'_{m净}$ 时相应集水面积（km^2）。

精度评定：本方案采用1960—2020年资料系列，共60次洪水点据。许可误差采用实测值的20%作控制，方案合格率为73.3%，属乙级方案，详见表9-6。

2.4.2 经验单位线

根据950822、070816、120710和200814场次洪水资料共分析了8条单位线，其中1 h单位线4条、2 h单位线4条。单位线见图9-4和图9-5。

2.4.3 综合瞬时单位线

本方案采用如下地区综合单位线方程：

$$M_1=CF^{0.33}J^{-0.27}R^{-0.2}T_c^{0.17}$$

$$M_2=0.34M_1^{-0.12}$$

式中：F 为集水面积，本站取565.5 km^2；J 为河道干流坡度，本站取0.001 57；M_1 为瞬时单位线参数，$M_1=nk$；M_2 为瞬时单位线参数，$M_2=1/n$；n 为瞬时单位线反映流域汇流调节次数的参

数；k 为瞬时单位线反映流域汇流时间的参数；C 为经验系数，$R \geq 50$ mm 时，C=0.196，$R < 50$ mm 时，C=0.255。

2.5 水位与库容、面积关系曲线

本方案采用山东省水文总站 1973 年的测量成果，许家崖水库水位－库容、水位－面积关系曲线见图 9–6。

2.6 水位泄量关系曲线

根据堰闸流量计算公式计算并绘制了溢洪闸泄流关系曲线，见图 9–7、图 9–8。

2.6.1 堰流

$$Q=C_0nb\sqrt{2g}\,H^{1.5}$$

式中：C_0 为流量系数，$C_0=K\varepsilon'C$，本站取 0.369；n 为开启孔数；b 为闸门单孔宽，本站为 12.0 m；H 为闸前水头（m）。

2.6.2 孔流

$$Q=\mu nb\sqrt{2gH}$$

$$\mu=1-0.016\,6\theta^{0.723}-(0.582-0.037\,1\theta^{0.547})\,e/H$$

$$\theta=\arccos\left(\frac{C-e}{R}\right)$$

式中：μ 为流量系数；C 为弧形闸门的转轴高度，本站取 9.0 m；R 为弧形闸门的半径，本站取 12.5 m；e 为闸门开高（m）。

堰流及孔流采用 $e/H > 0.65$ 或 $e/H \leq 0.65$ 判别之。

3 方案使用说明

3.1 径流量预报

根据次流域平均降雨量 P 及前期影响雨量 P_a 在 P–P_a–R 关系线上查得 R，采用如下公式计算地表径流总量：

$$W_R=0.1RF$$

式中：F 为流域中型水库以下集水面积，本站采用 565.5 km^2。

3.2 最大入库洪峰流量预报

3.2.1 查峰量关系曲线图

依据查得的径流深 R 及求出的有效降雨历时 T_c，通过本方案可查得流域中型水库以下集水面积上所产生的净峰流量 $Q_{m净}$，加上基流 $Q_基$即为所预报的洪峰流量。

3.2.2 经验单位线

在进行洪水作业预报时，视本次降雨情况选定与降雨特点相近的洪水分析的经验单位线。

3.2.3 综合瞬时单位线

将根据场次降雨量求出的径流深 R 及有效降雨历时 T_c 代入地区综合单位线方程，求得 M_1、M_2 后，进而计算 n、k 值，代入 t/k 的 n 阶非完全伽马函数式，计算瞬时单位线的 $S(t)$ 曲线。

3.3 入库洪水总量预报

$$W_{总}=W_R+W_{基}$$

式中：$W_{总}$为次洪水总量（万 m^3）；W_R 为次降雨地表径流总量（万 m^3）；$W_{基}$为基流量（万 m^3）。

3.4 方案合理性检查及评定

在方案建立过程中，随时根据规范要求及有关文件规定进行合理性检查，特别对突出点据从原始资料反复查对，对中间处理过程也进行了认真审查，发现不合理的问题后基本上做了检查改正。方案建立后，先从线形进行比较，防止出现矛盾现象，然后对每个方案尽量根据规范规定采用表格形式进行了精度评定。其中降雨径流相关图合格率为 75.8%，属乙级方案；峰量关系曲线图合格率为 73.3%，属乙级方案。综上，本方案属于乙级方案。

3.5 方案适应能力

本方案适用于防洪标准以下的洪水作业预报，如遇超标准洪水，则需根据当时具体情况酌情修正。

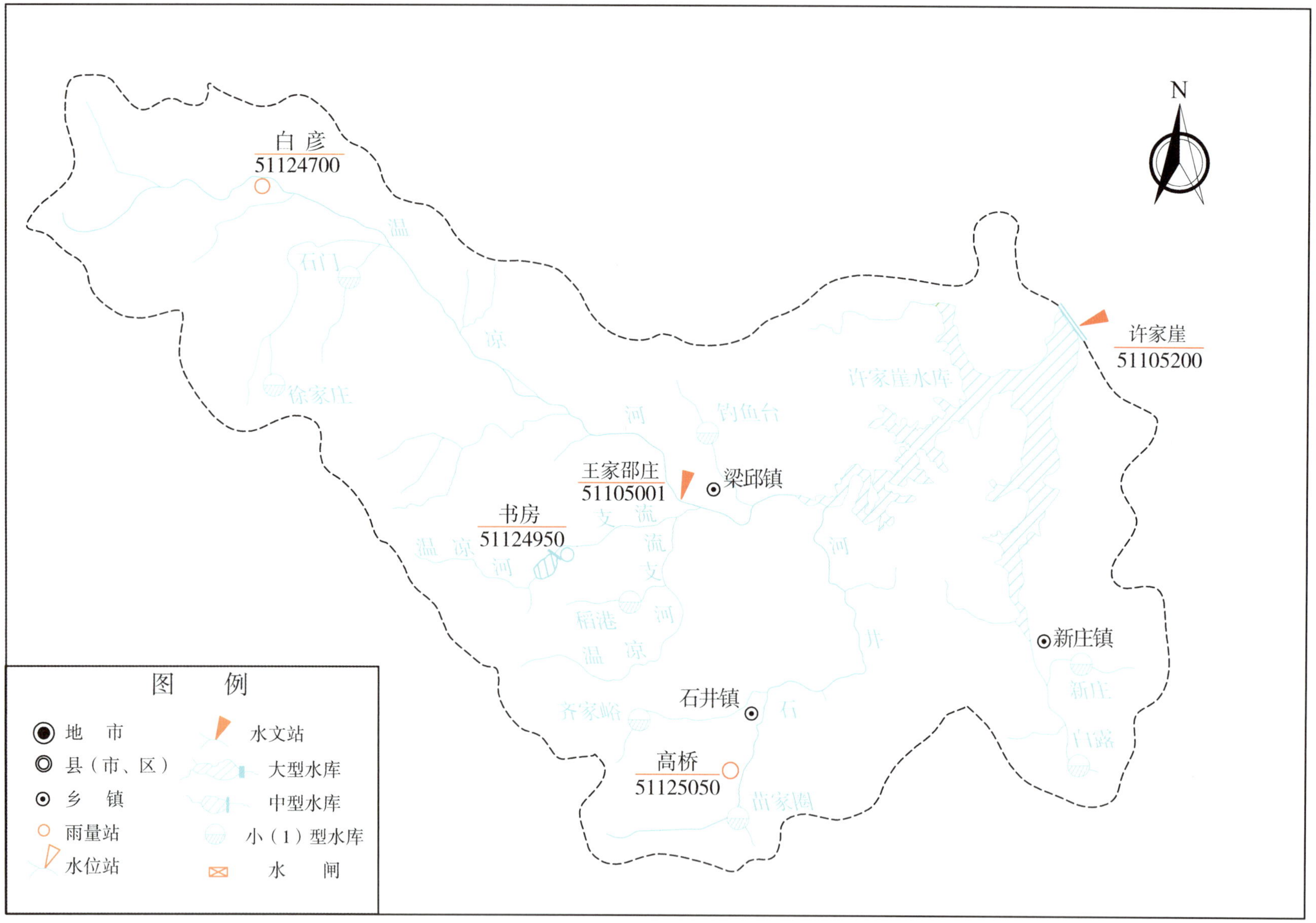

图 9-1 温凉河许家崖水库水文站以上流域图

表 9-4　温凉河许家崖水库站降雨径流分析成果表

序号	降雨起讫时间							流域平均雨量 P（mm）	前期影响雨量 P_a（mm）	降雨历时（h）		暴雨中心位置	洪水发生时间									洪水历时 $T_{洪}$（h）	洪峰流量 Q_m（m³/s）	净峰流量 $Q'_{m净}$（m³/s）	地表径流总量 W（万 m³）	集水面积 F（km²）	径流深 R（mm）	径流系数 α	改正后的净峰流量 $Q_{m净}$（m³/s）
	起				讫					全部 T	有效 T_c		起涨			峰顶			落平										
	年	月	日	时	月	日	时						月	日	时	月	日	时	月	日	时								
1	1960	6	30	0	6	30	16	108.8	51.0	16	6.5	中下游	6	30	4	6	30	7	7	1	18	38	2 180	2 140	4 410	584	75.5	0.69	2 095
2	1960	7	2	2	7	3	12	214.2	60.0	34	23.5	中下游	7	2	3	7	3	8	7	3	21	42	2 220	2 200	9 648	584	165.2	0.77	2 153
3	1960	7	27	4	7	27	20	90.4	17.0	16	9.0	中游	7	27	4	7	27	9	7	28	15	35	969	948	2 628	584	45.0	0.50	928
4	1960	8	16	22	8	17	10	103.7	31.0	12	9.0	中游	8	16	22	8	17	4	8	17	21	23	1 660	1 630	2 934	584	50.2	0.48	1 595
5	1963	7	31	2	8	1	16	119.3	51.0	38	17.5	中游	7	31	12	8	1	5	8	3	14	74	1 580	1 570	5 508	584	94.3	0.79	1 537
6	1964	6	30	2	7	1	16	130.1	3.0	38	26.0	中游	6	30	6	7	1	10	7	3	8	74	602	598	2 430	584	41.6	0.32	585
7	1964	7	31	12	8	1	8	96.6	43.0	20	12.0	中游	7	31	12	8	1	5	8	2	14	50	1 366	1 366	3 366	584	57.6	0.60	1 337
8	1965	7	21	18	7	22	2	66.3	55.0	8	4.0	上游	7	21	20	7	21	23	7	23	8	36	1 510	1 449	2 232	584	38.2	0.58	1 449
9	1967	9	2	4	9	2	16	122.8	12.0	12	4.0	上游	9	2	8	9	2	10	9	3	18	34	1 653	1 576	2 880	584	49.3	0.40	1 576
10	1970	7	2	8	7	3	3	84.9	28.0	19	10.0	中下游	7	2	8	7	2	22	7	5	0	64	1 022	1 020	1 944	565.5	34.4	0.40	1 020
11	1970	7	25	5	7	26	8	138.7	59.0	27	18.0	中游	7	25	6	7	26	6	7	28	2	68	1 409	1 400	6 066	565.5	107.3	0.77	1 400
12	1970	7	29	14	7	30	7	54.1	59.0	17	6.3	上游	7	29	20	7	29	23	8	1	12	64	1 064	1 030	1 890	565.5	33.4	0.62	1 030
13	1970	8	6	2	8	6	15	67.4	58.0	13	7.0	中游	8	6	6	8	6	11	8	9	15	81	1 082	1 040	2 736	565.5	48.4	0.72	1 040
14	1971	6	30	19	7	1	15	82.0	60.0	20	6.4	下游	6	30	20	7	1	3	7	2	2	30	1 120	1 058	2 520	565.5	44.6	0.54	1 058
15	1971	8	9	2	8	9	13	130.7	19.0	11	4.0	中游	8	9	8	8	9	10	8	9	18	10	2 502	2 390	3 460	565.5	61.2	0.47	2 390
16	1974	8	12	20	8	13	20	118.2	49.0	24	12.4	下游	8	13	0	8	13	11	8	15	0	48	1 380	1 350	4 010	565.5	70.9	0.60	1 350
17	1975	7	9	4	7	10	8	128.8	18.0	28	12.0	中游	7	9	12	7	9	20	7	11	2	38	1 095	1 081	2 727	565.5	48.2	0.37	1 081
18	1975	9	19	10	9	20	8	100.9	19.0	22	8.5	中游	9	19	19	9	20	0	9	22	8	61	1 014	1 006	2 394	565.5	42.3	0.42	1 006
19	1977	7	19	6	7	20	3	79.8	22.0	21	5.0	下游	7	19	14	7	19	22	7	20	20	30	849	840	1 323	565.5	23.4	0.29	840
20	1978	6	8	19	6	9	8	56.9	7.0	13	4.8	中下游	6	8	20	6	9	1	6	10	8	36	80	77	230	565.5	4.1	0.07	77
21	1979	6	23	14	6	24	8	106.0	29.0	18	10.0	中游	6	23	21	6	24	4	6	25	12	39	575	570	1 913	565.5	33.8	0.32	570
22	1984	7	8	9	7	9	9	101.5	23.0	24	8.6	中游	7	9	0	7	9	7	7	10	12	36	503	497	1 667	565.5	29.5	0.29	497
23	1987	7	9	12	7	10	3	86.2	15.4	15	8.0	中下游	7	9	12	7	9	19	7	10	14	26	458	420	1 294	565.5	22.9	0.27	420
24	1987	9	3	6	9	4	10	108.6	12.1	28	8.0	中下游	9	3	20	9	4	1	9	5	0	28	781	775	1 767	565.5	31.2	0.29	775
25	1989	6	12	3	6	13	19	83.5	35.0	40	9.2	中游	6	12	6	6	12	11	6	13	8	26	433	430	1 397	565.5	24.7	0.30	430
26	1990	7	13	12	7	14	2	104.8	19.0	14	7.0	中游	7	13	20	7	13	23	7	15	0	28	917	912	2 004	565.5	35.4	0.34	912
27	1991	6	10	12	6	11	7	113.1	12.5	19	7.0	上游	6	10	12	6	11	0	6	11	16	28	720	714	2 256	565.5	39.9	0.35	714
28	1991	7	14	2	7	15	11	161.7	26.2	33	18.0	中游	7	14	6	7	14	20	7	15	18	36	1 037	1 036	4 330	565.5	76.6	0.47	1 036
29	1991	7	24	16	7	25	7	142.7	25.0	15	7.6	中上游	7	24	20	7	25	5	7	26	0	28	1 880	1 871	4 698	565.5	83.1	0.58	1 871
30	1992	7	20	0	7	21	8	69.1	44.0	32	11.2	中游	7	20	12	7	20	14	7	21	20	32	258	247	756	565.5	13.4	0.19	247
31	1993	8	4	14	8	5	14	246.8	34.9	24	14.0	下游	8	4	20	8	5	8.5	8	6	19	47	3 150	3 130	9 396	565.5	166.2	0.67	3 130
32	1994	8	29	7	8	30	7	67.4	41.7	24	5.0	下游	8	29	14	8	30	2	8	31	20	54	1 042	1 030	1 878	565.5	33.2	0.49	1 030
33	1994	9	3	14	9	4	19	58.3	35.2	29	8.0	下游	9	3	14	9	3	22	9	5	6	40	764	744	1 124	565.5	19.9	0.34	744

序号	降雨起讫时间							流域平均雨量 P（mm）	前期影响雨量 P_a（mm）	降雨历时（h）		暴雨中心位置	洪水发生时间									洪水历时 $T_{洪}$（h）	洪峰流量 Q_m（m³/s）	净峰流量 $Q'_{m净}$（m³/s）	地表径流总量 W（万 m³）	集水面积 F（km²）	径流深 R（mm）	径流系数 α	改正后的净峰流量 $Q_{m净}$（m³/s）
	起				讫					全部 T	有效 T_c		起涨			峰顶			落平										
	年	月	日	时	月	日	时						月	日	时	月	日	时	月	日	时								
34	1995	8	15	6	8	16	22	113.0	14.6	40	16.0	上游	8	15	22	8	16	6	8	17	6	32	717	697	2 718	565.5	48.1	0.43	697
35	1995	8	22	1	8	22	14	98.1	40.3	13	7.2	中下游	8	22	1	8	22	10	8	23	12	35	1 114	1 089	2 868	565.5	50.7	0.52	1 089
36	1997	8	19	10	8	20	10	160.6	13.7	24	18.0	普雨	8	19	18	8	20	1.5	8	22	6	60	720	719	3 639	565.5	64.4	0.40	719
37	1998	7	1	11	7	2	8	98.1	12.1	21	5.0	中下	7	2	3	7	2	5	7	3	8	29	689	686	1 513	565.5	26.8	0.27	686
38	1998	8	14	16	8	15	21	63.9	51.7	29	4.0	上游	8	14	20	8	15	8	8	16	12	40	625	587	1 854	565.5	32.8	0.51	587
39	2000	7	18	14	7	19	23	98.4	36.5	33	23.0	中下游	7	18	15	7	19	16.5	7	21	2	59	355	341	1 887	565.5	33.4	0.34	341
40	2001	7	24	8	7	25	11	52.8	47.7	27	11.0	中游	7	24	18	7	25	0.5	7	26	4	34	462	451	1 095	565.5	19.4	0.37	451
41	2001	8	3	14	8	3	23	48.8	37.6	9	5.0	下游	8	3	16	8	3	17.5	8	4	3	11	899	793	981	565.5	17.3	0.36	793
42	2003	6	22	8	6	22	23	144.4	3.7	15	8.0	中下游	6	22	15	6	22	19.5	6	23	17	26	829	818	1 687	565.5	29.8	0.21	818
43	2005	6	30	18	7	1	12	133.2	40.6	18	6.0	普雨	6	30	19	7	1	2.5	7	2	13	42	1 840	1 783	4 099	565.5	72.5	0.54	1 783
44	2005	7	16	16	7	17	13	78.4	20.0	21	14.0	上游	7	16	17	7	17	8.5	7	18	7	38	347	318	1 059	565.5	18.7	0.24	318
45	2005	9	19	23	9	21	15	159.0	24.5	40	27.0	上游	9	20	0	9	21	7.5	9	24	19	115	962	944	4 229	565.5	74.8	0.47	944
46	2006	8	26	0	8	26	9	60.1	42.5	9	7.0	下游	8	26	1	8	26	6.5	8	27	2	25	564	519	1 319	565.5	23.3	0.39	519
47	2006	8	28	15	8	29	20	100.7	41.8	29	14.0	下游	8	28	18	8	28	23.5	8	30	4	34	772	745	2 651	565.5	46.9	0.47	745
48	2007	6	20	2	6	20	23	121.6	4.9	21	10.0	中游	6	20	6	6	20	14.5	6	21	22	40	375	368	1 059	565.5	18.7	0.15	368
49	2007	7	18	21	7	19	17	85.4	25.5	20	8.0	上游	7	18	23	7	19	1.5	7	20	4	29	653	624	1 629	565.5	28.8	0.34	624
50	2007	8	2	10	8	2	22	55.1	22.5	12	3.0	中游	8	2	13	8	2	14.5	8	3	7	18	278	263	507	565.5	9.0	0.16	263
51	2007	8	15	17	8	16	14	56.8	31.7	21	7.0	下游	8	16	0	8	16	5.5	8	17	6	30	610	582	933	565.5	16.5	0.29	582
52	2008	8	21	2	8	21	19	70.4	32.1	17	15.0	中游	8	21	5	8	21	20.5	8	23	3	46	461	420	1 198	565.5	21.2	0.30	420
53	2009	8	17	15	8	18	17	158.6	4.8	26	8.0	下游	8	17	18	8	18	4.5	8	19	7	37	1 100	1 088	2 476	565.5	43.8	0.28	1 088
54	2011	8	26	12	8	27	6	143.6	18.7	18	12.0	中下游	8	26	14	8	27	3.5	8	28	3	37	831	812	2 300	565.5	40.7	0.28	812
55	2012	7	7	15	7	8	14	119.4	35.9	23	9.0	下游	7	8	5	7	8	12.5	7	9	11	30	1 240	1 231	1 835	565.5	32.4	0.27	1 231
56	2012	7	9	17	7	10	5	188.1	60.0	12	10.0	中下游	7	9	17	7	10	4.5	7	11	3	34	3 030	2 977	7 559	565.5	133.7	0.71	2 977
57	2012	8	26	2	8	27	1	79.4	30.7	23	13.0	中游	8	26	10	8	26	16.5	8	27	23	37	356	349	1 073	565.5	19.0	0.24	349
58	2013	8	9	20	8	10	5	108.5	21.0	9	9.0	下游	8	9	20	8	10	1.5	8	10	19	23	758	739	2 139	565.5	37.8	0.35	739
59	2016	7	19	14	7	20	20	78.3	26.0	30	23.0	下游	7	19	14	7	19	20.5	7	22	14	72	181	172	836	565.5	14.8	0.19	172
60	2017	7	14	13	7	15	21	100.5	22.1	32	25.0	中下游	7	14	15	7	16	1	7	17	4	61	221	206	1 624	565.5	28.7	0.29	206
61	2017	7	26	16	7	27	4	59.8	18.1	12	10.0	中下游	7	26	16	7	26	22	7	27	11	19	188	170	451	565.5	8.0	0.13	170
62	2019	8	5	11	8	6	6	65.4	32.4	19	16.0	中下游	8	5	23	8	6	12.5	8	6	18	19	795	779	1 143	565.5	20.2	0.31	779
63	2019	8	10	8	8	11	18	176.1	43.1	34	31.0	中下游	8	10	10	8	11	7.5	8	15	22	132	965	961	5 723	565.5	101.2	0.57	961
64	2020	7	22	2	7	23	2	203.8	21.2	24	10.0	中游	7	22	2	7	22	18.5	7	24	14	60	2 150	2 110	4 808	565.5	85.0	0.42	2 110
65	2020	8	1	21	8	2	9	79.5	32.3	12	10.0	中上游	8	1	21	8	2	4.5	8	3	5	32	624	561	1 397	565.5	24.7	0.31	561
66	2020	8	6	19	8	8	1	92.1	51.8	30	20.0	上游	8	6	19	8	6	22.5	8	9	12	65	441	420	3 383	565.5	59.8	0.65	420
67	2020	8	13	20	8	14	15	69.2	39.0	19	13.0	中上游	8	13	21	8	14	12.5	8	15	11	38	679	640	1 707	565.5	30.2	0.44	640

表 9-5 温凉河许家崖水库站降雨径流预报精度评定表

序号	洪号	流域平均雨量 P（mm）	前期影响雨量 P_a（mm）	实测径流深 $R_{实}$（mm）	预报径流深 $R_{预}$（mm）	预报误差（mm）	许可误差（mm）	评定结果	
								合格	不合格
1	600630	108.8	51.0	75.5	65.4	−10.1	15.1	√	
2	600703	214.2	60.0	165.2	174.1	8.9	20.0	√	
3	600727	90.4	17.0	45.0	22.1	−22.9	9.0		√
4	600817	103.7	31.0	50.2	42.2	−8.0	10.0	√	
5	630801	119.3	51.0	94.3	74.6	−19.7	18.9		√
6	640701	130.1	3.0	41.6	37.9	−3.7	8.3	√	
7	640801	96.6	43.0	57.6	47.7	−9.9	11.5	√	
8	650721	66.3	55.0	38.2	36.7	−1.5	7.6	√	
9	670902	122.8	12.0	49.3	39.7	−9.6	9.9	√	
10	700702	84.9	28.0	34.4	27.1	−7.3	6.9		√
11	700726	138.7	59.0	107.3	100.3	−7.0	20.0	√	
12	700729	54.1	59.0	33.4	31.1	−2.3	6.7	√	
13	700806	67.4	58.0	48.4	40.0	−8.4	9.7	√	
14	710701	82.0	60.0	44.6	52.4	7.8	8.9	√	
15	710809	130.7	19.0	61.2	52.6	−8.6	12.2	√	
16	740813	118.2	49.0	70.9	71.6	0.7	14.2	√	
17	750709	128.8	18.0	48.2	50.1	1.9	9.6	√	
18	750920	100.9	19.0	42.3	29.8	−12.5	8.5		√
19	770719	79.8	22.0	23.4	20.0	−3.4	4.7	√	
20	780609	56.9	7.0	4.1	5.1	1.0	3.0	√	
21	790624	106.0	29.0	33.8	42.1	8.3	6.8		√
22	840709	101.5	23.0	29.5	33.6	4.1	5.9	√	
23	870709	86.2	15.4	22.9	18.9	−4.0	4.6	√	
24	870904	108.6	12.1	31.2	29.4	−1.8	6.2	√	
25	890612	83.5	35.0	24.7	31.5	6.8	4.9		√
26	900713	104.8	19.0	35.4	32.6	−2.8	7.1	√	
27	910611	113.1	12.5	39.9	33.0	−6.9	8.0	√	
28	910714	161.7	26.2	76.6	88.1	11.5	15.3	√	
29	910725	142.7	25.0	83.1	69.2	−13.9	16.6	√	
30	930805	246.8	34.9	166.2	181.3	15.1	20.0	√	
31	940830	67.4	41.7	33.2	26.7	−6.5	6.6	√	
32	940903	58.3	35.2	19.9	17.7	−2.2	4.0	√	
33	950816	113.0	14.6	48.1	34.7	−13.4	9.6		√
34	950822	98.1	40.3	50.7	46.4	−4.3	10.1	√	
35	970820	160.6	13.7	64.4	74.4	10.0	12.9	√	
36	980702	98.1	12.1	26.8	23.1	−3.7	5.4	√	
37	980815	63.9	51.7	32.8	32.3	−0.5	6.6	√	
38	000719	98.4	36.5	33.4	43.2	9.8	6.7		√
39	010725	52.8	47.7	19.4	22.0	2.6	3.9	√	
40	010803	48.8	37.6	17.3	14.7	−2.6	3.5	√	
41	030622	144.4	3.7	29.8	50.3	20.5	6.0		√
42	050701	133.2	40.6	72.5	76.3	3.8	14.5	√	
43	050717	78.4	20.0	18.7	18.0	−0.7	3.7	√	
44	050921	159.0	24.5	74.8	83.8	9.0	15.0	√	
45	060826	60.1	42.5	23.3	22.9	−0.4	4.7	√	
46	060828	100.7	41.8	46.9	49.7	2.8	9.4	√	
47	070620	121.6	4.9	18.7	33.1	14.4	3.7		√
48	070719	85.4	25.5	28.8	25.6	−3.2	5.8	√	
49	070802	55.1	22.5	9.0	9.9	0.9	3.0	√	
50	070816	56.8	31.7	16.5	15.2	−1.3	3.3	√	
51	080821	70.4	32.1	21.2	21.7	0.5	4.2	√	
52	090818	158.6	4.8	43.8	63.7	19.9	8.8		√
53	110827	143.6	18.7	40.7	63.7	23.0	8.1		√
54	120708	119.4	35.9	32.4	59.2	26.8	6.5		√
55	120710	188.1	60.0	133.7	148.0	14.3	20.0	√	
56	120826	79.4	30.7	19.0	25.7	6.7	3.8		√
57	130810	108.5	21.0	37.8	36.9	−0.9	7.6	√	
58	160719	78.3	26.0	14.8	22.0	7.2	3.0		√
59	170716	100.5	22.1	28.7	32.2	3.5	5.7	√	
60	170726	59.8	18.1	8.0	9.3	1.3	3.0	√	
61	190806	65.4	32.4	20.2	19.5	−0.7	4.0	√	
62	190811	176.1	43.1	101.2	119.1	17.9	20.0	√	
63	200722	203.8	21.2	85.0	124.1	39.1	17.0		√
64	200802	79.5	32.3	24.7	26.9	2.2	4.9	√	
65	200806	92.1	51.8	59.8	52.4	−7.4	12.0	√	
66	200814	69.2	39.0	30.2	25.8	−4.4	6.0	√	

备注：1. 合格率 =75.8%；2. 许可误差 = 实测值的 20%，以 20.0 mm 为上限，以 3.0 mm 为下限；3. 方案等级属乙级。

表 9-6 温凉河许家崖水库站峰量关系预报精度评定表

序号	洪号	实测径流深 $R_{实}$（mm）	有效降雨历时 T_c（h）	净峰流量（m^3/s）		预报误差（m^3/s）	许可误差（m^3/s）	评定结果		序号	洪号	实测径流深 $R_{实}$（mm）	有效降雨历时 T_c（h）	净峰流量（m^3/s）		预报误差（m^3/s）	许可误差（m^3/s）	评定结果	
				实测 $Q_{m净实}$	预报 $Q_{m净预}$			合格	不合格					实测 $Q_{m净实}$	预报 $Q_{m净预}$			合格	不合格
1	600630	75.5	6.5	2 095	2 150	55	419	√		31	980815	32.8	4.0	587	1 170	583	117		√
2	600703	165.2	23.5	2 153	2 520	367	431	√		32	000719	33.4	23.0	341	322	−19	68.2	√	
3	600727	45.0	9.0	928	1 030	102	185	√		33	010725	19.4	11.0	451	369	−82	90.2	√	
4	600817	50.2	9.0	1 595	1 160	−435	319		√	34	010803	17.3	5.0	793	578	−215	159		√
5	630801	94.3	17.5	1 537	1 440	−97	307	√		35	030622	29.8	8.0	818	743	−75	164	√	
6	640801	57.6	12.0	1 337	1 090	−247	267	√		36	050701	72.5	6.0	1 783	2 130	347	357	√	
7	650721	38.2	4.0	1 449	1 340	−109	290	√		37	050717	18.7	14.0	318	284	−34	63.6	√	
8	670902	49.3	4.0	1 576	1 690	114	315	√		38	050921	74.8	27.0	944	858	−86	189	√	
9	700726	107.3	18.0	1 400	1 640	240	280	√		39	060826	23.3	7.0	519	646	127	104		√
10	700729	33.4	6.3	1 030	975	−55	206	√		40	060828	46.9	14.0	745	787	42	149	√	
11	700806	48.4	7.0	1 040	1 340	300	208		√	41	070620	18.7	10.0	368	378	10	73.6	√	
12	710809	61.2	4.0	2 390	2 060	−330	478	√		42	070719	28.8	8.0	624	718	94	125	√	
13	740813	70.9	12.4	1 350	1 350	0	270	√		43	070802	9.0	3.0	263	310	47	52.6	√	
14	750709	48.2	12.0	1 081	904	−177	216	√		44	070816	16.5	7.0	582	462	−120	116		√
15	750920	42.3	8.5	1 006	1 010	4	201	√		45	080821	21.2	15.0	420	406	−14	84.0	√	
16	770719	23.4	5.0	840	778	−62	168	√		46	090818	43.8	8.0	1 088	1 100	12	218	√	
17	780609	4.1	4.8	77	132	55	15.4		√	47	110827	40.7	12.0	812	753	−59	162	√	
18	790624	33.8	10.0	570	692	122	114		√	48	120708	32.4	9.0	1 231	736	−495	246		√
19	870904	31.2	8.0	775	778	3	155	√		49	120710	133.7	10.0	2 977	2 970	−7	595	√	
20	900713	35.4	7.0	912	972	60	182	√		50	120826	19.0	13.0	349	313	−36	69.8	√	
21	910611	39.9	7.0	714	1 090	376	143		√	51	130810	37.8	9.0	739	859	120	148	√	
22	910714	76.6	18.0	1 036	1 060	24	207	√		52	160719	14.8	23.0	172	138	−34	34.4	√	
23	910725	83.1	7.6	1 871	2 180	309	374	√		53	170716	28.7	25.0	206	275	69	41.2		√
24	920720	13.4	11.2	247	242	−5	49.4	√		54	170726	8.0	10.0	170	144	−26	34.0	√	
25	930805	166.2	14.0	3 130	3 310	180	626	√		55	190806	20.2	16.0	779	265	−514	156		√
26	940830	33.2	5.0	1 030	1 090	60	206	√		56	190811	101.2	31.0	961	1 330	369	192		√
27	940903	19.9	8.0	744	510	−234	149		√	57	200722	85.0	10.0	2 110	1 830	−280	422	√	
28	950816	48.1	16.0	697	706	9	139	√		58	200802	24.7	10.0	561	505	−56	112	√	
29	950822	50.7	7.2	1 089	1 380	291	218		√	59	200806	59.8	20.0	420	631	211	84.0		√
30	970820	64.4	18.0	719	839	120	144	√		60	200814	30.2	13.0	640	515	−125	128	√	

备注：1. 合格率 =73.3%；2. 预报误差 = 预报值 − 实测值；3. 许可误差 = 实测值的 20%；4. 方案等级属乙级。

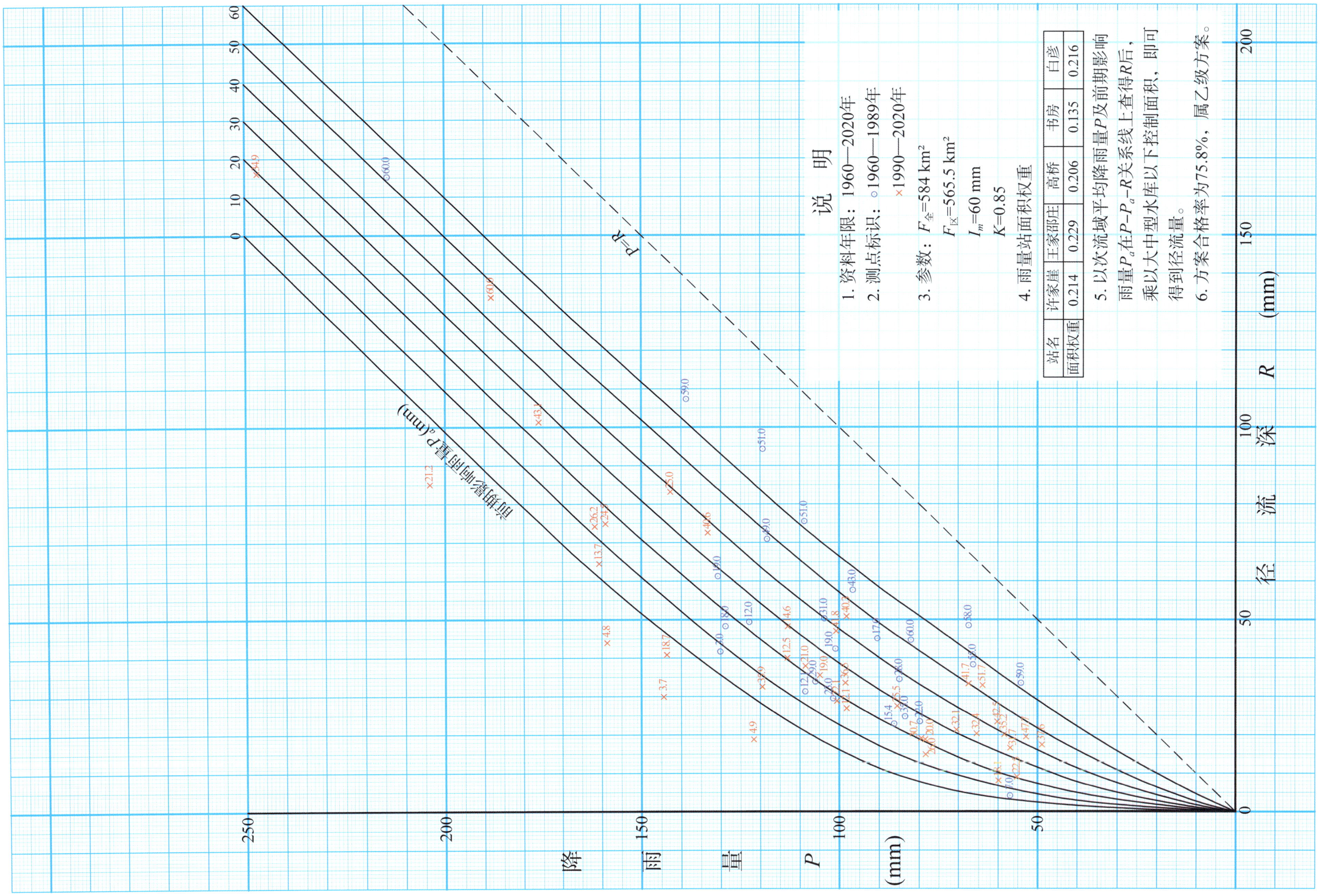

图 9–2　温凉河许家崖水库站降雨径流相关图

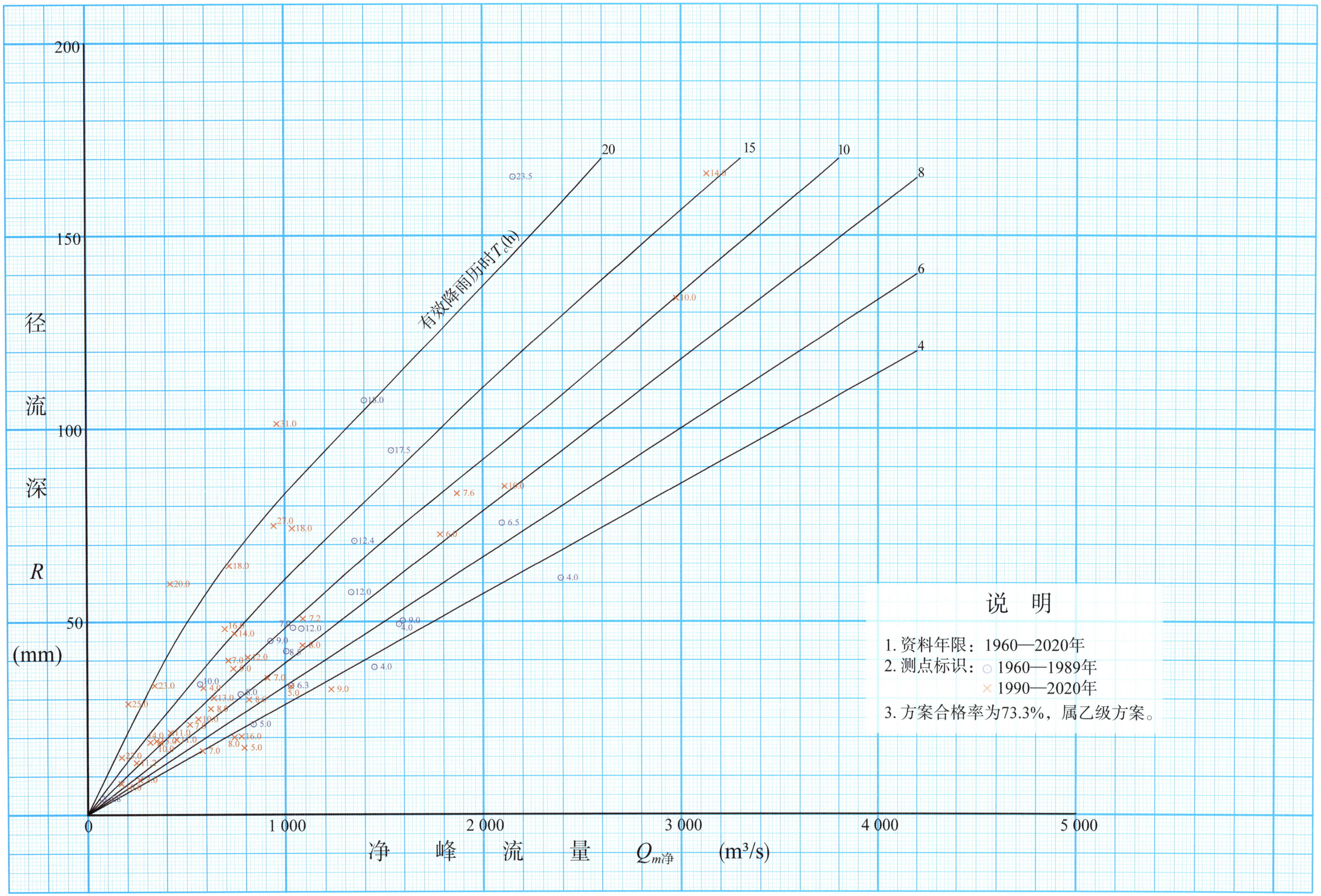

图 9-3 温凉河许家崖水库站峰量关系曲线图

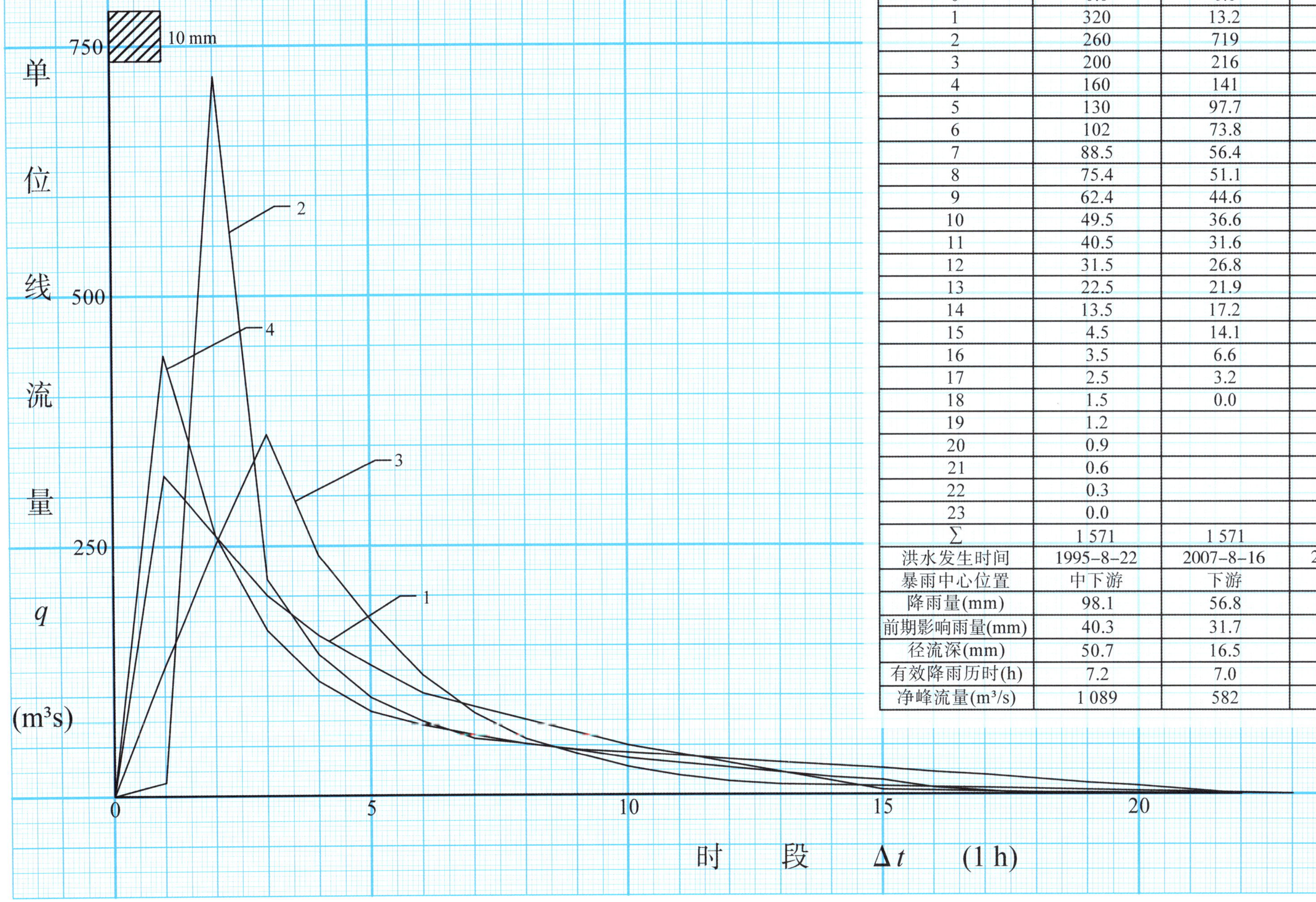

单位线成果表

$F_{区}$=565.5 km²，Δt=1 h

时段	流量q(m³/s)			
	1线	2线	3线	4线
0	0.0	0.0	0.0	0.0
1	320	13.2	130	440
2	260	719	251	260
3	200	216	361	165
4	160	141	240	114
5	130	97.7	175	83.8
6	102	73.8	120	70.0
7	88.5	56.4	82.0	60.0
8	75.4	51.1	56.0	51.0
9	62.4	44.6	41.0	45.0
10	49.5	36.6	28.0	42.0
11	40.5	31.6	19.0	39.0
12	31.5	26.8	13.0	35.0
13	22.5	21.9	10.0	32.0
14	13.5	17.2	9.0	29.0
15	4.5	14.1	8.0	26.0
16	3.5	6.6	7.0	22.0
17	2.5	3.2	6.0	19.0
18	1.5	0.0	5.0	15.0
19	1.2		4.0	11.0
20	0.9		3.0	8.0
21	0.6		2.0	4.0
22	0.3		1.0	0.0
23	0.0		0.0	
∑	1 571	1 571	1 571	1 571
洪水发生时间	1995-8-22	2007-8-16	2012-7-10	2020-8-14
暴雨中心位置	中下游	下游	中下游	中上游
降雨量(mm)	98.1	56.8	188.1	69.2
前期影响雨量(mm)	40.3	31.7	60.0	39.0
径流深(mm)	50.7	16.5	133.7	30.2
有效降雨历时(h)	7.2	7.0	10.0	13.0
净峰流量(m³/s)	1 089	582	2 977	640

图 9-4　温凉河许家崖水库站 1 h 单位线图

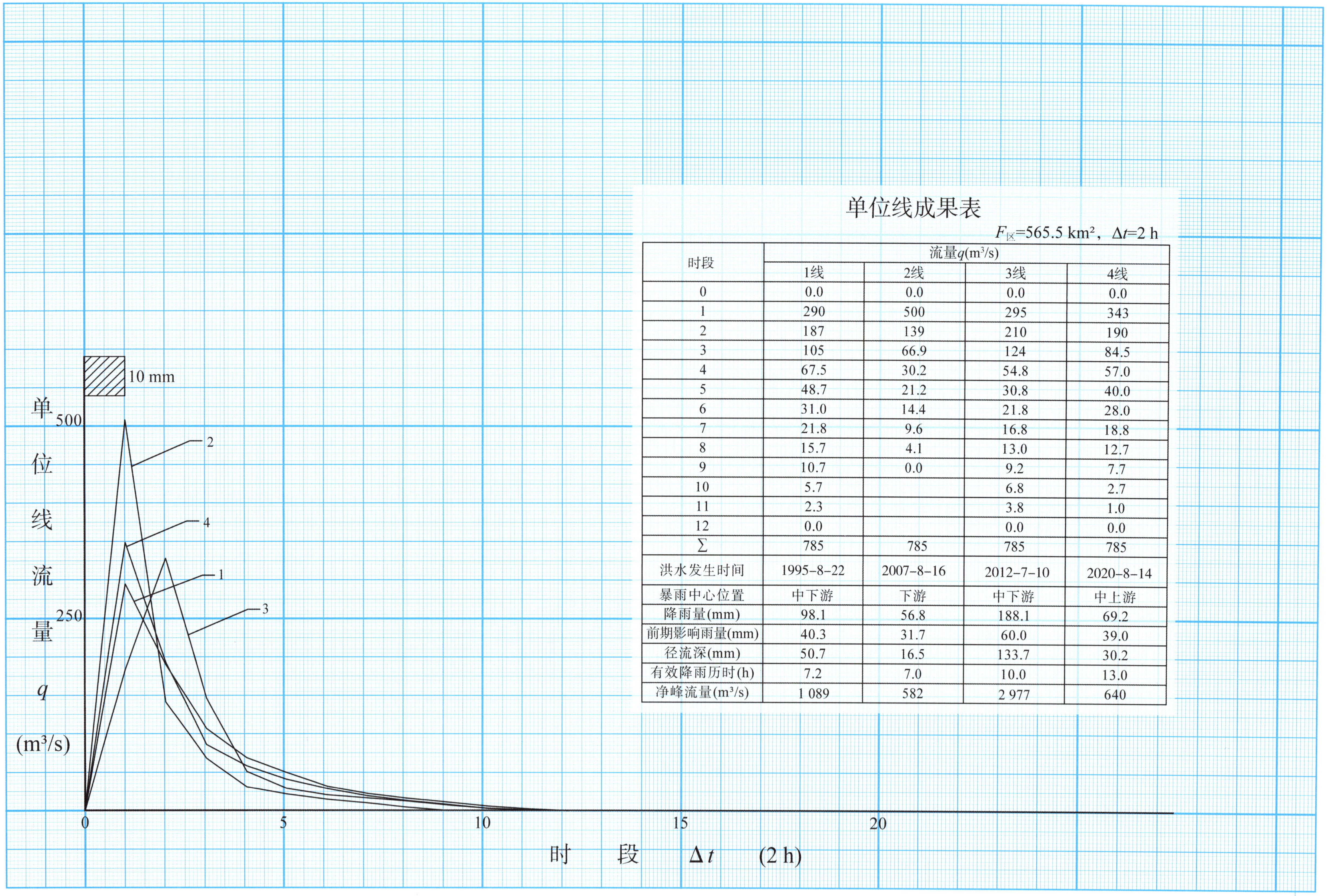

单位线成果表

$F_{区}$=565.5 km²，Δt=2 h

时段	流量q(m³/s)			
	1线	2线	3线	4线
0	0.0	0.0	0.0	0.0
1	290	500	295	343
2	187	139	210	190
3	105	66.9	124	84.5
4	67.5	30.2	54.8	57.0
5	48.7	21.2	30.8	40.0
6	31.0	14.4	21.8	28.0
7	21.8	9.6	16.8	18.8
8	15.7	4.1	13.0	12.7
9	10.7	0.0	9.2	7.7
10	5.7		6.8	2.7
11	2.3		3.8	1.0
12	0.0		0.0	0.0
Σ	785	785	785	785
洪水发生时间	1995-8-22	2007-8-16	2012-7-10	2020-8-14
暴雨中心位置	中下游	下游	中下游	中上游
降雨量(mm)	98.1	56.8	188.1	69.2
前期影响雨量(mm)	40.3	31.7	60.0	39.0
径流深(mm)	50.7	16.5	133.7	30.2
有效降雨历时(h)	7.2	7.0	10.0	13.0
净峰流量(m³/s)	1 089	582	2 977	640

图 9-5　温凉河许家崖水库站 2 h 单位线图

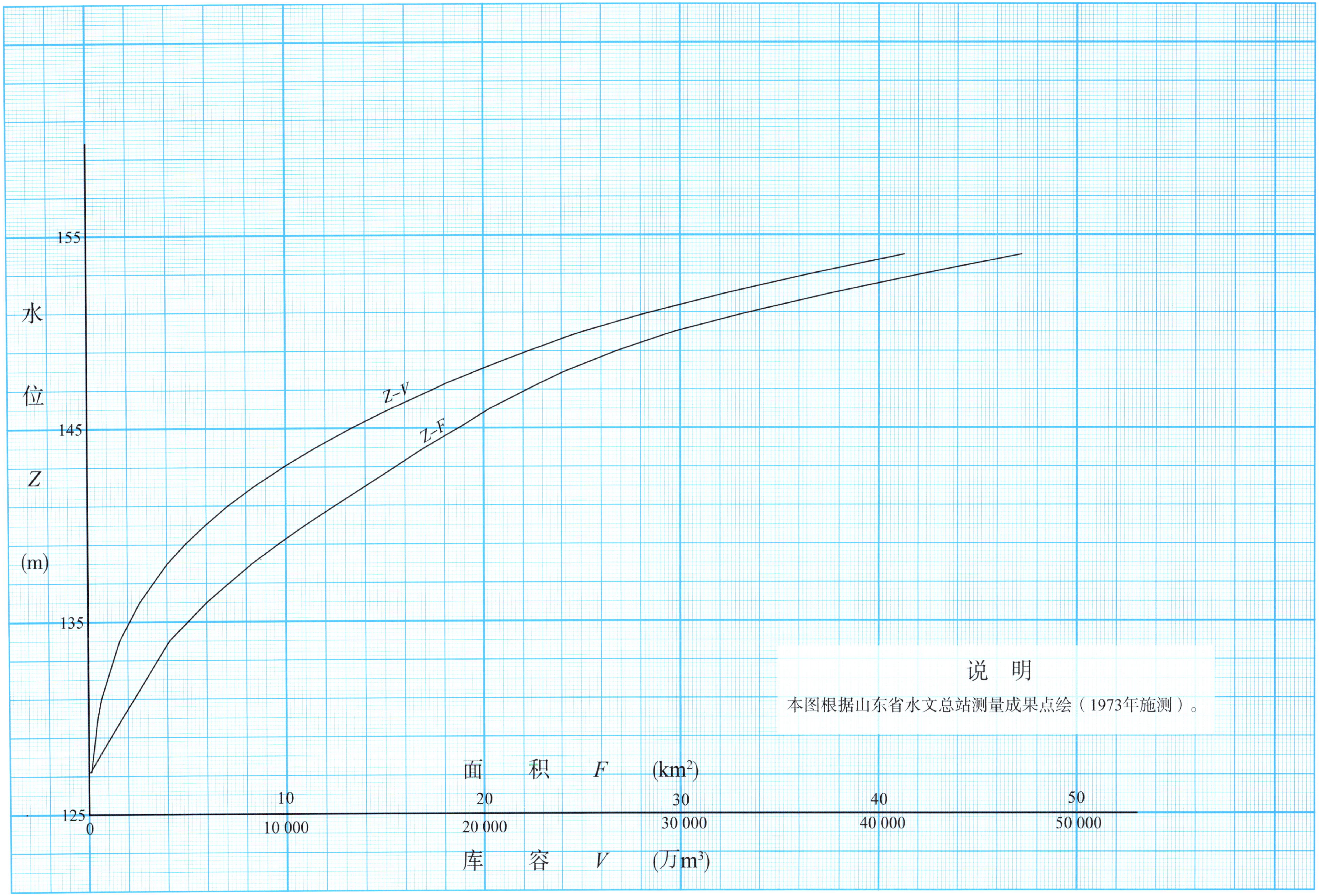

图 9-6 温凉河许家崖水库水位与库容、面积关系曲线图

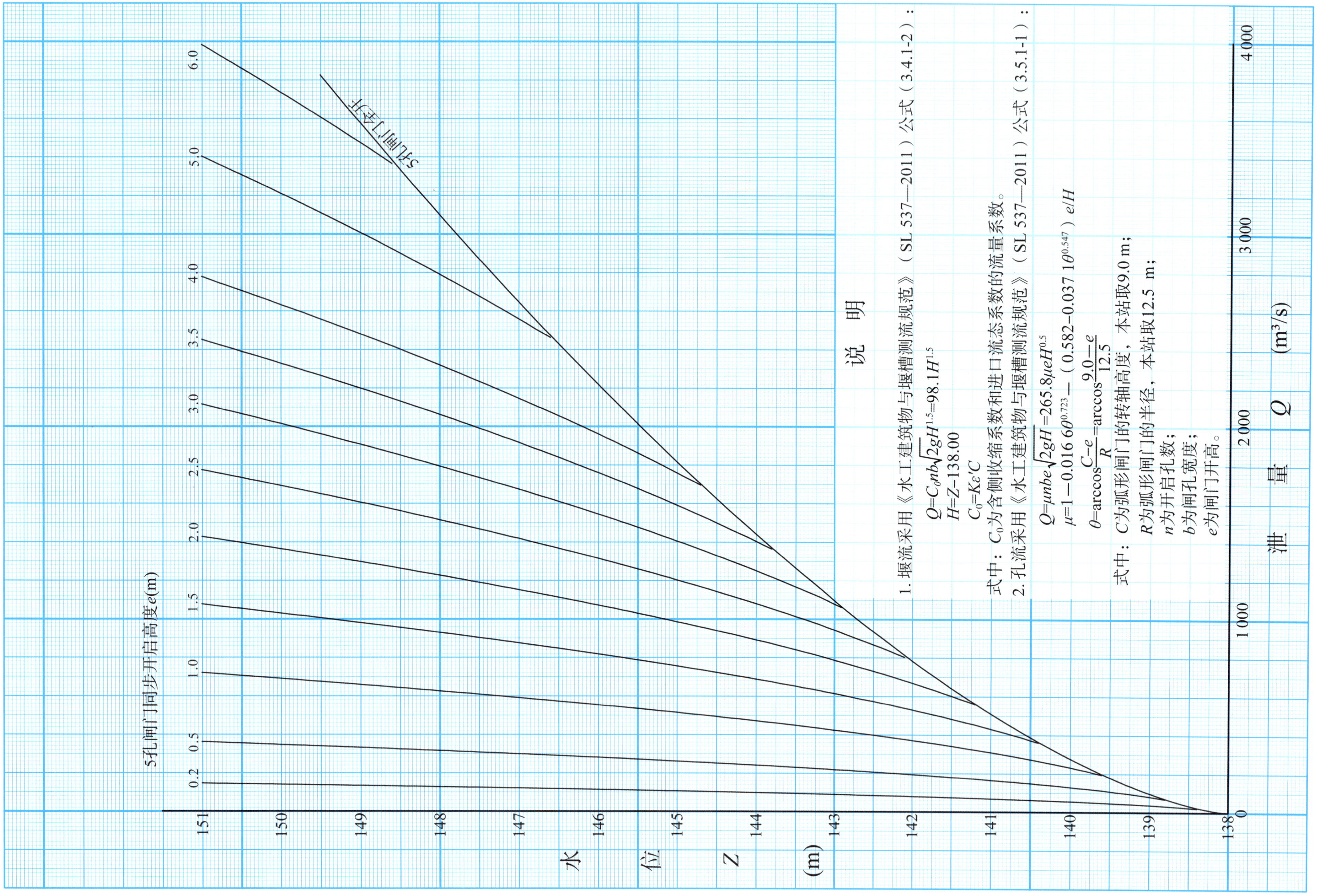

图 9-7 温凉河许家崖水库溢洪闸泄流曲线图（Z–Q）

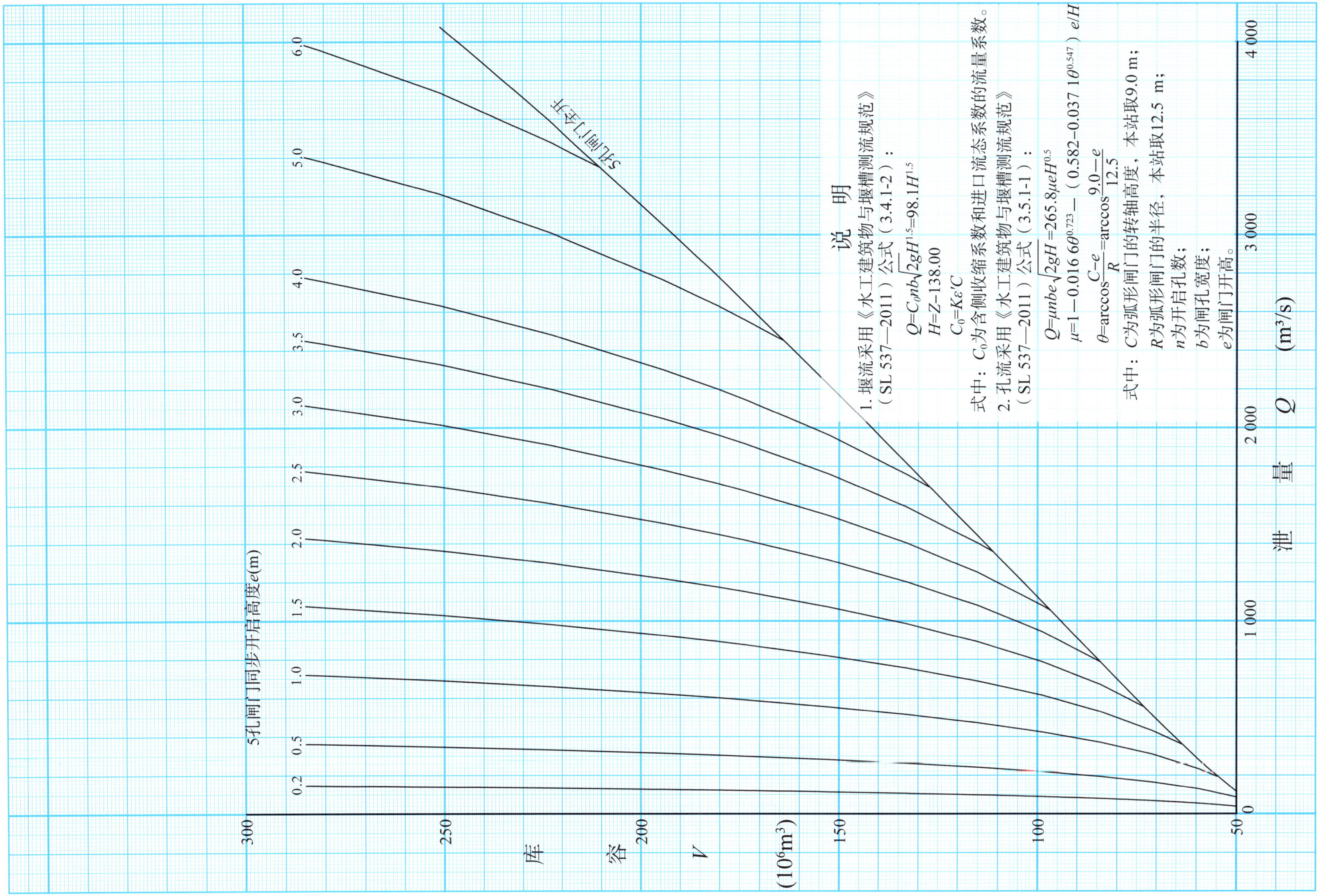

图 9-8 温凉河许家崖水库溢洪闸泄流曲线图（V–Q）

第十章 沭河沙沟水库站水文预报方案编制说明

1 流域概况

1.1 流域自然地理特征

沙沟水库坐落在沭河上游的沂山南麓的群山峻岭之中。流域形状近似扇形，山高势陡，为纯山区，河流源短流急。流域上游多玄武岩、石灰岩，下游多片麻岩、花岗岩及砂岩。土壤多沙壤土，土质多瘠薄，水土流失较严重。流域多年平均年降水量为759.0 mm（1956—2016年系列），6—9月降雨量为557.6 mm，汛期降雨量约占全年的73.5%。沙沟水库站以上流域见图10–1。

1.2 水利工程情况

1.2.1 沙沟水库概况

沙沟水库位于沂水县沙沟村西南，流域面积为164 km^2，河道干流长度仅为21.3 km，干流平均坡度为10.1‰。该水库于1958年10月28日开工建设，1959年11月25日竣工蓄水，坝顶高程为76.49 m。自1961年冬到1964年春进行了南溢洪道开挖工程，溢洪道主槽底高67.15 m，宽40 m。2002年11月20日除险加固工程开工，2010年10月15日完工，坝顶高程为76.77 m，防浪墙顶高77.77 m。该水库总库容1.043 7亿m^3，兴利库容0.470 7亿m^3，死库容0.011 9亿m^3。建成3孔溢洪闸，单孔宽10 m，闸底高程为65.35 m。沙沟水库汛中限制水位为67.15 m，汛末蓄水位为67.65 m，允许最高水位73.75 m。

1.2.2 上游水利工程情况

流域内主要小型水库7座，控制流域面积10.75 km^2，总库容179.8万m^3。流域内主要水利工程情况见表10–1。

表10–1 沭河沙沟水库站以上流域内主要水利工程统计表

工程类别	水库名称	所在乡镇	流域面积 F（km^2）	总库容（万m^3）	兴利库容 $V_{兴}$（万m^3）
小（2）型	上麻庄	沙沟镇	2.4	46.04	30.0
	石崖子	沙沟镇	2.0	28.0	20.98
	张马庄	沙沟镇	1.8	29.6	18.0
	椁椤峪	沙沟镇	0.8	18.0	11.0

续表

工程类别	水库名称	所在乡镇	流域面积 F（km^2）	总库容（万m^3）	兴利库容 $V_{兴}$（万m^3）
小（2）型	金钟峪	沙沟镇	0.72	17.61	6.47
	霹雳石	沙沟镇	0.9	18.97	10.76
	对崮峪	沙沟镇	2.13	21.6	13.02

1.3 测站概况

沙沟水库水文站于1960年5月25日设立，流域面积为164 km^2。沙沟水库站属区域代表站，承担降水、水位、流量、水质、墒情等观测项目及属站管理、水文调查、区域年度用水量监测等工作，并承担向国家防总，省、市防指，工程管理部门等多家单位提供雨水情报、预报任务。上游有3处长系列雨量站，详见表10–2。

该站采用冻结基面（假定）高程+164.353 m = 1956年黄海基面高程，冻结基面（假定）高程+164.334 m=1985年国家高程基准高程。自设站之日起无变动。

表10–2 沭河沙沟水库站以上流域雨量站情况表

站名	设站年份	详细地址
辉泉	1964年	沂水县沙沟镇黄土泉村
椁椤峪	1958年	沂水县沙沟镇椁椤峪村
沙沟水库	1960年	沂水县沙沟镇沙沟水库

2 预报方案编制

2.1 预报区间的确定

沙沟水库上游未建有大中型水库，沙沟水库以上流域控制面积164 km^2即为区间面积。

2.2 资料情况及方案沿革

2.2.1 资料情况

沙沟水库预报方案于1981年编制完成，又分别于1991年、1999年、2011年进行了方案的修订。本次修订除选用之前分析的1960—2010年共40场次暴雨洪水外，另外补充了2011—2020年13场次暴雨洪水进行分析，即资料系列为1960—2020年，共53场次洪水。

2.2.2 方案沿革

原方案中产流方案采用降雨径流相关图$P+P_a-R$，汇流方案采用峰量关系曲线图、经验单位线。本次修订，在原产流方案降雨径流相关图$P+P_a-R$中增加了13个点据，关系线保持不变；在原汇流方案峰量关系曲线图中增加了13个点据，关系线保持不变；经验单位线新增1条，其中 1 h 单位线 1 条。

2.3　产流方案

根据点群分布，1960—1999 年点群密集，位置偏右，降雨径流关系较好；2000 年以后的点据位置显著偏左，尤其是 2003 年以后更为明显，因此，根据点据分布情况和实际考察点绘了 2000 年前后两条曲线。2000 年至今，人类活动影响的加剧及上游铁矿的不断扩大、小型水库的除险加固致使流域下垫面情况发生了较大变化，地下水开采量加大，地下水位下降较快，导致降雨入渗量增大，河道行洪时补给地下水的量也增多，因此实测径流深明显偏小。综合分析，确定 2 条 $P+P_a-R$ 关系曲线，即Ⅰ线和Ⅱ线，Ⅰ线为 2000 年之前，Ⅱ线为 2000 年之后，见图 10–2。其中：P 为次降雨流域平均雨量（mm）；P_a 为流域平均前期影响雨量（mm）；R 为次降雨所产生的径流深（mm）。

2.3.1　主要参数的计算

2.3.1.1　流域平均雨量P的计算

流域平均雨量采用加权平均法即泰森多边形法计算，雨量站的面积控制权重见表 10–3。

表 10–3　沙沟水库站以上流域内雨量站的控制权重表

站名	辉泉	梓椤峪	沙沟水库
权重	0.386	0.435	0.179

2.3.1.2　流域平均前期影响雨量P_a的计算

每年自汛初开始连续计算，先以面积加权法计算流域平均雨量，然后计算前期影响雨量 P_a，本次 K、I_m 取值未做分析，继续沿用原有成果。P_a 的计算公式如下：

$$P_{a,t}=K(P_{a,t-1}+P_{t-1})$$

式中：$P_{a,t}$ 为当日的流域平均前期影响雨量（mm）；$P_{a,t-1}$ 为前一日的流域平均前期影响雨量（mm）；P_{t-1} 为前一日流域平均降雨量（mm）；K 为前期影响雨量递减系数，$K=1-\dfrac{E_m}{I_m}$，$K=0.85$；E_m 为流域蒸发能力（mm）；I_m 为流域最大损失量，本方案采用 60 mm。

2.3.1.3　径流深R的推求

在一次洪水过程线上采用斜线分割法切割基流，本次洪水径流深 R 等于洪水总量 W（已扣除基流量）除以集水面积 F。沭河沙沟水库站降雨径流分析成果见表 10–4。

2.3.2　精度评定

该方案采用 1960—2020 年 61 年的资料系列共 53 个点据，点绘 $P+P_a-R$ 相关曲线。精度评定采用合格点次占总点次的百分比为合格率，许可误差采用实测值的 20%，并以 20.0 mm 为上限，以 3.0 mm 为下限作为控制。方案合格率为 77.4%，属乙级方案，详见表 10–5。

2.3.3　突出点据分析

本次修订补充的点据中 170707 和 180626 场次洪水误差较大，经分析，其原因均为前期降雨极少，干旱严重，土壤含水率较低，且受上游小塘坝拦蓄影响较大，从而导致实测径流深远小于预报径流深。

2.4　汇流方案

本方案主要采用峰量关系图、经验单位线和综合瞬时单位线等方法。

2.4.1　峰量关系曲线

沙沟水库站峰量关系曲线见图 10–3。图中 R 为一次降雨径流深；T_c 为有效降雨历时，是指实际能产生径流，对造峰有明显影响的降雨历时，如果两段较大降雨之间有一小段不产生径流，此段历时也统计在主要有效降雨历时之内，当降雨时段较长时，一般采取占总降雨量 80% 以上的主要降雨时段数；$Q_{m净}$为一次降雨过程所产生的区间净峰流量。

精度评定：本方案采用 1960—2020 年资料系列，共 49 个洪水点据。许可误差采用实测值的 20% 作控制，方案合格率为 79.6%，为乙级方案，详见表 10–6。

2.4.2　经验单位线

参考 700729、980822 和 120803 场次洪水资料，根据流域暴雨洪水特性及下垫面变化情况，综合确定出本站 1 h 单位线 3 条。单位线图见图 10–4。

2.4.3　综合瞬时单位线

本方案采用如下地区综合单位线方程：

$$M_1=CF^{0.33}J^{-0.27}R^{-0.2}T_c^{0.17}$$

$$M_2=0.34M_1^{-0.12}$$

式中：F 为集水面积（km^2）；J 为河道干流坡度，本站为 0.010 1；M_1 为瞬时单位线参数，$M_1=nk$；M_2 为瞬时单位线参数；n 为瞬时单位线反映流域汇流调节次数的参数；k 为瞬时单位线反映流域汇流时间的参数；C 为经验系数，当 $R\geqslant 50$ mm 时，$C=0.196$，当 $R<50$ mm 时，$C=0.255$。

2.5　水位与库容、面积关系曲线

本方案采用 1978 年 5 月山东省水文总站测量成果，见图 10–5。

2.6　水位泄量关系曲线

根据堰闸流量计算公式计算并绘制了水位 – 闸门开高 – 泄量关系曲线，详见图 10–6、图 10–7。

2.6.1　堰流

$$Q=K\varepsilon'Cnb\sqrt{2g}\,H^{3/2}=C_0nb\sqrt{2g}\,H^{3/2}=48.768H^{3/2}$$

2.6.2　孔流

$$Q=\mu nbe\sqrt{2gH}$$

式中：n 为闸门孔数，本站 $n=3$；b 为闸门单孔宽，本站 $b=10$ m；μ 为流量系数，$\mu=0.454(e/H)^{-0.138}$；

e 为闸门开启高度（m）；H 为闸上游水头（m），H= 库内水位 – 闸坎高程，闸坎高程 =65.35 m。当 $e/H \leqslant 0.65$ m 时，查自由式孔流曲线；当 $e/H > 0.65$ m 时，查自由式堰流曲线。

3 方案使用说明

3.1 径流量预报

根据次流域平均降雨量 P 及前期影响雨量 P_a 在 P+P_a–R 关系线上查得 R，采用如下公式计算地表径流总量：

$$W_R=0.1RF$$

式中：F 为流域集水面积，本站采用 164 km^2。

3.2 最大入库洪峰流量预报

3.2.1 查 R–T_c–$Q_{m净}$ 图

依据查得的径流深 R 及有效降雨历时 T_c，通过本方案查得流域集水面积上所产生的净峰流量 $Q_{m净}$，加基流 $Q_基$ 即为所预报的洪峰流量。

3.2.2 经验单位线法

在进行洪水作业预报时，视本次降雨情况选定与降雨特点相近的洪水分析的经验单位线。

3.2.3 综合瞬时单位线法

将根据场次降雨量求出的径流深 R 及有效降雨历时 T_c 代入地区综合单位线方程，求得 M_1、M_2 后，进而计算 n、k 值，代入 t/k 的 n 阶非完全伽马函数式，计算瞬时单位线的 $S(t)$ 曲线。

3.3 入库洪水总量预报

$$W_总=W_R+W_基$$

式中：$W_总$ 为次洪水总量（万 m^3）；W_R 为次降雨地表径流总量（万 m^3）；$W_基$ 为基流水量（万 m^3）。

3.4 方案合理性检查及评定

在方案建立过程中，随时根据规范要求及有关文件规定进行合理性检查，特别对突出点据从原始资料反复查对，对中间处理过程也进行了认真审查，发现不合理的问题后基本上都做了检查改正。方案建立后，先从线形进行比较，防止出现矛盾现象，然后对每个方案尽量根据规范规定采用表格形式进行了精度评定（用许可误差法）。其中降雨径流相关图合格率为 77.4%，属乙级方案；峰量关系曲线图合格率为 79.6%，属乙级方案。综合来说，本方案属于乙级方案。

3.5 方案适应能力

本方案适用于防洪标准以下的洪水作业预报。如遇超标准洪水，则需根据当时具体情况酌情修正。

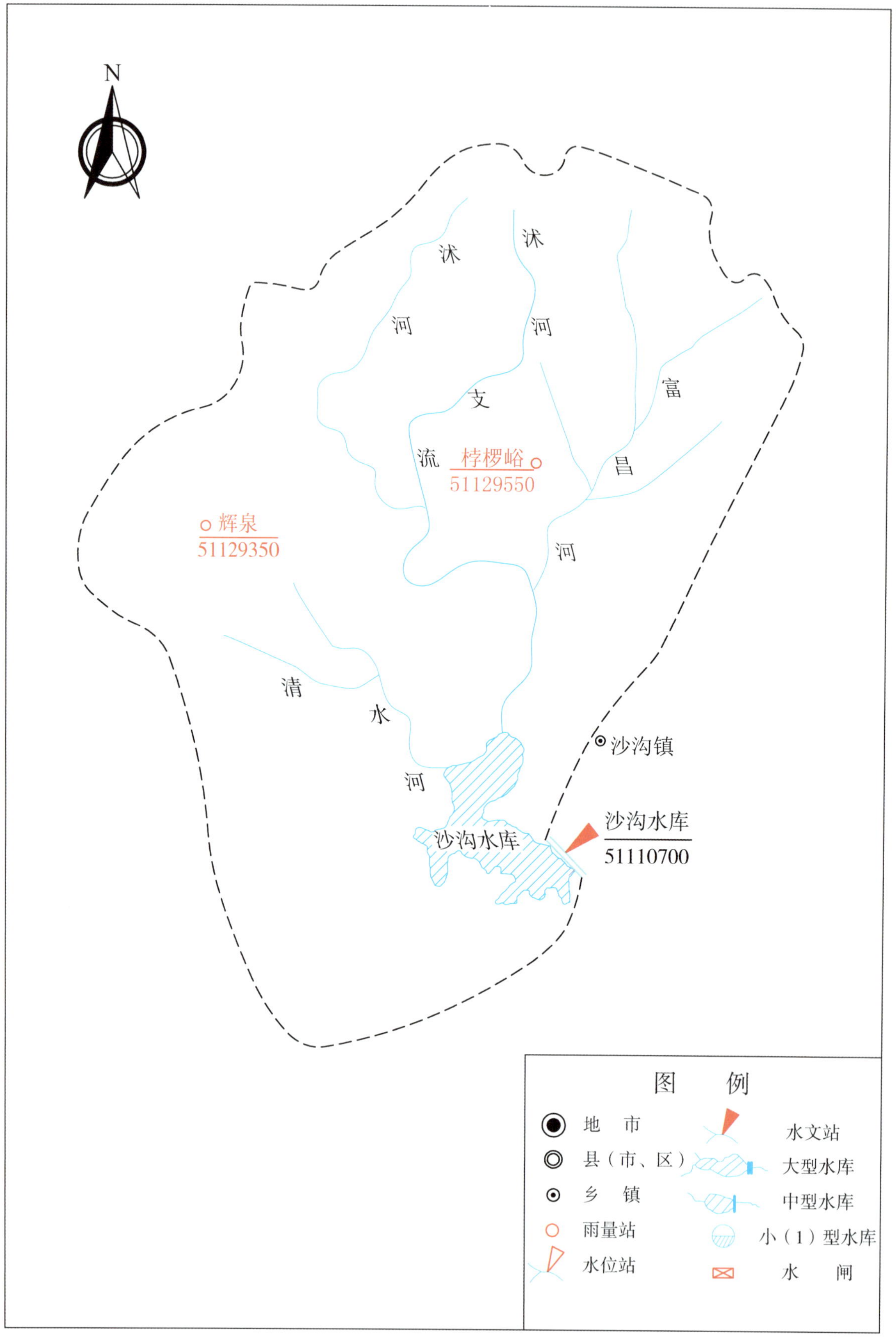

图 10–1　沭河沙沟水库水文站以上流域图

表 10-4　沭河沙沟水库站降雨径流分析成果表

序号	降雨起讫时间							流域平均雨量 P（mm）	前期影响雨量 P_a（mm）	降雨历时（h）		暴雨中心位置	洪水发生时间									洪水历时 $T_{洪}$（h）	洪峰流量 Q_m（m^3/s）	净峰流量 $Q'_{m净}$（m^3/s）	地表径流总量 W（万 m^3）	集水面积 F（km^2）	径流深 R（mm）	径流系数 α	改正后的净峰流量 $Q_{m净}$（m^3/s）
	起				讫					全部 T	有效 T_c		起涨			峰顶			落平										
	年	月	日	时	月	日	时						月	日	时	月	日	时	月	日	时								
1	1960	8	16	8	8	17	6	101.4	16.0	22	9.0	沙沟	8	16	8	8	18	4	8	19	24	88	545	540	653	164	39.8	0.39	540
2	1960	7	2	6	7	2	16	68.1	49.0	10	10.0	沙沟	7	2	6	7	2	15	7	3	16	34	345	342	558	164	34.0	0.50	342
3	1960	7	27	4	7	27	24	99.0	17.0	20	15.0	沙沟	7	27	6	7	27	22	7	29	14	56	229	227	814	164	49.6	0.50	227
4	1961	7	13	22	7	14	14	73.8	29.0	16	11.0	沙沟	7	13	22	7	14	8	7	16	6	56	231	230	612	164	37.3	0.51	230
5	1962	7	13	12	7	13	24	81.3	16.0	12	6.0	沙沟	7	13	12	7	13	22	7	15	24	60	481	479	529	164	32.3	0.40	479
6	1963	7	19	2	7	20	6	320.0	20.0	28	12.0	桲椤峪	7	19	2	7	19	18	7	21	12	58	1 780	1 730	3 915	164	238.7	0.75	1 730
7	1964	7	16	13	7	17	24	159.0	40.0	35	23.0	辉泉	7	16	14	7	17	15	7	18	24	58	510	508	2 028	164	123.7	0.78	508
8	1964	9	12	2	9	12	16	73.5	34.0	14	6.0	沙沟	9	12	2	9	12	13	9	14	20	66	476	473	748	164	45.6	0.62	473
9	1965	8	15	14	8	16	6	111.1	12.0	16	7.0	辉泉	8	15	14	8	15	17	8	16	18	28	1 470	1 470	1 001	164	61.0	0.55	1 470
10	1965	7	27	12	7	28	8	75.5	23.0	20	12.0	辉泉	7	27	12	7	27	20	7	29	16	52	259	257	613	164	37.4	0.50	257
11	1965	7	9	8	7	10	2	64.6	53.0	18	12.0	沙沟	7	9	8	7	9	20	7	11	10	50	243	241	546	164	33.3	0.52	241
12	1966	8	10	4	8	10	9	38.3	26.0	5	3.0	沙沟	8	10	4	8	10	10	8	11	10	30	368	367	273	164	16.6	0.44	367
13	1966	7	20	20	7	21	9	59.9	26.0	13	6.0	桲椤峪	7	20	20	7	21	5	7	22	20	48	286	286	395	164	24.1	0.40	286
14	1967	6	30	0	7	1	14	84.5	19.0	38	21.0	桲椤峪	6	30	0	7	1	5	7	3	20	92	248	243	676	164	41.2	0.49	243
15	1970	7	29	12	7	29	23	82.2	54.0	11	4.0	桲椤峪	7	29	12	7	29	21	7	31	14	50	1 090	1 080	1 205	164	73.5	0.89	1 080
16	1970	7	25	4	7	26	9	94.9	58.1	29	8.5	辉泉	7	25	6	7	25	12.5	7	27	12	54	209	199	1 084	164	66.1	0.70	199
17	1971	8	21	5	8	22	7	84.5	53.0	26	11.0	沙沟	8	21	5	8	21	20	8	24	8	75	480	475	950	164	57.9	0.69	475
18	1974	7	24	14	7	24	20	78.2	60.0	6	4.0	沙沟	7	24	14	7	24	17	7	26	8	42	900	894	886	164	54.0	0.69	894
19	1974	8	13	2	8	14	1	175.2	60.0	23	19.0	辉泉	8	13	2	8	13	14	8	16	16	86	880	870	2 649	164	161.5	0.92	870
20	1974	7	27	6	7	27	10	47.2	54.0	4	1.0	桲椤峪	7	27	6	7	27	9	7	29	20	62	582	576	351	164	21.4	0.45	576
21	1979	7	12	8	7	12	14	76.7	28.0	6	5.0	辉泉	7	12	8	7	12	13	7	14	20	60	660	658	727	164	44.3	0.58	658
22	1979	7	19	17	7	20	4	83.2	39.0	11	4.0	辉泉	7	19	17	7	19	22	7	21	8	39	520	517	781	164	47.6	0.57	517
23	1979	9	20	0	9	21	9	63.8	16.0	33	20.0	桲椤峪	9	20	8	9	21	5	9	22	8	48	59	58	182	164	11.1	0.17	58
24	1980	6	15	20	6	16	12	78.7	16.0	16	5.0	桲椤峪	6	15	20	6	16	8	6	17	20	48	250	248	287	164	17.5	0.22	248
25	1985	7	9	6	7	9	9	39.2	25.4	3	1.0	沙沟	7	9	6	7	9	9	7	10	2	20	360	357	210	164	12.8	0.33	357
26	1990	8	15	20	8	16	22	112.5	31.2	26	9.0	沙沟	8	16	2	8	16	9	8	17	20	42	428	426	1 270	164	77.4	0.69	426
27	1995	8	16	6	8	16	17	97.9	21.3	11	9.0	桲椤峪	8	16	9	8	16	12.5	8	17	12	27	350	347	724	164	44.1	0.45	347

续表

序号	降雨起讫时间							流域平均雨量 P（mm）	前期影响雨量 P_a（mm）	降雨历时（h）		暴雨中心位置	洪水发生时间									洪水历时 $T_{洪}$（h）	洪峰流量 Q_m（m^3/s）	净峰流量 $Q'_{m净}$（m^3/s）	地表径流总量 W（万 m^3）	集水面积 F（km^2）	径流深 R（mm）	径流系数 α	改正后的净峰流量 $Q_{m净}$（m^3/s）
	起				讫					全部 T	有效 T_c		起涨			峰顶			落平										
	年	月	日	时	月	日	时						月	日	时	月	日	时	月	日	时								
28	1996	7	24	22	7	25	18	152.4	24.7	20	9.0	辉泉	7	25	2	7	25	7.5	7	26	16	38	693	684	1 219	164	74.3	0.49	684
29	1997	8	19	6	8	20	14	250.2	18.2	32	22.5	桲椤峪	8	19	16	8	20	4.5	8	21	16	48	603	595	1 881	164	114.7	0.46	595
30	1998	8	22	4	8	22	15	146.7	26.7	11	6.0	辉泉	8	22	8	8	22	14	8	23	20	36	815	804	1 537	164	93.7	0.64	804
31	2000	7	19	2	7	19	14	60.5	15.5	12	5.0	辉泉	7	19	4	7	19	8.5	7	19	16	12	159	158	158	164	9.6	0.16	158
32	2003	6	22	11	6	23	1	76.1	2.1	14	8.0	沙沟	6	22	11	6	22	23	6	24	1	38	26	26	76	164	4.6	0.06	27
33	2003	8	26	2	8	27	9	85.2	32.0	31	21.0	桲椤峪	8	26	7	8	27	7	8	28	6.5	47.5	79	75	306	164	18.7	0.22	75
34	2004	7	17	15	7	18	9	82.5	54.6	18	11.0	桲椤峪	7	17	14	7	18	4.5	7	18	15	25	279	268	650	164	39.6	0.48	268
35	2004	9	14	8	9	14	20	112.0	10.0	12	11.0	辉泉	9	14	4	9	14	18.5	9	14	22	18	264	251	343	164	20.9	0.19	251
36	2007	8	18	1	8	18	7	34.5	60.0	6	5.0	辉泉	8	18	2	8	18	5.5	8	19	1	23	246	230	251	164	15.3	0.44	230
37	2008	7	22	18	7	24	5	167.9	36.5	35	27.0	沙沟	7	22	17	7	23	14.5	7	25	10	65	334	327	1 558	164	95.0	0.57	327
38	2009	7	8	11	7	9	7	68.6	50.2	20	16.0	沙沟	7	8	12	7	9	1.5	7	10	3	39	148	139	292	164	17.8	0.26	139
39	2009	7	11	8	7	11	23	60.2	43.8	15	13.0	辉泉	7	11	8	7	11	21.5	7	13	2	42	172	162	363	164	22.1	0.37	162
40	2009	7	13	10	7	14	4	49.8	51.0	18	13.0	辉泉	7	13	12	7	13	23	7	14	16	28	69	51	202	164	12.3	0.25	51
41	2011	6	22	22	6	23	4	81.8	0.2	6	3.0	辉泉	6	22	22	6	23	3	6	23	8	10	161	159	148	164	9.0	0.11	159
42	2011	7	27	4	7	27	14	52.0	56.7	10	10.0	辉泉	7	27	3	7	27	11	7	27	20	17	135	126	229	164	14.0	0.27	126
43	2012	7	22	18	7	24	3	134.6	14.6	33	30.0	桲椤峪	7	22	18	7	23	11	7	25	6	60	124	115	579	164	35.3	0.26	115
44	2012	8	2	22	8	3	10	132.3	32.7	12	10.0	辉泉	8	3	2	8	3	10	8	4	5	27	652	624	1 051	164	64.1	0.48	624
45	2016	8	19	17	8	20	5	54.4	42.0	12	7.0	辉泉	8	19	18	8	19	23	8	20	19	25	135	126	203	164	12.4	0.23	126
46	2017	7	6	12	7	7	7	191.1	18.7	19	8.0	桲椤峪	7	6	15	7	7	1	7	8	1	34	365	358	621	164	37.9	0.20	358
47	2017	8	2	17	8	3	19	121.3	28.6	26	26.0	桲椤峪	8	2	22	8	3	3	8	4	18	44	113	106	618	164	37.7	0.31	106
48	2018	6	25	8	6	26	16	284.4	1.1	32	11.0	辉泉	6	25	23	6	26	3	6	27	12	37	894	882	1 489	164	90.8	0.32	882
49	2018	7	23	4	7	24	0	148.6	4.7	20	20.0	沙沟	7	23	4	7	23	18	7	25	15	59	166	160	612	164	37.3	0.25	160
50	2018	8	18	3	8	20	7	181.4	44.4	52	30.0	辉泉	8	18	13	8	19	22	8	21	15	74	432	420	1 965	164	119.8	0.66	420
51	2019	8	10	9	8	11	17	320.5	22.6	32	25.0	辉泉	8	10	20	8	11	6	8	13	8	60	852	848	3 029	164	184.7	0.58	848
52	2020	8	6	14	8	7	20	105.2	37.8	30	27.0	辉泉	8	6	19	8	7	1	8	8	15	44	123	104	530	164	32.3	0.31	104
53	2020	8	13	18	8	14	1	54.5	33.5	7	4.0	沙沟	8	13	18	8	13	20	8	14	18	24	96	86	193	164	11.8	0.22	86

表 10-5 沭河沙沟水库站降雨径流预报精度评定表

序号	洪号	$P+P_a$（mm）	实测径流深 $R_{实}$（mm）	预报径流深 $R_{预}$（mm）	预报误差（mm）	许可误差（mm）	评定结果		序号	洪号	$P+P_a$（mm）	实测径流深 $R_{实}$（mm）	预报径流深 $R_{预}$（mm）	预报误差（mm）	许可误差（mm）	评定结果	
							合格	不合格								合格	不合格
1	600818	117.4	39.8	45.9	6.1	8.0	√		28	960725	177.1	74.3	98.7	24.4	14.9		√
2	600702	117.1	34.0	45.6	11.6	6.8		√	29	970820	268.4	114.7	180.6	65.9	20.0		√
3	600727	116.0	49.6	44.7	−4.9	9.9	√		30	980822	173.4	93.7	95.4	1.7	18.7	√	
4	610714	102.8	37.3	34.0	−3.3	7.5	√		31	000719	76.0	9.6	15.5	5.9	3.0		√
5	620713	97.3	32.3	29.1	−3.2	6.5	√		32	030622	78.2	4.6	7.6	3.0	3.0	√	
6	630719	340.0	238.7	244.9	6.2	20.0	√		33	030827	117.2	18.7	20.5	1.8	3.7	√	
7	640717	199.0	123.7	118.3	−5.4	20.0	√		34	040718	137.1	39.6	32.4	−7.2	7.9	√	
8	640912	107.5	45.6	37.9	−7.7	9.1	√		35	040914	122.0	20.9	23.3	2.4	4.2	√	
9	650815	123.1	61.0	50.8	−10.2	12.2	√		36	070818	94.5	15.3	12.2	−3.1	3.1	√	
10	650727	98.5	37.4	30.2	−7.2	7.5	√		37	080723	204.4	95.0	84.9	−10.1	19.0	√	
11	650709	117.6	33.3	46.0	12.7	6.7		√	38	090711	104.0	22.1	15.2	−6.9	4.4		√
12	660810	64.3	16.6	10.8	−5.8	3.3		√	39	090709	118.8	17.8	21.2	3.4	3.6	√	
13	660721	85.9	24.1	20.8	−3.3	4.8	√		40	090713	100.8	12.3	14.2	1.9	3.0	√	
14	670701	103.5	41.2	34.6	−6.6	8.2	√		41	110623	82.0	9.0	8.7	−0.3	3.0	√	
15	700729	136.2	73.5	62.1	−11.4	14.7	√		42	110727	108.7	14.0	16.9	2.9	3.0	√	
16	700725	153.0	66.1	77.1	11.0	13.2	√		43	120723	149.2	35.3	41.8	6.5	7.1	√	
17	710821	137.5	57.9	63.3	5.4	11.6	√		44	120803	165.0	64.1	53.0	−11.1	12.8	√	
18	740724	138.2	54.0	63.9	9.9	10.8	√		45	160819	96.4	12.4	13.0	0.6	3.0	√	
19	740813	235.2	161.5	150.7	−10.8	20.0	√		46	170707	209.8	37.9	89.0	51.1	7.6		√
20	740727	101.2	21.4	32.6	11.2	4.3		√	47	170803	149.9	37.7	42.3	4.6	7.5	√	
21	790712	104.7	44.3	35.6	−8.7	8.9	√		48	180626	285.5	90.8	151.0	60.2	18.2		√
22	790719	122.2	47.6	50.0	2.4	9.5	√		49	180723	153.3	37.3	44.7	7.4	7.5	√	
23	790921	79.8	11.1	17.3	6.2	3.0		√	50	180819	225.8	119.8	101.3	−18.5	20.0	√	
24	800616	94.7	17.5	26.8	9.3	3.5		√	51	190811	343.1	184.7	199.3	14.6	20.0	√	
25	850709	64.6	12.8	10.9	−1.9	3.0	√		52	200807	143.0	32.3	37.1	4.8	6.5	√	
26	900816	143.7	77.4	68.8	−8.6	15.5	√		53	200813	88.0	11.8	10.4	−1.4	3.0	√	
27	950816	119.2	44.1	47.4	3.3	8.8	√										

备注：1. 合格率 =77.4%；2. 许可误差 = 实测值的 20%，以 20.0 mm 为上限，以 3.0 mm 为下限；3. 本方案等级为乙级。

表 10-6　沭河沙沟水库站峰量关系预报精度评定表

序号	洪号	实测径流深 $R_{实}$（mm）	有效降雨历时 T_c（h）	净峰流量（m^3/s）		预报误差（m^3/s）	许可误差（m^3/s）	评定结果		序号	洪号	实测径流深 $R_{实}$（mm）	有效降雨历时 T_c（h）	净峰流量（m^3/s）		预报误差（m^3/s）	许可误差（m^3/s）	评定结果	
				实测 $Q_{m净实}$	预报 $Q_{m净预}$			合格	不合格					实测 $Q_{m净实}$	预报 $Q_{m净预}$			合格	不合格
1	600818	39.8	9.0	540	373	−167	108		√	26	970820	114.7	22.5	595	514	−81	119	√	
2	600702	34.0	10.0	342	292	−50	68.4	√		27	980822	93.7	6.0	804	1150	346	161		√
3	620713	32.3	6.0	479	396	−83	95.8	√		28	000719	9.6	5.0	158	138	−20	31.6	√	
4	630719	238.7	12.0	1 730	1870	140	346	√		29	030827	18.7	21.0	75	91.3	16.8	14.9		√
5	640717	123.7	23.0	508	538	30	102	√		30	040718	39.6	11.0	268	248	−20	53.6	√	
6	640912	45.6	6.0	473	560	87	94.6	√		31	040914	20.9	11.0	251	164	−87	50.2		√
7	650815	61.0	7.0	1 470	684	−786	294		√	32	070818	15.3	5.0	230	218	−12	46.0	√	
8	650727	37.4	12.0	257	293	36	51.4	√		33	080723	95.0	27.0	327	338	11	65.4	√	
9	650709	33.3	12.0	241	261	20	48.2	√		34	090709	17.8	16.0	139	115	−23.7	27.7	√	
10	660810	16.6	3.0	367	331	−36	73.4	√		35	090711	22.1	13.0	162	165	3	32.4	√	
11	660721	24.1	6.0	286	296	10	57.2	√		36	090713	12.3	13.0	51	92	41	10.2		√
12	670701	41.2	21.0	243	202	−41	48.6	√		37	110623	9.0	3.0	159	178	19	31.8	√	
13	700729	73.5	4.0	1 080	1170	90	216	√		38	110727	14.0	10.0	126	120	−6	25.2	√	
14	700725	66.1	8.5	199	644	445	39.8		√	39	120723	35.3	30.0	115	133	18	23.0	√	
15	710821	57.9	11.0	475	475	0	95.0	√		40	120803	64.1	10.0	624	551	−73	125	√	
16	740724	54.0	4.0	894	860	−34	179	√		41	160819	12.4	7.0	126	139	13	25.2	√	
17	740813	161.5	19.0	870	890	20	174	√		42	170707	37.9	8.0	358	384	26	71.6	√	
18	740727	21.4	1.0	576	590	14	115	√		43	170803	37.7	26.0	106	142	36	21.2		√
19	790712	44.3	5.0	658	625	−33	132	√		44	180626	90.8	11.0	882	746	−136	176	√	
20	790921	11.1	20.0	58	57.7	−0.3	11.6	√		45	180723	37.3	20.0	160	192	32	32.0	√	
21	800616	17.5	5.0	248	247	−1	49.6	√		46	180819	119.8	30.0	420	450	30	84.0	√	
22	850709	12.8	1.0	357	352	−5	71.4	√		47	190811	184.7	25.0	848	694	−154	170	√	
23	900816	77.4	9.0	426	725	299	85.2		√	48	200807	32.3	27.0	104	121	17	20.8	√	
24	950816	44.1	9.0	347	413	66	69.4	√		49	200813	11.8	4.0	86	188	102	17.2		√
25	960725	74.3	9.0	684	696	12	137	√											

备注：1. 合格率 =79.6%；2. 预报误差 = 预报值 − 实测值；3. 许可误差 = 实测值的 20%；4. 本方案等级为乙级。

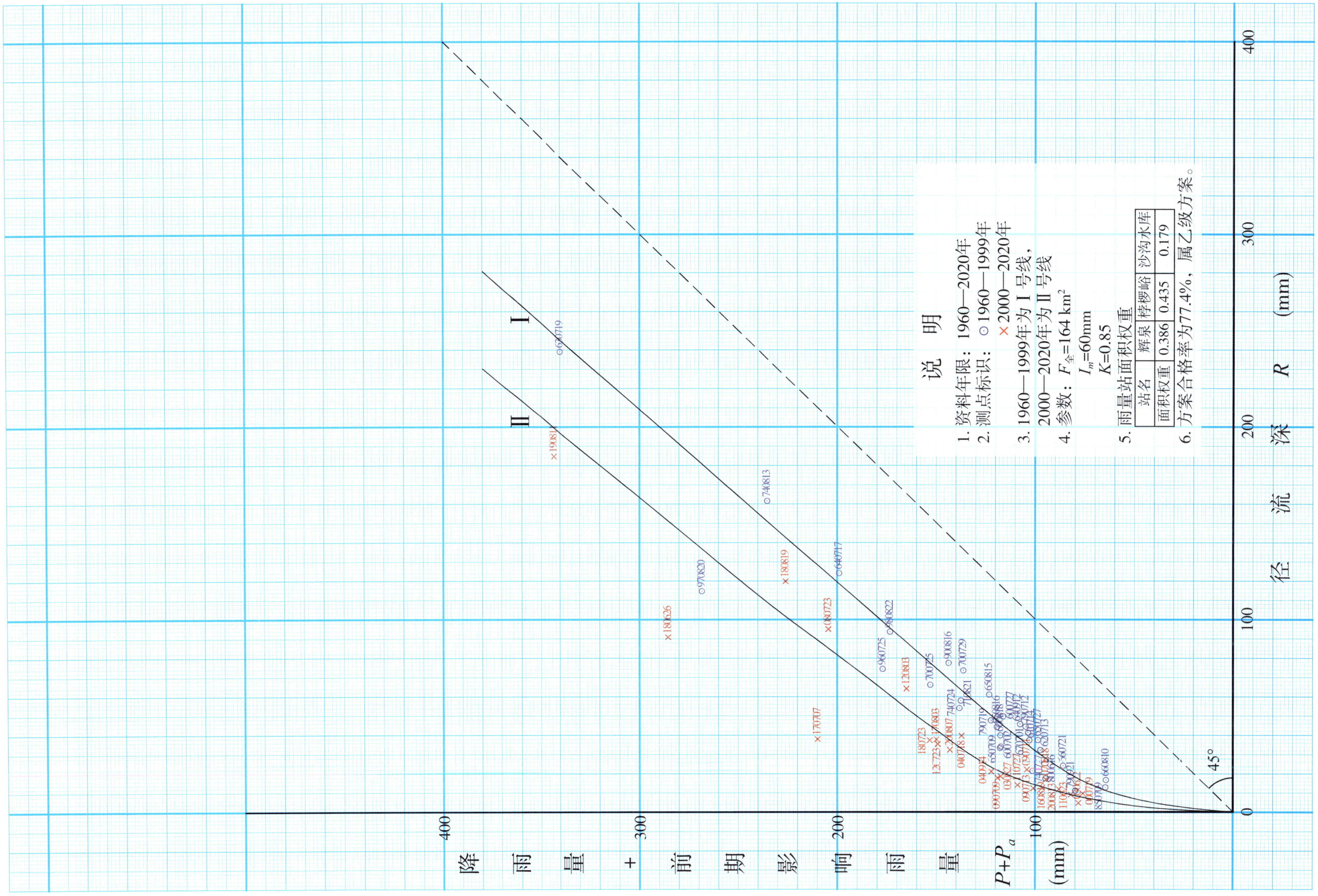

图 10-2　沭河沙沟水库站降雨径流相关图

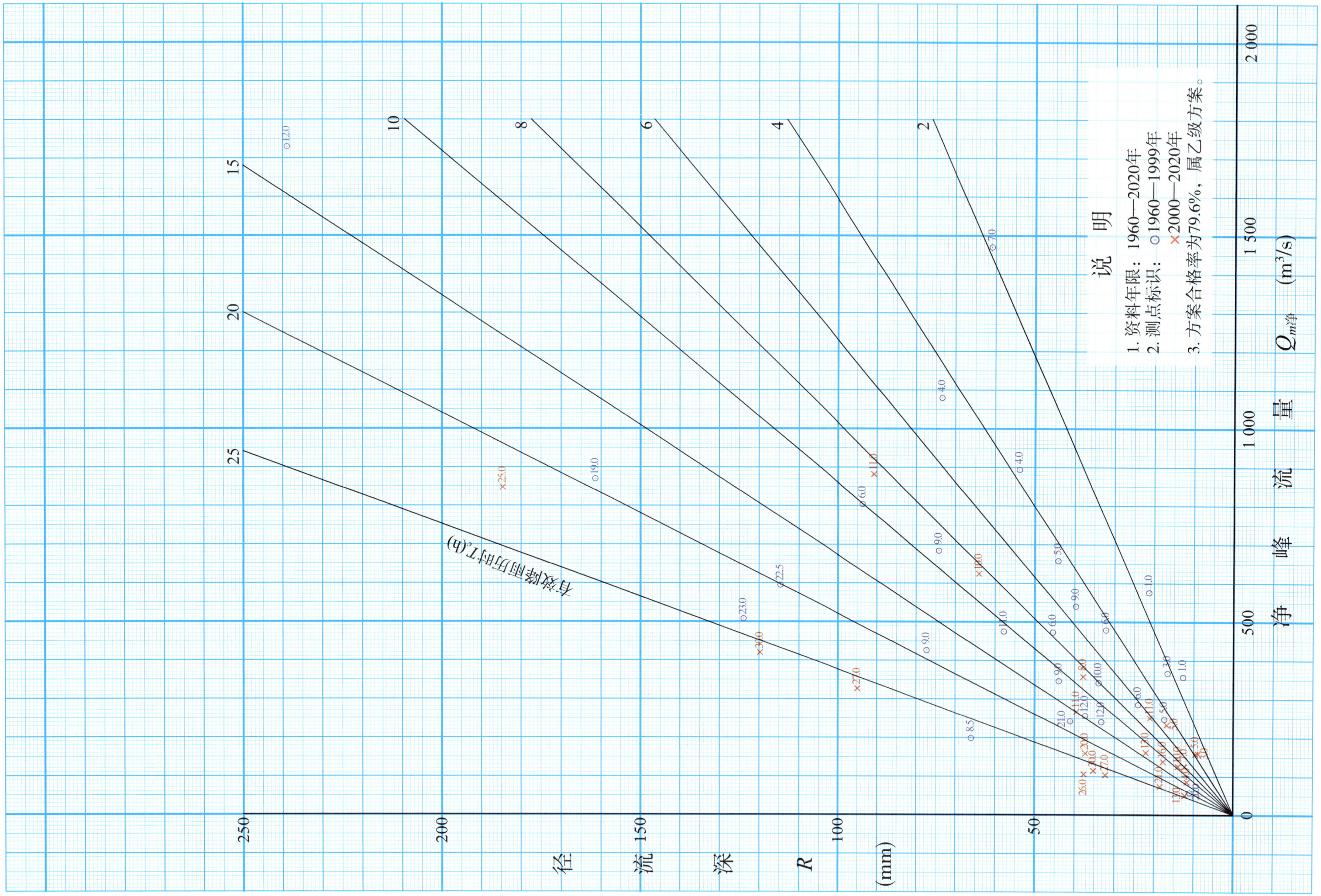

图 10-3　沭河沙沟水库站峰量关系曲线图

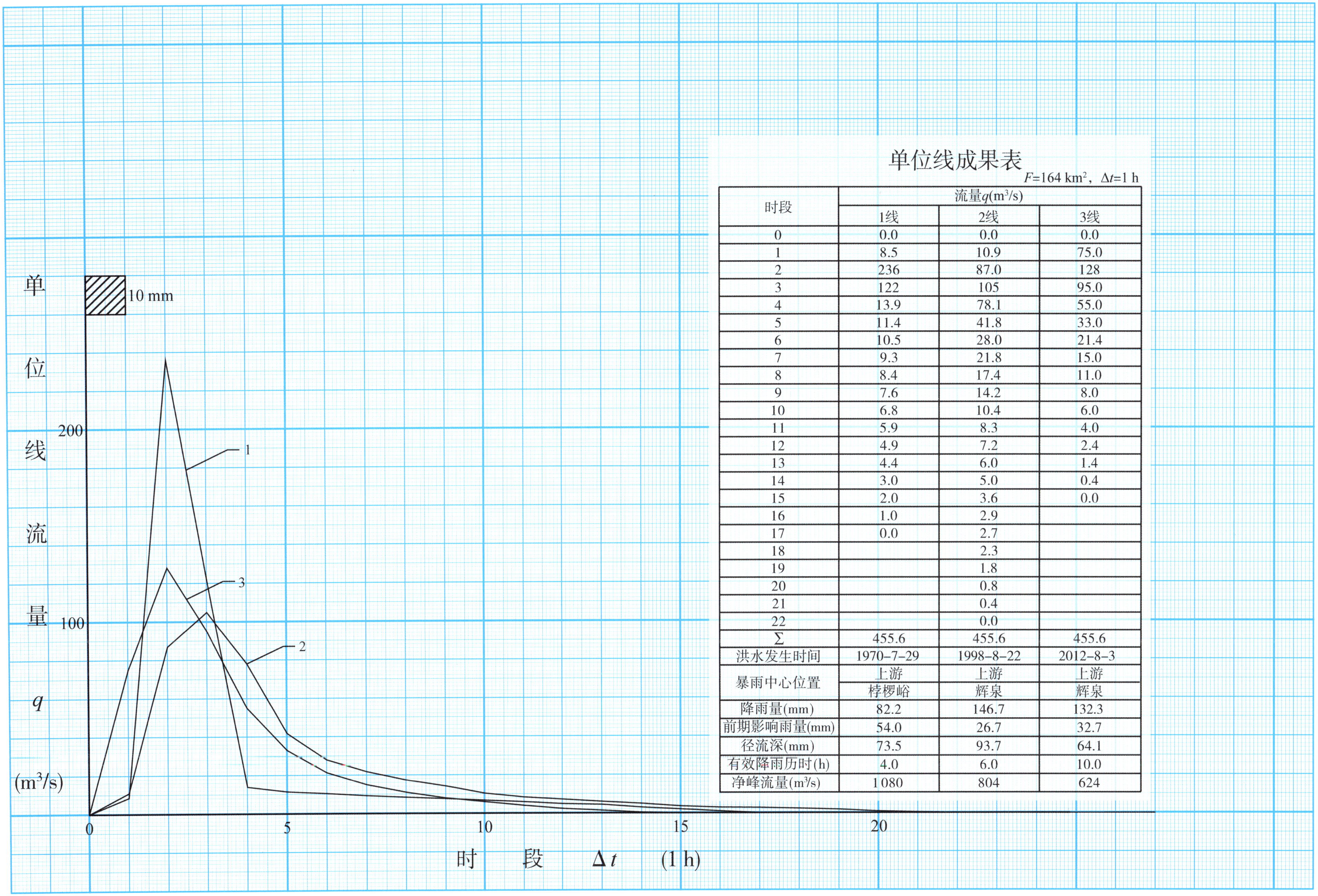

单位线成果表

F=164 km², Δt=1 h

时段	流量q(m³/s)		
	1线	2线	3线
0	0.0	0.0	0.0
1	8.5	10.9	75.0
2	236	87.0	128
3	122	105	95.0
4	13.9	78.1	55.0
5	11.4	41.8	33.0
6	10.5	28.0	21.4
7	9.3	21.8	15.0
8	8.4	17.4	11.0
9	7.6	14.2	8.0
10	6.8	10.4	6.0
11	5.9	8.3	4.0
12	4.9	7.2	2.4
13	4.4	6.0	1.4
14	3.0	5.0	0.4
15	2.0	3.6	0.0
16	1.0	2.9	
17	0.0	2.7	
18		2.3	
19		1.8	
20		0.8	
21		0.4	
22		0.0	
Σ	455.6	455.6	455.6
洪水发生时间	1970-7-29	1998-8-22	2012-8-3
暴雨中心位置	上游 桲椤峪	上游 辉泉	上游 辉泉
降雨量(mm)	82.2	146.7	132.3
前期影响雨量(mm)	54.0	26.7	32.7
径流深(mm)	73.5	93.7	64.1
有效降雨历时(h)	4.0	6.0	10.0
净峰流量(m³/s)	1 080	804	624

图 10-4 沭河沙沟水库站单位线图

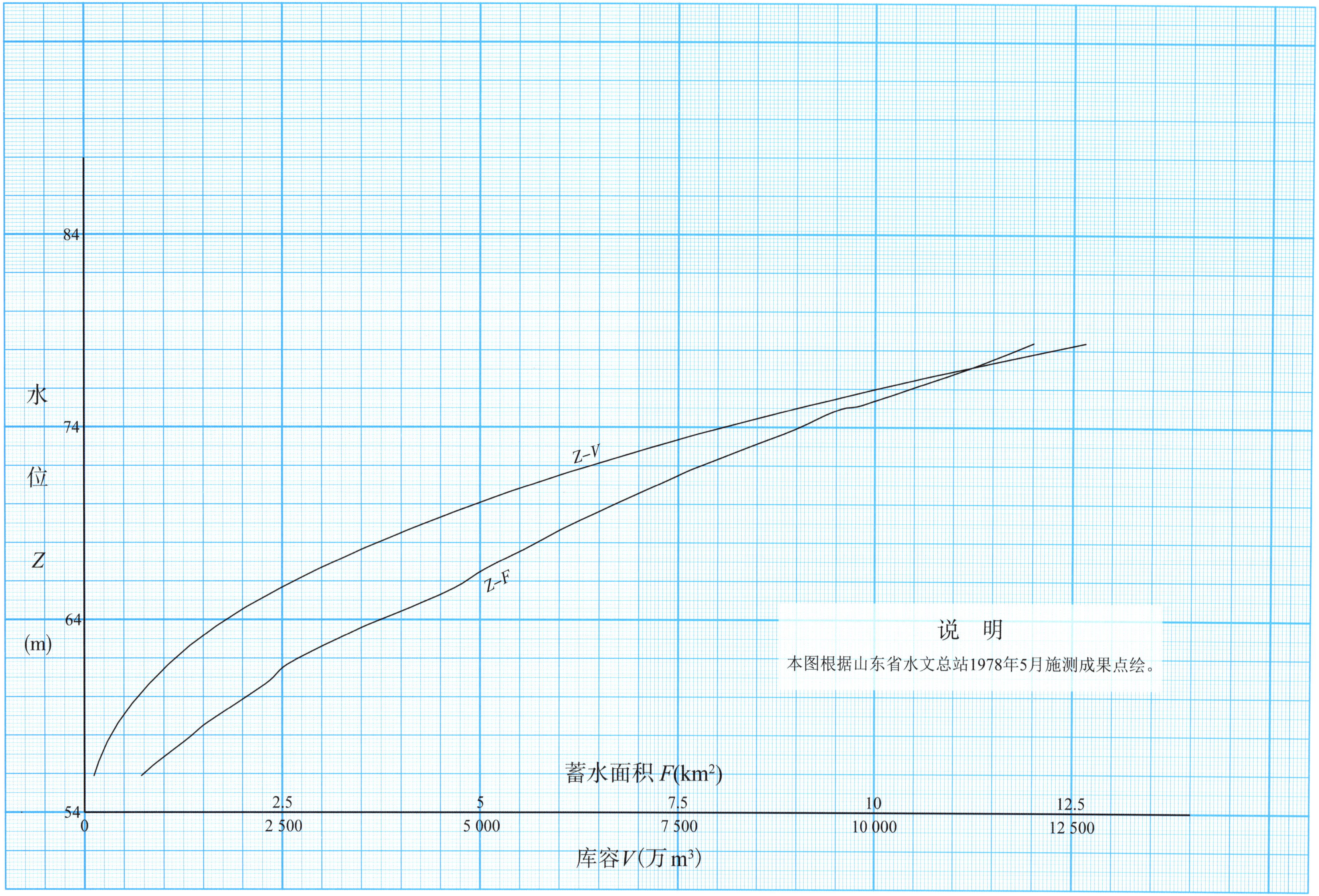

图 10-5 沭河沙沟水库水位与面积、库容关系曲线图

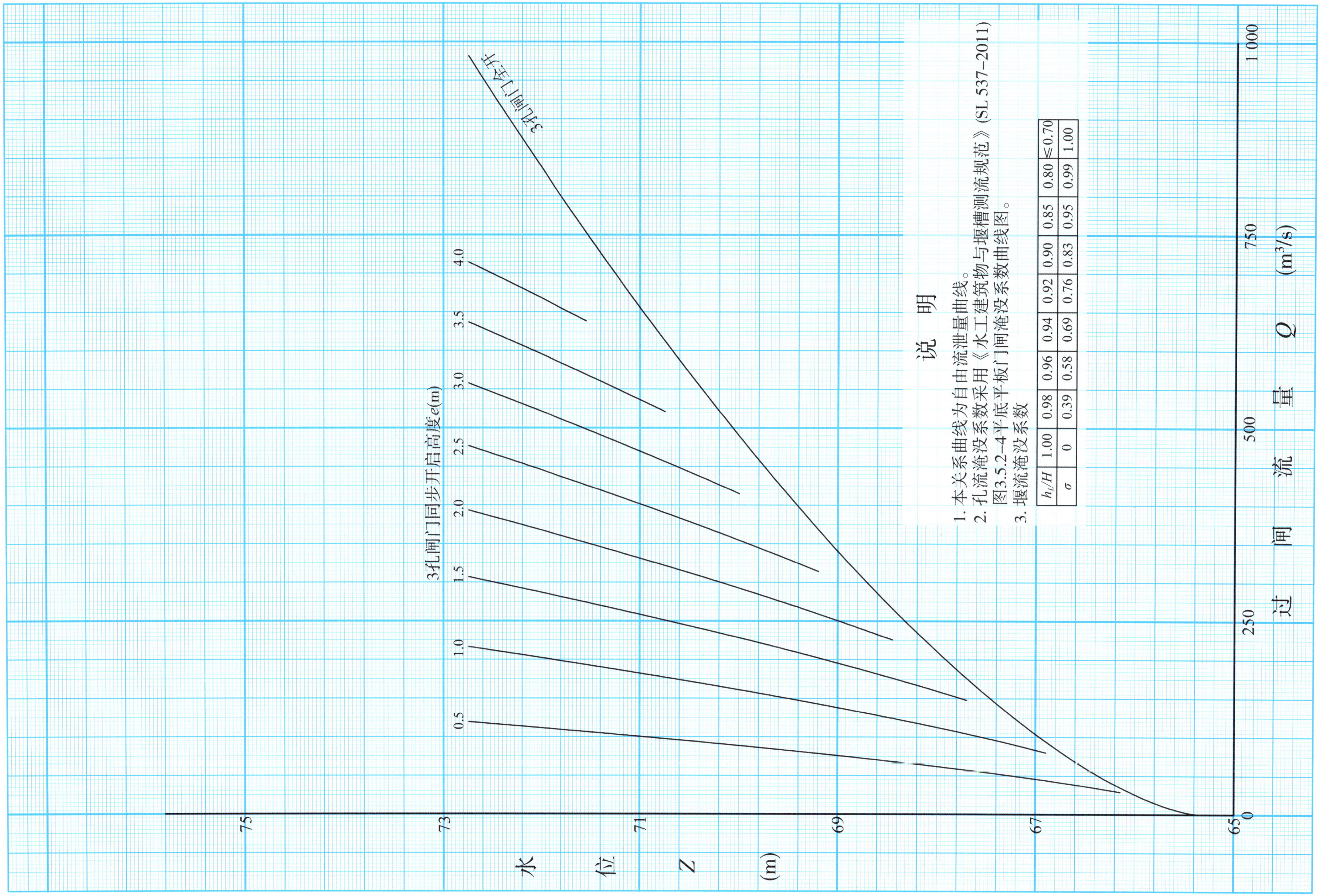

图 10–6　沭河沙沟水库溢洪闸泄流曲线图（Z–Q）

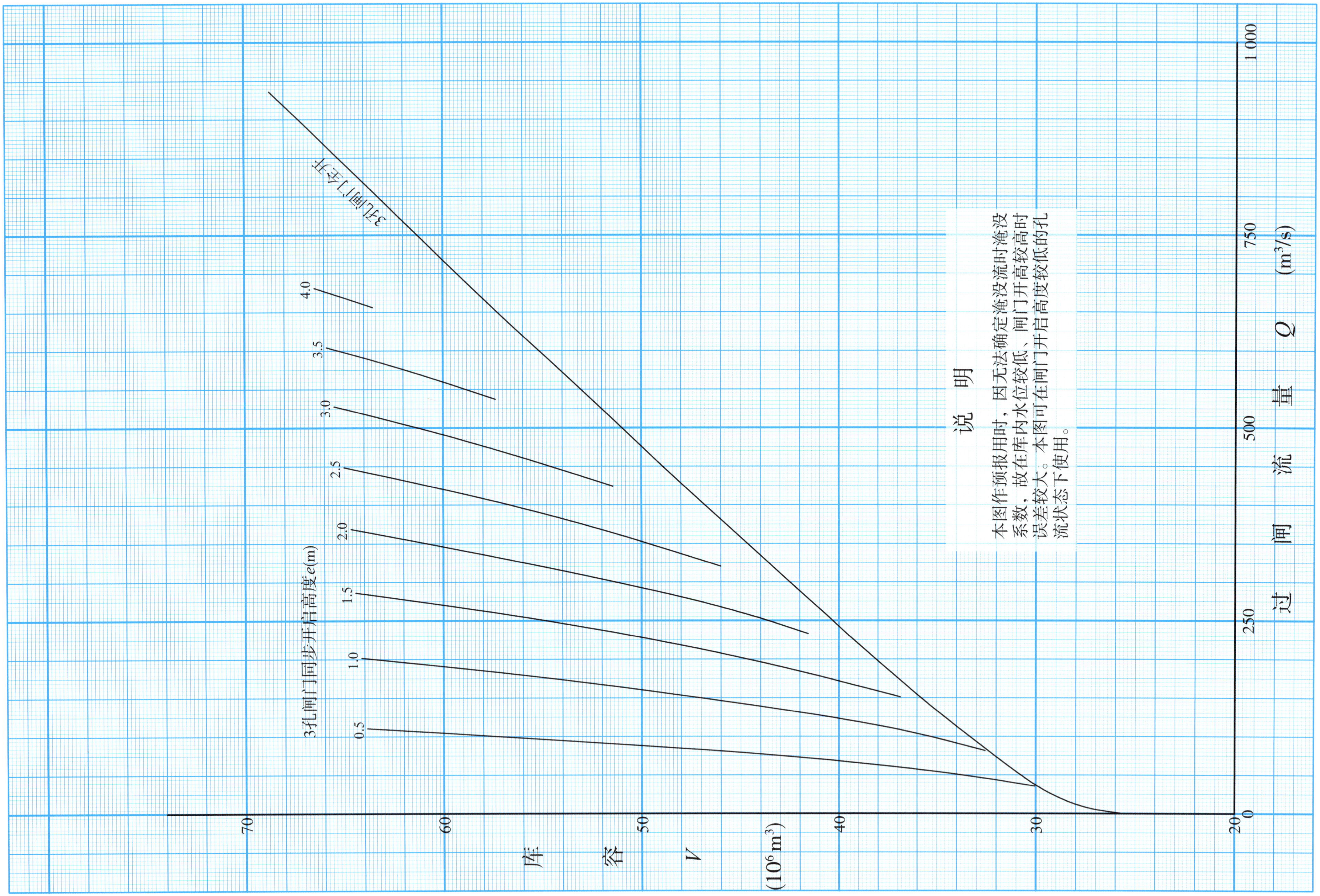

图 10–7　沭河沙沟水库溢洪闸泄流曲线图（*V–Q*）

第十一章　沭河青峰岭水库站水文预报方案编制说明

1　流域概况

1.1　流域自然地理特征

青峰岭水库位于淮河流域沭河干流上游，始建于1959年11月，1960年7月竣工蓄水，控制流域面积为769 km²，总库容为4.101亿m³。流域形状为阔叶形，河道干流平均坡度为2.63‰。流域内地势北高南低，深山区面积不足3%，浅山区占60%以上，丘陵及河谷川地约占35%。岩石主要有变质岩，其次有砂岩、炭岩、页岩、玄武岩、凝灰岩等。土壤主要有沙土、沙壤土、黄土、黑土。流域内植被以农作物为主，主要有小麦、玉米、大豆、花生、地瓜等。荒山多数植树造林，自1958年大规模水利化以后，流域内的水土保持起到了一定的控制作用，减少了水土流失。流域多年平均年降水量为699.0 mm，暴雨洪水主要集中在7、8月，沙沟水库—青峰岭水库区间流域图见图11–1。

1.2　水利工程概况

1.2.1　青峰岭水库概况

青峰岭水库主坝全长1 100 m，顶宽6.0 m，最大坝高30.7 m，坝顶高程为167.20 m，相应库容4.71亿m³；防浪墙顶高程为168.00 m，相应库容5.30亿m³。溢洪闸为弧形闸门，共9孔，每孔净宽10 m，闸底高程为154.30 m，闸门顶高程为162.80 m。非常溢洪道为砌石坝，坝长270 m，最大坝高3.8 m，坝顶高程为163.80 m，顶宽0.5 m。放水洞进口前有石坝并有两孔闸门，坝顶高程为142.46 m，坝底高程为141.82 m。青峰岭水库基本情况见表11–1。

1.2.2　上游水利工程概况

青峰岭水库站以上流域内建有大型水库沙沟水库（流域面积164 km²，总库容1.043 7亿m³），沙沟水库—青峰岭水库区间建有大量小型水库和塘坝，其中小（1）型水库5座、小（2）型水库36座，总库容1 589.3万m³，占青峰岭水库总库容的3.9%；小型水库总控制面积55.15 km²，占区间流域面积的9.1%，塘坝的控制面积占区间流域面积的14.2%，流域内水利工程对径流有较大影响。区间流域内主要水利工程情况见表11–2。

1.3　测站概况

青峰岭水库水文站于1960年4月设立并进行观测，主要项目有水位、流量、降水、冰情、蒸发、墒情等。

本站冻结基面以上米数 –0.097 m=1985年国家高程基准以上米数。

表11–1　沭河青峰岭水库基本情况表

<table>
<tr><td colspan="2" rowspan="2">建成时间</td><td rowspan="2">所在河流</td><td rowspan="2">流域面积（km²）</td><td rowspan="2">主坝
坝型</td><td colspan="2">坝顶高程</td><td rowspan="2">防浪墙顶高程（m）</td><td rowspan="2">溢洪道顶高程（m）</td></tr>
<tr><td>设计（m）</td><td>现有（m）</td></tr>
<tr><td colspan="2">1960年
7月</td><td>沭河</td><td>769</td><td>黏土心墙
砂壳坝</td><td>167.20</td><td>167.20</td><td>168.00</td><td>154.30</td></tr>
<tr><td colspan="2">兴利水位（m）</td><td>下游河道安全泄量（m³/s）</td><td>全赔高程（m）</td><td>移民高程（m）</td><td colspan="2">全赔高程与设计洪水位之间耕地数量（亩）</td><td colspan="2">移民高程与设计洪水位之间乡镇、村数量及人口</td></tr>
<tr><td colspan="2">162.00</td><td>1 000</td><td>162.00</td><td>160.00</td><td colspan="2">6 260.00</td><td colspan="2">3个镇，17个村，3 119人</td></tr>
<tr><td colspan="2">防洪标准</td><td>频率（%）</td><td>洪峰流量（m³/s）</td><td>最高水位（m）</td><td>相应库容（亿m³）</td><td>最大泄量（m³/s）</td><td colspan="2">下游保护城镇、铁路、人口、耕地等</td></tr>
<tr><td rowspan="2">规划</td><td>设计</td><td>1</td><td>4 607</td><td>163.15</td><td>—</td><td>3 675</td><td colspan="2" rowspan="3">莒县县城（30 km），潍徐公路（25 km），保护人口100万人、耕地82万亩</td></tr>
<tr><td>校核</td><td>0.02</td><td>10 443</td><td>165.33</td><td>4.12</td><td>5 117</td></tr>
<tr><td colspan="2">现有</td><td>0.02</td><td>10 443</td><td>165.33</td><td>4.12</td><td>5 117</td></tr>
<tr><td rowspan="5">运用方式</td><td colspan="2" rowspan="3">汛限水位</td><td colspan="4">6月21日—8月15日</td><td colspan="2">8月16日—9月30日</td></tr>
<tr><td>水位（m）</td><td>相应库容（亿m³）</td><td>超蓄水位（m）</td><td>相应库容（亿m³）</td><td>水位（m）</td><td>库容（亿m³）</td></tr>
<tr><td>159.50</td><td>2.04</td><td>160.00</td><td>2.17</td><td>160.00</td><td>2.17</td></tr>
<tr><td colspan="2">主汛期
泄流方式</td><td colspan="6">1. 库水位低于159.50 m时，不泄洪
2. 库水位为159.50~160.94 m（20年一遇）时，控制泄量1 000 m³/s，9孔闸门同步开启1.524 m
3. 库水位为160.94~164.47 m（200年一遇）时，闸门全开泄洪，控制泄洪4 524 m³/s，闸门同步开启5.4 m</td></tr>
<tr><td colspan="2">超标准洪水
防御措施</td><td colspan="6">遇超标准洪水时，在坝顶做子埝。用无线电台、有线电话、无线电话，配合火炮信号逐段向外传递，同时组织人工传递联络站，以接力形式迅速传递情况，按事先与沿河两岸的群众约定的信号，以最快的方式及时组织群众安全转移，以防御可能最大暴雨</td></tr>
<tr><td>备注</td><td colspan="8">1. 除险加固情况：2021年12月完成除险加固
2. 历史最高水位：1971年8月22日 160.95 m
3. 本表数据来自2022年水利部淮河水利委员会刊印的《淮河流域大型水库汛期调度运用计划》。采用的工程基面为1954年黄海高程</td></tr>
</table>

表11–2　沙沟水库—青峰岭水库区间主要水利工程统计表

工程类别	水库名称	所在位置	流域面积（km²）	总库容（万m³）
小（1）	坪下河	沂水县高桥镇	1.5	93.2
	凤凰山	沂水县高桥镇	1.7	106
	水牛	沂水县杨庄镇	5.9	382
	石碴	沂水县马站镇	1.4	102.5
	西旺庄	沂水县马站镇	5	226
小（2）	共36座		39.65	679.6

2 预报方案编制

2.1 预报区间的确定

青峰岭水库上游建有大型水库沙沟水库，因此将沙沟水库作为上游入流站，预报区间确定为沙沟水库—青峰岭水库，区间面积为 605 km^2，即青峰岭水库以上总控制面积（769 km^2）减去上游沙沟水库控制面积（164 km^2）。

2.2 资料情况及方案沿革

2.2.1 资料情况

青峰岭水库预报方案于 1981 年分析编制完成，又于 1991 年、1999 年、2011 年分别进行了预报方案的修订。本次修订除选用了之前分析的 1960—2010 年共 46 场次暴雨洪水外，另外补充了 2011—2020 年 10 场次暴雨洪水进行分析，即资料系列为 1960—2020 年，共 56 场次洪水，沙沟水库—青峰岭水库区间降雨径流分析成果见表 11–3。

2.2.2 方案沿革

原方案中产流方案采用降雨径流相关图 $P–P_a–R$，汇流方案采用峰量关系曲线图、单位线，单位线由地区综合瞬时单位线计算而得，河道汇流演算采用传播时间法。

本次修订，在原产流方案降雨径流相关图 $P–P_a–R$ 中增加了 10 个点据，关系线保持不变，另外利用 56 场次洪水资料新建了降雨径流相关图 $P+P_a–R$；在原汇流方案峰量关系曲线图中增加了 7 个点据，关系线保持不变，原单位线由于在实际作业预报中基本没有应用到，故本次修订舍弃了原单位线，利用近 10 年的资料新建了时段为 1 h 的 3 条单位线，河道汇流演算采用传播时间法，即沙沟水库—青峰岭水库的传播时间为 10 h。

2.3 产流方案

原产流方案采用降雨径流相关图 $P–P_a–R$，本次修订时，原方案 $P–P_a–R$ 关系线保持不变；另外新建了降雨径流相关图 $P+P_a–R$,点绘定了 2 条线,分别适用于前期土壤干旱及湿润的情况。$P–P_a–R$ 和 $P+P_a–R$ 关系线分别见图 11–2 和图 11–3。

2.3.1 原产流方案$P–P_a–R$

原方案采用降雨径流相关图 $P–P_a–R$，在本次修订增加的 2011—2020 年 10 场次洪水中，只有 4 场合格，6 场不合格，且 6 场不合格的洪水实测径流深均小于预报径流深，出现了系统性偏差。经分析，其原因为 2013—2019 年总体偏干旱，尤其是 2013—2015 年连续 3 年无明显涨水过程，2019 年汛期以来持续高温干旱，降雨产流受上游中小水库及塘坝等水利工程调蓄影响，导致实际径流深小于预报径流深。此时以 P_a 为参数建立的 $P–P_a–R$ 方案已经不适用，因此有必要针对前期土壤较为干旱的情况建立产流方案。

2.3.2 新建产流方案$P+P_a–R$

本次修订新建了降雨径流相关图 $P+P_a–R$，共有 2 条。其中 1 线为湿润线，适用于前期土壤较为湿润的情况，尤其是前期刚下过雨的情况；2 线为干旱线，适用于连续干旱年份或者汛期第一场洪水的情况。由于 2 线是根据近 10 年点据所绘制的，点据较少，且前期干旱时流域产流受到上游水利工程影响较大，故 2 线仅供预报时参考，不参与评定。

2.3.3 相关要素的分析计算

流域平均雨量 P：根据沙沟水库、马站、陈家庄、青峰岭水库 4 站雨量采用加权平均法计算，雨量站权重见图 11–2。

流域最大损失量 I_m：采用原编制方案分析值 60 mm。

前期影响雨量递减系数 K：K=1–E_m/I_m，其中，E_m 为流域蒸发能力，I_m 为流域最大损失值。本次未进行重新分析，采用原编制方案分析值 0.85。

前期影响雨量 P_a：根据前 30 天雨量采用公式进行逐日计算。

径流深 R：根据库内水位变化过程，考虑泄流，反推入库流量过程，减去上游入流站沙沟水库泄流量，割除基流后得到地表径流过程（基流分割采用斜线分割法），再将地表径流总量除以流域面积即得一次降雨所产生的径流深。复式峰则按近似峰型的退水趋势进行分割。

2.3.4 精度评定

按许可误差 =20% 实测值的标准（并当许可误差大于 20.0 mm 时以 20.0 mm 为上限，小于 3.0 mm 时以 3.0 mm 为下限）进行逐次洪水评定。

$P–P_a–R$ 相关图共选用 56 个点据，其中 44 个合格，合格率为 78.6%；$P+P_a–R$ 相关图一共有 2 条线,其中 1 线为湿润线,2 线为干旱线,全部点据均采用 1 线进行评定,共选用 56 个点据，其中 44 个合格，合格率为 78.6%，均为乙级方案。详见表 11–4、表 11–5。

2.3.5 突出点分析

本次修订补充的点据有 6 个不合格，且 6 场洪水实测径流深均远小于预报径流深。110703 场次洪水为汛期第一场洪水，P_a 只有 8.7 mm；160808、170707、180626、180814 场次洪水处于连续干旱年（2013—2015 年连续 3 年未产生洪水，2016 年和 2017 年仅有一场洪水且较小，因此 2018 年 8 月 18 日“温比亚”台风降雨发生之前，仍然视为连续干旱）；2019 年为枯水年，190811 场次洪水发生前连续数月持续高温干旱，因此，产流受到上游水利工程调蓄影响较大，此时应该选用 $P+P_a–R$ 相关图的 2 线（干旱线）。

2.4 汇流方案

本方案主要采用峰量关系图和经验单位线等方法。

2.4.1 峰量关系曲线

本方案根据 41 个点据（孤立洪水或易分割的复式洪水不参与分析），以有效降雨历时 T_c 作为参数，建立峰量关系曲线 $R–T_c–Q_{m净}$，见图 11–4。其中，R 为一次降雨径流深，由次洪水总量除以相应集水面积而得；$Q_{m净}$为一次降雨过程所产生的区间净峰流量；T_c 为有效降雨历时，是指实际能产生径流，对造峰有明显影响的降雨历时，两段较大暴雨中间有一段不产生径流的时间也应该统计在历时之内（如 120803 场次洪水），如果暴雨首尾部强度较小，但能产生径流的降雨持续时间很长，则只统计占本次降雨总量 80% 以上的主要暴雨历时（如 190811 场次洪水）。

精度评定：许可误差采用实测值的 20% 作控制，参加评定的点据 41 个，36 个合格，合格率为 87.8%，为甲级方案，详见表 11–6。

2.4.2 洪峰滞时 t_p

本流域汇流面积较小，汇流较快，降雨基本结束时即出现洪峰，因此洪峰滞时 t_p 的定义为降雨重心到洪峰出现的时距，它对实际作业预报有指导意义。当各个影响因素有利于产汇流时，t_p 趋小，反之趋大。一般来讲，降雨中心在中下游或降雨强度较大时，t_p 取 2~3 h；降雨较为分散且在上游时，t_p 取 11~13 h；普雨时，t_p 取 4~6 h 为宜。

2.4.3 经验单位线

本次根据 2011—2020 年的资料，分析新建了 3 条综合单位线，时段为 1 h。1 号线洪水原型为 180820、200814 场次洪水，适用于降雨集中、有效降雨历时小于 10 h（200814 场次洪水有效降雨历时仅为 6 h，180820 场次洪水虽然有效降雨历时为 15 h，但导致最后一次较大洪峰的主要降雨历时仅为 6 h）、降雨中心在中下游等有利于产流的情况；2 号线洪水原型为 180814 场次洪水，适用于降雨较为均匀且偏下游的一般情况；3 号线洪水原型为 190811 场次洪水，适用于降雨历时较长（有效降雨历时大于 20 h）、降雨较为均匀且偏上游等不利于产流的情况，见图 11–5。

2.5 河道流量演算

本方案中，上游入流站为沙沟水库，采用传播时间法进行河道流量演算，沙沟至青峰岭的传播时间为 10 h。在实时预报中，将上游沙沟水库的实测下泄流量与本方案计算得到的径流过程错 10 h 叠加，从而得到青峰岭水库的预报流量过程。

2.6 水位–库容、水位–面积关系曲线

青峰岭水库水位 – 库容（Z–V）、水位 – 面积（Z–F）关系曲线来自 2022 年水利部淮河水利委员会刊印的《淮河流域大型水库汛期调度运用计划》，见图 11–6。

2.7 水库泄流关系曲线

青峰岭水库各种泄流关系曲线见图 11–7 至图 11–10。

3 方案使用说明

3.1 径流深预报

根据前期影响雨量 P_a、流域平均雨量 P，查降雨径流相关图 P–P_a–R 或者 P+P_a–R 得到径流深 R。在使用 P+P_a–R 相关图时，需要判断使用条件，如果是汛期第一场洪水或者处于枯水年（如 2019 年）、连续枯水年（如 2013—2017 年）等前期土壤干旱的情况，选用 2 号干旱线；否则选用 1 号湿润线。

3.2 最大入库洪峰流量预报

3.2.1 经验单位线法

根据降雨时空分布特征选择相应单位线，计算区间径流过程，将上游沙沟水库的下泄流量过程按照传播时间演算至青峰岭水库，再与区间径流过程同时叠加，即得青峰岭水库的流量过程。

3.2.2 查 R–T_c–$Q_{m净}$ 图

依据查得的径流深 R 和求出的有效降雨历时 T_c，通过本方案可查得沙沟水库—青峰岭水库区间所产生的净峰流量 $Q_{m净}$，加上基流 $Q_{基}$ 及上游沙沟水库放水量即为所预报的洪峰流量。

4 注意事项

（1）应随时掌握上游工程蓄水及泄洪情况，对预报值要根据实际情况及时修正。

（2）由于峰量关系中的参数有效降雨历时 T_c 较为敏感，T_c 的大小对洪峰流量的影响尤其明显，峰量预报时应重点参考 T_c 值。

（3）自 2018 年以来，沂沭河水系连续几年为丰水年，下垫面条件与 2013—2017 年连续干旱年相比可能发生了变化，在预报时需要注意前期土湿情况。

在实际应用中，由于影响因素太多，本方案不能全部反映实际情况，因而不能照搬，应具体问题具体分析，并采用多种方法，考虑各种因素进行综合分析，确定采用的预报值。

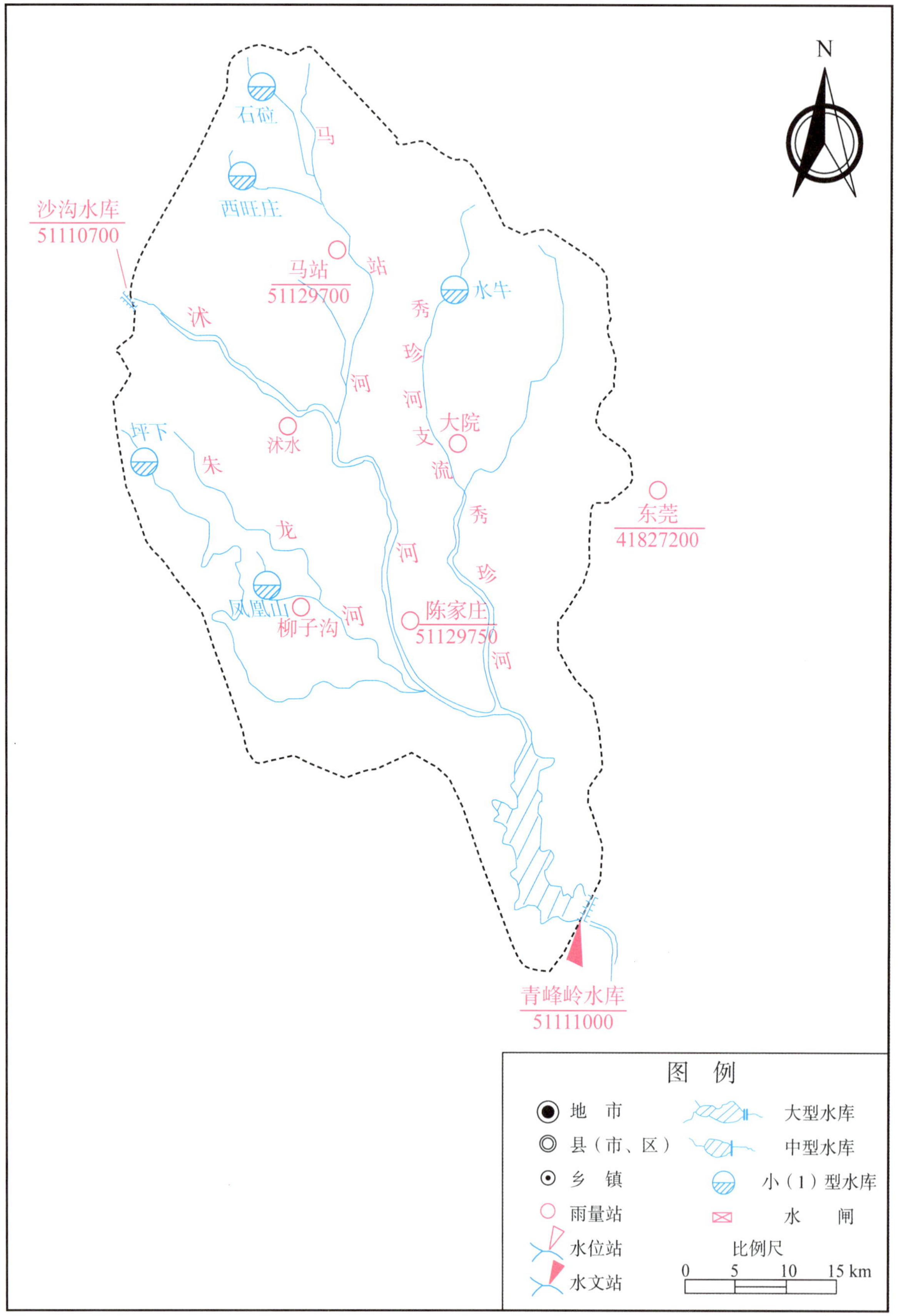

图 11-1 沭河沙沟水库—青峰岭水库区间流域图

表 11-3 沭河沙沟水库—青峰岭水库区间降雨径流分析成果表

序号	洪号	流域平均雨量 P（mm）	前期影响雨量 P_a（mm）	有效降雨历时 T_c（h）	暴雨中心	暴雨特点	净峰流量 $Q_{m净}$（m^3/s）	入库径流总历时 T（h）	有效降雨停止到径流基本结束时距（h）	次洪径流量 W（万 m^3）	集水面积 F（km^2）	次洪径流深 R（mm）	径流系数 α	备注
1	600611	30.1	22.0	4	青峰岭	历时长	36.5	68	34	260	605	4.3	0.14	
2	600702	75.3	59.0	10	青峰岭	普雨	1 099	48	25	3 582	605	59.2	0.79	
3	600705	22.5	43.0	2	陈家庄	局部暴雨	370	21	10	659	605	10.9	0.48	
4	600706	30.5	49.0	3	陈家庄	局部暴雨	574	35	13	1 095	605	18.1	0.59	
5	600727	102.2	23.0	13	沙沟	普雨	866	34	14	3 152	605	52.1	0.51	
6	600816	184.0	24.0	5	陈家庄	普雨	3 610	40	16	7 308	605	120.8	0.66	
7	600827	25.5	24.0	5	青峰岭	普雨	68.5	22	8	163	605	2.7	0.11	
8	600925	53.1	4.0	13	青峰岭	历时长	86.9	50	40	345	605	5.7	0.11	
9	610710	38.2	10.0	8	沙沟	普雨	42.5	60	24	296	605	4.9	0.13	
10	610713	135.2	30.0	13	陈家庄	普雨	1 340	46	16	4 628	605	76.5	0.57	
11	620713	69.3	12.0	5	陈家庄	局部暴雨	443	48	18	1 022	605	16.9	0.24	
12	620718	56.7	24.0	11	青峰岭	历时长	443	45	16	1 482	605	24.5	0.43	
13	620729	41.7	50.0	9	马站	普雨	448	58	20	1 658	605	27.4	0.66	
14	630703	58.6	13.0	6	马站	普雨	320	60	30	817	605	13.5	0.23	
15	630718	151.1	22.0	13	沙沟	普雨	1 540	31	15	5 348	605	88.4	0.59	
16	630729	40.3	57.0	11	青峰岭	局部暴雨	588	31	14	968	605	16.0	0.40	
17	640703	79.9	60.0	3	道托	不均	1 820	27	19	3 473	605	57.4	0.72	
18	640716	164.7	43.0	26	道托	历时长	912	58	26	7 139	605	118.0	0.72	
19	650804	71.4	34.0	11	道托	普雨	669	45	14	2 529	605	41.8	0.59	
20	650815	71.0	15.0	8	沙沟	局部暴雨	728	41	17	2 003	605	33.1	0.47	
21	660720	92.2	27.0	10	东莞	历时长	1 010	32	12	3 104	605	51.3	0.56	
22	670817	53.8	23.0	10	马站	普雨	171	78	20	841	605	13.9	0.26	
23	700713	23.8	34.0	6	陈家庄	普雨	136	50	19	430	605	7.1	0.30	
24	700724	89.3	41.0	22	陈家庄	普雨	392	71	18	3 073	605	50.8	0.57	
25	700916	91.7	17.0	12	沙沟	普雨	536	52	22	2 263	605	37.4	0.41	
26	710801	98.2	15.0	18	沙沟	普雨	495	48	26	2 783	605	46.0	0.47	
27	710821	86.0	45.0	6	青峰岭	普雨	1 120	43	27	2 716	605	44.9	0.52	
28	740724	51.8	58.0	6	沙沟	局部暴雨	552	30	14	1 918	605	31.7	0.61	
29	740813	228.0	57.0	9	东莞	普雨	3 480	40	23	11 011	605	182.0	0.80	

续表

序号	洪号	流域平均雨量 P（mm）	前期影响雨量 P_a（mm）	有效降雨历时 T_c（h）	暴雨中心	暴雨特点	净峰流量 $Q_{m净}$（m^3/s）	入库径流总历时 T（h）	有效降雨停止到径流基本结束时距（h）	次洪径流量 W（万 m^3）	集水面积 F（km^2）	次洪径流深 R（mm）	径流系数 α	备注
30	750814	93.2	11.0	18	柳子沟	局部暴雨	368	75	46	1 803	605	29.8	0.32	
31	780808	78.3	3.0	9	陈家庄	历时长	307	48	34	871	605	14.4	0.18	
32	790712	67.6	34.0	5	马站	不均	631	54	41	1 646	605	27.2	0.40	
33	800615	110.1	14.0	10	青峰岭	普雨	—	72	56	2 595	605	42.9	0.39	复峰
34	900721	108.3	25.0	22	陈家庄	普雨	460	72	48	3 049	605	50.4	0.47	
35	900815	135.0	23.0	9	沙沟	普雨	1 440	74	58	4 471	605	73.9	0.55	
36	930712	125.7	39.0	13	中游	不均	796	60	50	3 188	605	52.7	0.42	
37	960725	121.7	24.0	5	上游	极不均	1 980	40	37	4 090	605	67.6	0.56	
38	970819	219.3	6.0	22	中下游	普雨，不均	1 110	64	34	7 327	605	121.1	0.55	
39	980804	117.3	18.0	17	陈家庄	历时长	434	69	50	2 668	605	44.1	0.38	
40	990812	140.9	4.0	12	上游	普雨，不均	325	96	70	2 892	605	47.8	0.34	
41	040715	133.0	30.0	20	中游	普雨	720	100	72	4 489	605	74.2	0.56	
42	050918	152.3	11.0	24	下游	普雨	630	120	30	4 961	605	82.0	0.54	
43	060703	58.1	10.0	5	下游	极不均	284	24	12	653	605	10.8	0.19	
44	070816	87.0	41.0	20	下游	普雨	520	97	70	3 194	605	52.8	0.61	复峰
45	090718	43.9	47.0	16	中游	普雨	280	68	60	1 500	605	24.8	0.56	
46	100717	148.1	6.0	23	上游	普雨	440	90	36	3 497	605	57.8	0.39	
47	110703	103.6	8.7	12	下游	普雨	206	44	31	1 041	605	17.2	0.17	
48	120803	108.1	25.3	21	沙沟	普雨	458	84	53	3 364	605	55.6	0.51	复峰
49	160808	95.2	38.0	29	陈家庄	不均	180	110	77	1 597	605	26.4	0.28	复峰
50	170707	103.7	32.7	7	上游	不均	164	54	39	454	605	7.5	0.07	
51	180626	139.5	2.5	8	上游	普雨	654	64	50	1 791	605	29.6	0.21	
52	180814	85.1	34.3	9	中下游	普雨，不均	325	46	38	1 337	605	22.1	0.26	
53	180820	195.8	41.0	15	中游	前期湿润，历时长	2 230	92	27	8 113	605	134.1	0.68	
54	190811	284.4	33.0	24	上游	前期高温干旱，降雨历时长，总量大	1 180	124	92	9 880	605	163.3	0.57	
55	200807	84.1	44.4	26	上游	极不均	242	122	93	3 297	605	54.5	0.65	复峰
56	200814	89.8	27.5	6	中下游	普雨，不均	781	46	38	2 087	605	34.5	0.38	

表 11–4　沭河沙沟水库—青峰岭水库区间降雨径流（P–P_a–R）预报精度评定表

序号	洪号	流域平均雨量 P（mm）	前期影响雨量 P_a（mm）	实测径流深 $R_{实}$（mm）	预报径流深 $R_{预}$（mm）	预报误差（mm）	许可误差（mm）	评定结果	
								合格	不合格
1	600611	30.1	22.0	4.3	3.5	−0.8	3.0	√	
2	600702	75.3	59.0	59.2	57.0	−2.2	11.8	√	
3	600705	22.5	43.0	10.9	8.5	−2.4	3.0	√	
4	600706	30.5	49.0	18.1	15.0	−3.1	3.6	√	
5	600727	102.2	23.0	52.1	46.0	−6.1	10.4	√	
6	600816	184.0	24.0	120.8	115.0	−5.8	20.0	√	
7	600827	25.5	24.0	2.7	2.7	0.0	3.0	√	
8	600925	53.1	4.0	5.7	4.0	−1.7	3.0	√	
9	610710	38.2	10.0	4.9	2.0	−2.9	3.0	√	
10	610713	135.2	30.0	76.5	80.5	4.0	15.3	√	
11	620713	69.3	12.0	16.9	15.0	−1.9	3.4	√	
12	620718	56.7	24.0	24.5	16.0	−8.5	4.9		√
13	620729	41.7	50.0	27.4	22.5	−4.9	5.5	√	
14	630703	58.6	13.0	13.5	10.5	−3.0	3.0		
15	630718	151.1	22.0	88.4	85.5	−2.9	17.7	√	
16	630729	40.3	57.0	16.0	26.0	10.0	3.2		√
17	640703	79.9	60.0	57.4	62.0	4.6	11.5	√	
18	640716	164.7	43.0	118.0	120.0	2.0	20.0	√	
19	650804	71.4	34.0	41.8	32.0	−9.8	8.4		√
20	650815	71.0	15.0	33.1	18.5	−14.6	6.6		√
21	660720	92.2	27.0	51.3	42.0	−9.3	10.3	√	
22	670817	53.8	23.0	13.9	13.9	0.0	3.0	√	
23	700713	23.8	34.0	7.1	5.0	−2.1	3.0	√	
24	700724	89.3	41.0	50.8	52.0	1.2	10.2	√	
25	700916	91.7	17.0	37.4	32.0	−5.4	7.5	√	
26	710801	98.2	15.0	46.0	36.0	−10.0	9.2		√
27	710821	86.0	45.0	44.9	53.0	8.1	9.0	√	
28	740724	51.8	58.0	31.7	36.0	4.3	6.3	√	
29	740813	228	57.0	182.0	192.0	10.0	20.0	√	
30	750814	93.2	11.0	29.8	28.5	−1.3	6.0	√	
31	780808	78.3	3.0	14.4	13.0	−1.4	3.0	√	
32	790712	67.6	34.0	27.2	29.0	1.8	5.4	√	
33	800615	110.1	14.0	42.9	43.5	0.6	8.6	√	
34	900721	108.3	25.0	50.4	53.0	2.6	10.1	√	
35	900815	135.0	23.0	73.9	72.9	−1.0	14.8	√	
36	930712	125.7	39.0	52.7	80.0	27.3	10.5		√
37	960725	121.7	24.0	67.6	62.0	−5.6	13.5	√	
38	970819	219.3	6.0	121.1	121.0	−0.1	20.0	√	
39	980804	117.3	18.0	44.1	52.5	8.4	8.8	√	
40	990812	140.9	4.0	47.8	55.5	7.7	9.6	√	
41	040715	133.0	30.0	74.2	78.1	3.9	14.8	√	
42	050918	152.3	11.0	82.0	72.8	−9.2	16.4	√	
43	060703	58.1	10.0	10.8	9.2	−1.6	3.0	√	
44	070816	87.0	41.0	52.8	49.7	−3.1	10.6	√	
45	090718	43.9	47.0	24.8	22.0	−2.8	5.0	√	
46	100717	148.1	6.0	57.8	64.0	6.2	11.6	√	
47	110703	103.6	8.7	17.2	33.0	15.8	3.4		√
48	120803	108.1	25.3	55.6	52.3	−3.3	11.1	√	
49	160808	95.2	38.0	26.4	53.8	27.4	5.3		√
50	170707	103.7	32.7	7.5	55.8	48.3	3.0		√
51	180626	139.5	2.5	29.6	50.0	20.4	5.9		√
52	180814	85.1	34.3	22.1	41.6	19.5	4.4		√
53	180820	195.8	41.0	134.1	144.2	10.1	20.0	√	
54	190811	284.4	33.0	163.3	207.8	44.5	20.0		√
55	200807	84.1	44.4	54.5	50.6	−3.9	10.9	√	
56	200814	89.8	27.5	34.5	39.6	5.1	6.9	√	

备注：1. 预报误差 = 预报值 − 实测值；2. 许可误差 = 实测值的 20%，以 20.0 mm 为上限，以 3.0 mm 为下限；3. 合格率 =78.6%，为乙级方案。

表 11-5 沭河沙沟水库—青峰岭水库区间降雨径流（$P+P_a-R$）预报精度评定表

序号	洪号	流域平均雨量 P（mm）	前期影响雨量 P_a（mm）	$P+P_a$（mm）	实测径流深 $R_{实}$（mm）	预报径流深 $R_{预}$（mm）	预报误差（mm）	许可误差（mm）	评定结果	
									合格	不合格
1	600611	30.1	22.0	52.1	4.3	3.5	−0.8	3.0	√	
2	600702	75.3	59.0	134.3	59.2	57.0	−2.2	11.8	√	
3	600705	22.5	43.0	65.5	10.9	8.5	−2.4	3.0	√	
4	600706	30.5	49.0	79.5	18.1	15.0	−3.1	3.6	√	
5	600727	102.2	23.0	125.2	52.1	46.0	−6.1	10.4	√	
6	600816	184.0	24.0	208.0	120.8	115.0	−5.8	20.0	√	
7	600827	25.5	24.0	49.5	2.7	2.7	0.0	3.0	√	
8	600925	53.1	4.0	57.1	5.7	4.0	−1.7	3.0	√	
9	610710	38.2	10.0	48.2	4.9	2.0	−2.9	3.0	√	
10	610713	135.2	30.0	165.2	76.5	80.5	4.0	15.3	√	
11	620713	69.3	12.0	81.3	16.9	15.0	−1.9	3.4	√	
12	620718	56.7	24.0	80.7	24.5	16.0	−8.5	4.9		√
13	620729	41.7	50.0	91.7	27.4	22.5	−4.9	5.5	√	
14	630703	58.6	13.0	71.6	13.5	10.5	−3.0	3.0		
15	630718	151.1	22.0	173.1	88.4	85.5	−2.9	17.7	√	
16	630729	40.3	57.0	97.3	16.0	26.0	10.0	3.2		√
17	640703	79.9	60.0	139.9	57.4	62.0	4.6	11.5	√	
18	640716	164.7	43.0	207.7	118.0	120.0	2.0	20.0	√	
19	650804	71.4	34.0	105.4	41.8	32.0	−9.8	8.4		√
20	650815	71.0	15.0	86.0	33.1	18.5	−14.6	6.6		√
21	660720	92.2	27.0	119.2	51.3	42.0	−9.3	10.3	√	
22	670817	53.8	23.0	76.8	13.9	13.9	0.0	3.0	√	
23	700713	23.8	34.0	57.8	7.1	5.0	−2.1	3.0	√	
24	700724	89.3	41.0	130.3	50.8	52.0	1.2	10.2	√	
25	700916	91.7	17.0	108.7	37.4	32.0	−5.4	7.5	√	
26	710801	98.2	15.0	113.2	46.0	36.0	−10.0	9.2		√
27	710821	86.0	45.0	131.0	44.9	53.0	8.1	9.0	√	
28	740724	51.8	58.0	109.8	31.7	36.0	4.3	6.3	√	

序号	洪号	流域平均雨量 P（mm）	前期影响雨量 P_a（mm）	$P+P_a$（mm）	实测径流深 $R_{实}$（mm）	预报径流深 $R_{预}$（mm）	预报误差（mm）	许可误差（mm）	评定结果	
									合格	不合格
29	740813	228	57.0	285.0	182.0	192.0	10.0	20.0	√	
30	750814	93.2	11.0	104.2	29.8	28.5	−1.3	6.0	√	
31	780808	78.3	3.0	81.3	14.4	13.0	−1.4	3.0	√	
32	790712	67.6	34.0	101.6	27.2	29.0	1.8	5.4	√	
33	800615	110.1	14.0	124.1	42.9	43.5	0.6	8.6	√	
34	900721	108.3	25.0	133.3	50.4	53.0	2.6	10.1	√	
35	900815	135.0	23.0	158.0	73.9	72.9	−1.0	14.8	√	
36	930712	125.7	39.0	164.7	52.7	80.0	27.3	10.5		√
37	960725	121.7	24.0	145.7	67.6	62.0	−5.6	13.5	√	
38	970819	219.3	6.0	225.3	121.1	121.0	−0.1	20.0	√	
39	980804	117.3	18.0	135.3	44.1	52.5	8.4	8.8	√	
40	990812	140.9	4.0	144.9	47.8	55.5	7.7	9.6	√	
41	040715	133.0	30.0	163.0	74.2	78.1	3.9	14.8	√	
42	050918	152.3	11.0	163.3	82.0	72.8	−9.2	16.4	√	
43	060703	58.1	10.0	68.1	10.8	9.2	−1.6	3.0	√	
44	070816	87.0	41.0	128.0	52.8	49.7	−3.1	10.6	√	
45	090718	43.9	47.0	90.9	24.8	22.0	−2.8	5.0	√	
46	100717	148.1	6.0	154.1	57.8	64.0	6.2	11.6	√	
47	110703	103.6	8.7	112.3	17.2	33.0	15.8	3.4		√
48	120803	108.1	25.3	133.4	55.6	52.3	−3.3	11.1	√	
49	160808	95.2	38.0	133.2	26.4	53.8	27.4	5.3		√
50	170707	103.7	32.7	136.4	7.5	55.8	48.3	3.0		√
51	180626	139.5	2.5	142.0	29.6	50.0	20.4	5.9		√
52	180814	85.1	34.3	119.4	22.1	41.6	19.5	4.4		√
53	180820	195.8	41.0	236.8	134.1	144.2	10.1	20.0	√	
54	190811	284.4	33.0	317.4	163.3	207.8	44.5	20.0		√
55	200807	84.1	44.4	128.5	54.5	50.6	−3.9	10.9	√	
56	200814	89.8	27.5	117.3	34.5	39.6	5.1	6.9	√	

备注：1. 预报误差 = 预报值 − 实测值；2. 许可误差 = 实测值的 20%，以 20.0 mm 为上限，以 3.0 mm 为下限；3. 合格率 =78.6%，为乙级方案。

表 11-6 沭河沙沟水库—青峰岭水库区间峰量关系预报精度评定表

序号	洪号	实测径流 $R_{实}$（mm）	有效降雨历时 T_c（h）	净峰流量（m^3/s）		预报误差（m^3/s）	许可误差（m^3/s）	评定结果	
				实测 $Q_{m净实}$	预报 $Q_{m净预}$			合格	不合格
1	600702	59.2	10	1 099	1 100	1	220	√	
2	600706	18.1	3	574	574	0	115	√	
3	600727	52.1	13	866	840	−26	173	√	
4	600816	120.8	5	3 610	3 230	−380	722	√	
5	610713	76.5	13	1 340	1 180	−160	268	√	
6	620713	16.9	5	443	443	0	88.6	√	
7	620718	24.5	11	443	420	−23	88.6	√	
8	630718	88.4	13	1 540	1 400	−140	308	√	
9	640703	57.4	3	1 820	1 820	0	364	√	
10	640716	118.0	26	912	800	−112	182	√	
11	650804	41.8	11	669	730	61	134	√	
12	650815	33.1	8	728	710	−18	146	√	
13	660720	51.3	10	1 010	950	−60	202	√	
14	670817	13.9	10	171	250	79	34.2		√
15	700724	50.8	22	392	460	68	78.4	√	
16	700916	37.4	12	536	640	104	107	√	
17	710801	46.0	18	495	540	45	99.0	√	
18	710821	44.9	6	1 120	1 090	−30	224	√	
19	740724	31.7	6	552	770	218	110		√
20	740813	182.0	9	3 480	3 650	170	696	√	
21	750814	29.8	18	368	340	−28	73.6	√	
22	790712	27.2	5	631	720	89	126	√	
23	900721	50.4	22	460	460	0	92.0	√	
24	900815	73.9	9	1 440	1 460	20	288	√	
25	930712	52.7	13	796	840	44	159	√	
26	960725	67.6	5	1 980	1 800	−180	396	√	
27	970819	121.1	22	1 110	1 110	0	222	√	
28	980804	44.1	17	434	560	126	86.8		√
29	040715	74.2	20	720	765	45	144	√	
30	050918	82.0	24	630	630	0	126	√	
31	060703	10.8	5	284	280	−4	56.8	√	
32	070816	52.8	20	520	548	28	104	√	
33	090718	24.8	16	280	340	60	56.0		√
34	100717	57.8	23	440	480	40	88.0	√	
35	110703	17.2	12	206	280	74	41.2		√
36	170707	7.5	7	164	150	−14	32.8	√	
37	180626	29.6	8	654	640	−14	131	√	
38	180814	22.1	9	325	390	65	65.0	√	
39	180820	134.1	15	2 230	1 900	−330	446	√	
40	190811	163.3	24	1 180	1 260	80	236	√	
41	200814	34.5	6	781	840	59	156	√	

备注：1. 预报误差 = 预报值 − 实测值；2. 许可误差 = 实测值的 20%；3. 合格率 =87.8%，为甲级方案。

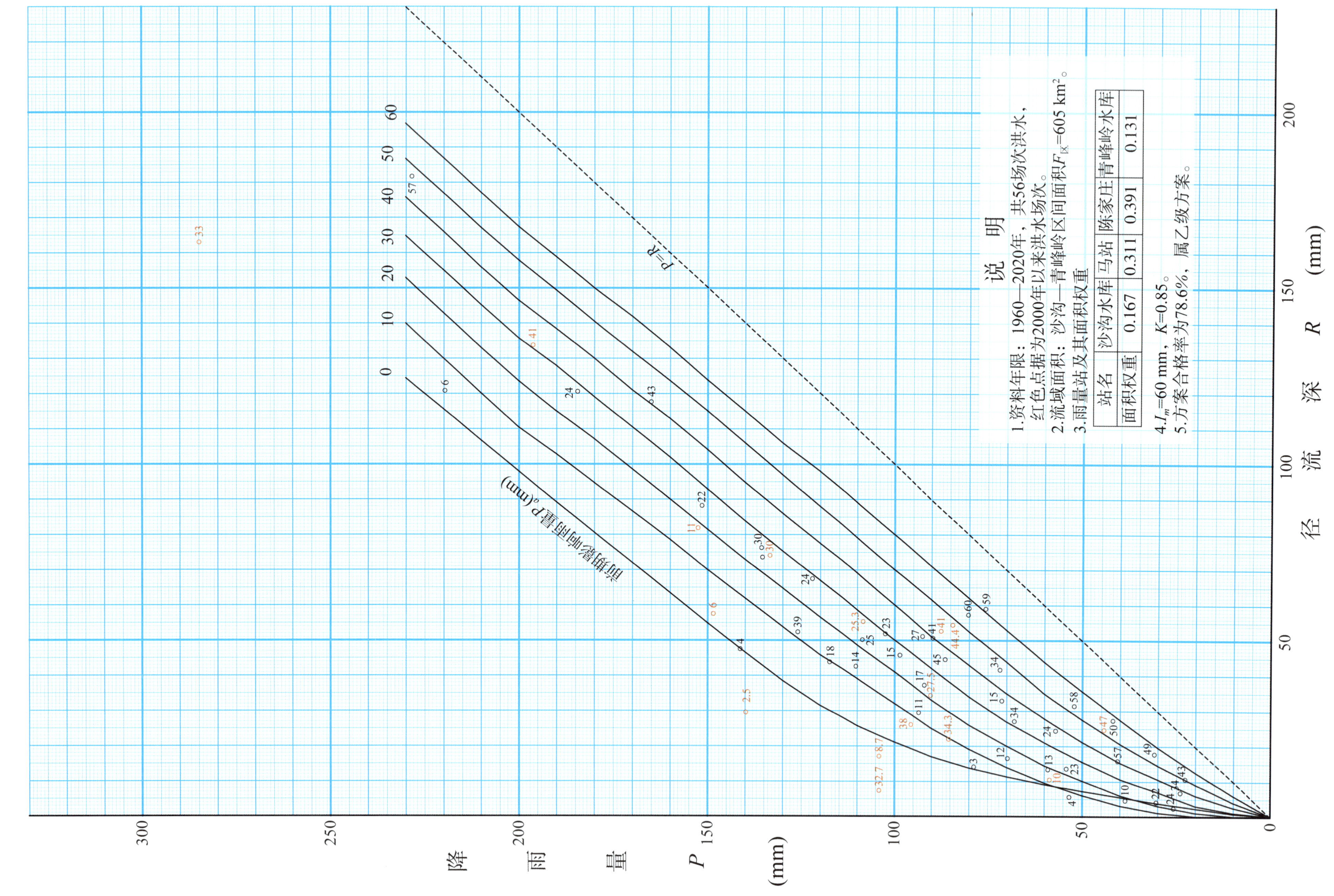

图 11-2 沭河沙沟水库—青峰岭水库区间降雨径流相关图 (P–P_a–R)

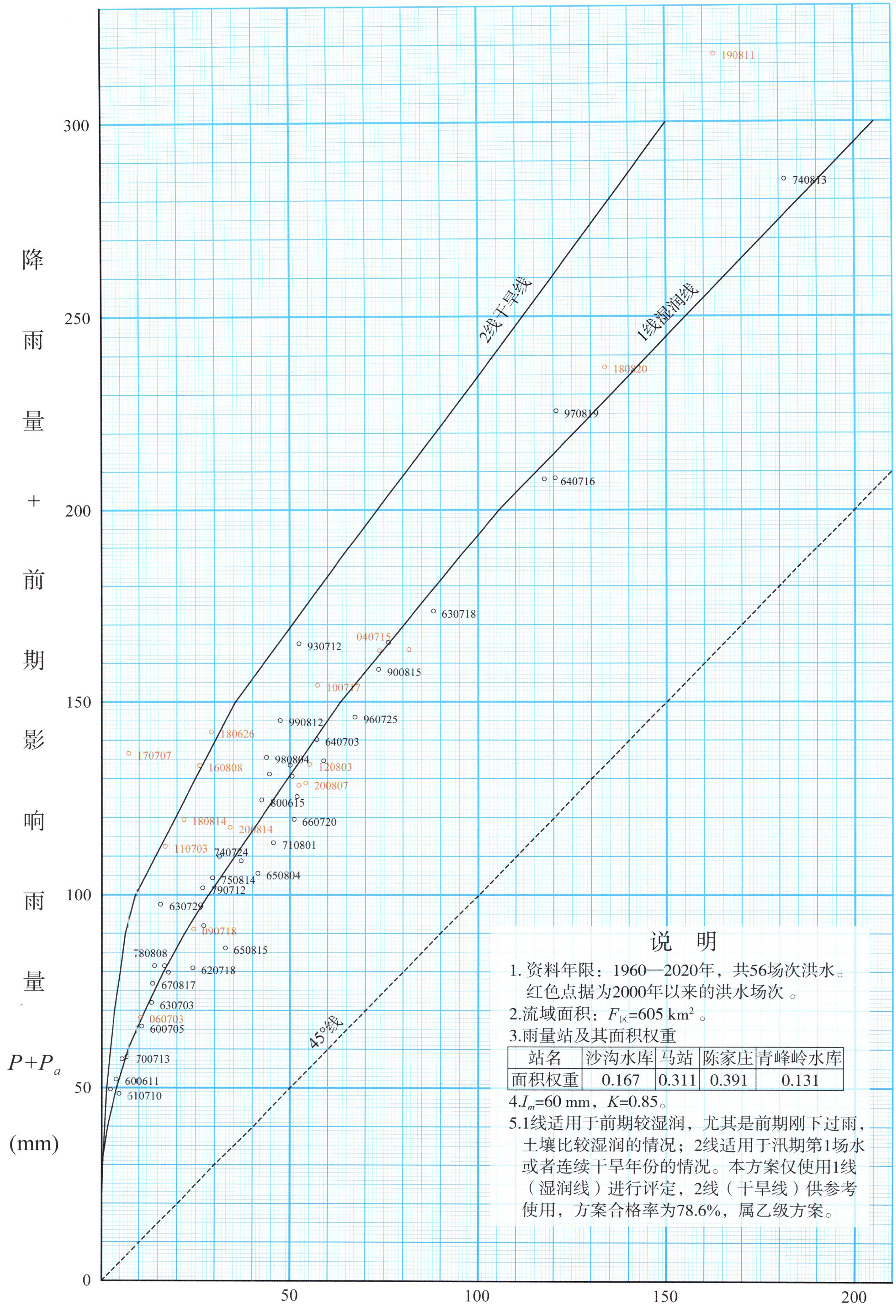

图 11–3　沭河沙沟水库—青峰岭水库区间降雨径流相关图 (P+P_a–R)

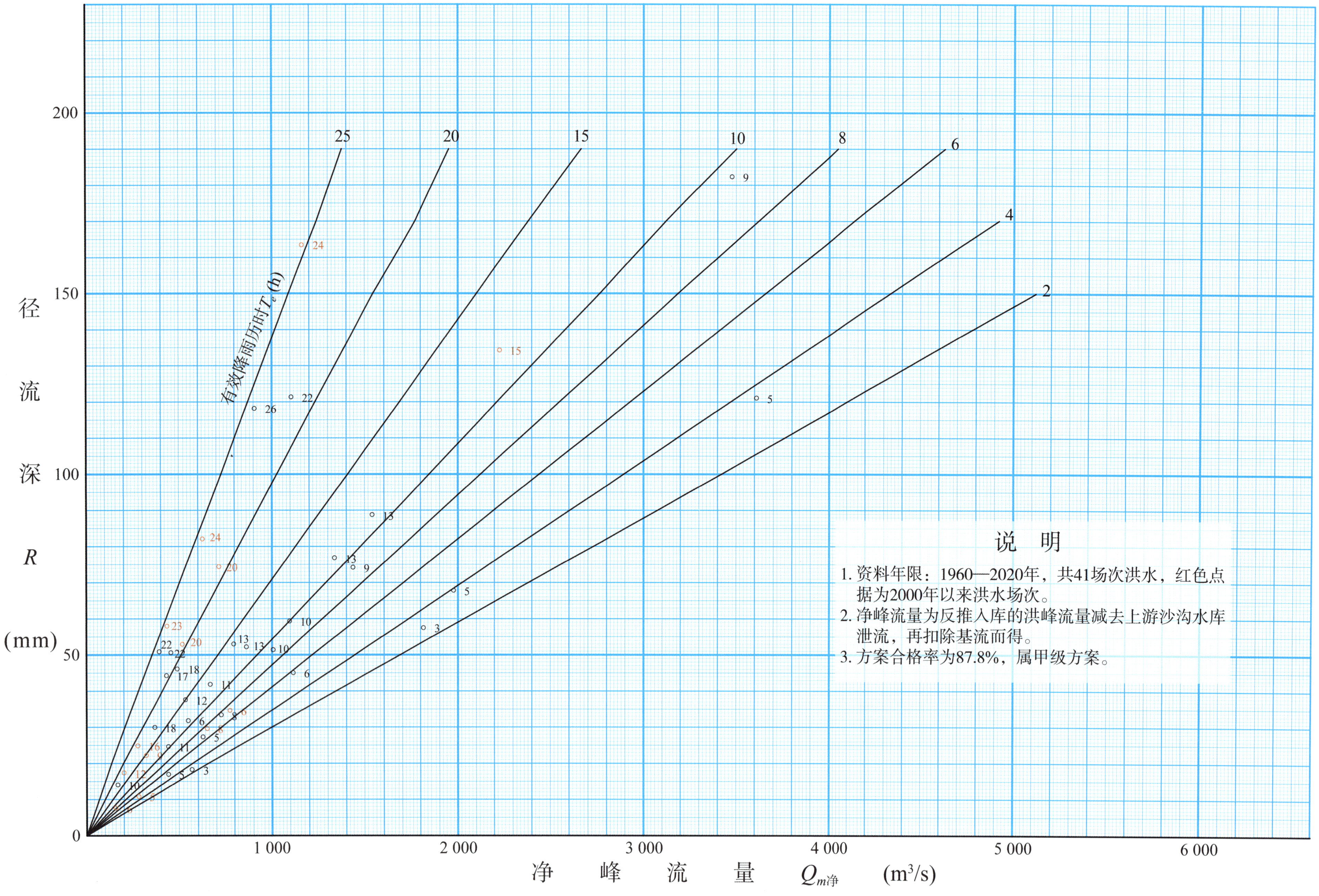

图 11–4　沭河沙沟水库—青峰岭水库区间峰量关系曲线图

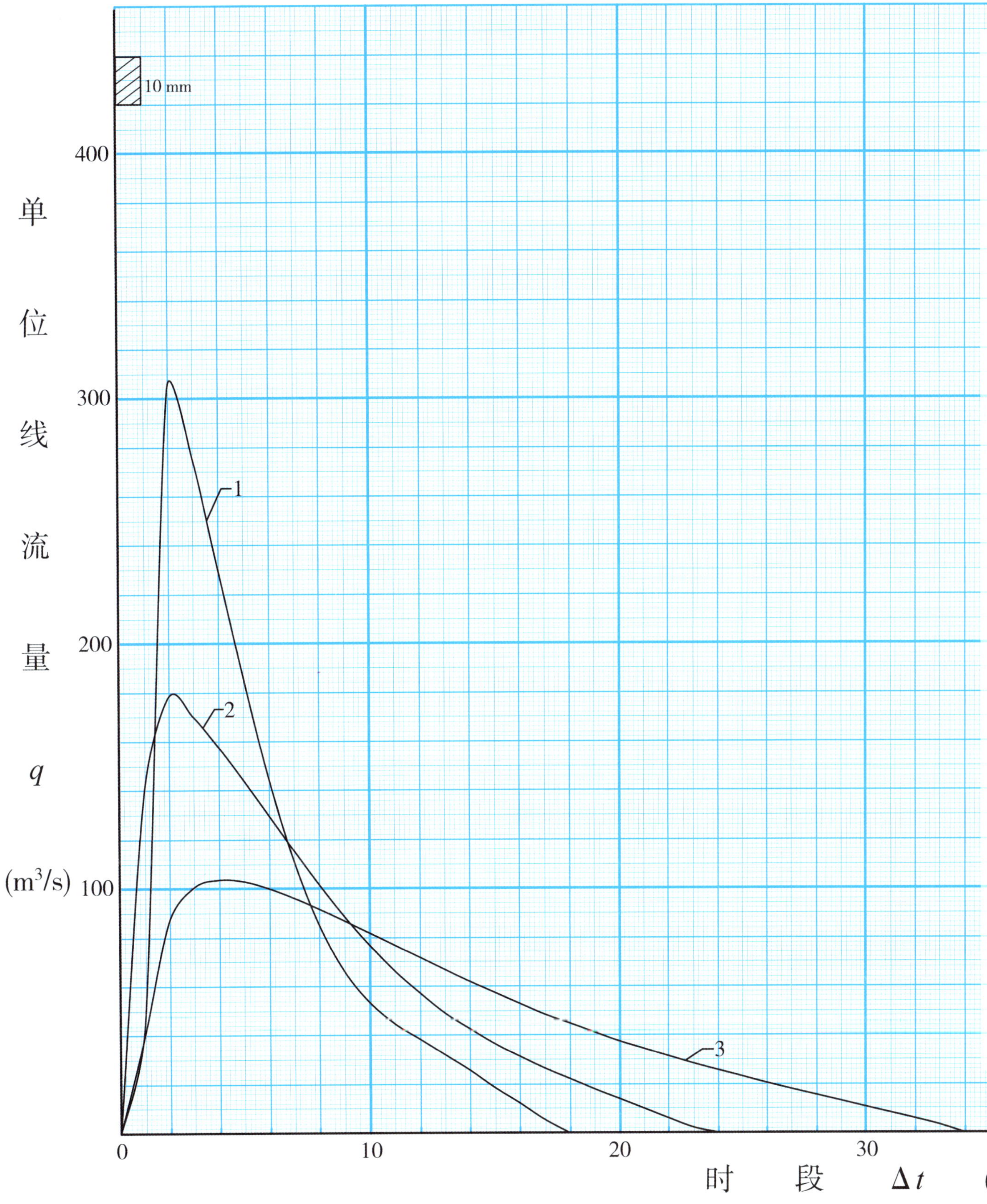

单位线成果表

$F_{区}$=605 km², Δt=1 h

时段	流量q(m³/s)		
	1线	2线	3线
0	0.0	0.0	0.0
1	45.5	139.1	40.4
2	303.6	178.0	86.6
3	275.2	169.9	100.1
4	230.8	157.7	103.1
5	186.7	144.1	102.5
6	145.6	129.8	99.6
7	111.4	115.4	95.7
8	85.2	101.5	91.3
9	66.4	88.6	86.5
10	53.4	76.7	81.5
11	44.6	66.1	76.5
12	38.3	57.1	71.5
13	32.0	48.9	66.6
14	25.6	42.4	61.6
15	18.5	36.3	57.2
16	12.3	31.2	52.7
17	5.5	26.3	48.3
18	0.0	22.0	44.6
19		17.7	40.9
20		13.8	37.3
21		9.9	34.2
22		5.9	31.2
23		2.1	28.2
24		0.0	25.5
25			22.9
26			20.3
27			17.7
28			15.4
29			13.0
30			10.6
31			8.2
32			5.8
33			3.2
34			0.0
Σ	1 681	1 681	1 681

备注

1线:运用于雨强较大，降雨中心在中下游等在利于产流等情况。根据180820号、200814号洪水综合分析。180820号洪水：P=195.8 mm，P_a=41.0 mm，T_c=15 h，R=134.1 mm，$Q_{m净}$=2 230 m³/s;200814号洪水：P=89.8 mm，P_a=27.5 mm，T_c=6 h，R=34.5 mm，$Q_{m净}$=781 m³/s;

2线:运用于降雨较为均匀且偏 下游的情况。根据180814号洪水：P=85.1 mm，P_a=34.3 mm，T_c=9h，R=22.1 mm，$Q_{m净}$=325 m³/s;

3线:运用于降雨历时较长（有效降雨历时大于20 h），降雨较为均匀且偏上游等不利产流的情况。根据190811号洪水：P=284.4 mm，P_a=33.0 mm，T_c=24h，R=163.3 mm，$Q_{m净}$=1 180 m³/s

图 11-5　沭河沙沟水库—青峰岭水库区间单位线图

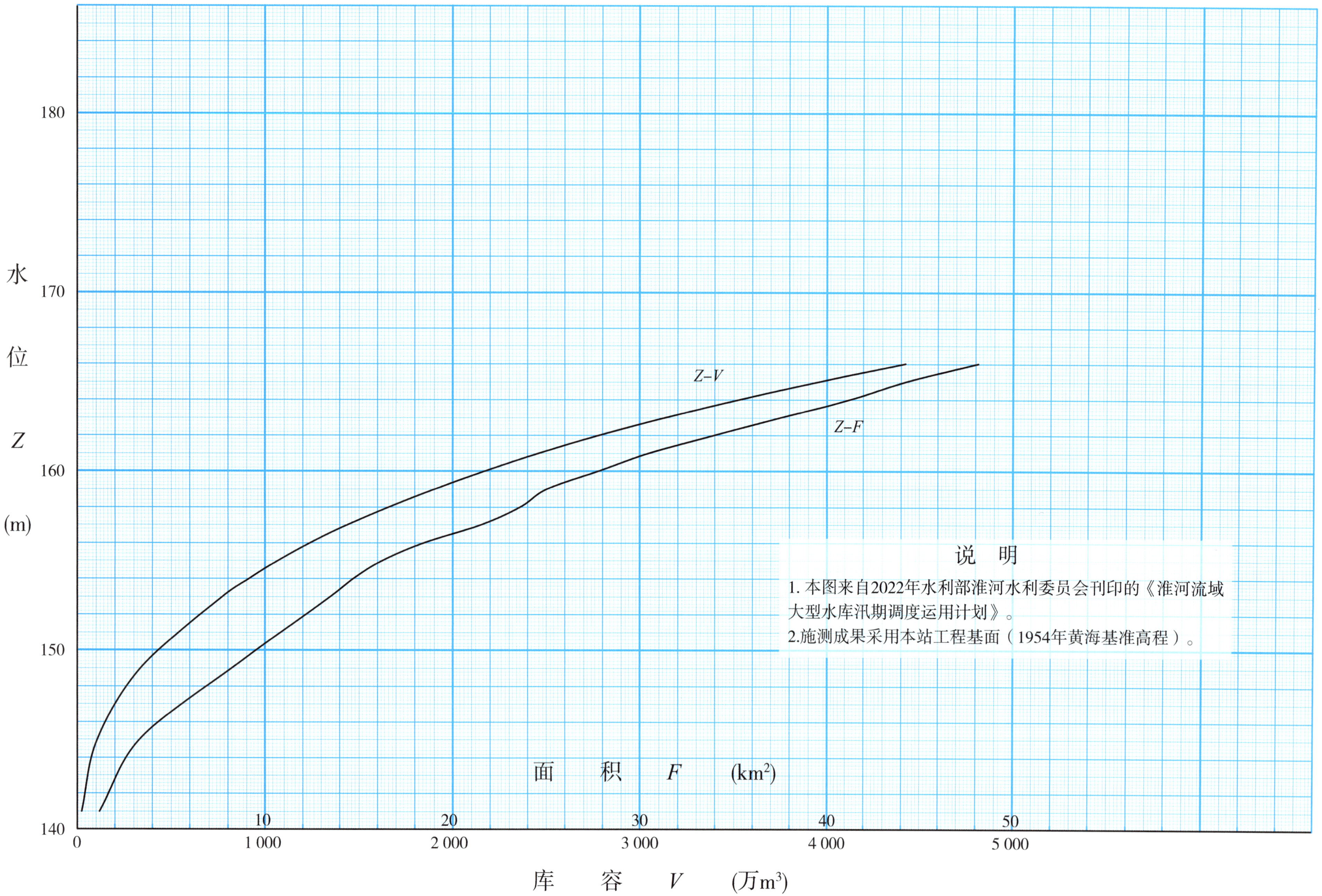

图 11-6　沭河青峰岭水库水位与库容、面积关系曲线图

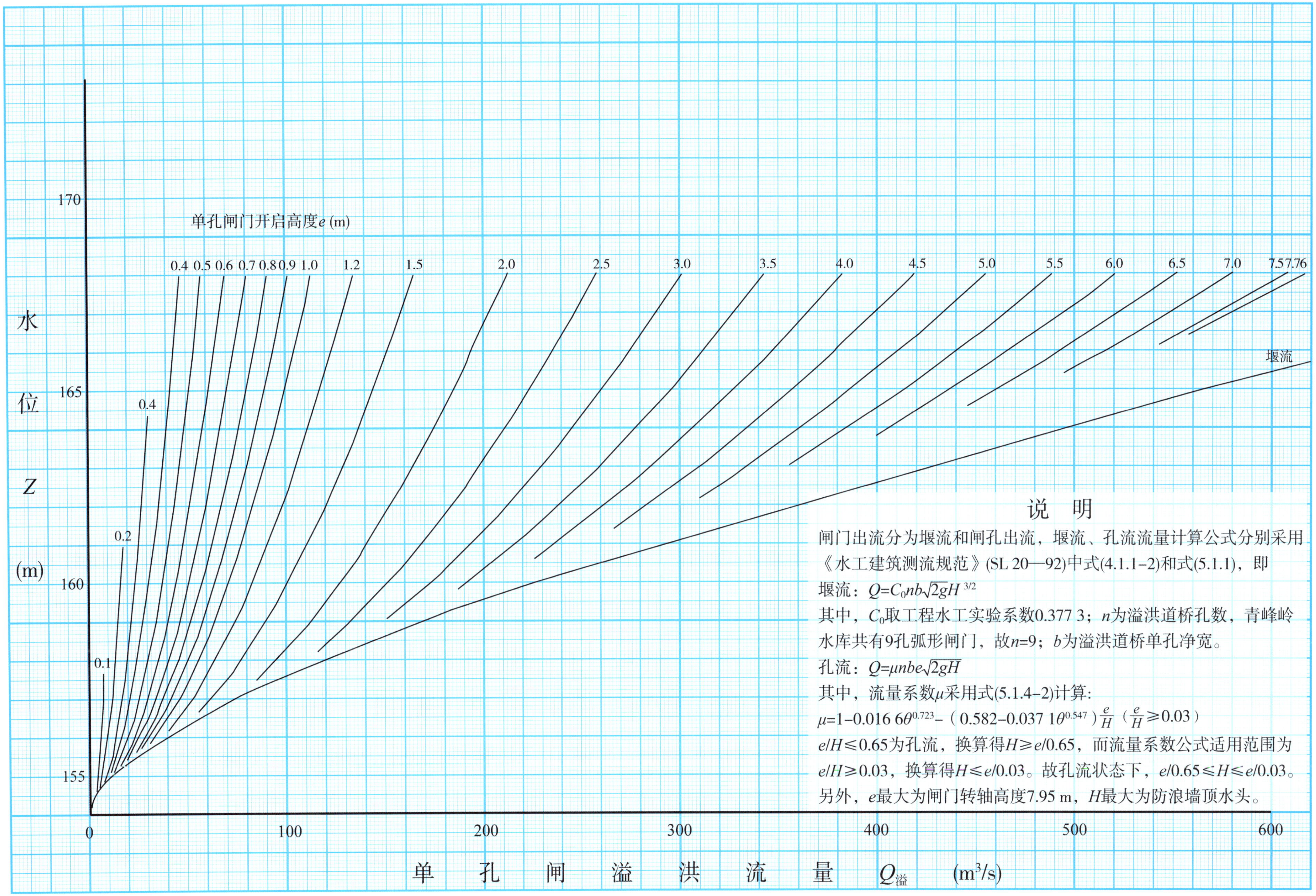

说明

闸门出流分为堰流和闸孔出流，堰流、孔流流量计算公式分别采用《水工建筑测流规范》(SL 20—92)中式(4.1.1–2)和式(5.1.1)，即

堰流：$Q=C_0nb\sqrt{2g}H^{3/2}$

其中，C_0取工程水工实验系数0.377 3；n为溢洪道桥孔数，青峰岭水库共有9孔弧形闸门，故n=9；b为溢洪道桥单孔净宽。

孔流：$Q=\mu nbe\sqrt{2gH}$

其中，流量系数μ采用式(5.1.4–2)计算：

$\mu=1-0.016\,6\theta^{0.723}-(0.582-0.037\,1\theta^{0.547})\frac{e}{H}$ （$\frac{e}{H}\geqslant 0.03$）

$e/H\leqslant 0.65$为孔流，换算得$H\geqslant e/0.65$，而流量系数公式适用范围为$e/H\geqslant 0.03$，换算得$H\leqslant e/0.03$。故孔流状态下，$e/0.65\leqslant H\leqslant e/0.03$。另外，$e$最大为闸门转轴高度7.95 m，$H$最大为防浪墙顶水头。

图 11–7 沭河青峰岭水库溢洪闸泄流曲线图

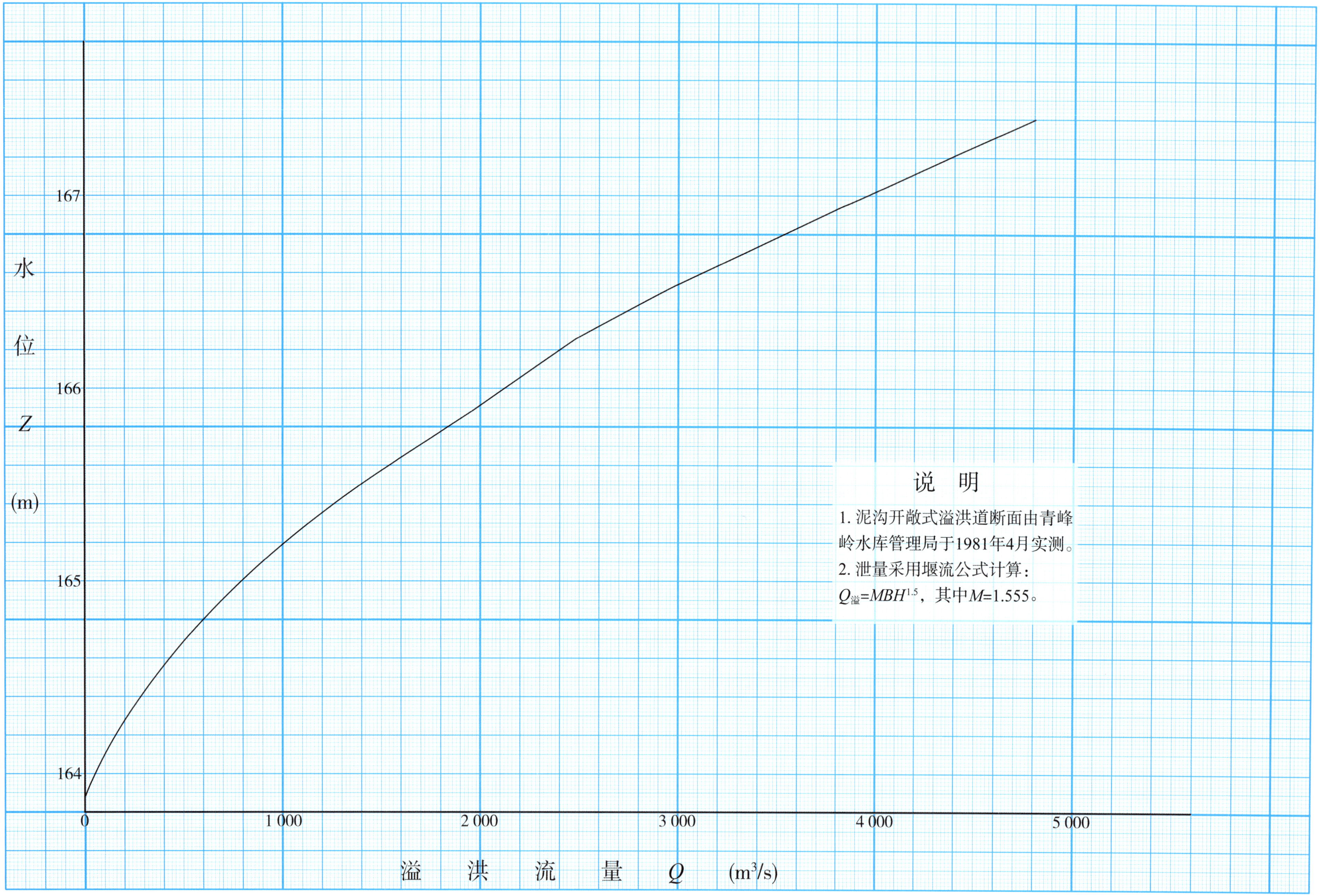

图 11-8 沭河青峰岭水库泥沟溢洪道（不破坝）水位－流量关系曲线图

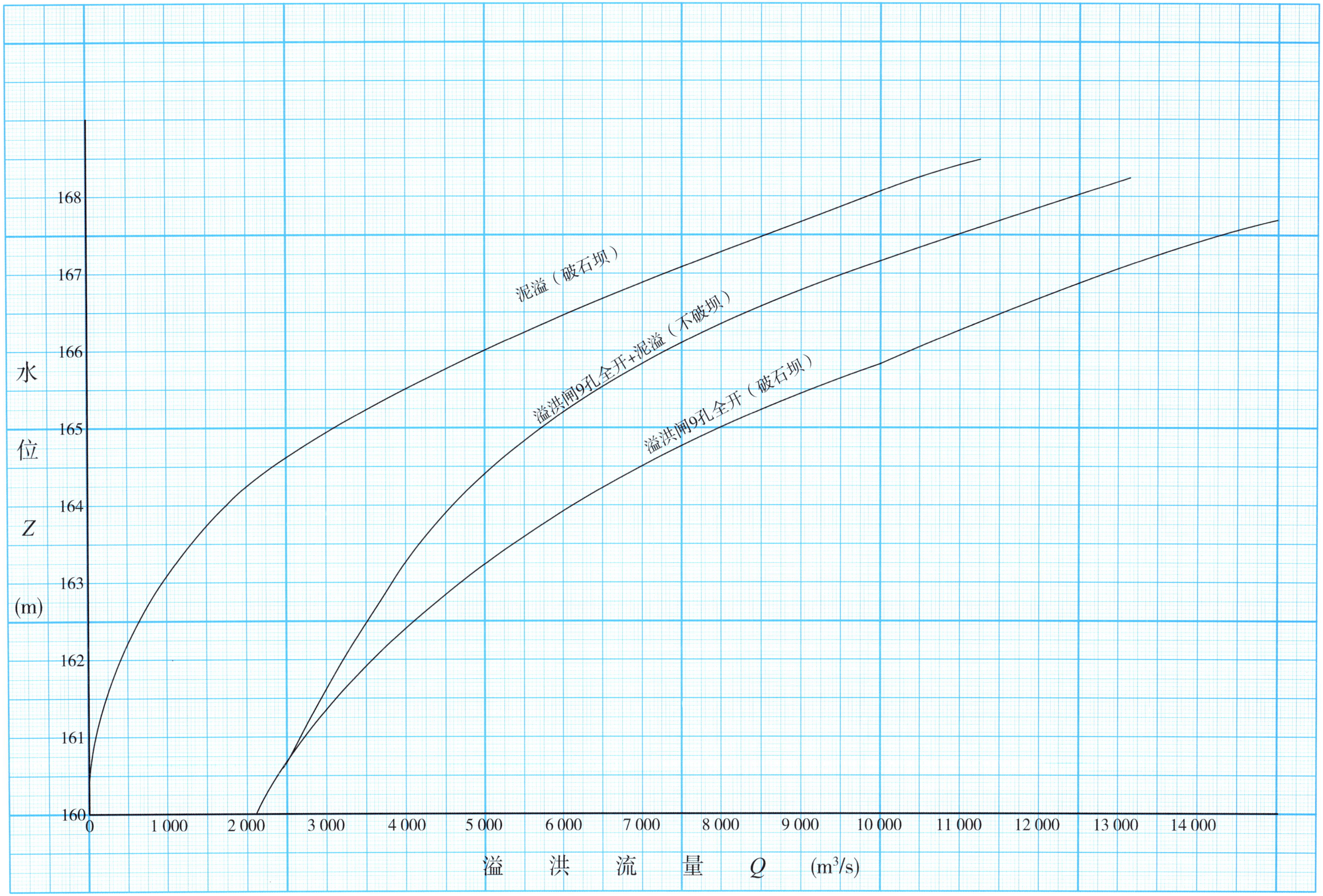

图 11–9　沭河青峰岭水库泄流曲线图

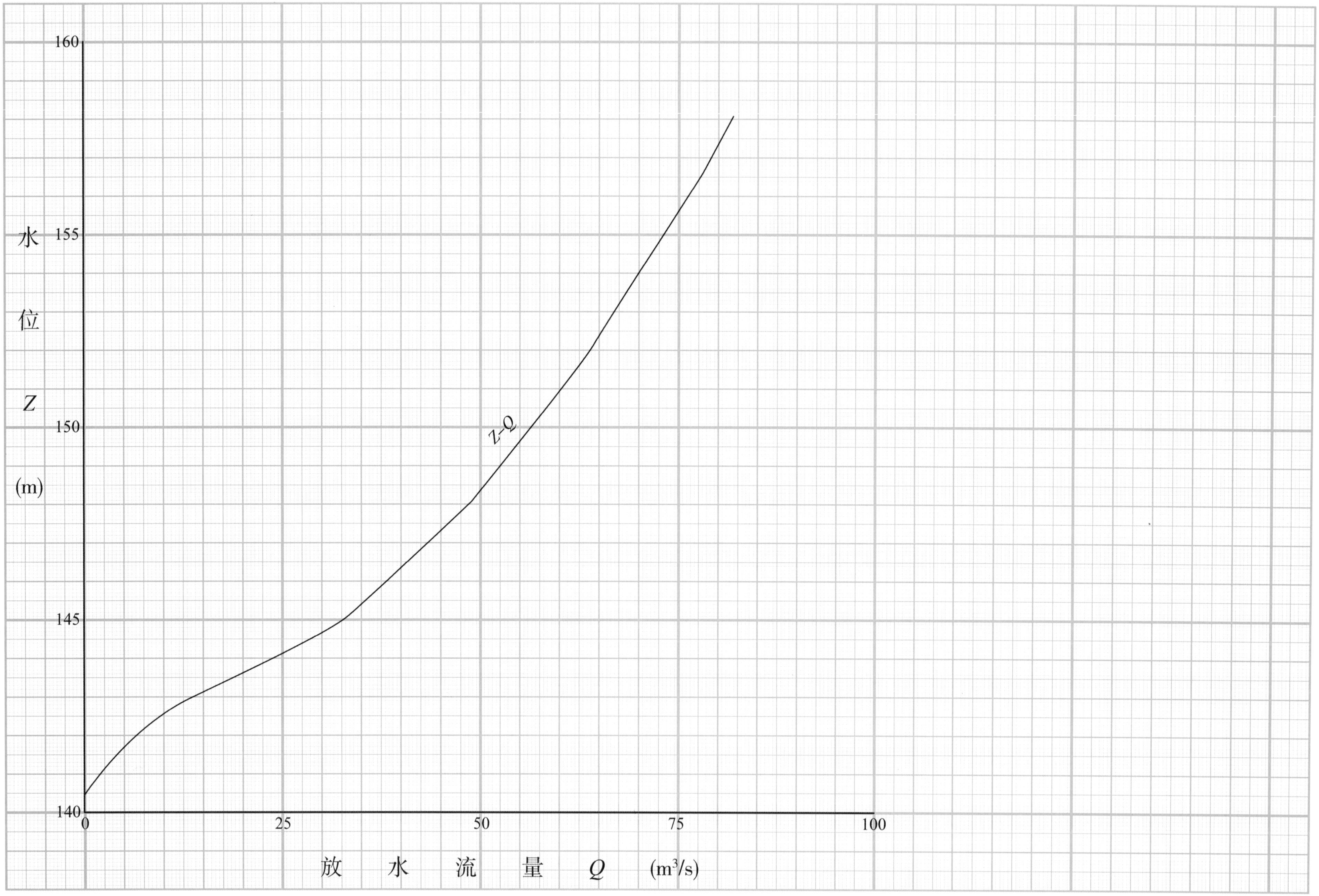

图 11–10　沭河青峰岭水库放水洞全开水位 – 放水流量关系曲线图

第十二章　袁公河小仕阳水库站水文预报方案编制说明

1　流域概况

1.1　流域自然地理特征

小仕阳水库位于沭河支流袁公河上，始建于 1958 年 1 月，1959 年 6 月竣工蓄水，控制流域面积 282 km²，总库容 13 600 万 m³。水库位于莒中平原，属莒县东北部的丘陵沟壑区，海拔 134~260 m，河道干流平均坡度为 3.0‰。坝址区的岩石为白垩系王氏组的砂砾岩、砂页岩，植被多为粮棉作物、草类、各类树木等。流域内多年平均年降水量为 845.0 mm，暴雨洪水主要集中在 7、8 月。暴雨分布不均，是山区暴雨洪水主要原因之一。小仕阳水库站以上流域图见图 12–1。

1.2　水利工程概况

1.2.1　小仕阳水库概况

小仕阳水库主坝全长 960 m，顶宽 6.0 m，最大坝高 25.3 m，坝顶高程为 159.30 m，相应库容为 1.57 亿 m³，防浪墙顶高程为 160.30 m。副坝全长 350 m，顶宽 4.0 m，最大坝高 8.5 m，坝顶高程为 158.00 m。溢洪闸为直立平板钢结构闸门，共 5 孔，每孔净宽 10 m，闸底高程为 147.50 m，闸门顶高程为 154.50 m。开敞式溢洪道底高程为 154.20 m，宽 15 m，校核水位时泄量为 3 380 m³/s。放水洞位于主坝南端，为圆形放水洞，直径为 1.40 m，进口底高程为 139.00 m，最大泄量为 20 m³/s。小仕阳水库基本情况见表 12–1。

1.2.2　上游水利工程概况

小仕阳水库上游建有石亩子、大绿汪 2 座中型水库。石亩子水库控制流域面积为 16.3 km²，总库容为 1 342 万 m³，兴利库容为 780 万 m³，坝顶高程为 252.49 m；防浪墙顶高程为 253.49 m。大绿汪水库控制流域面积为 59 km²，总库容为 1 332 万 m³，兴利库容为 328 万 m³，坝顶高程为 158.70 m，因小仕阳水库坝顶高程为 159.30 m，故大绿汪水库实际处于小仕阳水库之内。另外，在这两座中型水库和小仕阳水库之间还有 33 座小型水库，小型水库共控制流域面积 55.5 km²，占小仕阳水库总流域面积的 19.7%，总库容为 920 万 m³，总兴利库容 515.3 万 m³。小仕阳水库站以上流域内主要水利工程见表 12–2。

1.3　测站情况

小仕阳水库水文站主要观测项目有水文、流量、降水量等。流域内监测站网共计 7 处，包括 3 处水位站和 4 处雨量站。其中，3 处水位站分别是小仕阳水库水位站、桑园水位站、招贤水位站；4 处雨量站分别为小仕阳水库雨量站、桑园雨量站、石亩子水库雨量站、双山后雨量站。本站冻结基面以上水位读数 –0.077 m=1985 年国家基准基面以上水位读数。

表 12–1　袁公河小仕阳水库基本情况表

<table>
<tr><td colspan="2" rowspan="2">建成时间</td><td rowspan="2">所在河流</td><td rowspan="2">流域面积（km²）</td><td rowspan="2">主坝坝型</td><td colspan="2">坝顶高程</td><td rowspan="2">防浪墙顶高程（m）</td><td rowspan="2">溢洪道顶高程（m）</td></tr>
<tr><td>设计（m）</td><td>现有（m）</td></tr>
<tr><td colspan="2">1959 年 6 月</td><td>沭河支流袁公河</td><td>282</td><td>黏土心墙砂壳坝</td><td>158.80</td><td>159.30</td><td>160.30</td><td>147.50</td></tr>
<tr><td colspan="2">兴利水位（m）</td><td>下游河道安全泄量（m³/s）</td><td>全赔高程（m）</td><td>移民高程（m）</td><td colspan="2">全赔高程与设计洪水位之间耕地数量（亩）</td><td colspan="2">移民高程与设计洪水位之间乡镇、村数量及人口</td></tr>
<tr><td colspan="2">153.50</td><td>400</td><td>153.50</td><td>156.70</td><td colspan="2">4 040.50</td><td colspan="2">3 个镇</td></tr>
<tr><td colspan="2">防洪标准</td><td>频率（%）</td><td>洪峰流量（m³/s）</td><td>最高水位（m）</td><td>相应库容（亿 m³）</td><td>最大泄量（m³/s）</td><td colspan="2">下游保护城镇、铁路、人口、耕地等</td></tr>
<tr><td rowspan="2">规划</td><td>设计</td><td>1</td><td>2 916</td><td>155.55</td><td>0.92</td><td>1 878</td><td colspan="2" rowspan="3">莒县县城，潍徐公路，兖石铁路，新沂铁路，保护人口 17 万人、耕地 18 万亩</td></tr>
<tr><td>校核</td><td>0.02</td><td>6 328</td><td>158.11</td><td>1.36</td><td>6 900</td></tr>
<tr><td colspan="2">现有</td><td>0.02</td><td>6 328</td><td>158.11</td><td>1.36</td><td>6 900</td></tr>
<tr><td rowspan="5">运用方式</td><td colspan="2" rowspan="3">汛限水位</td><td colspan="4">6 月 21 日—8 月 15 日</td><td colspan="2">8 月 16 日—9 月 30 日</td></tr>
<tr><td>水位（m）</td><td>库容（亿 m³）</td><td>超蓄水位（m）</td><td>库容（亿 m³）</td><td>水位（m）</td><td>库容（亿 m³）</td></tr>
<tr><td>153.50</td><td>0.72</td><td>153.50</td><td>0.72</td><td>153.50</td><td>0.72</td></tr>
<tr><td colspan="2">主汛期泄流方式</td><td colspan="6">1. 预计雨后水位不超过汛中限制水位时，溢洪闸不开启泄洪
2. 雨前库水位为汛中限制水位 153.50 m、24 h 径流深不超过 180.9 mm 时，最大控制下泄流量 400 m³/s
3. 雨前库水位为汛中限制水位 153.50 m、24 h 径流深不超过 649.0 mm 时，当库水位低于允许壅高水位 155.32 m 时，控制泄流量不大于安全流量 400 m³/s；当库水位达到允许壅高水位时，全开溢洪闸门敞泄，最大泄流量为 2 710 m³/s</td></tr>
<tr><td colspan="2">超标准洪水防御措施</td><td colspan="6">雨前水位已达 153.00 m，遇日净雨 600~780 mm，抢险队上坝做好抢险准备。必要时在主坝上抢筑子堰，或采取炸副坝措施，并及时通知下游群众转移</td></tr>
<tr><td>备注</td><td colspan="8">1. 除险加固情况：2011 年 1 月完成除险加固
2. 历史最高水位：1974 年 8 月 14 日 155.05 m
3. 本表数据来自 2022 年水利部淮河水利委员会刊印的《淮河流域大型水库汛期调度运用计划》，采用的工程基面为 1956 年黄海基面</td></tr>
</table>

表 12–2　小仕阳水库站以上流域内主要水利工程统计表

工程类别	水库名称	地址	流域面积（km²）	总库容（万 m³）	兴利库容（万 m³）
中型	石亩子	五莲县石场乡	16.3	1 342	780
中型	大绿汪	五莲县于里镇	59	1 332	328
小（1）	石家沟	莒县桑园镇	3	111	75
小（2）	共 32 座		52.5	809	440.3
合计			130.8	3 594	1 623.3

2 预报方案编制

2.1 预报区间的确定

小仕阳水库上游无大型水库，因此确定小仕阳水库以上全流域为预报区间，预报区间面积为 282 km^2。

2.2 资料情况及方案沿革

2.2.1 资料情况

小仕阳水库站水文预报方案是在 1980 年、1981 年分析建立的，又于 1991 年、1999 年、2011 年进行了 3 次修订，本次修订在原有方案 1960—2010 年 43 场次洪水资料的基础上，补充了 2011—2020 年的 12 场次洪水资料，即资料系列为 1960—2020 年，共 55 场次洪水，小仕阳水库站降雨径流分析成果见表 12–3。

2.2.2 方案沿革

原方案中产流方案采用降雨径流相关图 P–P_a–R，汇流方案采用峰量关系曲线图、经验单位线。单位线由地区综合瞬时单位线计算而得。本次修订，在原产流方案降雨径流相关图 P–P_a–R 中增加了 12 个点据，关系线保持不变，另外利用 55 场次洪水资料新建了降雨径流相关图 P+P_a–R；在原汇流方案峰量关系曲线图中增加了 7 个点据，关系线保持不变；原单位线由于在实际作业预报中基本没有应用到，故舍弃了原单位线，利用近 10 年的资料新建了时段为 1 h 的 2 条单位线。

2.3 产流方案

本次修订未对原降雨径流关系线 P–P_a–R 进行改动，见图 12–2；另外利用分析计算的 55 个点据点绘定线，新增了 2 条 P+P_a–R 关系线，其中，1 线为湿润线，适用于前期较为湿润，尤其是前期下过雨的情况；2 线为干旱线，适用于汛期第一场洪水或者连续干旱年份等久旱无雨情况，如 150807 和 190811 场次洪水，见图 12–3。

2.3.1 相关要素的分析计算

流域平均雨量 P：根据小仕阳水库、桑园、石亩子水库 3 站雨量采用算术平均法计算。

流域最大损失量 I_m：采用原编制方案分析值 60 mm。

前期影响雨量递减系数 K：K=1–E_m/I_m，其中 E_m 为流域蒸发能力，I_m 为流域最大损失值。本次未重新分析，采用原编制方案分析值 0.85。

前期影响雨量 P_a：根据前 30 天雨量采用公式进行逐日计算。

径流深 R：根据库内水位变化过程，考虑泄流，反推入库流量过程，割除基流后得到地表径流过程（基流分割采用斜线分割法），再将地表径流总量除以流域面积即得一次降雨所产生的径流深。复式峰则按近似峰型的退水趋势进行分割。

2.3.2 精度评定

P–P_a–R 相关图合格率为 80.0%，属乙级方案，见表 12–4；P+P_a–R 相关图合格率为 89.1%，属甲级方案，见表 12–5。

2.3.3 突出点分析

P–P_a–R 相关图上的 130704、150807 和 190811 场次洪水误差较大，经分析，其原因为 2013—2015 年小仕阳水库流域处于连续干旱年，190811 场次洪水发生前，已经连续好几个月干旱，导致土壤含水量很低，前期雨量不产生径流，加之前期干旱时受上游水利工程调蓄影响较大，从而导致预报径流深较实测径流深偏大很多。

2.4 汇流方案

本方案主要采用峰量关系图和经验单位线等方法。

2.4.1 峰量关系图

本方案选取 29 场次孤立洪水分析的点据，以有效降雨历时 T_c 作为参数，建立峰量关系曲线 R–T_c–$Q_{m净}$，见图 12–4。其中，R 为一次降雨径流深，由次洪水总量除以相应集水面积而得；$Q_{m净}$为一次降雨过程所产生的区间净峰流量；T_c 为有效降雨历时，是指实际能产生径流，对造峰有明显影响的降雨历时，如果两段较大暴雨中间有一段不产生径流的时间，也应该将其统计在内（如 130704 场次洪水）；如果暴雨首尾部强度较小，但能产生径流的降雨持续时间很长，则只统计占本次降雨总量 80% 以上的主要暴雨历时（如 190811 场次洪水）。

精度评定：许可误差采用实测值的 20% 作控制，参加评定的点据 29 个，23 个合格，方案合格率 79.3%，为乙级方案，详见表 12–6。

2.4.2 洪峰滞时t_p

本流域汇流面积较小，汇流较快，主雨结束即出现洪峰，因此洪峰滞时 t_p 的定义为降雨重心到洪峰出现的时距，它对实际作业预报有指导意义。当各个影响因素有利于产汇流时，t_p 趋小，反之趋大。一般来讲，降雨中心在中下游或降雨强度较大时，t_p 取 2~3 h；降雨较为分散且在上游时，t_p 取 6~7 h；普雨时，t_p 取 4~5 h 为宜。

2.4.3 经验单位线

利用 2011 年以来的洪水场次新建了 2 条单位线，时段为 1 h。利用 150807 和 190811 场次洪水，率定了 1 线，适用于雨强较大、总雨量较大的情况；利用其余场次洪水率定了 2 线，适用于一般情况的洪水，见图 12–5。

2.5 水位与库容、面积关系曲线

小仕阳水库水位 – 库容（Z–V）、水位 – 面积（Z–F）关系曲线来自 2022 年水利部淮河水利委员会刊印的《淮河流域大型水库汛期调度运用计划》，见图 12–6。

2.6　水库泄流关系曲线

小仕阳水库各种泄流关系曲线见图 12–7、图 12–8。

3　方案使用说明

小仕阳水库的产流方案整体精度较好，经过分析计算，近年来的降雨径流关系仍可沿用原方案的降雨径流关系线 $P-P_a-R$，精度基本不发生变化。如果遇到连续干旱年、汛期第一场洪水、降雨前期连续几个月干旱的情况，此时前期影响雨量 P_a 不能准确反映出前期土壤含水量的真实情况，如果仍然沿用原方案的 $P-P_a-R$，可能会出现误差较大的情况，此时可选择使用 $P+P_a-R$ 相关图中的干旱线，其余情况采用 $P-P_a-R$ 相关图或者 $P+P_a-R$ 相关图中的湿润线。在实际应用中，可采用 2 种方案进行对比分析。

近年来流域上游众多中小型水库的建设使用，对中小洪水的影响较大，在实际使用中以及以后的方案修订中，需充分考虑流域以上中小型水库对产流及预报的影响。

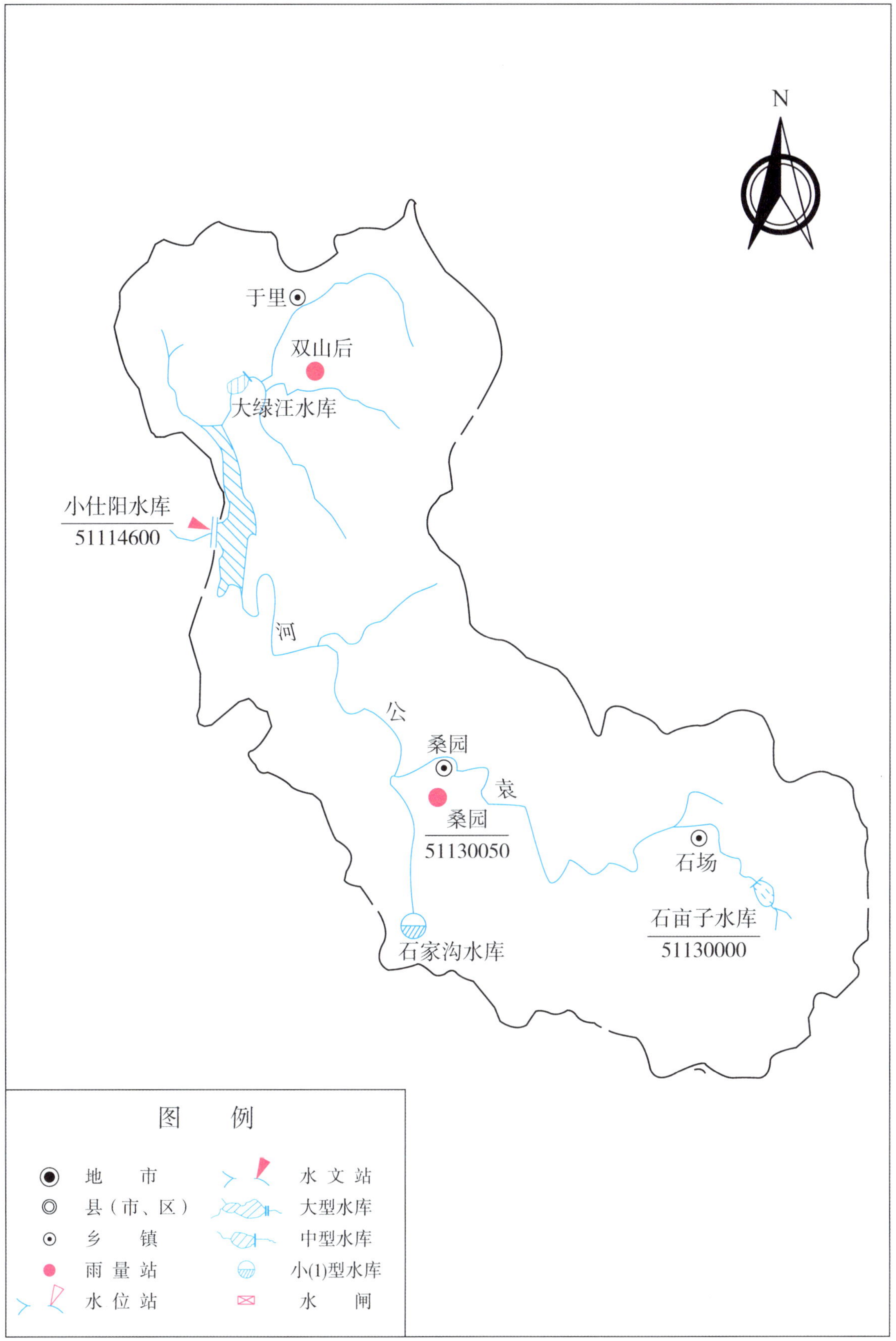

图 12–1　袁公河小仕阳水库站以上流域图

表 12-3 袁公河小仕阳水库站降雨径流分析成果表

序号	洪号	流域平均雨量 P（mm）	前期影响雨量 P_a（mm）	有效降雨历时 T_c（h）	暴雨中心位置	暴雨特点	净峰流量 $Q_{m净}$（m^3/s）	入库径流总历时 T（h）	有效降雨停止到径流基本结束时距（h）	次洪径流量 W（万 m^3）	集水面积 F（km^2）	次洪径流深 R（mm）	径流系数 α	备注
1	600626	40.5	60.0	7	石亩子	普雨	342	13	9	527	282	18.7	0.46	
2	600630	59.5	47.0	10	石亩子	普雨	390	24	6	900	282	31.9	0.54	
3	600817	60.0	37.0	8	小仕阳	普雨	420	30	12	942	282	33.4	0.56	
4	610714	104.7	38.0	10	桑园	普雨	1 080	30	14	2 273	282	80.6	0.77	
5	610912	68.9	22.0	10	石亩子	普雨	265	70	20	823	282	29.2	0.42	
6	610920	47.7	23.0	12	石亩子	普雨	167	52	22	558	282	19.8	0.42	
7	620713	175.3	29.0	11	桑园	普雨	1 550	48	16	3 144	282	111.5	0.64	
8	620725	102.3	37.0	10	桑园	普雨	932	30	10	1 923	282	68.2	0.67	
9	620807	91.9	28.0	12	桑园	普雨	693	60	14	1 641	282	58.2	0.63	
10	630719	119.5	28.1	10	桑园	普雨	1 190	26	16	2 098	282	74.4	0.62	
11	630729	51.1	55.3	5	小仕阳	普雨	637	17	8	953	282	33.8	0.66	
12	640630	121.8	12.4	24	石亩子	普雨	423	64	30	1 497	282	53.1	0.44	
13	640716	103.7	40.0	21	小仕阳	普雨	696	48	18	2 022	282	71.7	0.69	
14	650709	138.9	1.0	11	桑园	普雨	928	26	18	1 850	282	65.6	0.47	
15	660720	107.1	17.0	7	桑园	普雨	487	48	34	1 266	282	44.9	0.42	
16	700729	103.7	58.1	4	石亩子	强度大	2 030	48	42	2 690	282	95.4	0.92	
17	710821	97.7	25.1	11	小仕阳	不均	464	36	12	1 466	282	52.0	0.53	
18	720818	99.9	8.3	7	石亩子	普雨	450	24	12	776	282	27.5	0.28	
19	730830	100.2	9.0	11	石亩子	普雨	630	30	21	917	282	32.5	0.32	
20	740810	256.3	43.3	10	双山后	普雨	238	24	12	6 731	282	238.7	0.93	
21	750814	236.5	20.0	21	桑园	不均	2 040	32	17	5 581	282	197.9	0.84	
22	760629	104.9	6.3	13	石亩子	不均	520	56	36	1 142	282	40.5	0.39	
23	770721	66.8	28.3	8	石亩子	不均	271	64	55	1 046	282	37.1	0.56	
24	780811	79.6	48.4	13	石亩子	不均	246	20	26	846	282	30.0	0.38	
25	790709	81.0	13.3	8	石亩子	普雨	158	44	23	471	282	16.7	0.21	
26	790712	98.9	44.0	6	石亩子	不均	399	56	39	1 763	282	62.5	0.63	
27	800615	115.2	15.0	15	小仕阳	不均	252	58	35	1 373	282	48.7	0.42	
28	900815	145.9	19.4	20	石亩子	普雨	764	74	58	2 366	282	83.9	0.58	

续表

序号	洪号	流域平均雨量 P（mm）	前期影响雨量 P_a（mm）	有效降雨历时 T_c（h）	暴雨中心位置	暴雨特点	净峰流量 $Q_{m净}$（m^3/s）	入库径流总历时 T（h）	有效降雨停止到径流基本结束时距（h）	次洪径流量 W（万 m^3）	集水面积 F（km^2）	次洪径流深 R（mm）	径流系数 α	备注
29	910610	100.9	13.0	9	桑园	普雨	493	43	34	1 489	282	52.8	0.52	
30	950816	202.7	23.0	31	石亩子	历时长	720	72	34	4 382	282	155.4	0.77	
31	970819	275.0	15.0	20	桑园	普雨	1 100	62	31	6 339	282	224.8	0.82	
32	980724	189.0	21.0	14	石亩子	不均	1 720	72	52	4 004	282	142.0	0.75	
33	980804	129.4	12.0	19	小仕阳	不均	366	50	32	2 135	282	75.7	0.59	
34	990909	136.3	41.0	20	下游	普雨	1 060	48	38	3 311	282	117.4	0.86	
35	000829	145.0	18.0	10	下游	不均	350	68	11	2 332	282	82.7	0.57	
36	010723	49.4	50.0	6	下游	普雨	210	33	22	722	282	25.6	0.52	
37	030622	132.5	5.2	24	中游	普雨	420	38	30	1 619	282	57.4	0.43	
38	060703	106.2	3.0	20	下游	不均	280	40	32	911	282	32.3	0.30	
39	070810	83.7	42.9	12	中游	普雨	136	70	40	1 760	282	62.4	0.75	
40	080817	69.9	47.8	8	上游	不均	249	36	32	1 356	282	48.1	0.69	
41	090711	60.6	8.0	10	上游	不均	110	48	20	403	282	14.3	0.24	
42	100719	64.9	6.0	8	下游	不均	64.8	41	24	336	282	11.9	0.18	
43	100812	69.3	10.0	12	中游	不均	86	51	11	488	282	17.3	0.25	
44	110820	121.8	18.8	32	下游	极不均	246	94	63	1 715	282	60.8	0.50	复峰
45	110828	103.7	58.5	11	中下游	不均，普雨	596	58	53	2 245	282	79.6	0.77	复峰
46	120803	102.2	11.6	11	桑园	不均，历时长	309	94	62	1 100	282	39.0	0.38	
47	120815	45.0	43.6	14	中游	不均	184	80	67	744	282	26.4	0.59	复峰
48	130704	94.8	39.5	13	中游	均匀偏中下游	218	52	44	1 083	282	38.4	0.41	
49	150807	172.7	60.0	9	上游	前期干旱，普雨	1 300	66	59	2 998	282	106.3	0.62	
50	170803	101.3	26.6	13	小仕阳	极不均	393	82	72	1 382	282	49.0	0.48	复峰
51	180723	121.5	7.9	13	上游	普雨，均匀	675	66	52	1 537	282	54.5	0.45	
52	180815	93.0	34.3	7	小仕阳	不均	562	28	21	1 308	282	46.4	0.50	
53	180830	44.2	60.0	25	上游	极不均	234	102	75	742	282	26.3	0.60	复峰
54	190811	232.1	32.8	29	均匀	前期干旱，普雨，历时长，总量大	853	84	51	4 292	282	152.2	0.66	复峰
55	200814	102.2	26.8	8	中游	不均，历时短	367	56	47	1 351	282	47.9	0.47	

表 12-4　袁公河小仕阳水库站降雨径流（P-P_a-R）预报精度评定表

序号	洪号	流域平均雨量 P（mm）	前期影响雨量 P_a（mm）	实测径流深 $R_{实}$（mm）	预报径流深 $R_{预}$（mm）	预报误差（mm）	许可误差（mm）	评定结果	
								合格	不合格
1	600626	40.5	60.0	18.7	31.0	12.3	3.7		√
2	600630	59.5	47.0	31.9	38.0	6.1	6.4	√	
3	600817	60.0	37.0	33.4	31.5	-1.9	6.7	√	
4	610714	104.7	38.0	80.6	67.5	-13.1	16.1	√	
5	610912	68.9	22.0	29.2	27.0	-2.2	5.8	√	
6	610920	47.7	23.0	19.8	16.5	-3.3	4.0	√	
7	620713	175.3	29.0	111.5	127.0	15.5	20.0	√	
8	620725	102.3	37.0	68.2	65.5	-2.7	13.6	√	
9	620807	91.9	28.0	58.2	48.0	-10.2	11.6	√	
10	630719	119.5	28.1	74.4	72.0	-2.4	14.9	√	
11	630729	51.1	55.3	33.8	37.5	3.7	6.8	√	
12	640630	121.8	12.4	53.1	59.0	5.9	10.6	√	
13	640716	103.7	40.0	71.7	69.5	-2.2	14.3	√	
14	650709	138.9	1.0	65.6	63.5	-2.1	13.1	√	
15	660720	107.1	17.0	44.9	50.5	5.6	9.0	√	
16	700729	103.7	58.1	95.4	87.5	-7.9	19.1	√	
17	710821	97.7	25.1	52.0	49.5	-2.5	10.4	√	
18	720818	99.9	8.3	27.5	36.0	8.5	5.5		√
19	730830	100.2	9.0	32.5	37.5	5.0	6.5	√	
20	740810	256.3	43.3	238.7	220.0	-18.7	20.0	√	
21	750814	236.5	20.0	197.9	178.0	-19.9	20.0	√	
22	760629	104.9	6.3	40.5	38.0	-2.5	8.1	√	
23	770721	66.8	28.3	37.1	29.0	-8.1	7.4		√
24	780811	79.6	48.4	30.0	55.0	25.0	6.0		√
25	790709	81.0	13.3	16.7	29.0	12.3	3.3		√
26	790712	98.9	44.0	62.5	69.0	6.5	12.5	√	
27	800615	115.2	15.0	48.7	56.0	7.3	9.7	√	
28	900815	145.9	19.4	83.9	89.0	5.1	16.8	√	
29	910610	100.9	13.0	52.8	43.0	-9.8	10.6	√	
30	950816	202.7	23.0	155.4	147.0	-8.4	20.0	√	
31	970819	275.0	15.0	224.8	212.0	-12.8	20.0	√	
32	980724	189.0	21.0	142.0	134.0	-8.0	20.0	√	
33	980804	129.4	12.0	75.7	66.0	-9.7	15.1	√	
34	990909	136.3	41.0	117.4	101.5	-15.9	20.0	√	
35	000829	145.0	18.0	82.7	87.5	4.8	16.5	√	
36	010723	49.4	50.0	25.6	31.5	5.9	5.1		√
37	030622	132.5	5.2	57.4	61.5	4.1	11.5	√	
38	060703	106.2	3.0	32.3	36.0	3.7	6.5	√	
39	070810	83.7	42.9	62.4	54.5	-7.9	12.5	√	
40	080817	69.9	47.8	48.1	48.1	0.0	9.6	√	
41	090711	60.6	8.0	14.3	14.1	-0.2	3.0	√	
42	100719	64.9	6.0	11.9	15.5	3.6	3.0		√
43	100812	69.3	10.0	17.3	19.4	2.1	3.5	√	
44	110820	121.8	18.8	60.8	65.3	4.5	12.2	√	
45	110828	103.7	58.5	79.6	87.9	8.3	15.9	√	
46	120803	102.2	11.6	39.0	41.6	2.6	7.8	√	
47	120815	45.0	43.6	26.4	25.4	-1.0	5.3	√	
48	130704	94.8	39.5	38.4	60.6	22.2	7.7		√
49	150807	172.7	60.0	106.3	154.6	48.3	20.0		√
50	170803	101.3	26.6	49.0	55.1	6.1	9.8	√	
51	180723	121.5	7.9	54.5	54.4	-0.1	10.9	√	
52	180815	93.0	34.3	46.4	54.9	8.5	9.3	√	
53	180830	44.2	60.0	26.3	50.7	24.4	5.3		√
54	190811	232.1	32.8	152.2	186.0	33.8	20.0		√
55	200814	102.2	26.8	47.9	56.0	8.1	9.6	√	

备注：1. 预报误差 = 预报值 - 实测值；2. 许可误差 = 实测值的 20%，以 20.0 mm 为上限，以 3.0 mm 为下限；3. 合格率 =80.0%，为乙级方案。

表 12-5　袁公河小仕阳水库站降雨径流（$P+P_a-R$）预报精度评定表

序号	洪号	流域平均雨量 P（mm）	前期影响雨量 P_a（mm）	$P+P_a$（mm）	实测径流深 $R_实$（mm）	预报径流深 $R_预$（mm）	预报误差（mm）	许可误差（mm）	评定结果		备注
									合格	不合格	
1	600626	40.5	60.0	100.5	18.7	30.8	12.1	3.7		√	2 线
2	600630	59.5	47.0	106.5	31.9	36.0	4.1	6.4	√		1 线
3	600817	60.0	37.0	97.0	33.4	27.9	−5.5	6.7	√		1 线
4	610714	104.7	38.0	142.7	80.6	69.5	−11.1	16.1	√		1 线
5	610912	68.9	22.0	90.9	29.2	23.7	−5.5	5.8	√		1 线
6	610920	47.7	23.0	70.7	19.8	12.4	−7.4	4.0		√	1 线
7	620713	175.3	29.0	204.3	111.5	137.0	25.5	20.0		√	1 线
8	620725	102.3	37.0	139.3	68.2	66.1	−2.1	13.6	√		1 线
9	620807	91.9	28.0	119.9	58.2	47.9	−10.3	11.6	√		1 线
10	630719	119.5	28.1	147.6	74.4	74.4	0.0	14.9	√		1 线
11	630729	51.1	55.3	106.4	33.8	35.9	2.1	6.8	√		1 线
12	640630	121.8	12.4	134.2	53.1	61.3	8.2	10.6	√		1 线
13	640716	103.7	40.0	143.7	71.7	70.5	−1.2	14.3	√		1 线
14	650709	138.9	1.0	139.9	65.6	66.7	1.1	13.1	√		1 线
15	660720	107.1	17.0	124.1	44.9	51.8	6.9	9.0	√		1 线
16	700729	103.7	58.1	161.8	95.4	89.3	−6.1	19.1	√		1 线
17	710821	97.7	25.1	122.8	52.0	50.6	−1.4	10.4	√		1 线
18	720818	99.9	8.3	108.2	27.5	37.4	9.9	5.5		√	1 线
19	730830	100.2	9.0	109.2	32.5	38.3	5.8	6.5	√		1 线
20	740810	256.3	43.3	299.6	238.7	235.4	−3.3	20.0	√		1 线
21	750814	236.5	20.0	256.5	197.9	191.2	−6.7	20.0	√		1 线
22	760629	104.9	6.3	111.2	40.5	40.1	−0.4	8.1	√		1 线
23	770721	66.8	28.3	95.1	37.1	26.4	−10.7	7.4		√	1 线
24	780811	79.6	48.4	128.0	30.0	31.8	1.8	6.0	√		2 线
25	790709	81.0	13.3	94.3	16.7	14.8	1.9	3.3	√		2 线
26	790712	98.9	44.0	142.9	62.5	69.7	7.2	12.5	√		1 线
27	800615	115.2	15.0	130.2	48.7	57.5	8.8	9.7	√		1 线
28	900815	145.9	19.4	165.3	83.9	93.2	9.3	16.8	√		1 线
29	910610	100.9	13.0	113.9	52.8	42.5	−10.3	10.6	√		1 线
30	950816	202.7	23.0	225.7	155.4	159.7	4.3	20.0	√		1 线
31	970819	275.0	15.0	290.0	224.8	225.6	0.8	20.0	√		1 线
32	980724	189.0	21.0	210.0	142.0	143.2	1.2	20.0	√		1 线
33	980804	129.4	12.0	141.4	75.7	68.2	−7.5	15.1	√		1 线
34	990909	136.3	41.0	177.3	117.4	106.6	−10.8	20.0	√		1 线
35	000829	145.0	18.0	163.0	82.7	90.6	7.9	16.5	√		1 线
36	010723	49.4	50.0	99.4	25.6	29.9	4.3	5.1	√		1 线
37	030622	132.5	5.2	137.7	57.4	64.6	7.2	11.5	√		1 线
38	060703	106.2	3.0	109.2	32.3	38.3	6.0	6.5	√		1 线
39	070810	83.7	42.9	126.6	62.4	54.1	−8.3	12.5	√		1 线
40	080817	69.9	47.8	117.7	48.1	45.9	−2.2	9.6	√		1 线
41	090711	60.6	8.0	68.6	14.3	11.4	−2.9	3.0	√		1 线
42	100719	64.9	6.0	70.9	11.9	12.5	0.6	3.0	√		1 线
43	100812	69.3	10.0	79.3	17.3	17.1	−0.2	3.5	√		1 线
44	110820	121.8	18.8	140.6	60.8	65.3	4.5	12.2	√		1 线
45	110828	103.7	58.5	162.2	79.6	87.9	8.3	15.9	√		1 线
46	120803	102.2	11.6	113.8	39.0	41.6	2.6	7.8	√		1 线
47	120815	45.0	43.6	88.6	26.4	25.4	−1.0	5.3	√		1 线
48	130704	94.8	39.5	134.3	38.4	35.3	−3.1	7.7	√		2 线
49	150807	172.7	60.0	232.7	106.3	110.5	4.2	20.0	√		2 线
50	170803	101.3	26.6	127.9	49.0	55.1	6.1	9.8	√		1 线
51	180723	121.5	7.9	129.4	54.5	54.4	−0.1	10.9	√		1 线
52	180815	93.0	34.3	127.3	46.4	54.9	8.5	9.3	√		1 线
53	180830	44.2	60.0	104.2	26.3	50.7	24.4	5.3		√	1 线
54	190811	232.1	32.8	264.9	152.2	142.7	−9.5	20.0	√		2 线
55	200814	102.2	26.8	129.0	47.9	56.0	8.1	9.6	√		1 线

备注：1. 预报误差 = 预报值 − 实测值；2. 许可误差 = 实测值的 20%，以 20.0 mm 为上限，以 3.0 mm 为下限；3. 合格率 =89.1%，为甲级方案；4. 1 线为湿润线，2 线为干旱线。

表 12-6　袁公河小仕阳水库站峰量关系预报精度评定表

序号	洪号	实测径流 $R_{实}$（mm）	有效降雨历时 T_c（h）	净峰流量（m^3/s）		预报误差（m^3/s）	许可误差（m^3/s）	评定结果		序号	洪号	实测径流 $R_{实}$（mm）	有效降雨历时 T_c（h）	净峰流量（m^3/s）		预报误差（m^3/s）	许可误差（m^3/s）	评定结果	
				实测 $Q_{m净实}$	预报 $Q_{m净预}$			合格	不合格					实测 $Q_{m净实}$	预报 $Q_{m净预}$			合格	不合格
1	600626	18.7	7	342	260	−82	68.4		√	16	750814	197.9	21	2 040	1 960	−80	408	√	
2	600630	31.9	10	390	360	−30	78.0	√		17	790709	16.7	8	158	170	12	31.6	√	
3	600817	33.4	8	420	460	40	84.0	√		18	900815	83.9	20	764	800	36	153	√	
4	610714	80.6	10	1 080	1 090	10	216	√		19	910610	52.8	9	493	730	237	98.6		√
5	610912	29.2	10	265	360	95	53.0		√	20	980724	142.0	14	1 720	1 680	−40	344	√	
6	620713	111.5	11	1 550	1 460	−90	310	√		21	990909	117.4	20	1 060	1 150	90	212	√	
7	620725	68.2	10	932	910	−22	186	√		22	030622	57.4	24	420	465	45	84.0	√	
8	620807	58.2	12	693	700	7	139	√		23	060703	32.3	20	280	280	0	56.0	√	
9	630719	74.4	10	1 190	1 000	−190	238	√		24	120803	39.0	11	309	432	123	61.8		√
10	630729	33.8	5	637	580	−57	127	√		25	130704	38.4	13	218	420	202	43.6		√
11	640630	53.1	24	423	430	7	84.6	√		26	150807	106.3	9	1 300	1 520	220	260	√	
12	640716	71.7	21	696	660	−36	139	√		27	180723	54.5	13	675	700	25	135	√	
13	650709	65.6	11	928	928	0	186	√		28	180815	46.4	7	562	570	8	112	√	
14	700729	95.4	4	2 030	2 060	30	406	√		29	200814	47.9	8	367	579	212	73.4		√
15	720818	27.5	7	450	400	−50	90.0	√											

备注：1 预报误差 = 预报值 − 实测值；2. 许可误差 = 实测值的 20%；3. 合格率 =79.3%，为乙级方案。

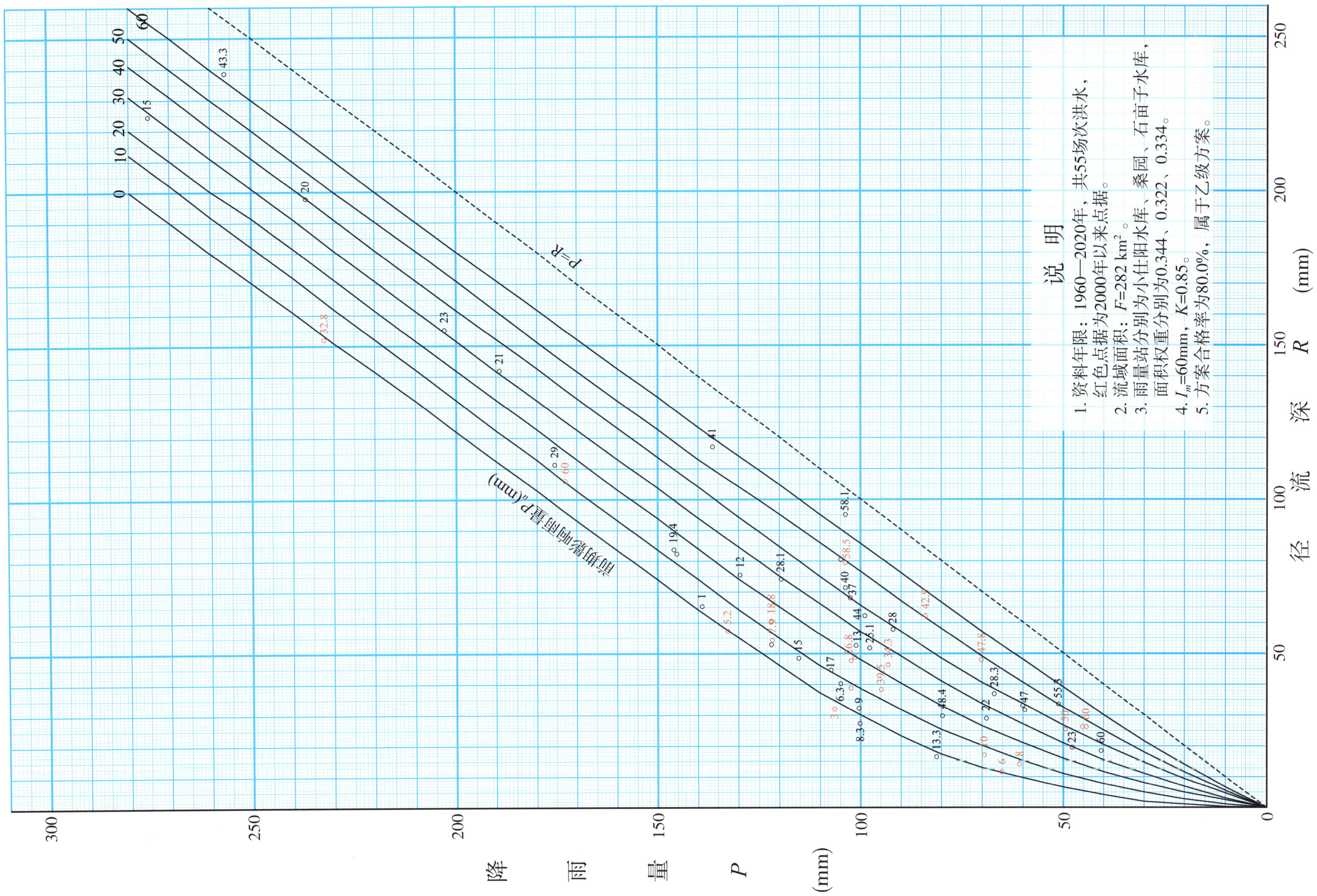

图 12-2 袁公河小仕阳水库站降雨径流相关图（P–P_a–R）

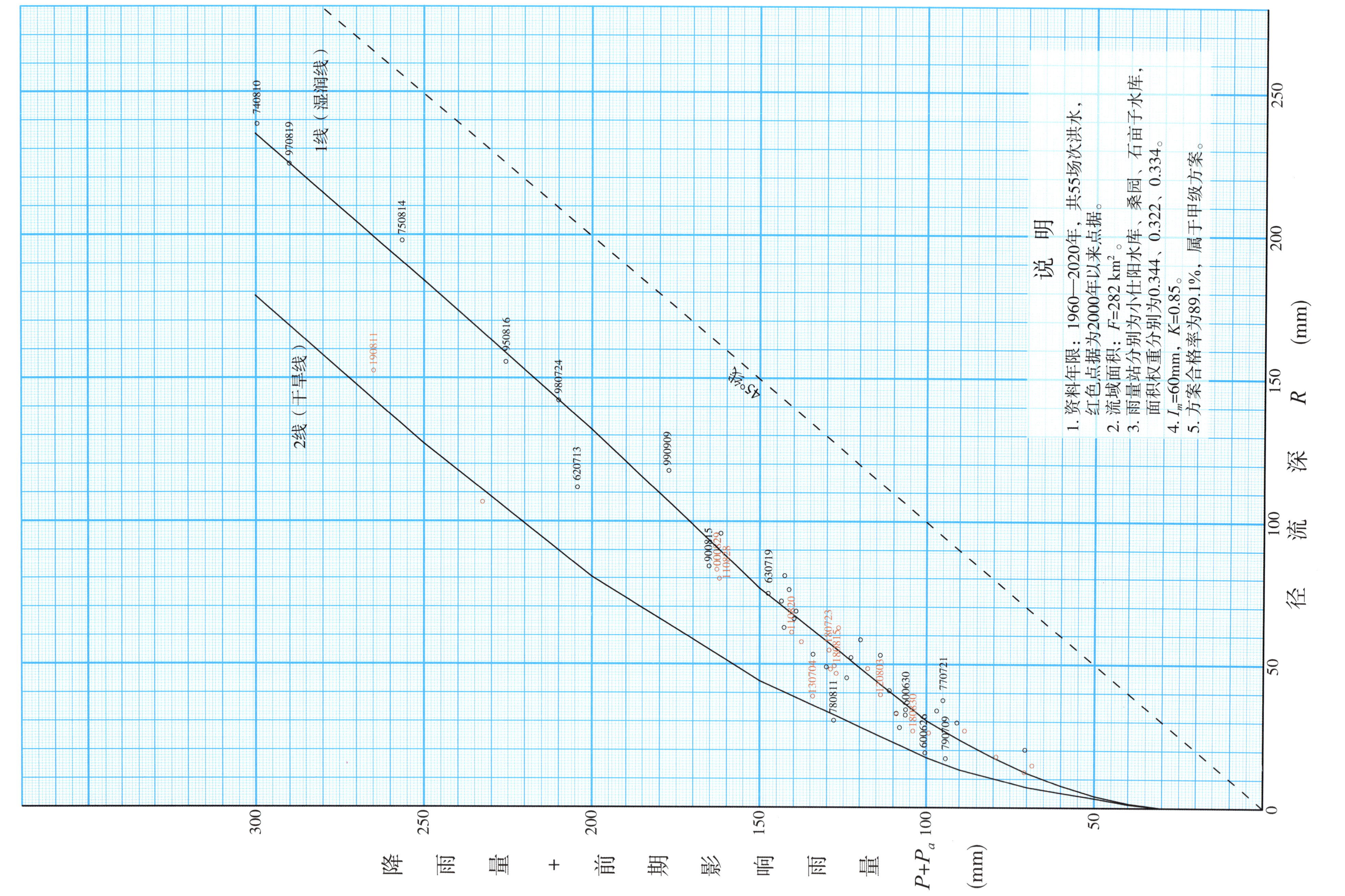

图 12-3 袁公河小仕阳水库站降雨径流相关图（$P+P_a-R$）

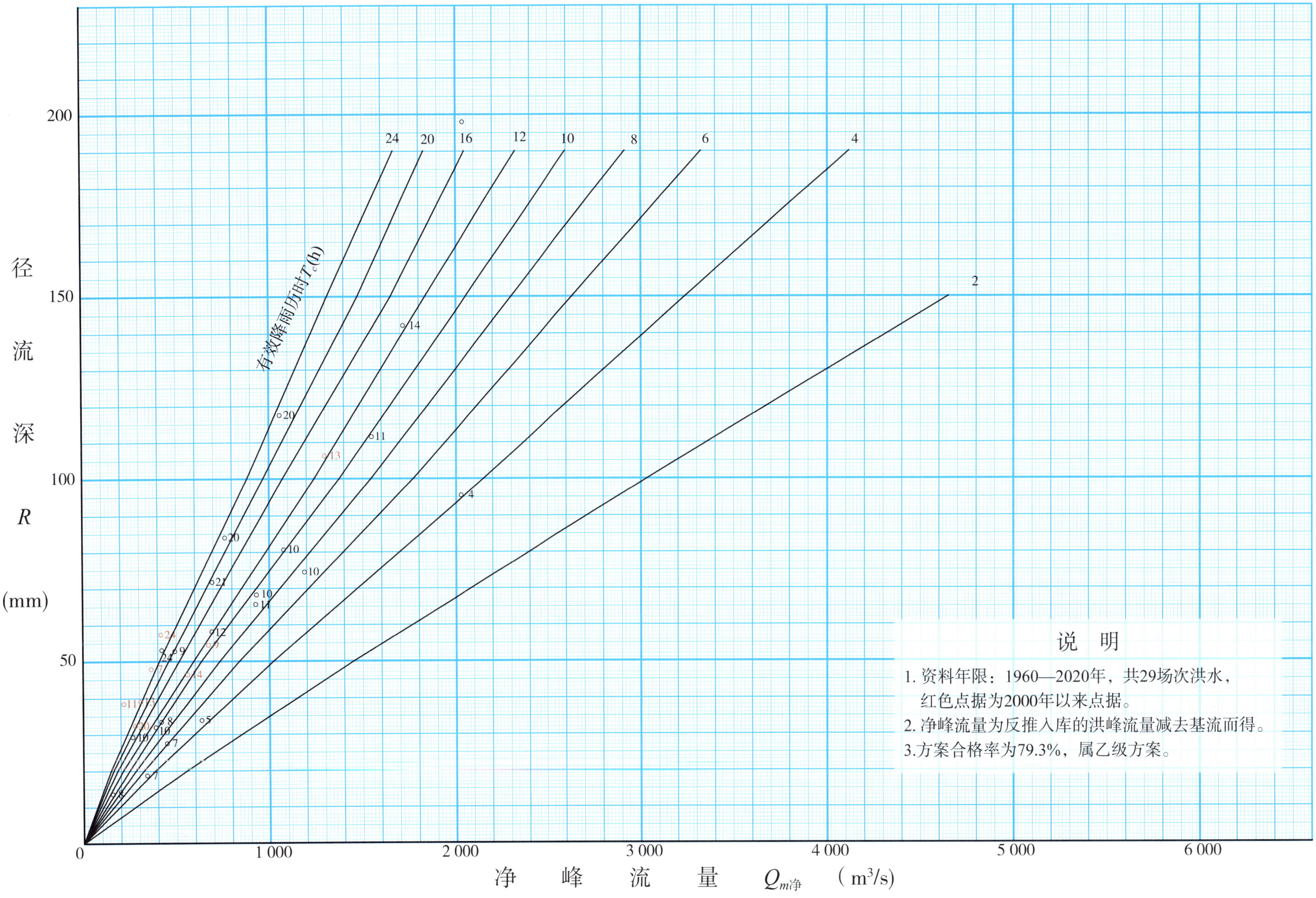

图 12-4　袁公河小仕阳水库站峰量关系曲线图

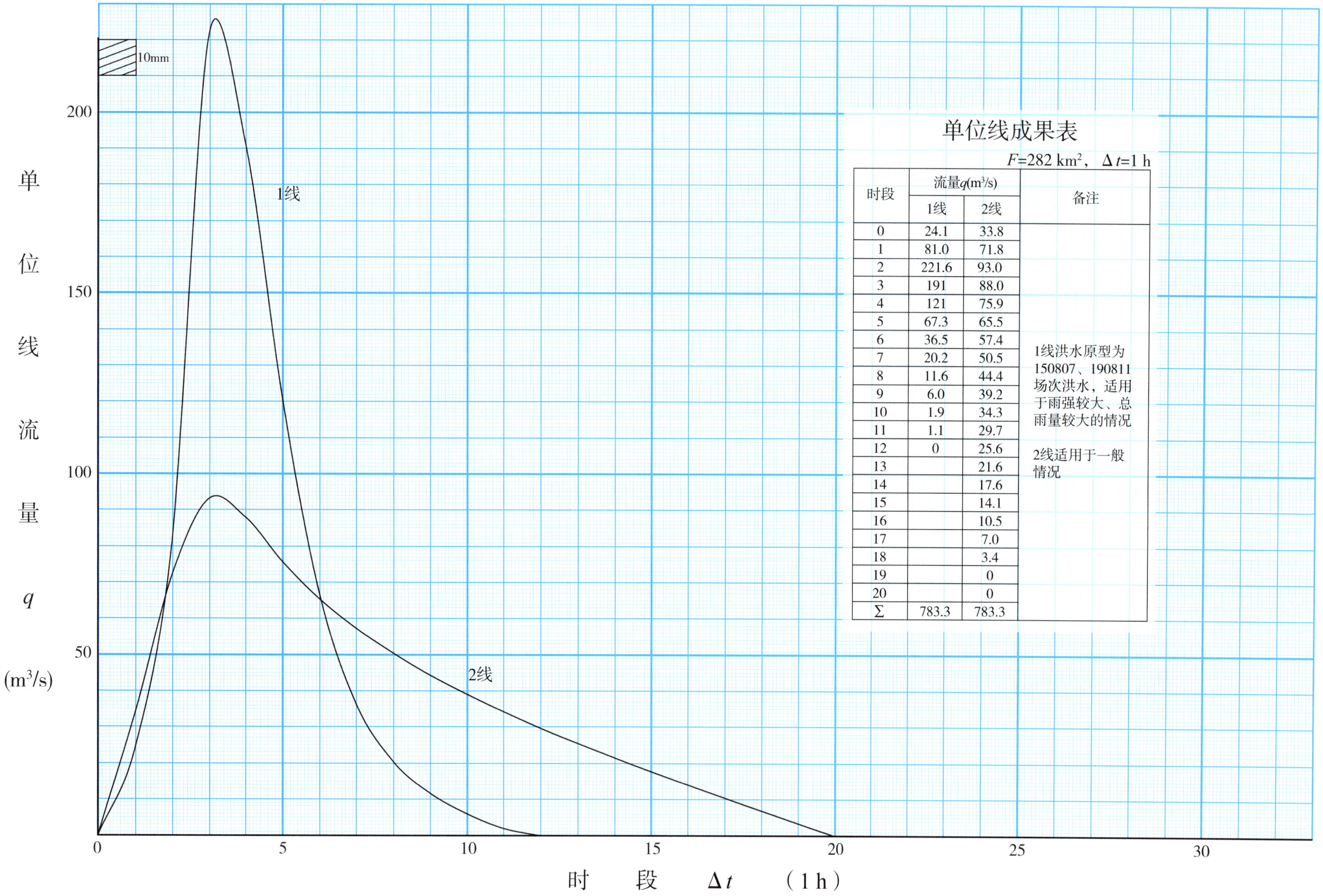

单位线成果表

F=282 km²，Δt=1 h

时段	流量q(m³/s)		备注
	1线	2线	
0	24.1	33.8	
1	81.0	71.8	
2	221.6	93.0	
3	191	88.0	
4	121	75.9	
5	67.3	65.5	
6	36.5	57.4	
7	20.2	50.5	1线洪水原型为150807、190811场次洪水，适用于雨强较大、总雨量较大的情况
8	11.6	44.4	
9	6.0	39.2	
10	1.9	34.3	
11	1.1	29.7	
12	0	25.6	2线适用于一般情况
13		21.6	
14		17.6	
15		14.1	
16		10.5	
17		7.0	
18		3.4	
19		0	
20		0	
Σ	783.3	783.3	

图 12-5 袁公河小仕阳水库站单位线图

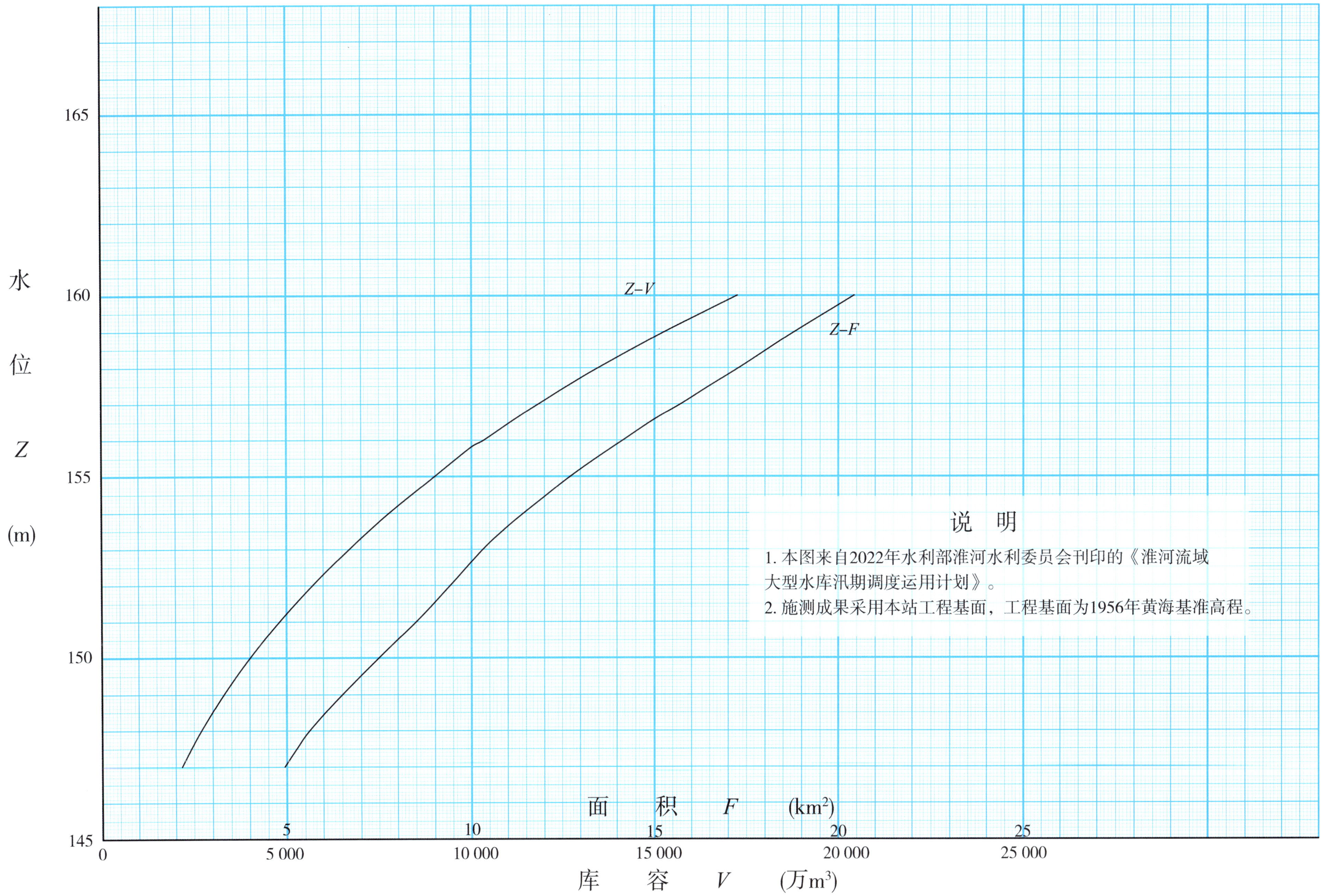

图 12-6　袁公河小仕阳水库水位与库容、面积关系曲线图

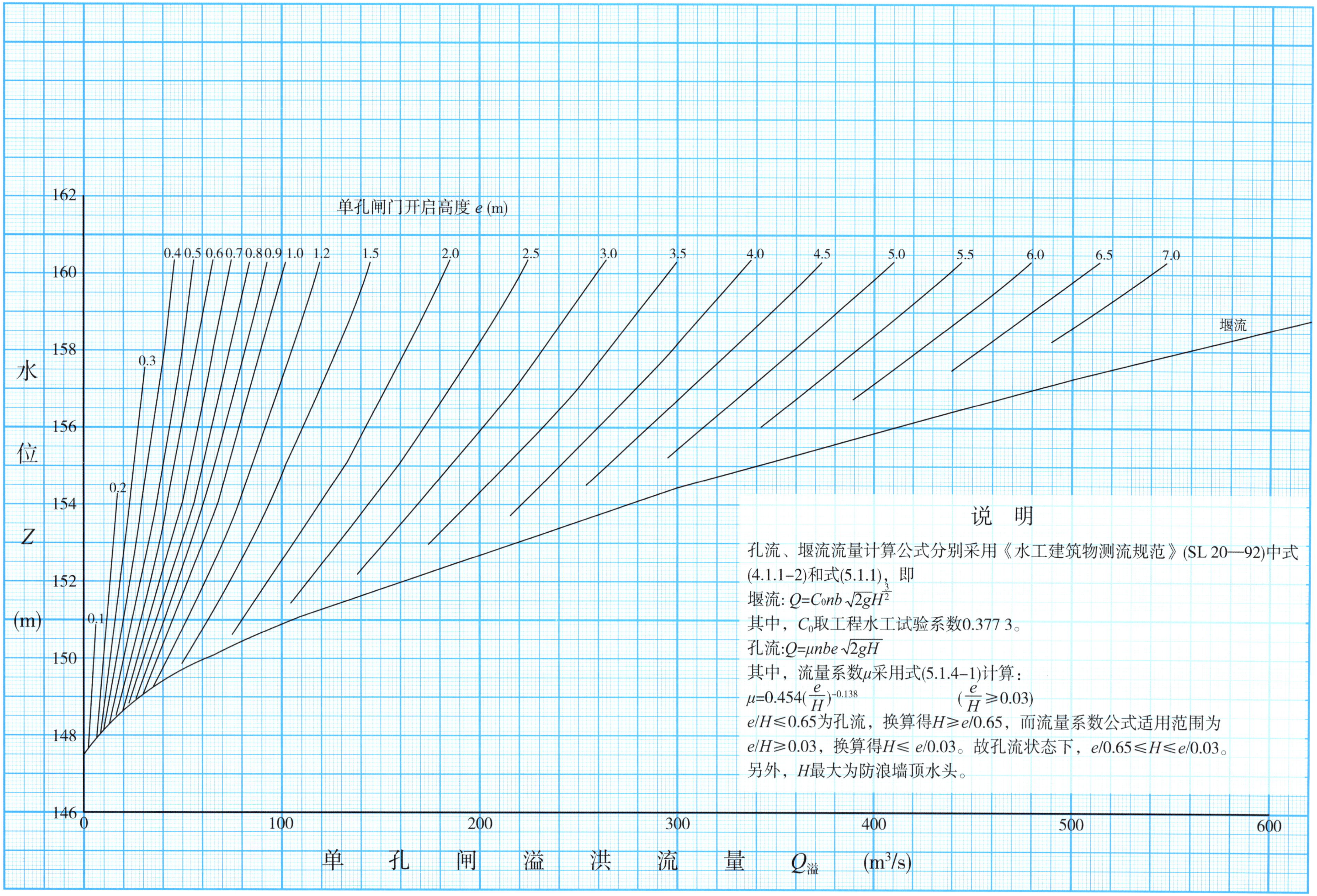

说 明

孔流、堰流流量计算公式分别采用《水工建筑物测流规范》(SL 20—92)中式(4.1.1–2)和式(5.1.1)，即

堰流: $Q=C_0nb\sqrt{2g}H^{\frac{3}{2}}$

其中，C_0取工程水工试验系数0.377 3。

孔流:$Q=\mu nbe\sqrt{2gH}$

其中，流量系数μ采用式(5.1.4–1)计算：

$\mu=0.454(\frac{e}{H})^{-0.138}$　　　　$(\frac{e}{H}\geqslant 0.03)$

$e/H\leqslant 0.65$为孔流，换算得$H\geqslant e/0.65$，而流量系数公式适用范围为$e/H\geqslant 0.03$，换算得$H\leqslant e/0.03$。故孔流状态下，$e/0.65\leqslant H\leqslant e/0.03$。另外，$H$最大为防浪墙顶水头。

图 12–7　袁公河小仕阳水库溢洪闸泄流曲线图

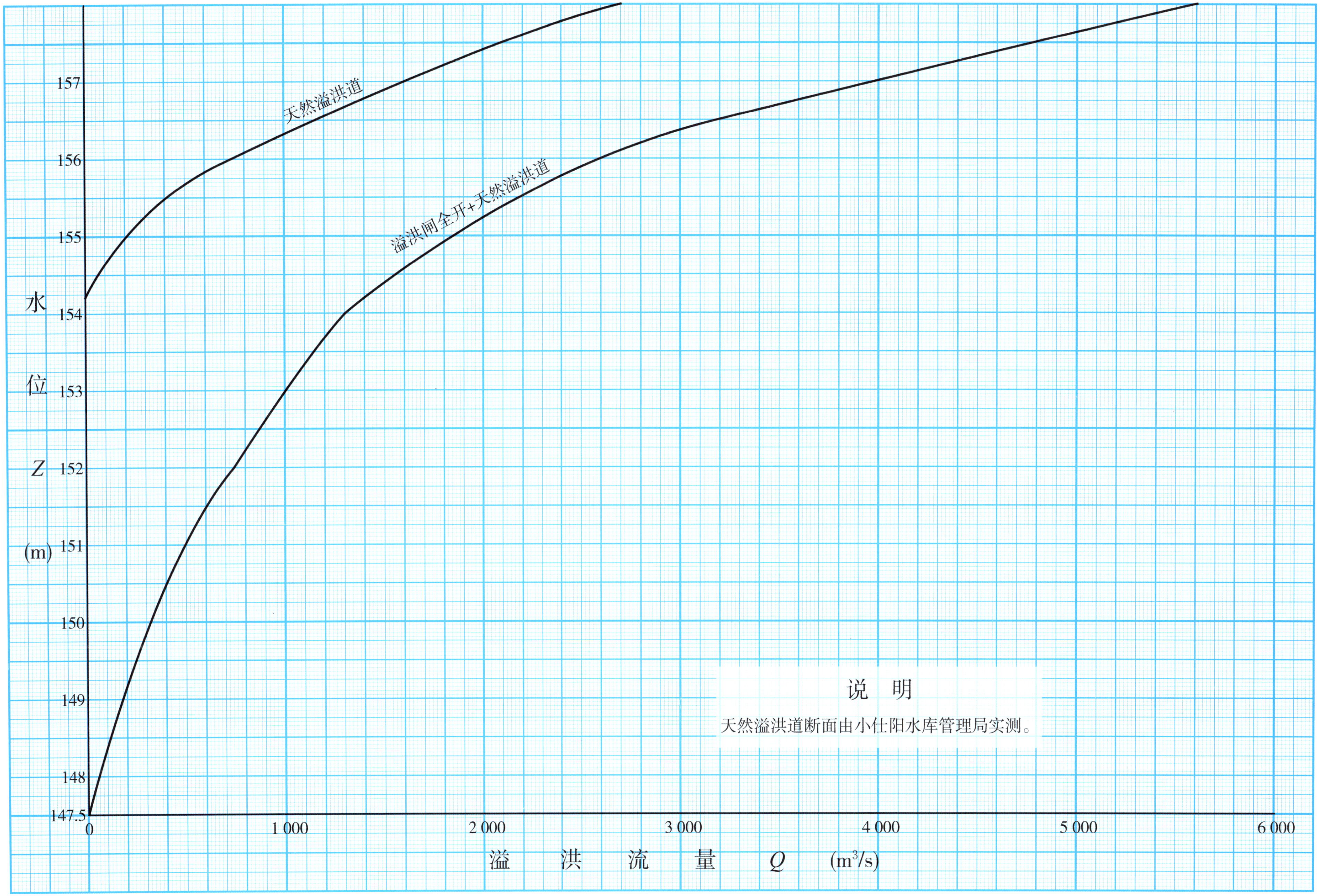

图 12-8　袁公河小仕阳水库天然溢洪道及溢洪闸全开＋天然溢洪道泄流曲线图

第十三章　浔河陡山水库站水文预报方案编制说明

1　流域概况

1.1　流域自然地理特征

陡山水库位于沭河一级支流浔河下游，上游有板石河、粮山河、文疃河三条较大支流，在中楼村前后汇入，形成近似叶子形的流域。水库东、南、北三面为连绵群山，对水库形成环抱之势，唯西侧为开阔河谷，较为平坦。流域中上游多低山、丘陵，约占全流域的 31%，其余为河谷地带。流域内多为元古代变质岩，主要有花岗岩、片麻岩，其他有砂岩、石英岩等。岩石性质比较疏松，土壤多为火成岩风化的沙壤土。作物以地瓜、花生、玉米为主，流域内植被一般。流域多年平均年降水量为 833.4 mm（1956—2016 年系列），其中 6—9 月降水量为 613.0 mm，汛期降雨量约占全年的 73.6%。陡山水库站以上流域图见图 13–1。

1.2　水利工程情况

1.2.1　陡山水库概况

陡山水库坐落在莒南县大店镇花园村东 1 km 处，流域面积为 431 km^2，总库容为 2.966 5 亿 m^3，兴利库容为 1.695 5 亿 m^3，死库容为 0.011 4 亿 m^3，死水位为 108.40 m，兴利水位为 127.00 m。河道干流长 51.5 km，平均坡度为 1.44‰。该水库于 1958 年 9 月动工，1959 年 7 月建成蓄水，坝顶高程为 132.50 m；1987 年将原 7 孔溢洪闸改建成 10 m × 7.5 m 的 5 孔平板闸门，闸底高程为 120.00 m；2013 年 9 月至 2014 年 8 月进行了第二次除险加固，改建为 10 m × 7.5 m 的 5 孔驼峰堰弧形钢闸门。陡山水库汛中限制水位为 125.00 m，汛末蓄水位为 126.00 m，允许最高水位为 131.80 m。

1.2.2　上游水利工程情况

流域内有小（1）型水库 6 座、小（2）型水库 45 座，控制流域面积 43.3 km^2，总库容 0.10 亿 m^3，兴利库容 0.06 亿 m^3；各种塘坝 287 座。流域内主要小型水库工程情况见表 13–1。

表 13–1　浔河陡山水库站以上流域内主要小型水库工程统计表

类型	库名	坝址位置	到本水库距离（km）	流域面积（km^2）	校核水位时		兴利库容（万 m^3）
					总库容（万 m^3）	溢洪流量（m^3/s）	
小（1）型	陈山	临沂市莒南县文疃镇	20.0	1.24	129.0	26	105.5
	南陈家沟	日照市岚山区黄墩镇	45.0	7.5	444	118	287
	柳黄沟	日照市岚山区中楼镇	15.0	8.0	219	312	90
	贺庄	日照市东港区三庄镇	30.0	7.2	105.1	343	81
	程山后	临沂市莒南县文疃镇	15.0	1.2	100.6	—	65.7
	凤凰山	日照市莒县龙山镇	30.0	2.2	103.7	—	58
小（2）型	下大峪	日照市岚山区黄墩镇	40.0	1.5	68.0	—	48
	花沟	临沂市莒南县文疃镇	20.0	1.7	80.1	—	44.6
	上涧	日照市岚山区中楼镇	15.0	3.0	72.0	—	50

1.3　测站概况

陡山水库水文站于 1959 年 6 月 1 日设立，属国家基本水文站、区域代表站，测站上游支流分布成双支形，在中楼村以上分成北、东两支，北支发源于桥子山，东支发源于陈家官庄、柿树沟一带。陡山水库站承担降水、蒸发、水位、流量、水质、墒情等观测项目及属站管理、水文调查、区域年度用水量监测等工作，并承担向国家防总，省、市防指，工程管理部门等多家单位提供雨水情报、预报任务。上游有 4 处长系列雨量站，详见表 13–2。

该站冻结基面高程 – 0.147 m=1956 年黄海基面高程，冻结基面高程 – 0.252 m=1985 年国家高程基准高程。

表 13–2　浔河陡山水库站以上流域雨量站情况表

站名	设站年份	详细地址
中楼	1964 年	日照市岚山区中楼镇中楼村
黄墩	1951 年	日照市岚山区黄墩镇黄墩一村
文疃	1964 年	临沂市莒南县文疃镇文疃村
陡山水库	1959 年	临沂市莒南县大店镇陡山水库

2　预报方案编制

2.1　预报区间的确定

陡山水库上游无大中型水库入流，预报区间面积等于其流域面积 431 km^2。

2.2 资料情况及方案沿革

2.2.1 资料情况

陡山水库站预报方案于 1981 年分析编制完成，分别又于 1991 年、1999 年、2011 年进行了方案的修订。本次修订除选用之前分析的 1960—2010 年共 57 场次暴雨洪水外，另外补充了 2011—2020 年 12 场次暴雨洪水进行分析，即资料系列为 1960—2020 年，共 69 场次洪水。

2.2.2 方案沿革

原方案中产流方案采用降雨径流相关图 $P-P_a-R$，汇流方案采用峰量关系曲线图、经验单位线。本次修订，在原产流方案降雨径流相关图 $P-P_a-R$ 中增加了 12 个点据，关系线保持不变；在原汇流方案峰量关系曲线图中增加了 12 个点据，关系线保持不变；经验单位线新增了 2 条，其中 1 h 单位线 1 条、2 h 单位线 1 条。

2.3 产流方案

本方案采用降雨径流相关法（$P-P_a-R$），浔河陡山水库站 $P-P_a-R$ 关系曲线及放大图见图 13-2、图 13-3。其中：P 为次降雨流域平均雨量（mm）；P_a 为流域平均前期影响雨量（mm）；R 为次降雨所产生的径流深（mm）。

2.3.1 主要参数的计算

2.3.1.1 流域平均雨量P的计算

流域平均雨量采用加权平均法即泰森多边形法计算求得。雨量站的面积控制权重见表 13-3。

表 13-3 浔河陡山水库站以上流域内雨量站的控制权重表

站名	陡山水库	中楼	黄墩	文疃
权重	0.10	0.33	0.33	0.24

2.3.1.2 流域平均前期影响雨量P_a的计算

每年自汛初开始连续计算，先以面积加权法计算流域平均雨量，然后计算前期影响雨量 P_a。本次未对 K、I_m 进行分析，继续沿用原有成果。P_a 的计算公式如下：

$$P_{a,t}=K(P_{a,t-1}+P_{t-1})$$

式中：$P_{a,t}$ 为当日的流域平均前期影响雨量（mm）；$P_{a,t-1}$ 为前一日的流域平均前期影响雨量（mm）；P_{t-1} 为前一日流域平均降雨量（mm）；K 为前期影响雨量递减系数，$K=1-\dfrac{E_m}{I_m}$，$K=0.85$；E_m 为流域蒸发能力（mm）；I_m 为流域最大损失量，本方案采用 60 mm。

2.3.1.3 径流深R的推求

在一次洪水过程线上采用斜线分割法切除基流，上游水库放水时，要将水库放水形成的地表径流的那部分水量扣除。本次洪水径流深 R 等于洪水总量 W（已扣除基流量）除以集水面积 F。陡山水库水文站降雨径流分析成果见表 13-4。

2.3.1.4 暴雨中心位置的确定

根据流域特性和代表站分布情况，一般是：黄墩、文疃为上游区；中楼为中游区；陡山水库为下游区。

2.3.2 精度评定

该方案采用 1960—2020 年 61 年的资料系列共 69 个点据，点绘 $P-P_a-R$ 关系曲线。精度评定采用合格点次占总点次的百分比为合格率，许可误差采用实测值的 20%，并以 20.0 mm 为上限，以 3.0 mm 为下限作为控制。$P-P_a-R$ 相关图共选用 69 个点据，54 个合格，合格率为 78.3%，属乙级方案，详见表 13-5。

2.4 汇流方案

本方案主要采用峰量关系图、经验单位线及综合瞬时单位线等方法。

2.4.1 峰量关系曲线$R-T_c-Q_{m净}$

以有效降雨历时 T_c 作为参数，建立峰量关系曲线 $R-T_c-Q_{m净}$。其中，R 为一次降雨径流深，由次洪水总量除以相应集水面积而得；T_c 为有效降雨历时，是指实际能产生径流，对造峰有明显影响的降雨历时，如果两段较大降雨之间有一小段不产生径流，此段历时也应统计在主要有效降雨历时之内，当降雨时段较长时，一般采取占总降雨量 80% 以上的主要降雨时段数；$Q_{m净}$为一次降雨过程所产生的区间净峰流量。

根据 1960—2020 年 69 个洪水点据分析，通过点群中心并照顾同一 R 值的 $Q_{m净}$逐渐减少的趋势定线，$R-T_c-Q_{m净}$关系图见图 13-4。

精度评定：按许可误差 =20% 实测值的标准进行逐次洪水评定。本方案共选用 1960—2020 年 69 个点据，54 个合格，合格率为 78.3%，属于乙级方案，详见表 13-6。

2.4.2 经验单位线

根据 990909、030806、100908、200814 场次洪水资料，流域暴雨洪水特性及下垫面变化情况，综合确定出本站 1 h 单位线 4 条、2 h 单位线 4 条，单位线图见图 13-5、图 13-6。

2.4.3 综合瞬时单位线

本方案采用如下地区综合单位线方程：

$$M_1=CF^{0.33}J^{-0.27}R^{-0.2}T_c^{0.17}$$

$$M_2=0.34M_1^{-0.12}$$

式中：F 为集水面积（km^2）；J 为河道干流坡度，本站为 0.001 44；M_1 为瞬时单位线参数，$M_1=nk$；M_2 为瞬时单位线参数，$M_2=1/n$；n 为瞬时单位线反映流域汇流调节次数的参数；k 为瞬时单位线反映流域汇流时间的参数；C 为经验系数，$R\geqslant 50$ mm 时，$C=0.196$，$R<50$ mm 时，$C=0.255$。

2.5 水位与库容、面积、放水流量关系曲线

本方案采用1978年4月山东省水文总站测量结果点绘水位与库容、面积、放水流量关系曲线，详见图13–7。

2.6 泄量关系曲线

2014年除险加固工程将原有5孔平板闸门改建为5孔驼峰堰弧形钢闸门。根据堰闸流量计算公式计算并绘制了水位（蓄水量）–闸门开高–泄量关系曲线。

2.6.1 孔流

$$Q=\mu nbe\sqrt{2gH}$$

式中：μ为经验流量系数，$\mu=0.531(e/H)^{-0.139}$；n为闸门孔数，本站n=5；b为闸孔宽度，b=10 m；e为闸门开高（m）；H为水头（m）。

2.6.2 堰流

$$Q=C_0 nb\sqrt{2g}\,H^{1.5}$$

式中：C_0为流量系数，$C_0=K\varepsilon'C=0.402$；b为闸孔宽度，b=10 m；e为闸门开高（m）；H为水头（m）。

陡山水库以闸门开启高度为参数的泄流曲线见图13–8、图13–9。

3 方案使用说明

3.1 产流方案

3.1.1 次径流量预报

根据次流域平均降雨量P及前期影响雨量P_a在P–P_a–R关系线上查得R。将查得的R乘以流域控制面积，即可得到径流量。

3.1.2 入库洪水总量预报

$$W_{总}=W_R+W_{基}$$

式中：$W_{总}$为次洪水总量（万m^3）；W_R为次降雨地表径流总量（万m^3）；$W_{基}$为基流水量（万m^3）。

3.2 汇流方案

3.2.1 R–T_c–$Q_{m净}$相关图

依据查得的径流深R及求出的有效降雨历时T_c，通过本方案可查得流域集水面积上所产生的净峰流量$Q_{m净}$，加上基流$Q_{基}$即为所预报的洪峰流量。

3.2.2 经验单位线

在进行洪水作业预报时，视本次降雨情况选定与降雨特点相近的洪水分析的经验单位线。

3.2.3 综合瞬时单位线

将根据场次降雨量求出的径流深R及有效降雨历时T_c代入地区综合单位线方程，求得M_1、M_2，后而计算n、k值，代入t/k的n阶非完全伽马函数式，计算瞬时单位线的$S(t)$曲线。

3.3 入库洪水总量预报

$$W=0.1RF$$

式中：F为流域中型水库以下集水面积，该水库采用431 km^2。

3.4 方案合理性检查及评定

在方案建立过程中，随时根据规范要求及有关文件规定进行合理性检查，特别对突出点据从原始资料反复查对，对中间处理过程也进行了认真审查，发现不合理的问题后基本上做了检查改正。方案建立后，先从线形进行比较，防止出现矛盾现象，然后对每个方案尽量根据规范规定采用表格形式进行了精度评定。其中P–P_a–R相关图合格率为78.3%，属乙级方案；R–T_c–$Q_{m净}$相关图合格率为78.3%，属乙级方案。综上，本方案属于乙级方案。

3.5 方案适应能力

本方案适用于防洪标准以下的洪水作业预报。如遇超标准洪水，则需根据当时具体情况酌情修正。

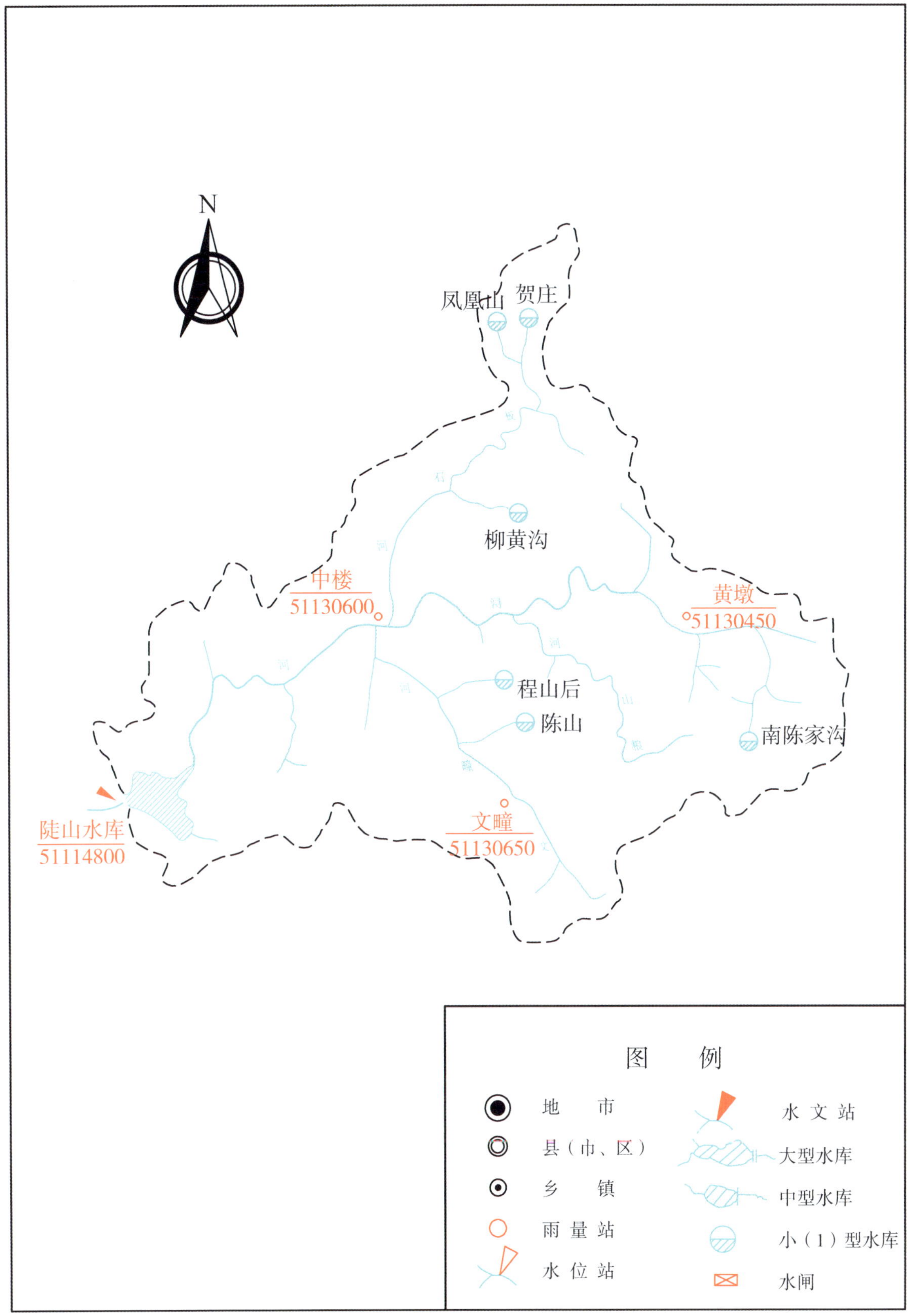

图 13–1 浔河陡山水库站以上流域图

表 13–4　浔河陡山水库站降雨径流分析成果表

序号	降雨起讫时间							流域平均雨量 P（mm）	前期影响雨量 P_a（mm）	降雨历时（h）		暴雨中心位置	洪水发生时间									洪水历时 $T_{洪}$（h）	洪峰流量 Q_m（m^3/s）	净峰流量 $Q'_{m净}$（m^3/s）	地表径流总量 W（万 m^3）	集水面积 F（km^2）	径流深 R（mm）	径流系数 α
	起				讫					全部 T	有效 T_c		起涨			峰顶			落平									
	年	月	日	时	月	日	时						月	日	时	月	日	时	月	日	时							
1	1960	7	27	3	7	27	18	90.1	28.0	15.0	8.0	君子	7	27	8	7	27	13	7	29	4	44	905	900	1 899	431	44.1	0.49
2	1962	7	13	18	7	14	2	153.3	29.0	8.0	5.3	陡山	7	13	18	7	14	3	7	14	20	26	2 170	2 150	5 104.8	431	118.4	0.77
3	1965	7	27	14	7	28	8	108.8	24.0	18.0	14.0	文疃	7	27	14	7	28	8	7	29	20	54	774	769	3 132	431	72.7	0.67
4	1965	8	4	0	8	4	20	93.8	52.0	20.0	12.0	黄墩	8	4	8	8	4	19	8	6	8	48	649	636	3 249	431	75.4	0.80
5	1970	6	28	15	6	29	7	94.6	12.0	16.0	7.0	文疃	6	28	20	6	29	5	6	30	20	48	542	537	1 674	431	38.8	0.41
6	1970	7	2	14	7	3	3	33.5	38.0	13.0	12.0	中楼	7	2	20	7	3	7	7	5	8	60	136	127	567	431	13.2	0.39
7	1970	7	22	20	7	23	5	88.2	53.0	9.0	7.0	文疃	7	22	20	7	23	6	7	25	12	64	949	934	3 150	431	73.1	0.83
8	1970	7	28	16	7	29	2	37.7	58.0	10.0	9.2	中楼	7	28	16	7	28	21	7	31	12	68	322	294	1 062	431	24.6	0.65
9	1971	8	21	17	8	22	5	75.4	42.0	12.0	9.0	中楼	8	21	17	8	22	5	8	23	13	44	583	573	2 016	431	46.8	0.62
10	1972	8	25	6	8	25	23	78.8	30.0	17.0	12.0	中楼	8	25	6	8	25	19	8	26	23	41	444	434	1 645	431	38.2	0.48
11	1973	8	30	20	8	31	9	86.0	5.0	13.0	9.0	中楼	8	31	2	8	31	10	9	1	8	30	325	321	792	431	18.4	0.21
12	1974	7	24	13	7	25	5	64.8	54.0	16.0	13.0	陡山	7	24	13	7	25	5	7	26	2	37	579	555	2 170.8	431	50.4	0.78
13	1974	8	13	2	8	13	22	248.5	60.0	20.0	15.0	陡山	8	13	2	8	13	14	8	14	11	33	2 806	2 776	9 702	431	225.1	0.91
14	1975	7	9	10	7	10	0	81.8	18.0	14.0	13.0	黄墩	7	9	10	7	10	1	7	11	20	58	456	452	1 782	431	41.3	0.50
15	1975	7	17	8	7	18	4	130.0	20.0	20.0	9.0	文疃	7	17	14	7	18	1	7	19	12	46	1 063	1 058	3 407	431	79.0	0.61
16	1975	8	14	14	8	15	7	157.1	17.0	17.0	10.3	文疃	8	14	14	8	15	7	8	15	22	32	1 283	1 275	4 456	431	103.4	0.66
17	1975	9	19	15	9	20	5	98.5	19.0	14.0	9.0	黄墩	9	19	15	9	20	1	9	21	12	45	546	540	2 072	431	48.1	0.49
18	1976	8	18	18	8	19	6	86.9	34.0	12.0	10.3	陡山	8	18	18	8	19	6	8	21	8	62	500	496	2 254	431	52.3	0.60
19	1977	6	29	18	6	30	2	76.8	1.0	8.0	4.5	文疃	6	29	19	6	30	2	6	30	20	25	278	276	781	431	18.1	0.24
20	1977	7	21	13	7	22	5	137.1	32.0	16.0	9.0	中楼	7	21	13	7	22	2	7	23	20	55	1 433	1 428	4 698	431	109.0	0.80
21	1978	8	11	22	8	12	7	107.4	60.0	9.0	6.3	陡山	8	11	22	8	12	6	8	13	20	46	1 439	1 431	3 879	431	90.0	0.84
22	1979	7	9	8	7	9	19	71.3	17.0	11.0	10.5	黄墩	7	9	18	7	9	22	7	11	20	50	282	280	1 213	431	28.1	0.39
23	1980	6	15	23	6	16	17	114.2	10.0	18.0	16.0	中楼	6	16	0	6	16	16	6	18	15	63	602	598	2 063	431	47.9	0.42
24	1980	6	29	22	6	30	8	65.4	18.7	10.0	7.0	中楼	6	30	0	6	30	13	7	1	12	36	276	274	1 071	431	24.8	0.38
25	1982	7	4	21	7	5	19	118.2	2.5	22.0	20.0	陡山	7	5	2	7	5	10	7	8	0	70	317	315	2 006	431	46.5	0.39
26	1982	8	17	20	8	18	6	92.5	15.9	10.0	5.0	文疃	8	17	20	8	18	4	8	20	15	67	463	463	1 425.6	431	33.1	0.36
27	1983	7	18	17	7	19	12	91.8	5.5	19.0	9.0	陡山	7	18	20	7	19	4	7	20	20	48	150	148	572	431	13.3	0.14
28	1985	7	9	14	7	10	0	84.1	18.9	10.0	8.0	中楼	7	9	14	7	9	17	7	12	0	58	318	318	1 422	431	33.0	0.39
29	1986	8	15	16	8	16	3	71.2	29.5	11.0	5.0	文疃	8	15	20	8	16	6	8	18	6	58	554	547	1 558	431	36.1	0.51
30	1987	7	9	20	7	10	6	95.9	1.5	10.0	9.0	陡山	7	9	20	7	10	4	7	12	0	52	335	333	952.2	431	22.1	0.23
31	1988	7	17	5	7	17	11	39.3	60.0	6.0	2.0	黄墩	7	17	5	7	17	11	7	19	0	43	447	432	1 305	431	30.3	0.77
32	1990	7	13	15	7	14	1	81.1	15.6	10.0	9.0	黄墩	7	13	15	7	14	2	7	16	2	59	407	405	1 434.5	431	33.3	0.41
33	1990	8	4	2	8	5	0	110.3	55.1	22.0	12.0	文疃	8	4	2	8	5	2	8	6	0	46	1 037	1 017	3 775.5	431	87.6	0.79
34	1990	8	15	20	8	16	14	76.8	44.2	18.0	10.0	中楼	8	16	0	8	16	12	8	17	18	42	568	548	2 335.5	431	54.2	0.71

序号	降雨起讫时间							流域平均雨量 P（mm）	前期影响雨量 P_a（mm）	降雨历时（h）		暴雨中心位置	洪水发生时间									洪水历时 $T_{洪}$（h）	洪峰流量 Q_m（m^3/s）	净峰流量 $Q'_{m净}$（m^3/s）	地表径流总量 W（万 m^3）	集水面积 F（km^2）	径流深 R（mm）	径流系数 α
	起				讫					全部 T	有效 T_c		起涨			峰顶			落平									
	年	月	日	时	月	日	时						月	日	时	月	日	时	月	日	时							
35	1990	9	9	22	9	10	8	58.9	30.1	10.0	10.0	李家官庄	9	10	0	9	10	11	9	12	8	56	246	243	958.3	431	22.2	0.38
36	1991	7	24	22	7	25	4	96.7	22.9	6.0	6.0	陡山	7	24	22	7	25	7.5	7	26	8	34	462	457	1 866	431	43.3	0.45
37	1992	8	31	16	9	1	20	184.4	10.4	28.0	20.0	黄墩	8	31	20	9	1	16	9	3	8	60	533	523	2 779	431	64.5	0.35
38	1994	8	7	13	8	8	22	108.5	9.6	33.0	25.0	陡山	8	7	13	8	8	14	8	10	20	79	313	310	2 214	431	51.4	0.47
39	1995	7	11	16	7	12	5	110.1	45.8	13.0	10.0	中楼	7	11	16	7	12	0	7	13	8	40	706	691	2 715	431	63.0	0.57
40	1998	7	1	18	7	2	9	99.1	3.7	15.0	6.0	中楼	7	1	20	7	2	10	7	3	14	42	306	300	1 122	431	26.0	0.26
41	1998	7	24	6	7	25	7	138.6	41.5	25.0	8.6	商家沟	7	24	8	7	24	18	7	25	20	36	1 949	1 925	4 786	431	111.0	0.80
42	1999	9	9	5	9	9	13	52.9	39.5	8.0	6.0	中楼	9	9	7	9	9	14.5	9	11	7	48	256	248	1 022	431	23.7	0.45
43	2000	8	30	6	8	31	20	145.0	57.8	38.0	32.0	黄墩	8	30	7	8	31	8.5	9	1	17	58	677	613	3 753	431	87.1	0.60
44	2003	7	16	16	7	17	5	47.4	55.4	13.0	5.0	文疃	7	16	16	7	17	6.5	7	19	1	57	315	291	1 440	431	33.4	0.70
45	2003	8	6	17	8	6	21	53.4	32.3	4.0	3.0	文疃	8	6	17.5	8	6	21	8	7	14	20.5	297	281	668	431	15.5	0.29
46	2003	9	6	13	9	7	1	44.8	51.9	12.0	7.0	黄墩	9	6	14.7	9	7	1.1	9	8	6.9	40.2	310	297	1 286	431	29.8	0.67
47	2004	8	16	8	8	17	11	62.6	30.6	27.0	22.0	黄墩	8	16	9	8	17	9	8	20	14	101	127	118	889	431	20.6	0.33
48	2005	7	24	7	7	24	13	45.4	16.9	6.0	3.0	陡山	7	24	7	7	24	8.5	7	25	14	31	162	159	376	431	8.7	0.19
49	2005	8	6	10	8	8	1	65.9	43.4	39.0	10.0	黄墩	8	6	10	8	7	21	8	9	7	69	195	171	1 363	431	31.6	0.48
50	2005	9	20	2	9	21	15	132.1	17.2	37.0	29.0	中楼	9	20	5	9	20	10.5	9	22	11	54	454	436	2 795	431	64.8	0.49
51	2007	9	19	8	9	20	10	101.8	5.0	26.0	10.0	黄墩	9	19	13	9	20	7.5	9	23	2	85	297	295	1 501	431	34.8	0.34
52	2008	7	30	18	7	31	23	86.1	48.1	29.0	15.0	文疃	7	30	19.5	7	31	9.5	8	1	22.5	51	474	445	2 194	431	50.9	0.59
53	2008	8	17	5	8	17	18	90.4	35.4	13.0	9.0	黄墩	8	17	7	8	17	21.5	8	18	18	35	440	416	1 378	431	32.0	0.35
54	2008	8	21	7	8	21	22	59.6	39.0	15.0	10.0	文疃	8	21	7	8	21	19	8	23	7	48	217	198	1 167	431	27.1	0.45
55	2009	6	19	17	6	19	23	116.7	10.2	6.0	3.0	文疃	6	19	19	6	19	21.5	6	20	18	23	417	402	1 078	431	25.0	0.21
56	2009	8	17	23	8	18	8	69.5	9.4	9.0	4.0	文疃	8	18	1.5	8	18	7	8	19	2	24.5	194	189	524	431	12.2	0.18
57	2010	9	7	22	9	8	11	61.6	37.2	13.0	12.0	黄墩	9	8	7	9	8	11	9	10	6.8	47.8	312	296	1 242	431	28.8	0.47
58	2012	7	22	23	7	23	5	70.7	13.3	6.0	4.0	陡山	7	22	23	7	23	4.5	7	23	22	23	389	360	700	431	16.2	0.23
59	2012	8	2	20	8	3	8	128.2	14.7	12.0	10.0	中楼	8	3	1	8	3	7.5	8	4	12	35	764	732	2 560	431	59.4	0.46
60	2015	8	7	6	8	7	18	104.5	56.5	12.0	5.0	黄墩	8	7	8	8	7	16.5	8	9	8	48	403	384	1 140	431	26.5	0.25
61	2017	7	15	20	7	16	3	50.1	60.0	7.0	5.0	中楼	7	15	23	7	16	2.5	7	17	5	30	601	503	1 590	431	36.9	0.74
62	2017	8	2	16	8	3	8	65.8	48.5	16.0	12.0	黄墩	8	2	16	8	3	6	8	5	14	70	365	346	1 630	431	37.8	0.57
63	2018	7	22	21	7	23	20	169.6	10.0	23.0	14.0	黄墩	7	22	21	7	23	16.5	7	25	21	72	617	604	2 690	431	62.4	0.37
64	2018	8	19	4	8	20	1	101.9	43.4	21.0	12.0	中楼	8	19	5	8	19	23.5	8	21	17	60	970	951	3 090	431	71.7	0.70
65	2019	8	10	12	8	11	21	111.4	38.1	33.0	26.0	黄墩	8	10	14	8	11	9.5	8	14	14	96	308	289	2 840	431	65.9	0.59
66	2020	8	1	23	8	2	9	70.7	59.2	10.0	9.0	黄墩	8	1	23	8	2	7.5	8	4	15	64	557	542	2 120	431	49.2	0.70
67	2020	8	6	9	8	7	21	72.2	44.9	36.0	19.0	中楼	8	6	22	8	7	18.5	8	9	4	54	287	237	1 760	431	40.8	0.57
68	2018	8	13	22	8	14	21	324.3	28.2	23.0	20.0	陡山	8	13	23	8	14	10.5	8	17	1	74	2 380	2 350	11 210	431	260.1	0.80
69	2018	8	26	8	8	27	3	63.3	45.9	19.0	15.0	黄墩	8	26	10	8	27	8.5	8	28	22	60	245	228	1 420	431	32.9	0.52

表 13–5　浔河陡山水库站降雨径流预报精度评定表

序号	洪号	流域平均雨量 P（mm）	前期影响雨量 P_a（mm）	实测径流深 $R_{实}$（mm）	预报径流深 $R_{预}$（mm）	预报误差（mm）	许可误差（mm）	评定结果		序号	洪号	流域平均雨量 P（mm）	前期影响雨量 P_a（mm）	实测径流深 $R_{实}$（mm）	预报径流深 $R_{预}$（mm）	预报误差（mm）	许可误差（mm）	评定结果	
								合格	不合格									合格	不合格
1	600727	90.1	28.0	44.1	44.6	0.5	8.8	√		36	910725	96.7	22.9	43.3	45.5	2.2	8.7	√	
2	620714	153.3	29.0	118.4	104.2	−14.2	20.0	√		37	920901	184.4	10.4	64.5	116.2	51.7	12.9		√
3	650728	108.8	24.0	72.7	57.6	−15.1	14.5		√	38	940808	108.5	9.6	51.4	42.9	−8.5	10.3	√	
4	650804	93.8	52.0	75.4	71.1	−4.3	15.1	√		39	950712	110.1	45.8	63.0	79.8	16.8	12.6		√
5	700629	94.6	12.0	38.8	32.3	−6.5	7.8	√		40	980702	99.1	3.7	26.0	27.0	1.0	5.2	√	
6	700703	33.5	38.0	13.2	10.6	−2.6	3.0	√		41	980724	138.6	41.5	111.0	102.3	−8.7	20.0	√	
7	700723	88.2	53.0	73.1	67.1	−6.0	14.6	√		42	990909	52.9	39.5	23.7	23.7	0.0	4.7	√	
8	700728	37.7	58.0	24.6	25.3	0.7	4.9	√		43	000831	145.0	57.8	87.1	124.6	37.5	17.4		√
9	710822	75.4	42.0	46.8	45.4	−1.4	9.4	√		44	030717	47.4	55.4	33.4	32.2	−1.2	6.7	√	
10	720825	78.8	30.0	38.2	36.9	−1.3	7.6	√		45	030806	53.4	32.3	15.5	17.9	2.4	3.1	√	
11	730831	86.0	5.0	18.4	17.2	−1.2	3.7	√		46	030907	44.8	51.9	29.8	27.2	−2.6	6.0	√	
12	740725	64.8	54.0	50.4	46.7	−3.7	10.1	√		47	040817	62.6	30.6	20.6	23.7	3.1	4.1	√	
13	740813	248.5	60.0	225.1	230.5	5.4	20.0	√		48	050724	45.4	16.9	8.7	5.7	−3.0	3.0	√	
14	750710	81.8	18.0	41.3	27.1	−14.2	8.3		√	49	050807	65.9	43.4	31.6	38.5	6.9	6.3		√
15	750718	130.0	20.0	79.0	73.3	−5.7	15.8	√		50	050920	132.1	17.2	64.8	72.5	7.7	13.0	√	
16	750815	157.1	17.0	103.4	95.5	−7.9	20.0	√		51	070920	101.8	5.0	34.8	31.2	−3.6	7.0	√	
17	750920	98.5	19.0	48.1	43.3	−4.8	9.6	√		52	080731	86.1	48.1	50.9	60.3	9.4	10.2	√	
18	760819	86.9	34.0	52.3	47.7	−4.6	10.5	√		53	080817	90.4	35.4	32.0	52.0	20.0	6.4		√
19	770630	76.8	1.0	18.1	8.0	−10.1	3.6		√	54	080821	59.6	39.0	27.1	29.3	2.2	5.4	√	
20	770722	137.1	32.0	109.0	91.4	−17.6	20.0	√		55	090619	116.7	10.2	25.0	51.4	26.4	5.0		√
21	780812	107.4	60.0	90.0	92.2	2.2	18.0	√		56	090818	69.5	9.4	12.2	9.5	−2.7	3.0	√	
22	790709	71.3	17.0	28.1	17.4	−10.7	5.6		√	57	100908	61.6	37.2	28.8	29.4	0.6	5.8	√	
23	800616	114.2	10.0	47.9	48.8	0.9	9.6	√		58	120723	70.7	13.3	16.2	13.4	−2.8	3.2	√	
24	800630	65.4	18.7	24.8	14.5	−10.3	5.0		√	59	120803	128.2	14.7	59.4	66.4	7.0	11.9	√	
25	820705	118.2	2.5	46.5	43.9	−2.6	9.3	√		60	150807	104.5	56.5	26.5	85.7	59.2	5.3		√
26	820818	92.5	15.9	33.1	34.6	1.5	6.6	√		61	170716	50.1	60.0	36.9	38.1	1.2	7.4	√	
27	830719	91.8	5.5	13.3	22.3	9.0	3.0		√	62	170803	65.8	48.5	37.8	42.7	4.9	7.6	√	
28	850709	84.1	18.9	33.0	30.1	−2.9	6.6	√		63	180723	169.6	10.0	62.4	100.9	38.5	12.5		√
29	860816	71.2	29.5	36.1	30.1	−6.0	7.2	√		64	180819	101.9	43.4	71.7	69.9	−1.8	14.3	√	
30	870710	95.9	1.5	22.1	21.4	−0.7	4.4	√		65	190811	111.4	38.1	65.9	73.7	7.8	13.2	√	
31	880717	39.3	60.0	30.3	28.1	−2.2	6.1	√		66	200802	70.7	59.2	49.2	56.6	7.4	9.8	√	
32	900714	81.1	15.6	33.3	23.9	−9.4	6.7		√	67	200807	72.2	44.9	40.8	45.1	4.3	8.2	√	
33	900805	110.3	55.1	87.6	89.6	2.0	17.5	√		68	200814	324.3	28.2	260.1	274.5	14.4	20.0	√	
34	900816	76.8	44.2	54.2	48.7	−5.5	10.8	√		69	200827	63.3	45.9	32.9	38.4	5.5	6.6	√	
35	900910	58.9	30.1	22.2	20.3	−1.9	4.4	√											

备注：1. 合格率 =78.3%；2. 许可误差 = 实测值的 20%，以 20.0 mm 为上限，以 3.0 mm 为下限；3. 本方案等级为乙级。

表 13-6　浔河陡山水库站峰量关系预报精度评定表

序号	洪号	实测径流深 $R_{实}$（mm）	有效降雨历时 T_c（h）	净峰流量（m^3/s）		预报误差（m^3/s）	许可误差（m^3/s）	评定结果	
				实测 $Q_{m净实}$	预报 $Q_{m净预}$			合格	不合格
1	600727	44.1	8.0	900	552	−348	180		√
2	620714	118.4	5.3	2 150	2 120	−30	430	√	
3	650728	72.7	14.0	769	724	−45	154	√	
4	650804	75.4	12.0	636	819	183	127		√
5	700629	38.8	7.0	537	510	−27	107	√	
6	700703	13.2	12.0	127	99.6	−27.4	25.4		√
7	700723	73.1	7.0	934	1 070	136	187	√	
8	700728	24.6	9.2	294	241	−53	58.8	√	
9	710822	46.8	9.0	573	542	−31	115	√	
10	720825	38.2	12.0	434	353	−81	86.8	√	
11	730831	18.4	9.0	321	174	−147	64.2		√
12	740725	50.4	13.0	555	480	−75	111	√	
13	740813	225.1	15.0	2 776	2 790	14	555	√	
14	750710	41.3	13.0	452	373	−79	90.4	√	
15	750718	79.0	9.0	1 058	1 010	−48	212	√	
16	750815	103.4	10.3	1 275	1 290	15	255	√	
17	750920	48.1	9.0	540	560	20	108	√	
18	760819	52.3	10.3	496	556	60	99.2	√	
19	770630	18.1	4.5	276	274	−2	55.2	√	
20	770722	109.0	9.0	1 428	1 500	72	286	√	
21	780812	90.0	6.3	1 431	1 430	−1	286	√	
22	790709	28.1	10.5	280	256	−24	56.0	√	
23	800616	47.9	16.0	598	396	−202	120		√
24	800630	24.8	7.0	274	302	28	54.8	√	
25	820705	46.5	20.0	315	308	−7	63.0	√	
26	820818	33.1	5.0	463	496	33	92.6	√	
27	830719	13.3	9.0	148	123	−25	29.6	√	
28	850709	33.0	8.0	318	385	67	63.6		√
29	860816	36.1	5.0	547	547	0	109	√	
30	870710	22.1	9.0	333	216	−117	66.6		√
31	880717	30.3	2.0	432	485	53	86.4	√	
32	900714	33.3	9.0	405	356	−49	81.0	√	
33	900805	87.6	12.0	1 017	992	−25	203	√	
34	900816	54.2	10.0	548	586	38	110	√	
35	900910	22.2	10.0	243	197	−46	48.6	√	
36	910725	43.3	6.0	457	617	160	91.4		√
37	920901	64.5	20.0	523	470	−53	105	√	
38	940808	51.4	25.0	310	352	42	62.0	√	
39	950712	63.0	10.0	691	700	9	138	√	
40	980702	26.0	6.0	300	349	49	60.0	√	
41	980724	111.0	8.6	1 925	1 570	−355	385	√	
42	990909	23.7	6.0	248	315	67	49.6		√
43	000831	87.1	32.0	613	698	85	123	√	
44	030717	33.4	5.0	291	502	211	58.2		√
45	030806	15.5	3.0	281	247	−34	56.2	√	
46	030907	29.8	7.0	297	371	74	59.4		√
47	040817	20.6	22.0	118	104	−14	23.6	√	
48	050724	8.7	3.0	159	141	−18	31.8	√	
49	050807	31.6	10.0	171	302	131	34.2		√
50	050920	64.8	29.0	436	474	38	87.2	√	
51	070920	34.8	10.0	295	340	45	59.0	√	
52	080731	50.9	15.0	445	448	3	89.0	√	
53	080817	32.0	9.0	416	338	−78	83.2	√	
54	080821	27.1	10.0	198	249	51	39.6		√
55	090619	25.0	3.0	402	398	−4	80.4	√	
56	090818	12.2	4.0	189	196	7	37.8	√	
57	100908	28.8	12.0	296	247	−49	59.2	√	
58	120723	16.2	4.0	360	258	−102	72.0		√
59	120803	59.4	10.0	732	654	−78	146	√	
60	150807	26.5	5.0	384	390	6	76.8	√	
61	170716	36.9	5.0	503	560	57	101	√	
62	170803	37.8	12.0	346	343	−3	78.6	√	
63	180723	62.4	14.0	604	599	−5	121	√	
64	180819	71.7	12.0	951	768	−183	190	√	
65	190811	65.9	26.0	289	483	194	57.8		√
66	200802	49.2	9.0	542	575	33	108	√	
67	200807	40.8	19.0	237	273	36	47.4	√	
68	200814	260.1	20.0	2 350	2 720	370	470	√	
69	200827	32.9	15.0	228	256	28	45.6	√	

备注：1. 合格率 =78.3%；2. 预报误差 = 预报值 − 实测值；3. 许可误差 = 实测值的 20%；4. 本方案等级为乙级。

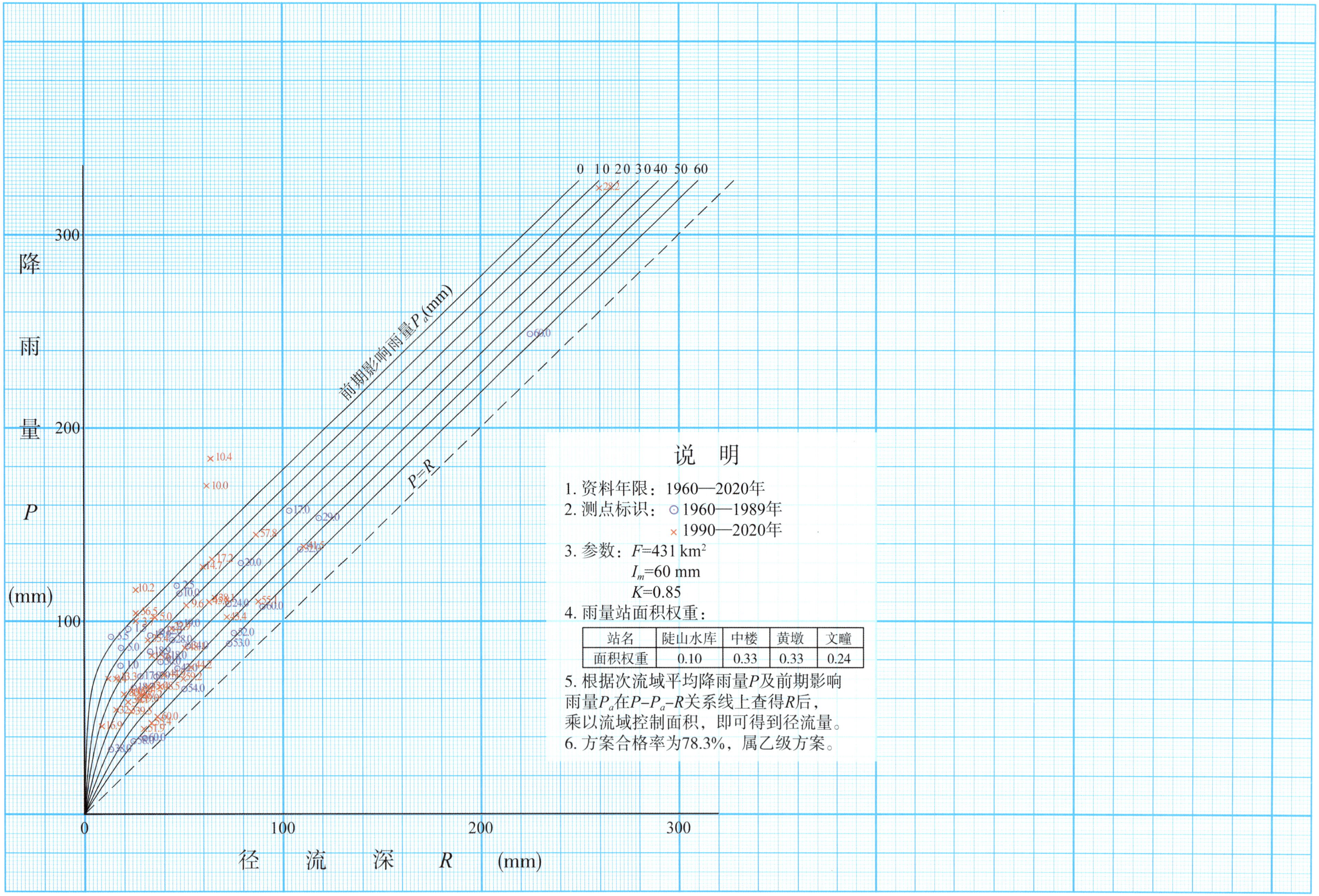

图 13-2　浔河陡山水库站降雨径流相关图

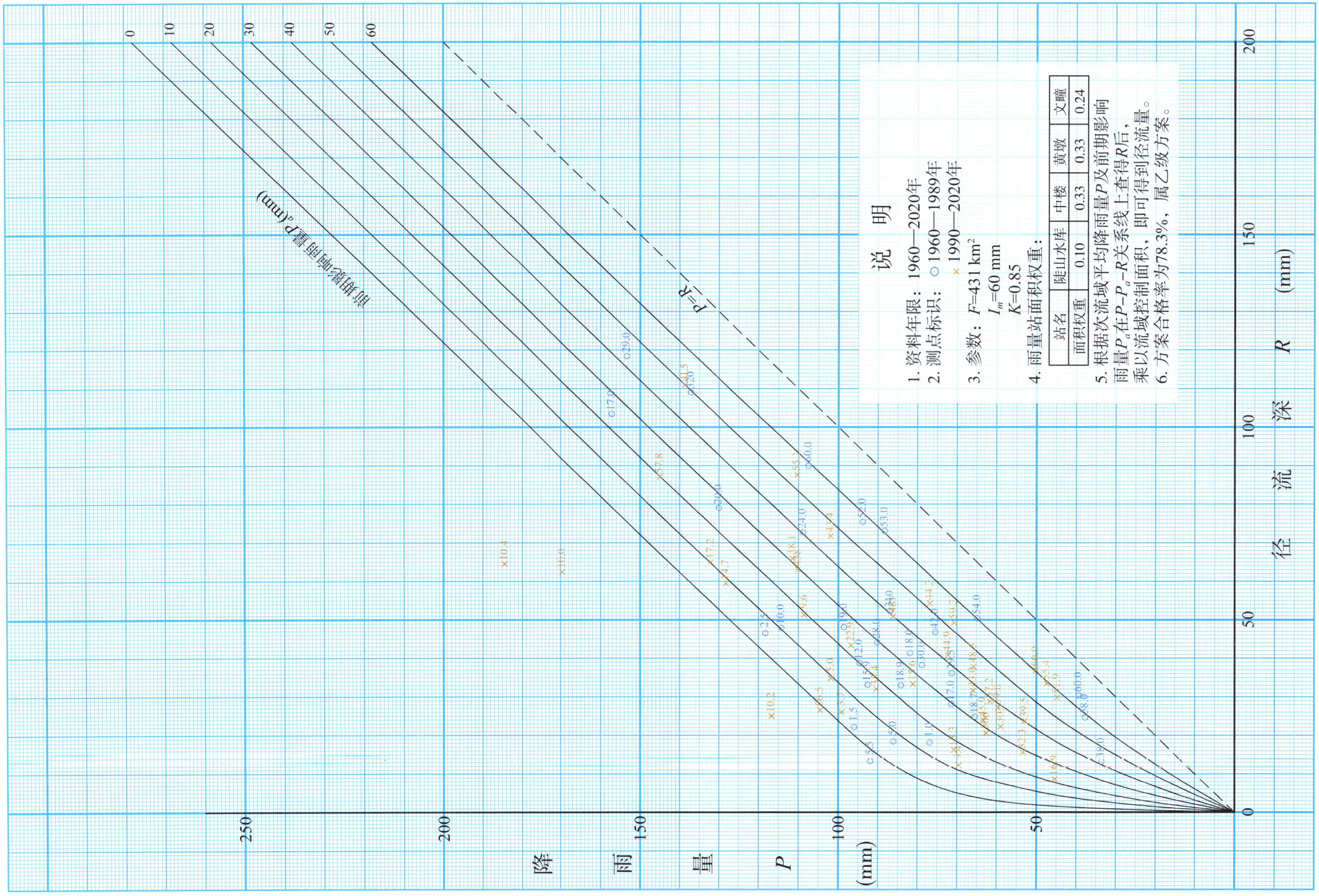

图 13-3 浔河陡山水库站降雨径流相关图（放大图）

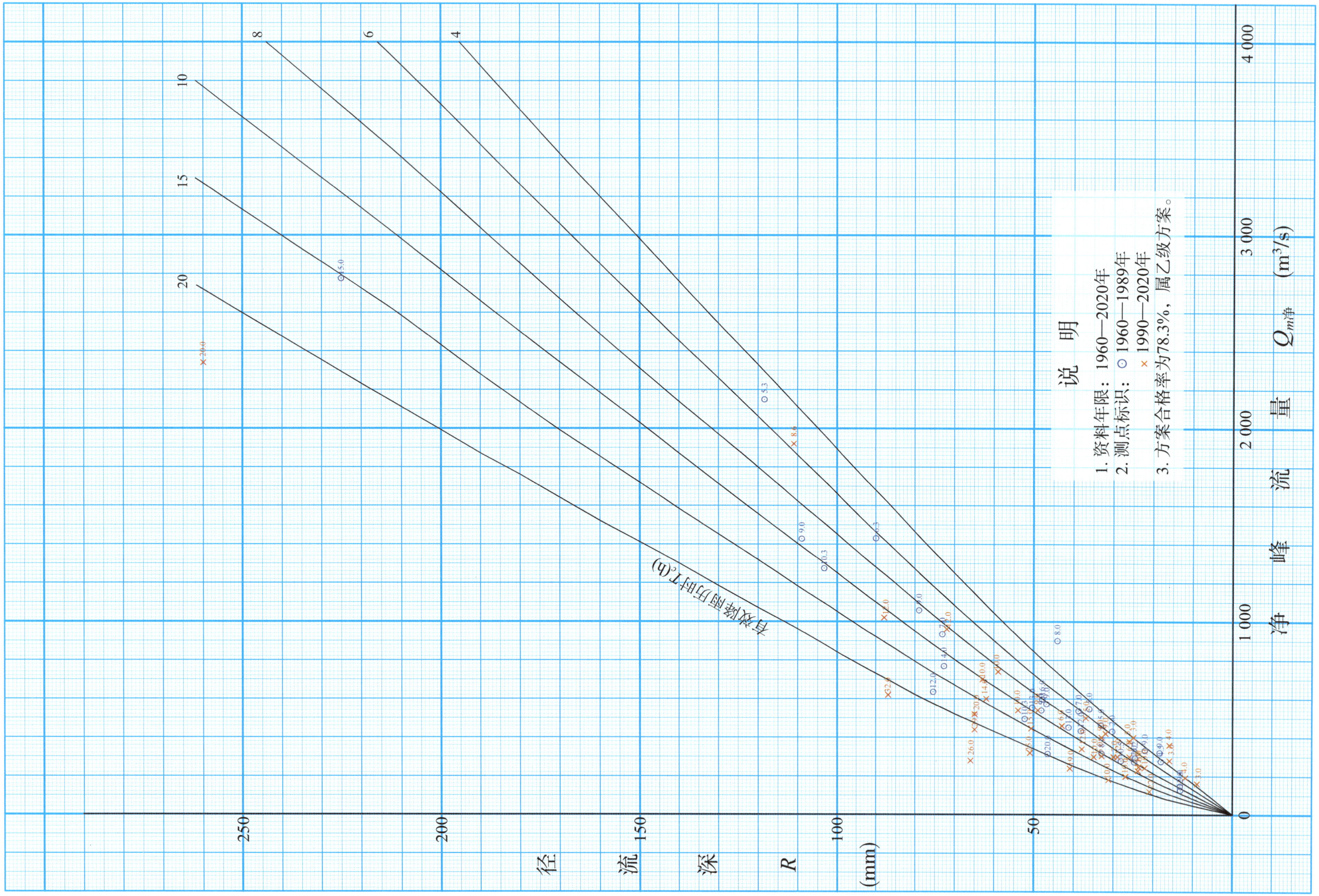

图 13-4　浔河陡山水库站峰量关系曲线图

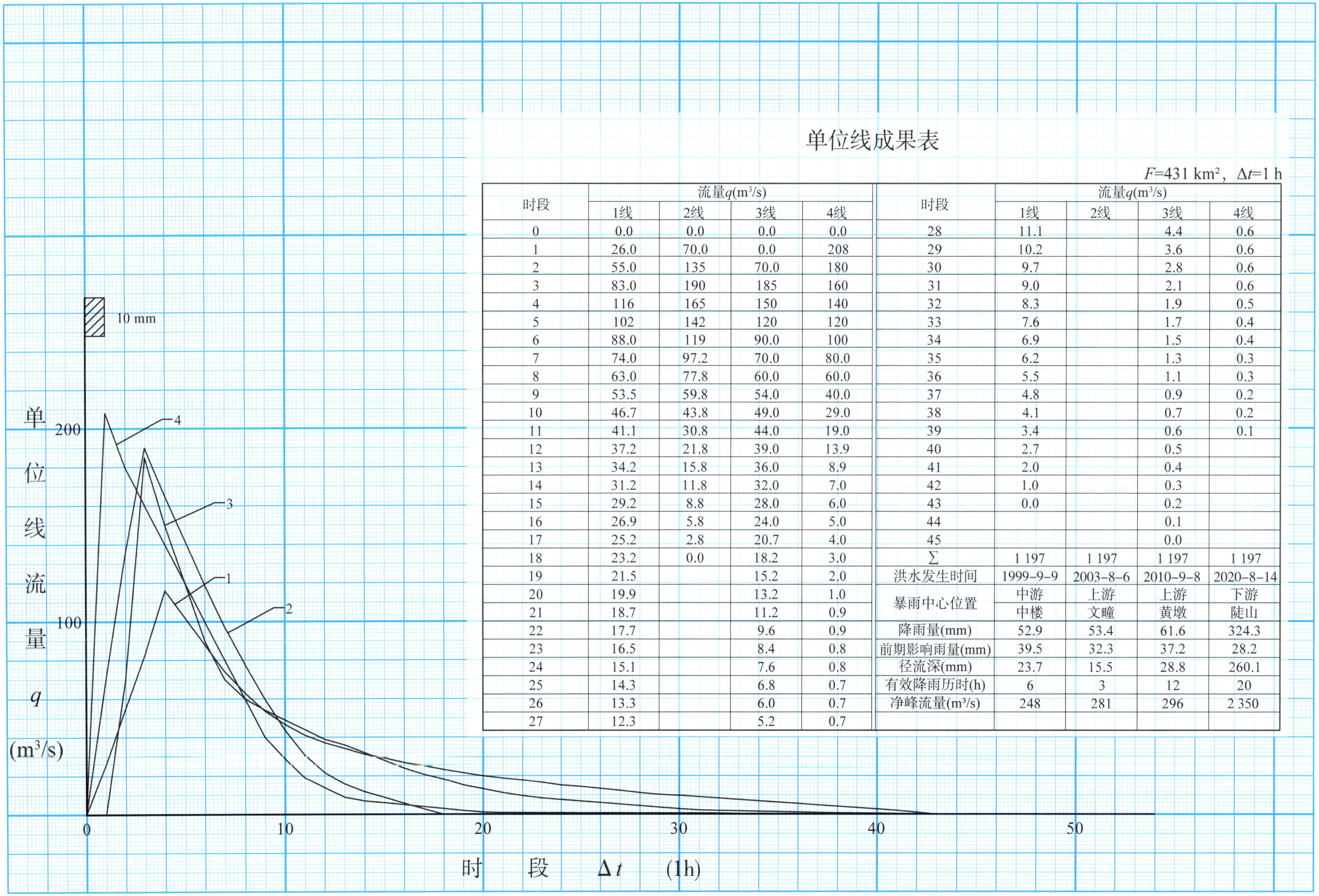

单位线成果表

F=431 km²，Δt=1 h

时段	流量q(m³/s)				时段	流量q(m³/s)			
	1线	2线	3线	4线		1线	2线	3线	4线
0	0.0	0.0	0.0	0.0	28	11.1		4.4	0.6
1	26.0	70.0	0.0	208	29	10.2		3.6	0.6
2	55.0	135	70.0	180	30	9.7		2.8	0.6
3	83.0	190	185	160	31	9.0		2.1	0.6
4	116	165	150	140	32	8.3		1.9	0.5
5	102	142	120	120	33	7.6		1.7	0.4
6	88.0	119	90.0	100	34	6.9		1.5	0.4
7	74.0	97.2	70.0	80.0	35	6.2		1.3	0.3
8	63.0	77.8	60.0	60.0	36	5.5		1.1	0.3
9	53.5	59.8	54.0	40.0	37	4.8		0.9	0.2
10	46.7	43.8	49.0	29.0	38	4.1		0.7	0.2
11	41.1	30.8	44.0	19.0	39	3.4		0.6	0.1
12	37.2	21.8	39.0	13.9	40	2.7		0.5	
13	34.2	15.8	36.0	8.9	41	2.0		0.4	
14	31.2	11.8	32.0	7.0	42	1.0		0.3	
15	29.2	8.8	28.0	6.0	43	0.0		0.2	
16	26.9	5.8	24.0	5.0	44			0.1	
17	25.2	2.8	20.7	4.0	45			0.0	
18	23.2	0.0	18.2	3.0	Σ	1 197	1 197	1 197	1 197
19	21.5		15.2	2.0	洪水发生时间	1999-9-9	2003-8-6	2010-9-8	2020-8-14
20	19.9		13.2	1.0	暴雨中心位置	中游	上游	上游	下游
21	18.7		11.2	0.9		中楼	文疃	黄墩	陡山
22	17.7		9.6	0.9	降雨量(mm)	52.9	53.4	61.6	324.3
23	16.5		8.4	0.8	前期影响雨量(mm)	39.5	32.3	37.2	28.2
24	15.1		7.6	0.8	径流深(mm)	23.7	15.5	28.8	260.1
25	14.3		6.8	0.7	有效降雨历时(h)	6	3	12	20
26	13.3		6.0	0.7	净峰流量(m³/s)	248	281	296	2 350
27	12.3		5.2	0.7					

图 13-5　浔河陡山水库站 1 h 单位线图

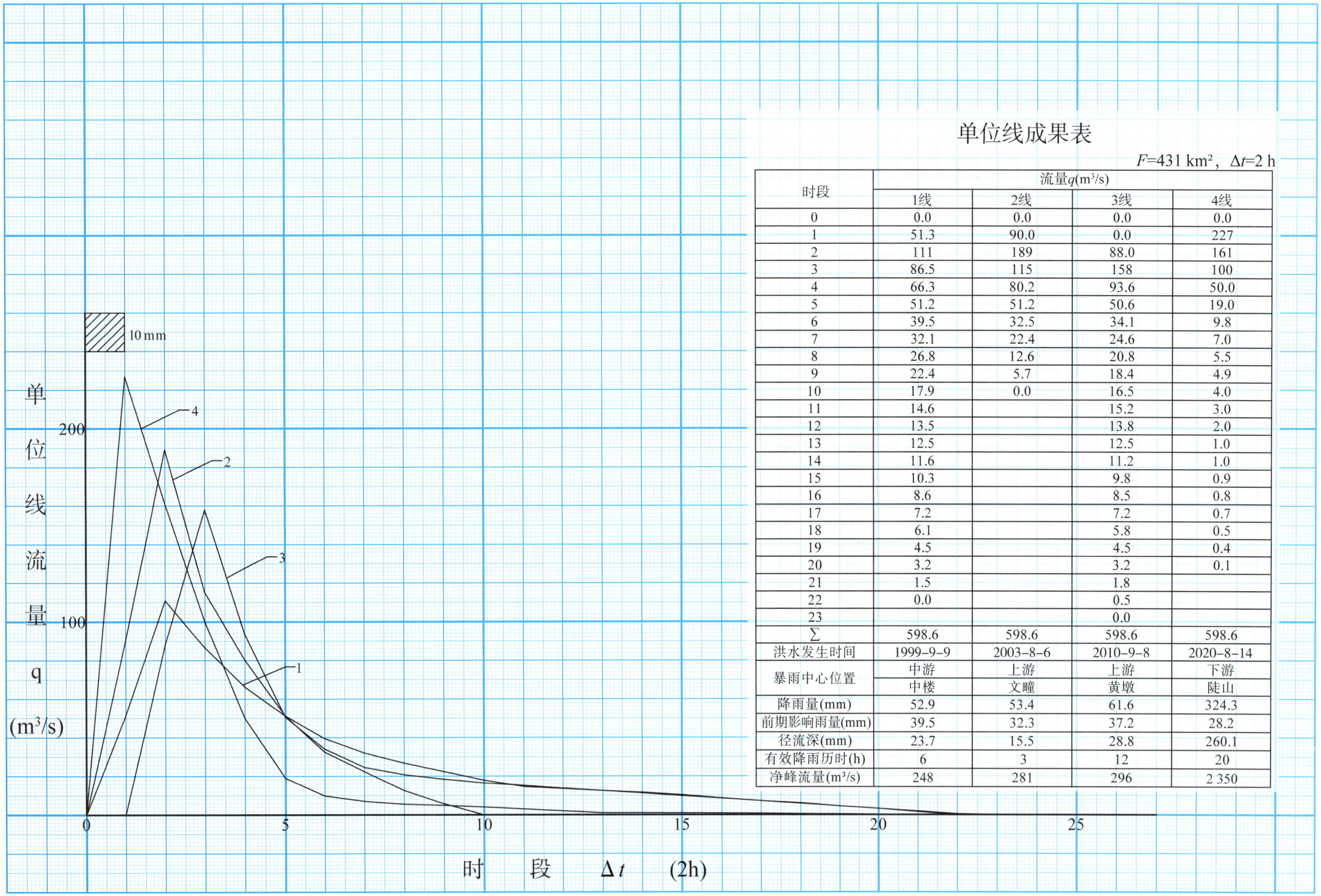

单位线成果表

F=431 km²，Δt=2 h

时段	流量q(m³/s)			
	1线	2线	3线	4线
0	0.0	0.0	0.0	0.0
1	51.3	90.0	0.0	227
2	111	189	88.0	161
3	86.5	115	158	100
4	66.3	80.2	93.6	50.0
5	51.2	51.2	50.6	19.0
6	39.5	32.5	34.1	9.8
7	32.1	22.4	24.6	7.0
8	26.8	12.6	20.8	5.5
9	22.4	5.7	18.4	4.9
10	17.9	0.0	16.5	4.0
11	14.6		15.2	3.0
12	13.5		13.8	2.0
13	12.5		12.5	1.0
14	11.6		11.2	1.0
15	10.3		9.8	0.9
16	8.6		8.5	0.8
17	7.2		7.2	0.7
18	6.1		5.8	0.5
19	4.5		4.5	0.4
20	3.2		3.2	0.1
21	1.5		1.8	
22	0.0		0.5	
23			0.0	
Σ	598.6	598.6	598.6	598.6
洪水发生时间	1999-9-9	2003-8-6	2010-9-8	2020-8-14
暴雨中心位置	中游	上游	上游	下游
	中楼	文疃	黄墩	陡山
降雨量(mm)	52.9	53.4	61.6	324.3
前期影响雨量(mm)	39.5	32.3	37.2	28.2
径流深(mm)	23.7	15.5	28.8	260.1
有效降雨历时(h)	6	3	12	20
净峰流量(m³/s)	248	281	296	2 350

图 13-6　浔河陡山水库站 2 h 单位线图

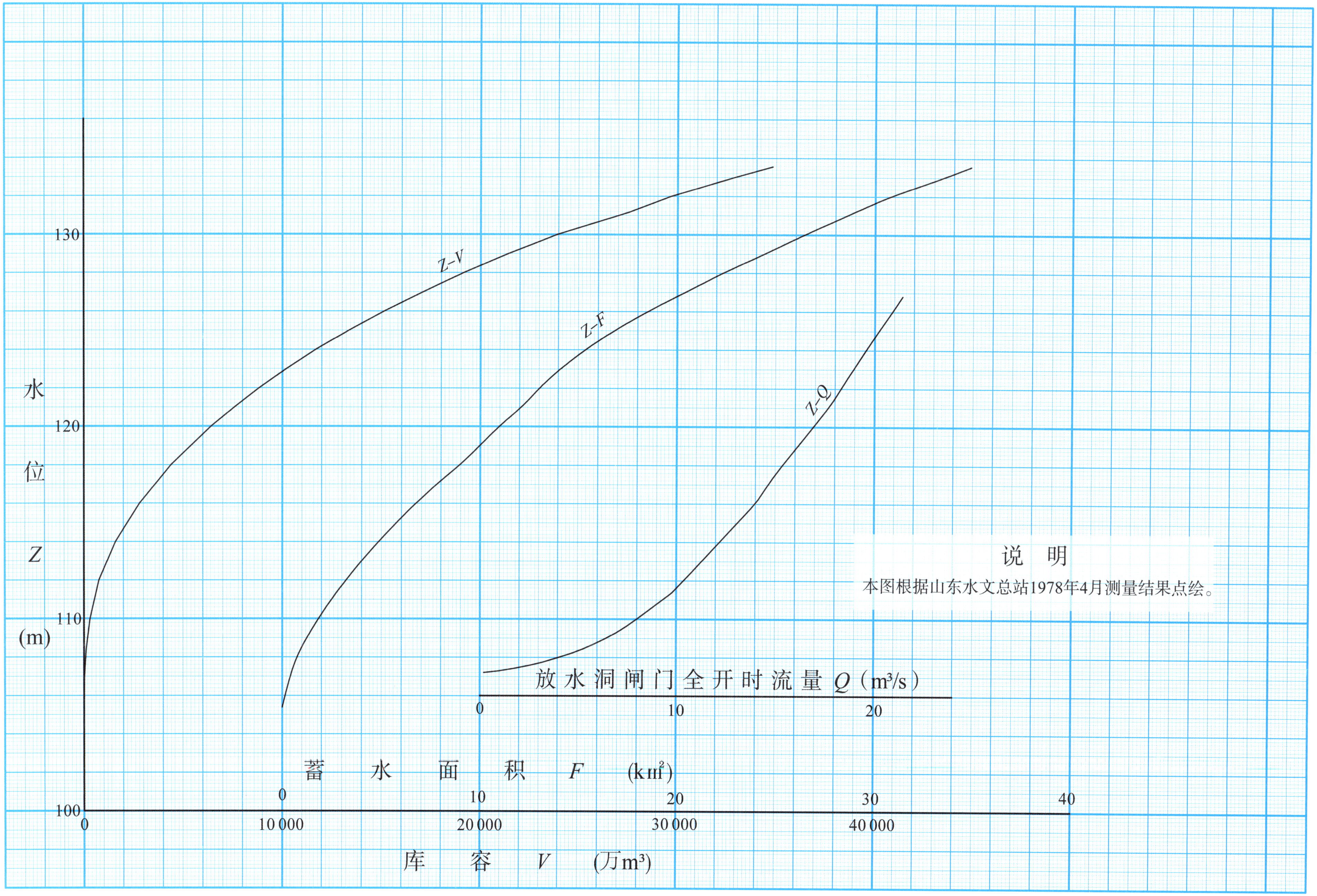

图 13-7 浔河陡山水库水位与库容、面积、放水流量关系曲线图

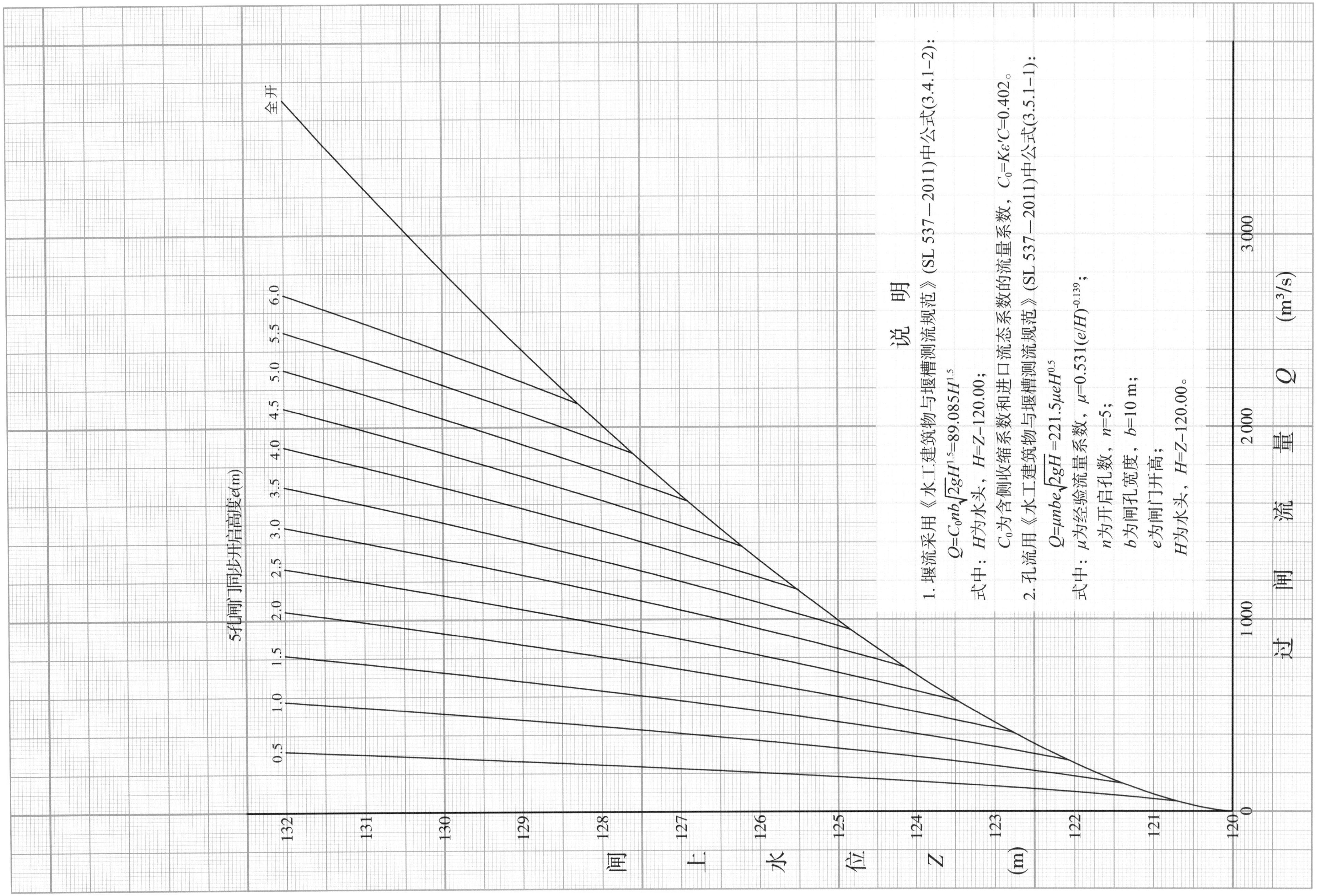

图 13-8 浔河陡山水库溢洪闸泄流曲线图（Z–Q）

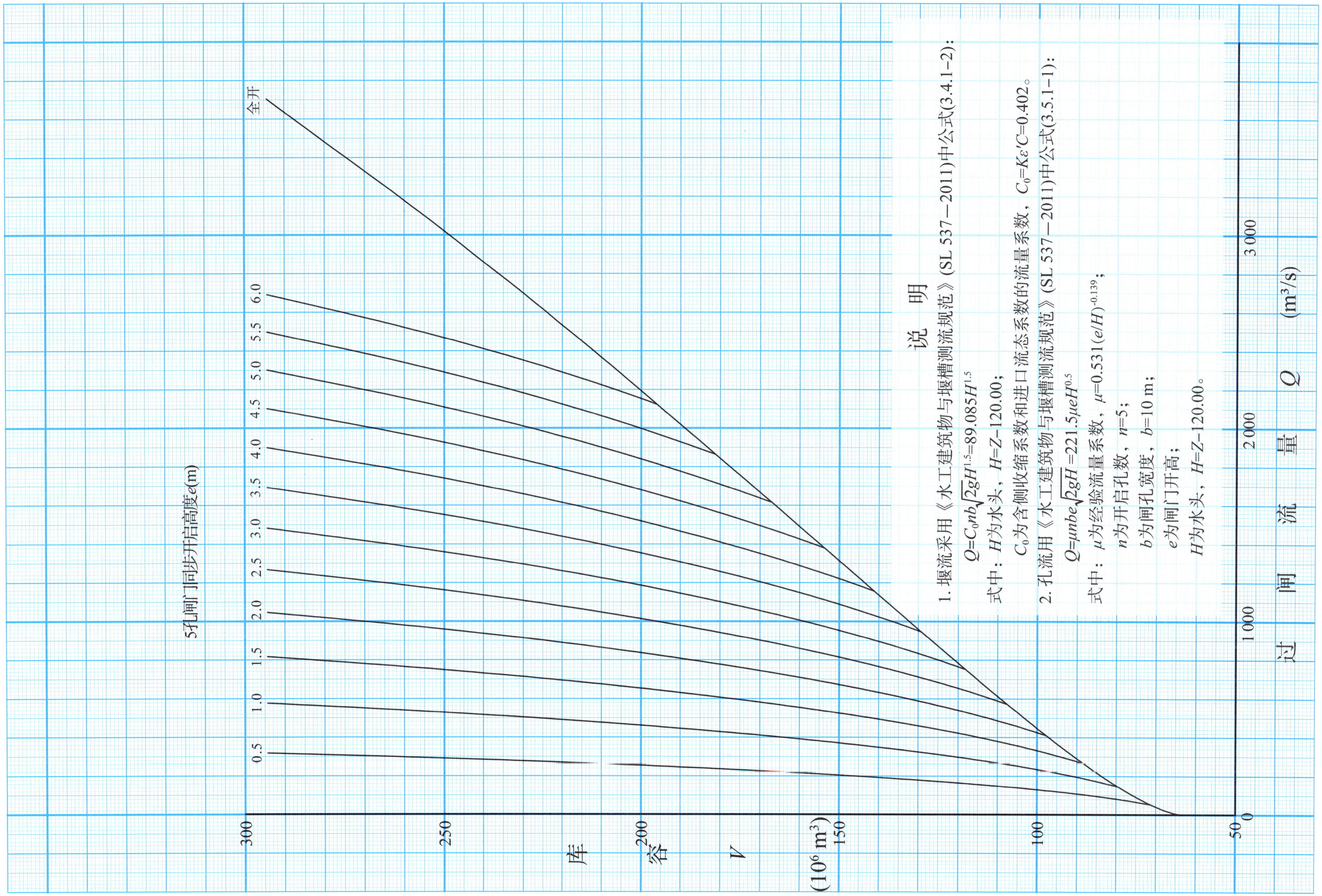

图 13-9 浔河陡山水库溢洪闸泄流曲线图（V–Q）

第十四章　傅疃河日照水库站水文预报方案编制说明

1　流域概况

1.1　流域自然地理特征

日照水库位于沂沭泗水系滨海河流傅疃河上游，始建于1958年10月，1959年6月竣工蓄水，控制流域面积544 km^2，总库容为2.72亿m^3。日照水库站以上流域形状呈椭圆形，西高东低，三庄河、傅疃河两条主要支流呈双支分布，上游西部和北部为浅山区，面积占40%，高程在200～400 m，北部分水岭最高山峰卡垛山海拔为697 m；中下游丘陵区占20%，河谷平原占40%左右。流域内多为砂石山，出露岩层以片麻岩为主，土层瘠薄，多为砂土，河谷平原为黄土。浅山丘陵区植被较好，多为马尾松，农作物以小麦、玉米、花生、地瓜为主。流域多年平均年降水量为850.0 mm，暴雨洪水主要集中在7、8月。日照水库站以上流域图见图14–1。

1.2　水利工程概况

1.2.1　日照水库概况

日照水库主坝全长1 116 m，顶宽6.0 m，最大坝高28.40 m，坝顶高程为47.40 m，相应库容3.53亿m^3，防浪墙顶高程为48.60 m。副坝全长285 m，顶宽6.0 m，最大坝高8.2 m，坝顶高程为45.20 m，防浪墙顶高程为46.20 m。溢洪道在副坝左侧，有每孔净宽10 m的弧形钢闸门7孔，闸底（堰顶）高程为36.40 m，闸门顶高程为42.90 m，校核水位时最大泄量3 625 m^3/s。南放水洞位于主坝南，为浆砌石小廊道内衬钢筋混凝土有压圆管，直径为1.60 m，进口底高程为27.00 m、顶高程28.60 m。北放水洞在副坝中部，为钢筋混凝土内衬有压钢管，直径为3.00 m，进口底高程为27.00 m。水电站位于南放水洞出口，放水洞出口受三个发电洞及一个灌溉洞闸门控制。日照水库基本情况见表14–1。

1.2.2　上游水利工程概况

日照水库坝址以上自1959年至1990年先后建成小（1）型水库4座，控制面积26.1 km^2，占流域面积的4.8%；小（2）型水库26座，控制面积31.05 km^2，占流域面积的5.7%。流域内塘坝的控制面积占流域面积的14.7%。流域内水利工程对径流有较大影响，主要水利工程情况见表14–2。

1.3　测站概况

日照水库于1959年6月建成蓄水，同年设立日照水库水文站，1960年9月开始观测，主要项目有水位、流量、降水、冰情、蒸发、墒情等。

本站冻结基面高程 –0.124 m=1985年国家高程基准高程。

表14–1　傅疃河日照水库基本情况表

<table>
<tr><td colspan="2" rowspan="2">建成时间</td><td rowspan="2">所在河流</td><td rowspan="2">流域面积（km^2）</td><td rowspan="2">主坝坝型</td><td colspan="2">坝顶高程</td><td rowspan="2">防浪墙顶高程（m）</td><td rowspan="2">溢洪道顶高程（m）</td></tr>
<tr><td>设计（m）</td><td>现有（m）</td></tr>
<tr><td colspan="2">1959年6月</td><td>傅疃河</td><td>544</td><td>黏土心墙砂壳坝</td><td>47.20</td><td>47.40</td><td>48.60</td><td>36.40</td></tr>
<tr><td colspan="2">兴利水位（m）</td><td>下游河道安全泄量（m^3/s）</td><td>全赔高程（m）</td><td>移民高程（m）</td><td colspan="2">全赔高程与设计洪水位之间耕地数量（亩）</td><td colspan="2">移民高程与设计洪水位之间乡镇、村数量及人口</td></tr>
<tr><td colspan="2">43.30</td><td>1 000</td><td>43.30</td><td>43.50</td><td colspan="2">5 700.00</td><td colspan="2">3个乡镇，9个村，430人</td></tr>
<tr><td colspan="2">防洪标准</td><td>频率（%）</td><td>洪峰流量（m^3/s）</td><td>最高水位（m）</td><td>相应库容（亿m^3）</td><td>最大泄量（m^3/s）</td><td colspan="2">下游保护城镇、铁路、人口、耕地等</td></tr>
<tr><td rowspan="2">规划</td><td>设计</td><td>1</td><td>4 200</td><td>44.63</td><td>2.55</td><td>2 857</td><td colspan="2" rowspan="3">日照城（16 km），兖石铁路（10 km），保护人口9.06万人、耕地17万亩</td></tr>
<tr><td>校核</td><td>0.02</td><td>8 610</td><td>46.95</td><td>3.36</td><td>4 117</td></tr>
<tr><td colspan="2">现有</td><td>0.02</td><td>8 610</td><td>46.52</td><td>3.19</td><td>3 884</td></tr>
<tr><td rowspan="5">运用方式</td><td colspan="2" rowspan="3">汛限水位</td><td colspan="4">6月21日—8月15日</td><td colspan="2">8月16日—9月30日</td></tr>
<tr><td>水位（m）</td><td>库容（亿m^3）</td><td>超蓄水位（m）</td><td>库容（亿m^3）</td><td>水位（m）</td><td>库容（亿m^3）</td></tr>
<tr><td>42.50</td><td>1.93</td><td>42.50</td><td>1.93</td><td>43.00</td><td>2.06</td></tr>
<tr><td colspan="2">主汛期泄流方式</td><td colspan="6">1. 预计雨后水位不超过汛中限制水位时，溢洪闸不开启泄洪
2. 雨前库水位达到汛中限制水位42.50 m，24 h径流深不超过139.4 mm时，最大控制下泄流量1 000 m^3/s
3. 雨前库水位达到汛中限制水位42.50 m，24 h径流深不超过543.6 mm，库水位低于允许壅高水位43.50 m时，最大控制下泄流量1 000 m^3/s
4. 库水位达到允许壅高水位时，全开溢洪闸门敞泄，预计最大泄流量3 884 m^3/s</td></tr>
<tr><td colspan="2">超标准洪水防御措施</td><td colspan="6">如雨前水位已达42.50 m，日净雨量超过534 mm，遇超标准洪水，闸门全开，科学调度，同时抢筑子堰，水库下游淹没范围内的群众提前转移，最大限度减少损失</td></tr>
<tr><td>备注</td><td colspan="8">1. 除险加固情况：2010年12月完成除险加固
2. 历史最高水位：1974年8月14日43.83 m
3. 根据山东省水利厅2019年6月13日批复的《关于日照水库仕阳水库汛期调度运用计划的批复》，日照水库汛期允许最高水位46.52 m
4. 采用的工程基面为1954黄海高程</td></tr>
</table>

表 14-2　日照水库站以上流域内主要水利工程统计表

序号	类别	所在位置	水库名称	总库容（万 m^3）	兴利水位（m）	兴利库容（万 m^3）	流域面积（km^2）	建成年月
1	小（1）型	日照市东港区三庄镇	四亩地	283	185.30	191.26	6.8	1967 年 12 月
2		日照市五莲县街头镇	蛙子沟	542.9	19.00	362	9	1972 年 12 月
3		日照市五莲县街头镇	阎马	417.2	24.50	291	5.1	1971 年 8 月
4		日照市五莲县街头镇	挑沟	468	25.11	316.6	5.2	1960 年 2 月
5	小（2）型	日照市东港区三庄镇	三合岭	17.6	118.67	12	1.3	1967 年 4 月
6		日照市东港区三庄镇	刘家沟	12.9	172.53	8.7	0.9	1979 年 3 月
7		日照市东港区三庄镇	塔山	18.4	121.05	14.8	0.9	1962 年 3 月
8		日照市东港区三庄镇	刘家庄子	12.8	226.09	8.8	0.8	1980 年 4 月
9		日照市东港区三庄镇	贾家沟南	21.1	80.50	11.5	0.8	1966 年 1 月
10		日照市东港区三庄镇	芦山	54.7	129.61	29.4	1.7	1967 年 2 月
11		日照市东港区三庄镇	邱前	13.7	70.29	9	0.6	1966 年 2 月
12		日照市东港区三庄镇	前高庄南	10.9	90.40	5.4	1.1	1967 年 2 月
13		日照市东港区三庄镇	上卜落崮	15.9	58.60	7.8	3	1966 年 11 月
14		日照市东港区三庄镇	前高庄北	14.2	88.49	8	0.6	1980 年 1 月
15		日照市东港区三庄镇	贾家沟	17.2	90.40	10.4	0.7	1977 年 10 月
16		日照市东港区陈疃镇	姜疃	28.3	54.58	12	1.5	1967 年 4 月
17		日照市东港区陈疃镇	西石墩	13.4	86.40	8.8	1.5	1966 年 3 月
18		日照市东港区陈疃镇	上蔡庄	77.3	131.00	53.0	2.65	2021 年 11 月
19		日照市东港区西湖镇	安子沟	26	132.80	22.6	0.7	1967 年 8 月
20		日照市东港区西湖镇	大炮楼	10.57	95.69	6.27	0.7	1966 年 12 月
21		日照市东港区西湖镇	大石	12.1	84.20	7.1	0.4	1966 年 12 月
22		日照市东港区西湖镇	韩家沟	21.87	103.60	15.8	0.5	1966 年 12 月
23		日照市东港区西湖镇	上栗山	61.8	118.10	38.6	1.6	1977 年 5 月
24		日照市东港区西湖镇	小花崖东	20.5	90.50	16.5	0.8	1966 年 12 月
25		日照市五莲县街头镇	张家沟	35.3	109.90	14.1	1.6	1967 年 10 月
26		日照市五莲县街头镇	乐山	41.7	112.80	27	1.3	1968 年 10 月
27		日照市五莲县街头镇	雅岭沟	82	118.00	46.4	1.8	1978 年 10 月
28		日照市五莲县街头镇	巩窝	64.8	169.60	43.1	1.5	1990 年 12 月
29		日照市五莲县街头镇	沟里	33.7	186.40	16.8	1.5	1984 年 12 月
30		日照市五莲县街头镇	马贤空	38.4	116.90	24.7	0.6	1970 年 5 月

续表

2　预报方案编制

2.1　预报区间的确定

日照水库站以上流域无大型水库，因此确定日照水库以上全流域为预报区间，预报区间面积为 544 km^2。

2.2　资料情况及方案沿革

2.2.1　资料情况

日照水库站水文预报方案是在 1980 年、1981 年分析建立的，又分别于 1999 年和 2011 年进行了两次方案修订，本次修订在原有方案 1960—2010 年 71 场次暴雨洪水资料上，新增了 2011—2020 年的 16 场次洪水资料，即资料系列为 1960—2020 年，共计 87 场次洪水，日照水库站降雨径流分析成果见表 14-3。

2.2.2　方案沿革

原方案中产流方案采用降雨径流相关图 $P+P_a-R$，汇流方案采用峰量关系曲线图、单位线，单位线由地区综合瞬时单位线计算而得。本次修订，在原产流方案降雨径流相关图 $P+P_a-R$ 中增加了 2011—2020 年 16 个新点据，且利用新点据新定了干旱线和湿润线 2 条线；在原汇流方案峰量关系曲线图中增加了 11 个点据，关系线保持不变，原单位线由于在实际作业预报中基本没有应用到，故舍弃了原单位线，利用近 10 年的资料新建了时段为 1 h 的 3 条单位线。

2.3　产流方案

2.3.1　原产流方案

原产流方案采用 $P+P_a-R$ 相关图，共有 2 条线，分别为干旱线和湿润线，见图 14-2（原干旱线和原湿润线）。20 世纪 80 年代至今系连续枯水年份（其中 1980 年、1981 年、1983 年、1985 年、1986 年、1987 年、1989 年未产生洪水），导致 $P+P_a-R$ 相关图有左右两条线，左线为干旱线，适用于汛期第一场洪水、枯水年份或连续枯水年份的情况，右线为湿润线，适用于一般年份或丰水年份的情况。

在左线中，970819场次洪水是1997年第一场洪水也是唯一一场洪水（P_a为16.0 mm）；980724场次洪水的P_a虽然为31.0 mm，但前期未产生径流，又处在连续枯水年系列中；880716场次洪水处于枯水年中，且是全年第一场也是唯一一场洪水，P_a较大的原因是洪水前连续数日小雨，但未产生径流；840726场次洪水也处于枯水年份中。另外，650709、660721、730831三场洪水的共同特点是洪水前期严重干旱，如650709场次洪水的P_a仅为1.0 mm，660721场次洪水的P_a为10.0 mm，730831场次洪水的P_a为5.0 mm。

2.3.2 新修订产流方案

经过分析计算，由于水利工程的影响，“小水时产流更小，大水时产流更大”，原有的方案已不适用，产流关系发生了变化。利用2011年以来16场次洪水新建了2条$P+P_a-R$线，分别为湿润线和干旱线，见图14-2（新干旱线和新湿润线）。其中，湿润线适用于前期比较湿润的情况；干旱线适用于汛期第一场洪水（如130527）或连续干旱年份（如150807、2017—2019年）的情况。

2.3.3 相关要素的分析计算

流域平均雨量P：根据日照水库、黄墩、三庄、挑沟4站雨量采用面积加权平均法计算，四站面积权重分别为0.126、0.088、0.454、0.332。

流域最大损失量I_m：采用流域久旱无雨或者产流量很小的场次洪水进行分析，I_m=60 mm。

前期影响雨量递减系数K：$K=1-E_m/I_m$，其中E_m为流域蒸发能力，I_m为流域最大损失量。本次未进行重新分析，采用原编制方案分析值0.85。

前期影响雨量P_a：根据前30天雨量采用公式逐日进行计算。

径流深R：根据库内水位变化过程，考虑泄流，反推入库流量过程，割除基流后得到地表径流过程（本流域为山丘区，基流较小，因此基流分割采用直线分割法），再将地表径流总量除以流域面积即得一次降雨所产生的径流深。复式峰则按近似峰型的退水趋势进行分割。

2.3.4 精度评定

按许可误差=20%实测值的标准（并当许可误差大于20.0 mm时以20.0 mm为上限，小于3.0 mm时以3.0 mm为下限）进行逐次洪水评定。共选用87个点据，76个合格，合格率为87.4%，为甲级方案，详见表14-4。

2.4 汇流方案

本方案主要采用峰量关系图和经验单位线等方法。

2.4.1 峰量关系图

利用65次洪水分析的点据（孤立洪水或者易分割的复式洪水），以有效降雨历时T_c作为参数，建立峰量关系曲线$R-T_c-Q_{m净}$，见图14-3。其中，R为一次降雨径流深，由次洪水总量除以相应集水面积而得；$Q_{m净}$为一次降雨过程所产生的区间净峰流量，为洪峰流量减去基流而得；T_c为有效降雨历时，是指实际能产生径流，对造峰有明显影响的降雨历时，如果两段较大暴雨中间有一段不产生径流的时间，也应该将其统计在历时之内（如120710），如果暴雨首尾部强度较小，但能产生径流的降雨持续时间很长，则只统计占本次降雨总量80%以上的主要暴雨历时（如130527）。

精度评定：许可误差采用实测值的20%作控制，参加评定的点据65个，49场次合格，方案合格率75.4%，为乙级方案，详见表14-5。

2.4.2 洪峰滞时t_p

本流域汇流面积较小，汇流较快，降雨基本结束即出现洪峰，因此洪峰滞时t_p的定义为降雨重心到洪峰出现的时距，对实际作业预报有指导意义。当各个影响因素有利于产汇流时，t_p趋小，反之趋大。一般来讲，降雨中心在中下游或降雨强度较大时，t_p取4~5 h；降雨较为分散且在上游时，t_p取10 h左右；普雨时，t_p取6~7 h为宜。

2.4.3 经验单位线

本次根据2011—2020年的资料，新建了3条单位线，见图14-4。1号线洪水原型为180723、200722，适用于降雨在中下游，降雨量大且雨强大，降雨很集中等有利于产流的情况；2号线洪水原型为200814，适用于降雨均匀或偏中下游，降雨较为集中等一般情况；3号线洪水原型为180820，适用于降雨较为分散，雨强较小等不利于产流的情况。

2.5 水位与库容、面积关系曲线

日照水库水位－库容（$Z-V$）、水位－面积（$Z-F$）关系曲线来自2022年水利部淮河水利委员会刊印的《淮河流域大型水库汛期调度运用计划》，见图14-5。

2.6 泄流关系曲线

日照水库各种泄流关系曲线见图14-6至图14-8。

3 方案使用说明

3.1 降雨径流相关图

根据日照水库降雨径流相关图，可由区间降雨查算出区间净雨过程，在使用$P+P_a-R$相关图时，若处于枯水年（如2019年）、连续枯水年（如2013—2017年）、丰水年但洪水前期干旱，或者汛期第一场洪水，流域内蓄水量小，要用干旱线，否则用湿润线。

3.2 经验单位线

根据逐时段区间净雨过程，选择与本次降雨时空特征（降雨分布、主雨历时等）相近的洪水分析的单位线，利用预报系统计算得到区间径流过程。

3.3 峰量关系图

依据查得的径流深R及求出的有效降雨历时T_c，通过本方案可查得区间所产生的净峰流量$Q_{m净}$，加上基流$Q_{基}$即为所预报的洪峰流量。

4 注意事项

（1）由于部分年份（如 2013—2017 年）流域连续干旱，经过分析计算，产流关系发生了变化，因此利用 2011 年以来 16 场次洪水新建降雨径流相关图（图 14–2）。从图 14–2 可看出，受上游水利工程调蓄影响，即小水时上游蓄水，大水时上游放水，新干旱线偏左，新湿润线偏右，出现了“小水更小，大水更大”的情况；值得注意的是，自 2018 年以来，流域进入了丰水年，下垫面条件及工程调蓄情况与 2013—2017 年连续干旱年相比可能发生了变化，因此在使用的时候需要对产流关系线加以选择。

（2）由于峰量关系中的参数有效降雨历时 T_c 较为敏感，T_c 的大小对洪峰流量的影响尤其明显，峰量预报时应重点参考 T_c 值这一主要参数。

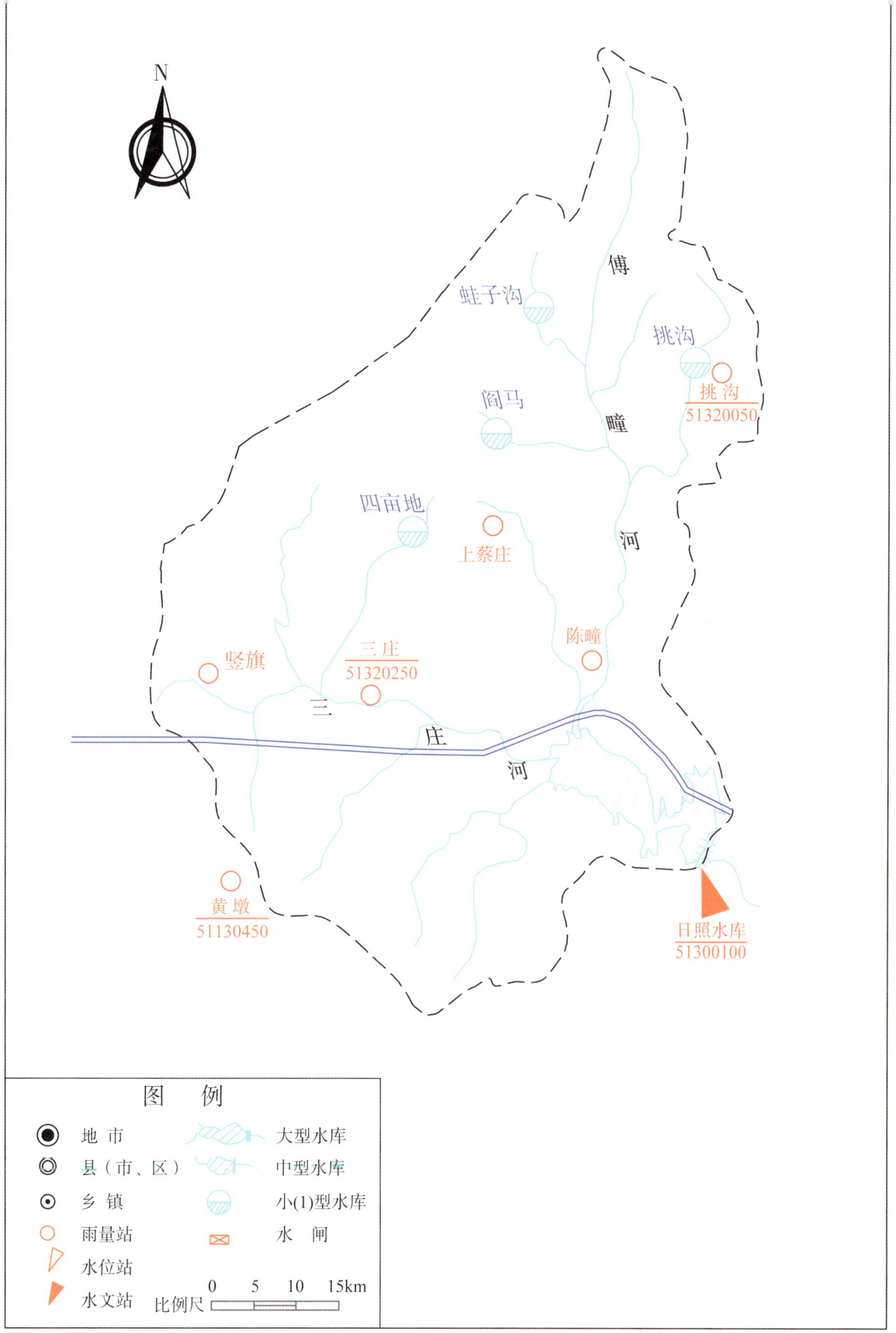

图 14–1 傅疃河日照水库站以上流域图

表 14-3　傅疃河日照水库站降雨径流分析成果表

序号	洪号	流域平均雨量 P（mm）	前期影响雨量 P_a（mm）	有效降雨历时 T_c（h）	暴雨中心位置	暴雨特点	净峰流量 $Q_{m净}$（m^3/s）	入库径流总历时 $T_{总}$（h）	有效降雨停止到径流基本结束时距（h）	次洪径流量 W（万 m^3）	集水面积 F（km^2）	次洪径流深 R（mm）	径流系数 α	备注
1	600630	70.5	51.0	5.5	陈疃	普雨	1 210	42	12	2 356	544	43.3	0.61	
2	600702	42.1	56.0	8	竖旗	普雨	1 140	31	10	1 659	544	30.5	0.72	
3	600817	26.3	49.0	3	三庄	普雨	793	23	12	827	544	15.2	0.58	
4	600827	56.3	19.0	11	陈疃	普雨	191	64	22	898	544	16.5	0.29	
5	600905	41.1	45.0	9	黄墩	普雨	292	22	10	892	544	16.4	0.40	
6	610705	144.3	15.0	9.6	陈疃	不均	2 230	30	6	3 960	544	72.8	0.50	
7	610710	22.4	36.0	7.6	陈疃	不均	—	24	15	245	544	4.5	0.20	复峰
8	610920	62.8	22.0	9.5	陈疃	不均	453	48	17	1 355	544	24.9	0.40	
9	620601	39.4	7.0	10	陈疃	普雨	31.6	48	16	114	544	2.1	0.05	
10	620619	20.2	9.0	4	黄墩	普雨	—	24	18	98	544	1.8	0.09	复峰
11	620621	43.6	26.0	2.5	陈疃	普雨	979	24	8	751	544	13.8	0.32	
12	620713	115.9	38.0	3	竖旗	普雨	4 370	20	10	4 336	544	79.7	0.69	
13	620901	30.5	14.0	4.7	陈疃	普雨	175	24	12	294	544	5.4	0.18	
14	630706	38.7	17.0	7.6	黄墩	局部暴雨	86.2	35	10	207	544	3.8	0.10	
15	630830	42.5	39.0	5.4	黄墩	局部暴雨	712	18	10	1 115	544	20.5	0.48	
16	640716	55.6	32.0	6	北鲍疃	局部暴雨	613	34	11	1 191	544	21.9	0.39	
17	640806	56.3	51.0	3	日照	普雨	1 900	32	13	1 817	544	33.4	0.59	
18	650709	140.1	1.0	6	黄墩	局部特大	2 230	64	14	3 008	544	55.3	0.39	
19	650804	120.8	44.0	12	日照	局部特大	1 170	72	12	4 918	544	90.4	0.75	
20	660721	139.9	10.0	9.8	日照	局部特大	959	58	11	3 008	544	55.3	0.40	
21	670626	70.3	8.0	6.5	黄墩	普雨	373	60	10	854	544	15.7	0.22	
22	670902	53.0	36.0	4.3	三庄	普雨	800	48	12	1 344	544	24.7	0.47	
23	700628	85.3	11.0	6	黄墩	普雨	524	72	13	1 469	544	27.0	0.32	
24	700702	31.4	37.0	8	日照	普雨	112	72	13	517	544	9.5	0.30	
25	700717	15.8	21.0	2	三庄	分布不均	126	46	12	261	544	4.8	0.30	
26	700719	23.2	29.0	6	日照	普雨	142	54	14	299	544	5.5	0.24	
27	700727	51.0	60.0	2	挑沟	普雨	1 090	53	17	1 654	544	30.4	0.60	
28	700729	67.7	59.0	7	上蔡庄	分布不均	2 200	56	16	2 823	544	51.9	0.77	
29	700907	40.5	17.0	7	陈疃	普雨	127	52	18	490	544	9.0	0.22	

续表

序号	洪号	流域平均雨量 P（mm）	前期影响雨量 P_a（mm）	有效降雨历时 T_c（h）	暴雨中心位置	暴雨特点	净峰流量 $Q_{m净}$（m^3/s）	入库径流总历时 $T_总$（h）	有效降雨停止到径流基本结束时距（h）	次洪径流量 W（万 m^3）	集水面积 F（km^2）	次洪径流深 R（mm）	径流系数 α	备注
30	710821	80.7	38.0	9	挑沟	普雨	901	54	20	2 486	544	45.7	0.57	
31	730831	141.9	5.0	9	挑沟	普雨	847	34	23	2 948	544	54.2	0.38	
32	740708	80.7	3.0	4.3	三庄	普雨	699	27	22	963	544	17.7	0.22	
33	740723	48.1	27.0	3	三庄	普雨	1 240	24	20	1 376	544	25.3	0.53	
34	740724	70.7	57.0	7.5	三庄	普雨	899	46	21	2 671	544	49.1	0.69	
35	740813	230.2	60.0	18	黄墩	普雨	2 800	38	14	11 538	544	212.1	0.92	复峰
36	750709	99.2	17.0	7.5	日照	普雨	680	60	40	2 143	544	39.4	0.40	
37	750814	226.6	18.0	8.8	日照	西小东大	3 940	46	28	8 981	544	165.1	0.73	
38	750919	106.1	16.0	7.4	三庄黄墩	强度大	103	48	26	2 622	544	48.2	0.45	
39	760629	236.5	7.0	14	挑沟	西小东大	2 200	60	32	8 350	544	153.5	0.65	
40	760818	71.0	38.0	6	三庄	普雨	960	30	28	1 855	544	34.1	0.48	
41	770721	137.1	30.0	8	挑沟	不均	1 820	50	38	4 733	544	87.0	0.63	
42	780714	66.2	43.0	8	五莲	普雨	438	42	26	1 692	544	31.1	0.47	
43	780811	96.0	60.0	9	日照	普雨	1 256	52	38	3 601	544	66.2	0.69	
44	790709	73.7	17.0	8	黄墩	普雨	237	56	36	1 153	544	21.2	0.29	
45	790712	69.4	44.0	8	五莲	普雨	664	46	38	1 915	544	35.2	0.51	
46	820818	87.2	17.0	—	挑沟	不均	—	69	48	1 953	544	35.9	0.41	复峰
47	840726	130.2	41.0	—	三庄	不均	—	72	41	3 362	544	61.8	0.47	复峰
48	880716	136.1	58.0	—	日照	历时长	—	70	36	4 281	544	78.7	0.58	复峰
49	900713	92.3	18.0	4	日照	不均	1 540	32	25	1 948	544	35.8	0.39	
50	900725	48.6	42.0	3	下游	普雨	350	47	45	1 104	544	20.3	0.42	
51	900908	140.2	22.0	—	挑沟	不均	—	81	46	3 699	544	68.0	0.49	复峰
52	910611	99.0	31.0	5	下游	不均	858	60	50	2 693	544	49.5	0.50	
53	910628	69.9	25.0	4	上游	极不均	1 020	33.5	32	1 676	544	30.8	0.44	
54	920831	142.2	12.0	16	上游	普雨	428	68	58	2 927	544	53.8	0.38	
55	940823	111.4	15.0	14	挑沟	不均	366	88	72	2 443	544	44.9	0.40	
56	960717	53.6	46.0	9	挑沟	普雨	375	64	38	1 278	544	23.5	0.44	
57	970819	206.5	16.0	19	挑沟	不均	970	68	50	5 424	544	99.7	0.48	
58	980702	119.5	6.0	10	下游	历时长	629	72	32	2 290	544	42.1	0.35	

续表

序号	洪号	流域平均雨量 P（mm）	前期影响雨量 P_a（mm）	有效降雨历时 T_c（h）	暴雨中心位置	暴雨特点	净峰流量 $Q_{m净}$（m^3/s）	入库径流总历时 $T_{总}$（h）	有效降雨停止到径流基本结束时距（h）	次洪径流量 W（万 m^3）	集水面积 F（km^2）	次洪径流深 R（mm）	径流系数 α	备注
59	980724	171.6	31.0	10	挑沟	极不均	1 940	62	52	4 978	544	91.5	0.53	
60	980814	58.8	59.0	8	挑沟	普雨	790	48	45	2 513	544	46.2	0.79	
61	990812	209.5	4.0	12	中游	极不均	1 690	50	24	5 032	544	92.5	0.44	复峰
62	000824	79.0	20.0	5	中游	极不均	350	42	43	1 474	544	27.1	0.34	
63	000828	149.1	60.0	10	下游	普雨	560	96	40	4 961	544	91.2	0.61	连续洪水
64	010824	54.2	40.0	5	中游	极不均	880	24	17	1 327	544	24.4	0.45	
65	030622	165.5	7.0	4	中上游	普雨	3 410	72	36	3 949	544	72.6	0.44	复峰
66	050920	124.9	25.0	12	较均	普雨	467	96	74	3 427	544	63.0	0.50	复峰
67	060703	132.2	15.0	11	中上游	不均	745	60	54	2 910	544	53.5	0.40	
68	070807	75.3	10.0	4	中游	普雨	370	48	42	778	544	14.3	0.19	
69	080817	134.3	20.0	7	中上游	不均	1 770	70	60	3 356	544	61.7	0.46	复峰
70	090619	84.8	5.0	7	下游	不均	587	12	10	1 316	544	24.2	0.29	
71	100902	54.3	10.0	10	下游	不均	130	52	36	658	544	12.1	0.22	
72	110703	99.3	14.8	16	挑沟	偏上游	311	52	34	767	544	14.1	0.14	
73	120710	75.4	60.0	13	均匀	均匀	252	62	50	1 556	544	28.6	0.38	
74	120803	87.0	16.4	8	黄墩	不均匀	408	52	42	1 164	544	21.4	0.25	
75	130527	64.6	7.3	12	日照	较均匀	301	62	40	1 703	544	31.3	0.48	
76	130730	64.2	28.3	15	均匀	均匀	264	60	44	1 899	544	34.9	0.54	
77	150807	96.5	54.0	4	黄墩	不均匀	461	68	62	1 561	544	28.7	0.30	
78	160807	40.3	38.9	10	日照	极不均	483	70	56	1 724	544	31.7	0.79	
79	170803	126.8	51.1	37	三庄	不均，历时长	387	104	60	5 114	544	94.0	0.74	复峰
80	170926	54.1	2.5	15	日照	不均，雨强小	280	48	30	245	544	4.5	0.08	
81	180723	185.1	10.0	13	挑沟、黄墩	普雨，雨强大，中游	939	74	54	3 933	544	72.3	0.39	
82	180820	101.1	38.3	18	黄墩	均匀，偏中上游，雨强小	255	88	56	2 122	544	39.0	0.39	
83	190811	148.3	43.8	26	挑沟	均匀，普雨	533	80	52	4 396	544	80.8	0.54	复峰
84	200722	150.2	36.5	9	日照	普雨，雨强大	1 300	48	32	3 677	544	67.6	0.45	
85	200807	98.0	44.0	21	挑沟	均匀	416	108	86	3 955	544	72.7	0.74	复峰
86	200814	136	28.3	16	黄墩	不均，偏中下游	654	48	30	4 776	544	87.8	0.65	
87	200826	95.8	37.0	9	挑沟	不均，偏中上游	505	34	22	2 731	544	50.2	0.52	

表 14-4　傅疃河日照水库站降雨径流（$P+P_a-R$）预报精度评定表

序号	洪号	流域平均雨量 P（mm）	前期影响雨量 P_a（mm）	$P+P_a$（mm）	实测径流深 $R_{实}$（mm）	预报径流深 $R_{预}$（mm）	预报误差（mm）	许可误差（mm）	评定结果		备注
									合格	不合格	
1	600630	70.5	51.0	121.5	43.3	44.7	1.4	8.7	√		
2	600702	42.1	56.0	98.1	30.5	28.1	−2.4	6.1	√		
3	600817	26.3	49.0	75.3	15.2	16.5	1.3	3.0	√		
4	600827	56.3	19.0	75.3	16.5	16.5	0.0	3.3	√		
5	600905	41.1	45.0	86.1	16.4	22.0	5.6	3.3		√	
6	610705	144.3	15.0	159.3	72.8	77.3	4.5	14.6	√		
7	610710	22.4	36.0	58.4	4.5	9.0	4.5	3.0		√	
8	610920	62.8	22.0	84.8	24.9	21.2	−3.7	5.0	√		
9	620601	39.4	7.0	46.4	2.1	4.6	2.5	3.0	√		
10	620619	20.2	9.0	29.2	1.8	0.3	−1.5	3.0	√		
11	620621	43.6	26.0	69.6	13.8	13.8	0.0	3.0	√		
12	620713	115.9	38.0	153.9	79.7	72.2	−7.5	15.9	√		
13	620901	30.5	14.0	44.5	5.4	4.0	−1.4	3.0	√		
14	630706	38.7	17.0	55.7	3.8	8.0	4.2	3.0		√	
15	630830	42.5	39.0	81.5	20.5	19.6	−0.9	4.1	√		
16	640716	55.6	32.0	87.6	21.9	22.8	0.9	4.4	√		
17	640806	56.3	51.0	107.3	33.4	35.3	1.9	6.7	√		
18	650709	140.1	1.0	141.1	55.3	51.8	−3.5	11.1	√		
19	650804	120.8	44.0	164.8	90.4	82.2	−8.2	18.1	√		
20	660721	139.9	10.0	149.9	55.3	56.6	1.3	11.1	√		
21	670626	70.3	8.0	78.3	15.7	18.1	2.4	3.1	√		
22	670902	53.0	36.0	89.0	24.7	23.2	−1.5	4.9	√		
23	700628	85.3	11.0	96.3	27.0	27.0	0.0	5.4	√		
24	700702	31.4	37.0	68.4	9.5	13.2	3.7	3.0		√	
25	700717	15.8	21.0	36.8	4.8	1.8	−3.0	3.0			
26	700719	23.2	29.0	52.2	5.5	6.7	1.2	3.0	√		
27	700727	51.0	60.0	111.0	30.4	37	6.6	6.1		√	
28	700729	67.7	59.0	126.7	51.9	48.5	−3.4	10.4	√		
29	700907	40.5	17.0	57.5	9.0	8.8	−0.2	3.0	√		
30	710821	80.7	38.0	118.7	45.7	42.5	−3.2	9.1	√		
31	730831	141.9	5.0	146.9	54.2	54.9	0.7	10.8	√		
32	740708	80.7	3.0	83.7	17.7	20.5	2.8	3.5	√		
33	740723	48.1	27.0	75.1	25.3	16.3	−9.0	5.1		√	
34	740724	70.7	57.0	127.7	49.1	49.1	0.0	9.8	√		
35	740813	230.2	60.0	290.2	212.1	204.4	−7.7	20.0	√		
36	750709	99.2	17.0	116.2	39.4	40.2	0.8	7.9	√		
37	750814	226.6	18.0	244.6	165.1	159.4	−5.7	20.0	√		
38	750919	106.1	16.0	122.1	48.2	44.8	−3.4	9.6	√		
39	760629	236.5	7.0	243.5	153.5	158.7	5.2	20.0	√		
40	760818	71.0	38.0	109.0	34.1	35.3	1.2	6.8	√		
41	770721	137.1	30.0	167.1	87.0	84.9	−2.1	17.4	√		
42	780714	66.2	43.0	109.2	31.1	35.6	4.5	6.2	√		
43	780811	96.0	60.0	156.0	66.2	74.2	8.0	13.2	√		
44	790709	73.7	17.0	90.7	21.2	24.2	3.0	4.2	√		
45	790712	69.4	44.0	113.4	35.2	38.2	3.0	7.0	√		
46	820818	87.2	17.0	104.2	35.9	31.2	−4.7	7.2	√		
47	840726	130.2	41.0	171.2	61.8	68.7	6.9	12.4	√		
48	880716	136.1	58.0	194.1	78.7	82.0	3.3	15.7	√		
49	900713	92.3	18.0	110.3	35.8	34.9	−0.9	7.2	√		
50	900725	48.6	42.0	90.6	20.3	24.2	3.9	4.1	√		
51	900908	140.2	22.0	162.2	68.0	63.6	−4.4	13.6	√		
52	910611	99.0	31.0	130.0	49.5	45.6	−3.9	9.9	√		
53	910628	69.9	25.0	94.9	30.8	26.2	−4.6	6.2	√		
54	920831	142.2	12.0	154.2	53.8	59.1	5.3	10.8	√		

序号	洪号	流域平均雨量 P（mm）	前期影响雨量 P_a（mm）	$P+P_a$（mm）	实测径流深 $R_{实}$（mm）	预报径流深 $R_{预}$（mm）	预报误差（mm）	许可误差（mm）	评定结果		备注
									合格	不合格	
55	940823	111.4	15.0	126.4	44.9	43.6	−1.3	9.0	√		
56	960717	53.6	46.0	99.6	23.5	29.0	5.5	4.7		√	
57	970819	206.5	16.0	222.5	99.7	99.0	−0.7	19.9	√		
58	980702	119.5	6.0	125.5	42.1	43.6	1.5	8.4	√		
59	980724	171.6	31.0	202.6	91.5	86.9	−4.6	18.3	√		
60	980814	58.8	59.0	117.8	46.2	39.0	−7.2	9.2	√		
61	990812	209.5	4.0	213.5	92.5	93.8	1.3	18.5	√		
62	000824	79.0	20.0	99.0	27.1	29.5	2.4	5.4	√		
63	000828	149.1	60.0	209.1	91.2	91.2	0.0	18.2	√		
64	010824	54.2	40.0	94.2	24.4	26.4	2.0	4.9	√		
65	030622	165.5	7.0	172.5	72.6	70.0	−2.6	14.5	√		
66	050920	124.9	25.0	149.9	63	56.5	−6.5	12.6	√		
67	060703	132.2	15.0	147.2	53.5	55.0	1.5	10.7	√		
68	070807	75.3	10.0	85.3	14.3	21.5	7.2	3.0		√	
69	080817	134.3	20.0	154.3	61.7	59.0	−2.7	12.3	√		
70	090619	84.8	5.0	89.8	24.2	24.2	0.0	4.8	√		
71	100902	54.3	10.0	64.3	12.1	11.2	−0.9	3.0	√		
72	110703	99.3	14.8	114.1	14.1	21.6	7.5	3.0		√	新干旱线
73	120710	75.4	60.0	135.4	28.6	29.8	1.2	5.7	√		新干旱线
74	120803	87.0	16.4	103.4	21.4	18.2	−3.2	4.3	√		新干旱线
75	130527	64.6	7.3	71.9	31.3	28.3	−3.0	6.3	√		新湿润线
76	130730	64.2	28.3	92.5	34.9	39.2	4.3	7.0	√		新湿润线
77	150807	96.5	54.0	150.5	28.7	38.0	9.3	5.7		√	新干旱线
78	160807	40.3	38.9	79.2	31.7	32.1	0.4	6.3	√		新湿润线
79	170803	126.8	51.1	177.9	94.0	94.4	0.4	18.8	√		新湿润线
80	170926	54.1	2.5	56.6	4.5	5.2	0.7	3.0	√		新干旱线
81	180723	185.1	10.0	195.1	72.3	78.4	6.1	14.5	√		新干旱线
82	180820	101.1	38.3	139.4	39.0	31.7	−7.3	7.8	√		新干旱线
83	190811	148.3	43.8	192.1	80.8	75.3	−5.5	16.2	√		新干旱线
84	200722	150.2	36.5	186.7	67.6	69.8	2.2	13.5	√		新干旱线
85	200807	98.0	44.0	142.0	72.7	69.2	−3.5	14.5	√		新湿润线
86	200814	136.0	28.3	164.3	87.8	85.8	−2.0	17.6	√		新湿润线
87	200826	95.8	37.0	132.8	50.2	63.0	12.8	10.0		√	新湿润线

备注：1. 预报误差 = 预报值 − 实测值；2. 许可误差 = 实测值的 20%，以 20.0 mm 为上限，以 3.0 mm 为下限；3. 合格率 =87.4%，为甲级方案。

表 14–5　傅疃河日照水库站峰量关系预报精度评定表

序号	洪号	实测径流 $R_{实}$（mm）	有效降雨历时 T_c（h）	净峰流量（m^3/s）		预报误差（m^3/s）	许可误差（m^3/s）	评定结果	
				实测 $Q_{m净实}$	预报 $Q_{m净预}$			合格	不合格
1	600630	43.3	5.5	1 210	1 450	240	242	√	
2	600702	30.5	8	1 140	650	−490	228		√
3	600817	15.2	3	793	840	47	159	√	
4	600827	16.5	11	191	350	159	38.2		√
5	600905	16.4	9	292	280	−12	58.4	√	
6	610705	72.8	9.6	2 230	1 560	−670	446		√
7	610920	24.9	9.5	453	420	−33	90.6	√	
8	620601	2.1	10	31.6	30	−1.6	6.32	√	
9	620621	13.8	2.5	979	850	−129	196	√	
10	620713	79.7	3	4 370	4 520	150	874	√	
11	620901	5.4	4.7	175	160	−15	35.0	√	
12	630706	3.8	7.6	86.2	80	−6.2	17.2	√	
13	630830	20.5	5.4	712	650	−62	142	√	
14	640716	21.9	6	613	645	32	123	√	
15	640806	33.4	3	1 900	1 840	−60	380	√	
16	650709	55.3	6	2 230	1 790	−440	446	√	
17	650804	90.4	12	1 170	1 330	160	234	√	
18	660721	55.3	9.8	959	1 000	41	192	√	
19	670626	15.7	6.5	373	433	60	74.6	√	
20	670902	24.7	4.3	800	920	120	160	√	
21	700628	27.0	6	524	570	46	105	√	
22	700729	51.9	7	2 200	1 380	−820	440		√
23	710821	45.7	9	901	900	−1	180	√	
24	730831	54.2	9	847	1 100	253	169		√
25	740708	17.7	4.3	699	720	21	140	√	
26	740723	25.3	3	1 240	1 380	140	248	√	
27	740724	49.1	7.5	899	1 280	381	180		√
28	740813	212.1	18	2 800	2 800	0	560	√	
29	750709	39.4	7.5	680	780	100	136	√	
30	750814	165.1	8.8	3 940	3 880	−60	788	√	
31	760629	153.5	14	2 200	2 340	140	440	√	
32	760818	34.1	6	960	1 040	80	192	√	
33	770721	87.0	8	1 820	2 110	290	364	√	
34	780714	31.1	8	438	660	222	87.6		√
35	780811	66.2	9	1 256	1 400	144	251	√	
36	790712	35.2	8	664	770	106	133	√	
37	900713	35.8	4	1 540	1 480	−60	308	√	
38	900725	20.3	3	350	1 140	790	70.0		√
39	910611	49.5	5	858	1 800	942	172		√
40	910628	30.8	4	1 020	1 260	240	204		√
41	920831	53.8	16	428	500	72	85.6	√	
42	940823	44.9	14	366	440	74	73.2		√
43	960717	23.5	9	375	430	55	75.0	√	
44	970819	99.7	19	970	970	0	194	√	
45	980702	42.1	10	629	730	101	126	√	
46	980724	91.5	10	1 940	1 800	−140	388	√	
47	980814	46.2	8	790	1 040	250	158		√
48	990812	92.5	12	1 690	1 390	−300	338	√	
49	010824	24.4	5	880	880	0	176	√	
50	030622	72.6	4	3 410	3 130	−280	682	√	
51	060703	53.5	11	745	820	75	149	√	
52	080817	61.7	7	1 770	1 690	−80	354	√	
53	090619	24.2	7	587	610	23	117	√	
54	110703	14.1	16	311	116	−195	62.2		√
55	120710	28.6	13	252	284	32	50.4	√	
56	120803	21.4	8	408	458	50	81.6	√	
57	130527	31.3	12	301	340	39	60.2	√	
58	130730	34.9	15	264	304	40	52.8	√	
59	150807	28.7	4	461	1 230	769	92.2		√
60	160807	31.7	10	483	559	76	96.6	√	
61	170926	4.5	15	280	34.4	−245.6	56.0		√
62	180723	72.3	13	939	928	−11	188	√	
63	180820	39.0	18	255	258	3	51.0	√	
64	200722	67.6	9	1 300	1 450	150	260	√	
65	200826	50.2	9	505	1 030	525	101		√

备注：1. 预报误差 = 预报值 − 实测值；2. 许可误差 = 实测值的 20%；3. 合格率 =75.4%，为乙级方案。

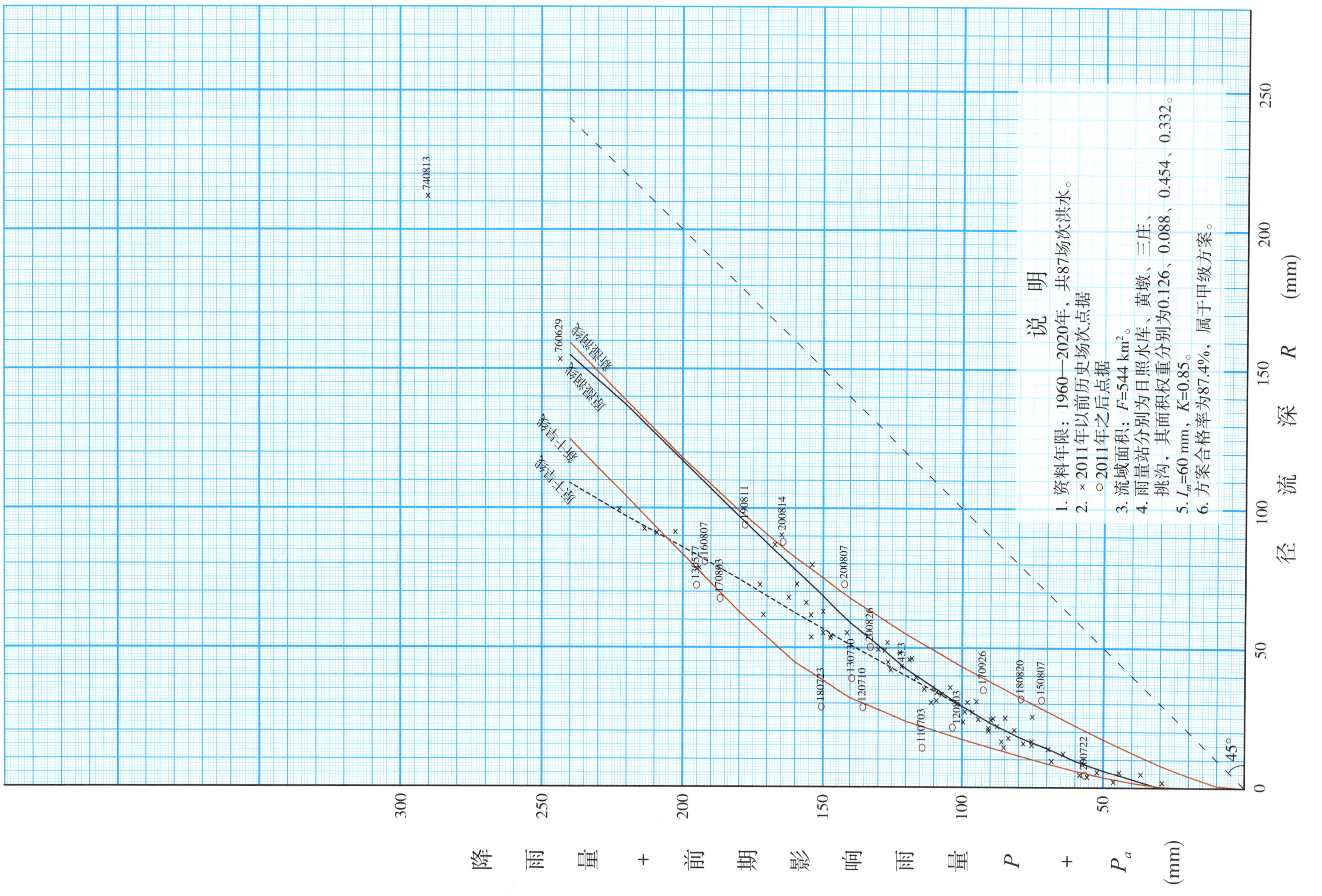

图 14-2 傅疃河日照水库站降雨径流相关图

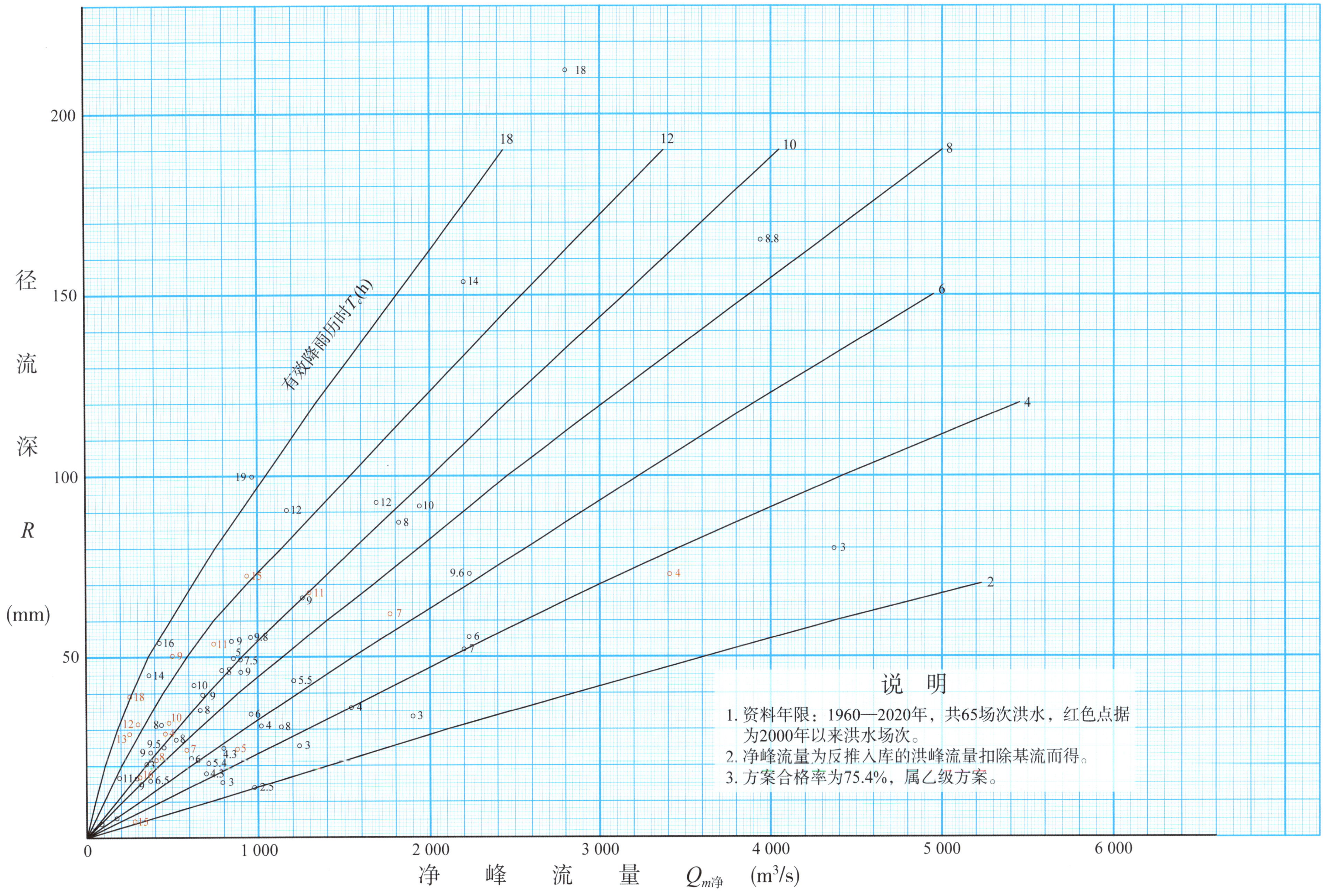

图 14-3　傅疃河日照水库站峰量关系曲线图

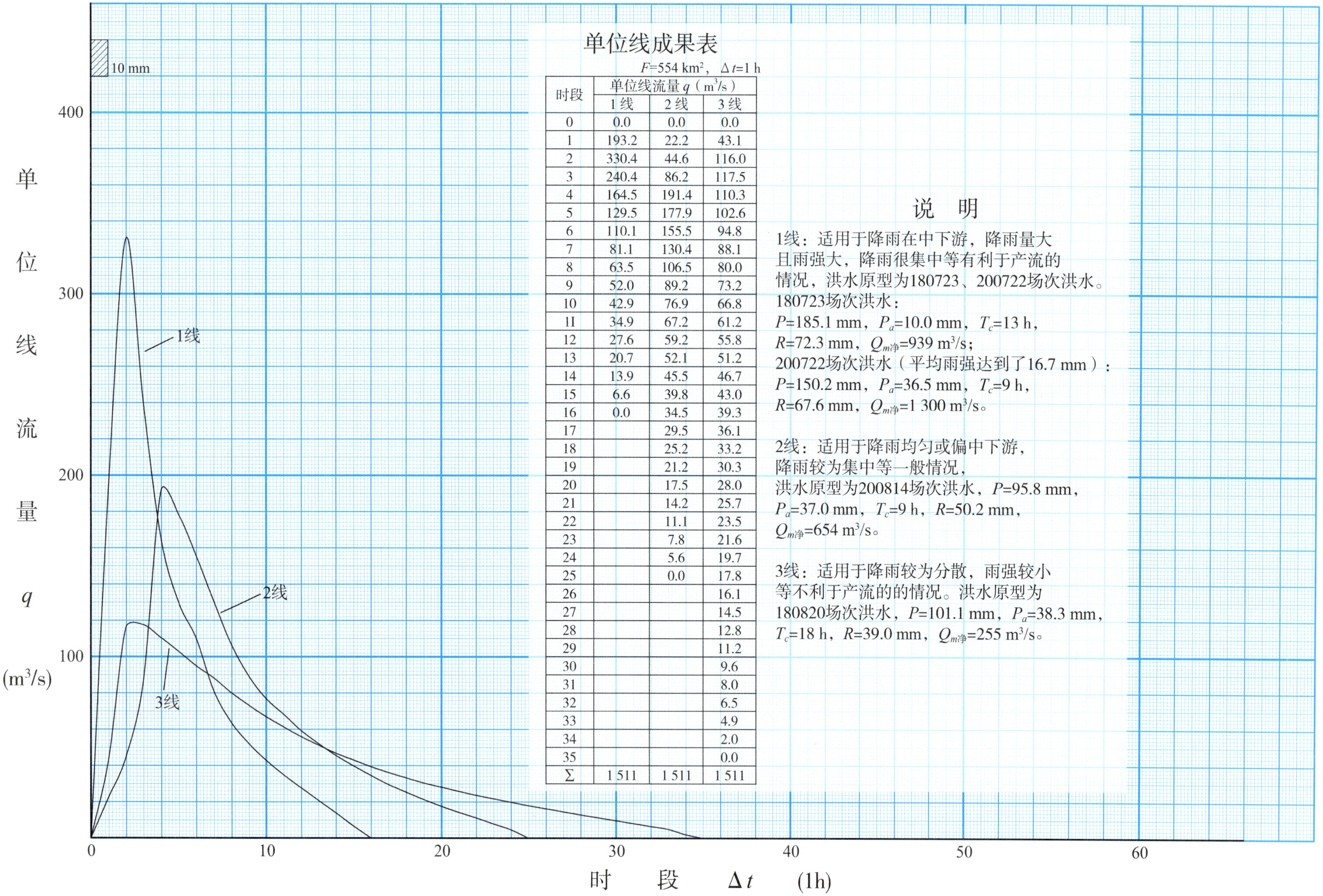

单位线成果表

F=554 km²，Δt=1 h

时段	单位线流量 q（m³/s）		
	1 线	2 线	3 线
0	0.0	0.0	0.0
1	193.2	22.2	43.1
2	330.4	44.6	116.0
3	240.4	86.2	117.5
4	164.5	191.4	110.3
5	129.5	177.9	102.6
6	110.1	155.5	94.8
7	81.1	130.4	88.1
8	63.5	106.5	80.0
9	52.0	89.2	73.2
10	42.9	76.9	66.8
11	34.9	67.2	61.2
12	27.6	59.2	55.8
13	20.7	52.1	51.2
14	13.9	45.5	46.7
15	6.6	39.8	43.0
16	0.0	34.5	39.3
17		29.5	36.1
18		25.2	33.2
19		21.2	30.3
20		17.5	28.0
21		14.2	25.7
22		11.1	23.5
23		7.8	21.6
24		5.6	19.7
25		0.0	17.8
26			16.1
27			14.5
28			12.8
29			11.2
30			9.6
31			8.0
32			6.5
33			4.9
34			2.0
35			0.0
Σ	1 511	1 511	1 511

说 明

1线：适用于降雨在中下游，降雨量大且雨强大，降雨很集中等有利于产流的情况，洪水原型为180723、200722场次洪水。
180723场次洪水：
P=185.1 mm，P_a=10.0 mm，T_c=13 h，
R=72.3 mm，$Q_{m净}$=939 m³/s；
200722场次洪水（平均雨强达到了16.7 mm）：
P=150.2 mm，P_a=36.5 mm，T_c=9 h，
R=67.6 mm，$Q_{m净}$=1 300 m³/s。

2线：适用于降雨均匀或偏中下游，降雨较为集中等一般情况，洪水原型为200814场次洪水，P=95.8 mm，P_a=37.0 mm，T_c=9 h，R=50.2 mm，$Q_{m净}$=654 m³/s。

3线：适用于降雨较为分散，雨强较小等不利于产流的的情况。洪水原型为180820场次洪水，P=101.1 mm，P_a=38.3 mm，T_c=18 h，R=39.0 mm，$Q_{m净}$=255 m³/s。

图 14–4 傅疃河日照水库站单位线图

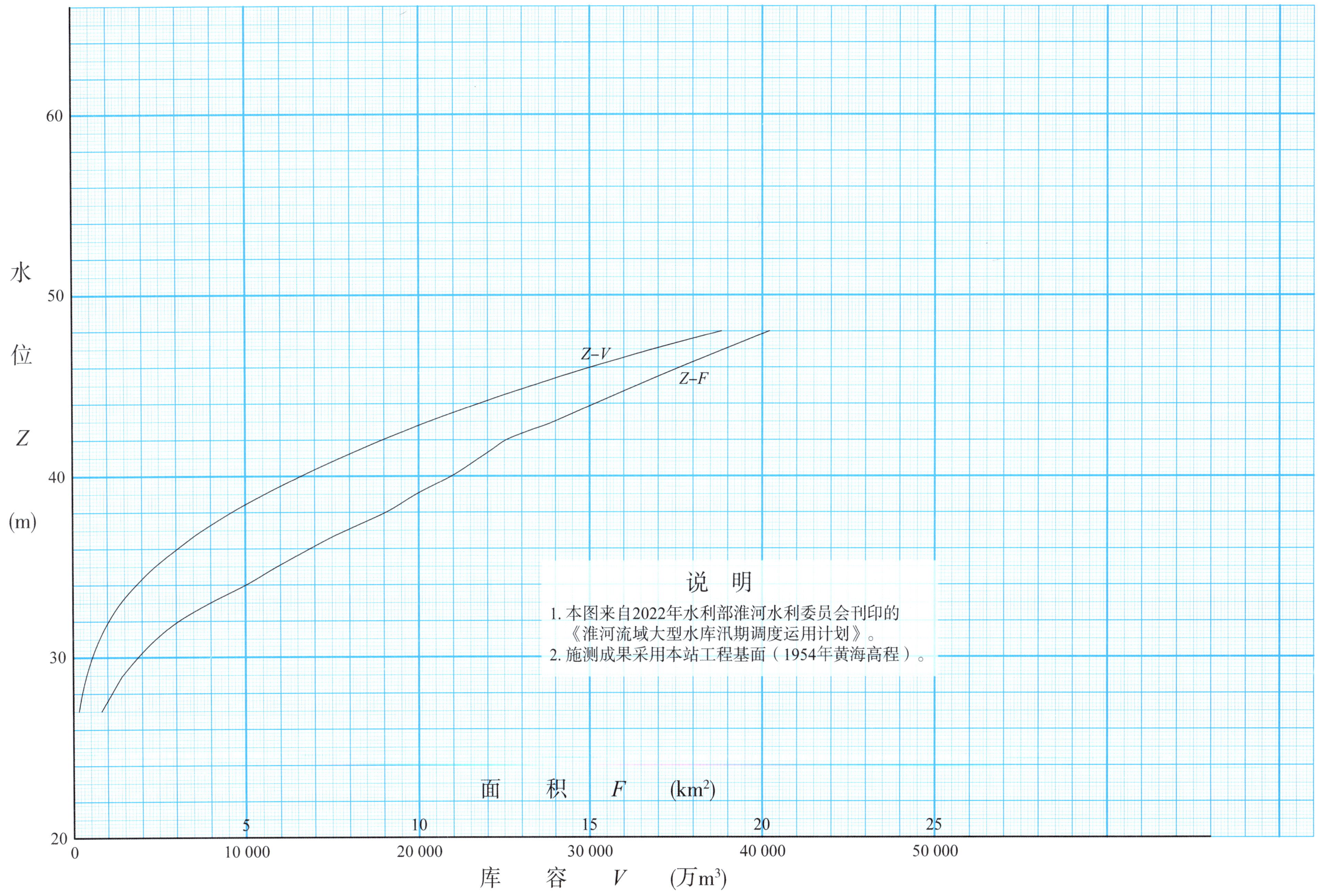

图 14-5 傅疃河日照水库水位与库容、面积关系曲线图

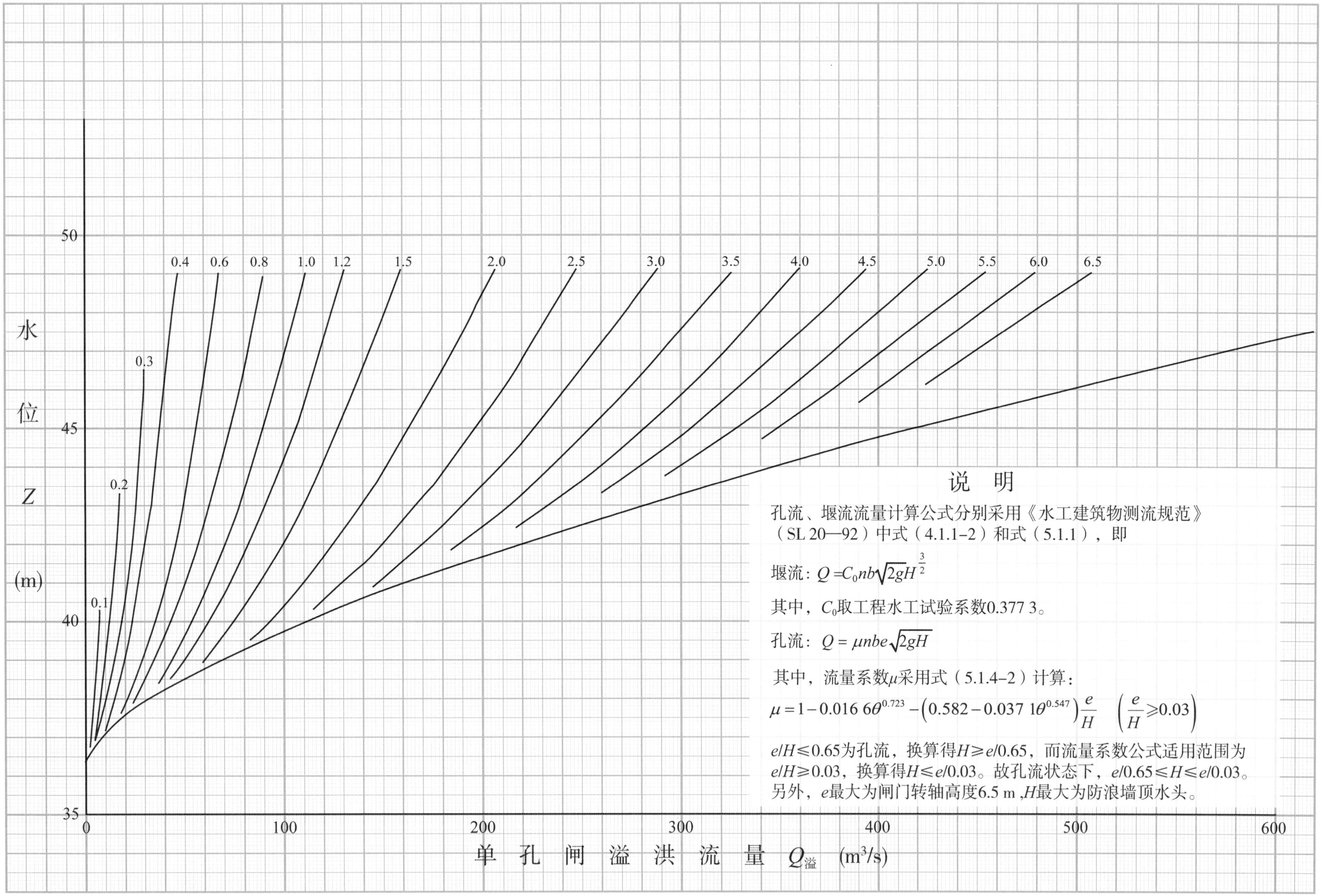

图 14–6　傅疃河日照水库溢洪闸泄流曲线图

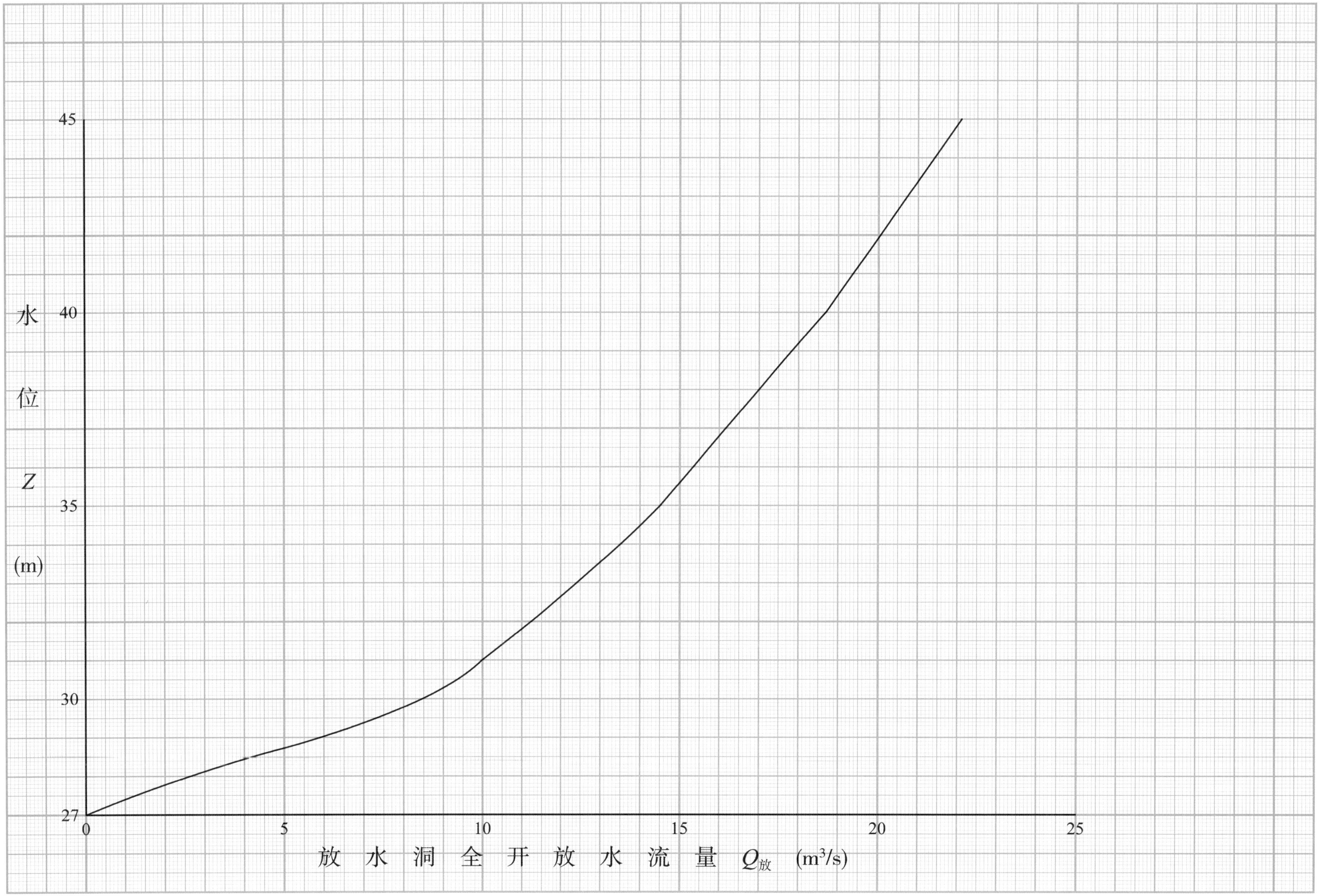

图 14-7　傅疃河日照水库南放水洞全开水位流量关系图

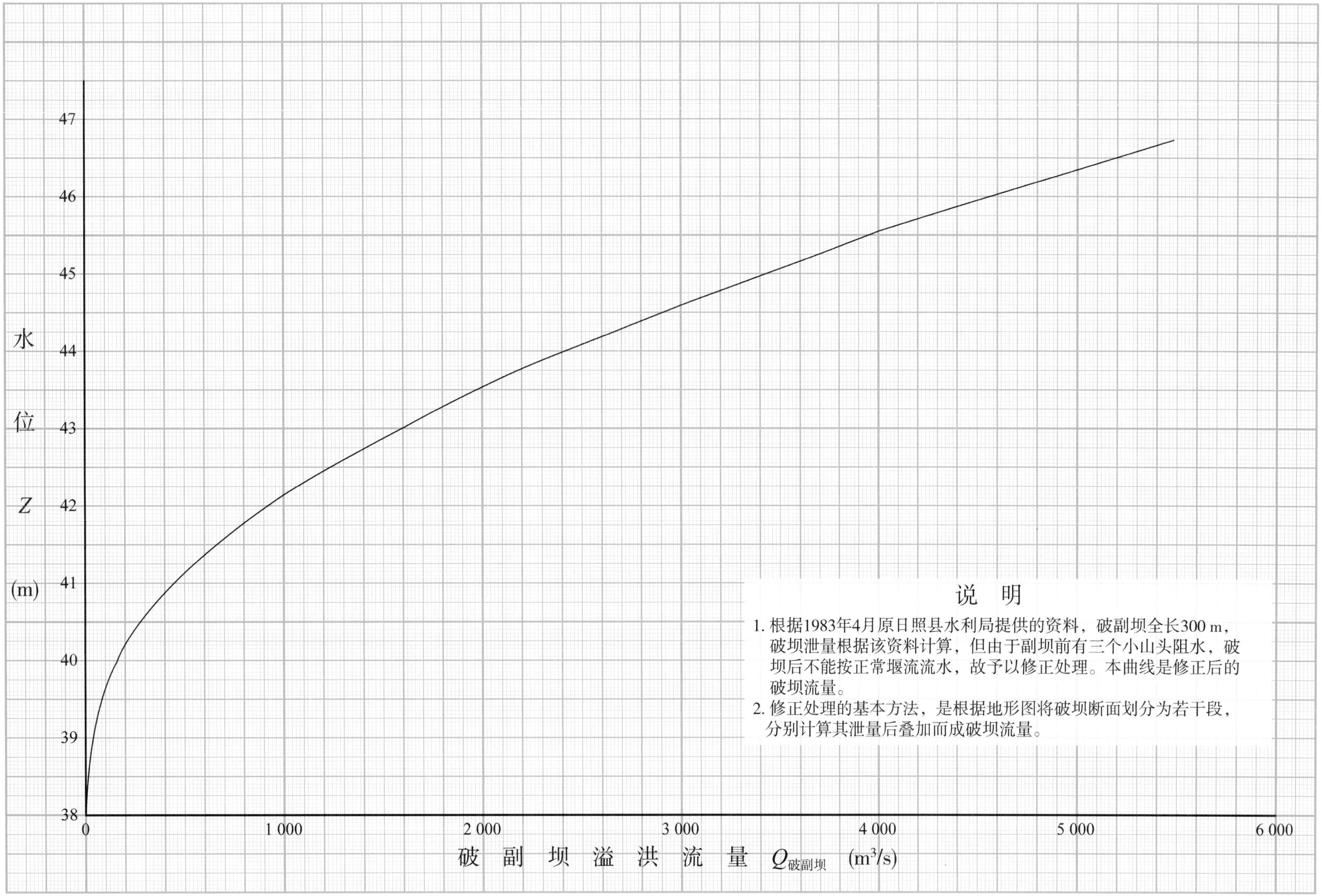

图 14–8　傅疃河日照水库破副坝水位 – 溢洪流量关系图

第十五章　小沂河尼山水库站水文预报方案编制说明

1　流域概况

1.1　流域自然地理特征

尼山水库位于泗河支流小沂河上游，曲阜市尼山镇，流域面积为254 km^2，总库容为1.146 亿 m^3，兴利库容 0.634 亿 m^3，为曲阜市三座大型水库之一。大坝下游 25 km 为历史名城曲阜市城区，下游 40 km 为济宁市兖州区和兖州煤田及京沪铁路、兖石铁路。

尼山水库站以上流域位于鲁中南低山丘陵区，地势起伏不平、河谷纵横，流域内最高峰海拔为 340 m，干流坡度为 4.4‰。地质组成多为变质岩、砂岩等。河谷地带为农业区，土壤为砂质土，主要农作物有小麦、玉米、地瓜、花生等。尼山水库站以上流域图见图 15-1。

1.2　流域雨、水情特点

尼山水库站以上流域多年平均年降水量为 744.0 mm，是曲阜市降水高值区之一，最大年降水发生在 1964 年，降水量达 1 191.5 mm。尼山水库站以上流域雨情特征值见表 15-1。

表 15-1　尼山水库站以上流域雨情特征值表

多年平均（mm）				汛期占全年比重	设站至 2020 年流域时段最大降水量（mm）		
1—5 月	6—9 月	10—12 月	全年		1 h/ 年份	6 h/ 年份	24 h/ 年份
124.8	552.8	66.4	744.0	74%	76.4/1991 年	120.8/1997 年	215.7/1995 年

尼山水库历史最大洪水发生在 2007 年 8 月 18 日，Z=124.46 m（废黄河口基面），V=7 763 万 m^3。

1.3　工程情况

尼山水库上游建有八里碑、高桥两座小（1）型水库，小河等 26 座小（2）型水库，控制流域面积 66.23 km^2，总库容 1 378.1 万 m^3，兴利库容 695.2 万 m^3。详见表 15-2。

表 15-2　尼山水库站以上流域小水库工程情况表

续表

水库名称	地址	兴建时间	规模	流域面积（km^2）	总库容（万 m^3）	兴利库容（万 m^3）
高桥水库	济宁市邹城市田黄镇	1971 年 7 月	小（1）型	4.75	183.4	118.9
八里碑水库	济宁市邹城市田黄镇	1960 年 8 月	小（1）型	15.05	492.2	255.8
西河水库	济宁市泗水县圣水峪镇	1976 年 5 月	小（2）型	2	29.4	12.8
芦沟水库	济宁市泗水县圣水峪镇	1975 年 3 月	小（2）型	1	17.4	10.5
庠厂水库	济宁市泗水县圣水峪镇	1975 年 2 月	小（2）型	1.7	28.4	17.2
小河水库	济宁市泗水县圣水峪镇	1964 年 3 月	小（2）型	5.6	36.0	8.0
后等齐水库	济宁市泗水县圣水峪镇	1976 年 1 月	小（2）型	2	24.1	10.6
前等齐水库	济宁市泗水县圣水峪镇	1973 年 2 月	小（2）型	1.4	22.3	14.1
土门水库	济宁市泗水县圣水峪镇	1963 年 1 月	小（2）型	2.5	17.1	5.8
东卸甲水库	济宁市泗水县圣水峪镇	1978 年 2 月	小（2）型	1.5	25.3	12.5
鹁鸽楼水库	济宁市泗水县圣水峪镇	1973 年 5 月	小（2）型	2.5	17.1	8.2
石山汪水库	济宁市邹城市田黄镇	1965 年 11 月	小（2）型	0.8	10.5	5.6
青年水库	济宁市邹城市田黄镇	1964 年 11 月	小（2）型	5.4	45.9	9.0
碾河水库	济宁市邹城市田黄镇	1968 年 11 月	小（2）型	0.8	22.3	11.7
深沟水库	济宁市邹城市田黄镇	1961 年 11 月	小（2）型	1.3	10.6	3.9
七峪水库	济宁市邹城市田黄镇	1964 年 5 月	小（2）型	1.1	20.8	9.2
马连沟水库	济宁市邹城市张庄镇	1975 年 10 月	小（2）型	0.8	10.1	4.6
果庄向阳水库	济宁市邹城市张庄镇	1975 年 11 月	小（2）型	1	85.0	45.7
西埠水库	济宁市邹城市田黄镇	1965 年 5 月	小（2）型	1.1	18.2	7.1
荆山水库	济宁市邹城市张庄镇	1961 年 10 月	小（2）型	0.4	30.8	24.0
东罗李村水库	济宁市邹城市田黄镇	1974 年 11 月	小（2）型	1.53	23.9	8.5
杨家峪水库	济宁市邹城市田黄镇	1975 年 3 月	小（2）型	1.1	25.4	8.1
朝阳水库	济宁市邹城市田黄镇	1963 年 5 月	小（2）型	0.6	10.8	5.1
战山河水库	济宁市邹城市田黄镇	1976 年 6 月	小（2）型	2.4	14.1	6.1
瓦曲水库	济宁市邹城市田黄镇	1967 年 11 月	小（2）型	2	29.1	15.0
辛庄水库	济宁市邹城市田黄镇	1965 年 5 月	小（2）型	4.1	91.5	43.3
枣园水库	济宁市邹城市田黄镇	1973 年 4 月	小（2）型	0.7	11.8	5.9
北山水库	济宁市邹城市田黄镇	1965 年 5 月	小（2）型	1.1	24.6	8.0

尼山水库在 1960 年基本建成后，陆续进行了续建和加固工程。1966 年建溢洪闸一座，1976 年至 1977 年开挖新溢洪道一条，1995 年对老溢洪道进行了闸底加高。水库坝址区地质条件复杂，大坝右岸坝基基岩为喀斯特发育的张夏组灰岩，岩石破碎，裂隙较多，并有三道断层斜穿坝基，形成多处漏水通道。主河槽及两岸高漫滩阶地为平均 30 m 厚的多层透水砂砾石地基，曾多次出现坍塌，且漏水严重，总漏水量多年平均 2 700 万 m^3,1977 年至 1979 年对右岸基岩进行了黏土、水泥浆灌浆处理，漏水有所减少，但问题未得到根本解决。1991 年 7 月

大坝曾出现局部管涌现象。

1992—2002 年进行了尼山水库保安全工程，加固工程包括溢洪闸改建、溢洪道加宽、基岩帷幕灌浆、主河槽沙层板墙、尾水渠翻修、坝顶加宽等项目，该加固工程于 2002 年完成，尼山水库工程险情得以较彻底解除。

尼山水库主要工程指标见表 15-3。

表 15-3　尼山水库主要工程指标表

总库容	1.146 亿 m^3	最大坝高	22.30 m
坝型	均质土坝	坝顶高程	130.08 m
坝长	1 805 m	防浪墙顶高程	131.00 m
兴利水位	124.00 m	老溢洪道底高程	119.11 m
兴利库容	0.633 7 亿 m^3	老溢洪道闸	4 孔 10 m × 4.7 m
死水位	115.60 m	老溢洪道净宽	40 m
历史最高水位	124.46 m（2007-8-18）	新溢洪道底高程	124.00 m
警戒水位	124.41 m	新溢洪道闸	5 孔（无闸门）
允许最高水位	125.53 m	新溢洪道净宽	59.25 m
汛限水位	119.11 m	输水洞底高程	112.95 m
汛限库容	0.285 5 亿 m^3	下游河道第一安全泄量	300 m^3/s
汛末蓄水位	122.41 m	下游河道第二安全泄量	500 m^3/s

注：本方案中所有水位、高程均为冻结基面以上米数，指标来自《山东省大中型水库 2021 年汛期调度运用指标表》。

1.4　测站概况

流域内现有尼山水库、田黄两处水文站，尼山水库水文站设立于 1960 年 6 月，田黄水文站为中小河流站。流域内有小河、八里碑、罗头、石门寺四个雨量遥测站，其中小河、八里碑、罗头站为国家基本雨量站，有长系列雨量观测资料；石门寺站为中小河流站，资料系列较短。

尼山水库水文站冻结基面为废黄河口基面，与 1956 年黄海基面换算关系为：

1956 年黄海基面高程 = 冻结基面（废黄河口基面）高程 + 0.589 m；

1985 年国家高程基准高程 = 冻结基面高程 + 0.609 m；

本站报汛基面 = 冻结基面。

2　预报方案编制

2.1　资料情况及方案沿革

2.1.1　资料情况

尼山水库站预报方案于 1991 年、1999 年、2010 年分别进行过修订。本次修订除选用了之前分析的 1964—2010 年共 43 场次暴雨洪水外，另外补充了 2011—2020 年 6 场次暴雨洪水进行分析，即资料系列为 1964—2020 年，共 49 场次洪水。尼山水库站降雨径流分析成果见表 15-4。

2.1.2　方案沿革

原方案中产流方案采用降雨径流相关图 $P+P_a-R$，汇流方案采用峰量关系曲线图、经验单位线。本次修订在原产流方案降雨径流相关图 $P+P_a-R$ 中增加了 6 个点据，根据 2000 年后点据新定了 1 条关系线；在原汇流方案峰量关系曲线图中增加了 6 个点据，关系线保持不变；新增了 1 条单位线。

2.2　产流方案

2.2.1　绘制$P+P_a-R$相关图

本方案共采用 49 场次洪水分析点绘 $P+P_a-R$ 相关图，详见图 15-2。2000 年以后点据位置显著偏左，相应径流深 R 值偏小，尤其 2010 年以后更为明显，因此根据点据分布情况，点绘了 2000 年前后两条曲线。方案合格率为 76%，属乙级方案，详见表 15-5。

2.2.2　突出点据分析

本方案有 12 场次洪水超过允许误差范围。其中 640817、670712、710802、771028 场次洪水，降雨中心偏于中下游，降雨强度大、径流系数大，从而造成径流深偏大；而 760813、820808、980815 场次洪水，降雨中心在中上游，前期影响雨量小、降雨历时长、入渗率大，使得径流深显著偏小。2000 年以后有 5 场次洪水落在 1 号线和 2 号线之间。

2.3　汇流方案

2.3.1　峰量关系曲线

本方案采用 $R-T_c-Q_{m净}$相关图，详见图 15-3。有效降雨历时 T_c 采用占总降水量 80% 的降水的集中历时，$Q_{m净}$为洪峰流量扣除基流所得。本方案总点据共 49 个，以实测净峰流量的 20% 作为控制，合格点据 30 个，950816 场次洪水因数值过大，无其他大水点据与之对照，故未参与定线，点绘于图上仅供参考；040827、070818、080603 场次洪水偏离过远，亦未参与定线。本方案合格率为 67%，详见表 15-6。

2.3.2　经验单位线

本方案共有 5 条单位线，其中前四条单位线借用原方案分析成果，分别依据 1979 年 7 月 31 日洪水、1980 年 6 月 15 日洪水、1998 年 8 月 15 日和 2003 年 7 月 8 日洪水分析而得；5 号单位线根据 160720、170719、190811 场次洪水综合分析而得。详见图 15-4。

2.4　蓄率中线法调洪曲线图

本方案依据水量平衡原理编制用于敞泄情况下预报的水库调洪曲线，也可以当新挖溢洪道在 124.00 m 以上水位时用于调洪演算，详见图 15-5。图中泄流量不包括输水洞放水流量。

2.5 水位与面积、库容、泄量关系曲线图

尼山水库水位与面积、库容关系曲线根据《山东省水利工程三查三定资料汇编·大型水库》（山东省水利厅 1985 年）点绘，详见图 15-6。

因新、老溢洪道工程变动，重新制作水位 – 放水流量关系线。采用泄流公式 $Q=1.65BH^{3/2}$（自由堰流），新、老溢洪道泄量为闸门全部敞开时的泄量，总泄流曲线包括新、老溢洪道泄量，但不包括输水洞放水流量。同时绘制了新、老溢洪道闸门不是敞泄时的水库泄流曲线，详见图 15-7。图中流量为单宽流量 q。

3 方案使用说明

3.1 产流方案

根据罗头、尼山水库两站雨量采用算术平均法计算流域平均降水量 P，再加上流域平均前期影响雨量 P_a，查降雨径流相关图（$P+P_a-R$），得到该次降水形成的地表径流深 R。一般情况下建议查 2 号线，如流域前期蓄满且雨强较大，则酌情参考 1 号线。

3.2 汇流方案

3.2.1 入库洪峰流量预报

以有效降雨历时为参数，由次雨径流深 R 查峰量关系图（$R-T_c-Q_{m净}$），得到该次降雨入库净峰流量 $Q_{m净}$，加上基流，即为入库洪峰流量。

3.2.2 入库流量过程预报

（1）经验单位线法

根据该次降雨的雨型，选择适当的单位线，以各时段净雨分别乘以单位线，得出各时段净雨的入库流量过程，然后错时段叠加，再加上基流，即为该次降雨的入库流量过程。

（2）综合瞬时单位线法

汇流计算采用综合瞬时单位线，单位线参数 M_1 根据《山东省水文图集》中地区综合公式计算：

$$M_1=kF^{0.33}J^{-0.27}R^{-0.20}T_c^{0.17}$$

式中：k 为公式系数，一般山丘区 $k=0.196$；F 为汇流单元的流域面积，$F=254\ km^2$；J 为河道干流平均坡度，$J=4.37‰$；R 为径流深（mm）；T_c 为有效降雨历时（h）。

3.2.3 下泄流量推求

当新溢洪道或老溢洪道为敞泄时，查尼山水库水位与面积、库容、放水流量关系曲线图。由闸上水位查相应溢洪道的泄流曲线，即得该溢洪道的泄量。

当新、老溢洪道闸门不是敞泄时，查 $H-e-q$ 泄流曲线图（图 15-7），图中流量为单宽流量，推求流量时，应将查得的流量乘以闸门开启总净宽。由闸上水位减去闸底高程，得闸上游水头 $H_上$，当 $e/H \leqslant 0.65$ 时，查自由孔流曲线；当 $e/H > 0.65$ 时，查自由堰流曲线。当 $H_下/H_上 \leqslant 0.8$ 时，为宽顶堰自由出流，查自由堰流曲线；当 $H_下/H_上 > 0.8$ 时，为宽顶堰淹没出流，由 $H_下/H_上$查图 15-7 中的附表得到宽顶堰淹没系数 δ_s，流量按 $Q=\delta_s Q_自$求得。

3.3 蓄率中线法调洪曲线

由开始水位 Z_1 查图 15-5 中 $Z-（V/\Delta t-Q/2）$关系线得（$V_1/\Delta t-Q_1/2$）值，加上时段平均入库流量 I，即为（$V_2/\Delta t+Q_1/2$）值，由此值查 $Z-（V/\Delta t+Q/2）$关系线，在纵坐标上查出时段末水位 Z 值，再以 Z 作为 Z_1 值，重复以上步骤，即可预报库水位过程，由此预报出 Z_m、V_m 值。

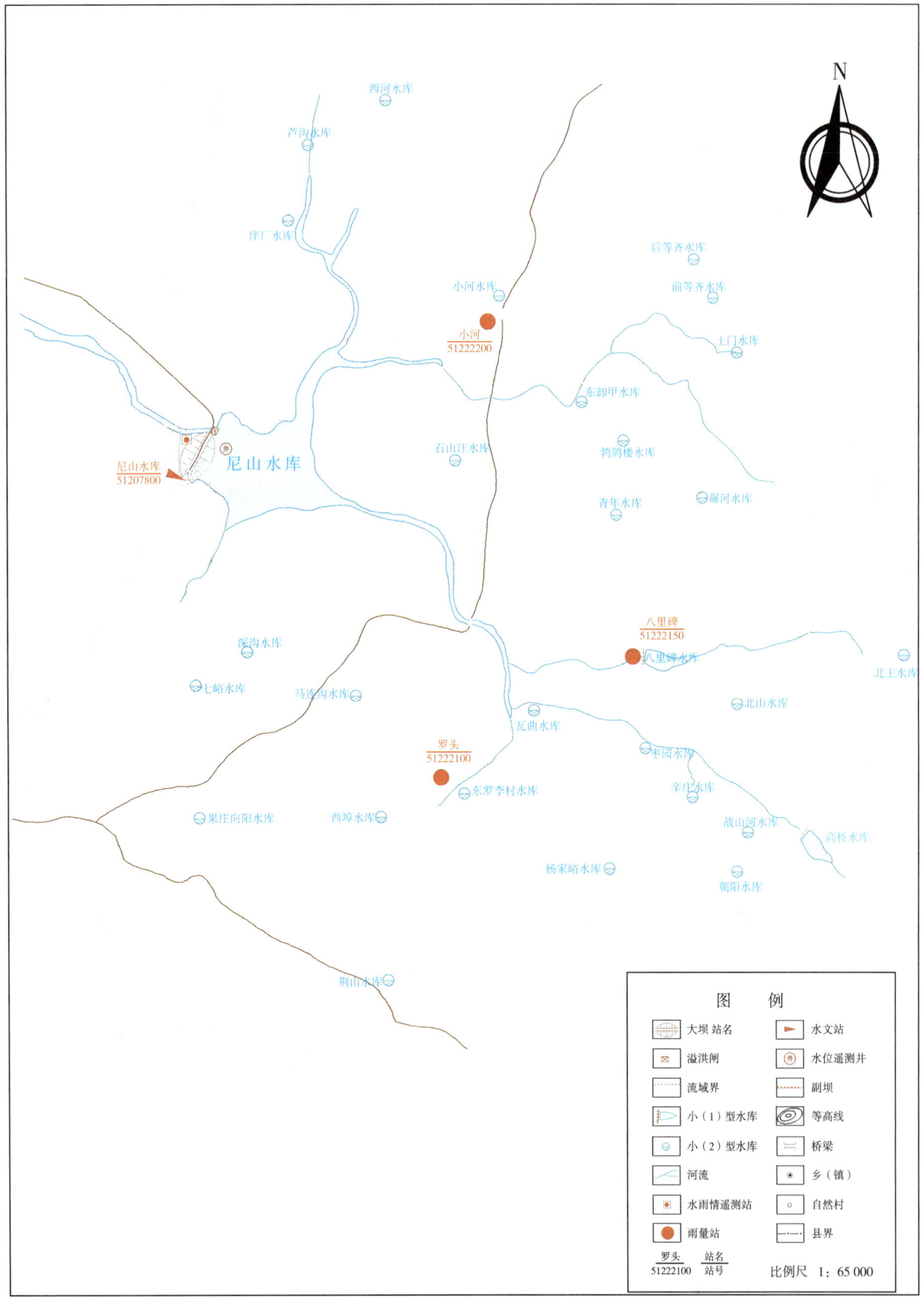

图 15-1 小沂河尼山水库站以上流域图

表 15-4　小沂河尼山水库站降雨径流分析成果表

洪号	降雨起讫时间							流域平均雨量 P（mm）	前期影响雨量 P_a（mm）	降雨历时（h）		暴雨中心位置	洪水发生时间									洪水历时 $T_洪$（h）	洪峰流量 Q_m（m³/s）	净峰流量 $Q_{m净}$（m³/s）	地表径流总量 W（万 m³）	集水面积 F（km²）	径流深 R（mm）	径流系数 α	最高水位 Z_m（m）	最大库容 V_m（万 m³）	最大出库流量 $Q_{m出}$（m³/s）
	起				讫					全部 T	有效 T_c		起涨			洪峰			落平												
	年	月	日	时	月	日	时						月	日	时	月	日	时	月	日	时										
640817	1964	8	16	8	8	18	8	119.0	12.0	48	12	普雨	8	17	12	8	17	14.30	8	19	8	44	—	305	1 123	254	44.2	0.37	119.86	3 478	—
650709	1965	7	9	4	7	15	8	150.5	34.4	148	6	下游	7	7	20	7	9	21.36	7	14	8	156	—	1 069	1 983	254	78.1	0.52	117.85	2 113	—
670712	1967	7	10	22	7	12	18	83.1	17.0	44	8	下游	7	11	8	7	12	9.30	7	16	8	120	—	210	479	254	18.9	0.23	114.41	625	—
670817	1967	8	13	18	8	18	22	152.4	5.4	124	10	下游	8	17	8	8	17	16.30	8	26	8	216	—	353	1 556	254	61.3	0.40	118.83	2 740	—
700731	1970	7	28	17	7	31	11	119.4	60.7	66	16	普雨	7	28	20	7	31	9.30	8	5	8	180	—	428	2 096	254	82.5	0.69	121.01	4 359	—
700806	1970	8	4	15	8	6	22	72.9	58.3	55	16	普雨	8	5	8	8	6	13.00	8	11	8	144	—	112	920	254	36.2	0.50	121.98	5 203	—
700817	1970	8	16	22	8	17	23	88.2	45.6	25	8	上游	8	17	4	8	17	9.00	8	21	8	100	—	354	980	254	38.6	0.44	123.06	6 294	—
710701	1971	6	28	18	7	1	16	94.8	80.0	70	6	普雨	6	29	0	7	1	3.15	7	3	20	116	—	913	1 930	254	76.0	0.80	120.93	4 296	—
710710	1971	7	6	21	7	10	10	111.1	60.6	85	12	普雨	7	6	20	7	10	1.00	7	14	8	180	—	525	2 030	254	79.9	0.72	123.19	6 433	—
710802	1971	8	1	8	8	3	8	62.9	9.5	48	16	普雨	8	1	8	8	2	14.00	8	4	8	72	—	37.5	266	254	10.5	0.17	123.10	6 337	—
710809	1971	8	8	14	8	10	4	122.9	42.8	38	10	普雨	8	9	0	8	9	7.30	8	12	0	72	—	567	1 411	254	55.6	0.45	124.00	7 300	—
710821	1971	8	21	6	8	22	3	77.0	67.8	21	12	普雨	8	21	8	8	21	12.30	8	22	16	32	—	280	1 230	254	48.4	0.63	124.32	7 652	—
710825	1971	8	24	12	8	25	14	69.3	64.8	26	6	上游	8	25	0	8	25	8.45	8	26	2	26	—	487	1 077	254	42.4	0.61	124.36	7 692	—
740801	1974	7	31	23	8	1	11	85.0	70.9	12	4	普雨	8	1	0	8	1	6.15	8	2	14	38	—	797	1 231	254	48.5	0.57	121.83	5 073	—
750709	1975	7	9	6	7	10	7	100.9	22.1	25	8	上游	7	9	10	7	9	19.30	7	11	2	40	—	262	619	254	24.4	0.24	117.13	1 696	—
750717	1975	7	17	10	7	18	15	87.1	30.2	29	8	普雨	7	17	11	7	17	18.15	7	19	8	45	—	283	634	254	25.0	0.29	118.54	2 551	—
760813	1976	8	12	3	8	13	18	88.3	21.2	39	10	普雨	8	12	8	8	13	6.30	8	16	8	96	—	99	325	254	12.8	0.14	115.20	848	—
771028	1977	10	27	6	10	29	14	143.2	2.0	56	12	普雨	10	27	17	10	28	5.30	10	31	20	99	—	378	1 476	254	58.1	0.41	119.63	3 310	—
780625	1978	6	24	13	6	25	23	104.0	9.7	34	8	普雨	6	25	0	6	25	14.30	6	28	0	72	—	204	554	254	21.8	0.21	115.22	857	—
790709	1979	7	9	0	7	9	21	49.2	41.2	21	14	普雨	7	9	8	7	9	17.00	7	11	8	48	—	46.7	296	254	11.7	0.24	118.30	2 395	—
790731	1979	7	31	0	7	31	22	101.6	24.8	22	2	下游	7	31	8	7	31	19.30	8	2	8	48	—	484	684	254	26.9	0.27	119.94	3 536	—
790804	1979	8	4	0	8	4	21	68.2	57.4	21	4	下游	8	4	0	8	4	3.00	8	6	8	56	—	242	734	254	28.9	0.42	120.70	4 119	—
800615	1980	6	15	19	6	16	17	131.7	6.0	22	8	普雨	6	15	19.3	6	15	21.09	6	18	2	54.7	—	995	1 210	254	47.6	0.36	119.36	2 714	—
800729	1980	7	27	15	7	29	18	159.0	16.3	51	6	普雨	7	28	8	7	29	8.30	7	31	20	84	—	728	1 554	254	61.2	0.38	122.37	5 166	—
820808	1982	8	7	12	8	8	12	79.6	18.5	24	4	上游	8	7	22	8	8	9.42	8	8	21	23	—	277	212	254	8.3	0.10	113.67	284	—
840709	1984	7	6	0	7	9	10	103.0	20.7	82	10	普雨	7	8	23	7	9	5.45	7	10	11	36	—	235	741	254	29.2	0.28	116.12	948	—

续表

洪号	降雨起讫时间							流域平均雨量 P（mm）	前期影响雨量 P_a（mm）	降雨历时（h）		暴雨中心位置	洪水发生时间									洪水历时 $T_洪$（h）	洪峰流量 Q_m（m^3/s）	净峰流量 $Q_{m净}$（m^3/s）	地表径流总量 W（万 m^3）	集水面积 F（km^2）	径流深 R（mm）	径流系数 α	最高水位 Z_m（m）	最大库容 V_m（万 m^3）	最大出库流量 $Q_{m出}$（m^3/s）
	起				讫					全部 T	有效 T_c		起涨			洪峰			落平												
	年	月	日	时	月	日	时						月	日	时	月	日	时	月	日	时										
850731	1985	7	30	8	7	31	12	71.8	19.8	28	4	下游	7	30	4.3	7	31	6.30	7	31	22.3	42	—	178	275	254	10.8	0.15	117.14	1 398	—
900816	1990	8	15	12	8	16	10	78.6	29.3	22	2	普雨	8	16	5	8	16	6.42	8	16	14	9	428	414	423	254	16.7	0.21	115.96	888	—
910725	1991	7	24	18	7	25	4	86.0	99.2	10	4	普雨	7	24	17	7	25	2.30	7	26	10	41	1 200	1 150	1 785	254	70.3	0.82	119.93	3 130	177
930805	1993	8	4	14	8	5	8	84.2	63.5	18	6	普雨	8	4	10	8	5	5.30	8	6	13	51	349	329	1 220	254	48.0	0.57	119.57	2 864	78.7
950816	1995	8	15	12	8	16	10	177.8	110.0	22	6	普雨	8	15	16	8	16	0.57	8	17	7	39	3 200	3 130	4 158	254	163.7	0.92	121.51	4 387	364
980815	1998	8	15	0	8	15	10	86.5	110.0	10	6	普雨	8	15	1	8	15	7.30	8	16	7	30	629	615	1 115	254	43.9	0.51	120.38	3 461	58.1
030708	2003	7	8	8	7	8	12	84.8	23.2	4	2	普雨	7	8	9	7	8	14.30	7	9	14	29	112	109	218	254	8.6	0.10	114.97	548.8	0
030714	2003	7	12	2	7	14	10	131.3	85.2	56	24	普雨	7	12	2	7	14	11.30	7	15	20	90	206	203	889	254	35.0	0.27	117.04	1 347	6.24
030826	2003	8	26	4	8	27	4	177.3	59.8	24	20	普雨	8	23	4	8	26	11.30	8	29	8	148	281	270	2 042	254	80.4	0.45	121.80	4 639	0
040717	2004	7	15	20	7	18	6	112.3	76.0	58	18	上游	7	15	14	7	17	9.00	7	19	20	102	121	109	509	254	20.0	0.18	122.47	5 261	0
040827	2004	8	26	14	8	28	0	148.7	58.5	34	20	普雨	8	27	9	8	27	21.00	8	30	12	75	567	560	1 228	254	48.3	0.33	123.95	6 772	146
050920	2005	9	19	20	9	21	8	214.6	80.3	36	16	普雨	9	20	0	9	20	5.00	9	23	8	80	583	581	4 422	254	174.1	0.81	123.72	6 521	103
060829	2006	8	28	14	9	5	8	165.5	54.1	186	20	上游	8	28	20	8	29	9.00	9	4	8	156	250	250	1 957	254	77.0	0.47	122.59	5 377	0
070818	2007	8	15	14	8	18	6	248.7	82.3	64	22	普雨	8	15	20	8	18	4.18	8	22	8	156	1 448	1 429	5 045	254	198.6	0.80	123.43	6 214	124
080603	2008	6	3	12	6	4	4	63.8	10.0	16	8	普雨	6	3	8	6	3	8.00	6	4	20	36	7.5	7.5	102.4	254	4.0	0.06	121.30	4 209	0
090818	2009	8	17	16	8	19	20	125.3	20.2	52	10	普雨	8	17	20	8	18	4.00	8	22	2	102	300	299.4	1 060.3	254	41.7	0.33	122.88	5 664	23.7
100718	2010	7	17	8	7	19	20	190.5	37.4	60	14	普雨	7	17	8	7	18	2.00	7	24	8	168	392	392	2 647	254	104.2	0.55	122.43	5 223	94.3
110915	2011	9	14	6	9	15	22	76.8	79.6	40	10	均匀	9	14	14	9	15	14	9	17	2	60	—	245	731.0	254	28.8	0.37	121.74	4 587	0
120710	2012	7	9	12	7	10	12	42.8	110.0	24	6	下游	7	9	22	7	10	0	7	12	10	60	—	78.1	415.3	254	16.4	0.38	121.59	4 456	0
160720	2016	7	19	16	7	20	22	97.3	83.3	30	12	均匀	7	19	18	7	20	14	7	25	10	136	—	227	956.3	254	37.6	039	117.18	1 691	0.23
170719	2017	7	14	20	7	19	14	150.8	55.9	114	12	均匀	7	14	22	7	19	6	7	24	16	234	—	79.8	624.8	254	24.6	0.16	117.57	1 912	0.2
190811	2019	8	10	8	8	12	20	136.3	96.3	60	24	均匀	8	10	16	8	11	16	8	19	14	214	—	158	1 190	254	46.9	0.34	117.60	1 929	0
200807	2020	8	6	4	8	7	16	90.3	105.1	36	8	均匀	8	6	10	8	07	8	8	12	18	152	—	123	678.4	254	26.7	0.30	117.62	1 942	0

表 15-5　小沂河尼山水库站降雨径流预报精度评定表

序号	洪号	流域平均雨量 P（mm）	前期影响雨量 P_a（mm）	$P+P_a$（mm）	实测径流深 $R_{实}$（mm）	预报径流深 $R_{预}$（mm）	预报误差（mm）	许可误差（mm）	评定结果		说明
									合格	不合格	
1	640817	119.0	12.0	131.0	44.2	35.1	−9.1	8.8		√	
2	650709	150.5	34.4	184.9	78.1	78.0	−0.1	15.6	√		
3	670712	83.1	17.0	100.1	18.9	15.0	−3.9	3.8		√	
4	670817	152.4	5.4	157.8	61.3	56.2	−5.1	12.2	√		
5	700731	119.4	60.7	180.1	82.5	74.1	−8.4	16.5	√		
6	700806	72.9	58.3	131.2	36.2	35.2	−1.0	7.2	√		
7	700817	88.2	45.6	133.8	38.6	37.2	−1.4	7.7	√		
8	710701	94.8	80.0	174.8	76.0	69.8	−6.2	15.2	√		
9	710710	111.1	60.6	171.7	79.9	67.4	−12.5	16.0	√		
10	710802	62.9	9.5	72.4	10.5	6.5	−4.0	3.0		√	
11	710809	122.9	42.8	165.7	55.6	62.6	7.0	11.1	√		
12	710821	77.0	67.8	144.8	48.4	45.8	−2.6	9.6	√		
13	710825	69.3	64.8	134.1	42.4	37.5	−4.9	8.5	√		
14	740801	85.0	70.9	155.9	48.5	54.7	6.2	9.7	√		
15	750709	100.9	22.1	123.0	24.4	28.9	4.5	4.9	√		
16	750717	87.1	30.2	117.3	25.0	24.8	−0.2	5.0	√		
17	760813	88.3	21.2	109.5	12.8	19.8	7.0	3.0		√	
18	771028	143.2	2.0	145.2	58.1	46.2	−11.9	11.6		√	
19	780625	104.0	9.7	113.7	21.8	22.5	0.7	4.4	√		
20	790709	49.2	41.2	90.4	11.7	11.0	−0.7	3.0	√		
21	790731	101.6	24.8	126.4	26.9	31.5	4.6	5.4	√		
22	790804	68.2	57.4	125.6	28.9	30.9	2.0	5.8	√		
23	800615	131.7	6.0	137.7	47.6	40.2	−7.4	9.5	√		
24	800729	159.0	16.3	175.3	61.2	70.2	9.0	12.2	√		
25	820808	79.6	18.5	98.1	8.3	14.1	5.8	3.0		√	

序号	洪号	流域平均雨量 P（mm）	前期影响雨量 P_a（mm）	$P+P_a$（mm）	实测径流深 $R_{实}$（mm）	预报径流深 $R_{预}$（mm）	预报误差（mm）	许可误差（mm）	评定结果		说明
									合格	不合格	
26	840709	103.0	20.7	123.7	29.2	29.4	0.2	5.8	√		
27	850731	71.8	19.8	91.6	10.8	11.5	0.7	3.0	√		
28	900816	78.6	29.3	107.9	16.7	19.0	2.3	3.3	√		
29	910725	86.0	99.2	185.2	70.3	78.2	7.9	14.1	√		
30	930805	84.2	63.5	147.7	48.0	48.2	0.2	9.6	√		
31	950816	177.8	110.0	287.8	163.7	163.5	−0.2	20.0	√		
32	980815	86.5	110.0	196.5	43.9	87.5	43.6	8.8		√	
33	030708	84.8	23.2	108.0	8.6	7.7	−0.9	3.0	√		
34	030714	131.3	85.2	216.5	35.0	35.2	0.2	7.0	√		
35	030826	177.3	59.8	237.1	80.4	121.0	40.6	16.1		√	
36	040717	112.3	76.0	188.3	20.0	22.6	2.6	4.0	√		
37	040827	148.7	58.5	207.2	48.3	96.2	47.9	9.7		√	
38	050920	214.6	80.3	294.9	174.1	169.4	−4.7	20.0	√		
39	060829	165.5	54.1	219.6	77.0	106.5	29.5	15.4		√	
40	070818	248.7	82.3	331.0	198.6	198.5	−0.1	20.0	√		
41	080603	63.8	10.0	73.8	4.0	4.1	0.1	3.0	√		
42	090818	125.3	20.2	145.5	41.7	46.4	4.7	8.3	√		
43	100718	190.5	37.4	227.9	104.2	113.4	9.2	20.0	√		
44	110915	76.8	79.6	156.4	28.8	15.4	−13.4	5.8		√	
45	120710	42.8	110.0	152.8	16.4	14.8	−1.6	3.3	√		
46	160720	97.3	83.3	180.6	37.6	20.5	−17.1	7.5		√	
47	170719	150.8	55.9	206.7	24.6	29.5	4.9	4.9	√		
48	190811	136.3	96.3	232.6	46.9	47.1	0.2	9.4	√		
49	200807	90.3	105.1	195.4	26.7	24.9	−1.8	5.3	√		

备注：1. 预报误差 = 预报值 − 实测值；2. 许可误差 = 实测值的 20%，以 20.0 mm 为上限，以 3.0 mm 为下限；3. 方案合格率为 76%，属乙级方案。

表 15-6　小沂河尼山水库站峰量关系预报精度评定表

序号	洪号	实测径流深 $R_{实}$（mm）	有效降雨历时 T_c（h）	实测净峰流量 $Q_{m净实}$（m^3/s）	预报净峰流量 $Q_{m净预}$（m^3/s）	预报误差（m^3/s）	许可误差（m^3/s）	评定结果		说明
								合格	不合格	
1	640817	44.2	12	305	293	–12	61.0	√		
2	650709	78.1	6	1 069	974	–95	213.8	√		
3	670712	18.9	8	210	191	–19	42.0	√		
4	670817	61.3	10	353	500	147	70.6		√	
5	700731	82.5	16	428	303	–126	85.6		√	
6	700806	36.2	16	112	133	21	22.4	√		
7	700817	38.6	8	354	386	32	70.8	√		
8	710701	76.0	6	913	948	35	182.6	√		
9	710710	79.9	12	525	525	0	105.0	√		
10	710802	10.5	16	37.5	38	0.5	7.5	√		
11	710809	55.6	10	567	455	–112	113.4	√		
12	710821	48.4	12	280	320	40	56.0	√		
13	710825	42.4	6	487	534	47	97.4	√		
14	740801	48.5	4	797	797	0	159.4	√		
15	750709	24.4	8	262	250	–12	52.4	√		
16	750717	25.0	8	283	252	–31	56.6	√		
17	760813	12.8	10	99	130	31	19.8		√	
18	771028	58.1	12	378	382	4	75.6	√		
19	780625	21.8	8	204	221	17	40.8	√		
20	790709	11.7	14	46.7	65	18.3	9.3		√	
21	790731	26.9	2	484	550	66	96.8	√		
22	790804	28.9	4	242	470	228	48.4		√	
23	800615	47.6	8	995	478	–517	199.0		√	
24	800729	61.2	6	728	765	37	145.6	√		
25	820808	8.3	4	277	139	–138	55.4		√	
26	840709	29.2	10	235	240	5	47.0	√		
27	850731	10.8	4	178	175	–3	35.6	√		
28	900816	16.7	2	414	340	–74	82.8	√		
29	910725	70.3	4	1 150	1 150	0	230.0	√		
30	930805	48.0	6	329	601	272	65.8		√	
31	950816	163.7	6	3 130						不参与定线
32	980815	43.9	6	615	551	–64	123.0	√		
33	030708	8.6	2	109	175	66	21.8		√	
34	030714	35.0	24	203	128	–75	40.6		√	
35	030826	80.4	20	270	295	25	54.0	√		
36	040717	20.0	18	109	73	–36	21.8		√	
37	040827	48.3	20	560						不参与定线
38	050920	174.1	16	581	638	57	116.2	√		
39	060829	77.0	20	250	283	33	50.0	√		
40	070818	198.6	22	1 429						不参与定线
41	080603	4.0	8	7.5						不参与定线
42	090818	41.7	10	299.4	339	39.6	59.9	√		
43	100718	104.2	14	392	564	172	78.4		√	
44	110915	28.8	10	245	234	–11	49.0	√		
45	120710	16.4	6	78.1	204	125.9	15.6		√	
46	160720	37.6	12	227	248	21	45.4	√		
47	170719	24.6	12	79.8	162	82.2	16.0		√	
48	190811	46.9	24	158	172	14	31.6	√		
49	200807	26.7	8	123	268	145	24.6		√	

备注：1. 预报误差 = 预报值 – 实测值；2. 许可误差 = 实测值的 20%；3. 方案合格率为 67%，属丙级方案。

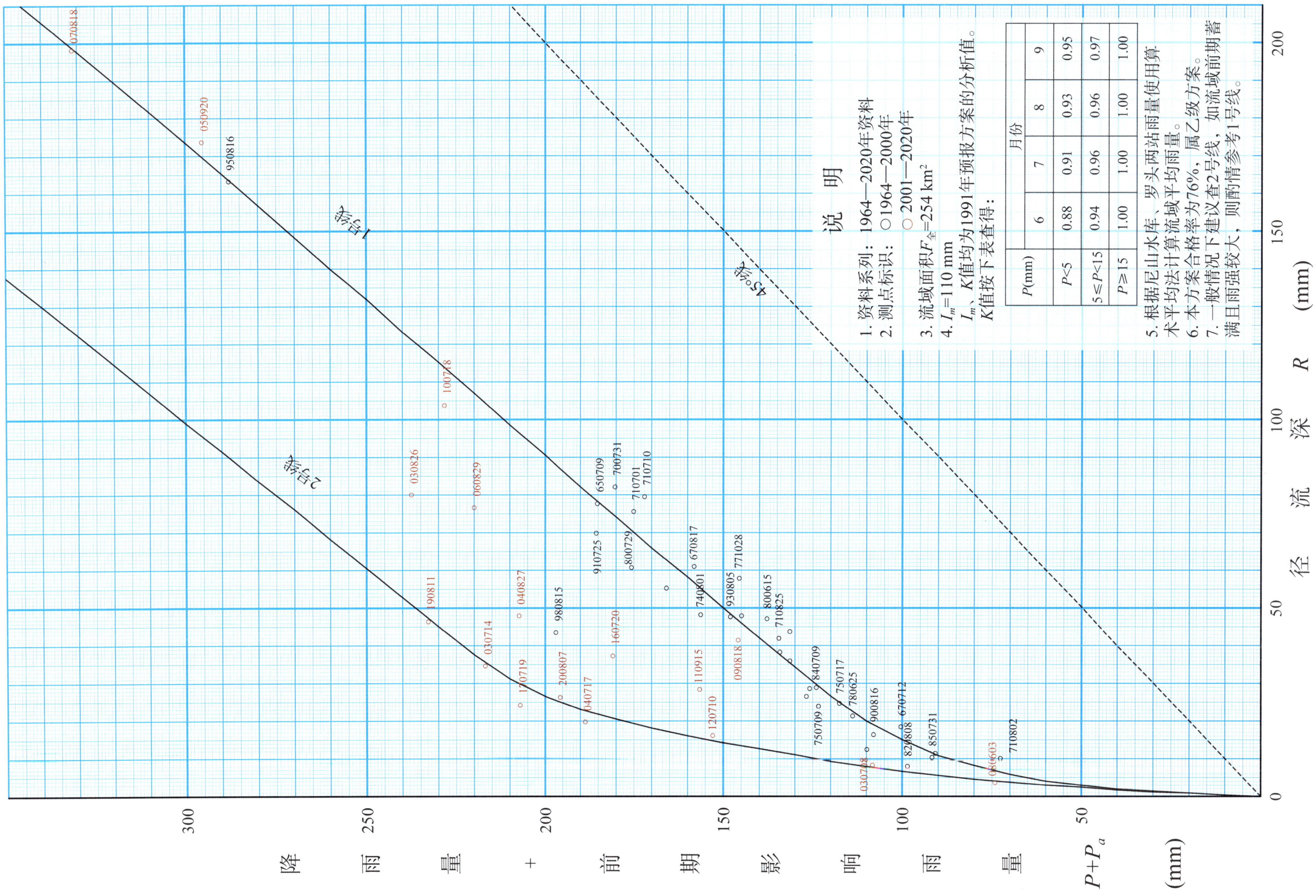

图 15-2　小沂河尼山水库站降雨径流相关图

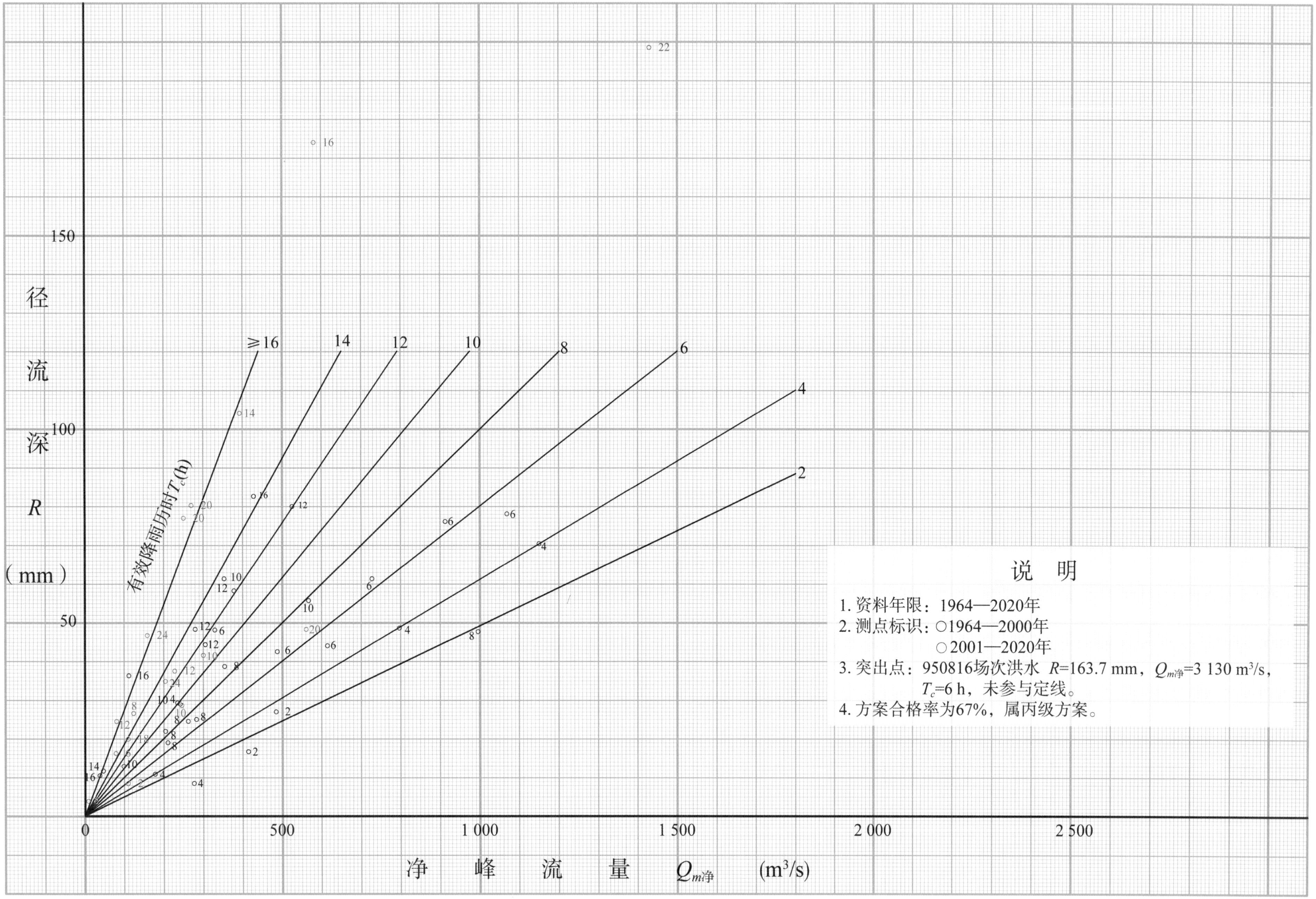

图 15-3　小沂河尼山水库站峰量关系曲线图

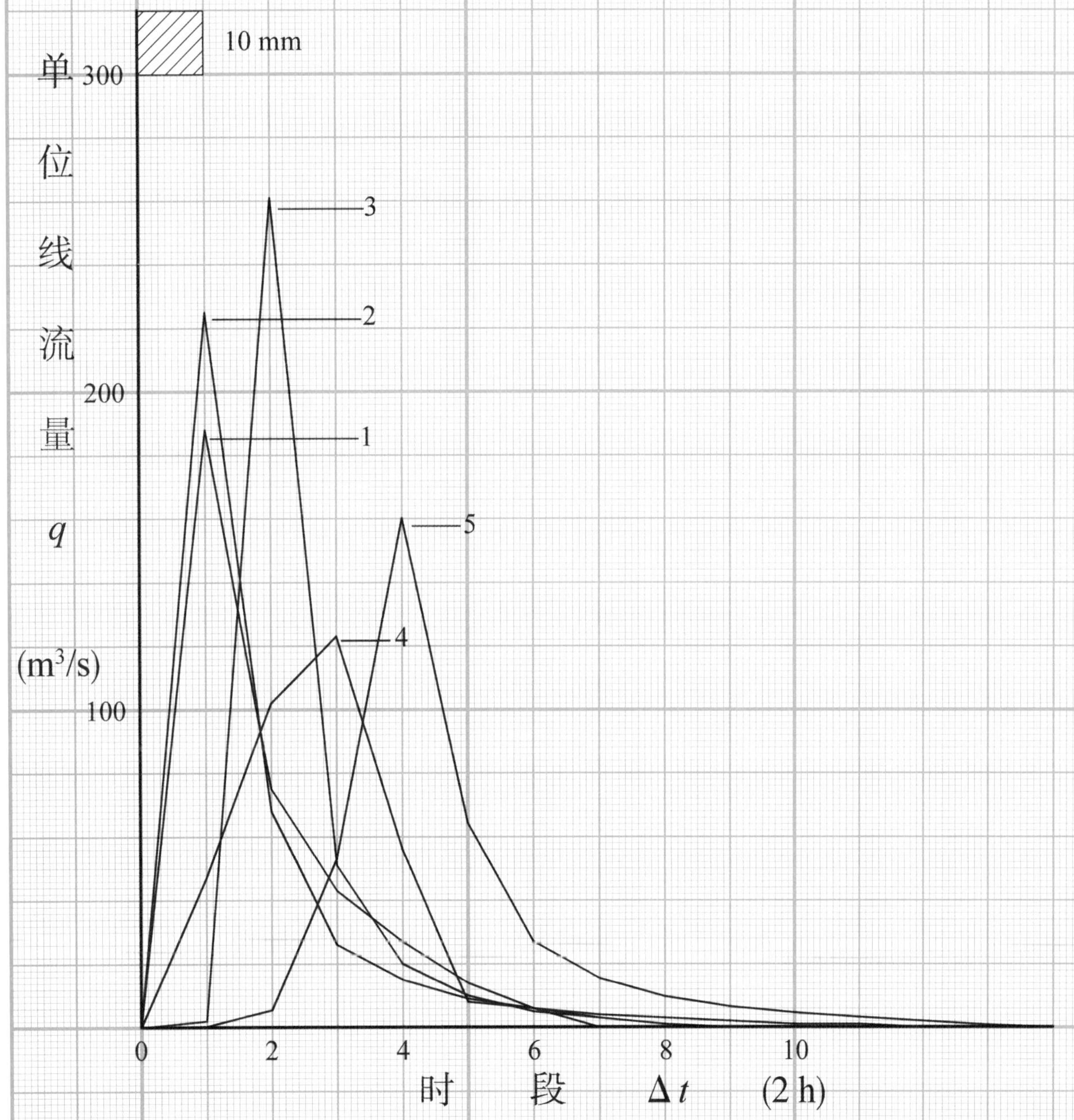

单位线成果表

$F_{区}$=254 km²，Δt=2 h

时段	单位线流量q(m³/s)					备 注
	1线	2线	3线	4线	5线	
0	0	0	0	0	0	1号线根据1979年7月31日洪水分析，降雨中心在下游，P=101.6 mm，P_a=24.8 mm，$Q_{m净}$=484 m³/s，T_c=2 h
1	188	225	2	47	0	
2	75	68	261	102	6	
3	43	26	51	123	53	
4	27	15	20	56	160	2号线根据1980年6月15日洪水分析，流域普遍降雨，降雨强度大，且降雨集中。P=131.7 mm，P_a=6.0 mm，$Q_{m净}$=995 m³/s，T_c=8 h
5	14	9	10	8	64	
6	6	6	5	6	27	
7	0	3	3	4	16	
8		1	1	3	10	
9		0	0	2	7	3号线根据1998年8月15日洪水分析，普雨，雨强较大。P=86.5 mm，P_a=110.0 mm，$Q_{m净}$=615 m³/s，T_c=6 h
10				1	5	
11				1	3	
12				0	2	
13					1	4号线根据2003年7月8日洪水分析，普雨，雨强较大，降雨集中。P=84.8 mm，P_a=23.2 mm，$Q_{m净}$=109 m³/s，T_c=2 h
14					0	
15						
16						
17						
18						
19						5号线根据160720、170719、190811场次洪水综合分析，均为普雨
20						
Σ	353	353	353	353	353	

图 15-4　小沂河尼山水库站单位线图

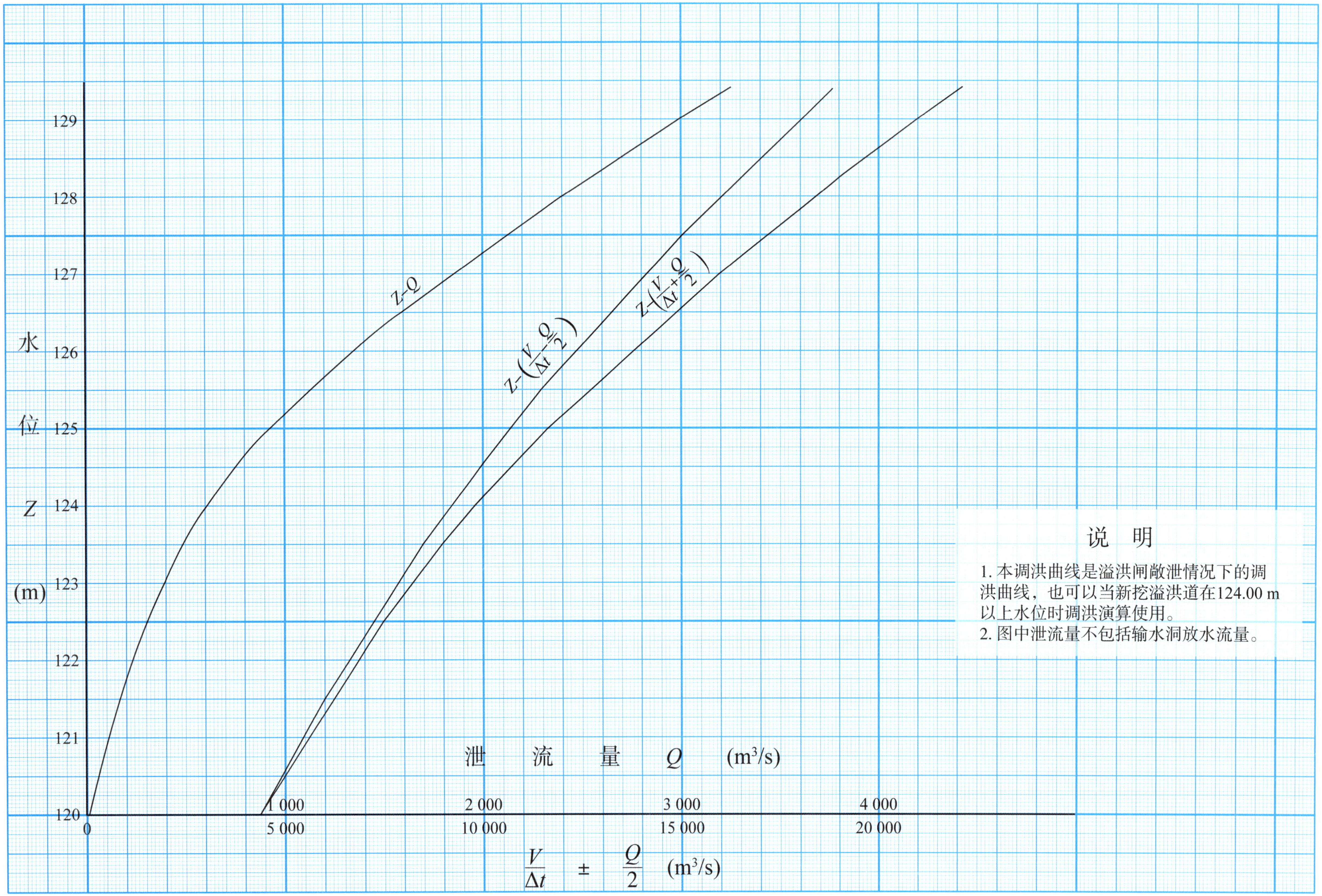

图 15–5 小沂河尼山水库蓄率中线法调洪曲线图

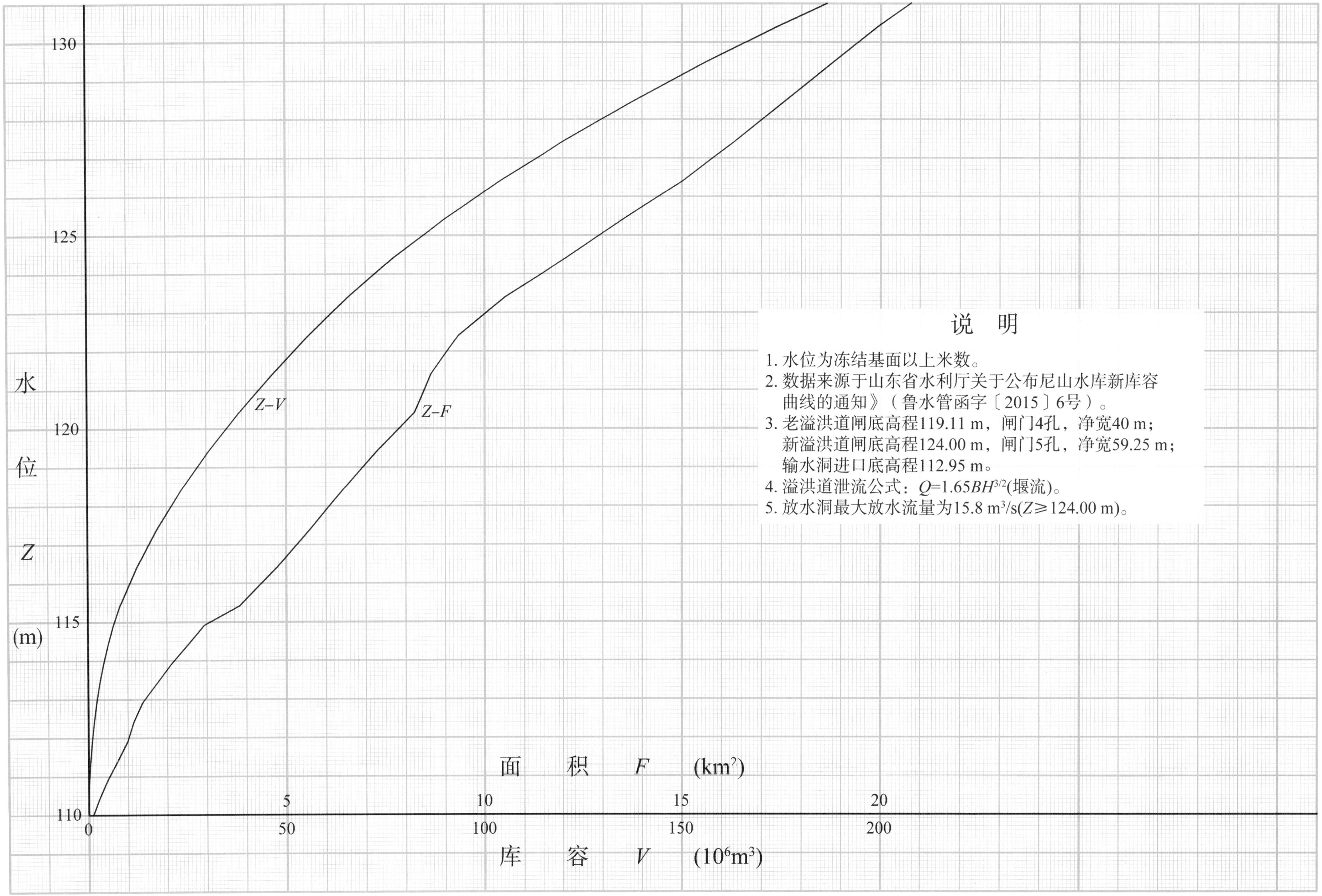

图 15–6 小沂河尼山水库水位与库容、面积关系曲线图

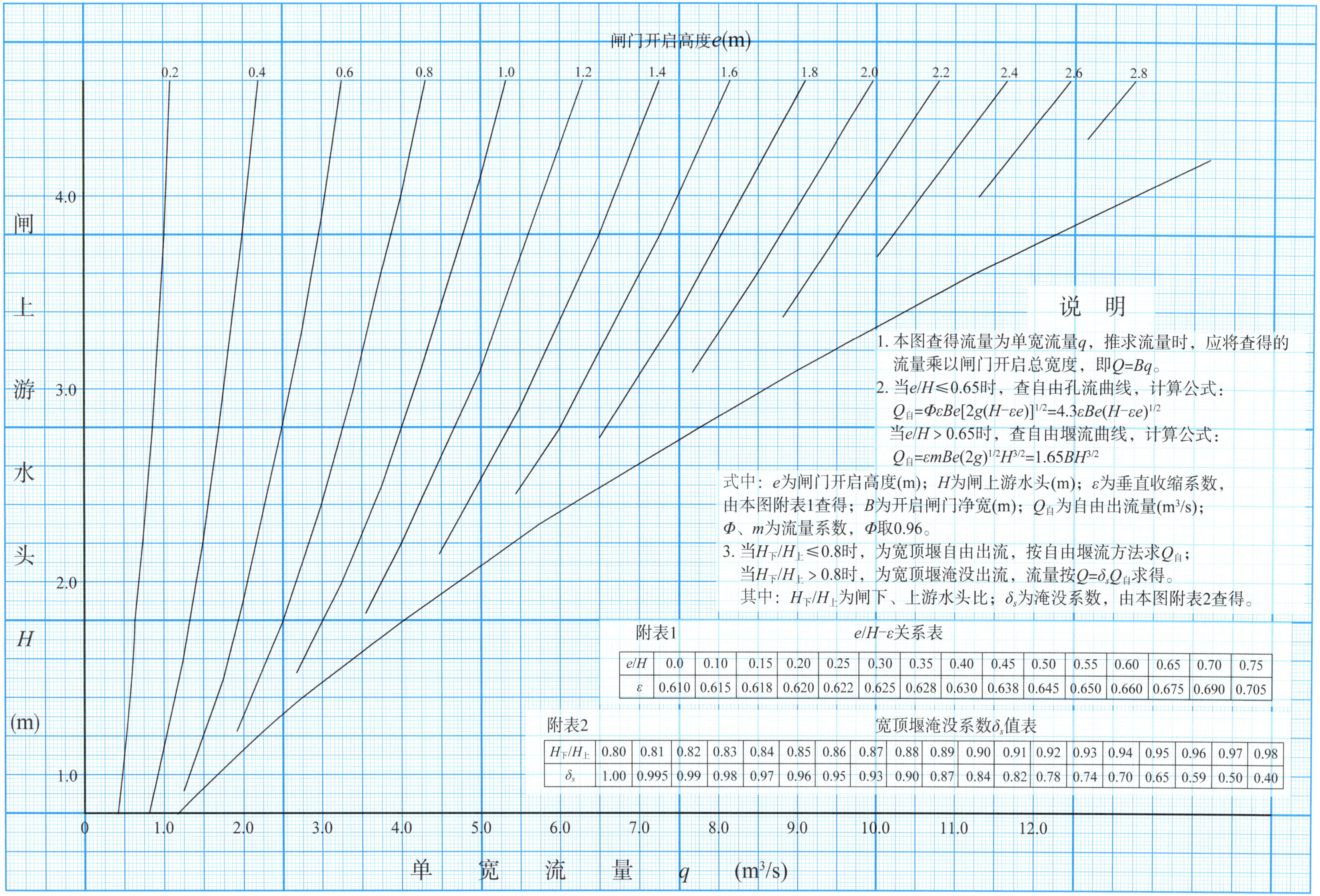

说 明

1. 本图查得流量为单宽流量q，推求流量时，应将查得的流量乘以闸门开启总宽度，即$Q=Bq$。
2. 当$e/H\leqslant 0.65$时，查自由孔流曲线，计算公式：
   $Q_{自}=\Phi\varepsilon Be[2g(H-\varepsilon e)]^{1/2}=4.3\varepsilon Be(H-\varepsilon e)^{1/2}$
   当$e/H>0.65$时，查自由堰流曲线，计算公式：
   $Q_{自}=\varepsilon mBe(2g)^{1/2}H^{3/2}=1.65BH^{3/2}$

式中：e为闸门开启高度(m)；H为闸上游水头(m)；ε为垂直收缩系数，由本图附表1查得；B为开启闸门净宽(m)；$Q_{自}$为自由出流量(m³/s)；Φ、m为流量系数，Φ取0.96。

3. 当$H_{下}/H_{上}\leqslant 0.8$时，为宽顶堰自由出流，按自由堰流方法求$Q_{自}$；
   当$H_{下}/H_{上}>0.8$时，为宽顶堰淹没出流，流量按$Q=\delta_s Q_{自}$求得。
   其中：$H_{下}/H_{上}$为闸下、上游水头比；δ_s为淹没系数，由本图附表2查得。

附表1 $e/H-\varepsilon$关系表

e/H	0.0	0.10	0.15	0.20	0.25	0.30	0.35	0.40	0.45	0.50	0.55	0.60	0.65	0.70	0.75
ε	0.610	0.615	0.618	0.620	0.622	0.625	0.628	0.630	0.638	0.645	0.650	0.660	0.675	0.690	0.705

附表2 宽顶堰淹没系数δ_s值表

$H_{下}/H_{上}$	0.80	0.81	0.82	0.83	0.84	0.85	0.86	0.87	0.88	0.89	0.90	0.91	0.92	0.93	0.94	0.95	0.96	0.97	0.98
δ_s	1.00	0.995	0.99	0.98	0.97	0.96	0.95	0.93	0.90	0.87	0.84	0.82	0.78	0.74	0.70	0.65	0.59	0.50	0.40

图 15-7 小沂河尼山水库泄流曲线图

第十六章　大沙河西苇水库站水文预报方案编制说明

1　流域基本情况

1.1　流域自然地理特征

西苇水库位于邹城市城区东部白马河上游支流大沙河上，控制流域面积 113.6 km^2，总库容 1.019 亿 m^3。水库以上为山丘区，建有小型水库 19 座，塘坝 56 座，蓄水量 1 836 万 m^3。其中，浅山区约占整个流域面积的 10%，分布在水库上游东南部，其余 90% 为丘陵区。本流域地表岩层为砂石山，有大量岩石裸露，但无断层、裂隙、溶洞、水泉等情况，土层厚度为 0.2 ~ 2.0 m，土壤为黄沙壤土。原来的荒山土岭，经过逐年的封山造林、水土保持等工作，水土流失情况逐年减轻。西苇水库站以上流域图见图 16–1。

1.2　水利工程情况

水库流域内现有小（1）型水库 2 座、小（2）型水库 17 座，总控制流域面积 48.77 km^2，总库容 922.72 万 m^3，兴利库容 423.07 万 m^3。详见表 16–1。

表 16–1　西苇水库以上流域水利工程情况表

位置		水库名称	类型	流域面积（km^2）	库容（万 m^3）		灌溉面积（亩）
乡镇	村庄				总	兴利	
大束	三合村	三合村	小（1）	3.3	221	111.5	1 890
	崮尚	崮尚	小（1）	2.2	132	106.5	1 000
张庄	桐花秧	桑北	小（2）	1.5	32	9.0	100
大束	张屋	张屋	小（2）	0.5	14.3	4.4	100
	二沟	二沟	小（2）	1.2	13	6.5	100
	二沟	洪山	小（2）	1.5	45	25.7	300
	葛炉山	葛炉山	小（2）	0.5	10.8	6.5	200
	北葛	北葛	小（2）	2.0	17.8	8.1	100
	安平庄	石连沟	小（2）	1.1	20	11.9	250
	孔陈庄	横梁山	小（2）	1.1	27.6	12.6	200
	灰埠	后灰	小（2）	0.6	12.2	4.4	150
	潘庄	潘家庄	小（2）	0.8	22	12.0	200
	武庄	武庄	小（2）	1.2	19	7.5	200
大束	赵庄	赵庄	小（2）	1.5	69	24.5	200
	朱庄	朱庄	小（2）	0.6	11.4	5.0	100
	灰埠	前灰	小（2）	2.3	46	13.2	200
	土旺村	李楼	小（2）	1.5	12.95	2.13	300
	东北庄	东北庄	小（2）	23.07	158	40.17	1 500
	南庄	蒋南庄	小（2）	2.3	38.67	11.47	300
合计				48.77	922.72	423.07	7 390

1.3　测站概况

西苇水库水文站设立于 1960 年 6 月。流域集水面积 F 变动情况如下：1961—1984 年采用 85.3 km^2，1985—1989 年采用 114 km^2，1990 年以后采用 113.6 km^2。罗头站为上游站，西苇水库站为下游站。本站采用冻结基面，1956 年黄海基面高程 = 冻结基面（废黄河口）高程 −0.178 m，1985 年国家高程基准高程 = 冻结基面高程 −0.234 m。

1.4　流域雨水情特点

据多年资料统计，流域多年平均年降水量为 726.5 mm，降水量的年际变化较大，年内分布也不均匀，汛期 6—9 月份多年平均降水量为 535.7 mm，占年降水量的 74% 左右。该流域 1 小时最大雨量为 65.8 mm，6 小时最大雨量为 191.2 mm，24 小时最大雨量为 227.6 mm。

流域历史最大洪水发生在 2007 年 8 月 18 日，该场洪水 P=214.7 mm，P_a=52.2 mm，$Q'_{m净}$ = 262 m^3/s，W=1 952 万 m^3，Z=107.54 m（废黄河口基面，下同），V=6 084 万 m^3。

1.5　主要防洪指标

西苇水库主要防洪指标见表 16–2。

表 16–2　2021 年西苇水库汛期控制运用主要指标表

总库容	1.019 亿 m^3	最大坝高	22.30 m
坝型	均质土坝	坝顶高程	112.00 m
坝长	2 650 m	防浪墙顶高程	113.00 m
兴利水位	106.24 m	溢洪道底高程	103.18 m
兴利库容	0.411 1 亿 m^3	溢洪道闸	2 孔
死水位	98.50 m	溢洪道净宽	20 m
历史最高水位	107.54 m（2007-8-18）	输水洞底高程	96.00 m
警戒水位	108.96 m	下游河道第一安全泄量	132 m^3/s
允许最高水位	110.07 m	下游河道第二安全泄量	151 m^3/s

续表

汛限水位	106.24 m		
汛末蓄水位	106.24 m		

2 预报方案编制

2.1 资料情况及方案沿革

2.1.1 资料情况

西苇水库站预报方案于1991年、1999年、2010年分别进行过修订。本次修订除选用之前分析的1961—2010年共43场次暴雨洪水外，另外补充了2011—2020年8场次暴雨洪水进行分析，即资料系列为1961—2020年，共51场次洪水。西苇水库站降雨径流分析成果见表16–3。

2.1.2 方案沿革

原方案中产流方案采用降雨径流相关图 $P+P_a-R$，汇流方案采用峰量关系曲线图、经验单位线。本次修订在原产流方案降雨径流相关图 $P+P_a-R$ 中增加了8个点据，关系线保持不变；在原汇流方案峰量关系曲线图中增加了8个点据，关系线保持不变；新增了1条单位线。

2.2 产流方案

本方案采用了 $P+P_a-R$ 降雨径流相关图，方案合格率为78.0%，属乙级方案，详见表16–4。

2.2.1 降雨径流相关图的绘制

根据点群分布，1967—1979年点群密集，位置偏右，降雨径流关系较好；1980年以后点据位置显著偏左，相应径流深 R 值偏小，尤其是1990年以后，更为明显。因此，根据点据分布情况和实际考察，点绘了1980年前后两条线。详见图16–2。

2.2.2 突出点据分析

650709、030824场次洪水，降雨中心在下游，前期影响雨量较小，雨强较大，造成了超渗产流，从而 R 值偏大。

740730场次洪水，降水中心在上游，降雨历时较长，造成下渗较大，从而 R 值偏小。

930805场次洪水，降水中心在下游，并受前期径流影响，造成 R 值偏大。

040717场次洪水，有效降雨历时较长（36 h），前期影响雨量不大，下渗量较大，造成 R 值偏小。

090817场次洪水，前期影响雨量很小，但有效降雨历时短，雨强较大，造成超渗产流，从而 R 值偏大。

180819、190811、200807场次洪水，由于上游拦蓄工程影响，R 值偏小。

2.3 汇流方案

2.3.1 峰量关系曲线

本方案采用 $R-T_c-Q_{m净}$ 关系图，有效降雨历时 T_c 采用占总降水量80%的降雨量的集中历时，或是采用能发生净雨的降雨集中历时，以 T_c 为参数，目估点群中心定出一组关系曲线，方案合格率为64.0%，属丙级方案。详见表16–5、图16–3。

2.3.2 经验单位线

本方案取 Δt=2 h，选用980804、980814场次洪水分析了两条单位线，又选用110915、160720、180819、190811场次洪水综合分析出一条单位线（3号单位线），详见图16–4。

2.4 蓄率中线法调洪

本方案依据水量平衡原理，计算并绘制了蓄率中线法调洪曲线，详见图16–5。

2.5 水位与面积、库容、泄量关系曲线

西苇水库水位与面积、库容及溢洪道泄量（放水洞放水流量）关系曲线依据《山东省水利工程三查三定资料汇编·大型水库》（山东省水利厅1985年）点绘，详见图16–6。

3 方案使用说明

3.1 产流方案

根据代表站雨量采用算术平均法计算流域平均降水量 P，加上流域平均前期影响雨量 P_a，查降雨径流相关图（$P+P_a-R$），得该次降水形成的地表径流深 R。一般情况下建议查2号线，如流域前期蓄满且雨强较大，则酌情参考1号线。

3.2 汇流方案

3.2.1 入库洪峰流量预报

以 T_c 为参数，由次雨径流深 R 查峰量关系图（$R-T_c-Q_{m净}$），得该次降雨入库净峰流量 $Q_{m净}$，加上基流，即为入库洪峰流量。

3.2.2 入库流量过程预报

（1）经验单位线法

根据该次降雨的雨型，选择适当的单位线，以各时段净雨分别乘以单位线，得出各时段净雨的入库流量过程，然后错时段叠加，再加上基流，即为该次降雨的入库流量过程。

（2）综合瞬时单位线法

汇流计算采用综合瞬时单位线，单位线参数 M_1 根据《山东省水文图集》中地区综合公式计算：

$$M_1=kF^{0.33}J^{-0.27}R^{-0.20}T_c^{0.17}$$

式中：k 为公式系数，一般山丘区 k=0.196；F 为汇流单元的流域面积，F=113.6 km^2；J 为河道干流平均坡度，J=2.495‰；R 为径流深（mm）；T_c 为有效降雨历时（h）。

3.3　蓄率中线法调洪曲线

由已知 Z_1，查图 16–6 中水位－泄量关系线得到 Q_1，再查图 16–5 中 Z–（$V/\Delta t$–$Q/2$）关系线得到（$V_1/\Delta t$–$Q_1/2$）值，加上时段平均入库流量 $\bar{I}$，即为（$V_2/\Delta t$ + $Q_1/2$）值，由此值查 Z–（$V/\Delta t$ +$Q/2$）关系线，在纵坐标上查出时段末水位 Z 值，再以 Z 作为 Z_1 值，重复以上步骤，即可预报水库以后各时段水位变化过程以及各时段出流过程，同时查算出最高水位值。

4　使用方案注意事项

本流域自建站初的 20 世纪 60 年代至今，80 年代的产流规律有明显变化，产流量显著偏少，故使用降雨径流方案时应以 2 号线为准。

对于降雨径流关系线，应注意积累资料，补充点据，特别是高水点据。

在使用峰量关系曲线和峰现时间关系曲线时，注意准确选取有效降雨历时 T_c，并需考虑暴雨中心的分布，慎重分析，才能得到较准确的预报值。

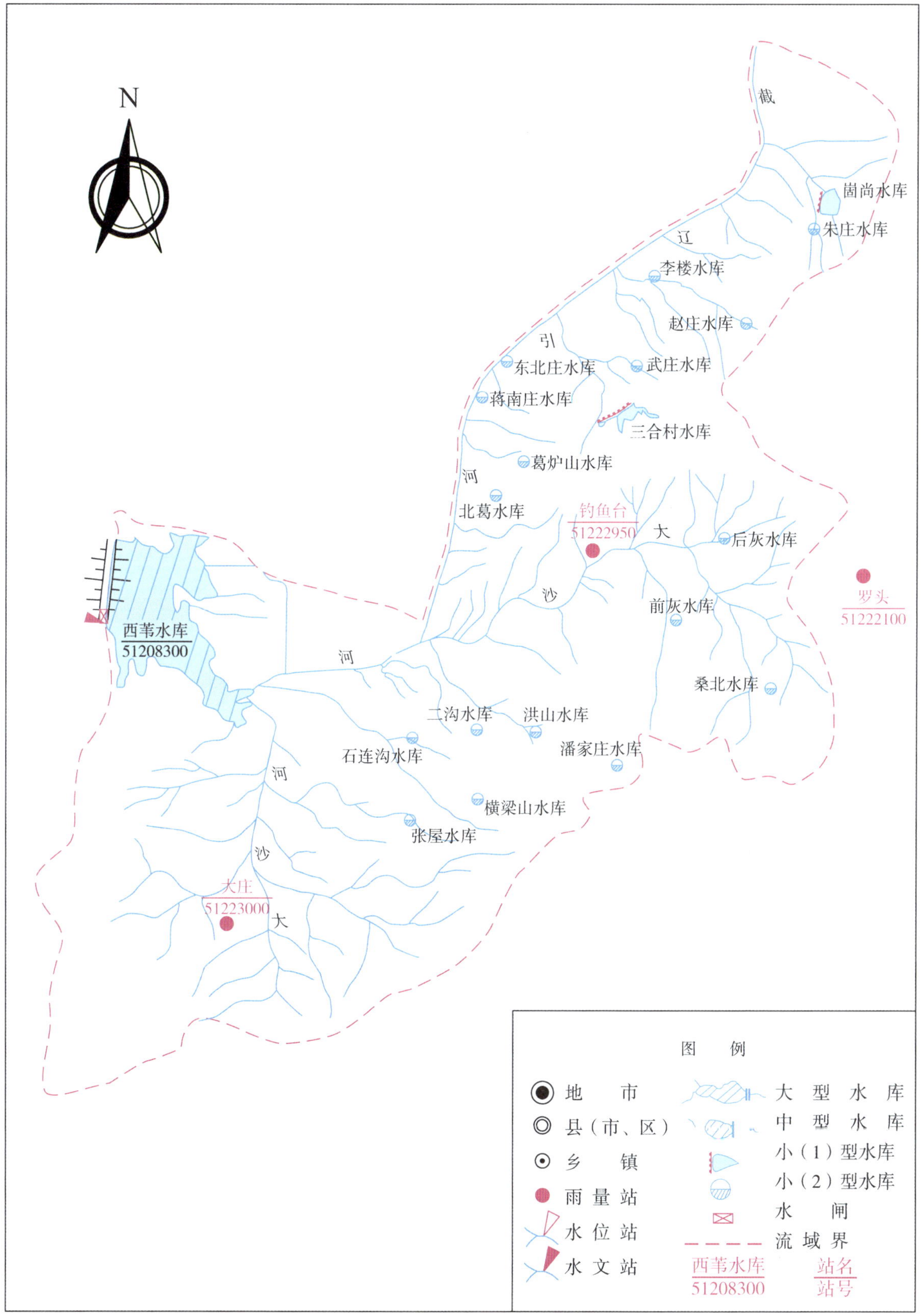

图 16–1　大沙河西苇水库站以上流域图

表 16-3　大沙河西苇水库站降雨径流分析成果表

洪号	降雨起讫时间							流域平均雨量 P（mm）	前期影响雨量 P_a（mm）	降雨历时（h）		暴雨中心位置	洪水发生时间									洪水历时 $T_{洪}$（h）	净峰流量 $Q'_{m净}$（m^3/s）	改正后净峰流量 $Q_{m净}$（m^3/s）	洪水总量 $W_{总}$（万 m^3）	地表径流总量 W（万 m^3）	集水面积 F（km^2）	径流深 R（mm）	径流系数 α	最高水位 Z（m）	最大库容 V（万 m^3）	净雨中心至峰现时距 t_p（h）
	起				讫					全部 T	有效 T_c		起涨			峰顶			落平													
	年	月	日	时	月	日	时						月	日	时	月	日	时	月	日	时											
610810	1961	8	10	10	8	10	22	83.8	63.4	12	4	下游	8	10	10	8	10	18	8	11	1	15	152	184	371	371	85.3	43.5	0.52	103.95	3 194	8
620807	1962	8	7	4	8	7	20	59.6	80.0	16	12	下游	8	6	23	8	7	12	8	8	9	34	55.3	67.1	350	316	85.3	37.0	0.62	102.91	2 450	13
630829	1963	8	29	8	8	30	8	166.2	34.1	24	10	上游	8	29	14	8	29	22	8	30	12	22	243	295	996	873	85.3	102.3	0.62	105.59	4 443	8
640818	1964	8	16	8	8	18	10	135.4	50.6	50	18	下游	8	17	0	8	18	9	8	18	16	40	161	195	631	588	85.3	68.9	0.51	103.92	3 343	33
650709	1965	7	9	8	7	10	3	127.3	37.6	19	8	下游	7	9	10	7	9	21	7	10	3	17	798	968	882	759	85.3	89.0	0.70	101.72	2 010	11
700726	1970	7	25	8	7	26	8	97.5	56.2	24	10	上游	7	25	15	7	26	3	7	26	10	19	386	468	585	480	85.3	56.3	0.58	99.71	1 104	12
720706	1972	7	5	22	7	6	10	280.4	19.8	12	6	下游	7	5	20	7	6	3	7	6	16	20	1 049	1 270	1 641	1 570	85.3	184.1	0.66	103.71	3 197	7
730728	1973	7	28	12	7	29	2	91.1	52.8	14	10	下游	7	28	14	7	28	21	7	29	11	21	106	129	413	343	85.3	40.2	0.44	102.99	2 695	7
740730	1974	7	29	22	7	30	22	82.4	85.2	24	4	上游	7	29	22	7	30	6	7	30	17	19	172	209	308	264	85.3	30.9	0.38	100.52	1 434	8
740801	1974	8	1	0	8	1	11	88.6	86.6	11	6	下游	8	1	0	8	1	6	8	1	14	14	284	344	587	471	85.3	55.2	0.62	101.82	2 060	6
750709	1975	7	9	11	7	10	0	100.2	21.4	13	6	上游	7	9	10	7	9	19	7	10	4	18	141	171	312	254	85.3	29.8	0.30	100.07	1 232	9
750717	1975	7	17	12	7	18	8	63.1	33.9	20	10	上游	7	17	12	7	17	17	7	18	16	28	43.0	52.2	248	157	85.3	18.4	0.29	100.79	1 556	5
750726	1975	7	26	6	7	27	8	60.0	72.4	26	12	上游	7	26	6	7	26	15	7	27	14	32	55.6	66.7	250	250	85.3	29.3	0.49	101.81	2 055	9
750730	1975	7	30	0	7	30	10	38.6	72.6	10	4	下游	7	30	2	7	30	6	7	30	15	13	98.0	119	196	147	85.3	17.2	0.45	102.31	2 321	4
770720	1977	7	19	14	7	20	6	45.8	52.1	16	6	上游	7	19	21	7	20	1	7	20	7	10	33.5	40.6	75.0	62.0	85.3	7.3	0.16	95.81	255	4
771030	1977	10	28	0	10	29	6	122.0	49.6	30	14	上游	10	28	0	10	30	16	10	31	14	86	45.4	55.1	560	524	85.3	61.4	0.50	99.51	1 038	—
780625	1978	6	25	0	6	26	0	120.6	9.4	24	6	下游	6	25	2	6	25	14	6	25	19	17	154	187	303	268	85.3	31.4	0.26	98.10	654	12
780701	1978	7	1	14	7	2	4	59.9	47.7	14	4	上游	7	1	11	7	1	16	7	3	20	57	37.5	45.5	225	186	85.3	21.8	0.36	99.07	893	5
780901	1978	8	31	20	9	1	8	49.8	21.1	12	6	上游	8	31	20	9	1	4	9	1	7	11	43.4	52.6	115	101	85.3	11.8	0.24	101.98	2 140	8
790702	1979	7	2	10	7	2	20	41.7	75.0	10	4	下游	7	2	10	7	2	15	7	2	22	12	114	138	200	175	85.3	20.5	0.49	99.92	1 174	5
790709	1979	7	9	4	7	9	22	47.6	52.5	18	6	上游	7	9	8	7	9	13	7	10	4	20	86.2	105	180	158	85.3	18.5	0.39	100.50	1 425	5
790920	1979	9	20	3	9	21	2	108.7	57.8	23	10	上游	9	20	8	9	20	17	9	21	14	30	165	200	684	573	85.3	67.2	0.62	103.92	3 244	9
800727	1980	7	27	14	7	28	8	93.0	17.0	18	8	下游	7	27	13	7	27	21	7	28	13	24	103	125	315	249	85.3	29.2	0.31	102.47	2 262	8
800729	1980	7	28	20	7	29	12	93.1	100	16	4	下游	7	29	2	7	29	9	7	29	16	14	253	307	452	390	85.3	45.7	0.49	103.21	2 663	7
840709	1984	7	9	0	7	9	8	57.9	70.1	8	4	下游	7	9	1	7	9	7	7	9	22	21	106	129	227	197	85.3	23.1	0.40	97.03	459	6
850821	1985	8	21	0	8	21	8	46.9	17.9	8	4	下游	8	21	2	8	21	9	8	21	15	13	48.7	48.7	91	60.2	114	5.3	0.11	101.87	1 963	7

续表

洪号	降雨起讫时间							流域平均雨量 P（mm）	前期影响雨量 P_a（mm）	降雨历时（h）		暴雨中心位置	洪水发生时间									洪水历时 $T_{洪}$（h）	净峰流量 $Q'_{m净}$（m^3/s）	改正后净峰流量 $Q_{m净}$（m^3/s）	洪水总量 $W_{总}$（万 m^3）	地表径流总量 W（万 m^3）	集水面积 F（km^2）	径流深 R（mm）	径流系数 α	最高水位 Z（m）	最大库容 V（万 m^3）	净雨中心至峰现时距 t_p（h）
	起				讫					全部 T	有效 T_c		起涨			峰顶			落平													
	年	月	日	时	月	日	时						月	日	时	月	日	时	月	日	时											
850909	1985	9	9	2	9	9	10	56.9	45.0	8	6	下游	9	9	2	9	9	9	9	10	4	26	95.2	95.2	229	200	114	17.5	0.31	102.87	2 428	7
910719	1991	7	19	4	7	19	22	100.5	85.0	18	6	下游	7	19	4	7	19	16	7	19	20	16	373	373	483	471	113.6	41.5	0.41	102.01	2 027	8
930805	1993	8	4	14	8	5	6	91.9	62.1	16	8	下游	8	3	16	8	5	3	8	9	8	136	155	155	951	672	113.6	59.2	0.64	106.24	4 881	12
950816	1995	8	15	19	8	16	16	159.0	90.6	21	12	下游	8	15	19	8	16	1	8	17	1	30	310	310	1 207	1 103	113.6	97.1	0.61	105.37	4 162	6
980804	1998	8	4	12	8	4	18	75.5	68.9	6	2	上游	8	4	14	8	4	17	8	6	20	54	94.6	94.6	408.9	343.3	113.6	30.2	0.40	102.53	2 294	3
980815	1998	8	15	0	8	15	10	97.7	90.6	10	6	普雨	8	14	17	8	15	5.5	8	17	17	72	240	240	881.5	722.1	113.6	63.6	0.65	104.63	3 603	12.5
030824	2003	8	22	20	8	24	20	99.5	31.9	48	22	下游	8	23	11	8	24	16.5	8	25	7	44	226	226	760	520	113.6	45.8	0.46	99.81	1 144	—
030826	2003	8	25	12	8	26	10	80.3	100.0	22	10	下游	8	25	12	8	26	10.3	8	26	15.5	27.5	262	262	706	580	113.6	51.1	0.64	100.33	1 712	—
040717	2004	7	15	22	7	17	16	92.2	58.0	42	36	普雨	7	16	17	7	17	7	7	22	20	147	32.0	32.0	313	161	113.6	14.2	0.15	100.61	1 428	—
040827	2004	8	26	16	8	27	22	146.3	36.7	30	22	普雨	8	27	11	8	27	21	8	29	8.5	45.5	224	224	630	447	113.6	39.3	0.27	102.29	2 169	—
040914	2004	9	14	2	9	14	16	78.5	20.1	14	6	上游	9	13	14	9	14	17	9	18	20	126	15.0	15.0	209	115	113.6	10.1	0.13	102.31	2 179	—
050920	2005	9	19	20	9	21	8	214.8	56.0	36	14	普雨	9	19	20	9	20	7	9	25	8	132	361	361	1 859	1 859	113.6	163.6	0.76	106.42	5 043	4
060829	2006	8	28	14	9	1	0	147.7	42.7	82	14	上游	8	27	20	8	29	8	9	4	16	188	76.4	76.4	554.5	488.3	113.6	43.0	0.29	106.59	5 194	10
070818	2007	8	15	14	8	18	12	214.7	52.2	70	18	上游	8	15	18	8	18	6	8	23	8	182	262	262	1 952	1 718	113.6	151.2	0.70	107.54	6 084	8
080603	2008	6	3	12	6	4	4	66.8	5.0	16	8	普雨	6	3	8	6	3	20	6	8	8.20	120.2	12.9	12.9	130.1	130.1	113.6	11.5	0.17	105.49	4 258	2
090817	2009	8	17	14	8	18	16	118.0	5.8	26	8	普雨	8	16	20	8	17	22	8	31	8	348	142	142	684.1	640.2	113.6	56.4	0.48	106.58	5 185	0
100718	2010	7	17	12	7	19	20	179.3	12.3	56	14	普雨	7	16	10	7	18	0	7	23	8	166	231	231	1 277	903	113.6	79.5	0.44	106.30	4 937	6
110915	2011	9	14	0	9	19	6	101.5	39.3	126	20	普雨	9	14	0	09	15	10	6	20	8	152	32.5	32.5	—	291.0	113.6	25.6	0.25	105.59	4 338	0
120712	2012	7	7	4	7	13	6	146.8	62.2	146	24	下游	7	7	8	07	12	20	7	14	16	176	125	125	—	676.4	113.6	59.5	0.41	106.10	4 760	2
160614	2016	6	13	18	6	14	12	84.3	21.6	18	6	普雨	6	13	18	06	14	06	6	16	4	58	53.9	53.9	—	189.9	113.6	16.7	0.20	100.81	1 505	4
160720	2016	7	19	18	7	20	18	99.3	56.0	24	10	普雨	7	19	20	07	20	10	7	23	6	82	59.1	59.1	—	349.7	113.6	30.8	0.31	102.43	2 241	6
170623	2017	6	23	14	6	24	2	35.8	32.0	12	2	下游	6	23	14	06	23	18	6	25	14	48	75.0	75.0		86.4	113.6	7.6	0.21	102.69	2 379	0
180819	2018	8	17	20	8	20	4	104.8	73.6	56	16	普雨	8	17	20	08	19	20	8	24	0	148	57.1	57.1	—	354.0	113.6	31.2	0.30	102.46	2 257	8
190811	2019	8	10	12	8	12	16	118.0	75.9	52	26	普雨	8	10	14	08	11	14	8	15	8	114	46.9	46.9	—	348.1	113.6	30.6	0.26	101.80	1 931	4
200807	2020	8	6	14	8	9	4	87.8	85.1	62	8	普雨	8	6	18	08	7	08	8	12	18	144	25.8	25.8	—	323.8	113.6	28.5	0.32	101.35	1 721	8

表 16–4　大沙河西苇水库站降雨径流预报精度评定表

序号	洪号	流域平均降雨量 P（mm）	前期影响雨量 P_a（mm）	$P+P_a$（mm）	实测径流深 $R_{实}$（mm）	预报径流深 $R_{预}$（mm）	预报误差（mm）	许可误差（mm）	评定结果		说明
									合格	不合格	
1	610810	83.8	63.4	147.2	43.5	42.0	−1.5	8.7	√		
2	620807	59.6	80.0	139.6	37.0	37.0	0.0	7.4	√		
3	630829	166.2	34.1	200.3	102.3	90.0	−12.3	20.0	√		
4	640818	135.4	50.6	186	68.9	73.0	4.1	13.8	√		
5	650709	127.3	37.6	164.9	89.0	53.0	−36.0	17.8		√	
6	700726	97.5	56.2	153.7	56.3	46.0	−10.3	11.3	√		
7	730728	91.1	52.8	143.9	40.2	40.0	−0.2	8.0	√		
8	740730	82.4	85.2	167.6	30.9	56.0	25.1	6.2		√	
9	740801	88.6	86.6	175.2	55.2	63.0	7.8	11.0	√		
10	750709	100.2	21.4	121.6	29.8	28.0	−1.8	6.0	√		
11	750717	63.1	33.9	97.0	18.4	16.6	−1.8	3.7	√		
12	750726	60.0	72.4	132.4	29.3	32.0	2.7	5.9	√		
13	750730	38.6	72.6	111.2	17.2	18.0	0.8	3.4	√		
14	770720	45.8	52.1	97.9	7.3	16.9	9.6	3.0		√	
15	771030	122.0	49.6	171.6	61.4	60.0	−1.4	12.3	√		
16	780625	120.6	9.4	130.0	31.4	31.0	−0.4	6.3	√		
17	780701	59.9	47.7	107.6	21.8	20.0	−1.8	4.4	√		
18	780901	49.8	21.1	70.9	11.8	10.0	−1.8	3.0	√		
19	790702	41.7	75.0	116.7	20.5	24.0	3.5	4.1	√		
20	790709	47.6	52.5	100.1	18.5	18.0	−0.5	3.7	√		
21	790920	108.7	57.8	166.5	67.2	56.0	−11.2	13.4	√		
22	800727	93.0	17.0	110.0	29.2	28.0	−1.2	5.8	√		
23	800729	93.1	100.0	193.1	45.7	52.0	6.3	9.2	√		
24	840709	57.9	70.1	128.0	23.1	22.0	−1.1	4.6	√		
25	850821	46.9	17.9	64.8	5.3	8.0	2.7	3.0	√		
26	850909	56.9	45.0	101.9	17.5	15.0	−2.5	3.5	√		
27	910719	100.5	85.0	185.5	41.5	48.0	6.5	8.3	√		
28	930805	91.9	62.1	154.0	59.2	32.0	−27.2	11.8		√	
29	950816	159.0	90.6	249.6	97.1	97.0	−0.1	19.4	√		
30	980804	75.5	68.9	144.4	30.2	28.0	−2.2	6.0	√		
31	980815	97.7	100.0	197.7	63.6	55.0	−8.6	12.7	√		
32	030824	99.5	31.9	131.4	45.8	23.0	−22.8	9.2		√	
33	030826	80.3	100.0	180.3	51.1	44.6	−6.5	10.2	√		
34	040717	92.2	58.0	150.2	14.2	30.0	15.8	3.0		√	
35	040827	146.3	36.7	183.0	39.3	46.3	7.0	7.9	√		
36	040914	78.5	20.1	98.6	10.1	14.8	4.7	3.0		√	
37	050920	214.8	56.0	270.8	163.6	158.2	−5.4	20.0	√		
38	060829	147.7	42.7	190.4	43.0	50.3	7.3	8.6	√		
39	070818	214.7	52.2	266.9	151.2	154.3	3.1	20.0	√		
40	080603	66.8	5.0	71.8	11.5	10.2	−1.3	3.0	√		
41	090817	118.0	5.8	123.8	56.4	27.7	−28.7	11.3		√	
42	100718	179.3	12.3	191.6	79.5	81.9	2.4	15.9	√		
43	110915	101.5	39.3	140.8	25.6	26.4	0.8	5.1	√		
44	120712	146.8	62.2	209.0	59.5	62.6	3.1	11.9	√		
45	160614	84.3	21.6	105.9	16.7	16.3	−0.4	3.3	√		
46	160720	99.3	56.0	155.3	30.8	32.4	1.6	6.2	√		
47	170623	35.8	32.0	67.8	7.6	8.8	1.2	3.0	√		
48	180819	104.8	73.6	178.4	31.2	43.7	12.5	6.2		√	
49	190811	118.0	75.9	193.9	30.6	52.5	21.9	6.1		√	
50	200807	87.8	85.1	172.9	28.5	40.8	12.3	5.7		√	

备注：1. 预报误差 = 预报值 – 实测值；2. 许可误差 = 实测值的 20%，以 20.0 mm 为上限，以 3.0 mm 为下限；3. 方案合格率为 78%，属乙级方案。

表 16-5　大沙河西苇水库站净峰流量预报精度评定表

序号	洪号	实测径流深 R（mm）	有效净雨历时 T_c（h）	实测净峰流量 $Q_{m净实}$（m^3/s）	预报净峰流量 $Q_{m净预}$（m^3/s）	预报误差（m^3/s）	许可误差（m^3/s）	评定结果		说明
								合格	不合格	
1	610810	43.5	4	184	320	136	36.8		√	
2	620807	37.0	12	67.1	67	−0.1	13.4	√		
3	630829	102.3	10	295	365	70	59.0		√	
4	640818	68.9	18	195	50	−145	39.0		√	
5	650709	89.0	8	968	465	−503	193.6		√	
6	700726	56.3	10	468	280	−188	93.6		√	
7	720706	184.1	6	1 270	1 280	10	254.0	√		
8	730728	40.2	10	129	130	1	25.8	√		
9	740730	30.9	4	209	225	16	41.8	√		
10	740801	55.2	6	344	350	6	68.8	√		
11	750709	29.8	6	171	175	4	34.2	√		
12	750717	18.4	10	52.2	53	0.8	10.4	√		
13	750726	29.3	12	66.7	54	−12.7	13.3	√		
14	750730	17.2	4	119	122	3	23.8	√		
15	770720	7.3	6	40.6	40	−0.6	8.1	√		
16	771030	61.4	14	55.1	60	4.9	11.0	√		
17	780625	31.4	6	187	190	3	37.4	√		
18	780701	21.8	4	45.5	155	109.5	9.1		√	
19	780901	11.8	6	52.6	63	10.4	10.5	√		
20	790702	20.5	4	138	145	7	27.6	√		
21	790709	18.5	6	108	110	2	21.6	√		
22	790920	67.2	10	200	230	30	40.0	√		
23	800727	29.2	8	125	135	10	25.0	√		
24	800729	45.7	4	307	340	33	61.4	√		
25	840709	23.1	4	129	135	6	25.8	√		
26	850821	5.3	4	48.7	40	−8.7	9.7	√		
27	850909	17.5	6	95.2	100	4.8	19.0	√		
28	930805	59.2	8	155	285	130	31.0			不参与定线
29	950816	97.1	12	310	200	−110	62.0		√	
30	980815	63.6	6	240	410	170	48.0		√	
31	030824	45.8	22	226	92	−134	45.2		√	
32	030826	51.1	10	262	165	−97	52.4		√	
33	040717	14.2	36	32.0	28	−4	6.4	√		
34	040827	39.3	22	224	79	−145	44.8		√	
35	040914	10.1	6	15.0	67	52	3.0			不参与定线
36	050920	163.6	14	361	327	−34	72.2	√		
37	060829	43.0	14	76.4	86	9.6	15.3	√		
38	070818	151.2	18	262	302	40	52.4	√		
39	080603	11.5	8	12.9	58	45.1	2.6			不参与定线
40	090817	56.4	8	142	275	133	28.4			不参与定线
41	100718	79.5	14	231	159	−72	46.2		√	
42	110915	25.6	20	32.5	51	18.5	6.5		√	
43	120712	59.5	24	125	119	−6	25.0	√		
44	160614	16.7	6	53.9	111	57.1	10.8		√	
45	160720	30.8	10	59.1	101	41.9	11.8		√	
46	170623	7.6	2	75.0	64	−11	15.0	√		
47	180819	31.2	16	57.1	62	4.9	11.4	√		
48	190811	30.6	26	46.9	61	14.1	9.4		√	
49	200807	28.5	8	25.8	141	115.2	5.2			不参与定线

备注：1. 预报误差 = 预报值 − 实测值；2. 许可误差 = 实测值的 20%；3. 方案合格率为 64%，属丙级方案。

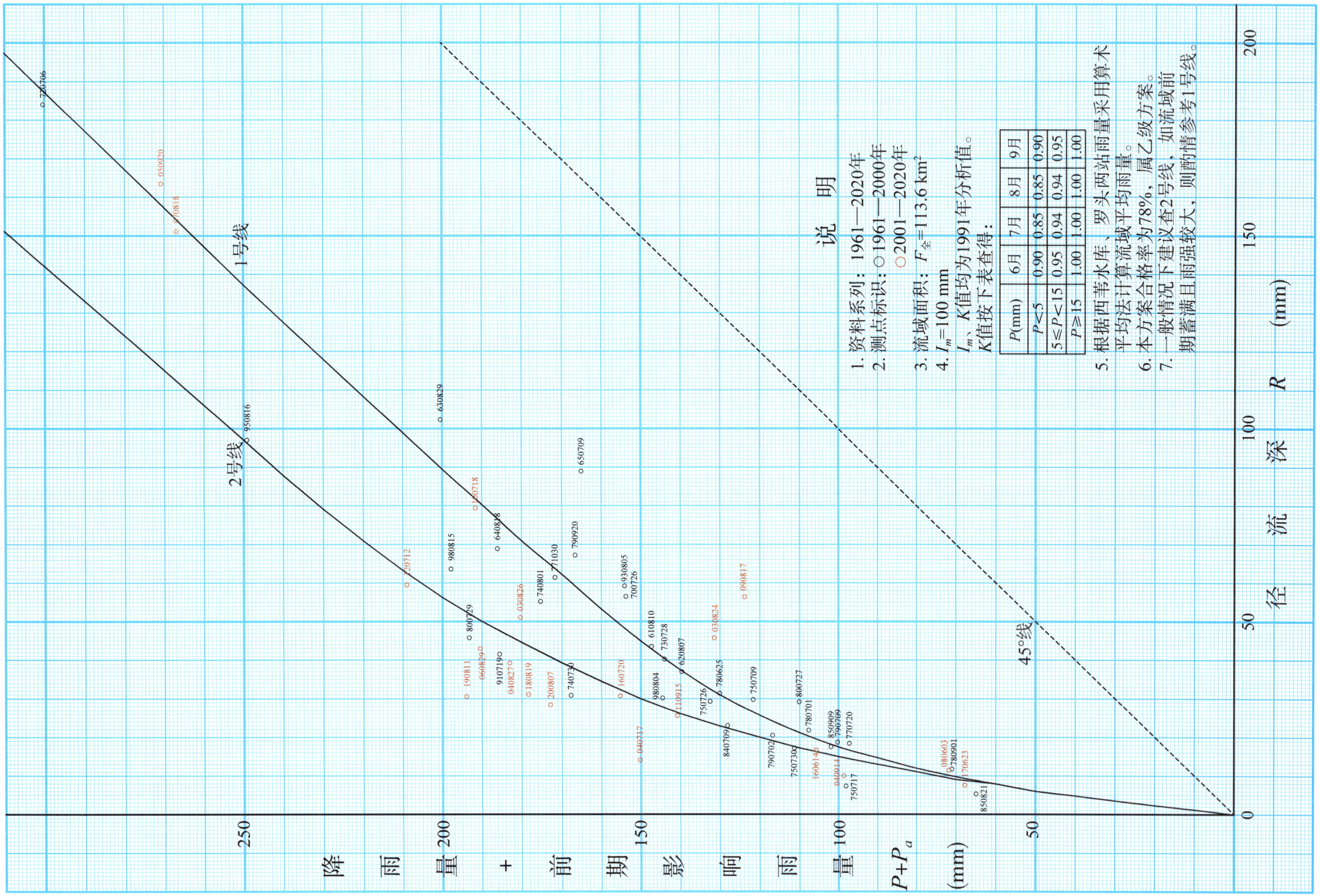

图 16-2 大沙河西苇水库站降雨径流相关图

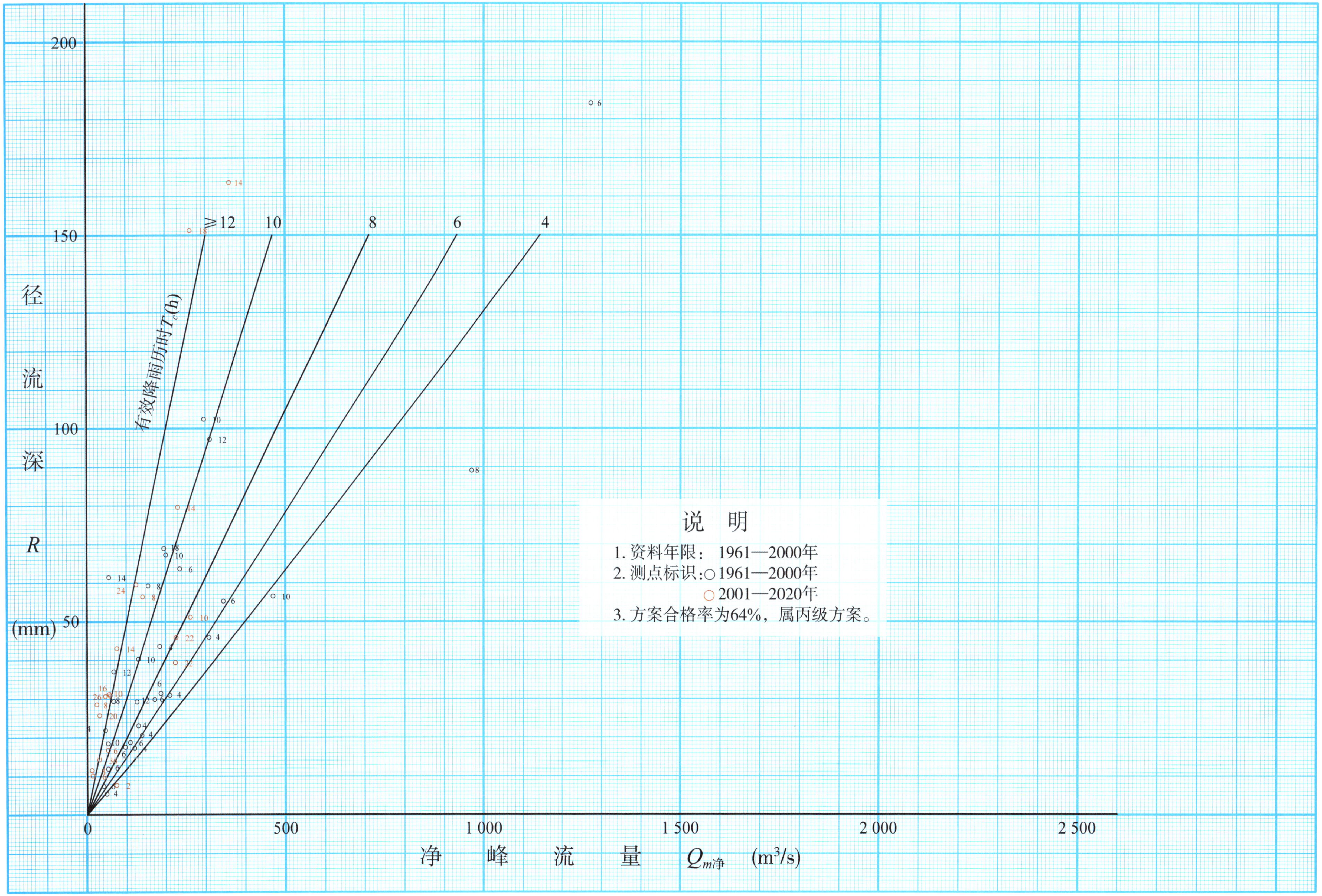

图 16-3 大沙河西苇水库站峰量关系曲线图

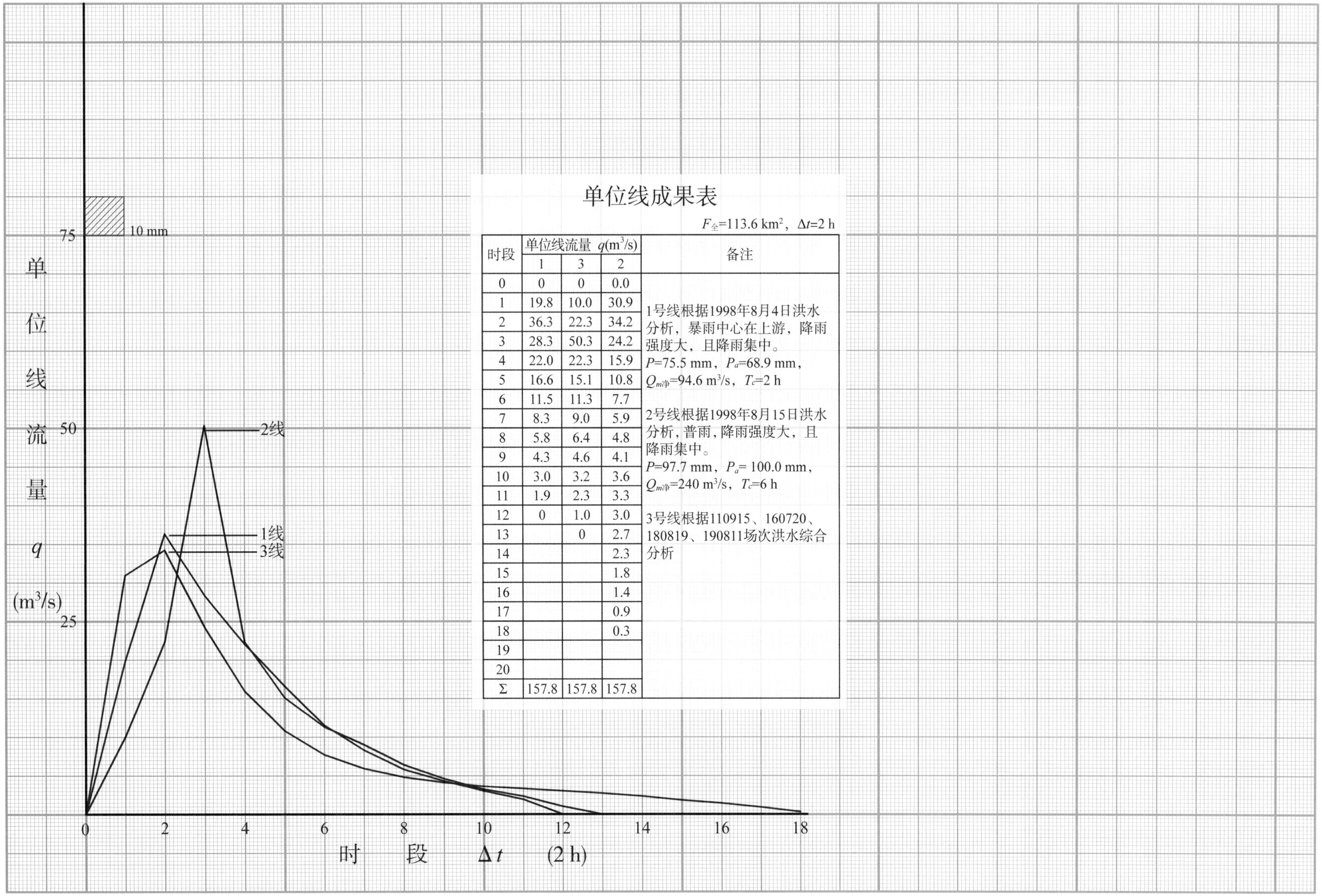

单位线成果表

$F_{全}$=113.6 km², Δt=2 h

时段	单位线流量 q(m³/s)			备注
	1	3	2	
0	0	0	0.0	
1	19.8	10.0	30.9	
2	36.3	22.3	34.2	
3	28.3	50.3	24.2	
4	22.0	22.3	15.9	
5	16.6	15.1	10.8	
6	11.5	11.3	7.7	
7	8.3	9.0	5.9	
8	5.8	6.4	4.8	
9	4.3	4.6	4.1	
10	3.0	3.2	3.6	
11	1.9	2.3	3.3	
12	0	1.0	3.0	
13		0	2.7	
14			2.3	
15			1.8	
16			1.4	
17			0.9	
18			0.3	
19				
20				
Σ	157.8	157.8	157.8	

备注：

1号线根据1998年8月4日洪水分析，暴雨中心在上游，降雨强度大，且降雨集中。
P=75.5 mm，P_a=68.9 mm，$Q_{m净}$=94.6 m³/s，T_c=2 h

2号线根据1998年8月15日洪水分析，普雨，降雨强度大，且降雨集中。
P=97.7 mm，P_a= 100.0 mm，$Q_{m净}$=240 m³/s，T_c=6 h

3号线根据110915、160720、180819、190811场次洪水综合分析

图 16-4　大沙河西苇水库站单位线图

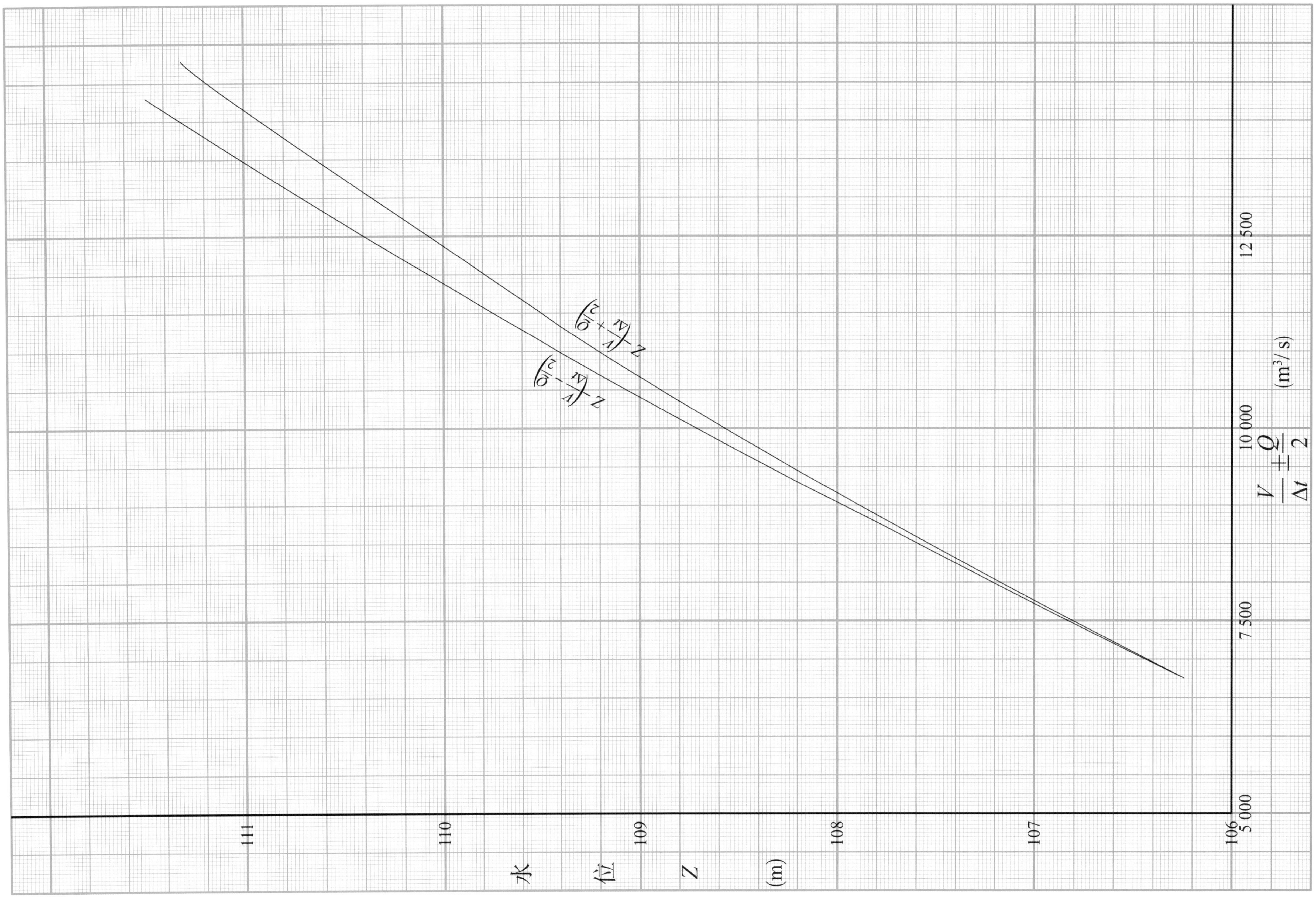

图 16–5　大沙河西苇水库蓄率中线法调洪曲线图

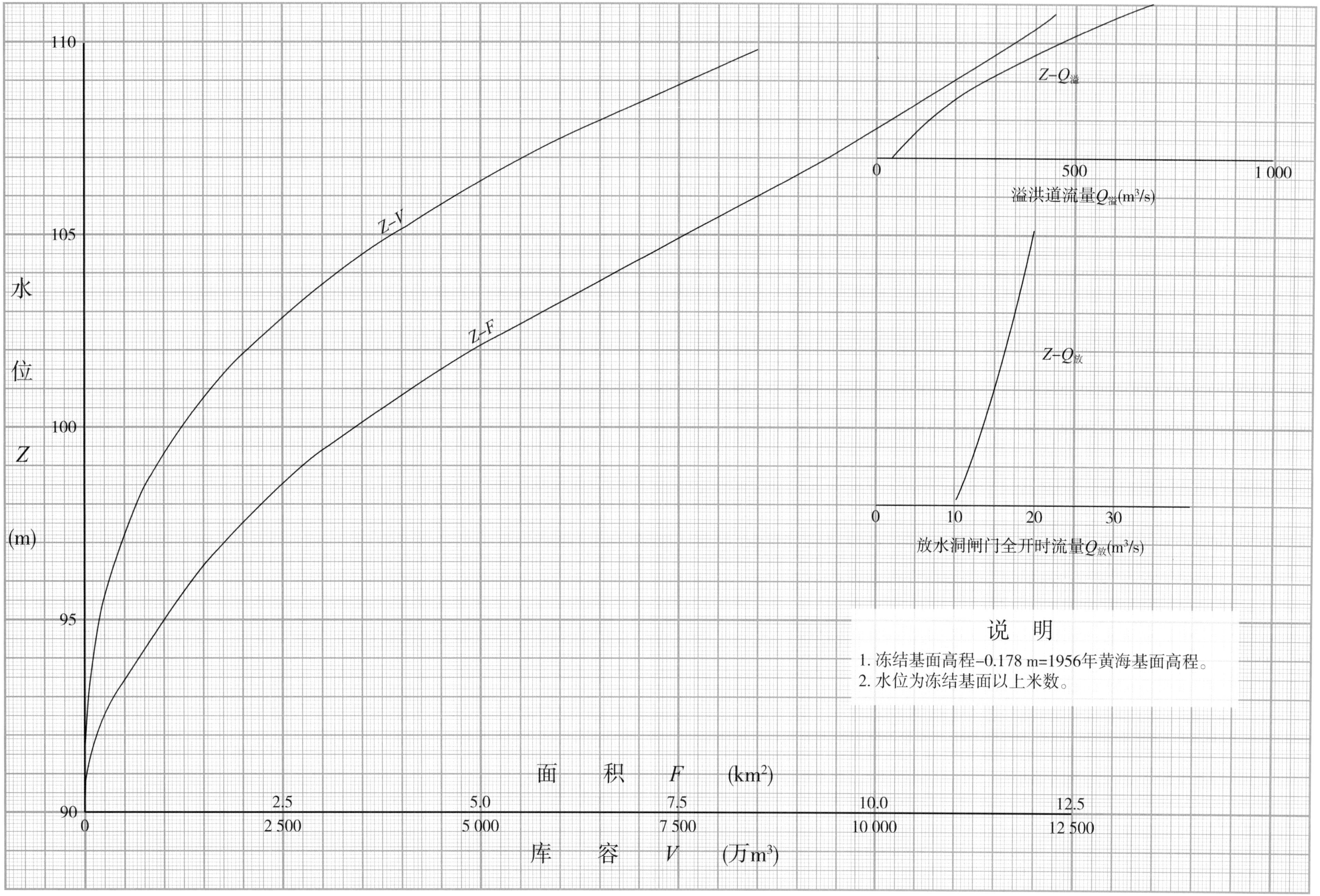

图 16–6　大沙河西苇水库水位与面积、库容、泄量关系曲线图

第十七章　北沙河马河水库站水文预报方案编制说明

1　流域概况

1.1　流域自然地理特征

北沙河是南四湖湖东地区较大河流之一，上游分东、西两支，东支较长，名为东大河，源于邹城市张庄镇西北部的老崖头山区；西支名为滑将河，源于邹城市香城镇北部山区，两支在滕州市龙阳镇邱石村东汇合，向南穿过马河水库库区，折向西南，于刘家庄南穿京沪铁路，在后王晁村南进入微山县境，注入独山湖。

马河水库位于滕州市东郭镇马河村北 400 m，于 1959 年 11 月开工兴建，1960 年 5 月竣工，1960 年 6 月设马河水库水文站。坝址控制集水面积 242 km^2，总库容 1.48 亿 m^3，是一座集防洪、城市及工业供水、灌溉、发电、旅游、养殖等综合利用的大（2）型水库。

流域形状呈扇形，长 23.5 km，平均宽度为 10.3 km，形状系数为 0.44，河网密度为 0.31 km/km^2，干流长 26.7 km，平均坡度为 2.93‰。流域地形北高南低，系浅山丘陵区，其中浅山区约占 35%，丘陵区约占 65%。岩石以片麻岩为主，风化比较严重，表层多系沙土和沙壤土覆盖，土质松散，易于冲刷，全流域约 70% 的面积为农田，多种植小麦、玉米、地瓜、花生等，河滩及部分山区植有零散树木。

北沙河马河水库站以上流域情况见图 17–1。

1.2　水利工程情况

1.2.1　马河水库概况

马河水库主要控制运用指标见表 17–1，主要工程技术指标见表 17–2。

表 17–1　北沙河马河水库主要控制运用指标表

控制运用指标名称	水位 Z（m）	相应库容 V（万 m^3）	相应泄量 Q（m^3/s）
溢洪道堰顶高程	105.00	2 724	—
汛中限制水位	108.00	5 058	225
汛中允许超蓄水位	108.00	5 058	225
汛末蓄水位	108.50	5 539	286
允许壅高水位（20 年一遇）	109.44	6 509	407
50 年一遇参考洪水位	110.00	7 144	484
警戒水位（100 年一遇）	110.45	7 690	552
允许最高水位（5 000 年一遇）	113.35	12 098	1 041

表 17–2　北沙河马河水库主要工程技术指标表

	项目	主坝	副坝
大坝	坝长（m）	926	2 681
	坝高（m）	23.3	11.0
	坝顶高程 Z（m）	116.50	116.50
	坝顶宽 b（m）	7.00	7.00
溢洪闸	型式	平板钢闸门	
	闸底高程 Z（m）	105.00	
	孔数	3	
	闸门尺寸（m × m）	10 × 6.5	
	最大泄量 q（m^3/s）	1 315	
放水洞	位置	东	西
	洞长（m）	76	367
	断面尺寸（m）	∅1.4	∅1.6
	进口底高程 Z（m）	98.20	100.10
	设计流量 Q（m^3/s）	22.0	12.3

备注：资料抄自《滕州市马河水库 2021 年汛期调度运用计划》，基面高程为冻结基面（废黄河口）高程。

1.2.2　上游水利工程情况

北沙河马河水库站以上流域主要小型水库情况见表 17–3。

表 17–3　北沙河马河水库站以上流域主要小型水库统计表

水库	位置	建成日期	集水面积 F（km^2）	总库容 V（万 m^3）	兴利库容 $V_{兴}$（万 m^3）
莫亭	邹城市香城镇	1960 年	17.3	1 177	645.0
羊皮	邹城市香城镇	1970 年	2.50	70.5	28.0
七一	邹城市张庄镇	1970 年	3.80	350.0	128.3
大河滩	邹城市香城镇	1974 年 12 月	3.45	220.8	106.4
八一	邹城市张庄镇	1977 年 6 月	6.00	322.0	203.0
合计			33.05	2 140.3	1 110.7

1.2.3　上游其他引调水工程情况

2010 年 10 月，西苇水库截滑将河工程竣工验收，工程将莫亭水库及周边小水库的溢洪流量和区间径流通过新挖引河导入西苇水库。工程涉及马河水库站以上流域面积 40 km^2，引河过流能力为 124.4 m^3/s，该流域流量小于 124.4 m^3/s 的这部分雨洪资源经泉山沟流入西苇水库，超过 124.4 m^3/s 的这部分雨洪资源仍由原河道排入下游。

1.3　测站概况

马河水库水文站位于滕州市东郭镇马河村马河水库，测站编码为 51208400，于 1960 年 6 月设立，属淮河流域南四湖水系，为国家重要水文站、区域代表站。

本站水位采用冻结基面（废黄河口）高程，1985 年国家高程基准高程与冻结基面高程换算关系为 $Z_{85基准}=Z_{冻结}-0.158$ m。

本站测验项目主要有：水位（坝上、放水洞）、流量（溢洪闸、放水洞）、降水、水准测量、冰情目测、水质、水文调查等。

流域内无其他水文站。

2 预报方案编制

2.1 资料情况及方案沿革

2.1.1 资料情况

本次编制的预报方案是在 2010 年原编制方案的基础上补充了 2011—2021 年的资料。水库水位 Z- 库容 V、水位 Z- 库面面积 F 等关系线采用 2020 年 5 月山东省水利勘测设计院测量成果。

流域最大损失量 I_m 及前期影响雨量折减系数 K 值未重新分析。

资料系列为 1965—2021 年，共 65 场次洪水。

2.1.2 方案沿革

原方案中产流方案采用降雨径流相关图 $P+P_a-R$，汇流方案采用峰量关系曲线图和单位线。本次修订在原产流方案降雨径流相关图 $P+P_a-R$ 中增加了 9 个点据，关系线保持不变；在原汇流方案峰量关系曲线图中增加了 7 个点据，关系线保持不变；原单位线不变，新增单位线 1 条。

2.2 产流方案

本方案采用降雨径流经验相关图 $P+P_a-R$ 定线，选用 1965—2021 年的 65 场次洪水，做到了高、中洪水测点不漏，小洪水适当精减。降雨径流经验点据分布见图 17–2。

2.2.1 主要参数的计算

2.2.1.1 流域平均雨量P的计算

流域平均雨量 P 采用面积加权法计算求得，由于雨量站设立年月不同，故分期采用不同的权重，详见表 17–4。

表 17–4 马河水库站以上流域内雨量站控制权重表

时期	站名				
	莫亭水库	张庄	王村	马河水库	大洪羊
1965—1966 年	0.395	0.324	—	0.281	—
1967—1975 年	0.290	0.230	—	0.110	0.370
1976 年至今	0.350	0.250	0.300	0.100	—

2.2.1.2 流域平均前期影响雨量P_a的计算

统计流域内各站逐日降水量，计算日平均降水量，用下式计算各日前期影响雨量 P_a 值：

$$P_{a,t+1}=K(P_{a,t}+P_t)$$

式中：$P_{a,t+1}$ 为第 t+1 日的前期影响雨量（mm）；$P_{a,t}$ 为第 t 日的前期影响雨量（mm）；P_t 为第 t 日的流域平均雨量（mm）；K 为折减系数。

K 值计算公式如下：

$$K=1-E_m/I_m$$

式中：E_m 为最大蒸发能力（借用岩马水库历年平均各月最大日蒸发量）；I_m 为最大损失量，本站采用 80 mm，并作为 P_a 值的上限控制数。

6 月份 K 值取 0.88，7 月份 K 值取 0.90，8 月份 K 值取 0.91，9 月份 K 值取 0.92。

2.2.1.3 径流深R的推求

利用马河水库洪水水文要素摘录表、总出库流量表等资料，反推入库流量，绘制入流过程曲线图，分割基流，计算出次洪水总量及径流深。

本次计算充分考虑了西苇水库截滑将河工程的拦蓄分流作用，同时根据调查情况，对洪水期间未溢流小型水库的拦截面积予以扣除，采用实际产流面积计算径流深，详见表 17–5。

2.2.2 精度评定

根据《水文情报预报规范》（GB/T 22482—2008）规定，按许可误差 =20% 实测值的标准（并当许可误差大于 20.0 mm 时以 20.0 mm 为上限，小于 3.0 mm 时以 3.0 mm 为下限）进行逐次洪水评定。共选取 65 个洪水点据，合格 47 个，合格率为 72.3%，为乙级方案，详见表 17–6。

2.2.3 突出点分析

950816 场次洪水降水不均匀，上游张庄站降雨量为 223.0 mm，马河水库站 130.0 mm，导致实测值偏小；部分场次洪水，由于近几年上游山区的小流域综合治理，土壤调蓄能力增强，对产汇流影响较大，汛初及前期较干旱，所以实测值显著偏小。

2.3 汇流方案

2.3.1 峰量关系曲线$R-T_c-Q_{m净}$

本次选用洪量与洪峰对应的孤立或易分割的 41 场次洪水资料进行分析，点绘了峰量关系曲线 $R-T_c-Q_{m净}$，以有效降雨历时及暴雨中心时段最大降雨量为参数定了两条线，见图 17–3。有效降雨历时是指实际能产生径流的、对造峰有明显影响的降雨历时，结合本站洪水特性，一般选取初损结束开始产流至洪峰出现之间的降雨历时，若两段较大降雨之间有一小段不产生径流，此段历时也应统计在内。

应用图 17–3 时，以考虑有效降雨历时为主，辅以降雨强度及暴雨中心位置选择线号。

精度评定：按许可误差 =20% 实测值，对选用的 41 场次洪水进行逐次洪水评定。合格点据 30 个，合格率为 73.2%，为乙级方案，详见表 17–7。

2.3.2 入库洪峰流量出现时间

该流域汇流受流域及河流特性制约，汇流较快。主雨结束到入库洪水洪峰出现时距一般为 2 ~ 3 h。对于降雨历时较长、降雨强度变化不大的洪水，以及暴雨中心在下游的洪水，在降雨过程中或雨止时，洪峰即到。

因此，对于入库洪峰流量出现时间的预报，一般可按照主雨结束到入库洪水洪峰出现的时距在 1 ~ 2 个时段（2 ~ 4 h），并根据具体情况分析修正，见图 17–3。

精度评定：因主雨结束到入库洪峰出现时距仅 2 ~ 3 h，故未进行精度评定。

2.3.3 单位线

本方案分析了四次不同暴雨中心的洪水单位过程线，供不同雨型选用，详见图 17–4。

2.4 水位与库容、面积、泄量关系曲线

水位 *Z*– 库容 *V*、水位 *Z*– 库面面积 *F* 关系曲线采用 2020 年 5 月山东省水利勘测设计院测量成果，自 2021 年 1 月 1 日开始使用，详见图 17–5。

水位 – 泄量关系曲线见图 17–6。泄量采用自由孔流公式：

$$q=\mu_0 eb\sqrt{2gH}$$

式中：q 为泄量（m^3/s）；b 为闸孔宽度（m），三孔溢洪闸，单孔净宽 10 m；H 为闸前水深（m）；μ_0 为流量系数，平板闸门 $\mu_0=0.60-0.18e/H$，其适用范围为 $0.1 < e/H < 0.65$。

当 $e/H \geqslant 0.65$ 或闸门提出水面时，采用自由堰流公式：

$$q=Mb\sqrt{2g}\,H_0^{3/2}=1.44b\sqrt{2g}\,H_0^{3/2}$$

式中：M 为流量系数，本库取用 1.44。

2.5 蓄率中线法调洪演算曲线

根据水量平衡原理，计算并绘制了蓄率中线法调洪演算曲线（图 17–6）。利用单位线预报入库洪水过程，计算推求库水位涨落及出流过程，时段为 2 h，与单位线时段一致。

3 方案使用说明

水库预报的目的是预报最大入库流量及最高水位和最大库容，并根据当前雨水情及水库工程情况进行洪水调度，故应随时掌握工程情况，对预报值要根据实际情况及时修正。

计算出流域平均降雨量和流域平均前期影响雨量，再根据降雨径流关系图 $P+P_a-R$ 的查算结果进行综合分析，确定地表径流深 R 的预报值。根据暴雨中心位置及主雨强度选择相应单位线，推求入库洪水过程。

本方案的制作仅考虑了 5 座较大的小型水库，其余众多小水库和塘坝也会对预报精度产生一定影响，预报时应根据前期降雨情况及降雨特点对预报值进行适当修正。

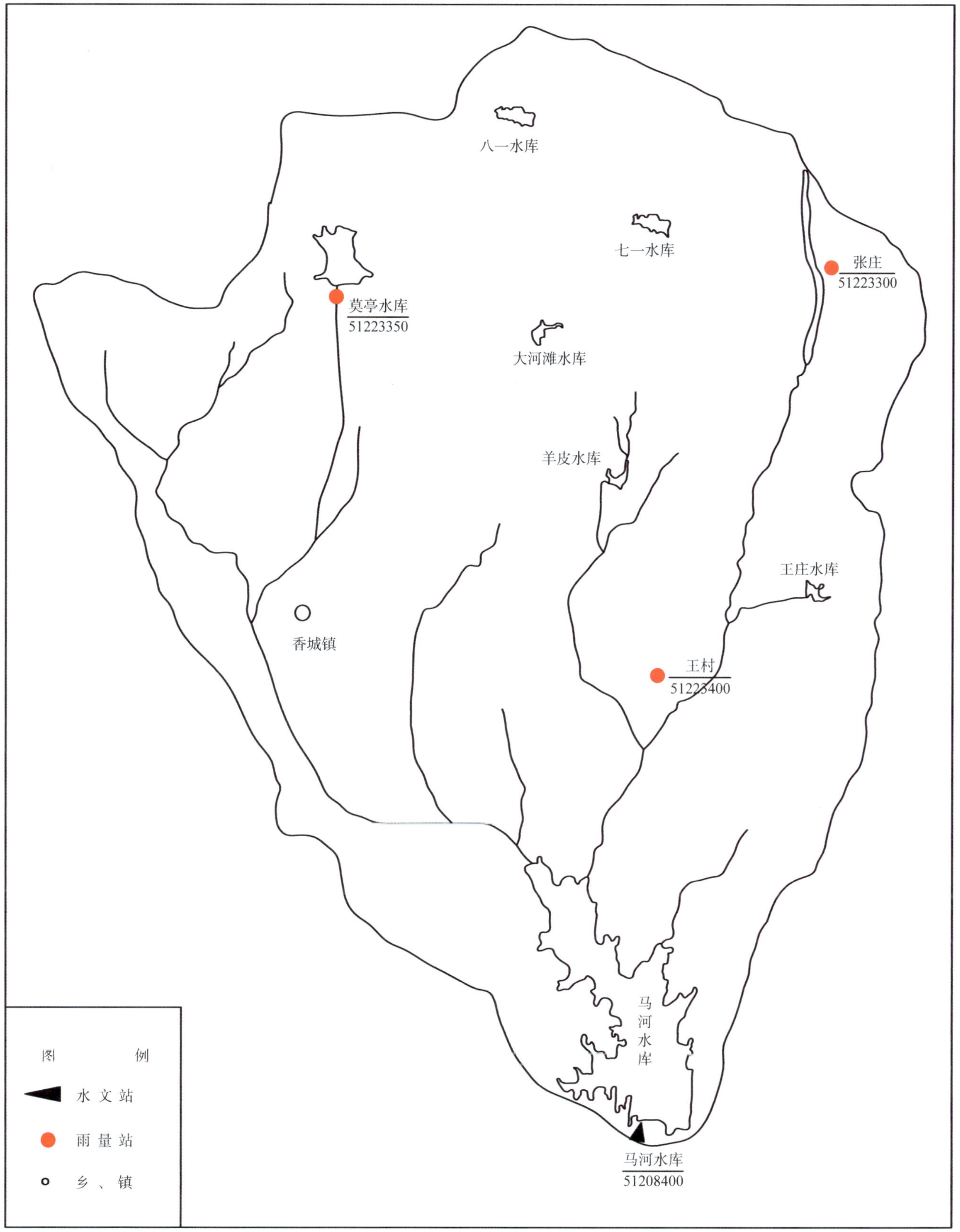

图 17–1 北沙河马河水库站以上流域图

表 17-5　北沙河马河水库站降雨径流分析成果表

序号	洪号	降雨起讫时间							流域平均雨量 P（mm）	前期影响雨量 P_a（mm）	降雨历时（h）		暴雨中心位置	洪水发生时间									洪水历时 $T_洪$（h）	洪峰流量 Q（m³/s）	净峰流量 $Q_{m净}$（m³/s）	地表径流总量 W（万 m³）	集水面积 F（km²）	径流深 R（mm）	径流系数 α	$P+P_a$（mm）	主雨结束到洪峰出现时距 τ_p（h）	备注
		起				讫					全部 T	有效 T_c		起涨			峰顶			落平												
		年	月	日	时	月	日	时						月	日	时	月	日	时	月	日	时										
1	650709	1965	7	9	4	7	10	4	135.3	42.3	24	6	均匀	7	9	6	7	9	22	7	11	8	50	758	753	1 777	242	73.4	0.54	177.6	3	
2	650818	1965	8	17	22	8	18	16	89.4	51.0	18	8	上游	8	18	6	8	18	9	8	19	20	38	402	394	1 140	242	47.1	0.53	140.4	3	
3	670723	1967	7	23	14	7	23	22	60.1	56.6	8	4	下游	7	23	15	7	23	18	7	25	0	33	372	369	720	242	29.8	0.50	116.7	4	
4	670817	1967	8	17	2	8	18	20	93.6	48.3	42	—	均匀	8	17	8	8	17	16	8	20	2	66	—	—	1 014	242	41.9	0.45	141.9	—	多雨峰
5	670909	1967	9	9	10	9	9	20	91.5	44.7	10	6	均匀	9	9	10	9	9	14	9	11	8	46	409	409	1 072	242	43.3	0.48	136.2	3.8	
6	700726	1970	7	25	20	7	26	6	52.3	80.0	10	4	上游	7	25	22	7	26	4	7	27	20	46	531	491	954	242	39.4	0.75	132.3	2.5	
7	710701	1971	6	30	20	7	1	4	67.8	75.2	8	4	下游	6	30	20	7	1	4	7	3	0	52	208	—	1 125	242	46.5	0.69	143.0	—	
8	710818	1971	8	17	22	8	18	8	68.3	69.5	10	4	均匀	8	18	0	8	18	4	8	20	8	56	266	—	943	242	39.0	0.57	137.8	—	
9	710821	1971	8	21	12	8	22	8	108.5	77.3	20	4	上游	8	21	14	8	21	19	8	23	8	42	718	703	1 980	242	81.8	0.75	185.8	3	
10	710825	1971	8	24	12	8	25	12	94.3	65.5	24	—	均匀	8	24	20	8	25	8	8	27	8	60	—	—	1 636	242	67.6	0.72	159.8	—	复 峰
11	720706	1972	7	5	22	7	6	8	161.3	12.3	10	8	上游	7	6	0	7	6	3	7	7	20	44	962	961	2 017	242	83.3	0.52	173.6	2	
12	740730	1974	7	29	22	7	30	6	69.6	71.1	8	4	上游	7	30	2	7	30	7	7	31	20	42	550	534	1 064	242	44.0	0.63	140.7	3.2	
13	740801	1974	7	31	22	8	1	10	82.9	73.2	12	8	下游	7	31	20	8	1	6	8	2	20	48	539	533	1 593	242	65.8	0.79	156.1	3.2	
14	750709	1975	7	9	8	7	9	20	136.0	25.2	12	8	上游	7	9	8	7	9	17	7	11	8	48	473	473	1 267	242	52.4	0.38	161.2	2.5	
15	770711	1977	7	10	14	7	11	8	72.9	70.6	18	4	上游	7	10	20	7	11	8	7	13	8	60	289	287	686	242	28.3	0.39	143.5	4	
16	780714	1978	7	13	22	7	14	10	86.3	49.2	12	6	上游	7	13	20	7	14	2	7	16	8	60	415	412	1 111	242	45.9	0.53	135.5	3	
17	790630	1979	6	30	8	6	30	12	53.8	34.8	4	4	上游	6	30	9	6	30	11	7	1	14	29	206	204	390	242	16.1	0.30	88.6	0	
18	790920	1979	9	20	6	9	21	2	111.8	47.7	20	—	上游	9	20	9	9	20	18	9	23	0	63	—	—	1 073	242	44.3	0.40	159.5		复 峰
19	800729	1980	7	29	6	7	29	12	53.8	80.0	6	2	上游	7	29	7	7	29	11	7	31	20	61	303	302	853	242	35.2	0.66	133.8	2	
20	850731	1985	7	31	4	7	31	12	78.1	80.0	8	4	中上游	7	31	2	7	31	7	8	1	20	42	878	876	1 224	242	50.6	0.65	158.1	2	
21	910610	1991	6	10	20	6	11	2	54.6	20.2	6	6	下游	6	10	20	6	10	22	6	11	20	24	52.8	—	201	242	8.3	0.15	74.8	—	
22	910712	1991	7	11	20	7	12	4	75.1	16.2	8	4	上游	7	11	20	7	12	3	7	14	0	52	112	112	297	242	12.3	0.16	91.3	4	
23	910714	1991	7	14	2	7	15	0	75.5	64.4	22	—	下游	7	14	2	7	14	21	7	18	0	94	153	—	977	242	40.4	0.53	139.9	—	多雨峰
24	910717	1991	7	17	0	7	17	8	39.2	69.4	8	4	上游	7	17	0	7	17	5	7	19	14	62	181	181	554	242	22.9	0.58	108.6	3	
25	910725	1991	7	24	18	7	25	6	113.3	56.2	12	6	均匀	7	24	20	7	25	3	7	27	6	58	684	684	1 626	242	67.2	0.59	169.5	4	
26	930711	1993	7	11	6	7	11	12	80.1	38.1	6	4	上游	7	11	6	7	11	13	7	14	0	66	171	171	577	242	23.8	0.30	118.2	4	

序号	洪号	降雨起讫时间							流域平均雨量 P（mm）	前期影响雨量 P_a（mm）	降雨历时（h）		暴雨中心位置	洪水发生时间									洪水历时 $T_{洪}$（h）	洪峰流量 Q（m^3/s）	净峰流量 $Q_{m净}$（m^3/s）	地表径流总量 W（万 m^3）	集水面积 F（km^2）	径流深 R（mm）	径流系数 α	$P+P_a$（mm）	主雨结束到洪峰出现时距 τ_p（h）	备注
		起				讫								起涨			峰顶			落平												
		年	月	日	时	月	日	时			全部 T	有效 T_c		月	日	时	月	日	时	月	日	时										
27	930715	1993	7	15	18	7	16	0	91.0	67.1	6	4	下游	7	15	8	7	15	22	7	18	8	72	630	626	1 364	242	56.4	0.62	158.1	2	
28	930805	1993	8	4	18	8	5	8	128.0	61.1	14	6	下游	8	4	20	8	5	3	8	7	20	72	822	815	1 958	242	80.9	0.63	189.1	3	
29	950816	1995	8	15	14	8	16	8	192.4	75.2	18	10	中上游	8	15	18	8	16	2	8	18	0	54	797	795	2 919	242	120.6	0.63	267.6	2	
30	970808	1997	8	8	0	8	8	10	78.5	34.4	10	4	上游	8	8	6	8	8	8	8	9	20	38	110	109	308	242	12.7	0.16	112.9	2	
31	980804	1998	8	4	14	8	4	20	76.3	36.4	6	4	中游	8	4	14	8	4	20	8	7	6	64	77.4	—	365	242	15.1	0.20	112.7	—	
32	980815	1998	8	15	0	8	15	8	67.4	75.2	8	4	下游	8	15	0	8	15	6	8	18	6	78	365	354	1 021	242	42.2	0.63	142.6	2	
33	990615	1999	6	15	0	6	15	14	161.8	0.0	14	8	均匀	6	15	1	6	15	6	6	18	8	79	621	620	1 145	242	47.3	0.29	161.8	1	
34	990801	1999	7	31	20	8	1	6	122.2	28.9	10	6	上游	7	31	20	8	1	5	8	3	8	60	398	397	904	242	37.4	0.31	151.1	1	
35	010730	2001	7	29	20	7	30	8	57.2	76.0	12	8	上游	7	29	20	7	30	6	8	1	6	58	164	157	827	242	34.2	0.60	133.2	3	
36	030622	2003	6	22	8	6	22	20	102.1	8.6	12	6	均匀	6	22	8	6	22	20	6	25	8	72	273	273	445	209	21.3	0.21	110.7	2	
37	030712	2003	7	12	0	7	12	18	75.8	39.2	18	6	均匀	7	12	0	7	12	16	7	14	6	54	40.8	40.8	312	209	14.9	0.20	115.0	2	
38	030824	2003	8	24	10	8	26	10	164.6	62.1	48		上游	8	24	8	8	24	18	8	28	20	108	345	342	2 664	242	110.1	0.67	226.7	—	双雨峰
39	040710	2004	7	10	14	7	11	4	66.9	18.6	14	2	中游	7	10	8	7	10	17	7	13	8	72	19.6	19.6	216	209	10.3	0.15	85.5	—	
40	040717	2004	7	16	18	7	17	10	88.5	76.8	16	8	中游	7	16	18	7	17	6	7	19	6	60	281	271	1 424	242	58.8	0.66	165.3	2	
41	040826	2004	8	26	16	8	27	22	106.5	32.8	30	6	上游	8	26	16	8	27	20	8	29	20	76	160	158	1 099	242	45.4	0.43	139.3	—	双雨峰
42	040914	2004	9	14	2	9	14	16	90.5	26.3	14	8	上游	9	14	2	9	14	14	9	16	20	66	118	118	637	242	26.3	0.29	116.8	4	
43	050626	2005	6	25	22	6	26	10	123.0	25.4	12	6	上游	6	26	4	6	26	10	6	28	8	52	481	479	1 011	209	48.4	0.39	148.4	1	
44	050701	2005	6	30	20	7	2	0	144.5	66.2	28		中上游	6	30	20	7	1	23	7	3	12	64	432	424	2 326	242	96.1	0.67	210.7	—	双雨峰
45	050716	2005	7	16	16	7	17	8	65.3	19.4	16	2	下游	7	16	16	7	16	17	7	18	8	40	172	170	423	242	17.5	0.27	84.7	—	双雨峰
46	050920	2005	9	19	22	9	21	8	186.8	62.4	34		上游	9	19	20	9	20	8	9	22	18	70	979	967	3 419	242	141.3	0.76	249.2	—	多雨峰
47	060703	2006	7	3	0	7	3	20	77.0	37.3	20	4	上游	7	2	8	7	3	21	7	5	18	82	108	108	521	209	24.9	0.32	114.3	3	
48	060806	2006	8	6	6	8	6	12	69.3	67.0	6	4	均匀	8	6	6	8	6	8	8	8	8	50	257	257	1 037	242	42.9	0.62	136.3	0	
49	060829	2006	8	28	18	8	29	8	85.3	47.6	14	6	均匀	8	28	8	8	29	8	8	31	8	72	225	220	899	242	37.1	0.44	132.9	—	双雨峰
50	070719	2007	7	18	20	7	19	4	94.1	42.6	8	4	均匀	7	18	20	7	19	2	7	20	16	44	224	218	997	242	41.2	0.44	136.7	2	
51	070816	2007	8	16	0	8	18	8	149.6	51.7	56		上游	8	16	0	8	18	7	8	20	8	104	248	244	2 121	242	87.6	0.59	201.3	—	多雨峰
52	080723	2008	7	22	18	7	23	14	61.9	43.5	20	4	下游	7	22	17	7	23	6	7	24	20	51	60.0	60.0	464	242	19.2	0.31	105.4	4	

续表

序号	洪号	降雨起讫时间							流域平均雨量 P（mm）	前期影响雨量 P_a（mm）	降雨历时（h）		暴雨中心位置	洪水发生时间									洪水历时 $T_洪$（h）	洪峰流量 Q（m^3/s）	净峰流量 $Q_{m净}$（m^3/s）	地表径流总量 W（万 m^3）	集水面积 F（km^2）	径流深 R（mm）	径流系数 α	$P+P_a$（mm）	主雨结束到洪峰出现时距 τ_p（h）	备注
		起				讫								起涨			峰顶			落平												
		年	月	日	时	月	日	时			全部 T	有效 T_c		月	日	时	月	日	时	月	日	时										
53	080817	2008	8	17	4	8	17	16	55.0	18.0	12	4	均匀	8	17	8	—	—	—	8	19	20	60	—	—	135	242	5.6	0.10	73.0	—	摘录太少
54	090817	2009	8	17	16	8	18	4	133.6	8.2	12	4	中下游	8	17	22	8	18	4	8	20	8	58	217	217	837	209	40.0	0.30	141.8	2	
55	100701	2010	6	30	22	7	1	14	118.6	7.1	16	4	上游	6	30	20	7	1	6	7	3	20	72	74.1	74.1	362	209	17.3	0.15	125.7	2	
56	100718	2010	7	17	10	7	18	2	183.1	21.6	16	4	中游	7	17	8	7	18	2	7	19	14	54	803	803	1 823	209	87.2	0.48	204.7	2	
57	110915	2011	9	14	8	9	15	16	76.3	32.5	32	10	中下游	9	14	16	9	15	10.4	9	17	6	62	220	218	378	186.2	20.3	0.27	108.8	0.4	
58	120826	2012	8	26	8	8	26	15	95.5	22.3	7	5	中游	8	26	8	8	26	13.3	8	28	8	48	290	290	340	186.2	18.3	0.19	117.8	—	
59	130704	2013	7	4	9	7	4	20	65.0	24.7	11	5	中下游	7	4	17	7	4	18.7	7	6	8	39	113	113	163	186.2	8.8	0.13	89.7	—	
60	160720	2016	7	19	17	7	20	13	104.0	49.3	20	12	下游	7	19	20	7	20	9	7	24	8	108	115	114	693	186.2	37.2	0.36	153.3	2	
61	170706	2017	7	6	8	7	7	2	125.2	13.4	18	12	下游	7	6	10	7	6	21	7	8	22	60	120	120	422	186.2	22.7	0.18	138.6	—	
62	190811	2019	8	10	11	8	11	23	110.5	67.8	36	21	中下游	8	10	14	8	11	11.5	8	14	8	90	290	287	825	186.2	44.3	0.40	178.3	—	
63	200807	2020	8	6	19	8	7	8	107.7	76.6	13	10	下游	8	6	20	8	7	7	8	10	8	84	365	361	1 269	202	62.8	0.58	184.3	1	
64	210728	2021	7	27	15	7	29	16	131.8	19.7	49	23	均匀	7	28	3	7	29	4	8	1	8	101	65.0	63.2	417	186.2	22.4	0.17	151.5	3	
65	210831	2021	8	28	12	9	2	2	97.0	52.3	110	—	上游	8	29	8	8	31	8	9	3	14	126	130	125	824	186.2	44.3	0.46	149.3	—	多雨复峰

表 17-6　北沙河马河水库站降雨径流预报精度评定表

序号	洪号	流域平均雨量 P（mm）	前雨影响雨量 P_a（mm）	$P+P_a$（mm）	径流深（mm）		预报误差（mm）	许可误差（mm）	评定结果		序号	洪号	流域平均雨量 P（mm）	前雨影响雨量 P_a（mm）	$P+P_a$（mm）	径流深（mm）		预报误差（mm）	许可误差（mm）	评定结果	
					$R_{实}$	$R_{预}$			合格	不合格						$R_{实}$	$R_{预}$			合格	不合格
1	650709	135.3	42.3	177.6	73.4	69.0	-4.4	14.7	√		34	990801	122.2	28.9	151.1	37.4	48.0	10.6	7.5		√
2	650818	89.4	51.0	140.4	47.1	40.1	-7.0	9.4	√		35	010730	57.2	76.0	133.2	34.2	35.3	1.1	6.8	√	
3	670723	60.1	56.6	116.7	29.8	24.8	-5.0	6.0	√		36	030622	102.1	8.6	110.7	21.3	21.6	0.3	4.3	√	
4	670817	93.6	48.3	141.9	41.9	41.2	-0.7	8.4	√		37	030712	75.8	39.2	115.0	14.9	23.9	9.0	3.0		√
5	670909	91.5	44.7	136.2	43.3	37.3	-6.0	8.7	√		38	030824	164.6	62.1	226.7	110.1	116.0	5.9	20.0	√	
6	700726	52.3	80.0	132.3	39.4	34.7	-4.7	7.9	√		39	040710	66.9	18.6	85.5	10.3	10.6	0.3	3.0	√	
7	710701	67.8	75.2	143.0	46.5	42.0	-4.5	9.3	√		40	040717	88.5	76.8	165.3	58.8	58.9	0.1	11.8	√	
8	710818	68.3	69.5	137.8	39.0	38.3	-0.7	7.8	√		41	040826	106.5	32.8	139.3	45.4	39.3	-6.1	9.1	√	
9	710821	108.5	77.3	185.8	81.8	76.4	-5.4	16.4	√		42	040914	90.5	26.3	116.8	26.3	24.8	-1.5	5.3	√	
10	710825	94.3	65.5	159.8	67.6	54.4	-13.2	13.5	√		43	050626	123.0	25.4	148.4	48.4	46.0	-2.4	9.7	√	
11	720706	161.3	12.3	173.6	83.3	65.7	-17.6	16.7		√	44	050701	144.5	66.2	210.7	96.1	100.0	3.9	19.2	√	
12	740730	69.6	71.1	140.7	44.0	40.3	-3.7	8.8	√		45	050716	65.3	19.4	84.7	17.5	10.3	-7.2	3.5		√
13	740801	82.9	73.2	156.1	65.8	51.6	-14.2	13.2		√	46	050920	186.8	62.4	249.2	141.3	138.7	-2.6	20.0	√	
14	750709	136.0	25.2	161.2	52.4	55.5	3.1	10.5	√		47	060703	77.0	37.3	114.3	24.9	23.5	-1.4	5.0	√	
15	770711	72.9	70.6	143.5	28.3	42.4	14.1	5.7		√	48	060806	69.3	67.0	136.3	42.9	37.3	-5.6	8.6	√	
16	780714	86.3	49.2	135.5	45.9	36.8	-9.1	9.2	√		49	060829	85.3	47.6	132.9	37.1	35.1	-2.0	7.4	√	
17	790630	53.8	34.8	88.6	16.1	11.7	-4.4	3.2		√	50	070719	94.1	42.6	136.7	41.2	37.6	-3.6	8.2	√	
18	790920	111.8	47.7	159.5	44.3	54.1	9.8	8.9		√	51	070816	149.6	51.7	201.3	87.6	90.8	3.2	17.5	√	
19	800729	53.8	80.0	133.8	35.2	35.7	0.5	7.0	√		52	080723	61.9	43.5	105.4	19.2	18.8	-0.4	3.8	√	
20	850731	78.1	80.0	158.1	50.6	53.1	2.5	10.1	√		53	080817	55.0	18.0	73.0	5.6	6.9	1.3	3.0	√	
21	910610	54.6	20.2	74.8	8.3	7.3	-1.0	3.0	√		54	090817	133.6	8.2	141.8	40.0	41.1	1.1	8.0	√	
22	910712	75.1	16.2	91.3	12.3	12.7	0.4	3.0	√		55	100701	118.6	7.1	125.7	17.3	30.3	13.0	3.5		√
23	910714	75.5	64.4	139.9	40.4	39.7	-0.7	8.1	√		56	100718	183.1	21.6	204.7	87.2	94.1	6.9	17.4	√	
24	910717	39.2	69.4	108.6	22.9	20.5	-2.4	4.6	√		57	110915	76.3	32.5	108.8	20.3	20.6	0.3	4.1	√	
25	910725	113.3	56.2	169.5	67.2	62.3	-4.9	13.4	√		58	120826	95.5	22.3	117.8	18.3	25.3	7.0	3.6		√
26	930711	80.1	38.1	118.2	23.8	25.6	1.8	4.8	√		59	130704	65.0	24.7	89.7	8.8	12.1	3.3	3.0		√
27	930715	91.0	67.1	158.1	56.4	53.1	-3.3	11.3	√		60	160720	104.0	49.3	153.3	37.2	49.6	12.4	7.4		√
28	930805	128.0	61.1	189.1	80.9	79.4	-1.5	16.2	√		61	170706	125.2	13.4	138.6	22.7	38.9	16.2	4.5		√
29	950816	192.4	75.2	267.6	120.6	157.5	36.9	20.0		√	62	190811	110.5	67.8	178.3	44.3	69.6	25.3	8.9		√
30	970808	78.5	34.4	112.9	12.7	22.8	10.1	3.0		√	63	200807	107.7	76.6	184.3	62.8	75.0	12.2	12.6	√	
31	980804	76.3	36.4	112.7	15.1	22.7	7.6	3.0		√	64	210728	131.8	19.7	151.5	22.4	48.3	25.9	4.5		√
32	980815	67.4	75.2	142.6	42.2	41.7	-0.5	8.4	√		65	210831	97.0	52.3	149.3	44.3	46.6	2.3	8.9	√	
33	990615	161.8	0.0	161.8	47.3	56.0	8.7	9.5	√												

备注：1. 合格率 =72.3%；2. 许可误差 = 实测值的 20%，以 20.0 mm 为上限，以 3.0 mm 为下限；3. 本方案等级为乙等。

表 17–7　北沙河马河水库站峰量关系预报精度评定表

序号	洪号	径流深 R（mm）	实测净峰流量 $Q_{m净实}$（m^3/s）	有效降雨时间 T_c（h）	最大时段降雨量（mm）	选用线号	预报净峰流量 $Q_{m净预}$（m^3/s）	预报误差（m^3/s）	许可误差（m^3/s）	评定结果		主雨结束至洪峰出现时距 τ_p（h）
										合格	不合格	
1	650709	73.4	753	6	54	Ⅱ	745	−8	151	√		3.0
2	650818	47.1	394	8	25	Ⅰ	372	−22	78.8	√		3.0
3	670723	29.8	369	4	63	Ⅱ	330	−39	73.8	√		4.0
4	670909	43.3	409	6	52	Ⅱ	455	46	81.8	√		3.8
5	700726	39.4	491	4	48	Ⅱ	426	−65	98.2	√		2.5
6	710821	81.8	703	4	91	Ⅱ	652	−51	141	√		3.0
7	720706	83.3	961	8	103	Ⅱ	839	−122	192	√		2.0
8	740730	44.0	534	4	56	Ⅱ	473	−61	107	√		3.2
9	740801	65.8	533	8	21	Ⅰ	505	−28	107	√		3.2
10	750709	52.4	473	8	38	Ⅰ	410	−63	94.6	√		2.5
11	770711	28.3	287	4	30	Ⅱ	287	0	57.4	√		4.0
12	780714	45.9	412	6	81	Ⅱ	490	78	82.4	√		3.0
13	790630	16.1	204	4	68	Ⅱ	198	−6	40.8	√		0.0
14	800729	35.2	302	2	43	Ⅱ	270	−32	60.4	√		2.0
15	850731	50.6	876	4	71	Ⅱ	564	−312	175		√	2.0
16	910712	12.3	112	4	92	Ⅱ	155	43	22.4		√	4.0
17	910717	22.9	181	4	27	Ⅰ	190	9	36.2	√		3.0
18	910725	67.2	684	6	59	Ⅱ	687	3	137	√		4.0
19	930711	23.8	171	4	42	Ⅰ	197	26	34.2	√		4.0
20	930715	56.4	626	4	125	Ⅱ	588	−38	125	√		2.0
21	930805	80.9	815	6	70	Ⅱ	816	1	163	√		3.0
22	950816	120.6	795	10	57	Ⅰ	868	73	159	√		2.0
23	970808	12.7	109	4	47	Ⅰ	122	13	21.8	√		2.0
24	980815	42.2	354	4	38	Ⅰ	337	−17	70.8	√		1.0
25	990615	47.3	620	8	81	Ⅱ	504	−116	124	√		1.0
26	990801	37.4	397	6	80	Ⅱ	407	10	79.4	√		3.0
27	010730	34.2	157	8	36	Ⅰ	277	120	31.4		√	3.0

续表

序号	洪号	径流深 R（mm）	实测净峰流量 $Q_{m净实}$（m^3/s）	有效降雨时间 T_c（h）	最大时段降雨量（mm）	选用线号	预报净峰流量 $Q_{m净预}$（m^3/s）	预报误差（m^3/s）	许可误差（m^3/s）	评定结果		主雨结束至洪峰出现时距 τ_p（h）
										合格	不合格	
28	030622	21.3	273	6	70	Ⅱ	252	−21	54.6	√		2.0
29	040914	26.3	118	8	47	Ⅰ	215	97	23.6		√	4.0
30	050626	48.4	479	6	83	Ⅱ	514	35	95.8	√		1.0
31	060806	42.9	257	4	60	Ⅱ	462	205	51.4		√	0.0
32	070719	41.2	218	4	71	Ⅱ	445	227	43.6		√	2.0
33	090817	39.6	217	4	98	Ⅱ	428	211	43.4		√	2.0
34	100718	87.2	803	4	107	Ⅱ	874	71	161	√		2.0
35	110915	20.3	218	10	33	Ⅱ	241	23	43.6	√		0.4
36	120826	18.2	290	5	82	Ⅱ	219	−71	58.0		√	0.0
37	130704	9.2	113	5	60	Ⅱ	120	7	22.6	√		0.0
38	170706	22.7	120	12	70	Ⅱ	265	145	24.0		√	0.0
39	190811	44.3	287	21	63	Ⅰ	351	64	57.4	√		0.0
40	200807	62.8	361	10	57	Ⅱ	648	287	72.2		√	1.0
41	210728	22.4	63.2	23	74	Ⅰ	187	124	12.6		√	3.0

备注：1. 合格率 =73.2%；2. 许可误差 = 实测值的 20%；3. 本方案等级为乙级。

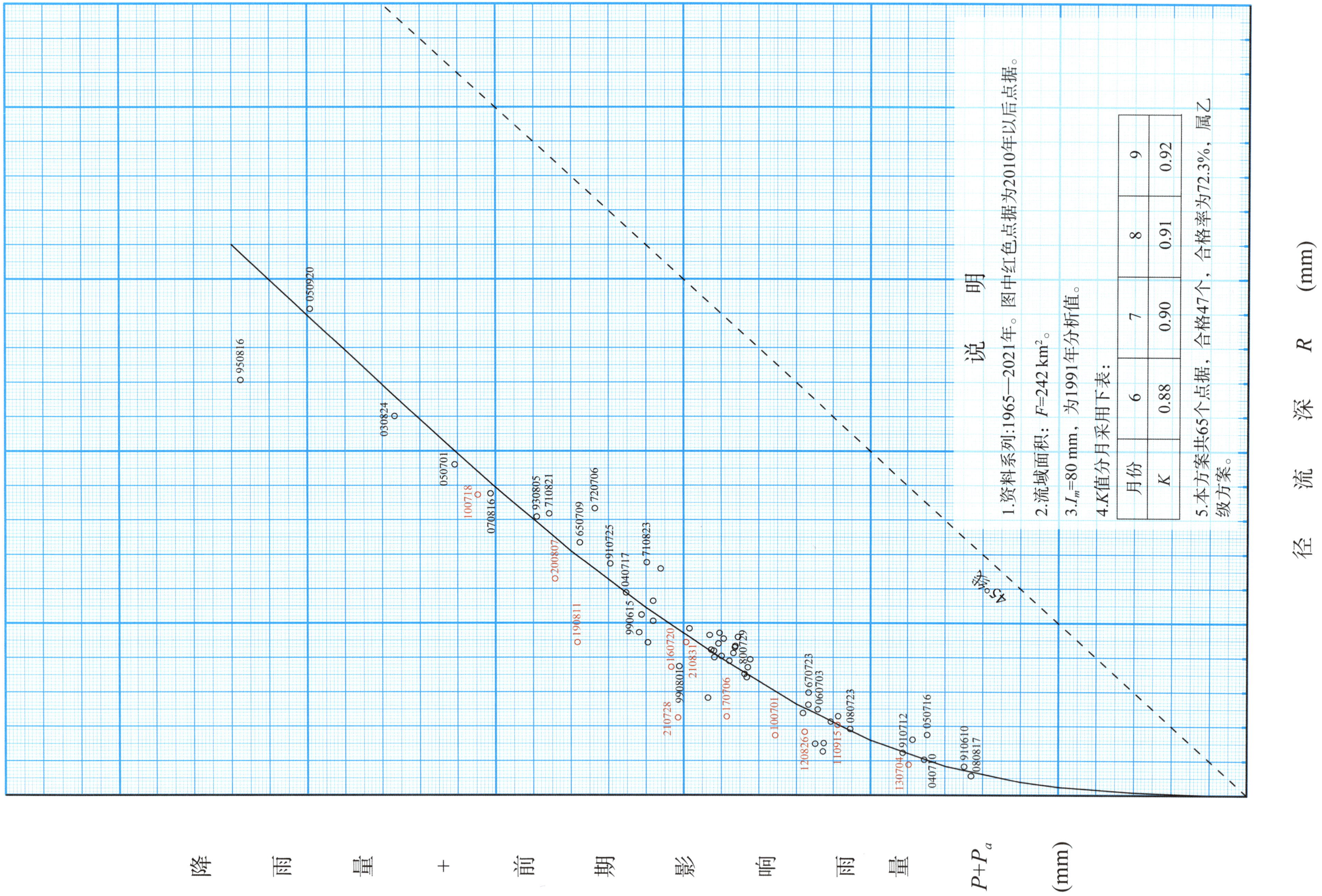

图 17-2 北沙河马河水库站降雨径流相关图

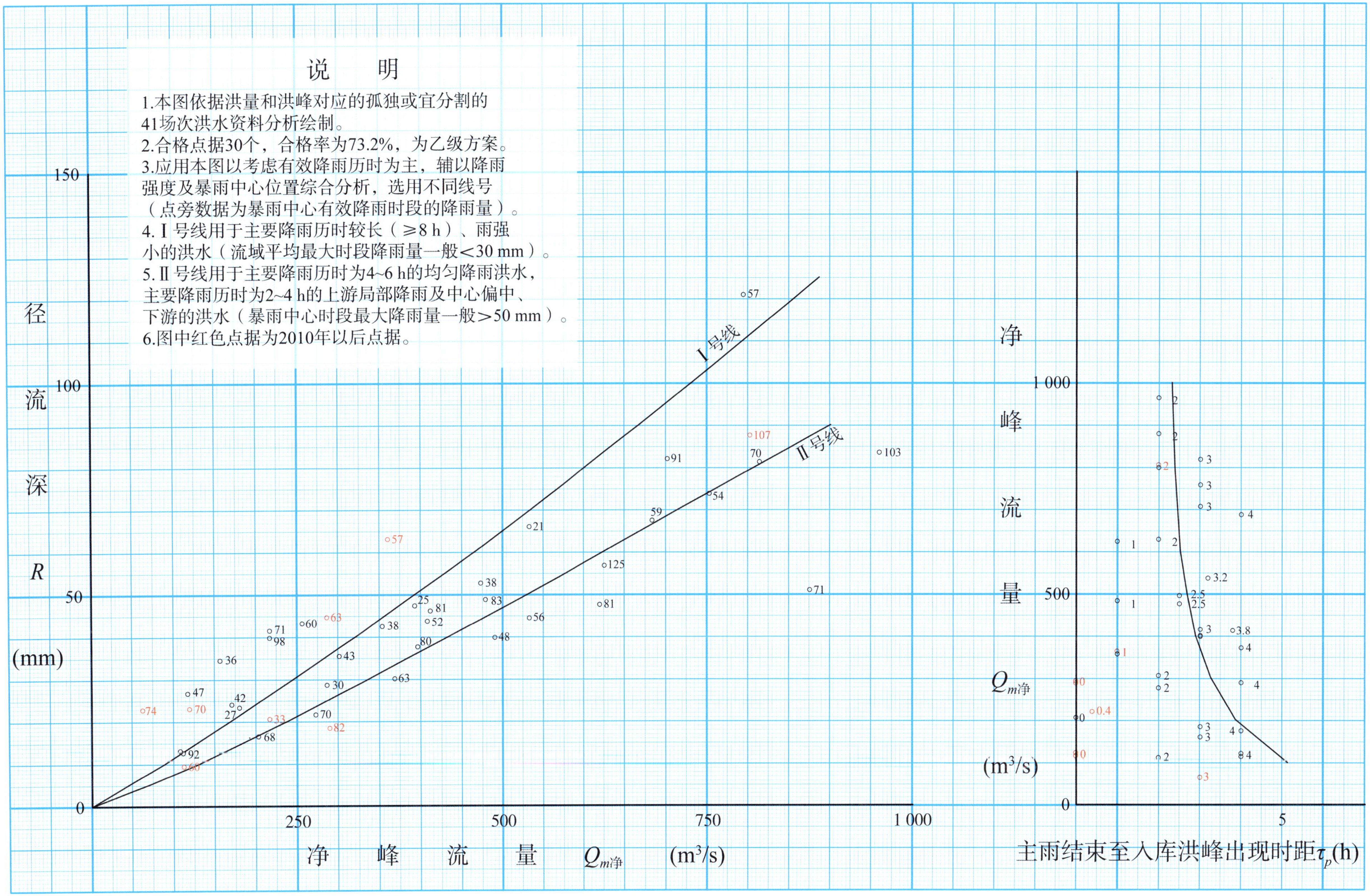

图 17-3　北沙河马河水库站峰量关系曲线图

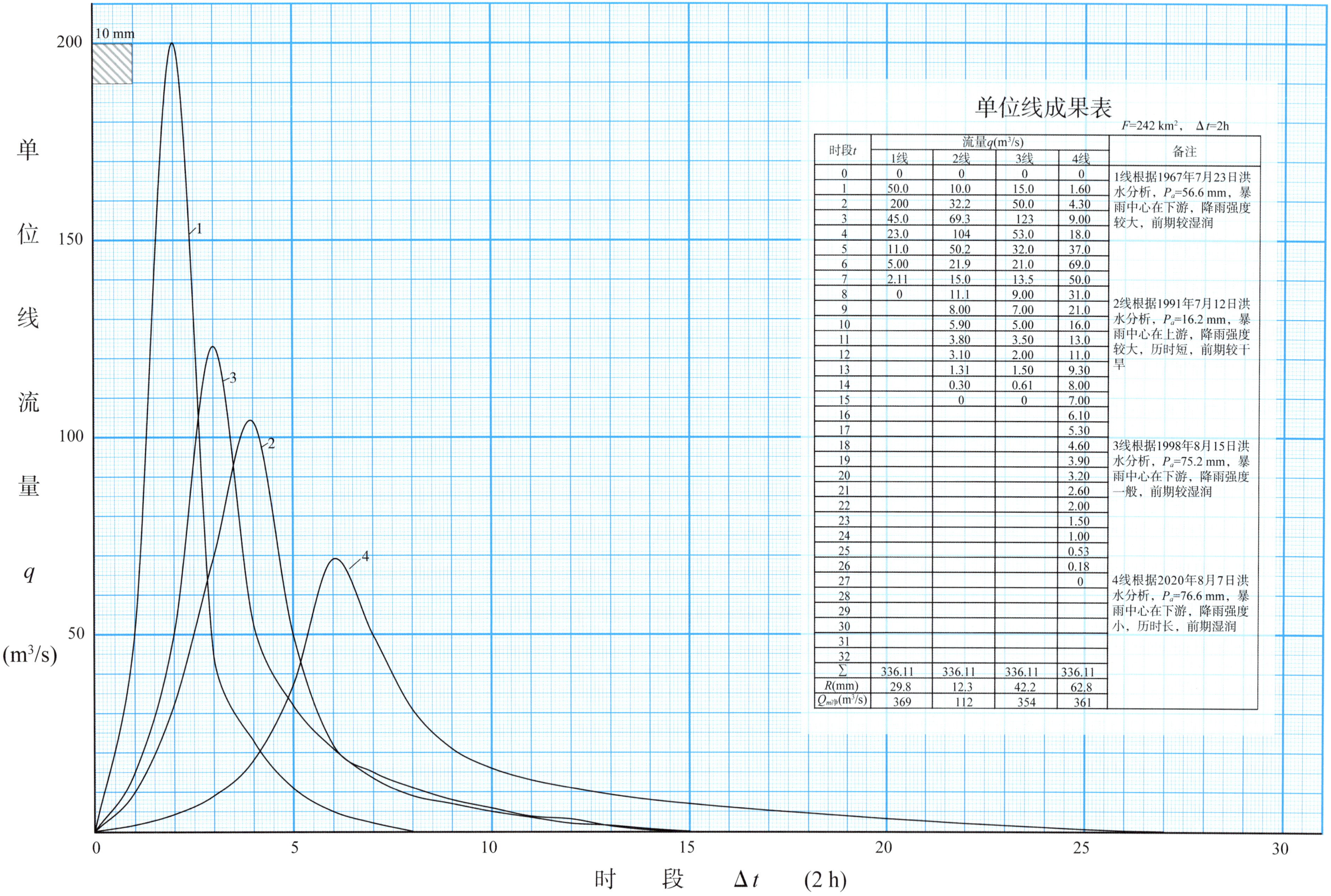

单位线成果表

F=242 km², Δt=2h

时段t	流量q(m³/s)				备注
	1线	2线	3线	4线	
0	0	0	0	0	1线根据1967年7月23日洪水分析，P_a=56.6 mm，暴雨中心在下游，降雨强度较大，前期较湿润
1	50.0	10.0	15.0	1.60	
2	200	32.2	50.0	4.30	
3	45.0	69.3	123	9.00	
4	23.0	104	53.0	18.0	
5	11.0	50.2	32.0	37.0	
6	5.00	21.9	21.0	69.0	
7	2.11	15.0	13.5	50.0	
8	0	11.1	9.00	31.0	
9		8.00	7.00	21.0	2线根据1991年7月12日洪水分析，P_a=16.2 mm，暴雨中心在上游，降雨强度较大，历时短，前期较干旱
10		5.90	5.00	16.0	
11		3.80	3.50	13.0	
12		3.10	2.00	11.0	
13		1.31	1.50	9.30	
14		0.30	0.61	8.00	
15		0	0	7.00	
16				6.10	
17				5.30	
18				4.60	3线根据1998年8月15日洪水分析，P_a=75.2 mm，暴雨中心在下游，降雨强度一般，前期较湿润
19				3.90	
20				3.20	
21				2.60	
22				2.00	
23				1.50	
24				1.00	
25				0.53	
26				0.18	
27				0	4线根据2020年8月7日洪水分析，P_a=76.6 mm，暴雨中心在下游，降雨强度小，历时长，前期湿润
28					
29					
30					
31					
32					
$\sum$	336.11	336.11	336.11	336.11	
R(mm)	29.8	12.3	42.2	62.8	
$Q_{m净}$(m³/s)	369	112	354	361	

图 17–4 北沙河马河水库站单位线图

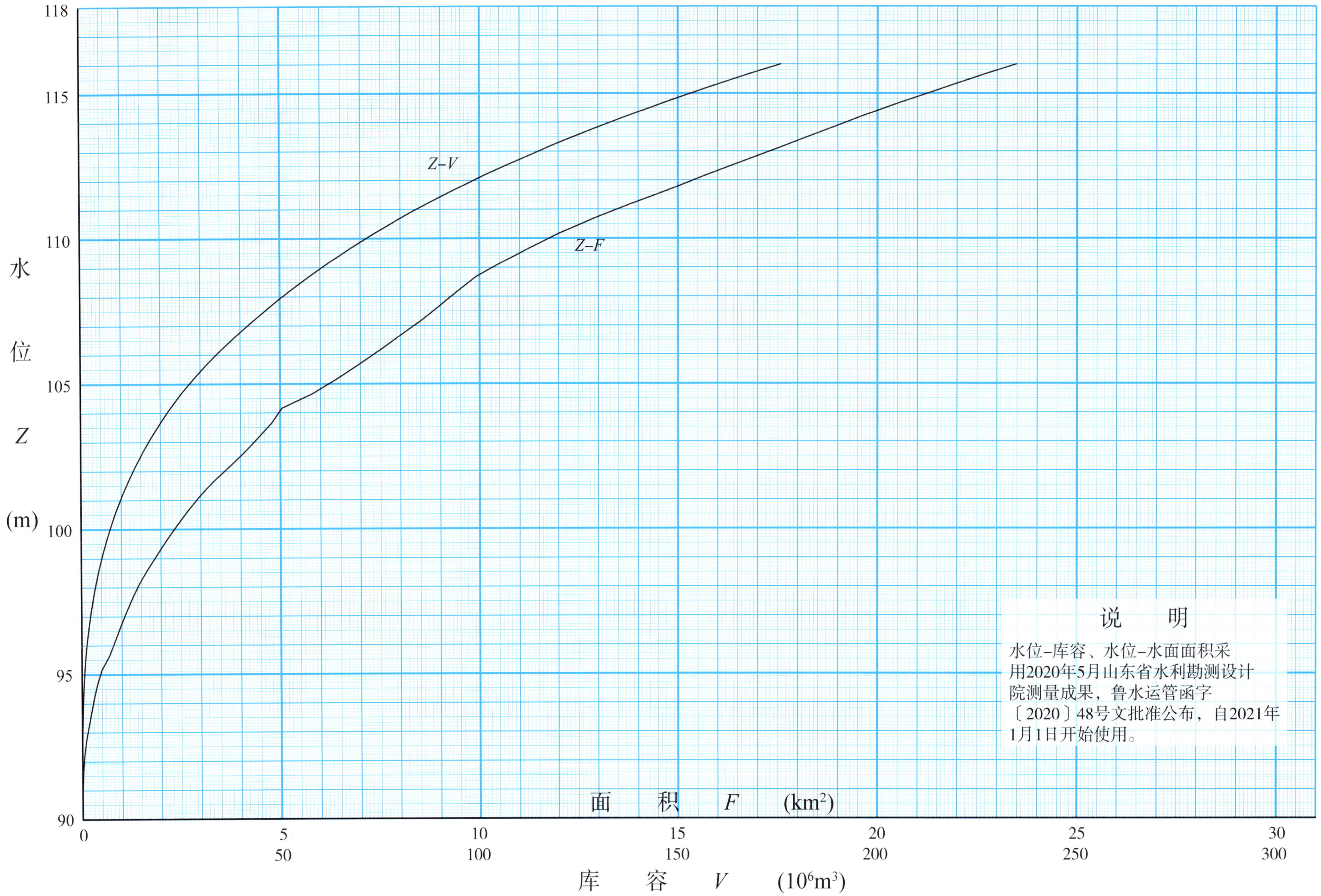

图 17–5 北沙河马河水库水位与库容、水面面积关系曲线图

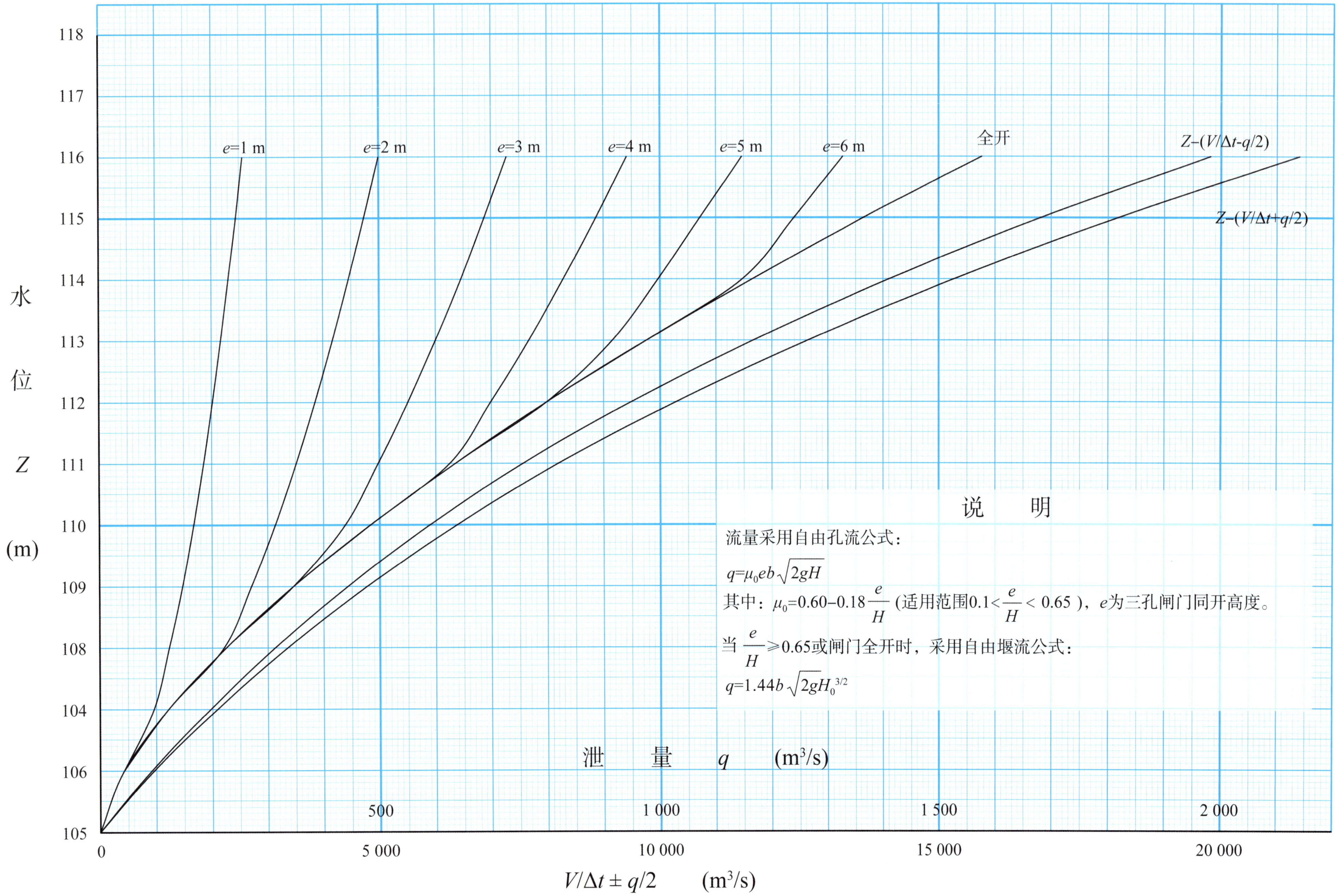

图 17–6　北沙河马河水库水位 – 泄量关系和蓄率中线法调洪演算曲线图

第十八章　城河岩马水库站水文预报方案编制说明

1　流域概况

1.1　流域自然地理特征

岩马水库位于城河上游，枣庄市山亭区冯卯镇岩马村，于 1959 年 11 月开工兴建，1960 年 5 月竣工。流域面积为 353 km^2，流域形状呈扇形，长度 25.8 km，平均宽度为 13.7 km，形状系数为 0.53，河网密度为 0.21 km/km^2，干流长 36.9 km，平均坡度为 2.55‰，河道弯曲系数为 2.31。流域内 80% 为丘陵，20% 为浅山区，上游大部分地区岩石以风化的花岗片麻岩和石灰岩为主。库区周围有部分青石山，大部分为沙石山。流域内沙土占 66%，壤土占 25%，其余为黏土。流域内大多为农田，多种植小麦、玉米、地瓜、花生等作物。城河岩马水库站以上流域图见图 18–1。

根据 1963—2011 年降水资料分析，流域多年平均年降水量 765.8 mm，汛期（6—9 月）平均降水量 555.7 mm，占年降水量的 72.6%。

1.2　水利工程情况

1.2.1　岩马水库概况

岩马水库主要控制运用指标见表 18–1，主要工程指标见表 18–2。

表 18–1　岩马水库主要控制运用指标表（2022 年）

控制运用指标名称	水位 Z（m）	相应库容 V（万 m^3）
溢洪道堰顶高程	122.50	6 499
汛中限制水位	127.00	12 129
汛中允许超蓄水位	127.74	13 260
汛末蓄水位	127.82	13 382
警戒水位	129.21	13 718
允许最高水位	132.61	22 580

表 18–2　岩马水库主要工程指标表

	项目	主坝	副坝
大坝	坝长（m）	1 710	940
	坝高（m）	27.8	15.0
	坝顶高程 Z（m）	135.20	135.20
	坝顶宽 b（m）	9.00	6.00
溢洪闸	型式	平面直升钢闸门	
	闸底高程 Z（m）	122.50	
	孔数	4	
	闸门尺寸（m×m）	10×5.7	
	最大泄量 q（m^3/s）	2 139	
放水洞	型式	廊道式衬管	
	洞长（m）	78.8	
	断面尺寸（m）	∅2.14	
	进口底高程 Z（m）	114.10	
	设计流量 Q（m^3/s）	22.0	

备注：资料抄自 2021 年枣庄市水利局编制的《枣庄市岩马水库汛期调度运用计划计算书》，基面高程为废黄河口高程，废黄河口高程 =1956 年黄海基面高程 +0.184 m。

1.2.2　上游水利工程情况

岩马水库站以上流域内主要水利工程情况见表 18–3。

表 18–3　岩马水库站以上流域内主要水利工程情况表

水库名称	位置	建成日期	集水面积 F（km^2）	总库容 V（万 m^3）	兴利库容 $V_{兴}$（万 m^3）
洼陡	邹城市城前镇	1960 年 5 月	10.2	387	195
枣沟	邹城市张庄镇	1960 年 5 月	7.25	336	246
大律	邹城市张庄镇	1967 年 5 月	9.65	250	100
康王	邹城市城前镇	1967 年 5 月	3.85	193	116
韩庄	邹城市城前镇	1960 年 5 月	1.50	54	33
合计			32.45	1 220	690

1.3 测站概况

岩岩马水库流域内仅设有岩马水库一处水文站，该站设立于1960年6月，控制流域面积353 km²，主要观测水库水位、蓄水量、出库流量等。流域内设有雨量站6处，分别为洼陡、雨山、大岔河、枣沟、蒋子崖、岩马水库站，其中设站时间最早的是蒋子崖站（1953年1月）；最晚设站的是大岔河雨量站（1967年6月），各站的观测雨量系列长度均在30年以上，满足现行设计洪水计算规范的要求。

本站采用冻结基面，冻结基面（废黄河口）高程 -0.216 m = 1985年国家高程基准高程。

2 预报方案的编制

2.1 资料情况及方案沿革

2.1.1 资料情况

岩马水库是一座以防洪灌溉为主的大型水库，为了确保工程安全，发挥其防洪和兴利的最大效益，做好洪水预报是非常重要的。本次修订除选用之前分析的1963—2010年共63场次暴雨洪水外，另外补充了2011—2021年4场次暴雨洪水进行分析，即资料系列为1963—2021年，共67场次洪水。主要参数流域最大损失量 I_m 及前期影响雨量折减系数 K 值未重新分析。

2.1.2 方案沿革

本次修订在原产流方案 $P+P_a-R$ 中增加了4个点据，关系线稍有变化。原方案中产流方案采用降雨径流相关图 $P+P_a-R$，汇流方案采用峰量关系图和综合单位线；由于原汇流方案的峰量关系曲线含义不清，且在实际作业预案中基本没有应用，故本次修订舍弃了原峰量关系曲线，综合单位线仍沿用原方案。

2.2 产流方案

产流方案是预报方案的基本内容，为保证方案的实用性，选用1963—2020年的67场次洪水，做到了高、中洪水测点不漏，小洪水点据适当精减。

2.2.1 主要参数的计算

2.2.1.1 流域平均雨量P的计算

流域平均雨量采用面积加权法计算求得，雨量站的面积权重见表18-4。

表18-4 岩马水库站以上流域内各雨量站权重表

站名	雨山	枣沟	洼陡	岩马水库
权重	0.195	0.205	0.440	0.160

2.2.1.2 流域平均前期影响雨量P_a的计算

统计流域内各站逐日降水量，采用算术平均法计算日平均降水量，用下式计算 P_a 值：

$$P_{a,t+1}=K(P_{a,t}+P_t)$$

式中：$P_{a,t}$、$P_{a,t+1}$ 分别为第 t 日和第 t+1 日前期影响雨量（mm）；P_t 为第 t 日平均降水量（mm）；K 为折减系数，用下式计算：

$$K=1-E_m/I_m$$

式中：E_m 为最大蒸发能力（统计岩马水库历年平均各月最大日蒸发量）；I_m 为最大损失量，本站采用80 mm，并作为 P_a 值的上限控制数。

各月 K 值如表18-5所示。

表18-5 各月 K 值一览表

月份	6月	7月	8月	9月
K值	0.88	0.90	0.91	0.92

2.2.1.3 径流深R的推求

利用水库洪水水文要素摘录表、总出库流量表等资料，反推入库流量，绘制入流过程线，再分割基流，计算出次洪水总量及径流深。

本次均没有扣除岩马水库上游流域内五座小水库拦截面积，全部采用全面积计算径流深。

2.2.2 降雨径流相关图点绘

选用1963—2020年的67场次洪水资料，计算各次洪水的 P、P_a 及 R 后，点绘了 $P+P_a-R$ 相关图。岩马水库站降雨径流分析成果见表18-6，降雨径流相关图见图18-2。

2.2.3 精度评定

根据《水文情报预报规范》（GB/T 22482—2008）规定标准，按许可误差等于20%实测值的标准（并当许可误差大于20.0 mm时以20.0 mm为上限，小于3.0 mm时以3.0 mm为下限）进行逐次洪水评定，共选取67个洪水点据，合格60个，合格率为89.6%，为甲级方案。降雨径流预报精度评定见表18-7。

2.2.4 突出点据检查

950816场次洪水净雨偏小原因：流域降雨极不均匀，上游洼陡站降雨量为300.6 mm，枣沟站220 mm，库区岩马水库站仅71.9 mm。

2.3 汇流方案

本方案采用经验单位线法。分析了三场洪水的单位过程线，供预报洪水过程参考。时段为2 h，汇流单位线图见图18-3。

2.4 水位与库容、库面面积、泄量关系曲线

2.4.1 水位Z-库容V、水位Z-库面面积F关系

采用1998年枣庄水文水资源勘测局测淤成果，1999年2月由山东省水利厅以鲁汛旱办字〔1999〕2号文批准公布，自1999年1月1日开始使用。根据该成果绘制了水位 Z- 库容 V、

水位 Z– 库面面积 F 关系曲线，见图 18–4。

2.4.2 水位Z–泄量q关系

1995 年汛后在原溢洪道闸底建一高 1.0 m 的曲线型实用堰。溢洪闸底高程由原来的 122.00 m 提高到 122.50 m。根据实用堰闸孔泄流量计算公式，计算水位 – 泄量关系，绘制水位 – 闸门开高 – 泄量关系曲线，见图 18–5。计算公式如下：

$$q=\mu_0 enb\sqrt{2gH}$$

式中：q 为泄流量（m^3/s）；b 为溢洪道单孔宽度，本库 4 孔溢洪闸，单孔净宽 10 m；H 为闸前水深（m）；μ_0 为流量系数，平板闸门 $\mu_0=0.745-0.274e/H$，其适用范围为 $0.1 < e/H < 0.75$。

当 $e/H \geqslant 0.75$ 或闸门提出水面时，采用自由堰流公式：

$$q=MbH^{3/2}$$

式中：M 为流量系数，本库取用 1.50。

2.5 蓄率中线法调洪演算曲线

利用单位线预报入库洪水过程，计算推求库水位涨落及出流过程，时段为 2 h，与单位线时段一致。蓄率中线法调洪演算曲线见图 18–6。

3 注意事项

（1）水库预报的目的是预报最大入库流量及最高水位和最大库容，并根据当前雨水情及水库工程情况进行洪水调度，故应随时掌握工程情况，对预报值要根据实际情况及时修正。

（2）由于近几年上游山区的小流域综合治理，土壤的调蓄能力增强，对产汇流影响较大，对汛初及前期较干旱的洪水进行作业预报时应适当修正径流深。

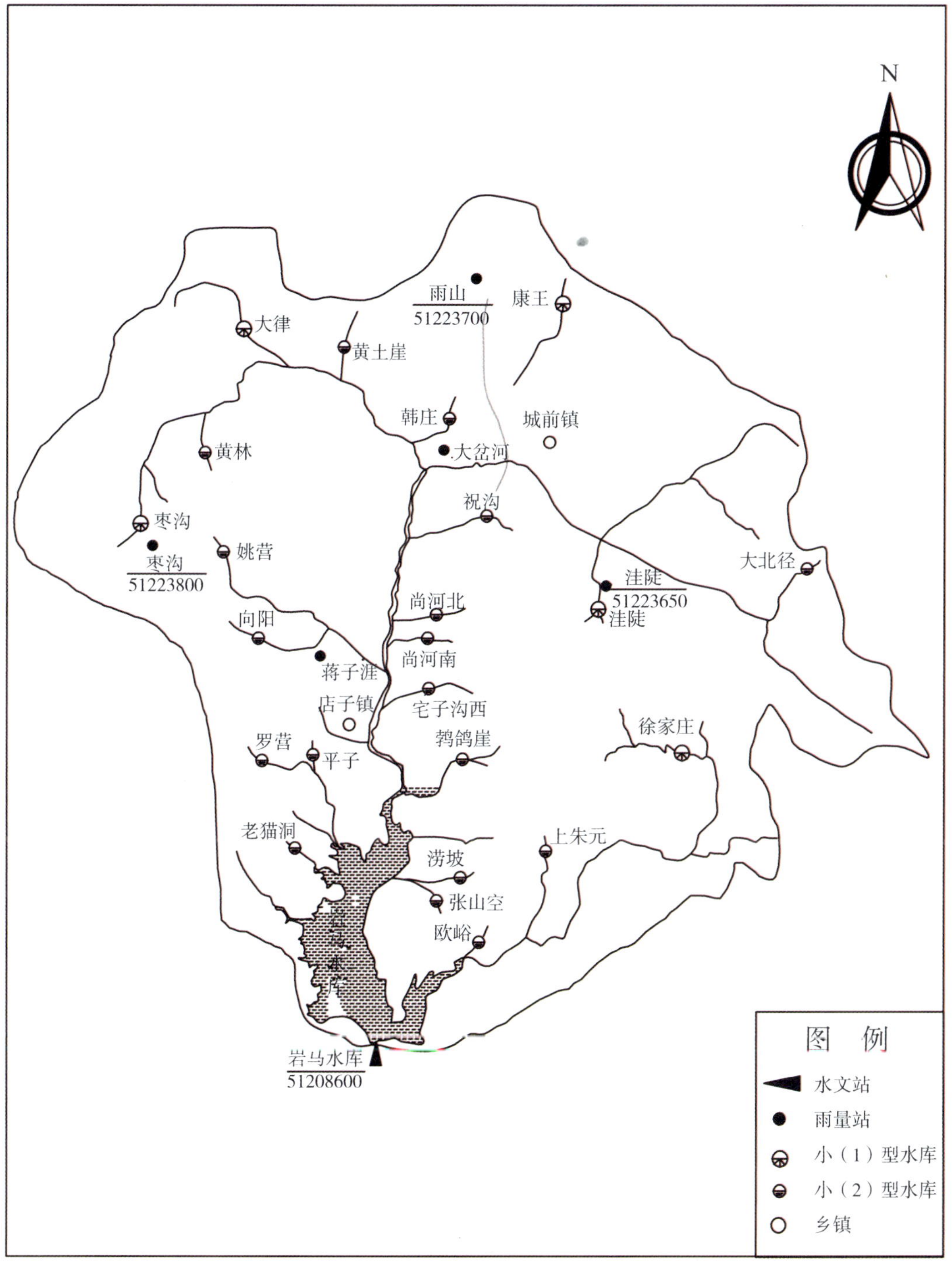

图 18–1 城河岩马水库站以上流域图

表 18-6　城河岩马水库站降雨径流分析成果表

序号	洪号	降雨起止时间		流域平均雨量 P（mm）	前期影响雨量 P_a（mm）	降雨历时（h）		暴雨中心位置或特点	洪水起止时间			洪峰流量 Q_m（m^3/s）	净峰流量 $Q_{m净}$（m^3/s）	洪水总历时 $T_洪$（h）	涨洪历时 $T_{涨洪}$（h）	洪峰滞时 t_p（h）	次洪径流量 W（万 m^3）	集水面积 F（km^2）	次洪径流深 R（mm）	径流系数 α	备注
		起	止			全部 T	有效 T_c		起涨	峰顶	落平										
1	630830	8 月 29 日 6:00	8 月 30 日 10:00	152.2	38.2	28	—	中游	8 月 29 日 8:00	8 月 31 日 2:00	8 月 31 日 8:00	1 340	—	48	42	—	3 478	353	98.5	0.65	多雨峰
2	640728	7 月 27 日 10:00	7 月 28 日 18:00	116.8	40.3	32	—	下游	7 月 27 日 10:00	7 月 28 日 10:00	7 月 30 日 0:00	947	—	62	24	—	2 408	353	68.2	0.58	多雨峰
3	640817	8 月 17 日 6:00	8 月 18 日 12:00	122.2	32.7	30	—	中游	8 月 17 日 8:00	8 月 17 日 12:00	8 月 19 日 14:00	870	—	54	4	—	2 267	353	64.2	0.53	多雨峰
4	650709	7 月 9 日 8:00	7 月 10 日 0:00	106.2	34.4	16	—	中游	7 月 9 日 8:00	7 月 9 日 23:00	7 月 11 日 8:00	680	—	48	15	—	1 779	353	50.4	0.47	复峰
5	650818	8 月 17 日 20:00	8 月 18 日 16:00	81.9	73.2	20	8	中游	8 月 18 日 4:00	8 月 18 日 13:00	8 月 20 日 8:00	454	444	52	9	2.5	1 826	353	51.7	0.63	
6	670902	9 月 1 日 16:00	9 月 3 日 8:00	114.9	43.6	40	—	中游	9 月 2 日 0:00	9 月 2 日 8:00	9 月 3 日 22:00	804	—	46	8	—	2 296	353	65.0	0.57	多雨峰
7	670909	9 月 9 日 8:00	9 月 10 日 12:00	99.0	48.7	28	—	下游	9 月 9 日 8:00	9 月 9 日 13:00	9 月 11 日 8:00	573	—	48	5	—	1 858	353	52.6	0.53	复峰
8	700725	7 月 24 日 18:00	7 月 26 日 12:00	143.6	76.8	42	—	上游	7 月 24 日 20:00	7 月 25 日 11:00	7 月 28 日 8:00	633	—	84	15	—	4 043	353	114.5	0.80	多雨峰
9	710701	6 月 30 日 18:00	7 月 1 日 14:00	106.9	75.2	20	8	下游	6 月 30 日 20:00	7 月 1 日 2:00	7 月 2 日 20:00	1 200	1 180	48	6	2	2 840	353	80.5	0.75	
10	710809	8 月 8 日 12:00	8 月 10 日 2:00	83.8	60.1	38	—	中游	8 月 9 日 8:00	8 月 9 日 8:00	8 月 11 日 20:00	354	—	60	0	—	1 704	353	48.3	0.58	多雨峰
11	710821	8 月 21 日 4:00	8 月 22 日 4:00	112.6	73.6	24	4	上游	8 月 21 日 6:00	8 月 21 日 20:00	8 月 24 日 20:00	662	647	86	14	3	2 859	353	81.0	0.72	
12	710825	8 月 24 日 10:00	8 月 25 日 16:00	82.9	65.5	30	6	中游	8 月 24 日 20:00	8 月 25 日 8:00	8 月 26 日 14:00	528	511	42	12	3	2 072	353	58.7	0.71	
13	720706	7 月 5 日 20:00	7 月 6 日 8:00	101.4	19.4	12	6	下游	7 月 6 日 0:00	7 月 6 日 2:00	7 月 8 日 8:00	583	582	56	2	1.5	1 183	353	33.5	0.33	
14	730430	4 月 29 日 8:00	5 月 1 日 8:00	85.4	40.9	48	—	均匀	4 月 30 日 8:00	4 月 30 日 18:00	5 月 2 日 20:00	240	—	60	10	—	1 302	353	36.9	0.43	无段雨
15	730729	7 月 28 日 12:00	7 月 29 日 10:00	76.2	48.5	22	—	上游	7 月 28 日 20:00	7 月 29 日 8:00	7 月 31 日 0:00	220	—	52	12	—	1 162	353	32.9	0.43	复峰
16	740801	8 月 1 日 0:00	8 月 1 日 10:00	95.8	67.9	10	6	下游	8 月 1 日 0:00	8 月 1 日 6:00	8 月 2 日 14:00	980	965	38	6	2	2 672	353	75.7	0.79	
17	750709	7 月 9 日 6:00	7 月 10 日 0:00	103.0	20.8	18	10	均匀	7 月 9 日 8:00	7 月 9 日 18:00	7 月 11 日 20:00	419	415	60	10	1.5	1 115	353	31.6	0.31	
18	750726	7 月 26 日 6:00	7 月 27 日 8:00	68.3	70.7	26	—	上游	7 月 26 日 8:00	7 月 26 日 16:00	7 月 28 日 20:00	350	—	60	8	—	1 518	353	43.0	0.63	多雨峰
19	770711	7 月 10 日 16:00	7 月 11 日 8:00	63.2	70.6	16	—	中游	7 月 10 日 20:00	7 月 11 日 8:00	7 月 12 日 20:00	297	—	48	12	—	678	353	19.2	0.30	复峰
20	780714	7 月 13 日 22:00	7 月 14 日 4:00	71.7	54.1	6	6	中游	7 月 14 日 0:00	7 月 14 日 4:00	7 月 16 日 8:00	317	313	56	4	5	982	353	27.8	0.39	
21	790624	6 月 23 日 16:00	6 月 24 日 4:00	83.7	14.3	12	6	均匀	6 月 23 日 20:00	6 月 24 日 6:00	6 月 26 日 0:00	150	150	52	10	7.5	652	353	18.5	0.22	
22	790709	7 月 9 日 6:00	7 月 9 日 16:00	70.5	52.4	10	8	中游	7 月 9 日 6:00	7 月 9 日 14:00	7 月 12 日 8:00	233	229	74	8	3.5	881	353	25.0	0.35	
23	800616	6 月 15 日 20:00	6 月 16 日 18:00	147.8	8.8	22	—	下游	6 月 15 日 20:00	6 月 16 日 5:00	6 月 17 日 18:00	339	—	46	9	—	2 173	353	61.6	0.42	多雨峰
24	850715	7 月 15 日 18:00	7 月 16 日 2:00	92.3	46.2	8	4	中游	7 月 15 日 18:00	7 月 15 日 22:00	7 月 17 日 20:00	739	724	50	4	2.5	1 499	353	42.5	0.46	
25	890612	6 月 12 日 2:00	6 月 12 日 14:00	78.8	28.2	12	—	中游	6 月 12 日 3:00	6 月 12 日 16:00	6 月 14 日 6:00	185	—	51	13	—	709	353	20.1	0.25	复峰
26	910610	6 月 10 日 20:00	6 月 11 日 4:00	86.8	19.7	8	6	下游	6 月 10 日 20:00	6 月 11 日 0:00	6 月 12 日 8:00	425	424	36	4	2	904	353	25.6	0.30	
27	910712	7 月 11 日 20:00	7 月 12 日 4:00	84.3	15.7	8	2	上游	7 月 11 日 22:00	7 月 12 日 2:00	7 月 14 日 0:00	193	—	50	4	—	689	353	19.5	0.23	
28	910714	7 月 14 日 2:00	7 月 15 日 0:00	122.0	67.0	22	—	下游	7 月 14 日 2:00	7 月 14 日 21:00	7 月 19 日 0:00	453	—	118	19	—	2 807	353	79.5	0.65	多雨峰
29	910717	7 月 17 日 0:00	7 月 17 日 8:00	53.4	69.4	8	4	中游	7 月 17 日 0:00	7 月 17 日 4:00	7 月 19 日 0:00	275	—	48	4	—	1 149	353	32.5	0.61	
30	910725	7 月 24 日 18:00	7 月 25 日 6:00	133.6	60.8	12	8	中下游	7 月 24 日 20:00	7 月 25 日 1:00	7 月 27 日 0:00	1 120	1 110	52	5	2	3 211	353	91.0	0.68	
31	930711	7 月 11 日 6:00	7 月 13 日 8:00	85.7	55.2	50	12	上游	7 月 11 日 6:00	7 月 13 日 12:00	7 月 15 日 8:00	138	—	98	54	—	1 440	353	40.8	0.48	多雨峰
32	930715	7 月 15 日 18:00	7 月 16 日 2:00	78.7	66.9	8	6	上游	7 月 15 日 16:00	7 月 16 日 2:00	7 月 19 日 8:00	453	439	88	10	3	1 547	353	43.8	0.56	
33	930805	8 月 4 日 18:00	8 月 5 日 8:00	104.6	29.9	14	12	下游	8 月 4 日 20:00	8 月 5 日 6:00	8 月 8 日 0:00	357	353	76	10	3	1 667	353	47.2	0.45	
34	950816	8 月 15 日 18:00	8 月 16 日 8:00	229.5	76.8	14	14	上游	8 月 15 日 19:00	8 月 16 日 1:00	8 月 17 日 20:00	1 660	1 660	49	6	3	5 168	353	146.4	0.64	

续表

序号	洪号	降雨起止时间		流域平均雨量 P（mm）	前期影响雨量 P_a（mm）	降雨历时（h）		暴雨中心位置或特点	洪水起止时间			洪峰流量 Q_m（m³/s）	净峰流量 $Q_{m净}$（m³/s）	洪水总历时 $T_{洪}$（h）	涨洪历时 $T_{涨洪}$（h）	洪峰滞时 t_p（h）	次洪径流量 W（万 m³）	集水面积 F（km²）	次洪径流深 R（mm）	径流系数 α	备注
		起	止			全部 T	有效 T_c		起涨	峰顶	落平										
35	950822	8月22日0:00	8月22日12:00	86.4	58.8	12	10	下游	8月22日6:00	8月22日10:00	8月24日0:00	556	550	42	4	3	1 973	353	55.9	0.65	
36	970808	8月8日2:00	8月8日12:00	111.7	24.8	10	8	上游	8月8日3:00	8月8日10:00	8月10日0:00	659	654	45	7	4	1 280	353	36.3	0.32	
37	970819	8月19日16:00	8月20日12:00	66.7	42.3	20	16	均匀	8月19日16:00	8月20日10:00	8月21日20:00	44	42	52	18	—	371	353	10.5	0.16	
38	980804	8月4日14:00	8月4日20:00	77.7	21.3	6	4	均匀	8月4日16:00	8月4日17:00	8月6日8:00	182	181	40	1	—	491	353	13.9	0.18	
39	980815	8月15日0:00	8月15日10:00	91.3	75.2	10	4	中下游	8月15日2:00	8月15日8:00	8月16日22:00	1 190	1 170	44	6	3	2 413	353	68.4	0.75	
40	990615	6月15日0:00	6月15日14:00	174.1	0.0	14	8	中东	6月15日1:00	6月15日6:00	6月19日8:00	862	861	103	5	1	2 132	353	60.4	0.35	
41	990801	7月31日18:00	8月1日6:00	123.3	14.9	12	10	中下游	8月1日0:00	8月1日2:00	8月3日20:00	669	668	68	2	—	1 587	353	45.0	0.36	
42	010629	6月28日20:00	6月29日6:00	68.3	21.6	10	6	中东	6月28日21:00	6月29日6:00	6月30日20:00	260	260	47	9	2	422	321	13.1	0.19	
43	010730	7月29日22:00	7月30日6:00	48.1	76.0	8	4	中下游	7月29日20:00	7月30日5:00	8月1日6:00	226	207	58	9	2	1 001	353	28.4	0.59	
44	030622	6月22日8:00	6月22日20:00	119.5	4.5	12	6	中下	6月22日8:00	6月22日20:00	6月24日20:00	394	394	60	12	2	891	321	27.8	0.23	
45	030712	7月12日0:00	7月12日18:00	75.5	52.8	18	4	下游	7月12日1:00	7月12日16:00	7月14日8:00	147	145	55	15	2	1 066	321	33.2	0.44	
46	030826	8月24日10:00	8月26日12:00	116.2	73.8	50	10	上游	8月24日8:00	8月26日7:00	8月28日12:00	278	274	100	47	—	2 909	353	82.4	0.71	多雨峰
47	040726	7月24日16:00	7月25日0:00	75.2	44.8	8	4	均匀	7月24日16:00	7月24日20:00	7月26日8:00	291	286	40	4	2	1 167	353	33.1	0.44	
48	040914	9月14日2:00	9月14日16:00	114.2	20.3	14	6	均匀	9月14日2:00	9月14日12:00	9月16日20:00	222	222	66	10	2	1 459	353	41.3	0.36	
49	050626	6月25日22:00	6月26日10:00	97.3	13.7	12	4	中上游	6月26日0:00	6月26日12:00	6月28日8:00	167	167	56	12	2	598	321	18.6	0.19	
50	050701	6月30日20:00	7月2日0:00	165.8	66.2	28	—	中游	6月30日20:00	7月2日0:00	7月3日20:00	452	445	72	28	—	4 016	353	113.8	0.69	双雨峰
51	050716	7月16日16:00	7月17日8:00	107.8	24.0	16	6	均匀	7月16日16:00	7月17日4:00	7月18日20:00	224	221	52	12	—	1 214	353	34.4	0.32	双雨峰
52	050920	9月19日22:00	9月21日6:00	147.5	61.8	32	10	上游	9月19日23:00	9月20日9:00	9月22日8:00	967	962	57	10	—	3 653	353	103.5	0.70	多雨峰
53	060703	7月3日2:00	7月3日20:00	71.8	31.5	18	2	均匀	7月3日2:00	7月3日20:00	7月5日20:00	161	150	66	18	2	709	321	22.1	0.31	
54	060806	8月6日6:00	8月6日12:00	59.0	53.2	6	4	中游	8月6日6:00	8月6日8:00	8月8日20:00	278	272	62	2	2	892	353	25.3	0.43	
55	060829	8月28日18:00	8月29日8:00	81.3	61.2	14	4	均匀	8月28日20:00	8月29日6:00	8月31日8:00	168	159	60	10		1 430	353	40.5	0.50	双雨峰
56	070719	7月18日22:00	7月19日6:00	76.3	34.4	8	4	中游	7月18日22:00	7月19日1:00	7月21日2:00	269	269	52	3	1	771	321	24.0	0.31	
57	070802	8月2日8:00	8月2日18:00	58.6	35.8	10	4	下游	8月2日8:00	8月2日13:00	8月4日20:00	238	238	60	5	1	512	353	14.5	0.25	
58	070818	8月17日18:00	8月18日8:00	69.4	77.6	14	4	上游	8月17日18:00	8月18日4:00	8月19日20:00	749	690	50	10	2	1 813	353	51.4	0.74	
59	080723	7月22日16:00	7月23日14:00	82.5	50.9	22	4	中游	7月22日20:00	7月23日12:00	7月25日8:00	99.1	99.1	60	16	10	1 138	321	35.5	0.43	
60	080821	8月21日2:00	8月21日18:00	58.6	57.6	16	—	均匀	8月21日0:00	8月21日14:00	8月24日8:00	49.4	49.4	80	14	—	664	321	20.7	0.35	双雨峰
61	090720	7月20日18:00	7月21日6:00	81.5	52.3	12	4	上游	7月20日16:00	7月21日3:00	7月23日20:00	185	182	76	11	—	1 335	353	37.8	0.46	双雨峰
62	090818	8月17日16:00	8月18日4:00	149.8	17.5	12	4	中游	8月17日14:00	8月18日3:00	8月21日8:00	536	536	90	13	1	1 887	321	58.8	0.39	
63	100718	7月17日10:00	7月18日2:00	162.5	22.2	16	6	上游	7月17日8:00	7月18日1:00	7月20日8:00	709	697	72	17	1	2 434	321	75.8	0.47	
64	110915	9月15日0:00	9月15日16:00	60.8	57.4	16	5	下游	9月15日8:00	9月15日12:00	9月18日8:00	168	163	72	4	1	920	353	26.1	0.43	
65	200806	8月6日19:00	8月7日8:00	134.0	80.0	13	12	下游	8月6日20:00	8月7日6:00	8月9日8:00	695	676	60	10	2	3 133	353	88.8	0.66	
66	210727	7月27日14:00	7月29日16:00	113.2	22.7	50	11	中游	7月28日1:00	7月29日0:00	8月1日4:00	78.6	76.4	99	23	3	791	353	22.4	0.20	
67	210831	8月28日14:00	9月1日23:00	111.4	53.5	105	13	中游	8月29日20:00	8月31日12:00	9月3日14:00	168	163.6	114	40	3	2 172	353	61.5	0.55	

表 18-7　城河岩马水库站降雨径流（$P+P_a-R$）预报精度评定表

序号	洪号	流域平均雨量 P（mm）	前期影响雨量 P_a（mm）	实测径流深 $R_{实}$（mm）	$P+P_a$（mm）	预报径流深 $R_{预}$（mm）	预报误差（mm）	许可误差（mm）	评定结果	
									合格	不合格
1	630830	152.2	38.2	98.5	190.4	86.6	−11.9	19.7	√	
2	640728	116.8	40.3	68.2	157.1	56.4	−11.8	13.6	√	
3	640817	122.2	32.7	64.2	154.9	54.6	−9.6	12.8	√	
4	650709	106.2	34.4	50.4	140.6	42.6	−7.8	10.1	√	
5	650818	81.9	73.2	51.7	155.1	54.8	3.1	10.3	√	
6	670902	114.9	43.6	65.0	158.5	57.6	−7.4	13.0	√	
7	670909	99.0	48.7	52.6	147.7	48.5	−4.1	10.5	√	
8	700725	143.6	76.8	114.5	220.4	115.2	0.7	20.0	√	
9	710701	106.9	75.2	80.5	182.1	79.0	−1.5	16.1	√	
10	710809	83.8	60.1	48.3	143.9	45.6	−2.7	9.7	√	
11	710821	112.6	73.6	81.0	186.2	83.0	2.0	16.2	√	
12	710825	82.9	65.5	58.7	148.4	49.4	−9.3	11.7	√	
13	720706	101.4	19.4	33.5	120.8	28.8	−4.7	6.7	√	
14	730430	85.4	40.9	36.9	126.3	32.4	−4.5	7.4	√	
15	730729	76.2	48.5	32.9	124.7	31.3	1.6	6.6	√	
16	740801	95.8	67.9	75.7	163.7	62.2	−13.5	15.1	√	
17	750709	103.0	20.8	31.6	123.8	30.7	−0.9	6.3	√	
18	750726	68.3	70.7	43.0	139.0	41.8	−1.2	8.6	√	
19	770711	63.2	70.6	19.2	133.8	37.8	18.6	3.8		√
20	780714	71.7	54.1	27.8	125.8	32.0	4.2	5.6	√	
21	790624	83.7	14.3	18.5	98.0	15.3	−3.2	3.7	√	
22	790709	70.5	52.4	25.0	122.9	30.0	5.0	5.0	√	
23	800616	147.8	8.8	61.6	156.6	56.0	−5.6	12.3	√	
24	850715	92.3	46.2	42.5	138.5	41.4	−1.1	8.5	√	
25	890612	78.8	28.2	20.1	107.0	20.0	−0.1	4.0	√	
26	910610	86.8	19.7	25.6	106.5	19.8	−5.8	5.1		√
27	910712	84.3	15.7	19.5	100.0	16.3	−3.2	3.9	√	
28	910714	122.0	67.0	79.5	189.0	85.5	6.0	15.9	√	
29	910717	53.4	69.4	32.5	122.8	30.0	−2.5	6.5	√	
30	910725	133.6	60.8	91.0	194.4	90.8	−0.2	18.2	√	
31	930711	85.7	55.2	40.8	140.9	43.2	2.4	8.2	√	
32	930715	78.7	66.9	43.8	145.6	46.8	3.0	8.8	√	
33	930805	104.6	29.9	47.2	134.5	38.2	−9.0	9.4	√	
34	950816	229.5	76.8	146.4	306.3	200.8	54.4	20.0		√

序号	洪号	流域平均雨量 P（mm）	前期影响雨量 P_a（mm）	实测径流深 $R_{实}$（mm）	$P+P_a$（mm）	预报径流深 $R_{预}$（mm）	预报误差（mm）	许可误差（mm）	评定结果	
									合格	不合格
35	950822	86.4	58.8	55.9	145.2	45.7	−10.2	11.2	√	
36	970808	111.7	24.8	36.3	136.5	40.0	3.7	7.3	√	
37	970819	66.7	42.3	10.5	109.0	21.0	10.5	3.0		√
38	980804	77.7	21.3	13.9	99.0	15.8	1.9	3.0	√	
39	980815	91.3	75.2	68.4	166.5	64.8	−3.6	13.7	√	
40	990615	174.1	0.0	60.4	174.1	71.6	11.2	12.1	√	
41	990801	123.3	14.9	45.0	138.2	41.2	−3.8	9.0	√	
42	010629	68.3	21.6	13.1	89.9	12.0	−1.1	3.0	√	
43	010730	48.1	76.0	28.4	124.1	31.0	2.6	5.7	√	
44	030622	119.5	4.5	27.8	124	30.8	3.0	5.6	√	
45	030712	75.5	52.8	33.2	128.3	33.8	0.6	6.6	√	
46	030826	116.2	73.8	82.4	190	86.5	4.1	16.5	√	
47	040726	75.2	44.8	33.1	120	28.2	−4.9	6.6	√	
48	040914	114.2	20.3	41.3	134.5	38.4	−2.9	8.3	√	
49	050626	97.3	13.7	18.6	111.0	22.2	3.6	3.7	√	
50	050701	165.8	66.2	113.8	232.0	126.8	13.0	20.0	√	
51	050716	107.8	24.0	34.4	131.8	36.2	1.8	6.9	√	
52	050920	147.5	61.8	103.5	209.3	105.0	1.5	20.0	√	
53	060703	71.8	31.5	22.1	103.3	18.0	−4.1	4.4	√	
54	060806	59.0	53.2	25.3	112.2	23.0	−2.3	5.1	√	
55	060829	81.3	61.2	40.5	142.5	44.5	4.0	8.1	√	
56	070719	76.3	34.4	24.0	110.7	22.2	−1.8	4.8	√	
57	070802	58.6	35.8	14.5	94.4	13.8	−0.7	3.0	√	
58	070818	69.4	77.6	51.4	147.0	48.0	−3.4	10.3	√	
59	080723	82.5	50.9	35.5	133.4	37.5	2.0	7.1	√	
60	080821	58.6	57.6	20.7	116.2	25.6	4.9	4.1		√
61	090720	81.5	52.3	37.8	133.8	37.8	0.0	7.6	√	
62	090818	149.8	17.5	58.8	167.3	65.5	6.7	11.8	√	
63	100718	162.5	22.2	75.8	184.7	81.5	5.7	15.2	√	
64	110915	60.8	57.4	26.1	118.2	26.4	0.3	5.2	√	
65	200806	134.0	80.0	88.8	214.0	108.5	19.7	17.8		√
66	210727	113.2	22.7	22.4	135.9	39.5	17.1	4.5		√
67	210831	111.4	53.5	61.5	164.9	63.5	2.0	12.3	√	

备注：1. 预报误差 = 预报值 − 实测值；2. 许可误差 = 实测值的 20%，以 20.0 mm 为上限，以 3.0 mm 为下限；3. 合格率 =89.6%，为甲级方案。

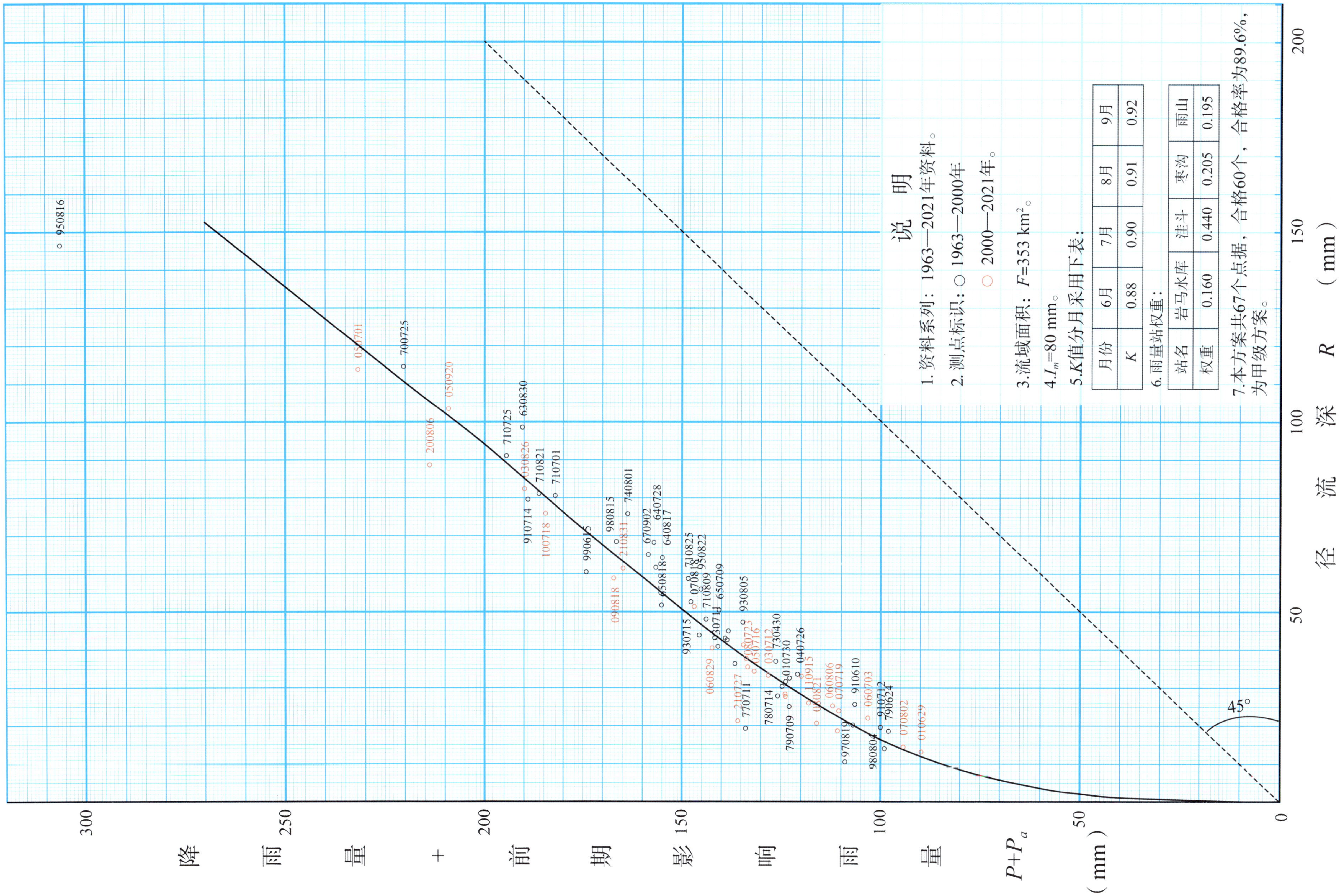

图 18-2　城河岩马水库站降雨径流相关图

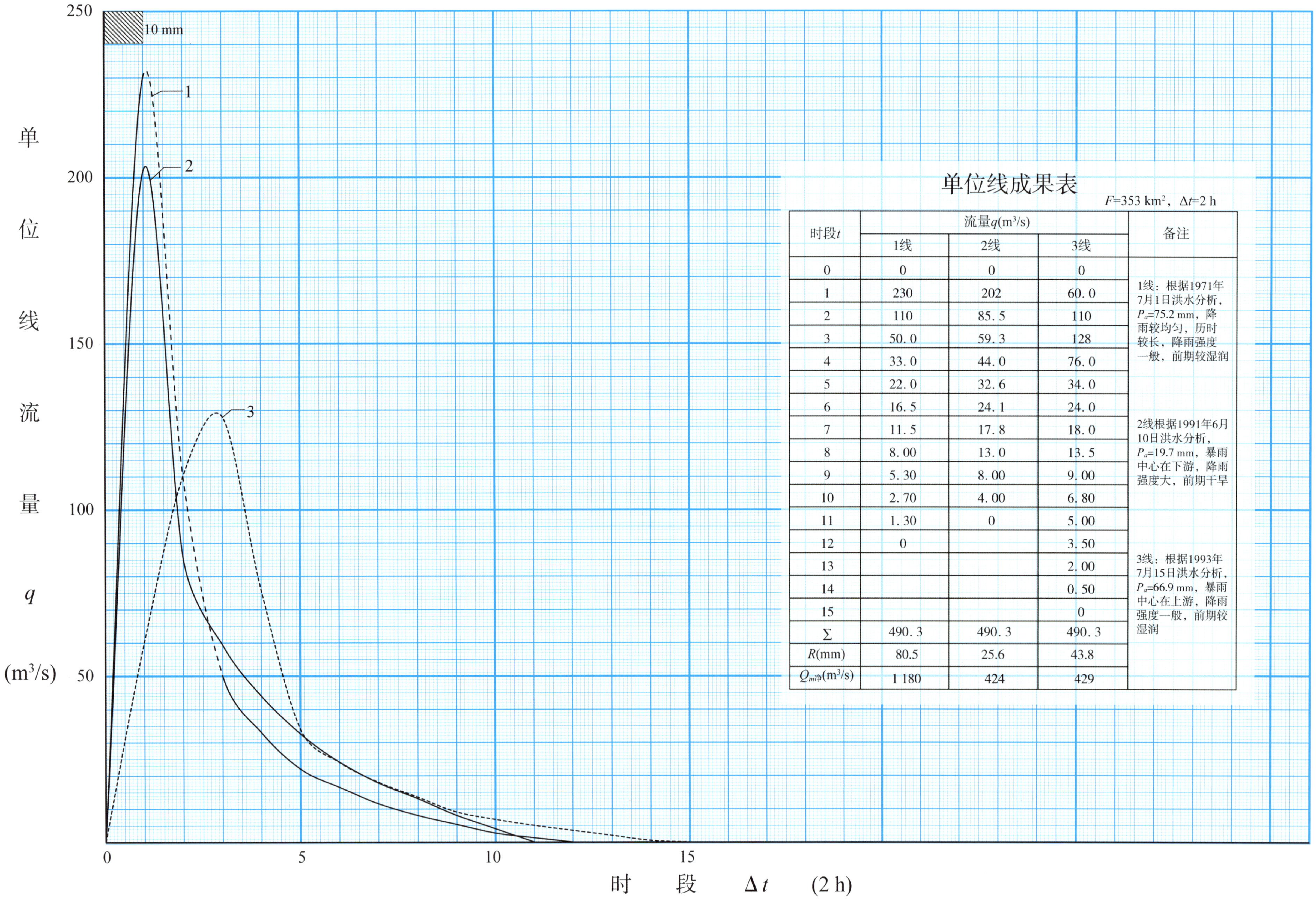

单位线成果表

F=353 km²，Δt=2 h

时段t	流量q(m³/s)			备注
	1线	2线	3线	
0	0	0	0	
1	230	202	60. 0	1线：根据1971年7月1日洪水分析，P_a=75.2 mm，降雨较均匀，历时较长，降雨强度一般，前期较湿润
2	110	85. 5	110	
3	50. 0	59. 3	128	
4	33. 0	44. 0	76. 0	
5	22. 0	32. 6	34. 0	
6	16. 5	24. 1	24. 0	
7	11. 5	17. 8	18. 0	2线根据1991年6月10日洪水分析，P_a=19.7 mm，暴雨中心在下游，降雨强度大，前期干旱
8	8. 00	13. 0	13. 5	
9	5. 30	8. 00	9. 00	
10	2. 70	4. 00	6. 80	
11	1. 30	0	5. 00	
12	0		3. 50	
13			2. 00	3线：根据1993年7月15日洪水分析，P_a=66.9 mm，暴雨中心在上游，降雨强度一般，前期较湿润
14			0. 50	
15			0	
Σ	490. 3	490. 3	490. 3	
R(mm)	80.5	25.6	43.8	
$Q_{m净}$(m³/s)	1 180	424	429	

图 18–3　城河岩马水库站汇流单位线图

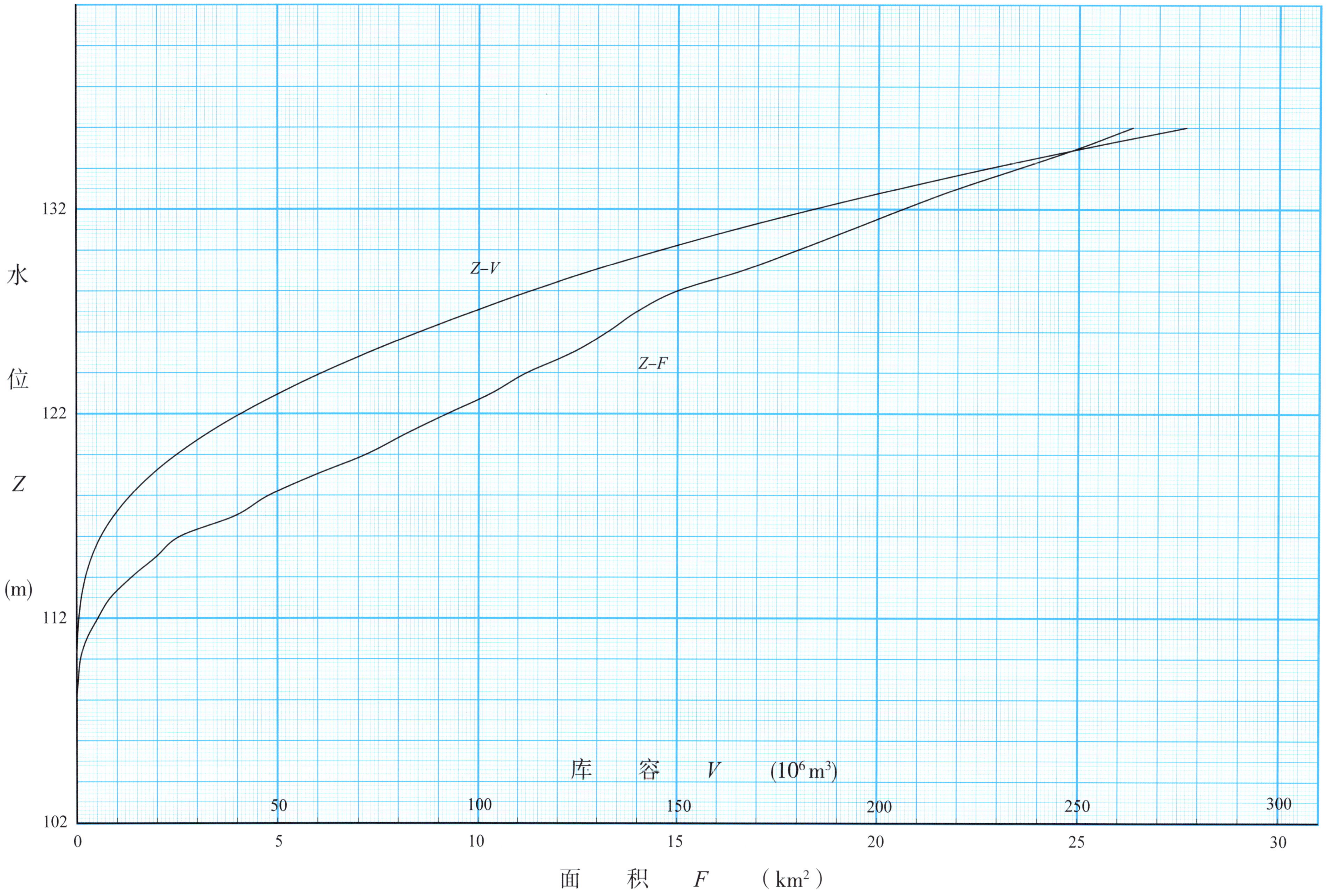

图 18–4 城河岩马水库水位与库容、水面面积关系曲线图

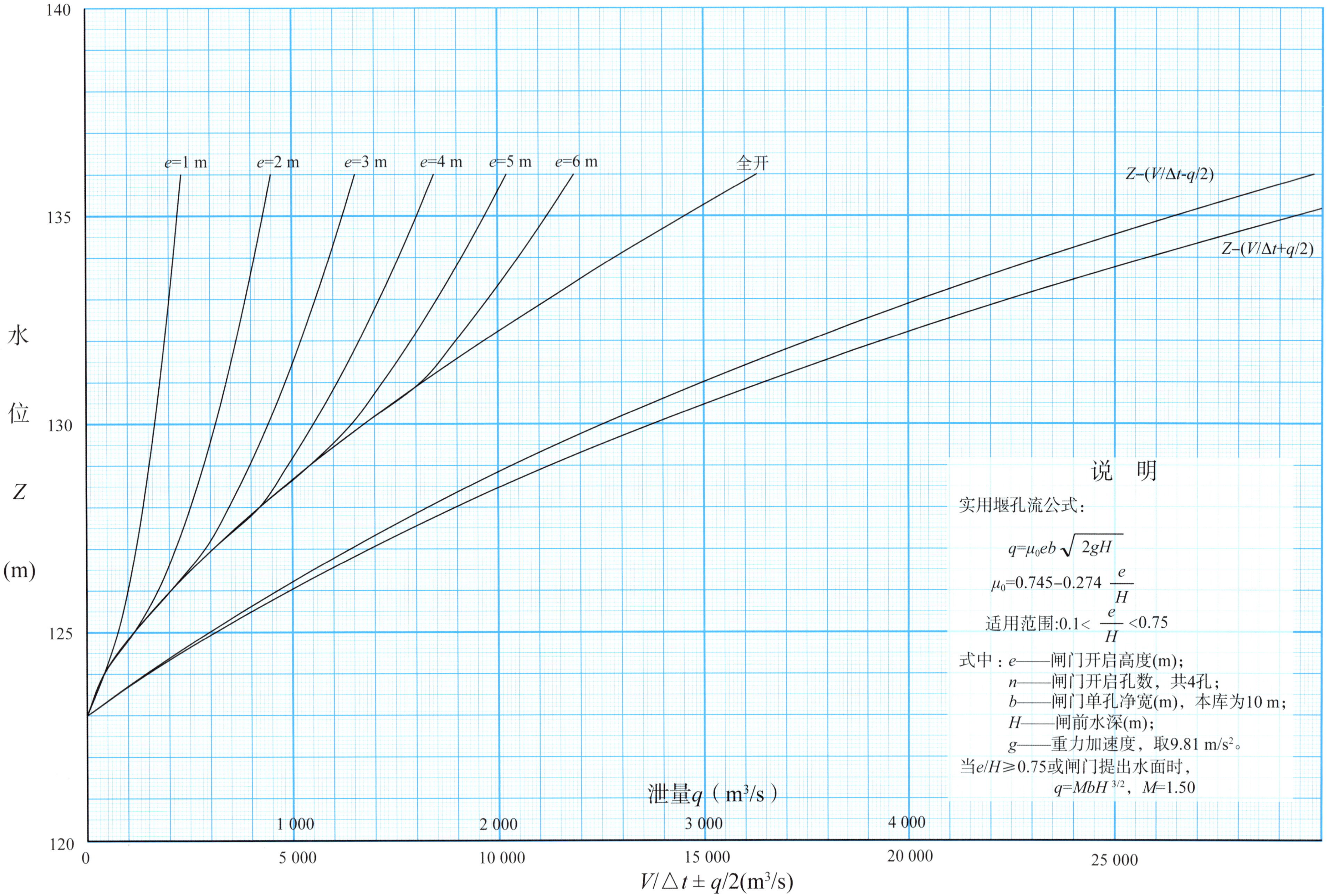

图 18-5　城河岩马水库水位 – 泄量关系和蓄率中线法调洪曲线图

第十九章　西泇河会宝岭水库站水文预报方案编制说明

1　流域概况

1.1　流域自然地理特征

会宝岭水库位于中运河的支流西泇河上，流域内地势西北高于东南，山脉轴向不一，河谷纵横交错，支流集中在上游且多在左岸，其中较大支流有下村河、花园沟等，形成上宽下窄的流域形状，径流汇集较迅速。受地形影响，河道多急弯，河床块砾间有岩石，流域内大多为浅山、丘陵区，岩石裸露冲刷严重，多由灰岩组成，还有砂岩、片麻岩、页岩，岩石质地疏松易于风化，有裂隙泉，泉水终年不断。上游盆地内为黄黏土，两岸有一级阶地，多为沙土、黏壤土，山丘区封山造林较差，植被情况一般。流域多年平均年降水量为 885.6 mm（1956—2016 年系列），其中 6—9 月降雨量为 650.2 mm，占年降水量的 73.4%。会宝岭水库站以上流域图见图 19–1。

1.2　水利工程情况

1.2.1　会宝岭水库概况

会宝岭水库坐落在兰陵县西部尚岩镇驻地。该库分南北两库，中间有连通沟相接，连通沟底高程为 65.50 m。控制流域面积 418 km^2，其中北库控制流域面积 175 km^2，南库控制流域面积 243 km^2。河道干流坡度为 2.5‰。该库于 1958 年 12 月开工，1959 年 12 月完成大坝和放水洞工程，开始蓄水。南坝坝顶高程 81.00 m，北坝为 81.60 m，1971 年建 10 m × 7 m 溢洪闸 3 孔，闸底高程为 71.00 m；建桥 12 孔，桥底高程为 74.00 m。1978 年在溢洪道内筑水坝，坝顶高程为 75.50 m。2001 年改建为 10 m × 6 m 溢洪闸 5 孔，闸底高程为 70.00 m。会宝岭水库汛限水位为 74.50 m，汛末蓄水位为 75.40 m，允许最高水位为 77.50 m。

1.2.2　上游水利工程情况

本流域内有中型水库两座：北库上游双河水库，控制流域面积 42.6 km^2，总库容 1 001 万 m^3；南库上游周村水库，控制面积 120 km^2，总库容 7 500 万 m^3。在周村、双河水库以下会宝岭水库以上有小型水库 11 座，控制面积共计 26.2 km^2，总库容 767.8 万 m^3。流域内主要水利工程情况见表 19–1。

表 19–1　西泇河会宝岭水库站以上流域内主要水利工程统计表

工程类别	水库名称	详细地址	流域面积（km^2）	总库容（万 m^3）	兴利库容（万 m^3）
中型	周村	枣庄市市中区孟庄镇周村	120	7 500	4 926
	双河	兰陵县下村乡双河村	42.6	1 001	418
小（1）型	沙河子	兰陵县车辋镇东庄村	9.3	163	67
	驼山前	兰陵县车辋镇驼山村	5.0	263	155
	脱衣	费县新庄镇脱衣村	3.58	227	148
小（2）型	宋庄	兰陵县下村乡宋庄村	1.25	12.4	6.1
	葛宝庄	兰陵县下村乡葛宝庄村	0.46	8.6	5.2
	雷雨口	兰陵县鲁城镇雷雨口村	0.84	5.6	0.8
	老鹰窝	兰陵县鲁城镇孙家村	0.75	8.3	6.0
	北山口	兰陵县鲁城镇北山口村	0.70	15.1	7.4
	楼子	兰陵县鲁城镇楼子村	2.00	7.5	2.4
	下寺	兰陵县鲁城镇下寺村	0.97	37.5	27.0
	魏庄	兰陵县鲁城镇魏庄村	1.35	19.8	14.2

1.3　测站概况

会宝岭水库水文站位于兰陵县尚岩镇。本流域共设报汛站 3 处，分别为双河水库、周村水库、会宝岭水库。会宝岭水库站属区域代表站，承担降水、水位、流量、水质、墒情等观测项目及属站管理、水文调查、区域年度用水量监测等工作，并承担向国家防总，省、市防指，工程管理部门等多家单位提供雨水情报、预报任务。会宝岭水库上游有 3 处长系列雨量站，详见表 19–2。

该站冻结基面高程 +0.000 m ＝ 1956 年黄海基面高程，冻结基面高程 +0.144 m=1985 年国家高程基准高程。

表 19–2　西泇河会宝岭水库站以上流域雨量站情况表

站名	设站年份	详细地址
双河水库	1964 年	临沂市兰陵县下村乡双河水库
周村水库	1964 年	枣庄市市中区孟庄镇周村水库
会宝岭水库	1960 年	临沂市兰陵县尚岩镇会宝岭水库

2　预报方案编制

2.1　预报区间的确定

会宝岭水库上游建有中型水库双河水库和周村水库，因此将双河水库和周村水库作为上游入流站，预报区间确定为中型水库以下至会宝岭水库，区间面积采用 255.4 km^2；当上游双河水库不拦洪时，区间面积应包括双河水库面积 42.6 km^2，即 298 km^2。

2.2 资料情况及方案沿革

2.2.1 资料情况

会宝岭水库站预报方案于 1981 年分析编制，又分别于 1991 年、1999 年、2011 年进行了方案的修订。本次修订除选用之前分析的 1960—2010 年共 55 场次暴雨洪水外，另外补充了 2011—2020 年 14 场次暴雨洪水进行分析，即资料系列为 1960—2020 年，共 69 场次洪水。

2.2.2 方案沿革

原方案中产流方案采用降雨径流相关图 $P+P_a-R$，汇流方案采用峰量关系曲线图、经验单位线。本次修订，在原产流方案降雨径流相关图 $P+P_a-R$ 中增加了 13 个点据，关系线保持不变；在原汇流方案峰量关系曲线图中增加了 13 个点据，关系线保持不变；经验单位线新增 2 条，其中 1 h 单位线 1 条，2 h 单位线 1 条。

2.3 产流方案

本方案采用降雨径流相关法（$P+P_a-R$），西泇河会宝岭水库站 $P+P_a-R$ 关系曲线及其放大图见图 19–2、图 19–3。其中：P 为次降雨流域平均雨量（mm）；P_a 为流域平均前期影响雨量（mm）；R 为次降雨所产生的径流深（mm）。

2.3.1 主要参数的计算

2.3.1.1 流域平均雨量P的计算

流域平均雨量采用加权平均法即泰森多边形法计算求得，雨量站的面积控制权重见表 19–3。

表 19–3 会宝岭水库站以上流域内雨量站的控制权重表

站名	双河水库	周村水库	会宝岭水库
权重	0.437	0.201	0.362

2.3.1.2 流域平均前期影响雨量P_a的计算

每年自汛初开始连续计算，先以面积加权法计算流域平均雨量，然后计算前期影响雨量 P_a，K、I_m 取值本次未做分析，继续沿用原有成果。P_a 的计算公式如下：

$$P_{a,t}=K(P_{a,t-1}+P_{t-1})$$

式中：$P_{a,t}$ 为当日的流域平均前期影响雨量（mm）；$P_{a,t-1}$ 为前一日的流域平均前期影响雨量（mm）；P_{t-1} 为前一日流域平均降雨量（mm）；K 为前期影响雨量递减系数，$K=1-\frac{E_m}{I_m}$，本方案 K=0.85；E_m 为流域蒸发能力；I_m 为流域最大损失量，本方案采用 60 mm。

2.3.1.3 径流深R的推求

在一次洪水过程线上采用斜线分割法切除基流，上游水库放水时，要将水库放水形成的地表径流的那部分水量扣除。本次洪水径流深 R 等于洪水总量 W（已扣除水库放水量和基流量）除以集水面积 F。会宝岭水库水文站降雨径流分析成果见表 19–4。

2.3.2 精度评定

本方案依据实测点绘制 $P+P_a-R$ 相关曲线，采用 1960—2020 年共 61 年的资料系列，共分析了 68 个点据。精度评定采用合格点次占总点次的百分比为合格率，许可误差采用实测值的 20%，并以 20.0 mm 为上限，以 3.0 mm 为下限作为控制。方案合格率为 79.4%，属乙级方案。精度评定见表 19–5。

2.4 汇流方案

本方案主要采用峰量关系图、经验单位线和综合瞬时单位线等方法。

2.4.1 峰量关系曲线$R-T_c-Q_{m净}$

$R-T_c-Q_{m净}$关系图见图 19–4。图中 R 为一次降雨径流深。T_c 为有效降雨历时，是指实际能产生径流，对造峰有明显影响的降雨历时，如果两段较大降雨之间有一小段不产生径流，此段历时也统计在主要有效降雨历时之内；当降雨时段较长时，一般采取占总降雨量 80% 以上的主要降雨时段数。$Q_{m净}$为一次降雨过程所产生的区间净峰流量。受上游水利工程的影响，历年实测的净峰流量的相应集水面积不同，本次方案制作时统一改正为当前集水面积上的净峰流量，计算公式为

$$Q_{m净}=Q'_{m净}\left(\frac{F_{现}}{F_{原}}\right)^{\frac{2}{3}}$$

式中：$Q_{m净}$为改正后的净峰流量（m^3/s）；$Q'_{m净}$为原集水面积实测的净峰流量（m^3/s）；$F_{现}$为当前采用的集水面积，即扣除中型水库以下的集水面积（km^2）；$F_{原}$为实测 $Q'_{m净}$相应的集水面积（km^2）。

精度评定：本方案采用 1960—2020 年共 68 个洪水点据。许可误差采用实测值的 20% 作控制，方案合格率为 79.4%，为乙级方案。精度评定见表 19–6。

2.4.2 经验单位线

本方案根据 950822、000718、040724、070719 和 190806 场次洪水资料分析单位线，其中 1 h 单位线 4 条，2 h 单位线 4 条。详见图 19–5 和图 19–6。

2.4.3 综合瞬时单位线

本方案采用如下地区综合单位线公式：

$$M_1=CF_{区}^{0.33}J^{-0.27}R^{-0.2}T_c^{0.17}$$
$$M_2=0.34M_1^{-0.12}$$

式中：$F_{区}$为集水面积（km^2）；J 为河道干流坡度，本站为 0.002 5；M_1 为瞬时单位线参数，$M_1=nk$；M_2 为瞬时单位线参数，$M_2=1/n$；n 为瞬时单位线反映流域汇流调节次数的参数；k 为瞬时单位线反映流域汇流时间的参数；C 为经验系数，$R\geq 50$ mm 时，C=0.196，$R<50$ mm 时，C=0.255。

2.5　水位与库容、面积、泄量关系曲线

采用 1978 年 10 月山东省水文总站测量成果，会宝岭水库水位－库容、水位－面积、水位－放水流量关系曲线见图 19–7。

2.6　泄量关系曲线

根据堰闸流量计算公式计算并绘制了溢洪闸泄流关系曲线，见图 19–8 和图 19–9。

2.6.1　孔流

$$Q=\mu nbe\sqrt{2gH}$$

式中：n 为闸门孔数，n=5；b 为闸门单孔宽，b=10 m；H 为水头，H=Z–70.00；μ 为流量系数，μ=0.454（e/H）$^{-0.138}$。

2.6.2　堰流

$$Q=C_0nb\sqrt{2g}H^{3/2}$$

式中：C_0 为流量系数，C_0=$K\varepsilon'C$，取 0.369 8。

3　方案使用说明

3.1　产流方案

3.1.1　次径流量预报

根据次流域平均降雨量 P 及前期影响雨量 P_a 在 $P+P_a$–R 关系线上查得 R 后，分别乘以中型水库以下南、北库控制面积 123 km^2 及 132.4 km^2，即可得到各自入库径流量。地表径流总量计算公式如下：

$$W_R=0.1RF_{区}$$

式中：$F_{区}$为流域中型水库以下集水面积，采用 255.4 km^2；当上游双河水库不拦洪时，集水面积应包括双河水库面积（42.6 km^2），为 298 km^2。

3.1.2　入库洪水总量预报

$$W_{总}=W_R+W_{基}$$

式中：$W_{总}$为次洪水总量（万 m^3）；W_R 为次降雨地表径流总量（万 m^3）；$W_{基}$为基流水量（万 m^3）。

3.2　汇流方案

3.2.1　查 R–T_c–$Q_{m净}$图

依据查得的径流深 R 及求出的有效降雨历时 T_c，通过本方案可得流域中型水库以下集水面积上所产生的净峰流量 $Q_{m净}$，加上基流 $Q_{基}$即为所预报的洪峰流量。

3.2.2　经验单位线

在进行洪水作业预报时，视本次降雨情况选定与降雨特点相近的洪水分析的经验单位线。

3.2.3　综合瞬时单位线

将预报的次径流深 R 及求出的有效降雨历时 T_c，代入地区综合单位线公式，求得 M_1、M_2，进而计算 n、k 值，代入 t/k 的 n 阶非完全伽马函数式，计算瞬时单位线的 S（t）曲线。

3.3　方案合理性检查及评定

在方案建立过程中，随时根据规范要求及有关文件规定进行合理性检查，特别对突出点据从原始资料反复查对，对中间处理过程也进行了认真审查，发现不合理的问题后基本上做了检查改正。方案建立后，先从线形进行比较，防止出现矛盾现象，然后对每个方案尽量根据规范规定采用表格形式进行了精度评定。其中降雨径流相关图合格率为 79.4%，属乙级方案；峰量关系曲线图合格率 79.4%，属乙级方案。综上，本方案属于乙级方案。

3.4　方案适应能力

本方案适用于防洪标准以下的洪水作业预报。如遇超标准洪水，则需根据当时具体情况酌情修正。

图 19–1　西泇河会宝岭水库站以上流域图

表 19-4　西洳河会宝岭水库站降雨径流分析成果表

序号	降雨起讫时间							流域平均雨量 P（mm）	前期影响雨量 P_a（mm）	降雨历时（h）		暴雨中心位置	洪水发生时间									洪水历时 $T_{洪}$（h）	洪峰流量 Q_m（m^3/s）	净峰流量 $Q'_{m净}$（m^3/s）	地表径流总量 W（万 m^3）	集水面积 F（km^2）	径流深 R（mm）	径流系数 α	改正后的净峰流量 $Q_{m净}$（m^3/s）
	起				讫					全部 T	有效 T_c		起涨			峰顶			落平										
	年	月	日	时	月	日	时						月	日	时	月	日	时	月	日	时								
1	1960	6	30	0	6	30	20	142.6	50.0	20	6	双河	6	30	2	6	30	7	7	1	11	33	1 609	1 606	2 563	255.4	100.4	0.70	1 606
2	1960	7	2	4	7	3	12	99.2	60.0	32	18	双河	7	2	5	7	3	6	7	4	5	48	615	595	2 398	298	80.5	0.81	537
3	1960	9	5	12	9	6	4	101.4	52.0	16	8	双河	9	5	20	9	6	2	9	6	24	28	995	982	1 844	298	61.9	0.61	886
4	1963	7	6	16	7	6	24	95.3	21.0	8	4	会宝岭	7	6	16	7	6	21	7	7	8	16	845	840	1 050	255.4	41.1	0.43	840
5	1963	7	15	12	7	16	8	38.5	39.0	20	4.7	双河	7	15	20	7	16	2	7	17	2	30	161	153	400	255.4	15.7	0.41	153
6	1963	7	19	0	7	20	4	102.1	43.0	28	12.7	双河	7	19	0	7	19	14	7	20	14	38	477	467	1 857	298	62.3	0.61	421
7	1963	7	22	16	7	22	22	125.8	49.0	6	6	会宝岭	7	22	16	7	22	20.5	7	24	2	34	1 994	1 973	2 535	298	85.1	0.68	1 780
8	1963	7	31	2	8	1	10	105.3	60.0	32	14.7	周村	7	31	2	8	1	17	8	2	5	51	820	765	2 384	298	80.0	0.76	690
9	1964	6	30	2	7	1	18	126.7	2.8	40	24.6	会宝岭	6	30	6	7	1	8	7	4	8	98	198	194	1 134	255.4	44.4	0.35	194
10	1964	8	6	8	8	7	2	88.2	34.8	18	7.5	会宝岭	8	6	14	8	6	18	8	8	8	42	636	616	1 214	298	40.7	0.46	556
11	1965	7	16	4	7	16	22	84.2	60.0	18	6	周村	7	16	4	7	16	8	7	18	8	52	1 130	1 120	1 908	298	64.0	0.76	1 011
12	1970	7	2	8	7	3	6	87.4	35.0	22	14	双河	7	2	8	7	3	0	7	5	8	72	214	210	947	255.4	37.1	0.42	210
13	1970	7	24	18	7	26	18	161.5	59.3	48	27	双河	7	24	19	7	25	14	7	28	2	79	1 060	1 025	3 331	298	111.8	0.69	925
14	1970	8	6	4	8	6	14	99.1	32.5	10	4	会宝岭	8	6	10	8	6	11	8	8	20	58	1 245	1 125	1 292	298	43.4	0.44	1 015
15	1975	9	19	12	9	20	8	79.2	19.0	20	7.2	双河	9	19	20	9	20	2	9	21	18	46	187	183	628	298	21.1	0.27	165
16	1976	7	14	14	7	15	2	80.0	16.0	12	5	双河	7	14	20	7	15	1	7	16	8	36	252	250	472	255.4	18.5	0.23	250
17	1979	6	23	14	6	24	6	94.0	28.3	16	9.6	周村	6	23	14	6	23	21	6	25	15	49	125	122	596	255.4	23.3	0.25	122
18	1980	7	27	16	7	28	4	96.8	8.9	12	5	周村	7	27	16	7	27	21.5	7	28	7	15	236	231	454	255.4	17.8	0.18	231
19	1986	7	26	0	7	26	12	92.2	29.4	12	4.6	会宝岭	7	26	0	7	26	8	7	27	2	26	369	359	754	255.4	29.5	0.32	359
20	1987	7	9	16	7	10	3	99.1	7.9	11	4.4	会宝岭	7	9	20	7	9	22	7	10	22	26	236	234	530	255.4	20.8	0.21	234
21	1987	9	3	12	9	4	8	115.9	6.7	20	6	周村	9	3	17	9	4	1	9	5	8	39	247	230	641	298	21.5	0.19	208
22	1989	6	12	3	6	12	14	75.4	37.0	11	5.8	双河	6	12	3	6	12	10	6	13	18	39	230	218	551	255.4	21.6	0.29	218
23	1990	7	13	13	7	14	4	64.6	28.3	15	4.5	双河	7	13	13	7	14	2	7	15	20	55	190	187	396	255.4	15.5	0.24	187
24	1991	7	19	17	7	20	0	48.2	39.9	7	2	会宝岭	7	19	17	7	19	18.5	7	20	14	21	528	516	530	298	17.8	0.37	466
25	1991	7	24	19	7	25	8	148.6	33.3	13	6.9	双河	7	24	20	7	25	3	7	26	6	34	1 284	1 264	2 672	298	89.7	0.60	1 140
26	1993	8	4	14	8	5	14	228.5	27.0	24	18.1	会宝岭	8	4	14	8	5	7	8	6	20	54	2 076	2 056	4 800	298	161.1	0.71	1 855

续表

序号	降雨起讫时间							流域平均雨量 P（mm）	前期影响雨量 P_a（mm）	降雨历时（h）		暴雨中心位置	洪水发生时间									洪水历时 $T_{洪}$（h）	洪峰流量 Q_m（m^3/s）	净峰流量 $Q'_{m净}$（m^3/s）	地表径流总量 W（万 m^3）	集水面积 F（km^2）	径流深 R（mm）	径流系数 α	改正后的净峰流量 $Q_{m净}$（m^3/s）
	起				讫					全部 T	有效 T_c		起涨			峰顶			落平										
	年	月	日	时	月	日	时						月	日	时	月	日	时	月	日	时								
27	1994	7	15	0	7	15	15	56.5	37.1	15	3.2	会宝岭	7	15	2	7	15	6	7	16	8	30	172	164	206	255.4	8.1	0.14	164
28	1994	8	29	23	8	30	7	53.2	37.4	8	4	周村	8	29	23	8	30	4	8	31	8	33	150	139	316	255.4	12.4	0.23	139
29	1995	8	22	1	8	22	12	90.3	45.6	11	7.8	会宝岭	8	22	1	8	22	10	8	23	20	43	425	402	1 106	255.4	43.3	0.48	402
30	1996	7	25	12	7	25	23	82.3	36.0	11	4.3	双河	7	25	12	7	25	18	7	27	8	44	404	388	790	255.4	30.9	0.38	388
31	1997	8	19	9	8	20	13	163.7	23.2	28	19.5	双河	8	19	10	8	19	22	8	21	20	58	262	256	2 198	298	73.8	0.45	231
32	1998	7	1	15	7	2	7	147.8	16.5	16	5.6	双河	7	1	15	7	2	6	7	3	14	47	754	744	1 827	298	61.3	0.41	671
33	1998	7	15	1	7	15	5	113.3	9.3	4	2.4	会宝岭	7	15	2	7	15	4	7	16	8	30	655	648	1 135	298	38.1	0.34	585
34	1998	8	12	18	8	13	5	86.6	51.6	11	6.2	双河	8	12	20	8	12	23	8	14	16	44	941	923	1 825	298	61.2	0.71	833
35	1999	6	15	0	6	15	20	170.5	1.1	20	10	周村	6	15	0	6	15	8.5	6	17	2	50	363	362	1 193	255.4	46.7	0.27	362
36	2000	6	22	14	6	23	10	55.1	2.4	20	3	周村	6	22	17	6	23	9	6	24	2	33	45.0	44.2	80	255.4	3.1	0.06	44.2
37	2000	7	18	16	7	19	7	124.0	43.4	15	5	双河	7	18	18	7	18	21.5	7	19	12	18	944	919	1 551	255.4	60.7	0.49	919
38	2000	8	13	8	8	13	21	61.6	14.7	13	7	周村	8	13	12	8	13	23	8	15	2	38	117	109	430	298	14.4	0.23	98.3
39	2000	8	24	2	8	24	18	85.9	17.4	16	4	周村	8	24	3	8	24	9	8	25	4	25	298	284	719	298	24.1	0.28	256
40	2000	8	30	3	8	31	14	81.9	31.2	35	7	会宝岭	8	30	8	8	31	9	9	1	7	47	366	347	980	298	32.9	0.40	313
41	2001	7	30	17	7	31	8	64.4	60.0	15	4	会宝岭	7	30	19	7	30	23.5	7	31	13	18	882	821	940	255.4	36.8	0.57	821
42	2003	6	22	8	6	22	21	119.2	0.8	13	10	周村	6	22	8	6	22	19	6	24	14	54	83.8	82.0	496	255.4	19.4	0.16	82.0
43	2003	7	12	1	7	13	13	143.7	18.4	36	12	双河	7	12	1	7	12	11.5	7	13	18	41	531	517	1 594	255.4	62.4	0.43	517
44	2003	7	14	1	7	15	14	68.3	60.0	37	10	会宝岭	7	14	4	7	14	10.5	7	16	1	45	348	327	1 209	298	40.6	0.59	295
45	2003	8	15	8	8	16	6	63.8	14.3	22	15	双河	8	15	8	8	16	10	8	18	20	84	54.6	49.1	414	298	13.9	0.22	44.3
46	2003	8	30	0	8	30	16	64.7	60	16	8	双河	8	30	1	8	30	10.5	8	31	17	40	474	441	1 239	298	41.6	0.64	398
47	2004	7	24	16	7	25	1	47.2	27.2	9	3	会宝岭	7	24	16	7	24	19.5	7	25	7	15	221	215	271	255.4	10.6	0.22	215
48	2004	9	13	22	9	14	16	101.3	2.0	18	10	会宝岭	9	14	0	9	14	13	9	17	2	74	84.0	72.9	577	255.4	22.6	0.22	72.9
49	2004	9	19	20	9	20	8	45.2	32.0	12	7	会宝岭	9	19	20	9	20	7	9	21	20	48	88.8	79.2	328	255.4	12.8	0.28	79.2
50	2005	7	16	15	7	17	12	95.6	25.6	21	17	会宝岭	7	16	16	7	17	9	7	18	9	41	347	334	1 303	255.4	51.0	0.53	334
51	2005	9	20	0	9	21	17	115.4	16.8	41	25	双河	9	20	1	9	21	10	9	23	11	82	164	152	1 366	298	45.8	0.40	137
52	2006	8	28	20	8	29	7	132.4	43.7	11	10	周村	8	28	20	8	29	2.5	8	29	23.5	27.5	902	879	2 085	255.4	81.6	0.62	879
53	2007	7	18	16	7	19	6	85.6	31.4	14	5	双河	7	19	0	7	19	2.5	7	19	16	16	729	714	1 098	298	36.8	0.43	644

续表

序号	降雨起讫时间							流域平均雨量 P（mm）	前期影响雨量 P_a（mm）	降雨历时（h）		暴雨中心位置	洪水发生时间									洪水历时 $T_{洪}$（h）	洪峰流量 Q_m（m^3/s）	净峰流量 $Q'_{m净}$（m^3/s）	地表径流总量 W（万 m^3）	集水面积 F（km^2）	径流深 R（mm）	径流系数 α	改正后的净峰流量 $Q_{m净}$（m^3/s）
	起				讫					全部 T	有效 T_c		起涨			峰顶			落平										
	年	月	日	时	月	日	时						月	日	时	月	日	时	月	日	时								
54	2008	7	22	10	7	24	7	164.9	29.0	45	28	双河	7	22	10	7	23	20.5	7	25	5	67	634	609	2 796	255.4	109.5	0.66	609
55	2009	8	17	15	8	18	9	90.6	16.2	18	3	周村	8	17	19	8	18	1.5	8	18	17	22	519	509	694	255.4	27.2	0.30	509
56	2011	8	26	15	8	27	3	305.1	17.3	12	12	双河	8	26	13	8	26	23.5	8	28	7	42	1 340	1 330	5 070	255.4	198.5	0.65	1 330
57	2011	8	29	3	8	29	10	71.6	51.0	7	6	会宝岭	8	29	4	8	29	12	8	30	4	24	569	528	1 260	298	42.3	0.59	476
58	2012	7	9	19	7	10	9	87.3	60.0	14	14	双河	7	9	21	7	10	7	7	11	1	28	383	368	1 400	298	47.0	0.54	332
59	2013	7	4	15	7	5	0	61.6	36.6	9	8	周村	7	4	16	7	4	21	7	5	19	27	176	174	520	255.4	20.4	0.33	174
60	2013	7	20	4	7	20	8	46.2	45.2	4	4	周村	7	20	5	7	20	7	7	21	7	26	220	196	440	255.4	17.2	0.37	196
61	2017	7	6	18	7	7	4	116.0	60.0	10	7	会宝岭	7	6	19	7	7	3.5	7	8	8	37	737	700	1 490	255.4	58.3	0.50	700
62	2017	7	14	22	7	16	2	182.6	19.3	28	25	周村	7	14	22	7	15	8.5	7	17	2	52	343	338	2 210	255.4	86.5	0.47	338
63	2017	7	31	4	7	31	16	82.7	28.8	12	4	会宝岭	7	31	4	7	31	6.5	8	1	8	28	463	443	750	255.4	29.4	0.36	443
64	2019	8	6	1	8	6	9	110.4	40.3	8	3	周村	8	6	2	8	6	9.5	8	6	15	13	1 700	1 550	1 400	255.4	54.8	0.50	1 550
65	2019	8	10	10	8	12	3	266.3	48.0	41	25	会宝岭	8	10	10	8	10	22	8	13	1	63	711	665	4 870	255.4	190.7	0.72	665
66	2020	7	11	22	7	12	19	87.6	8.3	21	8	周村	7	12	0	7	12	6.5	7	13	21	45	62.0	57.0	270	255.4	10.6	0.12	57.0
67	2020	7	22	0	7	23	2	185.2	24.3	26	16	周村	7	22	7	7	22	19.5	7	24	2	43	1 170	1 140	3 070	298	103.0	0.56	1 029
68	2020	8	1	17	8	2	8	73.1	32.9	15	14	双河	8	1	20	8	2	12	8	4	18	70	156	127	660	255.4	25.8	0.35	127
69	2020	8	6	21	8	8	1	70.1	50.7	28	25	周村	8	6	22	8	7	18	8	9	10	60	195	140	1 180	255.4	46.2	0.66	140

表 19–5　西洳河会宝岭水库站降雨径流预报精度评定表

序号	洪号	流域平均雨量 P（mm）	前期影响雨量 P_a（mm）	实测径流深 $R_{实}$（mm）	预报径流深 $R_{预}$（mm）	预报误差（mm）	许可误差（mm）	评定结果	
								合格	不合格
1	600630	142.6	50.0	100.4	92.2	–8.2	20.0	√	
2	600703	99.2	60.0	80.5	64.6	–15.9	16.1	√	
3	600906	101.4	52.0	61.9	60.2	–1.7	12.4	√	
4	630706	95.3	21.0	41.1	34.2	–6.9	8.2	√	
5	630716	38.5	39.0	15.7	13.0	–2.7	3.1	√	
6	630719	102.1	43.0	62.3	54.0	–8.3	12.5	√	
7	630722	125.8	49.0	85.1	77.0	–8.1	17.0	√	
8	630801	105.3	60.0	80	69.4	–10.6	16.0	√	
9	640701	126.7	2.8	44.4	43.1	–1.3	8.9	√	
10	640806	88.2	34.8	40.7	38.7	–2.0	8.1	√	
11	650716	84.2	60.0	64.0	53.4	–10.6	12.8	√	
12	700703	87.4	35.0	37.1	38.3	1.2	7.4	√	
13	700725	161.5	59.3	111.8	117.7	5.9	20.0	√	
14	700806	99.1	32.5	43.4	44.5	1.1	8.7	√	
15	750920	79.2	19.0	21.1	23.1	2.0	4.2	√	
16	760715	80.0	16.0	18.5	22.0	3.5	3.7	√	
17	790623	94.0	28.3	23.3	38.2	14.9	4.7		√
18	800727	96.8	8.9	17.8	27.4	9.6	3.6		√
19	860726	92.2	29.4	29.5	37.8	8.3	5.9		√
20	870709	99.1	7.9	20.8	28.2	7.4	4.2		√
21	870904	115.9	6.7	21.5	38.4	16.9	4.3		√
22	890612	75.4	37.0	21.6	31.6	10.0	4.3		√
23	900714	64.6	28.3	15.5	20.4	4.9	3.1		√
24	910719	48.2	39.9	17.8	18.0	0.2	3.6	√	
25	910725	148.6	33.3	89.7	82.9	–6.8	17.9	√	
26	930805	228.5	27.0	161.1	151.6	–9.5	20.0	√	
27	940715	56.5	37.1	8.1	20.7	12.6	3.0		√
28	940830	53.2	37.4	12.4	19.2	6.8	3.0		√
29	950822	90.3	45.6	43.3	47.5	4.2	8.7	√	
30	960725	82.3	36.0	30.9	35.5	4.6	6.2	√	
31	970819	163.7	23.2	73.8	87.2	13.4	14.8	√	
32	980702	147.8	16.5	61.3	68.6	7.3	12.3	√	
33	980715	113.3	9.3	38.1	38.4	0.3	7.6	√	
34	980812	86.6	51.6	61.2	49.1	–12.1	12.2	√	
35	990615	170.5	1.1	46.7	74.4	27.7	9.3		√
36	000623	55.1	2.4	3.1	5.7	2.6	3.0	√	
37	000718	124.0	43.4	60.7	71.0	10.3	12.1	√	
38	000813	61.6	14.7	14.4	12.5	–1.9	3.0	√	
39	000824	85.9	17.4	24.1	26.0	1.9	4.8	√	
40	000831	81.9	31.2	32.9	32.0	–0.9	6.6	√	
41	010730	64.4	60.0	36.8	39.6	2.8	7.4	√	
42	030622	119.2	0.8	19.4	36.7	17.3	3.9		√
43	030712	143.7	18.4	62.4	66.9	4.5	12.5	√	
44	030714	68.3	60.0	40.6	42.3	1.7	8.1	√	
45	030816	63.8	14.3	13.9	13.3	–0.6	3.0	√	
46	030830	64.7	60.0	41.6	39.8	–1.8	8.3	√	
47	040724	47.2	27.2	10.6	11.6	1.0	3.0	√	
48	040914	101.3	2.0	22.6	26.0	3.4	4.5	√	
49	040920	45.2	32.0	12.8	12.9	0.1	3.0	√	
50	050717	95.6	25.6	51.0	37.5	–13.5	10.2		√
51	050921	115.4	16.8	45.8	44.9	–1.1	9.2	√	
52	060829	132.4	43.7	81.6	78.1	–3.5	16.3	√	
53	070719	85.6	31.4	36.8	34.7	–2.1	7.4	√	
54	080723	164.9	29.0	109.5	93.3	–16.2	20.0	√	
55	090818	90.6	16.2	27.2	28.1	0.9	5.4	√	
56	110826	305.1	17.3	198.5	217.9	19.4	20.0	√	
57	110829	71.6	51.0	42.3	38.4	–3.9	8.5	√	
58	120710	87.3	60.0	47.0	55.6	8.6	9.4	√	
59	130704	61.6	36.6	20.4	23.1	2.7	4.1	√	
60	170707	116.0	60.0	58.3	84.1	25.8	11.7		√
61	170715	182.6	19.3	86.5	100.3	13.8	17.3	√	
62	170731	82.7	28.8	29.4	30.9	1.5	5.9	√	
63	190806	110.4	40.3	54.8	58.1	3.3	11.0	√	
64	190810	266.3	48.0	190.7	209.9	19.2	20.0	√	
65	200712	87.6	8.3	10.6	21.9	11.3	3.0		√
66	200722	185.2	24.3	103.0	107.2	4.2	20.0	√	
67	200802	73.1	32.9	25.8	27.6	1.8	5.2	√	
68	200807	70.1	50.7	46.2	37.2	–9.0	9.2	√	

备注：1. 合格率 =79.4%；2. 许可误差 = 实测值的 20%，以 20.0 mm 为上限，以 3.0 mm 为下限；3. 本方案属乙级方案。

表 19-6　西洳河会宝岭水库站峰量关系预报精度评定表

序号	洪号	实测径流深 $R_{实}$（mm）	有效降雨历时 T_c（h）	净峰流量（m^3/s）		预报误差（m^3/s）	许可误差（m^3/s）	精度评定	
				实测 $Q_{m净实}$	预报 $Q_{m净预}$			合格	不合格
1	600630	100.4	6	1 606	1 810	204	321	√	
2	600703	80.5	18	537	593	56	107	√	
3	600906	61.9	8	886	720	–166	177	√	
4	630706	41.1	4	840	742	–98	168	√	
5	630716	15.7	4.7	153	183	30	30.6	√	
6	630719	62.3	12.7	421	502	81	84.2	√	
7	630722	85.1	6	1 780	1 450	–330	356	√	
8	630801	80.0	14.7	690	666	–24	138	√	
9	640701	44.4	24.6	194	158	–36	38.8	√	
10	640806	40.7	7.5	556	424	–132	111		√
11	650716	64.0	6	1 011	956	–55	202	√	
12	700703	37.1	14	210	191	–19	42	√	
13	700725	111.8	27	925	742	–183	185	√	
14	700806	43.4	4	1 015	797	–218	203		√
15	750920	21.1	7.2	165	170	5	33	√	
16	760715	18.5	5	250	214	–36	50	√	
17	790623	23.3	9.6	122	125	3	24.4	√	
18	800727	17.8	5	231	204	–27	46.2	√	
19	860726	29.5	4.6	359	429	70	71.8	√	
20	870709	20.8	4.4	234	273	39	46.8	√	
21	870904	21.5	6	208	215	7	41.6	√	
22	890612	21.6	5.8	218	225	7	43.6	√	
23	900714	15.5	4.5	187	186	–1	37.4	√	
24	910719	17.8	2	466	419	–47	93.2	√	
25	910725	89.7	6.9	1 140	1 410	270	228		√
26	930805	161.1	18.1	1 855	1 680	–175	371	√	
27	940715	8.1	3.2	164	126	–38	32.8		√
28	940830	12.4	4	139	151	12	27.8	√	
29	950822	43.3	7.8	402	446	44	80.4	√	
30	960725	30.9	4.3	388	481	93	77.6		√
31	970819	73.8	19.5	231	480	249	46.2		√
32	980702	61.3	5.6	671	970	299	134		√
33	980715	38.1	2.4	585	950	365	117		√
34	980812	61.2	6.2	833	881	48	167	√	
35	990615	46.7	10	362	359	–3	72.4	√	
36	000623	3.1	3	44.2	48.2	4	8.84	√	
37	000718	60.7	5	919	1 060	141	184	√	
38	000813	14.4	7	98.3	106	7.7	19.7	√	
39	000824	24.1	4	256	354	98	51.2		√
40	000831	32.9	7	313	332	19	62.6	√	
41	010730	36.8	4	821	641	–180	164		√
42	030622	19.4	10	82.0	87.3	5.3	16.4	√	
43	030712	62.4	12	517	524	7	103	√	
44	030714	40.6	10	295	275	–20	59	√	
45	030816	13.9	15	44.3	36.5	–7.8	8.86	√	
46	030830	41.6	8	398	408	10	79.6	√	
47	040724	10.6	3	215	182	–33	43	√	
48	040914	22.6	10	72.9	109	36.1	14.6		√
49	040920	12.8	7	79.2	91.2	12	15.8	√	
50	050717	51.0	17	334	295	–39	66.8	√	
51	050921	45.8	25	137	164	27	27.4	√	
52	060829	81.6	10	879	869	–10	176	√	
53	070719	36.8	5	644	545	–99	129	√	
54	080723	109.5	28	609	729	120	122	√	
55	090818	27.2	3	509	552	43	102	√	
56	110829	42.3	6	476	538	62	95.2	√	
57	120710	47.0	14	332	297	–35	66.4	√	
58	130704	20.4	8	174	137	–37	34.8		√
59	130720	17.2	4	196	230	34	39.2	√	
60	170707	58.3	7	700	750	50	140	√	
61	170715	86.5	25	338	504	166	67.6		√
62	170731	29.4	4	443	470	27	88.6	√	
63	190806	54.8	3	1 550	1 300	–250	310	√	
64	190810	190.7	25	665	1 570	905	133		√
65	200712	10.6	8	57.0	57.2	0.2	11.4	√	
66	200722	103.0	16	1 029	949	–80	206	√	
67	200802	25.8	14	127	102	–25	25.4	√	
68	200807	46.2	25	140	167	27	28	√	

备注：1. 合格率 =79.4%；2. 预报误差 = 预报值 – 实测值；3. 许可误差 = 实测值的 20%；4. 本方案属乙级方案。

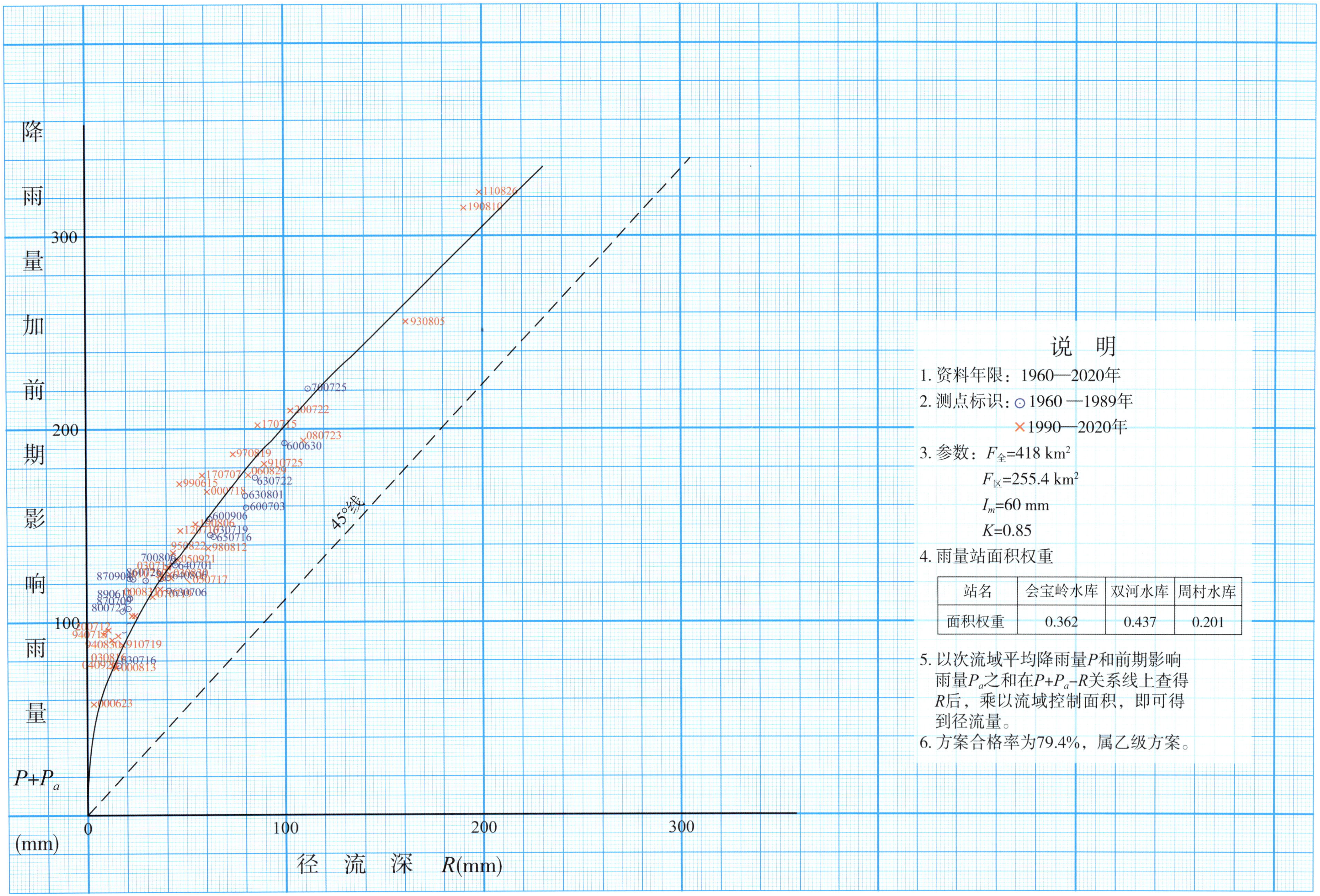

图 19–2　西加河会宝岭水库站降雨径流相关图

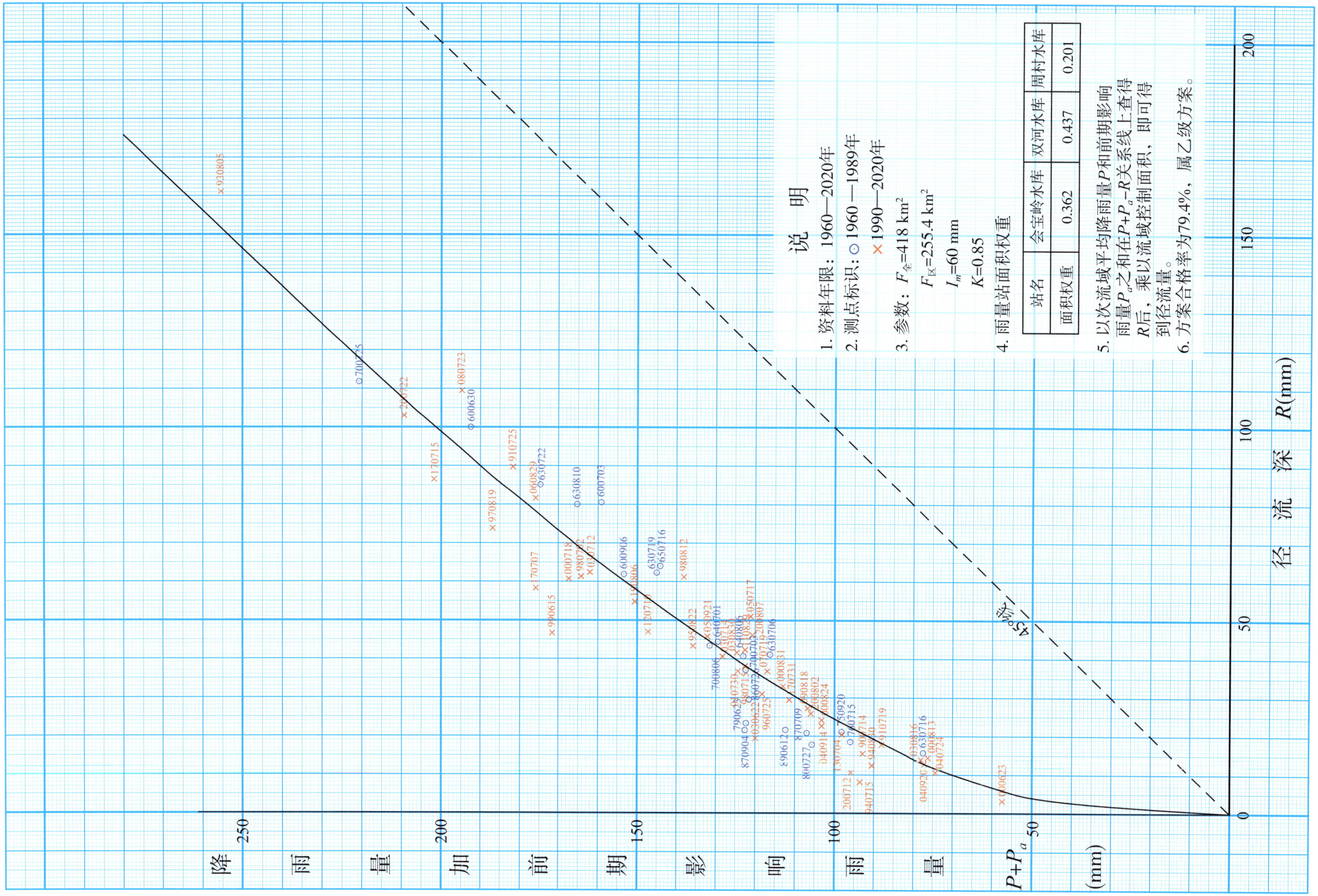

图 19-3　西泇河会宝岭水库站降雨径流相关图（放大图）

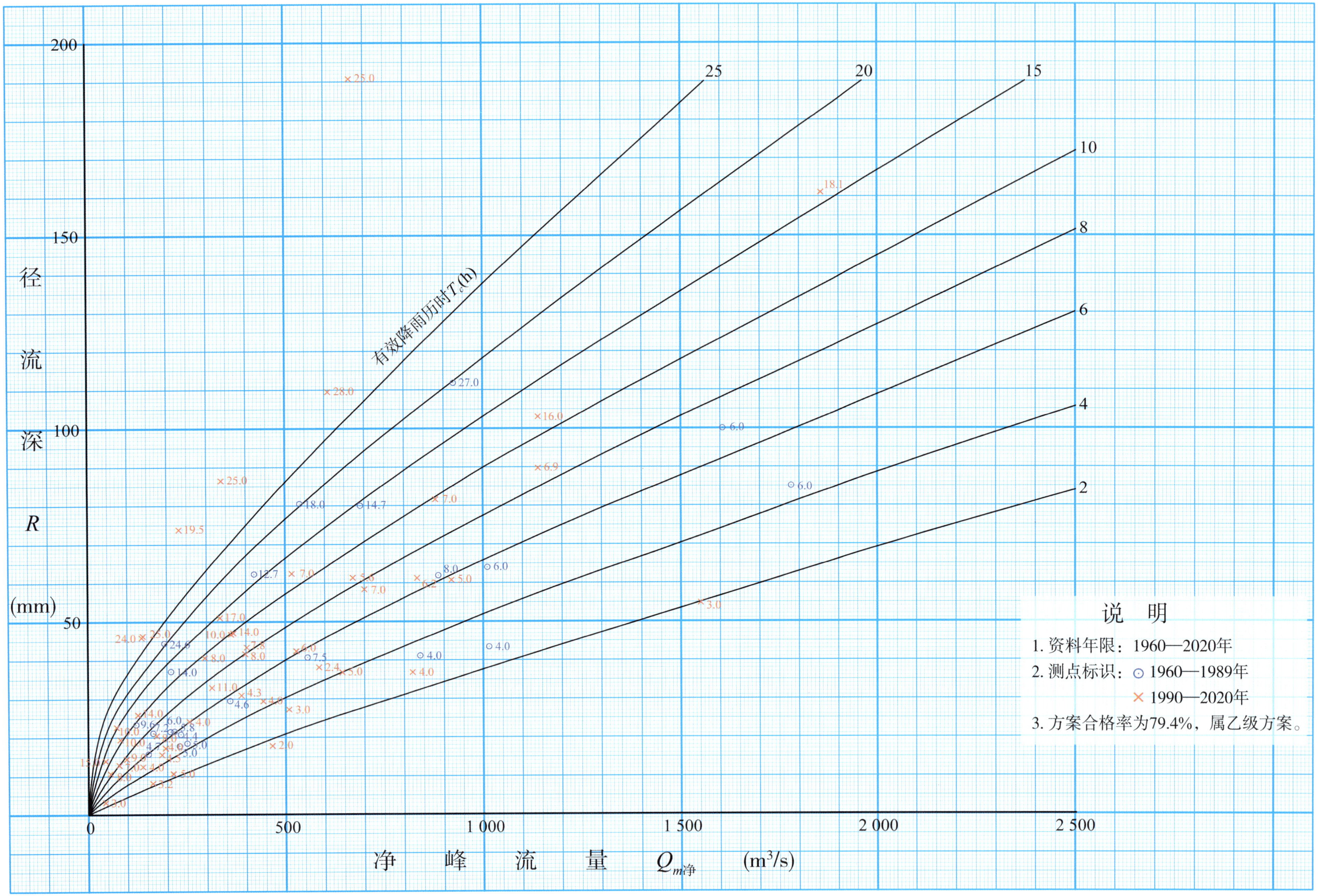

图 19–4　西洳河会宝岭水库站峰量关系曲线图

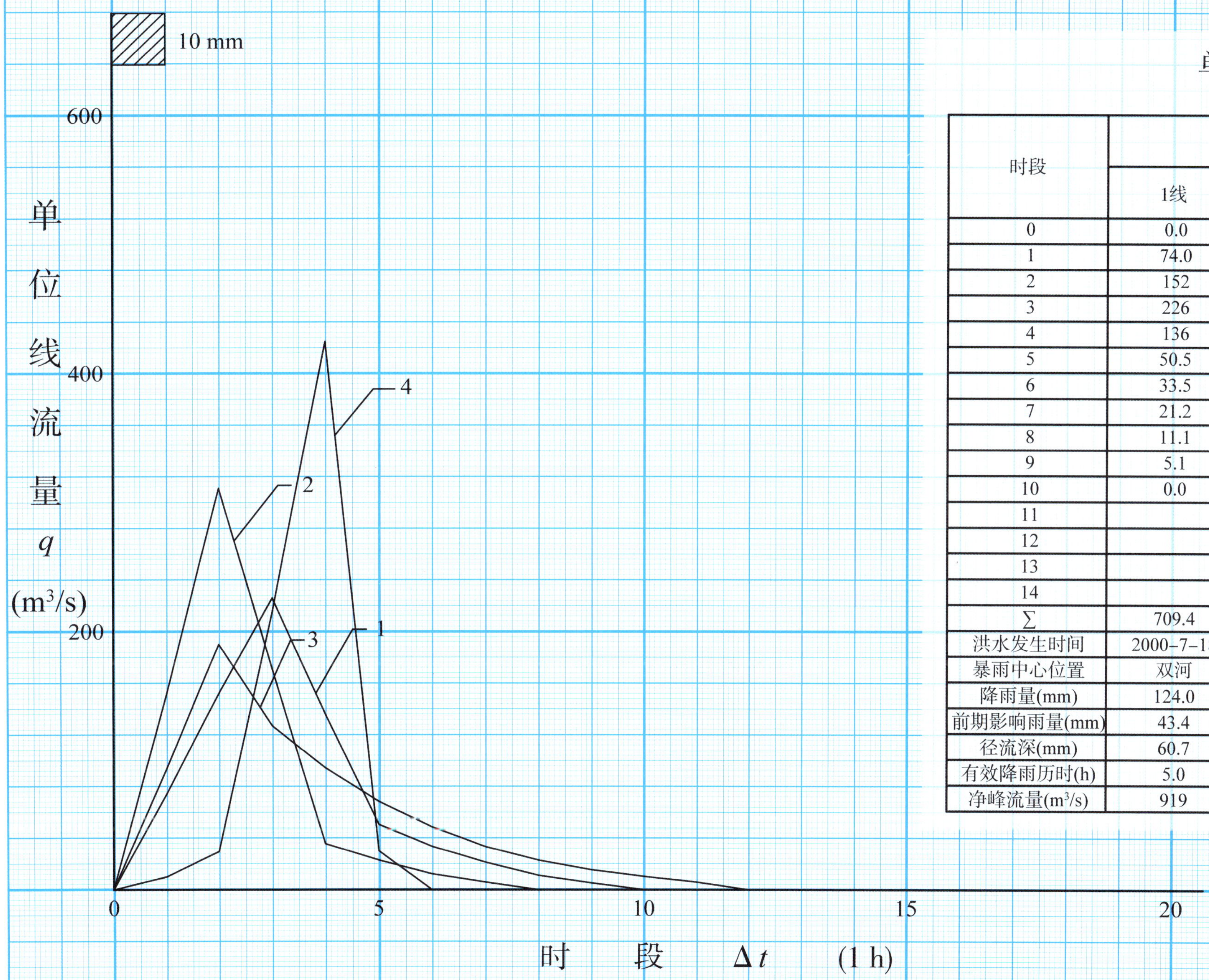

单位线成果表

$F_{区}$=255.4 km²，Δt=1 h

时段	单位线流量q(m³/s)			
	1线	2线	3线	4线
0	0.0	0.0	0.0	0.0
1	74.0	151	93.4	9.9
2	152	311	190	29.5
3	226	171	127	215
4	136	35.6	94.4	425
5	50.5	22.8	68.4	30.0
6	33.5	12.2	48.7	0.0
7	21.2	5.8	33.3	
8	11.1	0.0	22.9	
9	5.1		15.3	
10	0.0		10.2	
11			5.8	
12			0.0	
13				
14				
∑	709.4	709.4	709.4	709.4
洪水发生时间	2000-7-18	2004-7-24	2007-7-19	2019-8-6
暴雨中心位置	双河	会宝岭	双河	周村
降雨量(mm)	124.0	47.2	85.6	110.4
前期影响雨量(mm)	43.4	27.2	31.4	40.3
径流深(mm)	60.7	10.6	36.8	54.8
有效降雨历时(h)	5.0	5.0	5.0	3.0
净峰流量(m³/s)	919	215	714	1 550

图 19-5　西泇河会宝岭水库站单位线图（Δt=1 h）

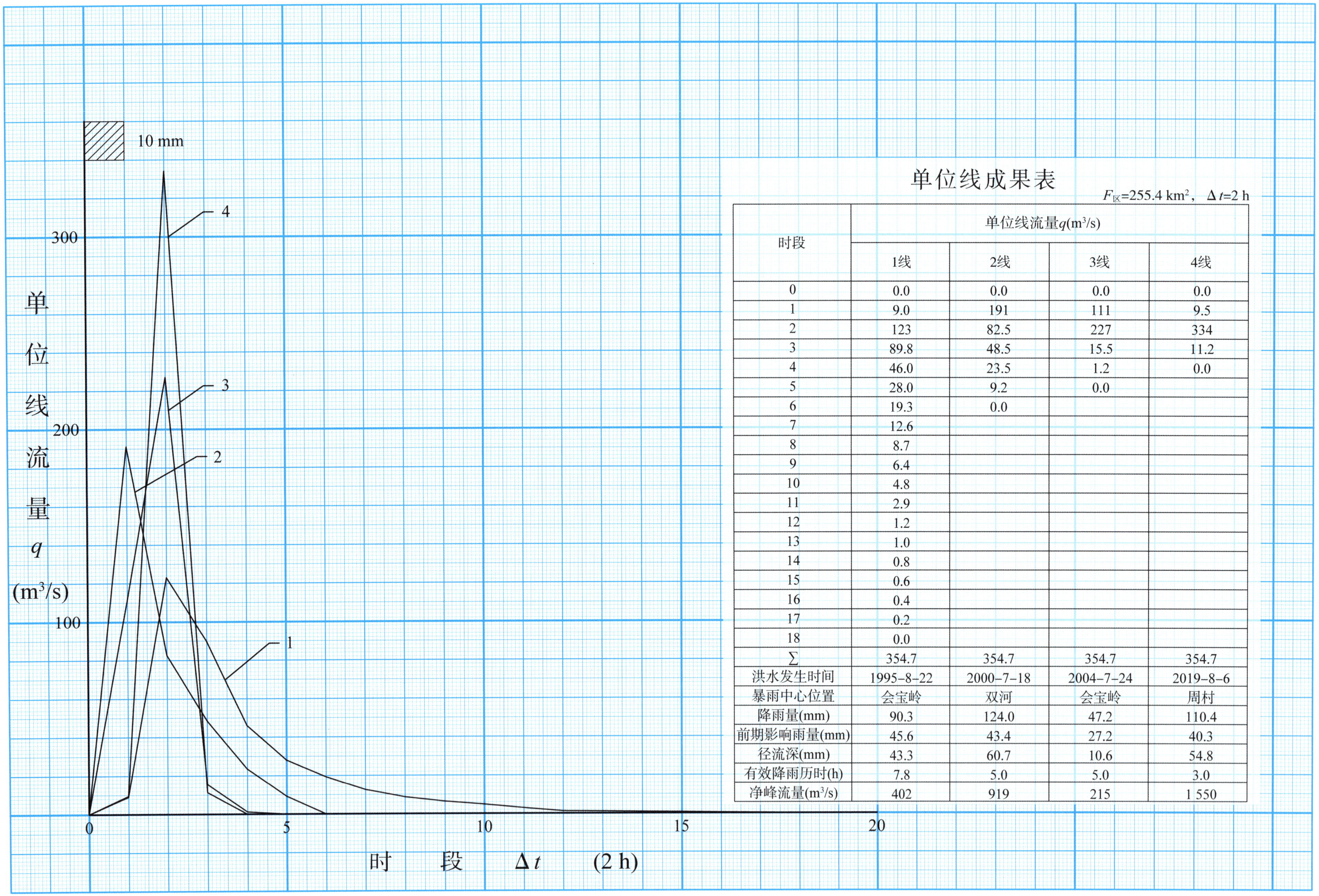

单位线成果表

$F_{区}$=255.4 km², Δt=2 h

时段	单位线流量q(m³/s)			
	1线	2线	3线	4线
0	0.0	0.0	0.0	0.0
1	9.0	191	111	9.5
2	123	82.5	227	334
3	89.8	48.5	15.5	11.2
4	46.0	23.5	1.2	0.0
5	28.0	9.2	0.0	
6	19.3	0.0		
7	12.6			
8	8.7			
9	6.4			
10	4.8			
11	2.9			
12	1.2			
13	1.0			
14	0.8			
15	0.6			
16	0.4			
17	0.2			
18	0.0			
∑	354.7	354.7	354.7	354.7
洪水发生时间	1995-8-22	2000-7-18	2004-7-24	2019-8-6
暴雨中心位置	会宝岭	双河	会宝岭	周村
降雨量(mm)	90.3	124.0	47.2	110.4
前期影响雨量(mm)	45.6	43.4	27.2	40.3
径流深(mm)	43.3	60.7	10.6	54.8
有效降雨历时(h)	7.8	5.0	5.0	3.0
净峰流量(m³/s)	402	919	215	1 550

图 19-6 西泇河会宝岭水库站单位线图（Δt=2 h）

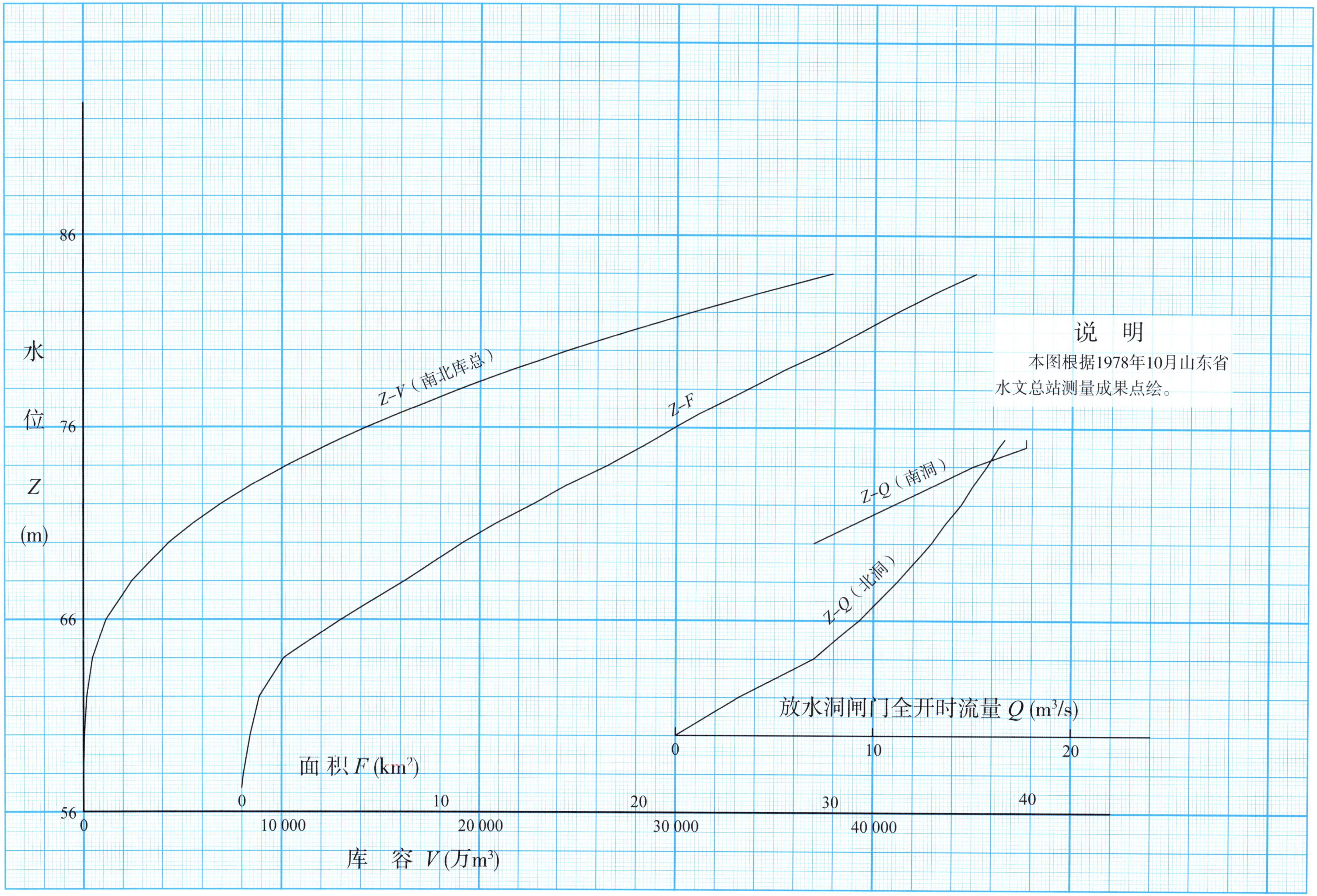

图 19-7　西泇河会宝岭水库水位－库容、水位－面积、水位－放水流量关系曲线图

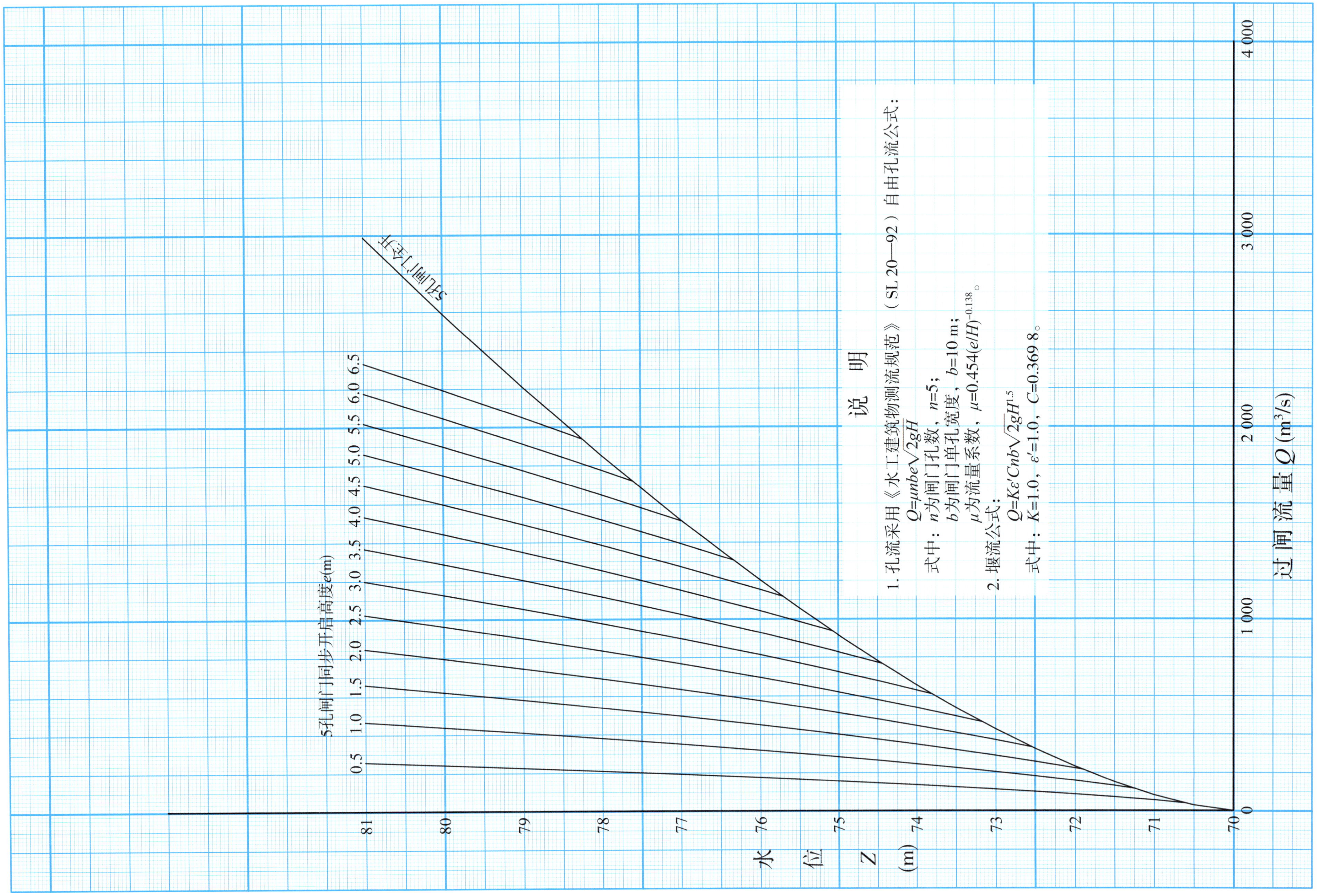

图 19–8　西沙河会宝岭水库溢洪闸泄流曲线图（Z–Q）

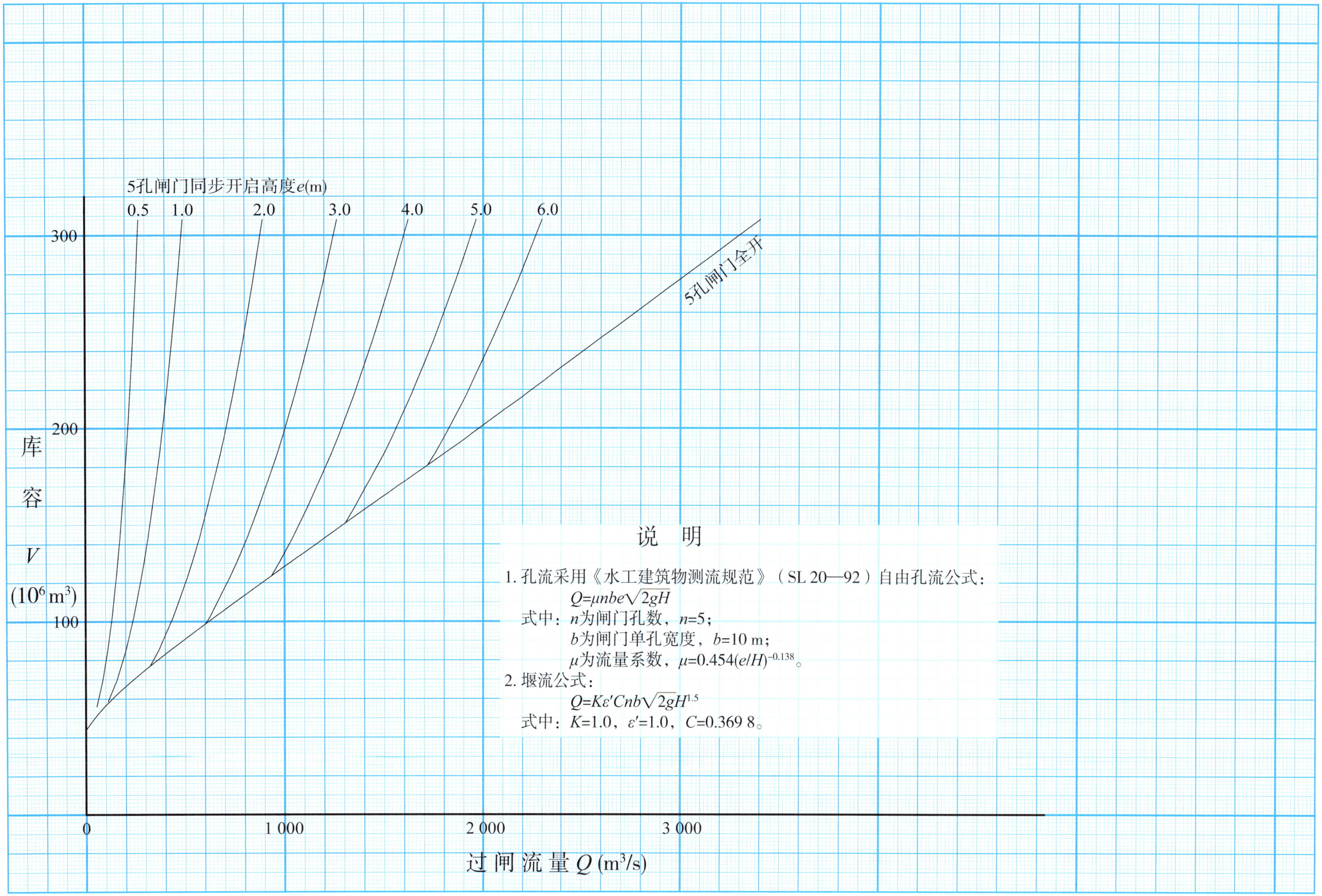

图 19-9　西沏河会宝岭水库溢洪闸泄流曲线图（V–Q）

第二十章　弥河冶源水库站水文预报方案编制说明

1　流域概况

1.1　流域自然地理特征

弥河位于潍坊市西部，发源于临朐县沂山西麓九山镇水石屋村附近。弥河干流自南向北流经潍坊市的临朐县、青州市、寿光市、潍坊市滨海经济技术开发区等四个县（市、区），于滨海经济技术开发区流入渤海，总流域面积 4 008 km^2，其中干流长 193 km，流域面积为 3 319 km^2。弥河分流口以下分两支泄洪，向东为弥河老河道，流经上口、营里、侯镇等镇向东经滨海经济技术开发区入海，长约 44.3 km；向北为弥河分流，经营里镇至羊口镇东汇入小清河后入海，长约 31.5 km，流域面积为 689 km^2。

流域内深山区面积约占 5%，多分布在各干支流最上游；浅山区约占 80%，分布在整个流域范围内；丘陵和平原区约占 15%，多分布在河谷和下游地带。流域内山丘区由石灰岩组成，干流中、下游河谷地带为岭黄土，其他部分为岭沙土。流域内多山地，农作物种植面积约占 60%；不宜种植农作物的地带，多种植树木，种植面积约占 30%，草皮约占 5%；深山区未覆盖部分约占 5%。由于植被良好，水土流失情况不太严重。冶源水库站以上流域图见图 20–1。

1.2　水利工程情况

1.2.1　冶源水库概况

冶源水库位于临朐县冶源街道东南沂山北麓的弥河上游，水库以上有丹河、石河两条支流汇入，总库容为 1.686 3 亿 m^3，流域面积为 785 km^2。丹河水库至冶源水库区间流域面积为 748 km^2，流域长度为 44.7 km，流域平均宽度为 17.6 km，干流平均坡度为 3.69‰，干流长度为 50.6 km。冶源水库距下游的临朐县城 14.0 km，至胶济铁路 35.0 km。流域多年平均年降水量为 680.8 mm。

冶源水库工程基本情况详见表 20–1。

1.2.2　上游水利工程情况

流域内有丹河、淌水崖 2 座中型水库；小型水库有 59 座，控制面积 308.5 km^2，总库容 3 484.2 万 m^3。

流域内主要水利工程情况见表 20–2。

表 20–1　弥河冶源水库工程基本情况表

<table>
<tr><td colspan="2">水库名称</td><td colspan="2">冶源水库</td><td colspan="2">工程总投资</td><td>1 716.02 万元</td><td rowspan="8">正常溢洪道</td><td>型式</td><td>宽顶堰</td></tr>
<tr><td colspan="2">管理机构名称</td><td colspan="2">冶源水库管理运行维护中心</td><td colspan="2">设计单位</td><td>山东省水利勘测设计院</td><td>堰顶高程</td><td>130.00 m</td></tr>
<tr><td colspan="2">主管部门</td><td colspan="2">临朐县水利局</td><td colspan="2">施工单位</td><td>冶源水库工程指挥部</td><td>堰顶净宽</td><td>10 × 10 m</td></tr>
<tr><td colspan="2">所在地点</td><td colspan="2">临朐县冶源街道</td><td rowspan="2">建设日期</td><td>开工</td><td>1958 年 5 月</td><td>闸门型式</td><td>弧形钢闸门</td></tr>
<tr><td colspan="2">所在河流</td><td colspan="2">弥河</td><td>竣工</td><td>1959 年 9 月</td><td>闸门尺寸</td><td>8.34 m × 10 m</td></tr>
<tr><td colspan="2">集水面积</td><td colspan="2">785 km²</td><td colspan="2">基本地震烈度</td><td>8 度</td><td>最大泄量</td><td>7 240 m³/s</td></tr>
<tr><td rowspan="9">水文特征</td><td colspan="2">多年平均年降水量</td><td>680.8 mm</td><td colspan="2">设计地震烈度</td><td>8 度</td><td>消能型式</td><td>无消能工</td></tr>
<tr><td colspan="2">多年平均年径流量</td><td>1.174 亿 m³</td><td colspan="2">高程基准面</td><td>1956 年黄海基面</td><td>启闭设备</td><td>卷扬式 10–45 t</td></tr>
<tr><td colspan="2">多年平均年输沙量</td><td>0.009 36 亿 m³</td><td rowspan="4">库区迁淹</td><td>赔偿高程</td><td>136.50 m</td><td rowspan="4">非常溢洪道</td><td>型式</td><td>—</td></tr>
<tr><td rowspan="3">设计</td><td>重现期</td><td>100 年</td><td>移民高程</td><td>139.00 m</td><td>堰顶高程</td><td>—</td></tr>
<tr><td>洪峰流量</td><td>5 094 m³/s</td><td>淹没耕地</td><td>1.034 2 万亩</td><td>堰顶净宽</td><td>—</td></tr>
<tr><td>洪水总量</td><td>2.056 亿 m³</td><td>迁移人口</td><td>18 540 人</td><td>最大泄量</td><td>—</td></tr>
<tr><td rowspan="3">校核</td><td>重现期</td><td>5 000 年</td><td rowspan="3">工程量</td><td>土方</td><td>332.47 万 m³</td><td rowspan="6">东输水洞</td><td>型式</td><td>砌石廊道内衬钢筋混凝土有压圆管</td></tr>
<tr><td>洪峰流量</td><td>12 087 m³/s</td><td>石方</td><td>42.08 万 m³</td><td>断面尺寸</td><td>∅2.0 m</td></tr>
<tr><td>洪水总量</td><td>4.627 亿 m³</td><td>混凝土</td><td>1.90 万 m³</td><td>进口底高程</td><td>126.00 m</td></tr>
<tr><td rowspan="9">水库特征</td><td colspan="2">调节性能</td><td>多年调节</td><td rowspan="7">主坝</td><td rowspan="2">坝型</td><td rowspan="2">黏土心墙砂壳坝</td><td>闸门型式</td><td>直升钢闸门</td></tr>
<tr><td colspan="2">校核洪水位</td><td>141.95 m</td><td>最大泄量</td><td>30.91 m³/s</td></tr>
<tr><td colspan="2">设计洪水位</td><td>138.76 m</td><td>坝顶高程</td><td>144.30 m</td><td>启闭设备</td><td>卷扬式 2–15 t</td></tr>
<tr><td colspan="2">汛期限制水位</td><td>137.72 m</td><td>最大坝高</td><td>27.30 m</td><td rowspan="6">西输水洞</td><td>型式</td><td>砌石廊道内衬钢筋混凝土有压圆管</td></tr>
<tr><td colspan="2">正常蓄水位</td><td>137.72 m</td><td>坝顶长度</td><td>650 m</td><td>断面尺寸</td><td>∅1.5 m</td></tr>
<tr><td colspan="2">死水位</td><td>128.40 m</td><td>坝顶宽度</td><td>8.0 m</td><td>进口底高程</td><td>126.00 m</td></tr>
<tr><td colspan="2">总库容</td><td>1.686 3 亿 m³</td><td rowspan="2">坝基防渗型式</td><td rowspan="2">黏土齿墙</td><td>闸门型式</td><td>直升钢闸门</td></tr>
<tr><td rowspan="2">其中</td><td>调洪库容</td><td>0.725 5 亿 m³</td><td>最大泄量</td><td>17.5 m³/s</td></tr>
<tr><td>兴利库容</td><td>0.837 1 亿 m³</td><td>副坝</td><td>座数</td><td>1 座</td><td>启闭设备</td><td>卷扬式 2–15 t</td></tr>
</table>

表 20-2　弥河冶源水库站以上流域内主要水利工程统计表

工程名称	所在地	类型	建成日期	集水面积（km^2）	兴利库容（万 m^3）	总库容（万 m^3）
丹河水库	临朐县辛寨街道	中型	1960 年	37.0	629	1 243
淌水崖水库	临朐县九山镇	中型	1979 年	22.1	548	1 013
朱家峪水库	临朐县辛寨街道	小（1）型	1970 年	6.0	107	154
刘家庄水库	临朐县辛寨街道	小（1）型	1978 年	7.0	100	171
杨庄水库	临朐县寺头镇	小（1）型	1967 年	12.1	65	158
石河头水库	临朐县寺头镇	小（1）型	1967 年	12.5	108	234
偏龙头水库	临朐县寺头镇	小（1）型	1980 年	65.4	76	160
白塔水库	临朐县冶源街道	小（1）型	1979 年	110.0	110	183
大蚕场水库	临朐县九山镇	小（1）型	1975 年	6.3	83	152
白沙水库	临朐县九山镇	小（1）型	1975 年	3.0	49	107
		小（2）型	共 51 座			

1.3　测站概况

冶源水库水文站于 1959 年 6 月设立，流域面积为 785 km^2；冶源水库站属区域代表站，测验任务有水位、流量、冰情、水质、土壤含水率、降水、蒸发、水准测量、水文调查等；该站还担负着向国家防总，省、市防指提供水情、雨情、墒情和洪水预报等报汛任务。

本站采用冻结基面。冻结基面为 1954 年黄海基面。山东省水文总站于 1982 年 5 月进行库区淤积测量，（83）鲁水文字第 2 号文公布的高程结果是黄海（即 1956 年黄海）基面以上米数。其基面换算关系：冻结基面（1954 年黄海基面）以上米数 −0.05 m= 黄海（1956 年黄海）基面以上米数。

冶源水库水文站以上有国家基本水文站黄山水文站。黄山水文站位于潍坊市临朐县寺头镇西黄山村，位于弥河干流上，测站编码为 41805300，是冶源水库上游控制站，集水面积为 375 km^2，流域长 33.2 km，干流长 41.3 km，干流平均坡度为 4.66‰，距河口 156 km。

冶源水库水文测站概况说明见表 20–3，上游有 4 处长系列雨量站，详见表 20–4。

表 20-3　弥河冶源水库站水文测站概况说明表

<table>
<tr><td rowspan="9">基础信息</td><td>测站编码</td><td>41805400</td><td>集水面积</td><td>785 km^2</td><td>设站时间</td><td>1959 年 6 月</td></tr>
<tr><td>流域</td><td>淮河流域</td><td>水系</td><td>弥河水系</td><td>河流</td><td>弥河</td></tr>
<tr><td>基面</td><td colspan="2">1985 年国家高程基准</td><td>高程</td><td colspan="2">141.529 m</td></tr>
<tr><td>测站地址</td><td colspan="5">山东省潍坊市临朐县冶源街道东南 3 km</td></tr>
<tr><td>管理机构</td><td colspan="5">山东省潍坊市水文中心</td></tr>
<tr><td>监测项目</td><td colspan="5">水位、流量、冰情、水质、土壤含水率、降水、蒸发、水准测量、水文调查</td></tr>
<tr><td>流量测验方法</td><td colspan="5">流速仪法</td></tr>
<tr><td>测站位置特点</td><td colspan="5">冶源水库位于潍坊市临朐县境内淮河流域弥河水系，总库容 1.686 3 亿 m^3，流域集水面积为 785 km^2，流域形状为扇形，水库以上流域长 41.3 km，距河口 146 km，干流平均坡度 4.2‰。流域内有中型水库 2 座、小型水库 59 座</td></tr>
<tr><td>测验河段特征</td><td colspan="5">主坝位于临朐县冶源街道东南方向 2 500 m 主河槽处，全长 650 m，黏土心墙砂壳坝；副坝长 2 270 m，均质坝。1965 年修建溢洪闸一处，为弧形闸门，1980 年溢洪道又改建成有坎宽顶堰。坝上水尺设在主坝西端南侧。东西输水洞分别位于溢洪闸东西两侧，其测流断面均有干渠和泄渠两处。东输水洞两渠断面位置均在闸下 300 m，西输水洞两渠分别在闸下 350 m 和 450 m，两输水洞出口均建有电站一处，水流受闸和水轮机的控制，坝上约 2 000 m 处有石河，约 400 m 处有丹河，分别自左、右岸汇入，弥河干流上游设有黄山水文站。上游有丹河、淌水崖两座中型水库。溢洪道未设水尺，用坝上水位代替，溢洪时用水力学公式推流</td></tr>
<tr><td>任务作用</td><td colspan="6">主要任务：系统收集水文资料，研究水文规律，监测水位、流量、冰情、水质、土壤含水率、降水、蒸发、水准测量，水文调查
功能作用：为抗旱防汛和工程管理服务</td></tr>
<tr><td rowspan="13">历史沿革</td><td>设立或变动</td><td>发生年月</td><td>站名</td><td>站别</td><td>领导机关</td><td>说明</td></tr>
<tr><td>设立</td><td>1959 年 6 月</td><td>冶源水库</td><td>水文</td><td>山东省水利厅</td><td>常年站，集水面积为 765 km^2</td></tr>
<tr><td>集水面积变动</td><td>1960 年 1 月</td><td>冶源水库</td><td>水文</td><td>山东省水利厅</td><td>集水面积为 786 km^2</td></tr>
<tr><td>增测蒸发量</td><td>1960 年 5 月</td><td>冶源水库</td><td>水文</td><td>山东省水利厅</td><td></td></tr>
<tr><td>增测河湖水化学</td><td>1960 年 7 月</td><td>冶源水库</td><td>水文</td><td>山东省水利厅</td><td></td></tr>
<tr><td>集水面积变动</td><td>1961 年 1 月</td><td>冶源水库</td><td>水文</td><td>山东省水利厅</td><td>集水面积原量算欠准，应为 800 km^2</td></tr>
<tr><td>集水面积变动</td><td>1965 年 1 月</td><td>冶源水库</td><td>水文</td><td>山东省水文总站</td><td>站网分析统一量算，为 785 km^2</td></tr>
<tr><td>停测河湖水化学</td><td>1968 年 1 月</td><td>冶源水库</td><td>水文</td><td>山东省水文总站</td><td></td></tr>
<tr><td>恢复河湖水化学</td><td>1976 年 1 月</td><td>冶源水库</td><td>水文</td><td>山东省水文总站</td><td></td></tr>
<tr><td>河湖水化学改为水质</td><td>1985 年 7 月</td><td>冶源水库</td><td>水文</td><td>山东省水文总站</td><td></td></tr>
<tr><td>停测溢洪道流量</td><td>1985 年 7 月</td><td>冶源水库</td><td>水文</td><td>山东省水文总站</td><td>改用公式推算流量</td></tr>
<tr><td>停测输水洞、溢洪道泥沙</td><td>1993 年 6 月</td><td>冶源水库</td><td>水文</td><td>山东省水文总站</td><td></td></tr>
</table>

表 20-4 弥河冶源水库站以上流域雨量站情况表

站名	设站年份	详细地址
九山	1952 年	山东省临朐县九山镇九山村
寺头	1956 年	山东省临朐县寺头镇寺头村
黄山	1959 年	山东省临朐县寺头镇西黄山村
冶源水库	1959 年	山东省临朐县冶源镇冶源水库

2 预报方案编制

2.1 预报区间的确定

本站预报区间为丹河—冶源水库，区间面积为 748 km²，即冶源水库以上总控制面积 785 km² 减去上游丹河水库控制面积 37 km²。

2.2 资料情况及方案沿革

2.2.1 资料情况

本站实测资料年限为 62 年（1959—2020 年），本方案选用 1959—2020 年共 46 场次洪水资料分析制作。凡流域平均降水量 $P \geq 50.0$ mm 并且产生较明显洪水的资料全部被选用；因洪水场次较少，$P < 50.0$ mm 但产生了明显洪水的资料亦被选用。本次修订方案除选用了之前分析的 1959—2010 年 41 场次暴雨洪水外，另外补充了 2010—2020 年 5 场次暴雨洪水进行分析，即资料系列为 1959—2020 年，共 46 场次洪水。

2.2.2 方案沿革

原预报方案于 2010 年修订，产流方案采用降雨径流相关图 P–P_a–R，汇流方案采用峰量关系曲线图、经验单位线。本次修订在原产流方案降雨径流相关图 P–P_a–R 中增加 5 个点据，关系线保持不变；在原汇流方案峰量关系曲线图中增加 5 个点据，关系线保持不变；原方案中单位线为 2 h 单位线，本次修订对原单位线进行时段转换，转换成 1 h 单位线，并增加 2010—2020 年的单位线 2 条。

2.3 产流方案

本方案采用分析计算的 46 个点据进行点绘定线，绘出降雨径流相关图 P–P_a–R，详见图 20–2。其中：P 为次降雨流域平均雨量（mm）；P_a 为流域平均前期影响雨量（mm）；R 为次降雨所产生的径流深（mm）。

2.3.1 主要参数的计算

2.3.1.1 流域平均雨量P的计算

采用流域内九山、黄山、寺头、冶源水库站共 4 处连续观测、代表性较好的雨量站资料计算流域平均降水量。

流域平均雨量 P 采用算术平均法计算：

$$P=(P_{冶源水库}+P_{九山}+P_{黄山}+P_{寺头})/4$$

2.3.1.2 流域平均前期影响雨量P_a的计算

每年自汛初开始连续计算，先以算术平均法计算流域平均雨量，然后计算前期影响雨量 P_a，其共计算公式如下：

$$P_{a,t+1}=K(P_{a,t}+P_t)$$

式中：$P_{a,t+1}$ 为第 t+1 日的前期影响雨量（mm）；$P_{a,t}$ 为第 t 日的前期影响雨量（mm）；P_t 为第 t 日的流域平均雨量（mm）；K 为折减系数，$K_{晴}$=0.90，$K_{雨}$=0.95。

2.3.1.3 最大损失量I_m的确定

在历年实测雨洪资料中，选择久旱未雨、降雨较大、前期影响雨量接近零（P_a 较小）、产生径流不大的 4 场洪水资料，求得 I_m=102.3 mm，经分析确定 I_m=100 mm。

其中，I_m 值采用下式计算：

$$I_m=P-P_a-R-E$$

式中：P 为流域平均雨量（mm）；P_a 为流域平均前期影响雨量（mm）；R 为径流深（mm）；E 为雨间蒸发量（mm）。

2.3.1.4 径流深R的推求

在一次洪水过程线上采用斜线分割法切除基流，上游水库放水时，要将水库放水形成的地表径流的那部分水量扣除。本次洪水径流深 R 等于洪水总量 W(已扣除水库放水量和基流量)除以集水面积 $F_{区}$。冶源水库水文站降雨径流分析成果见表 20–5。

2.3.1.5 暴雨中心位置的确定

暴雨中心是指单次降雨时最大点雨量所在的位置，一般用上、中、下游来划分。上游：九山站；中游：寺头站；下游：黄山、冶源水库站。

2.3.2 精度评定

按许可误差 =20% 实测值的标准（并当许可误差大于 20.0 mm 时以 20.0 mm 为上限，小于 3.0 mm 时以 3.0 mm 为下限）进行逐次洪水评定；P–P_a–R 相关图共选用 46 个点据，复式洪水不参与评定，故有 41 个点据参与评定，其中 29 个合格，合格率为 70.7%，属于乙级方案，详见表 20–6。

2.3.3 突出点分析

180626 场次洪水实测净雨深偏小，其主要原因是降水分布不均匀，暴雨中心在下游，降雨不连续，降雨主要集中在 8 h 内，其他时间降雨强度较小，前期相对干旱，从而造成预报结果偏大。

2.4 汇流方案

本方案主要采用峰量关系图、经验单位线等方法。

2.4.1 峰量关系曲线$R-P_{\phi}-Q_{m净}$

根据暴雨洪水资料，建立以暴雨中心位置 P_{ϕ} 为参数的峰量关系曲线。受降雨分布不均匀的影响，对局部产流的峰量关系另定一条关系线，以便在作业预报中应用或参考，其主要在局部大暴雨，流域内局地降雨与其他站降雨悬殊时使用。为满足今后可能发生的特大暴雨情况下作业预报的需要，将关系曲线延长实测值的 25%。峰量关系曲线 $R-P_{\phi}-Q_{m净}$见图 20–3。

精度评定：峰量关系曲线以上游为参数的合格率为 75.0%，中游为 78.5%，下游为 71.4%，局部暴雨为 100%，综合评定合格率为 82.4%，故属乙级方案，可用于作业预报。精度评定见表 20–7。

2.4.2 经验单位线

根据流量过程线的涨落趋势，以涨水段至少有 2~3 个控制点为标准，确定本流域单位线时段长 Δt=1 h。从雨峰资料分析，由于净雨在流域上不同分布的影响使单位线发生变化，故在 1959—2020 年资料系列中选取了大小洪水 6 场，用以分析单位线，分别适用于暴雨中心在上游、中游和下游等情况。在进行洪水作业预报时，视不同降雨情况选定相应的经验单位线。单位线图见图 20–4、图 20–5。

2.5 水位与库容、面积关系曲线

冶源水库水位－库容、水位－面积关系曲线采用山东省水文总站 1982 年 5 月公布的测量结果，详见图 20–6。

2.6 泄量关系曲线

冶源水库以闸门开启高度为参数的泄流曲线见图 20–7。

2.7 最高水位Z_m出现时间预报图

（1）第二象限根据下式计算点绘：

$$T_{洪}=\frac{5W}{Q_{m净}}$$

式中：$T_{洪}$为洪水总历时（h）；W 为洪水总量（万 m^3）；$Q_{m净}$为入库净峰流量（m^3/s）。

（2）第一象限利用下式计算所得结果加 2 后点绘：

$$\tau=T_{洪}\left(1-K\frac{q_m}{Q_{m净}}\right)$$

式中：τ 为自库水位起涨至最高水位出现的时距（h）；K 为落水历时与洪水总历时之比，本水库 K=0.75。

在实际工作中，水库水位起涨时间往往不易掌握，所以在方案编制中，考虑了有效降雨开始至库水位起涨的时距，经分析，本站该时距一般可取 2 h。设有效降雨开始至最高水位出现的时距为 τ'，则 $\tau'=\tau+2$。图 20–8 第一象限的横坐标读数即为 τ'。

3 方案使用说明

3.1 径流深预报

计算出流域平均降雨量 P 和流域平均前期影响雨量 P_a，根据降雨径流关系图 $P-P_a-R$ 的查算结果进行综合分析，确定径流深 R 的预报值。

3.2 最大入库洪峰流量预报

3.2.1 查$R-P_{\phi}-Q_{m净}$图

根据暴雨洪水资料确定暴雨中心位置 P_{ϕ}，依据暴雨中心位置选择合理的 $R-P_{\phi}-Q_{m净}$关系曲线，再根据预报的径流深查询流域集水面积上所产生的净峰流量，加上基流量则是预报的洪峰流量。

3.2.2 经验单位线法

计算各时段净雨，然后根据暴雨中心位置选择相应单位线，各时段净雨错时段与 0.1 倍的单位线各时段流量相乘，同时段流量相加，再加上基流量即为入库流量过程，由此可查出最大入库流量及其出现时间。

3.3 入库洪水总量预报

区间入库洪水总量 $W_{区}$根据下式计算：

$$W_{区}=\frac{RF_{区}}{10}$$

式中：$W_{区}$为区间入库洪水总量（万 m^3）；$F_{区}$为区间流域面积（km^2）。

3.4 改正流量$Q'_{m净}$及有效水量W'查算

3.4.1 改正流量$Q'_{m净}$查算

在开闸溢洪之前，涨水历时为一次洪水总历时的 1/4，即涨洪段水量约为一次总水量的 1/4，当 $V_{拦}\leqslant W/4$ 时，$Q_{m净}$不变；当 $V_{拦}>W/4$ 时，$Q_{m净}$则变为 $Q'_{m净}$。

改正 $Q'_{m净}$采用下式计算点绘：

$$Q'_{m净}=Q_{m净}\sqrt{\frac{1-V_{拦}/W}{1-\eta}}$$

式中：$Q_{m净}$为入库净峰流量（m^3/s）；$V_{拦}$为起涨水位至溢洪水位之间的拦蓄库容（万 m^3）；W 为洪水总量（万 m^3）；η 为涨水历时与洪水总历时之比，经分析计算本站 η=0.25。

改正流量 $Q'_{m净}$查算见图 20–9。

3.4.2 有效水量W'查算

当水库放水时，有效水量 W' 计算公式如下：

$$W'=W-\Delta W=W\{1-[1-(1-\frac{q_{起}}{Q_{m净}})^2]\}$$

式中：ΔW 为无效水量（万 m^3）；$q_{起}$为起调泄流量（m^3/s）；$Q_{m净}$为最大净峰流量（m^3/s）。

有效水量 W' 查算见图 20–10。

3.5　方案合理性检查及评定

在方案建立过程中，随时根据规范要求及有关文件规定进行合理性检查，特别对突出点据从原始资料反复查对，对中间处理过程也进行了认真审查，发现不合理的问题后基本上都做了检查改正。方案建立后，先从线形进行比较，防止出现矛盾现象，然后对每个方案尽量根据规范规定采用表格形式进行了精度评定（用许可误差法）。其中 $P-P_a-R$ 相关图合格率为 70.7%，属乙级方案；$R-P_{\phi}-Q_{m净}$相关图合格率为 82.4%，属乙级方案。综合来说，本方案属于乙级方案。

3.6　方案适应能力

本方案适用于防洪标准以下的洪水作业预报。如遇超标准洪水，则需根据当时具体情况酌情修正。

3.7　预报修正与注意事项

（1）本方案的制作未考虑上游众多小（1）、小（2）型水库及塘坝的影响，作业预报时也要根据前期降雨情况进行适当修正。

（2）应随时掌握上游工程蓄水及泄洪情况，要根据实际情况对预报值进行及时修正。

（3）局部暴雨时要注意超渗产流，可适当将查算的 R 值加大；久旱初雨时产流偏小，应适当修正所查 R 值。

总之，由于影响因素太多，本方案不能全部反映实际情况，因而不能照搬，应具体问题具体分析，并采用多种方法，考虑各种因素进行综合分析，确定采用的预报值。

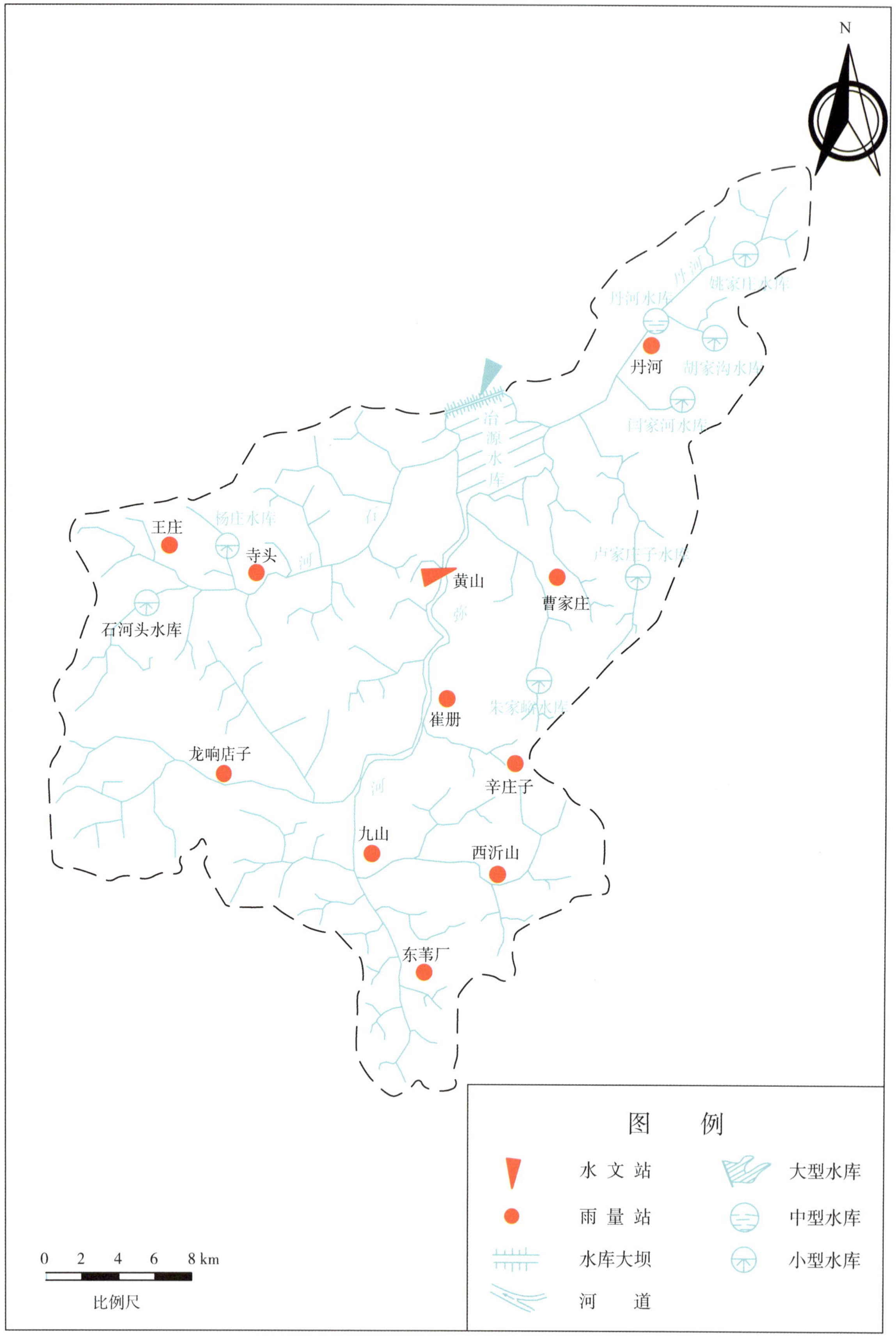

图 20–1　弥河冶源水库站以上流域图

表 20-5　弥河冶源水库站降雨径流分析成果表

序号	洪号	降雨起止时间		流域平均雨量 P（mm）	前期影响雨量 P_a（mm）	降雨历时（h）		暴雨中心位置或特点	洪水起止时间		洪峰流量 Q_m（m^3/s）	净峰流量 $Q_{m净}$（m^3/s）	洪水总历时 $T_洪$（h）	次洪径流量 W（万 m^3）	集水面积 F（km^2）	次洪径流深 R（mm）	径流系数 α	备注
		起	止			全部 T	有效 T_C		起涨	落平								
1	620713	7 月 13 日 12:00	7 月 13 日 20:00	61.9	32.5	8	4	上游	7 月 13 日 12:00	7 月 14 日 22:00	2 080	2 040	34	2 290	748	30.6	0.49	
2	620719	7 月 19 日 0:00	7 月 19 日 8:00	67.8	61.9	8	4	中游	7 月 19 日 0:00	7 月 21 日 0:00	719	700	48	1 780	748	23.8	0.35	
3	620729	7 月 29 日 4:00	7 月 29 日 14:00	62.5	82.0	10	8	下游	7 月 29 日 4:00	7 月 31 日 6:00	548	496	50	2 540	748	34.0	0.54	
4	620807	8 月 7 日 10:00	8 月 7 日 18:00	79.2	78.3	8	6	中游	8 月 7 日 10:00	8 月 9 日 8:00	650	608	46	3 430	748	45.8	0.58	
5	620818	8 月 18 日 18:00	8 月 19 日 0:00	62.2	96.3	6	4	下游	8 月 18 日 18:00	8 月 20 日 22:00	815	780	52	2 080	748	27.8	0.45	
6	630719	7 月 19 日 4:00	7 月 19 日 14:00	71.3	63.5	10	6	上游	7 月 19 日 4:00	7 月 19 日 20:00	1 150	1 100	16	2 090	748	27.9	0.39	
7	630720	7 月 19 日 14:00	7 月 20 日 2:00	222.4	100.0	12	8	下游	7 月 19 日 13:00	7 月 21 日 1:00	4 770	4 720	36	15 500	748	207.2	0.93	
8	640716	7 月 16 日 16:00	7 月 16 日 22:00	63.7	78.3	6	6	中游	7 月 16 日 16:00	7 月 18 日 15:00	480	438	47	2 820	748	37.7	0.59	
9	640717	7 月 17 日 12:00	7 月 17 日 20:00	24.4	100.0	8	6	上游	7 月 17 日 16:00	7 月 19 日 22:00	506	335	54	1 500	748	20.1	0.82	
10	640801	8 月 1 日 2:00	8 月 1 日 8:00	33.9	79.0	6	4	中游	8 月 1 日 2:00	8 月 2 日 3:00	435	395	25	1 160	748	15.5	0.46	
11	640831	8 月 31 日 0:00	8 月 31 日 6:00	54.0	77.0	6	4	中游	8 月 31 日 0:00	9 月 1 日 2:00	820	790	26	1 640	748	21.9	0.41	
12	640912	9 月 12 日 4:00	9 月 12 日 14:00	101.1	72.9	10	6	中游	9 月 12 日 4:00	9 月 14 日 16:00	1 150	1 110	60	4 510	748	60.3	0.60	
13	650815	8 月 15 日 12:00	8 月 15 日 22:00	100.7	42.0	10	8	上游	8 月 15 日 11:00	8 月 16 日 18:00	831	795	31	3 070	748	41.0	0.41	
14	650816	8 月 16 日 12:00	8 月 16 日 18:00	26.7	100.0	6	6	下游	8 月 16 日 8:00	8 月 17 日 20:00	493	450	36	1 430	748	19.1	0.72	
15	650818	8 月 18 日 4:00	8 月 18 日 16:00	49.3	100.0	12	8	中游	8 月 18 日 2:00	8 月 20 日 11:00	492	442	57	3 200	748	42.8	0.87	
16	700724	7 月 24 日 10:00	7 月 24 日 16:00	59.1	58.6	6	4	下游	7 月 24 日 10:00	7 月 26 日 7:00	267	261	45	1 320	748	17.6	0.30	
17	700725	7 月 25 日 6:00	7 月 25 日 12:00	17.5	100.0	6	2	上游	7 月 25 日 8:00	7 月 27 日 10:00	320	278	50	960	748	12.8	0.73	
18	700725	7 月 25 日 22:00	7 月 26 日 8:00	26.4	100.0	10	6	普雨	7 月 25 日 21:00	7 月 28 日 16:00	285	226	67	1 750	748	23.4	0.89	
19	720901	9 月 1 日 18:00	9 月 2 日 6:00	109.5	86.2	12	8	中游	9 月 1 日 18:00	9 月 4 日 2:00	903	893	56	3 440	748	46.0	0.42	
20	740715	7 月 15 日 18:00	7 月 15 日 20:00	26.5	37.0	2	2	上游	7 月 15 日 16:00	7 月 17 日 2:00	522	515	34	864	748	11.6	0.44	
21	740813	8 月 13 日 8:00	8 月 14 日 0:00	148.7	100.0	16	14	上游	8 月 13 日 8:00	8 月 16 日 22:00	1 530	1 500	86	9 660	748	129.1	0.87	
22	750901	9 月 1 日 4:00	9 月 1 日 10:00	53.0	38.0	6	2	下游	9 月 1 日 6:00	9 月 2 日 10:00	354	338	28	643	748	8.6	0.16	
23	760721	7 月 21 日 14:00	7 月 21 日 18:00	40.3	35.1	4	2	下游	7 月 21 日 14:00	7 月 22 日 14:00	193	175	24	370	748	4.9	0.12	
24	780701	7 月 1 日 14:00	7 月 1 日 18:00	39.0	97.5	4	2	下游	7 月 1 日 15:00	7 月 3 日 21:00	319	308	54	797	748	10.7	0.27	
25	790623	6 月 23 日 22:00	6 月 24 日 6:00	94.8	30.0	8	4	上游	6 月 24 日 0:00	6 月 25 日 19:00	531	520	43	1 310	748	17.5	0.19	

续表

序号	洪号	降雨起止时间		流域平均雨量 P（mm）	前期影响雨量 P_a（mm）	降雨历时（h）		暴雨中心位置或特点	洪水起止时间		洪峰流量 Q_m（m^3/s）	净峰流量 $Q_{m净}$（m^3/s）	洪水总历时 $T_洪$（h）	次洪径流量 W（万 m^3）	集水面积 F（km^2）	次洪径流深 R（mm）	径流系数 α	备注
		起	止			全部 T	有效 T_C		起涨	落平								
26	800606	6月6日16:00	6月7日0:00	93.1	13.6	8	2	下游	6月6日18:00	6月8日16:00	194	190	46	830	748	11.1	0.12	
27	800628	6月28日12:00	6月30日4:00	48.6	49.0	40	2	上游	6月29日22:00	7月1日15:00	97.2	84.6	41	412	748	5.5	0.11	
28	820705	7月5日18:00	7月5日22:00	43.0	51.1	4	2	上游	7月5日18:00	7月7日10:00	214	204	40	480	748	6.4	0.15	
29	840712	7月12日0:00	7月12日6:00	49.8	68.1	6	2	上游	7月12日4:00	7月13日14:00	1 190	1 170	34	1 820	748	24.3	0.49	
30	850820	8月20日6:00	8月20日10:00	21.3	50.6	4	2	上游	8月20日8:00	8月21日1:00	87.5	71.5	17	168	748	2.2	0.10	
31	850821	8月21日0:00	8月21日8:00	74.5	75.7	8	6	下游	8月20日21:00	8月22日21:00	257	237	48	1 210	748	16.2	0.22	
32	900721	7月21日6:00	7月21日18:00	58.1	81.4	12	4	普雨	7月21日8:00	7月23日18:00	508	475	58	2 330	748	31.1	0.54	
33	900802	8月2日18:00	8月3日2:00	96.5	43.7	8	4	中游	8月2日20:00	8月5日0:00	432	386	52	1 930	748	25.8	0.27	
34	940629	6月29日6:00	6月29日12:00	120.5	48.2	6	2	中游	6月29日8:00	7月30日16:00	496	486	752	1 270	748	17.0	0.14	
35	950816	8月16日8:00	8月16日12:00	59.3	72.0	4	4	中游	8月16日8:00	8月17日22:00	225	210	38	1 000	748	13.4	0.23	
36	950903	9月3日2:00	9月3日8:00	67.7	63.0	6	2	中游	9月3日6:00	9月4日16:00	860	765	34	2 360	748	31.6	0.47	
37	960724	7月24日22:00	7月25日8:00	86.8	45.0	10	4	中游	7月25日0:00	7月26日22:00	401	393	46	1 260	748	16.8	0.19	
38	970819	8月19日6:00	8月20日8:00	198.5	12.3	26	8	中游	8月19日10:00	8月22日8:00	1 610	1 590	70	5 650	748	75.5	0.38	
39	980822	8月22日8:00	8月22日14:00	73.3	59.6	6	4	中游	8月21日14:00	8月23日2:00	782	752	36	2 070	748	27.7	0.38	
40	010730	7月30日20:00	7月31日2:00	61.0	100.0	6	4	下游	7月30日20:00	8月2日22:00	534	519	74	3 550	748	47.5	0.78	
41	040914	9月14日8:00	9月14日22:00	102.4	30.8	14	10	中游	9月14日10:00	9月16日2:00	573	551	40	1 610	748	21.5	0.21	
42	110913	9月13日0:00	9月15日21:00	112.0	55.0	69	10	中游	9月14日2:00	9月18日2:00	676	645	96	3 300	748	44.1	0.39	
43	120803	8月3日0:00	8月3日23:00	154.0	60.0	23	12	下游	8月3日8:00	8月5日20:00	2 610	2 540	60	7 200	748	96.3	0.63	
44	180626	6月25日17:00	6月26日5:00	186.6	30.4	12	6	下游	6月25日20:00	6月29日8:00	1 460	1 450	84	3 490	748	46.7	0.25	
45	180819	8月19日8:00	8月20日2:00	126.9	100.0	18	12	上游	8月19日13:00	8月20日10:00	1 670	1 590	21	7 980	748	106.7	0.84	
46	190811	8月10日9:00	8月11日15:00	260.5	100.0	30	15	中游	8月10日18:00	8月14日5:00	3 800	3 770	83	18 200	748	243.3	0.93	

表 20-6　弥河冶源水库站降雨径流（P-P_a-R）预报精度评定表

序号	洪号	流域平均降雨量 P（mm）	前期影响雨量 P_a（mm）	实测径流深 $R_{实}$（mm）	预报径流深 $R_{预}$（mm）	预报误差（mm）	许可误差（mm）	评定结果		序号	洪号	流域平均降雨量 P（mm）	前期影响雨量 P_a（mm）	实测径流深 $R_{实}$（mm）	预报径流深 $R_{预}$（mm）	预报误差（mm）	许可误差（mm）	评定结果	
								合格	不合格									合格	不合格
1	620713	61.9	32.5	30.6	5.2	−25.4	6.1		√	22	790623	94.8	30.0	17.5	20.0	2.5	3.5	√	
2	620719	67.8	61.9	23.8	24.3	0.5	4.8	√		23	800606	93.1	13.6	11.1	10.0	−1.1	3.0	√	
3	620729	62.5	82.0	34.0	36.3	2.3	6.8	√		24	800628	48.6	49.0	5.5	7.3	1.8	3.0	√	
4	620807	79.2	78.3	45.8	46.5	0.7	9.2	√		25	820705	43.0	51.1	6.4	6.2	−0.2	3.0	√	
5	620818	62.2	96.3	27.8	47.7	19.9	5.6		√	26	840712	49.8	68.1	24.3	17.7	−6.6	4.9		√
6	630719	71.3	63.5	27.9	27.8	−0.1	5.6	√		27	850821	74.5	75.7	16.2	40.4	24.2	3.2		√
7	630720	222.4	100.0	207.2	204.1	−3.1	20	√		28	900802	96.5	43.7	25.8	30.2	4.4	5.2	√	
8	640716	63.7	78.3	37.7	34.3	−3.4	7.5	√		29	940629	120.5	48.2	17.0	54.1	37.1	3.4		√
9	640717	24.4	100.0	20.1	18.8	−1.3	4.0	√		30	950816	59.3	72.0	13.4	26.8	13.4	3.0		√
10	640801	33.9	79.0	15.5	15.1	−0.4	3.1	√		31	950903	67.7	63.0	31.6	29.3	−2.2	6.3	√	
11	640831	54.0	77.0	21.9	26.2	4.3	4.4	√		32	960724	86.8	45.0	16.8	25.5	8.7	3.4		√
12	640912	101.1	72.9	60.3	60.1	−0.2	12.1	√		33	970819	198.5	12.3	75.5	109.4	33.9	15.1		√
13	650815	100.7	42.0	41.0	32.9	−8.1	8.2	√		34	980822	73.3	59.6	27.7	25.9	−1.8	5.5	√	
14	650816	26.7	100.0	19.1	20.6	1.5	3.8	√		35	010730	61.0	100.0	47.5	49.6	2.1	9.5	√	
15	650818	49.3	100.0	42.8	39.8	−3.0	8.6	√		36	040914	102.4	30.8	21.5	25.8	4.3	4.3	√	
16	700724	59.1	58.6	17.6	16.9	−0.7	3.5	√		37	110913	112.0	55.0	44.1	48.0	3.9	8.8	√	
17	700725	26.4	100.0	23.4	20.4	−3.0	4.7	√		38	120803	154.0	60.0	96.3	97.0	0.7	19.3	√	
18	720901	109.5	86.2	46.0	81.0	35.0	9.2		√	39	180626	186.6	30.4	46.7	102.0	55.3	9.3		√
19	740813	148.7	100.0	129.1	133.4	4.3	20.0	√		40	180819	126.9	100.0	106.7	113.0	6.3	20.0	√	
20	750901	53.0	38.0	8.6	4.3	−4.3	3.0		√	41	190811	260.5	100.0	243.3	240.0	3.3	20.0	√	
21	760721	40.3	35.1	4.9	1.3	−3.6	3.0		√										

备注：1. 预报误差 = 预报值 − 实测值；2. 许可误差 = 实测值的 20%，以 20.0 mm 为上限，以 3.0 mm 为下限；3. 合格率 =70.7%，为乙级方案；4. 复峰不参加评定。

表 20-7　弥河冶源水库站峰量关系预报精度评定表

序号	洪号	实测径流深 $R_{实}$（mm）	暴雨中心位置	净峰流量（m^3/s）		预报误差（m^3/s）	许可误差（m^3/s）	评定结果	
				实测 $Q_{m净实}$	预报 $Q_{m净预}$			合格	不合格
1	620713	30.6	上游	2 040	1 760	−280	408	√	
2	620719	23.8	中游	700	560	−140	140	√	
3	620807	45.8	中游	608	940	332	122		√
4	620818	27.8	下游	780	770	−10	156	√	
5	630719	27.9	上游	1 100	1 320	220	220	√	
6	630720	207.2	下游	4 720	4 720	0	944	√	
7	640717	20.1	上游	335	335	0	67.0	√	
8	640801	15.5	中游	395	370	−25	79.0	√	
9	640831	21.9	中游	790	910	120	158	√	
10	640912	60.3	中游	1 110	1 180	70	222	√	
11	650818	42.8	中游	442	880	438	88.4		√
12	720901	46.0	中游	893	930	37	179	√	
13	740813	129.1	上游	1 500	1 550	50	300	√	
14	750901	8.6	下游	338	280	−58	67.6	√	
15	760721	4.9	下游	175	160	−15	35.0	√	
16	790623	17.5	上游	520	300	−220	104		√
17	800606	11.1	下游	190	340	150	38.0		√
18	800628	5.5	上游	84.6	100	15.4	16.9	√	
19	820705	6.4	上游	204	110	−94	40.8		√
20	840712	24.3	上游	1 170	1 060	−110	234	√	
21	900802	25.8	中游	386	418	32	77.2	√	
22	940629	17.0	中游	486	460	−26	97.2	√	
23	950816	13.4	中游	210	420	210	42.0		√
24	950903	31.6	中游	765	650	−115	153	√	
25	960724	16.8	中游	393	450	57	78.6	√	
26	970819	75.5	中游	1 590	1 410	−180	318	√	
27	980822	27.7	中游	752	640	−112	150	√	
28	010730	47.5	下游	519	620	101	104	√	
29	040914	21.5	中游	551	496	−55	110	√	
30	110913	44.1	中游	645	660	15	129	√	
31	120803	96.3	下游	2 540	2 660	120	508	√	
32	180626	46.7	下游	1 450	1 180	−270	290	√	
33	180819	106.7	上游	1 590	1 320	−270	318	√	
34	190811	243.3	中游	3 770	3 940	170	754	√	

备注：1. 预报误差 = 预报值 − 实测值；2. 许可误差 = 实测值的 20%；3. 合格率 =82.4%，为乙级方案；3. 复式峰不参加评定。

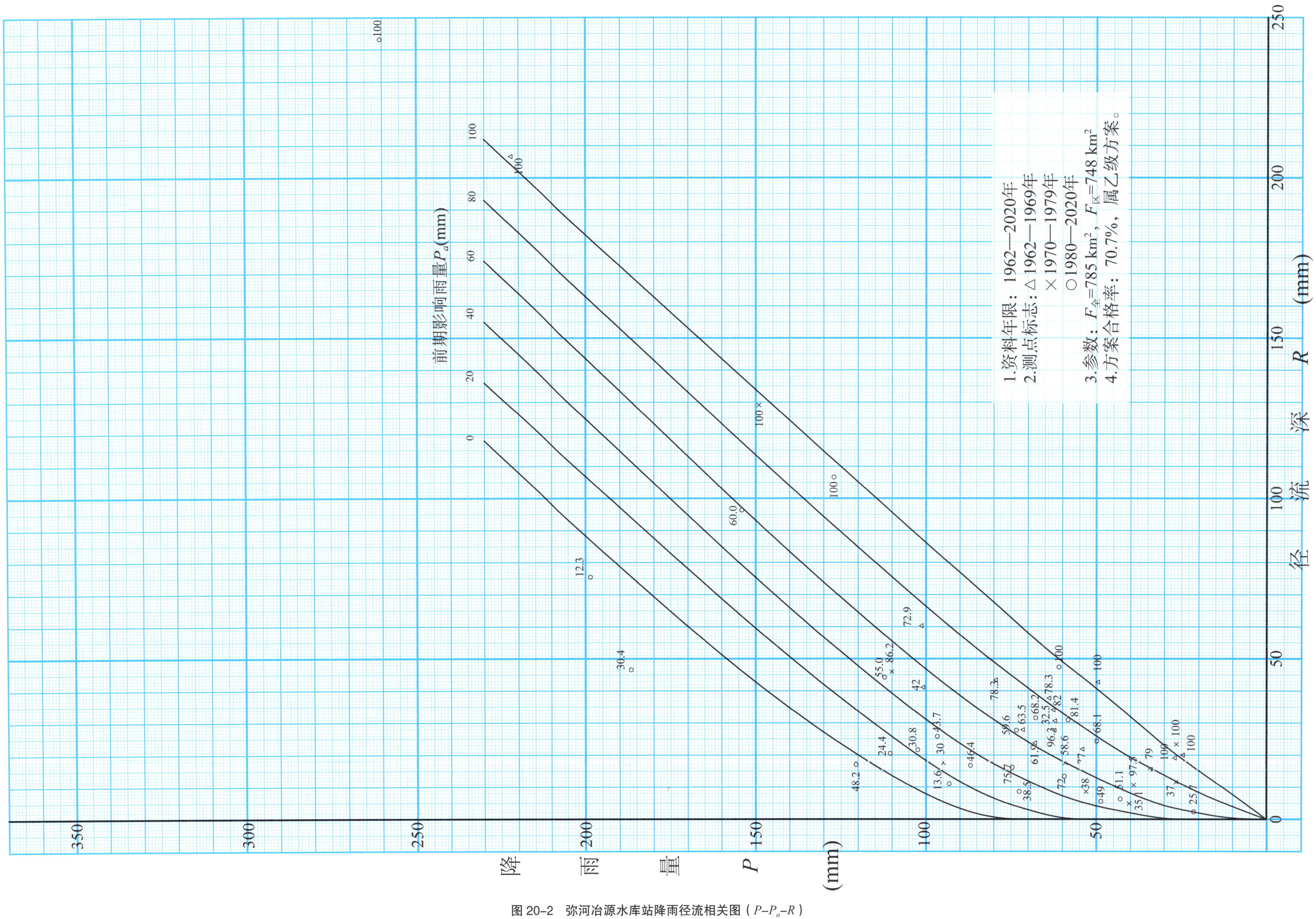

图 20-2　弥河冶源水库站降雨径流相关图（P–P_a–R）

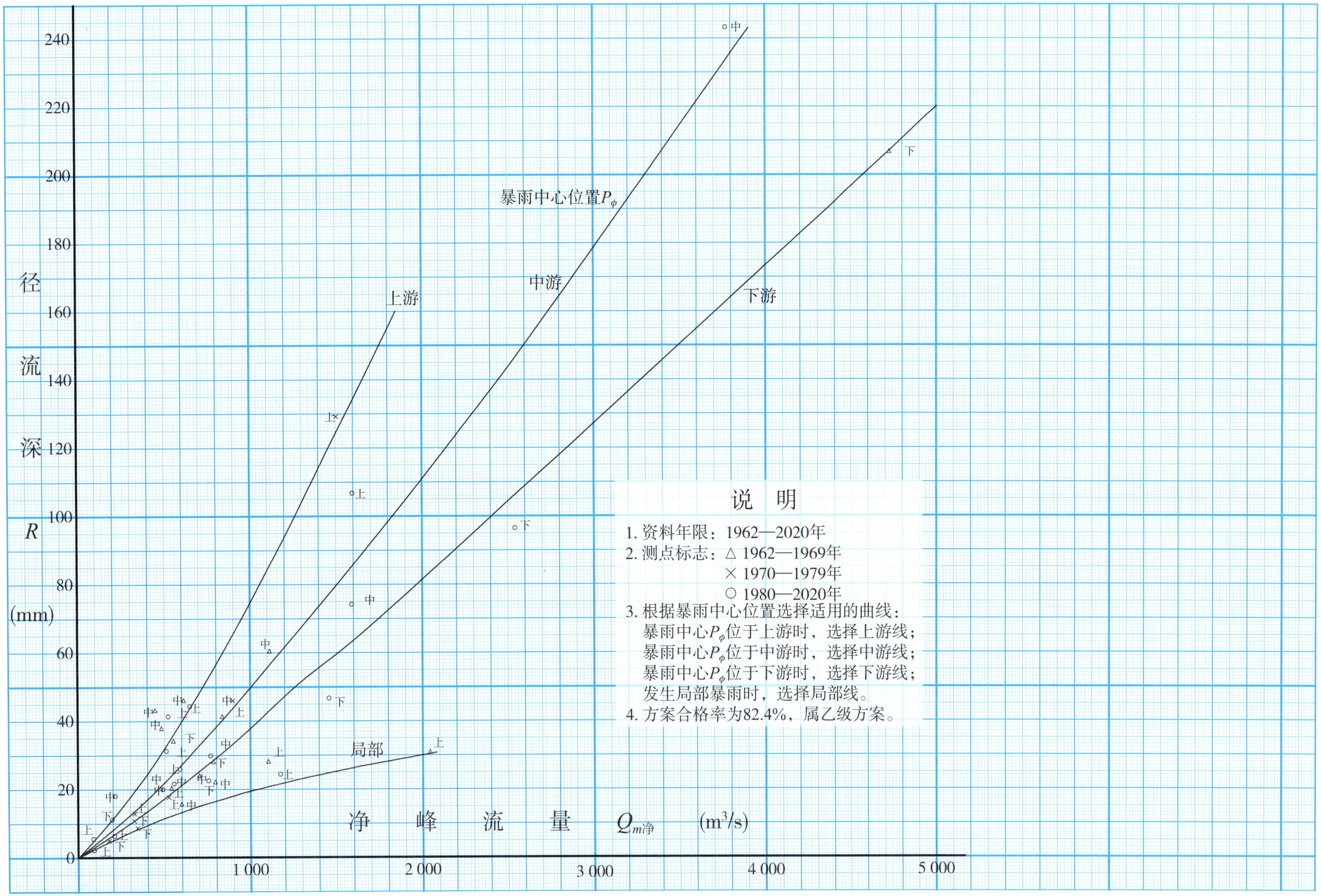

图 20-3　弥河冶源水库站峰量关系曲线图（R–P_{ϕ}–$Q_{m净}$）

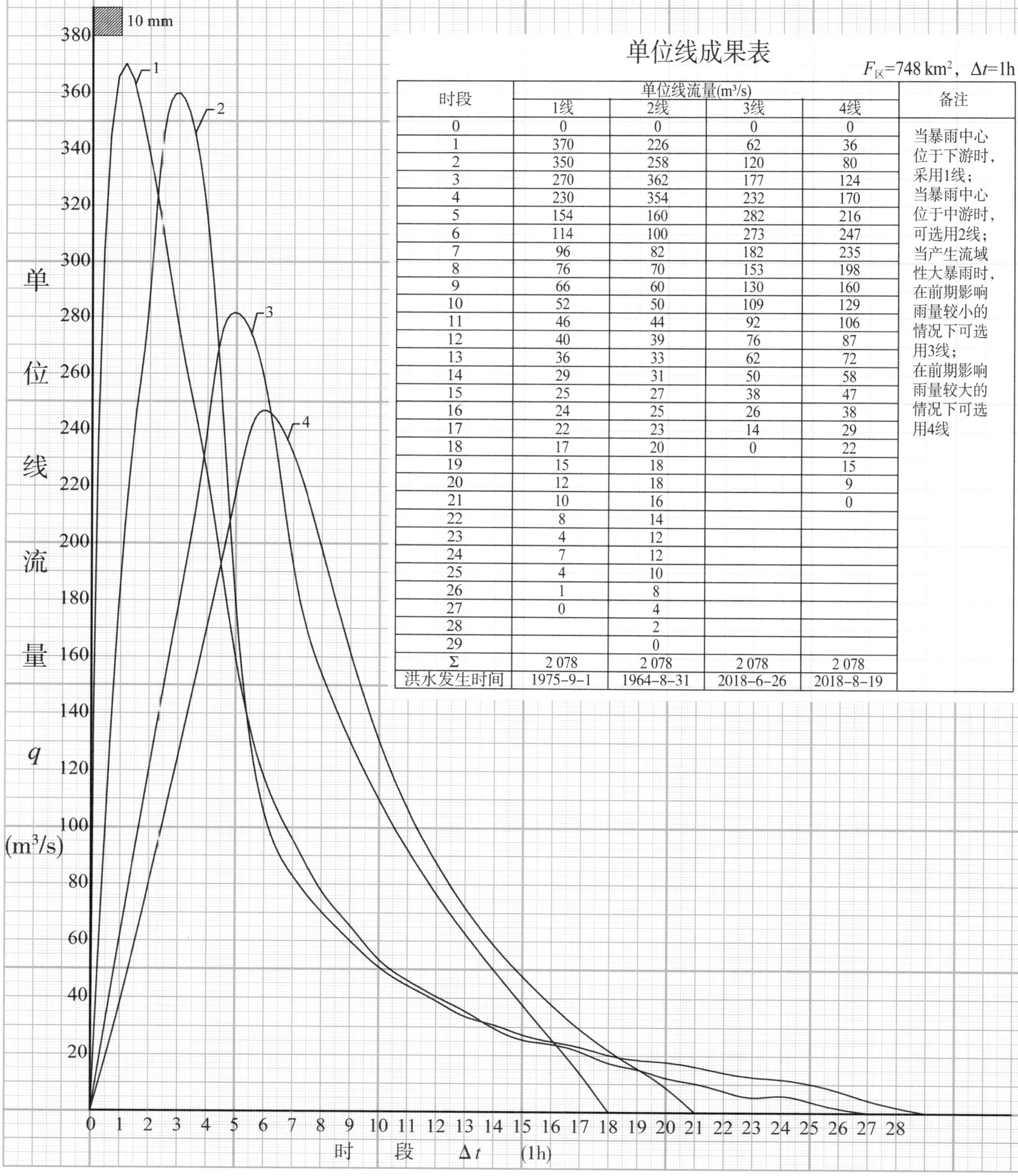

单位线成果表

$F_{区}$=748 km², Δt=1h

时段	单位线流量(m³/s)				备注
	1线	2线	3线	4线	
0	0	0	0	0	当暴雨中心位于下游时，采用1线；当暴雨中心位于中游时，可选用2线；当产生流域性大暴雨时，在前期影响雨量较小的情况下可选用3线；在前期影响雨量较大的情况下可选用4线
1	370	226	62	36	
2	350	258	120	80	
3	270	362	177	124	
4	230	354	232	170	
5	154	160	282	216	
6	114	100	273	247	
7	96	82	182	235	
8	76	70	153	198	
9	66	60	130	160	
10	52	50	109	129	
11	46	44	92	106	
12	40	39	76	87	
13	36	33	62	72	
14	29	31	50	58	
15	25	27	38	47	
16	24	25	26	38	
17	22	23	14	29	
18	17	20	0	22	
19	15	18		15	
20	12	18		9	
21	10	16		0	
22	8	14			
23	4	12			
24	7	12			
25	4	10			
26	1	8			
27	0	4			
28		2			
29		0			
Σ	2 078	2 078	2 078	2 078	
洪水发生时间	1975-9-1	1964-8-31	2018-6-26	2018-8-19	

图 20-4 弥河冶源水库站单位线图 1

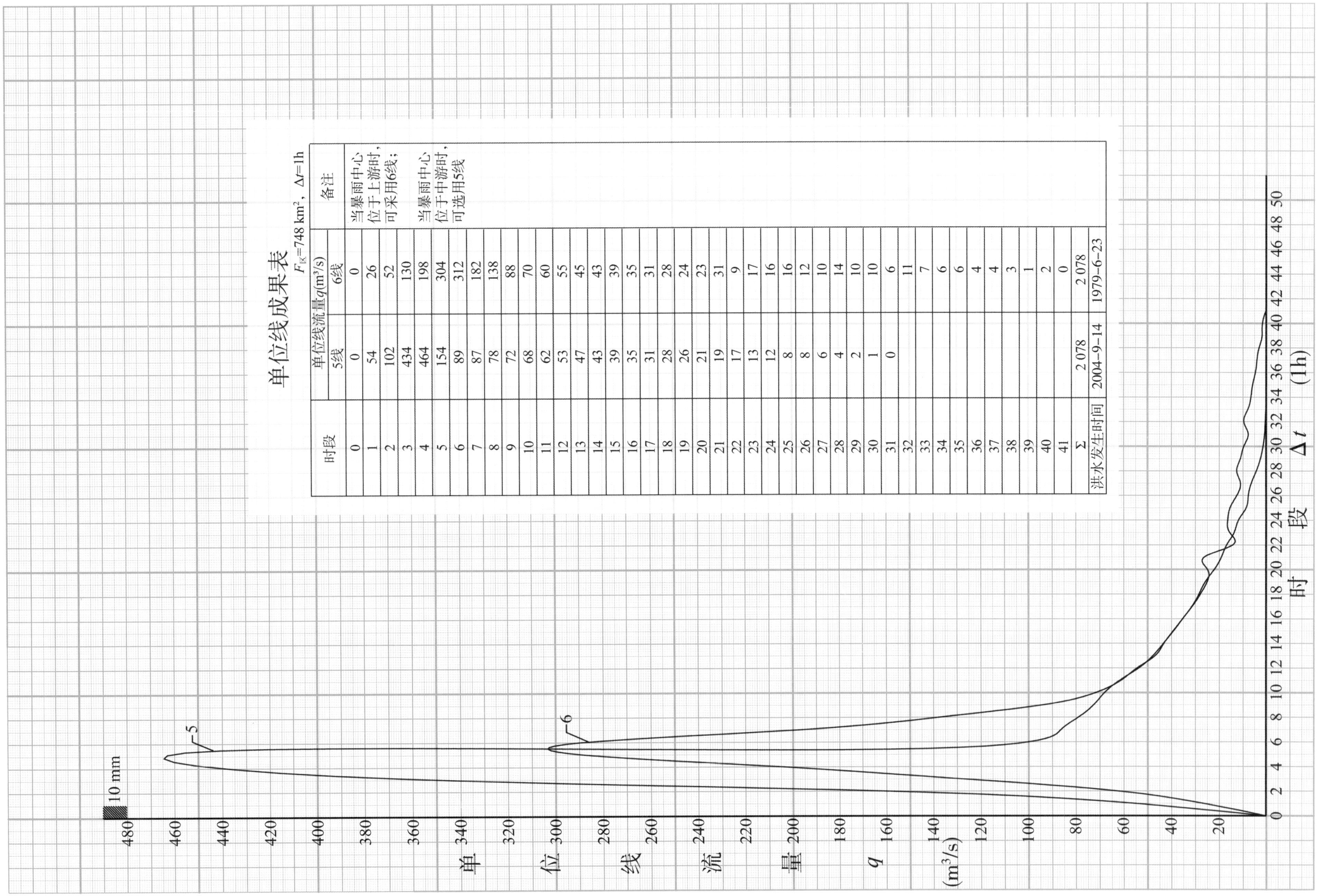

单位线成果表

$F_{区}=748\ km^2$，$\Delta t=1h$

时段	单位线流量 $q(m^3/s)$ 5线	单位线流量 $q(m^3/s)$ 6线	备注
0	0	0	当暴雨中心
1	54	26	位于上游时，
2	102	52	可采用6线；
3	434	130	
4	464	198	当暴雨中心
5	154	304	位于中游时，
6	89	312	可选用5线
7	87	182	
8	78	138	
9	72	88	
10	68	70	
11	62	60	
12	53	55	
13	47	45	
14	43	43	
15	39	39	
16	35	35	
17	31	31	
18	28	28	
19	26	24	
20	21	23	
21	19	31	
22	17	9	
23	13	17	
24	12	16	
25	8	16	
26	8	12	
27	6	10	
28	4	14	
29	2	10	
30	1	10	
31	0	6	
32		11	
33		7	
34		6	
35		6	
36		4	
37		4	
38		3	
39		1	
40		2	
41		0	
Σ	2 078	2 078	
洪水发生时间	2004-9-14	1979-6-23	

图 20-5　弥河冶源水库站单位线图 2

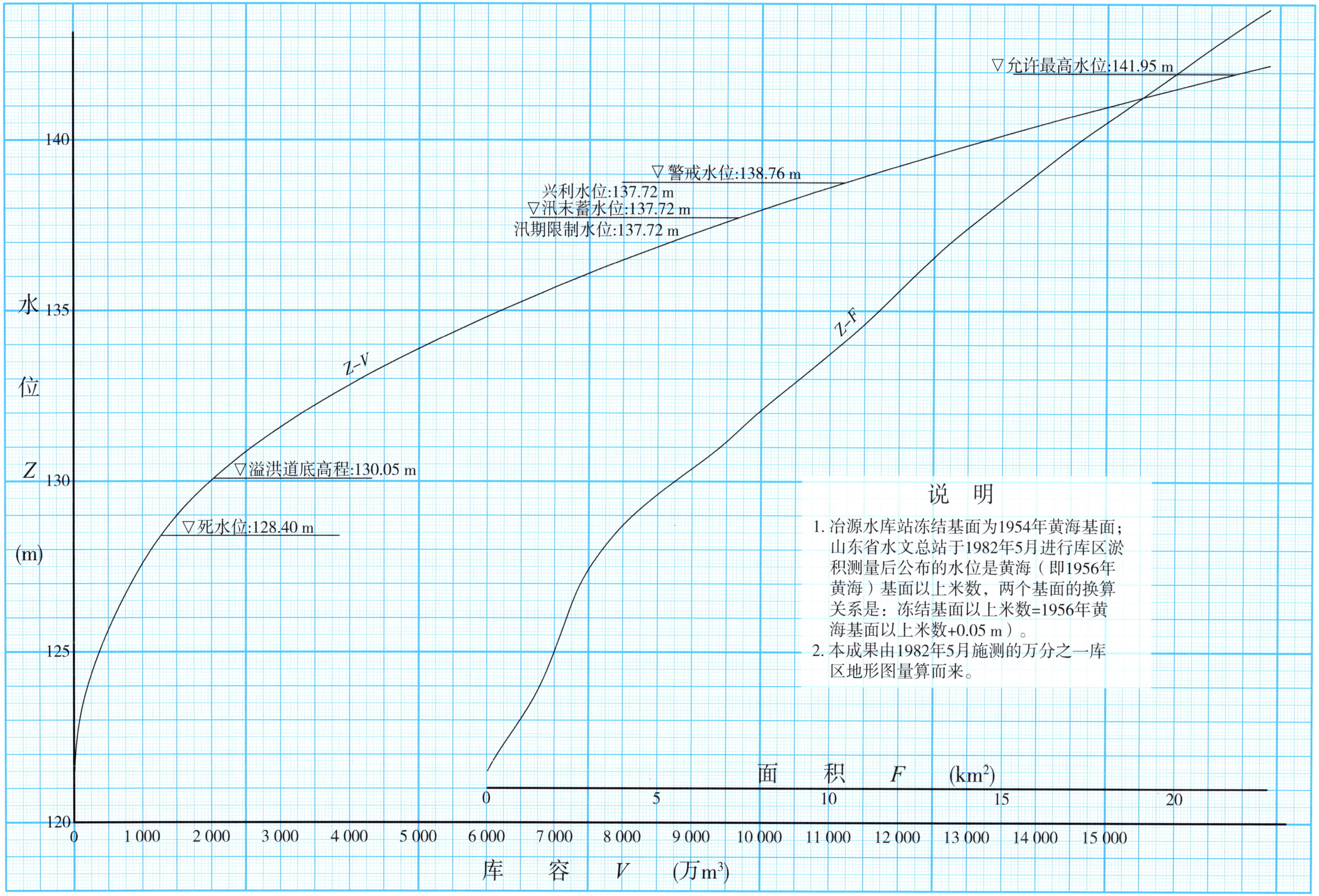

图 20-6 弥河冶源水库水位与库容、面积关系曲线图

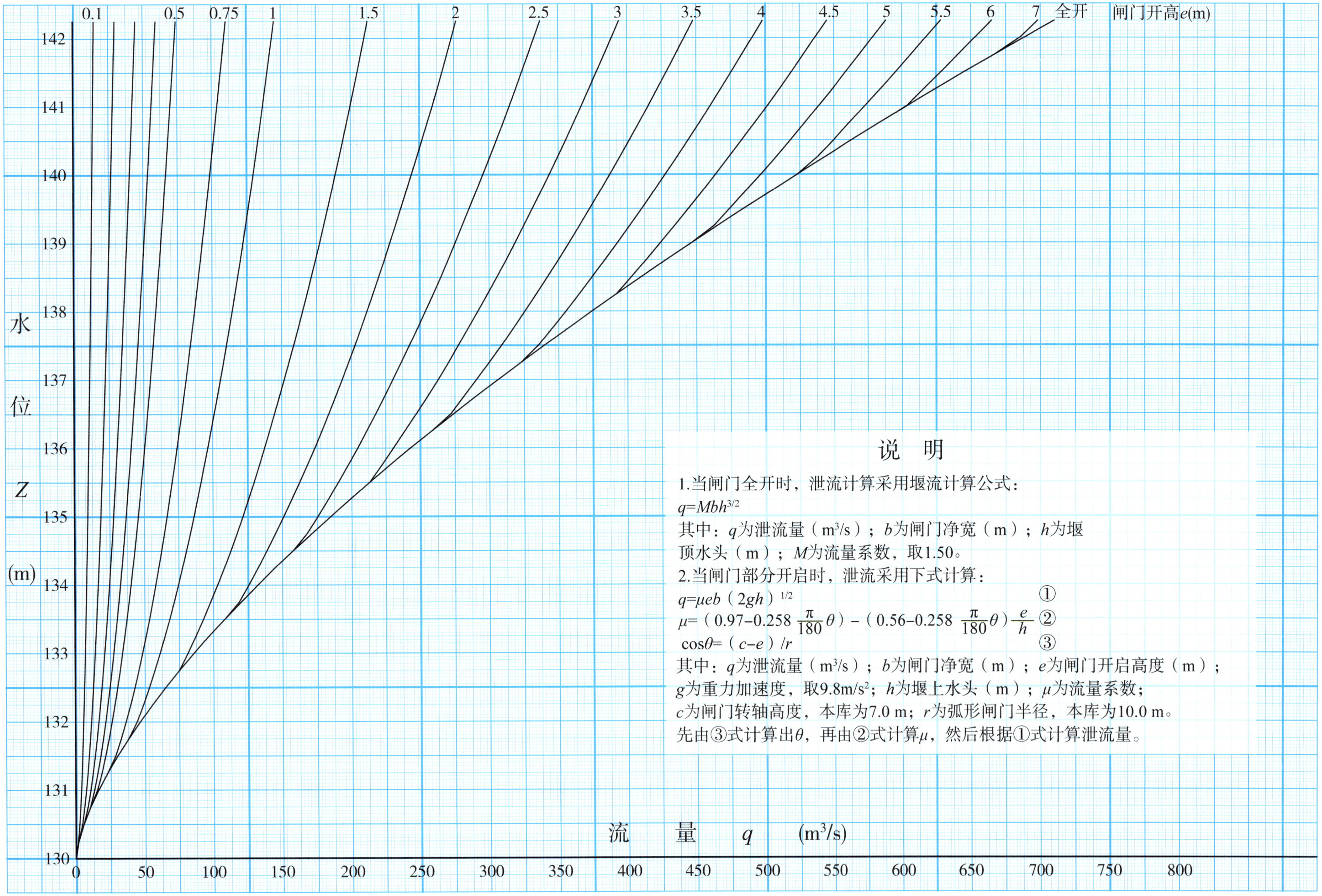

说 明

1.当闸门全开时，泄流计算采用堰流计算公式：

$q=Mbh^{3/2}$

其中：q为泄流量（m^3/s）；b为闸门净宽（m）；h为堰顶水头（m）；M为流量系数，取1.50。

2.当闸门部分开启时，泄流采用下式计算：

$q=\mu eb(2gh)^{1/2}$ ①

$\mu=\left(0.97-0.258\dfrac{\pi}{180}\theta\right)-\left(0.56-0.258\dfrac{\pi}{180}\theta\right)\dfrac{e}{h}$ ②

$\cos\theta=(c-e)/r$ ③

其中：q为泄流量（m^3/s）；b为闸门净宽（m）；e为闸门开启高度（m）；g为重力加速度，取$9.8m/s^2$；h为堰上水头（m）；μ为流量系数；c为闸门转轴高度，本库为7.0 m；r为弧形闸门半径，本库为10.0 m。

先由③式计算出θ，再由②式计算μ，然后根据①式计算泄流量。

图 20–7 弥河冶源水库 Z–e–q 关系图（单孔）

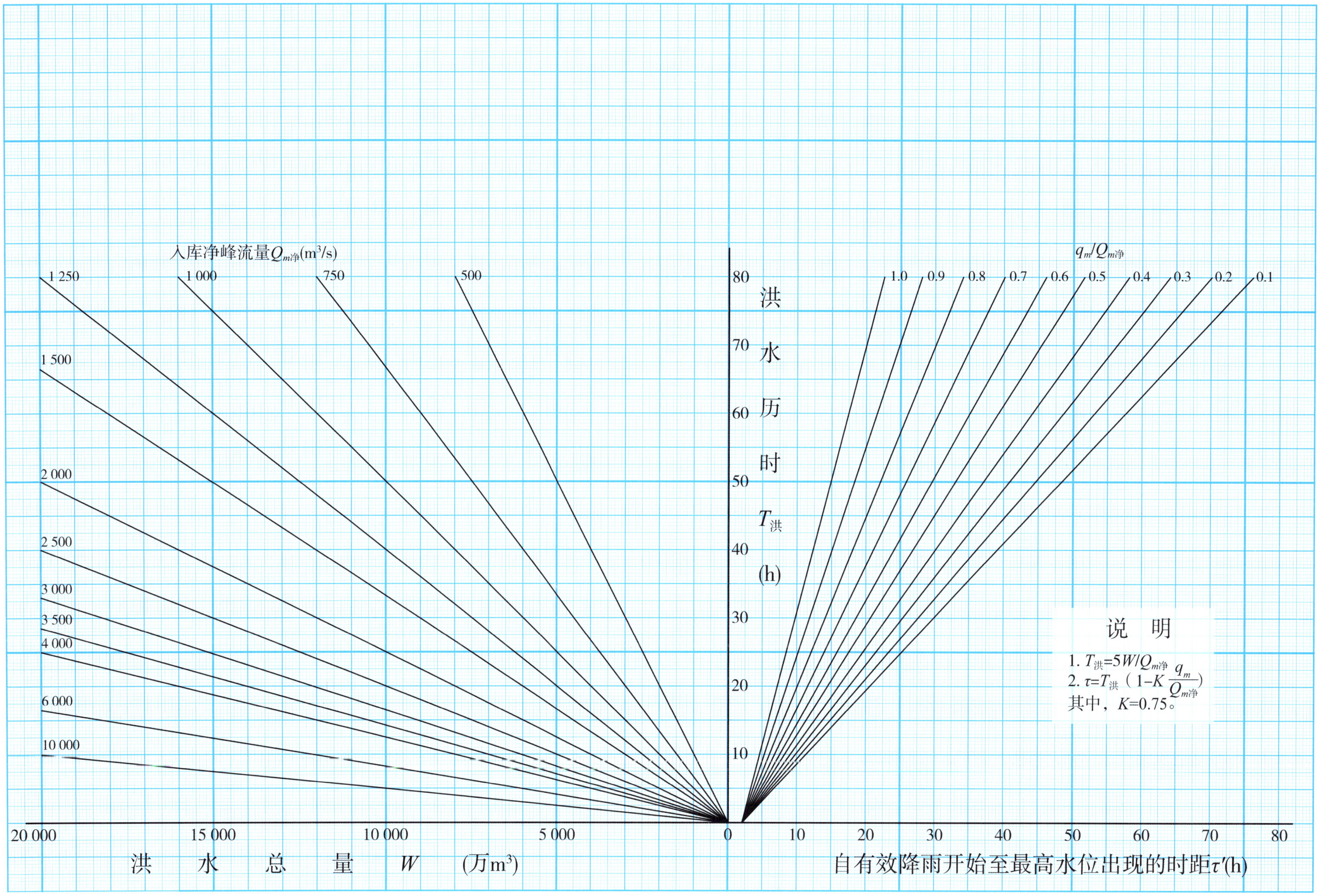

图 20-8 弥河冶源水库站最高水位出现时间预报图

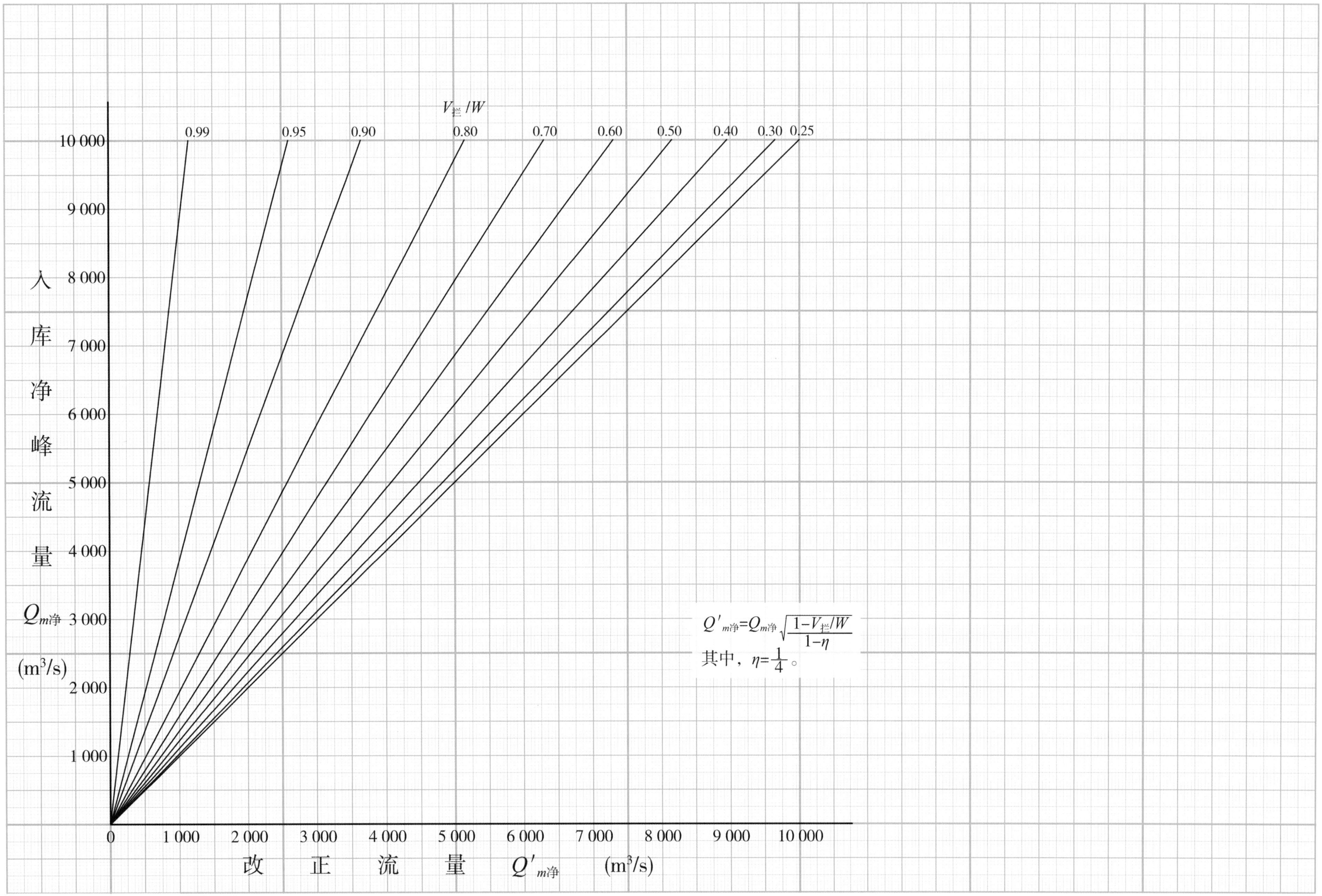

图 20-9　弥河冶源水库站 $Q_{m净}-V_{拦}/W-Q'_{m净}$ 关系曲线图

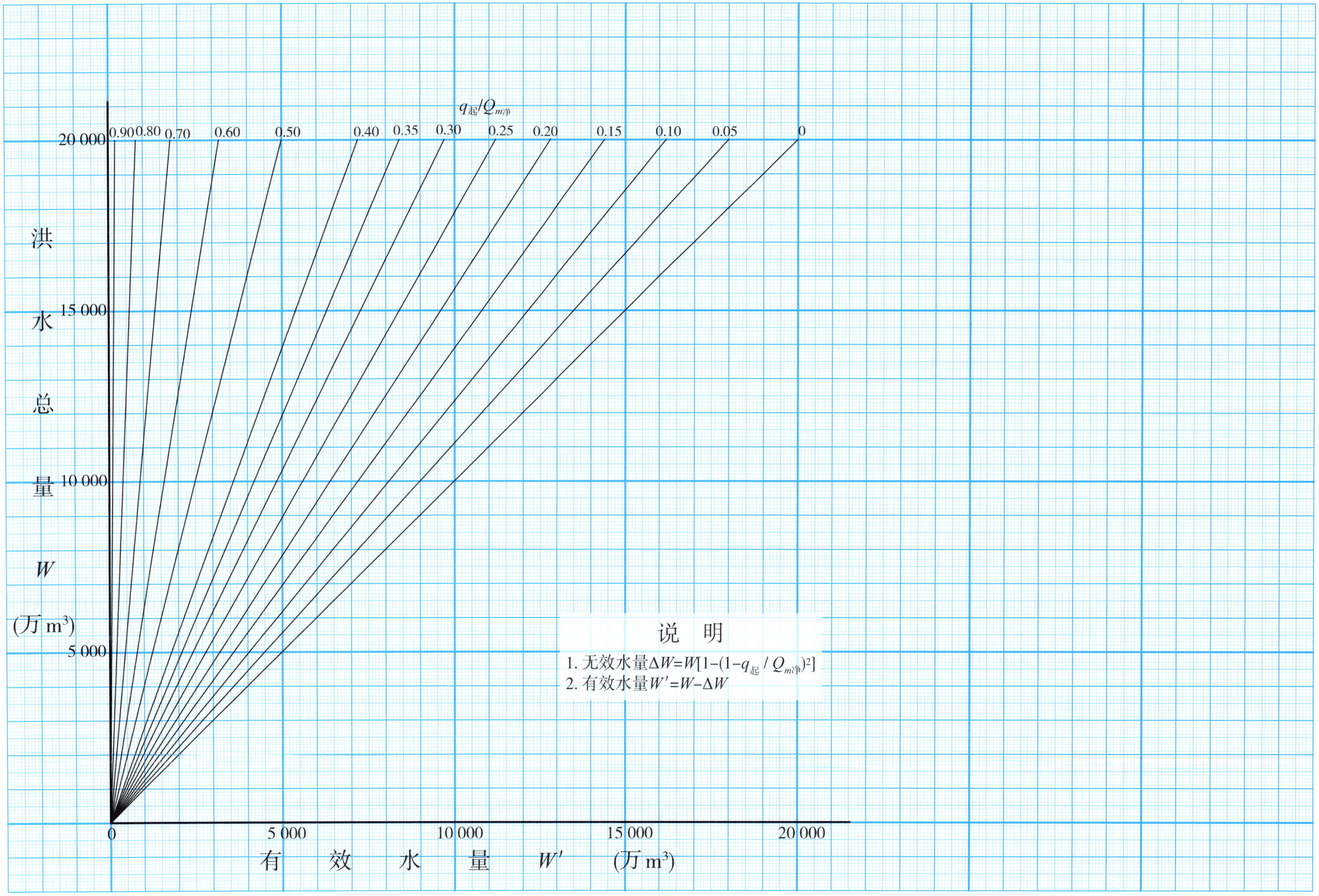

图 20-10 弥河冶源水库站 $W-q_{起}/Q_{m净}-W'$ 关系曲线图

第二十一章　白浪河白浪河水库站水文预报方案编制说明

1　流域概况

1.1　流域自然地理特征

白浪河水库位于潍坊市城区以南 9 km 处，白浪河中上游，流域面积为 353 km^2，距河口 73 km。水库以上主要支流有小猪河、大猪河、孝妇河。白浪河发源于昌乐县中部乔官镇的大鼓山，流经潍坊市昌乐县、潍城区，在寒亭区央子街道入海。

白浪河水库站以上流域无深山区，浅山区约占 19%，多分布在流域上游；丘陵区约占 60%，多分布在流域中、上游；平原区约占 21%，分布在下游河谷地带。白浪河水库以上全部是山丘区，干流由西南流向东北，水系密集，流域形状呈叶形，河道断面形状是梯形，森林覆盖稀疏，水土保持较差。流域平均宽度为 10.4 km，干流平均坡度为 2.87‰。

该流域属暖温带半湿润季风气候，四季分明。冬季天气寒冷干燥，降水较少；夏季冷暖空气活动频繁，水汽较充沛，多发生暴雨洪水。流域内产生暴雨的天气系统主要为气旋、锋面及台风等。气旋是本流域暴雨产生的主要天气系统，而台风是造成本流域特大暴雨洪水的重要天气系统。降水量年际变化较大，年内分配也不均匀，主要集中在 6—9 月份。白浪河水库站多年平均年降水量为 685.4 mm，多年平均年径流深为 170.0 mm，建库时侵蚀模数采用 500 t/km^2。

白浪河水库站以上流域图见图 21–1。

1.2　水利工程情况

1.2.1　白浪河水库概况

白浪河水库于 1959 年 11 月动工建设，1960 年 6 月建成，是一座以防洪、供水为主，兼顾多种经营的大（2）型水库，总库容 1.445 6 亿 m^3。白浪河水库枢纽工程包括大坝、溢洪道和放水洞三部分。主要建筑物大坝、溢洪闸、放水洞为二级，溢洪道、管理设施为三级。大坝是由地质岩石组成，有凝灰岩、凝灰质砂岩、玄武岩、玄武玢岩、黏土岩等，主坝基由于未清基，岩盘上部有 3~5 m 厚粉细砂、中粗砂和砾质中砂层，漏水严重。溢洪闸基础是凝灰岩。各部分具体情况如下：

（1）大坝

水库大坝全长 6 680 m，坝顶宽 6.0 m，由主坝和东、西副坝组成。主坝为类均质多种土质坝，坝长 550 m，坝顶高程 65.00 m，最大坝高 23 m。副坝长 6 130 m，东、西副坝段长分别为 2 380 m 和 3 750 m，为均质土坝，坝顶高程 64.55 m，最大坝高 14.55 m。

主坝桩号 0+000 ~ 0+550，上游坝坡在高程 53.00 m 处设一戗台，戗台宽 4.0 m，下游坡在高程 54.00 m 处设一宽 2.0 m 的戗台，上下游边坡为 1 : 2.821 ~ 1 : 2.89。东副坝桩号 0+000 ~ 2+380，上游边坡 1 : 3，下游边坡 1 : 2.7。西副坝桩号 0+550 ~ 4+300，上游边坡 1 : 3，下游边坡 1 : 2.8 ~ 1 : 3。大坝上游为浆砌石护坡，下游为草皮护坡。

（2）溢洪闸及溢洪道

白浪河水库溢洪闸位于西副坝 1+443.4 处，有 3 孔，为低实用堰式。闸底板高程 50.00 m，堰顶高程 50.50 m，弧形钢闸门尺寸为 10 m × 8 m，弧门半径 11.85 m，支铰高程 57.5 m，闸室长 21 m，闸后陡坡长 72.8 m，为消力池消能。三孔闸配套启闭设备为三台 2 × 250 kN 卷扬式启闭机。尾水渠是人工开挖的长 1.6 km 溢洪道，平均坡降为 1/450，在 64+600 处与水库下游的白浪河河道相连。

（3）放水洞

白浪河水库有放水洞 2 座。一座位于东阶地段 0+735 处，于 1960 年建成，又于 2006 年进行了改造，廊道内衬钢筋混凝土圆管式，洞径 1.2 m，洞长 61.7 m，进口底高程 49.40 m，设 1.2 m × 1.2 m 平面钢闸门，125 kN 卷扬机启闭，设计流量 2.1 m^3/s，为东灌区干渠渠首；另一座位于西副坝 1+500 处，于 1970 年建成，钢筋混凝土涵管式，洞径 1.4 m，洞长 59.1 m，进口底高程 50.10 m，配 1.4 m × 1.4 m 平面钢闸门，2 × 5 t 螺杆式启闭机，设计流量 6.0 m^3/s，是西灌区干渠渠首。

白浪河水库工程基本情况详见表 21–1。

1.2.2　上游水利工程情况

流域内有中型水库马宋水库 1 座，小（1）型水库 5 座，总集水面积 279 km^2，总兴利库容 951.7 万 m^3。该流域内水利工程情况详见表 21–2。

1.3　测站概况

白浪河水库水文站于 1960 年 6 月设立，流域面积为 353 km^2；1959 年 6 月 5 日水库名为张友家水库，1960 年改为白浪河水库。白浪河水库水文站于 1959 年由潍县（现寒亭区）西贾庄流量站迁来，资料于 1960 年 6 月正式刊印。白浪河水库站属基本水文站，测验任务有水位、流量、冰情、水质、土壤含水率、降水量、蒸发量、水文调查等;该站还担负着向国家防总，省、市防指提供水情、雨情、墒情和洪水预报等报汛任务，测站基本情况见表 21–3。上游有 6 处雨量站，详见表 21–4。

本站采用冻结基面，冻结基面高程 –0.102 m=1985 年国家高程基准高程。

表 21-1　白浪河白浪河水库工程基本情况表

类别	项目	数值	项目	数值
	水库名称	白浪河水库	工程总投资	—
	管理机构名称	潍坊市白浪河水库运营维护中心	设计单位	原昌潍水建指挥部
	主管部门	潍坊市水利局	施工单位	原潍县张友家水库指挥部
	所在地点	山东省潍坊市潍城区	建设日期　开工	1959 年 11 月
	所在河流	白浪河	建设日期　竣工	1960 年 6 月
	集水面积	353 km^2	基本地震烈度	7 度
水文特征	多年平均年降水量	685.4 mm	设计地震烈度	7 度
水文特征	多年平均年径流量	0.60 亿 m^3	高程基准面	1956 年黄海基面
水文特征	多年平均年输沙量	0.001 3 亿 m^3	库区迁淹　赔偿高程	59.30 m
水文特征　设计	重现期	100 年	库区迁淹　移民高程	58.00 m
水文特征　设计	洪峰流量	2 464.0 m^3/s	库区迁淹　淹没耕地	0.96 万亩
水文特征　设计	洪水总量	0.774 7 亿 m^3	库区迁淹　迁移人口	7 849 人
水文特征　校核	重现期	10 000 年	工程量　土方	527.2 万 m^3
水文特征　校核	洪峰流量	5 144.65 m^3/s	工程量　石方	39.8 万 m^3
水文特征　校核	洪水总量	1.691 4 亿 m^3	工程量　混凝土	1.36 万 m^3
水库特征	调节性能	多年调节	主坝　坝型	均质土坝
水库特征	校核洪水位	63.59 m		
水库特征	设计洪水位	59.87 m	主坝　坝顶高程	65.00 m
水库特征	汛期限制水位	57.00 m	主坝　最大坝高	23 m
水库特征	正常蓄水位	57.80 m	主坝　坝顶长度	550 m
水库特征	死水位	51.30 m	主坝　坝顶宽度	6.0 m
水库特征	总库容	1.445 6 亿 m^3	主坝　坝基防渗型式	截水槽
水库特征　其中	调洪库容	0.969 5 亿 m^3		
水库特征　其中	兴利库容	0.406 1 亿 m^3	副坝　座数	2 座
			副坝　总长度	6 130 m
水库特征　其中	死库容	0.070 0 亿 m^3	副坝　最大坝高	14.55 m
			副坝　坝顶宽度	6.0 m

类别	项目	数值
正常溢洪道	型式	实用堰 / 宽顶堰
正常溢洪道	堰顶高程	53.0 m/50.5 m
正常溢洪道	堰顶净宽	3 × 10 m
正常溢洪道	闸门型式	钢质弧形门
正常溢洪道	闸门尺寸	5.17 m × 10 m /8 m × 10 m
正常溢洪道	最大泄量	1 487 m^3/s
正常溢洪道	消能型式	消力池 / 挑流鼻坎
正常溢洪道	启闭设备	卷扬式三台 2 × 250 kN
非常溢洪道	型式	无
非常溢洪道	堰顶高程	—
非常溢洪道	堰顶净宽	—
非常溢洪道	最大泄量	—
放水洞 1	型式	廊道内衬钢筋混凝土圆管
放水洞 1	断面尺寸	Ø1.2 m
放水洞 1	进口底高程	49.40 m
放水洞 1	闸门型式	直升钢闸门
放水洞 1	最大泄量	21.5 m^3/s
放水洞 1	启闭设备	卷扬式 125 kN
放水洞 2	型式	钢筋混凝土涵管
放水洞 2	断面尺寸	Ø1.4 m
放水洞 2	进口底高程	50.10 m
放水洞 2	闸门型式	直升钢闸门
放水洞 2	最大泄量	9.8 m^3/s
放水洞 2	启闭设备	螺杆式 2 × 5 t

表 21-2　白浪河白浪河水库站以上流域内主要水利工程统计表

水库名称	所在地	所在河流	类型	建成日期	集水面积（km^2）	兴利库容（万 m^3）	总库容（万 m^3）	最大泄量（m^3/s）
马宋	昌乐县营丘镇	白浪河	中型	1960 年	180	646	1 215	700
丁家淳于	昌乐县乔官镇	猪河	小（1）型	1970 年	11.0	93	139	250
梁家庄	昌乐县乔官镇	猪龙河	小（1）型	1966 年	10.0	73.5	137	430
韩家阳阜	昌乐县乔官镇	猪龙河	小（1）型	1977 年	25.5	71	153	417
驻程	昌乐县乔官镇	猪河	小（1）型	1977 年	36.5	50.7	224	534
北郚部	昌乐县郚部镇	白浪河	小（1）型	1971 年	16.0	17.5	294	357
			小（2）型	21 座		380.9		

表 21-3　白浪河白浪河水库站基本情况表

类别	项目	内容	项目	内容	项目	内容
基础信息	测站编码	41806200	集水面积	353 km^2	设站时间	1960 年 6 月
基础信息	流　域	淮河	水　系	白浪河	河　流	白浪河
基础信息	基　面	1985 年国家高程基准	高　程	55.781 m		
基础信息	测站地址	山东省潍坊市潍城区白浪河水库				
基础信息	管理机构	山东省潍坊市水文中心				
基础信息	监测项目	水位、流量、冰情、水质、土壤含水率、降水量、蒸发量、水文调查				
基础信息	流量测验方法及渡河方式	流量测验方法：流速仪法；渡河方式：桥梁				
基础信息	多年平均年径流量	0.60 亿 m^3	多年平均年输沙量	0.001 3 亿 m^3	多年平均年降水量	685.4 mm
基础信息	最大年径流量	1.788 亿 m^3	出现年份	1974 年		
基础信息	最小年径流量	0 亿 m^3	出现年份	1981 年		
基础信息	最大流量	747 m^3/s	出现时间	1974 年 8 月 14 日		
基础信息	最小流量	0 m^3/s	出现时间	1983 年 1 月 1 日		
基础信息	最高水位	58.67 m	出现时间	2018 年 8 月 20 日		
基础信息	最低水位	库干	出现时间	1985 年 1 月 1 日		

续表

<table>
<tr><td rowspan="2">基础信息</td><td>测站位置特点</td><td colspan="5">白浪河水库位于潍坊市潍城区境内淮河流域的白浪河水系，总控制面积 353 km²，距河口 73 km，水库以上流域河道长 34.0 km，水库以上主要支流有小猪河、大猪河、孝妇河，流域内有中型水库 1 座，小（1）型水库 5 座</td></tr>
<tr><td>测验河段特征</td><td colspan="5">主坝长 550 m，位于水库东北，系类均质多种土质坝；副坝长 6 130 m，位于主坝两端，系均质土坝。溢洪闸位于主、副坝之间，于 2009 年重建。坝上水尺位于溢洪闸东 150 m 处。水库建有东、西放水洞各一个</td></tr>
<tr><td>任务作用</td><td colspan="6">主要任务：系统收集水文资料，研究水文规律，监测水位、流量、冰情、水质、土壤含水率、降水量、蒸发量，水文调查
功能作用：为抗旱防汛和工程管理服务</td></tr>
<tr><td rowspan="3">历史沿革</td><td>设立或变动</td><td>发生年月</td><td>站名</td><td>站别</td><td>领导机关</td><td>说明</td></tr>
<tr><td>设立</td><td>1960 年 6 月</td><td>白浪河水库</td><td>水文</td><td>山东省水利厅</td><td>常年站，集水面积为 353 km²</td></tr>
<tr><td>停测溢洪道流量</td><td>1980 年 5 月</td><td>白浪河水库</td><td>水文</td><td>山东省水文总站</td><td>用水力学公式计算流量</td></tr>
</table>

表 21-4 白浪河白浪河水库站以上流域雨量站情况表

站名	设站年份	属性
白浪河水库	1959 年	常年报汛站
郦 部	1963 年	常年报汛站
乔 官	1951 年（缺 1959 年资料）	常年报汛站
马 宋	1960 年	汛期报汛站

2 预报方案编制

2.1 预报区间的确定

当马宋水库溢洪时，预报区间面积为白浪河水库流域面积 353 km²；当马宋水库不溢洪，来水只存在马宋水库溢洪道底以下时，预报区间为马宋水库—白浪河水库，区间面积为 173 km²，即白浪河水库以上总控制面积 353 km² 减去上游马宋水库控制面积 180 km²。

2.2 资料情况及方案沿革

2.2.1 资料情况

本站采用 1960—2020 年共 61 年资料，选用 25 场次暴雨洪水资料分析制作预报方案（因特殊地质因素，白浪河水库站以上流域不易产流，故本方案编制仅选用 25 场次洪水）。本次修订方案除选用之前分析的 1960—2010 年 23 场次暴雨洪水外，另外补充了 2010—2020 年 2 场次暴雨洪水进行分析，即资料系列为 1960—2020 年，共 25 场次洪水。

2.2.2 方案沿革

原预报方案于 2010 年修订，原产流方案采用降雨径流相关图 $P+P_a-R$，汇流方案采用峰量关系曲线图、经验单位线。本次修订在原产流方案降雨径流相关图 $P+P_a-R$ 中增加 2 个点据，关系线保持不变；在原汇流方案峰量关系曲线图中增加 2 个点据，关系线保持不变；原方案中单位线为 2 h 单位线，本次修订对原单位线进行时段转换，转换成 1 h 单位线。

2.3 产流方案

本次产流预报依据蓄满产流的基本原理，采用降雨径流经验相关的方法（$P+P_a-R$）点绘定线，见图 21-2。其中：P 为次降雨流域平均雨量（mm）；P_a 为流域平均前期影响雨量（mm）；R 为次降雨所产生的径流深（mm）。

2.3.1 主要参数的计算

2.3.1.1 流域平均雨量 P 的计算

流域平均雨量根据郦部、乔官、马宋、白浪河水库四站雨量采用算术平均法计算求得：

$$P=(P_{郦部}+P_{乔官}+P_{马宋}+P_{白浪河水库})/4$$

2.3.1.2 流域平均前期影响雨量 P_a 的计算

每年自汛初开始连续计算，先统计流域内四站逐日降水量，采用算术平均法计算求得流域平均日雨量，前期影响雨量 P_a 值的计算公式为：

$$P_{a,t+1}=K(P_{a,t}+P_t)$$

式中：$P_{a,t+1}$ 为第 t+1 日的前期影响雨量（mm）；$P_{a,t}$ 为第 t 日的前期影响雨量（mm）；P_t 为第 t 日的流域平均雨量（mm）；K 为折减系数，$K_{晴}$=0.90，$K_{雨}$=0.95。

其中当暴雨开始时间不在日分界时间时，P_a 值根据实际降雨开始时间，采用直线内插（或经验内插）法计算而得。

对连续洪水进行分割后，第二场洪水的 P_{a2} 用下式计算：

$$P_{a2}=K(P_{a1}+P_1-R_1)$$

式中：P_{a1}、P_1、R_1 分别是第一场洪水的前期影响雨量、降雨量和径流深。

2.3.1.3 最大初损值 I_m 和 K 值的确定

$$K=1-E_m/I_m$$

根据资料分析，本站 $K_{晴}$=0.90，$K_{雨}$=0.95。

I_m 值采用下式计算：

$$I_m=P+P_a-R-E$$

式中：P 为流域平均降雨量（mm）；P_a 为前期影响雨量（mm）；R 为径流深（mm）；E 为雨间蒸发量（mm）。

在历年实测雨洪资料中，选择久旱少雨、降雨量较大、前期影响雨量接近 0（P_a 较小）、产生径流较小的几场洪水，求得 I_m=120 mm，P_a 值的上限以 120.0 mm 作控制。

2.3.1.4 径流深R的推求

利用还原后的洪水过程斜割基流，然后根据10倍的地表径流总量除以流域产流面积得到径流深。分割基流一般取终点流量为起涨流量的1～2倍。

1960—1988年，由于马宋水库的水位观测记载资料太少，观测时距较长，无法与白浪河水库的洪水叠加，而且马宋水库按控制运用方案汛期溢洪闸全部敞开不蓄水，经过几次较大洪水的分析，确定马宋水库汛期对白浪河水库不起调蓄作用，在反推入流时按白浪河水库的一个库处理。1990年以后，为了充分发挥马宋水库蓄水效益作用，根据水库控制运用方案，其溢洪闸依据洪水情况进行开闸泄洪。

如果马宋水库有放水记载，就按全流域面积（353 km^2）计算径流深。如果马宋水库记载中不放水，当上游降雨很小，来水就存在马宋水库溢洪道底以下时，就按区间面积（173 km^2）计算径流深。即径流深 $R_{全}=10W/F_{全}$，$F_{全}$=353 km^2；径流深 $R_{区}=10W/F_{区}$，$F_{区}$=173 km^2。

在资料满足的情况下，选取时段长 Δt=1 h；资料不满足时，根据实际刊印的资料进行摘录。

白浪河水库水文站降雨径流分析成果见表21–5。

2.3.1.5 暴雨中心位置的确定

根据流域特性和代表站分布情况，测站断面以上暴雨中心位置的划分如下：暴雨中心在郚部、乔官，为上游；暴雨中心在马宋水库，为中游；暴雨中心在白浪河水库，为下游。

2.3.2 精度评定

按许可误差=20%实测值的标准（并当许可误差大于20.0 mm时以20.0 mm为上限，小于3.0 mm时以3.0 mm为下限）进行逐次洪水评定。$P+P_a-R$ 相关图共选用25个点据，22个合格，合格率为88.0%，属于甲级方案，可用于作业预报。白浪河白浪河水库站 $P+P_a-R$ 预报精度评定见表21–6。

2.4 汇流方案

本方案主要采用峰量关系图、经验单位线等方法。

2.4.1 峰量关系曲线 $R-Q_{m净}$

受干支流拦河闸坝蓄水及开关闸调节影响，以有效降雨历时 T_c 为参数的 $R-T_c-Q_{m净}$ 关系中点据散乱，且无规律可循，故改作 $R-Q_{m净}$ 相关图。R 为径流深，净峰流量 $Q_{m净}$ 采用本次降雨流域内产生的洪水的最大净流量。峰量关系图见图21–3。

精度评定：按许可误差=20%实测值的标准进行逐次洪水评定。本方案共选用1960—2020年25个点据，11个合格，合格率为44.0%，可作参考，精度评定见表21–7。

2.4.2 经验单位线

三条经验单位线分别适用于中游、下游两种情况，Δt 均取1 h，在进行洪水作业预报时，视不同降雨情况选定相应的经验单位线。白浪河水库水文站单位线图见图21–4。

2.5 水位与库容、面积关系曲线

白浪河水库水位–面积关系曲线根据山东省水文总站测量队1973年7月施测的万分之一地形图点绘。根据山东省水文总站（85）鲁水文字第188号文的精神，对水位–库容对照表重新进行了计算，自1986年1月1日开始使用新计算的水位–库容对照表点绘水位–库容曲线，水位与库容、面积关系曲线见图21–5。

2.6 泄量关系曲线

白浪河水库以闸门开启高度为参数的泄流关系曲线见图21–6。

2.7 调洪演算曲线

根据水量平衡原理，采用以下公式可计算推求水库水位涨落及水库出流过程：

$$\overline{Q}+\left(\frac{V_1}{\Delta t}+\frac{q_1}{2}\right)=\left(\frac{V_2}{\Delta t}+\frac{q_2}{2}\right)$$

式中：$\overline{Q}$ 为时段平均入库流量（m^3/s）；V_1、V_2 分别为时段始末水库蓄水量（万 m^3）；q_1、q_2 分别为时段始末出库流量（m^3/s）；Δt 为时段长，取 Δt=1 h。

2.8 最高水位预报时间

最高水位 Z_m 出现时间分两个象限图预报。

（1）第一象限

$$\tau=T_{洪}\left(1-K\frac{q_m}{Q_{m净}}\right)$$

式中：τ 为自库水位起涨至最高水位出现的时距（h）；$T_{洪}$ 为洪水总历时（h）；K 为落水历时与洪水总历时之比，本水库 K=0.67；$Q_{m净}$ 为入库净峰流量（m^3/s）。

（2）第二象限

$$T_{洪}=\frac{5W}{Q_{m净}}$$

式中：W 为洪水总量（万 m^3）。

在实际预报中，水库水位起涨时间往往不易掌握，所以在编制方案时，考虑了有效降雨开始至库水位起涨的时距，经分析，本站该时距一般可取2 h。设有效降雨开始至最高水位出现的时距为 τ'，则 $\tau'=\tau+2$。图21–7第一象限的横坐标读数即为 τ'。

3 方案使用说明

3.1 径流深预报

首先计算出流域平均降雨量和流域平均前期影响雨量，再根据降雨径流关系图 $P+P_a-R$ 的查算结果进行综合分析，确定径流深 R 的预报值，详见图 21–2。

（1）当马宋水库关闸不泄洪，区间产流或前期干旱，汛初第一场洪水时，用Ⅰ号线查算径流深 R。

（2）当马宋水库开闸，全流域产流时，用Ⅱ号线查算径流深 R。

（3）当流域较为湿润，小型水库蓄水较多，马宋水库泄洪时，用Ⅲ号线查算径流深 R。

3.2 最大入库洪峰流量预报

3.2.1 查$R-Q_{m净}$图

根据径流深 R 查询 $R-Q_{m净}$关系曲线（图 21–3）得到 $Q_{m净}$，再加上基流量即为预报的洪峰流量。

（1）当马宋水库关闸不泄洪，区间产流时，用Ⅰ号线查算 $Q_{m净}$。

（2）当马宋水库开闸，全流域产流时，用Ⅱ号线查算 $Q_{m净}$。

3.2.2 经验单位线法

由累积降雨量 $\sum P$ 在降雨径流关系图中查出累积径流深 $\sum R$，相隔 Δt 的两个累积径流深相减即得时段径流深 R，然后根据暴雨中心位置选择相应单位线，各时段净雨错时段与 0.1 倍的单位线各时段流量相乘，同时段流量相加，再加上基流量即为入库流量过程，由此可查出最大入库流量及其出现时间。

3.3 入库洪水总量预报

区间入库洪水总量 $W_区$可根据下式计算得到：

$$W_区=RF_区/10$$

式中：$F_区$为区间流域面积（km^2）。

3.4 改正流量$Q'_{m净}$与有效水量W'查算

3.4.1 改正流量$Q'_{m净}$查算

$Q_{m净}-V_拦/W-Q'_{m净}$关系曲线采用下式计算点绘：

$$Q'_{m净}=Q_{m净}\sqrt{\frac{1-V_拦/W}{1-\eta}}$$

式中：$Q_{m净}$为入库净峰流量（m^3/s）；$V_拦$为起涨水位至溢洪水位之间的拦蓄库容（万 m^3）；W 为洪水总量（万 m^3）；η 为涨水历时与洪水总历时之比，经分析计算本站 $\eta=0.25$。

当水库起涨水位在开始溢洪水位以下时，开闸溢洪之前，涨水历时为一次洪水总历时的 1/4，即涨洪段水量约为一次总水量的 1/4，当 $V_拦\leqslant W/4$ 时，$Q_{m净}$不变；当 $V_拦>W/4$ 时，$Q_{m净}$则变为 $Q'_{m净}$，该流量可从图 21–8 中查得。

3.4.2 有效水量W'查算

$$W'=W-\Delta W=W\{1-[1-(1-\frac{q_起}{Q_{m净}})^2]\}$$

式中：W' 为有效水量（万 m^3）；ΔW 为无效水量（万 m^3）；$q_起$为起调泄流量（m^3/s）；$Q_{m净}$为最大入库净峰流量（m^3/s）。

计算起调泄量与最大来水量的比值，根据该比值选择曲线，查得洪水总量对应的有效水量，详见图 21–9。

3.5 方案合理性检查及评定

在方案建立过程中，随时根据规范要求及有关文件规定进行合理性检查，特别对突出点据从原始资料反复查对，对中间处理过程也进行了认真审查，发现不合理的问题后基本上都做了检查改正。方案建立后，先从线形进行比较，防止出现矛盾现象，然后对每个方案尽量根据规范规定采用表格形式进行了精度评定（用许可误差法）。其中，$P+P_a-R$ 相关图合格率为 88.0%，属甲级方案；$R-Q_{m净}$相关图合格率为 44.0%，仅供参考。

3.6 方案适应能力

本方案适用于防洪标准以下的洪水作业预报。如遇超标准洪水，则需根据当时具体情况酌情修正。

3.7 注意事项

（1）本方案的制作未考虑上游塘坝的影响，作业预报时也要根据前期降雨情况进行适当修正。

（2）应随时掌握上游工程蓄水及泄洪情况，要根据实际情况对预报值进行及时修正。

（3）局部暴雨时要注意超渗产流，可适当将查算的 R 值加大；久旱初雨时产流偏小，应适当修正所查 R 值。

总之，由于影响因素太多，本方案不能全部反映实际情况，因而不能照搬，应具体问题具体分析，并采用多种方法，考虑各种因素进行综合分析，确定采用的预报值。

4 其他

（1）资料来源：降水量、水位、流量、蓄水量等资料均摘自刊印的水文年鉴。

（2）水库基本情况表摘自山东省水利厅 1985 年刊印的《山东省水利工程三查三定资料汇编》，水库以上流域内工程基本情况表抄自 1985 年的控制运用方案，水库上游大、中型水库简要控制运用情况表摘自潍坊市 1989 年大、中型水库河道度汛措施表。

（3）水位 – 库容关系对照表采用山东省水利厅（75）水文昌字第 42 号文公布结果。

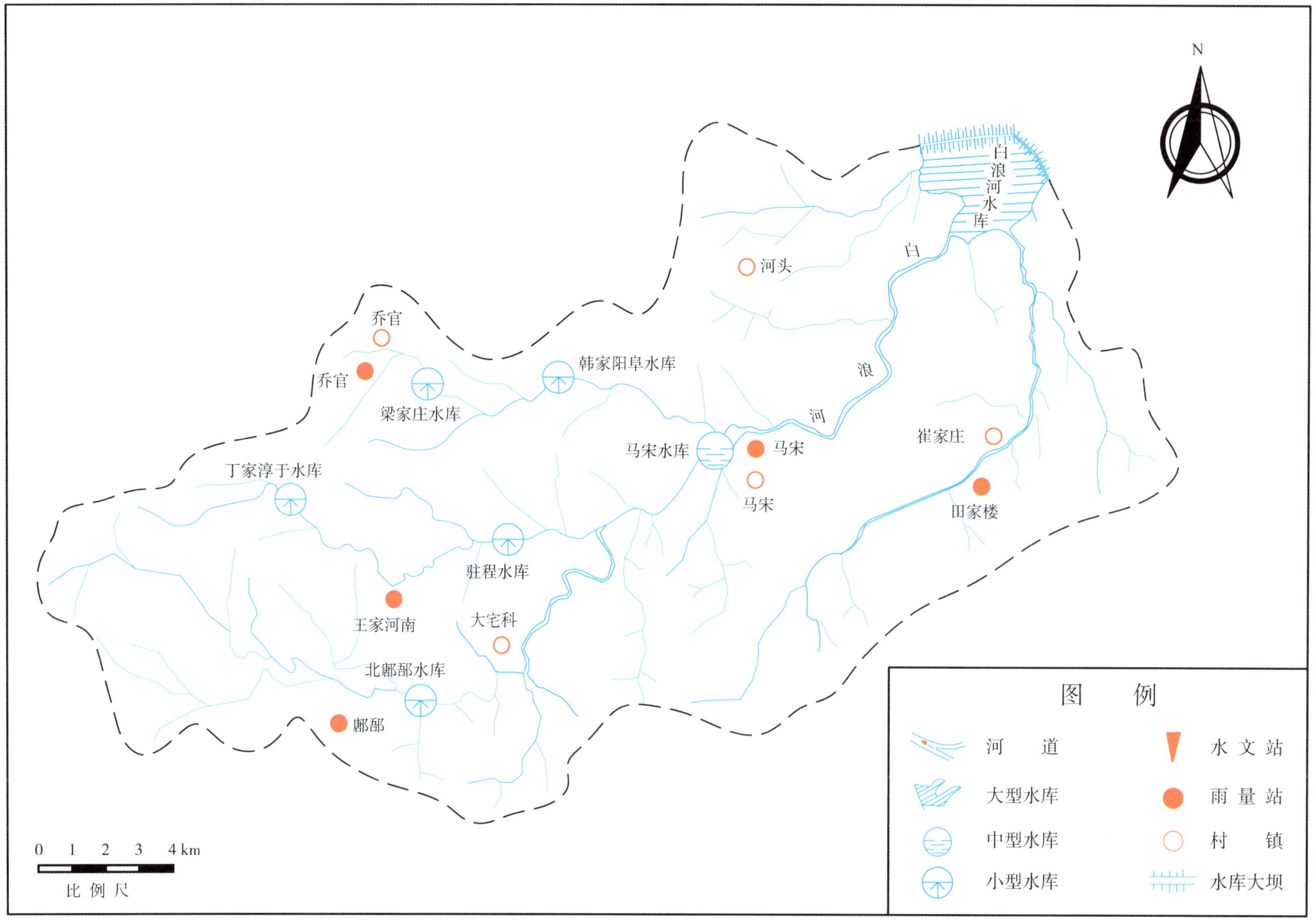

图 21-1　白浪河白浪河水库站以上流域图

表 21-5 白浪河白浪河水库站降雨径流分析成果表

序号	洪号	降雨起止时间		流域平均雨量 P（mm）	前期影响雨量 P_a（mm）	降雨历时（h）		暴雨中心位置或特点	洪水起止时间		洪峰流量 Q_m（m^3/s）	净峰流量 $Q_{m净}$（m^3/s）	洪水总历时 $T_洪$（h）	次洪径流量 W（万 m^3）	集水面积 F（km^2）	次洪径流深 R（mm）	径流系数 α	备注
		起	止			全部 T	有效 T_c		起涨	落平								
1	620731	7月31日14:00	7月31日20:00	55.6	91.3	6	4	中游	7月31日12:00	8月2日21:00	395	392	57	925	353	26.2	0.47	
2	630719	7月19日4:00	7月20日6:00	143.6	53.7	26	12	上游	7月19日7:00	7月21日17:00	167	164	58	1 411	353	40.0	0.28	
3	640705	7月5日20:00	7月6日0:00	35.9	111.0	4	2	中游	7月5日20:00	7月7日8:00	222	217	36	540	173	31.2	0.87	
4	640716	7月16日14:00	7月17日2:00	91.9	101.0	12	8	下游	7月16日14:00	7月19日4:00	310	303	62	1 600	353	45.3	0.49	
5	650719	7月19日12:00	7月19日18:00	35.1	54.1	6	2	下游	7月19日13:00	7月20日19:00	170	164	30	401	353	11.4	0.32	
6	650727	7月27日14:00	7月28日4:00	115.7	85.1	14	6	下游	7月27日14:00	7月29日2:00	559	541	36	1 820	353	51.6	0.45	
7	650804	8月4日18:00	8月5日2:00	34.2	116.0	8	6	上游	8月4日18:00	8月7日6:00	90	83	60	528	173	30.5	0.89	
8	700724	7月24日10:00	7月24日20:00	92.6	76.8	10	10	普雨	7月24日10:00	7月26日0:00	356	346	38	1 130	353	32.0	0.35	
9	720707	7月7日20:00	7月8日8:00	78.4	8.7	12	8	中下游	7月7日22:00	7月9日6:00	48.6	45.6	32	178	353	5.0	0.06	
10	740813	8月13日2:00	8月14日0:00	240.9	95.3	22	18	普雨	8月13日8:00	8月15日2:00	1 450	1 440	42	4 600	353	130.0	0.54	
11	750719	7月19日18:00	7月20日4:00	95.7	31.8	10	6	中游	7月19日20:00	7月21日9:00	208	202	37	770	353	21.8	0.23	
12	770718	7月18日16:00	7月18日18:00	39.1	37.7	2	2	下游	7月18日16:00	7月19日12:00	59.6	58.2	20	93.5	353	2.6	0.07	
13	780711	7月11日4:00	7月11日8:00	44.1	110.0	4	4	上游	7月11日6:00	7月13日8:00	175	173	50	558	353	15.8	0.36	
14	790623	6月23日22:00	6月24日8:00	108.3	25.2	10	6	中游	6月23日22:00	6月25日12:00	41.7	40.3	38	102	353	2.9	0.03	
15	850821	8月21日0:00	8月21日8:00	49.9	76.3	8	6	上中游	8月21日6:00	8月22日6:00	0.35	0.25	24	0.9	353	0.0	0.00	
16	900803	8月2日22:00	8月3日12:00	112.6	55.3	14	8	中下游	8月3日21:00	8月5日0:00	2.3	2.2	27	9.3	173	0.5	0.00	
17	920901	9月1日0:00	9月1日18:00	112.3	22.1	18	12	普雨	9月1日0:00	9月2日3:00	7.3	6.3	27	9	353	0.3	0.00	
18	940629	6月29日6:00	6月29日14:00	98.0	68.6	8	6	普雨	6月29日8:00	7月1日0:00	12.8	12.2	40	49.4	173	2.9	0.03	
19	970819	8月19日4:00	8月20日14:00	233.9	35.2	34	26	普雨	8月19日8:00	8月22日8:00	78.1	77.6	72	370	173	21.4	0.09	
20	980724	7月24日8:00	7月24日14:00	66.8	90.2	6	6	上游	7月24日8:00	7月26日6:00	275	273	46	663	353	18.8	0.28	
21	980822	8月22日10:00	8月22日16:00	82.0	63.0	6	6	上中游	8月22日12:00	8月24日8:00	125	118	44	485	353	13.7	0.17	
22	990904	9月4日6:00	9月4日16:00	78.1	21.3	10	10	普雨	9月4日6:00	9月5日8:00	56.9	56.3	26	78.6	353	2.2	0.03	
23	010730	7月30日20:00	7月31日2:00	55.2	120.0	6	6	中下游	7月30日20:00	8月1日8:00	9.7	9.5	36	109	173	6.3	0.11	
24	180820	8月18日20:00	8月19日22:00	212.4	120.0	26	26	上游	8月19日8:00	8月22日8:00	811	786	72	2 560	353	72.5	0.34	
25	190811	8月10日9:00	8月11日15:00	278.5	50.3	30	18	上游	8月10日18:00	8月12日9:00	317	300	39	1 560	353	44.2	0.16	

表 21-6　白浪河白浪河水库站降雨径流（$P+P_a-R$）预报精度评定表

序号	洪号	流域平均雨量 P（mm）	前期影响雨量 P_a（mm）	$P+P_a$（mm）	实测径流深 $R_{实}$（mm）	预报径流深 $R_{预}$（mm）	预报误差（mm）	许可误差（mm）	评定结果	
									合格	不合格
1	620731	55.6	91.3	146.9	26.2	27.8	1.6	5.2	√	
2	630719	143.6	53.7	197.3	40.0	48.0	8.0	8.0	√	
3	640705	35.9	111.0	146.9	31.2	27.8	−3.4	6.2	√	
4	640716	91.9	101.0	192.9	45.3	46.4	1.1	9.0	√	
5	650719	35.1	54.1	89.2	11.4	10.7	−0.7	3.0	√	
6	650727	115.7	85.1	200.8	51.6	49.8	−1.8	10.3	√	
7	650804	34.2	116.0	150.2	30.5	29.0	−1.5	6.1	√	
8	700724	92.6	76.8	169.4	32.0	36.4	4.4	6.4	√	
9	720707	78.4	8.7	87.1	5.0	3.0	−2.0	3.0	√	
10	740813	240.9	95.3	336.2	130.3	127.7	−2.6	20.0	√	
11	750719	95.7	31.8	127.5	21.8	9.1	−12.7	4.4		√
12	770718	39.1	37.7	76.8	2.6	2.3	−0.3	3.0	√	
13	780711	44.1	110.0	154.1	15.8	17.8	2.0	3.2	√	
14	790623	108.3	25.2	133.5	2.9	1.9	−1.0	3.0	√	
15	850821	49.9	76.3	126.2	0.0	1.6	1.6	3.0	√	
16	900803	112.6	55.3	167.9	0.5	3.2	2.7	3.0	√	
17	920901	112.3	22.1	134.4	0.3	1.9	1.6	3.0	√	
18	940629	98.0	68.6	166.6	2.9	3.1	0.2	3.0	√	
19	970819	233.9	35.2	269.1	21.4	21.5	0.1	4.3	√	
20	980724	66.8	90.2	157.0	18.8	19.2	0.4	3.8	√	
21	980822	82.0	63.0	145.0	13.7	14.4	0.7	3.0	√	
22	990904	78.1	21.3	99.4	2.2	4.3	2.1	3.0	√	
23	010730	55.2	120.0	175.2	6.3	3.7	−2.6	3.0	√	
24	180820	212.4	120.0	332.4	72.5	120.0	−47.4	14.5		√
25	190811	278.5	50.3	328.8	44.2	118.0	−73.1	8.8		√

备注：1. 预报误差 = 预报值 − 实测值；2. 许可误差 = 实测值的 20%，以 20.0 mm 为上限，以 3.0 mm 为下限；3. 合格率 =88.0%，属甲级方案。

表 21-7　白浪河白浪河水库站峰量关系预报精度评定表

序号	洪号	实测径流深 $R_{实}$（mm）	净峰流量（m^3/s）		预报误差（m^3/s）	许可误差（m^3/s）	评定结果		产流方式
			实测 $Q_{m净实}$	预报 $Q_{m净预}$			合格	不合格	
1	620731	26.2	392	287	−105	78.4		√	全流域产流
2	630719	40.0	164	426	262	32.8		√	全流域产流
3	640705	31.2	217	102	−115	43.4		√	区域产流
4	640716	45.3	303	481	178	60.6		√	全流域产流
5	650719	11.4	164	129	−35	32.8		√	全流域产流
6	650727	51.6	541	550	9	108	√		全流域产流
7	650804	30.5	83.0	99.5	16.5	16.6	√		区域产流
8	700724	32.0	346	343	−3	69.2	√		全流域产流
9	720707	5.0	45.6	56.9	11.3	9.12		√	全流域产流
10	740813	130.3	1 440	1 440	0	288	√		全流域产流
11	750719	21.8	202	242	40	40.4	√		全流域产流
12	770718	2.6	58.2	29.7	−28.5	11.6		√	全流域产流
13	780711	15.8	173	177	4	34.6	√		全流域产流
14	790623	2.9	40.3	33.1	−7.2	8.06	√		全流域产流
15	850821	0.0	0.250	0.500	0.25	0.05		√	区域产流
16	900803	0.5	2.20	2.40	0.2	0.44	√		区域产流
17	920901	0.3	6.30	2.40	−3.9	1.26		√	区域产流
18	940629	2.9	12.2	13.5	1.3	2.44	√		区域产流
19	970819	21.4	77.6	74.9	−2.7	15.5	√		区域产流
20	980724	18.8	273	210	−63	54.6		√	全流域产流
21	980822	13.7	118	154	36	23.6		√	全流域产流
22	990904	2.2	56.3	25.1	−31.2	11.3		√	全流域产流
23	010730	6.3	9.50	28.0	18.5	1.90		√	区域产流
24	180820	72.5	786	780	−6	157	√		全流域产流
25	190811	44.2	300	480	180	60		√	全流域产流

备注：1. 预报误差 = 预报值 − 实测值；2. 许可误差 = 实测值的 20%；3. 合格率 =44.0%，可作参考。

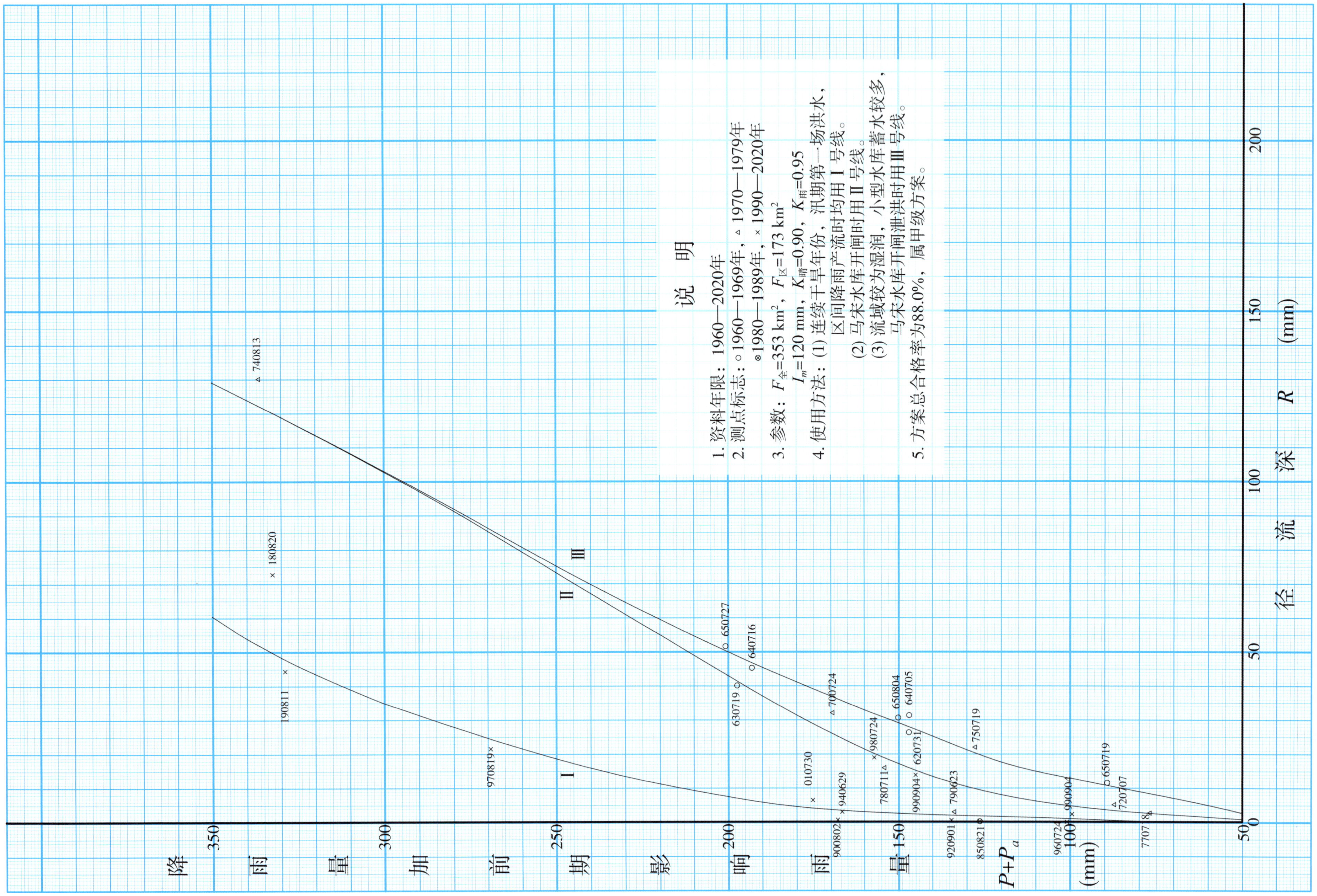

图 21-2 白浪河白浪河水库站降雨径流相关图

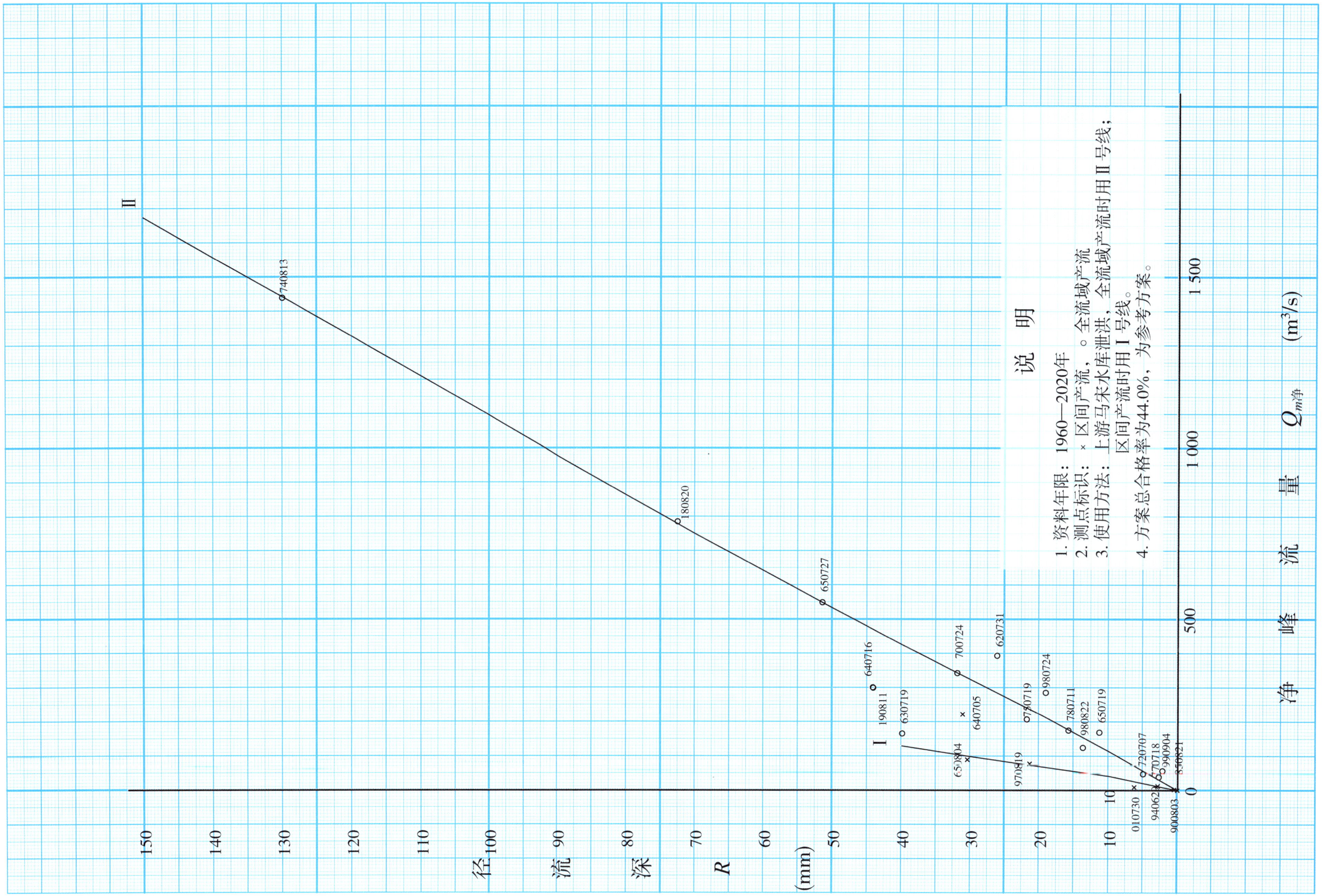

图 21-3　白浪河白浪河水库站峰量关系图

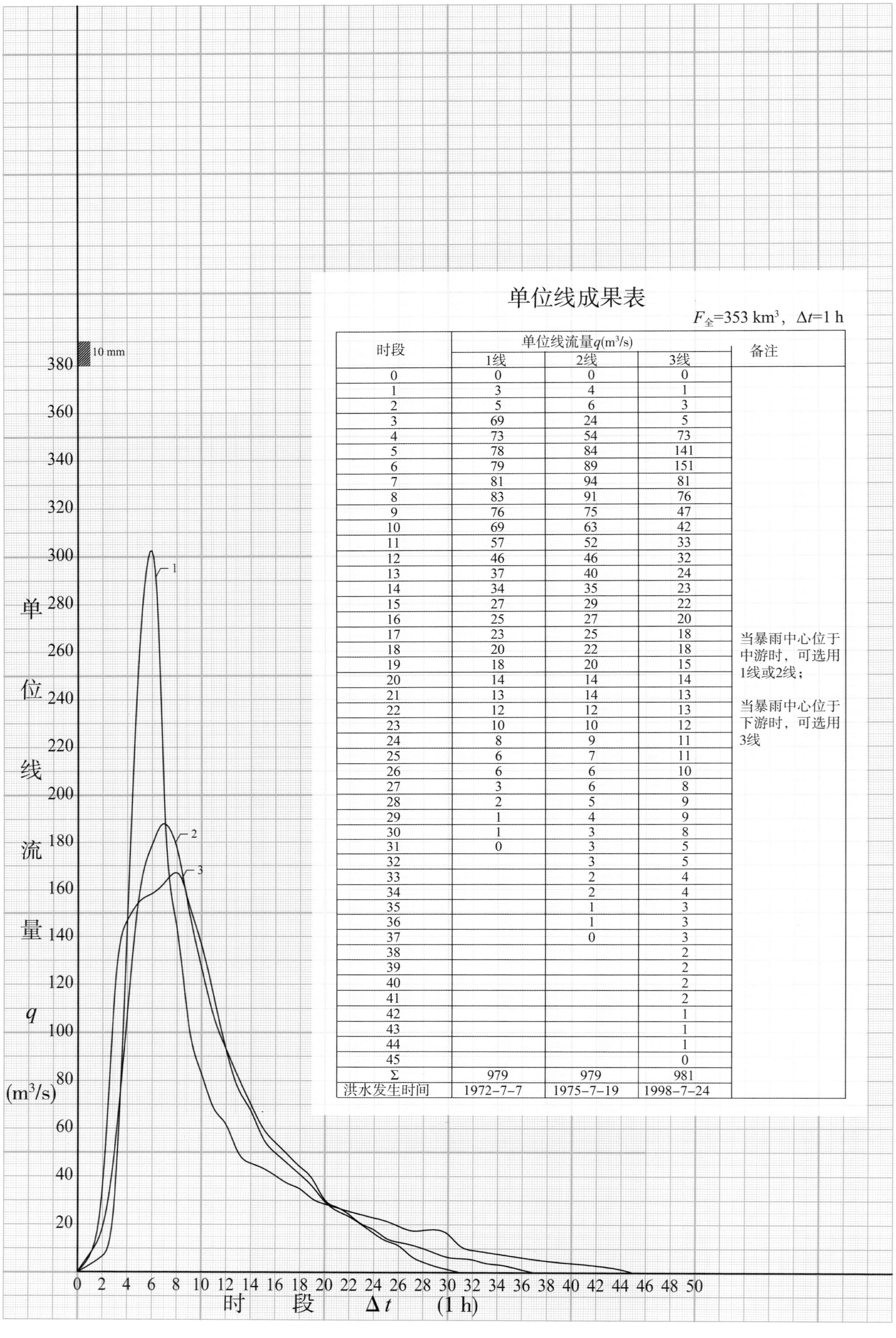

单位线成果表

$F_{全}$=353 km³，Δt=1 h

时段	单位线流量q(m³/s)			备注
	1线	2线	3线	
0	0	0	0	
1	3	4	1	
2	5	6	3	
3	69	24	5	
4	73	54	73	
5	78	84	141	
6	79	89	151	
7	81	94	81	
8	83	91	76	
9	76	75	47	
10	69	63	42	
11	57	52	33	
12	46	46	32	
13	37	40	24	
14	34	35	23	
15	27	29	22	
16	25	27	20	
17	23	25	18	当暴雨中心位于中游时，可选用1线或2线； 当暴雨中心位于下游时，可选用3线
18	20	22	18	
19	18	20	15	
20	14	14	14	
21	13	14	13	
22	12	12	13	
23	10	10	12	
24	8	9	11	
25	6	7	11	
26	6	6	10	
27	3	6	8	
28	2	5	9	
29	1	4	9	
30	1	3	8	
31	0	3	5	
32		3	5	
33		2	4	
34		2	4	
35		1	3	
36		1	3	
37		0	3	
38			2	
39			2	
40			2	
41			2	
42			1	
43			1	
44			1	
45			0	
Σ	979	979	981	
洪水发生时间	1972-7-7	1975-7-19	1998-7-24	

图 21-4　白浪河白浪河水库站单位线图

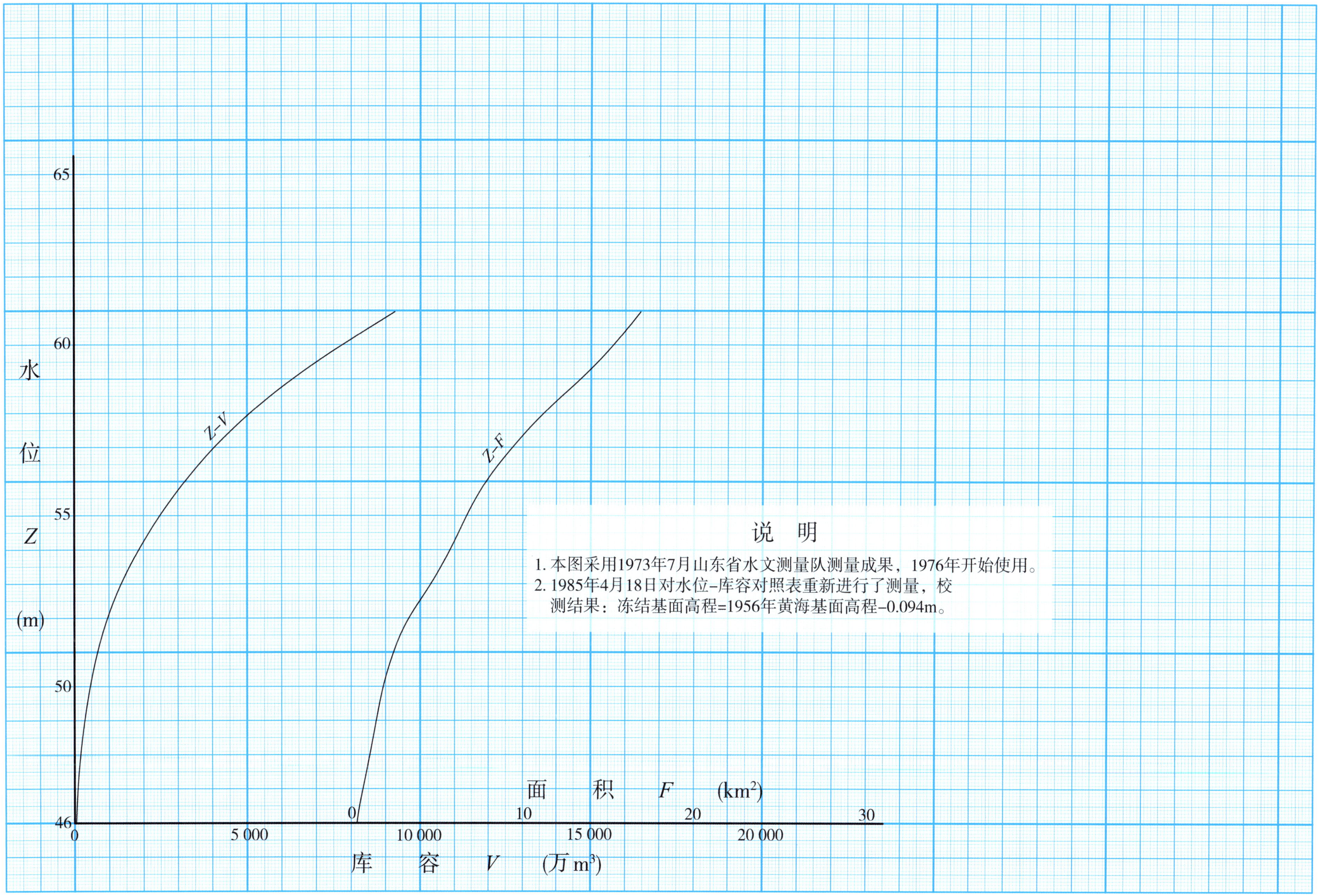

图 21–5　白浪河白浪河水库水位与库容、面积关系曲线图

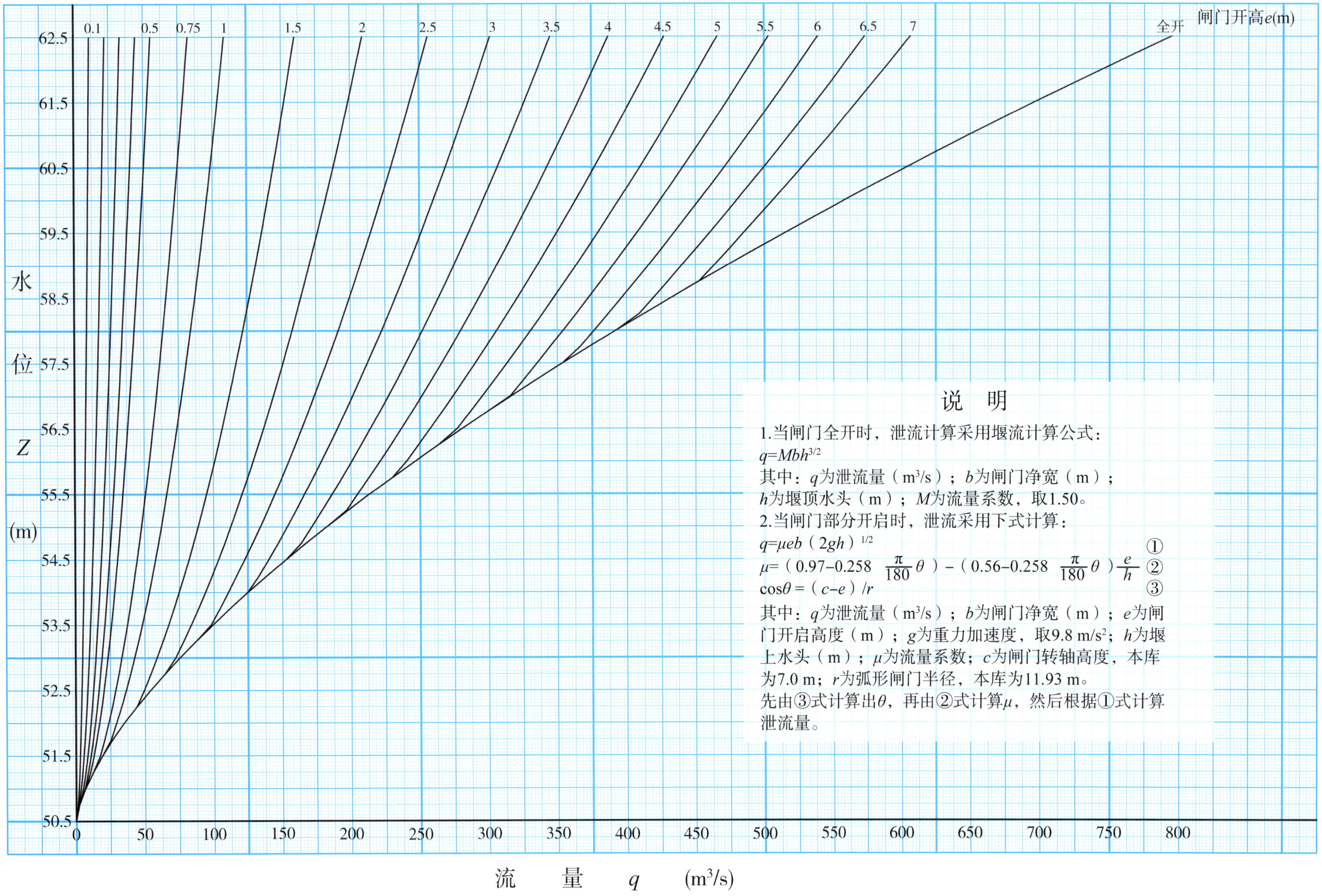

图 21-6 白浪河白浪河水库 Z–e–q 关系图（单孔）

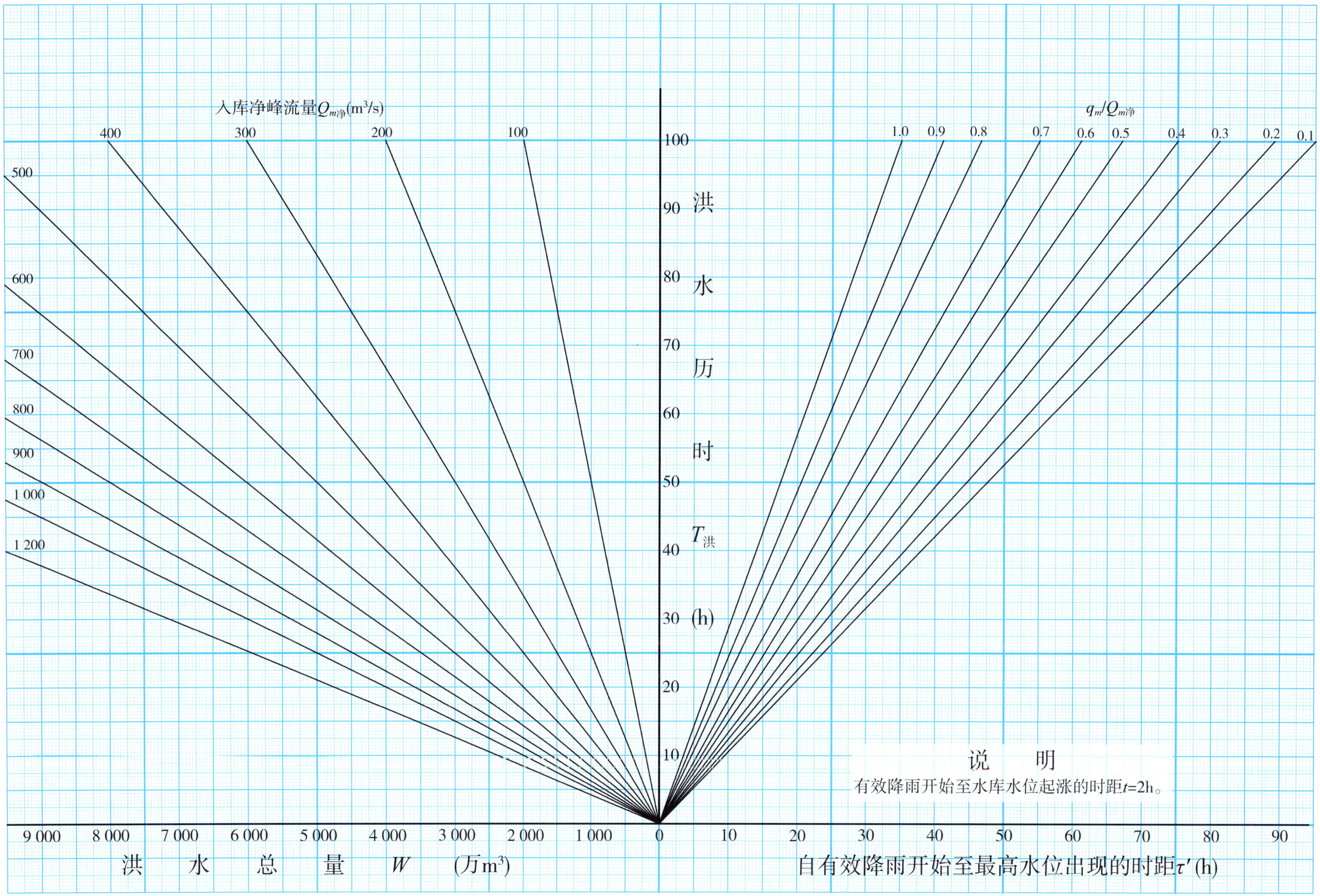

图 21–7 白浪河白浪河水库站最高水位出现时间预报图

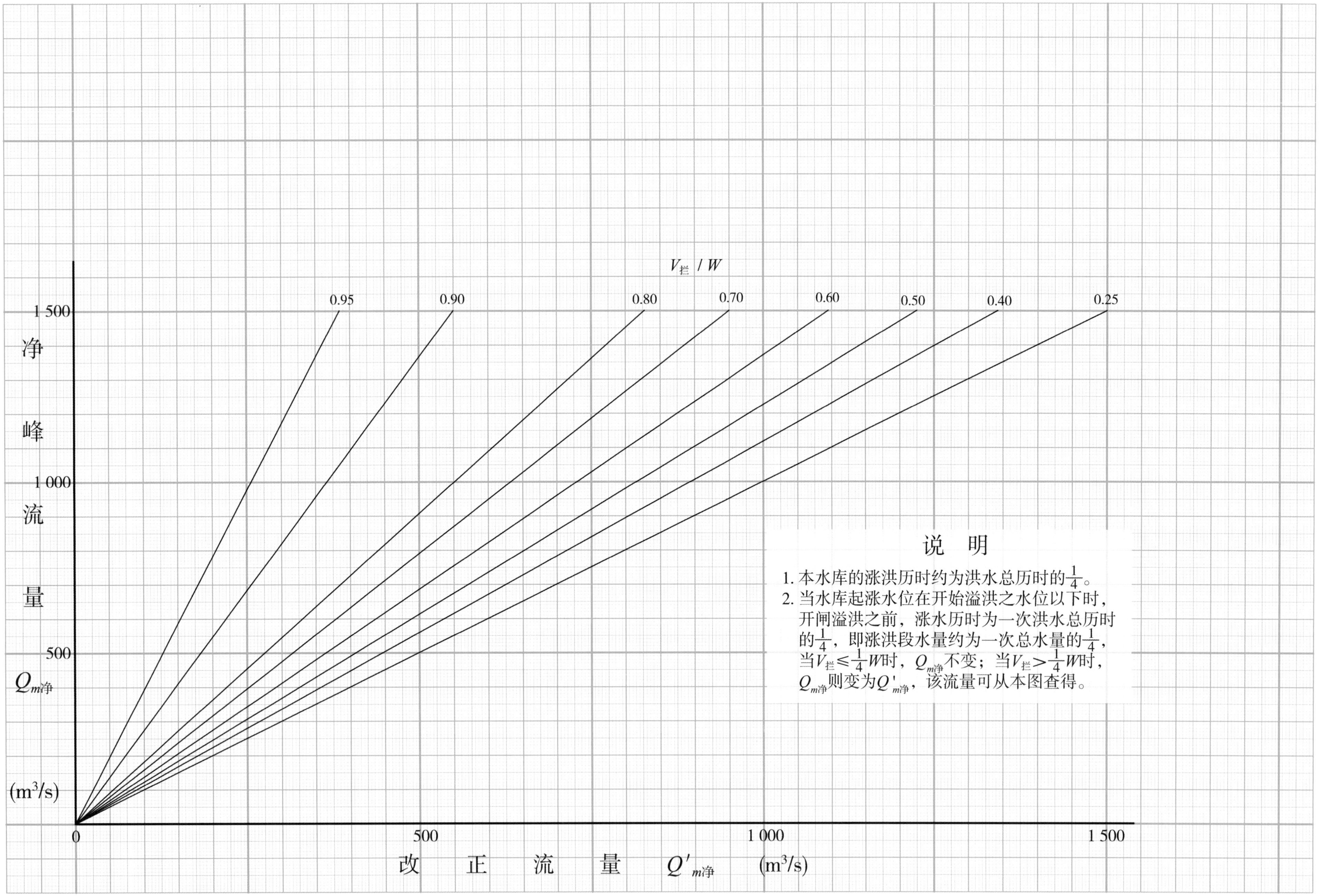

图 21-8　白浪河白浪河水库站 $Q_{m净}$–$V_{拦}$ / W–$Q'_{m净}$关系曲线图

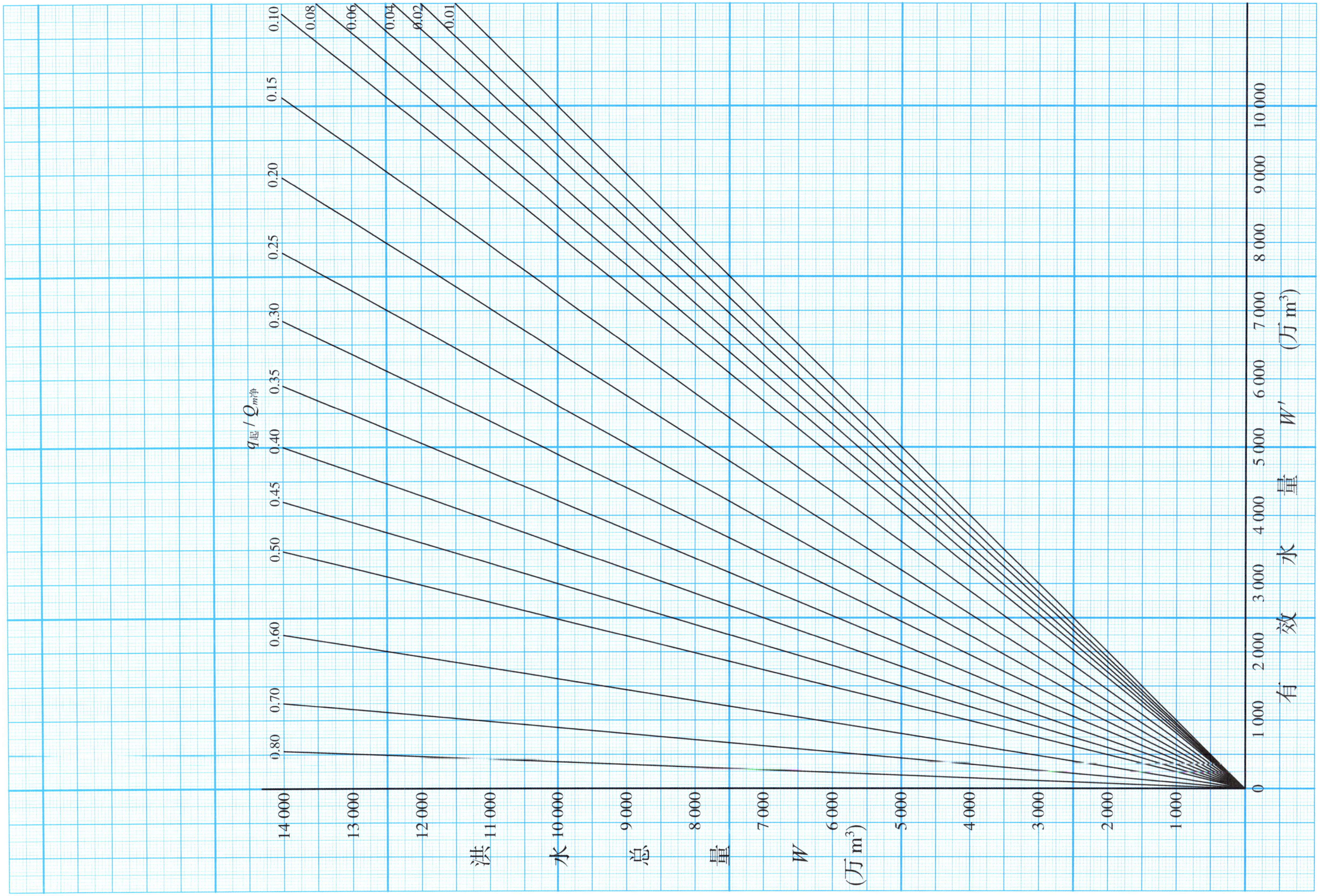

图 21-9 白浪河白浪河水库站 W–$q_{起}/Q_{m净}$–W' 关系曲线图

第二十二章　潍河墙夼水库站（东西库站合并预报）水文预报方案编制说明

1　流域概况

1.1　流域自然地理特征

潍河古称潍水，地处胶莱河以西、白浪河以东，发源于临沂市沂水县富官庄镇泉头村，流经临沂市沂水县，日照市的莒县、五莲县，以及潍坊市的诸城市、高密市、峡山开发区、坊子区、寒亭区、昌邑市等县（市、区），于昌邑市下营镇北注入渤海莱州湾。潍河干流全长 222 km，控制流域面积 6 502 km²，河道平均比降 1.04‰。其中潍坊市境内潍河干流全长 164 km，控制流域面积 5 846 km²。

墙夼水库位于潍河上游，其流域形状为扇形，流域长度东库为 29.6 km，西库为 30.1 km，干流平均坡度东库为 2.62‰，西库为 2.2‰。本流域深山区和平原区极少，约占 5%，分别分布于上游和下游河谷地带；浅山区约占 35%，分布于上游；丘陵区约占 60%，多分布于中、下游地带。

深山区及部分浅山区多由石灰岩组成，中上游多为岭沙土，下游及部分中游地带多为岭黄土。由于逐年封山植树等，水土流失情况不太严重。

潍河墙夼水库站以上流域图见图 22–1。

1.2　水利工程情况

1.2.1　墙夼水库概况

墙夼水库位于潍河上游，在潍河、仲崮河、洪凝河的汇合口处，流域面积 656 km²，总库容 3.869 3 亿 m³。本水库分为东西两个库，东库拦截潍河上游两条主要支流：高泽河和仲崮河，控制面积 386 km²；西库主要拦截潍河干流，控制面积 270 km²，两库有连通沟相连，沟长 600 m，当库水位在 94.50 m 以上时，两库相通，水位基本一致。水位在 94.50 m 以下时，洪水涨落过程中两库水位有明显的差异。

墙夼水库主体工程包括大坝两座、放水洞两座、开敞式溢洪道一条、电站一座。东坝坝长 950 m，坝顶高程 108.80 m；西坝坝长 630 m，坝顶高程 108.80 m。

东库放水洞位于东坝东端，型式为廊道式衬管，直径 d=2.2 m，进口底高程为 86.00 m，最大泄量 34.0 m³/s。

西库放水洞位于西坝西端，型式为廊道式衬管，直径 d=1.0 m，进口底高程为 93.0 m，最大泄量 4.4 m³/s。

墙夼水库工程基本情况详见表 22–1。

表 22–1　潍河墙夼水库工程基本情况表

水库名称	墙夼水库	工程总投资	822.17 万元
管理机构名称	墙夼水库运营维护中心	设计单位	山东省水利勘测设计院
主管部门	诸城市水利局	施工单位	原诸城县墙夼水库工程指挥部
所在地点	山东省诸城市枳沟镇	建设日期　开工	1959 年 10 月
所在河流	潍河	建设日期　竣工	1960 年 8 月
集水面积	656 km²	基本地震烈度	7 度

水文特征		多年平均年降水量	692.3 mm
水文特征		多年平均年径流量	1.416 亿 m³
水文特征		多年平均年输沙量	0.006 2 亿 m³
水文特征	设计	重现期	100 年
水文特征	设计	洪峰流量	2 782/2 015 m³/s
水文特征	设计	洪水总量	1.08 亿 /0.77 亿 m³
水文特征	校核	重现期	5 000 年
水文特征	校核	洪峰流量	6 221/4 521 m³/s
水文特征	校核	洪水总量	2.36 亿 /1.74 亿 m³
水库特征		调节性能	多年调节
水库特征		校核洪水位	107.80/107.85 m
水库特征		设计洪水位	103.07/103.16 m
水库特征		汛期限制水位	98.00 m
水库特征		正常蓄水位	98.50 m
水库特征		死水位	90.00/93.00 m
水库特征		总库容	3.869 3 亿 m³
水库特征	其中	调洪库容	2.890 0 亿 m³
水库特征	其中	兴利库容	0.866 4 亿 m³
水库特征	其中	死库容	0.112 9 亿 m³

	设计地震烈度	7 度
	高程基准面	1956 年黄海基面
库区迁淹	赔偿高程	104.48 m
库区迁淹	移民高程	104.48 m
库区迁淹	淹没耕地	1.98 万亩
库区迁淹	迁移人口	3 700 人
工程量	土方	258.28 万 m³
工程量	石方	52.233 万 m³
工程量	混凝土	1.201 3 万 m³
主坝	坝型	黏土心墙砂壳坝（东）/ 均质土坝（西）
主坝	坝顶高程	108.80/108.80 m
主坝	最大坝高	27.7/24.2 m
主坝	坝顶长度	950/630 m
主坝	坝顶宽度	10/10 m
主坝	坝基防渗型式	截水槽
副坝	座数	—
副坝	总长度	—
副坝	最大坝高	—
副坝	坝顶宽度	—

正常溢洪道	型式	宽顶堰
正常溢洪道	堰顶高程	95.50 m
正常溢洪道	堰顶净宽	5 × 10 m
正常溢洪道	闸门型式	平板钢闸门
正常溢洪道	闸门尺寸	5 m × 10 m
正常溢洪道	最大泄量	3 767 m³/s
正常溢洪道	消能型式	—
正常溢洪道	启闭设备	—
非常溢洪道	型式	—
非常溢洪道	堰顶高程	—
非常溢洪道	堰顶净宽	—
非常溢洪道	最大泄量	—
东库放水洞	型式	廊道内衬钢筋混凝土有压圆管
东库放水洞	断面尺寸	∅2.2 m
东库放水洞	进口底高程	86.00 m
东库放水洞	闸门型式	直升钢闸门
东库放水洞	最大泄量	34.0 m³/s
东库放水洞	启闭设备	卷扬式 20 t
西库放水洞	型式	廊道内衬钢筋混凝土有压圆管
西库放水洞	断面尺寸	∅1.0 m
西库放水洞	进口底高程	93.00 m
西库放水洞	闸门型式	直升钢闸门
西库放水洞	最大泄量	4.4 m³/s
西库放水洞	启闭设备	卷扬式 15 t

1.2.2 上游水利工程情况

流域内主要水利工程情况见表 22-2。

表 22-2　潍河墙夼水库站以上流域内主要水利工程统计表

水库名称	所在地	类型	集水面积（km^2）	兴利库容（万 m^3）	总库容（万 m^3）
学庄	五莲县	中型	34.0	1 043	1 932
满堂峪	五莲县	小（1）型	17.0	362	760
水西河子	五莲县	小（1）型	4.0	317	469
却坡	五莲县	小（1）型	15.0	375	685
陆家庄子	五莲县	小（1）型	15.3	53	209
冯家坪	五莲县	小（1）型	14.0	456	709
裴家峪	五莲县	小（1）型	4.1	216	311.5
朱官庄	莒县	小（1）型	2.5		
黄崖	莒县	小（1）型	3.0		
后石崮	莒县	小（1）型	4.0		

1.3 测站概况

墙夼水库水文站于 1960 年 4 月 26 日设立，流域面积 656 km^2，属区域代表站，测验任务有水位、流量、冰情、水质、土壤含水率、降水、蒸发、水准测量、水文调查等；该站还担负着向国家防总，省、市防指提供水情、雨情、墒情和洪水预报等报汛任务。

本站采用冻结基面，但在至 1983 年的水文年鉴中均误认为是 1956 年黄海基面，自 1984 年起纠正为冻结基面，$Z_{85基准}=Z_{冻}+0.041$ m。

墙夼水库水文站概况说明见表 22-3，上游有 4 处长系列雨量站，详见表 22-4。

表 22-3　潍河墙夼水库水文站概况说明表

<table>
<tr><td rowspan="18">基础信息</td><td>测站编码</td><td>41806800</td><td>集水面积</td><td>656 km^2</td><td>设站时间</td><td>1960 年 4 月</td></tr>
<tr><td>流　域</td><td>淮河流域</td><td>水　系</td><td>潍河水系</td><td>河　流</td><td>潍河</td></tr>
<tr><td>基　面</td><td colspan="2">冻结基面</td><td>高　程</td><td colspan="2">105.769 m</td></tr>
<tr><td>测站地址</td><td colspan="5">山东省潍坊市诸城市枳沟镇墙夼村</td></tr>
<tr><td>管理机构</td><td colspan="5">山东省潍坊市水文中心</td></tr>
<tr><td>监测项目</td><td colspan="5">水位、流量、冰情、水质、土壤含水率、降水、蒸发、水准测量、水文调查等</td></tr>
<tr><td>流量测验方法及渡河方式</td><td colspan="5">流量测验方法：流速仪法；渡河方式：桥梁</td></tr>
<tr><td>多年平均年径流量</td><td>1.416 亿 m^3</td><td>多年平均年输沙量</td><td>0.006 2 亿 m^3</td><td>多年平均年降水量</td><td>692.3 mm</td></tr>
<tr><td>最大年径流量</td><td colspan="2">3.720 亿 m^3</td><td>出现年份</td><td colspan="2">1964 年</td></tr>
<tr><td>最小年径流量</td><td colspan="2">0.159 亿 m^3</td><td>出现年份</td><td colspan="2">1984 年</td></tr>
<tr><td>最大流量</td><td colspan="2">912 m^3/s</td><td>出现时间</td><td colspan="2">1974 年 8 月 14 日</td></tr>
<tr><td>最小流量</td><td colspan="2">0 m^3/s</td><td>出现时间</td><td colspan="2">1970 年 6 月 20 日</td></tr>
<tr><td>最高水位</td><td colspan="2">102.85 m</td><td>出现时间</td><td colspan="2">1974 年 8 月 14 日</td></tr>
<tr><td>最低水位</td><td colspan="2">86.51 m</td><td>出现时间</td><td colspan="2">1978 年 6 月 21 日</td></tr>
<tr><td>测站位置特点</td><td colspan="5">墙夼水库水文站位于墙夼水库大坝东段南侧，水库管理局院内，系淮河流域潍河水系潍河墙夼水库工程专用站。库区主要在五莲县境内，分东西两库，距河口 181 km，流域形状为扇形，集水面积东库 386 km^2、西库 270 km^2。流域长度东库 29.6 km、西库 30.1 km，流域平均宽度东库 13.0 km、西库 8.97 km，干流长度东库 33.6 km、西库 43.0 km</td></tr>
<tr><td>测验河段特征</td><td colspan="5">本水库大坝建在诸城市枳沟镇墙夼村西南，分为东、西两库，东库坝长 950 m，西库坝长 630 m，分别为黏土心墙砂壳坝和均质土坝。两库之间开挖长 600 m、宽 25 m 的连通沟相连，沟底高程 94.50 m。东库坝上水尺位于东库放水洞南约 100 m 处，西库坝上水尺在西库放水洞附近。溢洪闸位于东库大坝西端，直升平板闸门，共 5 孔，每孔宽 10 m，溢洪时用水力学公式推流。东库放水洞位于东库大坝东端，1973 年建有电站一座，设计发电能力 1 280 kW，闸下有测流断面、节制闸。西库放水洞位于西库大坝西端，测流断面在闸下 30 m 处。流域内建有中型水库 1 座、小（1）型水库 9 座</td></tr>
<tr><td>任务作用</td><td colspan="6">主要任务：系统收集水文资料，研究水文规律；
测验任务：水位、流量、冰情、水质、土壤含水率、降水、蒸发、水准测量、水文调查等；
报汛任务：雨情、水情、墒情和洪水预报；
功能作用：为抗旱防汛和工程管理服务</td></tr>
<tr><td rowspan="9">历史沿革</td><td>设立或变动</td><td>发生年月</td><td>站名</td><td>站别</td><td>领导机关</td><td>说明</td></tr>
<tr><td>设立</td><td>1960 年 4 月</td><td>墙夼水库</td><td>水文</td><td>山东省水利厅</td><td>常年站，集水面积为 656 km^2</td></tr>
<tr><td>增测河湖水化学</td><td>1961 年 7 月</td><td>墙夼水库</td><td>水文</td><td>山东省水利厅</td><td></td></tr>
<tr><td>停测河湖水化学</td><td>1963 年 5 月</td><td>墙夼水库</td><td>水文</td><td>山东省水利厅</td><td></td></tr>
<tr><td>集水面积变动</td><td>1965 年 1 月</td><td>墙夼水库</td><td>水文</td><td>山东省水文总站</td><td>站网分析统一量算，为 668 km^2</td></tr>
<tr><td>停测西库水位</td><td>1967 年 1 月</td><td>墙夼水库</td><td>水文</td><td>山东省水文总站</td><td></td></tr>
<tr><td>恢复西库水位</td><td>1968 年 1 月</td><td>墙夼水库</td><td>水文</td><td>山东省水文总站</td><td></td></tr>
<tr><td>恢复河湖水化学</td><td>1976 年 2 月</td><td>墙夼水库</td><td>水文</td><td>山东省水文总站</td><td></td></tr>
<tr><td>集水面积变动</td><td>1979 年 1 月</td><td>墙夼水库</td><td>水文</td><td>山东省水文总站</td><td>用 1971 年版 1∶50 000 军用图量算，为 656 km^2</td></tr>
</table>

续表

历史沿革	停测溢洪道流量	1980 年 5 月	墙夼水库	水文	山东省水文总站	
	河湖水化学改为水质	1985 年 7 月	墙夼水库	水文	山东省水文总站	
	增测蒸发量	1986 年 6 月	墙夼水库	水文	山东省水文总站	
	西库水位观测调整	1995 年 1 月	墙夼水库	水文	山东省水文总站	枯季水位高于 94.50 m 时，停测水位，用东库水位代替

表 22–4　潍河墙夼水库站以上流域雨量站情况表

站名	设站年份	详细地址
五莲	1951 年	山东省五莲县洪凝街道却坡社区
东莞	1963 年	山东省莒县东莞镇东莞社区
中至	1964 年	山东省五莲县中至镇中至村
管帅	1952 年	山东省五莲县于里镇管帅村
墙夼水库	1960 年	山东省诸城市枳沟镇墙夼水库

2　预报方案编制

2.1　预报区间的确定

墙夼水库以上全流域为预报区间，区间面积为 656 km^2。

2.2　资料情况及方案沿革

2.2.1　资料情况

本方案选用 1960—2020 年共 48 场次洪水资料分析制作。凡流域平均降水量 $P \geqslant 50.0$ mm 并且产生较明显洪水的资料全部被选用；因洪水场次较少，$P < 50.0$ mm 但产生了明显洪水的资料亦被选用。本次修订方案除选用了之前分析的 1960—2010 年 42 场次暴雨洪水外，另外补充了 2010—2020 年 6 场次暴雨洪水进行分析，即资料系列为 1960—2020 年，共 48 场次洪水。

2.2.2　方案沿革

原预报方案于 2010 年修订，产流方案采用降雨径流相关图 $P+P_a-R$，汇流方案采用峰量关系曲线图、经验单位线。本次修订在原产流方案降雨径流相关图 $P+P_a-R$ 中增加 6 个点据，关系线保持不变；在原汇流方案峰量关系曲线图中增加 6 个点据，关系线保持不变；原方案中单位线为 2 h 单位线，本次修订对原单位线进行时段转换，转换成 1 h 单位线。

2.3　产流方案

本方案采用分析计算的 48 个点据点绘定线，绘制降雨径流经验相关图 $P+P_a-R$，详见图 22–2。其中：P 为次降雨流域平均雨量（mm）；P_a 为流域平均前期影响雨量（mm）；R 为次降雨所产生的径流深（mm）。

2.3.1　主要参数的计算

2.3.1.1　流域平均雨量P的计算

该站流域平均降水量采用加权平均法计算，分为全流域平均降水量、东库流域平均降水量、西库流域平均降水量。

全流域平均降水量所采用的代表站及其权重：中至 0.18、五莲 0.32、墙夼水库 0.10、管帅 0.22、东莞 0.18。

东库流域平均降水量所采用的代表站及其权重：中至 0.31、五莲 0.54、墙夼水库 0.15。

西库流域平均降水量所采用的代表站及其权重：墙夼水库 0.03、管帅 0.53、东莞 0.44。

2.3.1.2　流域平均前期影响雨量P_a的计算

每年自汛初开始连续计算，先以面积加权法计算流域平均雨量，然后计算前期影响雨量 P_a，其计算公式如下：

$$P_{a,t+1}=K(P_{a,t}+P_t)$$

式中：$P_{a,t+1}$ 为第 t+1 日的前期影响雨量（mm）；$P_{a,t}$ 为第 t 日的前期影响雨量（mm）；P_t 为第 t 日的流域平均雨量（mm）；K 为折减系数，$K_{晴}$=0.90，$K_{雨}$=0.95。

2.3.1.3　最大损失量I_m的确定

I_m 值采用下式计算：

$$I_m=P-P_a-R-E$$

式中：P 为流域平均降雨量（mm）；P_a 为前期影响雨量（mm）；R 为径流深（mm）；E 为雨间蒸发量（mm）。

在历年实测雨洪资料中，选择久旱末雨、降雨量较大、前期影响雨量接近 0（P_a 较小）的几场洪水，经分析确定 I_m=100 mm。

2.3.1.4　径流深R的推求

在一次洪水过程线上采用斜线分割法切除基流，上游水库放水时，要将水库放水形成的地表径流的那部分水量扣除。本次洪水径流深 R 等于洪水总量 W（已扣除水库放水量和基流量）除以集水面积 F。潍河墙夼水库水文站降雨径流分析成果见表 22–5。

2.3.1.5　暴雨中心位置的确定

暴雨中心是指单次降雨时最大点雨量所在的位置，一般用上、中、下游来划分。上游：五莲站—中至站；中游：管帅站—中至站；下游：墙夼水库站—管帅站或东莞站。

2.3.2　精度评定

按许可误差 =20% 实测值的标准（并当许可误差大于 20.0 mm 时以 20.0 mm 为上限，小于 3.0 mm 时以 3.0 mm 为下限）进行逐次洪水评定；$P+P_a-R$ 相关图共选用 48 个点据参与评定，其中 43 个合格，合格率为 89.6%，属于甲级方案，详见表 22–6。

2.4 汇流方案

本方案主要采用峰量关系图、经验单位线等方法。

2.4.1 峰量关系曲线$R–P_{\phi}–Q_{m净}$

根据暴雨洪水资料，建立以暴雨中心位置 P_{ϕ} 为参数的峰量关系曲线。受降雨分布不均匀的影响，对局部产流的峰量关系另定一条关系线，以便在作业预报中应用或参考，其主要在局部大暴雨，流域内局地降雨与其他站降雨悬殊时使用。为满足今后可能发生的特大暴雨情况下作业预报的需要，将关系曲线延长实测值的 25%。峰量关系曲线 $R–P_{\phi}–Q_{m净}$见图 22–3。

精度评定：综合评定峰量关系曲线合格率为 70.8%，属乙级方案，可用于作业预报。精度评定见表 22–7。

2.4.2 经验单位线

本次单位线采用“潍河流域暴雨洪水对策研究”中的综合单位线 3 条，分别为Ⅰ ~ Ⅲ号单位线；又根据流量过程线的涨落趋势，以涨水段至少有 2 ~ 3 个控制点为标准，确定本流域单位线时段长 Δt=1 h，从雨峰资料分析，由于净雨在流域上不同分布的影响使单位线发生变化，故分析了 1998 年 8 月 15 日暴雨洪水 1 条，为Ⅳ号单位线。四条单位线分别适用于暴雨中心在上游、中游和下游等情况。在进行洪水作业预报时，视不同降雨情况选定相应的经验单位线。单位线图见图 22–4。

2.5 水位与库容、面积关系曲线

墙夼水库水位 – 库容、水位 – 面积关系曲线采用山东省水文总站 1980 年 5 月施测，并由山东省水利厅（81）鲁水文字第 6 号文公布的成果，详见图 22–5。

2.6 泄量关系曲线

墙夼水库以闸门开启高度为参数的泄流曲线见图 22–6。

2.7 最高水位Z_m出现时间预报图

（1）第二象限根据下式计算点绘：

$$T_{洪}=5W/Q_{m净}$$

式中：$T_{洪}$为洪水总历时（h）；W 为洪水总量（万 m^3）；$Q_{m净}$为入库净峰流量（m^3/s）。

（2）第一象限利用下式计算结果加 1 后点绘：

$$\tau=T_{洪}(1-K\frac{q_m}{Q_{m净}})$$

式中：τ 为自库水位起涨至最高水位出现的时距（h）；K 为落水历时与洪水总历时之比，本水库 K=0.75。

在实际工作中，水库水位起涨时间往往不易掌握，所以在方案编制中，考虑了有效降雨开始至库水位起涨的时距，经分析，本站该时距一般可取 1 h。设有效降雨开始至最高水位出现的时距为 τ'，则 $\tau'=\tau+1$。图 22–7 第一象限的横坐标读数即为 τ'。

3 方案使用说明

3.1 径流深预报

计算出流域平均降雨量 P 和流域平均前期影响雨量 P_a，根据降雨径流关系图 $P+P_a–R$ 的查算结果进行综合分析，确定径流深 R 的预报值。

当水库全部调洪时，采用Ⅲ号线查算径流深。

当两水库起涨水位高于连通沟底高程 94.50 m 时，采用Ⅱ号线查算径流深。

当一个水库起涨水位低于连通沟底高程，或暴雨中心在一个水库上游，洪水全部入库后均高于 94.50 m（两库连通）时，采用Ⅰ号线查算径流深。

3.2 最大入库洪峰流量预报

3.2.1 查$R–P_{\phi}–Q_{m净}$图

根据暴雨洪水资料确定暴雨中心位置 P_{ϕ}，依据暴雨中心位置选择合理的 $R–P_{\phi}–Q_{m净}$关系曲线，再根据预报的径流深查询流域集水面积上所产生的净峰流量，加上基流量则是预报的洪峰流量。

当暴雨中心在上游（以五莲站、中至站为主）时，采用Ⅲ号线查算净峰流量。

当暴雨中心在中游（以管帅站、中至站为主），或全流域普雨，或以东库来水为主时，采用Ⅱ号线查算净峰流量。

当暴雨中心在下游（墙夼水库站至管帅站或东莞站），或以西库来水为主时，采用Ⅰ号线查算净峰流量。

3.2.2 经验单位线法

计算各时段净雨，然后根据暴雨中心位置选择相应单位线，各时段净雨错时段与 0.1 倍的单位线各时段流量相乘，同时段流量相加，再加上基流量即为入库流量过程，由此可查出最大入库流量及其出现时间。

3.3 入库洪水总量预报

区间入库洪水总量 W 根据下式计算：

$$W=0.1RF$$

式中：W 为区间入库洪水总量（万 m^3）；F 为区间流域面积（km^2）。

3.4 改正流量$Q'_{m净}$及有效水量W'查算

3.4.1 改正流量$Q'_{m净}$查算

利用高切林法调洪时，在开闸溢洪之前，涨水历时为一次洪水总历时的 1/5，即涨洪段水量约为一次总水量的 1/5，当 $V_{拦}\leqslant W/5$ 时，$Q_{m净}$不变；当 $V_{拦}> W/5$ 时，$Q_{m净}$则变为 $Q'_{m净}$。

改正流量 $Q'_{m净}$采用下式计算点绘：

$$Q'_{m净}=Q_{m净}\sqrt{\frac{1-V_{拦}/W}{1-\eta}}$$

式中：$Q_{m净}$为入库净峰流量（m^3/s）；$V_{拦}$为起涨水位至溢洪水位之间的拦蓄库容（万 m^3）；W 为洪水总量（万 m^3）；η 为涨水历时与洪水总历时之比，经分析计算，本站 η=0.20。

改正流量 $Q'_{m净}$查算见图 22-8。

3.4.2 有效水量 W'查算

利用高切林法调洪时，当水库放水时，有效水量 W' 计算公式如下：

$$W'=W-\Delta W=W\{1-[1-(1-\frac{q_{起}}{Q_{m净}})^2]\}$$

式中：ΔW 为无效水量（万 m^3）；$q_{起}$为起调泄流量（m^3/s）。

有效水量 W' 查算见图 22-9。

3.5 方案合理性检查及评定

在方案建立过程中，随时根据规范要求及有关文件规定进行合理性检查，特别对突出点据从原始资料反复查对，对中间处理过程也进行了认真审查，发现不合理的问题后基本上都做了检查改正。方案建立后，先从线形进行比较，防止出现矛盾现象，然后对每个方案尽量根据规范规定采用表格形式进行了精度评定（用许可误差法）。其中 $P+P_a-R$ 相关图合格率为 89.6%，属甲级方案；$R-P_{\emptyset}-Q_{m净}$相关图合格率为 70.8%，属乙级方案。综合来说，本方案属于乙级方案。

3.6 方案适应能力

本方案适用于防洪标准以下的洪水作业预报。如遇超标准洪水，则需根据当时具体情况酌情修正。

3.7 预报修正与注意事项

（1）本方案的制作未考虑上游众多小（1）、小（2）型水库及塘坝的影响，作业预报时也要根据前期降雨情况进行适当修正。

（2）应随时掌握上游工程蓄水及泄洪情况，要根据实际情况对预报值进行及时修正。

（3）局部暴雨时要注意超渗产流，可适当将查算的 R 值加大；久旱初雨时产流偏小，应适当修正所查 R 值。

总之，由于影响因素太多，本方案不能全部反映实际情况，因而不能照搬，应具体问题具体分析，并采用多种方法，考虑各种因素进行综合分析，确定采用的预报值。

图 22-1 潍河墙夼水库站以上流域图

表 22-5　潍河墙夼水库站降雨径流分析成果表

序号	洪号	降雨起止时间		流域平均雨量 P（mm）	前期影响雨量 P_a（mm）	降雨历时（h）		暴雨中心位置或特点	洪水起止时间		洪峰流量 Q_m（m^3/s）	净峰流量 $Q_{m净}$（m^3/s）	洪水总历时 $T_洪$（h）	次洪径流量 W（万 m^3）	集水面积 F（km^2）	次洪径流深 R（mm）	径流系数 α	备注
		起	止			全部 T	有效 T_c		起涨	落平								
1	640701	7月1日2:00	7月1日6:00	31.7	75.0	4	4	上游	7月1日2:00	7月2日12:00	493	485	34	1 380	656	21.0	0.66	
2	640703	7月3日2:00	7月3日8:00	56.4	100.0	6	4	上游	7月3日2:00	7月5日2:00	2 420	2 370	48	3 520	656	53.7	0.95	
3	640716	7月16日20:00	7月17日4:00	55.7	95.1	8	8	中游	7月16日20:00	7月17日19:00	902	884	23	2 880	656	43.9	0.79	
4	640717	7月17日10:00	7月17日14:00	49.4	100.0	4	4	上游	7月17日10:00	7月18日9:00	1 590	1 510	23	3 240	656	49.4	1.00	
5	640718	7月17日18:00	7月17日22:00	27.6	100.0	4	4	上游	7月17日3:00	7月18日17:00	1 360	1 070	38	1 800	656	27.4	0.99	
6	660720	7月20日22:00	7月21日8:00	89.6	59.9	10	8	下游	7月20日22:00	7月22日8:00	861	843	34	2 870	656	43.8	0.49	
7	690929	9月29日8:00	9月29日20:00	69.9	33.0	12	8	下游	9月29日8:00	10月1日8:00	250	229	48	871	656	13.3	0.19	
8	700729	7月29日20:00	7月30日0:00	62.8	100.0	4	4	上游	7月29日20:00	7月31日0:00	1 860	1 800	28	3 620	656	55.2	0.88	
9	710701	7月1日0:00	7月1日8:00	103.1	98.1	8	6	下游	7月1日0:00	7月3日6:00	1 250	1 230	54	5 540	656	84.5	0.82	
10	710809	8月9日8:00	8月9日14:00	55.5	90.3	6	6	中游	8月9日8:00	8月10日16:00	1 270	1 210	32	3 290	656	50.2	0.90	
11	710821	8月21日20:00	8月22日6:00	49.1	100.0	10	6	中游	8月22日0:00	8月23日9:00	1 240	1 210	33	3 060	656	46.6	0.95	
12	740813	8月13日0:00	8月13日22:00	257.8	81.2	22	12	中游	8月13日2:00	8月15日2:00	3 570	3 560	48	14 300	656	218.0	0.85	
13	750814	8月14日0:00	8月14日4:00	45.2	48.4	4	4	上游	8月14日0:00	8月14日12:00	870	855	12	1 310	656	20.0	0.44	
14	750815	8月14日10:00	8月14日18:00	47.4	75.0	8	6	上游	8月14日10:00	8月15日0:00	1 300	1 280	14	2 390	656	36.5	0.77	
15	750816	8月14日18:00	8月15日8:00	149.3	83.8	14	10	中游	8月14日19:00	8月17日6:00	2 320	2 290	59	8 400	656	128.1	0.86	
16	790709	7月9日10:00	7月9日20:00	63.1	33.5	10	6	中游	7月9日10:00	7月10日14:00	236	227	28	525	656	8.0	0.13	
17	800615	6月15日20:00	6月16日10:00	120.0	31.2	14	10	中游	6月15日20:00	6月17日16:00	1 200	1 180	44	3 360	656	51.2	0.43	
18	800904	9月4日8:00	9月4日14:00	67.3	22.3	6	6	中游	9月4日8:00	9月5日2:00	483	460	18	951	656	14.5	0.22	
19	810725	7月25日2:00	7月25日10:00	53.1	34.6	8	6	下游	7月25日2:00	7月26日8:00	104	99.8	30	361	656	5.5	0.10	
20	820705	7月5日4:00	7月5日10:00	46.9	23.8	6	6	下游	7月5日6:00	7月5日20:00	83.4	80.6	14	230	656	3.5	0.07	
21	820808	8月8日8:00	8月8日14:00	53.9	47.3	6	4	中游	8月8日8:00	8月9日18:00	508	492	34	1 130	656	17.3	0.32	
22	840702	7月2日18:00	7月3日6:00	59.7	22.1	12	8	下游	7月2日22:00	7月4日8:00	79.2	77	34	170	656	2.6	0.04	
23	850820	8月20日4:00	8月20日16:00	61.7	78.7	12	8	下游	8月20日6:00	8月21日8:00	297	291	26	1 580	656	24.1	0.39	
24	870814	8月14日20:00	8月15日2:00	41.5	25.5	6	4	中游	8月14日20:00	8月15日12:00	73.7	70.8	16	159	656	2.4	0.06	
25	890629	6月29日14:00	6月29日20:00	34.6	18.3	6	4	下游	6月29日14:00	6月30日20:00	111	110	30	141	656	2.1	0.06	
26	900802	8月2日22:00	8月3日16:00	85.6	50.1	18	8	下游	8月3日1:00	8月4日8:00	295	289	31	1 650	656	25.1	0.29	
27	900816	8月16日0:00	8月16日22:00	143.8	70.0	22	8	下游	8月16日4:00	8月18日10:00	1 510	1 500	54	7 480	656	114.1	0.79	

续表

序号	洪号	降雨起止时间		流域平均雨量 P（mm）	前期影响雨量 P_a（mm）	降雨历时（h）		暴雨中心位置或特点	洪水起止时间		洪峰流量 Q_m（m^3/s）	净峰流量 $Q_{m净}$（m^3/s）	洪水总历时 $T_{洪}$（h）	次洪径流量 W（万 m^3）	集水面积 F（km^2）	次洪径流深 R（mm）	径流系数 α	备注
		起	止			全部 T	有效 T_c		起涨	落平								
28	910724	7月24日20:00	7月25日4:00	57.4	64.8	8	8	中游	7月24日20:00	7月25日20:00	445	423	24	925	656	14.1	0.25	
29	920831	8月31日18:00	9月1日20:00	112.9	14.7	26	12	上游	9月1日0:00	9月3日8:00	131	125	56	833	656	12.7	0.11	
30	940823	8月23日20:00	8月24日14:00	110.7	35.8	18	6	上游	8月23日22:00	8月26日8:00	454	448	58	2 470	656	37.6	0.34	
31	950816	8月16日14:00	8月18日8:00	156.7	68.6	42	10	中游	8月16日18:00	8月18日18:00	1 200	1 190	48	4 190	656	63.9	0.41	
32	960628	6月28日16:00	6月29日6:00	103.7	45.4	14	8	中游	6月28日16:00	6月30日20:00	649	642	52	2 320	656	35.3	0.34	
33	960806	8月6日18:00	8月7日4:00	57.9	48.1	10	6	下游	8月6日20:00	8月8日8:00	143	140	36	1 160	656	17.7	0.31	
34	970819	8月19日4:00	8月20日8:00	250.1	29.0	28	20	下游	8月19日8:00	8月22日8:00	1 750	1 740	72	8 390	656	127.9	0.51	
35	980804	8月4日0:00	8月4日10:00	100.2	41.3	10	8	中游	8月4日4:00	8月4日16:00	956	933	12	1 810	656	27.6	0.28	
36	980815	8月15日4:00	8月15日10:00	71.1	93.6	6	6	中游	8月15日6:00	8月16日20:00	1 010	988	38	3 180	656	48.4	0.68	
37	990904	9月4日6:00	9月4日22:00	98.0	32.8	16	10	下游	9月4日6:00	9月6日6:00	622	615	48	2 030	656	30.9	0.32	
38	990909	9月9日0:00	9月9日14:00	183.0	84.8	14	12	上游	9月9日0:00	9月11日6:00	3 740	3 710	54	8 460	656	128.9	0.70	
39	000626	6月26日4:00	6月26日16:00	83.0	25.8	12	12	上游	6月26日6:00	6月27日8:00	149	140	26	564	656	8.6	0.10	
40	010709	7月9日18:00	7月9日22:00	43.7	48.8	4	4	下游	7月9日20:00	7月11日8:00	56.9	55.4	36	196	656	3.0	0.07	
41	050920	9月20日0:00	9月20日14:00	111.1	46.3	14	12	中游	9月20日4:00	9月21日6:00	1 030	1 000	26	2 720	656	41.5	0.37	
42	070919	9月19日18:00	9月20日8:00	81.9	11.8	14	14	中游	9月19日22:00	9月22日8:00	180	175	58	1 000	656	15.2	0.19	
43	110828	8月28日12:00	8月29日20:00	94.8	91.0	32	32	墙夼、管帅	8月27日20:00	9月1日0:00	893	842	100	4 030	656	61.4	0.65	
44	120813	8月13日23:00	8月15日9:00	52.3	100.0	34	34	墙夼、管帅	8月13日8:00	8月17日8:00	434	403	96	1 590	656	24.2	0.46	
45	180815	8月14日18:00	8月15日4:00	101.2	39.8	10	2	中游	8月14日8:00	8月16日8:00	1 100	1 050	48	3 210	656	48.9	0.48	
46	180819	8月18日12:00	8月20日2:00	125.5	95.1	38	6	中游	8月18日19:00	8月21日8:00	996	925	61	5 210	656	79.4	0.63	
47	190811	8月10日8:00	8月11日15:00	154.8	60.0	31	19	中游	8月9日15:00	8月12日18:00	518	473	75	4 570	656	69.7	0.45	
48	200802	8月2日0:00	8月2日10:00	81.5	66.8	10	7	墙夼、管帅	8月1日8:00	8月5日20:00	355	341	108	2 480	656	37.8	0.46	

表 22-6　潍河墙夼水库站降雨径流（$P+P_a-R$）预报精度评定表

序号	洪号	流域平均降雨量 P（mm）	前期影响雨量 P_a（mm）	$P+P_a$（mm）	实测径流深 $R_实$（mm）	预报径流深 $R_预$（mm）	预报误差（mm）	许可误差（mm）	评定结果		序号	洪号	流域平均降雨量 P（mm）	前期影响雨量 P_a（mm）	$P+P_a$（mm）	实测径流深 $R_实$（mm）	预报径流深 $R_预$（mm）	预报误差（mm）	许可误差（mm）	评定结果	
									合格	不合格										合格	不合格
1	640701	31.7	75.0	106.7	21.0	18.0	−3.0	4.2	√		25	890629	34.6	18.3	52.9	2.1	2.1	0	3.0	√	
2	640703	56.4	100.0	156.4	53.7	53.7	0	10.7	√		26	900802	85.6	50.1	135.7	25.1	29.4	4.3	5.0	√	
3	640716	55.7	95.1	150.8	43.9	49.4	5.5	8.8	√		27	900816	143.8	70.0	213.8	114.1	101.0	−13.1	20.0	√	
4	640717	49.4	100.0	149.4	49.4	49.0	−0.4	9.9	√		28	910724	57.4	64.8	122.2	14.1	12.1	−2.0	3.0	√	
5	640718	27.6	100.0	127.6	27.4	36.3	8.9	5.5		√	29	920831	112.9	14.7	127.6	12.7	14.0	1.3	3.0	√	
6	660720	89.6	59.9	149.5	43.8	22.3	−21.5	8.8		√	30	940823	110.7	35.8	146.5	37.6	35.4	−2.2	7.5	√	
7	690929	69.9	33.0	102.9	13.3	6.6	−6.7	2.7		√	31	950816	156.7	68.6	225.3	63.9	67.6	3.7	12.8	√	
8	700729	62.8	100.0	162.8	55.2	57.5	2.3	11.0	√		32	960628	103.7	45.4	149.1	35.3	36.9	1.6	7.1	√	
9	710701	103.1	98.1	201.2	84.5	89.5	5.0	16.9	√		33	960806	57.9	48.1	106.0	17.7	18.0	0.3	3.5	√	
10	710809	55.5	90.3	145.8	50.2	46.8	−3.4	10.0	√		34	970819	250.1	29.0	279.1	127.9	135.0	7.1	20.0	√	
11	710821	49.1	100	149.1	46.6	48.9	2.3	9.3	√		35	980804	100.2	41.3	141.5	27.6	32.4	4.8	5.5	√	
12	740813	257.8	81.2	339.0	218.0	219.0	1.0	20.0	√		36	980815	71.1	93.6	164.7	48.4	45.5	−2.9	9.7	√	
13	750814	45.2	48.4	93.6	20.0	20.0	0	4.0	√		37	990904	98.0	32.8	130.8	30.9	27.1	−3.8	6.2	√	
14	750815	47.4	75.0	122.4	36.5	33.8	−2.7	7.3	√		38	990909	183.0	84.8	267.8	128.9	125.0	−3.9	20.0	√	
15	750816	149.3	83.8	233.1	128.1	119.4	−8.7	20.0	√		39	000626	83.0	25.8	108.8	8.6	8.0	−0.6	3.0	√	
16	790709	63.1	33.5	96.6	8.0	5.8	−2.2	3.0	√		40	010709	43.7	48.8	92.5	3.0	5.0	2.0	3.0	√	
17	800615	120.0	31.2	151.2	51.2	23.0	−28.2	10.2		√	41	050920	111.1	46.3	157.4	41.5	40.9	−0.6	8.3	√	
18	800904	67.3	22.3	89.6	14.5	13.1	−1.4	3.0	√		42	070919	81.9	11.8	93.7	15.2	14.9	−0.3	3.0	√	
19	810725	53.1	34.6	87.7	5.5	3.5	−2.0	3.0	√		43	110828	94.8	91.0	185.8	61.4	58.5	−2.9	12.3	√	
20	820705	46.9	23.8	70.7	3.5	3.0	−0.5	3.0	√		44	120813	52.3	100.0	152.3	24.2	23.0	−1.2	4.8	√	
21	820808	53.9	47.3	101.2	17.3	16.4	−0.9	3.5	√		45	180815	101.2	39.8	141.0	48.9	44.0	−4.9	9.8	√	
22	840702	59.7	22.1	81.8	2.6	3.8	1.2	3.0	√		46	180819	125.5	95.1	220.6	79.4	85.0	5.6	15.9	√	
23	850820	61.7	78.7	140.4	24.1	32.0	7.9	4.8		√	47	190811	154.8	60.0	214.8	69.7	81.0	11.3	13.9	√	
24	870814	41.5	25.5	67.0	2.4	2.7	0.3	3.0	√		48	200802	81.5	66.8	148.3	37.8	38.0	0.2	7.6	√	

备注：1. 预报误差 = 预报值 − 实测值；2. 许可误差 = 实测值的 20%，以 20.0 mm 为上限，以 3.0 mm 为下限；3. 合格率 =89.6%，属甲级方案。

表 22–7　潍河墙夼水库站峰量关系预报精度评定表

序号	洪号	实测径流深 $R_{实}$（mm）	暴雨中心位置	净峰流量		预报误差（m^3/s）	许可误差（m^3/s）	评定结果		序号	洪号	实测径流深 $R_{实}$（mm）	暴雨中心位置	净峰流量		预报误差（m^3/s）	许可误差（m^3/s）	评定结果	
				实测 $Q_{m净实}$（m^3/s）	预报 $Q_{m净预}$（m^3/s）			合格	不合格					实测 $Q_{m净实}$（m^3/s）	预报 $Q_{m净预}$（m^3/s）			合格	不合格
1	640701	21.0	上游	485	840	355	97		√	25	890629	2.1	下游	110	50	–60	22		√
2	640703	53.7	上游	2 370	40	–2 330	474		√	26	900802	25.1	下游	289	418	129	57.8		√
3	640716	43.9	中游	884	1 060	176	177	√		27	900816	114.1	下游	1 500	1 540	40	300	√	
4	640717	49.4	上游	1 510	1 580	70	302	√		28	910724	14.1	中游	423	425	2	84.6	√	
5	640718	27.4	上游	1 070	1 020	–50	214	√		29	920831	12.7	上游	125	590	465	25		√
6	660720	43.8	下游	843	680	–163	169	√		30	940823	37.6	上游	448	1 290	842	89.6		√
7	690929	13.3	下游	229	240	11	45.8	√		31	950816	63.9	中游	1 190	1 420	230	238	√	
8	700729	55.2	上游	1 800	1 710	–90	360	√		32	960628	35.3	中游	642	920	278	128		√
9	710701	84.5	下游	1 230	1 190	–40	246	√		33	960806	17.7	下游	140	302	162	28		√
10	710809	50.2	中游	1 210	1 180	–30	242	√		34	970819	127.9	下游	1 740	1 700	–40	348	√	
11	710821	46.6	中游	1 210	1 110	–100	242	√		35	980804	27.6	中游	933	760	–173	187	√	
12	740813	218.0	中游	3 560	3 800	240	712	√		36	980815	48.4	中游	988	1 140	152	198	√	
13	750814	20.0	上游	855	800	–55	171	√		37	990904	30.9	下游	615	500	–115	123	√	
14	750815	36.5	上游	1 280	1 260	–20	256	√		38	990909	128.9	上游	3 710	3 220	–490	742	√	
15	750816	128.1	中游	2 290	2 460	170	458	√		39	000626	8.6	上游	140	220	80	28		√
16	790709	8.0	中游	227	270	43	45.4	√		40	010709	3.0	下游	55.4	65	9.6	11.1	√	
17	800615	51.2	中游	1 180	1 200	20	236	√		41	050920	41.5	中游	1 000	1 020	20	200	√	
18	800904	14.5	中游	460	420	–40	92	√		42	070919	15.2	中游	175	442	267	35		√
19	810725	5.5	下游	99.8	100	0.2	20	√		43	110828	61.4	墙夼、管帅	842	600	259	68.2		√
20	820705	3.5	下游	80.6	70	–10.6	16.1	√		44	120813	24.2	墙夼、管帅	403	899	57	168	√	
21	820808	17.3	中游	492	510	18	98.4	√		45	180815	48.9	中游	1 050	1 160	110	210	√	
22	840702	2.6	下游	77	50	–27	15.4		√	46	180819	79.4	五莲、中至	925	1 100	175	185	√	
23	850820	24.1	下游	291	405	114	58.2		√	47	190811	69.7	五莲、中至	473	2 020	1 547	94.6		√
24	870814	2.4	中游	70.8	84	13.2	14.2	√		48	200802	37.8	墙夼、管帅	341	400	–3	80.6	√	

备注：1. 预报误差 = 预报值 – 实测值；2. 许可误差 = 实测值的 20%；3. 合格率 =70.8%，属乙级方案。

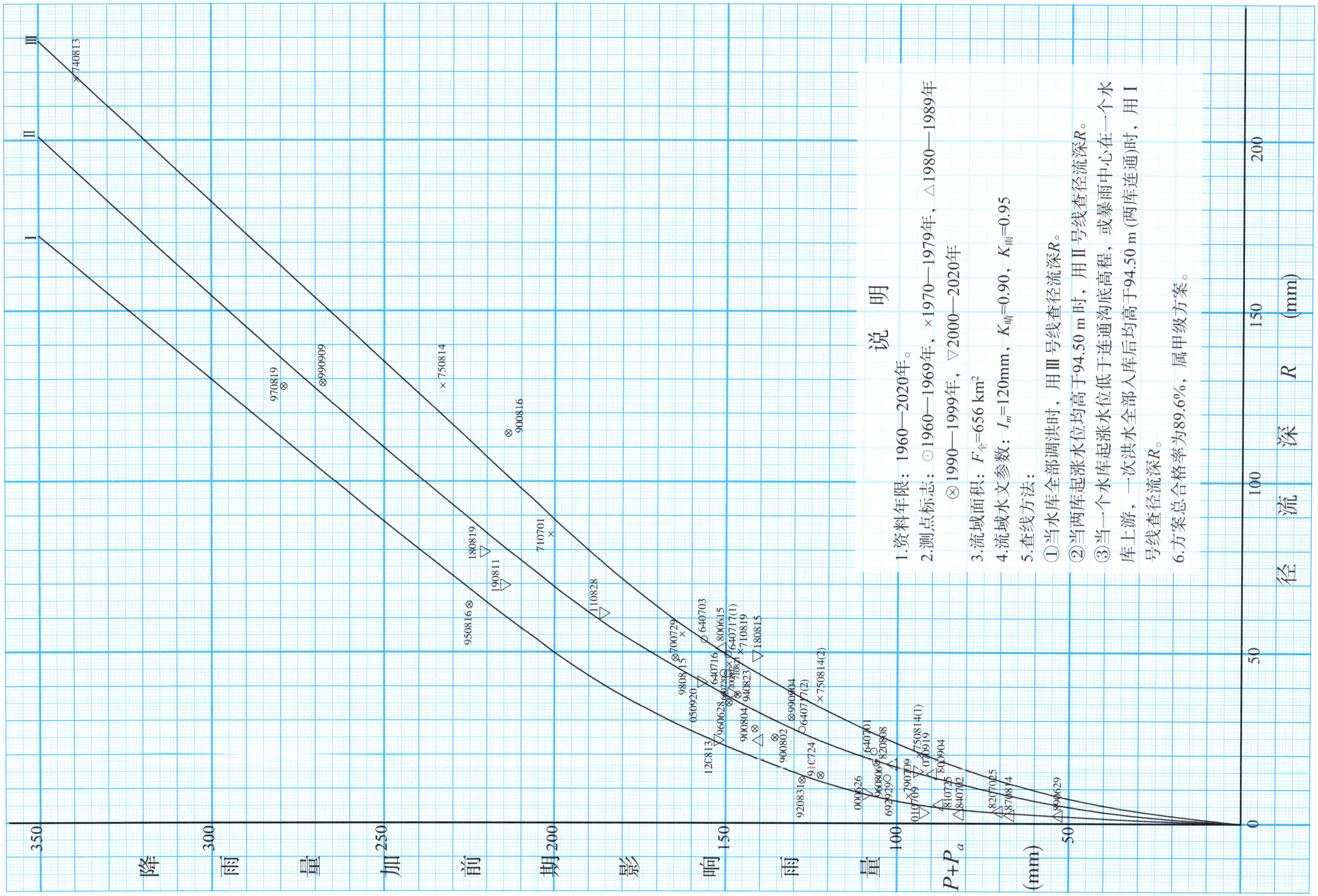

图 22-2 潍河墙夼水库站降雨径流相关图（$P+P_a-R$）

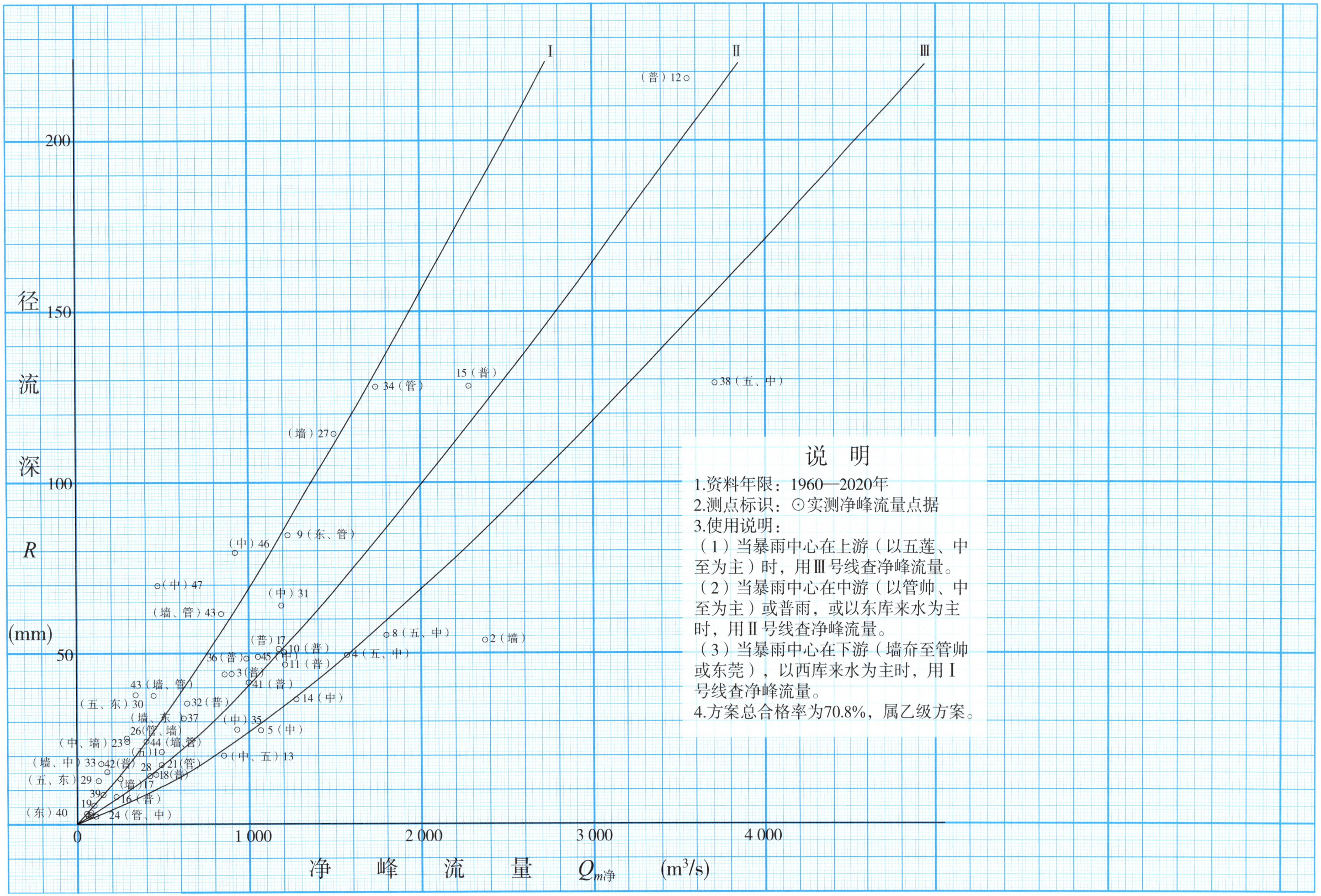

图 22-3 潍河墙夼水库站峰量关系图

单位线成果表

$F_{全}$=656 km^2，Δt=1 h

时段	单位线流量q(m^3/s)				备注
	1线	2线	3线	4线	
0	0	0	0	0	1线、2线、3线采用“潍河流域暴雨洪水对策研究”中的综合单位线，当暴雨中心位于下游时，采用1线；当暴雨中心位于中游时采用2线；当全流域普雨时，用3线；当产生全流域降雨且降水历时较短时，采用4线
1	512	424	6	249	
2	452	380	48	232	
3	312	266	292	204	
4	110	198	344	177	
5	46	156	260	156	
6	42	84	218	122	
7	38	74	154	93	
8	34	54	106	76	
9	22	44	76	66	
10	18	34	56	55	
11	10	26	50	46	
12	8	22	36	36	
13	6	20	34	36	
14	0	12	28	26	
15		8	26	27	
16		10	20	21	
17		4	18	24	
18		6	14	20	
19		0	12	18	
20			8	17	
21			6	17	
22			4	15	
23			2	15	
24			4	11	
25			0	13	
26				9	
27				10	
28				6	
29				7	
30				6	
31				5	
32				5	
33				3	
34				2	
35				1	
36				0	
37				0	
Σ	1 826	1 610	1 822	1 822	

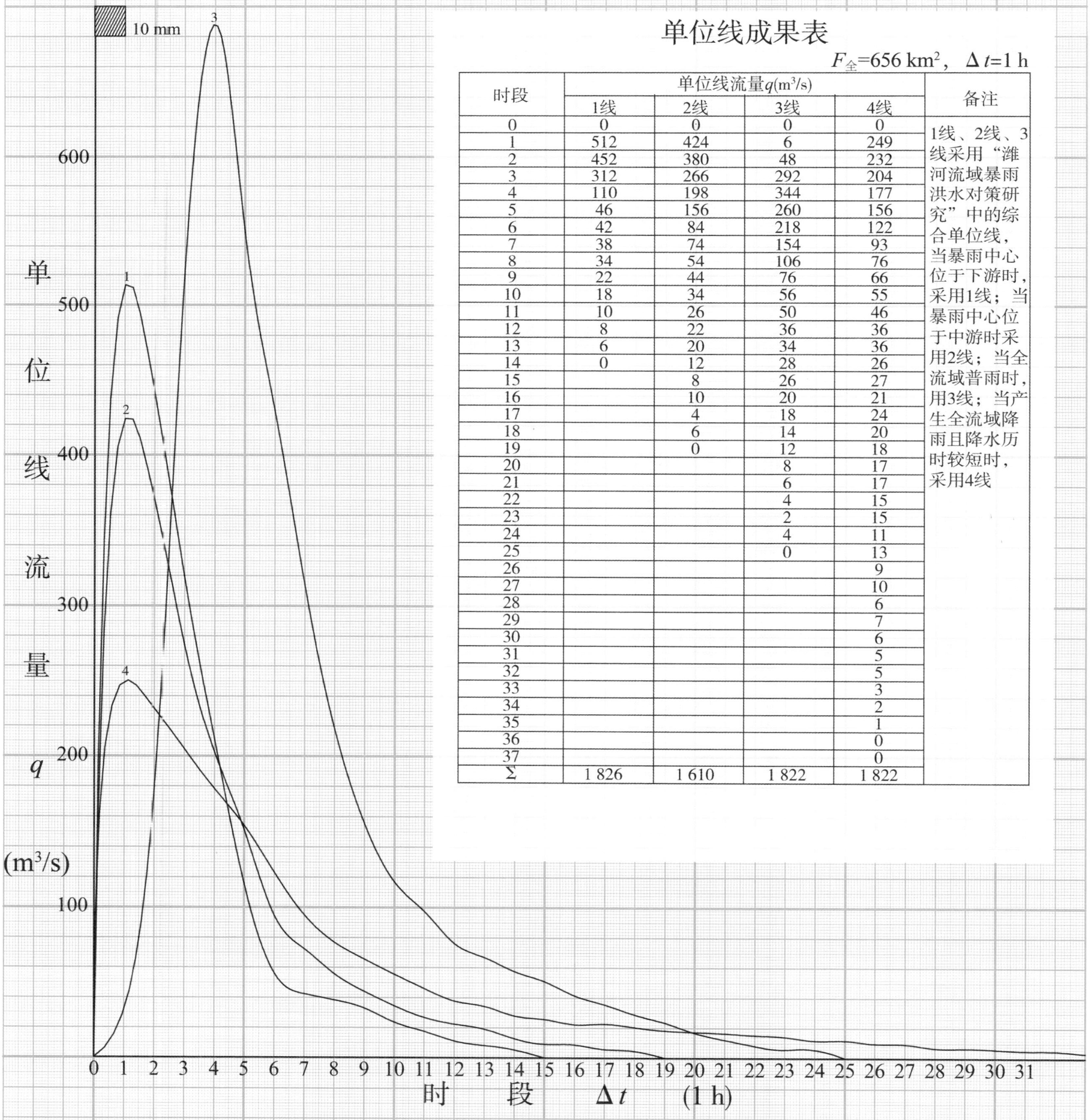

图 22-4　潍河墙夼水库站单位线图

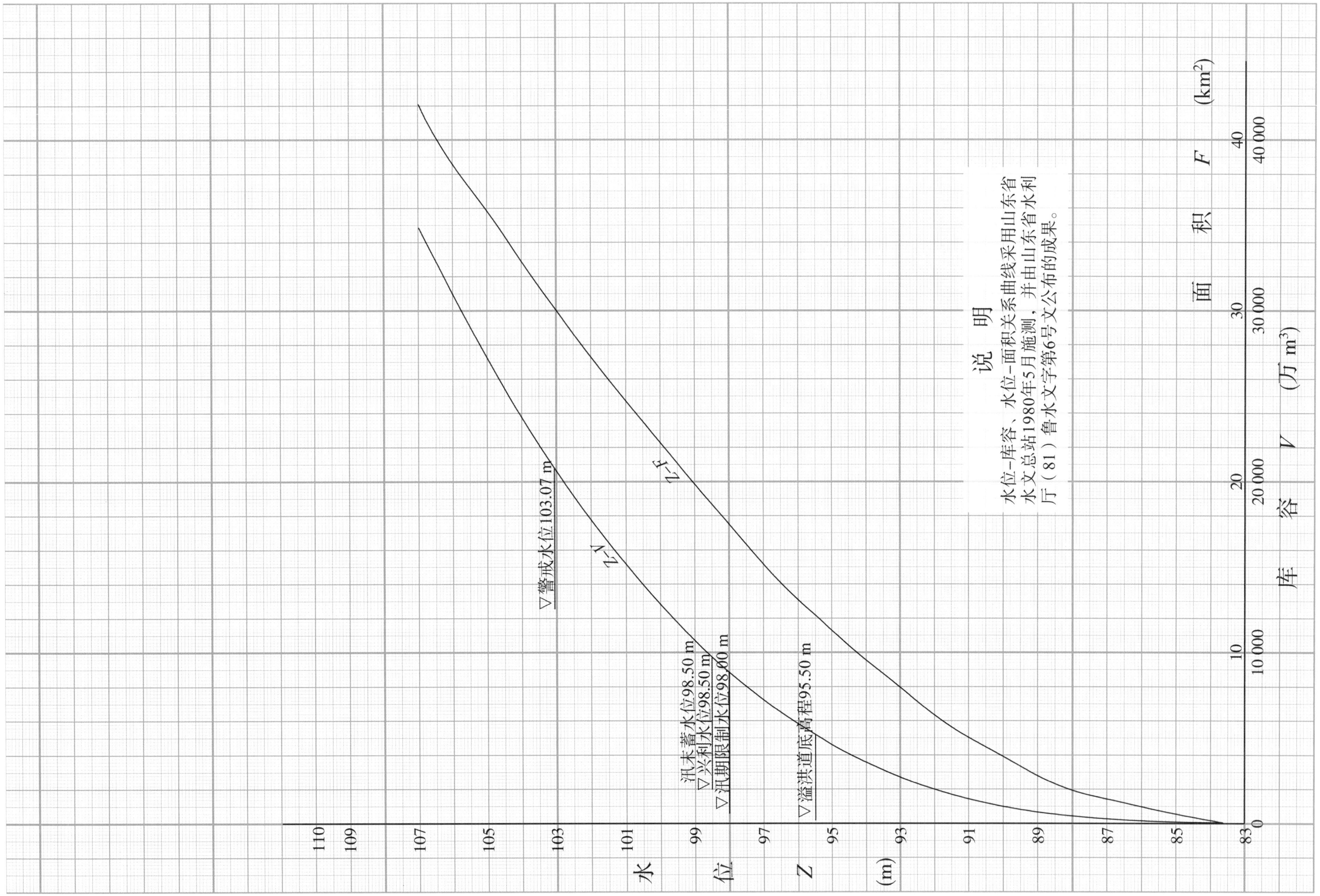

图 22-5 潍河墙夼水库水位与库容、面积关系曲线图

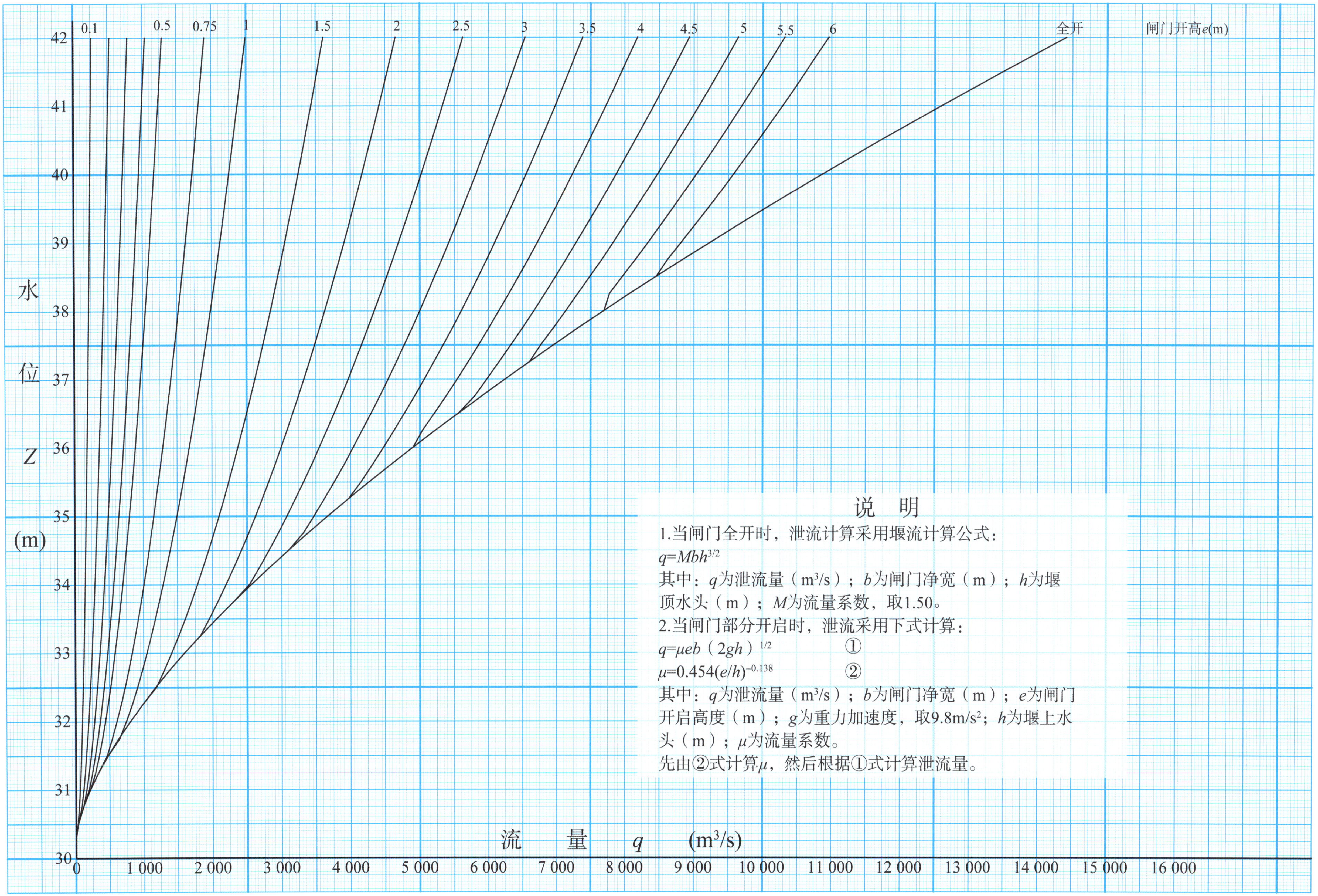

图 22-6 潍河墙夼水库站 Z-e-q 关系图（单孔）

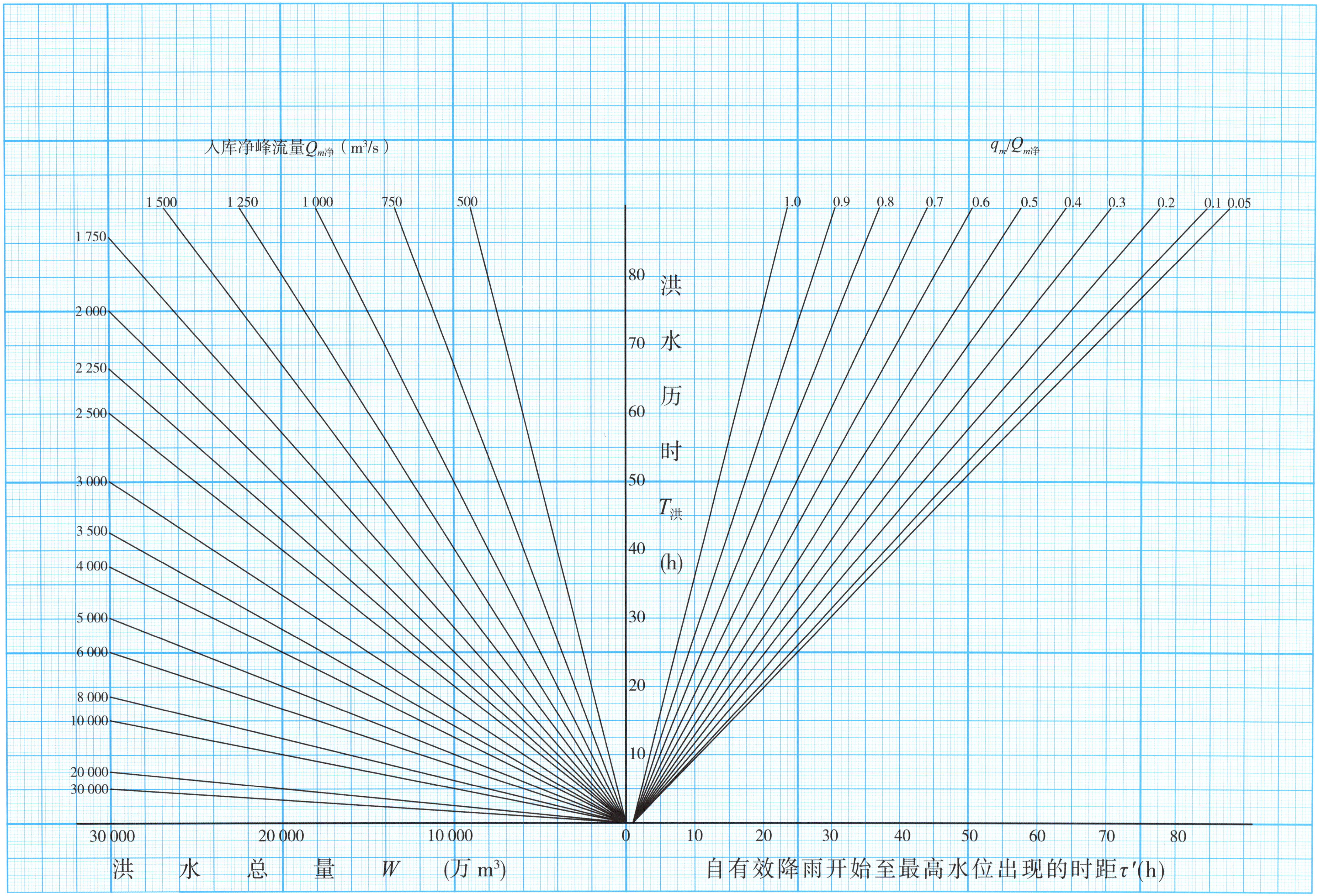

图 22–7　潍河墙夼水库站最高水位出现时间预报图

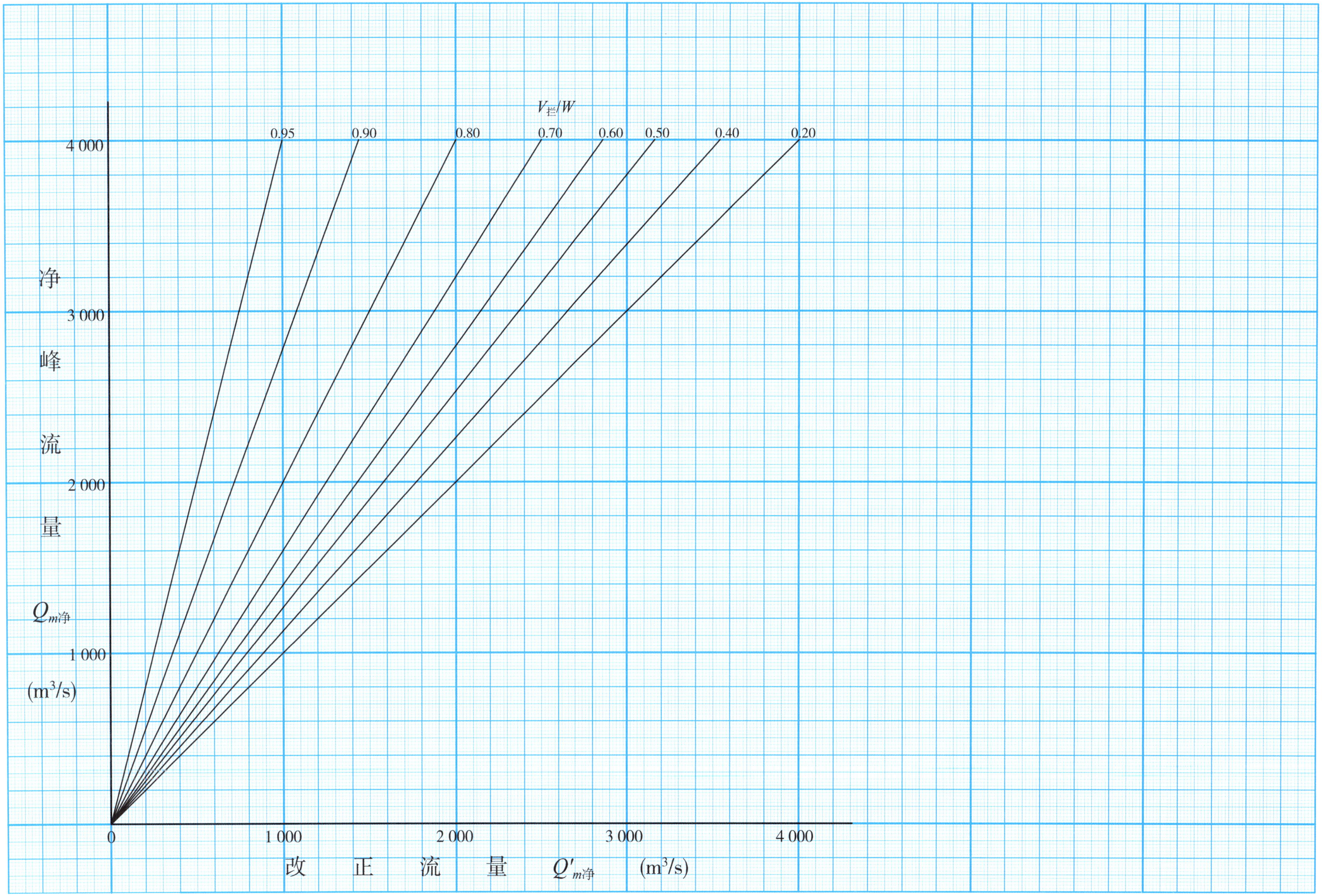

图 22-8　潍河墙夼水库站 $Q_{m净}-V_{拦}/W-Q'_{m净}$ 关系曲线图

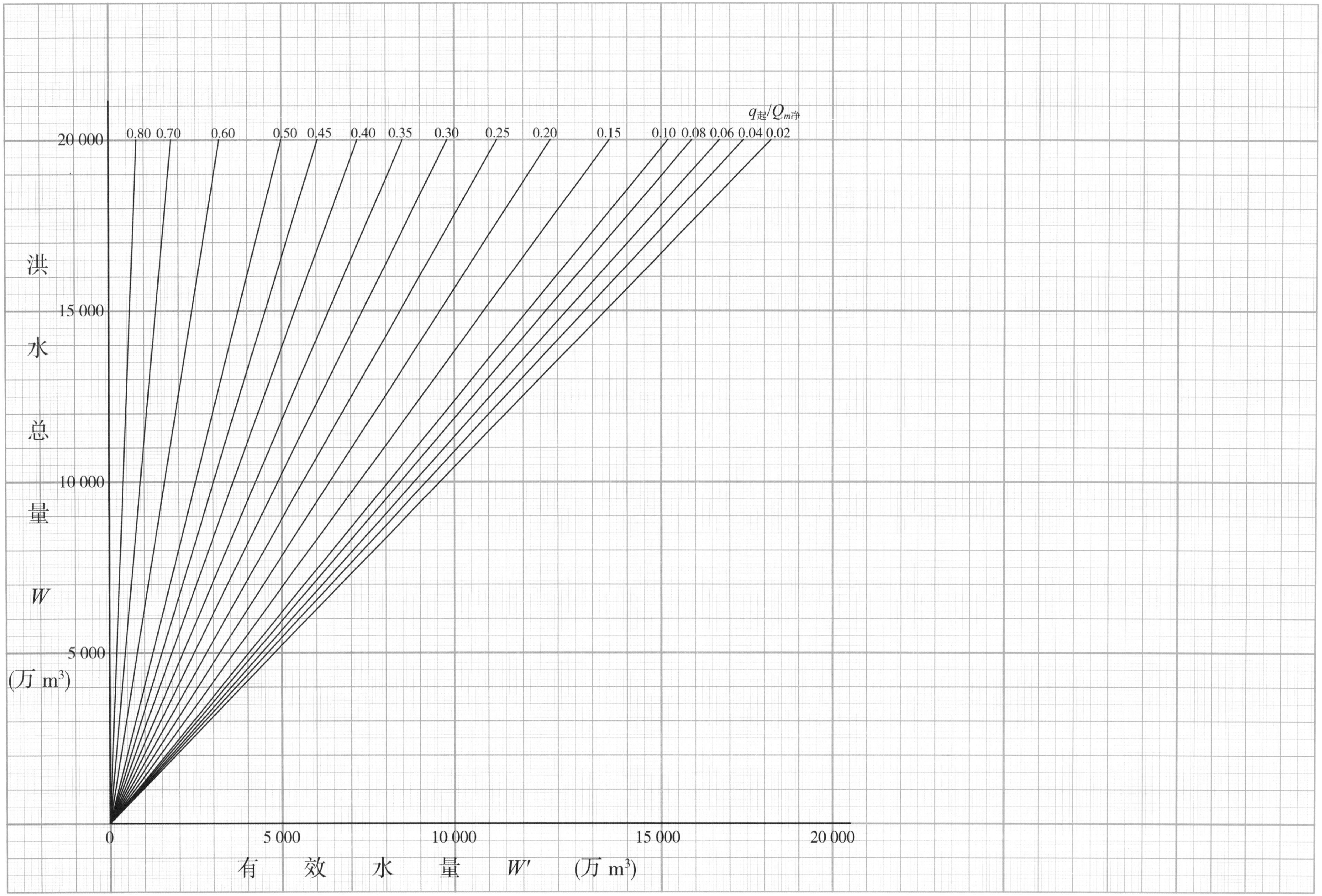

图 22–9　潍河墙介水库站 W–$q_{起}/Q_{m净}$–W' 关系曲线图

第二十三章　潍河峡山水库站水文预报方案编制说明

1　流域概况

1.1　流域自然地理特征

峡山水库位于潍河中游，在昌邑、安丘、诸城、高密四市交界处，控制流域面积 4 210 km^2，流域最大宽度 80 km，平均宽度 42 km，干流平均比降 0.7‰。水库以上流域形状呈扇形，流域形状系数为 0.19，河网密度为 0.13 km/km^2。大坝以上干流长度 136.7 km，总库容 14.109 6 亿 m^3，兴利库容 4.857 7 亿 m^3。

峡山水库以上流入潍河的支流主要有渠河、扶淇河、百尺河、涓河、芦河、燕河、许孟河、仁里河等。其中较大支流渠河发源于临朐县大关镇大官庄村西太平山，流经临朐、安丘、诸城，于诸城市郭家屯镇入潍河，全长 100 km，集水面积为 967 km^2，河道平均比降为 1‰。

峡山水库流域内深山区面积约占 2%，浅山区占 15%，均分布在流域上游；丘陵区占 40%，分布在流域中游；平原区占 43%，分布在下游地带。流域内山区由石灰岩、片麻岩组成，干支流上游多为岭黄土和部分岭沙土，中下游多为黄土，河谷地带多为河淤土。山丘区不宜种植农作物，多种植树木，流域内树林面积约占 20%，草皮约占 10%，农作物约占 70%，流域内植被较好，水土流失不太严重。峡山水库站以上流域图见图 23–1。

1.2　水利工程情况

1.2.1　峡山水库概况

峡山水库于 1958 年 11 月动工兴建，1960 年 9 月建成蓄水，是一座具有防洪、城市及工业供水、灌溉、发电等综合利用功能的大（1）型水利枢纽工程。主体枢纽工程由主坝、副坝、溢洪道（闸）、放水洞、电站等主要建筑物组成。

主坝为均质土坝，坝顶长 2 750 m，最大坝高 21.0 m，坝顶宽 7.0 m，坝顶高程 44.00 m，防浪墙顶高程 45.00 m。0+000 ~ 1+300 段设人工黏土铺盖，1+300 ~ 2+600 段为天然壤土铺盖。上游坝坡（有浆砌石护坡）坡比为 1∶3.0、1∶3.5；下游坝坡（有草皮护坡）坡比为 1∶3.5、1∶4.0。2004 年对 0+060 ~ 2+490 段实施坝基混凝土垂直防渗，墙顶高程 37.50 m，墙底入岩 1.5 m。

副坝共五段，皆为均质土坝，其中南辛副坝长 4 900 m，最大坝高 14.5 m，坝顶宽 6.0 m，坝顶高程 44.00 m；武兰副坝长 10 050 m，最大坝高 7.2 m，坝顶宽 4.0 ~ 6.0 m，坝顶高程 44.00 m；郑公副坝长 12 380 m，最大坝高 10.5 m，坝顶宽 6.0 m，坝顶高程 44.20 ~ 44.70 m；刘家沟副坝长 1 270 m，最大坝高 7.1 m，坝顶宽 4.0 ~ 5.0 m，坝顶高程 44.23 ~ 44.76 m，以上几段副坝坝顶在增容工程中增设 0.7 m 高反弧式防浪墙。水城副坝目前已建设完成，长 1 568.65 m，坝顶宽 9.0 m，坝顶高程 43.00 m，坝顶设 0.6 m 高反弧式防浪墙。

峡山水库共建有五处放水洞。

（1）灌溉放水洞

灌溉放水洞位于主坝北端，峡山坡脚下，于 1958 年开工，1966 年投入使用，贯穿峡山坡麓，隧洞长 150 m，进口洞底高程 26.60 m，设计最大流量 42 m^3/s。隧洞前一级电站设闸门三孔，控制放水发电，隧洞后设二级电站，并向潍坊市寒亭区、滨海经济技术开发区和昌邑市供水。

（2）埠望庄放水洞

埠望庄放水洞位于主坝南端桩号 2+500 处，于 1961 年建成，为廊道式衬管压力洞，衬管为 1 孔 ∅2.0 m 钢筋混凝土管，进口洞底高程 32.00 m，进、出口为浆砌石护坡，设计最大流量 3.5 m^3/s。

（3）永望屯放水洞

永望屯放水洞位于武兰副坝 2+450 处，为 2 孔砌石拱涵洞，进、出口洞底高程 29.75 m，进、出口为浆砌石护坡。洞径为 2.3 m × 3.5 m，矢高 0.75 m，设计流量 29.5 m^3/s。

（4）四屯放水洞

四屯放水洞位于武兰副坝 8+350 处，于 1966 年破坝建设，由分建的 2 孔和 1 孔砌石拱无压涵洞组成，进口洞底高程 29.75 m，进、出口为浆砌石护坡，单孔断面尺寸为 2.3 m × 3.5 m，矢高 0.75 m，设计流量 54 m^3/s。

（5）郑公放水洞

郑公放水洞位于郑公副坝轴线桩号 2+000 处，为单孔钢筋混凝土涵洞，进口洞底高程 32.00 m，过水断面尺寸为 1.5 m × 1.5 m，进、出口为浆砌石护坡，设计流量 8.03 m^3/s。

溢洪道位于主坝处的峡山与鞋山之间，全长 4 500 m。溢洪闸共 15 孔，每孔净宽 16.0 m，闸室长 26.0 m，采用弧形闸门，卷扬式启闭机，最大泄洪能力 15 853 m^3/s。

峡山水库工程概况见表 23–1。

表 23–1　潍河峡山水库工程基本情况表

序号及名称	单位	数量	备注
一、水文			
1. 流域面积	km^2	4 210	
2. 利用水文系列年限	年	1951—1999	
3. 多年平均年径流量	亿 m^3	4.58	
4. 代表性流量			
实测最大流量	m^3/s	12 120	1974 年（峡山—墙夼区间）
实测最小流量	m^3/s	13	1987 年（峡山—墙夼区间）

续表

序号及名称	单位	数量	备注
历史调查最大流量	m^3/s	13 300	1914 年
设计洪峰流量 Q_p（P=0.1%）	m^3/s	26 147	
校核洪峰流量 Q_p（P=0.01%）	m^3/s	38 137	
施工导流标准	%	5	
5. 洪量			
设计洪水洪量（24 h）W_p（P=0.1%）	亿 m^3	20.23	
校核洪水洪量（24 h）W_p（P=0.01%）	亿 m^3	28.49	
二、水库			
1. 水库水位			
校核水位	m	42.34	42.39（新库容曲线调洪）
设计洪水位	m	40.60	40.72（新库容曲线调洪）
正常蓄水位	m	37.40	
死水位	m	31.40	
2. 正常蓄水位时水库面积	km^2	109.55	
3. 水库容积			
总库容（校核洪水位以下库容）	亿 m^3	14.11	
兴利库容（兴利水位以下库容）	亿 m^3	5.26	
调洪库容(校核洪水位至兴利水位)	亿 m^3	8.85	
调节库容（兴利水位至死水位）	亿 m^3	4.86	
死库容	亿 m^3	0.40	
4. 年库容系数	%	91.5	$V_{兴}$ / $W_{年}$
5. 调节特性		多年调节	

1.2.2　上游水利工程情况

峡山水库集水面积为 4 210 km^2（自 1960 年 4 月 20 日起，至今未变动），峡山水库区间集水面积 $F_{区}$=4 210−1 236=2 974 km^2。峡山水库上游已建成大、中型水库 12 座，总净控制流域面积 1 236 km^2，总库容 6.93 亿 m^3，兴利库容 2.23 亿 m^3，其中墙夼水库以上有学庄水库（控制流域面积 34 km^2），三里庄水库以上有青墩子水库（控制流域面积 102 km^2）；还有小型水库 26 座，控制集水面积 504 km^2，末级水库控制集水面积 301 km^2，峡山水库以上流域内工程基本情况见表 23–2。

表 23–2　潍河峡山水库站以上流域内主要水利工程统计表

工程名称	所在地	所在河流	类型	建成日期	集水面积（km^2）	兴利库容（万 m^3）	总库容（万 m^3）
墙夼水库	诸城市枳沟镇	潍河	大型水库	1960 年 8 月	656	8 664	38 693
河西水库	五莲县汪湖镇	潍河	中型水库	1960 年 4 月	45.0	966	2 008
学庄水库	五莲县中至镇	中至河	中型水库	1976 年	34.0	1 053	1 932
长城岭水库	五莲县松柏镇	涓河	中型水库	1960 年 3 月	42.0	470	1 096
小王疃水库	五莲县许孟镇	涓河	中型水库	1960 年 4 月	33.5	623	1 909
青墩子水库	诸城市皇华镇	扶淇河	中型水库	1960 年 7 月	102	1 914	4 419
三里庄水库	诸城市密州街道	扶淇河	中型水库	1958 年 8 月	240	2 572	9 036
石门水库	诸城市林家村镇	芦河	中型水库	1960 年 6 月	22.0	604	1 002
郭家村水库	诸城市林家村镇	百尺河	中型水库	1968 年 10 月	32.5	893	1 550
于家河水库	安丘市柘山镇	渠河	中型水库	1968 年 5 月	100	3 007	5 402
下株梧水库	安丘市石埠子镇	渠河	中型水库	1959 年 12 月	32.0	942	1 634
吴家楼水库	诸城市石桥子镇	渠河	中型水库	1960 年 7 月	33.0	428	1 089
牛台山水库	诸城市辛兴镇	百尺河	中型水库	1967 年	36.0	163	1 104
共青团水库	诸城市辛兴镇	百尺河	中型水库	1958 年	133.5	536	1 090
黄崖水库	莒县东莞镇	潍河	小（1）型水库	1966 年	7.0	90	116
朱官庄水库	莒县库山乡	潍河	小（1）型水库	1966 年	3.0	53	108
裴家峪水库	五莲县于里镇	潍河	小（1）型水库	1971 年	4.1	216	282
满堂峪水库	五莲县高泽街道	中至河	小（1）型水库	1960 年	17.0	362	670
陆家庄子水库	五莲县洪凝街道	洪凝河	小（1）型水库	1958 年	15.3	31	153
却坡水库	五莲县洪凝街道	洪凝河	小（1）型水库	1959 年	15.0	375	686
冯家坪水库	五莲县洪凝街道	高泽河	小（1）型水库	1960 年	14.0	456	709
水西河子水库	五莲县高泽街道	高泽河	小（1）型水库	1960 年	3.4	81	167
山王庄水库	五莲县许孟镇	涓河	小（1）型水库	1967 年	4.0	230	288
石龙口水库	诸城市皇华镇	扶淇河	小（1）型水库	1967 年	5.0	170	245
莎沟水库	诸城市皇华镇	扶淇河	小（1）型水库	1960 年	19.4	181	337
北朱解水库	诸城市密州街道	芦河	小（1）型水库	1960 年	4.0	51	101
南朱解水库	诸城市密州街道	芦河	小（1）型水库	1966 年	6.0	136	198
刘家村水库	诸城市密州街道	芦河	小（1）型水库	1964 年	4.0	99	149
曙光水库	诸城市桃园生态经济发展区	百尺河	小（1）型水库	1967 年	6.0	198	250
大桥西水库	诸城市林家村镇	百尺河	小（1）型水库	1958 年	9.75	134	252
杨家庄水库	诸城市林家村镇	百尺河	小（1）型水库	1966 年	7.0	111	194
西漫流水库	沂水县富官庄镇	渠河	小（1）型水库	1971 年	8.0	96	136
北楼水库	安丘市石埠子镇	渠河	小（1）型水库	1966 年	18.0	80	150
何家庄子水库	沂水县富官庄镇	渠河	小（1）型水库	1966 年	10.0	56	105
大福田水库	诸城市桃园生态经济发展区	扶淇河	小（1）型水库	1979 年	4.4	68	124.1
共青团水库	安丘市辉渠镇	渠河	小（1）型水库	1967 年	24.0	340	600
罗家庄水库	安丘市兴安街道	浯河	小（1）型水库	1967 年	13.0	147	285
伏留水库	安丘市景芝镇	浯河	小（1）型水库	1960 年	180	265	392

1.3 测站概况

峡山水库水文站于 1960 年 4 月 20 日设立，位于潍河中游，在昌邑、安丘、诸城、高密四市交界处，控制流域面积 4 210 km²，水库下游距昌邑市城区 50 km，距寒亭区 63 km，距胶济铁路仅 7 km，距辉村水文站 18 km。峡山水库站属基本水文站，测验任务有库内水位、出库流量、降水量、冰情、水质、墒情、水文调查、水准测量、蒸发量等；该站还担负着向国家防总，省、市防指提供水情、雨情、墒情和洪水预报等报汛任务。

峡山水库水文站采用冻结基面，该站冻结基面高程 =1956 年黄海基面高程，冻结基面高程 −0.092 m=1985 年国家高程基准高程。集水面积自设站之日起无变动。测站自设站之日起无变迁。该站溢洪道测流断面于 1974 年由闸下 1 135 m 迁移到闸上 295 m。1979 年在新闸（在原闸上 100 m 处，原闸在 1979 年被破除）以上 170 m 处建立自控缆道，1989 年缆道报废，2008 年溢洪闸改建。测站基本情况见表 23–3。本站以上共设有报汛站 10 处，分别为墙夼水库、五莲、雹泉、于家河（老子）、石埠子、九台、三里庄、共青团、景芝、峡山水库。

峡山水库水文站以上流域在干流潍河上有国家基本水文站墙夼水库水文站、诸城（二）水文站，支流渠河上有国家基本水文站郭家屯水文站。

墙夼水库水文站已在第二十二章做了介绍，此处不再赘述。

诸城(二)水文站是潍河干流控制站，1951 年 6 月由华东军政委员会水利部设立诸城水文站，1961 年 1 月基本断面下迁 4.0 km，更名为九台水文站，1999 年 9 月停测，2010 年 1 月基本断面上迁 5.0 km，更名为诸城（二）水文站，控制流域面积 1 831 km²。

郭家屯水文站位于山东省安丘市景芝镇葛家彭旺村南渠河北岸，设立于 2004 年 1 月，由原石埠子水文站（安丘市石埠子镇境内，于 1955 年设立观测）下迁至 206 国道渠河大桥东 20 m 处，为国家基本水文站，是渠河流域的重要控制站。郭家屯水文站以上控制流域面积 963 km²，河长 85.2 km，距峡山水库入河口 14.8 km。

表 23–3　潍河峡山水库站基本情况表

基础信息	测站编码	40807100	集水面积	4 210 km²	设站时间	1960 年 4 月
	流　域	淮河流域	水　系	潍河水系	河　流	潍河
	基　面	冻结基面		高　程	47.486 m	
	测站地址	山东省潍坊市峡山区王家庄街道埠望庄东北，峡山南侧				
	管理机构	山东省潍坊市水文中心				
	监测项目	水位、流量、冰情、水质、土壤含水率、降水量、蒸发量、水文调查				
	流量测验方法及渡河方式	流量测验方法：流速仪法； 渡河方式：缆道				
	多年平均年径流量	4.580 1 亿 m³	多年平均年输沙量	—	多年平均年降水量	626.3 mm
	最大年径流量	6.932 亿 m³	出现年份	1964 年		
	最小年径流量	0 亿 m³	出现年份	1989 年		
	最大流量	2 900 m³/s	出现时间	1974 年 8 月 15 日		

续表

基础信息	最小流量	0 m³/s	出现时间	1960 年 6 月 13 日		
	最高水位	39.76 m	出现时间	1974 年 8 月 14 日		
	最低水位	24.08 m	出现时间	1960 年 4 月 20 日		
	测站位置特点	峡山水库位于潍坊市峡山区境内淮河流域中的潍河水系，距河口 90 km，主要有扶淇河、渠河、百尺河、芦河等支流汇入，其中较大支流为渠河，全长 100 km				
	测验河段特征	水库大坝位于峡山区王家庄街道埠望庄东北，峡山南侧，主坝长 2 750 m，副坝长 30 168.65 m，都是均质土坝，迎水面块石护坡，坝上水尺设在溢洪闸上 500 m 栈桥处。溢洪闸于 1979 年重新改建并投入使用，闸下消力池长 100 m，底部水泥抹面，两岸块石护坡。灌溉设施共建有 5 处放水洞，上游建有墙夼大型水库 1 座，三里庄等中型水库 11 座				
任务作用	主要任务：系统收集水文资料，研究水文规律，监测水位、流量、冰情、水质、墒情、降水量、水文调查、水准测量、蒸发量等； 功能作用：为抗旱防汛和工程管理服务					
历史沿革	设立或变动	发生年月	站名	站别	领导机关	说明
	设立	1960 年 4 月	峡山水库	水文	山东省水利厅	常年站，集水面积为 4 210 km²
	增测蒸发量	1960 年 5 月	峡山水库	水文	山东省水利厅	
	增测河湖水化学	1960 年 7 月	峡山水库	水文	山东省水利厅	
	停测蒸发量	1967 年 1 月	峡山水库	水文	山东省水文总站	
	停测河湖水化学	1968 年 1 月	峡山水库	水文	山东省水文总站	
	恢复河湖水化学	1976 年 1 月	峡山水库	水文	山东省水文总站	
	恢复蒸发量	1978 年 6 月	峡山水库	水文	山东省水文总站	
	河湖水化学改为水质	1985 年 7 月	峡山水库	水文	山东省水文总站	
	停测溢洪道流量	1992 年 6 月	峡山水库	水文	山东省水文总站	
	停测含沙量	1993 年 6 月	峡山水库	水文	山东省水文总站	溢洪道、电站及各放水洞

2 预报方案编制

2.1 预报区间的确定

预报区间为上游 10 座大中型水库至峡山水库区间，故区间面积为 2 974 km^2，即峡山水库以上总控制面积 4 210 km^2 减去上游 10 座大中型水库控制面积 1 236 km^2。

2.2 资料情况及方案沿革

2.2.1 资料情况

本方案采用 1960—2020 年共 61 年资料，选用 55 场次暴雨洪水资料分析制作，但自 1970 年以来，流域内干支流河道上兴建大量拦河闸坝拦蓄调节洪水，产流和汇流规律有了较大改变，故以 1970 年以后的 37 场次暴雨洪水资料作为定线和精度评价依据，选取过程中尽量选用受工程影响较小的洪水，雨洪对应不好或受工程影响较严重的洪水不予采用。本次修订方案除选用了之前分析的 1970—2010 年 32 场次暴雨洪水外，另外补充了 2010—2020 年 5 场次暴雨洪水进行分析，即资料系列为 1970—2020 年，共 37 场次洪水。

2.2.2 方案沿革

原预报方案于 2010 年修订，产流方案采用降雨径流相关图 $P+P_a-R$，汇流方案采用峰量关系曲线图、经验单位线。本次修订在原产流方案降雨径流相关图 $P+P_a-R$ 中增加 5 个点据，关系线保持不变；在原汇流方案峰量关系曲线图中增加 5 个点据，关系线保持不变。

2.3 产流方案

产流预报依据蓄满产流的基本原理，根据实测径流资料采用降雨径流经验相关的方法（$P+P_a-R$）。峡山水库站降雨径流相关图见图 23-2。其中：P 为次降雨流域平均雨量（mm）；P_a 为流域平均前期影响雨量（mm）；R 为次降雨所产生的径流深（mm）。

2.3.1 主要参数的计算

2.3.1.1 流域平均雨量P的计算

流域平均雨量采用面积加权法计算求得，雨量站的面积控制权重（区间）见表 23-4。

表 23-4 峡山水库站以上流域内雨量站的控制权重表

站名	峡山水库	石埠子	雹泉	于家河（老子）	九台
权重	0.03	0.13	0.09	0.14	0.12
站名	三里庄	共青团	墙夼水库	五莲	景芝
权重	0.10	0.10	0.09	0.05	0.15

2.3.1.2 流域平均前期影响雨量P_a的计算

每年自汛初开始连续计算，先以面积加权法计算流域平均雨量，然后计算前期影响雨量 P_a，其计算公式如下：

$$P_{a,t+1}=K(P_{a,t}+P_t)$$

式中：$P_{a,t+1}$ 为第 t+1 日的前期影响雨量（mm）；$P_{a,t}$ 为第 t 日的前期影响雨量（mm）；P_t 为第 t 日的流域平均雨量（mm）；K 为折减系数，$K_{晴}$=0.90，$K_{雨}$=0.95。

当暴雨开始时间不在日分界时间时，P_a 值根据实际降雨开始时间，采用直线内插（或经验内插）法计算而得。

对连续洪水进行分割后，第二场洪水的 P_{a2} 用下式计算：

$$P_{a2}=K(P_{a1}+P_1-R_1)$$

式中：P_{a1}、P_1、R_1 分别是第一场洪水的前期影响雨量、降雨量和径流深。

2.3.1.3 最大损失量I_m和K值的确定

$$K=1-E_m/I_m$$

根据蒸发资料分析，本站 $K_{晴}$=0.90，$K_{雨}$=0.95。

I_m 值采用下式计算：

$$I_m=P+P_a-R-E$$

式中：P 为流域平均降雨量（mm）；P_a 为前期影响雨量（mm）；R 为径流深（mm）；E 为雨间蒸发量（mm）。

在历年实测雨洪资料中，选择久旱少雨、降雨量较大、前期影响雨量接近 0（P_a 较小）、产生径流较小的几场洪水，求得 I_m=140 mm，P_a 值的上限以 140.0 mm 作控制。

2.3.1.4 径流深R的推求

在入库洪水过程线上采用斜线分割法切除基流，本次洪水径流深 R 等于洪水总量 W（扣除基流量）除以区间集水面积 $F_{区}$。

$$R=10W/F_{区}$$

式中：R 为径流深（mm）；W 为洪水总量（万 m^3）；$F_{区}$为上游 10 座大中型水库至峡山水库区间的流域面积，取 2 974 km^2；10 为单位换算系数。

峡山水库水文站降雨径流分析成果见表 23-5。

2.3.1.5 暴雨中心位置的确定

根据流域特性和代表站分布情况，按照测站断面以上暴雨中心位置划分上、中、下游。上游：墙夼水库、五莲；中游：雹泉、于家河（老子）、石埠子、九台、三里庄、共青团；下游：景芝、峡山水库。

2.3.2 精度评定

按许可误差 =20% 实测值的标准（并当许可误差大于 20.0 mm 时以 20.0 mm 为上限，小于 3.0 mm 时以 3.0 mm 为下限）进行逐次洪水评定。$P+P_a-R$ 相关图共选用 37 个点据，31 个合格，合格率为 83.8%，属于乙级方案，可用于作业预报，详见表 23-6。

2.4 汇流方案

本方案主要采用峰量关系图、经验单位线等方法。

2.4.1 峰量关系曲线P+P_a–$Q_{m净}$

受干支流拦河闸坝蓄水及开关闸调节影响，以有效降雨历时 T_c 为参数的 R–T_c–$Q_{m净}$关系点据散乱，且无规律可循，改作 P+P_a–$Q_{m净}$相关图。流域平均雨量 P 采用加权平均法计算，前期影响雨量 P_a 依据公式求得，净峰流量 $Q_{m净}$为一次降雨过程所产生的区间净峰流量。

以流域平均雨量加前期影响雨量作为参数，建立峰量关系曲线 P+P_a–$Q_{m净}$，详见图 23–3。

精度评定：按许可误差 =20% 实测值的标准进行逐次洪水评定。峰量关系图共选用 37 个点据，23 个合格，合格率为 62.2%，属于丙级方案，可用于作业预报。精度评定见表 23–7。

2.4.2 经验单位线

根据流域暴雨洪水特性及下垫面变化情况选出本站 3 场暴雨洪水资料，综合分析出峡山水库水文站 3 条单位线，分别适用于暴雨中心在上游、中游、下游情况，Δt 均取 2 h。单位线图见图 23–4。

2.5 水位与库容、面积关系曲线

峡山水库水位与库容、面积关系曲线采用山东省水利厅鲁水管函字〔2014〕24 号文公布的成果，自 2015 年 1 月 1 日起启用，见图 23–5。

2.6 泄量关系曲线

峡山水库以闸门开启高度为参数的泄流曲线见图 23–6。

2.7 最高水位Z_m预报时间

最高水位 Z_m 出现时间预报图由两个象限组成。

（1）第二象限根据下式计算点绘：

$$T_{洪}=\frac{5W}{Q_{m净}}$$

式中：$T_{洪}$为洪水历时（h）；其他符号意义同前。

（2）第一象限根据下式计算点绘：

$$\tau=T_{洪}\left(1-K\frac{q_m}{Q_{m净}}\right)$$

式中：τ 为自库水位起涨至最高水位出现的时距（h）；K 为落水历时与洪水历时之比，K=3/4；其他符号意义同前。

在实际工作中，因水库水位起涨时间不便控制，一般取自有效降雨开始至库水位起涨的时距为 2 ~ 6 h。具体取用时可参照暴雨中心位置（偏下游时取用时间短，偏上游时取用时间长）和降雨强度（降雨强度大时取用时间短，降雨强度小时取用时间长）确定。自库水位起涨至最高水位出现的时距 τ 可从图 23–7 直接查得。

2.8 调洪演算曲线

根据水量平衡原理，采用以下公式可计算推求水库水位涨落及水库出流过程：

$$\overline{Q}+\left(\frac{V_1}{\Delta t}+\frac{q_1}{2}\right)=\left(\frac{V_2}{\Delta t}+\frac{q_2}{2}\right)$$

式中：$\overline{Q}$ 为时段平均入库流量（m^3/s）；V_1、V_2 分别为时段始末水库蓄水量（万 m^3）；q_1、q_2 分别为时段始末出库流量（m^3/s）；Δt 为时段长，取 Δt=2 h。

3 方案使用说明

3.1 径流深预报

首先计算出流域平均降雨量 P 和流域平均前期影响雨量 P_a，并根据一次暴雨的有效降雨历时（或暴雨中心位置），查降雨径流关系图 P+P_a–R（图 23–2）。对查算结果进行综合分析，确定径流深 R 的预报值。Ⅰ线适用于汛初第一场洪水，Ⅱ线适用于干流河道畅流、$T_c<6$ h 的情况，Ⅲ线适用于干流河道畅流、$T_c\geqslant 6$ h 的情况，Ⅳ线适用于流域内大中型水库泄洪的情况。

3.2 最大入库洪峰流量预报

3.2.1 查P+P_a–$Q_{m净}$图

由流域平均降雨量 P、前期影响雨量 P_a 查 P+P_a–$Q_{m净}$图（图 23–3），得到该次降雨最大入库净峰流量 $Q_{m净}$，加上基流量即为所预报的最大入库洪峰流量。Ⅰ线适用于汛初第一场洪水，Ⅱ线适用于干流河道畅流、拦河闸坝起部分调蓄作用的情况，Ⅲ线适用于干流河道畅流、流域内部分大中型水库泄洪的情况。

3.2.2 经验单位线法

由累积降雨量 $\sum P$ 在降雨径流关系图中查出累积径流深 $\sum R$，相隔 Δt 的两个累积径流深相减即得时段径流深 R，然后根据暴雨中心位置选择相应单位线，各时段净雨深错时段与 0.1 倍的单位线各时段流量相乘，同时段流量相加，再加上基流量即为入库流量过程，由此可查到最大入库洪峰流量。

3.3 入库洪水总量和传播时间预报

3.3.1 入库洪水总量

根据如下公式得到入库洪水总量 W：

$$W=0.1F_{区}R$$

式中：R 为径流深（mm）；W 为洪水总量（万 m^3）；$F_{区}$为上游 10 座大中型水库至峡山水库区间流域面积（km^2）；0.1 为单位换算系数。

3.3.2　传播时间

峡山水库上游墙夼水库和三里庄水库有溢洪资料，这两座水库的出流过程错开时段（至峡山水库的传播时间）后，从峡山的入库流量中减去，即可得到墙夼、三里庄—峡山水库的区间来水。经分析，中等洪水时的传播时间为：墙夼—峡山约需 16 h，三里庄—峡山约需 8 h；大洪水时，上述传播时间可酌减 2 h；小洪水时，上述传播时间可酌情加 2 h。

3.4　改正流量$Q'_{m净}$及有效水量W'查算

3.4.1　改正流量$Q'_{m净}$查算

（1）改正流量 $Q'_{m净}$查算图根据下式计算点绘：

$$Q'_{m净}=Q_{m净}\sqrt{\frac{1-V_{拦}/W}{1-\eta}}$$

式中：$Q_{m净}$为入库净峰流量（m^3/s）；$V_{拦}$为起涨水位至溢洪水位之间的拦蓄库容（万 m^3）；W 为洪水总量（万 m^3）；η 为涨洪历时与洪水总历时之比，经分析，本水库 $\eta=\frac{1}{4}$。

当拦蓄库容与洪水总量的比值介于两条关系曲线之间时，首先查出两条曲线中对应 $Q_{m净}$的数值，然后进行插补，对应查出改正流量 $Q'_{m净}$，见图 23-8。

（2）考虑墙夼水库溢洪的经验修正

用本方案预报出峡山水库以上区间的净峰流量，再预报出墙夼水库的最大出库流量 Q_m 及其出现时间后，错开时间（墙夼水库溢洪至峡山水库的传播时间）与墙夼—峡山区间净峰流量 $Q_{m净}$相加，即可得出考虑了墙夼水库溢洪的峡山水库修正后的净峰流量。

墙夼—峡山洪水传播时间为：大洪水时约 14 h，中等洪水时约 16 h，小洪水时约 18 h。

（3）另外考虑加上游 9 座中型水库的溢洪

9 座水库中溢洪道有闸门控制的有三里庄、石门、郭家村、下株梧，其他 5 座水库即河西、于家河、吴家楼、小王疃、长城岭水库均为开敞式溢洪道。

三里庄—峡山洪水传播时间为：大洪水时约 6 h，中等洪水时约 8 h，小洪水时约 10 h。

其他中型水库—峡山水库的洪水传播时间，可参照三里庄—峡山洪水的传播时间另定。

3.4.2　有效水量W'查算

当水库放水时，有效水量 W' 计算公式如下：

$$W'=W-\Delta W=W\{1-[1-(1-\frac{q_{起}}{Q_{m净}})^2]\}$$

式中：ΔW 为无效水量（万 m^3）；$q_{起}$为起调泄流量（m^3/s）；$Q_{m净}$为最大入库净峰流量（m^3/s）。

有效水量 W' 查算见图 23-9。

3.5　方案合理性检查及评定

在方案建立过程中，随时根据规范要求及有关文件规定进行合理性检查，特别对突出点据从原始资料反复查对，对中间处理过程也进行了认真审查，发现不合理的问题后基本上都做了检查改正。方案建立后，先从线形进行比较，防止出现矛盾现象，然后对每个方案尽量根据规范规定采用表格形式进行了精度评定（用许可误差法）。

3.6　方案适应能力

本方案适用于防洪标准以下的洪水作业预报。如遇超标准洪水，则需根据当时具体情况酌情修正。

3.7　注意事项

（1）方案的制作未考虑上游塘坝的影响，作业预报时也要根据前期降雨情况进行适当修正。

（2）应随时掌握上游工程蓄水及泄洪情况，要根据实际情况对预报值进行及时修正。

（3）局部暴雨时要注意超渗产流，可适当将查算的 R 值加大；久旱初雨时产流偏小，应适当修正所查 R 值。

总之，由于影响因素太多，本方案不能全部反映实际情况，因而不能照搬，应具体问题具体分析，并采用多种方法，考虑各种因素进行综合分析，确定采用的预报值。

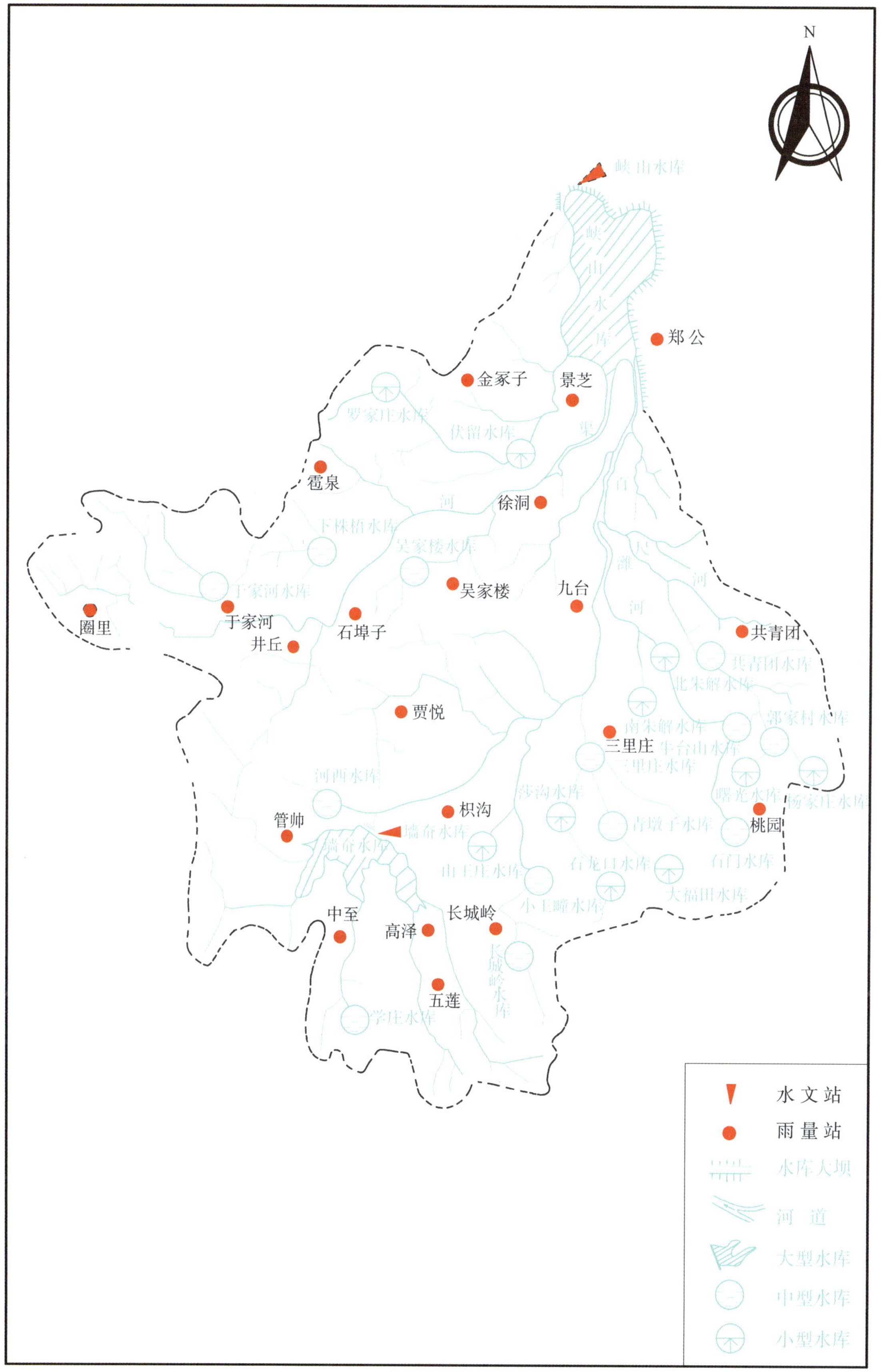

图 23-1　潍河峡山水库站以上流域图

表 23-5　潍河峡山水库站降雨径流分析成果表

序号	洪号	降雨起止时间		流域平均雨量 P（mm）	前期影响雨量 P_a（mm）	降雨历时（h）		暴雨中心位置或特点	洪水起止时间		净峰流量 $Q_{m净}$（m^3/s）	洪水总历时 $T_洪$（h）	次洪径流量 W（万 m^3）	集水面积 F（km^2）	次洪径流深 R（mm）	径流系数 α
		起	止			全部 T	有效 T_c		起涨	落平						
1	620713	7 月 13 日 12:00	7 月 14 日 6:00	69.1	47.2	18	8	上游	7 月 13 日 20:00	7 月 15 日 9:00	1 540	37	4 030	2 974	13.6	0.20
2	620719	7 月 19 日 0:00	7 月 19 日 16:00	56.5	78.1	16	6	均匀	7 月 19 日 1:30	7 月 21 日 12:00	1 140	59	6 280	2 974	21.1	0.37
3	620807	8 月 7 日 0:00	8 月 8 日 2:00	55.4	107.5	26	6	均匀	8 月 7 日 4:00	8 月 9 日 20:00	1 520	64	8 680	2 974	29.2	0.53
4	640703	7 月 3 日 0:00	7 月 3 日 14:00	53.2	99.0	14	6	中	7 月 3 日 1:00	7 月 5 日 8:00	1 680	55	8 390	2 974	28.2	0.53
5	640716	7 月 16 日 12:00	7 月 18 日 2:00	149.4	130.1	38	20	均	7 月 16 日 12:00	7 月 20 日 22:00	2 650	106	35 600	2 974	119.8	0.80
6	640731	7 月 31 日 18:00	8 月 1 日 20:00	70.3	93.5	26	8	中	7 月 31 日 20:00	8 月 3 日 5:00	2 700	57	17 300	2 974	58.1	0.83
7	640802	8 月 2 日 0:00	8 月 2 日 14:00	21.8	97.4	14	6	中	8 月 2 日 9:00	8 月 3 日 19:00	1 190	34	5 360	2 974	18.0	0.83
8	640912	9 月 12 日 0:00	9 月 12 日 20:00	56.8	93.4	20	8	下	9 月 12 日 6:00	9 月 14 日 11:00	1 230	53	7 790	2 974	26.2	0.46
9	650709	7 月 9 日 8:00	7 月 10 日 8:00	64.1	35.7	24	6	上	7 月 10 日 2:00	7 月 13 日 2:00	329	72	1 820	2 974	6.1	0.10
10	650727	7 月 27 日 14:00	7 月 28 日 12:00	60.7	78.2	22	8	中	7 月 27 日 14:00	7 月 31 日 12:00	695	94	4 750	2 974	16.0	0.26
11	650804	8 月 4 日 6:00	8 月 4 日 22:00	67.7	103.2	16	12	中	8 月 4 日 6:00	8 月 8 日 8:00	958	98	8 890	2 974	29.9	0.44
12	650815	8 月 15 日 10:00	8 月 16 日 2:00	53.0	84.1	16	6	中	8 月 15 日 13:00	8 月 17 日 18:00	1 560	53	5 090	2 974	17.1	0.32
13	650816	8 月 16 日 14:00	8 月 17 日 8:00	35.0	112.4	18	8	中	8 月 16 日 16:00	8 月 18 日 17:00	884	49	5 670	2 974	19.1	0.55
14	650817	8 月 17 日 20:00	8 月 19 日 2:00	30.4	121.9	30	8	均匀	8 月 18 日 6:00	8 月 21 日 15:00	555	81	7 810	2 974	26.3	0.87
15	660714	7 月 14 日 2:00	7 月 14 日 14:00	22.4	31.6	12	2	下	7 月 14 日 6:00	7 月 15 日 15:00	374	33	662	2 974	2.2	0.10
16	660715	7 月 14 日 14:00	7 月 15 日 8:00	49.4	50.5	18	6	中	7 月 14 日 19:00	7 月 16 日 20:00	278	49	1 570	2 974	5.3	0.11
17	660720	7 月 20 日 16:00	7 月 21 日 14:00	89.7	59.8	22	10	中	7 月 20 日 21:00	7 月 24 日 0:00	917	75	5 190	2 974	17.5	0.20
18	660722	7 月 22 日 4:00	7 月 22 日 20:00	14.7	119.3	16	4	中	7 月 22 日 14:30	7 月 24 日 16:00	288	50	1 350	2 974	4.5	0.31
19	700730	7 月 29 日 8:00	7 月 30 日 2:00	64.9	133.4	18	8	上	7 月 29 日 8:00	8 月 2 日 1:00	1 360	89	9 410	2 974	31.7	0.49
20	700828	8 月 27 日 14:00	8 月 29 日 12:00	74.5	27.2	46	14	下	8 月 28 日 3:00	8 月 30 日 18:00	780	63	3 220	2 974	10.8	0.14
21	700917	9 月 16 日 6:00	9 月 17 日 8:00	60.8	57.9	26	12	中	9 月 16 日 6:00	9 月 19 日 22:00	474	88	4 140	2 974	13.9	0.23
22	710701	6 月 30 日 22:00	7 月 1 日 20:00	69.1	86.0	22	8	下	7 月 1 日 0:00	7 月 3 日 8:00	1240	56	7 900	2 974	26.6	0.38
23	710704	7 月 3 日 12:00	7 月 3 日 20:00	28.6	119.6	8	6	均匀	7 月 3 日 12:00	7 月 5 日 13:00	475	49	3 730	2 974	12.5	0.44
24	710810	8 月 8 日 14:00	8 月 9 日 20:00	167.3	49.5	30	12	中	8 月 8 日 14:00	8 月 11 日 11:00	2 760	69	24 500	2 974	82.4	0.49
25	710822	8 月 21 日 14:00	8 月 22 日 8:00	78.6	116.5	18	10	中	8 月 21 日 14:00	8 月 24 日 9:00	2 200	67	13 300	2 974	44.8	0.57
26	740814	8 月 13 日 0:00	8 月 14 日 2:00	258.8	130.3	26	14	中	8 月 13 日 2:00	8 月 15 日 23:30	9 480	70	69 800	2 974	234.8	0.91
27	750730	7 月 30 日 8:00	7 月 31 日 6:00	41.3	117.1	22	8	中	7 月 30 日 15:00	8 月 2 日 4:00	1 120	61	8 500	2 974	28.6	0.69
28	750815	8 月 13 日 22:00	8 月 15 日 20:00	180.6	75.4	46	18	中	8 月 14 日 0:00	8 月 17 日 10:00	4 280	82	38 000	2 974	127.7	0.71

续表

序号	洪号	降雨起止时间		流域平均雨量 P（mm）	前期影响雨量 P_a（mm）	降雨历时（h）		暴雨中心位置或特点	洪水起止时间		净峰流量 $Q_{m净}$（m^3/s）	洪水总历时 $T_{洪}$（h）	次洪径流量 W（万 m^3）	集水面积 F（km^2）	次洪径流深 R（mm）	径流系数 α
		起	止			全部 T	有效 T_c		起涨	落平						
29	780709	7月9日8:00	7月9日14:00	36.4	99.6	6	4	下	7月9日10:00	7月11日10:00	595	48	2 990	2 974	10.0	0.27
30	790731	7月31日2:00	8月2日8:00	78.3	77.7	54	8	中	7月31日8:00	8月4日8:00	793	96	7 790	2 974	26.2	0.33
31	800616	6月15日20:00	6月16日16:00	101.4	29.9	20	8	中	6月16日0:00	6月19日0:00	867	72	5 180	2 974	17.4	0.17
32	840703	7月2日8:00	7月3日13:00	63.1	13.6	29	2	中	7月2日20:00	7月6日14:00	19.9	90	35.6	2 974	0.1	0.00
33	850712	7月11日6:00	7月12日2:00	78.8	47.1	20	2	上	7月11日8:00	7月15日8:00	296	96	1 700	2 974	5.7	0.07
34	850820	8月18日23:00	8月21日9:00	101.1	36.1	58	10	上	8月20日0:00	8月25日8:00	294	128	4 790	2 974	16.1	0.16
35	900723	7月21日0:00	7月22日10:00	111.1	88.2	34	4	中	7月22日2:00	7月27日14:00	278	132	3 940	2 974	13.3	0.12
36	900804	8月3日0:00	8月5日0:00	82.5	87.5	48	4	中	8月3日0:00	8月7日20:00	439	116	5 480	2 974	18.4	0.22
37	900817	8月16日0:00	8月17日2:00	102.3	97.4	26	8	中上	8月16日8:00	8月20日14:00	1 460	102	14 300	2 974	48.1	0.47
38	900911	9月8日12:00	9月10日14:00	75.4	80.7	50	12	上	9月8日16:00	9月12日8:00	521	88	7 970	2 974	26.8	0.36
39	960629	6月28日17:00	6月29日9:00	80.9	52.9	16	3	中	6月29日2:00	6月30日20:00	441	42	2 170	2 974	7.3	0.09
40	960726	7月24日23:00	7月26日14:00	47.7	87.6	39	5	中上	7月25日2:00	7月27日0:00	250	46	3 660	2 974	12.3	0.26
41	970820	8月19日2:00	8月20日20:00	289.1	17.2	42	14	上	8月19日12:00	8月23日8:00	3 830	92	16 900	2 974	56.7	0.20
42	980805	8月3日22:00	8月4日22:00	74.5	39.3	24	6	中	8月4日8:00	8月8日8:00	636	96	4 270	2 974	14.3	0.19
43	980815	8月14日2:00	8月15日18:00	62.2	81.5	40	6	上中	8月15日8:00	8月17日12:00	1 060	52	4 490	2 974	15.1	0.24
44	990812	8月10日12:00	8月14日18:00	300.2	14.0	102	18	上中	8月11日8:00	8月16日20:00	3 340	132	24 800	2 974	83.4	0.28
45	000831	8月30日7:00	9月1日0:00	86.7	60.9	41	7	中	8月31日8:00	9月5日20:00	184	132	3 030	2 974	10.1	0.12
46	010802	7月30日1:00	8月1日22:00	112.5	117.1	69	13	均匀	7月30日14:00	8月6日6:00	1 200	160	11 000	2 974	36.9	0.33
47	050921	9月19日0:00	9月21日12:00	139.0	28.0	60	18	中上	9月19日8:00	9月25日22:30	1 480	159	15 100	2 974	50.7	0.36
48	080719	7月18日8:00	7月20日22:00	118.7	45.8	62	18	中下	7月18日12:00	7月22日20:00	570	104	7 180	2 974	24.1	0.20
49	080724	7月22日18:00	7月24日8:00	94.0	126.0	38	10	中	7月22日20:00	7月26日0:00	2 280	76	13 900	2 974	46.7	0.50
50	080818	8月17日8:00	8月18日0:00	56.6	74.2	16	8	中上	8月17日16:00	8月19日20:00	1 150	52	6 230	2 974	20.9	0.37
51	110829	8月26日20:00	8月29日22:00	116.0	76.8	74	34	中上	8月27日8:00	9月3日8:00	1 990	168	17 700	2 974	59.6	0.51
52	120815	8月12日20:00	8月15日10:00	36.7	126.7	62	32	上	8月14日6:00	8月19日8:00	720	122	5 200	2 974	17.5	0.48
53	180626	6月25日12:00	6月26日17:00	137.0	16.5	29	12	中上	6月25日20:00	7月1日0:00	526	124	4 900	2 974	16.5	0.12
54	180819	8月18日17:00	8月20日2:00	133.3	123.5	33	16	均匀	8月19日18:00	8月23日6:00	3 190	84	16 800	2 974	56.4	0.42
55	200804	8月2日0:00	8月2日17:00	68.9	72.4	17	9	中	8月2日8:00	8月8日18:00	821	154	10 400	2 974	35.1	0.51

表 23-6　潍河峡山水库站降雨径流（$P+P_a-R$）预报精度评定表

序号	洪号	流域平均雨量 P（mm）	前期影响雨量 P_a（mm）	$P+P_a$（mm）	实测径流深 $R_{实}$（mm）	预报径流深 $R_{预}$（mm）	预报误差（mm）	许可误差（mm）	评定结果		序号	洪号	流域平均雨量 P（mm）	前期影响雨量 P_a（mm）	$P+P_a$（mm）	实测径流深 $R_{实}$（mm）	预报径流深 $R_{预}$（mm）	预报误差（mm）	许可误差（mm）	评定结果	
									合格	不合格										合格	不合格
1	700730	64.9	133.4	198.3	31.7	31.5	−0.2	6.3	√		20	900911	75.4	80.7	156.1	26.8	27.0	0.2	5.4	√	
2	700828	74.5	27.2	101.7	10.8	11.0	0.2	3.0	√		21	960629	80.9	52.9	133.8	7.3	7.3	0.0	3.0	√	
3	700917	60.8	57.9	118.7	13.9	13.9	0.0	3.0	√		22	960726	47.7	87.6	135.3	12.3	10.0	−2.3	3.0	√	
4	710701	69.1	86.0	155.1	26.6	26.6	0.0	5.3	√		23	970820	289.1	17.2	306.3	56.7	67.9	11.2	11.3	√	
5	710704	28.6	119.6	148.2	12.5	12.5	0.0	3.0	√		24	980805	74.5	39.3	113.8	14.3	12.5	−1.8	3.0	√	
6	710810	167.3	49.5	216.8	82.4	87.0	4.6	16.5	√		25	980815	62.2	81.5	143.7	15.1	22.0	6.9	3.0		√
7	710822	78.6	116.5	195.1	44.8	45.0	0.2	9.0	√		26	990812	300.2	14.0	314.2	83.4	71.5	−11.9	16.7	√	
8	740814	258.8	130.3	389.1	234.8	234.8	0.0	20.0	√		27	000831	86.7	60.9	147.6	10.1	9.5	−0.6	3.0	√	
9	750730	41.3	117.1	158.4	28.6	28.0	−0.6	5.7	√		28	010802	112.5	117.1	229.6	36.9	30.5	−6.4	7.4	√	
10	750815	180.6	75.4	256.0	127.7	119.0	−8.7	20.0	√		29	050921	139.0	28.0	167.0	50.7	47.0	−3.7	10.1	√	
11	780709	36.4	99.6	136.0	10.0	10.0	0.0	3.0	√		30	080719	118.7	45.8	164.5	24.1	30.0	5.9	4.8		√
12	790731	78.3	77.7	156.0	26.2	27.0	0.8	5.2	√		31	080724	94.0	126.0	220.0	46.7	51.0	4.3	9.3	√	
13	800616	101.4	29.9	131.3	17.4	17.5	0.1	3.5	√		32	080818	56.6	74.2	130.8	20.9	18.5	−2.4	4.2	√	
14	840703	63.1	13.6	76.7	0.1	2.0	1.9	3.0	√		33	110829	116.0	76.8	192.8	59.6	65.0	5.4	11.9	√	
15	850712	78.8	47.1	125.9	5.7	6.5	0.8	3.0	√		34	120815	36.7	126.7	163.4	17.5	29.0	11.5	3.5		√
16	850820	101.1	36.1	137.2	16.1	9.8	−6.3	3.2		√	35	180626	137.0	16.5	153.5	16.5	22.5	6.0	3.3		√
17	900723	111.1	88.2	199.3	13.3	18.0	4.7	3.0		√	36	180819	133.3	123.5	256.8	56.4	64.5	8.1	11.3	√	
18	900804	82.5	87.5	170.0	18.4	19.0	0.6	3.7	√		37	200804	68.9	72.4	141.3	35.1	30.0	−5.1	7.0	√	
19	900817	102.3	97.4	199.7	48.1	48.0	−0.1	9.6	√												

备注：1. 预报误差 = 预报值 − 实测值；2. 许可误差 = 实测值的 20%，以 20.0 mm 为上限，以 3.0 mm 为下限；3. 合格率 =83.8%，为乙级方案；4. 采用流域内工程相对一致的 1970 年以后的资料。

表 23-7 潍河峡山水库站峰量关系预报精度评定表

序号	洪号	$P+P_a$（mm）	适用线号	净峰流量（m³/s）		预报误差（m³/s）	许可误差（m³/s）	评定结果	
				实测 $Q_{m净实}$	预报 $Q_{m净预}$			合格	不合格
1	700730	198.3	2	1 360	1 360	0	272	√	
2	700828	101.7	3	780	650	–130	156	√	
3	700917	118.7	3	474	720	246	94.8		√
4	710701	155.1	3	1 240	1 170	–70	248	√	
5	710704	148.2	2	475	500	25	95.0	√	
6	710810	216.8	3	2 760	2 820	60	552	√	
7	710822	195.1	3	2 200	2 200	0	440	√	
8	740814	389.1	3	9 480	9 480	0	1 900	√	
9	750730	158.4	3	1 120	1 220	100	224	√	
10	750815	256.0	3	4 280	4 130	–150	856	√	
11	780709	136.0	2	595	375	–220	119		√
12	790731	156.0	2	793	580	–213	159		√
13	800616	131.3	2	867	330	–537	173		√
14	840703	76.7	1	19.9	50	30.1	3.98		√
15	850712	125.9	1	296	170	–126	59.2		√
16	850820	137.2	2	294	375	81	58.8		√
17	900723	199.3	1	278	700	422	55.6		√
18	900804	170.0	1	439	400	–39	87.8	√	
19	900817	199.7	2	1 460	1 400	–60	292	√	
20	900911	156.1	2	521	580	59	104	√	
21	960629	133.8	1	441	220	–221	88.2		√
22	960726	135.3	2	250	360	110	50.0		√
23	970820	306.3	1	3 830	3 070	–760	766	√	
24	980805	113.8	3	636	690	54	127	√	
25	980815	143.7	3	1 060	980	–80	212	√	
26	990812	314.2	1	3 340	3 240	–100	668	√	
27	000831	147.6	1	184	260	76	36.8		√
28	010802	229.6	1	1 200	1 180	–20	240	√	
29	050921	167.0	3	1 480	1 450	–30	296	√	
30	080719	164.5	2	570	750	180	114		√
31	080724	220.0	2	2 280	1 970	–310	456	√	
32	080818	130.8	2	1 150	350	–800	230		√
33	110829	192.8	3	1 990	2 100	110	398	√	
34	120815	163.4	2	720	658	–62	144	√	
35	180626	153.5	2	526	552	26	105	√	
36	180819	256.8	3	3 190	4 050	860	638		√
37	200804	141.3	3	821	980	159	164	√	

备注：1. 预报误差 = 预报值 – 实测值；2. 许可误差 = 实测值的 20%；3. 合格率 =62.2%，为丙级方案；4. 采用流域内工程相对一致的 1970 年以后资料。

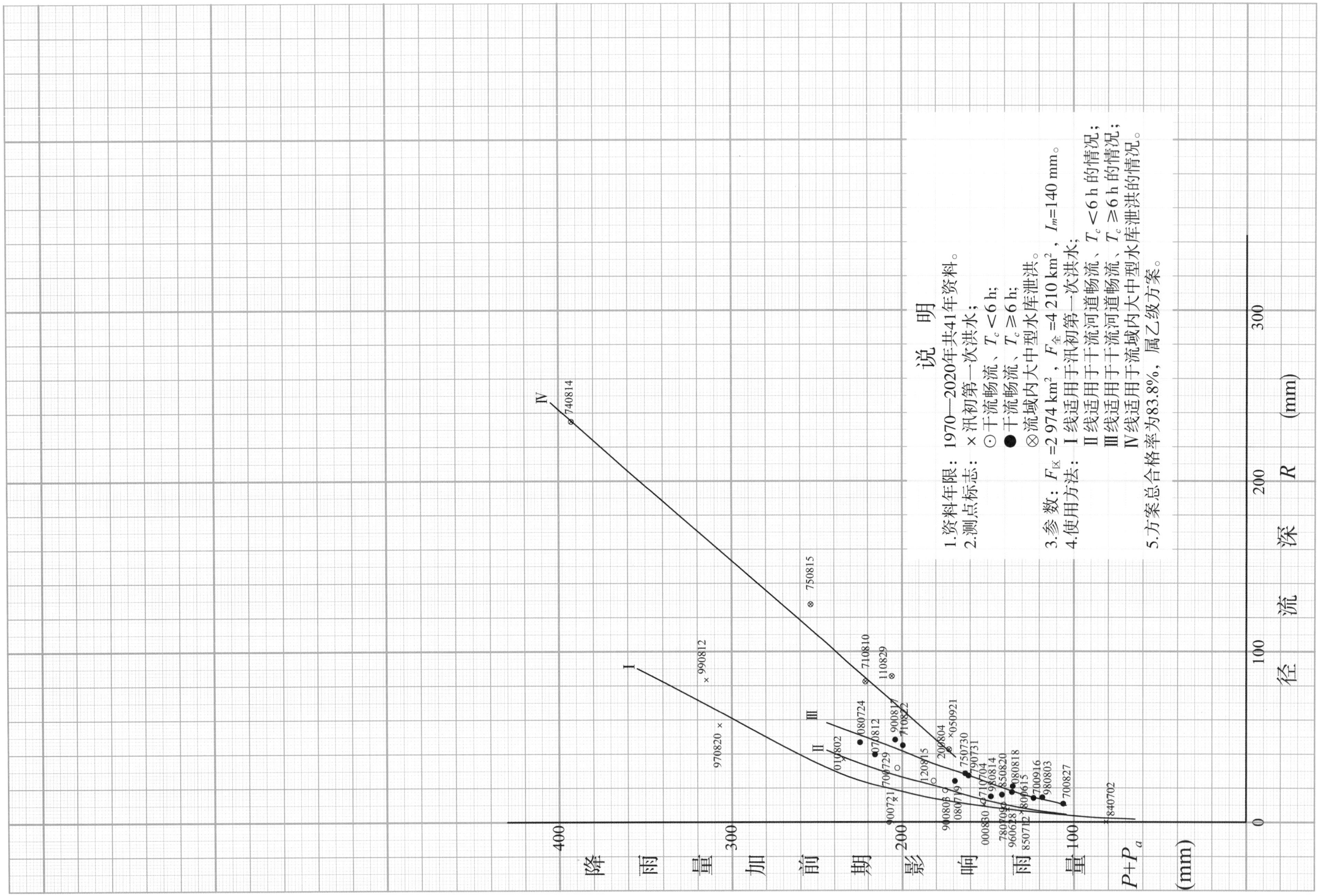

图 23-2 潍河峡山水库站降雨径流相关图（$P+P_a-R$）

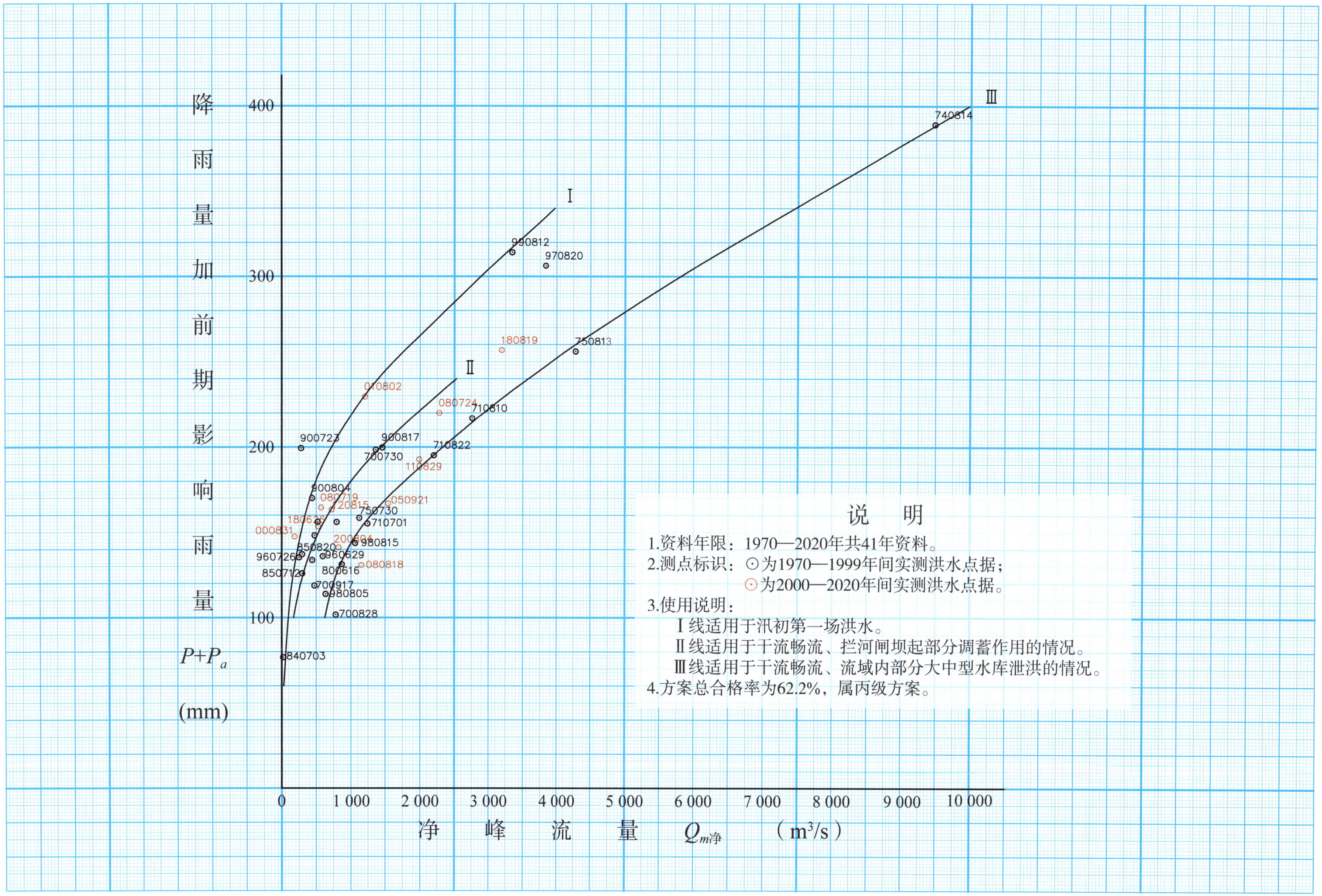

图 23-3　潍河峡山水库站峰量关系图

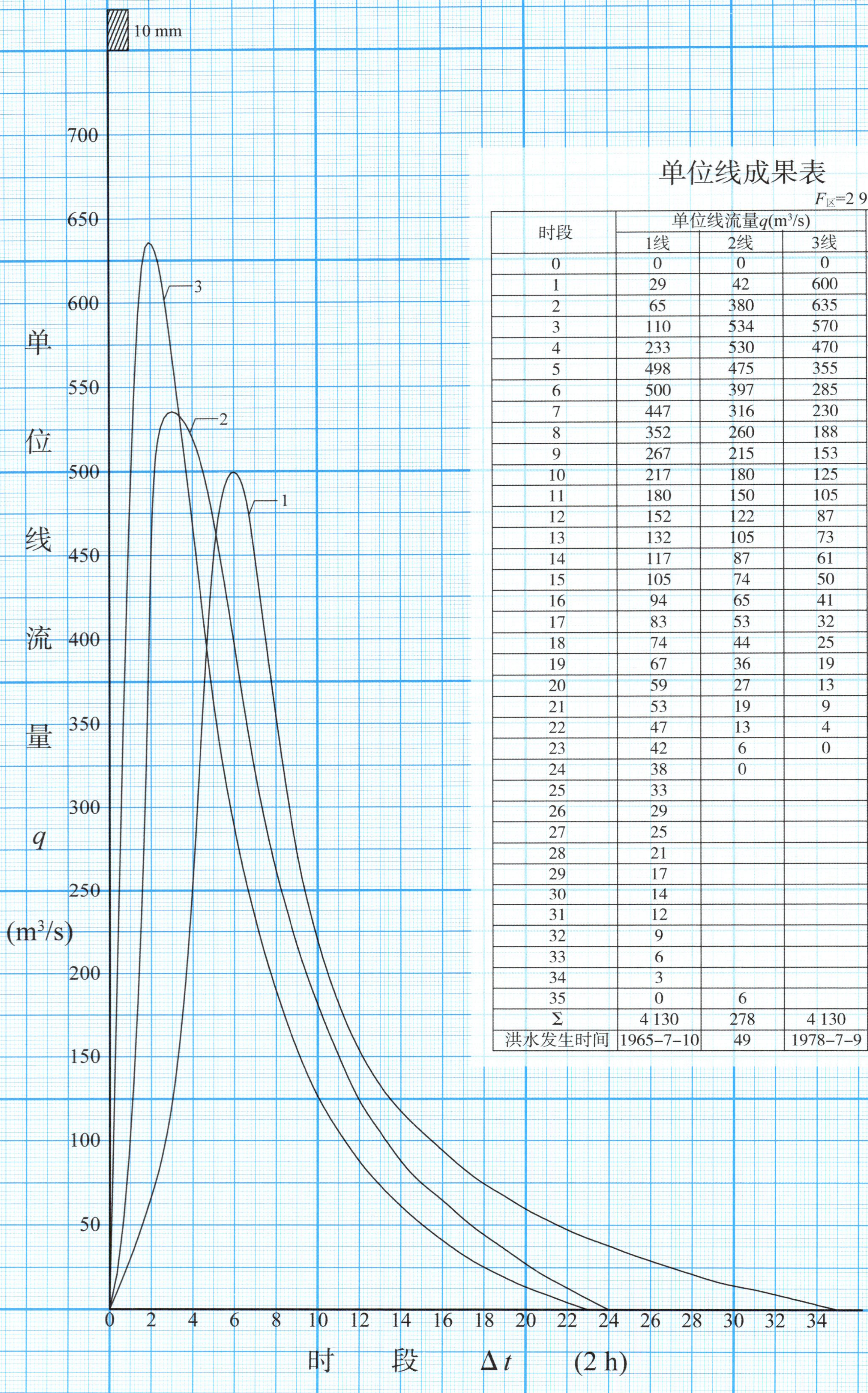

单位线成果表

$F_{区}$=2 974 km², Δ*t*=2 h

时段	单位线流量q(m³/s)			备注
	1线	2线	3线	
0	0	0	0	当暴雨中心位于上游时，可选用1线；当暴雨中心位于中游时，可选用2线；当暴雨中心位于下游时，可选用3线
1	29	42	600	
2	65	380	635	
3	110	534	570	
4	233	530	470	
5	498	475	355	
6	500	397	285	
7	447	316	230	
8	352	260	188	
9	267	215	153	
10	217	180	125	
11	180	150	105	
12	152	122	87	
13	132	105	73	
14	117	87	61	
15	105	74	50	
16	94	65	41	
17	83	53	32	
18	74	44	25	
19	67	36	19	
20	59	27	13	
21	53	19	9	
22	47	13	4	
23	42	6	0	
24	38	0		
25	33			
26	29			
27	25			
28	21			
29	17			
30	14			
31	12			
32	9			
33	6			
34	3			
35	0	6		
Σ	4 130	278	4 130	
洪水发生时间	1965-7-10	49	1978-7-9	

图 23-4 潍河峡山水库站单位线图

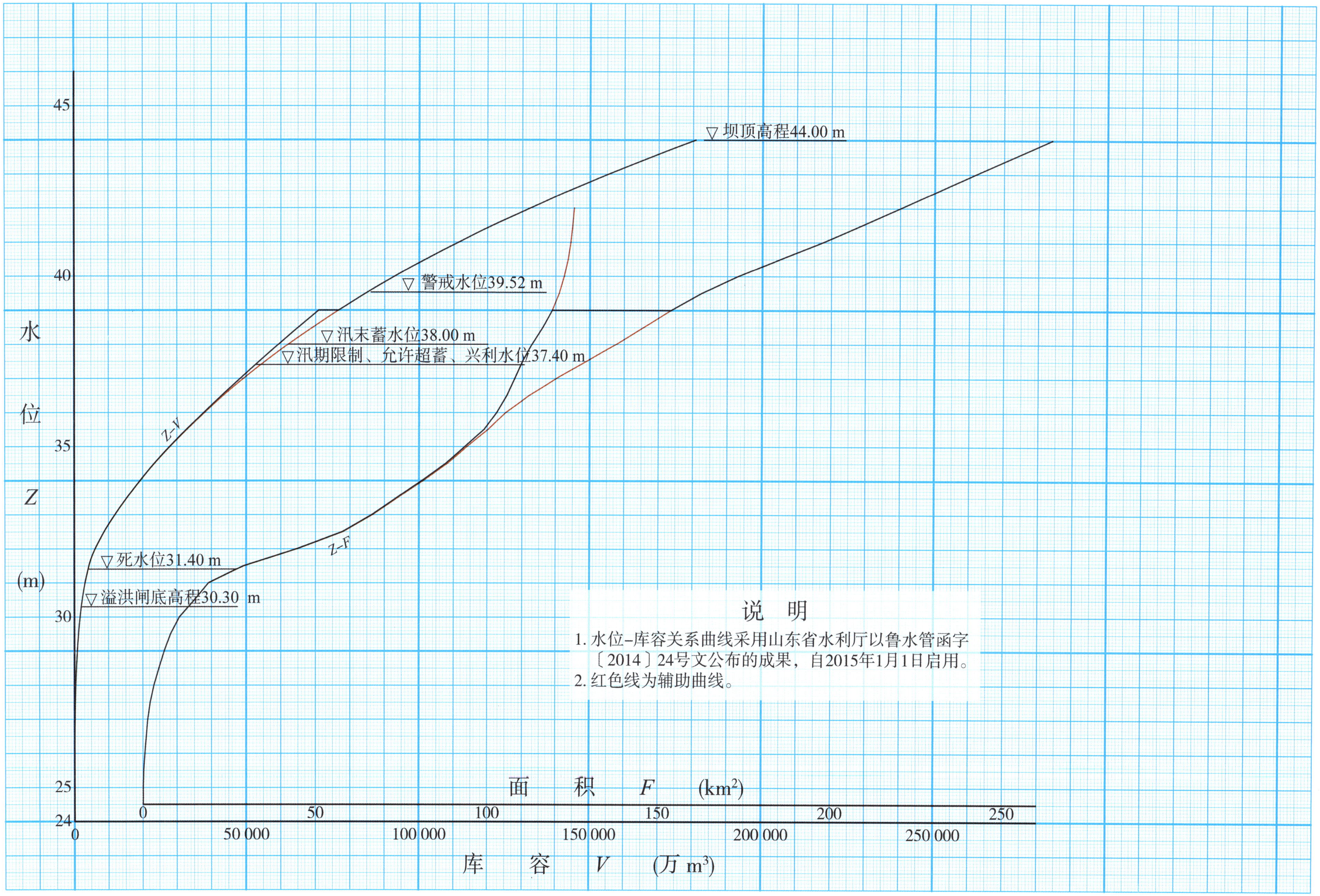

图 23-5　潍河峡山水库水位与库容、面积关系曲线图

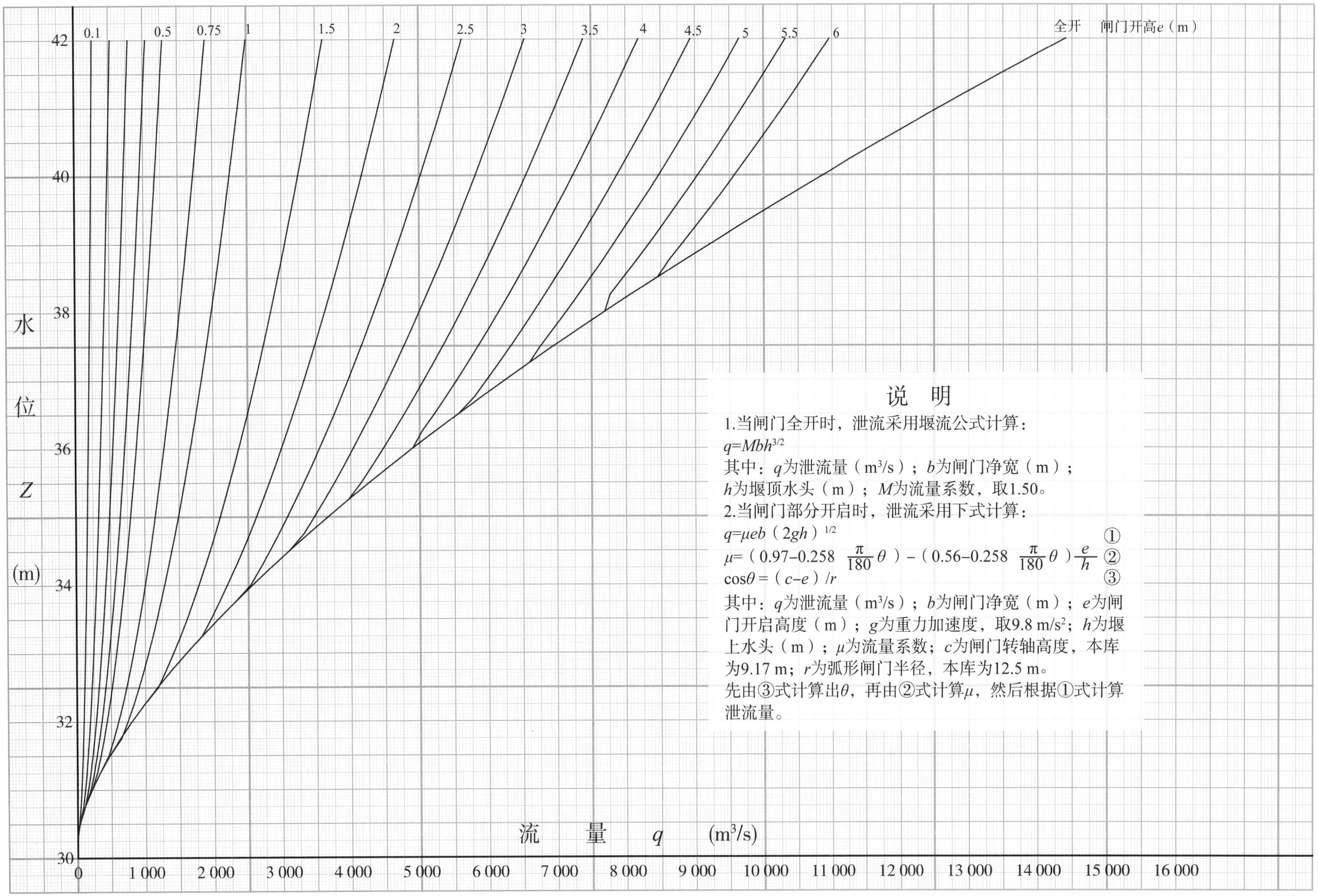

说　明

1.当闸门全开时，泄流采用堰流公式计算：

$q=Mbh^{3/2}$

其中：q为泄流量（m^3/s）；b为闸门净宽（m）；h为堰顶水头（m）；M为流量系数，取1.50。

2.当闸门部分开启时，泄流采用下式计算：

$q=\mu eb(2gh)^{1/2}$ ①

$\mu=\left(0.97-0.258\,\frac{\pi}{180}\theta\right)-\left(0.56-0.258\,\frac{\pi}{180}\theta\right)\frac{e}{h}$ ②

$\cos\theta=(c-e)/r$ ③

其中：q为泄流量（m^3/s）；b为闸门净宽（m）；e为闸门开启高度（m）；g为重力加速度，取9.8 m/s^2；h为堰上水头（m）；μ为流量系数；c为闸门转轴高度，本库为9.17 m；r为弧形闸门半径，本库为12.5 m。

先由③式计算出θ，再由②式计算μ，然后根据①式计算泄流量。

图 23-6　潍河峡山水库站 Z-e-q 关系图（15 孔）

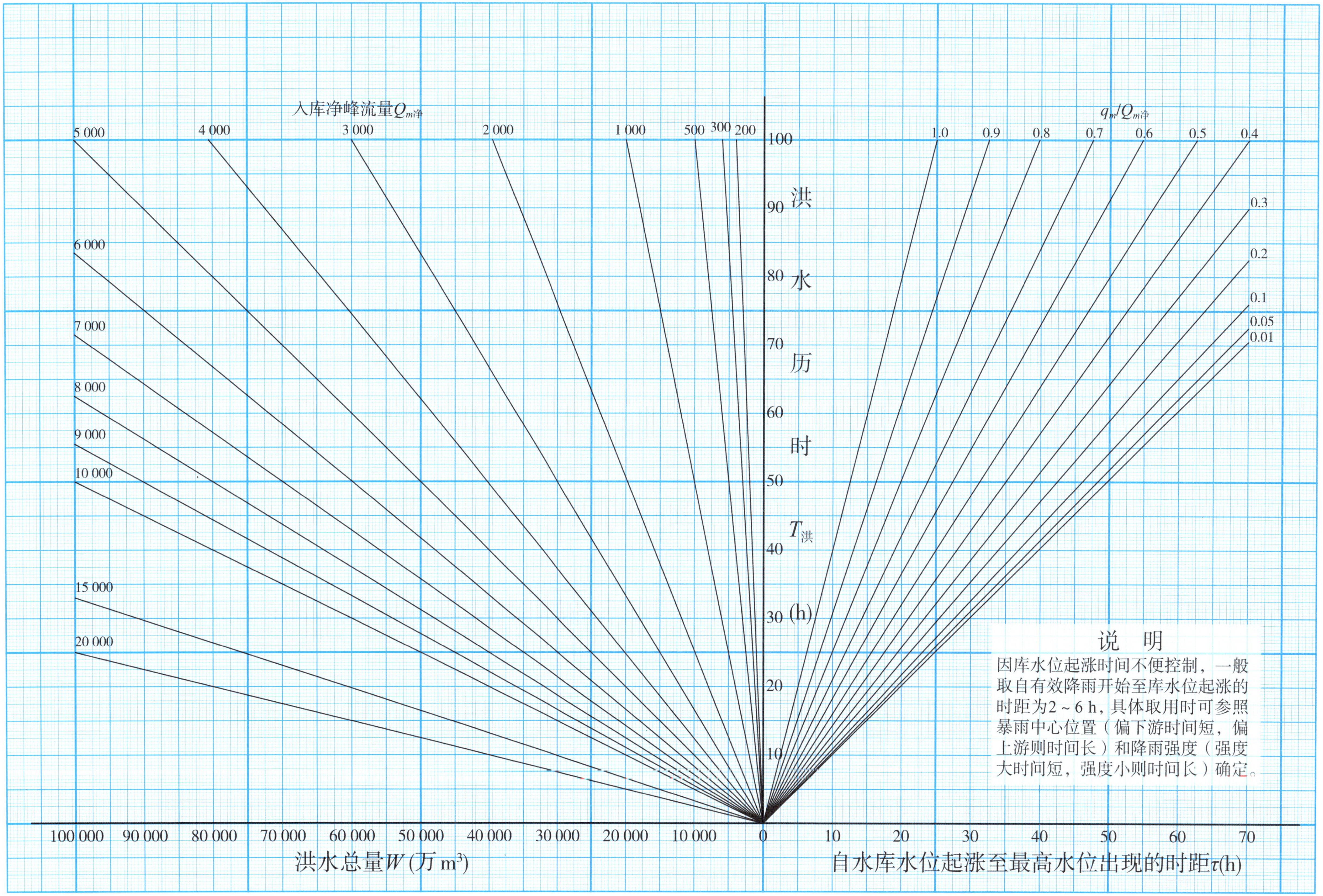

图 23-7 潍河峡山水库站最高水位出现时间预报图

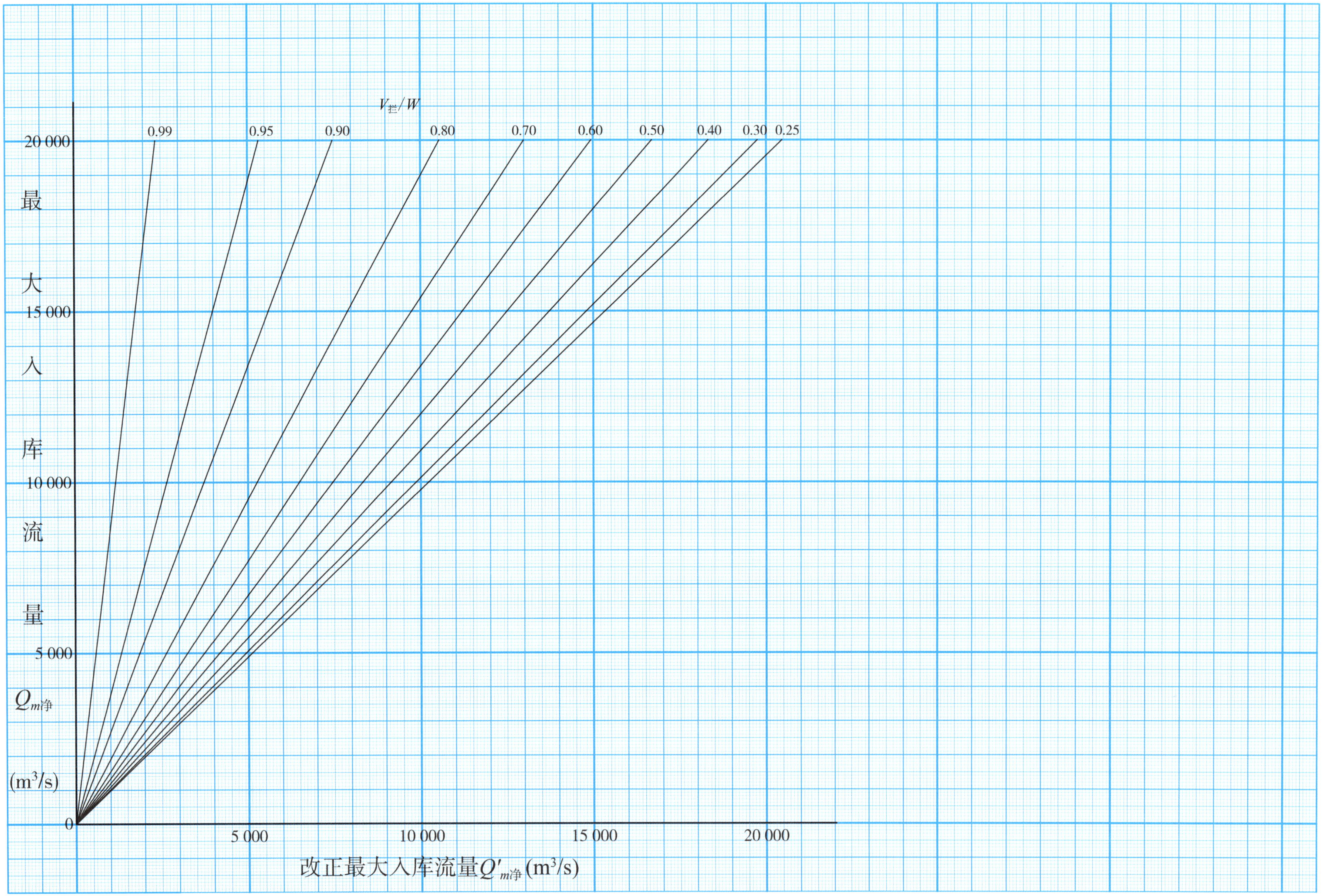

图 23-8 潍河峡山水库站 $Q_{m净}$-$V_{拦}/W$-$Q'_{m净}$关系曲线图

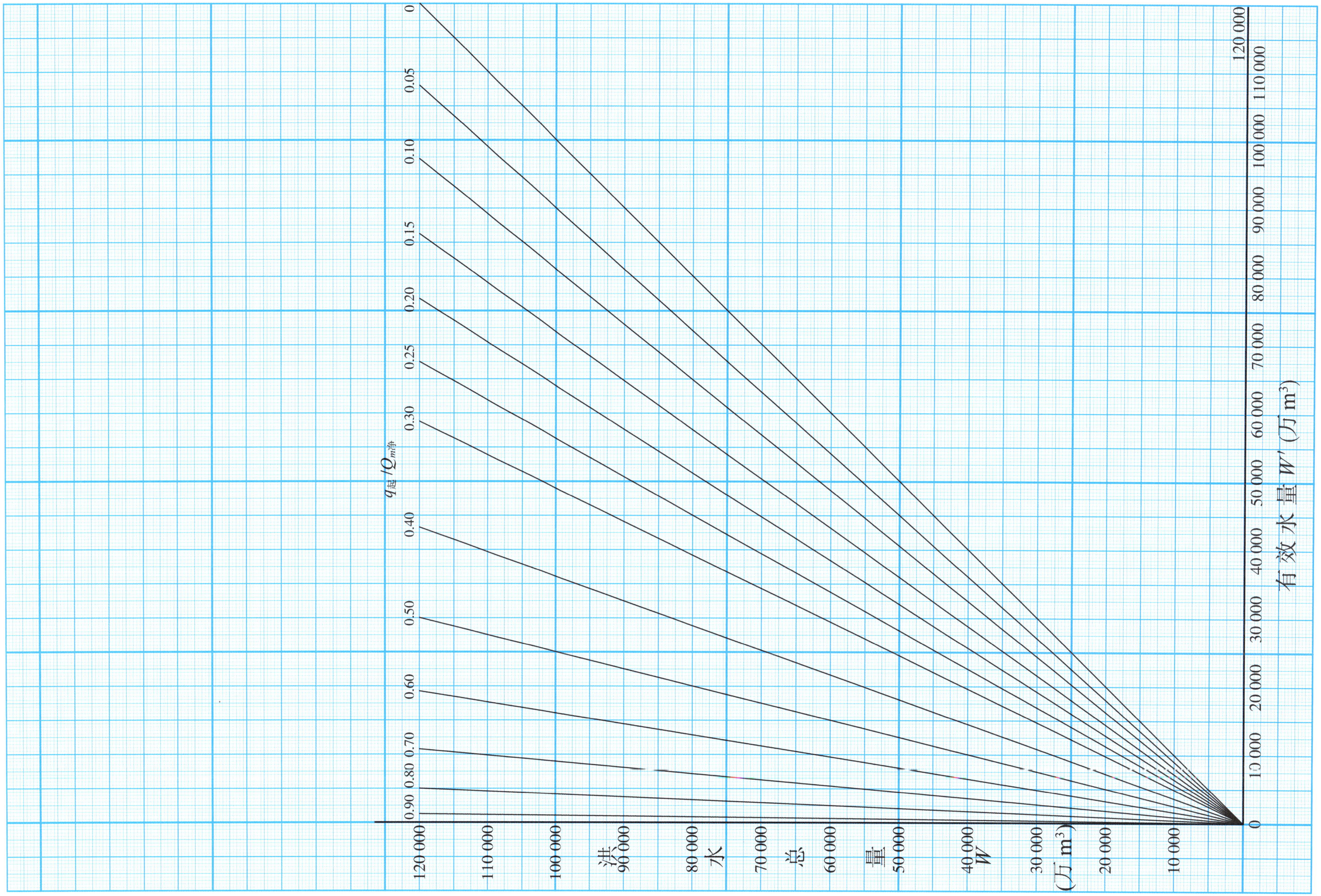

图 23-9 潍河峡山水库站 W–$q_{起}/Q_{m净}$–W' 关系曲线图

第二十四章　汶河高崖水库站水文预报方案编制说明

1　流域概况

1.1　流域自然地理特征

高崖水库位于山东省昌乐县鄌郚镇高崖村西 1 km，潍河支流汶河的上游。高崖水库站以上流域形状为叶状，干流平均坡度为 4.2‰，干流长度为 32.2 km，流域平均宽度为 10.3 km，河流发源于沂山山麓。流域内深山区面积占总面积的 7%，多分布在干流和支流的上游；浅山区占 63%，分布在干支流的中上游；丘陵区占 25%，平原区占 5%，分布在下游河谷地带。流域内山丘区由前震旦纪花岗片麻岩和辉岩等组成，中下游河谷地带为结构性砂土，其他部分为砂质壤土。流域内大部分种植玉米、小麦、地瓜等农作物和各种果树等经济作物，种植面积约占总面积的 65%；草皮占 4%；树木占 16%；未覆盖面积占 15%。流域上游地表为岭沙土；中、下游为岭黄土，易侵蚀，植被较差，水土流失较严重。高崖水库站以上流域图见图 24–1。

1.2　水利工程情况

1.2.1　高崖水库概况

高崖水库控制流域面积为 355 km²，总库容为 15 995 万 m³，兴利库容为 6 545 万 m³。水库枢纽工程包括主坝、副坝、溢洪道、放水洞和水电站 5 部分。

水库主坝全长 1 200 m，坝顶宽度 7.5 m，最大坝高 26.7 m，坝顶高程 160.70 m，防浪墙顶高程 161.70 m。副坝为碎屑土均质坝，由原非常溢洪道封堵回填而成，坝顶高程 174.40 m，坝顶两侧为公路防撞墙，墙顶高程为 175.30 m，副坝最大坝高 18.9 m。溢洪道由上游引水渠、闸室控制段、泄槽段、挑流消能段和下游尾水渠五部分组成，全长 568 m，其中上游引水渠 178 m，闸室控制段 39 m，泄槽段 94 m，挑流消能段 24 m，尾水渠 233 m。闸室共 4 孔，每孔净宽 10 m，采用两孔一联整体式结构，闸室总宽 45.6 m，顺水流方向长 21.0 m。底板顶高程 146.00 m，底板上设低驼峰堰，堰高 0.5 m。放水洞改建后由引水渠段、放水洞进口段、新竖井段、上游洞身段、下游洞身段、老竖井和引桥等组成。高崖水库工程基本情况详见表 24–1。

表 24–1　汶河高崖水库工程基本情况表

水库名称			高崖水库		工程总投资	2197.17 万元	正常溢洪道	型式	宽顶堰
管理机构名称			高崖水库运营维护中心		设计单位	原昌潍专区水利建设指挥部		堰顶高程	146.50 m
主管部门			潍坊市水利局		施工单位	昌乐县高崖水库工程指挥部		堰顶净宽	4 × 10 m
所在地点			昌乐县鄌郚镇高崖村	建设日期	开工	1959 年 10 月		闸门型式	弧形钢闸门
所在河流			潍河支流汶河		竣工	1960 年 5 月		闸门尺寸	8 m × 10 m
集水面积			355 km²		基本地震烈度	8 度		最大泄量	2 766 m³/s
水文特征		多年平均年降水量	686.2 mm		设计地震烈度	8 度		消能型式	挑流鼻坎
		多年平均年径流量	0.587 亿 m³		高程基准面	1956 年黄海基面		启闭设备	卷扬式 45 t
		多年平均年输沙量	0.005 12 亿 m³	库区迁淹	赔偿高程	155.65 m	非常溢洪道	型式	开敞式明渠
	设计	重现期	100 年		移民高程	155.65 m		堰顶高程	154.00 m
		洪峰流量	2 986.7 m³/s		淹没耕地	1.592 万亩		堰顶净宽	30 m
		洪水总量	0.806 1 亿 m³		迁移人口	20 801 人		最大泄量	270 m³/s
	校核	重现期	10 000 年	工程量	土方	304.2 万 m³	放水洞 1	型式	浆砌石廊道内衬钢筋混凝土有压圆管
		洪峰流量	6 498 m³/s		石方	18.9 万 m³		断面尺寸	∅2.0 m
		洪水总量	1.752 4 亿 m³		混凝土	1.2 万 m³		进口底高程	141.00 m
水库特征		调节性能	多年调节	主坝	坝型	黏土心墙砂壳坝		闸门型式	直升钢闸门
		校核洪水位	159.35 m					最大泄量	27.9 m³/s
		设计洪水位	155.26 m		坝顶高程	160.70 m		启闭设备	卷扬式 17 t
		汛期限制水位	153.00 m		最大坝高	26.7 m	放水洞 2	型式	—
		正常蓄水位	153.00 m		坝顶长度	1 200 m		断面尺寸	—
		死水位	142.50 m		坝顶宽度	7.5 m		进口底高程	—
		总库容	1.599 5 亿 m³		坝基防渗型式	黏土铺盖 / 高喷水泥板墙		闸门型式	—
	其中	调洪库容	0.806 4 亿 m³					最大泄量	—
		兴利库容	0.654 5 亿 m³	副坝	座数	1 座		启闭设备	—
					总长度	96 m			
		死库容	0.138 6 亿 m³		最大坝高	18.9 m			
					坝顶宽度	—			

1.2.2 上游水利工程情况

流域内有沂山和大关两座中型水库、小（1）型水库 3 座、小（2）型水库 25 座，总拦蓄库容为 4 464.2 万 m³，兴利库容 2 446.9 万 m³，详见表 24–2。

表 24–2 汶河高崖水库站以上流域内主要水利工程统计表

工程名称	所在地	所在河流	类型	建成日期	集水面积（km²）	兴利库容（万 m³）	总库容（万 m³）
沂山	临朐县	汶河	中 型	1975 年 10 月	17.8	690	1 023
大关	临朐县	汶河	中 型	1979 年 10 月	47.6	1 170.6	2 394
双山	临朐县	双山河	小（1）型	1973 年 11 月	3.8	84	139
核桃园	临朐县	常庄河	小（1）型	1959 年 9 月	8.8	133	222
李家砚峪	临朐县	汶河	小（1）型	1970 年 7 月	4.0	60	104
			小（2）型	25 座		309.3	582.2

1.3 测站概况

高崖水库水文站于 1960 年 5 月 1 日设立，控制流域面积为 355 km²，属区域代表站，测验任务有库内水位、出库流量、降水量、冰情、水质、墒情、水文调查、蒸发量等；该站还担负着向国家防总，省、市防指提供水情、雨情、墒情和洪水预报等报汛任务。高崖水库水文测站概况说明见表 24–3，上游有四处长系列雨量站，详见表 24–4。

该站冻结基面高程 –0.083 m=1985 年国家高程基准高程。

表 24–3 汶河高崖水库水文测站概况说明表

基础信息	测站编码	40808800	集水面积	355 km²	设站时间	1960 年 5 月
	流域	淮河流域	水系	潍河水系	河流	汶河
	基面	1985 年国家高程基准		高程	154.074 m	
	测站地址	山东省昌乐县鄌郚镇高崖村西 1 km				
	管理机构	山东省潍坊市水文中心				
	监测项目	水位、流量、冰情、水质、墒情、降水量、水文调查、蒸发量等				
	流量测验方法及渡河方式	放水洞流量测验方法：流速仪法 渡河方式：无				
	多年平均年径流量	0.587 亿 m³	多年平均年输沙量	0.005 12 亿 m³	多年平均年降水量	686.2 mm
	最大年径流量	2.107 亿 m³		出现年份	1964 年	
	最小年径流量	0 亿 m³		出现年份	2000 年	
	最大流量	925 m³/s		出现年份	2018 年	

续表

基础信息	最小流量	0 m³/s	出现年份	1960 年
	最高水位	154.67 m	出现时间	2018 年 8 月 20 日
	最低水位	134.93 m	出现时间	1960 年 5 月 11 日
	测站位置特点	高崖水库位于潍河支流汶河上游，距河口 73 km。水库以上流域长度 32.2 km，河道干流平均坡度 4.2‰，上游有沂山、大关 2 座中型水库，核桃园、李家砚峪、双山 3 座小（1）型水库，总控制面积 82.0 km²。水库下游建有牟山水库，两水库之间有孟津河、马辉河和鲤龙河汇入。水库保护下游牟山水库，胶济铁路，济青高速公路，309 国道，安丘市城区、沿河 9 个乡镇 84 万人口、110 万亩耕地		
	测验河段特征	水库大坝位于昌乐县鄌郚镇高崖村西，两山麓之间，大坝长为 1 200 m，系黏土心墙砂壳坝。坝上水尺设于大坝北端、放水洞以南 70 m 的坝坡上，溢洪道位于大坝南端，系在风化岩石上开挖，1966 年建 4 孔 10 m × 8 m 的弧形闸门，2003 年更换了溢洪闸启闭机和闸墩等，驼峰堰顶高程变为 146.50 m。大坝北端设有放水洞、城区供水厂提水泵站。放水洞出口建有电站，测验断面有干渠、泄渠		
任务作用	主要任务：系统收集水文资料，研究水文规律，监测水位、流量、冰情、水质、墒情、降水量、水文调查、蒸发量等； 功能作用：为抗旱防汛和工程管理服务			

历史沿革	设立或变动	发生年月	站名	站别	领导机关	说明
	设立	1960 年 5 月	高崖水库	水文	山东省水利厅	常年站，集水面积为 355 km²
	增测河湖水化学	1960 年 7 月	高崖水库	水文	山东省水利厅	
	停测河湖水化学	1963 年 1 月	高崖水库	水文	山东省水利厅	
	恢复河湖水化学	1976 年 2 月	高崖水库	水文	山东省水文总站	
	停测河湖水化学	1978 年 10 月	高崖水库	水文	山东省水文总站	
	河湖水化学改为水质	1992 年 1 月	高崖水库	水文	山东省水文总站	

表 24–4 汶河高崖水库站以上流域雨量站情况表

站名	设站年份	详细地址
大关	1961 年	山东省临朐县沂山风景区管委会大关水库
蒋峪	1951 年	山东省临朐县蒋峪镇蒋峪村
高崖水库	1952 年	山东省昌乐县鄌郚镇高崖水库
柳山寨	1964 年	山东省临朐县柳山镇柳山寨村

2 预报方案编制

2.1 预报区间的确定

高崖水库以上总控制面积为 355 km^2，沂山、大关水库流域面积为 65.4 km^2，本方案预报区间为沂山、大关水库—高崖水库区间，故区间面积为 289.6 km^2。

2.2 资料情况及方案沿革

2.2.1 资料情况

本站实测资料年限为 58 年（1963—2020 年），原预报方案于 2010 年修订，本次修订方案除选用了之前分析的 1963—2010 年 42 场次暴雨洪水外，另外补充了 2010—2020 年 4 场次暴雨洪水进行分析，即资料系列为 1963—2020 年，共 46 场次洪水。

2.2.2 方案沿革

原产流方案采用降雨径流相关图 P–P_a–R，汇流方案采用峰量关系曲线图、经验单位线。本次修订在原产流方案降雨径流相关图 P–P_a–R 中增加 4 个点据，关系线保持不变；在原汇流方案峰量关系曲线图中增加 4 个点据，关系线保持不变；原方案中单位线为 2 h 单位线，本次修订对原单位线进行时段转换，转换成 1 h 单位线，并增加 2010—2020 年的单位线 2 条。

2.3 产流方案

本方案采用降雨径流经验相关图 P–P_a–R，用分析计算的 46 个点据点绘定线，见图 24–2。其中：P 为次降雨流域平均雨量（mm）；P_a 为流域平均前期影响雨量（mm）；R 为次降雨所产生的径流深（mm）。

2.3.1 主要参数的计算

2.3.1.1 流域平均雨量P的计算

流域平均雨量采用面积加权法计算求得，雨量站的面积控制权重见表 24–5。

表 24–5 高崖水库站以上流域内雨量站的控制权重表

站名	大关	蒋峪	高崖水库	柳山寨
权重	0.32	0.38	0.15	0.15

2.3.1.2 流域平均前期影响雨量P_a的计算

每年自汛初开始连续计算，先以面积加权法计算流域平均雨量，然后计算前期影响雨量 P_a，其计算公式如下：

$$P_{a,t+1}=K(P_{a,t}+P_t)$$

式中：$P_{a,t+1}$ 为第 t+1 日的前期影响雨量（mm）；$P_{a,t}$ 为第 t 日的前期影响雨量（mm）；P_t 为第 t 日的流域平均雨量（mm）；K 为折减系数，$K_{晴}$=0.90，$K_{雨}$=0.95。

2.3.1.3 最大初损值I_m的确定

在历年实测雨洪资料中，选择久旱少雨、降雨量较大、前期影响雨量接近 0（P_a 较小）、产生径流较小的 5 场洪水，求得 I_m=100 mm。其中，I_m 值采用下式计算：

$$I_m=P+P_a-R-E$$

式中：P 为流域平均降雨量（mm）；P_a 为前期影响雨量（mm）；R 为径流深（mm）；E 为雨间蒸发量（mm）。

2.3.1.4 径流深R的推求

在入库洪水过程线上采用斜线分割法切除基流，本次洪水径流深 R 等于洪水总量 W（扣除基流量）除以集水面积 F。其中流域面积 $F_{全}$=355 km^2，大关水库、沂山水库建成后，流域面积采用 $F_{区}$=289.6 km^2。高崖水库水文站降雨径流分析成果见表 24–6。

2.3.1.5 暴雨中心位置的确定

根据流域特性和代表站分布情况，一般是：大关站为上游区；蒋峪、柳山寨站为中游区；高崖水库站为下游区。

2.3.2 精度评定

按许可误差 =20% 实测值的标准（并当许可误差大于 20.0 mm 时以 20.0 mm 为上限，小于 3.0 mm 时以 3.0 mm 为下限）进行逐次洪水评定。P–P_a–R 相关图共选用 46 个点据，33 个合格，合格率为 71.7%，属于乙级方案，详见表 24–7。

2.4 汇流方案

本方案主要采用峰量关系图、经验单位线等方法。

2.4.1 峰量关系曲线R–P_{ϕ}–$Q_{m净}$

根据暴雨洪水资料，建立以暴雨中心位置 P_{ϕ} 为参数的 R–P_{ϕ}–$Q_{m净}$曲线。其中 R 为一次降雨径流深，由次洪水总量除以相应集水面积而得；P_{ϕ} 为暴雨中心位置；$Q_{m净}$为一次降雨过程所产生的区间净峰流量。

根据 1963—2020 年 46 个洪水点据分析，通过点群中心并照顾同一 R 值的 $Q_{m净}$逐渐减少的趋势定线，并对 R–P_{ϕ}–$Q_{m净}$关系线按实测值的 25%～30% 进行延长，峰量关系图见图 24–3。

精度评定：按许可误差 =20% 实测值的标准进行逐次洪水评定。本方案共选用 1963—2020 年 46 个点据，23 个合格，其中复峰不参加评定，合格率为 62.2%，属于丙级方案，精度评定见表 24–8。

2.4.2 经验单位线

本方案根据 790712、650708、650723、180819、190811 和普雨六场洪水资料，分析出高崖水库水文站 6 条单位线，Δt 均取 1 h。单位线分别适用于暴雨中心在上游、中游、下游及普雨的情况，其中适用于普雨的单位线是综合单位线，采用了潍坊市水利局和潍坊市水文中心合编的“潍河流域暴雨洪水对策研究”中的分析成果。在进行洪水作业预报时，视不同降雨情况选定相应的经验单位线。单位线图见图 24–4、图 24–5。

2.5 水位与库容、面积关系曲线

高崖水库水位与库容、面积关系对照表采用山东省水利厅鲁水管函字〔2016〕19 号文公布结果的改正值。修正后的水位与库容、面积关系自 2017 年 1 月 1 日起启用，见图 24–6。

2.6 泄量关系曲线

高崖水库以闸门开启高度为参数的泄流曲线见图 24–7。

2.7 最高水位Z_m出现时间预报

最高水位 Z_m 出现时间预报图为两象限图，见图 24–8。

（1）第二象限根据下式计算点绘：

$$T_{洪}=\frac{5W}{Q_{m净}}$$

式中：$T_{洪}$为洪水总历时（h）；W 为洪水总量（万 m^3）；$Q_{m净}$为入库净峰流量（m^3/s）。

（2）第一象限是用下式计算结果加 2.5 后点绘：

$$\tau=T_{洪}（1-K\frac{q_m}{Q_{m净}}）$$

式中：τ 为自库水位起涨至最高水位出现的时距（h）；K 为落水历时与洪水总历时之比，本水库 $K=\frac{3}{4}$。

在实际工作中，水库水位起涨时间往往不易掌握，所以在方案编制中，考虑了有效降雨开始至库水位起涨的时距，经分析，本站该时距一般可取 2.5 h。设有效降雨开始至最高水位出现的时距为 τ'，则 $\tau'=\tau+2.5$。图 24–8 第一象限的横坐标读数即为 τ'。

3 方案使用说明

3.1 径流深预报

计算出流域平均降雨量 P 和流域平均前期影响雨量 P_a，查降雨径流关系图 $P-P_a-R$，对查算结果进行综合分析，确定地表径流深 R 的预报值。在大关、沂山两座中型水库建成后，按照 $R=10W/F_{区}$计算径流深，流域面积 F 应改为区间面积 $F_{区}$，$F_{区}=F-F_{大}-F_{沂}$。

3.2 最大入库洪峰流量预报

3.2.1 查$R-P_{\phi}-Q_{m净}$图

由次雨径流深 R、暴雨中心位置 P_{ϕ} 查 $R-P_{\phi}-Q_{m净}$图，得到该次降雨最大入库净峰流量 $Q_{m净}$，再加上基流量即为所预报的最大入库洪峰流量。

该关系分两种情况：全流域产流（上游拦蓄工程，闸门全开泄洪）和区间产流。流域内修建的大关、沂山两座中型水库，对流域内部分面积的洪水进行拦截，造成了实测洪水相应的流域面积前后不一致，为此，需将原有关实测洪峰流量进行面积改正。改正公式如下：

$$Q'_{m净}=Q_{m净}（\frac{F_{现}}{F_{原}}）^{2/3}$$

式中：$Q'_{m净}$为改正后的净峰流量（m^3/s）；$Q_{m净}$为原实测洪峰流量割基流及上游放水流量后的净峰流量（m^3/s）；$F_{原}$为原实测 $Q_{m净}$相应的流域面积（km^2）；$F_{现}$为现在的流域面积（km^2），$F_{现}=F-F_{大}-F_{沂}=355-47.6-17.8=289.6\ km^2$。

其中大关水库于 1979 年 10 月建成，沂山水库于 1975 年 10 月建成。

3.2.2 经验单位线法

计算各时段净雨，根据暴雨中心位置选择相应单位线，各时段净雨错时段与 0.1 倍的单位线各时段流量相乘，然后同时段流量相加，再加上基流量即为入库流量过程，由此可查出最大入库流量及其出现时间。

3.2.3 查$Q_{m净}-V_{拦}/W-Q'_{m净}$图

当采用高切林法调洪时，高崖水库涨水历时约为洪水总历时的 1/4，当水库起涨水位在开始溢洪水位以下时，开闸溢洪之前，若水库拦蓄的水量 $V_{拦}$大于本次洪水涨洪段的水量，即 $V_{拦}/W>1/4$，则在开闸之前最大来水流量 $Q_{m净}$已经入库，参加调洪的最大来水流量变成 $Q'_{m净}$。$Q_{m净}-V_{拦}/W-Q'_{m净}$关系图见图 24–9。

改正流量 $Q'_{m净}$采用下式计算：

$$Q'_{m净}=Q_{m净}\sqrt{\frac{1-V_{拦}/W}{1-\eta}}$$

式中：$Q_{m净}$为入库净峰流量（m^3/s）；$V_{拦}$为起涨水位至溢洪水位之间的拦蓄库容（万 m^3）；W 为洪水总量（万 m^3）；η 为涨水历时与洪水总历时之比，经分析计算，本站 $\eta=\frac{1}{4}$。

3.3 入库洪水总量预报

3.3.1 入库洪水总量W

当水库无放水时，区间入库洪水总量 W 以下式计算：

$$W=\frac{RF_{区}}{10}$$

式中：W 为区间入库洪水总量（万 m^3）；$F_{区}$为大关、沂山水库—高崖水库区间流域面积（km^2）。

3.3.2 有效水量W'查算

当水库放水时，有效水量 W' 为总来水量扣除无效水量，见图 24–10。其计算公式为

$$W'=W-\Delta W=W\{1-[1-(1-\frac{q_{起}}{Q_{m净}})^2]\}$$

$$\Delta W=W[1-(1-\frac{q_{起}}{Q_{m净}})^2]$$

式中：ΔW 为无效水量（万 m^3）；$q_{起}$为起调泄流量（m^3/s）；$Q_{m净}$为最大净峰流量（m^3/s）。

3.4　方案合理性检查及评定

在方案建立过程中，随时根据规范要求及有关文件规定进行合理性检查，特别对突出点据从原始资料反复查对，对中间处理过程也进行了认真审查，发现不合理的问题后基本上都做了检查改正。方案建立后，先从线形进行比较，防止出现矛盾现象，然后对每个方案尽量根据规范规定采用表格形式进行了精度评定（用许可误差法）。

3.5　方案适应能力

本方案适用于防洪标准以下的洪水作业预报。如遇超标准洪水，则需根据当时具体情况酌情修正。

3.6　注意事项

（1）方案的制作未考虑上游众多小（1）、小（2）型水库及塘坝的影响，作业预报时也要根据前期降雨情况进行适当修正。

（2）应随时掌握上游工程蓄水及泄洪情况，要根据实际情况对预报值进行及时修正。

（3）局部暴雨时要注意超渗产流，可适当将查算的 R 值加大；久旱初雨时产流偏小，应适当修正所查 R 值。

总之，由于影响因素太多，本方案不能全部反映实际情况，因而不能照搬，应具体问题具体分析，并采用多种方法，考虑各种因素进行综合分析，确定采用的预报值。

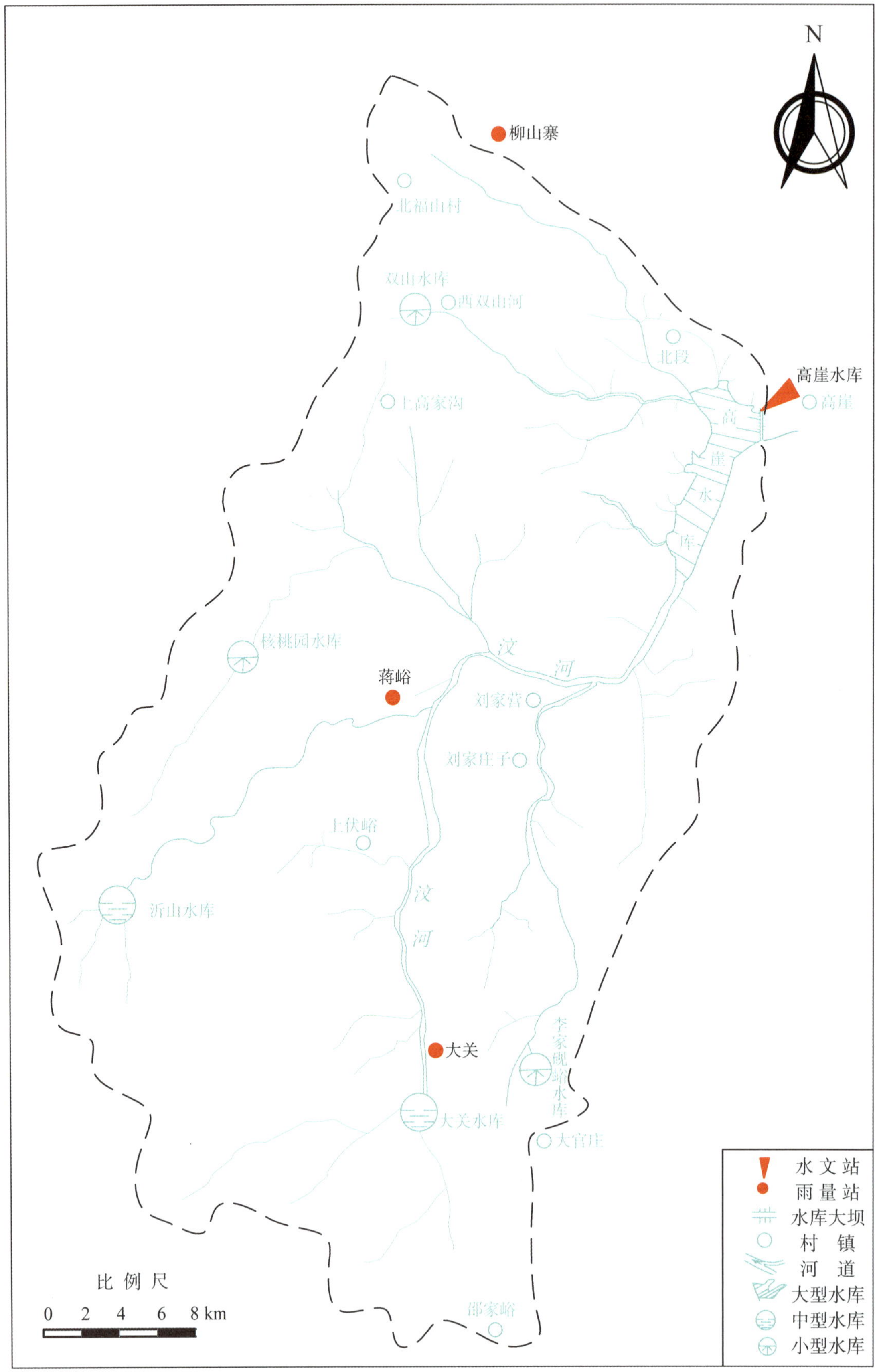

图 24-1　汶河高崖水库站以上流域图

表 24-6　汶河高崖水库站降雨径流分析成果表

序号	洪号	降雨起止时间		流域平均雨量 P（mm）	前期影响雨量 P_a（mm）	降雨历时（h）		暴雨中心位置或特点	洪水起止时间		洪峰流量 Q_m（m^3/s）	净峰流量 $Q_{m净}$（m^3/s）	洪水总历时 $T_{洪}$（h）	次洪径流量 W（万 m^3）	集水面积 F（km^2）	次洪径流深 R（mm）	径流系数 α	备注
		起	止			全部 T	有效 T_c		起涨	落平								
1	630719	7月19日4:00	7月19日12:00	63.7	50.1	8	4	下游	7月19日4:00	7月19日17:00	837	797	13	1 380	355	38.9	0.61	
2	630720	7月19日12:00	7月20日8:00	168.3	99.6	20	6	中游	7月19日13:00	7月21日10:00	2 130	2 090	45	5 570	355	156.9	0.93	
3	640716	7月16日16:00	7月17日12:00	76.4	68.4	20	4	上游	7月16日16:00	7月19日7:00	302	294	63	1 480	355	41.7	0.55	
4	640717	7月17日12:00	7月17日22:00	37.4	85.5	10	4	上游	7月17日12:00	7月19日18:00	320	264	54	991	355	27.9	0.75	
5	640912	9月12日6:00	9月12日14:00	66.7	79.9	8	4	中游	9月12日7:00	9月13日13:00	549	522	30	1 320	355	37.2	0.56	
6	650708	7月8日4:00	7月8日8:00	46.5	40.9	4	4	中游	7月8日4:00	7月9日12:00	166	159	32	300	355	8.5	0.18	
7	650709	7月9日10:00	7月10日2:00	68.1	65.0	16	8	中游	7月9日12:00	7月11日3:00	359	349	39	922	355	26.0	0.38	
8	650723	7月23日18:00	7月24日0:00	33.1	64.7	6	2	下游	7月23日18:00	7月24日13:00	307	301	19	389	355	11.0	0.33	
9	650727	7月27日14:00	7月28日2:00	95.9	76.5	12	6	中游	7月27日15:30	7月29日2:00	625	608	35	1 760	355	49.6	0.52	
10	650804	8月4日8:00	8月5日2:00	65.3	79.2	18	14	上游	8月4日10:00	8月6日12:00	326	313	50	1 200	355	33.8	0.52	
11	650815	8月15日12:00	8月15日22:00	113.2	46.8	10	6	上游	8月15日12:00	8月16日11:00	1 050	1 040	23	2 220	355	62.5	0.55	
12	650816	8月16日16:00	8月16日20:00	23.1	100.0	4	4	上游	8月16日7:00	8月17日12:00	229	199	29	720	355	20.3	0.88	
13	650818	8月18日12:00	8月18日16:00	24.4	100.0	4	4	上游	8月18日10:00	8月19日13:00	266	226	27	720	355	20.3	0.83	
14	660721	7月21日0:00	7月21日6:00	40.9	66.4	6	4	上游	7月21日0:00	7月22日4:00	332	324	28	593	355	16.7	0.41	
15	700724	7月24日8:00	7月24日22:00	71.7	60.6	14	6	下游	7月24日9:00	7月25日16:00	428	410	31	1 350	355	38.0	0.53	
16	700824	8月28日8:00	8月29日6:00	116.9	70.7	22	12	下游	8月28日10:00	8月30日8:00	1290	1270	46	2 640	355	74.4	0.64	
17	720827	8月27日8:00	8月27日12:00	34.6	58.0	4	2	上游	8月27日8:00	8月28日11:00	103	100	27	284	355	8.0	0.23	
18	720901	9月1日18:00	9月2日6:00	100.0	79.9	12	8	上游	9月1日18:00	9月3日5:00	873	860	35	2 160	355	60.8	0.61	
19	730717	7月17日0:00	7月17日6:00	31.1	99.8	6	2	下游	7月17日0:00	7月18日2:00	467	450	26	792	355	22.3	0.72	
20	740813	8月13日2:00	8月14日0:00	196.4	97.0	22	14	上游	8月13日2:00	8月15日18:00	1 970	1 950	64	6 460	355	182.0	0.93	
21	750722	7月22日14:00	7月22日22:00	27.3	96.7	8	2	上游	7月22日8:00	7月23日16:30	246	229	33	653	355	18.4	0.67	
22	750723	7月22日22:00	7月23日2:00	20.6	100.0	4	2	中游	7月22日23:00	7月24日2:00	231	164	27	394	355	11.1	0.54	
23	750814	8月14日18:00	8月15日10:00	50.8	52.5	16	8	中游	8月14日20:00	8月16日20:00	253	247	48	557	355	15.7	0.31	
24	750901	9月1日4:00	9月1日10:00	30.5	65.4	6	2	中游	9月1日6:00	9月1日17:00	187	167	11	266	355	7.5	0.25	
25	750902	9月1日16:00	9月2日0:00	19.1	87.0	8	6	中游	9月1日17:00	9月2日17:00	111	91	24	206	355	5.8	0.30	
26	760728	7月28日14:00	7月28日18:00	53.3	69.2	4	4	下游	7月28日14:00	7月30日0:00	416	411	34	965	337	28.6	0.54	
27	760812	8月12日6:00	8月13日8:00	94.2	54.8	26	12	中游	8月12日10:30	8月15日2:00	350	343	63	1 428	337	42.4	0.45	

续表

序号	洪号	降雨起止时间		流域平均雨量 P（mm）	前期影响雨量 P_a（mm）	降雨历时（h）		暴雨中心位置或特点	洪水起止时间		洪峰流量 Q_m（m^3/s）	净峰流量 $Q_{m净}$（m^3/s）	洪水总历时 $T_洪$（h）	次洪径流量 W（万 m^3）	集水面积 F（km^2）	次洪径流深 R（mm）	径流系数 α	备注
		起	止			全部 T	有效 T_c		起涨	落平								
28	780701	7 月 1 日 14:00	7 月 1 日 18:00	37.4	94.0	4	4	下游	7 月 1 日 14:00	7 月 3 日 8:00	406	399	42	682	337	20.2	0.54	
29	780703	7 月 3 日 2:00	7 月 3 日 6:00	29.1	100.0	4	2	上游	7 月 3 日 1:30	7 月 4 日 16:00	350	335	39	667	337	19.8	0.68	
30	790623	6 月 23 日 20:00	6 月 24 日 8:00	93.2	12.7	12	6	中游	6 月 23 日 22:00	6 月 24 日 14:30	175	159	17	277	337	8.2	0.09	
31	790712	7 月 12 日 8:00	7 月 12 日 14:00	47.4	52.0	6	2	上游	7 月 12 日 8:00	7 月 13 日 14:00	189	184	30	424	337	12.6	0.27	
32	790801	8 月 1 日 12:00	8 月 1 日 20:00	40.2	100.0	8	8	上游	8 月 1 日 12:00	8 月 2 日 15:00	224	200	27	614	337	18.2	0.45	
33	800606	6 月 6 日 16:00	6 月 7 日 4:00	76.8	16.9	12	8	上游	6 月 6 日 16:00	6 月 7 日 20:00	129	122	28	348	289	12.0	0.16	
34	800615	6 月 15 日 20:00	6 月 16 日 12:00	73.4	36.7	16	6	上游	6 月 15 日 20:00	6 月 17 日 10:00	138	130	38	475	289	16.4	0.22	
35	870826	8 月 26 日 14:00	8 月 26 日 22:00	91.1	30.9	8	8	上游	8 月 26 日 14:00	8 月 29 日 8:00	228	226	66	684	289	23.6	0.26	
36	900802	8 月 2 日 20:00	8 月 3 日 12:00	103.3	40.9	16	10	中游	8 月 2 日 20:00	8 月 5 日 12:00	210	205	64	1 170	289	40.4	0.39	
37	920902	9 月 2 日 0:00	9 月 2 日 6:00	53.9	100.0	6	6	中游	9 月 2 日 2:00	9 月 3 日 2:00	353	347	24	917	289	31.7	0.59	
38	940809	8 月 9 日 2:00	8 月 9 日 6:00	56.6	100.0	4	4	中游	8 月 9 日 2:00	8 月 9 日 16:00	557	537	14	1 310	289	45.2	0.80	
39	950816	8 月 16 日 10:00	8 月 16 日 16:00	140.0	56.4	6	6	上游	8 月 16 日 10:00	8 月 19 日 8:00	1 170	1 140	70	1 720	289	59.4	0.42	
40	980822	8 月 22 日 8:00	8 月 22 日 14:00	151.1	62.1	6	6	中游	8 月 22 日 9:00	8 月 25 日 6:00	1 710	1 690	69	3 640	289	125.7	0.83	
41	010730	7 月 30 日 20:00	7 月 31 日 2:00	55.9	100.0	6	6	下游	7 月 30 日 20:00	8 月 1 日 10:00	629	609	38	1 210	289	42.0	0.75	
42	080723	7 月 23 日 6:00	7 月 24 日 6:00	104.3	87.6	24	16	上游	7 月 23 日 8:00	7 月 26 日 8:00	292	280	72	1 460	289	50.3	0.48	
43	120803	8 月 3 日 0:00	8 月 3 日 12:00	62.9	87.4	12	9	中游	8 月 2 日 8:00	8 月 7 日 20:00	260	251	132	1 710	289	59.1	0.94	
44	180819	8 月 19 日 10:00	8 月 19 日 22:00	178.8	100.0	12	12	上游	8 月 19 日 12:00	8 月 20 日 10:00	1 440	1 420	22	4 190	289	145.0	0.91	
45	190811	8 月 10 日 15:00	8 月 11 日 5:00	255.2	49.9	14	10	中游	8 月 10 日 15:00	8 月 13 日 11:00	1 270	1 230	68	4 710	289	162.6	0.64	
46	200806	8 月 6 日 16:00	8 月 7 日 2:00	65.0	81.2	10	8	中游	8 月 6 日 8:00	8 月 11 日 8:00	173	164	120	1 470	289	50.8	0.78	

表 24-7 汶河高崖水库站 P–P_a–R 预报精度评定表

序号	洪号	流域平均雨量 P（mm）	前期影响雨量 P_a（mm）	实测径流深 $R_{实}$（mm）	预报径流深 $R_{预}$（mm）	预报误差（mm）	许可误差（mm）	评定结果		序号	洪号	流域平均雨量 P（mm）	前期影响雨量 P_a（mm）	实测径流深 $R_{实}$（mm）	预报径流深 $R_{预}$（mm）	预报误差（mm）	许可误差（mm）	评定结果	
								合格	不合格									合格	不合格
1	630719	63.7	50.1	38.9	22.2	–16.7	7.8		√	24	750901	30.5	65.4	7.5	6.0	–1.5	3.0	√	
2	630720	168.3	99.6	156.9	153.7	–3.2	20.0	√		25	750902	19.1	87.0	5.8	8.2	2.4	3.0	√	
3	640716	76.4	68.4	41.7	42.0	0.3	8.3	√		26	760728	53.3	69.2	28.6	24.0	–4.6	5.7	√	
4	640717	37.4	85.5	27.9	22.4	–5.5	5.6	√		27	760812	94.2	54.8	42.4	49.0	6.6	8.5	√	
5	640912	66.7	79.9	37.2	41.0	3.8	7.4	√		28	780701	37.4	94.0	20.2	24.9	4.7	4.0		√
6	650708	46.5	40.9	8.5	8.0	–0.5	3.0	√		29	780703	29.1	100.0	19.8	20.8	1.0	4.0	√	
7	650709	68.1	65.0	26.0	33.0	7.0	5.2		√	30	790623	93.2	12.7	8.2	19.2	11.0	3.0		√
8	650723	33.1	64.7	11.0	8.5	–2.5	3.0	√		31	790712	47.4	52.0	12.6	12.2	–0.4	3.0	√	
9	650727	95.9	76.5	49.6	65.1	15.5	9.9		√	32	790801	40.2	100.0	18.2	29.8	11.6	3.6		√
10	650804	65.3	79.2	33.8	39.0	5.2	6.8	√		33	800606	76.8	16.9	12.0	10.2	–1.8	3.0	√	
11	650815	113.2	46.8	62.5	60.1	–2.4	12.5	√		34	800615	73.4	36.7	16.4	22.4	6.0	3.3		√
12	650816	23.1	100.0	20.3	16.3	–4.0	4.1	√		35	870826	91.1	30.9	23.6	30.6	7.0	4.7		√
13	650818	24.4	100.0	20.3	17.3	–3.0	4.1	√		36	900802	103.3	40.9	40.4	48.0	7.6	8.1	√	
14	660721	40.9	66.4	16.7	14.1	–2.6	3.3	√		37	920902	53.9	100.0	31.7	41.9	10.2	6.3		√
15	700724	71.7	60.6	38.0	33.1	–4.9	7.6	√		38	940809	56.6	100.0	45.2	44.8	–0.4	9.0	√	
16	700824	116.9	70.7	74.4	81.5	7.1	14.9	√		39	950816	140.0	56.4	59.4	91.7	32.3	11.9		√
17	720827	34.6	58.0	8.0	7.1	–0.9	3.0	√		40	980822	151.1	62.1	125.7	107.2	–18.5	20.0	√	
18	720901	100.0	79.9	60.8	71.7	10.9	12.2	√		41	010730	55.9	100.0	42.0	44.0	2.0	8.4	√	
19	730717	31.1	99.8	22.3	22.1	–0.2	4.5	√		42	080723	104.3	87.6	50.3	80.5	30.2	10.1		√
20	740813	196.4	97.0	182.0	180.0	–2.0	20.0	√		43	120803	62.9	87.4	59.1	49.0	–10.1	11.8	√	
21	750722	27.3	96.7	18.4	18.6	0.2	3.7	√		44	180819	178.8	100.0	145.0	164.5	19.5	20.0	√	
22	750723	20.6	100.0	11.1	14.5	3.4	3.0		√	45	190811	255.2	49.9	162.6	190.0	27.4	20.0		√
23	750814	50.8	52.5	15.7	14.2	–1.5	3.1	√		46	200806	65.0	81.2	50.8	42.0	–8.7	10.2	√	

备注：1. 预报误差 = 预报值 – 实测值；2. 许可误差 = 实测值的 20%，以 20.0 mm 为上限，以 3.0 mm 为下限；3. 合格率 =71.7%，为乙级方案。

表 24-8　汶河高崖水库站峰量关系预报精度评定表

序号	洪号	实测径流 $R_{实}$（mm）	暴雨中心位置	净峰流量（m^3/s）		预报误差（m^3/s）	许可误差（m^3/s）	评定结果	
				实测 $Q_{m净实}$	预报 $Q_{m净预}$			合格	不合格
1	630719	38.9	下游	797	648	−149	159	√	
2	630720	156.8	中游	2 090	1 800	−290	418	√	
3	640912	37.2	中游	522	474	−48	104	√	
4	650708	8.5	中游	159	126	−33	31.8		√
5	650723	11.0	下游	301	231	−70	60.2		√
6	650727	49.4	中游	608	619	11	122	√	
7	650804	33.8	上游	313	344	31	62.6	√	
8	650816	20.3	上游	199	206	7	39.8	√	
9	650818	20.3	上游	226	206	−20	45.2	√	
10	660721	16.7	上游	324	170	−154	64.8		√
11	700724	38.0	下游	410	636	226	82.0		√
12	700824	74.4	下游	1 270	1 110	−160	254	√	
13	720827	8.0	上游	100	82.6	−17.4	20.0	√	
14	720901	60.8	上游	860	618	−242	172		√
15	730717	22.3	下游	450	412	−38	90.0	√	
16	740813	181.9	上游	1 950	1 780	−170	390	√	
17	750722	18.4	上游	229	187	−42	45.8	√	
18	750723	11.1	中游	164	160	−4	32.8	√	
19	750901	7.5	中游	167	112	−55	33.4		√
20	750902	5.8	中游	91	88	−3	18.2	√	
21	780701	20.2	下游	399	380	−19	79.8	√	
22	780703	19.8	上游	335	201	−134	67.0		√
23	790623	8.2	中游	159	122	−37	31.8		√
24	790712	12.6	上游	184	130	−54	36.8		√
25	790801	18.2	上游	200	185	−15	40.0	√	
26	800606	12.0	上游	122	123	1	24.4	√	
27	870826	23.6	上游	226	240	14	45.2	√	
28	900802	40.5	中游	205	514	309	41.0		√
29	920902	31.7	中游	347	408	61	69.4	√	
30	940809	45.2	中游	537	570	33	107	√	
31	950816	59.3	上游	1 140	603	−537	228		√
32	980822	125.6	中游	1 690	1 470	−220	338	√	
33	010730	42.0	下游	609	690	81	122	√	
34	120803	59.1	中游	251	730	479	50.2		√
35	180819	145.0	上游	1 420	1 430	10	284	√	
36	190811	162.6	中游	1 230	1 860	630	246		√
37	200806	50.7	中游	164	509	345	32.8		√

备注：1. 预报误差 = 预报值 − 实测值；2. 许可误差 = 实测值的 20%；3. 合格率 =62.2%，为丙级方案。

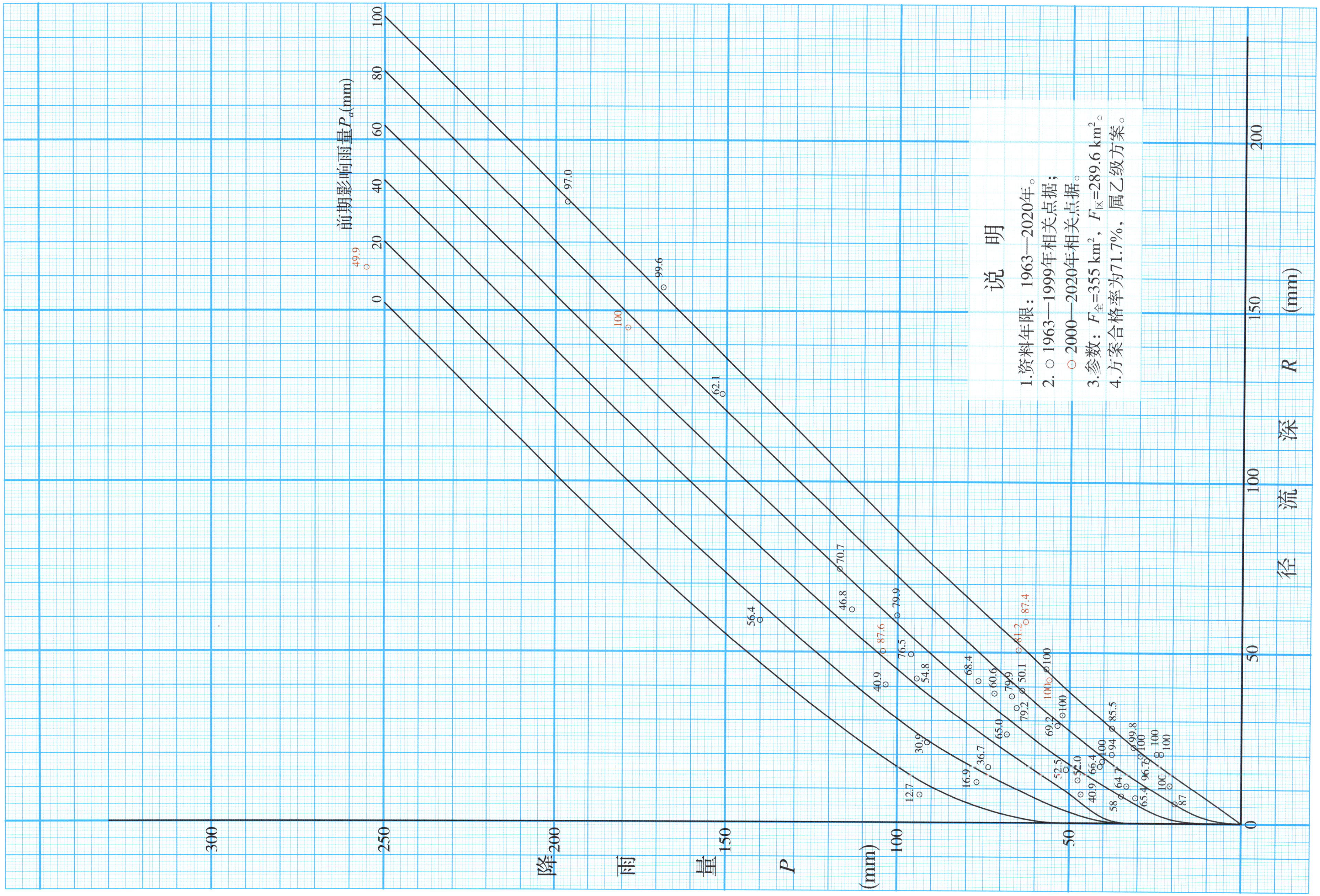

图 24–2　汶河高崖水库站降雨径流相关图（P–P_a–R）

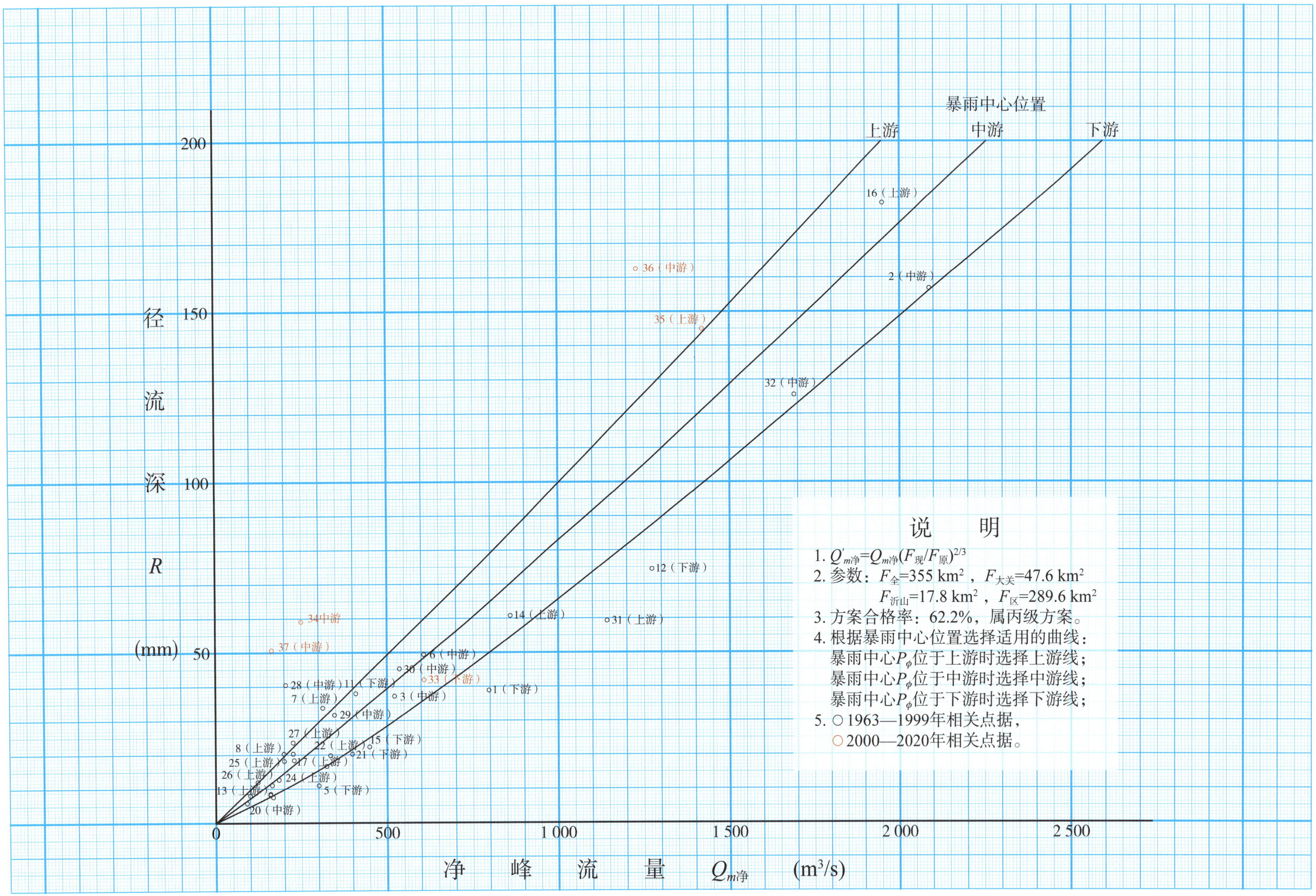

图 24-3　汶河高崖水库站峰量关系图（R–P_{ϕ}–$Q_{m净}$）

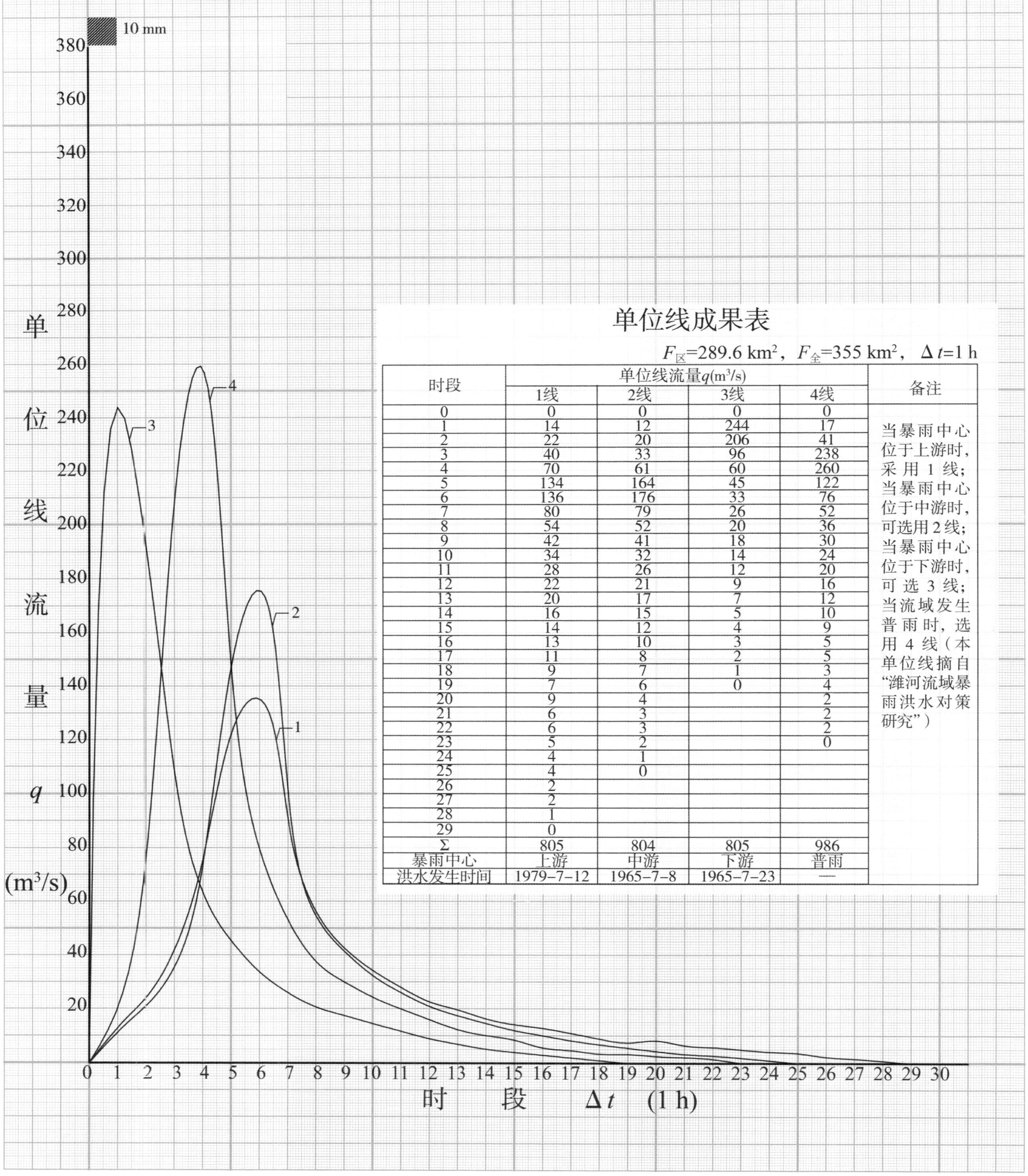

单位线成果表

$F_{区}=289.6\ km^2$，$F_{全}=355\ km^2$，$\Delta t=1\ h$

时段	单位线流量q(m³/s)				备注
	1线	2线	3线	4线	
0	0	0	0	0	当暴雨中心位于上游时，采用1线；当暴雨中心位于中游时，可选用2线；当暴雨中心位于下游时，可选3线；当流域发生普雨时，选用4线（本单位线摘自"潍河流域暴雨洪水对策研究"）
1	14	12	244	17	
2	22	20	206	41	
3	40	33	96	238	
4	70	61	60	260	
5	134	164	45	122	
6	136	176	33	76	
7	80	79	26	52	
8	54	52	20	36	
9	42	41	18	30	
10	34	32	14	24	
11	28	26	12	20	
12	22	21	9	16	
13	20	17	7	12	
14	16	15	5	10	
15	14	12	4	9	
16	13	10	3	5	
17	11	8	2	5	
18	9	7	1	3	
19	7	6	0	4	
20	9	4		2	
21	6	3		2	
22	6	3		2	
23	5	2		0	
24	4	1			
25	4	0			
26	2				
27	2				
28	1				
29	0				
Σ	805	804	805	986	
暴雨中心	上游	中游	下游	普雨	
洪水发生时间	1979-7-12	1965-7-8	1965-7-23	—	

图 24-4 汶河高崖水库站单位线图 1

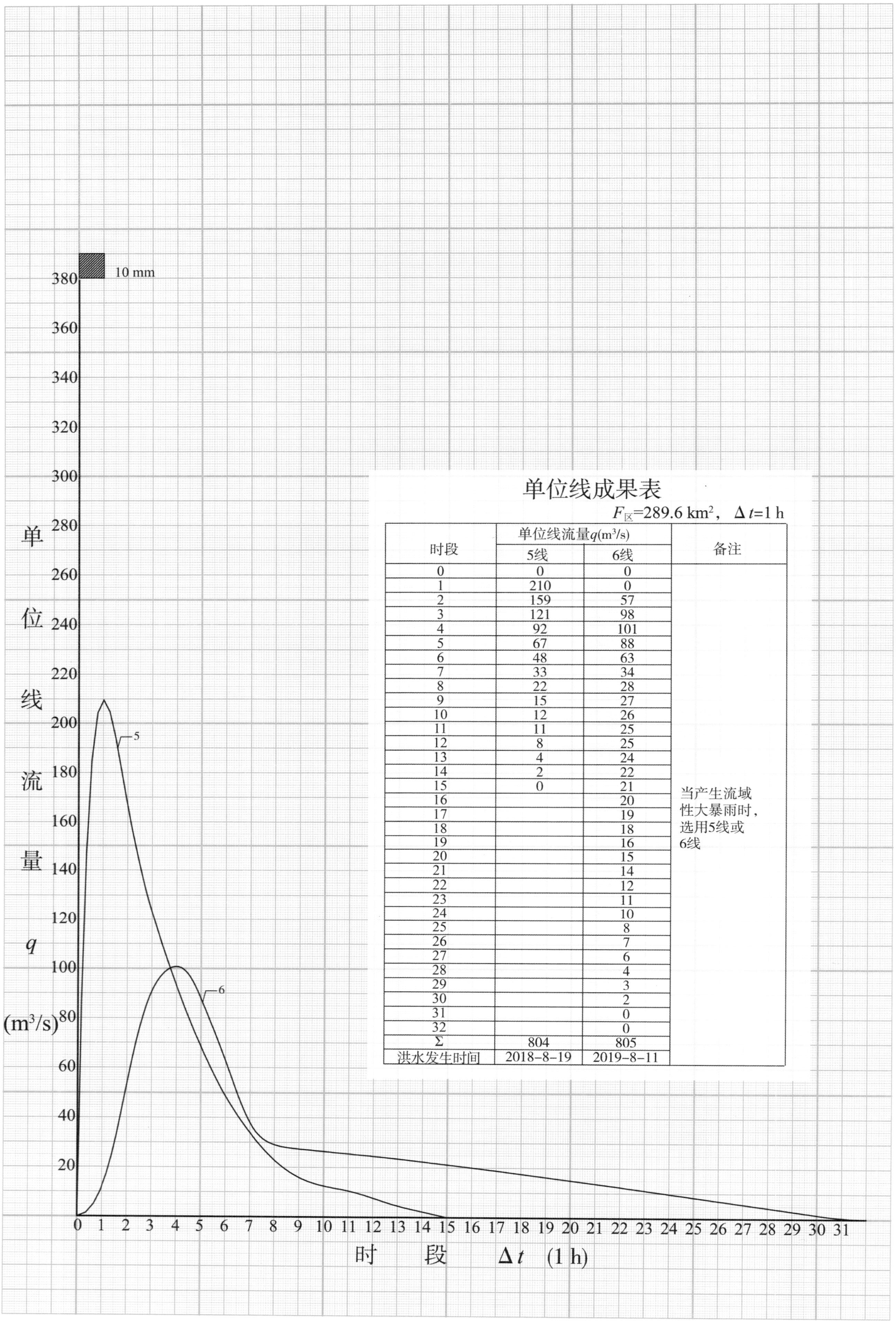

单位线成果表

$F_{区}$=289.6 km²，Δt=1 h

时段	单位线流量q(m³/s)		备注
	5线	6线	
0	0	0	当产生流域性大暴雨时，选用5线或6线
1	210	0	
2	159	57	
3	121	98	
4	92	101	
5	67	88	
6	48	63	
7	33	34	
8	22	28	
9	15	27	
10	12	26	
11	11	25	
12	8	25	
13	4	24	
14	2	22	
15	0	21	
16		20	
17		19	
18		18	
19		16	
20		15	
21		14	
22		12	
23		11	
24		10	
25		8	
26		7	
27		6	
28		4	
29		3	
30		2	
31		0	
32		0	
Σ	804	805	
洪水发生时间	2018-8-19	2019-8-11	

图 24-5　汶河高崖水库站单位线图 2

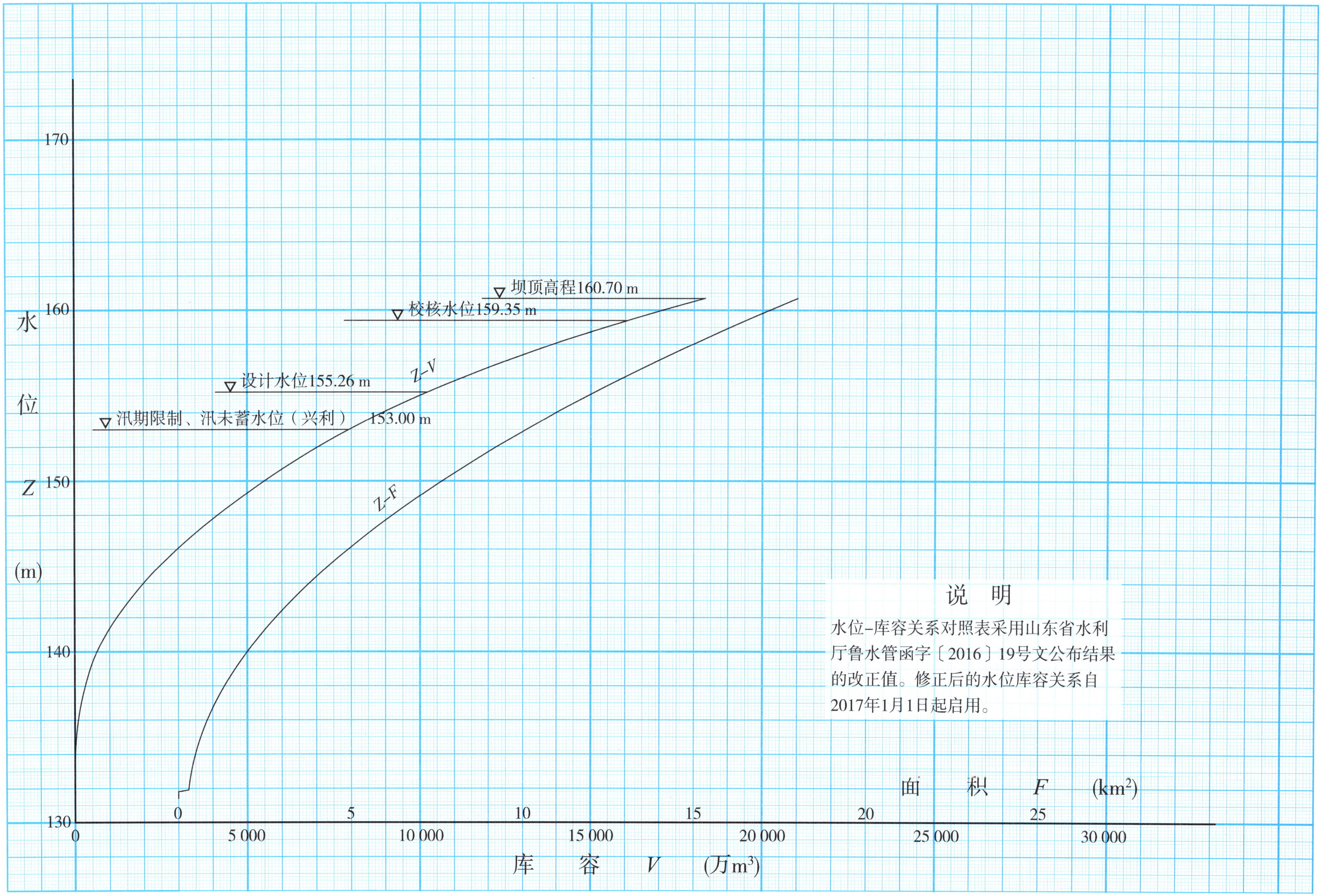

图 24–6 汶河高崖水库水位与库容、面积关系曲线图

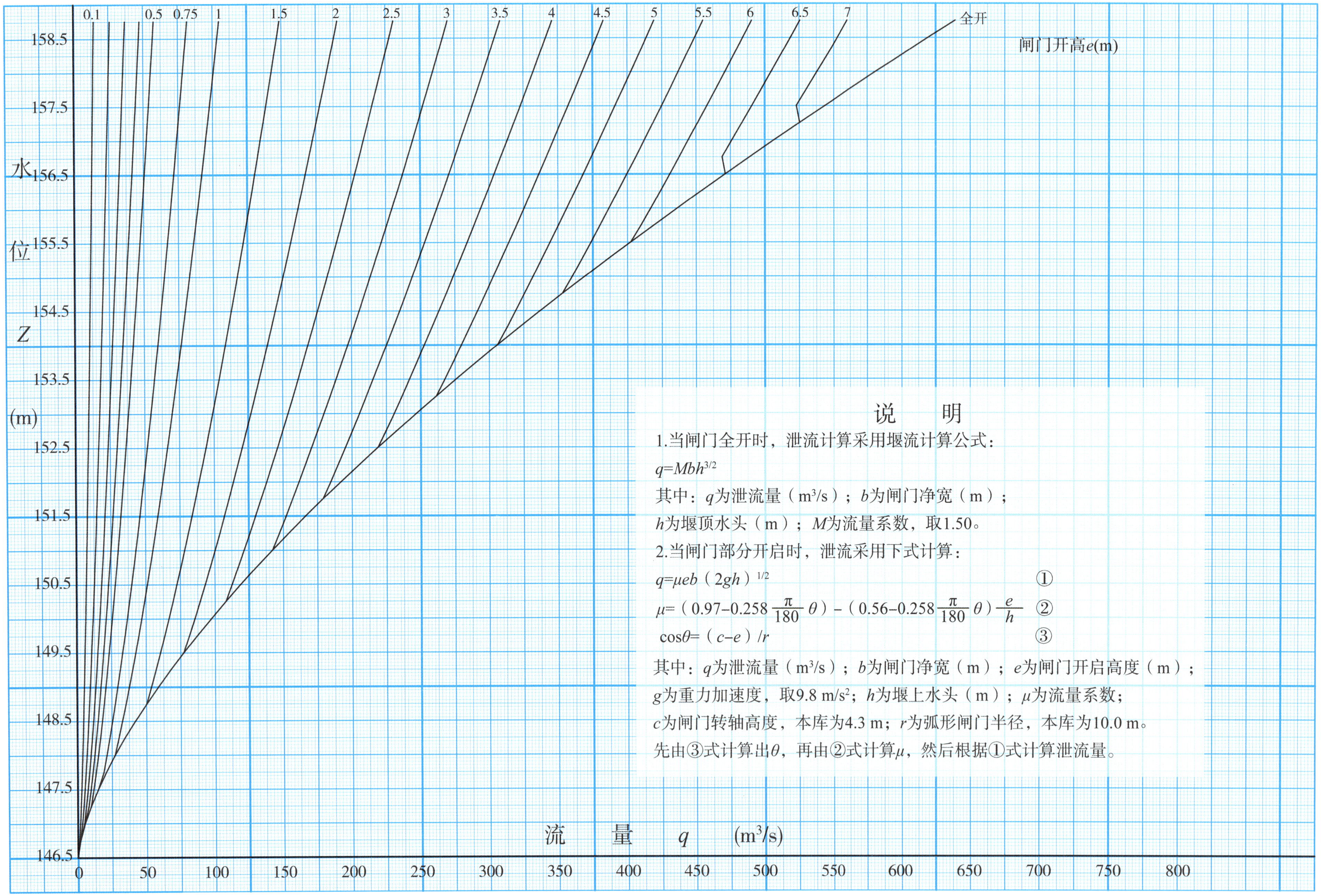

说　明

1.当闸门全开时，泄流计算采用堰流计算公式：

$q=Mbh^{3/2}$

其中：q为泄流量（m³/s）；b为闸门净宽（m）；h为堰顶水头（m）；M为流量系数，取1.50。

2.当闸门部分开启时，泄流采用下式计算：

$q=\mu eb(2gh)^{1/2}$　①

$\mu=(0.97-0.258\frac{\pi}{180}\theta)-(0.56-0.258\frac{\pi}{180}\theta)\frac{e}{h}$　②

$\cos\theta=(c-e)/r$　③

其中：q为泄流量（m³/s）；b为闸门净宽（m）；e为闸门开启高度（m）；g为重力加速度，取9.8 m/s²；h为堰上水头（m）；μ为流量系数；c为闸门转轴高度，本库为4.3 m；r为弧形闸门半径，本库为10.0 m。

先由③式计算出θ，再由②式计算μ，然后根据①式计算泄流量。

图 24-7　汶河高崖水库站 Z-e-q 关系图（单孔）

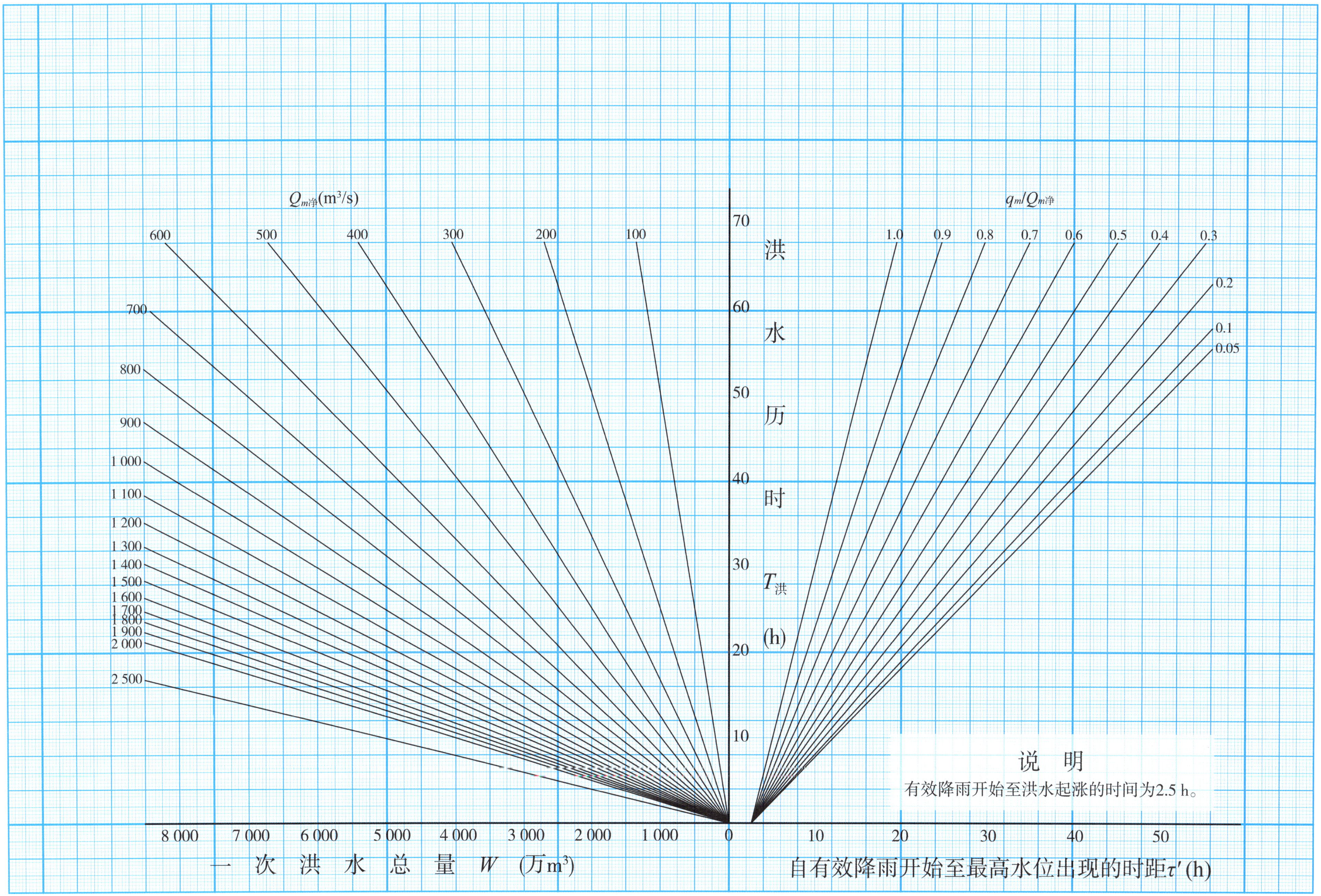

图 24–8　汶河高崖水库站最高水位出现时间预报图

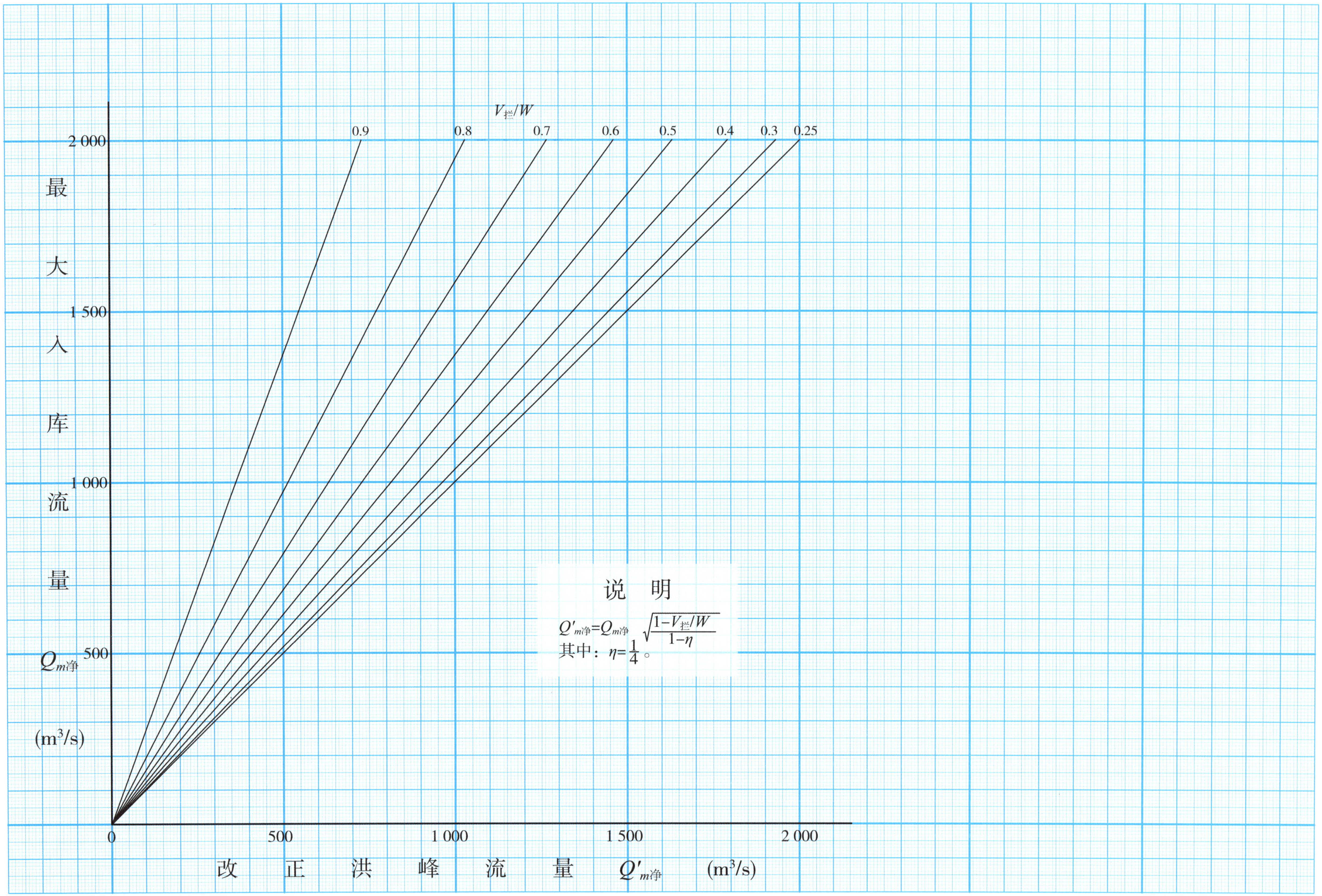

图 24-9 汶河高崖水库站 $Q_{m净}$–$V_{拦}/W$–$Q'_{m净}$关系曲线图

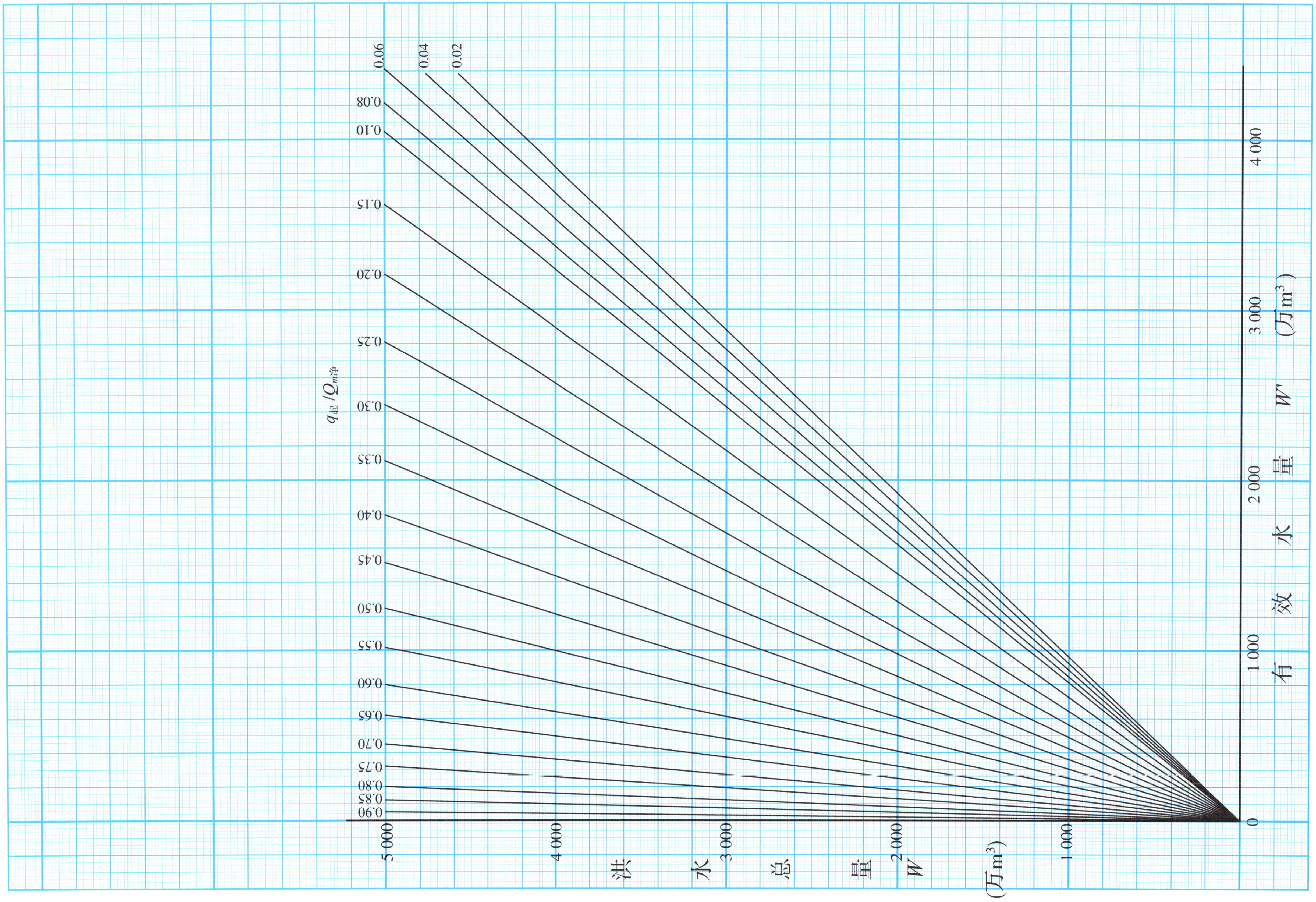

图 24-10 汶河高崖水库站 $W-q_{起}/Q_{m净}-W'$ 关系曲线图

第二十五章　汶河牟山水库站水文预报方案编制说明

1　流域概况

1.1　流域自然地理特征

牟山水库位于安丘市城西，是潍河支流汶河中游的一座大型水库，水库上游有孟津河、鲤龙河、龙泉河、红河、凌河等支流汇入，流域面积 1 262 km^2；高崖、尚庄—牟山区间集水面积为 839 km^2。牟山水库流域形状为扇形，流域平均长度为 56.5 km，流域平均宽度为 21 km；河道干流坡度为 2.12‰，干流长 68.6 km。流域内深山区面积约占总面积 5%，分布在流域上游；浅山区约占 77%，分布在流域的中上游；丘陵区约占 15%，平原区约占 3%，分布于中下游。流域内山丘区岩石多由石灰岩和片麻岩组成，上游为岭黄土，中下游为黄土，河谷地带为河淤土。山丘区不宜种植农作物的地段多种植树木，种植面积约占 5%；农作物约占 90%；其他草皮等约占 5%。植被较好，水土流失不严重。牟山水库站以上流域图见图 25–1。

1.2　水利工程情况

1.2.1　牟山水库概况

牟山水库建于 1959 年 10 月，1960 年 6 月竣工蓄水。水库总库容 2.807 2 亿 m^3，兴利库容 1.212 8 亿 m^3，是一座以防洪、灌溉为主，兼顾发电、淡水养殖等综合利用的大（2）型水库。水库枢纽工程由大坝、溢洪闸、南北放水洞等主要建筑物组成。牟山水库基本情况见表 25–1。

水库大坝全长 5 870 m，其中心墙坝段 1 000 m，为黏土心墙砂壳坝，最大坝高 20 m，其余均为均质土坝。坝顶宽 7.6 m，坝顶高程 83.30 m。

溢洪闸 10 孔，净宽 100 m，安装 10 m × 8.5 m 弧形钢闸门，闸门底高程 70.00 m，最大泄量 6 440 m^3/s。

南放水洞为直径 3 m 的钢筋混凝土有压隧洞，底高程为 68.55 m，最大设计流量为 56.0 m^3/s。

北放水洞为 2.0 m × 2.5 m 的混凝土箱涵，底高程为 70.30 m，最大设计流量为 32.0 m^3/s。

表 25–1　汶河牟山水库工程基本情况表

分类	项目	数值	分类	项目	数值	分类	项目	数值
	水库名称	牟山水库		工程总投资	2 700.68 万元	正常溢洪道	型式	宽顶堰
	管理机构名称	牟山水库运营维护中心		设计单位	山东省水利勘测设计院	正常溢洪道	堰顶高程	70.00 m
	主管部门	安丘市水利局		施工单位	牟山水库工程指挥部	正常溢洪道	堰顶净宽	10 × 10 m
	所在地点	安丘市兴安街道	建设日期	开工	1959 年 10 月	正常溢洪道	闸门型式	弧形钢闸门
	所在河流	汶河	建设日期	竣工	1960 年 6 月	正常溢洪道	闸门尺寸	8.5 m × 10 m
	集水面积	1 262 km^2		基本地震烈度	7 度	正常溢洪道	最大泄量	6 440 m^3/s
水文特征	多年平均年降水量	662.7 mm		设计地震烈度	7 度	正常溢洪道	消能型式	挑流鼻坎
水文特征	多年平均年径流量	1.305 亿 m^3		高程基准面	1956 年黄海基面	正常溢洪道	启闭设备	卷扬式 10–45 t
水文特征	多年平均年输沙量	0.006 3 亿 m^3	库区迁淹	赔偿高程	77.50 m	非常溢洪道	型式	—
水文特征 设计	重现期	100 年	库区迁淹	移民高程	78.51 m	非常溢洪道	堰顶高程	—
水文特征 设计	洪峰流量	5 081 m^3/s	库区迁淹	淹没耕地	3.36 万亩	非常溢洪道	堰顶净宽	—
水文特征 设计	洪水总量	4.45 亿 m^3	库区迁淹	迁移人口	16 062 人	非常溢洪道	最大泄量	—
水文特征 校核	重现期	500 年	工程量	土方	730.67 万 m^3	南放水洞	型式	有压隧洞
水文特征 校核	洪峰流量	10 295 m^3/s	工程量	石方	95.52 万 m^3	南放水洞	断面尺寸	∅3.0 m
水文特征 校核	洪水总量	6.36 亿 m^3	工程量	混凝土	2.77 万 m^3	南放水洞	进口底高程	68.55 m
水库特征	调节性能	多年调节	主坝	坝型	黏土心墙砂壳坝	南放水洞	闸门型式	直升钢闸门
水库特征	校核洪水位	81.62 m	主坝			南放水洞	最大泄量	56.0 m^3/s
水库特征	设计洪水位	79.06 m	主坝	坝顶高程	83.30 m	南放水洞	启闭设备	卷扬式 20 t
水库特征	汛期限制水位	75.00 m	主坝	最大坝高	20 m	北放水洞	型式	砌石无压隧洞
水库特征	正常蓄水位	78.00 m	主坝	坝顶长度	1 000 m	北放水洞	断面尺寸	2.0 m × 2.5 m
水库特征	死水位	71.85 m	主坝	坝顶宽度	7.6 m	北放水洞	进口底高程	70.30 m
水库特征	总库容	2.807 2 亿 m^3	主坝	坝基防渗型式	黏土铺盖	北放水洞	闸门型式	直升钢闸门
水库特征 其中	调洪库容	1.366 1 亿 m^3	主坝			北放水洞	最大泄量	32.0 m^3/s
水库特征 其中	兴利库容	1.212 8 亿 m^3	副坝	座数	2 座	北放水洞	启闭设备	卷扬式 15 t

1.2.2 上游水利工程情况

流域内有大型水库（高崖水库）一座，控制流域面积 355 km^2，总库容 1.599 5 亿 m^3；中型水库（尚庄水库）一座，控制流域面积 68 km^2，总库容 2 089 万 m^3；小型水库 84 座，塘坝 429 座，控制流域面积约 330 km^2，总库容 5 106 万 m^3。流域内水利工程情况见表 25-2。

表 25-2 汶河牟山水库站以上流域内主要水利工程统计表

水库名称	地址	所在河流	类型	建成日期	集水面积（km^2）	兴利库容（万 m^3）	总库容（万 m^3）
高崖水库	昌乐县	汶河	大型	1960 年 5 月	355.0	6 545	15 995
尚庄水库	安丘市	凌河	中型	1960 年 5 月	68.0	1 019	2 089
尚庄水库	安丘市	鲤龙河	小（1）型	1970 年 10 月	7.0	204	284
杜家庄	安丘市	鲤龙河	小（1）型	1967 年 6 月	7.0	140	203
云家庄子	安丘市	鲤龙河	小（1）型	1966 年 12 月	6.0	87	117
马庄	临朐县	孟津河	小（1）型	1972 年 1 月	12.3	200	354
英山河	临朐县	孟津河	小（1）型	1971 年 1 月	4.1	160	230
辉渠	安丘市	凌河	小（1）型	1976 年 1 月	40.0	210	450
南部	安丘市	温泉河	小（1）型	1960 年 4 月	52.0	174	530
川里院	安丘市	凌河	小（1）型	1975 年 10 月	15.0	80	132
东白山头	安丘市	凌河	小（1）型	1975 年 7 月	16.0	200	210
石家营	安丘市	汶河	小（1）型	1971 年 4 月	4.0	82	126
			小（2）型	74 座			1 580
			塘坝	429 座			890

1.3 测站概况

牟山水库水文站于 1960 年 6 月 1 日设立，坝上基本水尺断面原设在大坝 2 900 m 处，因站址迁至水库管理局而于 1975 年 8 月 15 日将坝上基本水尺迁至大坝 200 m 处，相距 2.7 km，经对比观测，对水位无影响。牟山水库站属区域代表站，测验任务有库内水位、出库流量、降水量、冰情、水质、墒情、水文调查、蒸发量等；该站还担负着向国家防总，省、市防指提供水情、雨情、墒情和洪水预报等报汛任务。牟山水库水文站概况说明见表 25-3；其上游有 6 处长系列雨量站，详见表 25-4。

该站冻结基面高程 -0.104 m=1985 年国家高程基准高程。

表 25-3 汶河牟山水库水文站概况说明表

基础信息	测站编码	40809000	集水面积	1 262 km^2	设站时间	1960 年 6 月
	流 域	淮河流域	水系	潍河水系	河流	汶河
	基 面	1985 年国家高程基准		高程	86.103 m	
	测站地址	山东省安丘市兴安街道牟山水库				
	管理机构	山东省潍坊市水文中心				
	监测项目	水位、流量、冰情、水质、墒情、降水量、水文调查、蒸发量等				
	流量测验方法	流速仪法				
	多年平均年径流量	1.305 亿 m^3	多年平均年输沙量	0.006 3 亿 m^3	多年平均年降水量	662.7 mm
	最大年径流量	6.932 亿 m^3		出现年份	1964 年	
	最小年径流量	0 亿 m^3		出现年份	1984 年	
	最大流量	2 340 m^3/s		出现时间	1974 年 8 月 14 日	
	最小流量	0 m^3/s		出现时间	1964 年 1 月 1 日	
	最高水位	77.90 m		出现时间	1970 年 8 月 29 日	
	最低水位	63.58 m		出现时间	2001 年 6 月 15 日	
	测站位置特点	牟山水库水文站位于山东省安丘市城西 6 km 处，潍河支流汶河中游，距离河口 41 km，水库以上流域长 56.5 km，干流长 68.6 km，干流平均坡度 2.12‰，控制流域面积 1 262 km^2。流域内有高崖大（2）型水库 1 座，尚庄中型水库 1 座				
	测验河段特征	水库大坝位于安丘市兴安街道道口村，大坝全长 5 870 m，其中心墙坝段 1 000 m，为黏土心墙砂壳坝，其余均为均质土坝。溢洪闸位于大坝北端，闸门为弧形钢闸门。放水洞有南、北各一个，南放水洞测流断面在出口以东 150 m 处新建测流桥上，北放水洞测流断面在出口以北约 200 m 处的测桥上。上游有高崖水库大型水库 1 座，尚庄水库中型水库 1 座				
任务作用	主要任务：监测水位、流量、冰情、水质、墒情、降水量、蒸发量、水文调查；功能作用：为抗旱防汛和工程管理服务					
历史沿革	设立或变动	发生年月	站名	站别	领导机关	说明
	设立	1960 年 6 月	牟山水库	水文	山东省水利厅	常年站，集水面积为 1 262 km^2
	增测河湖水化学	1960 年 7 月	牟山水库	水文	山东省水利厅	
	停测河湖水化学	1964 年 1 月	牟山水库	水文	山东省水文总站	
	集水面积变动	1965 年 1 月	牟山水库	水文	山东省水文总站	站网分析统一量算，集水面积为 1 248 km^2
	停测溢洪道流量	1973 年 1 月	牟山水库	水文	山东省水文总站	
	坝上水尺迁移	1975 年 8 月	牟山水库	水文	山东省水文总站	由 2+900 m 迁至 0+200 m
	恢复河湖水化学	1976 年 2 月	牟山水库	水文	山东省水文总站	
	集水面积变动	1979 年 1 月	牟山水库	水文	山东省水文总站	集水面积为 1 262 km^2
	坝上水尺迁移	1985 年 5 月	牟山水库	水文	山东省水文总站	由 0+200 m 迁至 0+300 m
	坝上水尺迁移	2001 年 1 月	牟山水库	水文	山东省水文水资源勘测局	由 0+300 m 迁至水文站办公楼西北方向 150 m

表 25-4　汶河牟山水库站以上流域雨量站情况表

站名	设站年份	详细地址
郚部	1961 年	山东省昌乐县郚部镇郚部村
柳山寨	1964 年	山东省临朐县柳山镇柳山寨村
高崖水库	1952 年	山东省昌乐县郚部镇高崖水库
牟山水库	1960 年	山东省安丘市兴安街道牟山水库
店子	1963 年	山东省安丘市郚山镇店子村
南郚	1965 年	山东省安丘市凌河街道红沙沟村

2　预报方案编制

2.1　预报区间的确定

本站预报区间为高崖、尚庄—牟山水库，区间面积为 839 km²，即牟山水库以上总控制面积 1 262 km² 减去上游高崖、尚庄水库控制面积得到。

2.2　资料情况及方案沿革

2.2.1　资料情况

本站实测资料年限为 58 年（1963—2020 年），本次修订方案除选用了之前分析的 1963—2010 年 48 场次暴雨洪水外，另外补充了 2010—2020 年 4 场次暴雨洪水进行分析，即资料系列为 1963—2020 年，共 52 场次洪水。

2.2.2　方案沿革

原预报方案于 2010 年修订，产流方案采用降雨径流相关图 $P+P_a-R$，汇流方案采用峰量关系曲线图、经验单位线。本次修订在原产流方案降雨径流相关图 $P+P_a-R$ 中增加 4 个点据，关系线保持不变；在原汇流方案峰量关系曲线图中增加 4 个点据，关系线保持不变；原方案中单位线为 2 h 单位线，本次修订对原单位线进行时段转换，转换成 1 h 单位线，并增加 2010—2020 年的单位线 1 条。

2.3　产流方案

本方案采用降雨径流经验 $P+P_a-R$ 相关图，根据分析计算的 52 个点据点绘定线。降雨径流经验 $P+P_a-R$ 相关图见图 25-2。其中：P 为次降雨流域平均雨量（mm）；P_a 为流域平均前期影响雨量（mm）；R 为次降雨所产生的径流深（mm）。

2.3.1　主要参数的计算

2.3.1.1　流域平均雨量P的计算

流域平均雨量采用面积加权法计算求得，雨量站的面积控制权重见表 25-5。

表 25-5　牟山水库站以上流域内雨量站的控制权重表

站名	郚部	柳山寨	高崖水库	牟山水库	店子	南郚
权重	0.15	0.09	0.10	0.18	0.15	0.33

2.3.1.2　流域平均前期影响雨量P_a的计算

每年自汛初开始连续计算，先以面积加权法计算流域平均雨量，然后计算前期影响雨量 P_a，其计算公式如下：

$$P_{a,t+1}=K\left(P_{a,t}+P_t\right)$$

式中：$P_{a,t+1}$ 为第 t+1 日的前期影响雨量（mm）；$P_{a,t}$ 为第 t 日的前期影响雨量（mm）；P_t 为第 t 日的流域平均雨量（mm）；K 为折减系数，$K_{晴}$=0.90，$K_{雨}$=0.95。

2.3.1.3　最大初损值I_m的确定

在历年实测雨洪资料中，选择久旱少雨、降雨量较大、前期影响雨量接近 0（P_a 较小）、产生径流较小的 4 场洪水求得 I_m=120 mm。其中，I_m 值采用下式计算：

$$I_m=P+P_a-R-E$$

式中：P 为流域平均降雨量（mm）；P_a 为前期影响雨量（mm）；R 为径流深（mm）；E 为雨间蒸发量（mm）。

2.3.1.4　径流深R的推求

在入库洪水过程线上采用斜线分割法切除基流，本次洪水径流深 R 等于洪水总量 W（已扣除基流量）除以集水面积 $F_{区}$。牟山水库水文站降雨径流成果见表 25-6。

2.3.2　精度评定

按许可误差 =20% 实测值的标准（并当许可误差大于 20.0 mm 时以 20.0 mm 为上限，小于 3.0 mm 时以 3.0 mm 为下限）进行逐次洪水评定。$P+P_a-R$ 相关图共选用 54 个点据，43 个合格，合格率为 79.6%，属于乙级方案，详见表 25-7。

2.3.3　突出点分析

200806 场次洪水实测净雨深偏小原因：降雨分布不均匀，暴雨中心在上游，降雨不连续，降雨主要集中在 8 h 内，其他时间降雨强度较小，前期相对比较干旱，从而造成预报结果偏小。

2.4　汇流方案

本方案主要采用峰量关系图、经验单位线等方法。

2.4.1　峰量关系曲线$R-T_c-Q_{m净}$

以径流深 R 和有效降雨历时 T_c 作为参数，建立峰量关系曲线 $R-T_c-Q_{m净}$，见图 25-3。其中，

R 为一次降雨径流深，由次洪水总量除以相应集水面积而得；T_c 为有效降雨历时，是指实际能产生径流、对造峰有明显影响的降雨历时，一般采取占总降雨量 80% 的降雨时段数或采用时段平均降雨量大于 5 mm 的时段数；$Q_{m净}$为一次降雨过程所产生的区间净峰流量。

根据 1963—2020 年 54 个点据分析，由于时间因素的影响，点绘关系图时点群比较散乱，所以将有效降雨历时 T_c 作为参数，通过点群中心并照顾同一 R 值的 $Q_{m净}$逐渐减少的趋势定线 R–T_c–$Q_{m净}$。暴雨中心在上游、下游的两条关系线均按实测值的 25% 延长，暴雨中心在中游的关系线的高水延长采用趋势法，参考了潍坊市水利局 1985 年控制运用资料中的 PMP 点（$R_{日}$=652.4 mm，$Q_{m净}$=16 580 m^3/s）。

精度评定：按许可误差 =20% 实测值的标准进行逐次洪水评定。本方案共选用 1963—2020 年 54 个点据，23 个合格，其中复峰不参加评定，合格率为 69.7%，属于丙级方案，精度评定结果见表 25–8。

2.4.2 经验单位线

采用 630719、650719、740813、790802、031011、180819 场次和全流域产流 7 次洪水资料，分析出牟山水库水文站 7 条单位线，Δt 均取 1 h。单位线分别适用于暴雨中心在上游、中游、下游及普雨的情况，其中适用于普雨的单位线为综合单位线，采用了潍坊市水利局和潍坊市水文中心合编的“潍河流域暴雨洪水对策研究”中的分析成果。在进行洪水作业预报时，视不同降雨情况选定相应的经验单位线。单位线图见图 25–4、图 25–5。

2.5 水位与库容、面积关系曲线

牟山水库水位与库容、面积关系对照表采用山东省水利厅鲁水管函字〔2017〕4 号文公布结果的改正值。修正后的水位与库容、面积关系自 2018 年 1 月 1 日起启用，见图 25–6。

2.6 泄量关系曲线

牟山水库以闸门开启高度为参数的泄流曲线见图 25–7。

2.7 最高水位Z_m出现时间预报

最高水位 Z_m 出现时间预报图为两象限图，见图 25–8。

（1）第二象限根据下式计算点绘：

$$T_{洪}=\frac{5W}{Q_{m净}}$$

式中：$T_{洪}$为洪水总历时（h）；W 为洪水总量（万 m^3）；$Q_{m净}$为入库洪峰流量（m^3/s）。

（2）第一象限根据下式计算结果加 2 后点绘：

$$\tau=T_{洪}\left(1-K\frac{q_m}{Q_{m净}}\right)$$

式中：τ 为自库水位起涨至最高水位出现的时距（h）；K 为落水历时与洪水总历时之比，本水库 $K=\frac{3}{4}$。

在实际工作中，水库水位起涨时间往往不易掌握，所以在方案编制中，考虑了有效降雨开始至库水位起涨的时距，经分析本站该时距一般可取 2 h。设有效降雨开始至最高水位出现的时距为 τ'，则 $\tau'=\tau+2$ 。图 25–8 第一象限的横坐标读数即为 τ'。

3 方案使用说明

3.1 径流深预报

计算出流域平均降雨量 P 和流域平均前期影响雨量 P_a，查降雨径流关系图 $P+P_a$–R，根据流域前期影响雨量及上游水库蓄水情况对查算结果进行综合分析，确定地表径流深 R 的预报值。

3.2 最大入库洪峰流量预报

3.2.1 查R–T_c–$Q_{m净}$图

根据 R，T_c 查询 R–T_c–$Q_{m净}$关系曲线得到 $Q_{m净}$，当 T_c 介于两条关系曲线之间时，首先查出两条曲线中对应 $Q_{m净}$的数值，然后进行插补；当 T_c 大于 14 h 或者小于 2 h 时，根据最近两条关系线进行插补外延。

3.2.2 经验单位线法

计算得出各时段净雨，根据暴雨中心位置选择相应单位线，各时段净雨错时段与 0.1 倍的单位线各时段流量相乘，然后同时段流量相加，再加上基流量即为入库流量过程，由此可查出最大入库流量及其出现时间。

3.2.3 查$Q_{m净}$–$V_{拦}/W$–$Q'_{m净}$图

牟山水库涨水历时约为洪水总历时的 1/4，当水库起涨水位在开始溢洪水位以下时，开闸溢洪之前，若水库拦蓄的水量 $V_{拦}$大于本次洪水涨洪段的水量，即 $V_{拦}/W>1/4$，则在开闸之前最大来水流量 $Q_{m净}$已经入库，参加调洪的最大来水流量变成 $Q'_{m净}$。$Q_{m净}$–$V_{拦}/W$–$Q'_{m净}$关系图见图 25–9。

改正流量 $Q'_{m净}$采用下式计算：

$$Q'_{m净}=Q_{m净}\sqrt{\frac{1-V_{拦}/W}{1-\eta}}$$

式中：$Q_{m净}$为入库净峰流量（m^3/s）；$V_{拦}$为起涨水位至溢洪水位之间的拦蓄库容（万 m^3）；W 为洪水总量（万 m^3）；η 为涨水历时与洪水总历时之比，经分析计算，本站 $\eta=\frac{1}{4}$。

3.3 入库洪水总量预报

3.3.1 入库洪水总量W

当水库无放水时，区间入库洪水总量 W 采用下式计算：

$$W=\frac{RF_{区}}{10}$$

式中：W为区间入库洪水总量（万 m^3）；$F_{区}$为高崖、尚庄—牟山水库区间流域面积（km^2）。

3.3.2　查W–$q_{起}/Q_{m净}$–W'图

当水库放水时，有效水量W'为总来水量扣除无效水量，见图 25–10，其计算公式为

$$\Delta W=W[1-(1-\frac{q_{起}}{Q_{m净}})^2]$$

$$W'=W-\Delta W=W\{1-[1-(1-\frac{q_{起}}{Q_{m净}})^2]\}$$

式中：ΔW为无效水量（万 m^3）；$q_{起}$为起调泄流量（m^3/s）；$Q_{m净}$为最大净峰流量（m^3/s）。

3.4　方案合理性检查及评定

在方案建立过程中，随时根据规范要求及有关文件规定进行合理性检查，特别对突出点据从原始资料反复查对，对中间处理过程也进行了认真审查，发现不合理的问题后基本上都做了检查改正。方案建立后，先从线形进行比较，防止出现矛盾现象，然后对每个方案尽量根据规范规定采用表格形式进行了精度评定（用许可误差法）。

3.5　方案适应能力

本方案适用于防洪标准以下的洪水作业预报。如遇超标准洪水，则需根据当时具体情况酌情修正。

3.6　注意事项

1. 牟山水库上游有高崖水库（大型）和尚庄水库（中型），在该两水库或其中一个水库有溢洪的情况下，预报牟山水库净峰流量$Q_{m净}$和一次来水总量W时，应做如下修正：

（1）$Q_{m净}$的修正：用本方案预报出高崖、尚庄—牟山区间的净峰流量后，再分别预报出高崖水库、尚庄水库的最大出库流量$q_{m高}$和$q_{m尚}$及其最高水位出现时间（即q_m出现时间），并错开时间（高崖水库、尚庄水库溢洪至牟山水库的传播时间）与高崖、尚庄—牟山区间的净峰流量相加，即可得出牟山水库修正后的净峰流量。实际上，$q_{m高}$、$q_{m尚}$与$Q_{m净}$到达牟山水库的时间不一定重合，在进行作业预报时，可做一些经验修正。

高崖—牟山的洪水传播时间为：

当$q_{高}\leq 200$ m^3/s 时，取传播时间τ=6 h；

当$q_{高}>200$ m^3/s 时，取传播时间τ=5 h。

尚庄—牟山的洪水传播时间τ=2 h。

（2）牟山水库来水总量$W_{牟}$的修正：高崖、尚庄—牟山水库的区间来水量与高崖、尚庄溢洪量之和即为牟山水库修正后的来水总量。

2. 受上游小型水利工程的影响，作业预报时应进行如下修正：

牟山水库上游有小（1）型水库 10 座，控制流域面积 160 多平方千米，总库容 2 600 多万立方米，控制高崖、尚庄—牟山区间面积达 140 多平方公里，约占区间面积的 17%。另外，还有小（2）型水库 74 座，总库容 1 580 万 m^3；塘坝 429 座，总库容 890 万 m^3。由于上述小型水利工程的影响，上游拦蓄损耗量较多，对入汛后或久旱后的第一场暴雨进行作业预报时，查图所得的W（R）和$Q_{m净}$要偏大些，可酌情减少 20% ~ 30%。当上游小型水利工程蓄满后，对高崖、尚庄—牟山区间的W和$Q_{m净}$就没有影响了，假若上游小型水利工程大约蓄了半数，则高崖、尚庄—牟山区间的W和$Q_{m净}$可酌减 10% ~ 15%。

3. 局部暴雨时要注意超渗产流，可适当将查算的R值加大；久旱初雨产流偏小时，应适当修正所查R值。

4. 下游河道行洪能力：牟山水库下游的潍徐公路桥（安丘市城北）堤顶高程为 55.70 m，现状安全行洪流量 1 800 m^3/s, 保证水位 54.47 m，保证流量 2 500 m^3/s。

总之，由于影响因素太多，本方案不能全部反映实际情况，因而不能照搬，应具体问题具体分析，并采用多种方法，考虑各种因素进行综合分析，确定采用的预报值。

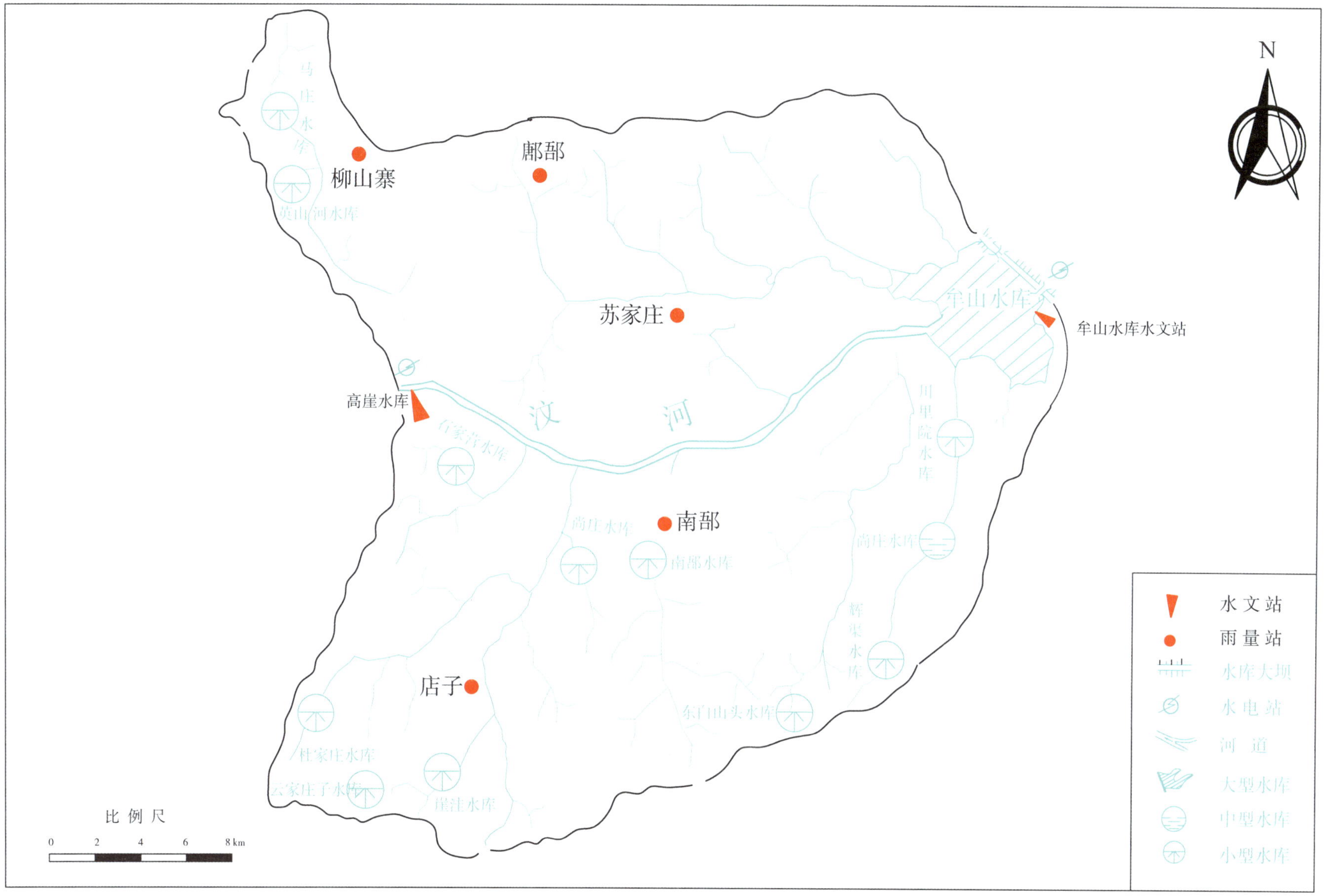

图 25-1　汶河牟山水库站以上流域图

表 25-6　汶河牟山水库站降雨径流分析成果表

序号	洪号	降雨起止时间		流域平均雨量 P（mm）	前期影响雨量 P_a（mm）	降雨历时（h）		暴雨中心位置或特点	洪水起止时间		洪峰流量 Q_m（m^3/s）	净峰流量 $Q_{m净}$（m^3/s）	洪水总历时 $T_洪$（h）	次洪径流量 W（万 m^3）	集水面积 F（km^2）	次洪径流深 R（mm）	径流系数 α	备注
		起	止			全部 T	有效 T_c		起涨	落平								
1	630719	7月19日4:00	7月19日12:00	49.1	58.0	8	4	中游	7月19日4:00	7月20日18:00	530	519	38	1 330	839	15.9	0.32	
2	630720	7月19日12:00	7月20日6:00	91.1	89.6	18	10	上游	7月19日18:30	7月21日6:00	1 480	1 430	35.5	4 050	839	48.3	0.53	
3	640716	7月16日12:00	7月17日8:00	79.6	100.6	20	8	上游	7月16日16:30	7月19日1:00	607	587	56.5	3260	839	38.9	0.49	
4	640801	8月1日10:00	8月2日12:00	44.6	97.7	26	8	上游	8月1日14:00	8月4日15:00	268	244	73	1 540	839	18.4	0.41	
5	640831	8月31日0:00	8月31日6:00	56.6	65.8	6	2	上游	8月31日2:00	9月2日0:00	354	325	46	1 170	839	13.9	0.25	
6	640912	9月12日4:00	9月12日16:00	97.1	88.4	12	6	中游	9月12日4:00	9月14日9:00	1210	1170	53	4 320	839	51.5	0.53	
7	650719	7月19日12:00	7月20日2:00	39.4	50.8	14	4	下游	7月19日14:30	7月20日12:00	472	460	21.5	657	839	7.8	0.20	
8	650727	7月27日14:00	7月28日2:00	69.0	90.5	12	10	中游	7月27日14:00	7月29日15:00	793	763	49	3 010	839	35.9	0.52	
9	650804	8月4日8:00	8月5日2:00	63.7	93.6	18	14	中游	8月4日8:00	8月7日14:00	345	335	78	2 230	839	26.6	0.42	
10	650815	8月15日12:00	8月15日22:00	67.7	68.3	10	6	上游	8月15日12:00	8月18日6:00	780	764	66	2 920	839	34.8	0.51	
11	680719	7月19日10:00	7月20日4:00	82.4	40.2	18	6	中游	7月19日13:00	7月21日10:00	492	489	45	1 720	839	20.5	0.25	
12	700623	6月23日16:00	6月24日0:00	62.9	43.2	8	6	中游	6月23日19:00	6月24日21:00	1 210	1 200	26	2 740	839	32.7	0.52	
13	700724	7月24日8:00	7月25日8:00	87.3	66.5	24	10	上游	7月24日10:00	7月26日23:00	543	528	61	2 600	839	31.0	0.35	
14	700828	8月28日8:00	8月29日6:00	179.6	37.2	22	14	中游	8月28日8:00	8月30日7:00	2 430	2 410	47	7 920	839	94.4	0.53	
15	700916	9月16日8:00	9月17日6:00	72.9	65.0	22	14	上游	9月16日9:30	9月19日17:00	318	303	79.5	2 420	839	28.8	0.40	
16	720901	9月1日12:00	9月2日8:00	90.8	58.0	20	8	上游	9月1日14:00	9月4日6:00	577	568	64	2 200	839	26.2	0.29	
17	740810	8月10日10:00	8月11日6:00	77.7	59.7	20	8	中游	8月10日10:00	8月13日17:00	171	166	79	1 430	839	17.0	0.22	
18	740813	8月13日2:00	8月14日0:00	227.6	120.0	22	14	下游	8月13日2:00	8月15日12:00	5 250	5 220	58	18 200	839	216.9	0.95	
19	750722	7月22日6:00	7月23日2:00	69.5	91.7	20	10	中游	7月22日6:00	7月25日12:00	355	345	78	1 870	839	22.3	0.32	
20	750815	8月14日16:00	8月15日8:00	40.7	73.1	16	8	上游	8月15日1:00	8月17日18:30	189	179	65.5	967	839	11.5	0.28	
21	760728	7月28日14:00	7月28日20:00	45.0	66.6	6	4	上游	7月28日14:00	7月30日8:00	410	398	42	1 180	839	14.1	0.31	
22	780709	7月9日8:00	7月9日18:00	46.2	85.4	10	6	下游	7月9日8:00	7月10日20:00	207	198	36	792	839	9.4	0.20	
23	790623	6月23日20:00	6月24日8:00	54.5	25.6	12	8	中游	6月23日20:00	6月25日17:00	120	118	45	328	839	3.9	0.07	
24	790712	7月12日8:00	7月12日20:00	45.0	44.5	12	4	上游	7月12日10:00	7月14日6:00	139	138	44	511	839	6.1	0.14	
25	790802	8月1日12:00	8月1日20:00	33.7	86.8	8	4	上游	8月1日13:00	8月3日18:00	338	312	53	1196	839	14.3	0.42	
26	800606	6月6日16:00	6月7日2:00	68.4	13.5	10	6	上游	6月6日18:00	6月9日9:30	61.5	60.2	63.5	330	839	3.9	0.06	
27	800615	6月15日20:00	6月16日4:00	50.4	43.2	8	4	上游	6月15日20:00	6月17日18:00	72.5	67.6	46	330	839	3.9	0.08	

序号	洪号	降雨起止时间		流域平均雨量 P (mm)	前期影响雨量 P_a (mm)	降雨历时 (h)		暴雨中心位置或特点	洪水起止时间		洪峰流量 Q_m (m^3/s)	净峰流量 $Q_{m净}$ (m^3/s)	洪水总历时 $T_洪$ (h)	次洪径流量 W (万 m^3)	集水面积 F (km^2)	次洪径流深 R (mm)	径流系数 α	备注
		起	止			全部 T	有效 T_c		起涨	落平								
28	810725	7月25日2:00	7月27日2:00	66.5	45.5	48	2	中游	7月25日6:00	7月28日20:00	37	35	86	235	839	2.8	0.04	
29	850821	8月20日22:00	8月21日12:00	63.6	62.8	14	4	上游	8月21日2:00	8月24日20:00	61.1	58.1	90	502	839	6.0	0.09	
30	870826	8月26日14:00	8月27日10:00	116.9	23.4	20	4	上游	8月26日16:00	8月29日18:00	76.2	76.2	74	502	839	6.0	0.05	
31	900721	7月21日0:00	7月22日8:00	105.6	58.3	32	4	下游	7月21日20:00	7月24日20:00	116	116	72	321	839	3.8	0.04	
32	900802	8月2日20:00	8月4日10:00	119.3	58.4	38	6	上游	8月2日22:00	8月6日14:00	206	205	88	1 330	839	15.9	0.13	
33	900816	8月15日20:00	8月16日22:00	69.9	74.5	26	4	中游	8月16日2:00	8月18日4:00	337	335	50	1350	839	16.1	0.23	
34	940629	6月29日6:00	6月29日22:00	94.4	59.7	16	2	下游	6月29日8:00	7月1日0:00	94.3	91.1	40	352	839	4.2	0.04	
35	940807	8月7日12:00	8月9日18:00	161.5	27.6	54	8	上游	8月7日14:00	8月13日8:00	108	107	138	1 520	839	18.1	0.11	
36	940823	8月23日20:00	8月24日16:00	80.3	44.8	20	2	中游	8月23日20:00	8月27日8:00	101	100	84	643	839	7.7	0.10	
37	950816	8月16日6:00	8月17日0:00	75.2	79.4	18	4	上游	8月16日8:00	8月19日20:00	202	196	84	1 410	839	16.8	0.22	
38	950822	8月22日2:00	8月23日4:00	53.1	92.7	26	8	下游	8月22日6:00	8月26日20:00	149	146	110	1 110	839	13.2	0.25	
39	960627	6月27日10:00	6月27日18:00	51.5	24.7	8	2	下游	6月27日10:00	7月1日10:00	10.4	10	96	144	839	1.7	0.03	
40	960628	6月28日14:00	6月29日8:00	55.6	70.2	18	6	中游	6月28日14:00	7月2日20:00	52.8	51.5	102	442	839	5.3	0.09	
41	960724	7月24日20:00	7月25日12:00	59.0	74.3	16	6	中游	7月24日22:00	7月28日8:00	61	60.7	82	360	839	4.3	0.07	
42	970819	8月19日4:00	8月20日18:00	213.6	26.2	38	14	中游	8月19日8:00	8月23日8:00	542	535	96	2 740	839	32.7	0.15	
43	980723	7月23日16:00	7月24日22:00	96.5	72.0	30	8	中游	7月23日18:00	7月28日12:00	516	513	114	2 919	839	34.8	0.36	
44	980804	8月4日2:00	8月4日22:00	50.0	53.9	20	6	中游	8月4日6:00	8月6日8:00	115	112	50	604	839	7.2	0.14	
45	980822	8月22日6:00	8月22日18:00	92.9	68.7	12	2	上游	8月22日6:00	8月25日2:00	470	468	68	1 880	839	22.4	0.24	
46	990904	9月3日22:00	9月5日2:00	121.8	20.4	28	4	中游	9月4日8:00	9月7日20:00	154	149	84	931	839	11.1	0.09	
47	010730	7月30日0:00	7月31日6:00	98.8	120.0	30	4	中游	7月30日2:00	8月1日10:00	196	194	56	976	839	11.6	0.12	
48	030720	7月20日12:00	7月21日20:00	60.6	66.9	32	2	中游	7月20日16:00	7月23日20:00	43.2	42.2	76	188	839	2.2	0.04	
49	030826	8月26日4:00	8月27日10:00	96.3	45.0	30	2	上游	8月26日8:00	8月29日8:00	47.4	45.5	72	443	839	5.3	0.05	
50	031011	10月11日12:00	10月12日22:00	88.2	13.8	34	12	上游	10月11日14:00	10月15日6:00	188	181	88	1 460	839	17.4	0.20	
51	120803	8月3日0:00	8月3日19:00	74.3	89.0	19	15	上游	8月2日8:00	8月6日0:00	321	311	88	2 070	839	24.7	0.33	
52	180819	8月19日6:00	8月20日4:00	195.9	120.0	22	14	上游	8月19日8:00	8月24日6:00	4 160	3 790	118	15 000	839	178.8	0.91	
53	190811	8月10日18:00	8月11日5:00	245.8	51.5	11	10	上游	8月10日14:00	8月12日17:00	2 090	1 330	51	10 400	839	124.0	0.50	
54	200806	8月6日15:00	8月7日3:00	62.2	90.0	12	10	上游	8月6日20:00	8月10日8:00	284	235	84	2 320	839	27.7	0.44	

表 25-7　汶河牟山水库站 $P+P_a-R$ 预报精度评定表

序号	洪号	流域平均雨量 P（mm）	前期影响雨量 P_a（mm）	$P+P_a$（mm）	实测径流深 $R_实$（mm）	预报径流深 $R_预$（mm）	预报误差（mm）	许可误差（mm）	评定结果	
									合格	不合格
1	630719	49.1	58.0	107.1	15.9	11.0	−4.9	3.2		√
2	630720	91.1	89.6	180.7	48.3	46.1	−2.2	9.7	√	
3	640716	79.6	100.6	180.2	38.9	45.7	6.8	7.8	√	
4	640801	44.6	97.7	142.3	18.4	21.7	3.3	3.7	√	
5	640831	56.6	65.8	122.4	13.9	14.7	0.8	3.0	√	
6	640912	97.1	88.4	185.5	51.5	50.0	−1.5	10.3	√	
7	790802	39.4	50.8	90.2	7.8	7.2	−0.6	3.0	√	
8	650727	69.0	90.5	159.5	35.9	30.3	−5.6	7.2	√	
9	650804	63.7	93.6	157.3	26.6	29.1	2.5	5.3	√	
10	650815	67.7	68.3	136.0	34.8	19.1	−15.7	7.0		√
11	680719	82.4	40.2	122.6	20.5	14.7	−5.8	4.1		√
12	700623	62.9	43.2	106.1	32.7	10.8	−21.9	6.5		√
13	700724	87.3	66.5	153.8	31.0	27.1	−3.9	6.2	√	
14	700828	179.6	37.2	216.8	94.4	77.4	−17.0	18.9	√	
15	700916	72.9	65.0	137.9	28.8	19.9	−8.9	5.8		√
16	720901	90.8	58.0	148.8	26.2	24.6	−1.6	5.2	√	
17	740810	77.7	59.7	137.4	17.0	19.7	2.7	3.4	√	
18	740813	227.6	120.0	347.6	216.9	206.9	−10.0	20.0	√	
19	750722	69.5	91.7	161.2	22.3	22.0	−0.3	4.5	√	
20	750815	40.7	73.1	113.8	11.5	12.5	1.0	3.0	√	
21	760728	45.0	66.6	111.6	14.1	12.0	−2.1	3.0	√	
22	780709	46.2	85.4	131.6	9.4	9.7	0.3	3.0	√	
23	790623	54.5	25.6	80.1	3.9	3.1	−0.8	3.0	√	
24	790712	45.0	44.5	89.5	6.1	3.8	−2.3	3.0	√	
25	790802	33.7	86.8	120.5	14.3	14.5	0.2	3.0	√	
26	800606	68.4	13.5	81.9	3.9	3.2	−0.7	3.0	√	
27	800615	50.4	43.2	93.6	3.9	4.0	0.1	3.0	√	
28	810725	66.5	45.5	112.0	2.8	5.3	2.5	3.0	√	
29	850821	63.6	62.8	126.4	6.0	6.6	0.6	3.0	√	
30	870826	116.9	23.4	140.3	6.0	8.2	2.2	3.0	√	
31	900721	105.6	58.3	163.9	3.8	12.1	8.3	3.0		√
32	900802	119.3	58.4	177.7	15.9	15.5	−0.4	3.2	√	
33	900816	69.9	74.5	144.4	16.1	14.2	−1.9	3.2	√	
34	940629	94.4	59.7	154.1	4.2	10.5	6.3	3.0		√
35	940807	161.5	27.6	189.1	18.1	17.8	−0.3	3.6	√	
36	940823	80.3	44.8	125.1	7.7	6.5	−1.2	3.0	√	
37	950816	75.2	79.4	154.6	16.8	18.8	2.0	3.4	√	
38	950822	53.1	92.7	145.8	13.2	14.9	1.7	3.0	√	
39	960627	51.5	24.7	76.2	1.7	3.1	1.4	3.0	√	
40	960628	55.6	70.2	125.8	5.3	6.6	1.3	3.0	√	
41	960724	59.0	74.3	133.3	4.3	7.3	3.0	3.0	√	
42	970819	213.6	26.2	239.8	32.7	32.7	0.0	6.5	√	
43	980723	96.5	72.0	168.5	34.8	36.5	1.7	7.0	√	
44	980804	50.0	53.9	103.9	7.2	4.8	−2.4	3.0	√	
45	980822	92.9	68.7	161.6	22.4	22.3	−0.1	4.5	√	
46	990904	121.8	20.4	142.2	11.1	8.5	−2.6	3.0	√	
47	010730	98.8	120.0	218.8	11.6	70.3	58.7	3.0		√
48	030720	60.6	66.9	127.5	2.2	6.7	4.5	3.0		√
49	030826	96.3	45.0	141.3	5.3	8.3	3.0	3.0	√	
50	031011	88.2	13.8	102.0	17.4	10.0	−7.4	3.5		√
51	120803	74.3	89.0	163.3	24.7	24.8	0.1	4.9	√	
52	180819	195.9	120.0	315.9	178.8	168.0	−10.8	20.0	√	
53	190811	245.8	51.5	297.3	124.0	52.0	−72.0	20.0		√
54	200806	62.2	90.0	152.2	27.7	27.1	−0.6	5.5	√	

备注：1. 预报误差 = 预报值 − 实测值；2. 许可误差 = 实测值的 20%，以 20.0 mm 为上限，以 3.0 mm 为下限；3. 合格率 =79.6%，为乙级方案。

表 25-8　汶河牟山水库站峰量关系预报精度评定表

序号	洪号	实测径流深 $R_{实}$（mm）	有效降雨历时 T_c（h）	净峰流量		预报误差（m^3/s）	许可误差（m^3/s）	评定结果	
				实测 $Q_{m净实}$（m^3/s）	预报 $Q_{m净预}$（m^3/s）			合格	不合格
1	640801	18.4	8.0	244	310	66	48.8		√
2	640831	13.9	2.0	325	300	−25	65	√	
3	640912	51.5	6.0	1 170	1 220	50	234	√	
4	650727	35.9	10.0	763	630	−133	153	√	
5	650719	7.8	4	460	160	−300	92		√
6	650804	26.6	14.0	335	378	43	67	√	
7	700623	32.7	6.0	1 200	679	−521	240		√
8	700724	31.0	10.0	528	526	−2	106	√	
9	720901	26.2	8.0	568	467	−101	114	√	
10	740813	216.9	14.0	5 220	5 250	30	1 040	√	
11	750722	22.3	10.0	345	353	8	69	√	
12	750815	11.5	8.0	179	186	7	35.8	√	
13	760728	14.1	4.0	398	275	−123	79.6		√
14	780709	9.4	6.0	198	159	−39	39.6	√	
15	790802	14.3	4	312	290	−22	62.4	√	
16	790712	6.1	4.0	138	113	−25	27.6	√	
17	800606	3.9	6.0	60.2	62.7	2.5	12	√	
18	800615	3.9	4.0	67.6	71.1	3.5	13.5	√	
19	850821	6.0	4.0	58.1	111	52.9	11.6		√
20	900721	3.8	4.0	116	69.3	−46.7	23.2		√
21	900816	16.1	4.0	335	318	−17	67	√	
22	940629	4.2	2.0	91.1	84.5	−6.6	18.2	√	
23	960724	4.3	6.0	60.7	69.4	8.7	12.1	√	
24	970819	32.7	14.0	535	482	−53	107	√	
25	980822	22.4	2.0	468	512	44	93.6	√	
26	990904	11.1	4.0	149	212	63	29.8		√
27	010730	11.6	4.0	194	223	29	38.8	√	
28	030720	2.2	2.0	42.2	43.6	1.4	8.44	√	
29	031011	17.4	12.0	181	234	53	36.2		√
30	120803	24.7	15.0	311	340	29	62.2	√	
31	180819	178.8	14.0	3 790	4 200	410	758	√	
32	190811	124.0	10.0	1 330	3 050	1 720	266		√
33	200806	27.7	10.0	235	400	165	47		√

备注：1. 预报误差 = 预报值 − 实测值；2. 许可误差 = 实测值的 20%；3. 合格率 =69.7%，为丙级方案；4. 复峰不参加评定。

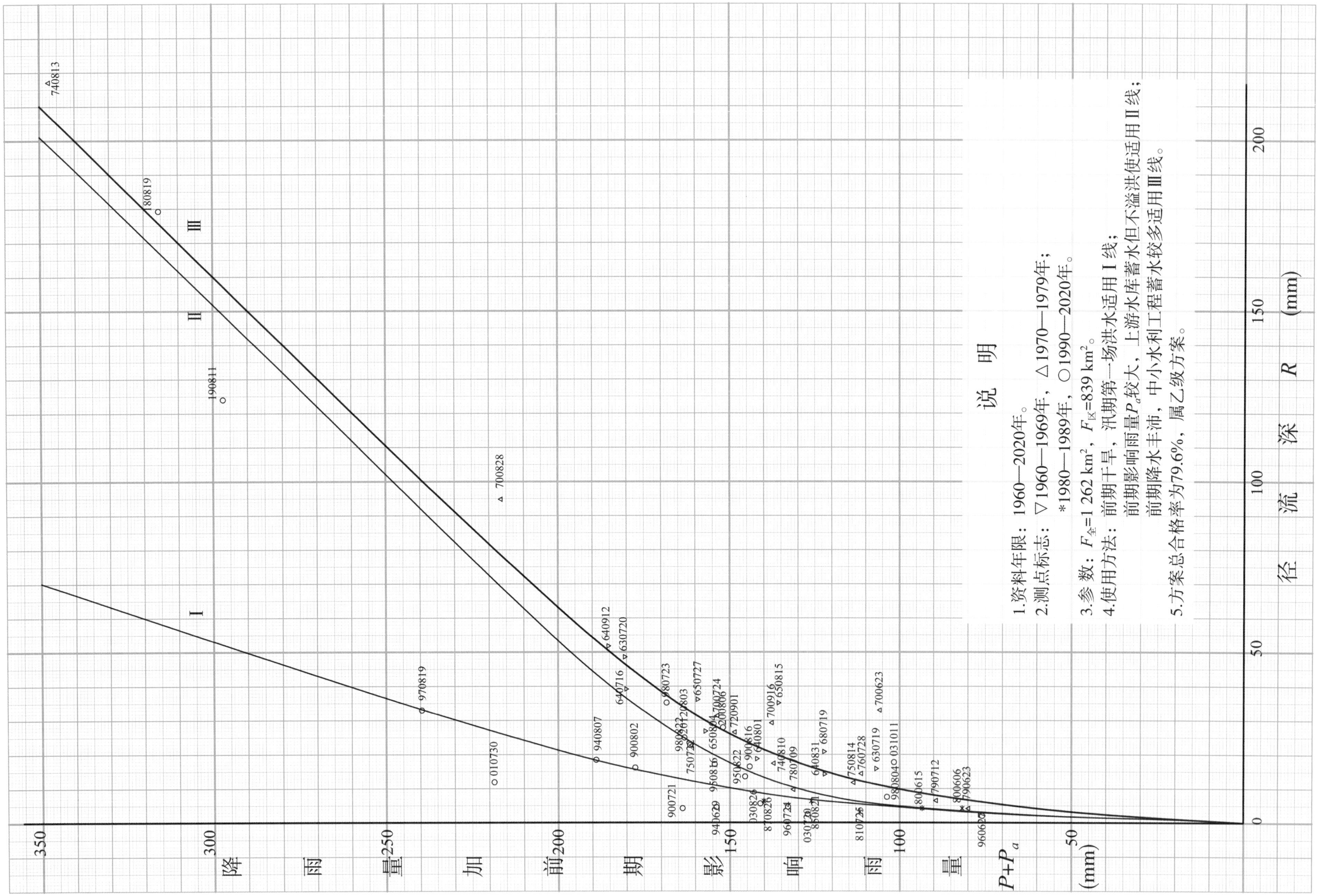

图 25-2 汶河牟山水库站降雨径流相关图

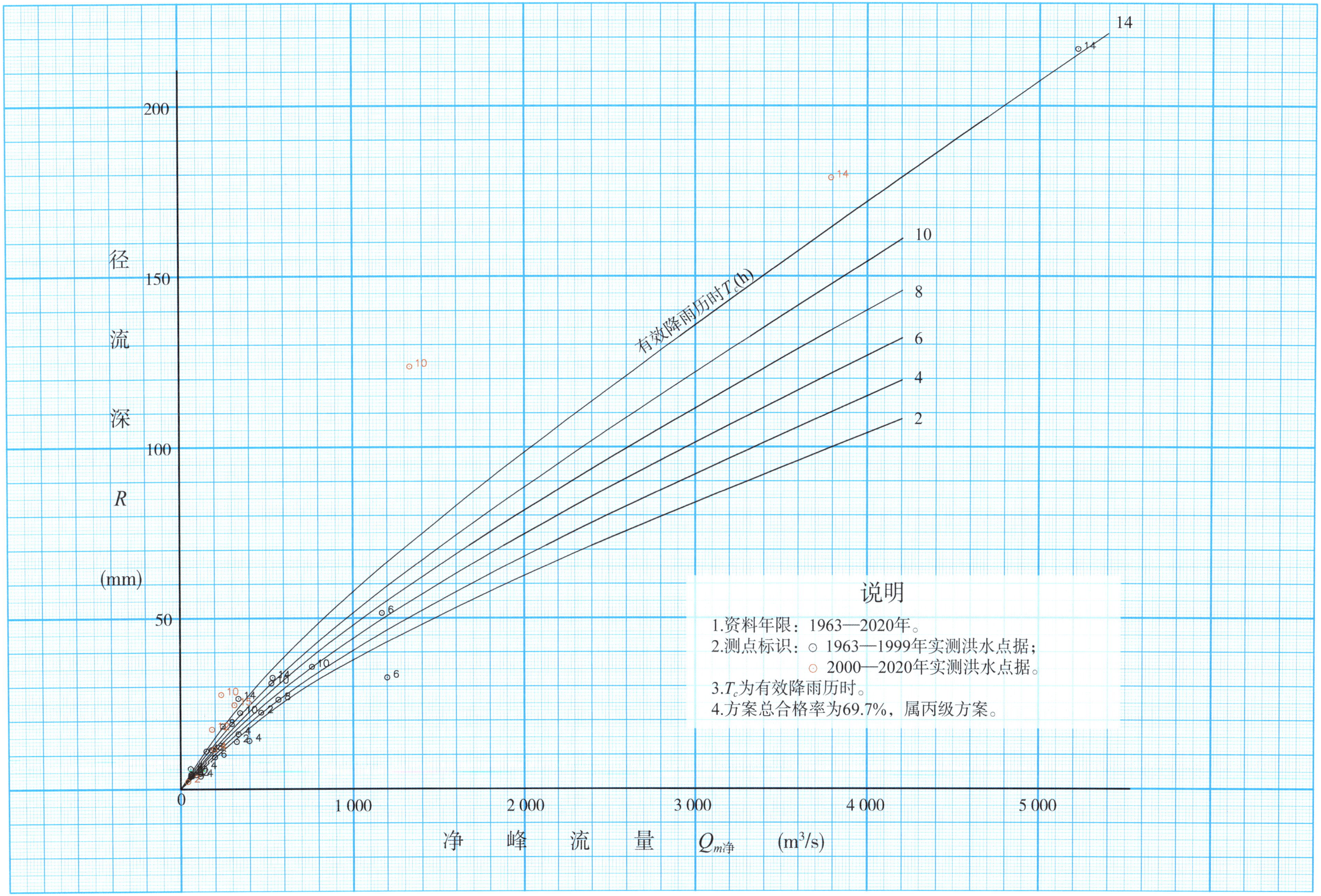

图 25-3　汶河牟山水库站峰量关系图

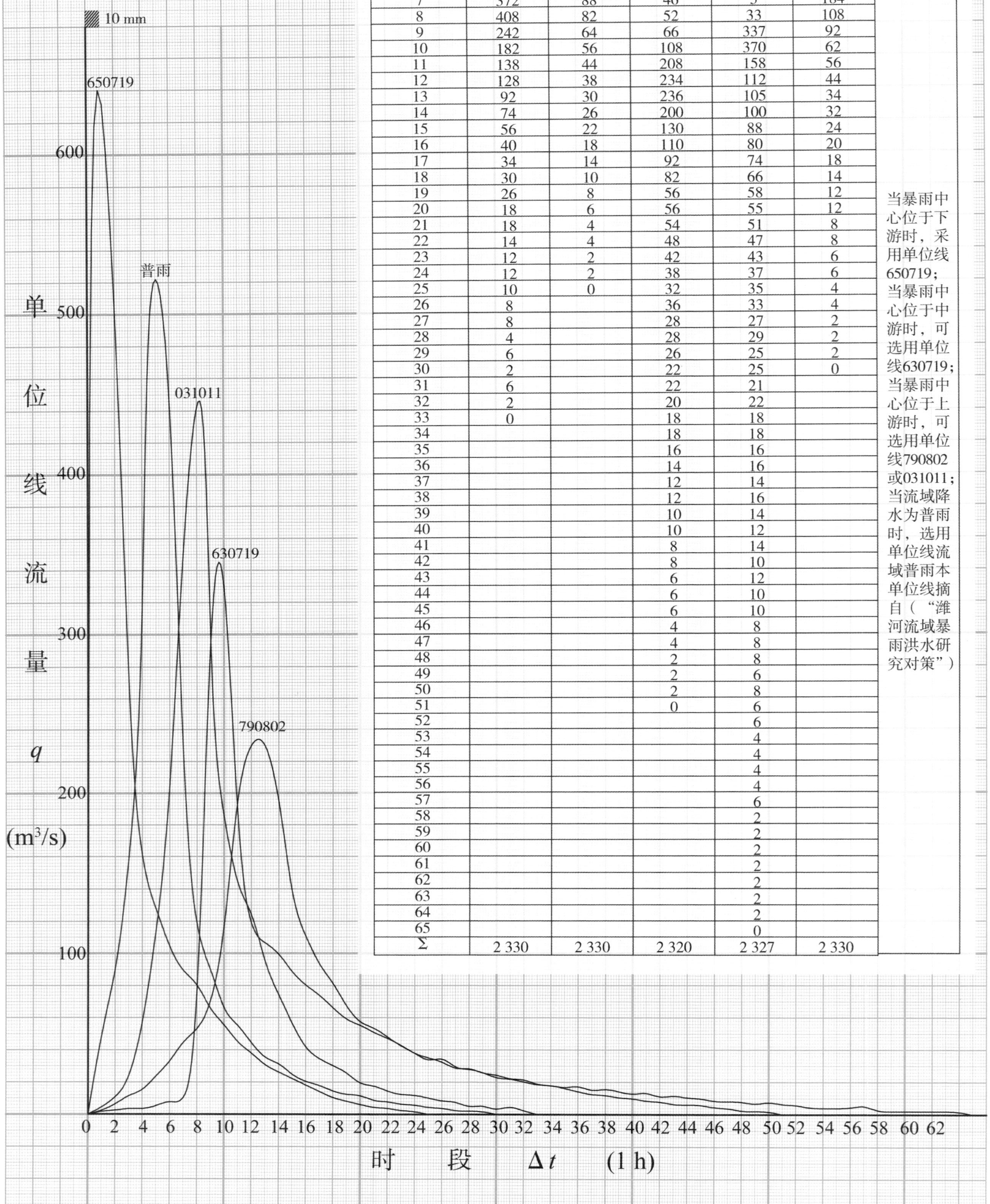

单位线成果表

$F_{区}$=839 km²，Δt=1 h

时段(1 h)	单位线流量(m³/s)					备注
	630719	650719	790802	031011	流域普雨	
0	0	0	0	0	0	
1	4	640	2	2	54	
2	10	560	6	2	82	
3	20	232	12	4	154	
4	54	150	14	3	258	
5	112	128	24	5	522	
6	188	102	32	9	506	
7	372	88	46	5	184	
8	408	82	52	33	108	
9	242	64	66	337	92	
10	182	56	108	370	62	
11	138	44	208	158	56	
12	128	38	234	112	44	
13	92	30	236	105	34	
14	74	26	200	100	32	
15	56	22	130	88	24	
16	40	18	110	80	20	
17	34	14	92	74	18	
18	30	10	82	66	14	
19	26	8	56	58	12	当暴雨中心位于下游时，采用单位线650719；当暴雨中心位于中游时，可选用单位线630719；当暴雨中心位于上游时，可选用单位线790802或031011；当流域降水为普雨时，选用单位线流域普雨本单位线摘自（“潍河流域暴雨洪水研究对策”）
20	18	6	56	55	12	
21	18	4	54	51	8	
22	14	4	48	47	8	
23	12	2	42	43	6	
24	12	2	38	37	6	
25	10	0	32	35	4	
26	8		36	33	4	
27	8		28	27	2	
28	4		28	29	2	
29	6		26	25	2	
30	2		22	25	0	
31	6		22	21		
32	2		20	22		
33	0		18	18		
34			18	18		
35			16	16		
36			14	16		
37			12	14		
38			12	16		
39			10	14		
40			10	12		
41			8	14		
42			8	10		
43			6	12		
44			6	10		
45			6	10		
46			4	8		
47			4	8		
48			2	8		
49			2	6		
50			2	8		
51			0	6		
52				6		
53				4		
54				4		
55				4		
56				4		
57				6		
58				2		
59				2		
60				2		
61				2		
62				2		
63				2		
64				2		
65				0		
Σ	2 330	2 330	2 320	2 327	2 330	

图 25-4 汶河牟山水库站单位线图 1

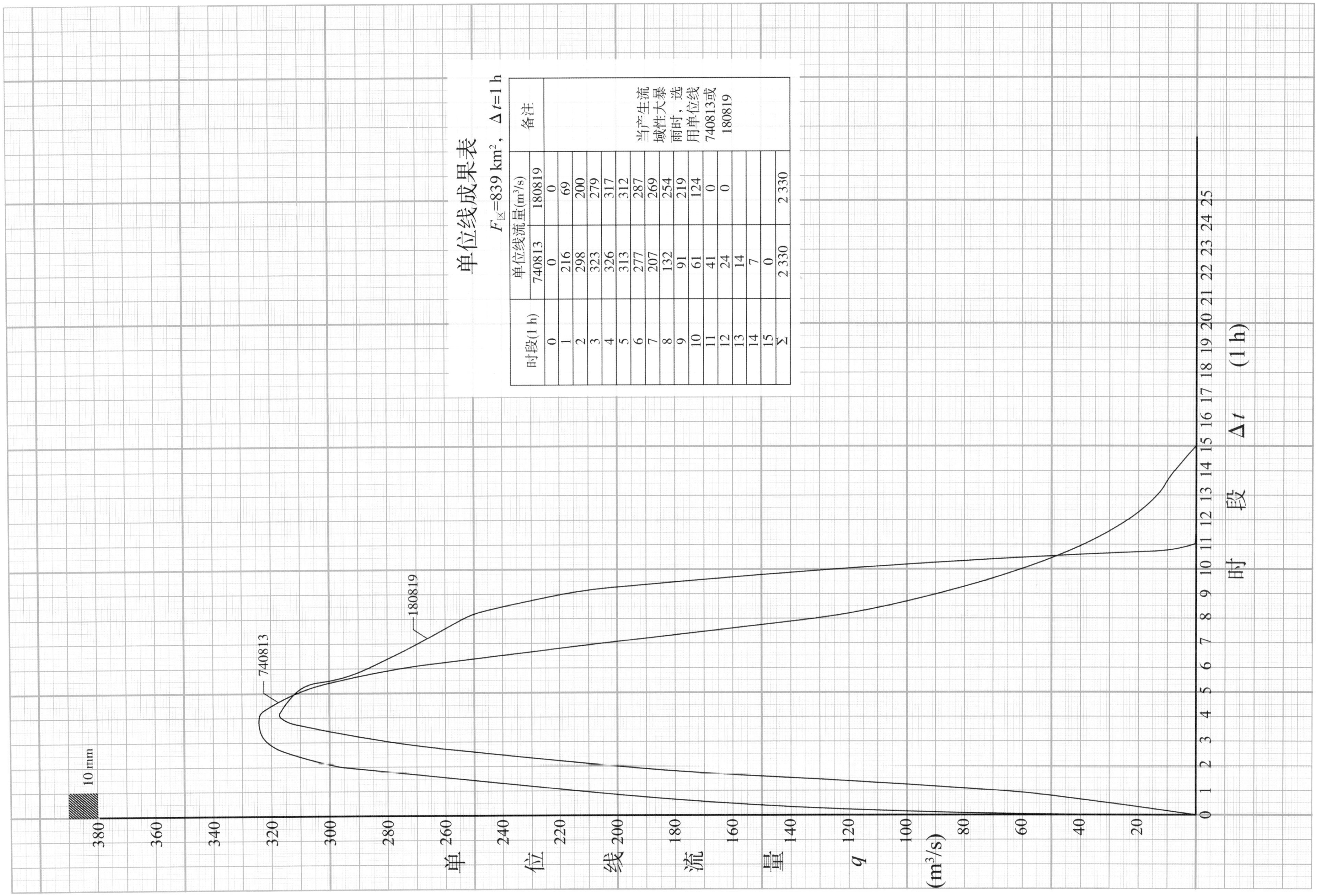

单位线成果表

$F_{区}$=839 km²，Δt=1 h

时段(1 h)	单位线流量(m³/s)		备注
	740813	180819	
0	0	0	当产生流域性大暴雨时，选用单位线740813或180819
1	216	69	
2	298	200	
3	323	279	
4	326	317	
5	313	312	
6	277	287	
7	207	269	
8	132	254	
9	91	219	
10	61	124	
11	41	0	
12	24	0	
13	14		
14	7		
15	0		
Σ	2 330	2 330	

图 25-5　汶河牟山水库站单位线图 2

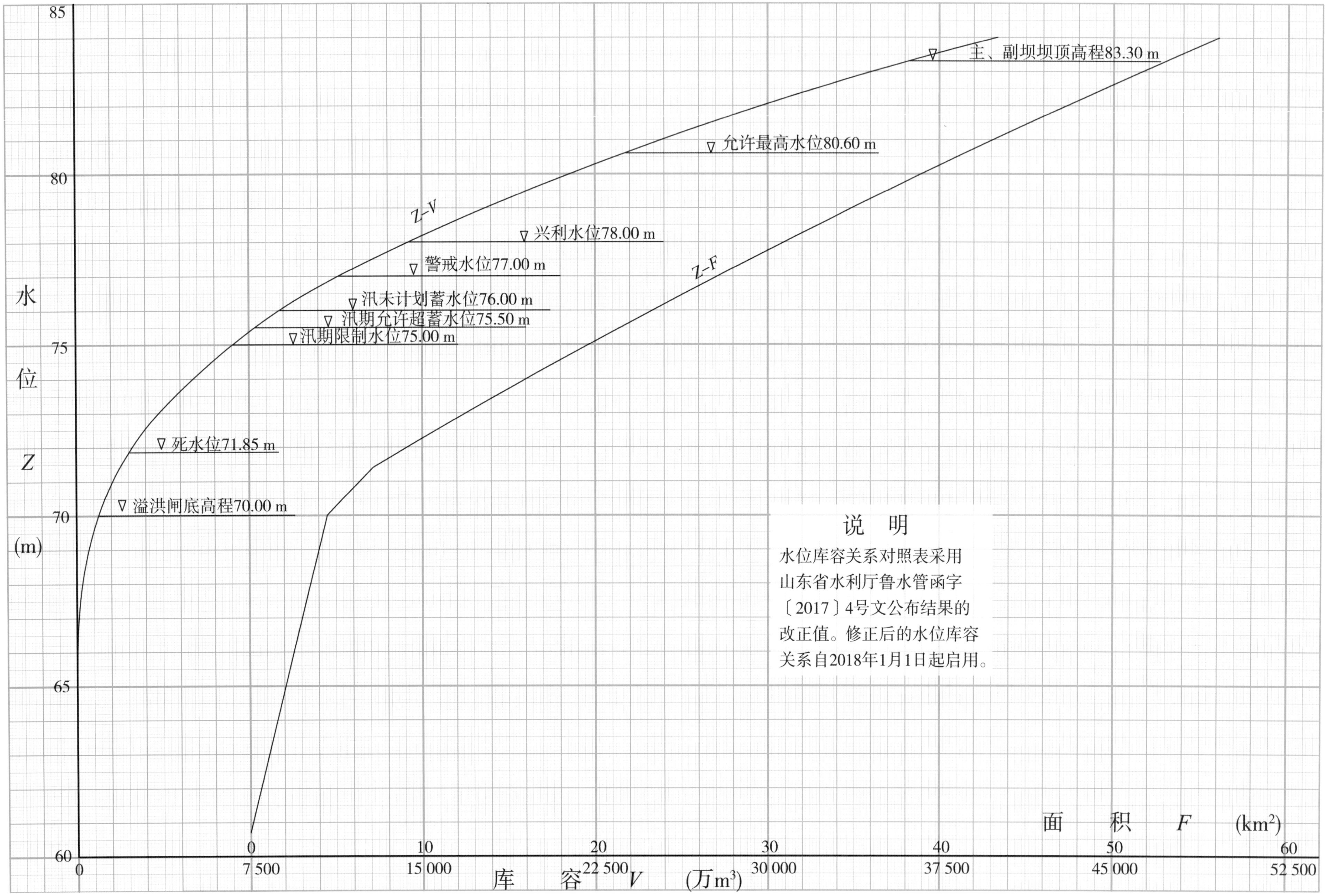

图 25-6 汶河牟山水库水位与库容、面积关系曲线图

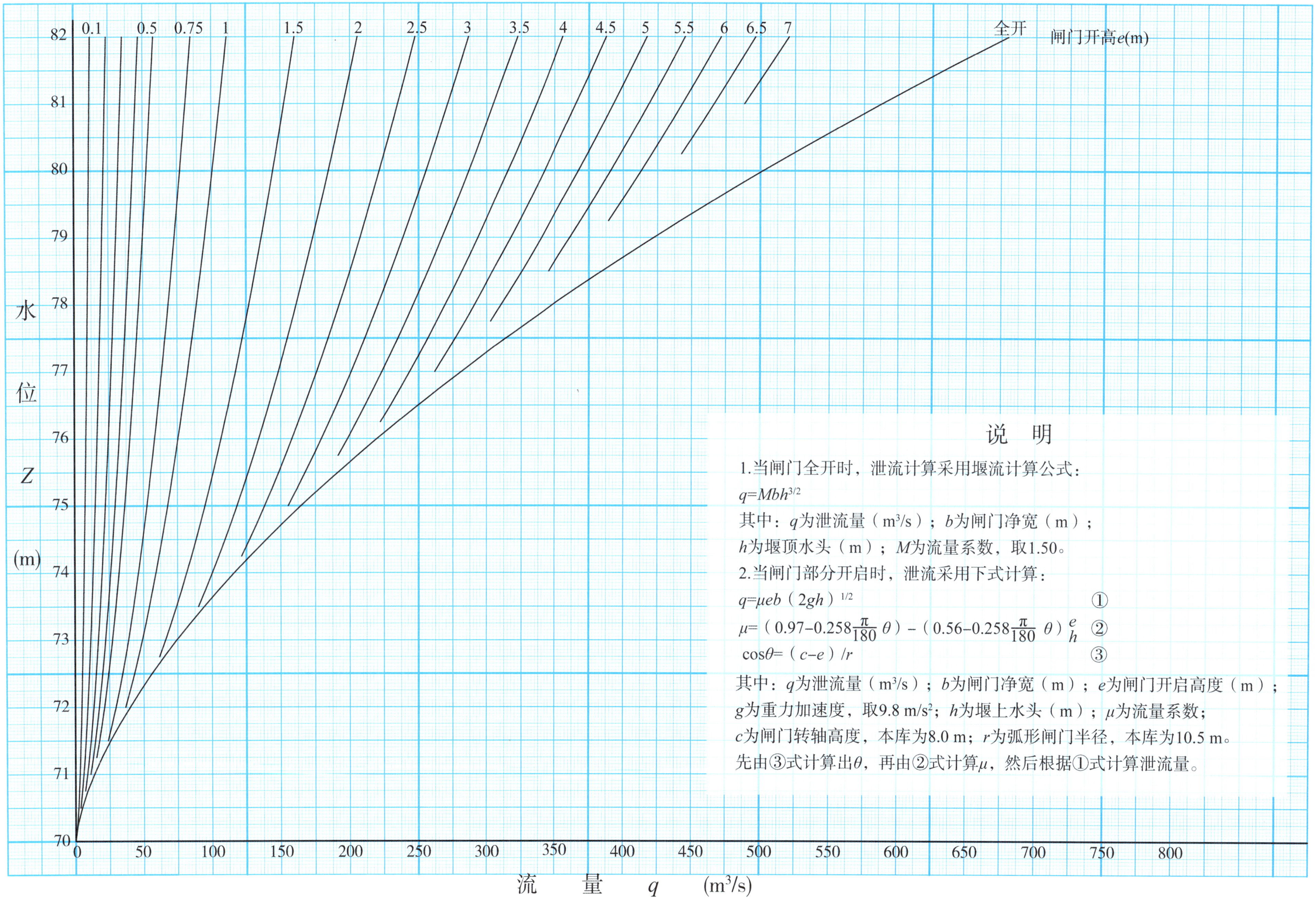

说明

1.当闸门全开时，泄流计算采用堰流计算公式：

$q=Mbh^{3/2}$

其中：q为泄流量（m³/s）；b为闸门净宽（m）；h为堰顶水头（m）；M为流量系数，取1.50。

2.当闸门部分开启时，泄流采用下式计算：

$q=\mu eb(2gh)^{1/2}$ ①

$\mu=\left(0.97-0.258\frac{\pi}{180}\theta\right)-\left(0.56-0.258\frac{\pi}{180}\theta\right)\frac{e}{h}$ ②

$\cos\theta=(c-e)/r$ ③

其中：q为泄流量（m³/s）；b为闸门净宽（m）；e为闸门开启高度（m）；g为重力加速度，取9.8 m/s²；h为堰上水头（m）；μ为流量系数；c为闸门转轴高度，本库为8.0 m；r为弧形闸门半径，本库为10.5 m。先由③式计算出θ，再由②式计算μ，然后根据①式计算泄流量。

图 25-7　汶河牟山水库站 Z–e–q 关系图（单孔）

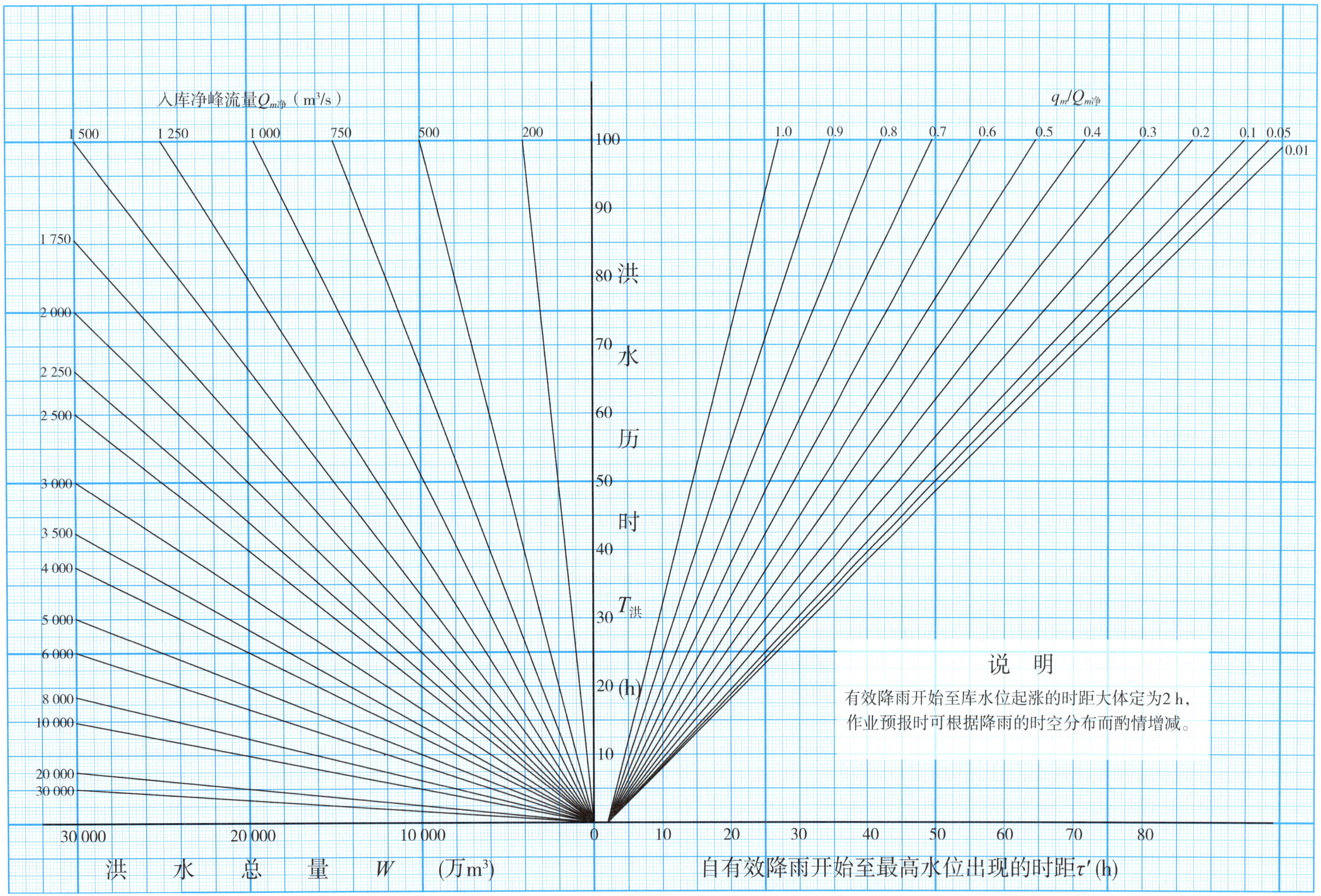

图 25-8　汶河牟山水库站最高水位出现时间预报图

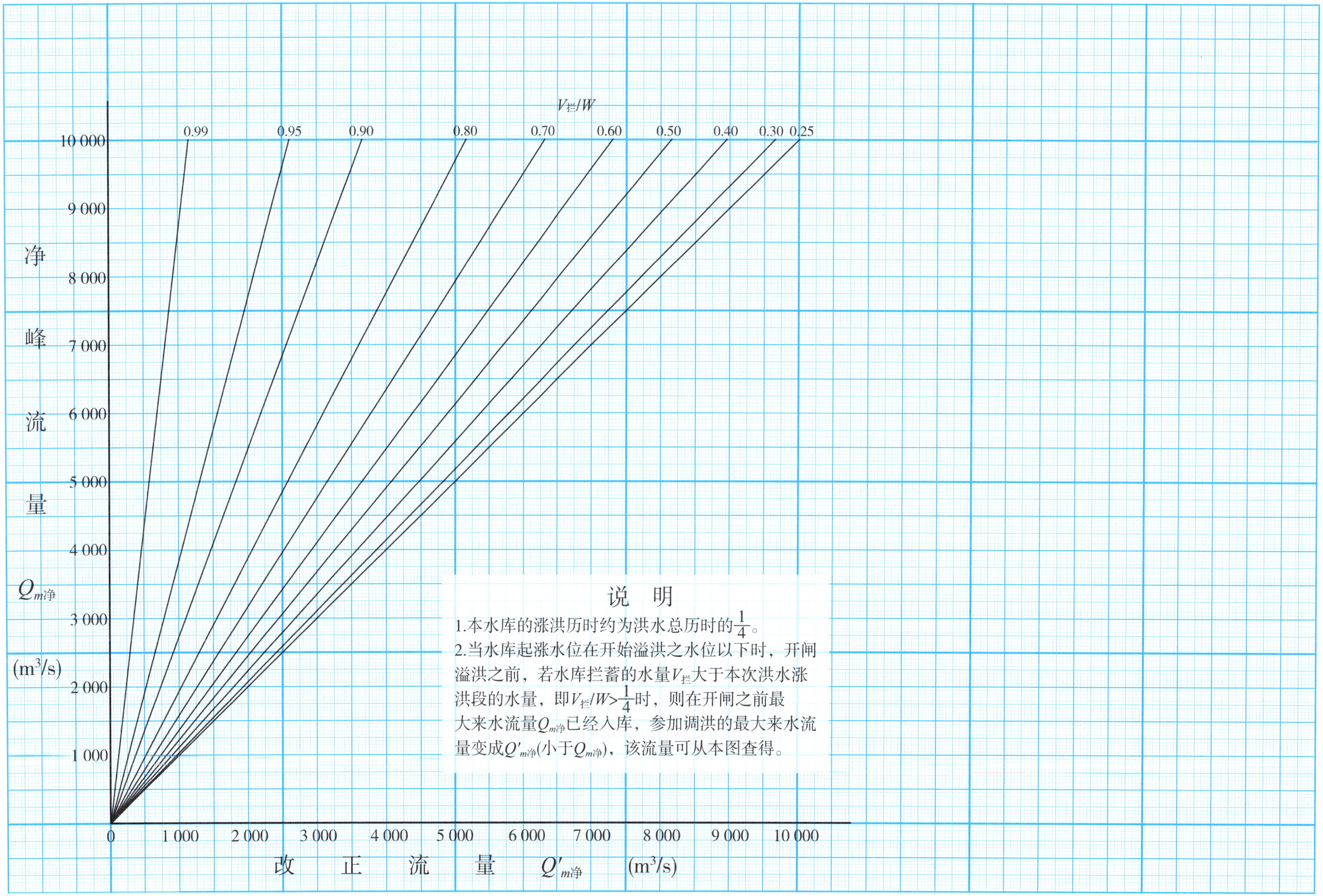

图 25-9 汶河牟山水库站 $Q_{m净}$-$V_{拦}/W$-$Q'_{m净}$关系曲线图

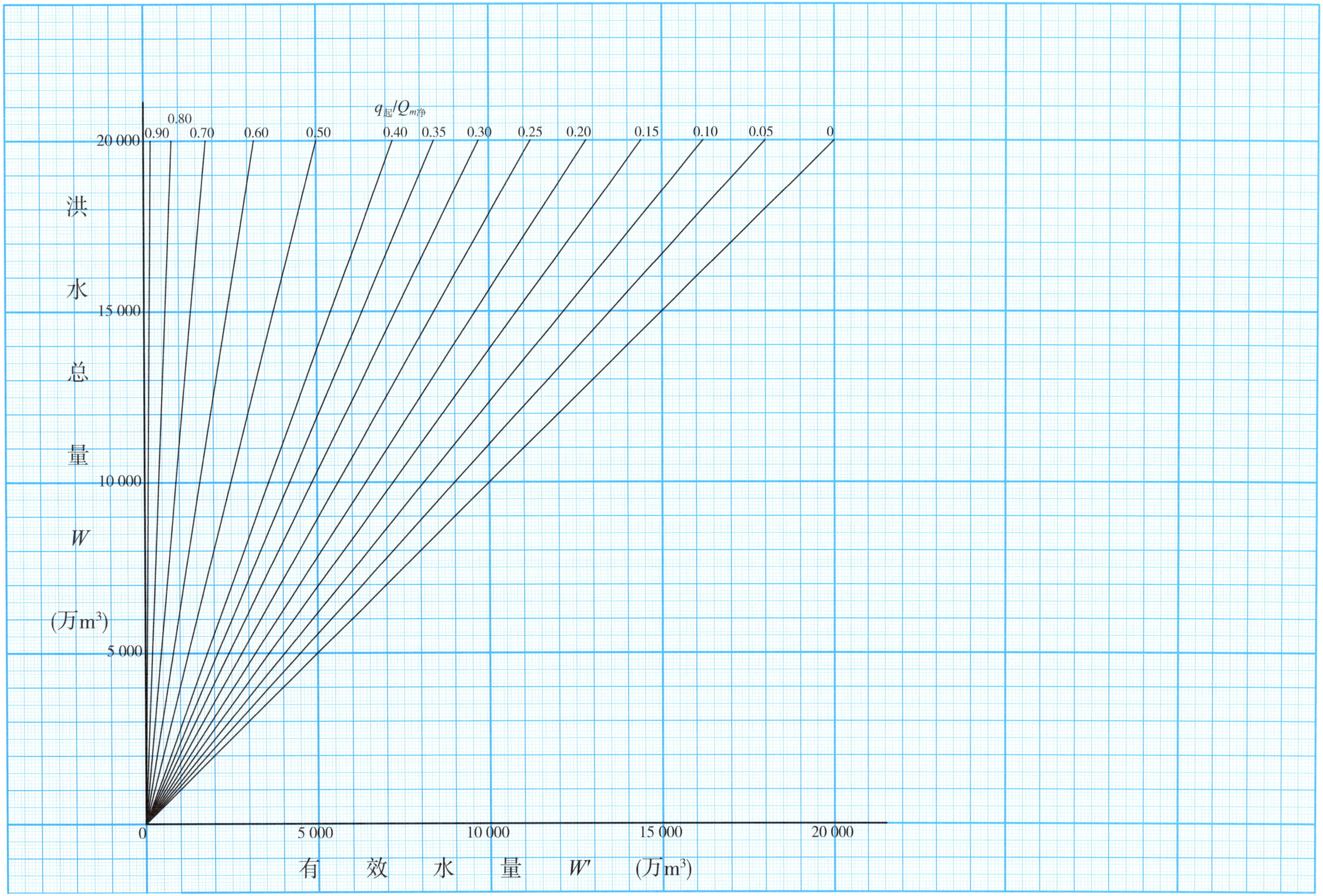

图 25-10　汶河牟山水库站 W-$q_{起}/Q_{m净}$-W' 关系曲线图

第二十六章　大沽河产芝水库站水文预报方案编制说明

1　流域概况

1.1　流域自然地理特征

产芝水库坝址位于莱西市水集街道办事处产芝村东北约 800 m，坐落在大沽河水系大沽河中上游，控制流域面积为 876 km^2，流域形状大体呈扇形，流域平均宽度约为 16.7 km，长度约为 53 km，干流平均坡降为 1.4‰。

流域地处浅山丘陵区，其中浅山区约占 20%，大部分分布在招远市境内；丘陵区约占 80%，多分布在莱西市境内，坡度由北向南逐渐变缓。

产芝水库流域地处山东半岛，属暖温带半湿润季风气候区，多年平均年降水量为 699.5 mm，降水量年际变化较大，最大年降水量为 1 431.2 mm（1964 年），最小年降水量为 391.5 mm（1986 年）。降水量年内分配不均匀，年内降水主要集中在 6—9 月份，多年平均 6—9 月降水量为 512.0 mm，约占全年总降水量的 73.2%。汛期降水又主要集中在 7、8 两个月。流域多年平均最大 24 h 降水量为 234.0 mm（1985 年 8 月 20 日），多年平均年径流量为 1.086 亿 m^3。

本流域属雨源型河流，洪水完全由暴雨形成，因上中游主要为山丘区，源短流急，汇流历时较短，一次洪水历时一般在 20 ~ 30 h。历史上流域内发生过几次较大洪水，根据洪水调查，1953 年洪水洪峰流量为 4 490 m^3/s，1789 年为 3 500 m^3/s；根据反推入库洪水结果，1964 年洪峰流量为 4 620 m^3/s，1979 年为 4 030 m^3/s，1985 年为 3 030 m^3/s，2003 年为 2 528 m^3/s。从实测资料分析来看，洪峰流量受降雨历时和降雨强度影响显著。产芝水库站以上流域图见图 26–1。

1.2　水利工程情况

1.2.1　产芝水库概况

产芝水库于 1958 年 11 月开工建设，1959 年 9 月基本建成，水库总库容 3.798 亿 m^3，为大（2）型水利枢纽工程，枢纽建筑主要由大坝、溢洪闸、放水洞三部分组成。

大坝总长 2 724 m，其中主坝长 2 000 m，为黏土心墙砂壳坝，坝顶高程 77.50 m，坝顶宽 7.0 m，最大坝高 20.0 m；副坝长 724 m，为均质土坝，坝顶高程 77.50 m，坝顶宽 7.0 m，最大坝高 6.0 m。大坝坝顶设有防浪墙 1.3 m，防浪墙顶高程 78.80 m。

溢洪道位于水库右岸一侧，由进水渠段、闸室段、泄槽段及消能段组成。溢洪闸共 7 孔，为平面钢闸门，闸室总宽 79.0 m，孔口总净宽 70.0 m，闸底高程 66.00 m，闸门高 8.0 m，最大单宽流量为 42.8 m^3/（s·m），设计泄量为 2 370 m^3/s，校核泄量为 3 380 m^3/s。

水库建有东、西两个放水洞。东放水洞位于主坝桩号 1+582 处，洞长 60.0 m，钢筋混凝土直墙圆拱式埋涵结构，洞口尺寸 2.5 m × 3.0 m，设计流量为 16.1 m^3/s。西放水洞长 610 m，钢筋混凝土直墙圆拱式埋涵结构，洞口尺寸 2.5 m × 3.0 m，设计流量 8.75 m^3/s。产芝水库工程基本情况详见表 26–1。

1.2.2　上游水利工程情况

流域内已建的中小型蓄水工程共有 69 座，其中中型水库 2 座（城子、勾山），小（1）型水库 13 座，小（2）型水库 54 座。勾山水库控制流域面积 90 km^2，总库容 0.482 2 亿 m^3，兴利库容 0.168 亿 m^3；城子水库控制流域面积 120 km^2，总库容 0.485 7 亿 m^3，兴利库容 0.208 8 亿 m^3；勾山、城子水库与产芝水库之间的小型蓄水工程总控制流域面积 164 km^2。流域内主要水利工程情况见表 26–2。

表 26–1　大沽河产芝水库工程基本情况表

1. 概况					
位　置	山东省青岛市莱西市	水准基面	1985 年国家高程基准		
所在河流	大沽河	流域面积	876 km^2	河道干流平均坡度	1.4‰
开工时间	1958 年 11 月	竣工时间	1959 年 9 月		
2. 水库特性指标					
项目	水位（m）	项目	库容（万 m^3）		
死水位	63.00	死 库 容	800		
兴利水位	72.50	兴利库容	21 500		
设计洪水位	73.81	调洪库容	19 480		
校核洪水位	75.66	总 库 容	37 980		
3. 大坝特性指标					
项目	主坝	副坝			
坝型	黏土心墙砂壳坝	均质土坝			
坝顶高程（m）	77.50	77.50			
最大坝高（m）	20.0	6.0			
坝 顶 宽（m）	7.0	7.0			
4. 正常溢洪道特性指标					
型式	宽顶堰	闸门尺寸	10 m × 8 m		
闸底高程	66.00 m	最大泄量	3 380 m^3/s		
堰顶净宽	7 × 10 m	消能型式	消力池		
闸门型式	露顶式平面定轮钢闸门	启闭设备	2 × 250 kN 卷扬式启闭机		
5. 放水洞特性指标					
放水洞	型式	直墙圆拱式埋涵			
	进口底高程	62.00 m			
	最大泄量	东 16.1 m^3/s，西 8.75 m^3/s			

表 26-2　产芝水库站以上流域内主要水利工程情况表

水库名称	集水面积（km^2）	总库容（万 m^3）	兴利库容（万 m^3）	死库容（万 m^3）	溢洪道最大流量（m^3/s）	开始蓄水时间
勾山	90	4 822	1 680	240	470	1960 年 9 月
城子	120	4 857	2 088	112	805.2	1959 年 8 月

1.2.3　水库重大改建、扩建、加固等基本情况

1961 年，进行产芝水库大坝保安全工程，对迎水坡进行护坡，防汛标准为百年设计、千年校核，设计水位为 73.90 m，相应库容为 2.85 亿 m^3；校核水位为 75.70 m，相应库容为 3.92 亿 m^3。

1965 年，进行水库续建配套工程，修建了五孔溢洪闸，在东放水洞西 100 m 处修建泄洪洞，最大泄量为 47.2 m^3/s。

1976 年，进行水库保安全工程，完成大坝加高培厚、迎水坡加固，原坝顶加高 1.6 m，“三查三定”核实百年设计水位为 73.56 m，相应库容为 2.68 亿 m^3；万年校核水位为 76.10 m，相应库容为 4.02 亿 m^3。

1996 年，进行水库迎水坡除险加固工程，对迎水坡进行钢筋混凝土护坡。

2006 年 1 月至 2008 年 12 月，历时三年完成了水库的除险加固工程，工程的主要任务是对大坝加固、溢洪道改扩建、东放水洞重建、中放水洞封堵、西放水洞新建、尾水渠整治、管理及辅助生产用房建设、视频监控系统构建等。2010 年 9 月，产芝水库除险加固工程全部竣工验收，达到 100 年一遇设计洪水标准、5 000 年一遇校核洪水标准。

1.3　测站概况

产芝水库水文站于 1959 年 9 月设立，流域面积 876 km^2，下游距河口 125 km。该站历史最高水位为 73.18 m，出现在 2013 年 7 月 13 日；最大入库流量为 4 620 m^3/s，出现在 1964 年 8 月 29 日；最大溢洪量为 301 m^3/s，出现在 2013 年 7 月 13 日。

产芝水库水文站为国家基本水文站，测验任务有库内水位、出库流量、降水量、冰情、水质、地下水埋深、墒情、水文调查等；该站还担负着向国家防总，省、市防指提供水情、雨情、墒情和洪水预报等报汛任务。产芝水库水文站概况说明见表 26-3。上游现有 6 处长系列国家基本雨量站和 11 处短系列中小河流雨量站，流域内雨量站情况详见表 26-4。

产芝水库水文站基面采用冻结基面，冻结基面高程 -0.070 m=1985 年国家高程基准高程。

表 26-3　大沽河产芝水库水文站概况说明表

	设立或变动	发生年月	站 名	站别	领导机关	说明
测站沿革	设立	1959 年 9 月	产芝水库	水文	山东省水利厅	常年站，集水面积为 800 km^2
	增测流量、蒸发量、输沙率、含沙量	1960 年 1 月	产芝水库	水文	山东省水利厅	集水面积重量算为 876 km^2
	增测河湖水化学	1961 年 6 月	产芝水库	水文	山东省水利厅	
	集水面积变动	1962 年 8 月	产芝水库	水文	山东省水利厅	集水面积重量算为 879 km^2
	集水面积变动	1965 年 1 月	产芝水库	水文	山东省水文总站	站网分析统一量算为 876 km^2
	停测输沙率、含沙量、河湖水化学	1968 年 1 月	产芝水库	水文	山东省水利厅	
	恢复输沙率、含沙量	1973 年 6 月	产芝水库	水文	山东省水利厅	
	恢复河湖水化学	1976 年 2 月	产芝水库	水文	山东省水利厅	
	坝上水尺迁移	1980 年 6 月	产芝水库	水文	山东省水利厅	由大坝东端迁至西放水洞北侧
	河湖水化学改为水质	1985 年 7 月	产芝水库	水文	山东省水利厅	
	停测输沙率、含沙量	1992 年 6 月	产芝水库	水文	山东省水利厅	
	停测溢洪道流量	1998 年 1 月	产芝水库	水文	山东省水利厅	用水力学公式推流
断面及主要测验设施布设情况	名称	位置			布设年月	使用情况
	基本水尺断面	坝前西放水洞西北侧			1980 年 6 月	各级水位使用

表 26-4　大沽河产芝水库站以上流域雨量站情况表

站名	设站年份	详细地址
禄山水库	2015 年	烟台市招远市阜山镇大涝泊村
南院庄	1963 年	烟台市招远市阜山镇北院庄村
城子水库	1958 年	烟台市招远市毕郭镇城子水库
道 头	1965 年	烟台市招远市齐山镇道头村
勾山水库	1960 年	烟台市招远市夏甸镇勾山水库
霞 坞	1957 年	烟台市招远市毕郭镇大霞坞村
小罗家	1965 年	烟台市招远市夏甸镇小罗家村
上 店	2013 年	青岛市莱西市南墅镇上店村
埠 后	2013 年	青岛市莱西市马连庄镇北埠后村
下洼子	2013 年	青岛市莱西市马连庄镇下洼子村

续表

站名	设站年份	详细地址
马连庄	2013 年	青岛市莱西市马连庄镇
张家院	1974 年	青岛市莱西市马连庄镇张家院村
李家洼	2013 年	青岛市莱西市南墅镇李家洼村
南 墅	1951 年	青岛市莱西市南墅镇南墅村
南 岚	2013 年	青岛市莱西市河头店镇
日 庄	2013 年	青岛市莱西市日庄镇
产芝水库	1959 年	青岛市莱西市水集街道办事处产芝水库

2 预报方案编制

2.1 资料情况及方案沿革

2.1.1 资料情况

产芝水库预报方案于 1991 年分析编制完成，又于 2007 年进行了方案的修订。本次修订除选用之前分析的 1961—2007 年共 48 场次暴雨洪水外，另外补充了 2008—2020 年 6 场次暴雨洪水进行分析，即资料系列为 1961—2020 年，共 54 场次洪水。

选取的 54 场次洪水，径流深为 5.6 ~ 158.5 mm，洪峰流量为 80 ~ 4 620 m^3/s，包括了大、中、小洪水各种代表性年份，基本满足《水文情报预报规范》（GB/T 22482—2008）的要求。

2.1.2 方案沿革

原方案中产流方案采用降雨径流相关图 $P+P_a-R$ 和 $P-P_a-R$，汇流方案采用洪峰流量经验公式、经验单位线等方法。本次修订，在原产流方案降雨径流相关图 $P+P_a-R$ 中增加了 6 个点据，关系线保持不变，在降雨径流相关图 $P-P_a-R$ 中增加了 6 个点据，关系线保持不变；在原汇流方案洪峰流量经验公式中增加了 6 个点据，关系线保持不变；产芝水库站以上流域未发生大规模治理，下垫面条件基本未变化，经验单位线保持不变。

2.2 产流方案

本方案分别采用降雨径流经验相关图 $P+P_a-R$ 和 $P-P_a-R$，利用分析计算的 54 个点据点绘定线，分别见图 26-2 和图 26-3。其中，P 为次降雨流域平均雨量（mm）；P_a 为流域平均前期影响雨量（mm）；R 为次降雨所产生的径流深（mm）。

2.2.1 主要参数的计算

2.2.1.1 流域平均雨量P的计算

流域现有 17 处雨量站（古山屯雨量站于 1999 年撤站），其中产芝水库、霞坞、南墅、张家院、小罗家、道头为长系列国家基本雨量站；其余为中小河流报汛雨量站，设站时间较短，资料可靠性不强。为保证洪水预报方案编制所用资料的一致性和可靠性，在本次方案修订中仍沿用原方案的 6 处雨量站作为流域平均雨量计算依据站，因古山屯雨量站于 1999 年撤站，2008 年之后改用道头站。

流域平均雨量计算视降雨均匀程度采用算术平均法或加权平均法。采用的雨量站及面积权重见表 26-5。

表 26-5　产芝水库流域内雨量站的控制权重表

时间	产芝水库	霞坞	南墅	张家院	小罗家	古山屯	道头
1961—1965 年	0.122	0.486	0.110	0.282	—	—	—
1966—1998 年	0.124	0.172	0.094	0.263	0.156	0.191	—
1999—2007 年	0.200	0.200	0.200	0.200	0.200	—	—
2008—2020 年	0.167	0.167	0.167	0.167	0.166	—	0.166

2.2.1.2 流域平均前期影响雨量P_a的计算

每年自汛初开始连续计算，先以面积加权法计算流域平均雨量，然后计算前期影响雨量 P_a，其计算公式如下：

$$P_{a,t+1}=K（P_{a,t}+P_t）$$

式中：$P_{a,t+1}$ 为第 t+1 日的前期影响雨量（mm）；$P_{a,t}$ 为第 t 日的前期影响雨量（mm）；P_t 为第 t 日的流域平均雨量（mm）；K 为折减系数。

2.2.1.3 最大损失量I_m和K值的确定

本次方案 I_m 和 K 值直接采用原方案成果。I_m=100 mm。当 $P<5$ mm 时，K=0.9；当 5 mm $\leqslant P<15$ mm 时，K=0.95；当 $P\geqslant 15$ mm 时，K=1.0。

2.2.1.4 径流深R的推求

在入库洪水过程线上采用斜线分割法切除基流，本次洪水径流深 R 等于洪水总量 W（扣除基流量）除以集水面积 F。产芝水库水文站降雨径流分析成果见表 26-9。

2.2.1.5 暴雨中心位置的确定

该流域基本按河长等距离分为上游、中游、下游三个区；流域普遍降水时，做均匀处理。

2.2.2 $P+P_a-R$的分析定线

产芝水库站降雨径流相关图 $P+P_a-R$ 中，根据点据分布绘制出两条关系线。其中，连续枯水年、前期干旱及汛期前几场洪水采用Ⅱ线，其他洪水采用Ⅰ线，见图 26-2。

2.2.3 精度评定

按许可误差 =20% 实测值的标准（并当许可误差大于 20.0 mm 时以 20.0 mm 为上限，小于 3.0 mm 时以 3.0 mm 为下限）进行逐次洪水评定。

$P+P_a-R$ 相关图选用 1961—2020 年的 53 场次洪水资料（970819 场次洪水前期连年干旱，

降雨入渗程度较强，导致实测径流深偏小，不参加评定）。经评定，53 个点据参加定线，合格点据 46 个，合格率为 86.8%，属于甲级方案，可用于作业预报，详见表 26-10。

$P-P_a-R$ 相关图选用 1961—2020 年 53 场次洪水资料（970819 场次洪水前期连年干旱，降雨入渗程度较强，导致实测径流深偏少，不参加评定）。经评定，53 个点据参加定线，合格点据 21 个，合格率为 38.9%，作业预报时仅供参考，详见表 26-11。

2.3 汇流方案

本方案主要采用洪峰流量经验公式、经验单位线等方法。

2.3.1 洪峰流量经验公式

根据多元回归相关分析，得到产芝水库峰量关系经验公式：

$$Q_{m净}=1.56\times10^{-4}KF^{1.894}R^{1.124}T_c^{-0.522}$$

式中：K 为暴雨中心位置修正系数，暴雨中心在上、中游时，K 为 1.00；在下游时，K 为 1.08；降雨均匀时，K 为 0.90。

大沽河产芝水库站峰量关系曲线 $R-Q_{m净}$ 见图 26-4。

精度评定：按许可误差 =20% 实测值的标准进行逐次洪水评定。本方案共选用 1961—2020 年 43 个点据（11 场复峰和特殊洪水不参与评定），31 个合格，合格率为 72.1%，属于乙级方案，可以用于作业预报，详见表 26-12。其中，洪峰流量在 1 000 m³/s 以上的较大洪水评定合格率较高，对较大洪水的适应程度较好。

2.3.2 经验单位线

根据不同降雨类型，选择了 6 场次有代表性的暴雨洪水（640819、790731、620818、610903、740811、710803），综合分析出 6 条单位线：1 线代表暴雨中心在下游张家院、产芝水库一带的情况；2 线代表暴雨中心在中游张家院、小罗家一带的情况；3 线代表暴雨中心在中游张家院一带的情况；4 线代表下游普雨的情况；5 线代表暴雨中心在上游霞坞、古山屯一带的情况；6 线代表暴雨中心在上游古山屯一带的情况。6 条单位线 Δt 均取 2 h。产芝水库单位线成果见图 26-5。

2.4 水位与库容、面积曲线

产芝水库水位与库容、面积关系曲线采用《产芝水库 2021 年汛期调度运用计划》成果，见图 26-6。

2.5 水库泄流曲线

当 $e/H \leqslant 0.65$ 时，产芝水库溢洪闸单孔出流公式为

$$Q=MbeH^{0.5}$$

式中：M 为系数，根据产芝水库溢洪闸 $e/H-M$ 关系表（表 26-6）查得；Q 为闸孔流量（m³/s）；b 为闸门宽度，取 10 m；e 为闸门提升高度（m）；H 为闸前水位 Z 与闸底高程之间的水头差（m）。

当 $e/H > 0.65$ 时，产芝水库溢洪闸单孔出流公式为

$$Q=\sqrt{2g}\,MbH^{1.5}$$

式中：M=0.002 97H+0.338 6；b 为闸门宽度，取 10 m；H 为闸前水位 Z 与闸底高程之间的水头差（m）。

表 26-6 大沽河产芝水库溢洪闸 $e/H-M$ 关系表

e/H	0.00	0.01	0.02	0.03	0.04	0.05	0.06	0.07	0.08	0.09
0.0	2.89	2.88	2.86	2.84	2.83	2.81	2.80	2.78	2.77	2.75
0.1	2.74	2.72	2.71	2.69	2.68	2.66	2.65	2.64	2.62	2.61
0.2	2.59	2.58	2.57	2.55	2.54	2.53	2.52	2.50	2.49	2.48
0.3	2.47	2.45	2.44	2.43	2.42	2.41	2.39	2.38	2.37	2.36
0.4	2.35	2.34	2.33	2.32	2.30	2.29	2.28	2.27	2.26	2.25
0.5	2.24	2.23	2.22	2.21	2.20	2.19	2.18	2.17	2.16	2.15
0.6	2.14	2.13	2.12	2.12	2.11	2.10	—	—	—	—

注：表中数值为 M 值，如 M=2.10 对应的 e/H 值为 0.65。下同。

产芝水库以闸门开启高度为参数的泄流曲线见图 26-7。

2.6 水库调洪演算

产芝水库采用蓄率中线法进行调洪演算，采用如下公式：

$$\overline{I}+(V_1/\Delta t-Q_1/2)=(V_2/\Delta t+Q_2/2)$$

根据公式绘制 $V/\Delta t-Q/2=f(Z)$ 和 $V/\Delta t+Q/2=f(Z)$ 关系曲线。调算成果见表 26-7、图 26-8。

表 26-7 产芝水库蓄率中线法调洪表 Δt=2 h

水位 Z（m）	库容 V（万 m³）	泄量 Q（m³/s）	$V/\Delta t+Q/2$（m³/s）	$V/\Delta t-Q/2$（m³/s）
66.00	3 800	0	5 278	5 278
67.00	5 600	106	7 831	7 725
68.00	7 739	302	10 900	10 598
69.00	10 040	560	14 224	13 664
70.00	13 262	869	18 854	17 985
71.00	16 600	1 225	23 668	22 443
72.00	20 400	1 623	29 145	27 522
73.00	24 400	2 063	34 920	32 857
74.00	29 186	2 541	41 807	39 266
75.00	34 254	3 057	49 104	46 047
76.00	39 900	3 609	57 221	53 612
77.00	45 677	4 198	65 539	61 341

注：泄量为泄洪闸 7 孔闸门全部打开。

3 方案使用说明

3.1 径流深预报

计算出流域平均降雨量和流域平均前期影响雨量，根据降雨径流关系图 $P+P_a-R$ 的查算结果进行综合分析，确定地表径流深 R 的预报值。

3.2 最大入库洪峰流量预报

3.2.1 洪峰流量经验公式

根据 R、T_c 和暴雨中心位置修正系数 K，采用洪峰流量经验公式计算得到产芝水库站洪峰流量。

3.2.2 经验单位线法

根据暴雨中心位置选用相应的单位线，以流域平均时段降雨量查 $P+P_a-R$ 相关图求得时段净雨量 ΔR_i，据 ΔR_i 预报该次降雨过程所产生的洪水过程。在进行作业预报时，要以面积换算系数（预报时集水面积 / 原单位线集水面积）分别乘以各时段单位线流量，换算成预报时集水面积的单位线再进行预报。

3.3 入库洪水总量预报

根据公式 $W=0.1FR$ 得到入库洪水总量 W。

3.4 峰现时间预报

本次试图以径流深与峰现时距建立关系，但关系不理想。根据以往作业预报经验，产芝水库入库洪峰一般在最大 2 h 降雨后 1 ~ 9.5 h 出现。降雨强度、降雨中心位置、降雨历时、前期干旱程度等因素均能影响到洪峰出现时间。

3.5 调洪演算

在进行调洪演算时，由开始水位 Z_1 查 $V/\Delta t-Q/2=f(Z)$ 关系曲线，求得 $V_1/\Delta t-Q_1/2$ 值，得到一点 a，然后截取的 ab 之长等于时段平均入流量 $\overline{I}$ 值，其和等于 $V_2/\Delta t+Q_2/2$；以此值再查 $V/\Delta t+Q/2=f(Z)$ 关系曲线，即得时段末水位 Z_2，再以 Z_2 作为 Z_1，重复以上步骤，便可预报库水位过程。

3.6 方案合理性检查及评定

在方案建立过程中，随时根据有关规范及文件规定进行合理性检查，特别对突出点据从原始资料反复查对，对中间处理过程也进行了认真审查，发现不合理的问题后基本上都做了检查改正。方案建立后，先从线形进行比较，防止出现矛盾现象，然后对每个方案尽量根据规范规定采用表格形式进行了精度评定（用许可误差法）。其中，$P+P_a-R$ 相关图合格率为 86.8%，属于甲级方案；洪峰流量经验公式法合格率为 72.1%，属乙级方案。

综合评定，各预报项目合格率算术平均值为 79.5%，故本预报方案属于乙级方案。

3.7 方案适应能力

本方案适用于防洪标准以下的洪水作业预报。如遇超标准洪水，则需根据当时具体情况酌情修正。

3.8 注意事项

（1）20 世纪 80 年代以后由于干旱少雨，产流规律有所变化，产流量偏少，故使用产流方案时，连续干旱年、前期干旱及汛期第一场洪水时应以Ⅱ线为准。

（2）由于上游水利工程较多，进行中小洪水预报及干旱年份洪水预报时，应视前期降雨情况合理确定产流面积。

（3）采用洪峰流量经验公式及经验单位线法预报的洪峰流量为净峰流量，须加上基流量方为洪峰流量。

（4）产芝水库上游 1959 年、1960 年建成勾山、城子两座中型水库，距产芝水库约 45 km，洪水传播时间为 6 h 左右。当勾山、城子水库放水时，采用汇流系数法将洪水演算到产芝水库（河道分三段，X 采用 0.35），再与 656 km^2 集水面积上的洪水要素叠加。汇流系数见表 26–8。

表 26–8 汇流系数表

时间段 m	0	1	2	3	4	5	6	7
汇流系数 P	0.002	0.039	0.229	0.491	0.181	0.046	0.010	0.002

注：$\Delta t=K=2$ h；$X=0.35$。

（5）由于影响因素太多，本方案不能全部反映客观情况，所以不能照搬，要根据实际情况，综合参考，确定预报值。

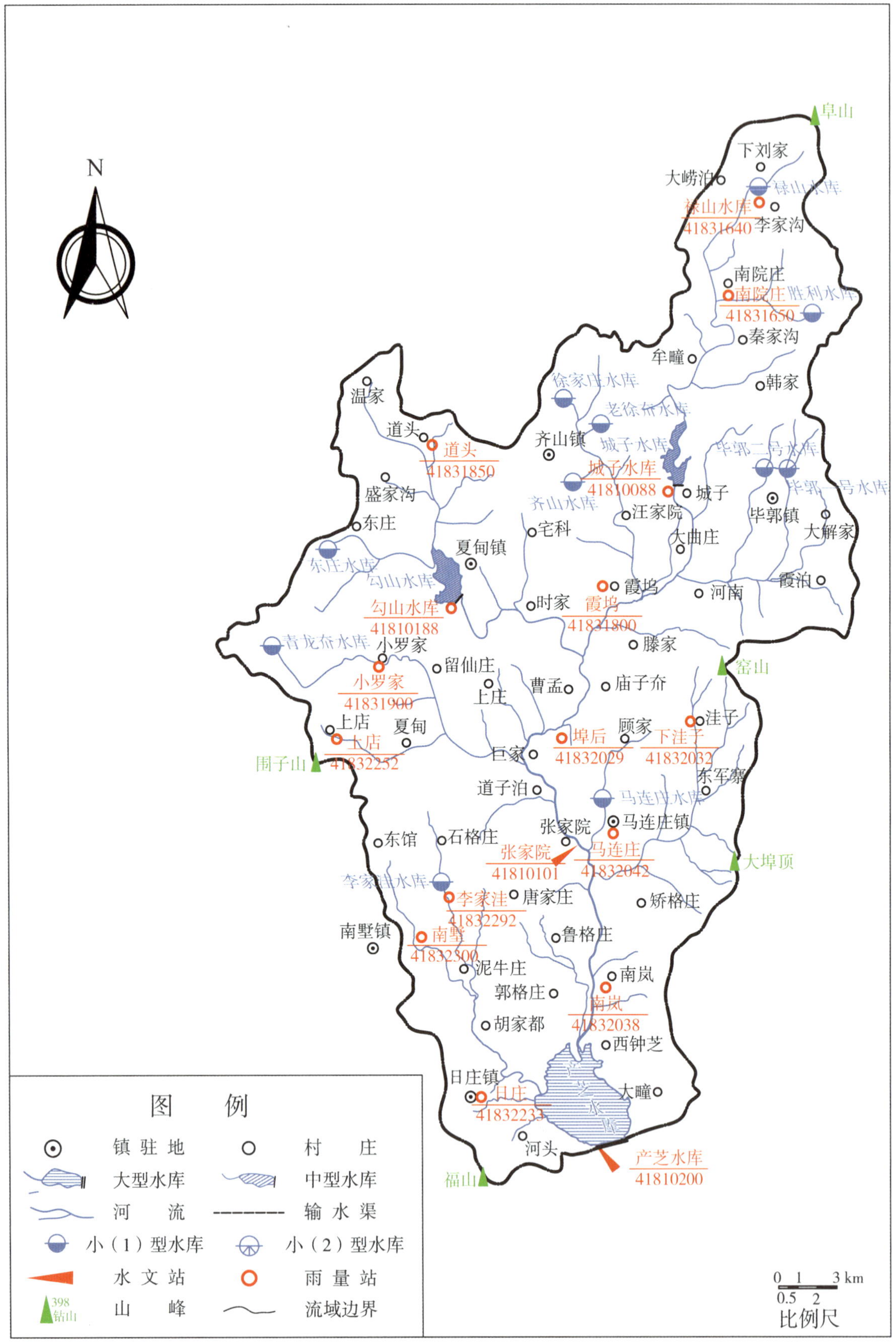

图 26-1　大沽河产芝水库站流域图

表 26–9　大沽河产芝水库站降雨径流分析成果表

序号	洪号	降雨起讫时间		流域平均雨量 P（mm）	前期影响雨量 P_a（mm）	$P+P_a$（mm）	降雨历时（h）		暴雨中心位置	洪水发生时间			洪水历时 $T_{洪}$（h）	洪峰流量 Q_m（m^3/s）	净峰流量 $Q_{m净}$（m^3/s）	地表径流总量 W（万 m^3）	集水面积 F（km^2）	径流深 R（mm）	径流系数 α	备注
		起	止				全部 T	有效 T_c		起涨	峰顶	落平								
1	610903	1961/9/3 2:00	1961/9/3 22:00	109.0	29.4	138.4	20	12	下游	1961/9/3 2:00	1961/9/3 20:00	1961/9/4 16:00	38	725	702	2 394	656	36.5	0.33	
2	620730	1962/7/28 16:00	1962/7/30 0:00	104.7	55.1	159.8	32	18	下游	1962/7/28 16:00	1962/7/30 0:00	1962/7/30 8:00	40	752	739	2 521	656	38.4	0.37	复峰
3	620813	1962/8/13 0:00	1962/8/14 8:00	133.5	61.5	195.0	32	12	下游	1962/8/13 0:00	1962/8/13 23.4:00	1962/8/15 0:00	48	1 960	1 920	5 790	876	66.1	0.50	
4	620818	1962/8/18 6:00	1962/8/18 16:00	90.5	71.3	161.8	10	4	中游	1962/8/18 10:00	1962/8/18 16:00	1962/8/19 4:00	18	2 040	2 000	4 810	876	54.9	0.61	
5	630819	1963/8/19 12:00	1963/8/20 2:00	46.4	52.6	99.0	14	4	中游	1963/8/19 17:00	1963/8/19 19:00	1963/8/20 14:00	21	394	380	1 082	656	16.5	0.36	
6	630830	1963/8/29 6:00	1963/8/30 10:00	60.4	60.7	121.1	28	10	上游	1963/8/29 14:00	1963/8/30 2.5:00	1963/8/30 22:00	32	374	344	1 475	656	22.5	0.37	
7	640705	1964/7/4 14:00	1964/7/5 8:00	77.7	97.5	175.2	18	10	上游	1964/7/4 19:00	1964/7/5 7:00	1964/7/5 18:00	23	1 110	1 030	3 483	656	53.1	0.68	
8	640706	1964/7/5 18:00	1964/7/6 8:00	83.8	95.8	179.6	14	8	下游	1964/7/5 18:00	1964/7/6 1:00	1964/7/6 20:00	26	1 210	1 130	4 283	656	65.3	0.78	复峰
9	640714	1964/7/13 2:00	1964/7/14 8:00	60.9	57.4	118.3	30	24	均匀	1964/7/13 2:00	1964/7/14 0:00	1964/7/14 14:00	36	314	254	1 556	656	23.7	0.39	
10	640819	1964/8/18 4:00	1964/8/19 8:00	76.5	73.7	150.2	28	4	下游	1964/8/18 8:00	1964/8/19 4.5:00	1964/8/19 12:00	28	1 350	1 210	2 680	656	40.9	0.53	
11	640829	1964/8/29 4:00	1964/8/29 18:00	88.5	91.7	180.2	14	6	下游	1964/8/29 6:00	1964/8/29 8.5:00	1964/8/29 22:00	16	4 620	4 520	4 700	656	71.6	0.81	复峰
12	640908	1964/9/7 16:00	1964/9/8 8:00	52.8	76.1	128.9	16	6	上游	1964/9/7 20:00	1964/9/8 4.5:00	1964/9/8 18:00	22	758	700	1 433	656	21.8	0.41	
13	650728	1965/7/26 18:00	1965/7/28 14:00	185.1	56.5	241.6	44	18	中游	1965/7/26 20:00	1965/7/28 11:00	1965/7/29 4:00	56	1 510	1 470	7 501	656	114.3	0.62	
14	650805	1965/8/4 4:00	1965/8/5 14:00	75.8	93.3	169.1	34	14	下游	1965/8/4 4:00	1965/8/5 1.5:00	1965/8/6 16:00	64	635	600	3 163	656	48.2	0.64	
15	660623	1966/6/23 0:00	1966/6/23 8:00	68.7	32.4	101.1	8	4	中游	1966/6/23 0:00	1966/6/23 9:00	1966/6/23 16:00	16	780	730	1 445	656	22.0	0.32	
16	660822	1966/8/21 16:00	1966/8/22 14:00	87.8	32.1	119.9	22	8	中游	1966/8/22 0:00	1966/8/22 12.6:00	1966/8/23 16:00	40	414	408	1 324	656	20.2	0.23	
17	700724	1970/7/24 1:00	1970/7/25 1:00	137.7	79.9	217.6	24	8	上游	1970/7/24 7:00	1970/7/24 14.6:00	1970/7/25 9:00	26	1 300	1 270	3 753	656	57.2	0.42	
18	700828	1970/8/28 14:00	1970/8/29 14:00	114.4	32.5	146.9	24	16	下游	1970/8/28 16:00	1970/8/28 20.5:00	1970/8/30 4:00	36	1 610	1 590	2 733	656	41.7	0.36	复峰
19	710803	1971/8/2 12:00	1971/8/3 0:00	75.2	77.5	152.7	12	4	上游	1971/8/2 16:00	1971/8/3 0:00	1971/8/3 22:00	30	500	485	2 146	656	32.7	0.44	
20	710903	1971/9/3 0:00	1971/9/3 16:00	93.3	59.1	152.4	16	10	上游	1971/9/3 2:00	1971/9/3 20.5:00	1971/9/4 18:00	40	835	803	3 369	656	51.4	0.55	
21	730831	1973/8/31 0:00	1973/8/31 14:00	85.5	38.2	123.7	14	8	下游	1973/8/31 2:00	1973/8/31 14:00	1973/9/1 20:00	42	215	202	1 375	656	21.0	0.25	
22	740727	1974/7/27 8:00	1974/7/28 0:00	29.1	50.1	79.2	16	6	下游	1974/7/27 12:00	1974/7/27 12.6:00	1974/7/28 0:00	12	328	326	364.8	656	5.6	0.19	复峰
23	740811	1974/8/10 14:00	1974/8/11 18:00	195.6	33.3	228.9	28	10	上游	1974/8/10 20:00	1974/8/11 10:00	1974/8/13 2:00	54	1 560	1 550	5 999	656	91.4	0.47	
24	740814	1974/8/13 0:00	1974/8/14 12:00	120.1	96.7	216.8	36	22	均匀	1974/8/13 0:00	1974/8/14 5:00	1974/8/15 12:00	60	1 020	970	6 254	656	95.3	0.79	
25	750815	1975/8/13 20:00	1975/8/15 20:00	177.7	30.3	208.0	48	12	均匀	1975/8/13 20:00	1975/8/15 19:00	1975/8/17 14:00	90	805	785	4 162	537.2	77.5	0.44	
26	760630	1976/6/29 6:00	1976/6/30 8:00	109.1	13.3	122.4	26	12	均匀	1976/6/29 10:00	1976/6/30 5:00	1976/7/1 4:00	42	157	141	1 112	528.1	21.1	0.19	
27	790624	1979/6/23 18:00	1979/6/24 18:00	87.2	17.3	104.5	24	6	中游	1979/6/23 22:00	1979/6/24 9:00	1979/6/25 16:00	42	80	75	534	507	10.5	0.12	复峰

续表

序号	洪号	降雨起讫时间		流域平均雨量 P（mm）	前期影响雨量 P_a（mm）	$P+P_a$（mm）	降雨历时（h）		暴雨中心位置	洪水发生时间			洪水历时 $T_{洪}$（h）	洪峰流量 Q_m（m^3/s）	净峰流量 $Q_{m净}$（m^3/s）	地表径流总量 W（万 m^3）	集水面积 F（km^2）	径流深 R（mm）	径流系数 α	备注
		起	止				全部 T	有效 T_c		起涨	峰顶	落平								
28	790731	1979/7/30 12:00	1979/8/1 2:00	260.1	24.0	284.1	48	6	中游	1979/7/31 2:00	1979/7/31 11:00	1979/8/1 8:00	30	4 030	4 000	10 400	656	158.5	0.61	
29	790802	1979/8/2 2:00	1979/8/2 18:00	85.4	95.4	180.8	16	8	中游	1979/8/2 4:00	1979/8/2 15.5:00	1979/8/3 6:00	26	1 210	1 140	3 780	656	57.6	0.67	
30	850819	1985/8/18 4:00	1985/8/19 18:00	199.3	35.1	234.4	38	8	上游	1985/8/18 8:00	1985/8/19 17:00	1985/8/20 10:00	50	1 030	1 010	3 953	492	80.3	0.40	
31	850821	1985/8/20 2:00	1985/8/21 14:00	233.1	100.0	333.1	36	10	上游	1985/8/20 10:00	1985/8/21 8:00	1985/8/23 8:00	70	3 030	2 970	10 108	656	154.1	0.66	
32	900707	1990/7/6 14:00	1990/7/7 0:00	125.0	25.1	150.1	10	6	中游	1990/7/6 20:00	1990/7/7 5.5:00	1990/7/7 20:00	24	513	493	1 089	656	16.6	0.13	
33	900803	1990/8/3 14:00	1990/8/4 2:00	89.6	41.0	130.6	12	4	中游	1990/8/3 16:00	1990/8/3 20.5:00	1990/8/4 20:00	28	778	732	1 771	656	27.0	0.30	
34	920901	1992/8/31 10:00	1992/9/1 14:00	104.9	17.3	122.2	28	10	均匀	1992/8/31 20:00	1992/9/1 19:00	1992/9/2 8:00	36	83	71	341	492	6.9	0.07	复峰
35	940629	1994/6/29 8:00	1994/6/29 20:00	140.1	38.3	178.4	12	6	下游	1994/6/29 10:00	1994/6/29 18.5:00	1994/6/30 8:00	22	772	730	1 384	492	28.1	0.20	复峰
36	950818	1995/8/16 22:00	1995/8/18 6:00	98.2	46.8	145.0	32	6	均匀	1995/8/17 8:00	1995/8/18 6.5:00	1995/8/19 2:00	42	467	402	1 443	656	22.0	0.22	
37	950823	1995/8/22 5:00	1995/8/23 5:00	54.1	67.3	121.4	24	12	上游	1995/8/22 6:00	1995/8/23 7.5:00	1995/8/24 0:00	42	378	330	1 236	656	18.8	0.35	
38	960714	1996/7/13 22:00	1996/7/14 16:00	91.0	36.4	127.4	18	4	中游	1996/7/14 8:00	1996/7/14 10.5:00	1996/7/14 22:00	14	878	858	1 394	656	21.3	0.23	
39	970819	1997/8/19 2:00	1997/8/20 14:00	252.9	10.3	263.2	36	20	下游	1997/8/19 8:00	1997/8/20 13:00	1997/8/21 6:00	46	972	912	3 419	492	69.5	0.27	
40	980822	1998/8/22 10:00	1998/8/23 0:00	97.9	34.0	131.9	14	4	上游	1998/8/22 15:00	1998/8/22 19.5:00	1998/8/23 2:00	11	167	152	504	492	10.2	0.10	
41	010703	2001/7/2 18:00	2001/7/3 8:00	124.8	72.7	197.5	14	6	上游	2001/7/2 20:00	2001/7/3 5.5:00	2001/7/4 0:00	28	713	696	1 274	492	25.9	0.21	
42	010731	2001/7/30 4:00	2001/7/31 8:00	52.3	100.0	152.3	28	10	均匀	2001/7/31 0:00	2001/7/31 11:00	2001/8/1 0:00	24	269	196	931	656	14.2	0.27	
43	010802	2001/8/1 5:00	2001/8/2 0:00	127.7	100.0	227.7	19	8	均匀	2001/8/1 14:00	2001/8/2 0.5:00	2001/8/2 14:00	24	1 672	1 531	4 870	656	74.2	0.58	
44	030801	2003/8/1 0:00	2003/8/1 10:00	142.7	73.2	215.9	10	8	上游	2003/8/1 2:00	2003/8/1 8.5:00	2003/8/1 16:00	14	2 528	2 487	3 621	656	55.2	0.39	复峰
45	030806	2003/8/5 22:00	2003/8/6 5:00	61.4	73.0	134.4	7	6	下游	2003/8/5 22:00	2003/8/6 1:00	2003/8/7 20:00	48	500	475	1 525	656	23.3	0.38	
46	070718	2007/7/18 13:00	2007/7/19 2:00	138.9	30.3	169.2	13	4	下游	2007/7/18 14:00	2007/7/18 18.5:00	2007/7/19 20:00	30	401	398	970	492	19.7	0.14	
47	070812	2007/8/11 12:00	2007/8/12 10:00	80.5	100.0	180.5	22	8	下游	2007/8/11 16:00	2007/8/12 5:00	2007/8/12 18:00	26	849	748	2 372	656	36.2	0.45	
48	070919	2007/9/19 10:00	2007/9/20 14:00	111.2	11.9	123.1	28	8	下游	2007/9/20 2:00	2007/9/20 9.5:00	2007/9/21 16:00	38	236	212	950	656	14.5	0.13	
49	080720	2008/7/19 8:00	2008/7/20 16:00	158.3	92.1	250.4	32	10	上游	2008/7/19 8:00	2008/7/20 14:00	2008/7/21 22:00	62	1 286	1 262	3 621	656	55.2	0.35	
50	080724	2008/7/23 8:00	2008/7/24 8:00	53.9	83.6	137.5	24	18	下游	2008/7/23 8:00	2008/7/24 4:00	2008/7/26 12:00	76	268	259	1 684	656	25.7	0.48	
51	110914	2011/9/13 8:00	2011/9/16 3:00	133.5	34.1	167.6	67	36	上游	2011/9/13 16:00	2011/9/14 22:00	2011/9/17 10:00	90	265	237	1 879	656	28.6	0.21	复峰
52	120730	2012/7/29 19:00	2012/7/30 2:00	82.4	36.0	118.4	7	4	上游	2012/7/29 20:00	2012/7/30 8:00	2012/7/30 22:00	26	272	269	618	656	9.4	0.11	
53	130713	2013/7/13 0:00	2013/7/13 18:00	116.9	100.0	216.9	18	8	均匀	2013/7/13 0:00	2013/7/13 6:00	2013/7/14 22:00	46	1 549	1 429	5 799	656	88.4	0.76	
54	170805	2017/8/3 8:00	2017/8/5 10:00	119.3	65.7	185.0	50	44	下游	2017/8/3 8:00	2017/8/5 16:00	2017/8/8 4:00	116	376	357	1 939	656	29.6	0.25	复峰

表 26-10　大沽河产芝水库站 $P+P_a-R$ 预报精度评定表

序号	洪号	流域平均雨量 P（mm）	前期影响雨量 P_a（mm）	$P+P_a$（mm）	实测径流深 $R_{实}$（mm）	预报径流深 $R_{预}$（mm）	预报误差（mm）	许可误差（mm）	评定结果		序号	洪号	流域平均雨量 P（mm）	前期影响雨量 P_a（mm）	$P+P_a$（mm）	实测径流深 $R_{实}$（mm）	预报径流深 $R_{预}$（mm）	预报误差（mm）	许可误差（mm）	评定结果	
									合格	不合格										合格	不合格
1	610903	109.0	29.4	138.4	36.5	30.0	−6.5	7.3	√		28	790731	260.1	24.0	284.1	158.5	159.4	0.9	20.0	√	
2	620730	104.7	55.1	159.8	38.4	44.2	5.8	7.7	√		29	790802	85.4	95.4	180.8	57.6	60.5	2.9	11.5	√	
3	620813	133.5	61.5	195.0	66.1	72.9	6.8	13.2	√		30	850819	199.3	35.1	234.4	80.3	74.2	−6.1	16.1	√	
4	620818	90.5	71.3	161.8	54.9	45.3	−9.6	11.0	√		31	850821	233.1	100.0	333.1	154.1	168.3	14.2	20.0	√	
5	630819	46.4	52.6	99.0	16.5	11.6	−4.9	3.3		√	32	900707	125.0	25.1	150.1	16.6	14.3	−2.3	3.3	√	
6	630830	60.4	60.7	121.1	22.5	20.7	−1.8	4.5	√		33	900803	89.6	41.0	130.6	27.0	25.5	−1.5	5.4	√	
7	640705	77.7	97.5	175.2	53.1	55.8	2.7	10.6	√		34	920901	104.9	17.3	122.2	6.9	6.0	−0.9	3.0	√	
8	640706	83.8	95.8	179.6	65.3	59.5	−5.8	13.1	√		35	940629	140.1	38.3	178.4	28.1	29.3	1.2	5.6	√	
9	640714	60.9	57.4	118.3	23.7	19.4	−4.3	4.7	√		36	950818	98.2	46.8	145.0	22.0	34.1	12.1	4.4		√
10	640819	76.5	73.7	150.2	40.9	37.6	−3.3	8.2	√		37	950823	54.1	67.3	121.4	18.8	20.7	1.9	3.8	√	
11	640829	88.5	91.7	180.2	71.6	60.0	−11.6	14.3	√		38	960714	91.0	36.4	127.4	21.3	23.8	2.5	4.3	√	
12	640908	52.8	76.1	128.9	21.8	24.8	3.0	4.4	√		39	970819	252.9	10.3	263.2	69.5	100.2	30.7	13.9		※
13	650728	185.1	56.5	241.6	114.3	116.8	2.5	20.0	√		40	980822	97.9	34.0	131.9	10.2	8.3	−1.9	3.0	√	
14	650805	75.8	93.3	169.1	48.2	50.8	2.6	9.6	√		41	010703	124.8	72.7	197.5	25.9	42.8	16.9	5.2		√
15	660623	68.7	32.4	101.1	22.0	12.3	−9.7	4.4		√	42	010731	52.3	100.0	152.3	14.2	15.1	0.9	3.0	√	
16	660822	87.8	32.1	119.9	20.2	20.2	0.0	4.0	√		43	010802	127.7	100.0	227.7	74.2	68.6	−5.6	14.8	√	
17	700724	137.7	79.9	217.6	57.2	59.5	2.3	11.4	√		44	030801	142.7	73.2	215.9	55.2	57.9	2.7	11.0	√	
18	700828	114.4	32.5	146.9	41.7	35.3	−6.4	8.3	√		45	030806	61.4	73.0	134.4	23.2	27.7	4.5	4.6	√	
19	710803	75.2	77.5	152.7	32.7	39.1	6.4	6.5	√		46	070718	138.9	30.3	169.2	19.7	23.4	3.7	3.9	√	
20	710903	93.3	59.1	152.4	51.4	39.0	−12.4	10.3		√	47	070812	80.5	100.0	180.5	36.2	30.9	23.9	−5.3	√	
21	730831	85.5	38.2	123.7	21.0	22.1	1.1	4.2	√		48	070919	111.2	11.9	123.1	14.5	7.1	−7.4	3.0		√
22	740727	29.1	50.1	79.2	5.6	5.1	−0.5	3.0	√		49	080720	158.3	92.1	250.4	55.2	88.0	32.8	11.0		√
23	740811	195.6	33.3	228.9	91.4	104.4	13.0	18.3	√		50	080724	53.9	83.6	137.5	25.7	29.5	3.8	5.1	√	
24	740814	120.1	96.7	216.8	95.3	92.5	−2.8	19.1	√		51	110914	133.5	34.1	167.6	28.6	23.0	5.6	5.7	√	
25	750815	177.7	30.3	208.0	77.5	84.3	6.8	15.5	√		52	120730	82.4	36.0	118.4	9.4	10.0	0.6	3.0	√	
26	760630	109.1	13.3	122.4	21.1	21.3	0.2	4.2	√		53	130713	116.9	100.0	216.9	88.4	92.2	3.8	17.7	√	
27	790624	87.2	17.3	104.5	10.5	13.4	2.9	3.0	√		54	170805	119.3	65.7	185.0	29.6	33.7	4.1	5.9	√	

备注：1. 970819 场次洪水因前期连年干旱，降雨入渗程度较强，实测径流深偏小，故不参加评定。
2. 方案合格率为 86.8%，方案等级为甲级，可用于预报作业。
3. 许可误差 = 实测值 ×20%，以 20.0 mm 为上限，3.0 mm 为下限。

表 26-11 大沽河产芝水库站 P-P_a-R 预报精度评定表

序号	洪号	流域平均雨量 P（mm）	前期影响雨量 P_a（mm）	实测径流深 $R_{实}$（mm）	预报径流深 $R_{预}$（mm）	预报误差（mm）	许可误差（mm）	评定结果		序号	洪号	流域平均雨量 P（mm）	前期影响雨量 P_a（mm）	实测径流深 $R_{实}$（mm）	预报径流深 $R_{预}$（mm）	预报误差（mm）	许可误差（mm）	评定结果	
								合格	不合格									合格	不合格
1	610903	109.0	29.4	36.5	18.8	−17.7	7.3		√	28	790731	260.1	24.0	158.5	136	−22.5	20.0		√
2	620730	104.7	55.1	38.4	39.5	1.1	7.7	√		29	790802	85.4	95.4	57.6	58.5	0.9	11.5	√	
3	620813	133.5	61.5	66.1	69.0	2.9	13.2	√		30	850819	199.3	35.1	80.3	95.0	14.7	16.1	√	
4	620818	90.5	71.3	54.9	44.2	−10.7	11.0	√		31	850821	233.1	100.0	154.1	212	57.9	20.0		√
5	630819	46.4	52.6	16.5	11.5	−5.0	3.3		√	32	900707	125.0	25.1	16.6	23.0	6.4	3.3		√
6	630830	60.4	60.7	22.5	12.4	−10.1	4.5		√	33	900803	89.6	41.0	27.0	17.2	−9.8	5.4		√
7	640705	77.7	97.5	53.1	54.5	1.4	10.6	√		34	920901	104.9	17.3	6.9	9.2	2.3	3.0	√	
8	640706	83.8	95.8	65.3	58.9	−6.4	13.1	√		35	940629	140.1	38.3	28.1	47.8	19.7	5.6		√
9	640714	60.9	57.4	23.7	15.5	−8.2	4.7		√	36	950818	98.2	46.8	22.0	27.2	5.2	4.4		√
10	640819	76.5	73.7	40.9	19.8	−21.1	8.2		√	37	950823	54.1	67.3	18.8	17.5	−1.3	3.8	√	
11	640829	88.5	91.7	71.6	60.0	−11.6	14.3	√		38	960714	91.0	36.4	21.3	15.2	6.1	4.3		√
12	640908	52.8	76.1	21.8	20.7	−1.1	4.4	√		39	970819	252.9	10.3	69.5	115.5	46.0	13.9		※
13	650728	185.1	56.5	114.3	107.4	−6.9	20.0	√		40	980822	97.9	34.0	10.2	17.5	7.3	3.0		√
14	650805	75.8	93.3	48.2	49.2	1.0	9.6	√		41	010703	124.8	72.7	25.9	64.2	38.3	5.2		√
15	660623	68.7	32.4	22.0	6.8	−15.2	4.4		√	42	010731	52.3	100.0	14.2	34.5	20.3	3.0		√
16	660822	87.8	32.1	20.2	12.0	−8.2	4.0		√	43	010802	127.7	100.0	74.2	106.5	32.3	14.8		√
17	700724	137.7	79.9	57.2	92.2	35.0	11.4		√	44	030801	142.7	73.2	55.2	89.2	34.0	11.0		√
18	700828	114.4	32.5	41.7	24.5	−17.2	8.3		√	45	030806	61.4	73.0	23.2	24.1	0.9	4.7	√	
19	710803	75.2	77.5	32.7	36.7	4.0	6.5	√		46	070718	138.9	30.3	19.7	32.5	12.8	3.9		√
20	710903	93.3	59.1	51.4	35.2	−16.2	10.3		√	47	070812	80.5	100.0	36.2	59.5	23.3	7.2		√
21	730831	85.5	38.2	21.0	14.2	−6.8	4.2		√	48	070919	111.2	11.9	14.5	8.0	−6.5	3.0		√
22	740727	29.1	50.1	5.6	4.5	−1.1	3.0	√		49	080720	158.3	92.1	55.2	124.9	69.7	11.0		√
23	740811	195.6	33.3	91.4	93.1	1.7	18.3	√		50	080724	53.9	83.6	25.7	25.2	−0.5	5.1	√	
24	740814	120.1	96.7	95.3	93.2	−2.1	19.1	√		51	110914	133.5	34.1	28.6	39.5	10.9	5.7		√
25	750815	177.7	30.3	77.5	68.3	−9.2	15.5	√		52	120730	82.4	36.0	9.4	14.3	4.9	3.0		√
26	760630	109.1	13.3	21.1	8.7	−12.4	4.2		√	53	130713	116.9	100	88.4	85.6	−2.8	17.7	√	
27	790624	87.2	17.3	10.5	5.7	−4.8	3.0		√	54	170805	119.3	65.7	29.6	62.5	32.9	5.9		√

备注：1. 970819 场次洪水因前期连年干旱，降雨入渗程度较强，实测径流深偏小，故不参加评定。
2. 方案合格率为 38.9%，作业预报时仅供参考。
3. 许可误差 = 实测值 ×20%，以 20.0 mm 为上限，3.0 mm 为下限。

表 26–12　大沽河产芝水库站峰量关系预报精度评定表

序号	洪号	流域面积 F（km^2）	径流深 R（mm）	有效降雨历时 T_c（h）	查算净峰流量 $Q_{m净查}$（m^3/s）	暴雨中心位置	预报净峰流量 $Q_{m净预}$（m^3/s）	实测净峰流量 $Q_{m净实}$（m^3/s）	预报误差（m^3/s）	许可误差（m^3/s）	评定结果	
											合格	不合格
1	610903	656	36.5	12	525	下游	567	702	−135	140	√	
2	620813	876	66.1	12	1 773	下游	1 915	1 920	−5	384	√	
3	620818	876	54.9	4	2 554	中游	2 554	2 000	554	400		√
4	630819	656	16.5	4	382	中游	382	380	2	76.0	√	
5	630830	656	22.5	10	336	上游	336	344	−8	68.8	√	
6	640705	656	53.1	10	882	中游	882	1 030	−148	206	√	
7	640714	656	23.7	24	225	均匀	203	254	−51	50.8	√	
8	640819	656	40.9	4	1 061	下游	1 146	1 210	−64	242	√	
9	640908	656	21.8	6	423	上游	423	700	−277	140		√
10	650728	656	114.3	18	1 536	中游	1 536	1 470	66	294	√	
11	650805	656	48.2	14	663	下游	717	600	117	120	√	
12	660623	656	22.0	4	528	中游	528	730	−202	146		√
13	660822	656	20.2	8	334	中游	334	408	−74	81.6	√	
14	700724	656	57.2	8	1 077	上游	1 077	1 270	−193	254	√	
15	710803	656	32.7	4	825	上游	825	485	340	97.0		√
16	710903	656	51.4	10	850	上游	850	803	47	161	√	
17	730831	656	21.0	8	349	下游	377	202	175	40.4		√
18	740811	656	91.4	10	1 623	上游	1 623	1 550	73	310	√	
19	740814	656	95.3	22	1 127	均匀	1 015	970	45	194	√	
20	750815	537.2	77.5	12	840	均匀	756	785	−29	157	√	
21	760630	528.1	21.1	12	188	均匀	169	141	28	28.2	√	
22	790731	656	158.5	6	3 935	中游	3 935	4 000	−65	800	√	
23	790802	656	57.6	8	1 086	中游	1 086	1 140	−54	228	√	
24	850819	492	80.3	8	915	上游	915	1 010	−95	202	√	
25	850821	656	154.1	10	2 920	上游	2 920	2 970	−50	594	√	
26	900707	656	16.6	6	312	中游	312	493	−181	98.6		√
27	900803	656	27.0	4	665	中游	665	732	−67	146	√	
28	950818	656	22.0	6	427	均匀	385	402	−17	80.4	√	
29	950823	656	18.8	12	250	上游	250	330	−80	66.0		√
30	960714	656	21.2	4	508	中游	508	858	−350	172		√
31	970819	492	69.5	20	482	下游	520	912	−392	182		√
32	980822	492	10.2	4	130	上游	130	152	−22	30.4	√	
33	010703	492	25.9	6	328	上游	328	696	−368	139		√
34	010731	656	14.2	10	200	均匀	180	196	−16	39.2	√	
35	010802	656	74.2	8	1 444	均匀	1 299	1 531	−232	306	√	
36	030806	656	23.2	6	455	下游	491	475	16	95.0	√	
37	070718	492	19.7	4	271	下游	292	398	−106	79.6		√
38	070812	656	36.2	8	643	下游	695	748	−53	150	√	
39	070919	656	14.5	8	230	下游	248	212	36	42.4	√	
40	080720	656	55.2	10	1 035	上游	1 035	1 262	−227	252	√	
41	080724	656	25.7	18	287	下游	309	259	50	51.8	√	
42	120730	656	9.4	4	192	上游	192	269	−77	53.8		√
43	130713	656	88.4	8	1 757	均匀	1 581	1 429	152	286	√	

备注：1. 暴雨中心位置系数：上、中游，K=1.00，下游，K=1.08，均匀，K=0.90；2. 许可误差 = 实测值的 20%；3. 方案合格率：31/43 × 100%=72.1%；4. 本方案等级为乙级，可用于作业预报。

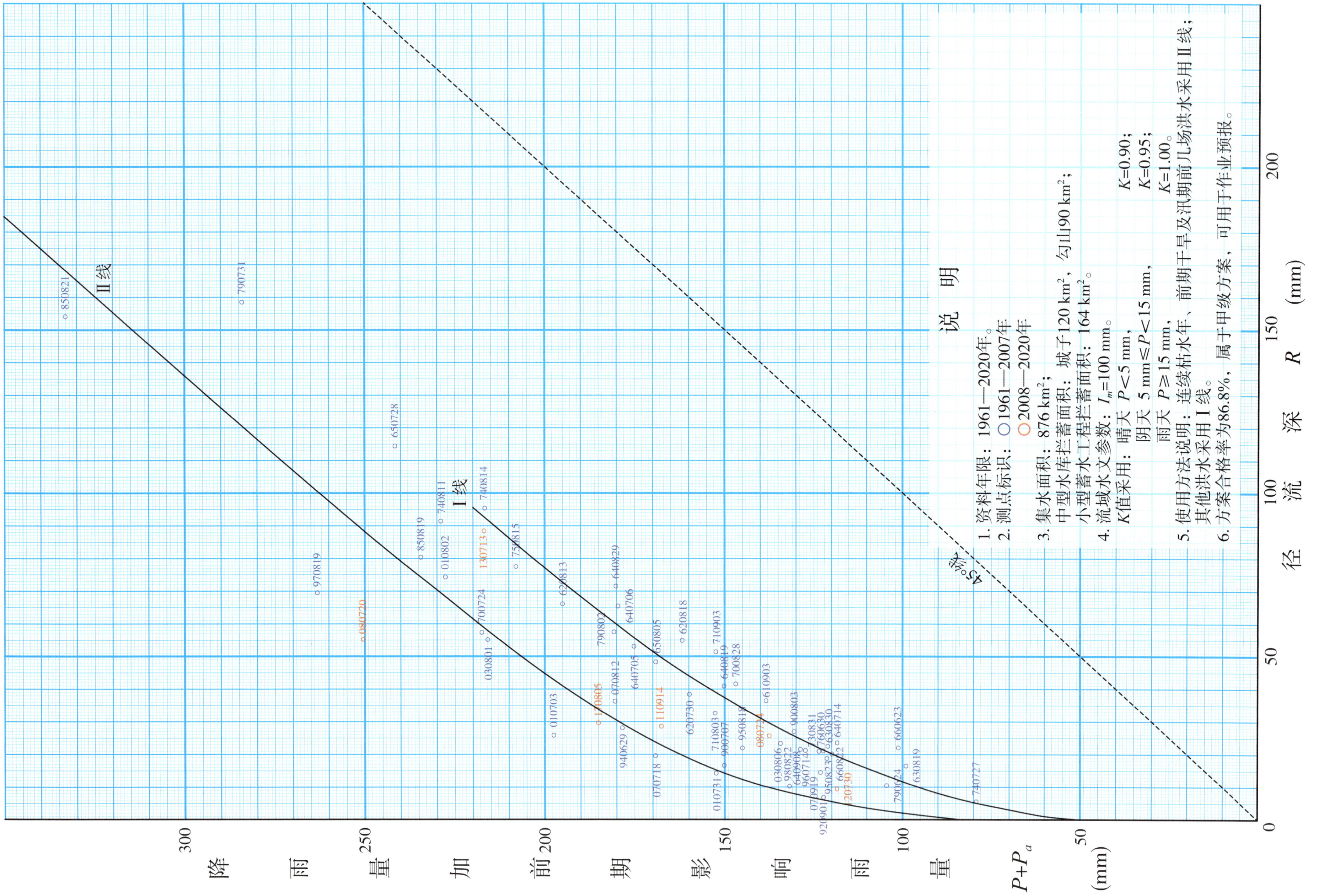

图 26-2　大沽河产芝水库站 $P+P_a$–R 关系曲线图

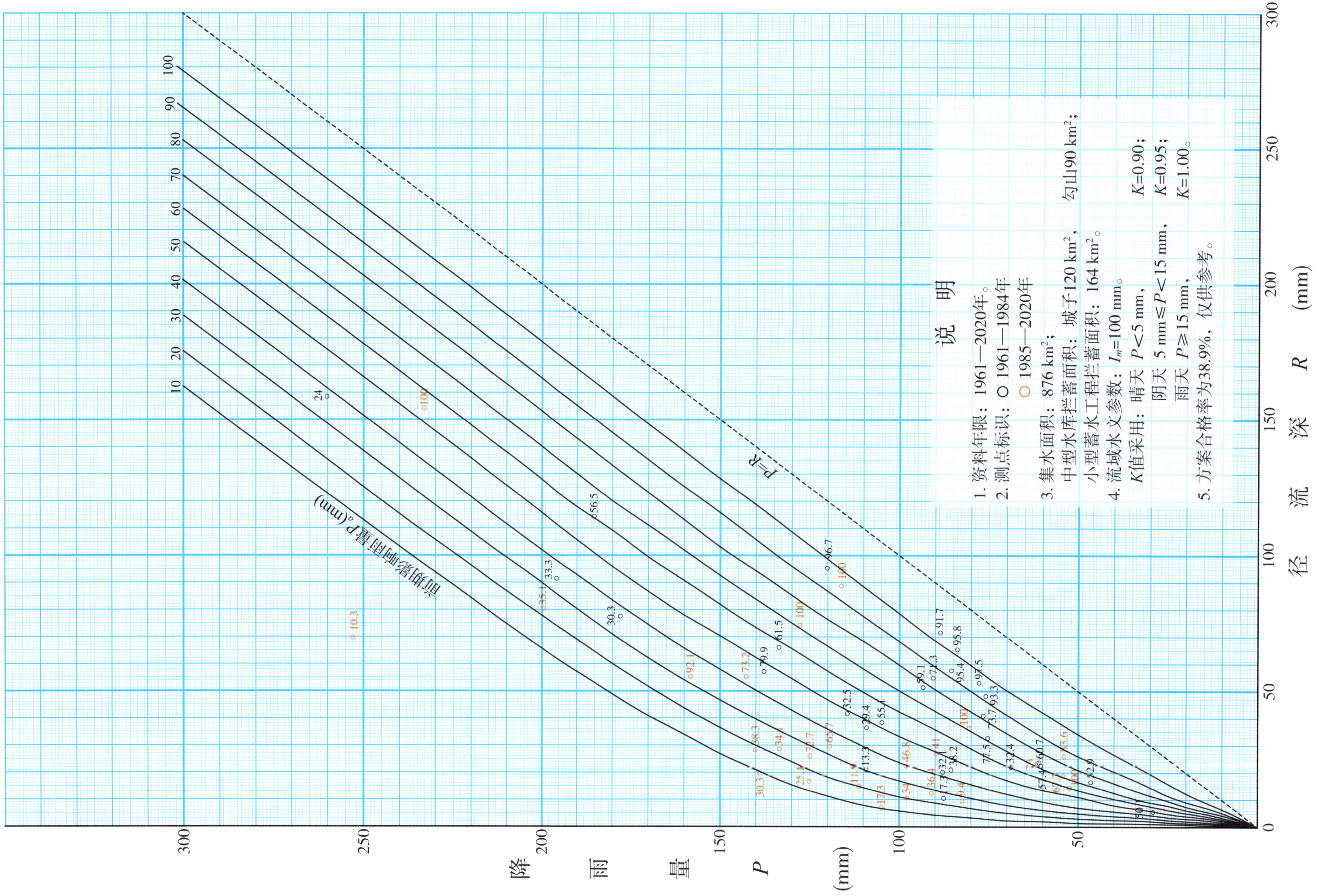

图 26-3　大沽河产芝水库站 P-P_a-R 关系曲线图

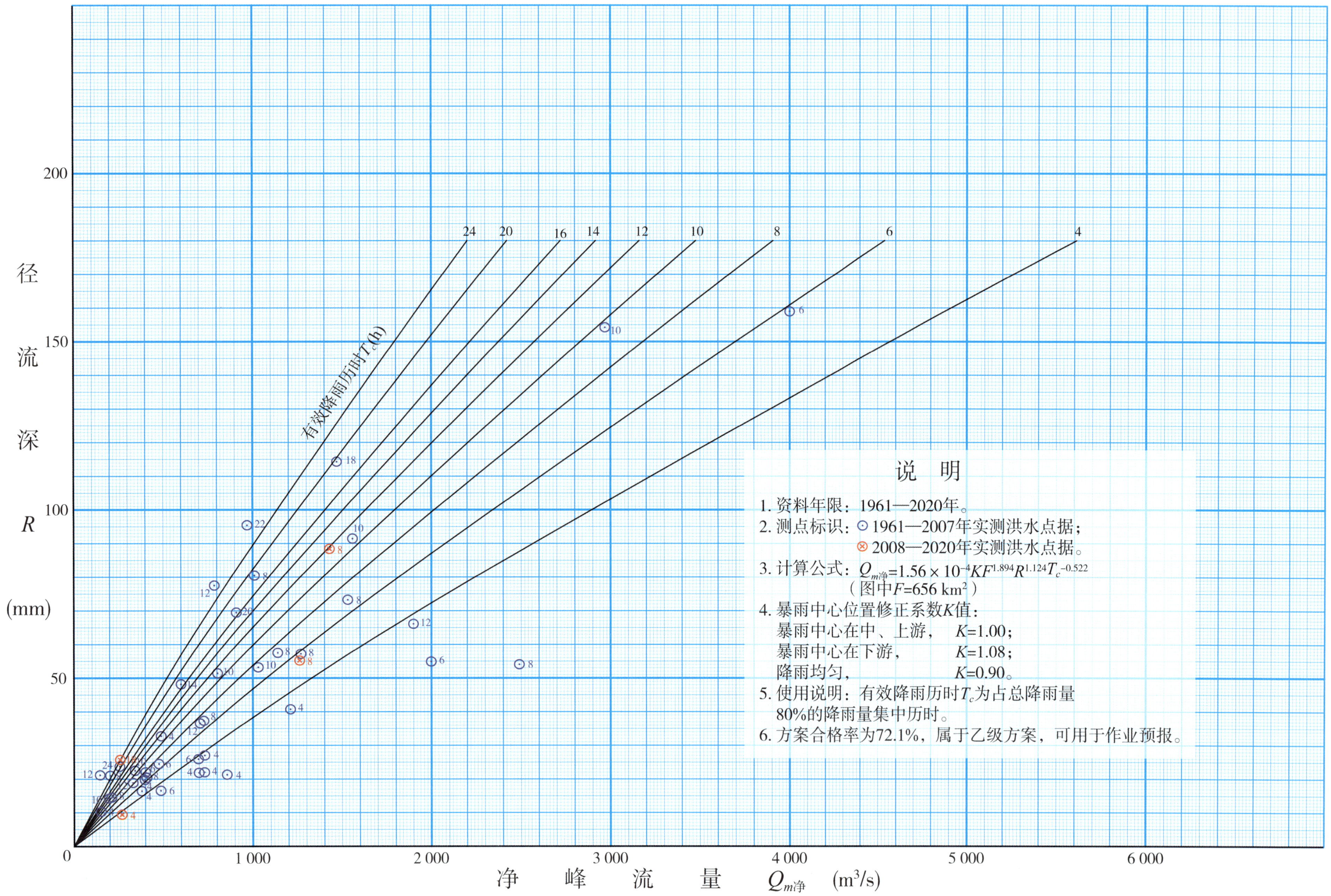

图 26-4 大沽河产芝水库站峰量经验公式关系曲线图

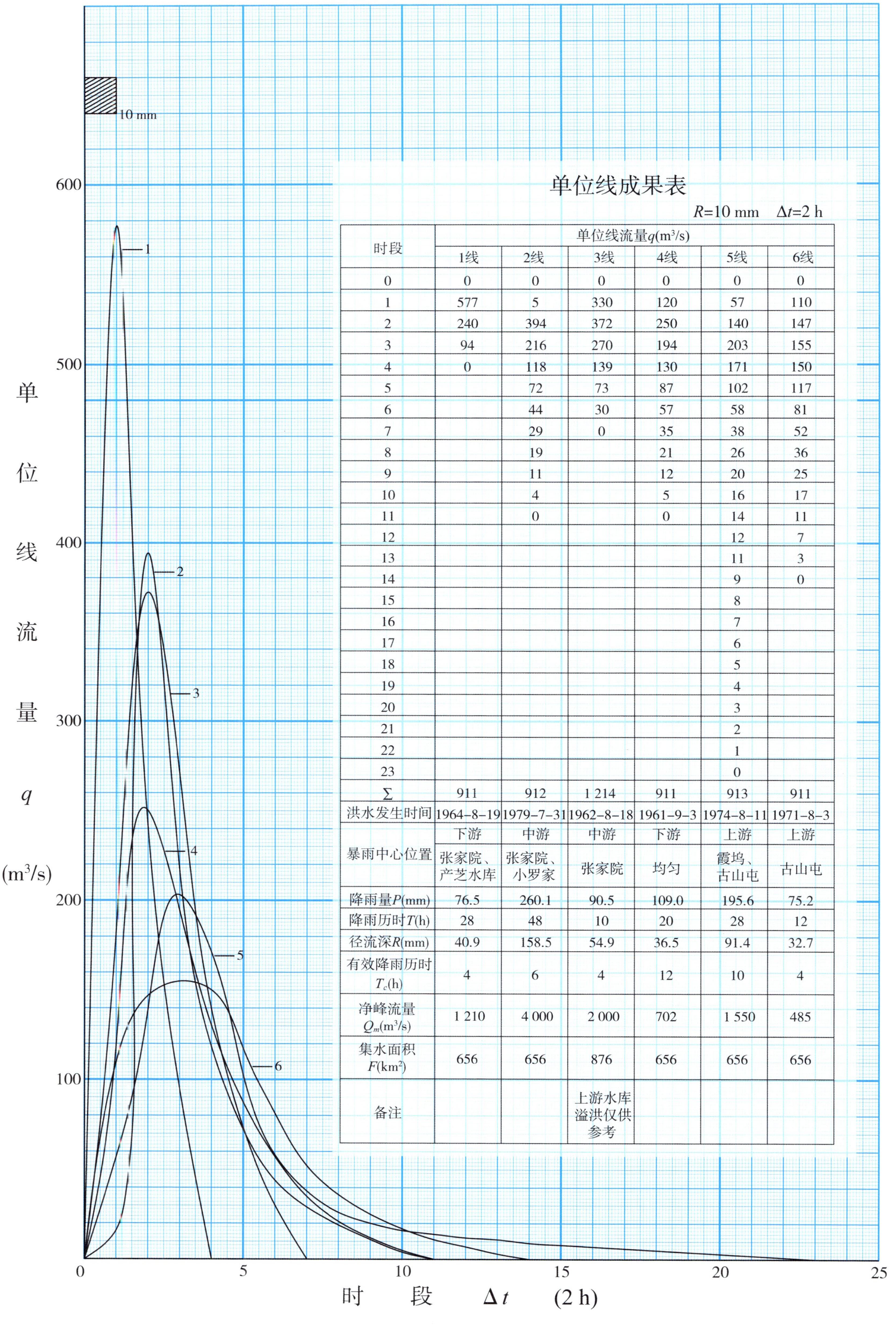

单位线成果表

R=10 mm　Δt=2 h

时段	单位线流量q(m³/s)					
	1线	2线	3线	4线	5线	6线
0	0	0	0	0	0	0
1	577	5	330	120	57	110
2	240	394	372	250	140	147
3	94	216	270	194	203	155
4	0	118	139	130	171	150
5		72	73	87	102	117
6		44	30	57	58	81
7		29	0	35	38	52
8		19		21	26	36
9		11		12	20	25
10		4		5	16	17
11		0		0	14	11
12					12	7
13					11	3
14					9	0
15					8	
16					7	
17					6	
18					5	
19					4	
20					3	
21					2	
22					1	
23					0	
Σ	911	912	1 214	911	913	911
洪水发生时间	1964-8-19	1979-7-31	1962-8-18	1961-9-3	1974-8-11	1971-8-3
暴雨中心位置	下游	中游	中游	下游	上游	上游
	张家院、产芝水库	张家院、小罗家	张家院	均匀	霞坞、古山屯	古山屯
降雨量P(mm)	76.5	260.1	90.5	109.0	195.6	75.2
降雨历时T(h)	28	48	10	20	28	12
径流深R(mm)	40.9	158.5	54.9	36.5	91.4	32.7
有效降雨历时T_c(h)	4	6	4	12	10	4
净峰流量Q_m(m³/s)	1 210	4 000	2 000	702	1 550	485
集水面积F(km²)	656	656	876	656	656	656
备注			上游水库溢洪仅供参考			

图 26-5　大沽河产芝水库站单位线综合图

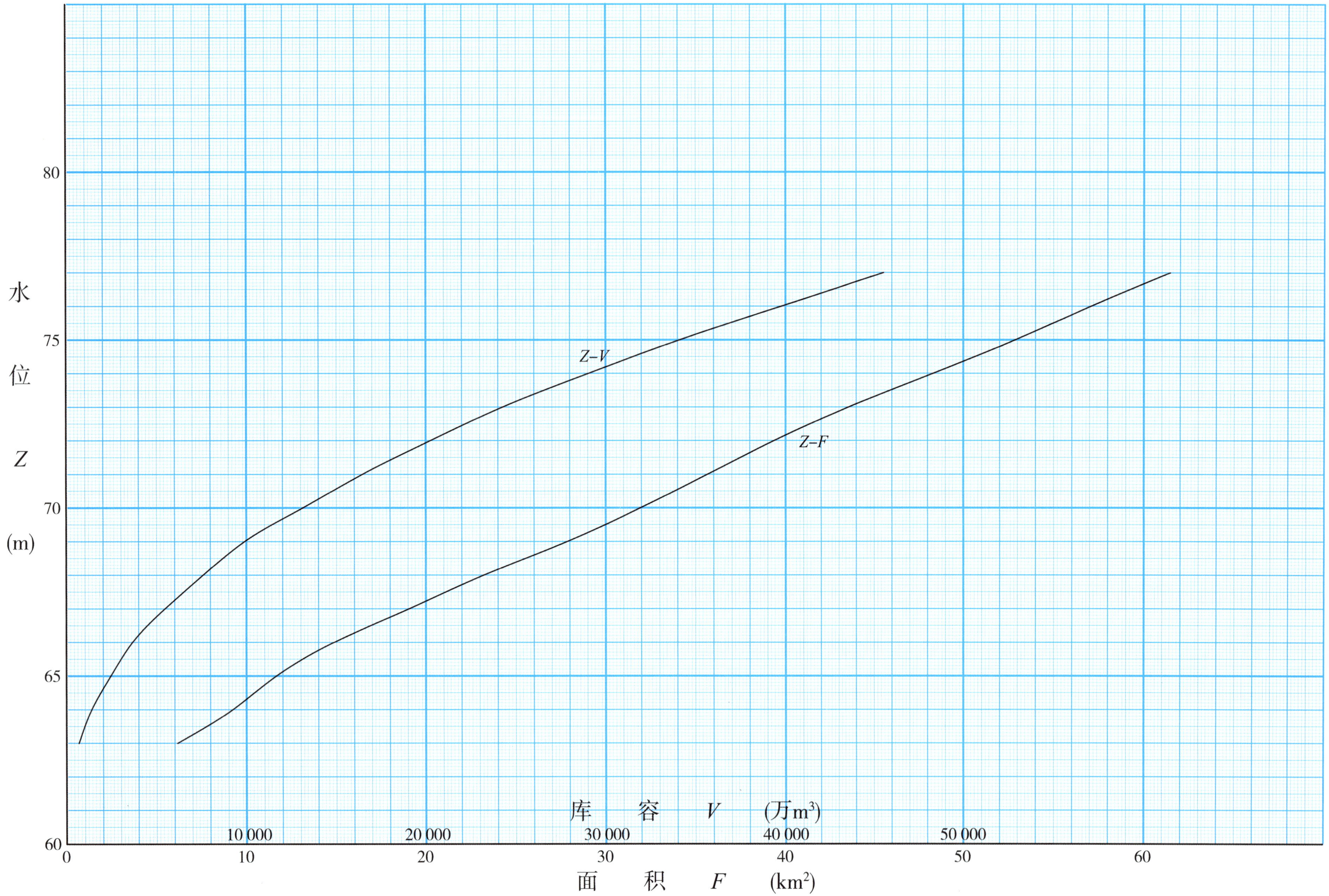

图 26-6 大沽河产芝水库水位与库容、面积关系曲线图

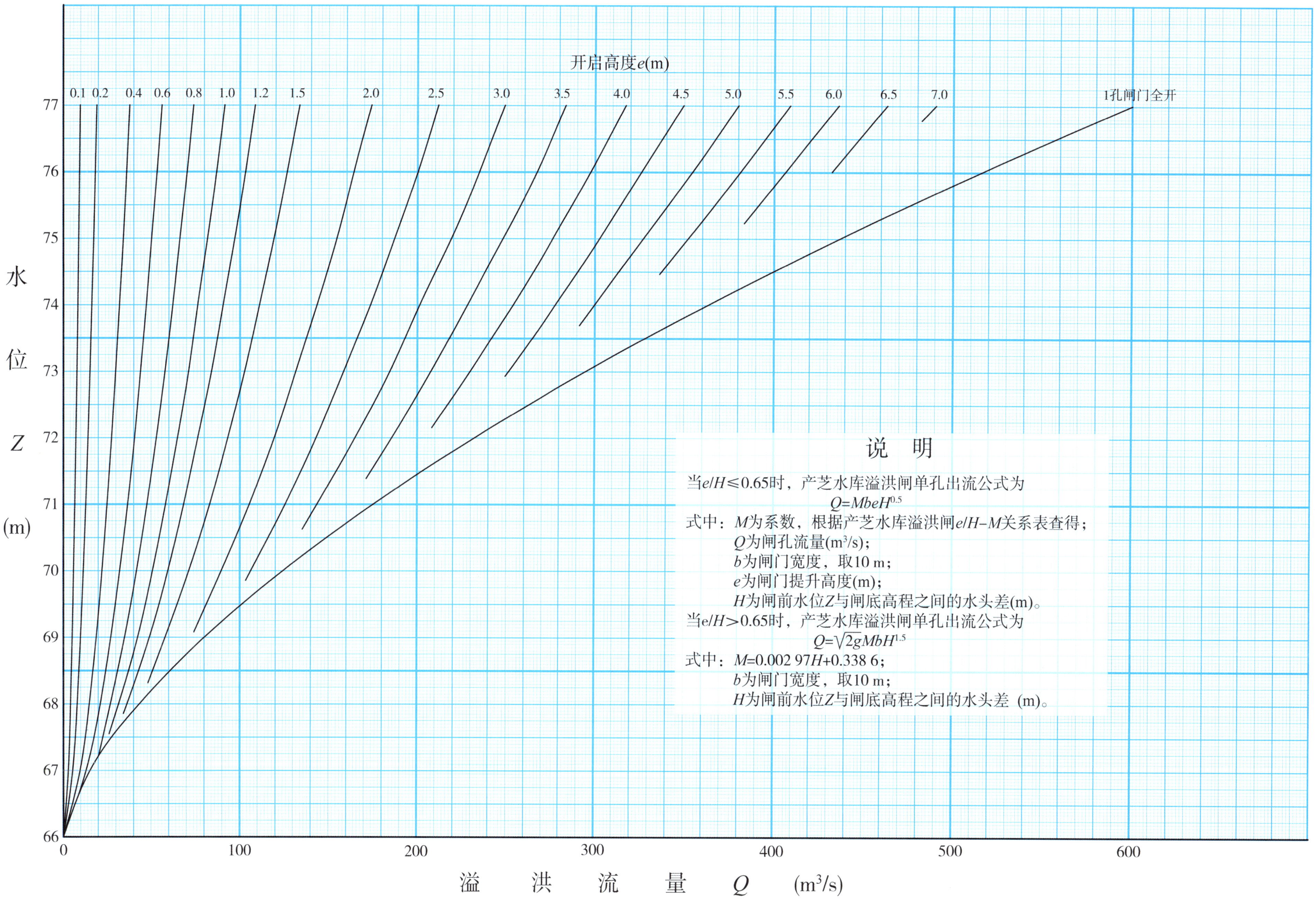

图 26–7　大沽河产芝水库溢洪闸泄量曲线图（单孔）

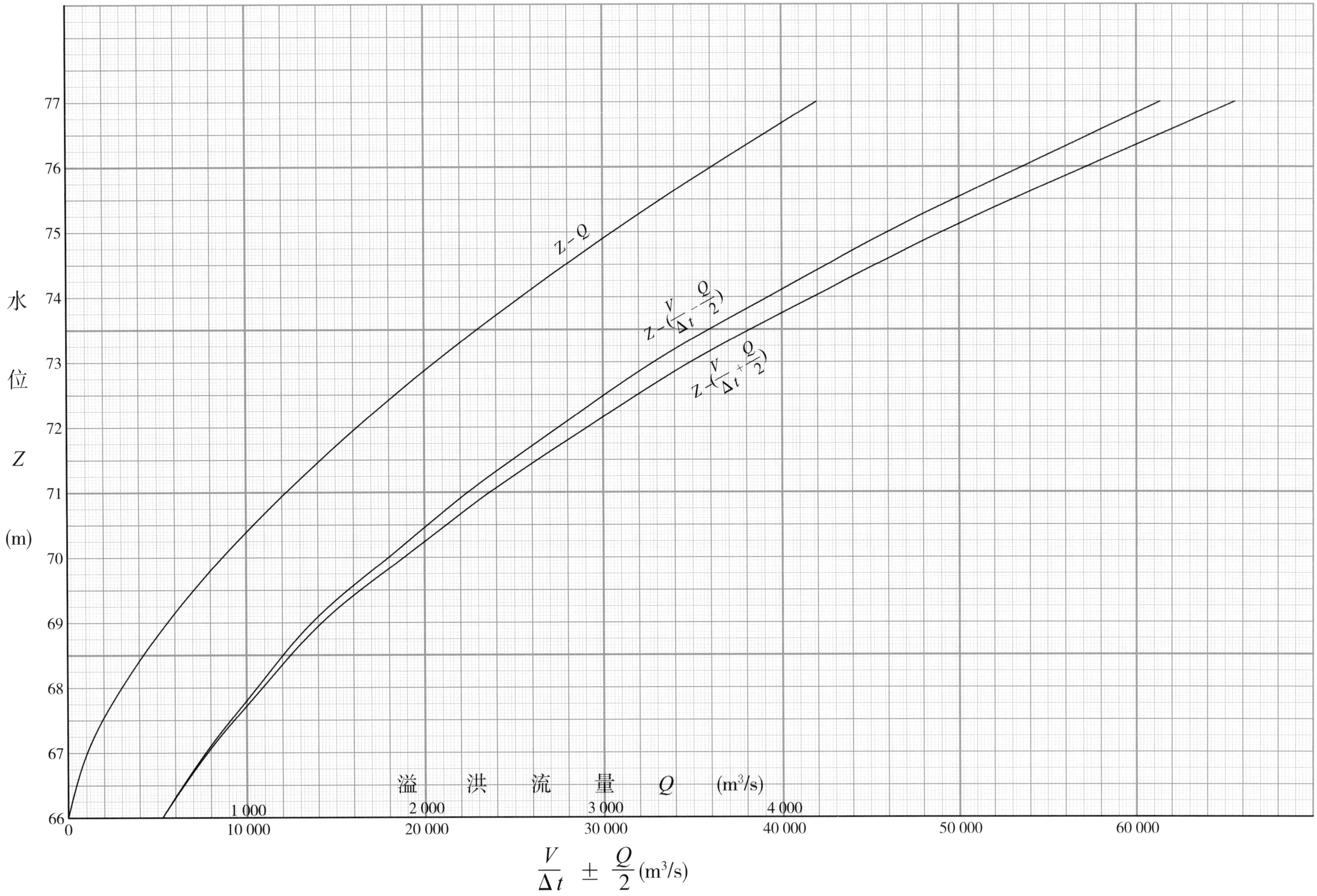

图 26–8 大沽河产芝水库蓄率中线法调洪辅助曲线图（7 孔闸门全开）

第二十七章　猪洞河尹府水库站水文预报方案编制说明

1　流域概况

1.1　流域自然地理特征

尹府水库位于平度市城东 25 km 的云山镇北王村西北，坐落在大沽河水系小沽河支流猪洞河上游。猪洞河发源于大泽山东麓，流域呈长方形，坝址以上河道干流坡度为 4.4‰，干流长 25.3 km，平均宽约 6.3 km；地势大致由北向南倾斜，水库控制流域面积 175 km^2，库区高程范围在 65 ~ 80 m（1956 年黄海高程系），总库容 1.445 8 亿 m^3。

本流域属山丘区，深山区和平原区各占 5%，分布于流域上游和下游；浅山区和丘陵区各占 40% 和 50%，分布于流域中、下游地区。

本流域属暖温带季风气候区，降水量年内分配不均匀，年降水量的 70% ~ 76% 主要集中在汛期 6—9 月份，甚至集中在 1 ~ 2 次特大暴雨之中，其他季节干旱少雨。降水量年际变化大，连丰连枯，丰枯年交替出现，多年平均年降水量为 683.9 mm，最大年降水量为 1 446.6 mm（1964 年），最小年降水量为 342.3 mm（1988 年），年降水量的最大值与最小值之比为 4.2。

流域内山高坡陡，河流源短流急，洪水陡涨陡落。尹府水库最大入库洪峰流量为 1 750 m^3/s（1976 年 7 月 31 日），相应洪水总量为 1 870 万 m^3，降水量为 145.4 mm。从实测资料分析看，洪峰流量受降雨历时和降雨强度影响显著。尹府水库站以上流域图见图 27–1。

1.2　水利工程情况

1.2.1　尹府水库概况

尹府水库于 1958 年 4 月开工建设，1960 年 6 月基本完工，属大（2）型水库，工程等级Ⅱ等，建筑物级别为 2 级。枢纽工程包括大坝、溢洪闸和放水洞三部分。

水库大坝为黏土心墙砂壳混合坝，长 775 m，最大坝高 20.2 m，坝顶高程 84.40 m。坝顶宽 7.5 m，坝顶设有防浪墙，高 1.0 m，墙顶高程 85.40 m。主坝迎水坡高程 74.00 m 以上坡比为 1∶3，74.00 m 以下为 1∶3.5。背水坡高程在 75.00 m 以上坡比为 1∶3，75.00 ~ 68.20 m 为 1∶3.5，68.20 m 以下为 1∶1.5。

溢洪闸位于大坝桩号 0+645.5 ~ 0+666.9 处，共 2 孔，闸门为露顶直升式平板钢闸门，尺寸（宽 × 高）为 10 m × 6 m，闸底高程为 74.00 m，最大泄量为 885 m^3/s。

放水洞位于主坝桩号 0+061 处，其结构型式为砌石廊道内衬钢筋混凝土管，衬管直径为 2 m，进口底高程 69.00 m，出口底高程 68.52 m，闸门尺寸 2 m × 2 m，为平板钢闸门，最大流量为 26.1 m^3/s。尹府水库工程基本情况详见表 27–1。

表 27–1　猪洞河尹府水库工程基本情况表

<table>
<tr><td colspan="6">1. 概况</td></tr>
<tr><td>位 置</td><td colspan="2">山东省青岛市平度市</td><td>水准基面</td><td colspan="2">1985 年国家高程基准</td></tr>
<tr><td>所在河流</td><td>猪洞河</td><td>流域面积</td><td>175 km^2</td><td>河道干流平均坡度</td><td>4.4‰</td></tr>
<tr><td colspan="2">开工时间</td><td>1958 年 4 月</td><td>竣工时间</td><td colspan="2">1960 年 6 月</td></tr>
<tr><td colspan="6">2. 水库特性指标</td></tr>
<tr><td colspan="2">项目</td><td>水位（m）</td><td>项目</td><td colspan="2">库容（万 m^3）</td></tr>
<tr><td colspan="2">死水位</td><td>71.70</td><td>死库容</td><td colspan="2">720</td></tr>
<tr><td colspan="2">兴利水位</td><td>79.50</td><td>兴利库容</td><td colspan="2">7 380</td></tr>
<tr><td colspan="2">设计洪水位</td><td>81.00</td><td>调洪库容</td><td colspan="2">5 036</td></tr>
<tr><td colspan="2">校核洪水位</td><td>82.86</td><td>总库容</td><td colspan="2">14 458</td></tr>
<tr><td colspan="6">3. 大坝特性指标</td></tr>
<tr><td colspan="2">项目</td><td colspan="2">主坝</td><td colspan="2">副坝</td></tr>
<tr><td colspan="2">坝型</td><td colspan="2">黏土心墙砂壳坝</td><td colspan="2">—</td></tr>
<tr><td colspan="2">坝顶高程（m）</td><td colspan="2">84.40</td><td colspan="2">—</td></tr>
<tr><td colspan="2">最大坝高（m）</td><td colspan="2">20.2</td><td colspan="2">—</td></tr>
<tr><td colspan="2">坝 顶 宽 （m）</td><td colspan="2">7.5</td><td colspan="2">—</td></tr>
<tr><td colspan="6">4. 正常溢洪道特性指标</td></tr>
<tr><td colspan="2">型式</td><td>宽顶堰</td><td>闸门尺寸</td><td colspan="2">10 m × 6 m</td></tr>
<tr><td colspan="2">堰顶高程</td><td>74.00 m</td><td>最大泄量</td><td colspan="2">885 m^3/s</td></tr>
<tr><td colspan="2">堰顶净宽</td><td>2 × 10 m</td><td>消能型式</td><td colspan="2">消力池</td></tr>
<tr><td colspan="2">闸门型式</td><td>直升式平板钢闸门</td><td>启闭设备</td><td colspan="2">固定卷扬式</td></tr>
<tr><td colspan="6">5. 放水洞特性指标</td></tr>
<tr><td rowspan="3">放水洞</td><td>型 式</td><td colspan="4">砌石廊道内衬钢筋混凝土管</td></tr>
<tr><td>进口底高程</td><td colspan="4">69.00 m</td></tr>
<tr><td>最大泄量</td><td colspan="4">26.1 m^3/s</td></tr>
</table>

1.2.2 上游水利工程情况

尹府水库站以上流域内有小（1）型水库 1 座，小（2）型水库 14 座，总控制流域面积 24.34 km^2，总库容 299.87 万 m^3，兴利库容 170.07 万 m^3。流域内主要水利工程情况见表 27–2。

表 27–2 猪洞河尹府水库站以上流域内主要水利工程情况

工程类别	水库名称	所在乡镇	流域面积（km^2）	总库容（万 m^3）	兴利库容（万 m^3）
小（1）型	涧口	旧店镇	7.17	108.79	60.5
小（2）型	东葛	旧店镇	0.6	12.75	7.95
	大涝滩	旧店镇	2.0	18	6.5
	巴豆子	旧店镇	0.62	11.09	7.2
	赵戈庄	旧店镇	2.0	14	9.1
	偏篓桥	旧店镇	0.63	18.2	14.28
	口子	旧店镇	1.02	12.44	1.2
	青山	旧店镇	1.6	18.2	7.2
	前涧	旧店镇	1.2	10.7	5
	青山北	旧店镇	1.2	11.2	10.5
	大后寨	旧店镇	1.0	12	11
	大后寨北	旧店镇	1.1	12.5	11.5
	徐里水库	旧店镇	1.6	12	5.74
	兰河	旧店镇	0.6	10.2	5
	彭家	旧店镇	2.0	17.8	7.4

1.2.3 水库历次重大改建、扩建、加固等基本情况

（1）1966 年，为提高水库兴利水量，在溢洪道上修建了 12 孔 2 m×2 m 立轴旋转闸门，使兴利水位由 77.50 m 提高到 79.50 m，库容由 0.524 亿 m^3 增加到 0.81 亿 m^3。

（2）1976 年，为防可能最大洪水 PMP，将溢洪道闸门拆除，原溢洪道加宽到 60 m，大坝护坡从高程 74 ~ 80 m 改干砌石为浆砌石。

（3）1979 年 10 月至 1981 年 8 月，在主河槽左岸大坝建溢洪闸，同时将原溢洪道改为非常溢洪道。

（4）1981 年至 1982 年，对大坝进行了加固培厚，加高大坝 1 m，坝顶建防浪墙。

（5）1983 年 8 月，在非常溢洪道建引冲槽式自溃坝。

（6）2003 年 4 月至 2005 年 10 月，进行除险加固工程，主要包括大坝加固、溢洪道和放水洞改造、防汛路拓宽改造和自动化管理系统建设等。

（7）2005 年，撤除非常溢洪道。

（8）2017 年，实施了扶壁式挡墙及相应清淤工程。

（9）2020 年 3 月 17 日至 5 月 17 日，实施了放水洞竖井后廊道钢板衬砌及更换钢筋混凝土衬管工程。

1.3 测站概况

尹府水库水文站于 1960 年 5 月设立，流域面积为 175 km^2，下游距河口 17 km。该站历史最高水位为 79.37 m，出现在 1971 年 9 月 11 日；最大入库流量为 1 750 m^3/s，出现在 1976 年 7 月 31 日；最大出库流量为 34.1 m^3/s，出现在 1975 年 8 月 17 日。

尹府水库水文站为国家基本水文站，测验任务有库内水位、出库流量、降水量、冰情、水质、墒情、水文调查等；该站还担负着向国家防总，省、市防指提供水情、雨情、墒情和洪水预报等报汛任务。尹府水库水文站概况见表 27–3，上游有 2 处长系列国家基本雨量站和 2 处短系列中小河流报汛雨量站，详见表 27–4。

尹府水库水文站基面采用冻结基面，该站冻结基面高程 –0.065 m=1985 年国家高程基准高程。

表 27–3 猪洞河尹府水库站水文测站概况说明表

<table>
<tr><td rowspan="9">测站沿革</td><td>设立或变动</td><td>发生年月</td><td>站名</td><td>站别</td><td>领导机关</td><td>说明</td></tr>
<tr><td>设立</td><td>1960 年 5 月</td><td>尹府水库</td><td>水文</td><td>山东省水利厅</td><td>常年站，集水面积 172 km²</td></tr>
<tr><td>增测流量</td><td>1962 年 1 月</td><td>尹府水库</td><td>水文</td><td>山东省水利厅</td><td></td></tr>
<tr><td>集水面积变动</td><td>1965 年 1 月</td><td>尹府水库</td><td>水文</td><td>山东省水文总站</td><td>站网分析统一量算为 173 km²</td></tr>
<tr><td>集水面积变动</td><td>1972 年 1 月</td><td>尹府水库</td><td>水文</td><td>山东省水文总站</td><td>上游截入黄山、路子口两个水库集水面积 39 km²</td></tr>
<tr><td>集水面积变动</td><td>1978 年 1 月</td><td>尹府水库</td><td>水文</td><td>山东省水文总站</td><td>上游截入的集水面积 39 km² 应改为 5 km²，集水面积为 178 km²</td></tr>
<tr><td>集水面积变动</td><td>1980 年 1 月</td><td>尹府水库</td><td>水文</td><td>山东省水文总站</td><td>集水面积核实量算为 175 km²</td></tr>
<tr><td>坝上水尺迁移</td><td>1982 年 6 月</td><td>尹府水库</td><td>水文</td><td>山东省水文总站</td><td>由主坝西侧迁来</td></tr>
<tr><td>坝上水尺迁移</td><td>2006 年 6 月</td><td>尹府水库</td><td>水文</td><td>山东省水文水资源勘测局</td><td>由溢洪闸门以西 100 m 处迁来</td></tr>
<tr><td rowspan="2">断面及主要测验设施布设情况</td><td>名称</td><td colspan="2">位置</td><td colspan="2">布设年月</td><td>使用情况</td></tr>
<tr><td>坝上直立式水尺</td><td colspan="2">主坝前东头溢洪闸门以西 300 m 处</td><td colspan="2">2006 年 6 月</td><td>各级水位使用</td></tr>
</table>

表 27-4　猪洞河尹府水库站以上流域雨量站情况表

站名	设站年份	详细地址
大田	1952 年	山东省平度市旧店镇大田村
兰河	1967 年	山东省平度市旧店镇兰河村
董家	2013 年	山东省平度市旧店镇董家村
口子	2013 年	山东省平度市旧店镇口子村

2　预报方案编制

2.1　资料情况及方案沿革

2.1.1　资料情况

尹府水库预报方案于 1991 年分析编制完成，又于 2007 年进行了方案的修订。本次修订除选用之前分析的 1962—2007 年共 51 场次暴雨洪水外，另外补充了 2008—2020 年 10 场次暴雨洪水进行分析，即资料系列为 1962—2020 年，共 61 场洪水。

选取的 61 场洪水，径流深为 3.8 ~ 143.2 mm，洪峰流量为 64.0 ~ 1 750 m^3/s，包括了大、中、小洪水各种代表性年份，基本满足《水文情报预报规范》（GB/T 22482—2008）要求。

2.1.2　方案沿革

原方案中产流方案采用降雨径流相关图 $P+P_a-R$ 和 $P-P_a-R$，汇流方案采用峰量关系曲线图、洪峰流量经验公式、经验单位线等方法。本次修订，在原产流方案降雨径流相关图 $P+P_a-R$ 中增加了 8 个点据，关系线保持不变；在降雨径流相关图 $P-P_a-R$ 中增加了 8 个点据，关系线保持不变；在原汇流方案峰量关系曲线图中增加了 5 个点据，重新绘制关系曲线；在洪峰流量经验公式中增加了 5 个点据，关系线保持不变；尹府水库流域未发生大规模治理，下垫面条件基本未变化，经验单位线保持不变。

2.2　产流方案

本方案分别采用降雨径流经验相关图 $P+P_a-R$ 和 $P-P_a-R$，利用分析计算的点据点绘定线，分别见图 27-2 和图 27-3。其中：P 为次降雨流域平均雨量（mm）；P_a 为流域平均前期影响雨量（mm）；R 为次降雨所产生的径流深（mm）。

2.2.1　主要参数的计算

2.2.1.1　流域平均雨量P的计算

该流域现有 4 处雨量站，其中董家、口子雨量站为中小河流报汛雨量站，设站时间较短，资料可靠性不强。为保证洪水预报方案编制所用资料的一致性和可靠性，本次修订仍沿用原方案，将尹府水库、大田 2 处雨量站作为流域平均雨量计算依据站，流域平均雨量采用 2 站面积加权平均法计算。雨量站的面积控制权重见表 27-5。

表 27-5　尹府水库站以上流域内雨量站的控制权重表

站名	尹府水库	大田
权重	0.4	0.6

2.2.1.2　流域平均前期影响雨量P_a的计算

每年自汛初开始连续计算，先以面积加权法计算流域平均雨量，然后计算前期影响雨量 P_a，其计算公式如下：

$$P_{a,t+1}=K\left(P_{a,t}+P_t\right)$$

式中：$P_{a,t+1}$ 为第 t+1 日的前期影响雨量（mm）；$P_{a,t}$ 为第 t 日的前期影响雨量（mm）；P_t 为第 t 日的流域平均雨量（mm）；K 为折减系数，$K=1-E_m/I_m$；E_m 为流域蒸发能力（mm）；I_m 为流域最大损失量（mm）。

2.2.1.3　最大损失量I_m和K值的确定

本次方案 I_m 和 K 值直接采用原方案成果。I_m=80 mm。当 $P<5$ mm 时，K=0.9；当 5 mm $\leq P<$ 15 mm 时，K=0.95；当 $P\geq$ 15 mm 时，K=1.0。

2.2.1.4　径流深R的推求

在入库洪水过程线上采用斜线分割法切除基流，本次洪水径流深 R 等于洪水总量 W（扣除基流量）除以集水面积 F。尹府水库水文站降雨径流分析成果见表 27-6。

2.2.1.5　暴雨中心位置的确定

该流域基本按河长等距离分为上、下游两个区，大田雨量站代表上游区，尹府水库站代表下游区，流域普遍降水时，做均匀处理。

2.2.2　精度评定

按许可误差 =20% 实测值的标准（并当许可误差大于 20.0 mm 时以 20.0 mm 为上限，小于 3.0 mm 时以 3.0 mm 为下限）进行逐次洪水评定。

$P+P_a-R$ 相关图选用 1962—2020 年 56 场次洪水资料（5 场次特殊洪水不参与评定）。经评定，56 个点据参加定线，合格点据 46 个，合格率为 82.1%，属于乙级方案，详见表 27-7。

$P-P_a-R$ 相关图选用 1962—2020 年 56 场次洪水资料（5 场次特殊洪水不参加评定）。经评定，56 个点据参加定线，合格点据 32 个，合格率为 57.1%，属于丙级以下方案，作业预报时仅供参考，详见表 27-8。

2.3　汇流方案

本方案主要采用峰量关系图、洪峰流量经验公式、经验单位线等方法。

2.3.1　峰量关系曲线$R-T_c-Q_{m净}$

以有效降雨历时 T_c 作为参数，建立峰量关系曲线 $R-T_c-Q_{m净}$。其中 R 为一次降雨径流深，由次洪水总量除以相应集水面积而得；T_c 为有效降雨历时，是指实际能产生径流，对造峰有明显影响的降雨历时，一般采取占总降雨量 80% 的降雨时段数或采用时段平均降雨量大于 5 mm 的时段数；$Q_{m净}$为一次降雨过程所产生的区间净峰流量。

根据 1962—2020 年 44 个洪水点据分析（13 场复峰和 4 场特殊洪水不参与评定），通过点群中心并照顾同一 R 值的 $Q_{m净}$逐渐减少的趋势定线，$R-T_c-Q_{m净}$关系图见图 27-4。

精度评定：按许可误差 =20% 实测值的标准进行逐次洪水评定。本方案共选用 1962—2020 年 44 个点据，31 个合格，合格率为 70.5%，属于乙级方案，精度评定见表 27-9。

2.3.2 洪峰流量经验公式

根据多元回归相关分析，得到相关式：$Q_{m净}=27.977KR^{1.088}T_c^{-0.653}$。其中，$K$ 为暴雨中心位置修正系数，暴雨中心在上游时，K=1.2；均匀降雨时，K=1.0；暴雨中心在下游时，K=0.8。

精度评定：按许可误差 =20% 实测值的标准进行逐次洪水评定。本方案共选用 1962—2020 年 44 个点据（13 场复峰和 4 场特殊洪水不参与评定），31 个合格，合格率为 70.5%，属于乙级方案，精度评定见表 27-10。

2.3.3 经验单位线

根据 740727、750727 和 750722 共 3 场次洪水资料综合分析出 3 条单位线，3 条单位线 Δt 均取 2 h。单位线成果见图 27-5。

2.4 水位与库容、面积、泄量关系曲线

尹府水库水位与库容、面积、泄量关系采用《尹府水库 2021 年汛期调度运用计划》成果，见图 27-6。

2.5 泄量关系曲线

根据实测流量资料进行回归分析，得出尹府水库泄量公式。泄流曲线见图 27-7。

（1）当 $e/H < 0.65$ 时，溢洪闸流量计算采用孔流公式：

$$Q = meb\ (2gH)^{0.5}$$

式中：m 为流量系数，$m = 0.60-0.18e/H$，采用了水力学中平板闸门公式；Q 为闸孔流量（m^3/s）；b 为闸门宽度（m）；e 为闸门提升高度（不超出水面）（m）；H 为闸前水位 Z 与闸底高程之间的水头差（m）。

（2）当 $e/H \geqslant 0.65$ 时，溢洪闸流量计算采用堰流公式：

$$Q=MbH^{1.5}$$

式中：M=1.69；b 为闸门总宽度（m）。

2.6 调洪演算曲线

采用蓄率中线法进行调洪演算，采用公式：$\overline{I}+(V_1/\Delta t-Q_1/2)=(V_2/\Delta t+Q_2/2)$，根据公式绘制 $V/\Delta t-Q/2=f(Z)$ 和 $V/\Delta t+Q/2=f(Z)$ 关系曲线。调算成果见图 27-8。

3 方案使用说明

3.1 径流深预报

计算出流域平均降雨量和流域平均前期影响雨量，根据降雨径流关系图 $P+P_a-R$ 的查算结果进行综合分析，确定地表径流深 R 的预报值。

3.2 最大入库洪峰流量预报

3.2.1 查$R-T_c-Q_{m净}$图

根据 R，T_c 查询 $R-T_c-Q_{m净}$关系曲线得到 $Q_{m净}$，当 T_c 介于两条关系曲线之间时，首先查出两条曲线中对应 $Q_{m净}$的数值，然后进行插补，当 T_c 大于 14 h 或者小于 2 h 时，根据最近两条关系线进行插补外延。最后采用以下公式得到最终预报成果：

$$Q_{m净预}=Q_{m净查}\times K$$

式中：K 为暴雨中心位置修正系数。暴雨中心在上游时，K=1.2；均匀降雨时，K=1.0；暴雨中心在下游时，K=0.8。

3.2.2 洪峰流量经验公式

根据 R、T_c 和暴雨中心位置修正系数 K，采用洪峰流量经验公式计算得到尹府水库站净峰流量。

3.2.3 经验单位线法

根据暴雨中心位置选用相应的单位线，以流域平均时段降雨量查 $P+P_a-R$ 相关图求得时段净雨量 ΔR_i，根据 ΔR_i 预报该次降雨过程所产生的洪水过程。在进行作业预报时，要以面积换算系数（预报时集水面积 / 原单位线集水面积）分别乘以各时段单位线流量，换算成预报时集水面积的单位线再进行预报。

3.3 入库洪水总量预报

根据公式 W=0.1FR 得到入库洪水总量 W。

3.4 峰现时间预报

以径流深与峰现时距建立关系，但并不理想。根据以往作业预报经验，尹府水库在最大 2 h 暴雨后 0 ~ 2 h 出现入库洪峰，暴雨强度越大，峰现时距越小；如果前期非常干旱，洪峰要在最大 2 h 暴雨后的 4 ~ 7 h 才能出现。

3.5 调洪演算

在进行调洪演算时，由开始水位 Z_1 查 $V/\Delta t-Q/2=f(Z)$ 关系曲线，求得 $V_1/\Delta t-Q_1/2$ 值，得到一点 a，然后截取的 ab 之长等于时段平均入流量 $\overline{I}$ 值，其和等于 $V_2/\Delta t+Q_2/2$；以此值再查 $V/\Delta t+Q/2=f(Z)$ 关系曲线，即得时段末水位 Z_2，再以 Z_2 作为 Z_1，重复以上步骤，便可预报

库水位过程。

3.6 方案合理性检查及评定

在方案建立过程中，随时根据有关规范及文件规定进行合理性检查，特别对突出点据从原始资料反复查对，对中间处理过程也进行了认真审查，发现不合理的问题后基本上都做了检查改正。方案建立后，先从线形进行比较，防止出现矛盾现象，然后对每个方案尽量根据规范规定采用表格形式进行了精度评定（用许可误差法）。其中，$P+P_a-R$ 相关图合格率为 82.1%，属于乙级方案；洪峰流量经验公式法合格率为 70.5%，属于乙级方案；$R-T_c-Q_{m净}$ 相关图合格率为 70.5%，属于乙级方案。

综合评定，各预报项目合格率算术平均值为 74.4%，本预报方案属于乙级方案。

3.7 方案适应能力

本方案适用于防洪标准以下的洪水作业预报。如遇超标准洪水，则需根据当时具体情况酌情修正。

3.8 注意事项

（1）应随时掌握上游工程蓄水及泄洪情况，对预报值要根据实际情况进行及时修正。

（2）局部暴雨时要注意超渗产流，可适当将查算的 R 值加大；久旱初雨时产流偏小，应适当修正所查 R 值。

（3）注意方案适应能力，对特大暴雨洪水进行预报时要慎重。

（4）采用峰量关系图、洪峰流量经验公式及经验单位线法预报的洪峰流量为净峰流量，须加上基流量方为洪峰流量。

总之，由于影响因素太多，本方案不能全部反映实际情况，因而不能照搬，应具体问题具体分析，并采用多种方法，考虑各种因素进行综合分析，确定采用的预报值。

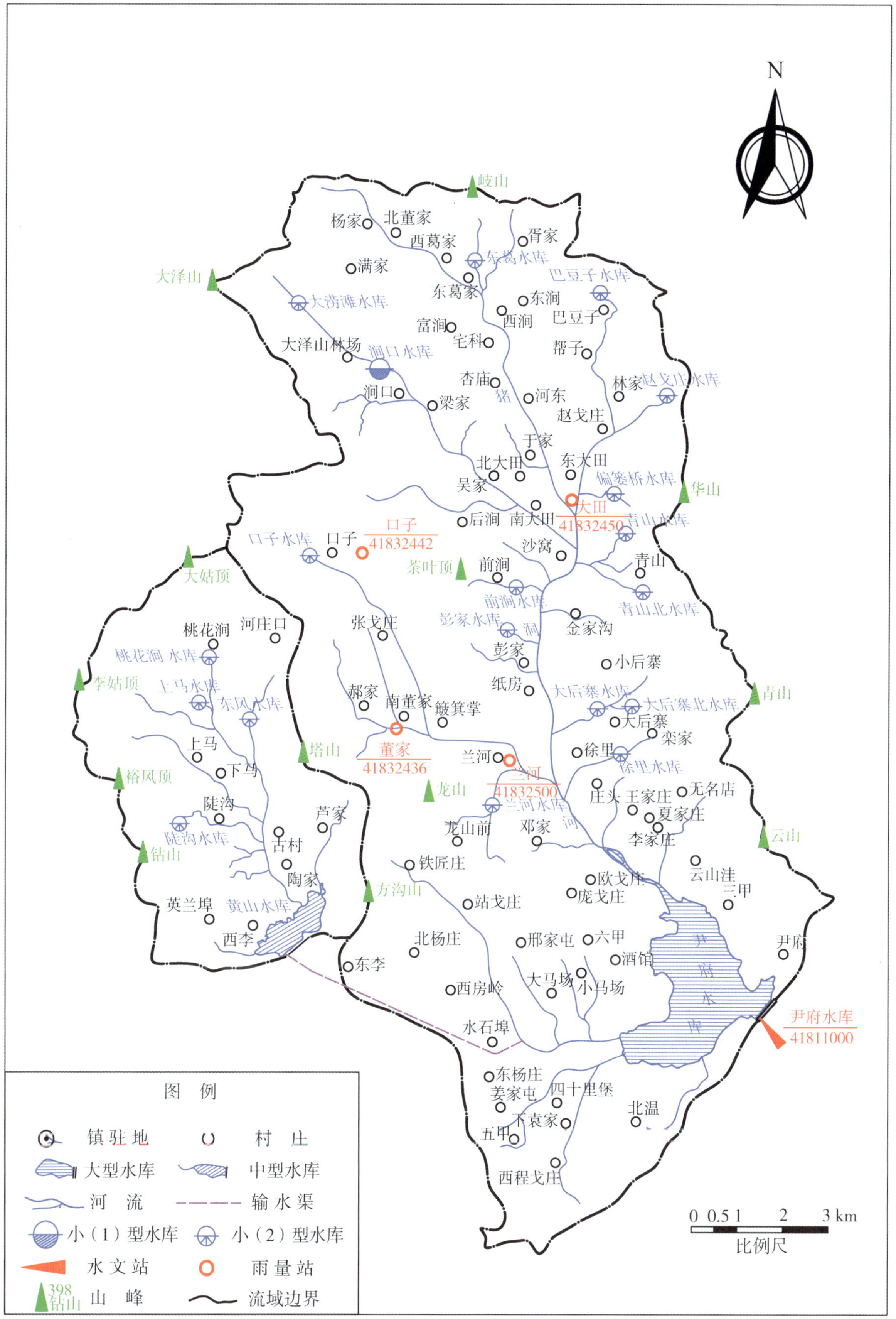

图 27-1 猪洞河尹府水库流域图

表 27-6　猪洞河尹府水库站降雨径流分析成果表

序号	洪号	降雨起止时间		流域平均雨量 P（mm）	前期影响雨量 P_a（mm）	$P+P_a$（mm）	降雨历时（h）		暴雨中心位置	洪水发生时间			洪水历时 $T_洪$（h）	洪峰流量（m^3/s）	洪水总量（万 m^3）	地表径流总量（万 m^3）	集水面积 F（km^2）	径流深 R（mm）	径流系数 α	净峰流量 $Q_{m净}$（m^3/s）
		起	止				全部 T	有效 T_c		起涨	峰顶	落平								
1	620729	1962/7/28 18:00	1962/7/29 22:00	108.4	53.5	161.9	28	14	上游	1962/7/28 18:00	1962/7/29 9:00	1962/7/30 12:00	42	483	1 388	1 184	175	67.7	0.62	474
2	630728	1963/7/28 4:00	1963/7/29 8:00	92.2	58.0	150.2	28	4	下游	1963/7/28 6:00	1963/7/28 14:00	1963/7/29 18:00	36	708	887	791	175	45.2	0.49	701
3	640706	1964/7/5 16:00	1964/7/6 8:00	102.4	77.9	180.3	16	8	均匀	1964/7/5 20:00	1964/7/5 23:00	1964/7/6 13:00	17	905	1 637	1 486	175	84.9	0.83	883
4	640829	1964/8/29 4:00	1964/8/29 18:00	81.9	73.3	155.2	14	8	上游	1964/8/29 6:00	1964/8/29 9:00	1964/8/29 22:00	16	484	1 106	1 014	175	57.9	0.71	478
5	650728	1965/7/26 22:00	1965/7/28 14:00	153.2	44.4	197.6	40	20	均匀	1965/7/27 12:00	1965/7/28 2:00	1965/7/28 18:00	30	594	1 906	1 664	175	95.1	0.62	573
6	650805	1965/8/4 6:00	1965/8/5 8:00	84.3	73.3	157.6	26	16	下游	1965/8/4 8:00	1965/8/5 2:00	1965/8/5 18:00	34	183	864	741	175	42.3	0.50	173
7	650811	1965/8/11 16:00	1965/8/11 22:00	84.0	48.0	132.0	6	4	下游	1965/8/11 16:00	1965/8/11 18:00	1965/8/12 1:00	9	1 260	873	846	175	48.3	0.58	1 250
8	660806	1966/8/6 8:00	1966/8/6 12:00	37.2	58.9	96.1	4	2	上游	1966/8/6 8:00	1966/8/6 10:00	1966/8/6 15:00	7	389	265	234	175	13.4	0.36	382
9	670712	1967/7/12 22:00	1967/7/13 12:00	72.4	44.3	116.7	14	10	均匀	1967/7/12 22:00	1967/7/13 8:00	1967/7/13 22:00	24	145	405	365	175	20.9	0.29	141
10	700724	1970/7/24 1:00	1970/7/24 23:00	94.5	68.0	162.5	22	8	下游	1970/7/24 9:00	1970/7/24 15:00	1970/7/25 5:00	20	294	699	587	175	33.5	0.35	286
11	700726	1970/7/25 21:00	1970/7/26 21:00	40.6	80.0	120.6	24	11	上游	1970/7/26 5:00	1970/7/26 12:00	1970/7/27 7:00	26	157	538	405	175	23.1	0.57	145
12	700729	1970/7/29 8:00	1970/7/30 4:00	79.6	66.3	145.9	20	6	上游	1970/7/29 12:00	1970/7/29 13:30	1970/7/30 7:00	19	883	958	869	175	49.7	0.62	880
13	710802	1971/8/2 11:00	1971/8/2 21:00	73.6	58.1	131.7	10	3	均匀	1971/8/2 16:00	1971/8/2 19:00	1971/8/3 2:00	10	602	626	586	175	33.5	0.45	591
14	730831	1973/8/30 23:00	1973/8/31 17:00	151.9	17.0	168.9	18	8	均匀	1973/8/31 2:00	1973/8/31 8:00	1973/8/31 21:00	19	535	1 123	1 018	175	58.2	0.38	523
15	740727	1974/7/27 8:00	1974/7/27 15:00	88.8	45.7	134.5	7	3	上游	1974/7/27 10:00	1974/7/27 13:00	1974/7/27 19:00	9	1 160	900	827	175	47.3	0.53	1 140
16	740812	1974/8/12 22:00	1974/8/14 4:00	164.7	65.0	229.7	30	11	上游	1974/8/13 8:00	1974/8/14 3:00	1974/8/14 14:00	30	863	2 238	1 790	175	102.3	0.62	822
17	750720	1975/7/19 12:00	1975/7/20 3:00	59.8	59.8	119.6	15	7	上游	1975/7/19 15:00	1975/7/20 2:00	1975/7/20 8:00	17	302	433	368	175	21.0	0.35	289
18	750722	1975/7/22 15:00	1975/7/23 0:00	43.8	62.9	106.7	9	2	均匀	1975/7/22 16:00	1975/7/22 17:00	1975/7/23 0:00	8	297	301	269	175	15.4	0.35	290
19	750727	1975/7/27 10:00	1975/7/27 19:00	40.1	60.9	101.0	9	3	下游	1975/7/27 14:00	1975/7/27 18:00	1975/7/27 23:00	9	381	360	331	175	18.9	0.47	371
20	750814	1975/8/13 21:00	1975/8/14 16:00	84.5	24.3	108.8	19	5	均匀	1975/8/14 2:00	1975/8/14 11:00	1975/8/14 18:00	16	458	617	549	175	31.4	0.37	446
21	750815	1975/8/14 23:00	1975/8/15 18:00	95.8	77.7	173.5	19	5	均匀	1975/8/15 0:00	1975/8/15 16:00	1975/8/16 2:00	26	863	1 537	1 115	175	63.7	0.67	822
22	760731	1976/7/30 21:00	1976/7/31 8:00	145.4	49.6	195.0	11	4	上游	1976/7/30 22:00	1976/7/31 0:00	1976/7/31 10:00	12	1 750	1 870	1 704	175	97.4	0.67	1 740
23	760813	1976/8/12 19:00	1976/8/13 18:00	80.6	44.9	125.5	23	5	下游	1976/8/12 20:00	1976/8/13 2:00	1976/8/13 19:00	23	433	777	597	175	34.1	0.42	417
24	760815	1976/8/15 6:00	1976/8/15 17:00	33.4	73.3	106.7	11	5	上游	1976/8/15 10:00	1976/8/15 16:00	1976/8/16 5:00	19	187	505	335	175	19.1	0.57	165
25	770703	1977/7/3 3:00	1977/7/3 10:00	57.4	24.9	82.3	7	2	上游	1977/7/3 4:00	1977/7/3 6:00	1977/7/3 11:00	7	375	269	240	175	13.7	0.24	368
26	770805	1977/8/5 14:00	1977/8/5 21:00	42.2	26.0	68.2	7	3	均匀	1977/8/5 17:00	1977/8/5 20:00	1977/8/6 1:00	8	64	90	66.6	175	3.8	0.09	55.7
27	780628	1978/6/28 3:00	1978/6/28 11:00	51.6	41.1	92.7	8	2	均匀	1978/6/28 7:00	1978/6/28 9:00	1978/6/28 16:00	9	200	224	192	175	11.0	0.21	194
28	780815	1978/8/15 8:00	1978/8/15 18:00	28.9	69.2	98.1	10	4	均匀	1978/8/15 10:00	1978/8/15 12:00	1978/8/15 20:00	10	126	179	135	175	7.7	0.27	118
29	790624	1979/6/23 20:00	1979/6/24 13:00	80.8	20.7	101.5	17	2	上游	1979/6/24 6:00	1979/6/24 8:00	1979/6/24 17:00	11	308	391	333	175	19.0	0.24	300
30	790803	1979/8/3 17:00	1979/8/4 5:00	66.7	78.3	145.0	12	6	上游	1979/8/3 20:00	1979/8/4 1:00	1979/8/4 14:00	18	358	871	687	175	39.3	0.59	341
31	800629	1980/6/29 6:00	1980/6/30 8:00	58.7	18.7	77.4	26	5	均匀	1980/6/29 18:00	1980/6/29 21:00	1980/6/30 10:00	16	78	171	102	175	5.8	0.10	69.2

序号	洪号	降雨起止时间		流域平均雨量 P（mm）	前期影响雨量 P_a（mm）	$P+P_a$（mm）	降雨历时（h）		暴雨中心位置	洪水发生时间			洪水历时 $T_{洪}$（h）	洪峰流量（m^3/s）	洪水总量（万 m^3）	地表径流总量（万 m^3）	集水面积 F（km^2）	径流深 R（mm）	径流系数 α	净峰流量 $Q_{m净}$（m^3/s）
		起	止				全部 T	有效 T_c		起涨	峰顶	落平								
32	850819	1985/8/19 4:00	1985/8/19 19:00	79.4	80.0	159.4	15	6	均匀	1985/8/19 6:00	1985/8/19 12:00	1985/8/20 2:00	20	583	1 012	891	175	50.9	0.64	568
33	850820	1985/8/20 6:00	1985/8/21 13:00	199.6	80.0	279.6	31	10	下游	1985/8/20 8:00	1985/8/20 23:00	1985/8/21 20:00	36	1 080	3 050	2 506	175	143.2	0.72	1 050
34	900706	1990/7/6 12:00	1990/7/6 22:00	114.1	21.7	135.8	10	3	上游	1990/7/6 18:00	1990/7/6 23:00	1990/7/7 5:00	11	890	632	549	175	31.4	0.27	868
35	900722	1990/7/22 2:00	1990/7/23 1:00	46.8	75.0	121.8	23	8	均匀	1990/7/22 2:00	1990/7/22 6:00	1990/7/22 22:00	20	203	494	388	175	22.2	0.47	197
36	900803	1990/8/3 13:00	1990/8/3 20:00	59.5	37.7	97.2	7	1	上游	1990/8/3 14:00	1990/8/3 16:00	1990/8/3 22:00	8	278	321	267	175	15.3	0.26	268
37	920901	1992/8/31 20:00	1992/9/1 18:00	101.7	13.0	114.7	22	9	均匀	1992/9/1 5:00	1992/9/1 10:00	1992/9/1 22:00	17	82	296	209	175	11.9	0.12	72
38	940824	1994/8/24 2:00	1994/8/24 19:00	116.3	21.5	137.8	17	10	上游	1994/8/24 9:00	1994/8/24 15:00	1994/8/25 4:00	19	456	1 057	875	175	50.0	0.43	436
39	950804	1995/8/3 15:00	1995/8/4 15:00	73.4	51.3	124.7	24	7	均匀	1995/8/4 2:00	1995/8/4 10:00	1995/8/4 20:00	18	171	513	449	175	25.7	0.35	166
40	970819	1997/8/19 3:00	1997/8/20 13:00	301.6	14.0	315.6	34	23	均匀	1997/8/19 18:00	1997/8/20 8:00	1997/8/21 8:00	38	739	2 403	2 261	175	129.2	0.43	721
41	980724	1998/7/24 13:00	1998/7/24 22:00	146.2	18.5	164.7	9	5	下游	1998/7/24 14:00	1998/7/24 18:00	1998/7/25 14:00	24	150	553	507	175	29.0	0.20	149
42	980822	1998/8/22 8:00	1998/8/22 23:00	124.7	26.8	151.5	15	3	下游	1998/8/22 16:00	1998/8/22 18:00	1998/8/23 20:00	28	758	755	736	175	42.1	0.34	756
43	990811	1999/8/11 5:00	1999/8/12 2:00	178.1	28.8	206.9	21	14	上游	1999/8/11 8:00	1999/8/11 15:00	1999/8/13 8:00	48	424	1 591	1 449	175	82.8	0.46	420
44	010728	2001/7/27 11:00	2001/7/28 9:00	37.6	59.9	97.5	22	6	下游	2001/7/28 6:00	2001/7/28 8:00	2001/7/28 20:00	14	113	298	233	175	13.3	0.35	111
45	010801	2001/8/1 6:00	2001/8/2 1:00	107.4	74.7	182.1	19	6	下游	2001/8/1 8:00	2001/8/1 22:00	2001/8/2 8:00	24	886	1 683	1 412	175	80.7	0.75	855
46	030622	2003/6/22 16:00	2003/6/23 7:00	133.7	7.6	141.3	15	3	均匀	2003/6/22 22:00	2003/6/23 4:00	2003/6/23 20:00	22	225	557	520	175	29.7	0.22	222
47	030801	2003/8/1 0:00	2003/8/1 10:00	80.9	47.5	128.4	10	3	上游	2003/8/1 6:00	2003/8/1 9:00	2003/8/2 8:00	26	439	618	568	175	32.5	0.40	438
48	030806	2003/8/5 9:00	2003/8/6 5:00	111.7	58.3	170.0	20	5	下游	2003/8/5 20:00	2003/8/6 3:00	2003/8/6 14:00	18	578	1 117	982	175	56.1	0.50	560
49	030827	2003/8/26 9:00	2003/8/27 8:00	107.9	48.8	156.7	23	6	下游	2003/8/27 0:00	2003/8/27 7:00	2003/8/28 8:00	32	528	1 035	848	175	48.5	0.45	522
50	040804	2004/8/3 8:00	2004/8/4 10:00	99.5	29.7	129.2	26	15	上游	2004/8/3 20:00	2004/8/4 9:30	2004/8/4 20:00	24	304	658	515	175	29.4	0.30	280
51	070812	2007/8/11 17:00	2007/8/12 9:00	57.6	80.0	137.6	16	8	均匀	2007/8/11 20:00	2007/8/12 4:00	2007/8/12 20:00	24	160	695	566	175	32.3	0.56	146
52	080720	2008/7/18 8:00	2008/7/20 16:00	148.0	18.0	166.0	56	46	下游	2008/7/18 8:00	2008/7/20 16:00	2008/7/22 10:00	98	121	882	814	167.83	48.5	0.33	117
53	080723	2008/7/23 8:00	2008/7/24 8:00	107.6	66.8	174.4	24	14	下游	2008/7/23 8:00	2008/7/23 18:00	2008/7/25 10:00	50	310	1 231	1 084	175	61.9	0.58	307
54	100720	2010/7/19 21:00	2010/7/21 5:00	132.5	72.0	204.5	32	10	上游	2010/7/20 9:00	2010/7/20 23:00	2010/7/22 1:00	40	467	1 450	1 416	167.83	84.4	0.64	467
55	110915	2011/9/13 6:00	2011/9/16 0:00	130.6	32.5	163.1	66	34	均匀	2011/9/13 20:00	2011/9/15 2:00	2011/9/16 22:00	74	148	1 236	968	175	55.3	0.42	145
56	130713	2013/7/12 0:00	2013/7/14 0:00	85.9	76.2	162.1	48	16	上游	2013/7/12 8:00	2013/7/13 8:00	2013/7/15 20:00	84	109	885	863	175	49.3	0.57	108
57	130720	2013/7/18 12:00	2013/7/20 18:00	72.6	76.2	148.8	54	42	上游	2013/7/18 20:00	2013/7/20 16:00	2013/7/20 22:00	50	98.2	868	789	175	45.1	0.62	93.8
58	130723	2013/7/21 22:00	2013/7/24 4:00	49.1	80.0	129.1	54	4	上游	2013/7/22 16:00	2013/7/23 18:00	2013/7/24 8:00	40	140	638	595	175	34.0	0.69	137
59	170717	2017/7/15 20:00	2017/7/17 6:00	139.4	47.4	186.8	34	18	上游	2017/7/16 22:00	2017/7/17 2:00	2017/7/18 10:00	36	71.0	234	229	175	13.1	0.09	70.6
60	170805	2017/8/4 12:00	2017/8/5 12:00	31.9	80.0	111.9	24	14	上游	2017/8/4 20:00	2017/8/5 8:00	2017/8/6 10:00	38	108	183	170	175	9.7	0.30	107
61	200826	2020/8/26 0:00	2020/8/26 16:00	107.6	71.8	179.4	16	14	均匀	2020/8/26 8:00	2020/8/26 22:00	2020/8/28 8:00	48	149	668	656	167.83	39.1	0.36	149

表 27-7　猪洞河尹府水库站 $P+P_a-R$ 预报精度评定表

序号	洪号	流域平均雨量 P（mm）	前期影响雨量 P_a（mm）	$P+P_a$（mm）	实测径流深 $R_{实}$（mm）	预报径流深 $R_{预}$（mm）	预报误差（mm）	许可误差（mm）	评定	
									合格	不合格
1	620729	108.4	53.5	161.9	67.7	53.5	-14.2	13.5		√
2	630728	92.2	58.0	150.2	45.2	44.7	-0.5	9.0	√	
3	640706	102.4	77.9	180.3	84.9	69.1	-15.8	17.0	√	
4	640829	81.9	73.3	155.2	57.9	48.3	-9.6	11.6	√	
5	650728	153.2	44.4	197.6	95.1	84.2	-10.9	19.0	√	
6	650805	84.3	73.3	157.6	42.3	50.0	7.7	8.5	√	
7	650811	84.0	48.0	132.0	48.3	32.5	-15.8	9.7		√
8	660806	37.2	58.9	96.1	13.4	12.8	-0.6	3.0	√	
9	670712	72.4	44.3	116.7	20.9	23.0	2.1	4.2	√	
10	700724	94.5	68.0	162.5	33.5	54.1	20.6	6.7		√
11	700726	40.6	80.0	120.6	23.1	25.2	2.1	4.6	√	
12	700729	79.6	66.3	145.9	49.7	41.5	-8.2	9.9	√	
13	710802	73.6	58.1	131.7	33.5	32.3	-1.2	6.7	√	
14	730831	151.9	17.0	168.9	58.2	59.4	1.2	11.6	√	
15	740727	88.8	45.7	134.5	47.3	34.1	-13.2	9.5		√
16	740812	164.7	65.0	229.7	102.3	113.0	10.7	20.0	√	
17	750720	59.8	59.8	119.6	21.0	24.5	3.5	4.2	√	
18	750722	43.8	62.9	106.7	15.4	17.8	2.4	3.1	√	
19	750727	40.1	60.9	101.0	18.9	15.2	-3.7	3.8	√	
20	750814	84.5	24.3	108.8	31.4	19.0	-12.4	6.3		√
21	750815	95.8	77.7	173.5	63.7	63.3	-0.4	12.7	√	
22	760731	145.4	49.6	195.0	97.4	81.8	-15.6	19.5	√	
23	760813	80.6	44.9	125.5	34.1	28.4	-5.7	6.8	√	
24	760815	33.4	73.3	106.7	19.1	17.9	-1.2	3.8	√	
25	770703	57.4	24.9	82.3	13.7	7.2	-6.5	2.7		√
26	770805	42.2	26.0	68.2	3.8	3.4	-0.4	3.0	√	
27	780628	51.6	41.1	92.7	11.0	11.2	0.2	3.0	√	
28	780815	28.9	69.2	98.1	7.7	13.7	6.0	3.0		√
29	790624	80.8	20.7	101.5	19.0	15.5	-3.5	3.8	√	
30	790803	66.7	78.3	145.0	39.3	41.0	1.7	7.9	√	
31	800629	58.7	18.7	77.4	5.8	5.7	-0.1	3.0	√	
32	850819	79.4	80.0	159.4	50.9	51.4	0.5	10.2	√	
33	850820	199.6	80.0	279.6	143.2	159.9	-16.7	20.0	√	
34	900706	114.1	21.7	135.8	31.4	35.1	3.7	6.3	√	
35	900722	46.8	75.0	121.8	22.2	25.9	3.7	4.4	√	
36	900803	59.5	37.7	97.2	15.3	13.3	-2.0	3.1	√	
37	920901	101.7	13.0	114.7	11.9	22.0	10.1	3.0		※
38	940824	116.3	21.5	137.8	50.0	36.1	-13.9	10.0		√
39	950804	73.4	51.3	124.7	25.7	27.8	2.1	5.1	√	
40	970819	301.6	14.0	315.6	129.2	195.8	66.6	20.0		※
41	980724	146.2	18.5	164.7	29.0	55.7	26.7	5.8		√
42	980822	124.7	26.8	151.5	42.1	45.5	3.4	8.4	√	
43	990811	178.1	28.8	206.9	82.8	92.5	9.7	16.6	√	
44	010728	37.6	59.9	97.5	13.3	13.5	0.2	3.0	√	
45	010801	107.4	74.7	182.1	80.7	72.1	-8.6	16.1	√	
46	030622	133.7	7.6	141.3	29.7	38.8	9.1	5.9		※
47	030801	80.9	47.5	128.4	32.5	30.2	-2.3	6.5	√	
48	030806	111.7	58.3	170.0	56.1	60.3	4.2	11.2	√	
49	030827	107.9	48.8	156.7	48.5	49.2	0.7	9.7	√	
50	040804	99.5	29.7	129.2	29.4	30.7	1.3	5.9	√	
51	070812	57.6	80.0	137.6	32.3	36.1	3.8	6.5	√	
52	080720	148.0	18.0	166.0	48.5	57.4	8.9	9.7	√	
53	080723	107.6	66.8	174.4	61.9	63.9	2.0	12.4	√	
54	100720	132.5	72.0	204.5	84.4	90.3	5.9	16.9	√	
55	110915	130.6	32.5	163.1	55.3	54.6	-0.7	11.1	√	
56	130713	85.9	76.2	162.1	49.3	53.6	4.3	9.7	√	
57	130720	72.6	76.2	148.8	45.1	43.5	-1.6	9.0	√	
58	130723	49.1	80.0	129.1	34.0	30.6	-3.4	6.8	√	
59	170717	139.4	47.4	186.8	13.1	74.7	61.6	3.0		※
60	170805	31.9	80.0	111.9	9.7	20.5	10.8	3.0		√
61	200826	107.6	71.8	179.4	39.1	68.8	29.7	7.8		※

备注：1. 920901、970819、030622、170717、200826 这 5 场洪水前期过于干旱，降雨入渗量较大，致使实测径流深偏小，故不参与评定；2. 合格率 46/56 × 100%=82.1%，属于乙级方案，可用于发布正式预报。

表 27-8 猪洞河尹府水库站 P–P_a–R 预报精度评定表

序号	洪号	流域平均雨量 P（mm）	前期影响雨量 P_a（mm）	实测径流深 $R_实$（mm）	预报径流深 $R_预$（mm）	预报误差（mm）	许可误差（mm）	评定		序号	洪号	流域平均雨量 P（mm）	前期影响雨量 P_a（mm）	实测径流深 $R_实$（mm）	预报径流深 $R_预$（mm）	预报误差（mm）	许可误差（mm）	评定	
								合格	不合格									合格	不合格
1	620729	108.4	53.5	67.7	58.6	–9.1	13.5	√		32	850819	79.4	80.0	50.9	63.4	12.5	10.2		√
2	630728	92.2	58.0	45.2	45.0	–0.2	9.0	√		33	850820	199.6	80.0	143.2	184.0	40.8	20.0		√
3	640706	102.4	77.9	84.9	82.3	–2.6	17.0	√		34	900706	114.1	21.7	31.4	31.2	–0.2	6.3	√	
4	640829	81.9	73.3	57.9	58.7	0.8	11.6	√		35	900722	46.8	75.0	22.2	28.5	6.3	4.4		√
5	650728	153.2	44.4	95.1	89.2	–5.9	19.0	√		36	900803	59.5	37.7	15.3	18.3	3.0	3.1	√	
6	650805	84.3	73.3	42.3	60.2	17.9	8.5		√	37	920901	101.7	13.0	11.9	16.2	4.3	3.0		※
7	650811	84.0	48.0	48.3	39.0	–9.3	9.7	√		38	940824	116.3	21.5	50.0	32.4	–17.6	10.0		√
8	660806	37.2	58.9	13.4	15.2	1.8	3.0	√		39	950804	73.4	51.3	25.7	34.6	8.9	5.1		√
9	670712	72.4	44.3	20.9	30.2	9.3	4.2		√	40	970819	301.6	14.0	129.2	165.0	35.8	20.0		※
10	700724	94.5	68.0	33.5	62.4	28.9	6.7		√	41	980724	146.2	18.5	29.0	46.7	17.7	5.8		√
11	700726	40.6	80.0	23.1	26.6	3.5	4.6	√		42	980822	124.7	26.8	42.1	44.1	2.0	8.4	√	
12	700729	79.6	66.3	49.7	48.3	–1.4	9.9	√		43	990811	178.1	28.8	82.8	84.2	1.4	16.6	√	
13	710802	73.6	58.1	33.5	32.3	–1.2	6.7	√		44	010728	37.6	59.9	13.3	15.8	2.5	3.0	√	
14	730831	151.9	17.0	58.2	47.0	–11.2	11.6	√		45	010801	107.4	74.7	80.7	83.8	3.1	16.1	√	
15	740727	88.8	45.7	47.3	41.0	–6.3	9.5	√		46	030622	133.7	7.6	29.7	54.8	25.1	5.9		※
16	740812	164.7	65.0	102.3	125.0	22.7	20.0		√	47	030801	80.9	47.5	32.5	37.2	4.7	6.5	√	
17	750720	59.8	59.8	21.0	30.0	9.0	4.2		√	48	030806	111.7	58.3	56.1	68.8	12.7	11.2		√
18	750722	43.8	62.9	15.4	20.4	5.0	3.1		√	49	030827	107.9	48.8	48.5	16.0	–32.5	9.7		√
19	750727	40.1	60.9	18.9	17.2	–1.7	3.8	√		50	040804	99.5	29.7	29.4	34.8	5.4	5.9	√	
20	750814	84.5	24.3	31.4	22.2	–9.2	6.3		√	51	070812	57.6	80.0	32.3	42.6	10.3	6.5		√
21	750815	95.8	77.7	63.7	75.8	12.1	12.7	√		52	080720	148.0	18.0	48.5	47.4	–1.1	9.7	√	
22	760731	145.4	49.6	97.4	89.3	–8.1	19.5	√		53	080723	107.6	66.8	61.9	74.8	12.9	12.4		√
23	760813	80.6	44.9	34.1	36.0	1.9	6.8	√		54	100720	132.5	72.0	84.4	103.4	19.0	16.9		√
24	760815	33.4	73.3	19.1	18.2	–0.9	3.8	√		55	110915	130.6	32.5	55.3	54.9	–0.4	11.1	√	
25	770703	57.4	24.9	13.7	11.9	–1.8	3.0	√		56	130713	85.9	76.2	49.3	64.8	15.5	9.9		√
26	770805	42.2	26.0	3.8	7.7	3.9	3.0		√	57	130720	72.6	76.2	45.1	49.1	4.0	9.0	√	
27	780628	51.6	41.1	11.0	16.2	5.2	3.0		√	58	130723	49.1	80.0	34.0	34.2	0.2	6.8	√	
28	780815	28.9	69.2	7.7	14.4	6.7	3.0		√	59	170717	139.4	47.4	13.1	80.9	67.8	3.0		※
29	790624	80.8	20.7	19.0	18.2	–0.8	3.8	√		60	170805	31.9	80.0	9.7	19.5	9.8	3.0		√
30	790803	66.7	78.3	39.3	48.2	8.9	7.9		√	61	200826	107.6	71.8	39.1	76.9	37.8	7.8		※
31	800629	58.7	18.7	5.8	8.3	2.5	3.0	√											

备注：1. 920901、970819、030622、170717、200826 这 5 场洪水前期过于干旱，降雨入渗量较大，致使实测径流深偏小，故不参与评定；2. 合格率 32/56 × 100%=57.1%，属于丙级方案以下，仅用于参考性估报。

表 27-9　猪洞河尹府水库站 R–T_c–$Q_{m净}$预报精度评定表

序号	洪号	径流深 R（mm）	有效降雨历时 T_c（h）	实测洪峰 $Q_{m净实}$（m^3/s）	暴雨中心位置	K	预报洪峰 $Q_{m净预}$（m^3/s）	预报误差（m^3/s）	允许误差（m^3/s）	评定		是否复峰
										合格	不合格	
1	620729	67.7	14	474	上游	1.2	306	−168	95			是
2	630728	45.2	4	701	下游	0.8	573	−128	140	√		
3	640706	84.9	8	883	均匀	1.0	836	−47	177	√		
4	640829	57.9	8	478	上游	1.2	552	74	96			是
5	650728	95.1	20	573	均匀	1.0	50	−523	115			是
6	650805	42.3	16	173	下游	0.8	129	−44	35			是
7	650811	48.3	4	1 250	下游	0.8	618	−632	250		√	
8	660806	13.4	2	382	上游	1.2	359	−23	76	√		
9	670712	20.9	10	141	均匀	1.0	117	−24	28	√		
10	700724	33.5	8	286	下游	0.8	244	−42	57	√		
11	700726	23.1	11	145	上游	1.2	120	−25	29			※
12	700729	49.7	6	880	上游	1.2	727	−153	176	√		
13	710802	33.5	3	591	均匀	1.0	625	34	118	√		
14	730831	58.2	8	523	均匀	1.0	555	32	105	√		
15	740727	47.3	3	1 140	上游	1.2	1 090	−50	228	√		
16	740812	102.3	11	822	上游	1.2	528	−294	164			是
17	750720	21.0	7	289	上游	1.2	246	−43	58	√		
18	750722	15.4	2	290	均匀	0.8	279	−11	58	√		
19	750727	18.9	3	371	下游	1.0	334	−37	74	√		
20	750814	31.4	5	446	均匀	1.0	369	−77	89	√		
21	750815	63.7	5	822	均匀	1.0	797	−25	164	√		
22	760731	97.4	4	1 740	上游	1.2	1 979	239	348	√		
23	760813	34.1	5	417	下游	0.8	323	−94	83		√	
24	760815	19.1	5	165	上游	1.2	259	94	33		√	
25	770703	13.7	2	368	上游	1.2	371	3	74	√		
26	770805	3.8	3	55.7	均匀	1.0	63.0	7.3	11	√		
27	780628	11.0	2	194	均匀	1.0	242	48	39		√	
28	780815	7.7	4	118	均匀	1.0	108	−10	24	√		
29	790624	19.0	2	300	上游	1.2	526	226	60		√	
30	790803	39.3	6	341	上游	1.2	427	86	68			是
31	800629	5.8	5	69.2	均匀	1.0	61.0	−8.2	14	√		
32	850819	50.9	6	568	均匀	1.0	622	54	114	√		
33	850820	143.2	10	1 050	下游	0.8	787	−263	210			是
34	900706	31.4	3	868	上游	1.2	697	−171	174	√		
35	900722	22.2	8	197	均匀	1.0	194	−3	39	√		
36	900803	15.3	1	268	上游	1.2	408	140	54		√	
37	920901	11.9	9	72.0	均匀	1.0	81.0	9	14	√		
38	940824	50.0	10	436	上游	1.2	275	−161	87			是
39	950804	25.7	7	166	均匀	1.0	248	82	33			是
40	970819	129.2	23	721	均匀	1.0	175	−546	144		√	
41	980724	29.0	5	149	下游	0.8	338	189	30			是
42	980822	42.1	3	756	下游	0.8	640	−116	151	√		
43	990811	82.8	14	420	上游	1.2	448	28	84	√		
44	010728	13.3	6	111	下游	0.8	118	7	22	√		
45	010801	80.7	6	855	下游	0.8	808	−47	171	√		
46	030622	29.7	3	222	均匀	1.0	547	325	44		√	
47	030801	32.5	3	438	上游	1.2	724	286	88		√	
48	030806	56.1	5	560	下游	0.8	556	−4	112	√		
49	030827	48.5	6	522	下游	0.8	470	−52	104	√		
50	040804	29.4	15	280	上游	1.2	158	−122	56		√	
51	070812	32.3	8	146	均匀	1.0	292	146	29			※
52	080720	48.5	46	117	下游	0.8	105	−12	23	√		
53	080723	61.9	14	307	下游	0.8	223	−84	61		√	
54	100720	84.4	10	467	上游	1.2	557	90	93	√		
55	110915	55.3	34	145	均匀	1.0	127	−18	29			※
56	130713	49.3	16	108	上游	1.2	178	70	22			是
57	130720	45.1	42	93.8	上游	1.2	112	18.2	19			※
58	130723	34.0	4	137	上游	1.2	630	493	27		√	
59	170717	13.1	18	70.6	上游	1.2	46.6	−24	14			是
60	170805	9.7	14	107	上游	1.2	54.0	−53	21		√	
61	200826	39.1	14	149	均匀	1.0	176	27	30			是

备注：1. 700726、070812、110915、130720 这 4 场洪水降雨历时不集中，复峰洪水有 13 场，共计 17 场洪水不参与评定；2. 合格率 31/44 × 100%=70.5%，属于乙级方案，可用于发布正式预报。

表 27–10　猪洞河尹府水库站洪峰流量经验公式预报精度评定表

序号	洪号	径流深 R（mm）	有效降雨历时 T_c（h）	实测洪峰 $Q_{m净实}$（m^3/s）	暴雨中心位置	K	预报洪峰 $Q_{m净预}$（m^3/s）	误差（m^3/s）	允许误差（m^3/s）	评定		是否复峰
										合格	不合格	
1	620729	67.7	14	474	上游	1.2	588	114	95			是
2	630728	45.2	4	701	下游	0.8	572	–129	140	√		
3	640706	84.9	8	883	均匀	1.0	903	20	177	√		
4	640829	57.9	8	478	上游	1.2	715	237	96			是
5	650728	95.1	20	573	均匀	1.0	562	–11	115			是
6	650805	42.3	16	173	下游	0.8	215	42	35			是
7	650811	48.3	4	1 250	下游	0.8	616	–634	250		√	
8	660806	13.4	2	382	上游	1.2	360	–22	76	√		
9	670712	20.9	10	141	均匀	1.0	170	29	28		√	
10	700724	33.5	8	286	下游	0.8	264	–22	57	√		
11	700726	23.1	11	145	上游	1.2	215	70	29			※
12	700729	49.7	6	880	上游	1.2	730	–150	176	√		
13	710802	33.5	3	591	均匀	1.0	623	32	118	√		
14	730831	58.2	8	523	均匀	1.0	599	76	105	√		
15	740727	47.3	3	1 140	上游	1.2	1088	–52	228	√		
16	740812	102.3	11	822	上游	1.2	1078	256	164			是
17	750720	21.0	7	289	上游	1.2	260	–29	58	√		
18	750722	15.4	2	290	均匀	0.8	279	–11	58	√		
19	750727	18.9	3	371	下游	1.0	334	–37	74	√		
20	750814	31.4	5	446	均匀	1.0	416	–30	89	√		
21	750815	63.7	5	822	均匀	1.0	898	76	164	√		
22	760731	97.4	4	1 740	上游	1.2	1979	239	347	√		
23	760813	34.1	5	417	下游	0.8	364	–53	83	√		
24	760815	19.1	5	165	上游	1.2	292	127	33		√	
25	770703	13.7	2	368	上游	1.2	371	3	74	√		
26	770805	3.8	3	55.7	均匀	1.0	58.0	2.3	11	√		
27	780628	11.0	2	194	均匀	1.0	242	48	39		√	
28	780815	7.7	4	118	均匀	1.0	106	–12	24	√		
29	790624	19.0	2	300	上游	1.2	526	226	60		√	
30	790803	39.3	6	341	上游	1.2	566	225	68			是
31	800629	5.8	5	69.2	均匀	1.0	67.0	–2.2	14	√		

序号	洪号	径流深 R（mm）	有效降雨历时 T_c（h）	实测洪峰 $Q_{m净实}$（m^3/s）	暴雨中心位置	K	预报洪峰 $Q_{m净预}$（m^3/s）	误差（m^3/s）	允许误差（m^3/s）	评定		是否复峰
										合格	不合格	
32	850819	50.9	6	568	均匀	1.0	625	57	114	√		
33	850820	143.2	10	1 050	下游	0.8	1 100	50	210			是
34	900706	31.4	3	868	上游	1.2	697	–171	174	√		
35	900722	22.2	8	197	均匀	1.0	210	13	39	√		
36	900803	15.3	1	268	上游	1.2	653	385	54		√	
37	920901	11.9	9	72.0	均匀	1.0	100	28	14		√	
38	940824	50.0	10	436	上游	1.2	527	91	87			是
39	950804	25.7	7	166	均匀	1.0	269	103	33			是
40	970819	129.2	23	721	均匀	1.0	716	–5	144	√		
41	980724	29.0	5	149	下游	0.8	305	156	30			是
42	980822	42.1	3	756	下游	0.8	639	–117	151	√		
43	990811	82.8	14	420	上游	1.2	732	312	84		√	
44	010728	13.3	6	111	下游	0.8	116	5	22	√		
45	010801	80.7	6	855	下游	0.8	825	–30	171	√		
46	030622	29.7	3	222	均匀	1.0	547	325	44		√	
47	030801	32.5	3	438	上游	1.2	723	285	88		√	
48	030806	56.1	5	560	下游	0.8	626	66	112	√		
49	030827	48.5	6	522	下游	0.8	474	–48	104	√		
50	040804	29.4	15	280	上游	1.2	227	–53	56	√		
51	070812	32.3	8	146	均匀	1.0	316	170	29			※
52	080720	48.5	46	117	下游	0.8	125	8	23	√		
53	080723	61.9	14	307	下游	0.8	356	49	61	√		
54	100720	84.4	10	467	上游	1.2	1 117	650	93		√	
55	110915	55.3	34	145	均匀	1.0	220	75	29			※
56	130713	49.3	16	108	上游	1.2	382	274	22			是
57	130720	45.1	42	93.8	上游	1.2	184	90.2	19			※
58	130723	34.0	4	137	上游	1.2	630	493	27		√	
59	170717	13.1	18	70.6	上游	1.2	83.5	12.9	14			是
60	170805	9.7	14	107	上游	1.2	71.0	–36	21		√	
61	200826	39.1	14	149	均匀	1.0	269	120	30			是

备注：1. 根据 $Q_{m净}=27.977KR^{1.088}T_c^{-0.653}$ 公式评定；2. 700726、070812、110915、130720 这 4 场洪水降雨历时不集中，复峰洪水有 13 场，共计 17 场洪水不参与评定；3. 合格率 31/44 × 100%=70.5%，属于乙级方案，可用于发布正式预报。

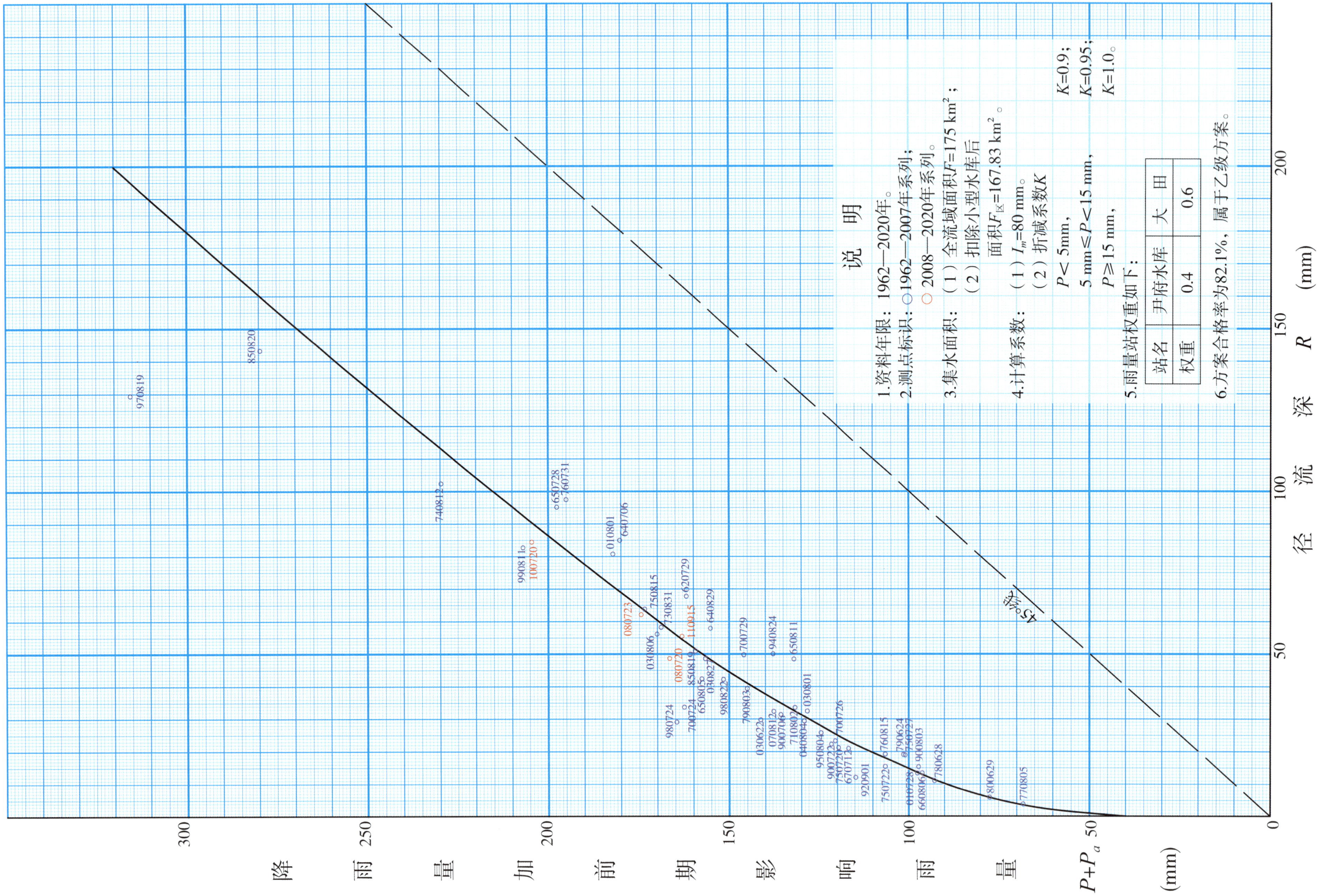

图 27–2 猪洞河尹府水库站降雨径流关系曲线图（$P+P_a$–R）

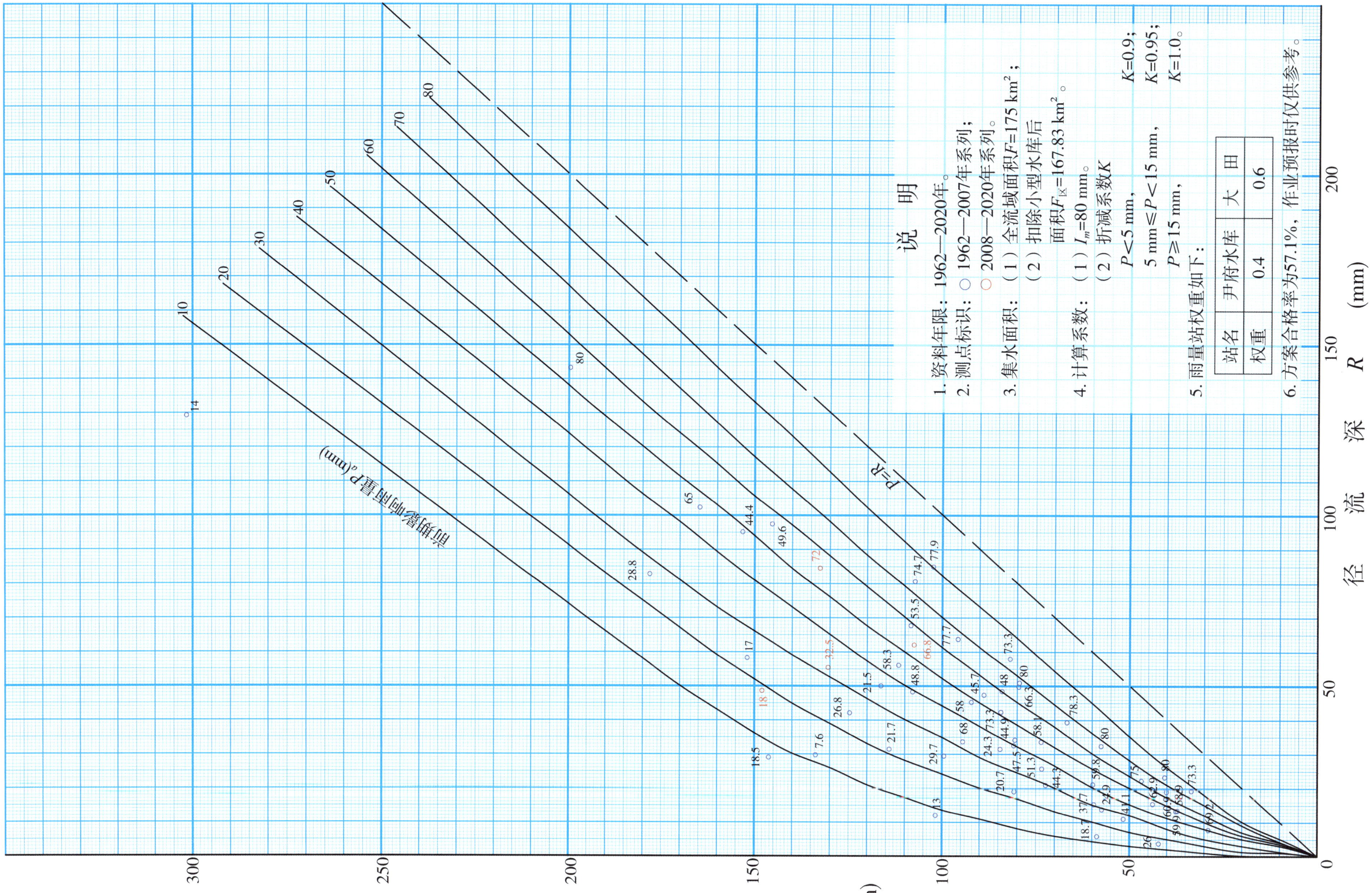

图 27-3 猪洞河尹府水库站降雨径流关系曲线图（P–P_a–R）

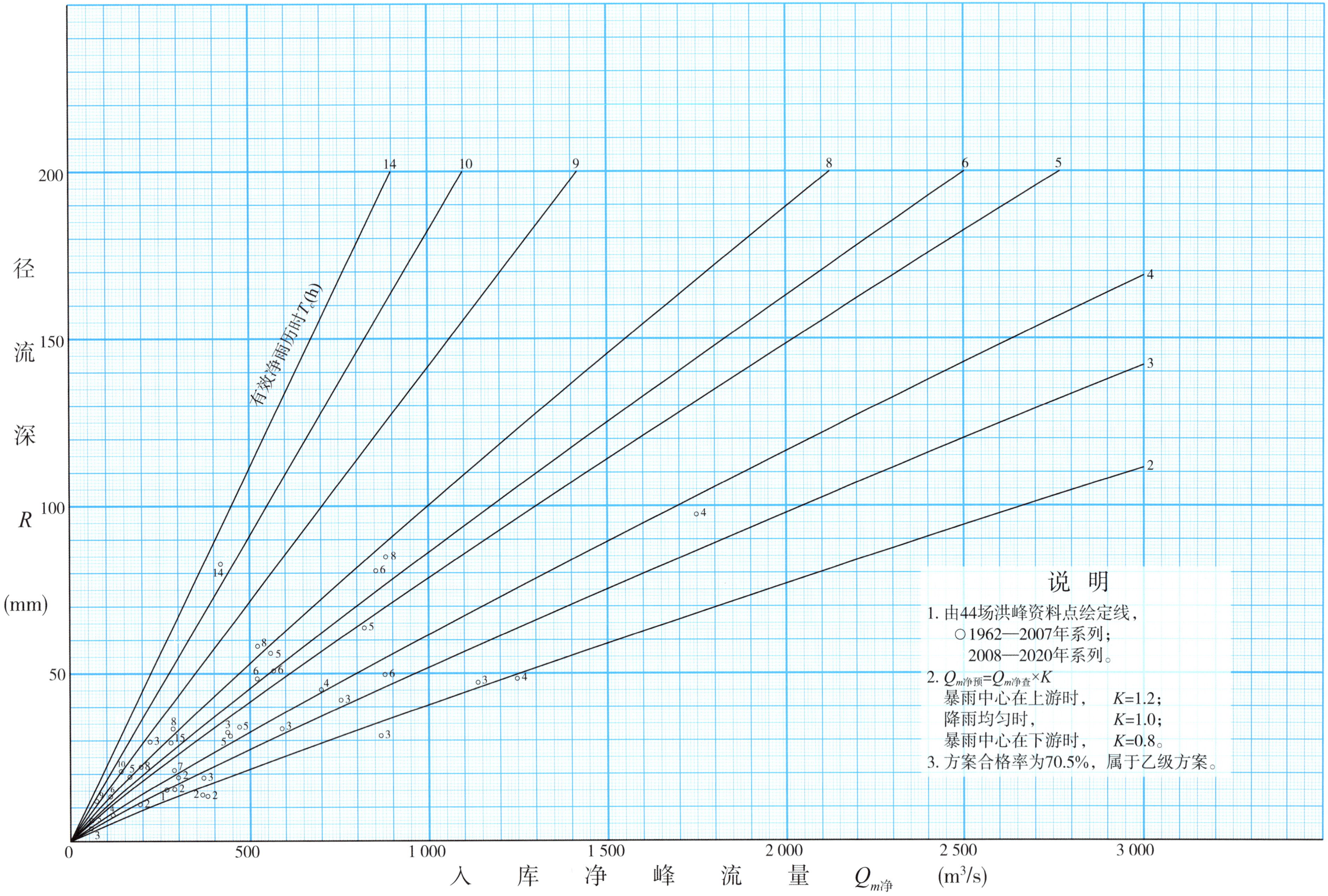

图 27-4 猪洞河尹府水库站峰量关系曲线图（R-T_c-$Q_{m净}$）

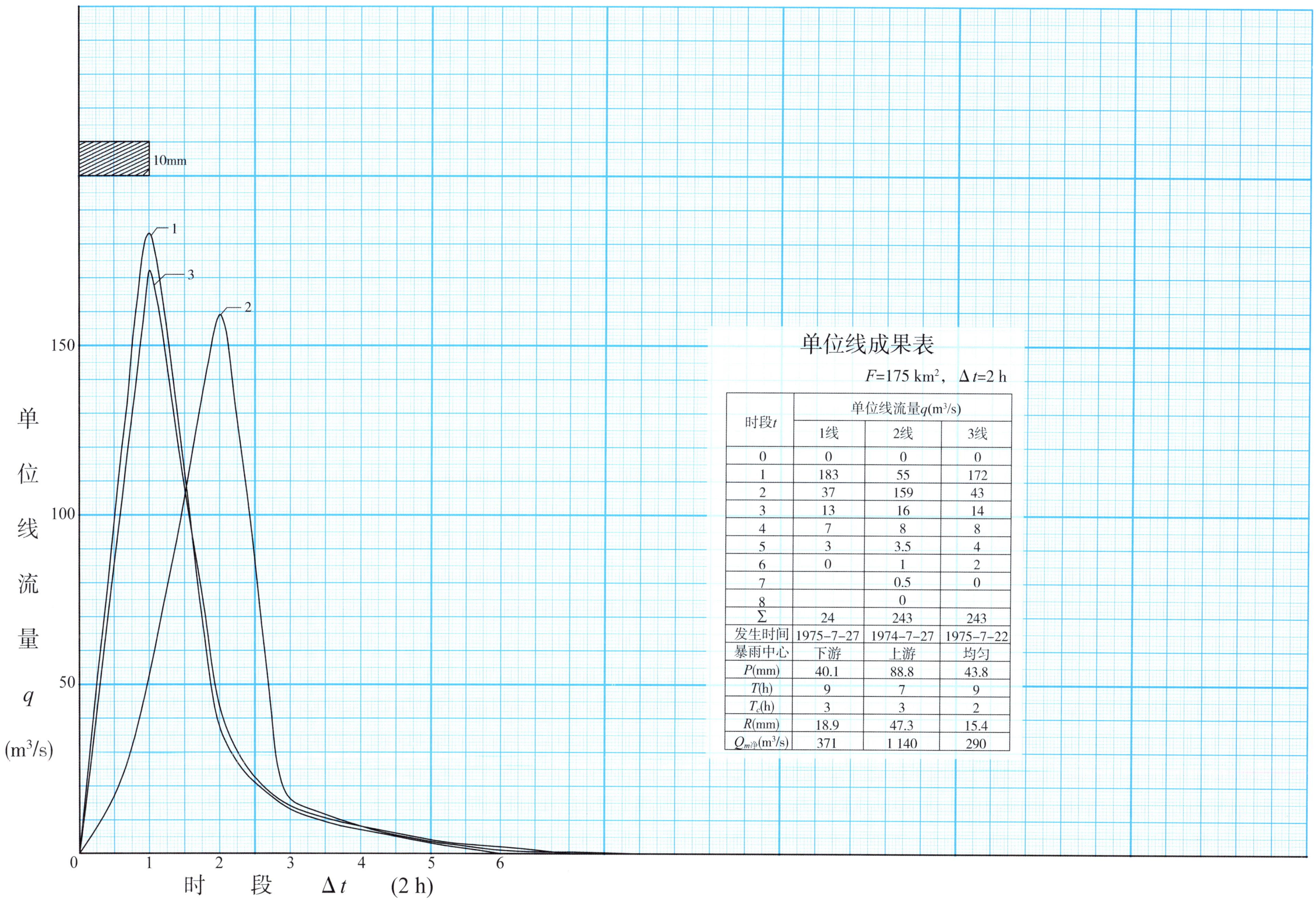

单位线成果表

F=175 km², Δt=2 h

时段t	单位线流量q(m³/s)		
	1线	2线	3线
0	0	0	0
1	183	55	172
2	37	159	43
3	13	16	14
4	7	8	8
5	3	3.5	4
6	0	1	2
7		0.5	0
8		0	
Σ	24	243	243
发生时间	1975-7-27	1974-7-27	1975-7-22
暴雨中心	下游	上游	均匀
P(mm)	40.1	88.8	43.8
T(h)	9	7	9
T_c(h)	3	3	2
R(mm)	18.9	47.3	15.4
$Q_{m净}$(m³/s)	371	1 140	290

图 27-5 猪洞河尹府水库站单位线综合图

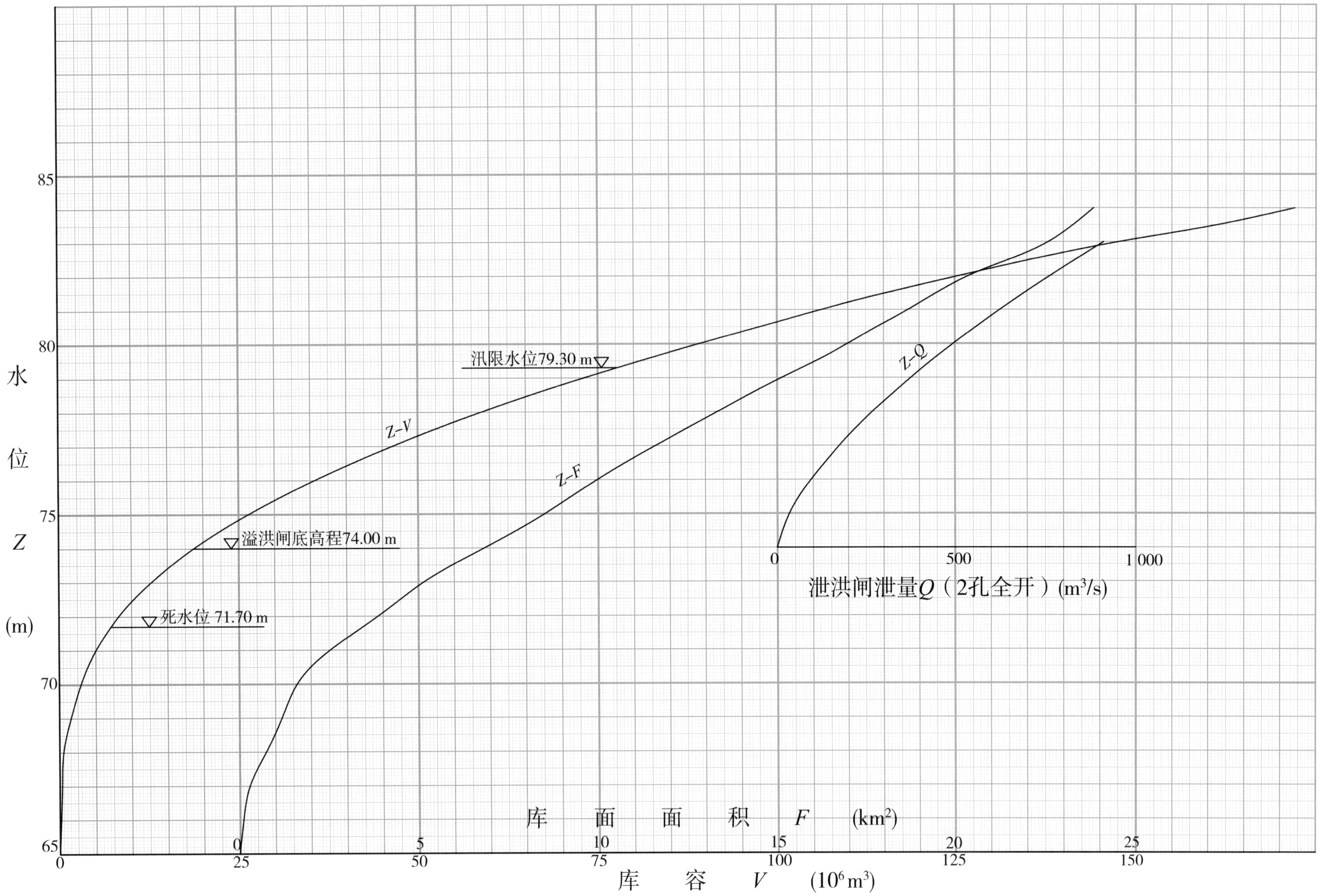

图 27-6　猪洞河尹府水库水位与库容、面积、泄量关系曲线图

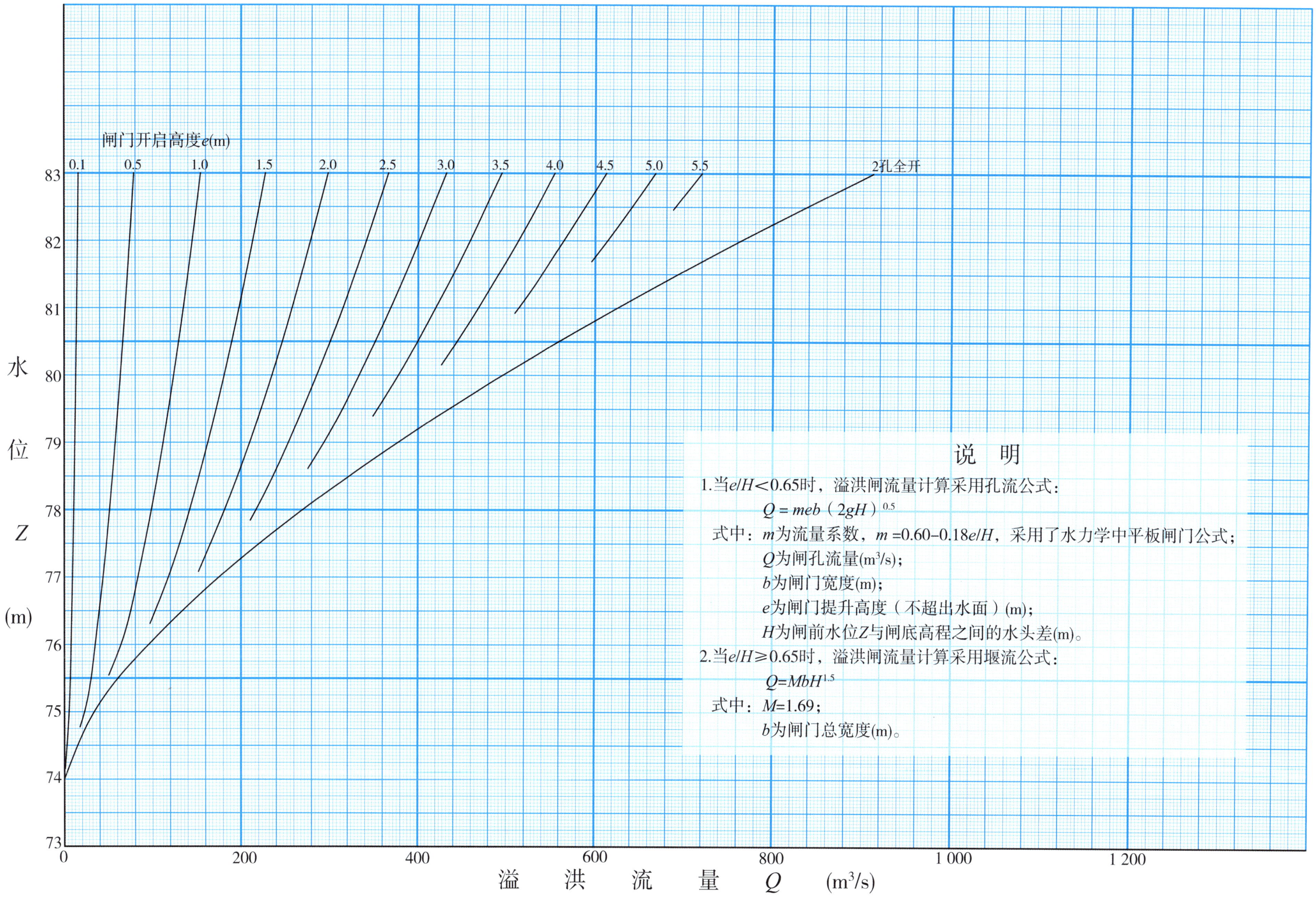

图 27–7　猪洞河尹府水库溢洪闸泄量曲线图（2 孔）

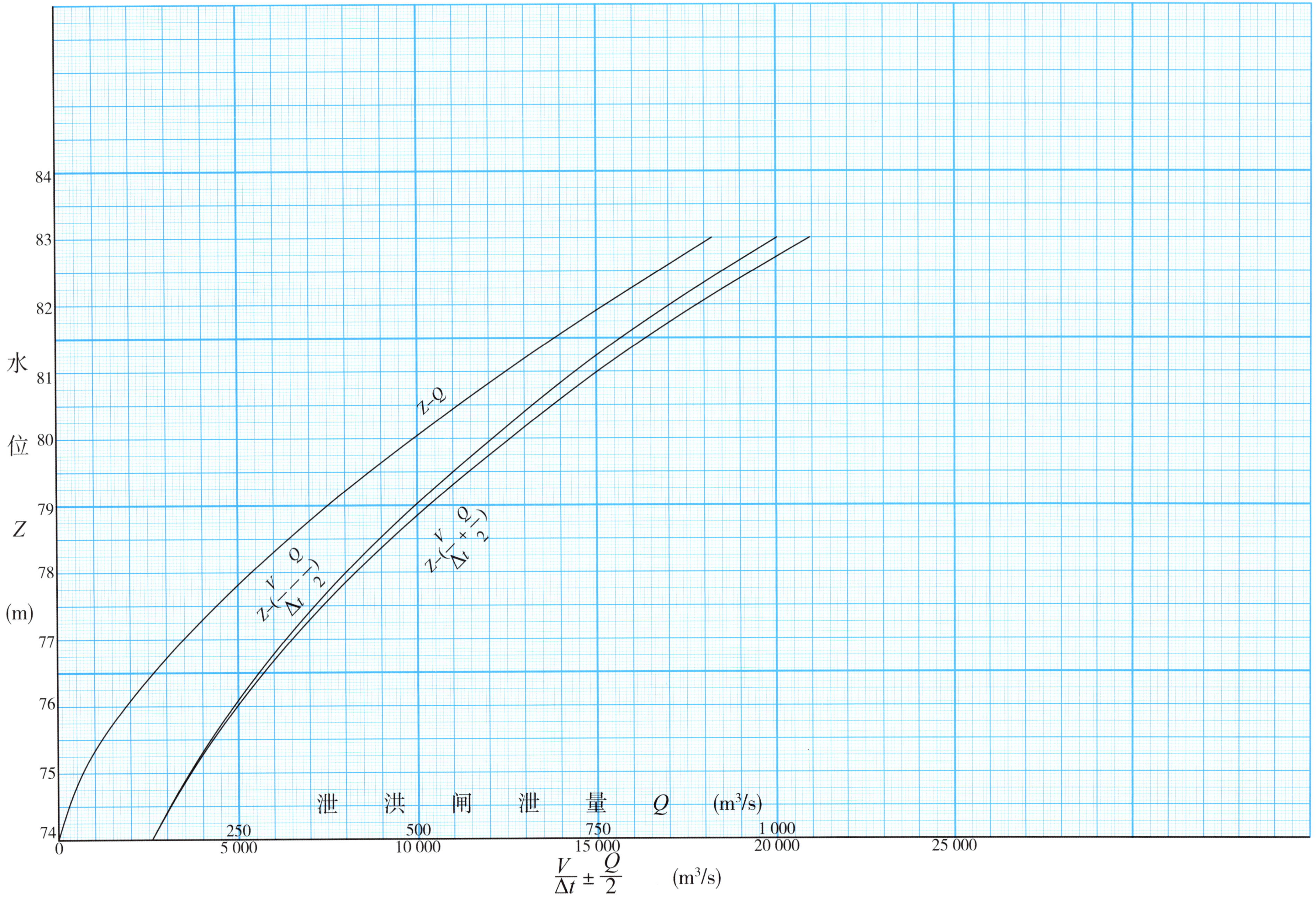

图 27–8　猪洞河尹府水库站蓄率中线法调洪辅助曲线图（2 孔闸门全开）

第二十八章　白沙河崂山水库站水文预报方案编制说明

1　流域概况

1.1　流域自然地理特征

崂山水库位于青岛市城阳区夏庄街道白沙河中游，流域面积 99.6 km²，干流长 21.6 km，干流平均坡度为 17.8‰。本流域东高西低，其中深山区占 15%，浅山区占 66%，丘陵区占 19%。深山区多为裸露岩石，主要为花岗岩，裂隙发育微弱。流域内砾石较多，土层浅薄，易发生干旱，水土流失严重；耕地面积较少，土地多为林业用地。

本流域属中纬度暖温带季风气候区，光照充足，降水较多。其气候特点表现为春季较冷回暖晚，夏无酷暑雨水多，秋季偏热降温迟，冬无严寒雨雪少。年平均气温为 12.6℃，多年平均无霜期为 203 天。流域内多年平均年降水量为 950.0 mm，多年平均年径流量为 3 886 万 m³。降水量年内变化较大，多集中在 6—9 月份，占全年的 75% 左右。降水量年际变化较大，1964 年降水量最大，为 1 561.8 mm；1981 年降水量最小，为 444.4 mm，年降水量最大值最小值之比为 3.5。

本流域属雨源型河流，暴雨是形成洪水的主要原因。暴雨天气成因以气旋和冷锋最多，其次是台风倒槽，暖切变和静止锋造成的暴雨极少。

因本流域中上游主要是山丘区，地形坡度大，源短流急，汇流历时较短，一般涨洪历时为 2 ~ 6 h。一次洪水历时一般在 20 ~ 30 h。从实测资料分析来看，洪峰流量受降雨强度影响显著。崂山水库站以上流域图见图 28–1。

1.2　水利工程情况

1.2.1　崂山水库概况

崂山水库于 1958 年 9 月 1 日开工，到 1959 年汛前，主体工程大坝、溢流坝等基本竣工并拦蓄洪水。1974 年 10 月至 1975 年 7 月，将溢流坝改建成 5 孔溢洪闸和 6 孔溢流堰。1990 年废除副坝，在原址处修建成引冲式自溃坝。2009 年至 2010 年 10 月进行除险加固，包括溢洪道拆除重建，新建放水洞、取水塔，自溃坝改建为溢流坝。

崂山水库枢纽工程由主坝、副坝、溢洪道、放水洞等部分组成。

主坝为黏土斜墙砂壳坝，坝顶长 672.15 m，坝顶高程为 56.00 m，顶宽 6.0 m，最大坝高 26.0 m。

副坝为引冲式自溃黏土斜墙砂壳坝，建在 WES 型钢筋混凝土溢流堰上，坝顶高程为 55.86 m，坝顶长 55.20 m，坝底长 50 m，最大坝高 5.06 m，上游坡比为 1∶2.3，下游坡比为 1∶2.2，均为干砌块石护坡，黏土斜墙顶高程为 56.20 m，坝顶设三道自流引冲槽，槽底宽 2.0 m，槽底高程为 55.67 m。

溢洪道位于主坝和副坝之间，建有 5 孔溢洪闸和泄槽，溢洪闸尺寸为 10 m × 7.3 m（宽 × 高），露顶式平面定轮钢闸门，由 2 × 250 kN 卷扬式启闭机控制，闸门顶高程为 55.10 m，闸底板为曲线型实用堰，堰顶高程为 47.80 m，最大设计流量为 1 803 m³/s。

2010 年在大坝左岸山丘下岩体新开凿放水洞，库内新建进水塔，塔前为底宽 8 m、长 90 m 的引水渠，进水塔闸室底板尺寸 15.25 m × 8 m，进水口底板高程分别为 30.00 m、43.00 m、47.00 m，孔口尺寸均为 2.0 m × 2.5 m（宽 × 高）。塔下侧设 2.0 m × 2.0 m 的出水口一个，通过 6 m 长的渐变段与下游侧内径 ∅2 m、长 219.70 m 的圆形有压隧洞相连。设计流量为 6 m³/s。

崂山水库工程基本情况详见表 28–1，崂山水库 2021 年汛期控制运用主要指标见表 28–2。

表 28–1　白沙河崂山水库工程基本情况表

水库名称		崂山水库	主坝	坝型	黏土斜墙砂壳坝
建设地点		青岛市城阳区夏庄街道		坝顶高程（m）	56.00
所在河流		白沙河		最大坝高（m）	26.0
流域面积（km²）		99.6		坝顶长度（m）	672.15
管理单位名称		青岛市海润自来水集团有限公司		坝顶宽度（m）	6.0
主管单位名称		青岛市水务管理局		坝 基 地 质	花岗岩
竣工日期		1960 年 6 月 1 日		坝基防渗措施	帷幕灌浆
工程等别		Ⅲ等		防浪墙顶高程（m）	57.20
地震基本烈度 / 抗震设计烈度		6/ 无	副坝	坝型	黏土斜墙砂壳坝
多年平均年降水量（mm）		950.0		坝顶高程（m）	55.86
设计	洪水标准（%）	1		坝顶长度（m）	55.20
	洪峰流量（m³/s)	1 970		坝顶宽度（m）	
	最大 3 日洪量（万 m³)	3 081	正常溢洪道	型式	实用堰
校核	洪水标准（%）	0.05		堰顶高程（m）	47.80
	洪峰流量（m³/s）	3 440		堰顶净宽（m）	50.0
	最大 3 日洪量（万 m³）	4 947		闸门型式	露顶式平面定轮钢闸门
水库特性	水库调节特性	多年调节		闸门尺寸（m × m）	10 × 7.3
	校核洪水位（m）	55.69		最大泄量（m³/s）	1 803
	设计洪水位（m）	54.15		消能型式	消力池
	正常蓄水位（m）	54.00		启闭设备	卷扬式
	汛限水位（m）	53.00	其他泄洪措施	放水洞和供水备用管	设计流量 6 m³/s
	死水位（m）	35.00			
	总库容（万 m³）	5 955			
	调洪库容（万 m³）	1 336	工程运行	历史最高库水位（m）及发生日期	54.81 2007 年 9 月 20 日
	兴利库容（万 m³）	4 798		历史最大入库流量（m³/s）及发生日期	1 797 2007 年 8 月 11 日
	死库容（万 m³）	176		历史最大出库流量（m³/s）及发生日期	623 1985 年 8 月 19 日

表 28-2　白沙河崂山水库站 2021 年汛期控制运用主要指标表

<table>
<tr><td rowspan="10">汛期控制运用指标</td><td colspan="2">允许最高水位（m）</td><td>55.69</td></tr>
<tr><td colspan="2">警戒水位（m）</td><td>54.05</td></tr>
<tr><td colspan="2">允许壅高水位（m）</td><td>54.05</td></tr>
<tr><td colspan="2">下游安全泄量（m³/s）</td><td>621</td></tr>
<tr><td rowspan="4">汛中</td><td>限制水位（m）</td><td>53.00</td></tr>
<tr><td>相应库容（万 m³）</td><td>4 524</td></tr>
<tr><td>允许超蓄水位（m）</td><td>53.50</td></tr>
<tr><td>相应库容（万 m³）</td><td>4 740</td></tr>
<tr><td rowspan="2">汛末</td><td>蓄水位（m）</td><td>54.00</td></tr>
<tr><td>相应库容（万 m³）</td><td>4 974</td></tr>
</table>

1.2.2　上游水利工程情况

崂山水库上游已建成三水、四水、石门小（2）型水库 3 座，总控制流域面积 43.59 km²，总库容为 107.39 万 m³，总兴利库容 75.6 万 m³。流域内主要水利工程情况见表 28-3。

表 28-3　白沙河崂山水库站以上流域主要水利工程统计表

水库名称	集水面积（km²）	总库容（万 m³）	兴利库容（万 m³）	死库容（万 m³）	溢洪道最大流量（m³/s）
石门	2.96	29.1	22.53	0.07	126
三水	20.7	39.29	31.59	0.05	550
四水	19.93	39	21.48	0	796

1.3　测站概况

崂山水库水文站为白沙河中游控制站，距入海口 10 km，控制流域面积 99.6 km²。

崂山水库水文站自 1959 年设站以来（建库前，1954 年 10 月在坝址处设立了月子口流量站，1958 年 9 月撤站），历史最高水位为 54.81 m，出现在 2007 年 9 月 20 日；最大出库流量为 623 m³/s，出现在 1985 年 8 月 19 日。1959 年 6 月在现站址设站至今，1959 年 6 月 6 日至 1965 年 1 月 1 日流域面积为 101 km²；1965 年站网统一量算，集水面积变动为 99.6 km²，沿用至今。崂山水库水文站概况说明见表 28-4，流域内雨量站见表 28-5。

本站冻结基面高程 -2.303 m=1985 年国家高程基准高程。

表 28-4　白沙河崂山水库水文站概况说明表

<table>
<tr><td rowspan="11">测站沿革</td><td>设立或变动</td><td>发生年月</td><td>站名</td><td>站别</td><td>领导机关</td><td>说　明</td></tr>
<tr><td>设立</td><td>1959 年 6 月</td><td>崂山水库（月子口）</td><td>水文</td><td>山东省水利厅</td><td>常年站，观测降水量、蒸发量，集水面积为 101 km²</td></tr>
<tr><td>增测河湖水化学</td><td>1959 年 6 月</td><td>崂山水库</td><td>水文</td><td>山东省水利厅</td><td></td></tr>
<tr><td>停测输沙率、含沙量</td><td>1960 年 1 月</td><td>崂山水库</td><td>水文</td><td>山东省水利厅</td><td></td></tr>
<tr><td>停测河湖水化学</td><td>1961 年 1 月</td><td>崂山水库</td><td>水文</td><td>山东省水利厅</td><td></td></tr>
<tr><td>停测蒸发量</td><td>1961 年 12 月</td><td>崂山水库</td><td>水文</td><td>山东省水利厅</td><td></td></tr>
<tr><td>恢复输沙率、含沙量、蒸发量</td><td>1963 年 1 月</td><td>崂山水库</td><td>水文</td><td>山东省水利厅</td><td></td></tr>
<tr><td>集水面积变动</td><td>1965 年 1 月</td><td>崂山水库</td><td>水文</td><td>山东省水文总站</td><td>站网分析统一量算，集水面积为 99.6 km²</td></tr>
<tr><td>调为专用站，撤销泥沙、冰凌测验任务</td><td>1986 年 6 月</td><td>崂山水库</td><td>水文</td><td>山东省水文总站</td><td></td></tr>
<tr><td>溢洪道实行校测，用公式推流</td><td>1988 年 8 月</td><td>崂山水库</td><td>水文</td><td>山东省水文总站</td><td></td></tr>
<tr><td>溢洪道改为水力学公式推流</td><td>1993 年 6 月</td><td>崂山水库</td><td>水文</td><td>山东省水文总站</td><td></td></tr>
<tr><td rowspan="2">断面及主要测验设施布设情况</td><td>名称</td><td colspan="2">位置</td><td colspan="2">布设年月</td><td>使用情况</td></tr>
<tr><td>坝上直立式水尺</td><td colspan="2">主坝前东头溢洪闸门以西 300 m 处</td><td colspan="2">2006 年 6 月</td><td>各级水位使用</td></tr>
</table>

表 28-5　白沙河崂山水库站以上流域内雨量站情况表

站名	设站年份	详细地址
北九水	1955 年	山东省青岛市崂山区北宅街道双石屋村
乌衣巷	1960 年	山东省青岛市崂山区北宅街道东乌衣巷村
上葛场	1955 年	山东省青岛市崂山区北宅街道上葛场村
色峪	1955 年	山东省青岛市城阳区夏庄街道河崖村
崂山水库	1955 年	山东省青岛市城阳区夏庄街道崂山水库
蔚竹庵	2013 年	山东省青岛市崂山区北宅街道蔚竹庵

2 预报方案编制

2.1 资料情况及方案沿革

2.1.1 资料情况

崂山水库预报方案于 1991 年分析编制完成，又于 2007 年进行了方案的修订。本次修订除选用之前分析的 1959—2007 年共 50 场次暴雨洪水外，另外补充了 2008—2020 年 8 场次暴雨洪水进行分析，即资料系列为 1959—2020 年，共 58 场次洪水。

选取的 58 次洪水，径流深为 14.3 ~ 335.0 mm，洪峰流量为 24.1 ~ 1 797 m^3/s，包括了大、中、小洪水各种代表性年份，基本满足《水文情报预报规范》（GB/T 22482—2008）的要求。

2.1.2 方案沿革

原方案中产流方案采用降雨径流相关图 $P+P_a-R$ 和 $P-P_a-R$，汇流方案采用峰量关系曲线图、经验单位线等。本次修订，在原产流方案降雨径流相关图 $P+P_a-R$ 中增加了 8 个点据，关系线保持不变，降雨径流相关图 $P-P_a-R$ 中增加了 8 个点据，关系线保持不变；在原汇流方案峰量关系曲线图中增加了 8 个点据，关系线保持不变，经验单位线保持不变。

2.2 产流方案

本方案分别采用降雨径流经验相关图 $P+P_a-R$ 和 $P-P_a-R$，利用分析计算的点据点绘定线，分别见图 28-2 和图 28-3。其中：P 为次降雨流域平均雨量（mm）；P_a 为流域平均前期影响雨量（mm）；R 为次降雨所产生的径流深（mm）。

2.2.1 主要参数的计算

2.2.1.1 流域平均雨量P的计算

流域平均雨量采用加权平均法计算。雨量站采用及面积控制权重见表 28-6。

表 28-6 崂山水库站以上流域内雨量站面积控制权重表

年份	蔚竹庵	北九水	上葛场	三水水库	燕石	上峰	乌衣巷	葛子庵	埠落	色峪	崂山水库
1954—1975 年	0.109	0.084	0.067	0.118	0.088	0.080	0.083	0.040	0.144	0.109	0.078
1976—2020 年	—	0.338	—	—	—	—	0.507	—	—	—	0.155

2.2.1.2 流域平均前期影响雨量P_a的计算

每年自汛初开始连续计算，先以面积加权法计算流域平均雨量，然后计算前期影响雨量 P_a，其计算公式如下：

$$P_{a,t+1}=K\left(P_{a,t}+P_t\right)$$

式中：$P_{a,t+1}$ 为第 t+1 日的前期影响雨量（mm）；$P_{a,t}$ 为第 t 日的前期影响雨量（mm）；P_t 为第 t 日的流域平均雨量（mm）；K 为折减系数。$K=1-E_m/I_m$；E_m 为流域蒸发能力；I_m 为流域最大损失量。

2.2.1.3 最大损失量I_m和K值的确定

本次方案 I_m 和 K 值直接采用原方案成果，I_m=60 mm；K=0.9。

2.2.1.4 径流深R的推求

在入库洪水过程线上采用斜线分割法切除基流，本次洪水径流深 R 等于洪水总量 W（扣除基流量）除以集水面积 F。崂山水库水文站降雨径流分析成果见表 28-10。

2.2.1.5 暴雨中心位置的确定

本流域基本按河长等距离分为上、下游两个区，北九水雨量站代表上游区，乌衣巷、崂山水库站代表下游区。流域普遍降水时，做均匀处理。

2.2.2 精度评定

按许可误差 =20% 实测值的标准（并当许可误差大于 20.0 mm 时以 20.0 mm 为上限，小于 3.0 mm 时以 3.0 mm 为下限）进行逐次洪水评定。

$P+P_a-R$ 相关图选用 1959—2020 年 56 场次洪水资料（920831 和 970819 场次洪水因前期干旱，产生的径流深偏小，不参与精度评定）。经评定，56 个点据参加定线，合格点据 48 个，合格率为 85.7%，属于甲级方案，可用于正式预报，详见表 28-11。

$P-P_a-R$ 相关图选用 1959—2020 年 58 场次洪水资料。经评定，58 个点据参加定线，合格点据 41 个，合格率为 70.7%，属于乙级方案，可用于正式预报，详见表 28-12。

2.3 汇流方案

本方案主要采用峰量关系曲线图、经验单位线等方法。

2.3.1 峰量关系曲线$R-T_c-Q_{m净}$

以有效降雨历时 T_c 作为参数，建立峰量关系曲线 $R-T_c-Q_{m净}$。其中，R 为一次降雨产生的径流深，由次洪水总量除以相应集水面积而得；T_c 为有效降雨历时，是指实际能产生径流、对造峰有明显影响的降雨历时，一般采取占总降雨量 80% 的降雨时段数或采用时段平均降雨量大于 5 mm 的时段数；$Q_{m净}$为一次降雨过程所产生的区间净峰流量。

根据 1959—2020 年 43 个洪水点据分析（12 场复峰和 3 场特殊洪水不参与评定），通过点群中心并照顾同一 R 值的 $Q_{m净}$逐渐减少的趋势定线，$R-T_c-Q_{m净}$关系图见图 28-4。

精度评定：按许可误差 =20% 实测值的标准进行逐次洪水评定。本方案共选用 1959—2020 年 43 个点据（12 场复峰和 3 场特殊洪水不参与评定），24 个合格，合格率为 55.8%，属丙级以下方案，仅用于参考性估报，精度评定见表 28-13。

2.3.2 经验单位线

根据不同降雨类型选择了 3 场洪水，综合分析出 3 条单位线：1 号单位线代表全流域均匀降雨的情况；2 号单位线代表暴雨中心在下游的情况；3 号单位线代表降雨强度较大的情况。单位线成果见图 28-5。

2.4 水位与库容、面积、泄量关系曲线

崂山水库水位与库容、面积、泄量关系采用《崂山水库 2021 年汛期调度运用计划》成果，见图 28-6。

2.5 泄量关系曲线

根据《青岛市崂山水库除险加固初步设计报告》中泄量公式修正得出崂山水库泄量公式。

（1）当 $e/H \leqslant 0.65$ 时，单孔出流采用孔流公式：

$$Q=MBeH^{1/2}$$

式中：Q 为闸孔流量（m^3/s）；B 为闸门宽度（m）；e 为闸门提升高度（不超出水面）（m）；H 为闸前水位 Z 与闸底高程之间的水头差（m）；M 为流量系数，查表 28-7。

（2）当 $e/H > 0.65$ 时，单孔出流采用堰流公式：

$$Q=MBH^{3/2}$$

式中：B 为自流堰宽度，B=10 m；H 为闸前水位 Z 与堰顶高程之间的水头差（m），$H=Z-47.8$；M 为流量系数，查表 28-8。

（3）新放水洞流量计算引用下式：

$$Q=\mu\omega\left[2g\left(T_0-H_p\right)\right]^{1/2}$$

式中：Q 为流量（m^3/s）；μ 为流量系数，一般取 0.56；ω 为放水洞出口断面面积，ω=1.53 m^2；T_0 为上游水面与放水洞出口底板高程差 T 及上游行近流速水头之和，一般可认为 $T_0 \approx T$；H_p 为出口断面水流的平均单位势能，$H_p=0.5a+p/r$；a 为出口断面洞高，a=1.4 m；p/r 为出口断面平均单位压能，此处取 $0.5a$。

则

$$Q=3.8\left(T-1.4\right)^{1/2}$$

表 28-7 崂山水库溢洪闸 Z–e–M 关系对照表

e（m）	Z（m）											
	48.50	49.00	49.50	50.00	50.50	51.00	51.50	52.00	52.50	53.00	53.50	54.00
0.2	2.462	2.538	2.569	2.589	2.602	2.611	2.618	2.620	2.625	2.629	2.631	2.633
0.4	2.286	2.431	2.493	2.527	2.550	2.566	2.577	2.586	2.593	2.599	2.605	2.609
0.6	—	2.328	2.417	2.468	2.500	2.523	2.540	2.554	2.563	2.572	2.580	2.586
0.8	—	2.227	2.346	2.411	2.453	2.482	2.504	2.521	2.534	2.545	2.555	2.563
1.0	—	—	2.276	2.356	2.407	2.443	2.469	2.490	2.505	2.519	2.531	2.541
1.2	—	—	2.203	2.301	2.362	2.404	2.436	2.460	2.477	2.493	2.508	2.519
1.4	—	—	—	2.246	2.317	2.366	2.402	2.430	2.450	2.468	2.485	2.498
1.6	—	—	—	2.19	2.273	2.329	2.369	2.400	2.423	2.443	2.463	2.477
1.8	—	—	—	—	2.227	2.291	2.337	2.372	2.396	2.419	2.441	2.457
2.0	—	—	—	—	2.182	2.253	2.304	2.343	2.370	2.395	2.419	2.437
2.2	—	—	—	—	—	2.215	2.271	2.314	2.343	2.371	2.397	2.417

续表

e（m）	Z（m）											
	48.50	49.00	49.50	50.00	50.50	51.00	51.50	52.00	52.50	53.00	53.50	54.00
2.4	—	—	—	—	—	2.176	2.238	2.285	2.317	2.347	2.376	2.397
2.6	—	—	—	—	—	—	2.205	2.257	2.291	2.323	2.355	2.377
2.8	—	—	—	—	—	—	2.176	2.227	2.264	2.300	2.334	2.358
3.0	—	—	—	—	—	—	—	2.198	2.238	2.276	2.313	2.338
3.2	—	—	—	—	—	—	—	2.176	2.211	2.252	2.291	2.319
3.4	—	—	—	—	—	—	—	—	2.184	2.228	2.270	2.299
3.6	—	—	—	—	—	—	—	—	—	2.204	2.249	2.280

注：e 为闸门开高（m）；Z 为水位（m）。

表 28-8 崂山水库溢洪闸 5 孔全开 Z–M 关系对照表

Z（m）	49.00	50.00	51.00	52.00	53.00	53.50	54.00	54.50	55.00	55.50	56.00
Q（m^3/s）	109	269	470	702	958	1 095	1 239	1 385	1 535	1 689	1 847
M	1.658	1.649	1.642	1.631	1.616	1.609	1.605	1.597	1.589	1.581	1.573

崂山水库溢洪闸泄量曲线见图 28-7。

2.6 调洪演算曲线

采用蓄率中线法进行调洪演算，采用公式：$\bar{I}+(V_1/\Delta t-Q_1/2)=(V_2/\Delta t+Q_2/2)$，根据公式绘制 $V/\Delta t-Q/2=f(Z)$ 和 $V/\Delta t+Q/2=f(Z)$ 关系曲线。调算成果见表 28-9、图 28-8。

表 28-9 崂山水库站蓄率中线法调洪演算表

水位 Z（m）	库容 V（万 m^3）	泄量 Q（m^3/s）	$V/\Delta t+Q/2$（m^3/s）	$V/\Delta t-Q/2$（m^3/s）
47.80	2 570	0	3 569	3 569
48.00	2 630	13.1	3 659	3 646
49.00	2 973	109	4 184	4 075
50.00	3 308	269	4 729	4 460
51.00	3 650	470	5 304	4 834
52.00	4 065	702	5 997	5 295
53.00	4 524	958	6 762	5 804
53.50	4 740	1 095	7 131	6 036
54.00	4 974	1 239	7 528	6 289
54.50	5 225	1 385	7 949	6 564
55.00	5 484	1 535	8 384	6 849
55.50	5 760	1 689	8 845	7 156
56.00	6 044	1 847	9 318	7 471

注：泄量为泄洪闸 5 孔闸门全部打开时的流量。

3 方案使用说明

3.1 径流深预报

计算出流域平均降雨量和流域平均前期影响雨量，根据降雨径流关系图 $P+P_a-R$ 的查算结果进行综合分析，确定地表径流深 R 的预报值。前期降雨较多或土壤较湿润的数据采用 1 号线，前期干旱的数据采用 2 号线。

3.2 最大入库洪峰流量预报

3.2.1 查 $R-T_c-Q_{m净}$ 相关图

根据 R、T_c 查询 $R-T_c-Q_{m净}$ 关系曲线得到 $Q_{m净}$，当 T_c 介于两条关系曲线之间时，首先查出两条曲线中对应 $Q_{m净}$ 的数值，然后进行插补；当 T_c 大于 24 h 或者小于 2 h 时，根据最近两条关系线进行插补外延。

3.2.2 经验单位线法

根据暴雨中心位置选用相应的单位线，以流域平均时段降雨量查 $P+P_a-R$ 相关图求得时段净雨量 ΔR_i，根据 ΔR_i 预报该次降雨过程所产生的洪水过程。在进行作业预报时，要以面积换算系数（预报时集水面积 / 原单位线集水面积）分别乘以各时段单位线流量，换算成预报时集水面积的单位线再进行预报。

3.3 入库洪水总量预报

根据公式 $W=0.1FR$ 得到入库洪水总量 W。

3.4 峰现时间预报

本次试图以径流深与峰现时距建立关系，但并不理想。其主要原因是该流域汇流面积小，汇流历时短，往往最大 2 h 暴雨结束后即出现入库洪峰，洪峰的大小及出现时间跟后面的降雨没有关系。根据以往作业预报经验，降雨强度较大时，崂山水库在最大 2 h 暴雨后 1 ~ 2 h 出现入库洪峰。暴雨强度越大，峰现时距越小。

3.5 调洪演算

调洪演算时，由开始水位 Z_1 查 $V/\Delta t-Q/2=f(Z)$ 关系曲线，求得 $V_1/\Delta t-Q_1/2$ 值，得到一点 a，然后截取 ab 之长等于时段平均入流量 $\bar{I}$ 值，其和即等于 $V_2/\Delta t+Q_2/2$；以此值再查 $V/\Delta t+Q/2=f(Z)$ 关系曲线，即得时段末水位 Z_2，再以 Z_2 作为 Z_1，重复以上步骤，即可预报库水位过程。

3.6 方案合理性检查及评定

在方案建立过程中，随时根据有关规范及文件规定进行合理性检查，特别对突出点据从原始资料反复查对，对中间处理过程也进行了认真审查，发现不合理的问题后基本上都做了检查改正。方案建立后，先从线形进行比较，防止出现矛盾现象，然后对每个方案尽量根据规范规定用表格形式进行了精度评定（用许可误差法）。其中，$P+P_a-R$ 相关图合格率为 85.7%，属于甲级方案，可用于正式预报；$R-T_c-Q_{m净}$ 相关图合格率为 55.8%，属于丙级以下方案，仅用于参考性估报。

综合评定，各预报项目合格率算术平均值为 71.9%，本预报方案属于乙级方案。

3.7 方案适应能力

本方案适用于防洪标准以下的洪水作业预报。如遇超标准洪水，则需根据当时具体情况酌情修正。

3.8 注意事项

（1）应随时掌握上游工程蓄水及泄洪情况，对预报值要根据实际情况进行及时修正。

（2）局部暴雨时要注意超渗产流，可适当将查算的 R 值加大；久旱初雨时产流偏小，应适当修正所查 R 值。

（3）注意方案适应能力，对特大暴雨洪水进行预报时要慎重。

（4）采用峰量关系图、经验单位线法预报的洪峰流量为净峰流量，须加上基流量方为洪峰流量。

总之，由于影响因素太多，本方案不能全部反映实际情况，因而不能照搬，应具体问题具体分析，并采用多种方法，考虑各种因素进行综合分析，确定采用的预报值。

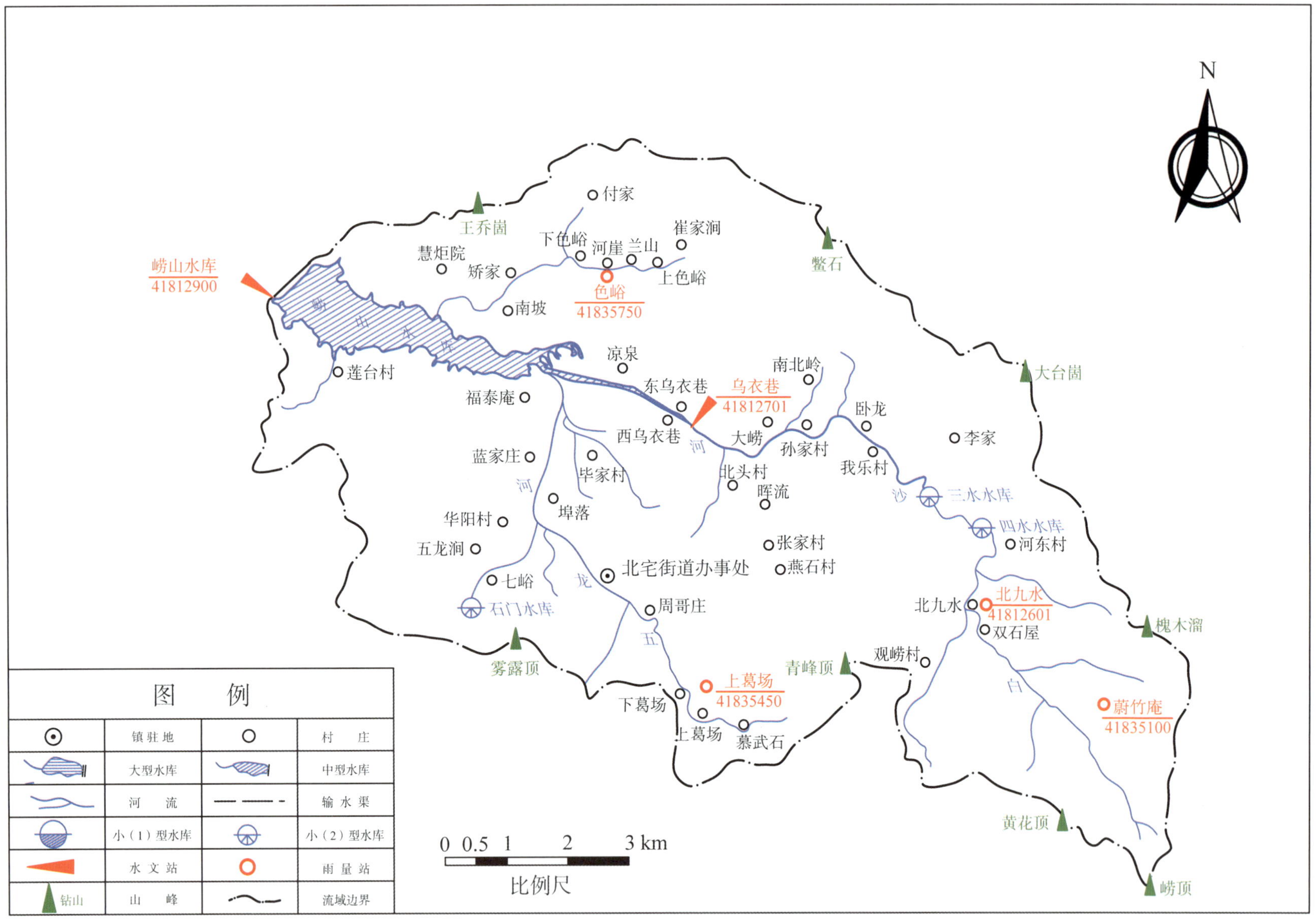

图 28-1 白沙河崂山水库站以上流域图

表 28-10　白沙河崂山水库站降雨径流分析成果表

序号	洪号	降雨起讫时间							流域平均雨量 P（mm）	前期影响雨量 P_a（mm）	降雨历时（h）		暴雨中心位置	洪水发生时间									洪水历时 $T_{洪}$（h）	净峰流量 $Q_{m净}$（m^3/s）	洪峰时段（h）	地表径流总量 W（万 m^3）	集水面积 F（km^2）	径流深 R（mm）	径流系数 α	备注
		起				讫								起涨			峰顶			落平										
		年	月	日	时	月	日	时			全部 T	有效 T_c		月	日	时	月	日	时	月	日	时								
1	590907	1959	9	6	0	9	7	8	167.1	43.7	32	12	上游	9	6	15	9	7	22:30	9	8	18	51	408	1	1 519	99.6	152.5	0.91	
2	600627	1960	6	25	22	6	27	22	189.8	21.3	48	20	均匀	6	27	0	6	27	20:30	6	28	22	46	217	1	1 380	99.6	138.6	0.73	复峰
3	610527	1961	5	27	14	5	28	12	102.7	6.2	22	12	均匀	5	27	17	5	28	6	5	29	6	37	62.3	1	374	99.6	37.6	0.37	
4	610713	1961	7	13	16	7	14	6	67.2	24.0	14	4	上游	7	14	2	7	14	5	7	14	18	16	70.0	1	199	99.6	20.0	0.30	
5	610907	1961	9	7	10	9	7	22	223.4	48.6	12	6	上游	9	7	14	9	7	20:00	9	10	6	64	833	1	1 878	99.6	188.6	0.84	
6	620719	1962	7	19	2	7	19	16	71.6	46.9	14	8	上游	7	19	6	7	19	10	7	21	6	48	91.3	1	415	99.6	41.7	0.58	复峰
7	620726	1962	7	26	2	7	27	12	59.2	42.3	34	14	上游	7	27	5	7	27	7	7	29	6	49	96.0	1	394	99.6	39.6	0.67	
8	620729	1962	7	29	2	7	29	20	59.6	60.0	18	8	上游	7	29	6	7	29	21	7	31	6	48	97.0	1	421	99.6	42.3	0.71	
9	620807	1962	8	7	2	8	8	6	117.2	40.4	28	8	上游	8	7	11	8	7	16	8	9	6	43	228	1	903	99.6	90.7	0.77	
10	620814	1962	8	14	14	8	14	22	55.7	50.8	8	4	上游	8	14	15	8	14	19	8	16	13	46	95.1	1	480	99.6	48.2	0.87	复峰
11	620919	1962	9	19	2	9	19	16	71.4	54.2	14	6	上游	9	19	6	9	19	7	9	20	1	19	145	1	456	99.6	45.8	0.64	
12	630712	1963	7	11	17	7	12	10	59.0	52.9	17	6	均匀	7	12	9	7	12	11	7	13	16	31	67.5	2	265	99.6	26.6	0.45	
13	630716	1963	7	15	15	7	17	9	103.0	50.8	42	8	均匀	7	15	20	7	17	8:30	7	20	5:30	105.5	151	1	926	99.6	93.0	0.90	
14	630720	1963	7	19	20	7	20	19	115.9	60.0	23	10	上游	7	20	6	7	20	11	7	21	23	41	396	1	1 088	99.6	109.2	0.94	
15	640517	1964	5	16	16:30	5	18	17:30	188.1	3.6	49	20	上游	5	17	8	5	17	18:30	5	19	16	56	220	2	1 255	99.6	126	0.67	
16	640703	1964	7	3	4	7	3	10	42.3	60.0	6	4	均匀	7	3	6	7	3	9:30	7	4	20	38	53.1	2	307	99.6	30.8	0.73	
17	640716	1964	7	16	0	7	18	6	197.7	60.0	54	24	均匀	7	16	16:30	7	16	22:30	7	17	3:30	11	451	1	1 942	99.6	195.0	0.99	
18	650804	1965	8	4	4	8	5	18	129.5	60.0	38	10	均匀	8	4	17	8	5	1:30	8	6	4	35	458	1	1 060	99.6	106.4	0.82	
19	660724	1966	7	24	0	7	24	8	90.4	57.9	8	4	均匀	7	24	2	7	24	6:00	7	25	2	24	300	1	745	99.6	74.8	0.83	
20	670728	1967	7	28	2:45	8	1	8	138.7	41.8	101.25	11	上游	7	28	10	7	28	15:30	8	3	20	154	89	1	1 042	99.6	104.6	0.75	
21	700615	1970	6	15	4	6	16	8	95.6	4.8	28	17	均匀	6	15	11:30	6	15	21	6	20	8	116.5	24.1	1	142	99.6	14.3	0.15	
22	700725	1970	7	25	0	7	25	19	93.5	54.0	19	11	均匀	7	25	8	7	26	15:15	7	29	0	88	70.4	1	796	99.6	79.9	0.85	
23	700729	1970	7	29	2	7	30	3	100.7	54.0	25	10	均匀	7	29	3	7	30	3:30	7	31	20	65	158	1	768	99.6	77.1	0.77	
24	700827	1970	8	26	1	8	29	12	202.8	8.7	83	70	上游	8	27	1	8	29	10:30	9	1	0	119	439	1	1 491	99.6	149.7	0.74	
25	700903	1970	9	3	10:30	9	4	10	79.5	43.7	23.5	14	均匀	9	3	11	9	4	2:30	9	7	20	105	104	1	653	99.6	65.6	0.83	
26	700908	1970	9	7	20	9	8	10	90.7	53.6	14	3	均匀	9	8	3	9	8	11	9	11	9	78	178	1	723	99.6	72.6	0.80	
27	710710	1971	7	9	23:30	7	10	14	70.4	41.1	14.5	6	均匀	7	10	1	7	10	9	7	12	16	63	111	1	418	99.6	42.0	0.60	复峰
28	710821	1971	8	21	19:30	8	22	8	89.0	60.0	12.5	8	上游	8	21	14	8	22	5:30	8	24	20	78	227	1	785	99.6	78.8	0.89	
29	710924	1971	9	24	2:30	9	25	1	110.1	9.5	22.5	8	上游	9	24	14	9	24	23:30	9	26	12	46	122	1	515	99.6	51.7	0.47	复峰

续表

序号	洪号	降雨起讫时间							流域平均雨量 P（mm）	前期影响雨量 P_a（mm）	降雨历时（h）		暴雨中心位置	洪水发生时间									洪水历时 $T_{洪}$（h）	净峰流量 $Q_{m净}$（m^3/s）	洪峰时段（h）	地表径流总量 W（万 m^3）	集水面积 F（km^2）	径流深 R（mm）	径流系数 α	备注
		起				讫								起涨			峰顶			落平										
		年	月	日	时	月	日	时			全部 T	有效 T_c		月	日	时	月	日	时	月	日	时								
30	720818	1972	8	18	8	8	19	8	235.9	25.5	24	10	均匀	8	18	9	8	18	12:30	8	21	14	77	756	1	1 799	99.6	180.6	0.77	
31	730719	1973	7	18	21	7	19	14	130.9	25.4	17	10	上游	7	19	1	7	19	11:30	7	22	20	91	228	1	951	99.6	95.5	0.73	
32	730831	1973	8	30	21	8	31	11	104.3	28.2	14	6	均匀	8	31	2	8	31	10:30	9	2	20	66	144	1	622	99.6	62.5	0.60	
33	750709	1975	7	9	14	7	10	8	150.0	9.9	18	5	均匀	7	9	18	7	9	22:30	7	13	8	86	216	1	650	76.6	84.9	0.57	
34	750814	1975	8	13	20	8	14	16	165.3	29.9	20	3	均匀	8	13	22	8	14	1:30	8	14	13:30	15.5	1 039	1	1 262	99.6	126.6	0.77	
35	750827	1975	8	27	10	8	28	13	136.8	26.1	27	12	上游	8	27	17	8	28	2:15	8	30	16	71	221	1	1 032	99.6	103.6	0.76	复峰
36	760630	1976	6	29	8	6	30	8	253.6	21.9	24	40	上游	6	29	15	6	30	6:30	7	4	8	113	171	1	2 074	99.6	208.2	0.82	
37	760815	1976	8	15	13	8	16	0	71.7	60.0	11	8	均匀	8	15	14	8	15	19:00	8	18	23:30	81.5	125	1	525	99.6	52.7	0.74	
38	790624	1979	6	23	20	6	24	9	132.5	20.0	13	7	上游	6	23	23:30	6	24	7:00	6	26	16	64.5	347	1	724	99.6	72.7	0.55	
39	800607	1980	6	7	1	6	7	10	76.5	9.1	9	8	均匀	6	7	4:30	6	7	13:30	6	10	0	67.5	33.0	1	182	99.6	18.3	0.24	
40	840727	1984	7	26	6	7	27	14	83.5	26.5	32	14	均匀	7	26	23	7	27	23:00	7	28	20	45	97.0	1	453	99.6	45.5	0.54	复峰
41	840802	1984	8	2	0	8	3	1	53.7	39.7	25	14	上游	8	2	2	8	2	22:30	8	4	20	66	106	1	375	99.6	37.6	0.70	
42	820706	1982	7	5	11	7	6	17	200.4	9.4	30	12	上游	7	6	0	7	6	9:30	7	9	0	72	722	1	1 091	76.6	142.4	0.71	
43	850819	1985	8	19	0	8	19	20	238.3	60.0	20	6	上游	8	19	4	8	19	9:00	8	20	6	26	881	1	2 249	99.6	225.8	0.95	复峰
44	920831	1992	8	31	17	9	1	23	333.4	11.5	30	8	上游	9	1	0	9	1	3:30	9	3	2	50	903	1	1 980	99.6	198.8	0.60	复峰
45	950822	1995	8	22	8	8	23	1	167.7	37.4	17	8	均匀	8	22	11	8	22	21:00	8	24	0	37	1 142	1	1 254	99.6	126.0	0.75	
46	970819	1997	8	19	0	8	20	14	465.4	17.4	38	26	上游	8	19	5:30	8	19	16:30	8	21	2	44.5	847	1	3 110	99.6	312.2	0.67	复峰
47	010801	2001	8	1	2	8	1	23	245.4	60.0	21	8	上游	8	1	6	8	1	16:30	8	4	0	66	1 373	1	2 208	99.6	221.7	0.90	
48	050807	2005	8	7	15	8	9	3	245.2	54.0	36	6	上游	8	7	21	8	8	1:00	8	9	20	47	1 126	1	1 742	99.6	175.0	0.71	
49	050912	2005	9	12	11	9	13	7	322.0	8.2	20	8	上游	9	12	21	9	13	1:00	9	14	20	47	723	1	1 959	99.6	196.7	0.61	
50	070810	2007	8	10	4	8	12	8	395.8	54.0	52	24	上游	8	11	0	8	11	3:00	8	14	8	80	1 797	1	3 336	99.6	335.0	0.85	
51	080801	2008	7	30	6	8	1	8	125.1	36.6	50	41	上游	7	30	9	8	1	3:00	8	3	9	96	128	1	814	99.6	81.7	0.65	
52	110702	2011	7	2	16	7	3	16	160.3	39.4	24	8	上游	7	2	16	7	3	0:00	7	6	8	88	164	1	936	99.6	94.0	0.59	复峰
53	110815	2011	8	15	19	8	16	4	57.6	48.4	9	2	下游	8	15	19	8	15	22:00	8	17	21	50	196	1	423	99.6	42.4	0.74	
54	140602	2014	6	1	11	6	3	2	152.8	14.2	39	24	上游	6	2	3	6	2	7:00	6	4	9	54	187	1	743	99.6	74.6	0.49	复峰
55	140725	2014	7	24	15	7	25	16	216.3	58.1	25	19	上游	7	24	16	7	25	13:00	7	27	9	65	411	1	1 419	99.6	142.5	0.66	
56	170813	2017	8	13	7	8	14	22	218.2	53.3	39	22	上游	8	13	8	8	13	16:00	8	16	10	74	324	1	1 482	99.6	148.8	0.68	
57	190811	2019	8	10	7	8	12	19	297.6	32.1	60	16	上游	8	11	3	8	11	13:00	8	15	6	99	270	1	1 136	99.6	114.0	0.38	
58	200723	2020	7	22	11	7	23	17	194.0	48.6	30	13	上游	7	23	0	7	24	12:00	7	24	18	42	325	1	1 269	99.6	127.4	0.66	

表 28-11　白沙河崂山水库站 $P+P_a-R$ 预报精度评定表

序号	洪号	流域平均雨量 P（mm）	前期影响雨量 P_a（mm）	$P+P_a$（mm）	实测径流深 $R_{实}$（mm）	预报径流深 $R_{预}$（mm）	预报误差（mm）	许可误差（mm）	评定结果	
									合格	不合格
1	590907	167.1	43.7	210.8	152.5	136.0	−16.5	20.0	√	
2	600627	189.8	21.3	211.1	138.6	137.0	−1.6	20.0	√	
3	610527	102.7	6.2	108.9	37.6	38.0	0.4	7.5	√	
4	610713	67.2	24.0	91.2	20.0	22.0	2.0	4.0	√	
5	610907	223.4	48.6	272.0	188.6	198.0	9.4	20.0	√	
6	620719	71.6	46.9	118.5	41.7	46.4	4.7	8.3	√	
7	620726	59.2	42.3	101.5	39.6	30.0	−9.6	7.9		√
8	620729	59.6	60.0	119.6	42.3	48.0	5.7	8.5	√	
9	620807	117.2	40.4	157.6	90.7	84.0	−6.7	18.1	√	
10	620814	55.7	50.8	106.5	48.2	36.0	−12.2	9.6		√
11	620919	71.4	54.2	125.6	45.8	53.6	7.8	9.2	√	
12	630712	59.0	52.9	111.9	26.6	40.0	13.4	5.3		√
13	630716	103.0	50.8	153.8	93.0	81.0	−12.0	18.6	√	
14	630720	115.9	60.0	175.9	109.2	102.0	−7.2	20.0	√	
15	640517	188.1	3.6	191.7	126.0	119.6	−6.4	20.0	√	
16	640703	42.3	60.0	102.3	30.8	32.0	1.2	6.2	√	
17	640716	197.7	60.0	257.7	195.0	184.0	−11.0	20.0	√	
18	650804	129.5	60.0	189.5	106.4	115.6	9.2	20.0	√	
19	660724	90.4	57.9	148.3	74.8	75.0	0.2	15.0	√	
20	670728	138.7	41.8	180.5	104.6	107.0	2.4	20.0	√	
21	700615	95.6	4.8	100.4	14.3	30.0	15.7	3.0		√
22	700725	93.5	54.0	147.5	79.9	75.0	−4.9	16.0	√	
23	700729	100.7	54.0	154.7	77.1	82.0	4.9	15.4	√	
24	700827	202.8	8.7	211.5	149.7	137.0	−12.7	20.0	√	
25	700903	79.5	43.7	123.2	65.6	52.6	−13.0	13.1	√	
26	700908	90.7	53.6	144.3	72.6	72.0	−0.6	14.5	√	
27	710710	70.4	41.1	111.5	42.0	40.0	−2.0	8.4	√	
28	710821	89.0	60.0	149.0	78.8	76.0	−2.8	15.8	√	
29	710924	110.1	9.5	119.6	51.7	48.0	−3.7	10.3	√	
30	720818	235.9	25.5	261.4	180.6	188.0	7.4	20.0	√	
31	730719	130.9	25.4	156.3	95.5	83.2	−12.3	19.1	√	
32	730831	104.3	28.2	132.5	62.5	60.4	−2.1	12.5	√	
33	750709	150.0	9.9	159.9	84.9	87.0	2.1	17.0	√	
34	750814	165.3	29.9	195.2	126.6	121.0	−5.6	20.0	√	
35	750827	136.8	26.1	162.9	103.6	90.0	−13.6	20.0	√	
36	760630	253.6	21.9	275.5	208.2	202.0	−6.2	20.0	√	
37	760815	71.7	60.0	131.7	52.7	60.0	7.3	10.5	√	
38	790624	132.5	20.0	152.5	72.7	80.0	7.3	14.5	√	
39	800607	76.5	9.1	85.6	18.3	17.8	−0.5	3.7	√	
40	840727	83.5	26.5	110.0	45.5	38.0	−7.5	9.1	√	
41	840802	53.7	39.7	93.4	37.6	23.2	−14.4	7.5		√
42	820706	200.4	9.4	209.8	142.4	135.6	−6.8	20.0	√	
43	850819	238.3	60.0	298.3	225.8	225.0	−0.8	20.0	√	
44	920831	333.4	11.5	344.9	198.8	270.8	72.0	20.0		
45	950822	167.7	37.4	205.1	126.0	131.0	5.0	20.0	√	
46	970819	465.4	17.4	482.8	312.2	353.0	40.8	20.0		
47	010801	245.4	60.0	305.4	221.7	231.0	9.3	20.0	√	
48	050807	245.2	54.0	299.2	175.0	175.0	0.0	20.0	√	
49	050912	322	8.2	330.2	196.7	203.0	6.3	20.0	√	
50	070810	395.8	54.0	449.8	335.0	320.0	−15.0	20.0	√	
51	080801	125.1	36.6	161.7	81.7	57.0	−24.7	16.3		√
52	110702	160.3	39.4	199.7	94.0	86.0	−8.0	18.8	√	
53	110815	57.6	48.4	106.0	42.4	24.0	−18.4	8.5		√
54	140602	152.8	14.2	167.0	74.6	61.0	−13.6	14.9	√	
55	140725	216.3	58.1	274.4	142.5	151.2	8.7	20.0	√	
56	170813	218.2	53.3	271.5	148.8	148.7	−0.1	20.0	√	
57	190811	297.6	32.1	329.7	114.0	203.0	89.0	20.0		√
58	200723	194.0	48.6	242.6	127.4	122.5	−4.9	20.0	√	

备注：1. 920831 和 970819 这 2 场洪水因前期干旱，产生的径流深偏小，不参加评定；2. 许可误差 = 实测值 ×20%，以 20.0 mm 为上限，3.0 mm 为下限；3. 方案合格率 =48/56×100=85.7%，属于甲级方案，可用于作业预报。

表 28–12　白沙河崂山水库站 P–P_a–R 预报精度评定表

序号	洪号	流域平均雨量 P（mm）	前期影响雨量 P_a（mm）	实测径流深 $R_{实}$（mm）	预报径流深 $R_{预}$（mm）	预报误差（mm）	许可误差（mm）	评定结果		序号	洪号	流域平均雨量 P（mm）	前期影响雨量 P_a（mm）	实测径流深 $R_{实}$（mm）	预报径流深 $R_{预}$（mm）	预报误差（mm）	许可误差（mm）	评定结果	
								合格	不合格									合格	不合格
1	590907	167.1	43.7	152.5	137.9	–14.6	20.0	√		30	720818	235.9	25.5	180.6	188.7	8.1	20.0	√	
2	600627	189.8	21.3	138.6	138.8	0.2	20.0	√		31	730719	130.9	25.4	95.5	84.5	–11.0	19.1	√	
3	610527	102.7	6.2	37.6	37.9	0.3	7.5	√		32	730831	104.3	28.2	62.5	62.8	0.3	12.5	√	
4	610713	67.2	24.0	20.0	22.5	2.5	4.0	√		33	750709	150.0	9.9	84.9	87.3	2.4	17.0	√	
5	610907	223.4	48.6	188.6	198.5	9.9	20.0	√		34	750814	165.3	29.9	126.6	123.5	–3.1	20.0	√	
6	620719	71.6	46.9	41.7	45.5	3.8	8.3	√		35	750827	136.8	26.1	103.6	95.1	–8.5	20.0	√	
7	620726	59.2	42.3	39.6	31.6	–8.0	7.9		√	36	760630	253.6	21.9	208.2	201.8	–6.4	20.0	√	
8	620729	59.6	60.0	42.3	44.4	2.1	8.5	√		37	760815	71.7	60.0	52.7	56.2	3.5	10.5	√	
9	620807	117.2	40.4	90.7	84.8	–5.9	18.1	√		38	790624	132.5	20.0	72.7	80.2	7.5	14.5	√	
10	620814	55.7	50.8	48.2	34.4	–13.8	9.6		√	39	800607	76.5	9.1	18.3	17.0	–1.3	3.7	√	
11	620919	71.4	54.2	45.8	51.5	5.7	9.2	√		40	840727	83.5	26.5	45.5	38.6	–6.9	9.1	√	
12	630712	59.0	52.9	26.6	38.0	11.4	5.3		√	41	840802	53.7	39.7	37.6	26.1	–11.5	7.5		√
13	630716	103.0	50.8	93.0	79.6	–13.4	18.6	√		42	820706	200.4	9.4	142.4	137.8	–4.6	20.0	√	
14	630720	115.9	60.0	109.2	99.8	–9.4	20.0	√		43	850819	238.3	60.0	225.8	222.2	–3.6	20.0	√	
15	640517	188.1	3.6	126.0	119.2	–6.8	20.0	√		44	920831	333.4	11.5	198.8	271.8	73.0	20.0		√
16	640703	42.3	60.0	30.8	29.8	–1.0	6.2	√		45	950822	167.7	37.4	126.0	134.7	8.7	20.0	√	
17	640716	197.7	60.0	195.0	181.6	–13.4	20.0	√		46	970819	465.4	17.4	312.2	401.6	89.4	20.0		√
18	650804	129.5	60.0	106.4	113.4	7.0	20.0	√		47	010801	245.4	60.0	221.7	229.4	7.7	20.0	√	
19	660724	90.4	57.9	74.8	73.8	–1.0	15.0	√		48	050807	245.2	54.0	175.0	222.6	47.6	20.0		√
20	670728	138.7	41.8	104.6	105.0	0.4	20.0	√		49	050912	322	8.2	196.7	257.5	60.8	20.0		√
21	700615	95.6	4.8	14.3	28.6	14.3	3.0		√	50	070810	395.8	54.0	335.0	374.1	39.1	20.0		√
22	700725	93.5	54.0	79.9	74.6	–5.3	16.0	√		51	080801	125.1	36.6	81.7	90.0	8.3	16.3	√	
23	700729	100.7	54.0	77.1	81.3	4.2	15.4	√		52	110702	160.3	39.4	94.0	127.0	33.0	18.8		√
24	700827	202.8	8.7	149.7	137.1	–12.6	20.0	√		53	110815	57.6	48.4	42.4	43.0	0.6	8.5	√	
25	700903	79.5	43.7	65.6	50.9	–14.7	13.1		√	54	140602	152.8	14.2	74.6	94.0	19.4	14.9		√
26	700908	90.7	53.6	72.6	70.0	–2.6	14.5	√		55	140725	216.3	58.1	142.5	200.0	57.5	20.0		√
27	710710	70.4	41.1	42.0	39.3	–2.7	8.4	√		56	170813	218.2	53.3	148.8	197.0	48.2	20.0		√
28	710821	89.0	60.0	78.8	73.4	–5.4	15.8	√		57	190811	297.6	32.1	114.0	258.0	144.0	20.0		√
29	710924	110.1	9.5	51.7	48.1	–3.6	10.3	√		58	200723	194.0	48.6	127.4	168.0	40.6	20.0		√

备注：1. 许可误差 = 实测值 ×20%，以 20 mm 为上限，3 mm 为下限；2. 方案合格率 =41/58×100=70.7%，属于乙级方案，可用于参考性预报。

表 28-13　白沙河崂山水库站 R–T_c–$Q_{m净}$预报精度评定表

序号	洪号	流域面积 F（km^2）	径流深 R（mm）	暴雨中心位置	有效降雨历时 T_c（h）	预报净峰流量 $Q_{m净预}$（m^3/s）	实测净峰流量 $Q_{m净实}$（m^3/s）	预报误差（m^3/s）	许可误差（m^3/s）	评定结果		是否复峰
										合格	不合格	
1	590907	99.6	152.5	上游	12	395	408	−13	81.6	√		
2	600627	99.6	138.6	均匀	20	295	217	78	43.4			是
3	610527	99.6	37.6	均匀	12	55.0	62.3	−7.3	12.5	√		
4	610713	99.6	20.0	上游	4	56.0	70.0	−14.0	14.0	√		
5	610907	99.6	188.6	上游	6	783	833	−50.0	167	√		
6	620719	99.6	41.7	上游	8	85.0	91.3	−6.3	18.3			是
7	620726	99.6	39.6	上游	14	55.0	96.0	−41.0	19.2		√	
8	620729	99.6	42.3	上游	8	85.0	97.0	−12.0	19.4	√		
9	620807	99.6	90.7	上游	8	225	228	−3.00	45.6	√		
10	620814	99.6	48.2	上游	4	163	95.1	67.9	19.0			是
11	620919	99.6	45.8	上游	6	117	145	−28.0	29.0	√		
12	630712	99.6	26.6	均匀	6	58.0	67.5	−9.5	13.5	√		
13	630716	99.6	93.0	均匀	8	238	151	87.0	30.2		√	
14	630720	99.6	109.2	上游	10	517	396	121	79.2		√	
15	640517	99.6	126.0	上游	20	253	220	33.0	44.0	√		
16	640703	99.6	30.8	均匀	4	40.0	53.1	−13.1	10.6		√	
17	640716	99.6	195.0	均匀	24	455	451	4.00	90.2	√		
18	650804	99.6	106.4	均匀	10	258	458	−200	91.6		√	
19	660724	99.6	74.8	均匀	4	310	300	10.0	60.0	√		
20	670728	99.6	104.6	上游	11	240	89	151	17.8		√	
21	700615	99.6	14.3	均匀	17	19.0	24.1	−5.1	4.82		√	
22	700725	99.6	79.9	均匀	11	164	70.4	93.6	14.1		√	
23	700729	99.6	77.1	均匀	10	164	158	6.00	31.6	√		
24	700827	99.6	149.7	上游	70	—	439	—	87.8			
25	700903	99.6	65.6	均匀	14	109	104	5.00	20.8	√		
26	700908	99.6	72.6	均匀	3	241	178	63.0	35.6		√	
27	710710	99.6	42.0	均匀	6	105	111	−6.00	22.2			是
28	710821	99.6	78.8	上游	8	190	227	−37.0	45.4	√		
29	10924	99.6	51.7	上游	8	112	122	−10.0	24.4			是
30	720818	99.6	180.6	均匀	10	548	756	−208	151		√	
31	730719	99.6	95.5	上游	10	222	228	−6.00	45.6	√		
32	730831	99.6	62.5	均匀	6	172	144	28.0	28.8	√		
33	750709	99.6	84.9	均匀	5	320	216	104	43.2		√	
34	750814	99.6	126.6	均匀	3	1 084	1 039	45.0	208	√		
35	750827	99.6	103.6	上游	12	224	221	3.00	44.2			是
36	760630	99.6	208.2	上游	40	—	171	—	34.2			
37	760815	99.6	52.7	均匀	8	115	125	−10.0	25.0	√		
38	790624	99.6	72.7	上游	7	193	347	−154	69.4		√	
39	800607	99.6	18.3	均匀	8	33.0	33.0	0	6.60	√		
40	840727	99.6	45.5	均匀	14	40.0	97.0	−57.0	19.4			是
41	840802	99.6	37.6	上游	14	50.0	106	−56.0	21.2		√	
42	820706	99.6	142.4	上游	12	355	722	−367	144		√	
43	850819	99.6	225.8	上游	6	990	881	109	176			是
44	920831	99.6	198.8	上游	8	678	903	−225	181			是
45	950822	99.6	126.0	均匀	8	362	1 142	−780	228		√	
46	970819	99.6	312.2	上游	26	—	847	—	169			是
47	010801	99.6	221.7	上游	8	833	1 373	−540	275		√	
48	050807	99.6	175.0	上游	6	710	1 126	−416	225		√	
49	050912	99.6	196.7	上游	8	670	723	−53.0	145	√		
50	070810	99.6	335.0	上游	24	1 020	1 797	−777	359		√	
51	080801	99.6	81.7	上游	41	—	128	—	25.6			
52	110702	99.6	94.0	上游	8	300	164	136	32.8			是
53	110815	99.6	42.4	下游	2	165	196	−31.0	39.2	√		
54	140602	99.6	74.6	上游	24	105	187	−82.0	37.4			是
55	140725	99.6	142.5	上游	19	310	411	−101	82.2		√	
56	170813	99.6	148.8	上游	22	375	324	51.0	64.8	√		
57	190811	99.6	114.0	上游	16	240	270	−30.0	54.0	√		
58	200723	99.6	127.4	上游	13	300	325	−25.0	65.0	√		

备注：1. 12 场复峰洪水不参加评定，700827、760630 和 180801 这 3 场洪水降雨历时过长，导致峰量相关性较差，不参加评定；2. 许可误差 = 实测值 ×20%；3. 方案合格率：24/43×100%=55.8%，只能用于参考性估报。

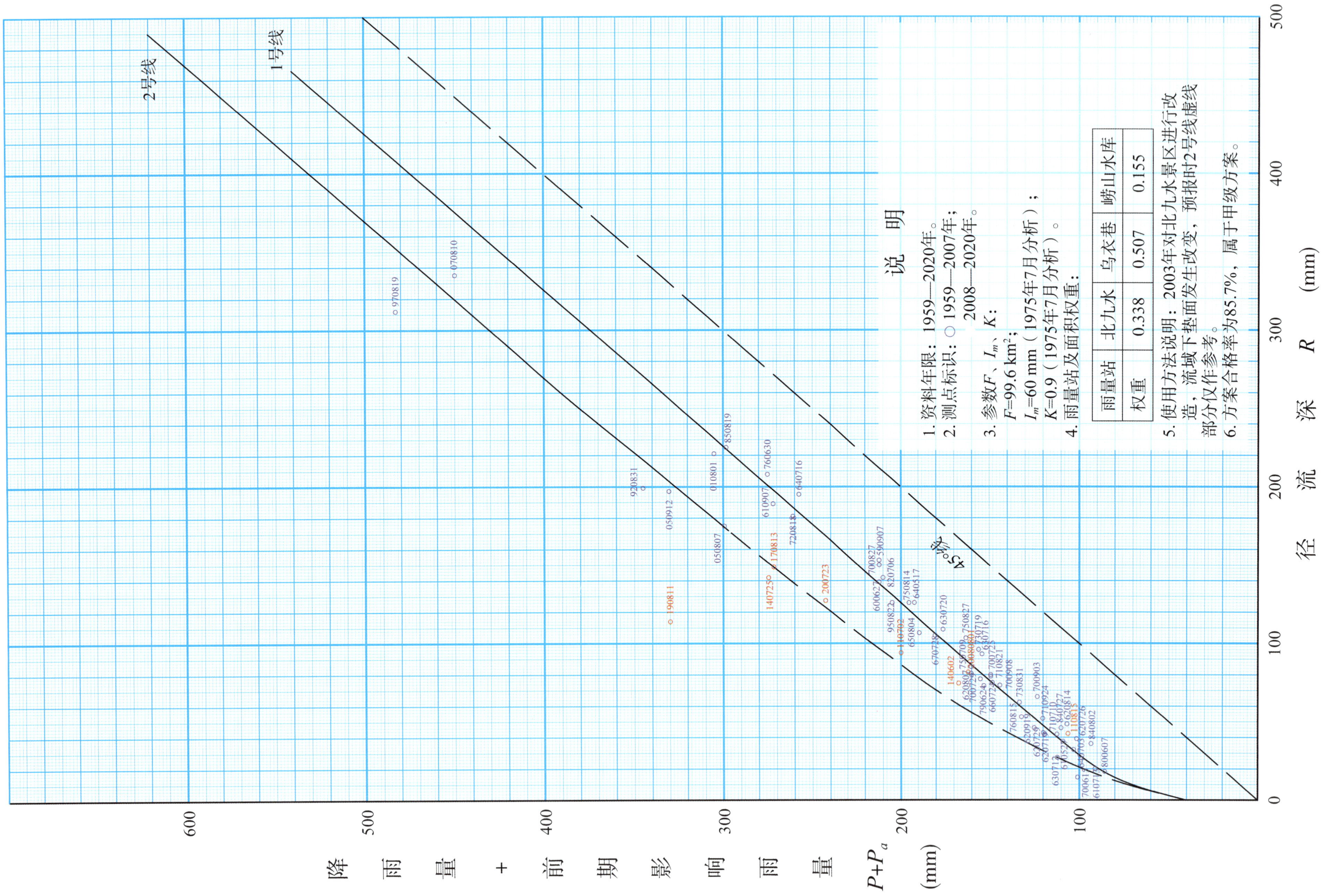

图 28-2　白沙河崂山水库站降雨径流关系曲线图（$P+P_a$–R）

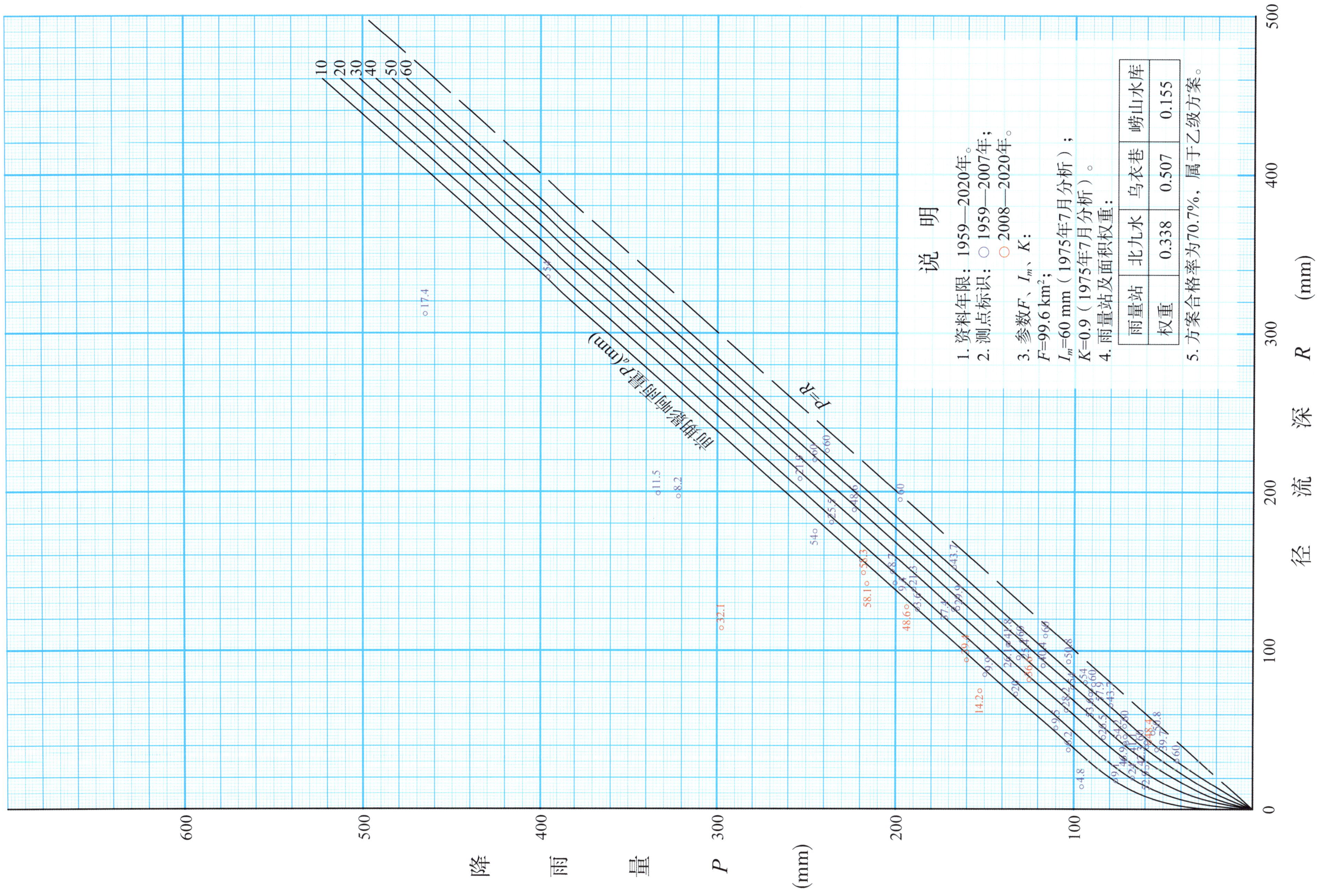

图 28–3　白沙河崂山水库站降雨径流关系曲线图（P–P_a–R）

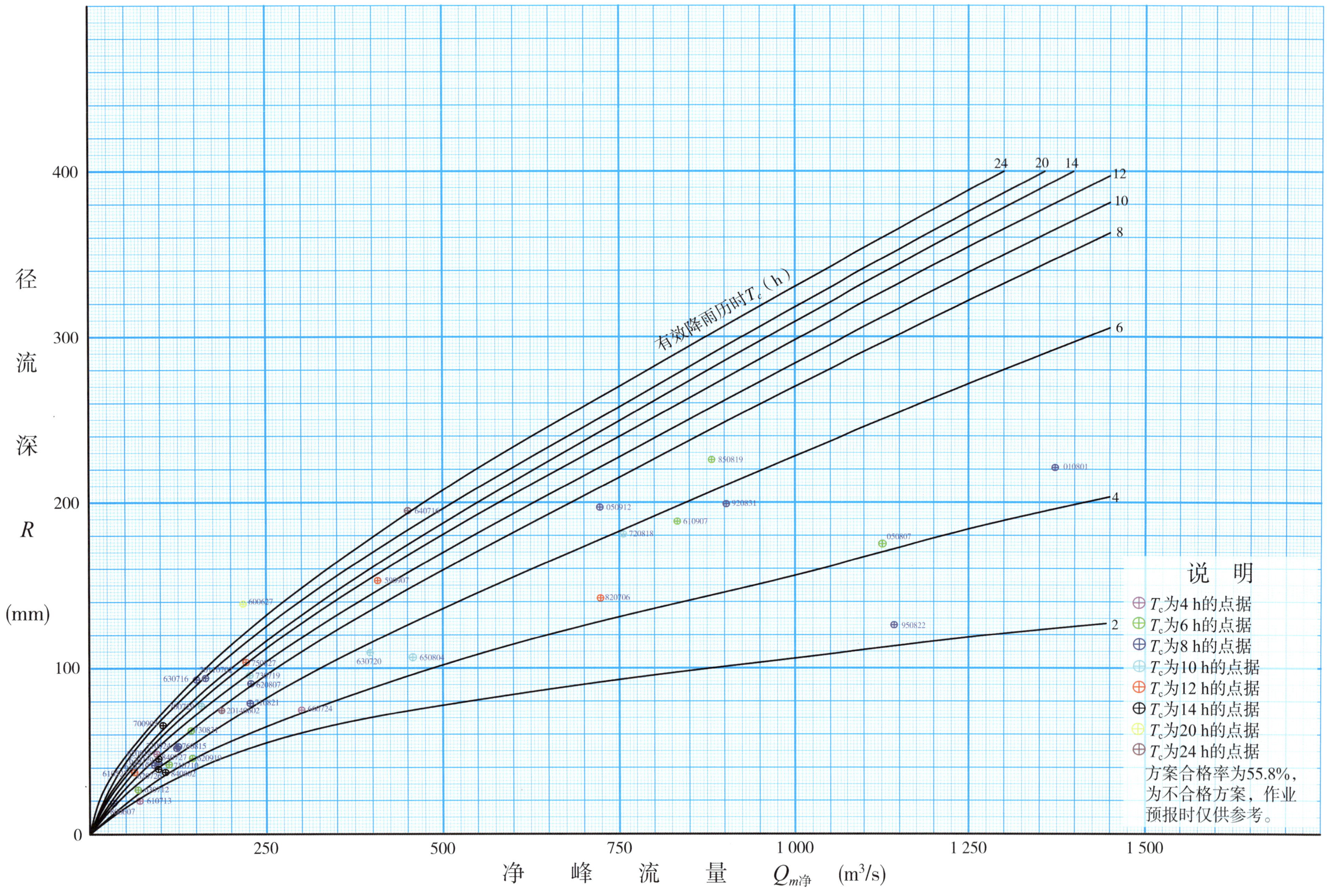

图 28–4 白沙河崂山水库站峰量关系曲线图（R–T_c–$Q_{m净}$）

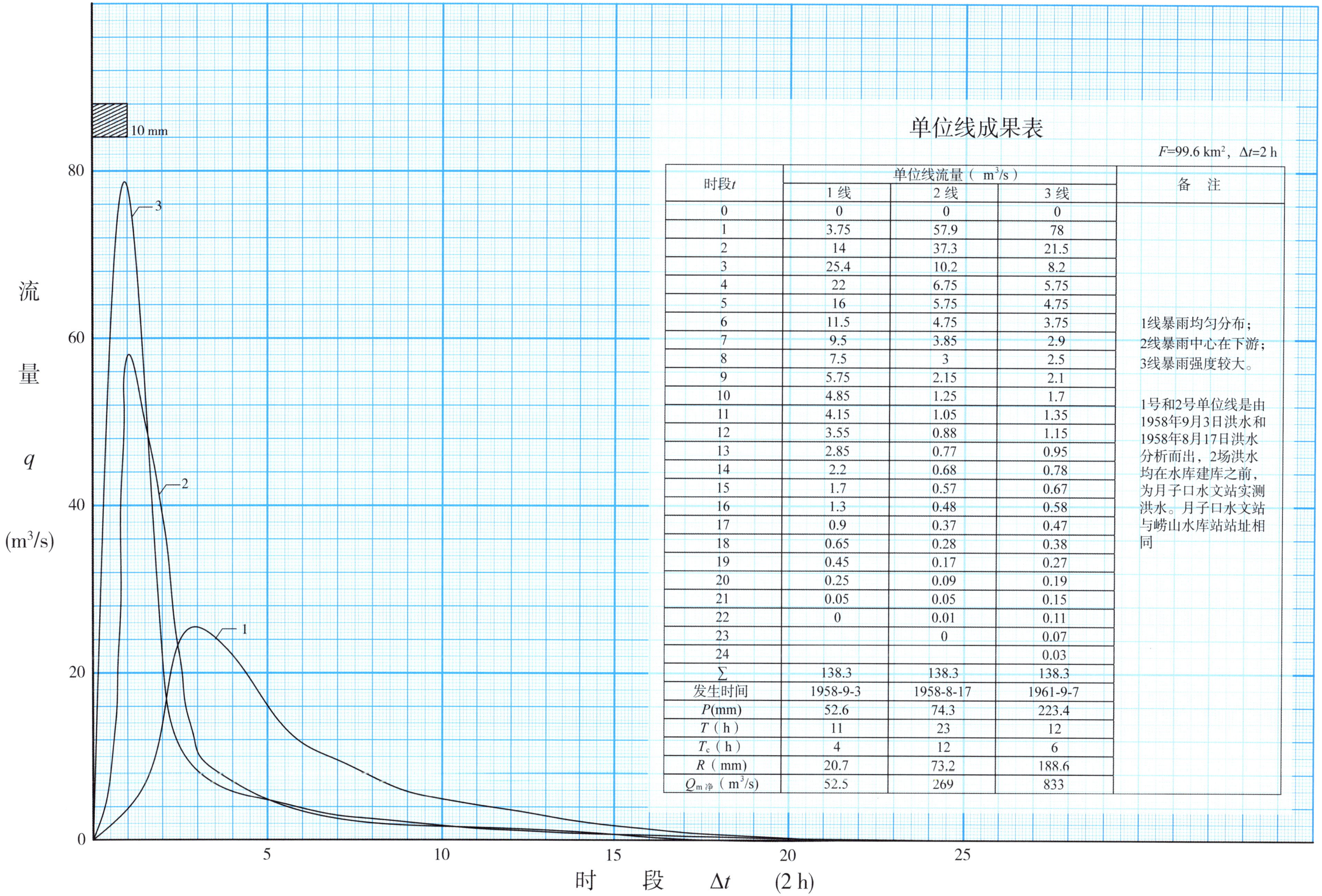

单位线成果表

F=99.6 km², Δt=2 h

时段t	单位线流量（m³/s）			备 注
	1 线	2 线	3 线	
0	0	0	0	
1	3.75	57.9	78	
2	14	37.3	21.5	
3	25.4	10.2	8.2	
4	22	6.75	5.75	
5	16	5.75	4.75	
6	11.5	4.75	3.75	1线暴雨均匀分布；2线暴雨中心在下游；3线暴雨强度较大。
7	9.5	3.85	2.9	
8	7.5	3	2.5	
9	5.75	2.15	2.1	
10	4.85	1.25	1.7	1号和2号单位线是由1958年9月3日洪水和1958年8月17日洪水分析而出，2场洪水均在水库建库之前，为月子口水文站实测洪水。月子口水文站与崂山水库站站址相同
11	4.15	1.05	1.35	
12	3.55	0.88	1.15	
13	2.85	0.77	0.95	
14	2.2	0.68	0.78	
15	1.7	0.57	0.67	
16	1.3	0.48	0.58	
17	0.9	0.37	0.47	
18	0.65	0.28	0.38	
19	0.45	0.17	0.27	
20	0.25	0.09	0.19	
21	0.05	0.05	0.15	
22	0	0.01	0.11	
23		0	0.07	
24			0.03	
$\sum$	138.3	138.3	138.3	
发生时间	1958-9-3	1958-8-17	1961-9-7	
P(mm)	52.6	74.3	223.4	
T（h）	11	23	12	
T_c（h）	4	12	6	
R（mm）	20.7	73.2	188.6	
$Q_{m净}$（m³/s）	52.5	269	833	

图 28–5　白沙河崂山水库站单位线综合图

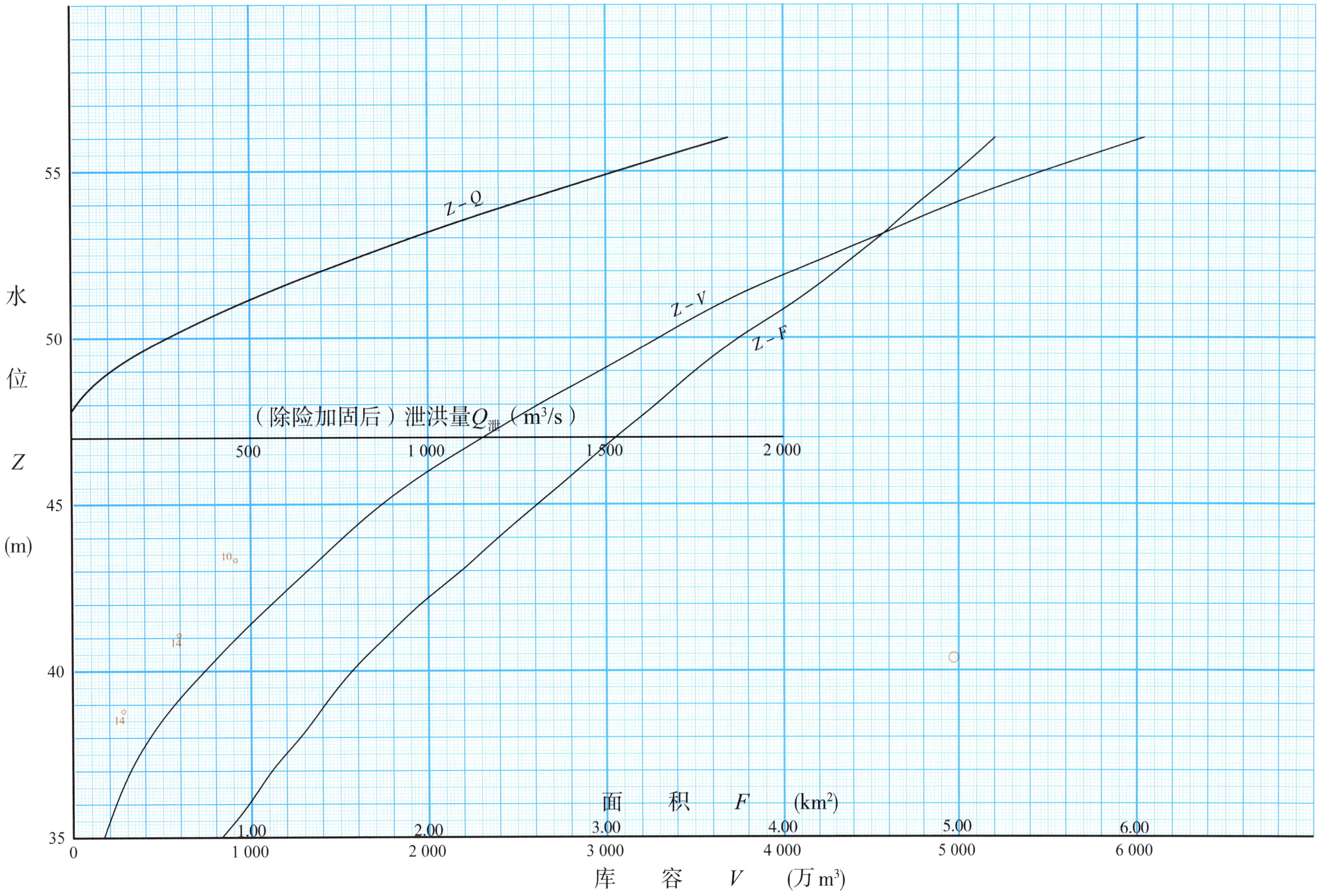

图 28-6 白沙河崂山水库水位与库容、面积、泄量关系曲线图

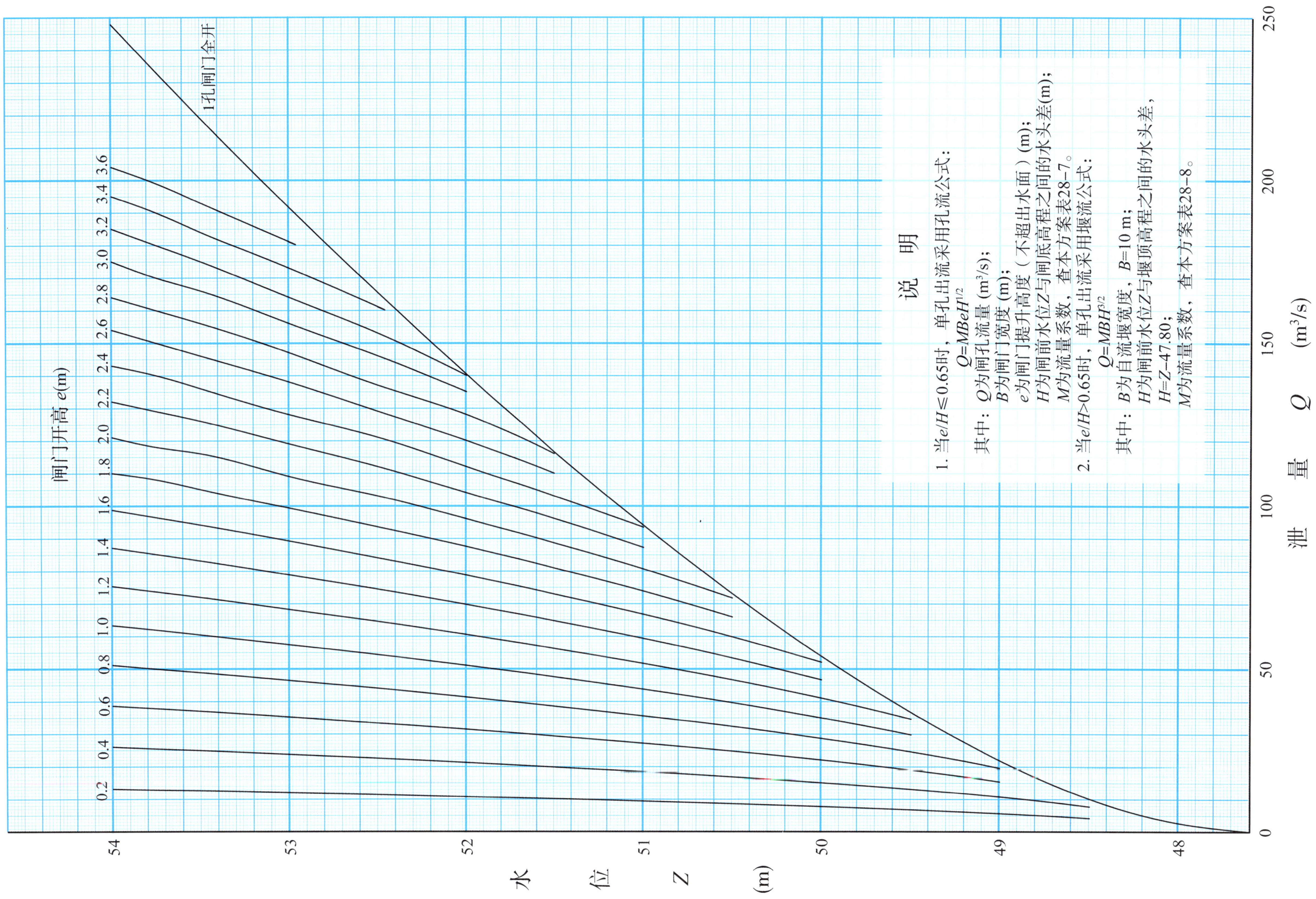

图 28–7 白沙河崂山水库溢洪闸泄量曲线图（单孔）

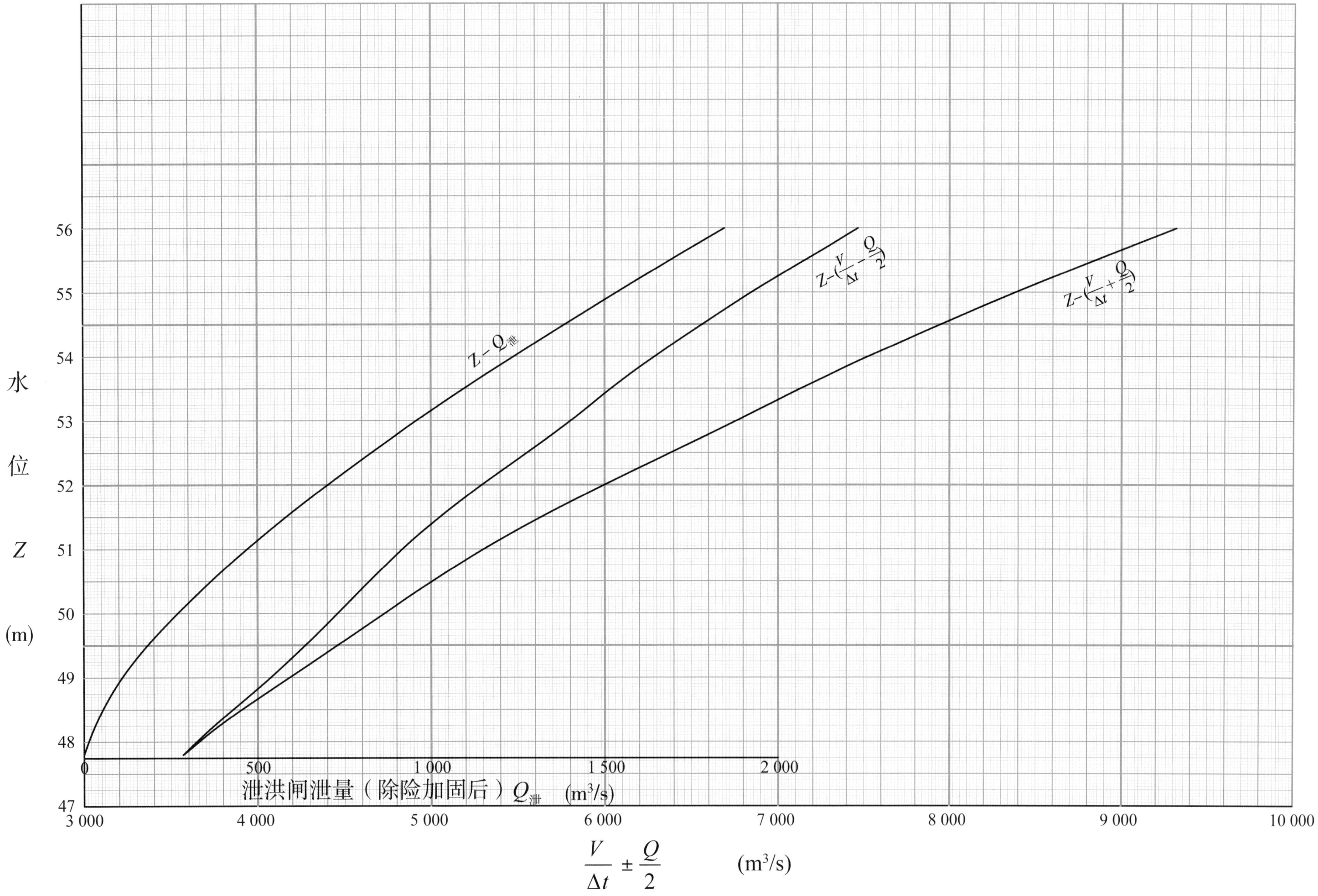

图 28–8　白沙河崂山水库站蓄率中线法调洪辅助曲线图

第二十九章　黄水河王屋水库站水文预报方案编制说明

1　流域概况

1.1　流域自然地理特征

王屋水库位于龙口市东南部石良镇，黄水河上游，流域形状呈扇形，流域面积为 328 km^2，流域长度为 22.7 km，流域平均宽度为 11.8 km，干流长度为 30 km，干流平均坡度为 3.25‰。流域内地形主要为低山丘陵，山区约占 70%，丘陵约占 30%，整体地势南高北低，山区岩石多为风化石、片麻岩。丘陵土层厚度一般在 25 cm 左右。植被稀疏，山地及河谷地带土层较厚，一般在 1 m 以上，土壤多为沙壤土。山丘区植有杂树，梯田较多，种植果树、地瓜、花生、玉米、小麦等。气候属暖温带东亚大陆性季风气候。多年平均年降水量为 709.0 mm，汛期 6—9 月降水量约占全年的 71%，其中 7—8 月份降水量最多，约占全年的 50%。暴雨天气系统以台风、台风倒槽、高空槽、江淮气旋为主。流域内三日最大雨量为阜山站的 646.0 mm，由 1985 年 8 月第 9 号台风形成。流域内河网发育较好，河床比降大，源短流急，暴涨暴落，属山溪性雨源型河流。黄水河王屋水库站以上流域图见图 29-5。

1.2　水利工程情况

1.2.1　王屋水库概况

王屋水库于 1958 年 9 月动工修建，1959 年 7 月基本建成。大坝为黏土心墙土坝，总库容为 1.49 亿 m^3。1979 年于大坝东首建成溢洪闸。王屋水库控制运用指标见表 29-1，王屋水库工程基本情况见表 29-2。

表 29-1　黄水河王屋水库控制运用指标表

特征	允许最高	警戒	汛中	超蓄	汛末
水位（m）	77.38	74.43	73.00	73.40	73.50
库容（万 m^3）	13 152	9 346	7 790	8 214	8 321

表 29-2　黄水河王屋水库工程基本情况表

大坝（m）					
坝长	最大坝高	坝顶宽	坝顶高程	防浪墙顶高程	
761	28.30	8.0	79.80	80.80	

续表

溢洪道					
级别	型式	堰顶高程	净宽	尺寸	最大泄量
一级	有控制	69.30 m	90.0 m	9 × 10 m × 4.7 m	3 398 m^3/s
输水洞					
名称	型式	尺寸	进口底高程（m）	最大流量（m^3/s）	闸门型式
东放水洞	内衬有压管道	∅1.0 m	60.40	4.11	平面钢闸门
西放水洞	钢筋混凝土方涵	1.5 m × 2.0 m	62.20	13.74	平板钢闸门
水库特征					
特征	死	兴利	设计	校核	历史最高
水位（m）	60.40	73.50	74.67	77.38	74.86
库容（万 m^3）	655	7 667	9 622	13 152	—

1.2.2　上游水利工程情况

王屋水库建成后，流域上游水利工程逐年增加，至 1985 年趋于稳定。现有小（1）型水库 4 座，控制面积 31.75 km^2，小（2）型水库 45 座，控制面积 54.2 km^2，小型水库控制总面积 85.95 km^2。王屋水库站以上流域内小（1）型水利工程见表 29-3。

表 29-3　黄水河王屋水库站以上流域内小（1）型水利工程情况表

水库类型	水库名称	流域面积（km^2）	兴利库容（万 m^3）	总库容（万 m^3）	建成年月	所在位置
小（1）型	牛心沟水库	3.8	123	164	1972 年 6 月	招远市阜山镇
	大李家水库	3.2	140.5	195	1974 年 4 月	招远市阜山镇
	林家水库	9.35	217	278	1974 年 3 月	栖霞市苏家店镇
	吴家水库	15.4	81.6	124.8	1979 年 3 月	栖霞市苏家店镇

1.3　测站概况

1.3.1　站网情况

王屋水库水文站设立于 1959 年 2 月 16 日，为中央报汛站，为省、部防汛部门提供雨水情和洪水预报，主要搜集流域内降水量、水库水位、出库流量、水面蒸发量、土壤墒情等有关水文资料，进行水库洪水预报、抗洪能力计算、调洪演算等，为防汛抗旱、水资源控制运用提供信息。库水位观测断面沿用至今。库水位、流量、降水量等水文资料具有一定的连续性。建站初期至 1976 年雨量控制站较少，自 1976 年雨量站网调整后沿用至今。

1.3.2 测报设施

1992年以前采用普通雨量器和自记雨量计观测雨量，再电话报汛；1992年以后采用水文遥测系统测报。2001年之后采用遥测系统、数传仪自动测报系统和GSM移动通信遥测系统测报。

1.3.3 基面换算关系

王屋水库站基面采用假定基面（冻结基面），1956年黄海基面高程 = 假定基面高程 +3.690 m。

2 预报方案编制

2.1 预报区间的确定

王屋水库上游无大中型水库，所以预报区间为王屋水库站以上流域，控制区间的面积为 328 km^2。

2.2 资料情况及方案沿革

2.2.1 资料年限

王屋水库预报方案于1980年编制完成，又于1990年、2005年、2008年进行了修订，本次修订除选用之前分析的1961—2008年的48场次洪水外，还增加了2009—2020年4场次洪水，资料系列为1961—2020年，共52场次洪水，黄水河王屋水库站降雨径流分析成果详见表29–7。

2.2.2 历史洪水

经调查，近百年来“85・8”洪水实为罕见，其代表性、典型性最佳，对洪水的高水预报具有重要参考价值。该次洪水两个相关点据在降雨径流关系和峰量关系中为最大和次大。

2.2.3 方案沿革

原方案中产流方案采用降雨径流相关图 $P+P_a-R$（割基流），汇流方案采用峰量关系图、经验单位线。本次修订在原产流方案降雨径流相关图 $P+P_a-R$（不割基流）中增加了4个点据，重新定线；在原汇流方案峰量关系图中增加了4个点据；保留原来的单位线且选出3条有代表性的单位线为预报作业服务。

2.3 产流方案

本方案采用 $P+P_a-R$ 相关图法，方案合格率为：不割基流86.5%（详见表29–8），割基流86.3%，均为甲级方案。

2.3.1 主要参数的计算

2.3.1.1 流域平均降水量P

P 值根据流域内雨量站权重进行加权计算，历年来雨量站权重变化情况如下：

1964年5月以前：王屋水库0.177、赵格庄0.606、苏家店0.217；

1964年5月至1976年5月：王屋水库0.206、苏家店0.557、九曲0.237；

1976年5月以后：王屋水库0.22、苏家店0.33、赵家庵0.11、阜山0.17、九曲0.17。

2.3.1.2 流域平均前期影响雨量P_a

分析汛前四月份或五月份土壤含水情况，确定一个 P_a 初始值，然后根据公式逐日计算，其计算公式为

$$P_{a,t}=K(P_{a,t-1}+P_{t-1})$$

式中：$P_{a,t}$ 为当日的前期影响雨量（mm）；$P_{a,t-1}$ 为前一日的前期影响雨量（mm）；P_{t-1} 为前一日的流域平均雨量（mm）；K 为前期影响雨量递减系数，K_1=0.95（$P_{t-1}<1.0$ mm），K_2=0.98（1.0 mm $\leqslant P_{t-1}<$ 10.0 mm），K_3=1.00（$P_{t-1}\geqslant$ 10.0 mm）。

2.3.1.3 流域最大损失量I_m

根据地域综合资料分析，采用 I_m=100 mm，根据累积计算，当 $P_a\geqslant$ 100 mm时，取 P_a 的最大值等于 I_m，故 P_a 的取值范围为 $0<P_a\leqslant$ 100 mm。

2.3.1.4 洪水总量W

洪水总量由实测水库洪水资料还原求得，其计算公式为

$$W=\Delta V+W_{出}$$

式中：ΔV 为库容变量（洪水起涨至落平之间的库容差）（万 m^3）；$W_{出}$为出库水量（洪水期间出库水量）（万 m^3）。

2.3.1.5 基流分割

通过基流分割计算，求得基流水量 $W_{基}$和次洪水的净来水量 $W_{净}$（地表径流量）。本次修订采用直线斜割法进行基流分割，其计算公式为

$$W_{基}=(Q_{起}+Q_{讫})/2\times0.36\times T_{洪}$$

$$W_{净}=W-W_{基}$$

式中：$Q_{起}$为洪水起涨时流量（基流）（m^3/s）；$Q_{讫}$为洪水讫时流量（洪水落平时的入库流量，根据经验分析，一般为降雨基本结束后18~36 h的流量）（m^3/s）；$T_{洪}$为洪水总历时（洪水起涨至落平的时间差）（h）。

2.3.1.6 径流深R

径流深计算公式如下：

$$R=10W/F$$

式中：W 为洪水总量（本次修订采用未割基流的洪水总量）（万 m^3）；F 为流域面积（本次修订流域面积取用 328 km^2）。

2.3.2 产流方案（$P+P_a-R$）说明

产流方案综合反映了流域降水径流关系，本方案（未割基流）的 $P+P_a-R$ 关系曲线图详见图29–6。图中Ⅰ线反映了本流域发生洪水各影响因素在正常状态下或是互补平衡状态下降雨径流关系；Ⅱ线反映了流域干旱、产流面积小、降雨强度小等不利于产流因素影响下的降雨

径流关系。通过实测点据适线分析，可看出偏线点据多发生在中低洪水，这主要是由 P_a 计算值与实际情况不符、降雨代表性差、产流面积小等影响因素造成的。

2.3.3 精度评定

根据产流方案精度评定要求，径流深许可误差为实测值的 20%（并当许可误差大于 20.0 mm 时以 20.0 mm 为上限；小于 3.0 mm 时以 3.0 mm 为下限），预报误差小于许可误差时为合格，反之为不合格。通过评定，本产流方案合格率为 86.5%，属甲级方案，可用于作业预报。

2.4 汇流方案

本方案采用峰量关系图和经验单位线两种方法。

2.4.1 峰量关系图 $R-T_c-Q_m$

（1）洪峰流量 Q_m，由反推入库洪水过程求得，计算时段 Δt=1 h。

（2）有效降雨历时 T_c，是指降雨过程中对造峰直接产生影响的降雨强度较大的降雨历时。一般取峰前时段降雨强度大于稳渗强度（f_c=2.5 mm/h）的降水时段，是峰量关系中的主要参数。

2.4.2 汇流方案（$R-T_c-Q_m$）说明

$R-T_c-Q_m$ 是以 T_c 为主要影响参数的峰量关系曲线，详见图 29-7，该图反映了中低水（R 在 80 mm 以下）情况下的峰量关系，具有一定的规律性。高水时，各影响因素有利于造峰，关系较好，曲线趋于 T_c=6 h 的关系线。通过实测点据适线分析，可看出偏线点据多数发生在中低洪水，偏线原因主要是降雨空间分布、复峰状态、下垫面等因素。

2.4.3 精度评定

根据汇流方案精度评定要求，洪峰流量许可误差为实测值的 20%，预报误差小于许可误差时为合格，反之为不合格。通过评定，本汇流方案合格率为 78.8%，属乙级方案，可用于作业预报，详见表 29-9。

2.4.4 经验单位线

本方案选取了 830806、900710、010801 共 3 场有代表性的洪水进行综合分析，确定了暴雨中心在中上游或中下游等不同降雨特性的单位线。计算过程力求简单，宏观处理洪水起涨、落平段流量数据，尽量减少人工处理过程，以提高经验单位线与原洪水符合程度，保持其所具有的洪水特性。

3 方案精度评定

产流方案合格率为 86.5%（不割基流），属甲级方案，汇流方案（$R-T_c-Q_m$）合格率为 78.8%，属乙级方案，所以本方案为乙等方案。

4 方案使用说明

洪水预报方案反映了流域综合因素影响下的降雨径流关系、峰量关系。就单次洪水而言，它既有群体的共性，又有单体的个性，所以在具体预报作业中，要从主到次分析影响降雨径流的各水文因素，用以修正各预报值，提高预报精度。

4.1 产流方案

4.1.1 流域平均前期影响雨量 P_a 值的确定

在进行洪水预报时，应对计算的 P_a 值进行合理性分析，以确定 P_a 的取用值。由于 P_a 是根据公式逐日推算的，如果流域内发生局部降雨等代表性差的雨型，容易造成 P_a 值计算误差；如果 P_a 计算值很小，遇有强度较大的降雨，查读 $P+P_a-R$ 关系曲线时容易造成 R 查读值偏小；如果 P_a 计算值达到 I_m 值，应分析流域下垫面饱和程度，实际情况是否真正达到 I_m 值；同量级的 P_a 值在汛初、汛中、汛末对降雨径流的影响也不相同，一般来讲，相同的 P_a 值汛中以后较汛中以前有利于产汇流。

4.1.2 流域平均雨量 P 的计算

根据流域内雨情逐时段（Δt=2 h）计算时段平均雨量。当累积雨量达到或超过 50 mm 时，即可进行洪水作业预报。通过分析历史洪水资料可知，流域内苏家店雨量站代表性较好，准确掌握该站雨量过程非常重要。

4.1.3 产流面积 F 的确定

随着汛期雨量的累积及次降雨量的增加，产流面积 F 也由小到大逐渐过渡到全流域。一般来讲，本流域在次雨量达到 100 mm 后（或洪水前较多的连续降雨）趋于全流域产流。预报时，根据雨情及下垫面情况，产流面积 F 的取值范围在 240~328 km^2。

4.1.4 径流深 R 的预报

根据所计算的前期影响雨量 P_a、流域平均雨量 P 查降水径流相关图（$P+P_a-R$）得到径流深 R。在实际预报作业时，应对有关影响因素进行分析判断，确定查值线形，并进行经验修正。一般来讲，汛初或久旱无雨，查Ⅱ线；P_a 值较高、产流面积较大、降雨强度大、河网基流较大，查Ⅰ线；当已经发生洪水再遭遇较强降水过程时，应于Ⅰ线偏右查值。

4.1.5 洪水总量 W 的计算

根据确定的产流面积 F 和预报的径流深 R，由公式 $W=0.1RF$ 计算得到洪水总量（或 $W_{净}$）。

4.1.6 综合因素的影响

降雨径流除受 P_a、F、T_c 因素影响外，构成降雨自身的时空分布、河网基流情况等因素的影响也不可忽视。一般来讲，降水中心在中下游、降雨强度大、降雨历时短，有利于产汇流。产流面积大，流域河网基流充足，遇有较强降水时，将会产生峰高量大的洪水过程，绝大多数大洪水、特大洪水具备以上有利于产汇流的因素；产流面积小，河网基流较小或干枯，即使遇有较强降水，也很难产生大的洪水过程，尤其是汛初和久旱无雨状态下，特别明显。当降雨径流各影响因素互补平衡时，会产生相对正常的洪水过程。因此，在洪水预报作业时，应准确分析各影响因素，灵活运用相关曲线，并进行经验修订，做出相应的洪水预报。

4.2 汇流方案

4.2.1 有效降雨历时T_c的影响

同量级的降雨因 T_c 的不同，产汇流的效果也不相同。T_c 越小，越有利于产汇流；反之，则不利于产汇流。T_c 的大小对洪峰流量的影响尤其明显，对峰量进行预报时，应重点参考 T_c 这一主要参数。

4.2.2 洪峰滞时t_p的确定

t_p 为降雨重心到洪峰出现的时距。本流域的 t_p 一般在 2~4 h，当各影响因素有利于产汇流时，t_p 趋小，反之趋大。一般来讲，降雨中心在中下游或发生特大暴雨时，t_p 取 2~3 h；降雨中心在中上游时，t_p 取 3 ~ 4 h；普雨时，t_p 取 3 h 为宜。

4.2.3 洪峰流量Q_m的预报

根据预报的径流深 R，以 T_c 为参数，查峰量关系相关图（R–T_c–Q_m）得到洪峰流量 Q_m。一般来讲，当 T_c 相同时，如果流域饱和、基流较大，则 Q_m 偏大，前有径流过程，后又连续发生洪水，更利于造成高值洪峰；反之 Q_m 偏小，预报时可根据实际情况跳线查值。在实际预报作业时，应以查图所得的 Q_m 值作为参考，综合考虑降水的时空分布（即暴雨强度和中心位置）和雨前流域的蓄满情况等影响因素，进行合理性修订。当影响因素有利于汇流，R 达到一定量级（80 mm）时，应抛开 T_c 的局限，在 T_c=6 h 的延长线上查取 Q_m（"85·8" 洪水中的两个实测点据即是这种情况）。

4.2.4 单位线推流

在洪水预报作业时，根据洪水特性在本方案中选取代表性较好的经验单位线，由 R_1，R_2，…，R_n 叠加计算来水过程。如果前后时段净雨强度相差很大，可变更经验单位线叠加推求来水过程。黄水河王屋水库站单位线见图 29–8。

5 洪水预报作业

洪水预报作业是一项即时性很强的水文业务工作，作业人员应具备深厚的水文知识、出色的分析计算能力，了解流域特性、下垫面情况和水库运行计划，做到程序化作业。

5.1 产汇流预报

产汇流预报作业程序可按图 29–1 进行。

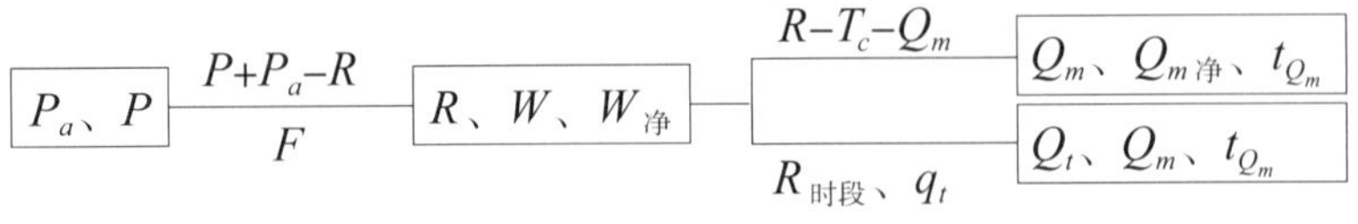

图 29–1 产汇流预报作业程序图

5.2 水库特征值预报

洪水入库时，水库水情将会发生两种状态：一是不调洪状态，二是调洪状态。

5.2.1 不调洪状态下水库特征值预报

不调洪状态下水库特征值预报可按图 29–2 进行。

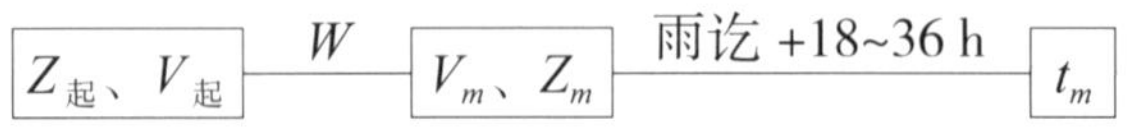

图 29–2 不调洪状态下水库特征值预报流程图

5.2.2 调洪状态下水库特征值预报

当发生特大洪水或高水运行下发生洪水时，洪水预报作业人员应根据水库汛期控制运用方案进行调洪演算，做出调洪状态下水库特征值预报。本方案采用 3 种方法进行调洪演算。

5.2.2.1 简易调洪演算

由水量平衡原理可知，在水库调洪过程中，当水库来水流量等于出库流量时，库水位涨平，达到最高值 Z_m。根据起涨水位 $Z_{起}$、预报洪峰流量 Q_m、降雨情况，经验概化预报来水过程 I_t，当概化来水过程 I_t 与出库过程 O_t 相交（如图 29–3 所示），此时水库处于水量平衡状态：I_t=O_t。根据交点时刻分别计算入库水量和出库水量，二者相减得库容变量 ΔV，由 $V_{起}+\Delta V$ 得 V_m。由 V_m 查 Z–V 关系曲线（图 29–9）得 Z_m，由 Z_m 查水位 – 泄量曲线得 O_m。如果 Z_m、O_m 在水库控制允许指标内，此方案可行，否则重新设计出库过程。

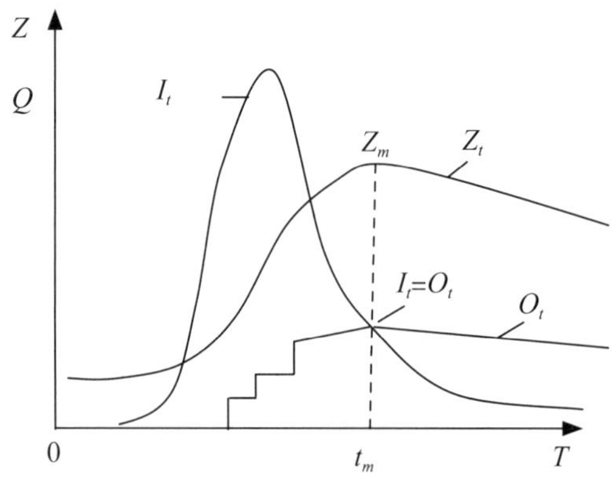

图 29–3 水库简易调洪示意图

必须注意：不可用来水过程线和出库过程线相交所得的 O_m 直接查读水位 – 泄量曲线求 Z_m，因为在水位 – 泄量曲线中，Z 值对于 O_t 值较为敏感，O_t 较小变幅可导致 Z 较大变幅，从而造成预报误差。

该方法的优点在于简单直观，预报人员容易接受。它不受计算时段、闸门开启变化的限制，当闸门变动时，立刻根据新的水量平衡计算，预报出水库各特征值。

调洪状态下水库特征值简易预报可按图 29–4 进行。

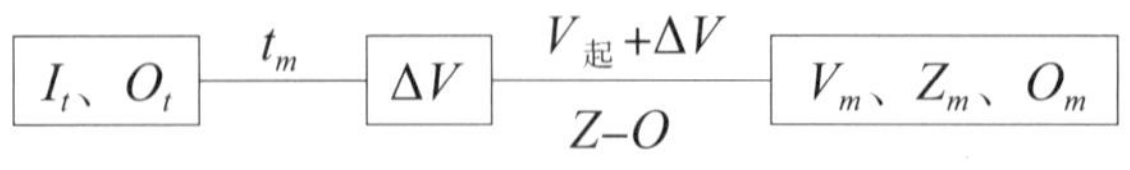

图 29–4 调洪状态下水库特征值简易预报流程图

调洪演算计算成果可按表 29–4 进行。

表 29-4　简易调洪演算成果表

$t_{起}$	$V_{起}$	$W_{来}$	$W_{出}$	$W_{末}$	ΔV	V_m	Z_m	t_m

5.2.2.2　计算机调洪演算

该方法建立在水量平衡的基础上，通过计算机按程序列表计算，由单位线推求来水过程，由水库出库过程推求出库水量，由来水过程、出库过程推求库容变量。

由于调洪预案中出库过程由水库管理局掌控，故预报作业时预报人员须根据水库出库情况，即时建立水量平衡关系，从水库单位线调洪演算表中提取有关数据进行计算，做出水库特征值预报（由 $V_{起}+\Delta V_m$ 得到 V_m，由 V_m 查 Z–V 曲线得到 Z_m，由 Z–O 曲线得到 O_m），计算机调洪演算成果按表 29-5 进行。

表 29-5　计算机调洪演算成果表

t_m			$V_{起}$	ΔV_m	$V_m=V_{起}+\Delta V_m$	Z_m	O_m
月	日	时					

在进行预报作业时，简易调洪演算和计算机调洪演算可同时进行，以进行校核。

5.2.2.3　半图解法调洪演算

半图解法也是根据水量平衡原理建立的一种方法，但此方法往往受计算时段限制，当闸门变动频繁时，计算起来比较麻烦，故不做深入讨论，一般了解即可［详见长江流域规划办公室（现长江水利委员会）主编的《水文预报方法》一书］。

6　安全泄量与水库溢洪道泄量曲线

6.1　安全泄量

当发生 20 年一遇洪水时，王屋水库控泄 500 m^3/s，能保证刁家村村民生命财产安全，洪水经区间组合到达莱茵河河口处时洪峰流量为 789 m^3/s，到达黄城集河河口处时洪峰流量为 1 844 m^3/s，均未超过河口的过流能力，故水库下游河道安全泄量为 500 m^3/s。

6.2　水库泄量

溢洪闸泄量分两种情况计算。

（1）限制泄流

$$q=\mu eB\left[2g\,(H-\varepsilon e)\right]^{0.5}$$

式中：μ 为水流垂直收缩系数，$\mu=\varepsilon\varphi$，φ 取 0.975，ε 可查表 29-6；e 为启闸高度；B 为闸门宽度（m），$B=nb$；H 为闸前堰顶水头（m）。

表 29-6　平板闸门垂直收缩系数 ε 与 e/H 关系表

e/H	0.1	0.15	0.2	0.25	0.3	0.35	0.4	0.45	0.5	0.55	0.6	0.65	0.7
ε	0.615	0.618	0.620	0.622	0.625	0.630	0.630	0.638	0.645	0.650	0.660	0.675	0.690

（2）不限制泄流

$$q=\varepsilon mbn\,(2g)^{0.5}H^{1.5}$$

$$\varepsilon=1-0.2\left[\zeta_k+(n-1)\zeta_0\right]H_0/(nb)$$

式中：q 为流量（m^3/s）；b 为每孔净宽，b=10.0 m；n 为闸门孔数，n=9；H 为堰上水头（m）；H_0 为包括行近流速水头的堰前水头（m）；m 为宽顶堰流量系数，取为 0.385；ε 为侧收缩系数，考虑闸墩影响；ζ_k 为边墩形状系数，取为 0.7；ζ_0 为中墩形状系数，取为 0.45。

王屋水库泄量计算结果见表 29-10，并绘制出 Z–e–q 关系曲线，详见图 29-10（9 孔）。

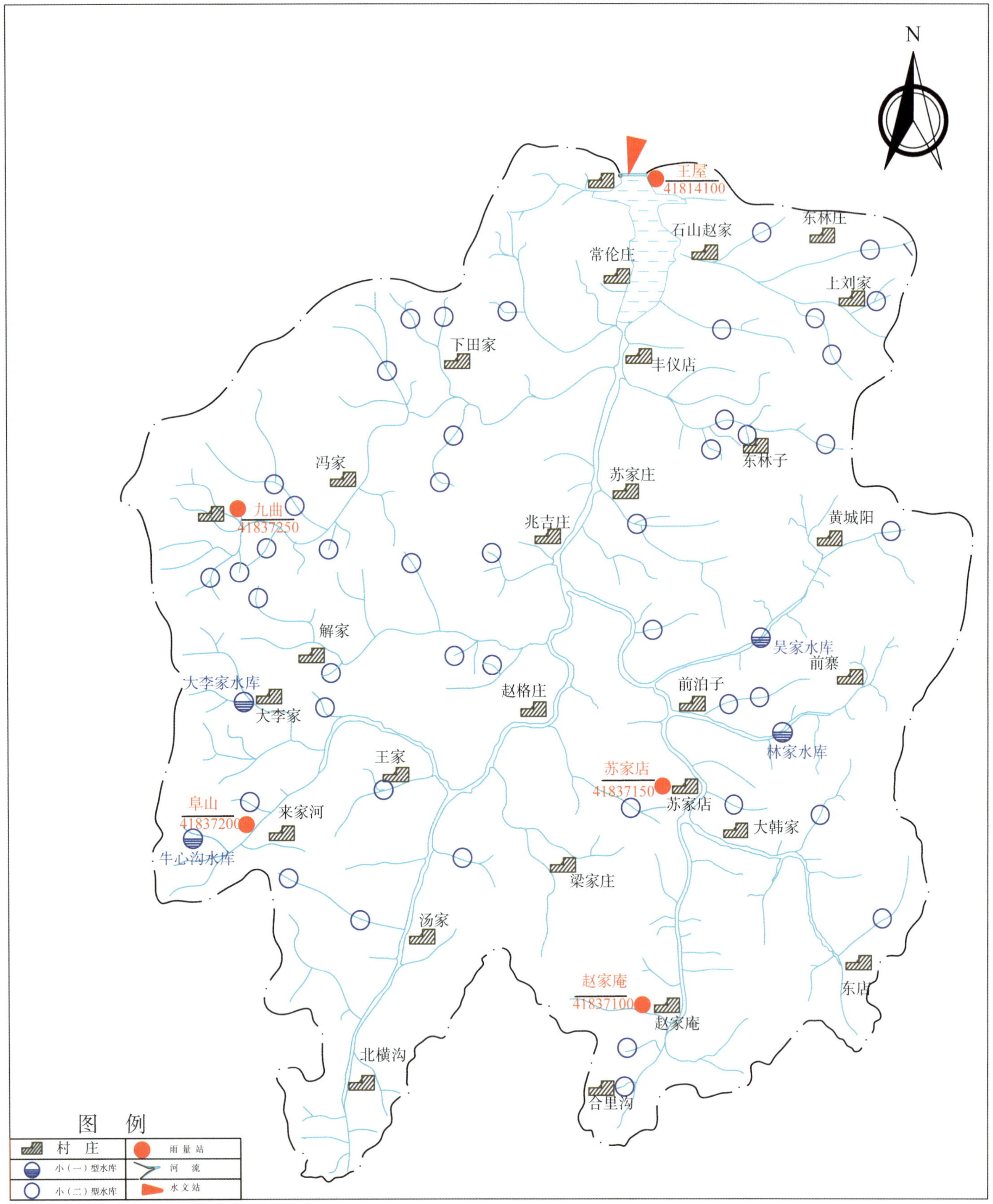

图 29-5　黄水河王屋水库站以上流域图

表 29-7　黄水河王屋水库站降雨径流分析成果表

序号	洪号	降雨起讫时间							流域平均雨量 P（mm）	前期影响雨量 P_a（mm）	$P+P_a$（mm）	降雨历时（h）		暴雨中心位置	洪水发生时间									洪水历时 $T_{洪}$（h）		洪峰流量 Q_m（m^3/s）	净峰流量 $Q_{m净}$（m^3/s）	地表径流总量 W（万 m^3）	集水面积 F（km^2）	径流深 R（mm）	净雨深 $R_{净}$（mm）	径流系数 α	备注
		起				讫									起涨			峰顶			落平												
		年	月	日	时	月	日	时				全部	有效		月	日	时	月	日	时	月	日	时	全部	有效								
1	610807	1961	8	7	12	8	7	18	17.1	46.1	63.2	6	2	下游	8	7	12	8	7	13.5	8	8	6	18	1.5	100	100	156	328	4.8	4.4	0.28	
2	620818	1962	8	18	6	8	18	18	95.4	86.0	181.4	12	4	普雨	8	18	12	8	18	15.5	8	19	12	24	3.5	923	911	1 965	328	59.9	53.2	0.63	
3	640630	1964	6	30	10	6	1	14	90.0	32.2	122.2	28	6	普雨	6	30	10	6	60	21.5	7	1	16	30	11.5	294	285	580	328	17.7	13.9	0.20	
4	640704	1964	7	4	14	7	4	22	49.3	98.8	148.1	8	4	普雨	7	4	17.5	7	4	20.5	7	5	14	20.5	3	466	451	984	328	30.0	25.4	0.61	
5	640705	1964	7	5	16	7	6	8	52.8	100.0	152.8	16	4	中下游	7	5	18	7	5	20.5	7	6	14	20	2.5	633	598	1 098	328	33.5	25.8	0.63	
6	640726	1964	7	26	6	7	26	14	29.5	78.4	107.9	8	4	普雨	7	26	8	7	26	12.5	7	27	6	22	4.5	233	229	340	328	10.4	8.8	0.35	
7	650716	1965	7	16	10	7	16	18	42.6	47.1	89.7	8	4	苏家店	7	16	10	7	16	16.5	7	17	8	22	6.5	153	151	271.6	328	8.3	7.8	0.19	
8	650727	1965	7	27	16	7	28	20	120.7	100.0	220.7	28	10	普雨	7	27	16	7	28	11.5	7	29	8	40	19.5	573	536	2 689	328	82.0	67.7	0.68	
9	670713	1967	7	12	22	7	13	14	50.0	80.9	130.9	16	6	上游	7	13	0	7	13	9.5	7	14	2	26	9.5	200	193	407	328	12.4	10.0	0.25	
10	680719	1968	7	19	12	7	19	20	33.9	79.6	113.5	8	4	普雨	7	19	14	7	19	20.5	7	20	11	21	6.5	250	246	318	328	9.7	8.5	0.29	
11	690808	1969	8	8	0	8	8	14	61.6	75.0	136.6	14	4	普雨	8	8	1.5	8	8	12.5	8	9	6	28.5	11	299	291	571.4	328	17.4	14.6	0.28	
12	690817	1969	8	17	16	8	18	4	51.3	75.0	126.3	12	2	九曲	8	17	18	8	17	21.5	8	18	14	20	3.5	278	274	507	328	15.5	13.9	0.30	
13	700724	1970	7	24	2	7	24	20	112.9	100.0	212.9	18	6	普雨	7	24	2	7	24	10.5	7	25	8	30	8.5	1 028	1 003	2 377	328	72.5	61.9	0.64	
14	710802	1971	8	2	16	8	3	10	61.2	98.3	159.5	18	4	九曲	8	2	18	8	2	21.5	8	3	20	26	3.5	456	448	855	328	26.1	21.1	0.43	
15	710809	1971	8	9	6	8	10	0	100.2	86.4	186.6	18	6	苏家店	8	9	8	8	9	18	8	10	17	33	10	705	688	1 953	328	59.5	50.3	0.59	
16	710903	1971	9	3	2	9	3	20	81.9	86.6	168.5	18	6	上游	9	3	8	9	3	14.5	9	4	10	26	6.5	437	425	1 271	328	38.8	32.9	0.47	
17	730831	1973	8	30	22	8	31	18	108.7	57.3	166.0	20	6	普雨	8	31	6	8	31	11.5	8	1	8	26	5.5	645	629	1 634	328	49.8	43.0	0.46	
18	740813	1974	8	13	2	8	14	12	86.7	100.0	186.7	34	6	普雨	8	13	10	8	14	6.5	8	15	2	40	20.5	716	716	2 154	328	65.7	46.3	0.76	
19	750606	1975	6	6	12	6	7	2	77.8	16.4	94.2	14	4	苏家店	6	6	11.5	6	6	18.5	6	7	16	28.5	7	483	478	675	328	20.6	19.3	0.26	
20	750814	1975	8	13	22	8	14	14	85.2	100.0	185.2	16	4	苏家店	8	14	0	8	14	6.5	8	15	4	28	6.5	598	583	1 081	328	33.0	27.6	0.39	
21	750815	1975	8	15	2	8	16	2	71.0	100.0	171.0	24	6	普雨	8	15	4	8	15	19	8	16	14	34	15	567	534	1 607	328	49.0	35.9	0.69	
22	750901	1975	9	1	2	9	1	14	56.5	100.0	156.5	12	4	下游	9	1	2	9	1	10.5	9	2	6	28	8.5	643	611	1 457	328	44.4	33.4	0.79	
23	760629	1976	6	29	8	6	30	6	126.1	32.1	158.2	22	10	中上游	6	29	8	6	29	22.5	7	1	0	40	14.5	261	251	1 131	328	34.5	29.0	0.27	
24	760802	1976	8	1	22	8	2	12	53.8	93.0	146.8	14	4	中游	8	2	4	8	2	11.5	8	3	4	24	7.5	489	469	869	328	26.5	20.5	0.49	
25	760820	1976	8	20	0	8	20	12	94.2	83.5	177.7	12	4	普中	8	20	2	8	20	5.5	8	21	2	24	3.5	1 067	1 064	1 954	328	59.6	52.8	0.63	
26	770806	1977	8	6	0	8	6	16	101.8	60.5	162.3	16	8	中下游	8	6	2	8	6	9.5	8	7	8	30	7.5	295	288	1 095	328	33.4	28.9	0.33	复峰
27	780701	1978	7	1	14	7	2	0	45.9	98.3	144.2	10	6	中下游	7	1	16	7	1	21	7	2	16	24	5	308	286	698	328	21.3	15.3	0.46	
28	780816	1978	8	16	0	8	16	8	57.7	100.0	157.7	8	4	普雨	8	16	0	8	16	7.5	8	17	2	26	7.5	494	468	1 168	328	35.6	26.2	0.62	

续表

序号	洪号	降雨起讫时间 起 年	起 月	起 日	起 时	讫 月	讫 日	讫 时	流域平均雨量 P（mm）	前期影响雨量 P_a（mm）	$P+P_a$（mm）	降雨历时（h）全部	降雨历时（h）有效	暴雨中心位置	洪水发生时间 起涨 月	起涨 日	起涨 时	峰顶 月	峰顶 日	峰顶 时	落平 月	落平 日	落平 时	洪水历时 $T_{洪}$（h）全部	洪水历时 有效	洪峰流量 Q_m（m^3/s）	净峰流量 $Q_{m净}$（m^3/s）	地表径流总量 W（万 m^3）	集水面积 F（km^2）	径流深 R（mm）	净雨深 $R_{净}$（mm）	径流系数 α	备注
29	790624	1979	6	23	22	6	24	16	97.1	57.2	154.3	18	6	普中	6	24	2	6	24	7.5	6	25	8	30	5.5	457	449	1 004	328	30.6	26.4	0.32	
30	810817	1981	8	16	22	8	17	6	99.6	44.1	143.7	8	4	上中游	8	17	0	8	17	6	8	17	22	22	6	350	346	517	328	15.8	14.0	0.16	
31	820808	1982	8	8	10	8	9	8	93.7	100.0	193.7	22	8	中上游	8	8	12	8	8	15.5	8	10	0	36	3.6	739	724	1 797	328	54.8	47.7	0.58	复峰
32	820825	1982	8	25	4	8	26	10	192.2	65.5	257.7	30	10	普雨	8	25	6	8	25	16.5	8	26	20	38	10.5	611	597	3 128	328	95.4	84.8	0.50	
33	830806	1983	8	6	14	8	6	20	71.5	80.5	152.0	6	4	下游	8	6	15	8	6	17.5	8	7	14	23	2.5	652	648	936	328	28.5	26.3	0.40	
34	850819	1985	8	18	22	8	19	18	167.4	100.0	267.4	20	10	普雨	8	19	0	8	19	15.5	8	20	12	36	15.5	1 289	1 259	3 654	328	111.4	98.6	0.67	
35	850820	1985	8	20	8	8	21	14	212.4	100.0	312.4	30	10	普雨	8	20	12	8	21	4.5	8	22	4	40	16.5	1 983	1 935	5 718	328	174.3	153.7	0.82	
36	900710	1990	7	10	0	7	10	8	59.6	100.0	159.6	8	6	上游	7	10	0	7	10	5.5	7	11	2	26	5.5	380	370	811	328	24.7	20.0	0.41	
37	900722	1990	7	22	18	7	23	10	48.2	100.0	148.2	16	6	普雨	7	22	20	7	23	5.5	7	24	2	30	7.5	310	284	1 072	328	32.7	23.6	0.68	
38	920901	1992	8	31	20	9	1	14	117.6	39.4	157.0	18	10	普雨	9	1	0	9	1	12.5	9	2	6	30	12.5	164	156	549	328	16.7	13.9	0.14	
39	940629	1994	6	29	8	6	29	18	98.9	49.7	148.6	10	6	普雨	6	29	8	6	29	17.5	6	30	8	24	9.5	191	188	382	328	11.6	10.6	0.12	
40	950822	1995	8	22	6	8	23	12	80.7	86.2	166.9	30	4	普雨	8	22	14	8	23	1.5	8	23	22	32	11.5	454	443	1 199	328	36.6	30.6	0.45	
41	960714	1996	7	13	22	7	14	10	72.9	80.4	153.3	12	6	中上游	7	14	0	7	14	8.5	7	15	2	26	6.5	329	323	497	328	15.2	13.0	0.21	
42	980724	1998	7	24	12	7	25	6	76.3	80.2	156.5	18	8	普雨	7	24	14	7	24	22.5	7	25	20	30	8.5	152	146	546	328	16.6	13.1	0.22	
43	980822	1998	8	22	10	8	23	8	121.7	66.0	187.7	22	8	普雨	8	22	12	8	22	23.5	8	23	20	32	11.5	405	388	1 258.7	328	38.4	29.6	0.32	
44	010731	2001	7	30	20	7	31	10	62.2	100.0	162.2	14	8	普雨	7	30	20	7	31	7	8	1	0	28	11	396	352	1 375	328	41.9	31.0	0.67	
45	010801	2001	8	1	4	8	2	10	89.0	100.0	189.0	30	6	普雨	8	1	12	8	1	20.5	8	2	17	29	8.5	862	816	2 070	328	63.1	48.9	0.71	
46	030801	2003	7	31	22	8	1	10	81.2	83.0	164.2	12	8	普雨	8	1	0	8	1	7.5	8	2	6	30	7.5	335	327	1 078	328	32.9	27.1	0.40	
47	070811	2007	8	11	12	8	12	8	80.7	100.0	180.7	20	8	普雨	8	11	14	8	12	4.5	8	13	8	42	14.5	259	238	1 216	328	37.1	27.2	0.46	
48	080720	2008	7	20	0	7	20	18	85.2	100.0	185.2	18	6	中下游	7	20	0	7	20	10.5	7	21	4	28	10.5	506	486	1 491	328	45.5	36.8	0.53	
49	090717	2009	7	17	19	7	18	8	63.2	100.0	163.2	13	6	下游	7	17	19	7	18	5	7	20	8	61	10	194	186	979	328	29.8	24.7	0.47	
50	120818	2012	8	18	18	8	19	7	120.0	89.5	209.9	13	4	下游	8	18	18	8	18	22.5	8	20	20	50	4.5	556	553	1 441	328	43.9	42.5	0.36	
51	170803	2017	8	3	7	8	3	21	107.0	95.9	202.8	14	6	普雨	8	3	7	8	3	16	8	4	14	31	9	892	864	1 584	328	48.3	38.9	0.45	
52	170823	2017	8	23	13	8	24	5	89.6	85.7	175.3	16	6	中上游	8	23	13	8	24	4	8	26	8	67	15	539	528	1 552	328	47.3	39.2	0.53	

表 29-8　黄水河王屋水库站降雨径流 $P+P_a-R$ 预报精度评定表（未割基流）

序号	洪号	降雨量 P（mm）	前期影响雨量 P_a（mm）	$P+P_a$（mm）	径流深		预报误差（mm）	许可误差（mm）	评定结果		线形	说明
					$R_实$（mm）	$R_预$（mm）			合格	不合格		
1	610807	17.1	46.1	63.2	4.8	5.6	0.8	3.0	√		Ⅰ	
2	620818	95.4	86.0	181.4	59.9	54.0	−5.9	12.0	√		Ⅰ	
3	640630	90.0	32.2	122.2	17.7	16.1	−1.6	3.5	√		Ⅰ	
4	640704	49.3	98.8	148.1	30.0	29.8	−0.2	6.0	√		Ⅰ	
5	640705	52.8	100.0	152.8	33.5	33.1	−0.4	6.7	√		Ⅰ	
6	640726	29.5	78.4	107.9	10.4	11.5	1.1	3.0	√		Ⅰ	
7	650716	42.6	47.1	89.7	8.3	8.1	−0.2	3.0	√		Ⅰ	
8	650727	120.7	100.0	220.7	82.0	88.2	6.2	16.4	√		Ⅰ	
9	670713	50.0	80.9	130.9	12.4	11.1	−1.3	3.0	√		Ⅱ	
10	680719	33.9	79.6	113.5	9.7	8.4	−1.3	3.0	√		Ⅱ	
11	690808	61.6	75.0	136.6	17.4	12.3	−5.1	3.5		√	Ⅱ	
12	690817	51.3	75.0	126.3	15.5	17.9	2.4	3.1	√		Ⅰ	
13	700724	112.9	100.0	212.9	72.5	80.7	8.2	14.5	√		Ⅰ	
14	710802	61.2	98.3	159.5	26.1	21.1	−5.0	5.2	√		Ⅱ	
15	710809	100.2	86.4	186.6	59.5	58.4	−1.1	11.9	√		Ⅰ	
16	710903	81.9	86.6	168.5	38.8	43.8	5.0	7.8	√		Ⅰ	
17	730831	108.7	57.3	166.0	49.8	41.9	−7.9	10.0	√		Ⅰ	
18	740813	86.7	100.0	186.7	65.7	58.5	−7.2	13.1	√		Ⅰ	
19	750606	77.8	16.4	94.2	20.6	8.9	−11.7	4.1		√	Ⅰ	
20	750814	85.2	100.0	185.2	33.0	37.7	4.7	6.6	√		Ⅱ	
21	750815	71.0	100.0	171.0	49.0	45.7	−3.3	9.8	√		Ⅰ	
22	750901	56.5	100.0	156.5	44.4	35.6	−8.8	8.9	√		Ⅰ	
23	760629	126.1	32.1	158.2	34.5	36.4	1.9	6.9	√		Ⅰ	
24	760802	53.8	93.0	146.8	26.5	29	2.5	5.3	√		Ⅰ	
25	760820	94.2	83.5	177.7	59.6	50.9	−8.7	11.9	√		Ⅰ	
26	770806	101.8	60.5	162.3	33.4	39.6	6.2	6.7	√		Ⅰ	
27	780701	45.9	98.3	144.2	21.3	14.5	−6.8	4.3		√	Ⅱ	
28	780816	57.7	100.0	157.7	35.6	35.8	0.2	7.1	√		Ⅰ	
29	790624	97.1	57.2	154.3	30.6	33.7	3.1	6.1	√		Ⅰ	
30	810817	99.6	44.1	143.7	15.8	14.3	−1.5	3.2	√		Ⅱ	
31	820808	93.7	100.0	193.7	54.8	64.2	9.4	11.0	√		Ⅰ	
32	820825	192.2	65.5	257.7	95.4	100.2	4.8	19.1	√		Ⅱ	
33	830806	71.5	80.5	152.0	28.5	32.2	3.7	5.7	√		Ⅰ	
34	850819	167.4	100.0	267.4	111.4	109.2	−2.2	20.0	√		Ⅱ	
35	850820	212.4	100.0	312.4	174.3	174.4	0.1	20.0	√		Ⅰ	
36	900710	59.6	100.0	159.6	24.7	21.2	−3.5	4.9	√		Ⅱ	
37	900722	48.2	100.0	148.2	32.7	29.9	−2.8	6.5	√		Ⅰ	
38	920901	117.6	39.4	157.0	16.7	20	3.3	3.3	√		Ⅱ	
39	940629	98.9	49.7	148.6	11.6	16.1	4.5	3.0		√	Ⅱ	
40	950822	80.7	86.2	166.9	36.6	42.6	6.0	7.3	√		Ⅰ	
41	960714	72.9	80.4	153.3	15.2	18	2.8	3.0	√		Ⅱ	
42	980724	76.3	80.2	156.5	16.6	19.9	3.3	3.3	√		Ⅱ	
43	980822	121.7	66.0	187.7	38.4	39.8	1.4	7.7	√		Ⅱ	
44	010731	62.2	100.0	162.2	41.9	39.5	−2.4	8.4	√		Ⅰ	
45	010801	89.0	100.0	189.0	63.1	60.0	−3.1	12.6	√		Ⅰ	
46	030801	81.2	83.0	164.2	32.9	40.4	7.5	6.6		√	Ⅰ	
47	070811	80.7	100.0	180.7	37.1	34.2	−2.9	7.4	√		Ⅱ	
48	080720	85.2	100.0	185.2	45.5	56.5	11.0	9.1		√	Ⅰ	
49	090717	63.2	100.0	163.2	29.8	24	−5.8	6.0	√		Ⅱ	
50	120818	120.4	89.5	209.9	43.9	58	14.1	8.8		√	Ⅱ	
51	170803	106.9	95.9	202.8	48.3	52	3.7	9.7	√		Ⅱ	
52	170823	89.6	85.7	175.3	47.3	49	1.7	9.5	√		Ⅰ	

备注：1. 许可误差 = 实测值的 20%，以 20.0 mm 为上限，以 3.0 mm 为下限；2. 方案合格率 =45/52=86.5%，属甲级方案，可用于作业预报。

表 29-9 黄水河王屋水库站 R-T_c-Q_m 预报精度评定表（未割基流）

序号	洪号	降雨量 P（mm）	有效降雨历时 T_c（h）	实测径流深 $R_{实}$（mm）	洪峰流量（m^3/s）		预报误差（m^3/s）	许可误差（m^3/s）	评定结果		说明
					$Q_{m实}$	$Q_{m预}$			合格	不合格	
1	610807	17.1	2	4.8	100	111	11	20.0	√		
2	620818	95.4	4	59.9	923	943	20	185	√		
3	640630	90.0	6	17.7	294	260	−34	58.8	√		
4	640704	49.3	4	30.0	466	542	76	93.2	√		
5	640705	52.8	4	33.5	633	592	−41	127	√		
6	640726	29.5	4	10.4	233	235	2	46.6	√		
7	650716	42.6	4	8.3	153	192	39	30.6		√	
8	650727	120.7	10	82.0	573	613	40	115	√		
9	670713	50.0	6	12.4	200	190	−10	40.0	√		
10	680719	33.9	4	9.7	250	220	−30	50.0	√		
11	690808	61.6	4	17.4	299	351	52	59.8	√		
12	690817	51.3	2	15.5	278	324	46	55.6	√		
13	700724	112.9	6	72.5	1 028	912	−116	206	√		
14	710802	61.2	4	26.1	456	487	31	91.2	√		
15	710809	100.2	6	59.5	705	763	58	141	√		
16	710903	81.9	6	38.8	437	516	79	87.4	√		
17	730831	108.7	6	49.8	645	650	5	129	√		
18	740813	86.7	6	65.7	716	836	120	143	√		
19	750606	77.8	4	20.6	483	403	−80	96.6	√		
20	750814	85.2	4	33.0	598	585	−13	120	√		
21	750815	71.0	6	49.0	567	640	73	113	√		
22	750901	56.5	4	44.4	643	739	96	129	√		
23	760629	126.1	10	34.5	261	276	15	52.2	√		
24	760802	53.8	4	26.5	489	493	4	97.8	√		
25	760820	94.2	4	59.6	1 067	940	−127	213	√		
26	770806	101.8	8	33.4	295	287	−8	59.0	√		复峰分割
27	780701	45.9	6	21.3	308	308	0	61.6	√		
28	780816	57.7	4	35.6	494	620	126	98.8		√	
29	790624	97.1	6	30.6	457	422	−35	91.4	√		
30	810817	99.6	4	15.8	350	328	−22	70	√		
31	820808	93.7	8	54.8	739	579	−160	148		√	复峰分割
32	820825	192.2	10	95.4	611	700	89	122	√		
33	830806	71.5	4	28.5	652	522	−130	130	√		
34	850819	167.4	10	111.4	1 289	1 328	39	258	√		
35	850820	212.4	10	174.3	1 983	1 983	0	397	√		
36	900710	59.6	6	24.7	380	353	−27	76.0	√		
37	900722	48.2	6	32.7	310	447	137	62.0		√	
38	920831	117.6	10	16.7	164	139	−25	32.8	√		
39	940629	98.9	6	11.6	191	179	−12	38.2	√		
40	950822	80.7	4	36.6	454	634	180	90.8		√	
41	960714	72.9	6	15.2	329	229	−100	65.8		√	
42	980724	76.3	8	16.7	152	186	34	30.4		√	
43	980822	121.7	8	38.4	405	409	4	81.0	√		
44	010730	62.2	8	41.9	396	442	46	79.2	√		
45	010801	89.0	6	63.1	862	832	−30	172	√		
46	030801	81.2	8	32.9	335	353	18	67.0	√		
47	070811	80.7	8	37.1	259	395	136	51.8		√	
48	080720	85.2	6	45.5	506	598	92	101	√		
49	090717	63.2	6	29.8	194	240	46	38.8		√	
50	120818	120.4	4	43.9	556	724	168	111		√	
51	170803	106.9	6	48.3	892	620	−272	178		√	
52	170823	89.6	6	47.3	539	490	−49	108	√		

备注：1. 许可误差 = 实测值的 20%。2. 评定结果：合格率 =41/52=78.8%，属乙级方案，可用于作业预报。

表 29-10　黄水河王屋水库水位库容泄量表（9 孔）

单位：m^3/s

水位（m）	闸门开高（m）（9 孔）																			敞泄
	0.1	0.2	0.3	0.4	0.5	0.6	0.7	0.8	0.9	1.0	1.1	1.2	1.3	1.4	1.5	1.6	1.7	1.8	1.9	
69.30	0.0	0.0	0.0																	0.0
69.80	15.8	30.4	42.2																	54.1
70.30	22.8	44.7	66.1	86.1	104	119														152
70.80	31.4	61.3	89.7	116	141	165	186	206	223											279
71.30	32.7	64.0	94.8	125	156	185	214	242	268	292	315	336								428
71.80	36.7	72.1	107	141	175	209	243	275	307	338	367	395	421	446	469	492				597
72.30	40.4	79.4	118	155	193	230	268	304	341	376	411	444	476	507	536	564	591	617	642	782
72.50	41.8	82.2	122	161	200	238	277	315	353	390	426	462	496	529	561	591	620	648	674	860
73.00	45.1	88.7	131	174	216	257	299	340	382	422	463	502	541	579	616	651	685	719	750	1 065
73.40	47.5	94	139	183	228	272	316	359	403	446	489	532	574	615	655	694	732	769	805	1 239
74.00	51.0	101	149	197	245	292	339	386	433	480	526	573	618	664	708	752	796	838	879	1 515
74.50	53.7	106	158	208	258	308	358	407	457	506	555	604	653	701	749	796	843	889	934	1 757
75.00	56.3	111	165	219	271	324	376	428	480	531	583	634	686	737	787	838	887	937	985	2 009
75.50	58.8	116	173	229	284	339	393	447	501	555	609	663	717	770	823	876	929	981	1 033	2 271
76.00	61.2	121	180	238	296	353	410	466	522	579	635	691	747	802	858	913	969	1 023	1 078	2 497
76.50	63.4	126	187	247	307	367	426	484	543	601	659	718	776	834	891	949	1 006	1 064	1 121	2 772
77.00	65.7	130	194	256	318	380	441	502	562	623	683	743	804	864	923	983	1 043	1 102	1 162	3 054
77.50	67.8	134	200	265	329	393	456	519	582	644	706	769	831	893	955	1 016	1 078	1 140	1 201	3 345
78.50	72	143	212	281	350	417	485	552	618	685	751	817	883	949	1 014	1 080	1 146	1 211	1 277	3 947

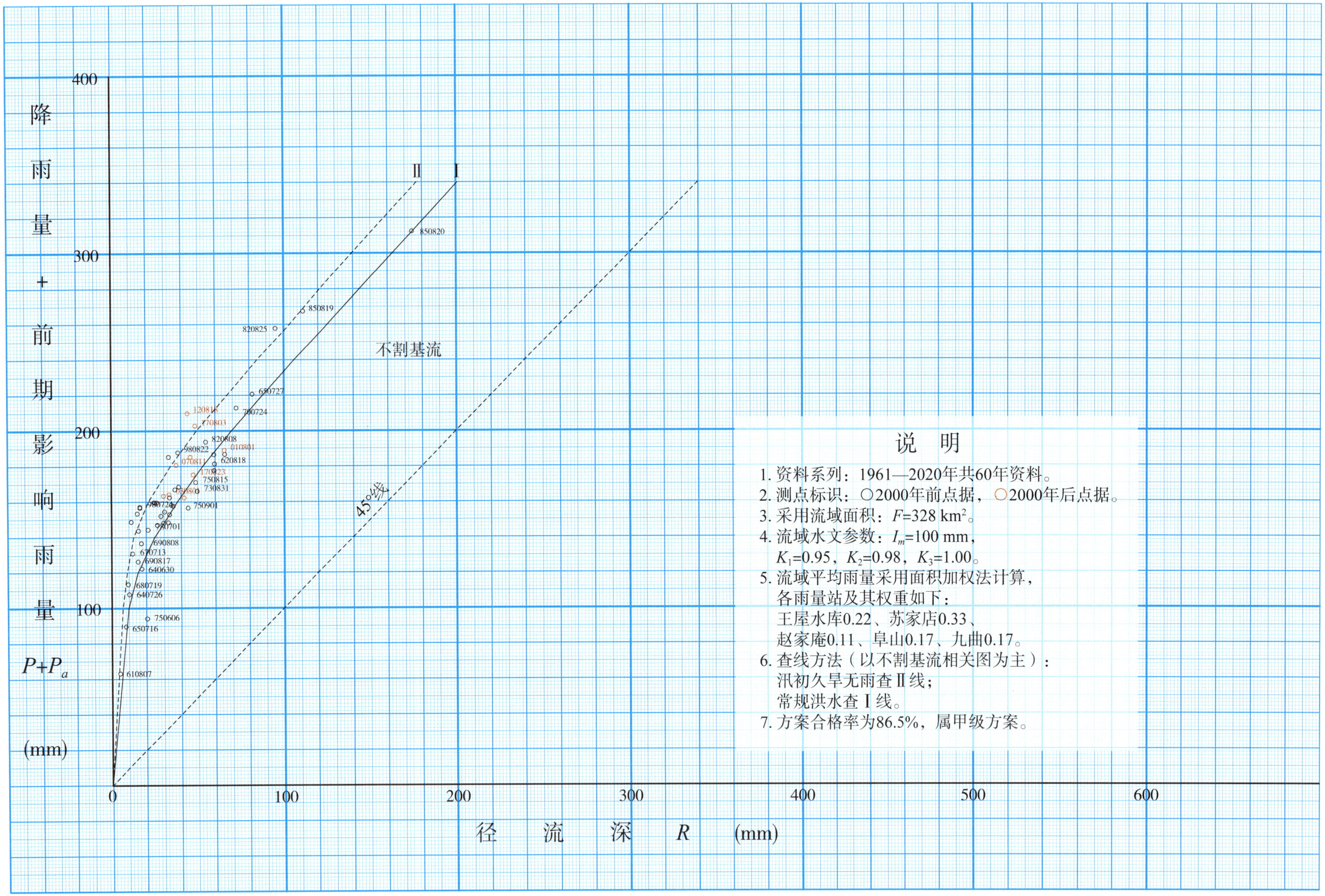

图 29–6 黄水河王屋水库站降雨径流关系曲线图（$P+P_a$–R）

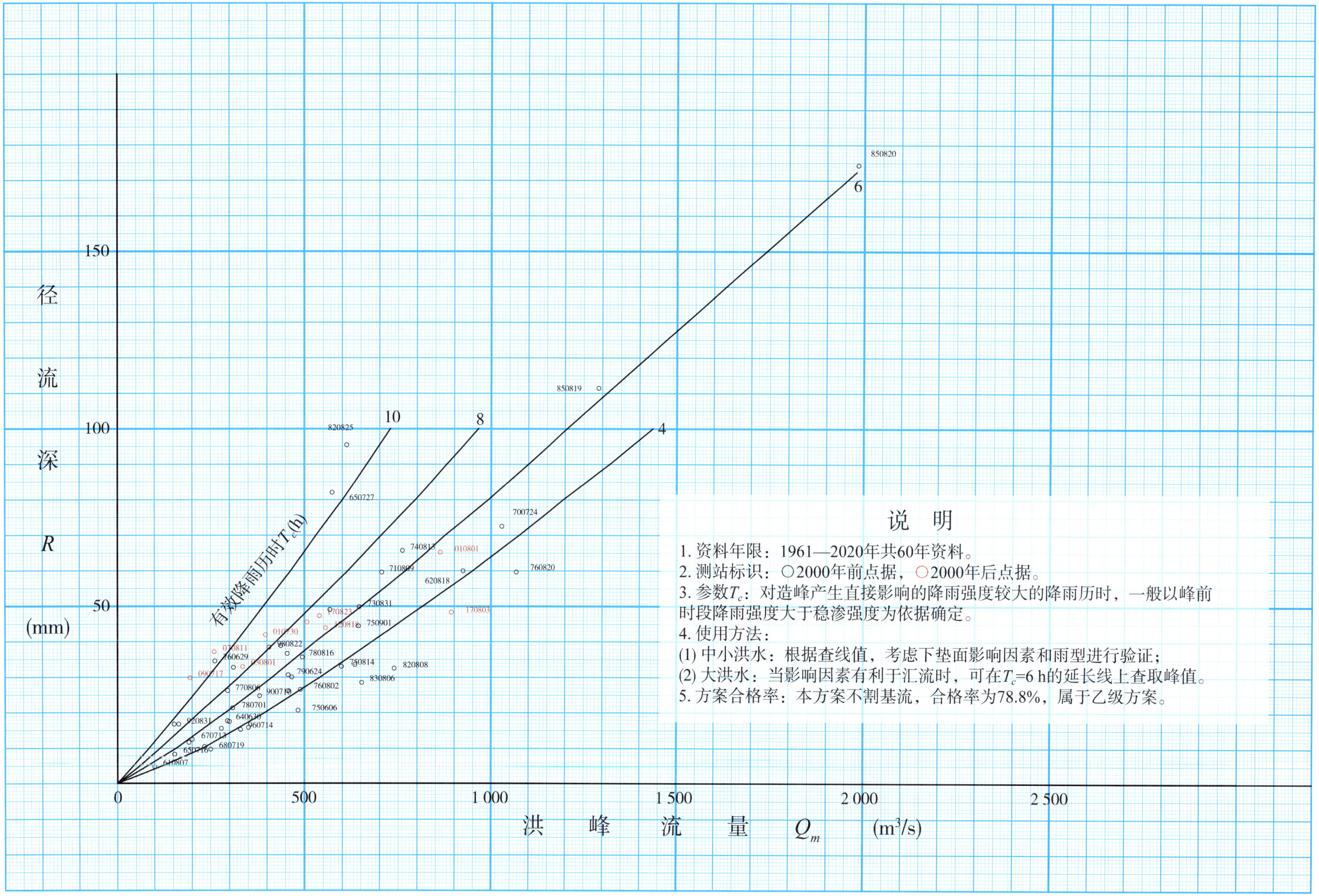

图 29-7　黄水河王屋水库站峰量关系图（R–T_c–Q_m）

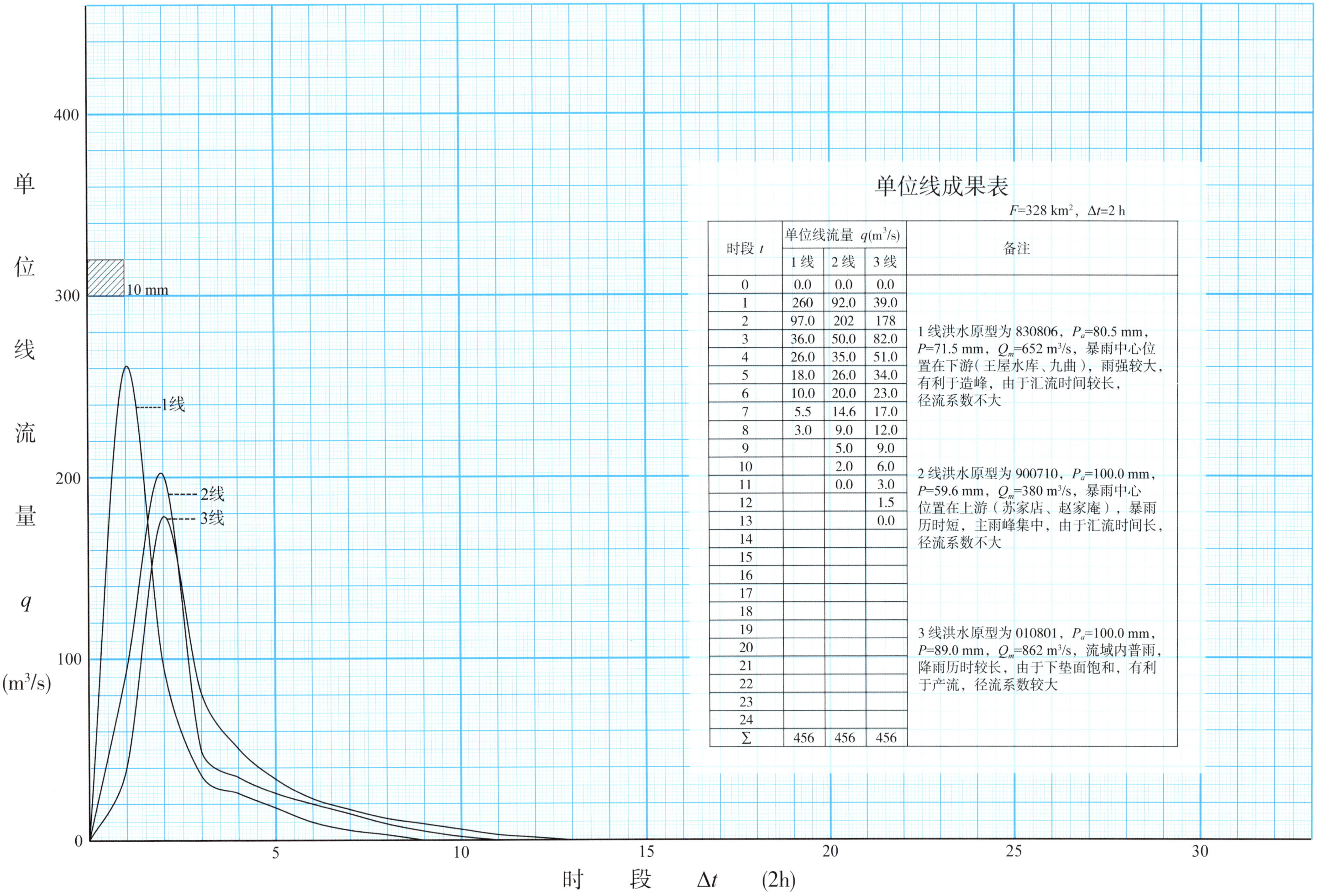

单位线成果表

F=328 km², Δt=2 h

时段 t	单位线流量 q(m³/s)			备注
	1 线	2 线	3 线	
0	0.0	0.0	0.0	
1	260	92.0	39.0	
2	97.0	202	178	
3	36.0	50.0	82.0	1 线洪水原型为 830806，P_a=80.5 mm，P=71.5 mm，Q_m=652 m³/s，暴雨中心位置在下游（王屋水库、九曲），雨强较大，有利于造峰，由于汇流时间较长，径流系数不大
4	26.0	35.0	51.0	
5	18.0	26.0	34.0	
6	10.0	20.0	23.0	
7	5.5	14.6	17.0	
8	3.0	9.0	12.0	
9		5.0	9.0	
10		2.0	6.0	2 线洪水原型为 900710，P_a=100.0 mm，P=59.6 mm，Q_m=380 m³/s，暴雨中心位置在上游（苏家店、赵家庵），暴雨历时短，主雨峰集中，由于汇流时间长，径流系数不大
11		0.0	3.0	
12			1.5	
13			0.0	
14				
15				
16				
17				
18				
19				3 线洪水原型为 010801，P_a=100.0 mm，P=89.0 mm，Q_m=862 m³/s，流域内普雨，降雨历时较长，由于下垫面饱和，有利于产流，径流系数较大
20				
21				
22				
23				
24				
Σ	456	456	456	

图 29-8　黄水河王屋水库站单位线图

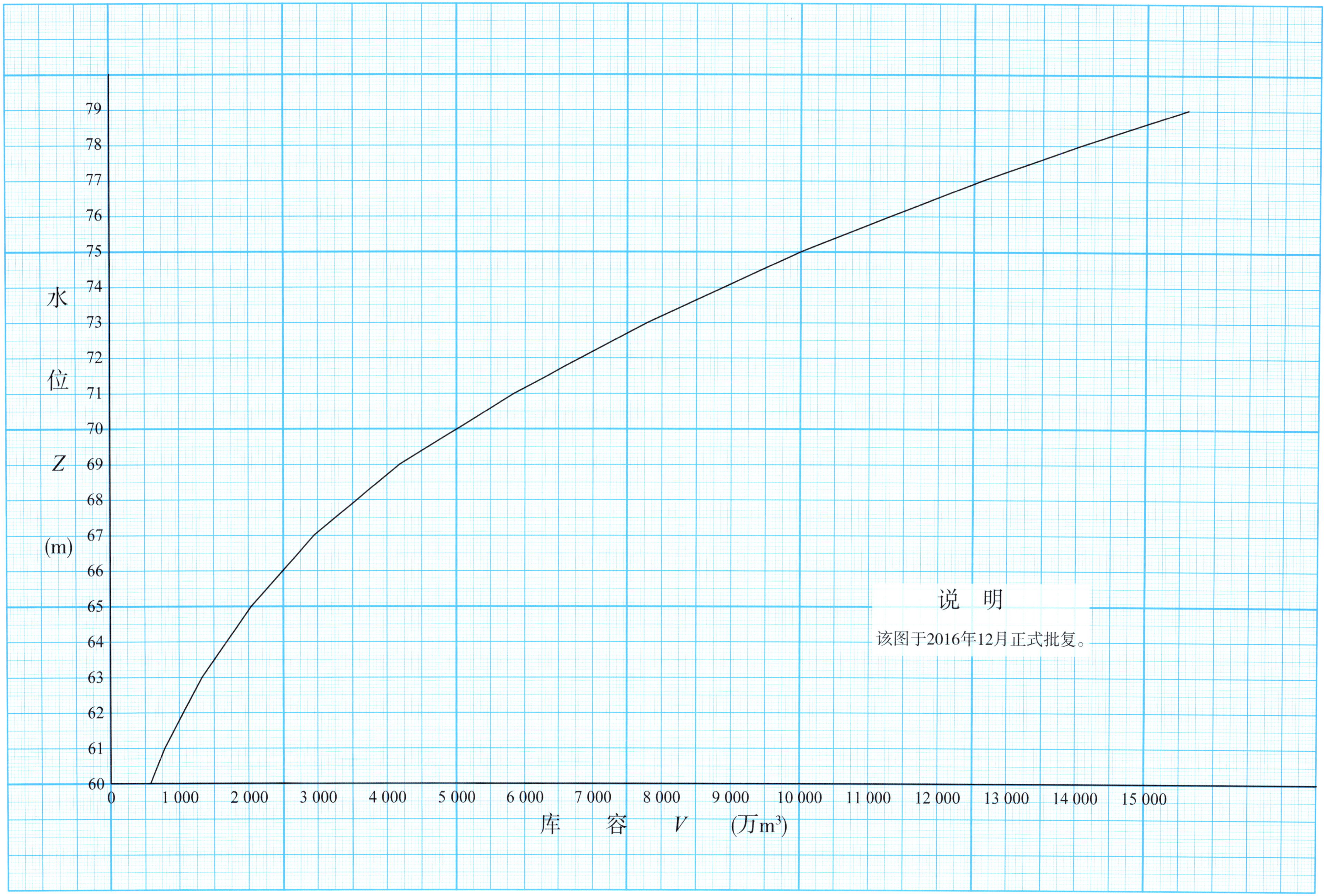

图 29-9 黄水河王屋水库水位－库容曲线图

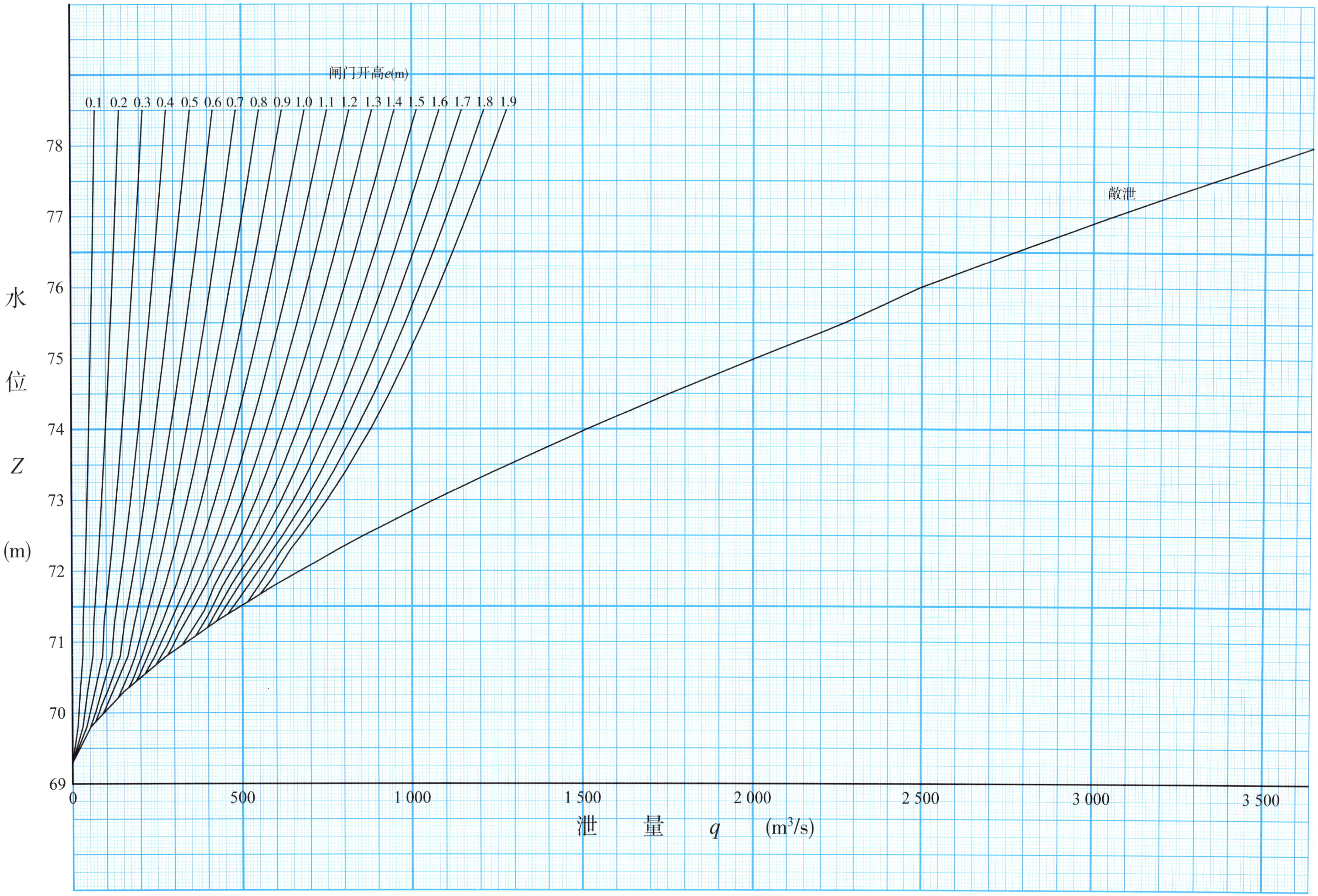

图 29-10 黄水河王屋水库站水位泄量图（9 孔）

第三十章　清洋河门楼水库站水文预报方案编制说明

1　流域概况

1.1　流域自然地理特征

门楼水库位于烟台市福山区门楼街道西南，大沽夹河支流清洋河下游，流域形状呈椭圆，流域长度为 46.6 km，流域平均宽度为 23.2 km，干流长度为 55.2 km，干流平均坡度为 1.78‰，整体地势西高东低，山区约占 80%，丘陵约占 20%，沿河两岸有少量冲积平原，流域内多片麻岩，风化严重，土壤以沙壤土、壤土为主，其次为砂土和黏土。流域内森林覆盖率约为 27%，梯田较多，种植果树、地瓜、花生、玉米、小麦等。气候属暖温带东亚大陆性季风气候，暴雨天气系统以台风、台风倒槽、高空槽、江淮气旋为主，多年平均年降水量为 693.0 mm，汛期 6—9 月降水量约占全年的 71.6%，其中 7—8 月最多，约占全年的 50%。流域内河网发育较好，河床比降较大，源短流急，暴涨暴落，属山溪性雨源型河流。

1.2　水利工程情况

门楼水库站以上流域内有中型水库 1 座（庵里水库），庵里水库至门楼水库区间有小（1）型水库 11 座、小（2）型水库 70 余座。清洋河门楼水库站以上流域图见图 30-5。

1.2.1　庵里水库以上流域概况

庵里水库位于门楼水库上游栖霞市境内，控制面积 150 km^2，兴利库容 3 810 万 m^3，总库容 7 603 万 m^3，其控制流域内有小（1）型水库 2 座，控制流域面积 13.2 km^2，庵里水库以上流域内水利工程见表 30-1，庵里水库工程基本情况见表 30-2，庵里水库控制运用指标见表 30-3。

1.2.2　庵里水库至门楼水库区间概况

庵里水库至门楼水库区间有小（1）型水库 11 座，控制流域面积 112.4 km^2；小（2）型水库 70 余座，控制流域面积 67.8 km^2，合计 180.2 km^2。庵里水库至门楼水库区间水利工程情况见表 30-4。

表 30-1　清洋河庵里水库及以上流域内水利工程情况表

水库类型	水库名称	流域面积（km^2）	兴利库容（万 m^3）	总库容（万 m^3）	建成年月	所在位置
中型	庵里水库	150.0	3 810	7 603	1960 年 8 月	栖霞市松山街道

续表

水库类型	水库名称	流域面积（km^2）	兴利库容（万 m^3）	总库容（万 m^3）	建成年月	所在位置
小（1）型	主格庄水库	7.0	81.6	135	1959 年 3 月	栖霞市庄园街道
小（1）型	王格庄水库	6.2	113.6	140	1971 年 12 月	栖霞市庄园街道

表 30-2　清洋河庵里水库工程基本情况表

大坝（m）			溢洪道（m）			
坝顶高程	心墙顶高程	最大坝高	型式	底高程	孔数	净宽
121.10	119.68	28.17	开敞式	114.94	1	40.0

表 30-3　清洋河庵里水库控制运用指标情况表

特 征	允许最高	警戒	汛中	超蓄	汛末
水位（m）	120.36	118.82	114.94	114.94	114.94
库容（万 m^3）	7 603	6 454	4 070	4 070	4 070

表 30-4　庵里水库至门楼水库区间水利工程情况表

水库类型	水库名称	流域面积（km^2）	兴利库容（万 m^3）	总库容（万 m^3）	建成年月	所在位置
小（1）型	田家水库	25.3	336	630	1973 年 5 月	栖霞市亭口镇
	南埠水库	13.1	362	513	1971 年 5 月	栖霞市亭口镇
	董家沟水库	2.8	119	158	1971 年 5 月	烟台市福山区臧家庄镇
	磁山水库	2.4	81.0	102	1980 年 1 月	烟台市福山区高疃镇
	轱辘磨水库	23.3	107	171	1966 年 6 月	栖霞市庙后镇
	黑石水库	10.0	213	303	1971 年 9 月	烟台市福山区张格庄镇
	南寨水库	4.9	132	204	1972 年 10 月	栖霞市松山街道
	石门河水库	9.8	123	234	1956 年 11 月	烟台市蓬莱区王庄村
	郭家店水库	4.4	148.5	222	1971 年 6 月	烟台市福山区臧家庄镇
	瓮留水库	8.4	166	301	1961 年 3 月	烟台市福山区臧家庄镇
	罗家水库	8.0	112	205.8	1967 年 7 月	烟台市福山区臧家庄镇
小（2）型	合　计	67.8				
合　　计		180.2				

1.2.3　门楼水库概况

门楼水库于 1958 年 11 月开工修建，1960 年 11 月建成投入使用，集水面积为 1 079 km^2。庵里水库至门楼水库的区间面积为 929 km^2，除去其中小型水库控制面积 180 km^2 为 749 km^2。门楼水库大坝为黏土心墙土坝，基本情况见表 30-5，门楼水库控制运用指标见表 30-6。

表 30-5　清洋河门楼水库基本情况表

大坝（m）					
坝长	最大坝高	坝顶宽	坝顶高程		防浪墙顶
1 440	23.20	10.50 ~ 13.10	37.10		38.25
溢洪道					
型式	堰顶高程	净宽	尺寸		最大泄量
有闸控制	25.38 m	120 m	12 × 10 m × 6 m		5 378 m^3/s
输水洞					
名称	型式	尺寸（m）	进口底高程（m）	最大流量（m^3/s）	闸门型式
东放水洞	砌石拱廊	∅2.5	18.38	37.8	平板钢闸门
西放水洞	钢筋混凝土衬砌隧洞	∅2.0	18.38	21.3	平板钢闸门
水库特征					
特征	死	兴利	设计	校核	历史最高
水位（m）	20.50	30.68	32.06	34.99	30.74
库容（万 m^3）	1 000	12 640	16 738	24 397	13 763

表 30-6　门楼水库控制运用指标情况表

特 征	允许最高	警戒	汛中	超蓄	汛末
水位（m）	34.94	31.92	28.50	30.00	30.68
库容（万 m^3）	24 230	16 409	9 408	12 202	13 636

1.3　测站概况

1.3.1　站网情况

门楼水库水文站设于 1960 年 1 月，为中央报汛站，为省、部防汛部门提供雨水情和洪水预报，主要搜集流域内降水量、水库水位、出库流量、水面蒸发量、土壤墒情等有关水文资料，进行水库洪水预报、抗洪能力计算、调洪演算等，为防汛抗旱、水资源控制运用提供信息。门楼水库水位观测断面沿用至今，水库水位、流量、降水量等水文资料具有一定的连续性。

1.3.2　测报设施

1992 年以前采用普通雨量计、自记雨量计观测雨量，再电话报汛。1992 年以后采用水文遥测系统测报。2001 年之后采用 GSM 移动通信遥测系统、数传仪自动测报系统测报。

1.3.3　基面换算关系

门楼水库站基面采用假定基面(冻结基面),1956 年黄海基面高程 = 假定基面高程 -11.116 m。

2　预报方案编制

2.1　预报区间的确定

门楼水库上游建有庵里水库，臧格庄水文站为门楼水库上游入库站，当上游庵里水库库满（庵里水库有溢洪）时，预报区间确定为门楼水库以上，控制面积为 1 079 km^2；当上游庵里水库库空（庵里水库不溢洪）时，预报区间为庵里水库至门楼水库区间，控制面积为 929 km^2，即门楼水库以上总控制面积 1 079 km^2 减去上游庵里水库控制面积 150 km^2。

2.2　资料情况及方案沿革

2.2.1　资料年限及洪水选用

门楼水库预报方案于 1980 年编制完成，又于 1990 年、2005 年、2008 年进行了修订。本次修订除选用之前分析的 1961—2008 年的 48 场次洪水外，还增加了 2009—2020 年 4 场次洪水，资料系列为 1961—2020 年，共 52 场次洪水，清洋河门楼水库站降雨径流分析成果详见表 30-9。

2.2.2　历史洪水

经调查，门楼水库历史洪水不详，实测资料系列较长，基本代表了本流域降雨径流规律。

2.2.3　方案沿革

原方案中产流方案采用降雨径流相关图 $P+P_a-R$（割基流），汇流方案采用峰量关系图、经验单位线。本次修订在原产流方案降雨径流相关图 $P+P_a-R$（不割基流）中增加了 4 个点据，关系线保持不变；在原汇流方案峰量关系图中增加了 4 个点据，关系线保持不变；保留原来的单位线且选出 3 条有代表性的为预报作业服务。

2.3　产流方案

本方案采用 $P+P_a-R$ 相关图法，方案合格率为：不割基流 90.4%（详见表 30-10），割基流 90.1%，均为甲级方案。

2.3.1　主要参数的计算

2.3.1.1　流域平均降水量 P

流域平均降水量 P 根据流域内雨量站权重进行加权计算,历年来雨量站权重变化情况如下：

1961 年至 1963 年：根据门楼水库、庙后、臧格庄三站雨量采用算术平均法计算。

1964 年至 1996 年：门楼水库 0.11、庙后 0.20、大庄头 0.08、臧格庄 0.33、栖霞 0.28。

1997 年至今：门楼水库 0.11、庙后 0.17、大庄头 0.08、臧格庄 0.31、庵里水库 0.33。

2.3.1.2　流域平均前期影响雨量 P_a

分析汛前四月份或五月份土壤含水情况，确定一个 P_a 初始值，然后根据公式逐日计算，其计算公式为

$$P_{a,t}=K(P_{a,t-1}+P_{t-1})$$

式中：$P_{a,t}$ 为当日的前期影响雨量（mm）；$P_{a,t-1}$ 为前一日的前期影响雨量（mm）；P_{t-1} 为前一日的流域平均雨量（mm）；K 为前期影响雨量递减系数，K_1=0.95（$P_{t-1}<1.0$ mm），K_2=0.98（1.0 mm ≤ $P_{t-1}<10.0$ mm），K_3=1.00（$P_{t-1}\geq 10.0$ mm）。

2.3.1.3 流域最大损失量I_m

根据流域综合资料分析，采用 I_m=100 mm，根据累积计算，当 $P_a\geq 100$ mm 时，取 P_a 的最大值等于 I_m，故 P_a 的取值范围为 $0<P_a\leq 100$ mm。

2.3.1.4 洪水总量W

洪水总量由实测水库洪水资料还原求得，其计算公式为

$$W=\Delta V+W_{出}$$

式中：ΔV 为库容变量（洪水起涨至落平之间的库容差）（万 m^3）；$W_{出}$为出库水量（洪水期间出库水量）（万 m^3）。

2.3.1.5 基流分割

通过基流分割计算，求得基流水量 $W_{基}$和洪水的净来水量 $W_{净}$（地表径流量）。本次修订采用直线斜割法进行基流分割，其计算公式为

$$W_{基}=(Q_{起}+Q_{讫})/2\times 0.36\times T_{洪}$$

$$W_{净}=W-W_{基}$$

式中：$Q_{起}$为洪水起涨时流量（m^3/s）；$Q_{讫}$为洪水结束时流量（洪水落平时的来水流量，根据经验分析，一般为降雨基本结束后 36~60 h 的流量）（m^3/s）；$T_{洪}$为洪水总历时（洪水起涨至落平的时间差）（h）。

2.3.1.6 径流深R

径流深计算公式如下：

$$R=10W/F$$

式中：W（或 $W_{净}$）为洪水总量（本次修订采用未割基流洪水总量）（万 m^3）；F 为流域面积（庵里水库溢洪时取 1 079 km^2，反之取 929 km^2）。

2.3.2 产流方案（$P+P_a-R$）说明

产流方案综合反映了流域的降水径流关系，本方案 $P+P_a-R$ 关系曲线（未割基流）详见图 30–6。图中Ⅰ线反映了本流域发生洪水的各影响因素在正常状态下或是互补平衡状态下降雨径流关系；Ⅱ线反映了流域干旱、产流面积小、降雨强度小等不利于产流条件影响下的降雨径流关系。通过实测点据适线分析，可看出偏离关系曲线的点据多发生在中低洪水，其偏离原因主要是 P_a 计算值与实际情况不符、降雨代表性差、产流面积小等。

2.3.3 精度评定

根据产流方案精度评定要求，径流深许可误差为实测值的 20%（并当许可误差大于 20.0 mm 时以 20.0 mm 为上限；小于 3.0 mm 时以 3.0 mm 为下限），预报误差小于许可误差时为合格，反之为不合格。通过评定，本产流方案合格率为 88.5%，属甲级方案，可用于作业预报。

2.4 汇流方案

汇流方案采用峰量关系图和经验单位线两种方法。

2.4.1 峰量关系图$R-T_c-Q_m$

（1）洪峰流量 Q_m 由反推入库洪水过程求得，计算时段 Δt=1 h。

（2）有效降雨历时 T_c，是指降雨过程中对造峰直接产生影响的降雨强度较大的降雨历时。一般取峰前时段降雨强度大于稳渗强度（f_c=2.5 mm/h）的降水时段，是峰量关系中的主要参数。

2.4.2 峰量关系法汇流方案（$R-T_c-Q_m$）说明

$R-T_c-Q_m$ 是以 T_c 为主要影响参数的峰量关系曲线，详见图 30–7。该图反映了中低水（R 在 100 mm 以下）情况下的峰量关系，具有一定的规律性。高水时，各影响因素有利于造峰，关系较好，曲线趋于 T_c=10 h 的关系线。通过实测点据适线分析，可看出偏线点据多数发生在中低洪水，这主要是由降雨空间分布、复峰状态、下垫面等因素造成的。

2.4.3 精度评定

根据汇流方案精度评定要求，洪峰流量许可误差为实测值的 20%，预报误差小于许可误差时为合格，反之为不合格。通过评定，本汇流方案合格率为 83.7%，属乙级方案，可用于作业预报。详见表 30–11。

2.4.4 经验单位线

本方案选取了 900724、010801、950817 共 3 场洪水进行分析，计算过程力求简单，宏观处理洪水起涨、落平段流量数据，尽量减少人工处理过程，以提高经验单位线与原洪水符合程度，保持其所具有的洪水特性。

3 方案评定

产流方案合格率为 88.5%（不割基流），属甲级方案，汇流方案（$R-T_c-Q_m$）合格率为 83.7%，属乙级方案，所以本方案为甲级方案。

4 方案使用说明

洪水预报作业是一项即时性很强的水文业务工作，预报作业人员应具备深厚的水文知识、出色的分析计算能力，应熟悉了解流域特性、下垫面情况和水库控制运行计划。

洪水预报方案反映了流域综合因素影响下的降雨径流关系、峰量关系。就单次洪水而言，它既有群体的共性，又有单体的个性，所以在具体预报作业中，要从主到次分析影响降雨径流的各水文因素，用以修正各预报值，提高预报精度。

4.1 产汇流预报流程

产汇流预报作业程序可按图 30–1 进行。

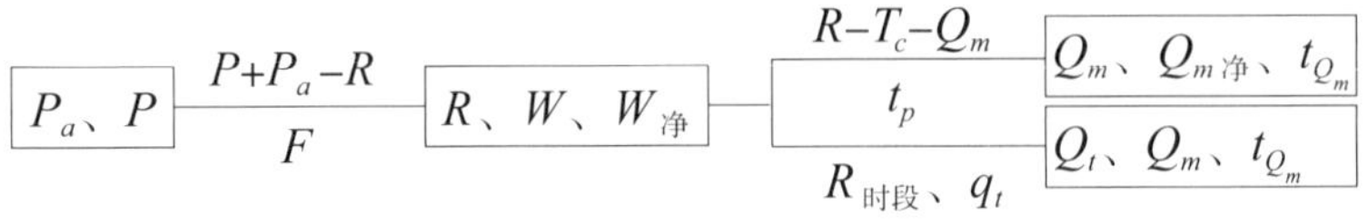

图 30–1 产汇流预报作业程序图

4.2 产流方案

4.2.1 前期影响雨量P_a值的确定

洪水预报时，应对计算的 P_a 值进行合理性分析，以确定 P_a 的取用值。由于 P_a 是根据公式逐日推算的，如果流域内发生局部降雨或代表性差的雨型，容易造成 P_a 值的计算误差；如果 P_a 计算值很小，遇有强度较大的降雨，查读 $P+P_a-R$ 关系曲线时容易造成 R 查读值偏小；如果 P_a 计算值达到 I_m 值，应分析流域下垫面饱和程度，实际情况是否真正达到 I_m 值；同量级的 P_a 值在汛初、汛中、汛末对降雨径流的影响也不相同，一般来讲，相同的 P_a 值汛中以后较汛中以前更有利于产汇流。

4.2.2 流域平均雨量P的计算

根据流域内雨情逐时段（Δt=2 h）计算时段平均雨量。当累积雨量达到或超过 50 mm 时，即可进行洪水作业预报。通过分析历史洪水资料可知，流域内臧格庄雨量站代表性较好，准确掌握该站雨量过程对精确计算流域平均雨量尤为重要。

4.2.3 径流深R的预报

根据所计算的前期影响雨量 P_a、流域平均雨量 P，查降水径流相关图（$P+P_a-R$）得到径流深 R。在实际预报作业时，应对有关影响因素进行综合分析判断，确定查值线形，并进行经验修正。一般来讲，汛初或久旱无雨查Ⅱ线；P_a 值较高、产流面积较大、降雨强度大、河网基流较大，查Ⅰ线；当已经发生洪水再遭遇较强降水过程时，应于Ⅰ线偏右查值。

4.2.4 产流面积F的确定

随着汛期雨量的累积及次降雨量的增加，产流面积也由局部过渡到全流域。一般来讲，本流域次雨量达到 100 mm（或洪水前较多的连续降雨）时，产流面积趋于 929 km^2；当庵里水库溢洪时，取 1 079 km^2。预报时，根据雨情及下垫面情况，产流面积 F 的取值范围在 929~1 079 km^2。

4.2.5 洪水总量W的计算

根据确定的产流面积 F 和预报的径流深 R，由公式 W=0.1RF 计算洪水总量 W（或 $W_{净}$）。

4.2.6 庵里水库的影响

庵里水库控制面积为 150 km^2，占整个门楼水库站以上流域的 13.9%。该水库多数年份不溢洪，多雨年份、特大暴雨时有出库过程，对整个流域而言，该水库有调洪作用，影响洪水峰后的退水过程，使其变得高而缓，增大洪水总量。

4.2.7 综合因素的影响

降雨径流除受 P_a、F、T_c 因素影响外，构成降雨自身的时空分布、河网基流情况等因素的影响也不可忽视。一般来讲，降水中心在中下游、降雨强度大、降雨历时短，有利于产汇流。产流面积大，流域河网基流充足，遇有较强降水时，将会产生峰高量大的洪水过程，绝大多数大洪水、特大洪水具备以上有利于产汇流的因素；产流面积小、河网基流较小或河流干涸，即使遇有较强降水，也很难产生大的洪水过程，尤其是汛初和久旱无雨状态下，特别明显。当降雨径流各影响因素互补平衡时，会产生相对正常的洪水过程。因此，在洪水预报作业时，应准确分析各影响因素，灵活运用相关曲线，并进行经验修订，做出相应的洪水预报。

4.3 汇流方案

4.3.1 有效降雨历时T_c的影响

同量级的降雨因 T_c 的不同，产汇流的效果也不相同。T_c 越小，越有利于产汇流；反之，则不利于产汇流。T_c 的大小对洪峰流量的影响尤其明显，对峰量进行预报时，应重点参考 T_c 这一主要参数。

4.3.2 洪峰滞时t_p的确定

t_p 为降雨重心到洪峰出现的时距。本流域的 t_p 一般在 2~8 h，当各影响因素有利于产汇流时，t_p 趋小，反之趋大。一般来讲，降雨中心在中下游或发生特大暴雨时，t_p 取 2~4 h；降雨中心在中上游时，t_p 取 6~8 h；普雨时，t_p 取 4~6 h 为宜。

4.3.3 洪峰流量Q_m的预报

根据预报的径流深 R，以 T_c 为参数，查峰量关系相关图（$R-T_c-Q_m$）得到洪峰流量 Q_m。一般来讲，当 T_c 相同时，如果流域饱和、基流较大，则 Q_m 偏大，前有径流过程，后又连续发生洪水，更利于造成高值洪峰；反之 Q_m 偏小，预报时可根据实际情况跳线查值。在实际预报作业时，应以查图所得的 Q_m 值作为参考，综合考虑降水的时空分布（即暴雨强度和中心位置）和雨前流域的蓄满情况等影响因素，进行合理性修订。当影响因素有利于汇流、R 达到一定量级（100 mm）时，应抛开 T_c 的局限，在 T_c=10 h 的延长线上查取 Q_m。

4.3.4 单位线推流

在洪水预报作业时，根据洪水特性在本方案中选取代表性较好的经验单位线，由 R_1，R_2，…，R_n 叠加计算来水过程。如果前后时段净雨强度相差很大，可变更经验单位线叠加推求来水过程。清洋河门楼水库站单位线详见图 30–8。

4.4 水库特征值预报

洪水入库时，水库水情将会发生两种状态：一是不调洪状态，二是调洪状态。

4.4.1 不调洪状态下水库特征值预报

不调洪状态下水库特征值预报可按图 30–2 进行。

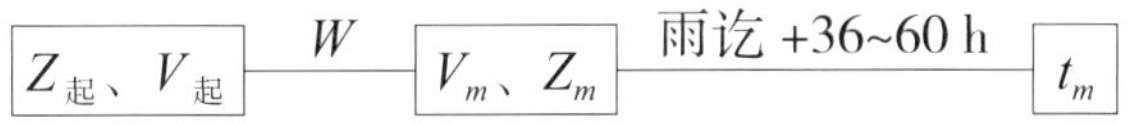

图 30–2 不调洪状态下水库特征值预报流程图

4.4.2 调洪状态下水库特征值预报

调洪状态下水库特征值预报可按图 30–3 进行。

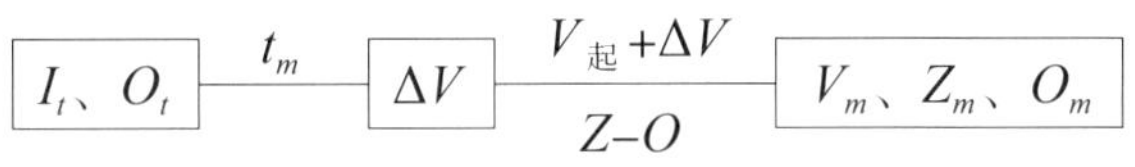

图 30–3 调洪状态下水库特征值预报流程图

当发生特大洪水或高水运行下发生洪水时，洪水预报作业人员应根据水库汛期控制运用方案进行调洪演算，做出调洪状态下水库特征值预报。本方案采用简易调洪演算和半图解法调洪演算两种方法进行。

4.4.2.1 简易调洪演算

由水量平衡原理可知，在水库调洪过程中，当水库来水流量等于出库流量时，库水位涨平，达到最高值 Z_m。

简易调洪演算根据起涨水位 $Z_{起}$、预报洪峰流量 Q_m、降雨情况、入库流量过程 I_t 及出库流量过程 O_t 进行调洪演算。当入库流量过程线 I_t 与出库流量过程线 O_t 相交（如图 30–4 所示）时，水库处于水量平衡状态，即 $I_t=O_t$。根据交点时刻分别计算入库水量和出库水量，二者相减得库容变量 ΔV，由 $V_{起}+\Delta V$ 得 V_m。由 V_m 查 Z–V 关系曲线（图 30–9）得 Z_m，由 Z_m 查水位 – 泄量曲线得 O_m。如果 Z_m、O_m 在水库控制允许指标内，此方案可行，否则重新设计出库过程。

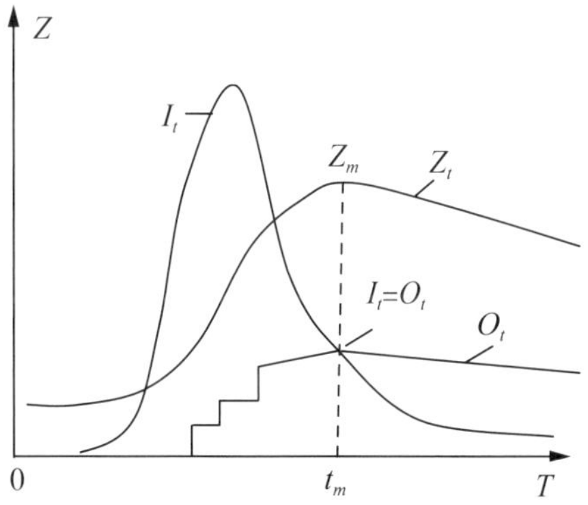

图 30–4 水库简易调洪示意图

必须注意：不可用来水过程线和出库过程线相交所得的 O_m 直接查读水位 – 泄量曲线求 Z_m，因为在水位 – 泄量曲线中，Z 值对于 O_t 值较为敏感，O_t 较小变幅可导致 Z 较大变幅，从而造成预报误差。

该方法的优点在于简单直观，它不受计算时段、闸门开启变化的限制，当闸门变动时，可立刻根据新的水量平衡计算，预报出水库各特征值。

4.4.2.2 半图解法调洪演算

半图解法（即蓄率中线法）是根据水量平衡原理建立的一种方法。此方法根据水量平衡公式 $I+(V_1/\Delta t-q_1/2)=(V_2/\Delta t+q_2/2)$ 及库容曲线、泄流曲线，绘制 $V/\Delta t-q/2=f(Z)$ 和 $V/\Delta t+q/2=f(Z)$ 关系曲线，由此曲线进行调洪演算，即可预报出库流量过程，从而求出水库的各项预报特征值。但此方法往往受计算时段限制，当闸门变动频繁时，计算起来比较麻烦，因此本次预报方案未做深入研究，详见图 30–10。

5 溢洪闸泄量计算

5.1 溢洪闸情况

门楼水库溢洪闸堰型为克 – 奥 Ⅰ 型实用堰，1980 年建成于水库大坝西端，闸门为直升式钢板，12 孔，闸门尺寸 10 m × 6 m，总净宽 120 m，堰顶高程 25.38 m。

5.2 泄量计算

根据 1988 年山东省水文总站鲁任调字第（88）027 号《测站任务书调整单》批准的“自 1988 年停止测流，改用水力学推流”而确定的门楼水库溢洪闸流量计算方法如下：

当 $e/H < 0.75$ 时，为孔流。

$$q=MBeh_u^{1/2}$$

当 $e/H \geq 0.75$ 时，为堰流。

$$q=C_1Bh_u^{3/2}$$

式中：B 为闸门宽；h_u 为上游水头，$h_u=Z-25.38$；Z 为坝上水位；e 为闸门开高；M 为孔流流量系数，由表 30–7 查得；C_1 为堰流流量系数，由表 30–8 查得。

表 30–7 门楼水库溢洪闸 e/h_u–M 对照表

e/h_u	0.00	0.01	0.02	0.03	0.04	0.05	0.06	0.07	0.08	0.09
0.0	5.40	5.00	4.60	4.27	3.97	3.75	3.56	3.46	3.38	3.32
0.1	3.27	3.21	3.17	3.13	3.10	3.07	3.04	3.02	2.99	2.97
0.2	2.94	2.92	2.90	2.87	2.85	2.83	2.81	2.79	2.78	2.76
0.3	2.74	2.72	2.71	2.69	2.68	2.66	2.65	2.63	2.62	2.60
0.4	2.59	2.58	2.57	2.56	2.55	2.54	2.52	2.51	2.50	2.49
0.5	2.48	2.47	2.46	2.45	2.44	2.44	2.43	2.42	2.41	2.40
0.6	2.39	2.38	2.37	2.37	2.36	2.35	2.34	2.33	2.33	2.32
0.7	2.31	2.30	2.29	2.29	2.28	2.27				

注：0，5 为直读，其他为直线插补。

表 30-8　门楼水库溢洪闸 h_u–C_1 对照表

h_u（m）	0.00	0.01	0.02	0.03	0.04	0.05	0.06	0.07	0.08	0.09
0	1.71	1.75	1.79	1.81	1.84	1.86	1.88	1.90	1.91	1.93
1	1.94	1.95	1.96	1.96	1.97	1.98	1.98	1.99	1.99	1.99
2	2.00	2.00	2.00	2.00	2.01	2.01	2.01	2.01	2.01	2.01
3	2.01	2.01	2.01	2.00	2.00	2.00	2.00	1.99	1.99	1.98
4	1.98	1.97	1.97	1.97	1.96	1.96	1.95	1.95	1.94	1.93
5	1.93	1.92	1.92	1.91	1.90	1.90	1.89	1.89	1.88	1.87
6	1.87	1.86	—	—	—	—	—	—	—	—

注：0，5 为直读，其他为直线插补。

门楼水库泄流曲线图见图 30–11、图 30–12，庵里水库非常溢洪道泄流曲线见图 30–13。

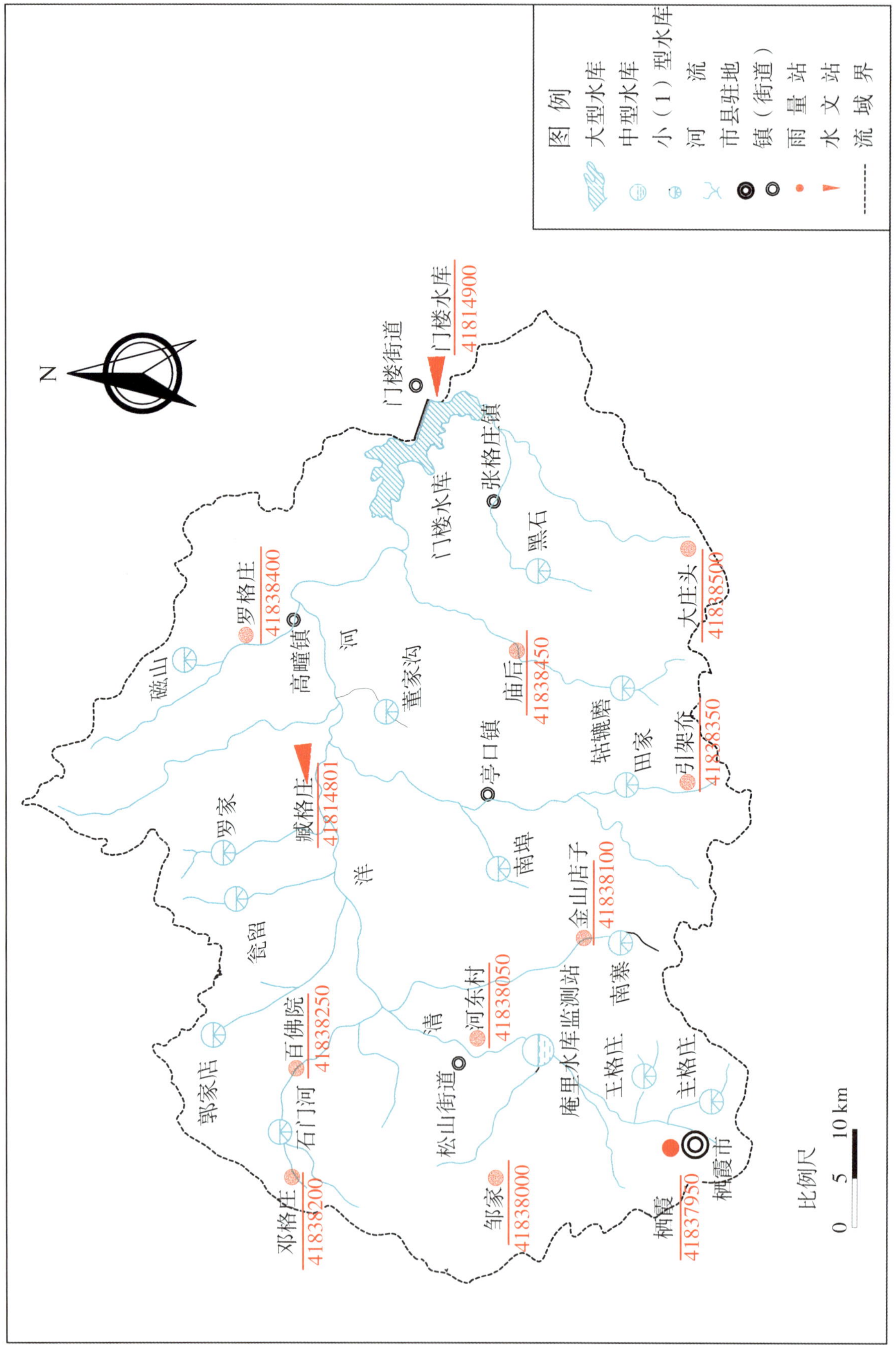

图 30–5　清洋河门楼水库站以上流域图

表 30-9　清洋河门楼水库站降雨径流分析成果表

序号	洪号	降雨起讫时间							流域平均雨量 P（mm）	前期影响雨量 P_a（mm）	$P+P_a$（mm）	降雨历时（h）		暴雨中心位置	洪水发生时间									洪水历时 $T_{洪}$（h）		洪峰流量 Q_m（m^3/s）	净峰流量 $Q_{m净}$（m^3/s）	地表径流总量 W（万 m^3）	集水面积 F（km^2）	径流深 R（mm）	净雨深 $R_{净}$（mm）	径流系数 α	备注
		起				讫									起涨			峰顶			落平												
		年	月	日	时	月	日	时				全部 T	有效 T_c		月	日	时	月	日	时	月	日	时	全部	峰顶								
1	610903	1961	9	3	4	9	4	6	65.9	61.6	127.5	26	4	中游	9	3	6	9	4	5.5	9	5	18	60	23.5	151	144	793	929	8.5	6.6	0.13	
2	620729	1962	7	28	22	7	30	2	81.3	100.0	181.3	28	4	中下游	7	29	6	7	30	0.5	7	31	18	60	18.5	1 221	1 191	5 101	929	54.9	44.4	0.68	
3	630723	1963	7	23	12	7	24	20	144.8	100.0	244.8	32	4	中下游	7	23	12	7	24	18.5	7	26	12	72	30.5	2 429	2 380	8 431	929	90.8	87.6	0.63	
4	640729	1964	7	29	0	7	29	22	79.3	92.5	171.8	22	6	普雨	7	29	2	7	29	10.5	8	1	0	70	8.5	1 038	1 008	4 803	1 079	44.5	36.7	0.56	
5	640818	1964	8	18	4	8	19	12	84.2	86.4	170.6	32	8	普雨	8	18	4	8	18	18.5	8	21	0	68	14.5	605	577	4 334	1 079	40.2	30.3	0.48	
6	650726	1965	7	26	20	7	29	8	279.1	66.6	345.7	60	10	中下游	7	26	20	7	28	9.5	7	30	12	88	37.5	2 749	2 709	16 638	929	179.1	165.5	0.64	复峰
7	670713	1967	7	12	16	7	13	14	111.3	52.7	164.0	22	6	普雨	7	13	0	7	13	10.5	7	15	8	56	105	409	404	1 792	929	19.3	16.7	0.17	
8	690808	1969	8	8	2	8	8	18	86.4	78.4	164.8	16	6	中上游	8	8	2	8	8	11.5	8	10	8	54	9.5	516	510	1 680	929	18.1	15.8	0.21	
9	700719	1970	7	19	14	7	20	20	78.0	74.6	152.6	30	4	下游	7	19	14	7	20	2.5	7	22	0	58	14.5	536	511	1 692	929	18.2	15.3	0.23	
10	700724	1970	7	24	2	7	24	20	146.7	100.0	246.7	18	6	普雨	7	24	4	7	24	12	7	26	10	54	8	2 133	2 100	8 259	929	88.9	78.8	0.61	
11	710720	1971	7	20	22	7	21	10	43.9	97.5	141.4	12	4	下游	7	20	22	7	21	1.5	7	23	8	58	3.5	501	472	2 243	929	24.1	17.1	0.55	
12	710902	1971	9	2	22	9	3	22	102.4	100.0	202.4	24	8	普雨	9	2	20	9	3	17.5	9	5	12	64	21.5	1 075	1 035	6 064	1 079	56.2	45.1	0.55	
13	730821	1973	8	21	20	8	22	10	70.0	67.6	137.6	14	4	下游	8	21	20	8	22	1.5	8	24	0	52	5.5	297	297	1 137	929	12.2	10.9	0.17	
14	730831	1973	8	31	0	8	31	22	131.1	64.1	195.2	22	6	中下游	8	31	0	8	31	17	9	2	14	62	17	939	919	4 727	1 079	43.8	37.8	0.33	
15	740813	1974	8	13	4	8	14	14	90.6	100.0	190.6	34	6	普雨	8	13	0	8	14	11.5	8	16	8	80	35.5	858	826	4 341	929	46.7	38.7	0.52	
16	750813	1975	8	13	12	8	16	6	205.3	75.7	281.0	66	12	下游	8	13	20	8	15	23.5	8	18	2	102	51.5	1 142	1 110	8 159	929	87.8	76.1	0.43	
17	760629	1976	6	29	8	6	30	12	110.6	34.2	144.8	28	10	普雨	6	29	8	6	30	11	7	2	8	72	27	274	261	2 106	929	22.7	18.3	0.20	
18	760812	1976	8	12	18	8	13	20	81.6	100.0	181.6	26	8	下游	8	12	20	8	13	14.5	8	15	12	64	18.5	486	460	4 474	929	48.2	38.7	0.59	复峰
19	760819	1976	8	19	16	8	20	8	96.3	97.9	194.2	16	6	中下游	8	19	20	8	20	8.5	8	22	2	54	12.5	1 248	1 180	5 897	1 079	54.7	40.4	0.57	
20	770703	1977	7	3	2	7	3	8	72.3	24.9	97.2	6	6	普雨	7	3	2	7	3	9.5	7	5	8	54	7.5	191	190	905	929	9.7	8.8	0.13	
21	770805	1977	8	5	14	8	6	20	129.9	68.0	197.9	30	8	中下游	8	5	16	8	6	11.5	8	8	12	68	19.5	641	630	4 489	929	48.3	40.8	0.37	复峰
22	780702	1978	7	2	16	7	3	10	96.0	100.0	196.0	18	4	普雨	7	2	16	7	2	21.5	7	5	6	62	5.5	661	636	5 293	929	57.0	44.2	0.59	复峰
23	780815	1978	8	15	6	8	16	14	102.5	100.0	202.5	32	4	中游	8	15	6	8	16	11.5	8	18	2	68	29.5	960	920	5 099	929	54.9	43.6	0.54	复峰
24	790624	1979	6	24	0	6	24	20	72.5	31.8	104.3	20	8	普雨	6	24	0	6	24	20.5	6	26	14	62	20.5	98	96	629	929	6.8	6.2	0.09	
25	790731	1979	7	31	0	8	1	0	144.7	57.9	202.6	24	10	上游	7	31	0	7	31	15.5	8	2	18	66	15.5	656	646	4 945	929	53.2	46.7	0.37	
26	800629	1980	6	29	8	6	30	10	84.0	39.9	123.9	26	8	普雨	6	29	8	6	30	7.5	7	2	8	72	23.5	101	98	689	929	7.4	6.0	0.09	
27	810817	1981	8	16	22	8	17	6	87.4	42.6	130.0	8	6	普雨	8	17	0	8	17	12.5	8	19	8	56	12.5	198	195	912	929	9.8	8.5	0.11	
28	820808	1982	8	8	10	8	9	10	138.8	91.8	230.6	24	4	上游	8	8	10	8	9	12.5	8	11	6	68	26.5	583	573	3 436	929	37.0	34.3	0.27	复峰

序号	洪号	降雨起讫时间							流域平均雨量 P（mm）	前期影响雨量 P_a（mm）	$P+P_a$（mm）	降雨历时（h）		暴雨中心位置	洪水发生时间									洪水历时 $T_{洪}$（h）		洪峰流量 Q_m（m^3/s）	净峰流量 $Q_{m净}$（m^3/s）	地表径流总量 W（万 m^3）	集水面积 F（km^2）	径流深 R（mm）	净雨深 $R_净$（mm）	径流系数 α	备注
		起				讫									起涨			峰顶			落平												
		年	月	日	时	月	日	时				全部 T	有效 T_c		月	日	时	月	日	时	月	日	时	全部	峰顶								
29	820825	1982	8	25	2	8	26	12	225.6	73.5	299.1	34	10	中下游	8	25	2	8	25	21.5	8	28	0	70	19.5	3 183	3 153	13 947	929	150.1	140.7	0.67	
30	840806	1984	8	6	14	8	7	8	71.6	93.2	164.8	18	6	普雨	8	6	14	8	6	21	8	9	0	58	7	210	201	1 641	929	17.7	13.8	0.25	
31	850818	1985	8	18	20	8	21	18	240.9	100.0	340.9	70	8	普雨	8	18	20	8	19	17.5	8	23	12	112	21.5	1 139	1 075	14 380	1 079	133.3	121.4	0.55	复峰
32	870904	1987	9	4	8	9	5	14	95.2	64.1	159.3	30	6	中下游	9	4	8	9	5	1.5	9	7	2	66	17.5	275	267	1 427	929	15.4	11.7	0.16	
33	900710	1990	7	10	0	7	10	14	42.4	91.8	134.2	14	4	普雨	7	10	2	7	10	12.5	7	12	2	48	10.5	172	166	3 157	929	34.0	6.9	0.80	
34	900715	1990	7	15	16	7	16	4	38.5	97.5	136.0	12	4	中下游	7	15	20	7	16	8.5	7	18	0	52	12.5	197	182	1 129	929	12.2	8.8	0.32	复峰
35	900717	1990	7	17	0	7	17	14	26.8	96.7	123.5	14	2	上游	7	17	0	7	17	11.5	7	19	8	56	11.5	122	92	776	929	8.4	4.6	0.31	复峰
36	900724	1990	7	24	12	7	25	0	18.6	94.5	113.1	12	4	下游	7	24	14	7	24	16.5	7	26	8	42	2.5	464	444	1 208	929	13.0	6.7	0.72	
37	920901	1992	8	31	12	9	2	0	136.6	51.5	188.1	36	10	普雨	9	1	0	9	1	18.5	9	3	20	68	18.5	228	216	1 836	929	19.8	14.2	0.14	
38	950817	1995	8	17	20	8	18	6	62.3	100.0	162.3	10	4	中游	8	17	20	8	18	2.5	8	20	0	52	6.5	629	619	2 783	929	30.0	22.9	0.48	
39	950822	1995	8	22	6	8	23	2	91.3	86.9	178.2	20	6	下游	8	22	8	8	23	6.5	8	24	20	60	22.5	664	614	4 365	929	47.0	32.8	0.51	
40	960730	1996	7	30	0	7	31	0	40.7	90.1	130.8	24	4	下游	7	30	17	7	30	21.5	8	1	20	51	4.5	315	297	2 045	929	22.0	13.9	0.54	
41	970819	1997	8	19	2	8	21	0	233.7	49.3	283.0	46	12	中下游	8	19	8	8	20	15.5	8	22	8	72	31.5	1 203	1 173	7 618	929	82.0	73.7	0.35	
42	980822	1998	8	22	10	8	23	8	103.7	73.5	177.2	22	6	中下游	8	22	12	8	23	2.5	8	24	12	48	14.5	671	653	3 292	929	35.4	28.9	0.34	
43	010801	2001	8	1	4	8	2	2	85.1	100.0	185.1	22	4	普雨	8	1	6	8	2	0.5	8	3	16	58	18.5	1 231	1 146	6 030	1 079	55.9	44.7	0.66	
44	030622	2003	6	22	18	6	23	10	115.4	30.8	146.2	16	4	普雨	6	22	22	6	23	2.5	6	25	6	56	4.5	285	283	750	929	8.1	7.0	0.07	
45	030727	2003	7	27	20	7	28	8	90.0	87.7	177.7	12	6	普 雨	7	27	22	7	28	7	7	29	19	45	9	318	297	2 130	929	22.9	17.7	0.25	
46	050807	2005	8	7	16	8	8	8	64.1	100.0	164.1	16	4	普雨	8	7	20	8	8	10.5	8	10	0	52	14.5	488	463	1 830	929	19.7	14.3	0.31	
47	070811	2007	8	11	0	8	12	8	150.2	100.0	250.2	32	8	中下游	8	11	0	8	12	2.5	8	14	14	86	26.5	1 296	1 247	6 527	1 079	60.5	48.4	0.40	
48	080817	2008	8	17	12	8	18	2	84.5	90.9	175.4	14	8	中下游	8	17	14	8	18	3.5	8	20	8	66	13.5	701	665	4 884	1 079	45.3	33.8	0.54	
49	110807	2011	8	7	15	8	8	13	80.4	82.8	163.2	22	8	普雨	8	7	15	8	8	12	8	10	8	65	21	399	374	2 695	1 079	25.0	19.6	0.31	
50	110913	2011	9	13	8	9	16	3	190.7	59.4	250.1	67	22	普雨	9	13	8	9	15	8.2	9	21	8	192	48.2	1 020	1 000	10 731	1 079	99.5	86.7	0.52	复峰
51	120818	2012	8	18	20	8	19	5	76.5	86.6	163.1	9	6	普雨	8	18	20	8	19	10	8	21	8	60	14	312	269	2 624	929	28.2	18.2	0.37	
52	140724	2014	7	24	18	7	25	19	207.2	54.0	261.2	25	18	普雨	7	24	18	7	25	16.4	7	27	8	62	22.4	1 020	941	4 856	929	52.3	42.8	0.25	

表 30-10 清洋河门楼水库站降雨径流（$P+P_a-R$）预报精度评定表（未割基流）

序号	洪号	降雨量 P（mm）	前期影响雨量 P_a（mm）	$P+P_a$（mm）	实测径流深 $R_{实}$（mm）	预测径流深 $R_{预}$（mm）	预报误差（mm）	许可误差（mm）	评定结果		线形	说明
									合格	不合格		
1	610903	65.9	61.6	127.5	8.5	9.0	0.5	3.0	√		Ⅱ	
2	620729	81.3	100.0	181.3	54.9	42.9	-12.0	11.0		√	Ⅰ	
3	630723	144.8	100.0	244.8	90.8	90.1	-0.7	18.2	√		Ⅰ	
4	640729	79.3	92.5	171.8	44.5	37.5	-7.0	8.9	√		Ⅰ	
5	640818	84.2	86.4	170.6	40.2	36.8	-3.4	8.0	√		Ⅰ	
6	650726	279.1	66.6	345.7	179.1	188.3	9.2	20.0	√		Ⅰ	
7	670713	111.3	52.7	164.0	19.3	15.6	-3.7	3.9	√		Ⅱ	
8	690808	86.4	78.4	164.8	18.1	15.8	-2.3	3.6	√		Ⅱ	
9	700719	78.0	74.6	152.6	18.2	12.9	-5.3	3.6		√	Ⅱ	
10	700724	146.7	100.0	246.7	88.9	91.8	2.9	17.8	√		Ⅰ	
11	710720	43.9	97.5	141.4	24.1	22.1	-2.0	4.8	√		Ⅰ	
12	710902	102.4	100.0	202.4	56.2	56.1	-0.1	11.2	√		Ⅰ	
13	730821	70.0	67.6	137.6	12.2	10.1	-2.1	3.0	√		Ⅱ	
14	730831	131.1	64.1	195.2	43.8	51.4	7.6	8.8	√		Ⅰ	
15	740813	90.6	100.0	190.6	46.7	48.3	1.6	9.3	√		Ⅰ	
16	750813	205.3	75.7	281.0	87.8	81.8	-6.0	17.6	√		Ⅱ	
17	760629	110.6	34.2	144.8	22.7	24.0	1.3	4.5	√		Ⅰ	
18	760812	81.6	100.0	181.6	48.2	42.9	-5.3	9.6	√		Ⅰ	
19	760819	96.3	97.9	194.2	54.7	50.6	-4.1	10.9	√		Ⅰ	
20	770703	72.3	24.9	97.2	9.7	10.1	0.4	3.0	√		Ⅰ	
21	770805	129.9	68.0	197.9	48.3	52.9	4.6	9.7	√		Ⅰ	
22	780702	96.0	100.0	196.0	57.0	51.9	-5.1	11.4	√		Ⅰ	
23	780815	102.5	100.0	202.5	54.9	56.2	1.3	11.0	√		Ⅰ	
24	790624	72.5	31.8	104.3	6.8	6.8	0	3.0	√		Ⅱ	
25	790731	144.7	57.9	202.6	53.2	56.3	3.1	10.6	√		Ⅰ	
26	800629	84.0	39.9	123.9	7.4	8.3	0.9	3.0	√		Ⅱ	
27	810817	87.4	42.6	130.0	9.8	9.7	-0.1	3.0	√		Ⅱ	
28	820808	138.8	91.8	230.6	37.0	42.0	5.0	7.4	√		Ⅱ	
29	820825	225.6	73.5	299.1	150.1	141.0	-9.1	20.0	√		Ⅰ	
30	840806	71.6	93.2	164.8	17.7	15.8	-1.9	3.5	√		Ⅱ	
31	850818	240.9	100.0	340.9	133.3	139.9	6.6	20.0	√		Ⅱ	
32	870904	95.2	64.1	159.3	15.4	14.3	-1.1	3.1	√		Ⅱ	
33	900710	42.4	91.8	134.2	34.0	10.0	-24.0	6.8		√	Ⅱ	
34	900715	38.5	97.5	136.0	12.2	10.1	-2.1	3.0	√		Ⅱ	
35	900717	26.8	96.7	123.5	8.4	8.2	-0.2	3.0	√		Ⅱ	
36	900724	18.6	94.5	113.1	13.0	13.1	0.1	3.0	√		Ⅰ	
37	920901	136.6	51.5	188.1	19.8	22.3	2.5	4.0	√		Ⅱ	
38	950817	62.3	100.0	162.3	30.0	32.1	2.1	6.0	√		Ⅰ	
39	950822	91.3	86.9	178.2	47.0	41.3	-5.7	9.4	√		Ⅰ	
40	960730	40.7	90.1	130.8	22.0	18.4	-3.6	4.4	√		Ⅰ	
41	970819	233.7	49.3	283.0	82.0	83.5	1.5	16.4	√		Ⅱ	
42	980822	103.7	73.5	177.2	35.4	40.2	4.8	7.1	√		Ⅰ	
43	010801	85.1	100	185.1	55.9	45.0	-10.9	11.2	√		Ⅰ	
44	030622	115.4	30.8	146.2	8.1	11.9	3.8	3.0		√	Ⅱ	
45	030727	90.0	87.7	177.7	22.9	19.2	-3.7	4.6	√		Ⅱ	
46	050807	64.1	100.0	164.1	19.7	16.0	-3.7	3.9	√		Ⅱ	
47	070811	150.2	100.0	250.2	60.5	55.0	-5.5	12.1	√		Ⅱ	
48	080817	84.5	90.9	175.4	45.3	40.0	-5.3	9.1	√		Ⅰ	
49	110807	80.4	82.8	163.2	25.0	32.0	7.0	5.0		√	Ⅰ	
50	110913	190.7	59.4	250.1	99.5	95.0	-4.5	19.9	√		Ⅰ	
51	120818	76.5	86.6	163.1	28.2	32.0	3.8	5.6	√		Ⅰ	
52	140724	207.2	54.0	261.2	52.3	64.0	11.7	10.5		√	Ⅱ	

备注：1. 许可误差 = 实测值的 20%，以 20.0 mm 为上限，以 3.0 mm 为下限。2. 评定结果：合格率 =46/52=88.5%，属甲级方案，可用于作业预报。

表 30-11　清洋河门楼水库站洪峰关系（R-T_c-Q_m）预报精度评定表（未割基流）

序号	洪号	降雨量 P（mm）	有效降雨历时 T_c（h）	径流深 R（mm）	洪峰流量（m^3/s）		预报误差（m^3/s）	许可误差（m^3/s）	评定结果		说明
					$Q_{m实}$	$Q_{m预}$			合格	不合格	
1	610903	65.9	4	8.5	151	158	7	30.2	√		
2	620729	81.3	4	54.9	1 221	1 199	-22	244	√		
3	630723	144.8	4	90.8	2 429	2 330	-99	486	√		
4	640729	79.3	6	44.5	1 038	946	-92	208	√		
5	640818	84.2	8	40.2	605	715	110	121	√		
6	650726	279.1	10	139.5	2 749	2 829	80	550	√		复峰分割
7	670713	111.3	6	19.3	409	379	-30	81.8	√		
8	690808	86.4	6	18.1	516	353	-163	103		√	
9	700719	78.0	4	18.2	536	436	-100	107	√		
10	700724	146.7	6	88.9	2 133	2 053	-80	427	√		
11	710720	43.9	4	24.1	501	580	79	100	√		
12	710902	102.4	8	56.2	1 075	1 062	-13	215	√		
13	730821	70.0	4	12.2	297	297	0	59.4	√		
14	730831	131.1	6	43.8	939	930	-9	188	√		
15	740813	90.6	6	46.7	858	999	141	172	√		
16	750813	205.3	12	87.8	1 142	1 088	-54	228	√		
17	760629	110.6	10	22.7	274	262	-12	54.8	√		
18	760819	96.3	6	54.7	1 248	1 185	-63	250	√		
19	770703	72.3	6	9.7	191	183	-8	38.2	√		
20	770805	129.9	8	42.6	641	641	0	128	√		复峰分割
21	780702	96.0	4	29.6	661	719	58	132	√		复峰分割
22	780815	102.5	4	43.7	960	1 078	118	192	√		复峰分割
23	790624	72.5	8	6.8	98	99	1	19.6	√		
24	790731	144.7	10	53.2	656	839	183	131		√	
25	800629	84.0	8	7.4	101	110	9	20.2	√		
26	810817	87.4	6	9.8	198	184	-14	39.6	√		
27	820808	138.8	4	25.1	583	601	18	117	√		复峰分割
28	820825	225.6	10	150.1	3 183	3 098	-85	637	√		
29	850818	127.5	8	133.3	1 139	1 000	-139	228	√		复峰分割
30	850820	113.4	14	87.1	1 135	1 075	-60	227	√		
31	870904	95.2	6	15.4	275	300	25	55.0	√		
32	900710	42.4	4	34.0	172	202	30	34.4	√		
33	900715	38.5	4	12.2	197	298	101	39.4		√	复峰分割
34	900724	18.6	4	13.0	464	321	-143	92.8		√	
35	920901	136.6	10	19.8	228	264	36	45.6	√		
36	950817	62.3	4	30.0	629	723	94	126	√		
37	960730	40.7	4	22.0	315	528	213	63.0		√	
38	970819	233.7	12	82.0	1 203	1 222	19	241	√		
39	980822	103.7	6	35.4	671	617	-54	134	√		
40	010801	85.1	4	55.9	1 231	1 399	168	246	√		
41	030622	115.4	4	8.1	285	196	-89	57.0		√	
42	030727	90	6	22.9	318	373	55	63.6	√		
43	050807	64.1	4	19.7	488	470	-18	97.6	√		
44	070811	150.2	8	60.5	1 296	1 240	-56	259	√		
45	080817	84.5	8	45.3	701	820	119	140	√		
46	110807	80.4	8	25.0	399	420	21	79.8	√		
47	110913	190.7	22	99.5	1 020	1 500	480	204		√	
48	120818	76.5	6	28.2	312	560	248	62.4		√	
49	140724	207.2	18	52.3	1 020	960	-60	204	√		

备注：1. 许可误差 = 实测值的 20%。2. 评定结果：合格率 =41/49=83.7%，属乙级方案，可用于作业预报。

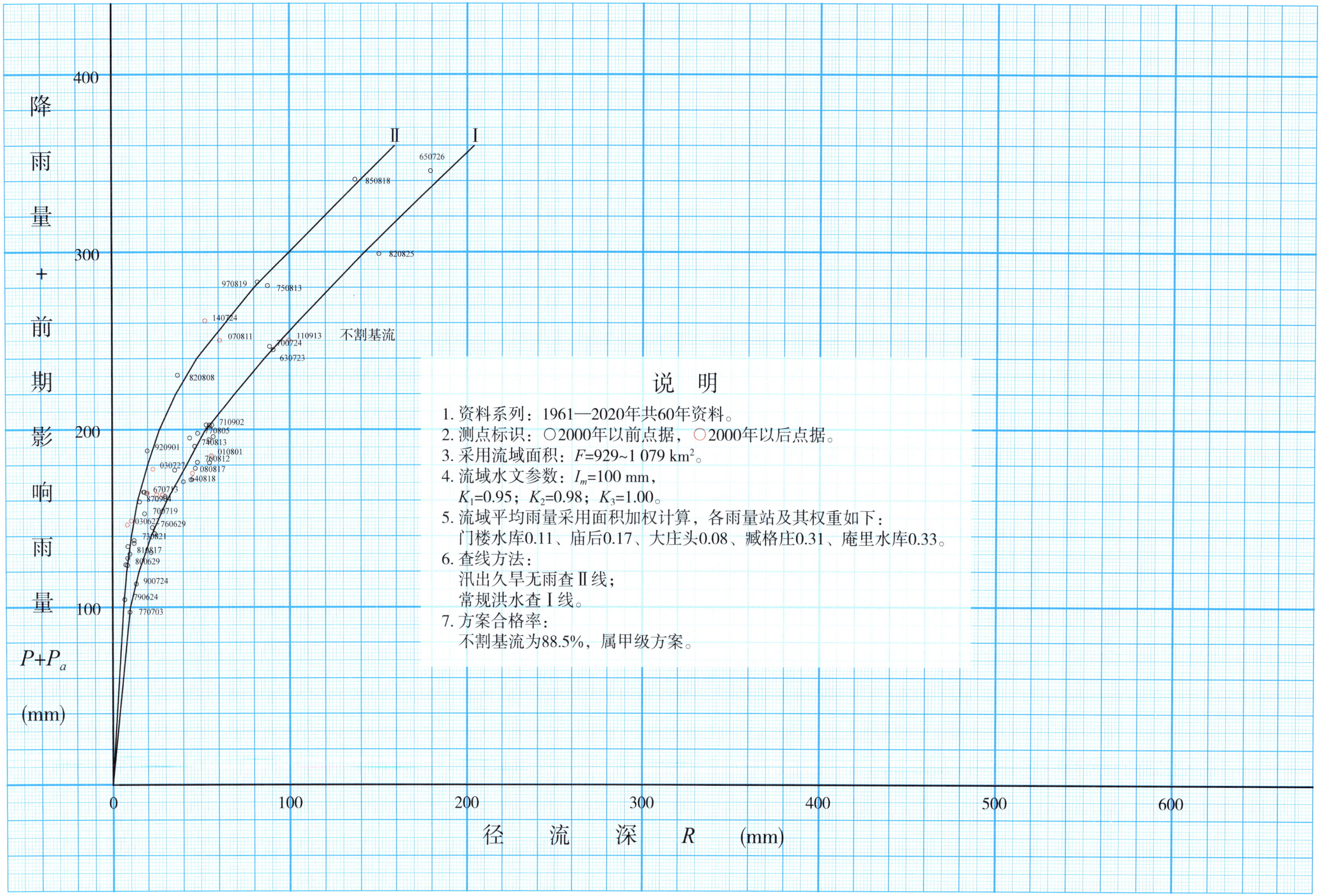

图 30-6　清洋河门楼水库站降雨径流关系曲线图（$P+P_a$–R）

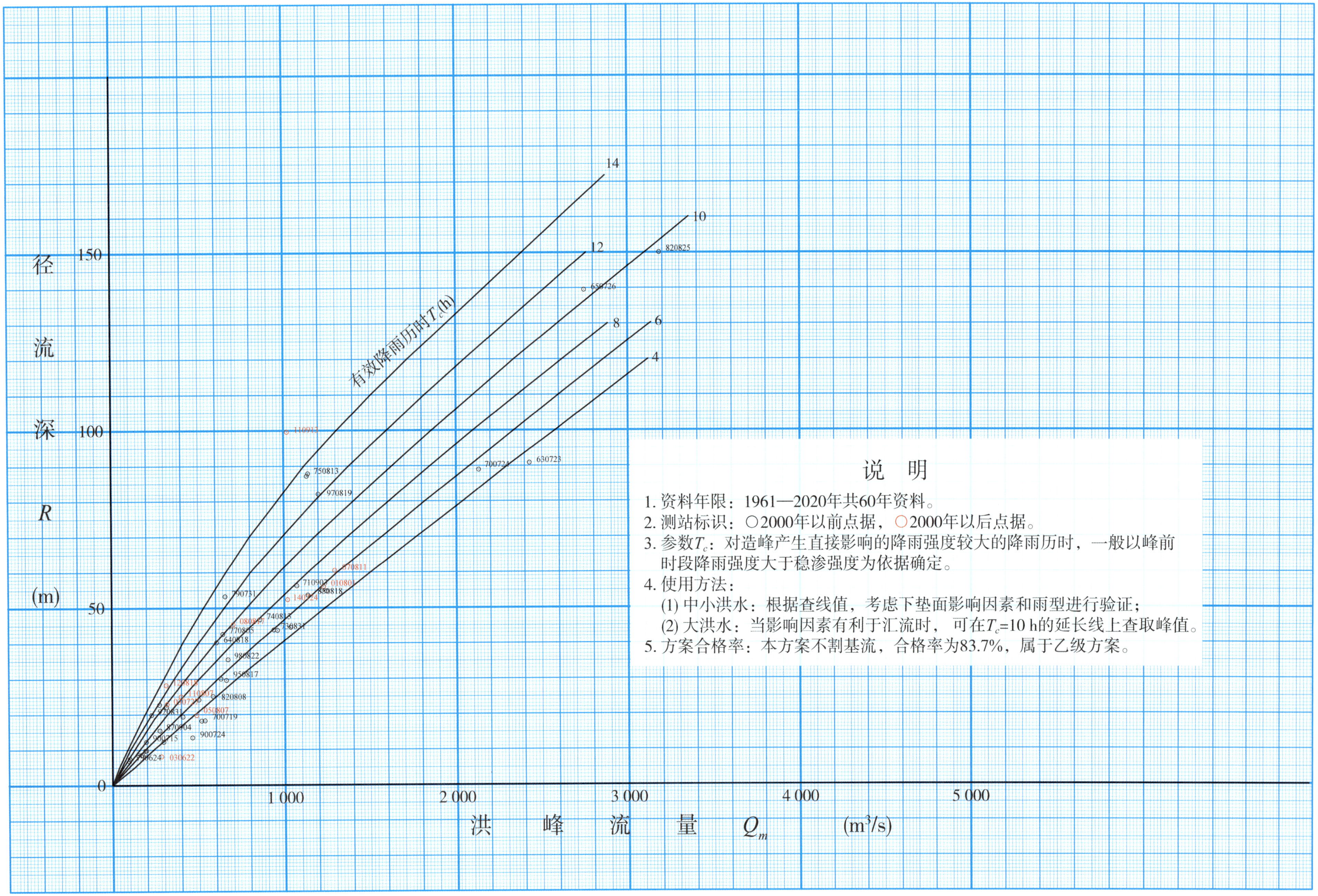

图 30–7　清洋河门楼水库站峰量关系图（R–T_c–Q_m）

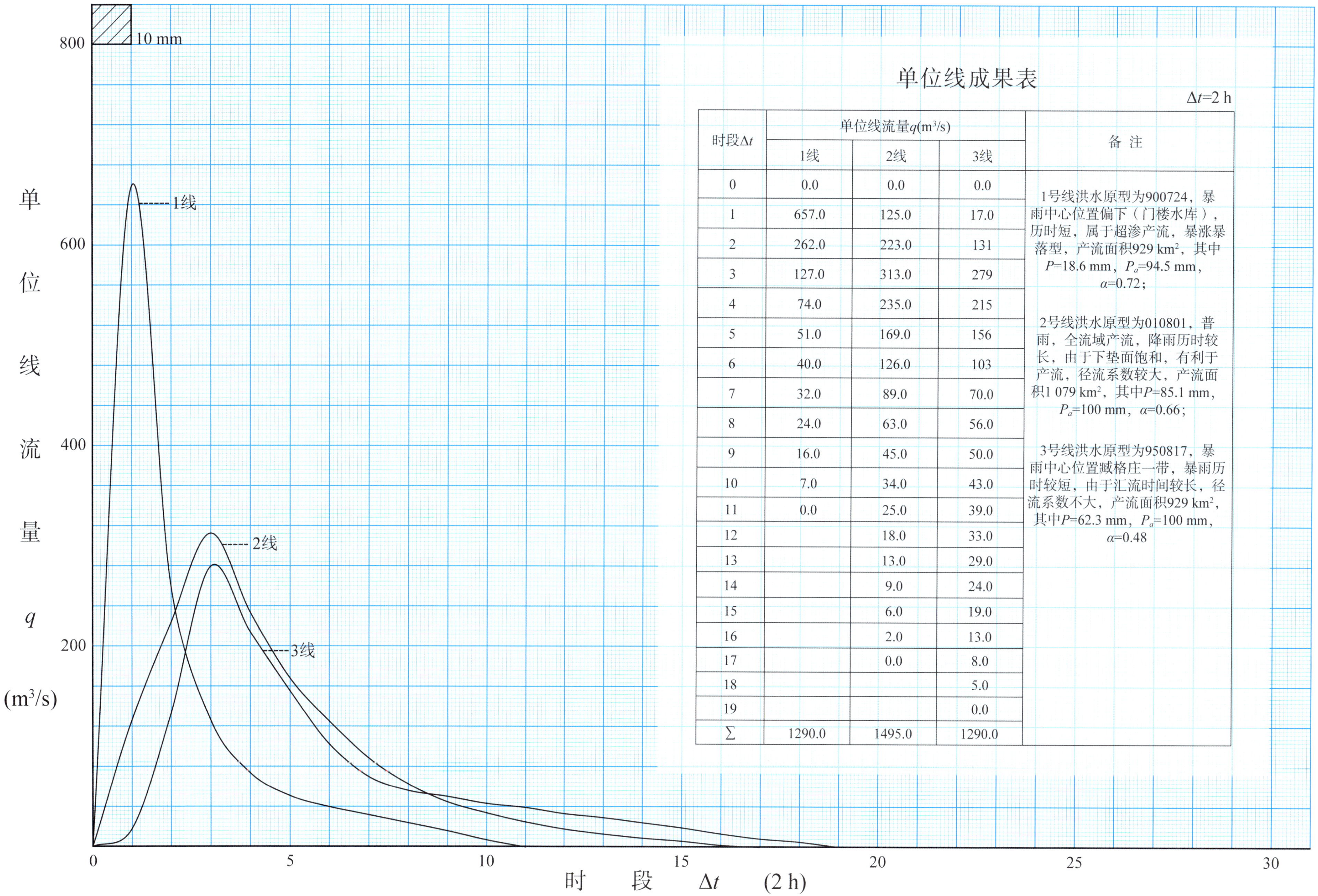

单位线成果表

Δt=2 h

时段Δt	单位线流量q(m³/s)			备 注
	1线	2线	3线	
0	0.0	0.0	0.0	1号线洪水原型为900724，暴雨中心位置偏下（门楼水库），历时短，属于超渗产流，暴涨暴落型，产流面积929 km²，其中P=18.6 mm，P_a=94.5 mm，α=0.72； 2号线洪水原型为010801，普雨，全流域产流，降雨历时较长，由于下垫面饱和，有利于产流，径流系数较大，产流面积1 079 km²，其中P=85.1 mm，P_a=100 mm，α=0.66； 3号线洪水原型为950817，暴雨中心位置臧格庄一带，暴雨历时较短，由于汇流时间较长，径流系数不大，产流面积929 km²，其中P=62.3 mm，P_a=100 mm，α=0.48
1	657.0	125.0	17.0	
2	262.0	223.0	131	
3	127.0	313.0	279	
4	74.0	235.0	215	
5	51.0	169.0	156	
6	40.0	126.0	103	
7	32.0	89.0	70.0	
8	24.0	63.0	56.0	
9	16.0	45.0	50.0	
10	7.0	34.0	43.0	
11	0.0	25.0	39.0	
12		18.0	33.0	
13		13.0	29.0	
14		9.0	24.0	
15		6.0	19.0	
16		2.0	13.0	
17		0.0	8.0	
18			5.0	
19			0.0	
Σ	1290.0	1495.0	1290.0	

图 30-8 清洋河门楼水库站单位线图

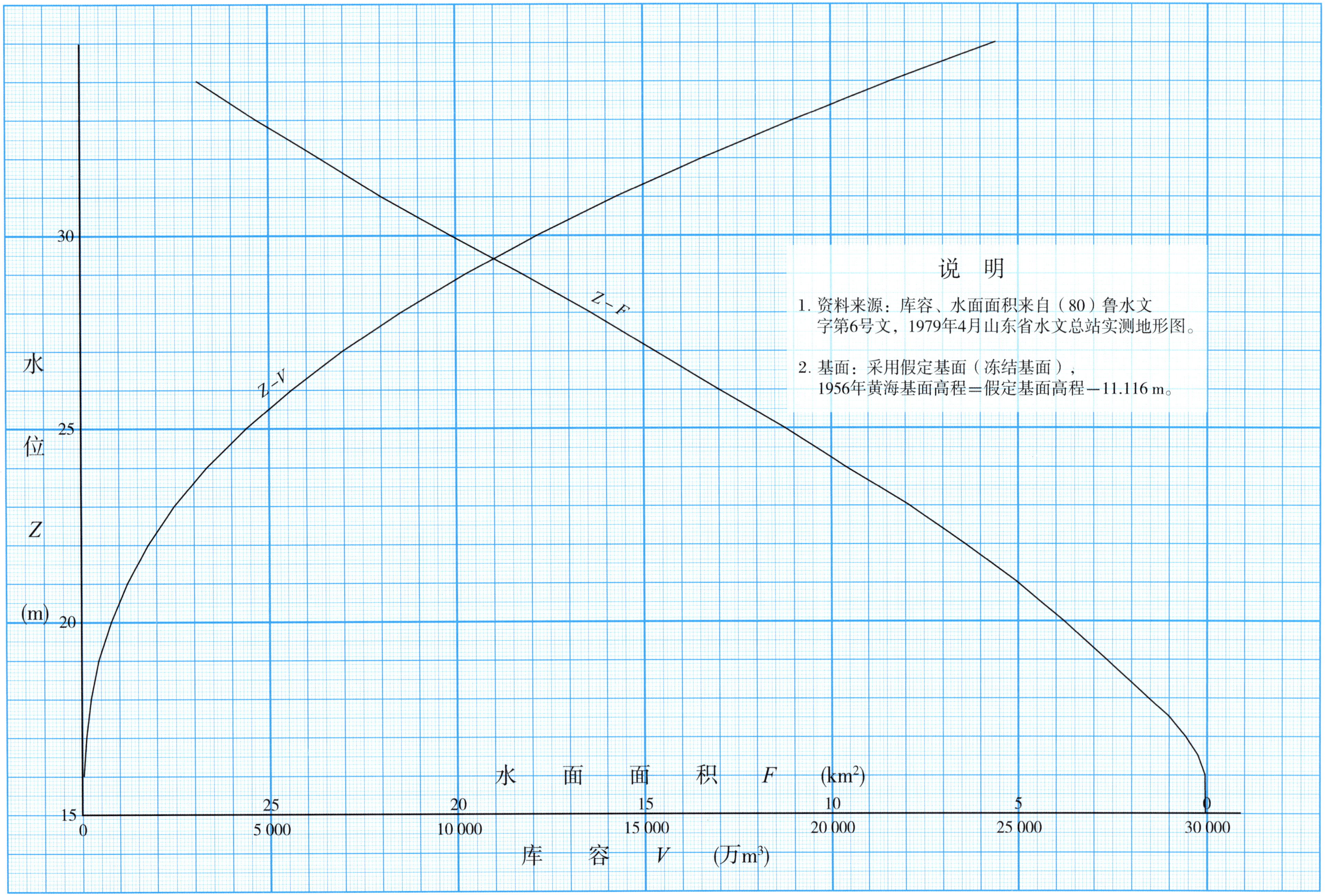

图 30-9　清洋河门楼水库水位与库容、面积关系曲线图

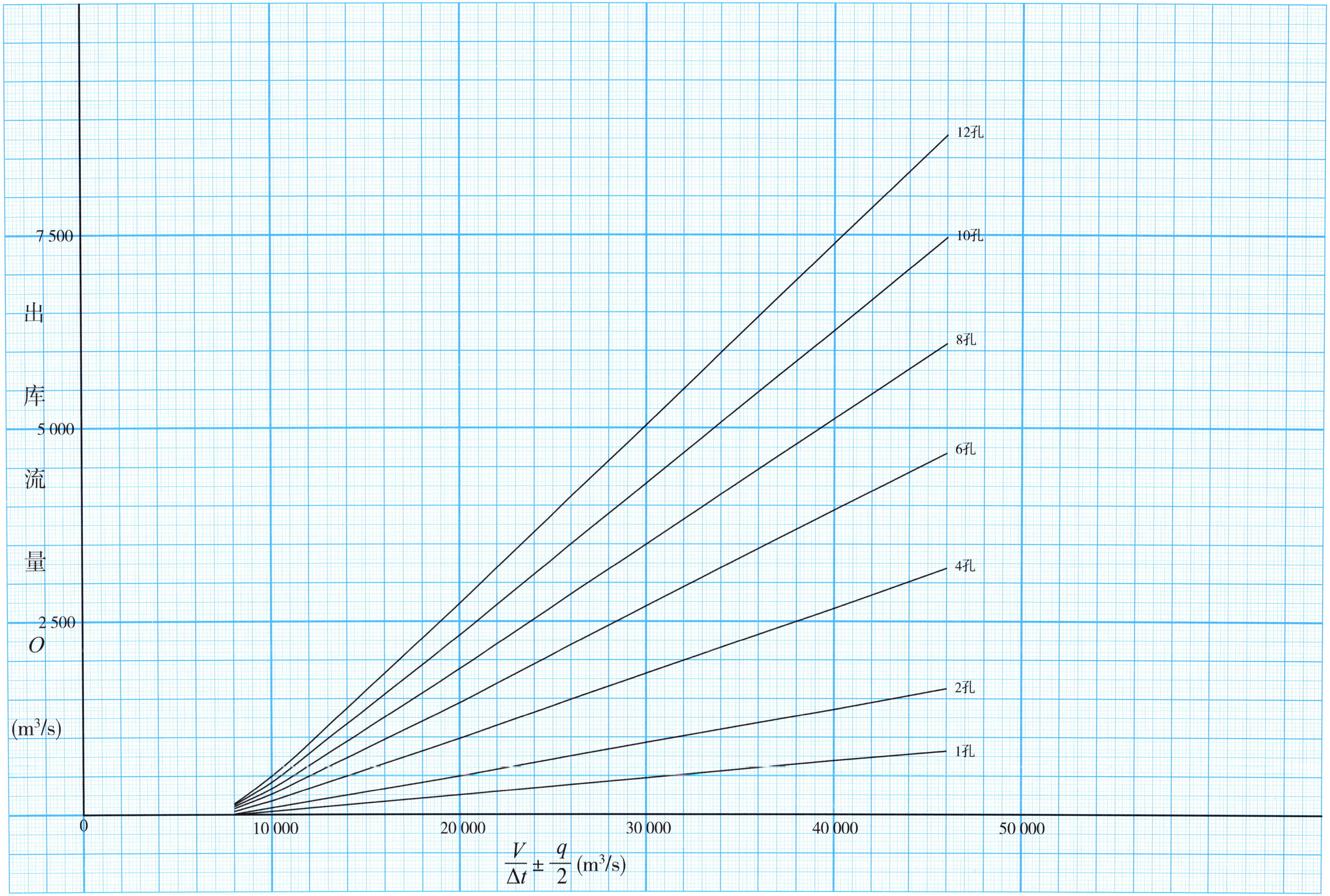

图 30-10　清洋河门楼水库调洪演算单辅助曲线图（半图解法）

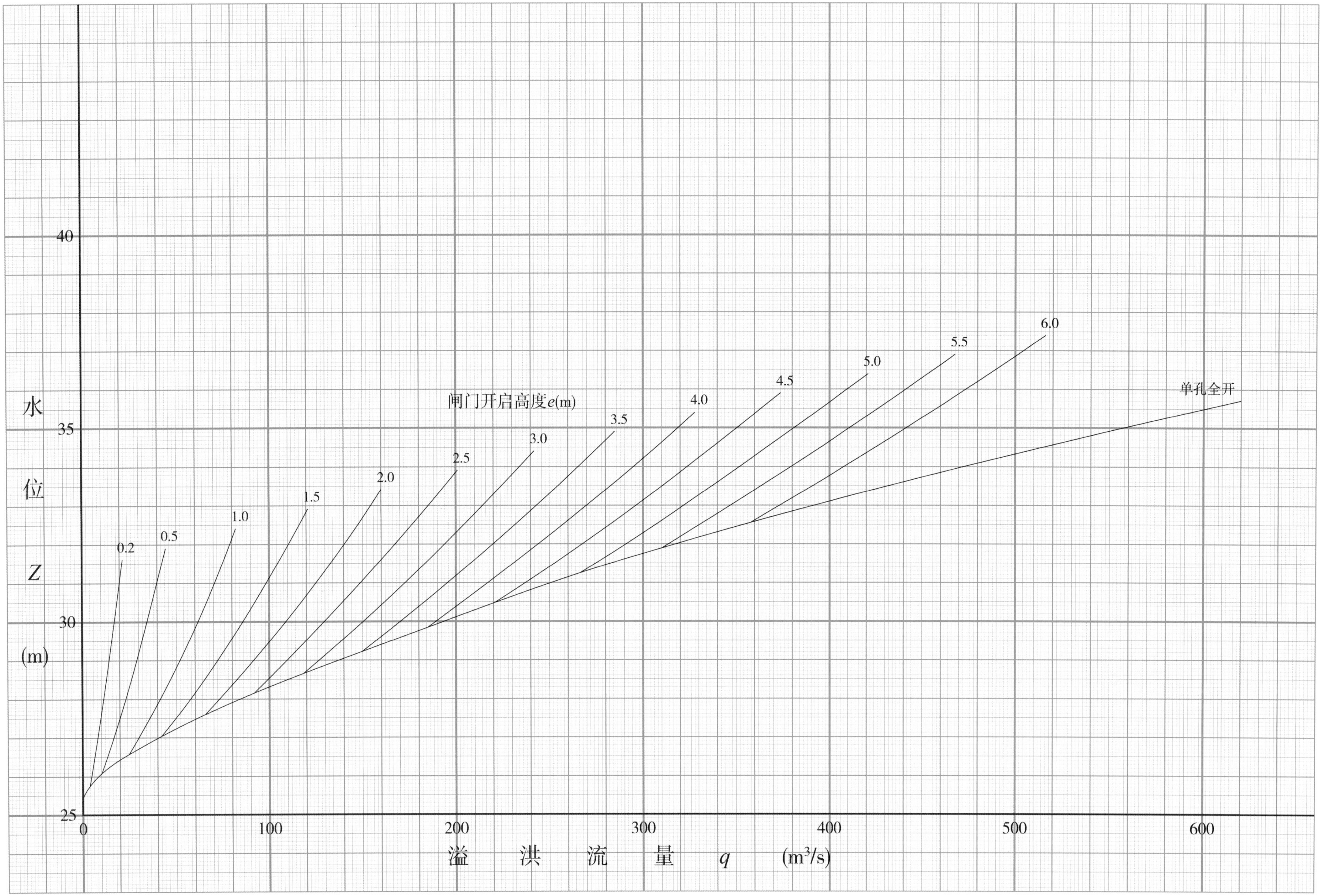

图 30–11 清洋河门楼水库泄流曲线图（单孔）

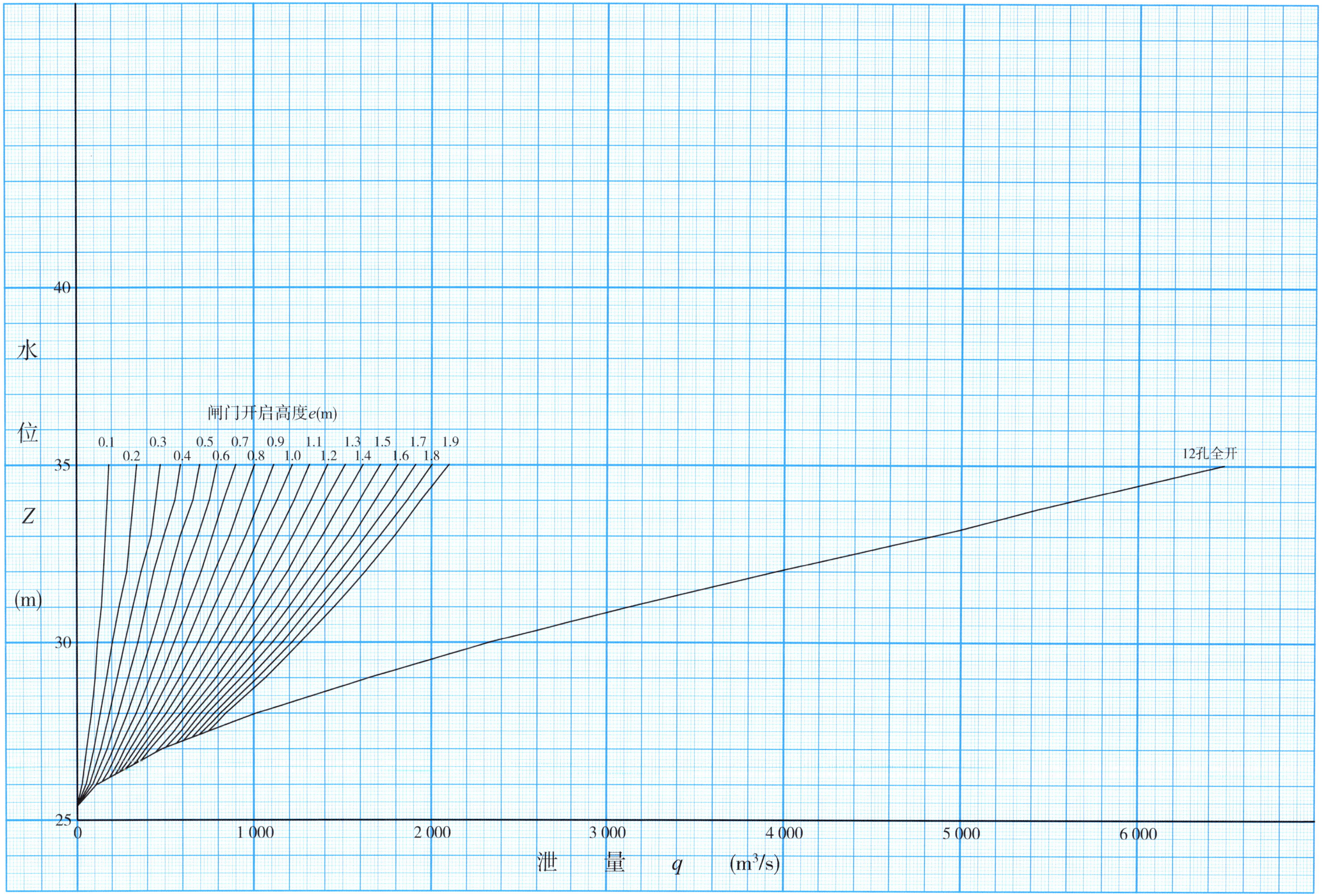

图 30-12 清洋河门楼水库泄流曲线图（12 孔）

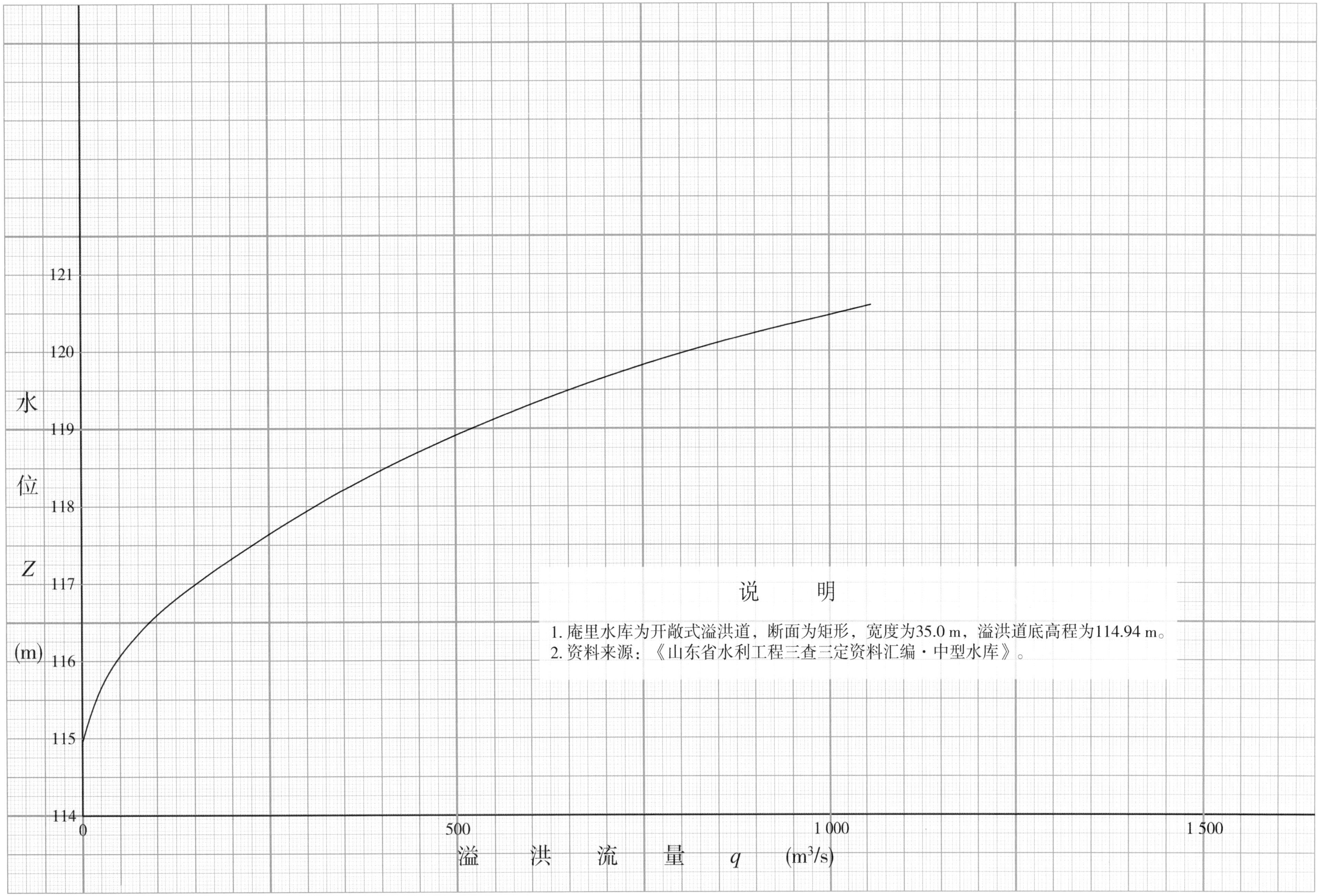

说　　明

1. 庵里水库为开敞式溢洪道，断面为矩形，宽度为35.0 m，溢洪道底高程为114.94 m。
2. 资料来源：《山东省水利工程三查三定资料汇编 · 中型水库》。

图 30-13　清洋河庵里水库非常溢洪道泄流曲线图

第三十一章　蚬河沐浴水库站水文预报方案编制说明

1　流域概况

1.1　自然地理特征

沐浴水库位于莱阳市城北约 9 km，东五龙河支流蚬河中下游，流域形状呈长条形。流域平均长度为 41.5 km，流域平均宽度为 10.9 km，干流长度为 62.0 km，干流平均坡度为 1.99‰。流域内地形主要为低山丘陵，整体地势北高南低，上游为低山丘陵，山脉露出地面，为青石山和云母片麻岩组成的岩层。自观里镇以下进入浅山区，沿河两岸伴有零星台地和冲积平原，地形复杂。流域内土质绝大多数为沙壤土，厚度为 0.3 ~ 0.5 m。植被多为针叶松，分布在山丘地带；落叶松、槐树、苹果树、梨树、灌木丛、柞树在河岸台地数量较多，植被覆盖度在 30% 以下。气候属暖温带东亚大陆性季风气候，暴雨天气系统以台风、台风倒槽、高空槽、江淮气旋为主。多年平均年降水量为 695.0 mm，汛期 6—9 月降水量约占全年的 74.5%，其中 7—8 月份最多，约占全年的 50%。流域内河网发育较好，河床比降大，源短流急，暴涨暴落，属山溪性雨源型河流。

1.2　水利工程情况

沐浴水库流域内有中型水库（龙门口水库）1 座，沐浴水库以上、龙门口水库以下区间有小（1）型水库 1 座、小（2）型水库 16 座。沐浴水库站以上流域图详见图 31–5。

1.2.1　龙门口水库以上流域概况

龙门口水库位于沐浴水库上游栖霞市境内，流域面积为 116 km^2，总库容为 6 761.8 万 m^3，兴利水位为 140.60 m，兴利库容为 4 105 万 m^3。根据《山东省水利工程三查三定资料汇编》，龙门口水库以上流域内建有小（1）型水库 2 座、小（2）型水库 12 座，总控制面积为 27.29 km^2，总兴利库容为 500 万 m^3。其中控制面积和总库容较大的是旗杆山水库，分别为 10.4 km^2、324.5 万 m^3。其他水库的规模均较小，主要分布在各小支流的上游。龙门口水库工程基本情况详见表 31–1，龙门口水库控制运用指标详见表 31–2。

表 31–1　龙门口水库工程基本情况表

水库特征			大坝（m）			溢洪道（m）		
总库容（万 m^3）	兴利水位（m）	历史最高水位（m）	坝高	坝顶高程	防浪墙顶	型式	底高程	净宽
6 761.8	140.60	141.70	27.18	145.51	146.51	开敞式	140.60	60.0

表 31–2　龙门口水库控制运用指标情况表

特征	允许最高	警戒	汛中	超蓄	汛末
水位（m）	144.04	142.47	140.60	140.60	140.60
相应库容（万 m^3）	6 718	5 574	4 325	4 325	4 325

1.2.2　龙门口水库至沐浴水库区间概况

沐浴水库以上、龙门口水库以下区间有小（1）型水库 1 座、小（2）型水库 16 座，总控制面积 39.12 km^2，总库容为 1 388.4 万 m^3，总兴利库容为 837 万 m^3，详见表 31–3。

表 31–3　龙门口水库至沐浴水库区间中小型水库统计表

水库类型	水库名称	流域面积（km^2）	兴利库容（万 m^3）	总库容（万 m^3）	建成时间	所在位置
中 型	龙门口	116	4 105	6 761.8	1960 年 8 月	栖霞市观里镇
小（1）型	岗 山	20.0	556	893	1960 年 7 月	栖霞市官道镇
小（2）型	鹤山沟	1.8	63	96	1969 年 10 月	莱阳市谭格庄镇
	彭家庄	0.6	10.2	14.3	1979 年	栖霞市观里镇
	小 寨	1.6	7.0	15.5	1972 年	栖霞市观里镇
	巨 屋	1.0	5.8	14.9	1972 年	栖霞市观里镇
	孟 家	1.0	8.0	14.8	1970 年	栖霞市观里镇
	大 寨	1.56	24.8	39.2	1978 年	栖霞市观里镇
	宋格庄	0.90	7.1	23.5	1970 年	栖霞市观里镇
	阎家庄	2.6	38.0	70.0	1975 年 10 月	栖霞市官道镇
	沙沟河	1.3	28.6	47.7	1979 年 6 月	栖霞市官道镇
	万家庄	0.8	9.4	21.6	1972 年 12 月	栖霞市官道镇
	喇叭沟	0.9	12.4	28.8	1972 年 4 月	栖霞市官道镇
	孙 疃	2.4	10.1	33.1	1957 年 2 月	栖霞市官道镇
	于格庄	0.7	10.0	12.0	1967 年 12 月	莱阳市河洛镇
小（2）型	大姚格庄	1.0	18.2	27.9	1972 年 11 月	莱阳市沐浴店镇
	塔山西沟	0.4	12.6	15.4	1979 年 9 月	栖霞市寺口镇
	马嘶庄	0.56	15.8	20.7	1966 年 6 月	栖霞市西城镇

1.2.3　沐浴水库概况

沐浴水库于 1958 年 5 月动工修建，1960 年 7 月基本建成投入使用，流域面积为 452 km^2。沐浴水库工程基本情况见表 31–4，沐浴水库控制运用指标见表 31–5。

表 31–4　沭浴水库工程基本情况表

大坝（m）					
坝长	坝高	坝顶宽度	坝顶高程	防浪墙顶高程	
310	44.8	7.4	90.76	91.96	
溢洪道					
级别	型式	堰顶高程（m）	净宽（m）	尺寸（m×m）	最大泄量（m^3/s）
一级	平板钢闸门	79.00	40.0	10×3.5	1 185.1
输水洞					
名称	型式	尺寸（m）	进口底高程（m）	最大流量（m^3/s）	闸门型式
东放水洞	有压隧洞	∅3.00	55.96	92.2	平面
西放水洞	平板钢闸门	∅1.50	55.96	19.0	平面
水库特征					
特征	死	兴利	设计	校核	历史最高
水位（m）	55.96	81.96	84.25	87.17	83.62
库容（万 m^3）	210.0	10 970	14 430	18 720	—

表 31–5　沭浴水库控制运用指标情况表

特征	允许最高	警戒	汛中	超蓄	汛末
水位（m）	86.91	83.82	81.00	81.50	81.96
库容（万 m^3）	18 448	13 351	9 915	10 458	10 970

1.3　测站概况

1.3.1　站网概况

沭浴水库水文站于 1959 年 5 月设站，为中央报汛站，为省、部防汛部门提供雨水情和洪水预报，主要搜集流域内降水量、水库水位、出库流量、水面蒸发量、土壤墒情等有关水文资料，进行水库洪水预报、抗洪能力计算、调洪演算等，为防汛抗旱、水资源控制运用提供信息。水位、流量、降水量等水文资料具有较好的连续性。建站初期至 1967 年雨量控制站较少，1995 年以后雨量站固定不变。

1.3.2　测报设施

1992 年以前采用普通雨量计、自记雨量计观测雨量，人工实测水库水位，再电话传输雨水情报。1992 年以后配套遥测系统，2001 年之后配套数传仪自动测报系统。

1.3.3　基面换算关系

沭浴水库站基面采用假定基面（冻结基面），1956 年黄海基面高程 = 假定基面高程 – 50.262 m。

2　预报方案编制

2.1　预报区间的确定

沭浴水库上游有一中型水库——龙门口水库，龙门口水库的控制面积为 116 km^2。若上游库满（溢洪道溢洪），预报区间为沭浴水库以上，控制面积为 452 km^2；若上游库空（溢洪道无溢洪），预报区间为龙门口水库至沭浴水库区间，控制面积为 336 km^2。

2.2　资料情况及方案沿革

2.2.1　资料年限

沭浴水库预报方案于 1980 年编制完成，又于 1990 年、2005 年、2008 年进行了修订。本次修订除选用之前分析的 1961—2008 年的 47 场次洪水外，还增加了 2009—2020 年 4 场次洪水，资料系列为 1961—2020 年，共 51 场次洪水，蚬河沭浴水库站降雨径流分析成果详见表 31–11。

2.2.2　历史洪水

经调查，沭浴水库历史洪水不详，实测资料系列较长，基本代表了本流域降雨径流规律。

2.2.3　方案沿革

原方案中产流方案采用降雨径流相关图 $P+P_a-R$（割基流），汇流方案采用峰量关系图、经验单位线。本次修订在原产流方案降雨径流相关图 $P+P_a-R$（不割基流）中增加了 4 个点据，重新定线；在原汇流方案峰量关系图中增加了 4 个点据；保留原来的单位线并选出 3 条有代表性的为预报作业服务。

2.3　产流方案

产流方案采用 $P+P_a-R$ 相关图法，方案合格率为 88.2%，详见表 31–12。

2.3.1　主要参数的计算

2.3.1.1　流域平均降水量 P

P 值根据流域内雨量站权重进行加权计算，历年来雨量站权重变化情况如下：

1961—1966 年：沭浴水库 0.127、观里 0.873。

1967—1994 年：沭浴水库 0.13、龙门口水库 0.54、观里 0.33。

1995 年至今：沭浴水库 0.10、龙门口水库 0.33、观里 0.32、西留 0.25。

2.3.1.2 流域平均前期影响雨量P_a

分析汛前四月份或五月份土壤含水情况，根据经验确定一个 P_a 初始值，然后根据公式逐日计算，其计算公式为

$$P_{a,t}=K（P_{a,t-1}+P_{t-1}）$$

式中：$P_{a,t}$ 为当日的前期影响雨量（mm）；$P_{a,t-1}$ 为前一日的前期影响雨量（mm）；P_{t-1} 为前一日的流域平均雨量（mm）；K 为前期影响雨量递减系数，K_1=0.95（$P_{t-1}<1.0$ mm），K_2=0.98（1.0 mm $\leqslant P_{t-1}<10.0$ mm），K_3=1.00（$P_{t-1}\geqslant 10.0$ mm）。

2.3.1.3 最大损失量I_m

根据本流域下垫面情况综合分析，采用 I_m=100 mm，根据累积计算，当 $P_a\geqslant 100$ mm 时，取 P_a 的最大值等于 I_m，故 P_a 的取值范围为 $0<P_a\leqslant I_m$=100 mm。

2.3.1.4 洪水总量W

洪水总量由实测水库洪水资料还原求得，其计算公式为

$$W=\Delta V+W_{出}$$

式中：ΔV 为库容变量（洪水起涨至落平之间的库容差）（万 m^3）；$W_{出}$为出库水量（洪水期间出库水量）（万 m^3）。

2.3.1.5 基流分割

通过基流分割计算，求得基流水量 $W_{基}$和次洪水的净来水量 $W_{净}$（地表径流量）。本方案采用直线斜割法进行基流分割，其计算公式为

$$W_{基}=（Q_{起}+Q_{讫})/2\times 0.36\times T_{洪}$$

$$W_{净}=W-W_{基}$$

式中：$Q_{起}$为洪水起涨时流量（m^3/s）；$Q_{讫}$为洪水讫时流量（洪水落平时的来水流量，根据经验分析，一般为降雨基本结束后 18~36 h 的流量）（m^3/s）；$T_{洪}$为洪水总历时（洪水起涨至落平的时间差）（h）。

2.3.1.6 径流深R

径流深计算公式如下：

$$R=10W/F$$

式中：W 为洪水总量（本次修订采用未割基流洪水总量）（万 m^3）；F 为流域面积（龙门口水库溢洪时取用 452 km^2，龙门口水库未溢洪时取用 336 km^2，久旱无雨特别干旱时取用 294~336 km^2）。

2.3.2 产流方案（$P+P_a-R$）说明

产流方案综合反映了流域降水径流关系，本方案（未割基流）$P+P_a-R$ 关系线详见图 31-6。图中Ⅰ线反映了本流域发生洪水各影响因素在正常状态下或是互补平衡状态下的降雨径流关系；Ⅱ线反映了流域干旱、产流面积小、降雨强度小等不利于产流条件因素影响下的降雨径流关系。通过实测点据适线分析，可看出偏线点据多发生在中低洪水，其偏线原因主要是 P_a 计算值与实际情况不符、降雨代表性差、产流面积小等。

2.3.3 精度评定

根据产流方案精度评定要求，径流深许可误差为实测值的 20%（并当许可误差大于 20.0 mm 时以 20.0 mm 为上限；小于 3.0 mm 时以 3.0 mm 为下限），预报误差小于许可误差时为合格，反之为不合格。通过评定，本产流方案合格率为 86.3%，属甲级方案，可用于作业预报。

2.4 汇流方案

本方案采用峰量关系图（$R-T_c-Q_m$）和经验单位线两种方法。方案（$R-T_c-Q_m$）合格率为 80.4%，为乙级方案，详见表 31-13。

2.4.1 峰量关系图$R-T_c-Q_m$

以有效降雨历时 T_c 为参数，建立峰量关系曲线 $R-T_c-Q_m$。其中 R 为一次降雨径流深，由次洪水总量除以相应集水面积而得；T_c 为有效降雨历时，是指降雨过程中对造峰直接产生影响的降雨强度较大的降雨历时，一般取峰前时段降雨强度大于稳渗强度（f_c=2.5 mm/h）的降水时段，是峰量关系中的主要参数；Q_m 为一次降雨过程所产生的区间洪峰流量，由反推入库洪水过程求得，计算时段 Δt=1 h。

$R-T_c-Q_m$ 是以 T_c 为主要影响参数的峰量关系曲线，详见图 31-7。该图反映了中低水（R 在 100 mm 以下）情况下的峰量关系，具有一定的规律性，通过实测点据适线分析，可看出偏线点据多数发生在中低洪水，这主要是由降雨空间分布、复峰状态、下垫面等因素造成的。高水时，各影响因素有利于造峰，曲线趋于 T_c=8 h 的关系线，关系较好。

2.4.2 精度评定

根据汇流方案精度评定要求，洪峰流量许可误差为实测值的 20%，预报误差小于许可误差时为合格，反之为不合格。通过评定，本汇流方案合格率为 80.4%，属乙级方案，可用于作业预报。

2.4.3 经验单位线

本方案选取了 840811、850909、960714 共 3 场有代表性的洪水进行综合分析，确定了暴雨中心在中上游或中下游等不同降雨特性的单位线。计算过程力求简单，宏观处理洪水起涨、落平段流量数据，尽量减少人工处理过程，以提高经验单位线与原洪水符合程度，保持其所具有的洪水特性。蚬河沐浴水库站单位线详见图 31-8。

3 方案评定

产流方案合格率为 86.3%，属甲级方案；汇流方案峰量关系图合格率为 80.4%，属乙级方案，所以本方案为乙级方案。

4 方案使用说明

洪水预报方案反映了流域综合因素影响下的降雨径流关系、峰量关系。就单次洪水而言，它既有群体的共性，又有单体的个性，所以在具体预报作业中，要从主到次分析影响降雨径流的各水文因素，用以修正各预报值，提高预报精度。

4.1 产流方案

4.1.1 前期影响雨量P_a值的确定

洪水预报时，应对计算的P_a值进行合理性分析，以确定P_a的取用值。由于P_a是根据公式逐日推算的，如果是流域内局部降雨等代表性差的雨型，容易造成P_a值计算误差。如果P_a计算值很小，遇有强度较大的降雨，查读$P+P_a-R$关系曲线时容易造成R查读值偏小。如果P_a计算值达到I_m值，应分析流域下垫面饱和程度，实际情况是否真正达到I_m值。同量级的P_a值在汛初、汛中、汛末对降雨径流的影响也不相同，一般来讲，汛初P_a计算值代表性较差，往往偏大；汛中以后的P_a计算值代表性较好，相对准确。

4.1.2 流域平均雨量P的计算

根据流域内雨情逐时段（Δt=2 h）计算时段平均雨量。当累积雨量达到或超过 50 mm 时，即可进行洪水作业预报。经分析历史洪水资料可知，流域内观里雨量站代表性较好，准确掌握该站雨量过程非常重要。

4.1.3 产流面积F的确定

产流面积的取值视下垫面、本次降雨情况而定。一般来讲，当本流域次雨量达到 100 mm 后（或本次洪水前有较多场次的降雨），且龙门口水库未溢洪，产流面积趋于 336 km^2；当龙门口水库溢洪时，趋于 452 km^2。预报时，根据雨情及下垫面情况，产流面积F的取值范围在 294~452 km^2。

4.1.4 龙门口水库的影响

龙门口水库控制面积为 116 km^2，占整个沭浴水库流域面积的 25.7%，面积权重为 0.33，比重较大。该水库大多数年份不溢洪，多雨年份、特大暴雨时有出库过程，对整个流域而言，该水库有调洪作用，影响洪水峰后的退水过程，增大洪水总量。

4.1.5 径流深R的预报

根据所计算的前期影响雨量P_a、流域平均雨量P查降水径流相关图（$P+P_a-R$）得径流深R。在实际预报作业时，应对有关影响因素进行分析判断，确定查值线形，并进行经验修正。一般来讲，汛初或久旱无雨查Ⅱ线；P_a值较高、产流面积、降雨强度较大、河网基流充盈，查Ⅰ线；当已经发生洪水再遭遇较强降水过程时，应于Ⅰ线偏右查值。

4.1.6 洪水总量W的计算

根据确定的产流面积F，预报的径流深R，由公式$W=0.1RF$计算得洪水总量。

4.1.7 综合因素的影响

降雨径流除受P_a、F、T_c因素影响外，构成降雨自身的时空分布、河网基流情况等因素的影响也不可忽视。一般来讲，降水中心在中下游、降雨强度大、降雨历时短，有利于产汇流。产流面积大，流域河网基流充足，遇有较强降水时，将会产生峰高量大的洪水过程，绝大多数大洪水、特大洪水具备以上有利于产汇流的因素；产流面积小，河网基流较小或干枯，即使遇有较强降水，也很难产生大的洪水过程，尤其是汛初和久旱无雨状态下，特别明显。当降雨径流各影响因素互补平衡时，会产生相对正常的洪水过程。因此，在洪水预报作业时，应准确分析各影响因素，灵活运用相关曲线，并进行经验修订，做出相应的洪水预报。

4.2 汇流方案

4.2.1 有效降雨历时T_c的影响

同量级的降雨因T_c的不同，产汇流的效果也不相同。T_c越小，越有利于产汇流，反之，则不利于产汇流。T_c的大小对洪峰流量的影响尤其明显，对峰量进行预报时，应重点参考T_c这一主要参数。

4.2.2 洪峰滞时t_p的确定

t_p为降雨重心到洪峰出现的时距。本流域的t_p一般在 2~6 h，当各影响因素有利于产汇流时，t_p趋小，反之趋大。一般来讲，降雨中心在中下游或发生特大暴雨时，t_p取 2~4 h；降雨中心在中上游时，t_p取 4~6 h；普雨时，t_p取 4 h 为宜。

4.2.3 洪峰流量Q_m的预报

根据预报的径流深R，以T_c为参数，查峰量关系相关图（$R-T_c-Q_m$）得到洪峰流量Q_m。一般来讲，相同T_c下，如果流域饱和、基流较大，则Q_m偏大；前有径流过程，后又连续发生洪水，更利于造成高值洪峰，反之Q_m偏小，预报时可根据实际情况跳线查值。在实际预报作业时，应以查图所得的Q_m值作为参考，综合考虑降水的时空分布（即暴雨强度和中心位置）和雨前流域下垫面情况等影响因素，进行合理性修订。当影响因素有利于汇流，R达到一定量级（100 mm）时，应抛开T_c的局限，在T_c=8 h 的延长线上查取Q_m。

4.2.4 单位线推流

在洪水预报作业时，根据洪水特性在本方案中选取代表性较好的经验单位线，由R_1，R_2，…，R_n叠加计算来水过程。如果前后时段净雨强度相差很大，可变更经验单位线叠加推求来水过程。

5 洪水预报作业

洪水预报作业是一项即时性很强的水文业务工作，作业人员应具备深厚的水文知识、出色的分析计算能力，了解流域特性、下垫面情况和水库运行计划，做到程序化作业。

5.1 产汇流预报

产汇流预报作业程序可按图 31–1 进行。

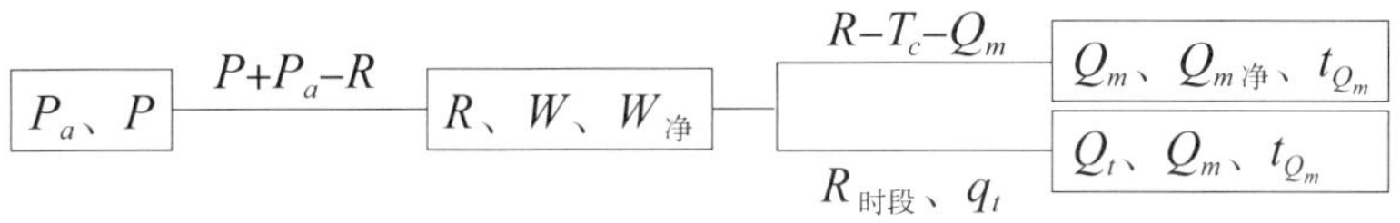

图 31–1　产汇流预报作业程序图

5.2 水库特征值预报

洪水入库时，水库水情将会发生两种状态：一是不调洪状态，二是调洪状态。

5.2.1 不调洪状态下水库特征值预报

不调洪状态下水库特征值预报可按图 31–2 进行。

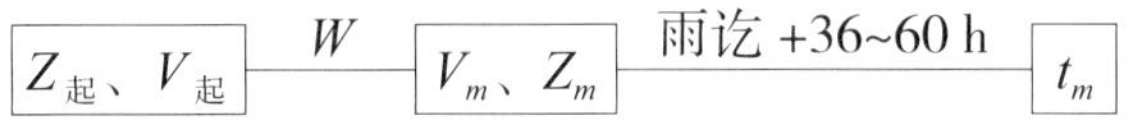

图 31–2　不调洪状态下水库特征值预报流程图

5.2.2 调洪状态下水库特征值预报

5.2.2.1　简易调洪演算

由水量平衡原理可知，在水库调洪过程中，当水库来水流量等于出库流量时，库水位涨平，达到最高值 Z_m。根据起涨水位 $Z_起$、预报洪峰流量 Q_m、降雨情况，经验概化预报来水过程 I_t，当概化来水过程 I_t 与出库过程 O_t 相交（如图 31–3 所示），此时水库处于水量平衡状态：I_t=O_t。根据交点时刻分别计算入库水量和出库水量，二者相减得库容变量 ΔV，由 $V_起+\Delta V$ 得 V_m。由 V_m 查 Z–V 关系曲线（图 31–9）得 Z_m，由 Z_m 查水位 – 泄量曲线得 O_m。如果 Z_m、O_m 在水库控制允许指标内，此方案可行，否则重新设计出库过程。

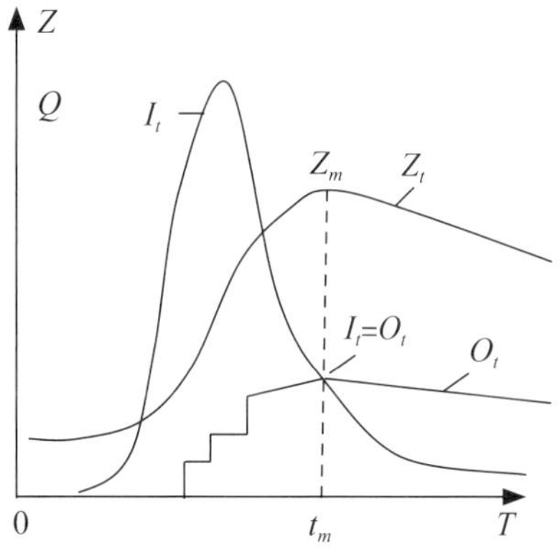

图 31–3　水库简易调洪示意图

必须注意：不可用来水过程线和出库过程线相交所得的 O_m 直接查读水位 – 泄量曲线求 Z_m，因为在水位 – 泄量曲线中，Z 值对于 O_t 值较为敏感，O_t 较小变幅可导致 Z 较大变幅，从而造成预报误差。

该方法的优点在于简单直观，预报人员容易接受。它不受计算时段、闸门开启变化的限制，当闸门变动时，立刻根据新的水量平衡计算，预报出水库各特征值。

调洪状态下水库特征值简易预报可按图 31–4 进行。

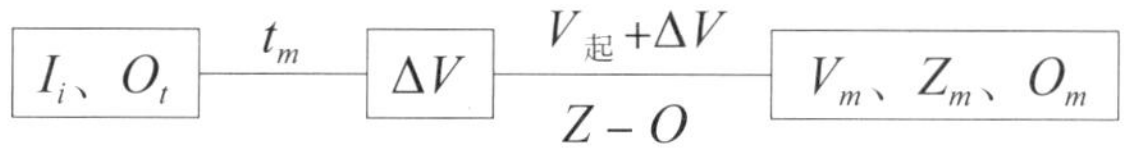

图 31–4　调洪状态下水库特征值简易预报流程图

简易调洪计算成果可按表 31–6 进行。

表 31–6　简易调洪演算成果表

$t_起$	$V_起$	$W_来$	$W_出$	$W_末$	ΔV	V_m	Z_m	t_m

5.2.2.2　计算机调洪演算

该方法建立在水量平衡的基础上，通过计算机按程序列表计算，由单位线推求来水过程，由水库出库过程推求出库水量，由来水过程、出库过程推求库容变量。

由于调洪预案中出库过程由水库管理局掌控，故预报作业时预报人员须根据水库出库情况，即时建立水量平衡关系，从水库单位线调洪演算表中提取有关数据进行计算，做出水库特征值预报（由 $V_起+\Delta V_m$ 得到 V_m，由 V_m 查 Z–V 曲线得到 Z_m，由 Z–O 曲线得到 O_m），其调洪演算成果按表 31–7 进行。

表 31–7　计算机调洪演算成果表

t_m			$V_起$	ΔV_m	$V_m=V_起+\Delta V_m$	Z_m	O_m
月	日	时					

在进行预报作业时，简易调洪演算和计算机调洪演算可同时进行，以进行校核。

5.2.2.3　半图解法调洪演算

半图解法也是根据水量平衡原理建立的一种方法，但此方法往往受计算时段限制，当闸门变动频繁时，计算起来比较麻烦，故不做深入讨论，一般了解即可（详见长江流域规划办公室主编的《水文预报方法》一书）。

6 溢洪闸泄量曲线

根据沐浴水库除险加固工程设计，拆除原开敞式副溢洪道处交通桥，将溢洪道底板高程由 81.96 m 开挖至 79.05 m，新建溢洪闸，共 4 孔，每孔净宽 10 m。

6.1 溢洪闸全开泄量曲线

根据《山东省莱阳市沐浴水库除险加固工程初步设计报告》，溢洪闸泄量计算采用《溢洪道设计规范》（SL 253—2000）附录 A 的宽顶堰泄流计算公式：

$$Q=m\varepsilon B_0\sqrt{2g}\,H_0^{3/2}$$

式中：g 为重力加速度，取 9.81 m/s^2；H_0 为计入流速行近水头的堰前总水头（m）；m 为宽顶堰流量系数；ε 为侧收缩系数；B_0 为总净宽（m）。

沐浴水库闸底板高程至校核洪水位范围之间的水位－泄量关系成果见表 31–8。

表 31–8 蚬河沐浴水库水位－泄量关系表

水位（m）	79	80	81	82	83	84	85	86	87	88
泄量（m^3/s）	0	61.4	173.5	318.8	490.8	685.9	901.7	1 136	1 388	1 656

6.2 溢洪闸开启不同高度泄量曲线

根据不同闸门开启高度和堰前水头的关系判断水流出流形式，从而采用堰流公式或闸孔出流公式分析计算不同开启高度的泄量曲线。其中，堰流公式采用 $Q=m\varepsilon B_0\sqrt{2g}\,H_0^{3/2}$，闸孔泄流计算采用下式：

$$Q=\sigma_s\mu_0 enb\sqrt{2gH_0}$$

式中：σ_s 为淹没系数，经计算分析为自由出流，取 1.0；μ_0 为闸孔自由出流的流量系数，$\mu_0=0.60-0.18e/H$；e 为闸门开启高度（m）；n 为闸孔孔数；b 为每孔净宽（m）；g 为重力加速度，取 9.81 m/s^2；H_0 为包括行近流速水头的闸前水头（m）。

根据沐浴水库的具体情况，因溢洪道的型式、尺寸、高程等均为已知，假设不同库水位，按上述公式计算，即可求得相应的 1 孔和 4 孔开启不同高度溢洪道泄流量。沐浴水库溢洪闸 1 孔和 4 孔开启不同高度泄流曲线分别见表 31–9、表 31–10、图 31–10、图 31–11，龙门口水库非常溢洪道泄流曲线见图 31–12。

表 31–9 蚬河沐浴水库溢洪闸 1 孔开启不同高度泄流曲线表

单位：m^3/s

Z（m）	e=1 m	e=2 m	e=3 m	e=4 m	e=5 m
79	0	0	0	0	0
80	15.45	15.45	15.45	15.45	15.45
81	31.95	43.71	43.71	43.71	43.71
82	41.43	80.29	80.29	80.29	80.29
83	49.17	90.36	123.62	123.62	123.62
84	55.86	104.59	146.19	172.77	172.77
85	61.84	117.18	166.00	227.11	227.11
86	67.30	128.58	183.82	233.04	286.19
87	72.35	139.06	200.14	255.58	305.38
88	77.07	148.83	215.27	276.40	332.21
89	81.52	158.00	229.44	295.83	357.18

表 31–10 沐浴水库溢洪闸 4 孔开启不同高度泄流曲线表

单位：m^3/s

Z（m）	e=1 m	e=2 m	e=3 m	e=4 m	e=5 m
79	0	0	0	0	0
80	61.35	61.35	61.35	61.35	61.35
81	127.79	173.52	173.52	173.52	173.52
82	165.72	318.79	318.79	318.79	318.79
83	196.67	361.44	490.80	490.80	490.80
84	223.45	418.37	584.76	685.92	685.92
85	247.38	468.72	664.01	901.66	901.66
86	269.21	514.31	735.30	932.18	1 136.22
87	289.41	556.26	800.56	1 022.31	1 221.52
88	308.29	595.32	861.08	1 105.59	1 328.83
89	326.09	632.00	917.75	1 183.32	1 428.73

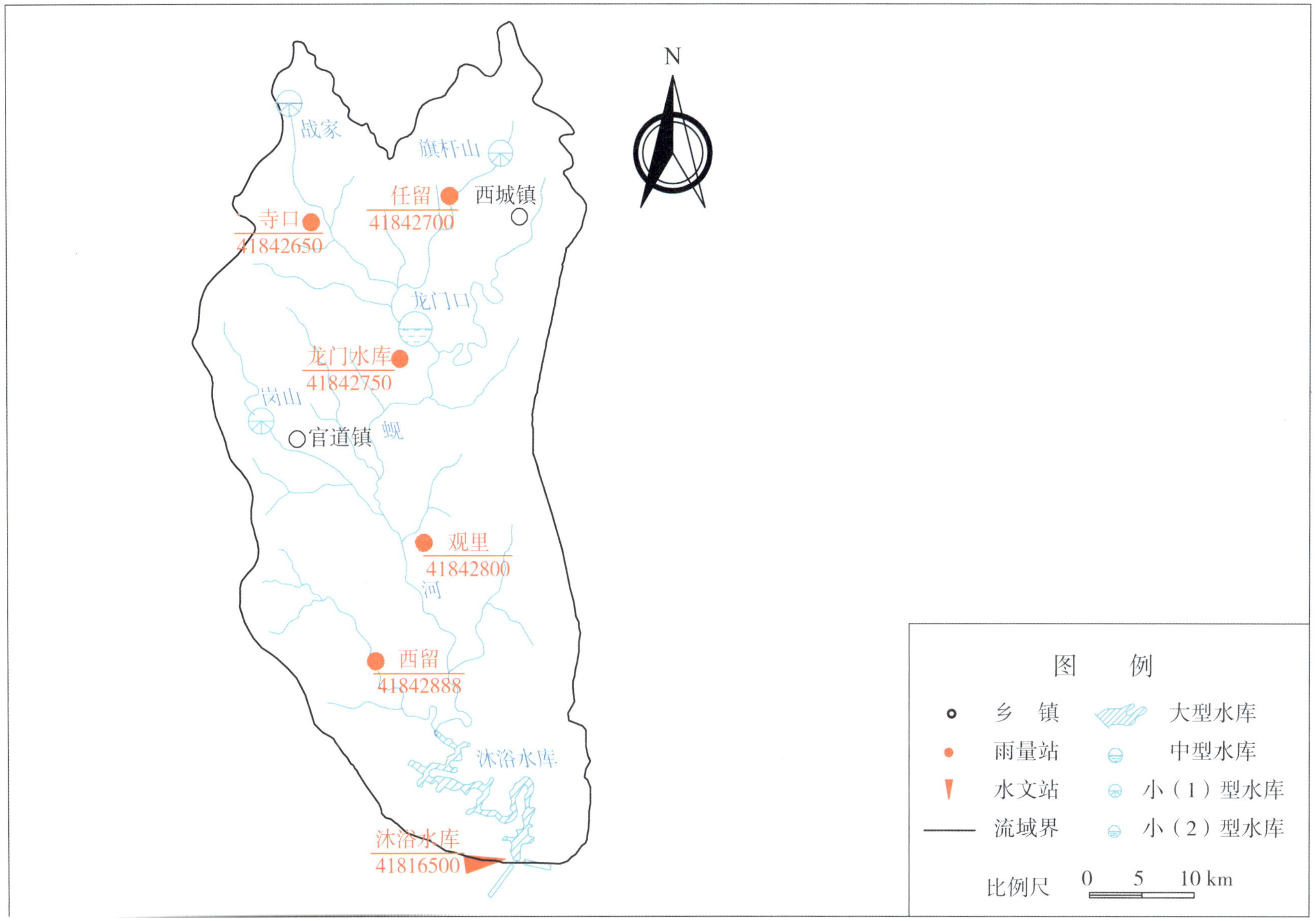

图 31–5　蚬河沐浴水库站以上流域图

表 31–11　蚬河沐浴水库站降雨径流分析成果表

序号	洪号	降雨起讫时间							流域平均雨量 P（mm）	前期影响雨量 P_a（mm）	$P+P_a$（mm）	降雨历时（h）		暴雨中心位置	洪水发生时间									洪水历时 $T_{洪}$（h）		洪峰流量 Q_m（m³/s）	净峰流量 $Q_{m净}$（m³/s）	地表径流总量 W（万 m³）	集水面积 F（km²）	径流深 R（mm）	净雨深 $R_{净}$（mm）	径流系数 α	备注
		起				讫						全部 T	有效 T_c		起涨			峰顶			落平			全部	峰顶								
		年	月	日	时	月	日	时							月	日	时	月	日	时	月	日	时										
1	610819	1961	8	19	10	8	20	0	49.2	75.1	124.3	14	6	中上游	8	19	12	8	19	20.5	8	20	20	32	8.5	163	157	463	336	13.8	11.0	0.28	
2	610903	1961	9	3	4	9	4	0	109.0	65.8	174.8	20	4	普雨	9	3	4	9	3	12.5	9	4	21	41	8.5	368	361	1 268	336	37.7	33.8	0.35	复峰
3	610907	1961	9	7	8	9	7	20	46.0	85.7	131.7	12	6	下游	9	7	8	9	7	18.5	9	8	18	34	10.5	162	153	560	336	16.7	12.1	0.36	
4	620729	1962	7	29	10	7	30	6	100.5	100.0	200.5	20	2	中上游	7	29	16	7	29	22.5	7	31	6	38	6.5	1 344	1 324	1 716	336	51.1	42.5	0.51	
5	620807	1962	8	7	10	8	8	2	64.5	95.1	159.6	16	6	中上游	8	7	10	8	7	20.5	8	8	20	34	10.5	435	412	1 189	336	35.4	26.0	0.55	
6	620813	1962	8	13	12	8	14	8	142.7	100.0	242.7	20	4	中上游	8	13	14	8	13	18.5	8	15	6	40	4.5	1 019	997	2 333	336	69.4	60.0	0.49	复峰
7	620818	1962	8	18	8	8	19	10	114.5	86.5	201.0	26	4	中上游	8	18	8	8	18	16	8	19	20	36	8	1 453	1 423	3 222	452	71.3	59.8	0.62	
8	630829	1963	8	29	10	8	30	8	86.3	73.0	159.3	22	6	普雨	8	29	10	8	30	0.5	8	31	8	46	14.5	431	423	931	336	27.7	23.2	0.32	
9	640818	1964	8	18	4	8	19	8	79.1	91.6	170.7	28	4	普雨	8	18	8	8	19	0.5	8	20	8	48	16.5	453	433	1 723	452	38.1	29.9	0.48	复峰
10	650726	1965	7	26	22	7	28	14	207.2	71.3	278.5	40	8	普雨	7	26	22	7	28	10.5	7	29	12	62	36.5	683	670	3 266	336	97.2	90.2	0.47	复峰
11	650804	1965	8	4	6	8	5	8	61.3	94.4	155.7	26	8	下游	8	4	8	8	5	2.5	8	6	8	48	18.5	272	258	1 062	336	31.6	23.8	0.52	
12	670713	1967	7	12	22	7	13	14	76.8	74.3	151.1	16	8	上游	7	13	0	7	13	9.5	7	14	8	32	9.5	242	238	638	336	19.0	16.6	0.25	
13	690808	1969	8	8	2	8	8	18	150.6	78.4	229.0	16	6	上游	8	8	2	8	8	10.5	8	9	12	34	8.5	842	835	1 905	336	56.7	53.1	0.38	
14	700724	1970	7	24	0	7	25	0	139.9	100.0	239.9	24	8	中游	7	24	0	7	24	11.5	7	25	20	44	11.5	1 244	1 234	3 735	336	111.2	83.6	0.79	
15	710808	1971	8	8	20	8	10	0	115.2	75.4	190.6	28	8	上中游	8	8	20	8	9	19.5	8	11	0	52	23.5	384	374	1 386	336	41.3	35.7	0.36	
16	710903	1971	9	3	0	9	3	20	122.2	83.5	205.7	20	6	中游	9	3	2	9	3	15.5	9	4	14	36	13.5	972	952	2 130	336	63.4	54.1	0.52	
17	730830	1973	8	30	22	8	31	14	81.7	65.0	146.7	16	8	普雨	8	30	20	8	31	10.5	9	1	16	44	14.5	229	223	850	336	25.3	20.9	0.31	
18	740813	1974	8	13	2	8	14	10	95.7	100.0	195.7	32	6	沐浴	8	13	2	8	14	6.5	8	15	12	58	28.5	570	546	1 983	336	59.0	45.6	0.62	
19	750814	1975	8	14	20	8	15	20	89.8	100.0	189.8	24	8	普雨	8	14	20	8	15	18.5	8	16	20	48	22.5	443	423	1 575	336	46.9	37.3	0.52	
20	760802	1976	8	2	4	8	2	16	58.2	91.1	149.3	12	4	中上游	8	2	8	8	2	11.5	8	3	12	28	3.5	343	332	876	336	26.1	21.8	0.45	
21	760812	1976	8	12	18	8	13	20	63.3	97.6	160.9	26	6	普雨	8	12	20	8	13	2.5	8	14	16	44	6.5	466	455	1 232	336	36.7	28.5	0.58	
22	780702	1978	7	2	14	7	3	10	88.7	100.0	188.7	20	4	上中游	7	2	16	7	3	8.5	7	4	10	42	16.5	292	282	1 066	336	31.7	26.7	0.36	复峰
23	790731	1979	7	31	0	8	1	0	192.9	90.3	283.2	24	10	中上游	7	31	2	7	31	12.5	8	1	16	38	10.5	1 796	1 776	4 773	336	142.1	132.1	0.74	
24	790802	1979	8	2	0	8	2	20	114.7	100.0	214.7	20	6	中上游	8	2	2	8	2	13.5	8	3	16	38	11.5	1 254	1 214	3 571	452	79.0	66.6	0.69	
25	800629	1980	6	29	8	6	30	12	81.3	42.2	123.5	28	6	中下游	6	29	16	6	30	2.5	7	1	8	40	10.5	203	202	559	336	16.6	15.4	0.20	
26	820809	1982	8	9	0	8	9	10	147.6	100.0	247.6	10	8	上中游	8	9	0	8	9	7.5	8	10	8	32	7.5	961	940	2 680	336	79.8	72.2	0.54	
27	830801	1983	8	1	14	8	1	22	51.6	89.4	141.0	8	4	上中游	8	1	14	8	1	20.5	8	2	20	30	6.5	250	243	514	336	15.3	12.4	0.30	
28	840811	1984	8	11	14	8	11	22	63.2	94.6	157.8	8	4	中上游	8	11	14	8	11	20.5	8	12	20	30	6.5	397	387	804	336	23.9	20.4	0.38	

续表

序号	洪号	降雨起讫时间 起 年	起 月	起 日	起 时	讫 月	讫 日	讫 时	流域平均雨量 P（mm）	前期影响雨量 P_a（mm）	$P+P_a$（mm）	降雨历时（h）全部 T	降雨历时（h）有效 T_c	暴雨中心位置	洪水发生时间 起涨 月	起涨 日	起涨 时	峰顶 月	峰顶 日	峰顶 时	落平 月	落平 日	落平 时	洪水历时 $T_{洪}$（h）全部	洪水历时 $T_{洪}$（h）峰顶	洪峰流量 Q_m（m³/s）	净峰流量 $Q_{m净}$（m³/s）	地表径流总量 W（万 m³）	集水面积 F（km²）	径流深 R（mm）	净雨深 $R_{净}$（mm）	径流系数 α	备注
29	850819	1985	8	18	20	8	19	18	156.9	100.0	256.9	22	12	上中游	8	19	0	8	19	15.5	8	20	16	40	15.5	778	758	3 030	336	90.2	81.3	0.57	
30	850820	1985	8	20	4	8	21	14	123.3	100.0	223.3	34	10	上游	8	20	4	8	21	11.5	8	22	12	56	7.5	856	815	3 901	452	86.3	71.0	0.70	
31	850909	1985	9	9	10	9	9	22	62.9	85.7	148.6	12	2	中游	9	9	10	9	9	16.5	9	10	20	34	6.5	453	445	765	336	22.8	19.1	0.36	
32	860812	1986	8	12	18	8	13	0	53.6	80.5	134.1	6	4	上游	8	12	20	8	13	1.5	8	14	0	28	5.5	129	126	297	336	8.8	7.5	0.16	
33	880719	1988	7	19	0	7	19	14	88.5	100.0	188.5	14	8	普雨	7	19	0	7	19	13	7	20	8	32	13	267	262	982	336	29.2	25.6	0.33	
34	900706	1990	7	6	14	7	7	0	121.0	58.1	183.5	10	8	上游	7	6	16	7	7	3.5	7	8	2	34	11.5	236	235	658	336	19.6	18.1	0.16	
35	940629	1994	6	29	8	6	29	20	129.2	52.2	181.4	12	4	下游	6	29	10	6	29	15.5	6	30	20	34	5.5	793	795	1 306	336	38.9	36.9	0.30	
36	940715	1994	7	15	8	7	16	10	80.7	91.5	172.2	26	6	下游	7	15	8	7	16	0.5	7	17	2	42	16.5	405	403	1 012	336	30.1	26.2	0.37	
37	940824	1994	8	24	4	8	24	22	106.4	62.3	168.7	18	8	普雨	8	24	6	8	24	16.5	8	25	20	38	10.5	289	281	1 078	336	32.1	27.1	0.30	
38	950822	1995	8	22	18	8	23	8	45.2	100.0	145.2	14	6	普雨	8	22	18	8	23	2.5	8	24	0	30	8.5	225	211	731	336	21.8	15.0	0.48	
39	960714	1996	7	14	0	7	14	14	63.4	60.7	124.1	14	2	中下游	7	14	7	7	14	7.5	7	15	8	25	0.5	307	305	768	336	22.9	9.5	0.36	
40	970819	1997	8	19	2	8	20	20	197.5	26.0	223.5	42	12	普雨	8	19	6	8	20	14	8	21	16	58	32	385	374	1 691	336	50.3	42.9	0.25	
41	980822	1998	8	22	10	8	23	2	99.9	73.5	173.4	16	8	普雨	8	22	14	8	23	19.5	8	24	0	34	29.5	149	146	515	336	15.3	13.1	0.15	
42	010801	2001	8	1	4	8	2	2	76.6	100.0	176.6	22	8	普雨	8	1	6	8	1	21.5	8	3	0	42	15.5	453	423	2 003	452	44.3	34.5	0.58	
43	030727	2003	7	27	20	7	28	10	116.4	72.3	188.7	14	6	普雨	7	27	22	7	28	1.5	7	29	4	30	3.5	306	302	858	336	25.5	23.1	0.22	
44	030801	2003	8	1	0	8	1	10	78.1	87.3	165.4	10	4	中下游	8	1	0	8	1	8.5	8	2	12	36	8.5	489	479	1 332	336	39.6	36.6	0.51	
45	030917	2003	9	17	12	9	18	0	81.9	62.8	144.7	12	4	下游	9	17	13	9	17	16.5	9	19	0	35	3.5	814	812	1 652	336	49.2	46.0	0.60	
46	070811	2007	8	11	10	8	12	8	93.4	100.0	193.4	22	8	普雨	8	11	10	8	12	0.5	8	13	16	54	14.5	459	413	2 343	452	51.8	33.3	0.55	
47	070919	2007	9	19	16	9	20	14	126.8	32.0	158.8	22	8	普雨	9	19	21	9	20	12	9	21	20	47	15	179	163	982	336	29.2	19.0	0.23	
48	090819	2009	8	19	17	8	19	23	64.9	72.5	137.4	6	2	中下游	8	19	17	8	19	22	8	21	8	39	5	84.2	81.2	183	336	5.4	4.2	0.08	
49	140724	2014	7	24	17	7	25	18	172.1	38.3	210.4	25	16	普雨	7	24	17	7	25	13	7	26	20	51	20	216	210	1 122	336	33.4	30.2	0.19	
50	150806	2015	8	6	13	8	7	1	37.3	100.0	137.3	12	2	下游	8	6	13	8	6	16	8	7	2	13	3	140	135	139	336	4.1	3.4	0.11	
51	170804	2017	8	4	18	8	5	9	109.3	100.0	209.3	15	6	中下游	8	4	18	8	5	9.8	8	6	20	50	15.8	739	716	2 312	336	68.8	56.5	0.63	

表 31-12 蚬河沐浴水库站降雨径流（$P+P_a-R$）预报精度评定表（未割基流）

序号	洪号	降雨量 P（mm）	前期影响雨量 P_a（mm）	$P+P_a$（mm）	实测径流深 $R_{实}$（mm）	预报径流深 $R_{预}$（mm）	预报误差（mm）	许可误差（mm）	评定结果		线形	说明	序号	洪号	降雨量 P（mm）	前期影响雨量 P_a（mm）	$P+P_a$（mm）	实测径流深 $R_{实}$（mm）	预报径流深 $R_{预}$（mm）	预报误差（mm）	许可误差（mm）	评定结果		线形	说明
									合格	不合格												合格	不合格		
1	610819	49.2	75.1	124.3	13.8	15.7	1.9	3.0	√		Ⅰ		27	830801	51.6	89.4	141	15.3	10.3	−5.0	3.1		√	Ⅱ	
2	610903	109.0	65.8	174.8	37.7	37.7	0	7.5	√		Ⅰ		28	840811	63.2	94.6	157.8	23.9	28.0	4.1	4.8	√		Ⅰ	
3	610907	46.0	85.7	131.7	16.7	17.5	0.8	3.3	√		Ⅰ		29	850818	156.9	100.0	256.9	90.2	85.2	−5.0	18.0	√		Ⅱ	
4	620729	100.5	100.0	200.5	51.1	58	6.9	10.2	√		Ⅰ		30	850820	123.3	100.0	223.3	86.3	79.8	−6.5	17.3	√		Ⅰ	
5	620807	64.5	95.1	159.6	35.4	29	−6.4	7.1	√		Ⅰ		31	850909	62.9	85.7	148.6	22.8	23.8	1.0	4.6	√		Ⅰ	
6	620813	142.7	100.0	242.7	69.4	70.5	1.1	13.9	√		Ⅱ		32	860812	53.6	80.5	134.1	8.8	9.0	0.2	3.0	√		Ⅱ	
7	620818	114.5	86.5	201	71.3	58.2	−13.1	14.3	√		Ⅰ		33	880719	88.5	100.0	188.5	29.2	26.5	−2.7	5.8	√		Ⅱ	
8	630829	86.3	73.0	159.3	27.7	28.5	0.8	5.5	√		Ⅰ		34	900706	121.0	58.1	179.1	19.6	23.3	3.7	3.9	√		Ⅱ	
9	640818	79.1	91.6	170.7	38.1	35.1	−3.0	7.6	√		Ⅰ		35	940629	129.2	52.2	181.4	38.9	42.1	3.2	7.8	√		Ⅰ	
10	650727	207.2	71.3	278.5	97.2	107.5	10.3	19.4	√		Ⅱ		36	940715	80.7	91.5	172.2	30.1	36.0	5.9	6.0	√		Ⅰ	
11	650804	61.3	94.4	155.7	31.6	27	−4.6	6.3	√		Ⅰ		37	940824	106.4	62.3	168.7	32.1	33.8	1.7	6.4	√		Ⅰ	
12	670713	76.8	74.3	151.1	19.0	24.7	5.7	3.8		√	Ⅰ		38	950822	45.2	100.0	145.2	21.8	22.0	0.2	4.4	√		Ⅰ	
13	690808	150.6	78.4	229	56.7	58.5	1.8	11.3	√		Ⅱ		39	960714	63.4	60.7	124.1	22.9	8.0	−14.9	4.6		√	Ⅱ	
14	700724	139.9	100.0	239.9	111.2	96.0	−15.2	20.0	√		Ⅰ		40	970819	197.5	26.0	223.5	50.3	53.1	2.8	10.1	√		Ⅱ	
15	710808	115.2	75.4	190.6	41.3	49.3	8.0	8.3	√		Ⅰ		41	980822	99.9	73.5	173.4	15.3	19.0	3.7	3.1		√	Ⅱ	
16	710903	122.2	83.5	205.7	63.4	63	−0.4	12.7	√		Ⅰ		42	010801	76.6	100.0	176.6	44.3	38.8	−5.5	8.9	√		Ⅰ	
17	730831	81.7	65.0	146.7	25.3	23.1	−2.2	5.1	√		Ⅰ		43	030728	116.4	72.3	188.7	25.5	26.5	1.0	5.1	√		Ⅱ	
18	740813	95.7	100.0	195.7	59.0	53.5	−5.5	11.8	√		Ⅰ		44	030801	78.1	87.3	165.4	39.6	32.1	−7.5	7.9	√		Ⅰ	
19	750814	89.8	100.0	189.8	46.9	48.8	1.9	9.4	√		Ⅰ		45	030917	81.9	62.8	144.7	49.2	22.5	−26.7	9.8		√	Ⅰ	
20	760802	58.2	91.1	149.3	26.1	23.8	−2.3	5.2	√		Ⅰ		46	070811	93.4	100.0	193.4	51.8	50.8	−1.0	10.4	√		Ⅰ	
21	760812	63.3	97.6	160.9	36.7	29.5	−7.2	7.3	√		Ⅰ		47	070919	126.8	32	158.8	29.2	28.3	−0.9	5.8	√		Ⅰ	
22	780702	88.7	100.0	188.7	31.7	26.5	−5.2	6.3	√		Ⅱ		48	090819	64.9	72.5	137.4	5.4	10.0	4.6	3.0		√	Ⅱ	
23	790731	192.9	90.3	283.2	142.1	140	−2.1	20.0	√		Ⅰ		49	140724	172.1	38.3	210.4	33.4	40.0	6.6	6.7	√		Ⅱ	
24	790802	114.7	100.0	214.7	79.0	71.8	−7.2	15.8	√		Ⅰ		50	150806	37.3	100.0	137.3	4.1	10.0	5.9	3.0		√	Ⅱ	
25	800629	81.3	42.2	123.5	16.6	15.5	−1.1	3.3	√		Ⅰ		51	170804	109.3	100.0	209.3	68.8	65.0	−3.8	13.8	√		Ⅰ	
26	820809	147.6	100.0	247.6	79.8	75.6	−4.2	16.0	√		Ⅱ														

备注：1. 许可误差 = 实测值的 20%，以 20.0 mm 为上限，以 3.0 mm 为下限；2. 评定结果：合格率 =44/51=86.3%，属甲级方案，可用于作业预报。

表 31–13　蚬河沭浴水库站峰量关系（R–T_c–Q_m）预报精度评定表（未割基流）

序号	洪号	降雨量 P（mm）	有效降雨历时 T_c（h）	径流深 R（mm）	洪峰流量（m^3/s）		预报误差（m^3/s）	许可误差（m^3/s）	评定结果		说明
					$Q_{m实}$	$Q_{m预}$			合格	不合格	
1	610819	49.2	6	13.8	163	170	7	32.6	√		
2	610903	109.0	4	23.9	368	402	34	73.6	√		复峰分割
3	610907	46.0	6	16.7	162	204	42	32.0		√	
4	620729	100.5	2	51.1	1 344	1 270	−74	269	√		
5	620807	64.5	6	35.4	435	480	45	87.0	√		
6	620813	142.7	4	49.4	1 019	925	−94	204	√		复峰分割
7	620818	114.5	4	71.3	1 453	1 410	−43	291	√		
8	630829	86.3	6	27.7	431	370	−61	86.2	√		
9	640818	79.1	4	25.1	453	430	−23	90.6	√		复峰分割
10	650727	207.2	8	55.1	683	630	−53	137	√		复峰分割
11	650804	61.3	8	31.6	272	320	48	54.4	√		
12	670713	76.8	8	19	242	185	−57	48.4		√	
13	690808	150.6	6	56.7	842	836	−6	168	√		
14	700724	139.9	8	111.2	1 244	1 196	−48	249	√		
15	710808	115.2	8	41.3	384	443	59	76.8	√		
16	710903	122.2	6	63.4	972	950	−22	194	√		
17	730831	81.7	8	25.3	229	250	21	45.8	√		
18	740813	95.7	6	59	570	878	308	114		√	
19	750814	89.8	8	46.9	443	515	72	88.6	√		
20	760802	58.2	4	26.1	343	450	107	68.6		√	
21	760812	63.3	6	36.7	466	500	34	93.2	√		
22	780702	88.7	4	21.1	292	350	58	58.4	√		复峰分割
23	790731	192.9	10	142.1	1 796	1 600	−196	360	√		
24	790802	114.7	6	79	1 254	1 230	−24	251	√		
25	800629	81.3	6	16.6	203	203	0	40.6	√		
26	820809	147.6	8	79.8	961	989	28	192	√		
27	830801	51.6	4	15.3	250	243	−7	50.0	√		
28	840811	63.2	4	23.9	397	407	10	79.4	√		
29	850818	156.9	12	90.2	778	760	−18	156	√		
30	850820	123.3	10	86.3	856	880	24	171	√		
31	850909	62.9	2	22.8	453	522	69	90.6	√		
32	860812	53.6	4	8.8	129	140	11	25.8	√		
33	880719	88.5	8	29.2	267	298	31	53.4	√		
34	900706	121.0	8	20	236	194	−42	47.2	√		
35	940629	129.2	4	38.9	793	719	−74	159	√		
36	940715	80.7	6	30.1	405	392	−13	81.0	√		
37	940824	106.4	8	32.1	289	331	42	57.8	√		
38	950822	45.2	6	21.7	225	271	46	45.0		√	
39	960714	63.4	2	22.9	307	248	−59	61.4	√		
40	960819	197.5	12	50.3	385	388	3	77.0	√		
41	980822	99.9	8	15.3	149	146	−3	29.8	√		
42	010801	76.6	8	44.3	453	485	32	90.6	√		
43	030728	116.4	6	25.5	306	326	20	61.2	√		
44	030801	78.1	4	39.7	489	422	−67	97.8	√		
45	030917	81.9	4	49.2	814	927	113	163	√		
46	070811	93.4	8	51.2	459	571	112	91.8		√	
47	070919	126.8	8	29.2	179	295	116	35.8		√	
48	090819	64.9	2	5.4	84.2	120	35.8	16.8		√	
49	140724	172.1	16	33.4	216	240	24	43.2	√		
50	150806	37.3	2	4.1	140	92.0	−48	28.0		√	
51	170804	109.3	6	68.8	739	1 040	301	148		√	

备注：1. 许可误差 = 实测值的 20%；2. 评定结果：合格率 =41/51=80.4%，属乙级方案，可用于作业预报。

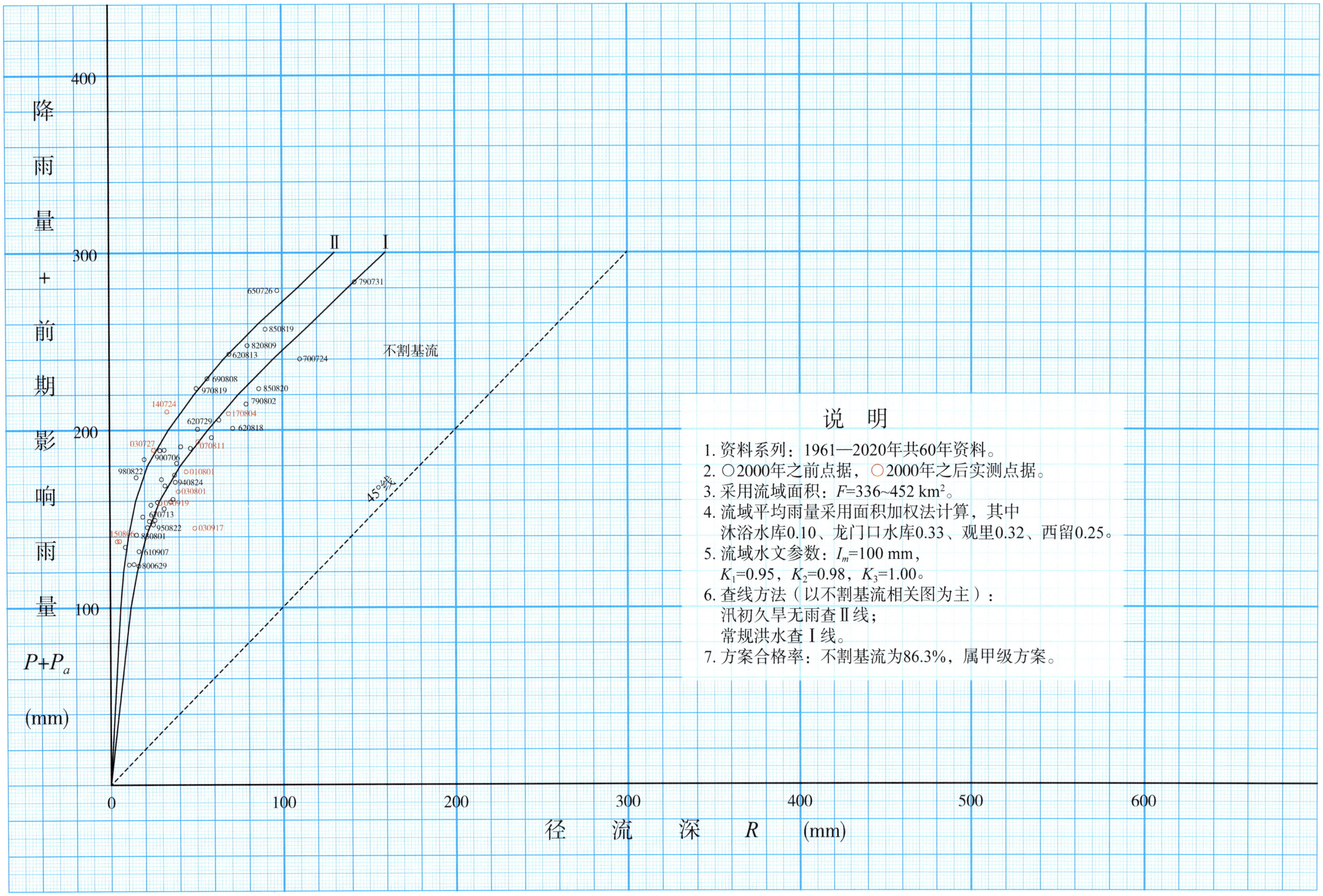

图 31-6 蚬河沐浴水库站降雨径流关系曲线图（$P+P_a-R$）

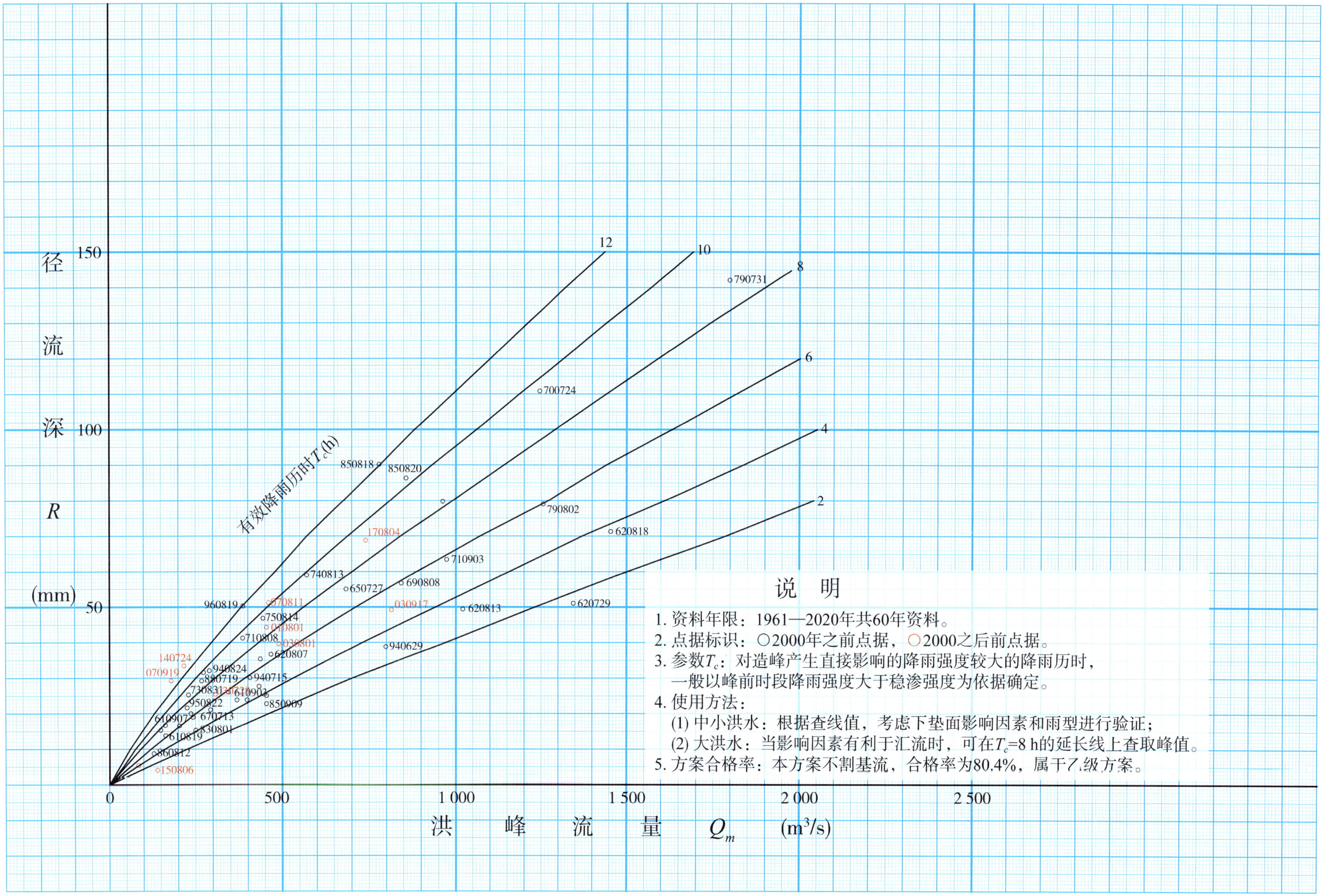

图 31-7 蚬河沐浴水库站峰量关系曲线图（R-T_c-Q_m）

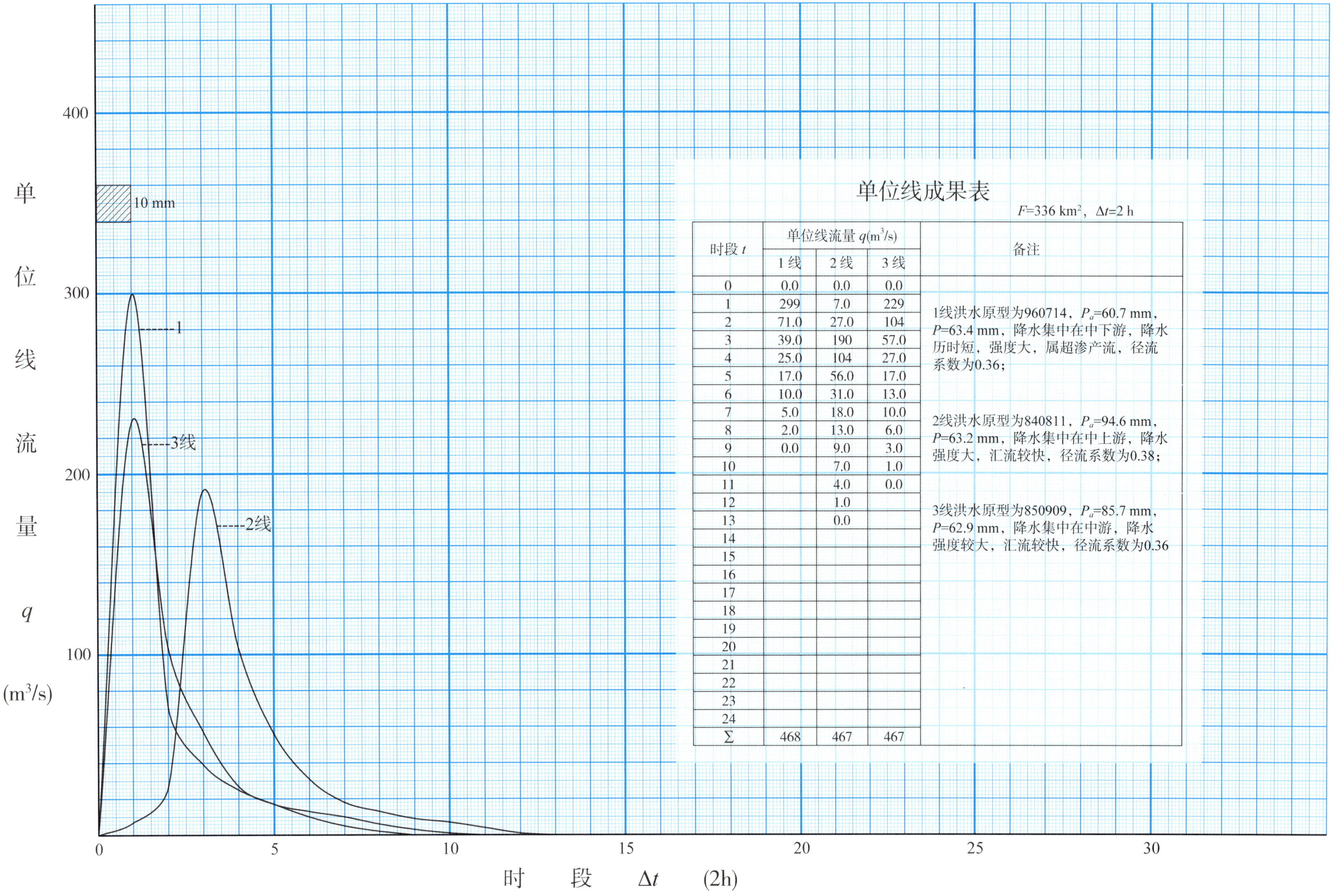

单位线成果表

F=336 km²，Δt=2 h

时段 t	单位线流量 q(m³/s)			备注
	1 线	2 线	3 线	
0	0.0	0.0	0.0	
1	299	7.0	229	1线洪水原型为960714，P_a=60.7 mm，P=63.4 mm，降水集中在中下游，降水历时短，强度大，属超渗产流，径流系数为0.36；
2	71.0	27.0	104	
3	39.0	190	57.0	
4	25.0	104	27.0	
5	17.0	56.0	17.0	
6	10.0	31.0	13.0	
7	5.0	18.0	10.0	
8	2.0	13.0	6.0	2线洪水原型为840811，P_a=94.6 mm，P=63.2 mm，降水集中在中上游，降水强度大，汇流较快，径流系数为0.38；
9	0.0	9.0	3.0	
10		7.0	1.0	
11		4.0	0.0	
12		1.0		
13		0.0		3线洪水原型为850909，P_a=85.7 mm，P=62.9 mm，降水集中在中游，降水强度较大，汇流较快，径流系数为0.36
14				
15				
16				
17				
18				
19				
20				
21				
22				
23				
24				
Σ	468	467	467	

图 31-8 蚬河沐浴水库站单位线综合图

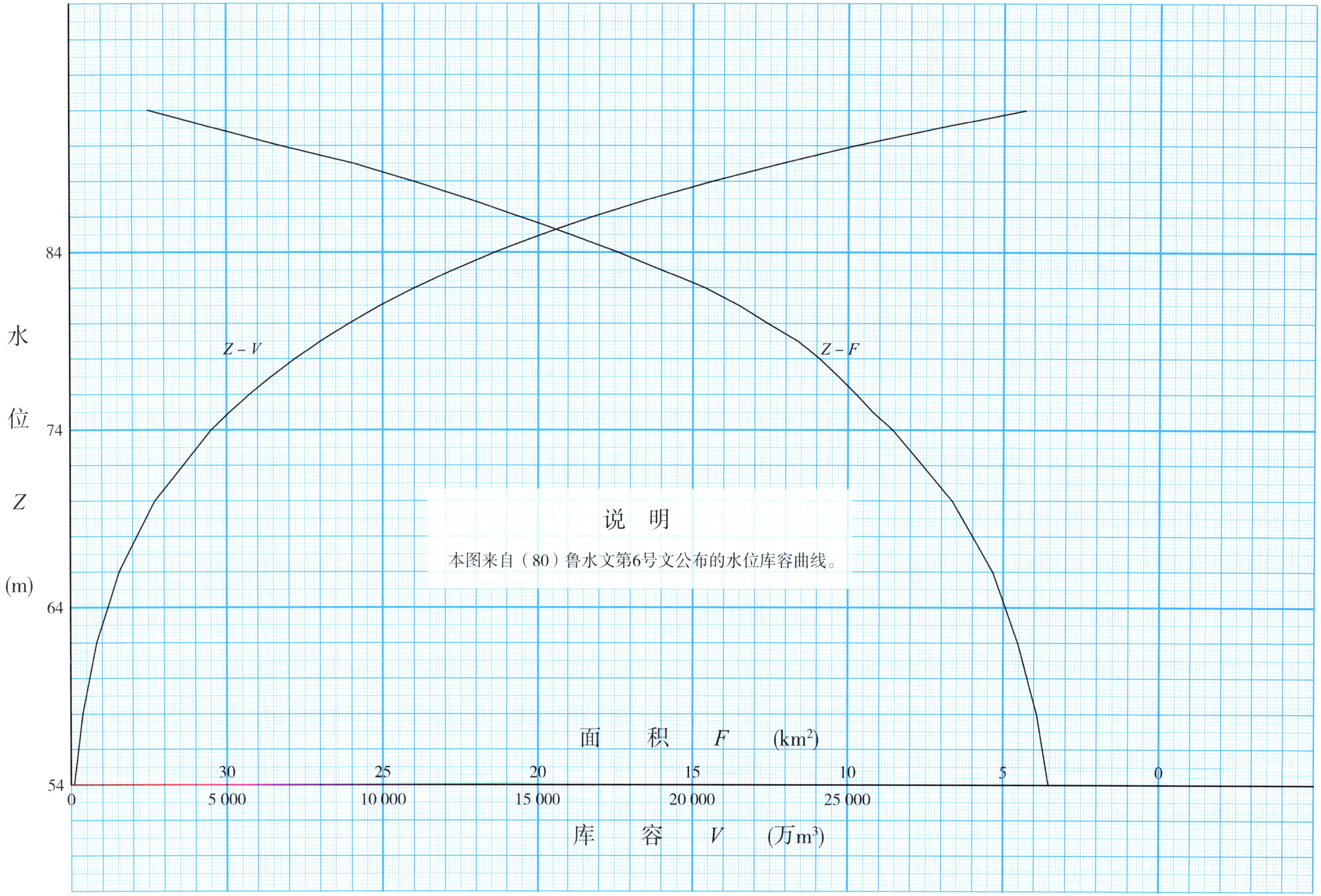

图 31–9　蚬河沭浴水库水位与库容、面积关系曲线图

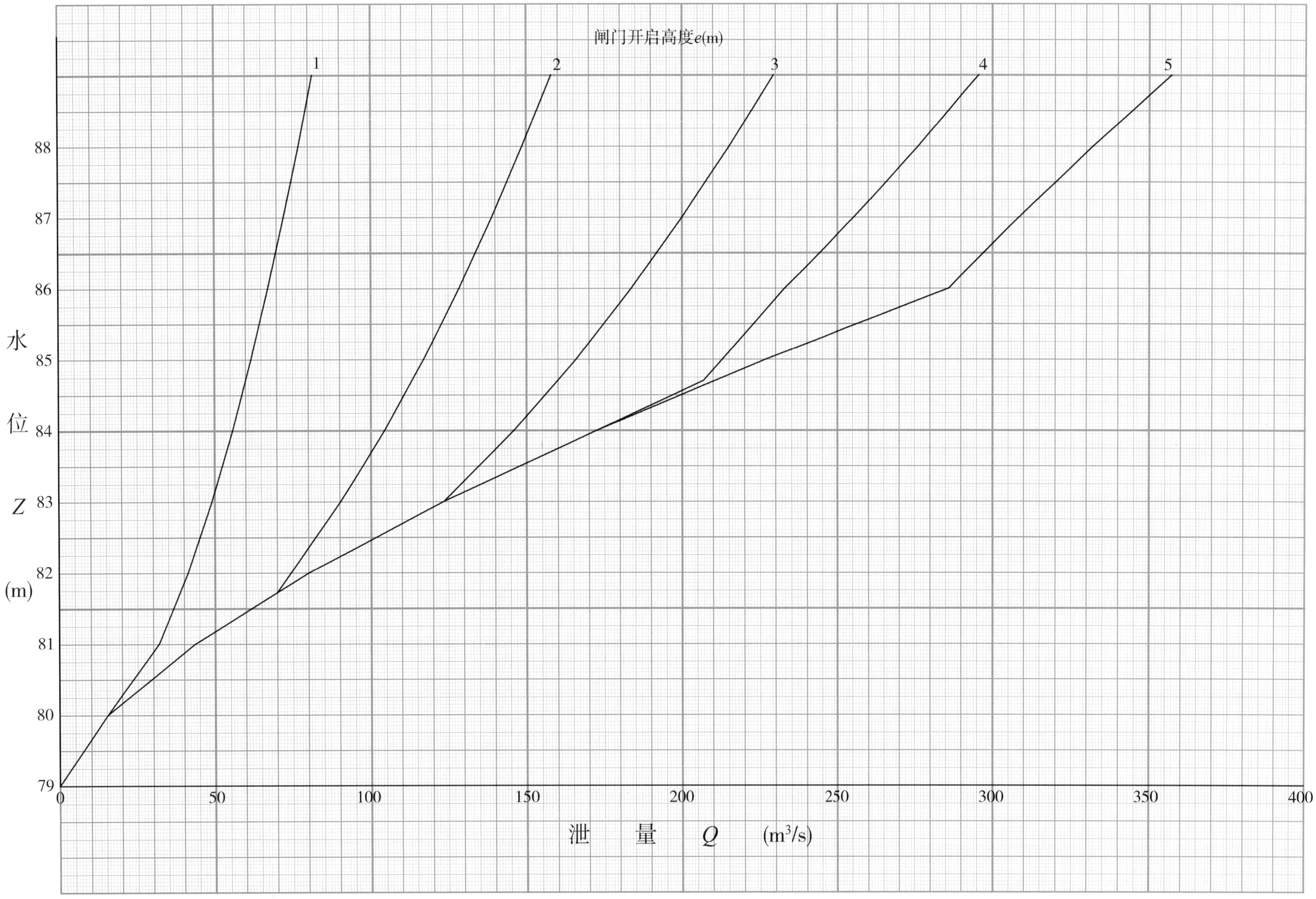

图 31-10 蚬河沐浴水库泄流曲线图（单孔）

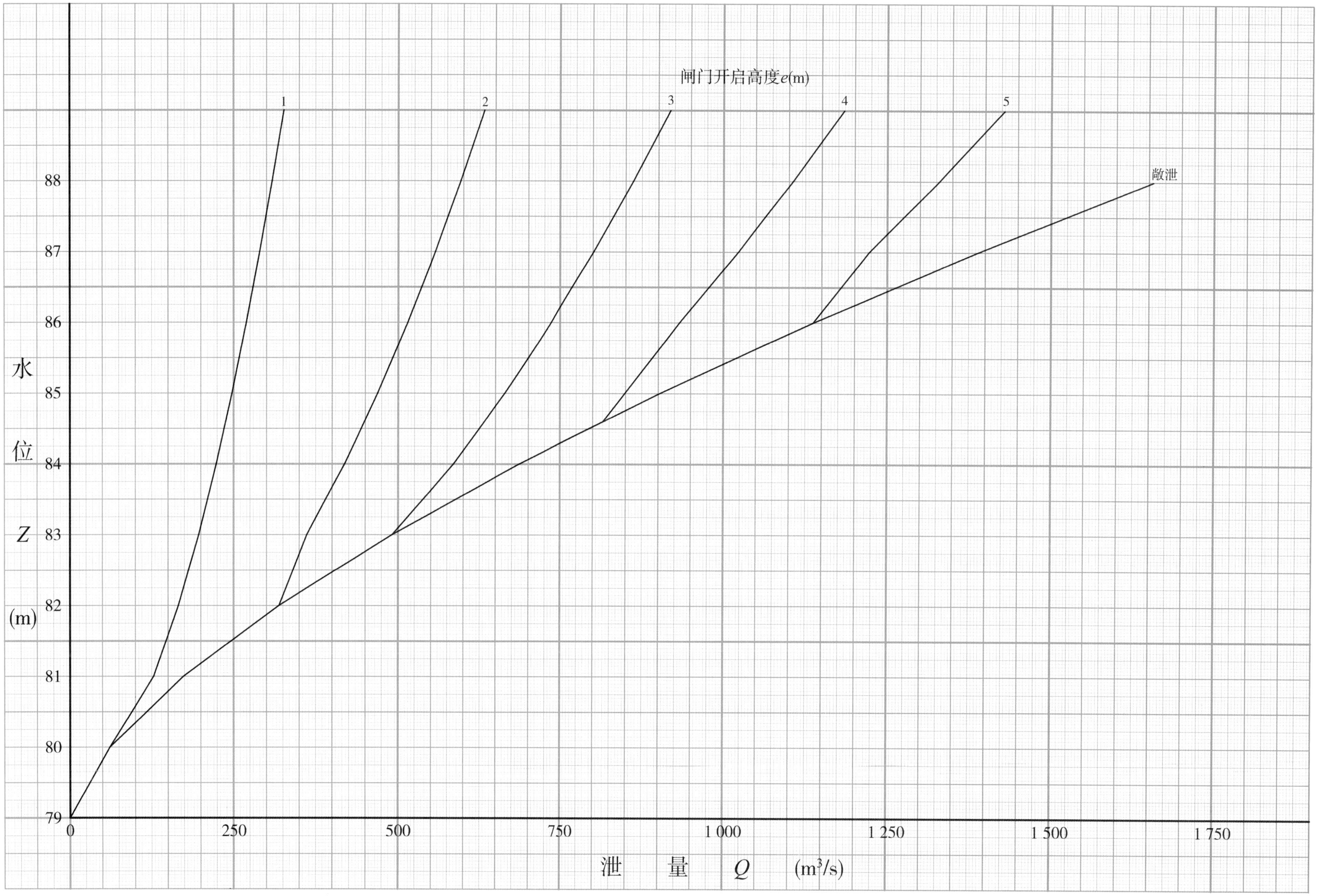

图 31–11　蚬河沐浴水库泄流曲线图（4 孔）

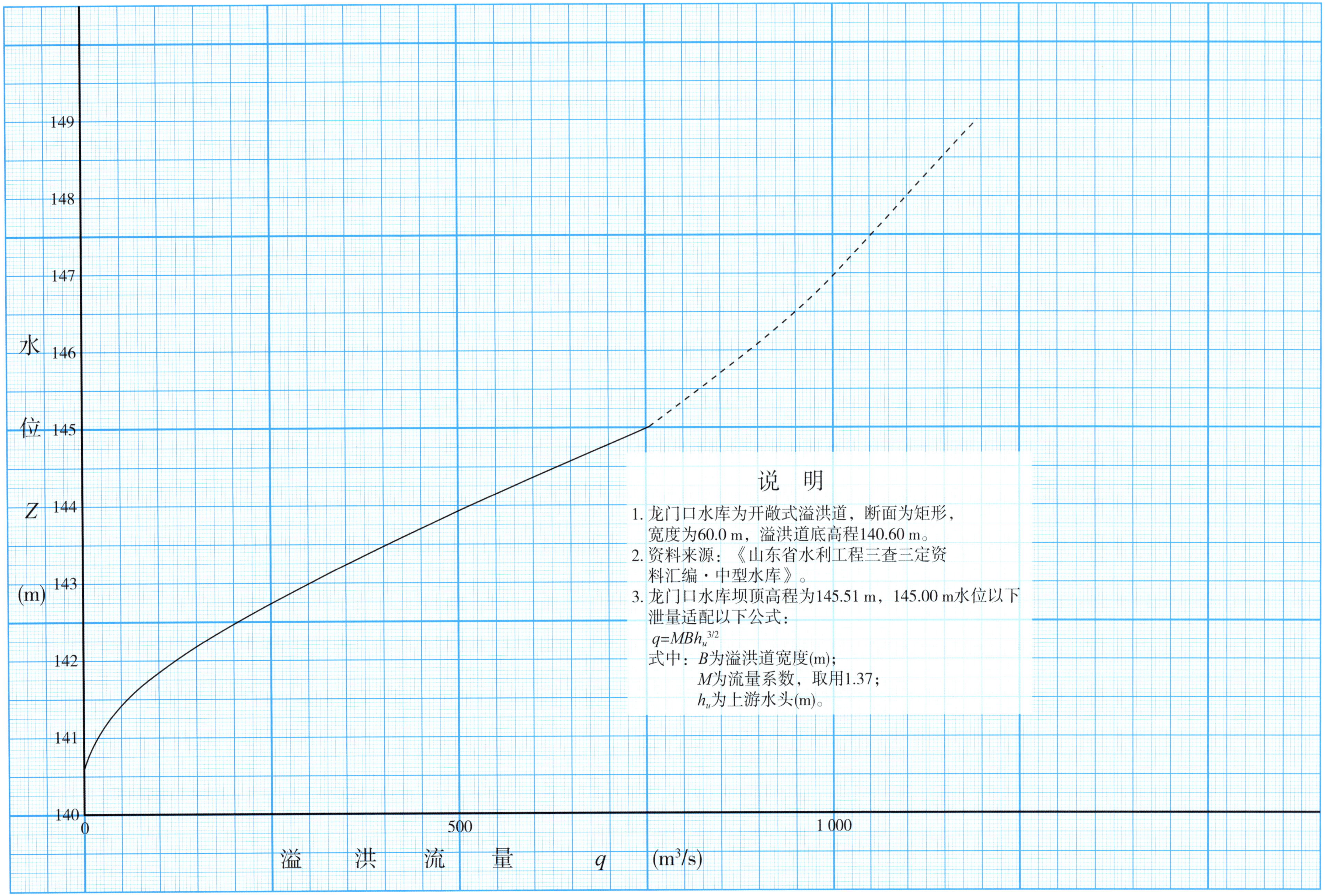

图 31–12　蚬河龙门口水库非常溢洪道泄流曲线图

第三十二章　母猪河米山水库站水文预报方案编制说明

1　流域概况

1.1　流域自然地理特征

米山水库位于母猪河中游威海市文登区米山村北，控制流域面积为 440 km^2，流域内地势由西北向东南倾斜，由北向南倾斜。流域形状为扇形，平均宽度为 19.1 km，平均长度为 33.4 km，流域形状系数为 0.386，支流分布为单干多支型，干流平均坡度为 1.53‰，流域内最高峰海拔为 922.0 m。除河谷地区有少量冲淤平原外，其余均为山丘区，山区约占 25%，丘陵占 75%，属多支流河流。流域内多系花岗岩，土壤以沙壤土为主，森林农作物覆盖率约为 75%，农作物以夏秋两熟为主。

米山水库流域多年平均气温为 11.5℃，多年平均年降水量为 810.2 mm，多年平均年径流量为 1.217 5 亿 m^3，降水量多集中在 6—9 月份，约占全年降水量的 70.6%。全年盛行东北风，多年平均最大风速为 13.8 m/s。

母猪河米山水库站以上流域图见图 32-3。

1.2　水利工程情况

1.2.1　米山水库概况

米山水库于 1958 年 10 月兴建，1960 年 2 月竣工并投入使用。1967 年兴建溢洪闸和东放水洞。2008 年 11 月，水库进行除险加固工程，于 2010 年 1 月竣工，水库除险加固后总库容为 28 043 万 m^3，兴利水位为 30.00 m，兴利库容为 13 140 万 m^3，死水位为 19.70 m，死库容为 700 万 m^3。设计洪水标准为 100 年一遇，校核洪水标准为 5 000 年一遇，校核洪水位为 34.25 m，设计洪水位为 31.80 m。2013 年水库进行了增容工程，2015 年米山水库新水位与库容、面积关系曲线通过山东省水利厅评审。水库增容后总库容为 29 841 万 m^3，兴利水位为 30.00 m，兴利库容为 14 390 万 m^3，死水位为 19.70 m，死库容为 507 万 m^3。

米山水库是一座以防洪、灌溉、城市及工业供水为主，兼顾发电和养殖等综合效益的多年调节大（2）型水库。水库枢纽工程建筑物主要由大坝、溢洪道（闸）、放水洞、电站四部分组成。

米山水库控制母猪河流域面积的 39.46%，在汛期对减轻下游的洪涝损失起到了重要作用，按 5 000 年一遇洪水，每年减少下游损失约 7 亿元。米山水库灌区设计灌溉面积为 31 万亩，有效灌溉面积为 21 万亩，灌区受益镇 5 处。米山水库自 1986 年开始向原文登市城区供水，1996 年开始向威海市城区供水，目前米山水库每年向威海市工业及居民生活供水量约为 4 000 万 m^3。现有养鱼水面面积 13 800 亩。米山水库对威海市的工农业生产和国民经济发展起着举足轻重的作用，产生了巨大的经济效益和社会效益。米山水库工程基本情况详见表 32-1。

表 32-1　母猪河米山水库工程基本情况表

	项目	主　坝	
大坝	坝长（m）	950	
	坝顶高程（m）	35.60	
	坝顶宽（m）	8.50	
溢洪闸	型式	直升式平板钢闸门	
	闸底高程（m）	25.00	
	孔数	5	
	闸门尺寸（m×m）	5×10	
	最大泄量（m^3/s）	1 221	
放水洞	位置	东	西
	断面尺寸（m）	∅2.0	∅2.0
	进口底高程 Z（m）	20.63	19.93
	设计流量（m^3/s）	27.9	14.3
汛期控制运用指标	允许最高水位（m）	33.89	
	警戒水位（m）	31.60	
	允许蓄高水位（m）	31.05	
	下游安全泄量（m^3/s）	500	
	汛中	限制水位（m）	30.00
		相应库容（万 m^3）	14 897
	汛末	限制水位（m）	30.00
		相应库容（万 m^3）	14 897

备注：资料抄自《米山水库 2022 年汛期调度运用计划》，基面高程为 1956 年黄海高程。

1.2.2　米山水库上游水利工程情况

米山水库坝址以上流域内建有中型水库 2 座、小（1）型水库 3 座、小（2）型水库 12 座，1981 年兴建丁家洼水库一座，控制面积为 171 km^2（包括武林、小院、西黄岚三座水库）。米山水库上游水利工程总控制面积为 221 km^2。其中，武林和昆嵛山水库为中型水库，武林水库控制流域面积为 16 km^2，兴利库容 650 万 m^3，总库容为 1 338 万 m^3；昆嵛山水库控制流域面积为 15.5 km^2，设计兴利库容为 820 万 m^3，设计总库容为 1 062 万 m^3，现状总库容为 405 万 m^3，水库下游于 2023 年 1 月建成一座抽水蓄能电站，下泄流量长期被拦截。小（1）、小（2）型水库控制面积为 47.35 km^2，占米山水库总控制面积的 10.8%；总兴利库容 667 万 m^3，占米山水库兴利库容的 4.6%。流域内主要水利工程情况见表 32–2。

表 32–2　母猪河米山水库站以上流域内主要水利工程统计表

工程类别	水库名称	所在乡镇	流域面积（km^2）	总库容（万 m^3）	兴利库容（万 m^3）
库内库	丁家洼	汪疃	171	2 127	592
中型	武林	茼山	16.0	1 337.8	650
	昆嵛山	界石	15.2	1 062	820
小（1）型	小院	汪疃	9.70	579.4	356
	青庄	界石	7.28	223.5	98.4
	院下	界石	3.02	142.0	98.0
小（2）型	西黄岚	茼山	3.70	42.38	10.90
	汪疃	汪疃	2.59	41.1	14.10
	段家庄	汪疃	2.52	20.16	6.10
	王家产（南）	汪疃	2.24	13.51	5.80
	王家产（北）	汪疃	1.30	19.00	7.50
	旸里	界石	3.68	18.92	3.50
	旸里后	界石	1.34	19.55	12.2
	石头河	界石	2.29	11.20	4.70
	岭西	界石	2.16	34.90	15.20
	崮山后	界石	0.97	34.74	23.7
	马腚	界石	0.36	10.00	5.70
	鲁家埠	界石	4.2	27.40	5.30

注：丁家洼水库流域内包括武林、小院、西黄岚三座水库。

1.3　测站概况

米山水库水文站于 1959 年 6 月建站，自 1961 年起有连续的实测水文观测资料。流域内设立 7 处报汛雨量站，分别为米山水库、晒字（桃花岘）、界石、汪疃、闫家泊子、南上夼、昆嵛山顶，雨量代表性较好。

米山水库冻结基面与 1956 年黄海基面换算关系为：冻结基面高程 –115.802 m=1956 年黄海基面高程。

2　预报方案编制

2.1　资料情况及方案沿革

2.1.1　资料情况

米山水库预报方案于 1990 年分析编制完成，又于 2000 年、2008 年分别进行了预报方案的修订。本次修订除选用了之前分析的 1961—2008 年共 60 场次暴雨洪水外，另外补充了 2009—2020 年 33 场次暴雨洪水进行分析，即资料系列为 1961—2020 年，共 93 场次洪水。米山水库站降雨径流分析成果见表 32–4。

2.1.2　方案沿革

原方案中产流方案采用降雨径流相关图 $P+P_a-R$，汇流方案采用峰量关系图、经验单位线。

本次修订，在原产流方案降雨径流相关图 $P+P_a-R$ 中增加了 34 个点据，关系线保持不变；在原汇流方案峰量关系图中增加了 20 个点据，关系线保持不变；由于原单位线在实际作业预报中基本没有得到应用，故本次修订舍弃了原单位线，利用 2009—2020 年的资料新建了时段为 1 h 的 6 条单位线。

2.2　产流方案

本方案采用降雨径流经验相关图 $P+P_a-R$，根据分析计算的 93 个点据点绘定线，详见图 32–4。其中：P 为次降雨流域平均雨量（mm）；P_a 为流域平均前期影响雨量（mm）；R 为次降雨所产生的径流深（mm）。

2.2.1　主要参数的计算

2.2.1.1　流域平均雨量P的计算

米山水库站以上流域平均降雨量在 2008 年以前由 4 处报汛雨量站加权计算，各报汛站权重如表 32–3 所示。

表 32–3　2008 年以前米山水库站以上流域内报汛站权重表

站名	米山水库	汪疃	界石	晒字
权重	0.162	0.416	0.293	0.129

2008 年之后流域平均雨量改为 7 处报汛雨量站算术平均计算。7 处雨量站分别为米山水库、晒字（桃花岘）、界石、汪疃、闫家泊子、南上夼、昆嵛山顶。

2.2.1.2　流域平均前期影响雨量P_a的计算

每年自汛初开始连续计算，先以算术平均法计算流域平均雨量，然后计算前期影响雨量 P_a，其计算公式为

$$P_{a,t+1}=K(P_{a,t}+P_t)$$

式中：$P_{a,t+1}$ 为第 t+1 日的前期影响雨量（mm）；$P_{a,t}$ 为第 t 日的前期影响雨量（mm）；P_t 为

第 t 日的流域平均雨量（mm）；K 为折减系数。

2.2.1.3　最大初损值 I_m 和 K 值的确定

流域最大初损值 I_m=100 mm。当 $P<5$ mm 时，K=0.9；当 5 mm $\leqslant P<15$ mm 时，K=0.95；当 $P\geqslant 15$ mm 时，K=1.0。

2.2.1.4　集水面积 F 的确定

米山水库流域内有中型、小（1）型、小（2）型水库工程共计 18 座，控制流域面积 221 km^2，现根据各水利工程的建成时间以及运行情况，在计算洪水净雨时具体确定集水面积 F 的大小。

（1）武林水库为米山水库流域内第一座中型水库，于 1974 年建成，建成后只有 1985 年溢洪一次，其余年份均未溢洪，在计算集水面积 F 时，从 1974 年起每场洪水产流面积均被减去武林水库的流域面积（16 km^2）。

（2）昆嵛山水库为米山水库流域内又一座中型水库，水库下游于 2023 年 1 月建成一座抽水蓄能电站，长期拦截下泄流量，计算产流面积需减去昆嵛山水库流域面积。

（3）丁家洼水库于 1981 年兴建，流域面积为 171 km^2，其中包括武林水库（流域面积 16 km^2）、小院水库（流域面积 9.7 km^2）、西黄岚水库（流域面积 3.7 km^2）。当丁家洼水库水位低于 28.00 m 时，水库不溢洪；当水库水位高于 28.00 m 以后，水库自动溢洪。

其余的小（1）型、小（2）型水库建成年月均在 1958 年至 1970 年之间，综合计算后认定扣除面积为 40.0 km^2。因情况复杂，在洪水计算时不予考虑。

2.2.1.5　径流深 R 的推求

在入库洪水过程线上采用斜线分割法切除基流，本次洪水径流深 R 等于洪水总量 W（扣除基流量）除以集水面积 F。

2.2.1.6　暴雨中心位置的确定

根据流域特性和代表站分布情况，晒字、昆嵛山顶、闫家泊子、南上夼站为上游区，汪疃、界石站为中游区，米山水库站为下游区。

2.2.2　精度评定

按许可误差 =20% 实测值的标准（并当许可误差大于 20.0 mm 时以 20.0 mm 为上限，小于 3.0 mm 时以 3.0 mm 为下限）进行逐次洪水评定。$P+P_a-R$ 相关图共选用 93 个点据，71 个合格，合格率为 76.3%，属于乙级方案，详见表 32–5。

2.2.3　突出点分析

本方案共有 22 场次洪水超过允许误差范围，其中 900706、090714、110626、140725 场次洪水降雨量集中，降雨强度大，径流系数偏大，造成径流深偏大；而 610729、010728、020724、060727、110725、110916 洪水降雨中心偏下游，降雨分布不均匀，上游降雨过程不连续，造成径流深偏小。

2.3　汇流方案

汇流方案主要采用峰量关系图、经验单位线等方法。

2.3.1　峰量关系曲线 $R-T_c-Q_{m净}$

以有效降雨历时 T_c 作为参数，建立峰量关系曲线 $R-T_c-Q_{m净}$。其中，R 为一次降雨径流深；T_c 为有效降雨历时，采用 $P+P_a=I_m$（100.0 mm）起至降雨结束的总历时；$Q_{m净}$ 为一次降雨过程所产生的区间净峰流量。求出的该次降雨入库净峰流量 $Q_{m净}$ 加上基流，即为入库洪峰流量。

根据 1961—2020 年 93 个洪水点据分析，通过点群中心并照顾同一 R 值的 $Q_{m净}$ 逐渐减少的趋势定线，$R-T_c-Q_{m净}$ 关系图见图 32–5。

精度评定：按许可误差 =20% 实测值的标准进行逐次洪水评定。本方案共选用 1961—2020 年 93 个点据，70 个合格，合格率为 75.3%，属于乙级方案，详见表 32–6。

2.3.2　经验单位线

根据 110808、120815、130713、170804、180815 场次洪水资料分析出 5 条单位线，所有单位线 Δt 均取 1 h。米山水库站单位线图见图 32–6。

2.4　水位与库容、面积关系曲线图

米山水库水位与库容、面积关系曲线依据《山东省水利厅关于公布米山水库新库容曲线的通知》（鲁水管函字〔2015〕17 号）点绘，详见图 32–7。

2.5　泄量关系曲线

米山水库泄流分为堰流与闸孔出流。当 $e/H>0.65$ 时，为自由堰流；当 $e/H\leqslant 0.65$ 时，为自由孔流。

溢洪闸泄量计算公式采用山东省水文中心测验科 1992 年的整编公式。

自由孔流计算公式：

$$q=\mu eB\sqrt{2gH}$$

$$\mu=0.454\,(e/H)^{-0.18}$$

自由堰流计算公式：

$$q=0.372B\sqrt{2g}\,H^{3/2}$$

式中：e 为闸门开度；B 为溢流宽度；g 取 9.81 m/s^2；H 为堰上总水头。

米山水库以闸门开启高度为参数的泄流曲线见图 32–8。

2.6　蓄率中线法调洪曲线

根据水量平衡原理，计算并绘制了蓄率中线法调洪曲线，详见图 32–9。该方案是溢洪闸敞泄情况下的调洪曲线，当水库水位在 25.00 m 以上时使用调洪演算。图中泄量不包括放水洞放水流量。

3 方案使用说明

预报径流量、入库洪峰流量及洪水过程线时，可按图 32-1 进行。

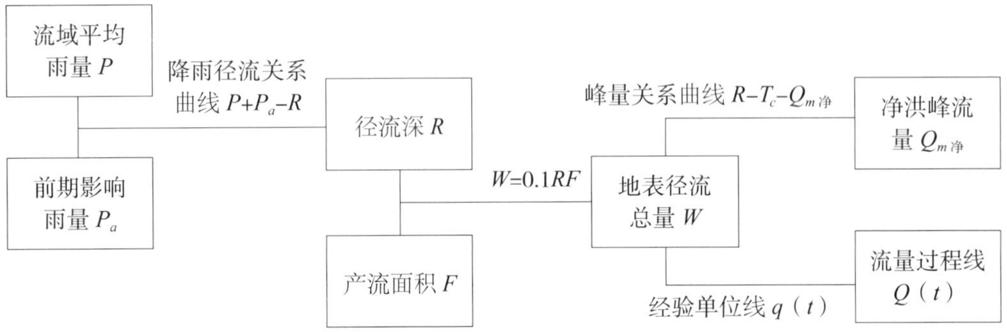

图 32-1　预报流程图

3.1　径流深预报

计算出流域平均降雨量和流域平均前期影响雨量，根据降雨径流关系图 $P+P_a-R$ 的查算结果进行综合分析，确定地表径流深 R 的预报值。

大致流程可分为：①计算前期影响雨量 P_a；②计算流域平均雨量 P；③根据 $P+P_a-R$ 关系图得到径流深 R；④根据产流面积 F 得到地表径流总量 W。

具体如下：①前期影响雨量 P_a：根据计算公式逐日计算 P_a；②流域平均雨量 P：根据流域内雨情逐时段（Δt=1 h）计算时段平均雨量，当累计达到或超过 50 mm 时，即可进行洪水作业预报；③径流深 R：根据计算得到的 P_a、P，查降雨径流相关图（$P+P_a-R$）得到径流深 R；④产流面积 F：丁家洼水库蓄满时，产流面积取 440 km^2，未蓄满时取 270 km^2；⑤地表径流总量 W：根据确定的产流面积 F 和预报的径流深 R，由公式 W=0.1RF 计算得到。

3.2　最大入库洪峰流量预报

3.2.1　查 $R-T_c-Q_{m净}$ 图

根据 R，T_c 查询 $R-T_c-Q_{m净}$ 关系曲线得到 $Q_{m净}$，当 T_c 介于两条关系曲线之间时，首先查出两条曲线中对应 $Q_{m净}$ 的数值，然后进行插补；当 T_c 大于 42 h 或者小于 2 h 时，根据最近两条关系线插补外延。$Q_{m净}$ 加上基流即为入库洪峰流量。

3.2.2　经验单位线法

由次雨径流深 R、时段降雨量采用扣损法得到各时段净雨，根据暴雨中心位置选择相应单位线，各时段净雨错时段与 0.1 倍的单位线各时段流量相乘，然后同时段流量相加，再加上基流量即为入库流量过程，最大入库流量及其出现时间即可得到。其中，各时段净雨部分径流量计算公式为

$$Q_i'(t)=\frac{h_i(t)}{10}q(t)$$

式中：$Q_i'(t)$ 为第 i 次时段净雨形成的部分径流量；$h_i(t)$ 为第 i 次时段净雨量；$q(t)$ 为单位线对应的时段单位流量。

3.3　入库洪水总量预报

根据公式 W=0.1FR 得到入库洪水总量 W。

3.4　蓄率中线法调洪曲线

蓄率中线法调洪曲线图包括 $Z-Q$、$Z-\left(\frac{V}{\Delta t}-\frac{q}{2}\right)$、$Z-\left(\frac{V}{\Delta t}+\frac{q}{2}\right)$ 曲线。

根据水量平衡原理计算时段内水库蓄水量变化，其计算公式为

$$\frac{Q_1+Q_2}{2}\Delta t-\frac{q_1+q_2}{2}\Delta t=V_2-V_1$$

式中：Q_1、q_1 分别为时段初入库、出库流量；Q_2、q_2 分别为时段末入库、出库流量；V_1、V_2 分别为时段初、时段末水库蓄水量；Δt 为固定时段（本方案中为 2 h）。

为方便计算，改变上式后得到：

$$\frac{V_1}{\Delta t}-\frac{q_1}{2}+\overline{Q}=\frac{V_2}{\Delta t}+\frac{q_2}{2}$$

式中：$\overline{Q}=\frac{Q_1+Q_2}{2}$，即时段平均入库流量。

因此，根据蓄率中线法计算调洪曲线过程为：①由初始水位 Z_1，根据 $Z-\left(\frac{V}{\Delta t}-\frac{q}{2}\right)$ 关系曲线得到 $\left(\frac{V_1}{\Delta t}-\frac{q_1}{2}\right)$ 值；②根据入库流量过程预报计算时段平均入库流量 $\overline{Q}$；③根据 $\overline{Q}$ 及 $\left(\frac{V_1}{\Delta t}-\frac{q_1}{2}\right)$ 计算得到 $\left(\frac{V_1}{\Delta t}+\frac{q_1}{2}\right)$；④根据 $Z-\left(\frac{V}{\Delta t}+\frac{q}{2}\right)$ 关系曲线得到 Z_2；⑤根据得到的 Z_2 重复以上步骤，得到水库水位过程，并可预报出 Z_m 和 V_m 值。计算流程图如图 32-2。

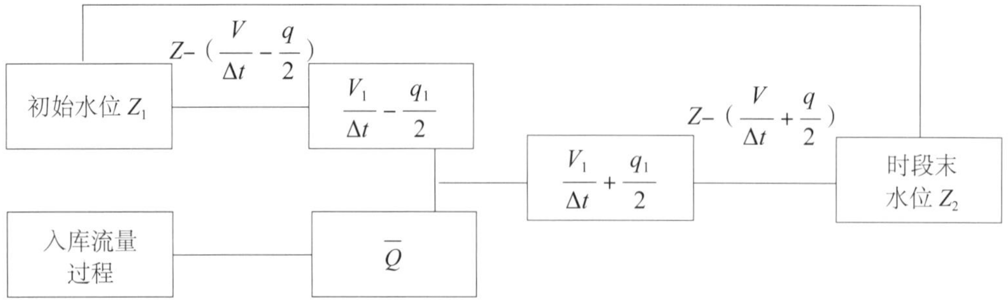

图 32-2　蓄率中线法计算流程图

3.5　方案合理性检查及评定

在方案建立过程中，随时根据规范要求及有关文件规定进行合理性检查，特别对突出点据从原始资料反复查对，对中间处理过程也进行了认真审查，发现不合理的问题后基本上都做了检查改正。方案建立后，先从线形进行比较，防止出现矛盾现象，然后对每个方案尽量根据规范规定采用表格形式进行了精度评定。其中 $P+P_a-R$ 相关图合格率为 76.3%，属乙级方案；$R-T_c-Q_{m净}$ 相关图合格率为 75.3%，属乙级方案。

综合评定，各预报项目合格率算术平均值为 75.8%，故本预报方案属于乙级方案。

3.6　方案适应能力

本方案适用于防洪标准以下的洪水作业预报。如遇超标准洪水，则需根据当时具体情况酌情修正。

3.7　注意事项

（1）方案的制作未考虑上游塘坝的影响，作业预报时也要根据前期降雨情况进行适当修正。

（2）应随时掌握上游工程蓄水及泄洪情况，要根据实际情况对预报值进行及时修正。

（3）局部暴雨时要注意超渗产流，可适当将查算的 R 值加大；久旱初雨时产流偏小，应适当修正所查 R 值。

（4）第三场、第四场洪水上游小（1）型水库蓄满时，流域面积仍按照扣除小（1）型水库流域面积进行分析，径流深偏大，应适当修正所查 R 值。

总之，由于影响因素太多，本方案不能全部反映实际情况，因而不能照搬，应具体问题具体分析，并采用多种方法，考虑各种因素进行综合分析，确定采用的预报值。

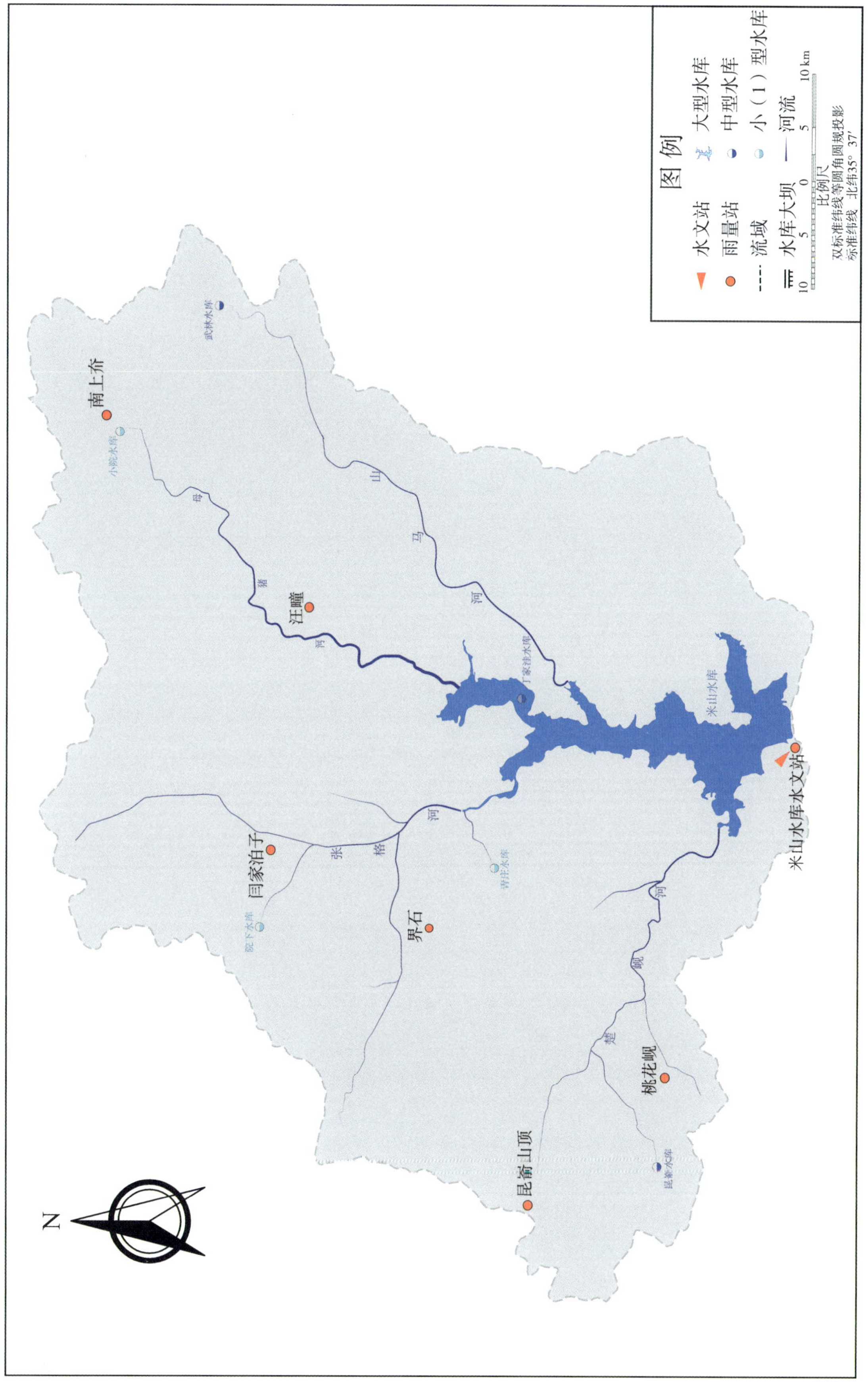

图 32-3　威海市米山水库流域地形图

表 32-4　母猪河米山水库站降雨径流分析成果表

序号	洪号	降雨起止时间		流域平均雨量 P（mm）	前期影响雨量 P_a（mm）	降雨历时（h）		暴雨中心位置	洪水发生时间			洪水总历时 $T_洪$（h）	洪峰流量 Q_m（m^3/s）	净峰流量 $Q_{m净}$（m^3/s）	洪水总量 W（万 m^3）	地表径流总量（万 m^3）	集水面积 F（km^2）	径流深 R（mm）	最高水位（m）	最大库容（万 m^3）	最大出库流量（m^3/s）	径流系数 α
		起	止			全部 T	有效 T_c		起涨	峰顶	落平											
1	610729	7月29日0:00	7月29日14:00	116.2	74.1	14	4	下游	7月29日2:00	7月29日9:00	7月30日16:00	38	1 030	1 020	1 658	1 475	436	33.8	23.31	3 590	9.13	0.29
2	610811	8月11日4:00	8月12日0:00	124.3	99.7	20	8	上游	8月11日6:00	8月11日16:00	8月13日12:00	54	949	942	2 990	2 784	436	63.9	25.42	6 010	7.44	0.51
3	610907	9月7日20:00	9月8日6:00	75.7	100.0	10	2	普雨	9月7日18:00	9月7日23:00	9月9日6:00	36	2 010	2 000	1 700	1 480	436	33.9	26.73	7 740	12.4	0.45
4	610920	9月20日12:00	9月22日2:00	79.1	73.8	38	10	中游	9月20日22:00	9月21日5:00	9月23日6:00	56	195	189	1 128	938	436	21.5	27.07	8 280	19.0	0.27
5	620807	8月7日12:00	8月8日10:00	55.1	74.1	22	4	上游	8月7日14:00	8月8日0:00	8月9日6:00	40	342	332	832	669	436	15.3	24.82	5 250	9.08	0.28
6	620906	9月6日18:00	9月7日16:00	78.7	57.2	22	6	普雨	9月7日0:00	9月7日10:00	9月8日18:00	42	594	580	1 524	1 259	436	28.9	26.51	7 440	10.9	0.37
7	630718	7月18日0:00	7月18日18:00	42.2	95.1	18	8	下游	7月18日1:00	7月18日9:00	7月19日3:00	26	346	304	1 330	936	436	21.5	26.04	6 806	8.36	0.51
8	630720	7月20日8:00	7月20日22:00	13.4	100.0	14	4	普雨	7月20日17:00	7月20日20:00	7月21日21:00	28	151	135	547	308	436	7.1	26.42	7 308	7.96	0.53
9	630723	7月23日0:00	7月25日0:00	70.1	100.0	48	8	上游	7月23日2:00	7月24日21:00	7月26日14:00	84	447	420	2 411	1 587	436	36.4	27.64	9 214	41.0	0.52
10	630729	7月29日20:00	7月30日14:00	34.7	85.9	18	4	上游	7月30日0:00	7月30日3:00	7月31日12:00	36	454	425	962	584	436	13.4	27.71	9 321	44.1	0.39
11	640713	7月13日4:00	7月14日6:00	66.3	100.0	26	8	上游	7月13日21:00	7月14日5:00	7月16日8:00	59	465	457	1 843	1 662	436	38.1	26.13	6 923	7.06	0.57
12	640912	9月12日6:00	9月12日20:00	76.6	88.8	14	6	中游	9月12日10:00	9月12日15:00	9月14日18:00	56	956	947	1 955	1 713	436	39.3	28.16	10 140	79.6	0.51
13	650726	7月26日20:00	7月28日20:00	341.7	69.7	48	22	上游	7月27日0:00	7月27日15:00	7月29日16:00	64	3 800	3 780	11 800	11 320	436	259.6	29.22	12 220	167	0.76
14	650804	8月4日8:00	8月5日6:00	175.2	95.8	22	6	普雨	8月4日20:00	8月5日4:00	8月6日2:00	30	2 870	2 815	5 255	4 780	436	109.6	29.67	13 190	239	0.63
15	660907	9月7日18:00	9月8日22:00	69.5	94.5	28	10	普雨	9月7日20:00	9月8日20:00	9月11日0:00	76	289	280	1 675	1 374	436	31.5	25.52	6 136	0.48	0.45
16	670810	8月10日10:00	8月10日20:00	50.1	91.8	10	4	中下游	8月10日10:00	8月10日15:00	8月11日6:00	20	497	467	1 020	976	436	22.4	25.17	5 691	3.49	0.45
17	680819	8月19日0:00	8月20日4:00	102.1	80.0	28	8	普雨	8月19日0:00	8月19日10:00	8月22日6:00	78	542	536	2 200	2 024	436	46.4	23.58	3 832	0.21	0.45
18	680822	8月22日14:00	8月23日8:00	92.4	90.0	18	6	普雨	8月22日14:00	8月23日2:00	8月24日3:00	37	600	575	1 700	1 505	436	34.5	25.10	5 600	0	0.37
19	690801	8月1日10:00	8月2日8:00	68.9	80.0	22	10	中上游	8月1日12:00	8月2日6:00	8月4日11:00	71	157	152	927	748	436	17.2	24.50	4 860	3.74	0.25
20	690808	8月8日2:00	8月8日16:00	60.5	83.0	14	6	下游	8月8日4:00	8月8日14:00	8月11日4:00	72	256	251	1 110	857	436	19.7	25.46	6 058	3.86	0.32
21	700724	7月24日0:00	7月27日10:00	161.1	96.0	82	12	普雨	7月24日3:00	7月24日16:00	7月29日1:00	118	861	857	5 160	4 710	436	108.0	26.09	6 876	0	0.67
22	710902	9月2日8:00	9月4日8:00	146.1	80.0	48	12	上游	9月2日10:00	9月3日10:00	9月6日20:00	106	723	715	4 010	3 686	436	84.5	28.41	10 620	9.04	0.58
23	720707	7月7日14:00	7月8日14:00	140.5	19.0	24	6	上游	7月7日20:00	7月8日5:00	7月9日21:00	49	525	520	1 589	1 469	436	33.7	25.83	6 529	7.57	0.24
24	720804	8月4日20:00	8月5日14:00	91.5	66.4	18	8	中游	8月5日1:00	8月5日14:00	8月7日14:00	61	350	342	1 451	1 264	436	29.0	26.50	7 420	7.57	0.32
25	730430	4月30日20:00	5月1日18:00	124.9	59.5	22	10	中游	4月30日22:00	5月1日12:00	5月2日1:00	27	667	657	2 220	1 938	436	44.4	29.06	11 920	43.4	0.36
26	730612	6月12日0:00	6月13日6:00	62.8	58.7	30	8	中游	6月12日18:00	6月12日23:00	6月14日9:00	39	211	188	930	590	436	13.5	27.89	9 642	11.8	0.22
27	730822	8月22日0:00	8月22日8:00	63.6	98.7	8	4	下游	8月22日0:00	8月22日3:00	8月23日20:00	44	514	511	1 230	1 119	436	25.7	27.22	8 528	6.24	0.40
28	740813	8月13日6:00	8月14日14:00	143.6	95.8	32	8	普雨	8月14日2:00	8月14日8:00	8月15日17:00	39	1 900	1 880	4 110	3 828	420	91.1	27.96	9 768	13.6	0.63
29	750813	8月13日14:00	8月16日12:00	303.4	77.4	70	42	普雨	8月14日2:00	8月14日16:00	8月19日2:00	120	937	929	10 167	9 624	420	229.1	28.84	11 460	276	0.76
30	750831	8月31日0:00	8月31日16:00	29.7	91.0	16	2	下游	8月31日2:00	8月31日9:00	8月31日22:00	20	261	228	876	645	420	15.4	28.92	11 620	68.4	0.52
31	760812	8月12日22:00	8月13日14:00	136.1	100.0	16	8	下游	8月12日22:00	8月13日7:00	8月14日17:00	43	1 610	1 450	4 115	3 953	370	106.8	27.24	8 114	11.3	0.78

续表

序号	洪号	降雨起止时间		流域平均雨量 P（mm）	前期影响雨量 P_a（mm）	降雨历时（h）		暴雨中心位置	洪水发生时间			洪水总历时 $T_{洪}$（h）	洪峰流量 Q_m（m^3/s）	净峰流量 $Q_{m净}$（m^3/s）	洪水总量 W（万 m^3）	地表径流总量（万 m^3）	集水面积 F（km^2）	径流深 R（mm）	最高水位（m）	最大库容（万 m^3）	最大出库流量（m^3/s）	径流系数 α
		起	止			全部 T	有效 T_c		起涨	峰顶	落平											
32	760818	8月18日18:00	8月19日8:00	77.5	100.0	14	6	普雨	8月18日21:00	8月19日2:00	8月20日6:00	33	839	809	2 192	1 882	420	44.8	28.68	10 788	50.0	0.58
33	760820	8月20日4:00	8月20日10:00	26.1	95.0	6	2	上游	8月20日6:00	8月20日9:00	8月20日13:00	7	460	304	795	425	420	10.1	28.95	11 355	110	0.39
34	770805	8月5日22:00	8月7日0:00	133.4	76.6	26	8	中下游	8月6日2:00	8月6日12:00	8月8日2:00	48	681	618	2 376	2 238	370	60.5	25.51	5 453	1.9.0	0.45
35	770830	8月30日20:00	8月31日6:00	97.8	46.3	10	4	普雨	8月31日0:00	8月31日5:00	9月1日7:00	31	700	685	1 507	1 329	420	31.6	26.15	6 369	3.8.0	0.32
36	780628	6月28日4:00	6月28日14:00	78.6	44.0	10	4	普雨	6月28日6:00	6月28日12:00	6月29日22:00	40	411	397	1 110	910	420	21.7	22.52	2 346	0.29	0.28
37	780811	8月11日4:00	8月13日4:00	172.5	100.0	48	10	中游	8月11日14:00	8月12日23:00	8月14日17:00	75	2 025	2 010	5 480	5 140	420	122.4	28.23	9 859	6.00	0.71
38	780815	8月15日22:00	8月16日12:00	69.9	100.0	14	10	中游	8月16日1:00	8月16日11:00	8月18日13:00	60	625	597	1 960	1 930	420	46.0	28.96	11 376	186	0.66
39	790730	7月30日12:00	7月30日18:00	112.9	72.1	6	4	中游	7月30日13:00	7月30日15:00	7月31日7:00	18	1 758	1 733	2 072	1 914	420	45.6	27.72	8 914	14.1	0.40
40	790804	8月4日2:00	8月4日14:00	84.0	95.0	12	6	中游	8月4日2:00	8月4日5:00	8月5日4:00	26	780	728	2 574	2 127	420	50.6	28.53	10 473	127	0.60
41	810729	7月29日10:00	7月29日18:00	41.4	100.0	8	6	中游	7月29日15:00	7月29日15:00	7月30日22:00	31	158	140	664	464	250	18.6	22.36	2 218	0	0.45
42	830908	9月8日14:00	9月9日12:00	85.1	73.8	22	8	下游	9月8日23:00	9月9日7:00	9月12日2:00	75	206	201	1 215	965	420	23.0	24.02	4 844	0	0.27
43	840830	8月30日0:00	8月30日18:00	74.9	69.4	18	6	中游	8月30日0:00	8月30日14:00	9月1日20:00	68	275	265	1 219	821	420	19.5	26.70	7 368	0	0.26
44	850820	8月20日4:00	8月21日0:00	103.5	100.0	20	14	下游	8月20日4:00	8月20日13:00	8月22日1:00	45	681	645	3 539	3 037	436	69.7	28.90	11 250	98.4	0.67
45	850905	9月5日2:00	9月5日18:00	196.6	61.9	16	10	普雨	9月5日2:00	9月5日17:00	9月6日23:00	45	1 520	1 501	5 349	5 062	436	116.1	29.92	13 642	209	0.59
46	870826	8月26日22:00	8月27日12:00	171.7	67.2	14	10	下游	8月26日22:00	8月27日5:00	8月29日20:00	70	722	720	4 121	3 868	420	92.1	26.42	6 794	0	0.54
47	870903	9月3日22:00	9月5日8:00	99.4	73.6	34	10	中游	9月3日23:00	9月5日3:00	9月6日4:00	53	411	403	1 790	1 550	420	36.9	27.76	8 982	0	0.37
48	890824	8月24日22:00	8月25日18:00	91.9	41.5	20	10	中游	8月25日6:00	8月25日14:00	8月26日18:00	36	105	98	469	473	250	18.9	24.20	3 948	0	0.21
49	900706	7月6日18:00	7月7日2:00	101.5	66.6	8	4	下游	7月6日22:00	7月7日1:00	7月7日21:00	23	1 215	1 203	2 080	1 970	420	46.9	28.66	10 680	0	0.46
50	900818	8月18日4:00	8月18日16:00	108.7	81.9	12	8	上游	8月18日6:00	8月18日15:00	8月20日8:00	50	561	556	1 900	1 829	420	43.5	28.56	10 502	0	0.40
51	920901	9月1日0:00	9月1日12:00	111.0	52.7	12	10	中游	9月1日2:00	9月1日15:00	9月2日8:00	30	160	155	1 314	1 073	405	26.5	23.35	3 080	0	0.24
52	940629	6月29日12:00	6月29日20:00	78.4	61.5	8	6	下游	6月29日14:00	6月29日17:00	7月1日0:00	34	292	278	807	636	353	18.0	26.10	6 279	0	0.23
53	970819	8月19日2:00	8月21日0:00	235.1	45.8	46	24	普雨	8月19日7:00	8月20日2:00	8月21日17:00	58	890	870	5 670	5 030	420	119.8	27.98	9 355	0	0.51
54	980822	8月22日14:00	8月23日2:00	99.3	73.6	12	8	普雨	8月22日19:00	8月23日1:00	8月24日14:00	43	524	497	1 980	1 555	420	37.0	28.98	11 294	0	0.37
55	010728	7月28日2:00	7月28日18:00	121.1	100.0	16	8	中上游	7月28日4:00	7月28日20:00	7月30日6:00	50	461	447	1 964	1 732	250	69.3	23.12	2 873	0	0.57
56	020724	7月24日16:00	7月25日5:00	98.3	99.2	13	6	中下游	7月24日20:00	7月25日5:00	7月26日2:00	30	272	266	902	832	436	19.1	25.76	5 794	0.90	0.19
57	030805	8月5日20:00	8月6日6:00	105.0	86.0	10	6	上下游	8月5日20:00	8月6日1:00	8月8日1:00	53	402	394	1 907	1 759	436	40.3	27.20	8 048	0.82	0.38
58	030823	8月23日14:00	8月24日2:00	92.8	100.0	12	6	普雨	8月23日16:00	8月23日21:00	8月24日15:00	23	651	603	2 142	1 744	436	40.0	28.86	11 166	104	0.43
59	040804	8月4日6:00	8月5日23:00	186.7	95.0	41	14	中上游	8月4日8:00	8月6日1:00	8月7日15:00	79	522	521	4 589	4 565	436	104.7	29.08	11 642	228	0.56
60	040822	8月22日13:00	8月22日18:00	52.3	75.9	5	2	中游	8月22日13:00	8月22日17:00	8月23日4:00	15	511	500	786	733	436	16.8	28.80	11 040	10.6	0.32
61	050805	8月5日2:00	8月5日15:00	84.3	100.0	13	8	上游	8月5日6:00	8月5日9:00	8月6日12:00	30	441	412	1 817	1 507	436	34.6	28.23	9 859	8.14	0.41
62	050808	8月7日21:00	8月8日10:00	148.0	95.0	13	6	上游	8月8日2:00	8月8日7:00	8月8日23:00	21	2 447	2 410	4 585	4 313	436	99.0	29.81	13 369	375	0.67

续表

序号	洪号	降雨起止时间		流域平均雨量 P（mm）	前期影响雨量 P_a（mm）	降雨历时（h）		暴雨中心位置	洪水发生时间			洪水总历时 $T_{洪}$（h）	洪峰流量 Q_m（m^3/s）	净峰流量 $Q_{m净}$（m^3/s）	洪水总量 W（万 m^3）	地表径流总量（万 m^3）	集水面积 F（km^2）	径流深 R（mm）	最高水位（m）	最大库容（万 m^3）	最大出库流量（m^3/s）	径流系数 α
		起	止			全部 T	有效 T_c		起涨	峰顶	落平											
63	060727	7 月 27 日 0:00	7 月 27 日 17:00	223.6	100.0	17	10	下游	7 月 27 日 2:00	7 月 27 日 11:00	7 月 28 日 23:00	45	1 488	1 470	5 411	5 141	436	117.9	29.20	11 916	229	0.53
64	070810	8 月 10 日 4:00	8 月 12 日 8:00	362.2	95.0	52	14	普雨	8 月 10 日 6:00	8 月 11 日 16:00	8 月 13 日 15:00	81	1 466	1 460	12 098	11 811	436	270.9	29.75	13 220	674	0.75
65	070919	9 月 18 日 13:00	9 月 20 日 14:00	161.8	32.1	49	8	中游	9 月 20 日 0:00	9 月 20 日 13:00	9 月 21 日 17:00	41	546	528	1 985	1 721	436	39.5	28.93	11 313	19.3	0.24
66	080719	7 月 18 日 12:00	7 月 19 日 10:00	91.9	45.2	22	10	上游	7 月 18 日 12:00	7 月 19 日 9:00	7 月 22 日 0:00	84	122	122	1 095	984	440	22.4	25.83	5 900	6.00	0.24
67	080724	7 月 23 日 22:00	7 月 24 日 12:00	91.1	95.0	14	8	中游	7 月 23 日 22:00	7 月 24 日 10:00	7 月 27 日 16:00	90	651	635	2 535	2 270	440	51.6	27.49	8 530	20.0	0.57
68	090714	7 月 11 日 12:00	7 月 12 日 8:00	53.0	68.5	20	8	中游	7 月 11 日 12:00	7 月 12 日 1:00	7 月 15 日 2:00	86	30.7	30.7	370	197	270	7.3	23.85	3 580	0	0.14
69	100718	7 月 18 日 0:00	7 月 18 日 14:00	114.0	33.0	14	8	中游	7 月 18 日 0:00	7 月 18 日 12:00	7 月 20 日 12:00	60	348	348	1 090	775	270	28.7	24.97	4 790	0	0.25
70	100814	8 月 14 日 10:00	8 月 14 日 18:00	60.0	50.0	8	6	中游	8 月 14 日 10:00	8 月 14 日 14:00	8 月 17 日 2:00	64	85.8	85.8	430	365	270	13.5	25.39	5 310	0	0.23
71	100827	8 月 26 日 6:00	8 月 28 日 2:00	68.5	100.0	44	44	中游	8 月 26 日 6:00	8 月 27 日 18:00	8 月 31 日 2:00	116	173	163	2 310	1 333	440	30.3	27.34	8 280	0	0.44
72	100903	9 月 2 日 22:00	9 月 3 日 22:00	95.2	100.0	24	24	上游	9 月 2 日 22:00	9 月 3 日 15:00	9 月 5 日 2:00	52	545	534	2 613	2 587	440	58.8	28.47	10 300	95.0	0.62
73	110623	6 月 23 日 2:00	6 月 23 日 12:00	84.1	12.1	10	4	中游	6 月 23 日 2:00	6 月 23 日 7:00	6 月 25 日 2:00	48	124	124	320	304	440	6.9	26.48	6 870	0	0.08
74	110626	6 月 25 日 0:00	6 月 27 日 8:00	106.8	88.6	56	54	中游	6 月 25 日 0:00	6 月 26 日 5:00	6 月 30 日 14:00	134	130	128	1 661	1 514	440	34.4	27.41	8 400	0	0.32
75	110703	7 月 2 日 14:00	7 月 3 日 14:00	59.8	82.7	24	10	上游	7 月 2 日 14:00	7 月 3 日 9:00	7 月 6 日 12:00	94	142	142	1 043	1 043	440	23.7	27.88	9 190	20.0	0.40
76	110725	7 月 25 日 6:00	7 月 26 日 2:00	117.0	65.0	20	10	中游	7 月 25 日 6:00	7 月 25 日 23:00	7 月 28 日 0:00	66	777	777	2 800	2 715	440	61.7	27.99	9 370	11.0	0.53
77	110808	8 月 7 日 22:00	8 月 8 日 16:00	100.7	85.2	18	14	中游	8 月 7 日 22:00	8 月 8 日 12:00	8 月 11 日 14:00	88	289	282	2 200	2 112	440	48.0	28.15	9 680	165	0.48
78	110916	9 月 15 日 2:00	9 月 16 日 8:00	104.0	52.0	30	8	上游	9 月 15 日 2:00	9 月 16 日 8:00	9 月 18 日 22:00	92	251	251	1 861	1 861	440	42.3	28.89	11 222	10.0	0.41
79	110929	9 月 28 日 20:00	9 月 29 日 8:00	52.6	57.8	12	8	中游	9 月 28 日 20:00	9 月 29 日 7:00	10 月 1 日 12:00	64	97.3	95	500	497	440	11.3	28.80	11 000	11.0	0.21
80	120710	7 月 9 日 20:00	7 月 10 日 18:00	52.9	90.3	22	10	中游	7 月 9 日 20:00	7 月 10 日 15:00	7 月 13 日 2:00	78	136	136	530	516	270	19.1	25.89	5 980	0	0.36
81	120723	7 月 23 日 2:00	7 月 23 日 16:00	64.7	68.3	14	4	中游	7 月 23 日 2:00	7 月 23 日 5:00	7 月 25 日 12:00	58	436	434	1 010	986	440	22.4	27.07	7 835	10.0	0.35
82	120815	8 月 14 日 22:00	8 月 15 日 10:00	59.4	100.0	12	10	上游	8 月 14 日 22:00	8 月 15 日 6:00	8 月 16 日 12:00	38	217	216	1 409	1 245	440	28.3	27.78	9 020	10.0	0.48
83	120828	8 月 28 日 4:00	8 月 28 日 22:00	73.6	70.7	18	10	上游	8 月 28 日 4:00	8 月 28 日 10:00	8 月 30 日 2:00	46	207	207	1 230	1 223	440	27.8	28.79	11 000	11.0	0.38
84	130713	7 月 12 日 0:00	7 月 13 日 20:00	157.9	42.0	44	24	上游	7 月 12 日 0:00	7 月 13 日 13:00	7 月 16 日 10:00	106	211	211	2 100	2 094	440	47.6	26.26	6 520	0	0.30
85	130723	7 月 23 日 16:00	7 月 23 日 22:00	23.0	100.0	6	6	中游	7 月 23 日 16:00	7 月 23 日 17:00	7 月 26 日 10:00	66	148	145	700	625	440	14.2	27.51	8 550	12.0	0.62
86	140725	7 月 24 日 18:00	7 月 25 日 22:00	238.1	36.2	28	10	中游	7 月 24 日 18:00	7 月 25 日 14:00	7 月 28 日 16:00	94	1 090	1 090	3 460	2 408	270	89.2	26.12	6 310	0	0.37
87	170804	8 月 5 日 8:00	8 月 5 日 18:00	42.9	100.0	10	10	中游	8 月 5 日 8:00	8 月 6 日 2:00	8 月 8 日 2:00	66	59.0	54	783	680	270	25.2	22.52	2 170	0	0.59
88	180710	7 月 9 日 22:00	7 月 10 日 10:00	66.7	62.0	12	6	上游	7 月 9 日 22:00	7 月 10 日 6:00	7 月 13 日 12:00	86	39.7	39.7	480	467	270	17.3	23.55	3 130	0	0.26
89	180815	8 月 15 日 14:00	8 月 15 日 22:00	77.8	33.5	8	6	中游	8 月 15 日 14:00	8 月 15 日 22:00	8 月 18 日 0:00	58	48.6	48.6	360	321	270	11.9	23.84	3 420	0	0.15
90	180820	8 月 20 日 6:00	8 月 20 日 14:00	44.4	86.2	8	6	中游	8 月 20 日 6:00	8 月 20 日 20:00	8 月 23 日 0:00	66	65.2	63.2	480	470	270	17.4	24.20	3 830	0	0.39
91	190812	8 月 11 日 4:00	8 月 12 日 6:00	90.0	44.5	26	14	中游	8 月 11 日 4:00	8 月 12 日 9:00	8 月 17 日 12:00	152	15.3	15.3	490	489	270	18.1	23.39	2 960	0	0.20
92	200720	7 月 18 日 18:00	7 月 19 日 22:00	132.7	58.5	28	15	中游	7 月 18 日 18:00	7 月 20 日 8:00	7 月 22 日 10:00	88	443	443	1 030	986	270	36.5	25.30	5 280	0	0.28
93	200724	7 月 22 日 22:00	7 月 23 日 22:00	77.6	95.1	24	22	中游	7 月 22 日 22:00	7 月 24 日 3:00	7 月 30 日 12:00	182	109	104	1 200	1 142	270	42.3	26.09	6 490	0	0.55

说明：有效降雨历时采用 $P+P_a=I_m$（100.0 mm）起至降雨结束的总历时。

表 32-5　母猪河米山水库站 $P+P_a-R$ 预报精度评定表

序号	洪号	流域平均雨量 P（mm）	前期影响雨量 P_a（mm）	实测径流深 $R_{实}$（mm）	预报径流深 $R_{预}$（mm）	预报误差（mm）	许可误差（mm）	评定结果	
								合格	不合格
1	610729	116.2	74.1	33.8	46.0	12.2	6.8		√
2	610811	124.3	99.7	63.9	74.7	10.8	12.8	√	
3	610907	75.7	100.0	33.9	36.5	2.6	6.8	√	
4	610920	79.1	73.8	21.5	25.5	4.0	4.3	√	
5	620807	55.1	74.1	15.3	18.0	2.7	3.1	√	
6	620906	78.7	57.2	28.9	20.0	-8.9	5.8		√
7	630718	42.2	95.1	21.5	20.5	-1.0	4.3	√	
8	630720	13.4	100.0	7.1	14.0	6.9	3.0		√
9	630723	70.1	100.0	36.4	34.0	-2.4	7.3	√	
10	630729	34.7	85.9	13.4	16.0	2.6	3.0	√	
11	640713	66.3	100.0	38.1	32.8	-5.3	7.6	√	
12	640912	76.6	88.8	39.3	32.0	-7.3	7.9	√	
13	650726	341.7	69.7	259.6	248	-11.6	20.0	√	
14	650804	175.2	95.8	109.6	116.0	6.4	20.0	√	
15	660907	69.5	94.5	31.5	31.0	-0.5	6.3	√	
16	670810	50.1	91.8	22.4	22.0	-0.4	4.5	√	
17	680819	102.1	80.0	46.4	40.5	-5.9	9.3	√	
18	680822	92.4	90.0	34.5	40.5	6.0	6.9	√	
19	690801	68.9	80.0	17.2	24.5	7.3	3.4		√
20	690808	60.5	83.0	19.7	22.5	2.8	3.9	√	
21	700724	161.1	96.0	108.0	103.2	-4.8	20.0	√	
22	710902	146.1	80.0	84.5	78.0	-6.5	16.9	√	
23	720707	140.5	19.0	33.7	29.2	-4.5	6.7	√	
24	720804	91.5	66.4	29.0	28.5	-0.5	5.8	√	
25	730430	124.9	59.5	44.4	42.8	-1.6	8.9	√	
26	730612	62.8	58.7	13.5	16.0	2.5	3.0	√	
27	730822	63.6	98.7	25.7	30.0	4.3	5.1	√	
28	740813	143.6	95.8	91.1	88.0	-3.1	18.2	√	
29	750813	303.4	77.4	229.1	220.0	-9.1	20.0	√	
30	750831	29.7	91.0	15.4	15.8	0.4	3.1	√	
31	760812	136.1	100.0	106.8	84.4	-22.4	20.0		√
32	760818	77.5	100.0	44.8	38.0	-6.8	9.0	√	
33	760820	26.1	95.0	10.1	16.0	5.9	3.0		√
34	770805	133.4	76.6	60.5	62.5	2.0	12.1	√	
35	770830	97.8	46.3	31.6	23.0	-8.6	6.3		√
36	780628	78.6	44.0	21.7	18.5	-3.2	4.3	√	
37	780811	172.5	100.0	122.4	117.5	-4.9	20.0	√	
38	780815	69.9	100.0	46.0	34.0	-12.0	9.2		√
39	790730	112.9	72.1	45.6	43.8	-1.8	9.1	√	
40	790804	84.0	95.0	50.6	39.5	-11.1	10.1		√
41	810729	41.4	100.0	18.6	22.0	3.4	3.7	√	
42	830908	85.1	73.8	23.0	27.5	4.5	4.6	√	
43	840830	74.9	69.4	19.5	23.0	3.5	3.9	√	
44	850820	103.5	100.0	69.7	54.5	-15.2	13.9		√
45	850905	196.6	61.9	116.1	104.0	-12.1	20.0	√	
46	870826	171.7	67.2	92.1	87.0	-5.1	18.4	√	
47	870903	99.4	73.6	36.9	36.0	-0.9	7.4	√	
48	890824	91.9	41.5	18.9	19.0	0.1	3.8	√	
49	900706	101.5	66.6	46.9	32.9	-14.0	9.4		√
50	900818	108.7	81.9	43.5	47.0	3.5	8.7	√	
51	920901	111.0	52.7	26.5	30.0	3.5	5.3	√	
52	940629	78.4	61.5	18.0	22.0	4.0	3.6		√
53	970819	235.1	45.8	119.8	125.0	5.2	20.0	√	
54	980822	99.3	73.6	37.0	35.5	-1.5	7.4	√	

序号	洪号	流域平均雨量 P（mm）	前期影响雨量 P_a（mm）	实测径流深 $R_{实}$（mm）	预报径流深 $R_{预}$（mm）	预报误差（mm）	许可误差（mm）	评定结果	
								合格	不合格
55	010728	121.1	100.0	69.3	90.0	20.7	13.9		√
56	020724	98.3	99.2	19.1	51.5	32.4	3.8		√
57	030805	105.0	86.0	40.3	47.0	6.7	8.1	√	
58	030823	92.8	100.0	40.0	48.0	8.0	8.0	√	
59	040804	186.7	95.0	104.7	124.6	19.9	20.0	√	
60	040822	52.3	75.9	16.8	18.0	1.2	3.4	√	
61	050805	84.3	100.0	34.6	41.2	6.6	6.9	√	
62	050808	148.0	95.0	99.0	91.2	−7.8	19.8	√	
63	060727	223.6	100.0	117.9	165	47.1	20.0		√
64	070810	362.2	95.0	270.9	290.9	20.0	20.0	√	
65	070919	161.8	32.1	39.5	50.0	10.5	7.9		√
66	080719	91.9	45.2	22.4	20.1	−2.3	4.5	√	
67	080724	91.1	95.0	51.6	42.5	−9.1	10.3	√	
68	090714	53.0	68.5	7.3	15.4	8.1	3.0		√
69	100718	114.0	33.0	28.7	23.6	−5.1	5.7	√	
70	100814	60.0	50.0	13.5	12.7	−0.8	3.0	√	
71	100827	68.5	100.0	30.3	33.7	3.4	6.1	√	
72	100903	95.2	100.0	58.8	49.1	−9.7	11.8	√	
73	110623	84.1	12.1	6.9	9.8	2.9	3.0	√	
74	110626	106.8	88.6	34.4	49.3	14.9	6.9		√
75	110703	59.8	82.7	23.7	21.9	−1.8	4.7	√	
76	110725	117.0	65.0	61.7	39.8	−21.9	12.3		√
77	110808	100.7	85.2	48.0	42.3	−5.7	9.6	√	
78	110916	104.0	52.0	42.3	27.0	−15.3	8.5		√
79	110929	52.6	57.8	11.3	12.8	1.5	3.0	√	
80	120710	52.9	90.3	19.1	22.1	3.0	3.8	√	
81	120723	64.7	68.3	22.4	18.8	−3.6	4.5	√	
82	120815	59.4	100.0	28.3	28.5	0.2	5.7	√	
83	120828	73.6	70.7	27.8	22.6	−5.2	5.6	√	
84	130713	157.9	42.0	47.6	52.7	5.1	9.5	√	
85	130723	23.0	100.0	14.2	15.8	1.6	3.0	√	
86	140725	238.1	36.2	89.2	119.1	29.9	17.8		√
87	170804	42.9	100.0	25.2	22.1	−3.1	5.0	√	
88	180710	66.7	62.0	17.3	17.4	0.1	3.5	√	
89	180815	77.8	33.5	11.9	13.0	1.1	3	√	
90	180820	44.4	86.2	17.4	18.0	0.6	3.5	√	
91	190812	90.0	44.5	18.1	19.2	1.1	3.6	√	
92	200720	132.7	58.5	36.5	46.0	9.5	7.3		√
93	200724	77.6	95.1	42.3	35.6	−6.9	8.5	√	

备注：1. 预报误差 = 预报值 − 实测值；2. 许可误差 = 实测值的 20%，以 20.0 mm 为上限，以 3.0 mm 为下限；3. 合格率 =76.3%，为乙级方案。

表 32-6 母猪河米山水库站峰量关系预报精度评定表

序号	洪号	实测径流深 $R_{实}$（mm）	有效降雨历时 T_c（h）	净峰流量（m^3/s）		预报误差（m^3/s）	许可误差（m^3/s）	评定结果		序号	洪号	实测径流深 $R_{实}$（mm）	有效降雨历时 T_c（h）	净峰流量（m^3/s）		预报误差（m^3/s）	许可误差（m^3/s）	评定结果	
				实测 $Q_{m净实}$	预报 $Q_{m净预}$			合格	不合格					实测 $Q_{m净实}$	预报 $Q_{m净预}$			合格	不合格
1	610729	33.8	4	1 020	820	−200	204	√		28	740813	91.1	8	1 880	1 460	−420	376		√
2	610811	63.9	8	942	900	−42	188	√		29	750813	229.1	42	929	929	0	186	√	
3	610907	33.9	2	2 000	1 700	−300	400	√		30	750831	15.4	2	228	500	272	45.6		√
4	610920	21.5	10	189	160	−29	37.8	√		31	760812	106.8	8	1 450	1 800	350	290		√
5	620807	15.3	4	332	290	−42	66.4	√		32	760818	44.8	6	809	770	−39	162	√	
6	620906	28.9	6	580	440	−140	116		√	33	760820	10.1	2	304	340	36	60.8	√	
7	630718	21.5	8	304	300	−4	60.8	√		34	770805	60.5	8	618	540	−78	124	√	
8	630720	7.1	4	135	150	15	27.0	√		35	770830	31.6	4	685	730	45	137	√	
9	630723	36.4	8	420	440	20	84.0	√		36	780628	21.7	4	397	450	53	79.4	√	
10	630729	13.4	4	425	260	−165	85.0		√	37	780811	122.4	10	2 010	2 150	140	402	√	
11	640713	38.1	8	457	460	3	91.4	√		38	780815	46.0	10	597	380	−217	119		√
12	640912	39.3	6	947	1 000	53	189	√		39	790730	45.6	4	1 733	1 250	−483	347		√
13	650726	259.6	22	3 780	2 040	−1 740	756		√	40	790804	50.6	6	728	750	22	146	√	
14	650804	109.6	6	2 815	2 600	−215	563	√		41	810729	18.6	6	140	140	0	28.0	√	
15	660907	31.5	10	280	240	−40	56.0	√		42	830908	23.0	8	201	235	34	40.2	√	
16	670810	22.4	4	467	490	23	93.4	√		43	840830	19.5	6	265	260	−5	53.0	√	
17	680819	46.4	8	536	590	54	107	√		44	850820	69.7	14	645	635	−10	129	√	
18	680822	34.5	6	575	550	−25	115	√		45	850905	116.1	10	1 501	1 200	−301	300		√
19	690801	17.2	10	152	170	18	30.4	√		46	870826	92.1	10	720	760	40	144	√	
20	690808	19.7	6	251	180	−71	50.2		√	47	870903	36.9	10	403	300	−103	80.6		√
21	700724	108.0	12	857	920	63	171	√		48	890824	18.9	10	98	90	−8	19.6	√	
22	710902	84.5	12	715	690	−25	143	√		49	900706	46.9	4	1 203	1 340	137	241	√	
23	720707	33.7	6	520	550	30	104	√		50	900818	43.5	8	556	545	−11	111	√	
24	720804	29.0	8	342	340	−2	68.4	√		51	920901	26.5	10	155	185	30	31.0	√	
25	730430	44.4	10	657	450	−207	131		√	52	940629	18.0	6	278	245	−33	55.6	√	
26	730612	13.5	8	188	155	−33	37.6	√		53	970819	119.8	24	870	840	−30	174	√	
27	730822	25.7	4	511	610	99	102.2	√		54	980822	37.0	8	497	450	−47	99.4	√	

序号	洪号	实测径流深 $R_{实}$（mm）	有效降雨历时 T_c（h）	净峰流量（m^3/s）		预报误差（m^3/s）	许可误差（m^3/s）	评定结果	
				实测 $Q_{m净实}$	预报 $Q_{m净预}$			合格	不合格
55	010728	69.3	8	447	1 000	553	89.4		√
56	020724	19.1	6	266	245	−21	53.2	√	
57	030805	40.3	6	394	660	266	78.8		√
58	030823	40.0	6	603	660	57	121	√	
59	040804	104.7	14	521	800	279	104		√
60	040822	16.8	2	500	580	80	100	√	
61	050805	34.6	8	412	410	−2	82.4	√	
62	050808	99.0	6	2 410	2 260	−150	482	√	
63	060727	117.9	10	1 470	1 210	−260	294	√	
64	070810	270.9	14	1 460	1 430	−30	292	√	
65	070919	39.5	8	528	490	−38	106	√	
66	080719	22.4	10	122	140	18	24.4	√	
67	080724	51.6	8	635	670	35	127	√	
68	090714	7.3	8	30.7	35.0	4.3	6.14	√	
69	100718	28.7	8	348	340	−8	69.6	√	
70	100814	13.5	6	85.8	75.0	−10.8	17.2	√	
71	100827	30.3	44	163	130	−33	32.6		√
72	100903	58.8	24	534	460	−74	107	√	
73	110623	6.9	4	124	130	6	24.8	√	
74	110626	34.4	54	128	100	−28	25.6		√
75	110703	23.7	10	142	160	18	28.4	√	
76	110725	61.7	10	777	870	93	155	√	
77	110808	48.0	14	282	280	−2	56.4	√	
78	110916	42.3	8	251	540	289	50.2		√
79	110929	11.3	8	95.0	90.0	−5	19.0	√	
80	120710	19.1	10	136	120	−16	27.2	√	
81	120723	22.4	4	434	470	36	86.8	√	
82	120815	28.3	10	216	210	−6	43.2	√	
83	120828	27.8	10	207	210	3	41.4	√	
84	130713	47.6	24	211	280	69	42.2		√
85	130723	14.2	6	145	130	−15	29.0	√	
86	140725	89.2	10	1 090	900	−190	218	√	
87	170804	25.2	10	54.0	190	136	10.8		√
88	180710	17.3	6	39.7	230	190.3	7.94		√
89	180815	11.9	6	48.6	50.0	1.4	9.72	√	
90	180820	17.4	6	63.2	60.0	−3.2	12.6	√	
91	190812	18.1	14	15.3	70.0	54.7	3.06		√
92	200720	36.5	15	443	430	−13	88.6	√	
93	200724	42.3	22	104	230	126	20.8		√

备注：1. 预报误差 = 预报值 − 实测值；2. 许可误差 = 实测值的 20%；3. 合格率 =75.3%，为乙级方案。

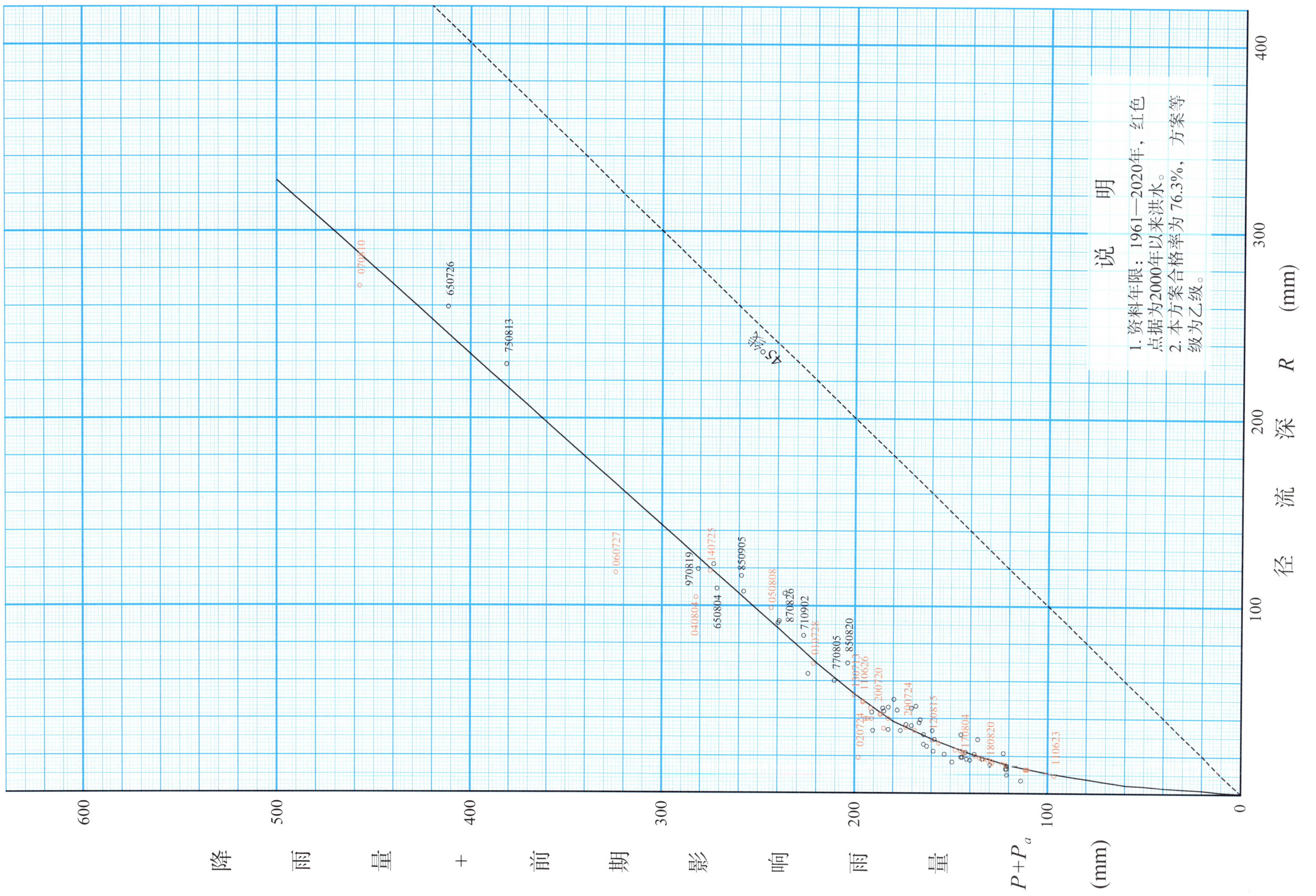

图 32-4 母猪河米山水库站 $P+P_a$–R 相关图

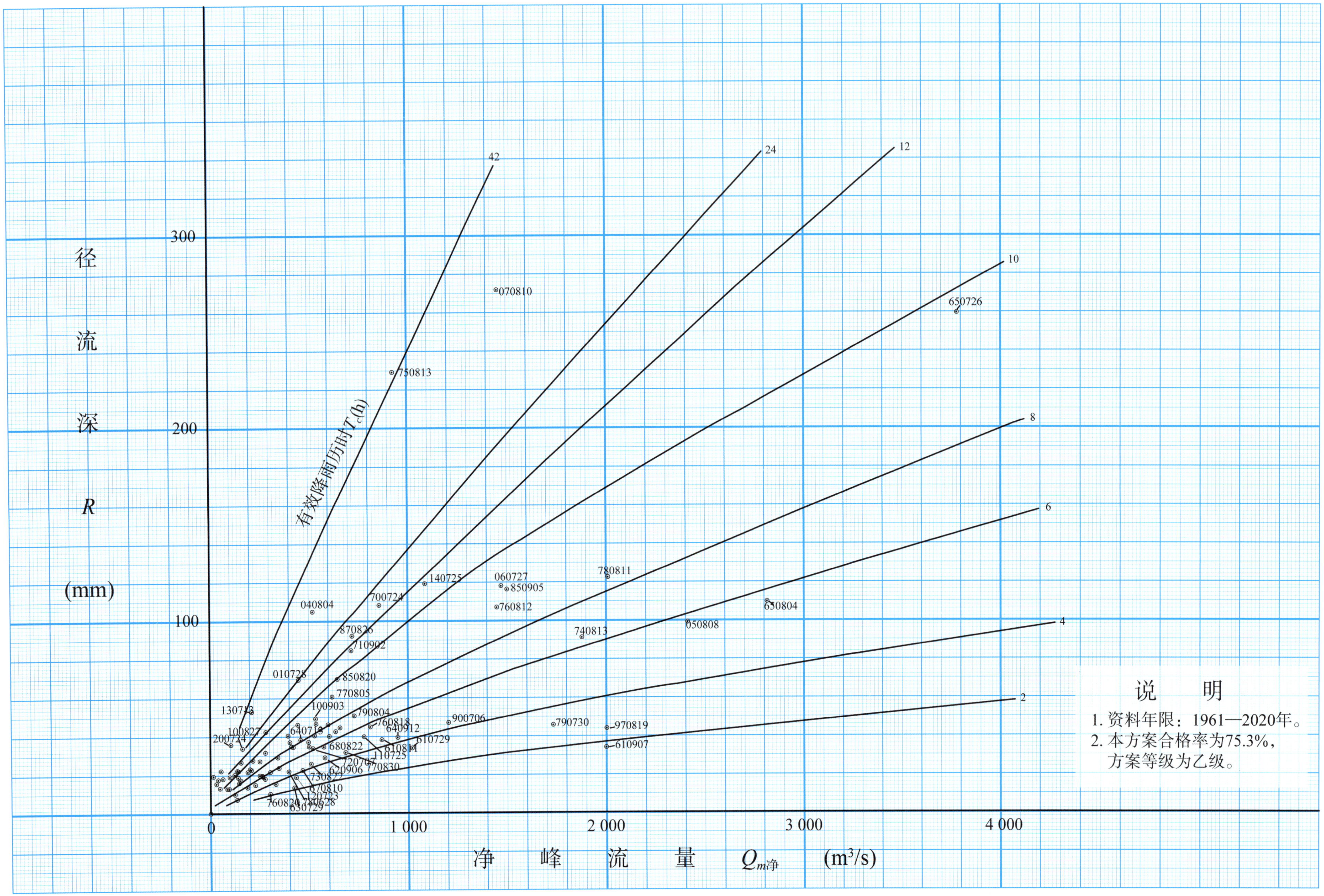

图 32-5　母猪河米山水库站 $R-T_c-Q_{m净}$ 关系图

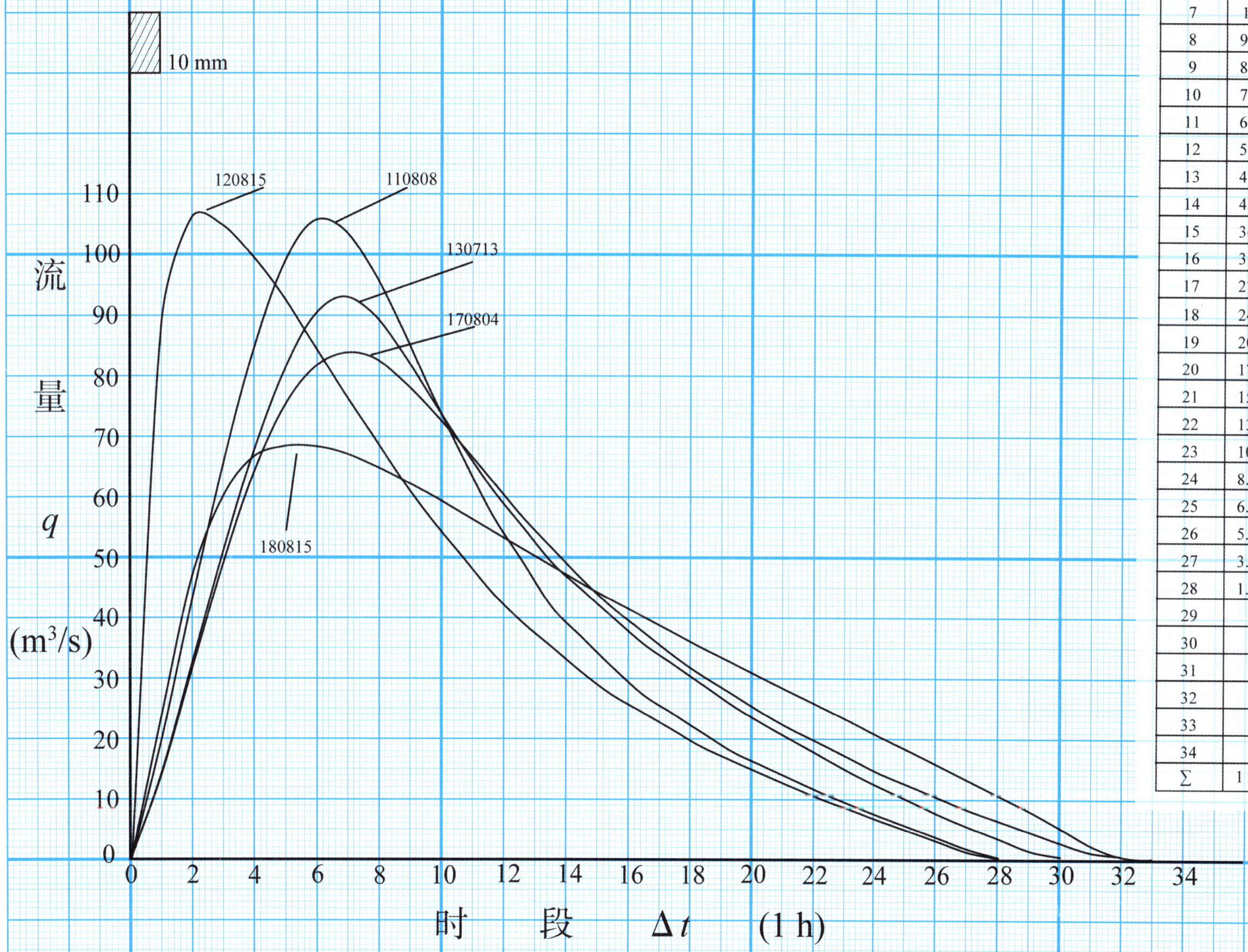

单位线成果表

F=440 km², Δt=1 h

时段t	流量q(m³/s)					备 注
	110808	120815	130713	170804	180815	
0	0	0	0	0	0	
1	19.9	89.9	14.2	13.9	24.0	
2	42.8	107	32.1	31.3	46.7	
3	64.5	106	49.9	48.1	59.7	
4	83.5	101	66.4	63.2	66.5	110808 号单位线据 2011 年8月8日洪水分析，为全流域降雨，暴雨中心位于中游，降雨总历时18 h， P=100.7 mm，R=48.0 mm，T_c=14 h， Q_m= 289 m³/s，q_m=280 m³/s
5	98.3	94.4	80.1	74.6	68.4	
6	106	86.5	89.7	81.4	68.5	
7	105	78.5	93.2	84.0	67.4	
8	98.2	71.0	90.5	83.4	65.3	
9	88.4	63.4	84.0	79.5	62.8	
10	77.3	56.6	76.0	74.3	60.1	120815 号单位线据 2012 年8月15日洪水分析，为全流域降雨，暴雨中心位于上游，降雨总历时12 h， P=59.4 mm ，R=28.3 mm，T_c= 10 h， Q_m= 217 m³/s，q_m=107 m³/s
11	67.0	50.5	68.2	68.5	57.1	
12	57.2	44.4	61.0	62.5	54.1	
13	49.4	39.5	54.8	56.5	51.1	
14	41.7	35.2	48.7	51.2	48.2	
15	36.7	31.0	44.2	46.0	45.2	
16	31.7	27.3	39.7	41.3	42.5	130713 号单位线据 2013 年7月13日洪水分析，为全流域降雨，暴雨中心位于上游，降雨总历时44 h， P=157.9 mm，R=47.6 mm，T_c= 24 h， Q_m= 211 m³/s，q_m=93.2 m³/s
17	27.2	24.4	35.4	37.4	39.8	
18	24.0	21.5	32.0	33.4	37.2	
19	20.8	18.6	28.5	30.0	34.5	
20	17.7	16.3	25.1	26.9	32.1	
21	15.4	14.1	22.2	23.9	29.6	
22	13.1	12.0	19.4	21.1	27.1	170804 号单位线据 2017 年8月4日洪水分析，为全流域降雨，暴雨中心位于中游，降雨总历时10 h， P=42.9 mm，R=25.2 mm，T_c= 10 h， Q_m= 59.0 m³/s，q_m=84.0 m³/s
23	10.9	9.90	16.6	18.6	24.7	
24	8.85	8.11	13.9	16.1	22.2	
25	6.98	6.32	11.6	13.8	19.8	
26	5.11	4.54	9.26	11.7	17.4	
27	3.25	2.75	6.94	9.61	14.9	
28	1.38	0.96	4.85	7.55	12.4	180815 号单位线据 2018 年8月15日洪水分析，为全流域降雨，暴雨中心位于中游，降雨总历时8 h， P=77.8 mm，R=11.9 mm，T_c= 6 h， Q_m=48.6 m³/s，q_m=68.5 m³/s
29	0	0	2.90	5.76	9.82	
30			0.94	3.97	7.30	
31			0	2.19	4.49	
32				0.60	1.67	
33				0	0.01	
34					0	
∑	1 222	1 222	1 222	1 222	1 222	

图 32–6　母猪河米山水库站单位线图

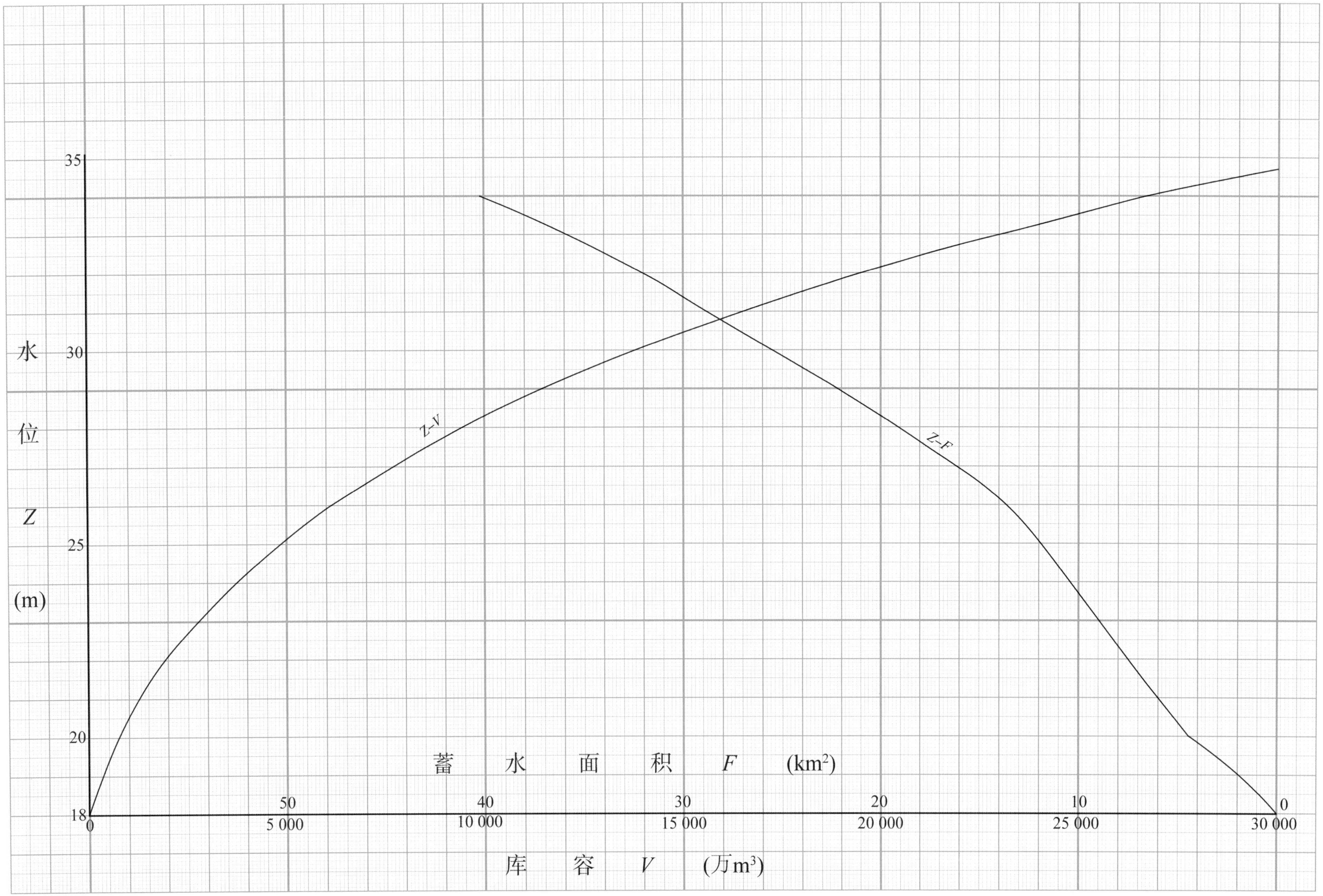

图 32–7 母猪河米山水库水位与库容、面积关系曲线图

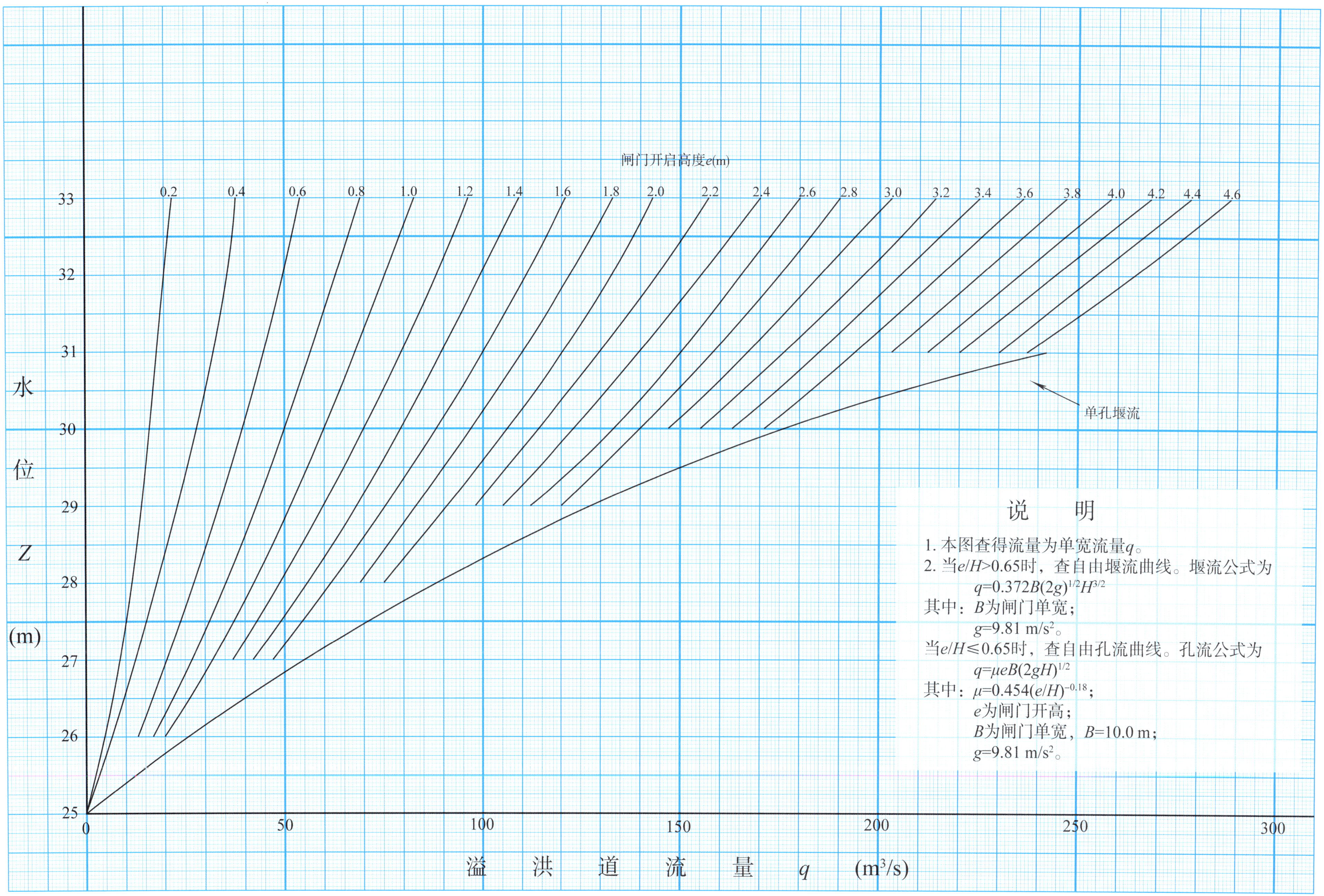

图 32-8　母猪河米山水库泄流曲线图

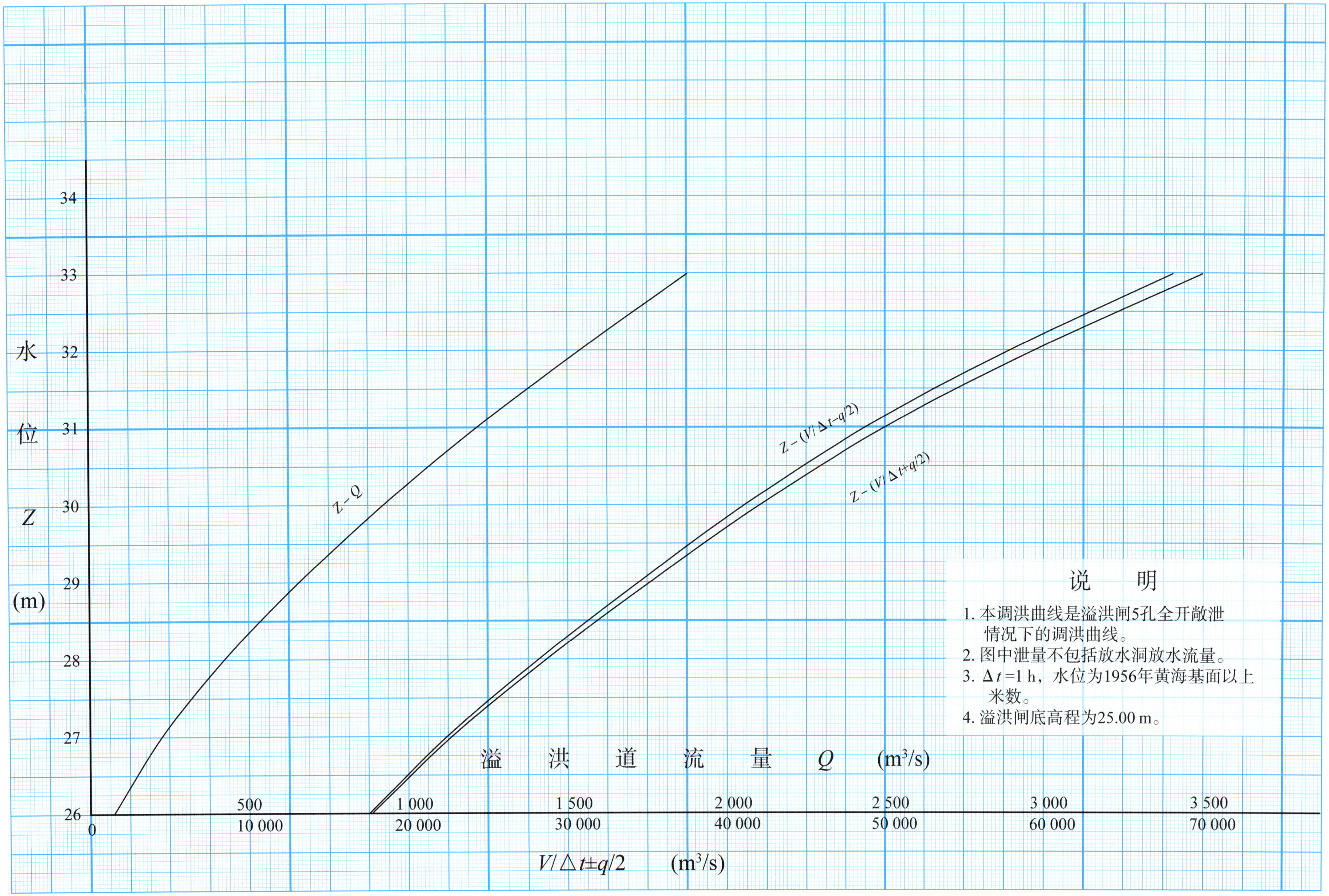

图 32–9　母猪河米山水库蓄率中线法调洪曲线图

第三十三章　乳山河龙角山水库站水文预报方案编制说明

1　流域概况

1.1　流域自然地理特征

龙角山水库位于乳山河流域中上游，乳山市育黎镇龙角山村北，流域面积为 276 km^2，主河道长 30.4 km，干流平均坡度为 4.66‰。大坝下游 0.5 km 处有桃威铁路，1.5 km 处有滩石公路桥，5.7 km 处有育黎镇驻地及育黎西桥拦河闸，8.5 km 处与午极河（乳山河的一条分支）汇流，22 km 处有青威公路桥与乳山寨镇驻地，两岸有耕地 2 万多亩、村庄四十多个。

流域内山峦起伏，为低山丘陵区，相对高差在 200 ~ 300 m，丘陵一般为 40 ~ 80 m。山脉走向多为北东向，河流弯曲处多呈约 90° 直转弯，水流冲刷面多为陡壁。流域内有两大支流汇入，西支流发源于马石山，山峰高 518 m，河长 43.5 km，流经崖子、育黎等乡镇；北支流发源于烟台市牟平区王格庄镇北山昔山山脉，分水岭高度在 480 m 左右，最高山峰海拔为 653 m，河长 24 km，流经王格庄、崖子、育黎等乡镇。地质组成主要为条带状混合岩化角闪斜长片麻岩、黑云母斜长片麻岩。河谷两岸一级阶地为亚砂土、粉砂土。库区植被较好，农作物主要有玉米、小麦、花生、地瓜、大豆等。

本流域属暖温带大陆性季风气候区，四季分明，气候温和，春季凉爽、风多雨少，夏季炎热、雨量集中，秋季少雨干旱，冬季寒冷、雨雪稀少。多年平均气温为 11.6 ℃，多年平均年降水量为 723.1 mm，多年平均年径流量为 0.720 2 亿 m^3，降水量多集中在 6—9 月份，约占全年降水量的 75.2%，详见表 33–1。流域全年盛行东北风，平均风速为 4.4 m/s，多年平均最大风速为 14 m/s。

表 33–1　龙角山水库站以上流域内雨水情特征值表

多年平均降水量（mm）				汛期占全年比重	设站至 2020 年流域时段最大降水量		
1–5 月	6–9 月	10–12 月	全年		1 h/ 年份 / 站点	6 h/ 年份 / 站点	24 h/ 年份 / 站点
112.9	543.8	66.4	723.1	75.2%	93.3 mm/1995 年 / 崖子站	193.6 mm/ 1972 年 / 王格庄站	313.4 mm/ 1997 年 / 龙角山站

龙角山水库始建于 1959 年 12 月，建成前坝址处无实测洪水流量资料。龙角山水库水文站设立于 1960 年 6 月，自 1964 年起有连续的实测水文观测资料。从历年实测最大洪峰流量资料中得出流域内最大洪峰流量为 1 940 m^3/s（1973 年）。此外，据 1982 年《山东省洪水调查资料》（山东省水利厅刊印）记载，1958 年由烟台水文分站在坝址下游 2 km 处泊子庄河段进行历史洪水资料调查，较可靠的有 1903 年调查的洪峰流量 1 940 m^3/s、1951 年调查的洪峰流量 1 240 m^3/s 和 1953 年调查的洪峰流量 1 170 m^3/s。

乳山河龙角山水库流域图详见图 33–3。

1.2　水利工程情况

1.2.1　龙角山水库概况

龙角山水库是一座以防洪为主、结合农业灌溉和城市供水等综合利用的大（2）型水库。水库枢纽工程包括大坝（主坝、副坝）、溢洪道（闸）、放水洞及工程管理设施等。

水库于 1959 年 12 月开工兴建，1960 年 6 月竣工。1970 年开始兴建东放水洞，1979 年开始修建溢洪闸，1981 年完成，溢洪闸共 7 孔，每孔净宽 10 m，总净宽 70.0 m，闸底高程为 35.30 m。2002 年 10 月进行水库除险加固工程，2010 年 11 月除险加固工程竣工验收，水库设计洪水标准为 100 年一遇，校核标准为 5 000 年一遇，总库容为 10 651 万 m^3（增容后工程数据），其中兴利库容 7 042 万 m^3，死库容 502 万 m^3。2018 年 1 月水库增容工程开工建设，2019 年 12 月竣工验收，水库设计洪水标准为 100 年一遇，校核标准为 5 000 年一遇，总库容为 10 890 万 m^3，其中兴利库容 6 440 万 m^3，死库容 602 万 m^3。

1.2.2　龙角山水库溢洪道情况

溢洪道位于主坝以东约 1 km 处，主要由进水渠、溢洪闸、泄槽、消能防冲段、尾水渠等组成。其中进水渠长 150 m，闸室段长 14.5 m，泄槽段长 75 m，尾水渠长 450 m。进水渠采用明渠，底宽 78.4 m，闸室净宽 78 m，设 7 孔 10.0 m × 6.5 m（宽 × 高）平板钢闸门，2 × 250 kN 电动卷扬启闭机 7 套，闸底板高程为 35.30 m，闸门顶高程为 41.80 m，溢洪道上建有 8.5 m 宽交通桥，桥面高程为 45.60 m，桥面净宽 7.0 m，两侧人行道宽均为 0.75 m。溢洪道消能型式为挑流消能，尾水渠 0+075~0+115 段底宽 78.4 m，0+115~0+195 段底宽 60.0 m，0+195 以下底宽 50.0 m，渠底宽度变化处采用渐变衔接，渠道两岸采用 0.3 m 厚干砌石护坡，坡比为 1∶1.5。

1.2.3　龙角山水库放水洞概况

西放水洞靠近主坝西端，洞长 108.6 m，为有压涵洞，闸前段为 2 m × 2 m 的方涵，闸后段为内衬直径 1.4 m 钢管，进口底高程为 27.78 m，设 2.0 m × 2.0 m（宽 × 高）平板钢闸门控制，启闭机为 1 × 250 kN 电动卷扬机，最大流量为 25 m^3/s。东放水洞位于左岸帽张家村西处，距主坝 1.8 km，为混凝土有压隧洞，全长 360.7 m，进口设计底高程为 31.78 m，断面设计尺寸为 1.8 m × 1.6 m（宽 × 高），最大流量为 15.19 m^3/s。

龙角山水库工程基本情况见表 33–2。

表 33-2 乳山河龙角山水库工程基本情况表

概况					
位置	山东省威海市乳山市	水准基面	1956 年黄海基面		
所在河流	乳山河	流域面积	276 km^2	流域区域	低山丘陵区
开工时间		1959 年 12 月	竣工时间	1960 年 6 月	
水库特性指标					
项目	水位（m）	项目	库容（万 m^3）		
死水位	29.35	死 库 容	602		
兴利水位	41.00	兴利库容	6 440		
设计洪水位	40.62	调洪库容	9 590		
校核洪水位	42.96	总库容	10 890		
大坝特性指标					
项目	主坝				
坝型	黏土心墙砂壳坝				
坝顶高程（m）	35.60				
坝长（m）	950				
坝顶宽（m）	8.5				
正常溢洪道特性指标					
型式	正槽开敞式宽顶堰	闸门尺寸	10.0 m × 6.5 m		
堰顶高程	35.30 m	最大泄量	1 760 m^3/s		
堰顶净宽	7 × 10 m	消能型式	挑流消能		
闸门型式	平板钢闸门	启闭设备	2 × 250 kN 电动卷扬启闭机		
放水洞特性指标					
西放水洞	型　式	有压涵洞	东放水洞	型　式	混凝土隧洞
	进口底高程	27.78 m		进口底高程	31.78 m
	最大泄量	25 m^3/s		最大泄量	15.19 m^3/s

备注：资料抄自《龙角山水库 2022 年汛期调度运用计划》，基面高程为 1956 年黄海高程。

1.2.4 上游水利工程情况

流域内自 1959 年以来先后建成小（1）型水库 6 座、小（2）型水库 13 座，总控制流域面积 57.74 km^2，总库容为 1 362 万 m^3，总兴利库容为 730 万 m^3，分别占龙角山水库的 20.9%、12.5%、11.3%。较大的小（1）型水库为乳山市午极镇正甲夼水库，流域面积为 12.5 km^2，兴利库容为 210 万 m^3，其次为乳山市崖子镇马石山水库，流域面积为 16.0 km^2，兴利库容为 100 万 m^3，6 座小（1）型水库总控制流域面积为 43.1 km^2，总库容为 1 159 万 m^3，总兴利库容为 621.2 万 m^3，分别占龙角山水库的 15.6%、10.6%、9.6%。详见表 33-3。

表 33-3 乳山河龙角山水库站上游主要水利工程统计表

工程类别	水库名称	所在乡镇	流域面积（km^2）	总库容（万 m^3）	兴利库容（万 m^3）
小（1）型	正甲夼	午极	12.5	372	210
	马石山	崖子	16.0	317.5	100
	黄夼沟	崖子	4.00	120.3	81.2
	磨山	崖子	4.00	116.9	75.5
	董家	王格庄	4.20	132.3	82.5
	辉寨	王格庄	2.40	100	72.0
小（2）型	下石硼	诸往	1.10	11.5	3.60
	蓬家夼	崖子	0.50	10.2	2.10
	山西	崖子	1.19	16.0	9.90
	哨里	崖子	2.47	16.2	10.46
	张格庄	崖子	1.80	15.0	10.4
	大崮头	崖子	1.21	19.31	9.90
	康家夼	崖子	0.45	12.75	6.00
	姑子沟	崖子	0.55	12.75	6.00
	彭家	王格庄	0.61	13.05	8.20
	韩家庄	王格庄	1.92	13.11	6.46
	柳家	王格庄	0.85	12.55	3.50
	西蒋家	王格庄	0.44	17.0	12.2
	念头东	王格庄	0.61	15.3	9.30
	上费	王格庄	0.94	18.37	10.45
合计			57.74	1 362.09	729.67

1.3 测站概况

龙角山水库水文站于 1960 年 6 月建站，一直观测至今。流域内设立 5 处报汛雨量站，分别为龙角山水库、崖子、马石店、大河东、王格庄，雨量代表性较好。

龙角山水库站冻结基面与 1956 年黄海基面换算关系为：冻结基面高程 +21.725 m=1956 年黄海基面高程。

2 预报方案编制

2.1 资料情况及方案沿革

2.1.1 资料情况

龙角山水库预报方案于1990年分析编制完成，2000年、2008年又分别进行了预报方案的修订。本次修订除选用了之前分析的1961—2008年共60场次暴雨洪水外，另外补充了2009—2020年11场次暴雨洪水进行分析，即资料系列为1961—2020年，共71场次洪水，实测资料系列较长，基本代表了本流域降雨径流规律。乳山河龙角山水库站降雨径流分析成果见表33-5。

2.1.2 方案沿革

原方案中产流方案采用降雨径流相关图 $P+P_a-R$，汇流方案采用峰量关系图、经验单位线。

本次修订，在原产流方案降雨径流相关图 $P+P_a-R$ 中增加了11个点据，关系线保持不变；在原汇流方案峰量关系图中增加了10个点据，关系线保持不变；由于原单位线在实际作业预报中基本没有得到应用，故本次修订舍弃了原单位线，利用2009—2020年的资料新建了时段为1 h的4条单位线。

2.2 产流方案

本方案采用降雨径流经验相关图 $P+P_a-R$，根据分析计算的71个点据点绘定线，见图33-4。其中：P 为次降雨流域平均雨量（mm）；P_a 为流域平均前期影响雨量（mm）；R 为次降雨所产生的径流深（mm）。

2.2.1 主要参数计算

2.2.1.1 流域平均雨量P的计算

龙角山水库站以上流域平均降水量在2008年以前由4处报汛雨量站加权计算，各报汛站权重如表33-4所示。

表33-4 2008年以前龙角山水库站以上流域内报汛站权重表

站名	龙角山水库	崖子	马石店	王格庄
权重	0.174	0.346	0.221	0.259

2008年之后流域平均雨量改为龙角山水库、崖子、马石店、大河东、王格庄5处报汛雨量站算术平均计算。

2.2.1.2 流域平均前期影响雨量P_a的计算

每年自汛初开始连续计算，先以算术平均法计算流域平均雨量，然后计算前期影响雨量 P_a，其计算公式为

$$P_{a,t+1}=K(P_{a,t}+P_t)$$

式中：$P_{a,t+1}$ 为第 t+1 日的前期影响雨量（mm）；$P_{a,t}$ 为第 t 日的前期影响雨量（mm）；P_t 为第 t 日的流域平均雨量（mm）；K 为折减系数。

2.2.1.3 最大初损值I_m和K值的确定

流域最大初损值 I_m=100 mm。当 $P<5$ mm时，K=0.9；当5 mm $\leqslant P<15$ mm时，K=0.95；当 $P\geqslant 15$ mm时，K=1.0。

2.2.1.4 集水面积F的确定

龙角山水库流域内有小（1）型、小（2）型水库工程共计20座，控制流域面积57.74 km^2，应根据各水利工程的建成时间以及运行情况，在计算洪水净雨时具体确定集水面积 F 的大小。

2.2.1.5 径流深R的推求

在入库洪水过程线上采用斜线分割法切除基流，本次洪水径流深 R 等于洪水总量 W（扣除基流量）除以集水面积 F。

2.2.1.6 暴雨中心位置的确定

根据流域特性和代表站分布情况，马石店、王格庄站为上游区；崖子、大河东站为中游区；龙角山水库站为下游区。

2.2.2 精度评定

按许可误差=20%实测值的标准（并当许可误差大于20.0 mm时以20.0 mm为上限，小于3.0 mm时以3.0 mm为下限）进行逐次洪水评定。$P+P_a-R$ 相关图共选用71个点据，54个合格，合格率为76.1%，属于乙级方案，详见表33-6。

2.2.3 突出点分析

本方案共有17场次洪水超过允许误差范围，其中660731、060727、200722场次洪水降雨量集中，降雨强度大，径流系数偏大，造成径流深偏大；而920901、020805、040805、190811场次洪水降雨中心偏下游，降雨分布不均匀，上游降雨过程不连续，造成径流深偏小。

2.3 汇流方案

本方案主要采用峰量关系图、经验单位线等方法。

2.3.1 峰量关系曲线$R-T_c-Q_{m净}$

以有效降雨历时 T_c 作为参数，建立峰量关系曲线 $R-T_c-Q_{m净}$。其中，R 为一次降雨径流深；T_c 为有效降雨历时，采用 $P+P_a=I_m$（100.0 mm）起至降雨结束的总历时；$Q_{m净}$为一次降雨过程所产生的区间净峰流量。求出的该次降雨入库净峰流量 $Q_{m净}$加上基流，即为入库洪峰流量。

根据1961—2020年71个洪水点据分析，通过点群中心并照顾同一 R 值的 $Q_{m净}$逐渐减少的趋势定线，$R-T_c-Q_{m净}$关系图见图33-5。

精度评定：按许可误差=20%实测值的标准进行逐次洪水评定。本方案共选用1961—2020年71个点据，55个合格，合格率为77.5%，属于乙级方案，详见表33-7。

2.3.2 经验单位线

根据 130713、140725、170805 和 180820 场次洪水资料分析出 4 条单位线。所有单位线 Δt 均取 1 h。龙角山水库站单位线图见图 33–6。

2.4 水位与库容、面积关系曲线

龙角山水库水位与库容、面积关系曲线依据《山东省水利厅关于公布龙角山水库新库容曲线的通知》（鲁水运管函字〔2019〕3 号）点绘，详见图 33–7。

2.5 泄量关系曲线

龙角山水库泄流分为堰流与闸孔出流。当 $e/H > 0.65$ 时，为自由堰流，当 $e/H \leqslant 0.65$ 时，为自由孔流。

溢洪闸泄量计算公式采用山东省水文中心测验科 1992 年的整编公式。

自由孔流计算公式：

$$q = \mu e B\sqrt{2gH}$$

$$\mu = 0.454\ (e/H)^{-0.18}$$

自由堰流计算公式：

$$q = 0.372B\sqrt{2g}\ H^{3/2}$$

龙角山水库以闸门开启高度为参数的泄流曲线见图 33–8，图中流量为单宽流量。

2.6 蓄率中线法调洪曲线

根据水量平衡原理，计算并绘制了蓄率中线法调洪曲线，详见图 33–9。本方案是溢洪闸 7 孔敞泄情况下的泄量曲线，当水库水位在 35.30 m 以上时使用调洪演算。图中泄量不包括放水洞放水流量。

3 方案使用说明

预报径流量、入库洪峰流量及洪水过程线时，可按图 33–1 进行。

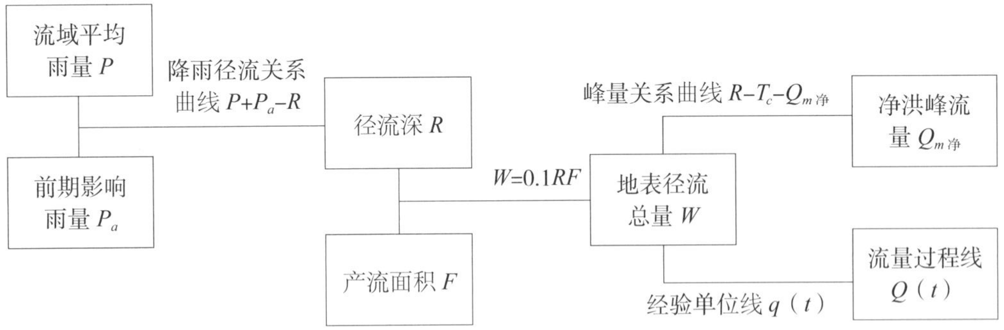

图 33–1 预报流程图

3.1 径流深预报

计算出流域平均降雨量和流域平均前期影响雨量，根据降雨径流关系图 $P+P_a–R$ 的查算结果进行综合分析，确定地表径流深 R 的预报值。产流预报大致流程可分为：①计算前期影响雨量 P_a；②计算流域平均雨量 P；③根据 $P+P_a–R$ 关系图得到径流深 R；④根据产流面积 F 得到地表径流总量 W。

具体如下：①前期影响雨量 P_a：根据计算公式逐日计算 P_a；②流域平均雨量 P：根据流域内雨情逐时段（Δt=1 h）计算时段平均雨量，当累计达到或超过 50 mm 时，即可进行洪水作业预报；③径流深 R：根据计算得到的 P_a、P，查降雨径流相关图（$P+P_a–R$）得到径流深 R；④产流面积 F：取 276 km^2；⑤地表径流总量 W：根据确定的产流面积 F 和预报的径流深 R，由公式 $W=0.1RF$ 计算得到。

3.2 最大入库洪峰流量预报

3.2.1 查 $R–T_c–Q_{m净}$ 图

根据 R，T_c 查询 $R–T_c–Q_{m净}$ 关系曲线得到 $Q_{m净}$，当 T_c 介于两条关系曲线之间时，首先查出两条曲线中对应 $Q_{m净}$ 的数值，然后进行插补；当 T_c 大于 20 h 或者小于 2 h 时，根据最近两条关系线插补外延。$Q_{m净}$ 加上基流即为入库洪峰流量。

3.2.2 经验单位线法

由次雨径流深 R、时段降雨量采用扣损法得到各时段净雨，根据暴雨中心位置选择相应单位线，各时段净雨错时段与 0.1 倍的单位线各时段流量相乘，然后同时段流量相加，再加上基流量即为入库流量过程，最大入库流量及其出现时间即可得到。其中，各时段净雨部分径流量计算公式为

$$Q_i'(t)=\frac{h_i(t)}{10}q(t)$$

式中：$Q_i'(t)$ 为第 i 次时段净雨形成的部分径流量；$h_i(t)$ 为第 i 次时段净雨量；$q(t)$ 为单位线对应的时段单位流量。

3.3 下泄流量推求

当溢洪闸泄洪时，由库内水位查溢洪闸泄流曲线，即可得到该溢洪泄量。当闸门开高 $e/H \leqslant 0.65$ 时，查自由孔流曲线；当 $e/H > 0.65$ 时，查自由堰流曲线。

3.4 蓄率中线法调洪曲线

蓄率中线法调洪曲线图包括 $Z–Q$、$Z–\left(\frac{V}{\Delta t}-\frac{q}{2}\right)$、$Z–\left(\frac{V}{\Delta t}+\frac{q}{2}\right)$ 曲线。

根据水量平衡原理计算时段内水库蓄水量变化，其计算公式为

$$\frac{Q_1+Q_2}{2}\Delta t-\frac{q_1+q_2}{2}\Delta t=V_2-V_1$$

式中：Q_1、q_1 分别为时段初入库、出库流量；Q_2、q_2 分别为时段末入库、出库流量；V_1、V_2 分别为时段初、时段末水库蓄水量；Δt 为固定时段（本方案中为 1 h）。

为方便计算，改变上式后得到：

$$\frac{V_1}{\Delta t}-\frac{q_1}{2}+\overline{Q}=\frac{V_2}{\Delta t}+\frac{q_2}{2}$$

式中：$\overline{Q}=\frac{Q_1+Q_2}{2}$，即时段平均入库流量。

因此，根据蓄率中线法计算调洪曲线过程为：①由初始水位 Z_1，根据 $Z-\left(\frac{V}{\Delta t}-\frac{q}{2}\right)$ 关系曲线得到 $\left(\frac{V_1}{\Delta t}-\frac{q_1}{2}\right)$ 值；②根据入库流量过程预报计算时段平均入库流量 $\overline{Q}$；③根据 $\overline{Q}$ 及 $\left(\frac{V_1}{\Delta t}-\frac{q_1}{2}\right)$ 计算得到 $\left(\frac{V_1}{\Delta t}+\frac{q_1}{2}\right)$；④根据 $Z-\left(\frac{V}{\Delta t}+\frac{q}{2}\right)$ 关系曲线得到 Z_2；⑤根据得到的 Z_2 重复以上步骤，得到水库水位过程，并可预报出 Z_m 和 V_m 值。计算流程图如图 33–2 所示。

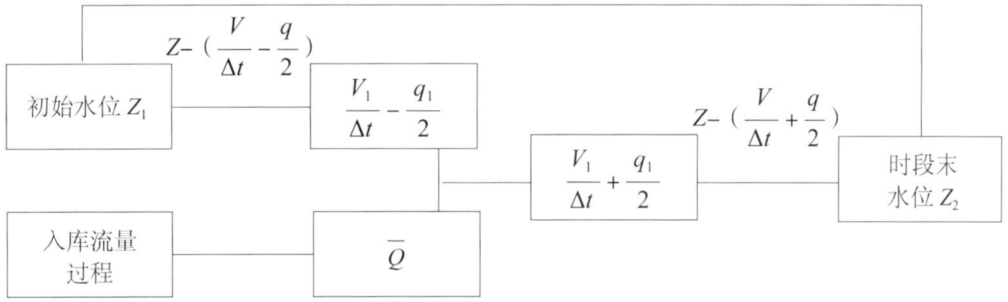

图 33–2　蓄率中线法计算流程图

3.5　方案合理性检查及评定

在方案建立过程中，随时根据规范要求及有关文件规定进行合理性检查，特别对突出点据从原始资料反复查对，对中间处理过程也进行了认真审查，发现不合理的问题后基本上都做了检查改正。方案建立后，先从线形进行比较，防止出现矛盾现象，然后对每个方案尽量根据规范规定采用表格形式进行了精度评定（用许可误差法）。其中，$P+P_a-R$ 相关图合格率为 76.1%，属乙级方案；$R-T_c-Q_{m净}$ 相关图合格率为 77.5%，属乙级方案。

综合评定，各预报项目合格率算术平均值为 76.8%，故本预报方案属于乙级方案。

3.6　方案适应能力

本方案适用于防洪标准以下的洪水作业预报。如遇超标准洪水，则需根据当时具体情况酌情修正。

3.7　注意事项

（1）方案的制作未考虑上游塘坝的影响，作业预报时也要根据前期降雨情况进行适当修正。

（2）应随时掌握上游工程蓄水及泄洪情况，要根据实际情况对预报值进行及时修正。

（3）局部暴雨时要注意超渗产流，可适当将查算的 R 值加大；久旱初雨时产流偏小，应适当修正所查 R 值。

（4）第三场、第四场洪水上游小（1）型水库蓄满时，流域面积仍按照扣除小（1）型水库流域面积进行分析，径流深偏大，应适当修正所查 R 值。

总之，由于影响因素太多，本方案不能全部反映实际情况，因而不能照搬，应具体问题具体分析，并采用多种方法，考虑各种因素进行综合分析，确定采用的预报值。

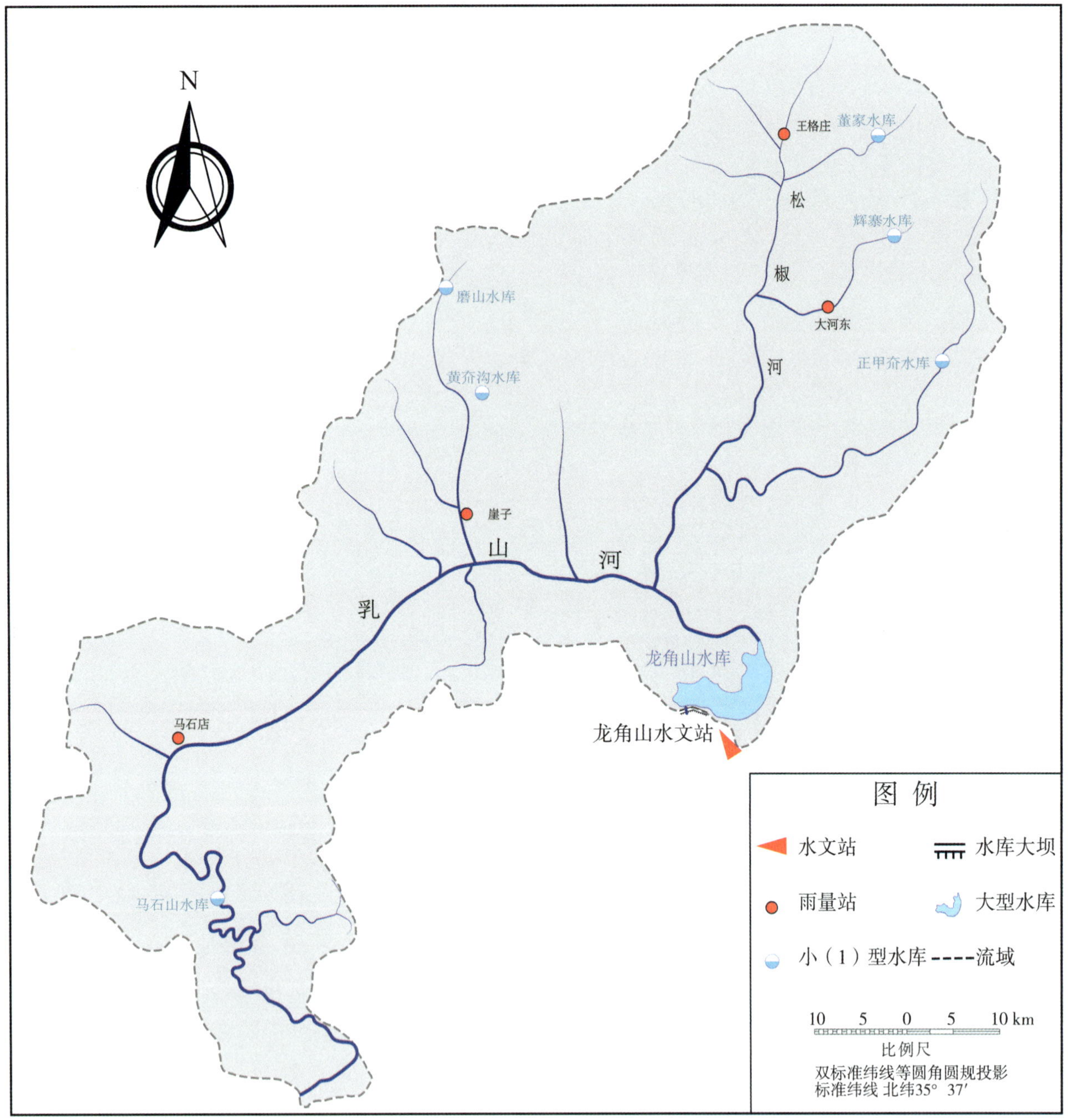

图 33-3　乳山河龙角山水库流域示意图

表 33-5　乳山河龙角山水库站降雨径流分析成果表

序号	洪号	降雨起止时间		流域平均雨量 P（mm）	前期影响雨量 P_a（mm）	降雨历时（h）		暴雨中心位置	洪水发生时间			洪水总历时 $T_{洪}$（h）	洪峰流量 Q_m（m^3/s）	净峰流量 $Q_{m净}$（m^3/s）	洪水总量 W（万 m^3）	地表径流总量（万 m^3）	集水面积 F（km^2）	径流深 R（mm）	最高水位（m）	最大库容（万 m^3）	最大出库流量（m^3/s）	径流系数 α
		起	止			全部 T	有效 T_c		起涨	峰顶	落平											
1	610723	7月23日0:00	7月23日16:00	17.7	60.4	16	2	上、下游	7月23日10:00	7月23日16:00	7月24日0:00	14	27.1	23.7	94.5	52.4	276	1.9	28.84	614	2.05	0.11
2	610724	7月24日2:00	7月24日12:00	26.3	75.8	10	4	中游	7月24日4:00	7月24日12:00	7月25日2:00	22	82.3	79.8	325	232	276	8.4	30.00	847	4.45	0.32
3	610811	8月11日4:00	8月11日20:00	50.3	69.2	16	4	普雨	8月11日9:00	8月11日22:00	8月13日1:00	40	198	193	702	582	276	21.1	31.02	1 100	15	0.42
4	610907	9月7日10:00	9月7日22:00	74.0	88.3	12	4	下游	9月7日17:00	9月7日21:00	9月9日17:00	48	602	591	1 541	1 324	276	48.0	34.13	2 210	25.8	0.65
5	620813	8月13日6:00	8月14日10:00	91.9	82.6	28	6	中游	8月13日17:00	8月13日21:00	8月15日11:00	42	355	347	1 688	1 519	276	55.0	35.45	2 840	25.7	0.60
6	620819	8月19日8:00	8月20日6:00	55.1	90.8	22	4	中游	8月19日12:00	8月19日20:00	8月21日8:00	44	526	510	1 231	1 061	276	38.4	36.88	3 640	27.6	0.70
7	630703	7月3日6:00	7月3日22:00	95.1	15.4	16	2	普雨	7月3日15:00	7月3日21:00	7月4日23:00	32	137	133	455	348	276	12.6	30.07	868	7.6	0.13
8	630712	7月11日20:00	7月12日12:00	49.8	93.5	16	4	普雨	7月12日4:00	7月12日10:00	7月13日18:00	38	188	179	887	600	276	21.7	32.30	1 492	18.9	0.44
9	630724	7月24日16:00	7月25日0:00	68.3	100.0	8	4	普雨	7月24日18:00	7月25日0:00	7月26日6:00	36	814	786	1 791	1 187	276	43.0	37.11	3 813	38.7	0.63
10	640704	7月4日20:00	7月5日8:00	68.7	94.9	12	6	中游	7月4日22:00	7月5日7:00	7月8日1:00	75	549	538	1 591	1 294	276	46.9	35.88	3 070	29.7	0.68
11	640706	7月5日20:00	7月6日8:00	59.2	94.9	12	6	普雨	7月6日0:00	7月6日3:00	7月7日14:00	38	470	428	1 440	1 349	276	48.9	35.88	3 070	29.7	0.83
12	640818	8月18日6:00	8月19日0:00	116.9	94.9	18	10	普雨	8月18日7:00	8月18日10:00	8月21日18:00	83	667	660	2 833	2 515	276	91.1	38.16	4 456	141	0.78
13	640902	9月2日0:00	9月3日10:00	39.7	95.9	34	4	普雨	9月2日4:00	9月2日7:00	9月4日6:00	50	238	215	767	623	276	22.6	36.87	3 620	29.2	0.57
14	640908	9月7日22:00	9月8日8:00	67.8	93.0	10	4	中下游	9月8日0:00	9月8日3:00	9月10日0:00	48	840	836	1 644	1 460	276	52.9	37.40	3 963	57.5	0.78
15	640912	9月12日6:00	9月12日18:00	60.3	88.1	12	4	下游	9月12日8:00	9月12日13:00	9月15日12:00	76	395	382	1 435	1 071	276	38.8	37.37	3 944	60.5	0.64
16	650727	7月26日20:00	7月28日14:00	222.6	67.9	42	26	普雨	7月27日4:00	7月28日5:00	7月30日13:00	81	1 230	1 220	4 806	4 558	276	165.1	38.06	4 386	102	0.74
17	650804	8月4日6:00	8月5日6:00	122.5	90.8	24	14	下游	8月4日16:00	8月5日4:00	8月7日16:00	72	790	785	2 637	2 443	276	88.5	38.36	4 596	156	0.72
18	650818	8月18日8:00	8月19日8:00	62.1	99.7	24	10	普雨	8月18日18:00	8月19日1:00	8月20日14:00	44	262	257	1 238	1 084	276	39.3	37.30	3 898	44.9	0.63
19	660731	7月31日12:00	8月1日16:00	27.6	85.0	28	2	中上游	7月31日16:00	7月31日18:00	8月2日20:00	52	377	373	497	394	276	14.3	31.78	1 330	6.93	0.52
20	660810	8月10日6:00	8月11日4:00	38.3	86.8	22	2	中下游	8月10日6:00	8月10日9:00	8月11日11:00	29	173	163	531	427	276	15.5	33.17	1 816	0.92	0.40
21	690808	8月7日22:00	8月8日14:00	86.5	83.5	16	6	上游	8月8日2:00	8月8日12:00	8月10日8:00	54	394	388	1 436	1 255	276	45.5	36.14	3 208	11.3	0.53
22	700724	7月24日4:00	7月25日6:00	76.2	97.6	26	6	上游	7月24日8:00	7月24日13:00	7月26日22:00	62	570	562	1 615	1 448	276	52.5	38.32	4 568	148	0.69
23	710903	9月3日0:00	9月3日18:00	107.8	95.0	18	14	普雨	9月3日2:00	9月3日17:00	9月6日0:00	70	580	570	2 401	2 136	276	77.4	37.75	4 180	77.7	0.72
24	720817	8月17日18:00	8月18日18:00	187.0	94.3	24	12	上游	8月17日22:00	8月18日7:00	8月21日2:00	76	1 326	1 326	3 180	2 980	216	138.0	38.12	4 428	111	0.74
25	730822	8月22日0:00	8月22日6:00	67.0	100.0	6	4	普雨	8月22日0:00	8月22日5:00	8月23日17:00	41	489	475	1 209	971	276	35.2	36.29	3 291	0.14	0.53
26	730831	8月31日0:00	8月31日16:00	179.0	66.3	16	8	中游	8月31日4:00	8月31日13:00	9月2日5:00	49	1 944	1 938	3 485	3 304	276	119.7	39.36	5 369	371	0.67

序号	洪号	降雨起止时间		流域平均雨量 P（mm）	前期影响雨量 P_a（mm）	降雨历时（h）		暴雨中心位置	洪水发生时间			洪水总历时 $T_{洪}$（h）	洪峰流量 Q_m（m^3/s）	净峰流量 $Q_{m净}$（m^3/s）	洪水总量 W（万 m^3）	地表径流总量（万 m^3）	集水面积 F（km^2）	径流深 R（mm）	最高水位（m）	最大库容（万 m^3）	最大出库流量（m^3/s）	径流系数 α
		起	止			全部 T	有效 T_c		起涨	峰顶	落平											
27	740811	8月11日4:00	8月11日12:00	71.9	81.5	8	2	下游	8月11日6:00	8月11日9:00	8月12日21:00	39	370	366	963	780	276	28.3	33.47	1 936	12.6	0.39
28	740813	8月13日4:00	8月14日10:00	115.7	100.0	30	6	普雨	8月13日10:00	8月14日7:00	8月15日23:00	61	1 360	1 348	2 916	2 427	276	87.9	37.45	3 996	84.1	0.76
29	750718	7月17日20:00	7月18日14:00	53.8	52.3	18	2	中上游	7月18日8:00	7月18日14:00	7月21日12:00	76	136	136	333	290	235	12.3	30.13	878	0.71	0.23
30	750805	8月5日2:00	8月5日12:00	86.5	81.2	10	6	普雨	8月5日6:00	8月5日10:00	8月7日12:00	54	359	359	1 140	1 033	216	47.8	33.39	1 900	8.99	0.55
31	750814	8月13日22:00	8月14日18:00	132.1	75.6	20	8	中游	8月14日2:00	8月14日14:00	8月17日0:00	70	905	905	2 024	1 722	236	73.0	39.67	5 632	506	0.55
32	760813	8月12日20:00	8月13日18:00	84.8	97.3	22	6	中上游	8月13日1:00	8月13日5:00	8月15日15:00	62	547	517	1 729	1 442	276	52.2	36.71	3 536	14.6	0.62
33	760818	8月18日8:00	8月19日8:00	59.1	100.0	24	4	中游	8月18日19:00	8月19日1:00	8月20日14:00	43	595	580	1 280	1 195	276	43.3	37.58	4 075	102	0.73
34	770830	8月30日16:00	8月31日4:00	86.6	60.4	12	2	普雨	8月30日22:00	8月31日3:00	9月1日16:00	42	559	544	1 019	793	276	28.7	34.29	2 284	17.8	0.33
35	780628	6月28日2:00	6月28日14:00	73.6	46.2	12	2	普雨	6月28日7:00	6月28日11:00	6月29日14:00	31	154	151	393	309	276	11.2	30.22	899	2.54	0.15
36	780812	8月11日22:00	8月13日6:00	80.4	100.0	32	4	中游	8月12日0:00	8月12日12:00	8月14日0:00	48	631	615	1 470	1 195	276	43.3	37.33	3 918	82.7	0.54
37	790624	6月24日0:00	6月24日12:00	83.0	47.7	12	2	普雨	6月24日6:00	6月24日11:00	6月25日14:00	32	388	364	785	491	276	17.8	35.65	2 945	6.66	0.21
38	790802	8月2日2:00	8月2日16:00	140.7	100.0	14	6	中游	8月2日5:00	8月2日10:00	8月3日22:00	41	1 402	1 322	2 916	2 650	276	96.0	38.69	4 842	282	0.68
39	810726	7月26日8:00	7月27日20:00	145.9	59.5	36	8	中下游	7月26日11:00	7月27日21:00	7月28日20:00	57	423	423	1 408	1 216	192	63.3	32.92	1 481	3.22	0.43
40	850819	8月19日0:00	8月19日14:00	129.5	86.7	14	8	普雨	8月19日5:00	8月19日13:00	8月21日12:00	55	832	797	2 176	1 838	276	66.6	37.75	3 758	250	0.51
41	850905	9月5日0:00	9月6日6:00	170.5	51.6	30	10	中游	9月5日6:00	9月5日12:00	9月7日11:00	53	1 180	1 160	3 210	2 800	276	101.4	38.56	4 366	470	0.60
42	850909	9月9日12:00	9月9日22:00	67.0	85.7	10	4	下游	9月9日13:00	9月9日19:00	9月11日17:00	52	508	468	1 334	1 066	276	38.6	37.16	3 367	189	0.58
43	860718	7月18日2:00	7月18日14:00	62.4	44.1	12	4	普雨	7月18日6:00	7月18日8:00	7月19日20:00	38	188	188	233	177	192	9.2	29.43	546	0	0.15
44	870904	9月4日0:00	9月5日8:00	119.7	73.5	32	16	上游	9月4日2:00	9月5日1:00	9月6日17:00	63	473	465	2 004	1 789	276	64.8	37.04	3 291	169	0.54
45	880719	7月19日0:00	7月19日18:00	106.4	93.4	18	8	普雨	7月19日6:00	7月19日10:00	7月21日8:00	50	694	694	1 297	1 075	192	56.0	34.32	1 963	9.47	0.53
46	920901	8月31日18:00	9月1日16:00	153.0	53.9	22	12	普雨	9月1日2:00	9月1日12:00	9月3日6:00	52	212	208	1 110	990	192	51.6	32.59	1 370	0	0.34
47	940629	6月29日10:00	6月29日20:00	130.0	58.5	10	6	下游	6月29日12:00	6月29日18:00	6月30日20:00	32	740	725	1 380	1 207	192	62.9	38.51	4 317	179	0.48
48	950822	8月22日10:00	8月23日2:00	135.8	85.7	16	10	上游	8月22日20:00	8月23日2:00	8月24日8:00	36	1 285	1 245	3 080	2 560	276	92.8	39.58	5 244	100	0.68
49	970819	8月19日2:00	8月20日20:00	363.8	32.2	42	36	普雨	8月19日11:00	8月20日17:00	8月21日17:00	54	715	695	5 402	5 013	217	231.0	39.98	5 606	447	0.63
50	980822	8月22日12:00	8月23日6:00	76.0	76.8	18	6	普雨	8月22日18:00	8月22日21:00	8月24日10:00	40	245	240	1 076	1 004	276	36.4	37.49	3 592	23.5	0.48
51	010728	7月27日22:00	7月28日10:00	64.7	100.0	12	6	普雨	7月28日3:00	7月28日11:00	7月29日15:00	36	265	239	1 234	897	217	41.3	37.34	3 492	13.3	0.64
52	010801	8月1日2:00	8月1日20:00	61.4	100.0	18	4	普雨	8月1日2:00	8月1日21:00	8月2日17:00	39	407	386	1 228	936	276	33.9	37.40	3 520	97.4	0.55

续表

序号	洪号	降雨起止时间		流域平均雨量 P（mm）	前期影响雨量 P_a（mm）	降雨历时（h）		暴雨中心位置	洪水发生时间			洪水总历时 $T_{洪}$（h）	洪峰流量 Q_m（m^3/s）	净峰流量 $Q_{m净}$（m^3/s）	洪水总量 W（万 m^3）	地表径流总量（万 m^3）	集水面积 F（km^2）	径流深 R（mm）	最高水位（m）	最大库容（万 m^3）	最大出库流量（m^3/s）	径流系数 α
		起	止			全部 T	有效 T_c		起涨	峰顶	落平											
53	020805	8月5日2:00	8月5日18:00	63.7	99.9	16	4	上游	8月5日6:00	8月5日21:00	8月6日23:00	41	118	113	461	387	276	14.0	36.26	2 851	11.7	0.22
54	030823	8月23日0:00	8月24日0:00	221.2	100.0	24	12	上、下游	8月23日4:00	8月23日21:00	8月26日0:00	68	1 198	1 189	4 415	4 197	276	152.1	39.28	4 968	400	0.69
55	040805	8月5日0:00	8月5日19:00	74.4	100.0	19	4	上游	8月5日16:00	8月5日21:00	8月6日19:00	27	435	392	1 345	929	276	33.7	37.07	3 310	134	0.45
56	050805	8月5日0:00	8月5日8:00	71.2	100.0	8	6	上、下游	8月5日2:00	8月5日9:00	8月7日2:00	48	448	432	1 475	1 204	276	43.6	37.28	3 444	108	0.61
57	050807	8月7日22:00	8月8日7:00	115.8	95.0	9	8	普雨	8月7日16:00	8月8日6:00	8月9日15:00	47	790	756	2 654	2 177	276	78.9	37.93	3 883	223	0.68
58	060727	7月27日10:00	7月27日17:00	56.4	64.4	7	6	普雨	7月27日14:00	7月27日19:00	7月29日8:00	42	234	225	938	799	276	28.9	37.11	3 336	15.1	0.51
59	070810	8月10日3:00	8月12日6:00	312.9	100.0	51	30	上游	8月10日6:00	8月12日5:00	8月14日1:00	91	752	736	7 040	6 521	276	236.3	39.34	5 022	475	0.76
60	070920	9月19日19:00	9月20日12:00	116.4	41.7	17	8	普雨	9月20日2:00	9月20日13:00	9月21日23:00	45	315	306	1 144	1 000	276	36.2	38.17	4 063	36.4	0.31
61	080724	7月23日8:00	7月24日12:00	106.9	95.0	28	24	上游	7月23日18:00	7月24日12:00	7月25日22:00	52	295	292	1 730	1 669.8	276	60.5	36.94	3 230	112	0.57
62	080818	8月17日16:00	8月18日2:00	52.2	100.0	10	10	上游	8月17日18:00	8月18日4:00	8月18日16:00	22	250	250	800	767.28	276	27.8	37.23	3 410	59	0.53
63	090714	7月13日18:00	7月14日12:00	61.6	100.0	18	18	上游	7月13日20:00	7月14日12:00	7月17日4:00	80	155	152	1 000	987.25	276	35.8	36.83	3 170	50	0.58
64	120815	8月14日22:00	8月15日10:00	65.9	90.0	12	10	中游	8月15日2:00	8月15日10:00	8月16日18:00	40	155	155	950	927.36	276	33.6	37.28	3 440	25.6	0.51
65	120818	8月17日23:00	8月18日10:00	74.1	90.3	11	10	中游	8月18日0:00	8月18日12:00	8月21日0:00	72	220	210	1 900	1 540.1	276	55.8	37.87	3 840	126	0.75
66	130713	7月13日0:00	7月13日16:00	74.2	100.0	16	16	中游	7月13日4:00	7月13日16:00	7月15日22:00	66	275	267	1 300	1 234	276	44.7	37.46	3 560	116	0.60
67	140725	7月24日20:00	7月25日18:00	204.5	40.0	22	8	上游	7月25日8:00	7月25日16:00	7月28日10:00	74	780	780	2 700	2 401	276	87.0	37.55	3 620	102	0.43
68	170805	8月5日4:00	8月5日16:00	90.5	100.0	12	12	中游	8月5日10:00	8月5日14:00	8月8日10:00	72	590	580	2 100	1 692	276	61.3	36.28	2 860	0	0.68
69	180820	8月20日2:00	8月20日14:00	61.7	85.0	12	8	中游	8月20日6:00	8月20日10:00	8月22日10:00	52	185	170	800	776	276	28.1	37.51	3 590	0	0.46
70	190811	8月11日2:00	8月12日8:00	135.0	50.0	30	12	上游	8月11日14:00	8月12日6:00	8月15日12:00	94	60	60	530	520	276	18.8	36.05	2 740	0	0.14
71	200722	7月22日22:00	7月23日14:00	76.0	90.0	16	14	中游	7月23日8:00	7月23日16:00	7月25日12:00	52	140	140	720	590	276	21.4	36.39	3 320	0	0.28

备注：有效降雨历时采用 $P+P_a=I_m$（100.0 mm）起至降雨结束的总历时。

表 33–6　乳山河龙角山水库站 $P+P_a-R$ 预报精度评定表

序号	洪号	流域平均雨量 P（mm）	前期影响雨量 P_a（mm）	实测径流深 $R_{实}$（mm）	预报径流深 $R_{预}$（mm）	预报误差（mm）	许可误差（mm）	评定结果	
								合格	不合格
1	610723	17.7	60.4	1.9	3.0	1.1	3.0	√	
2	610724	26.3	75.8	8.4	8.0	–0.4	3.0	√	
3	610811	50.3	69.2	21.1	14.2	–6.9	4.2		√
4	610907	74.0	88.3	48.0	40.0	–8.0	9.6	√	
5	620813	91.9	82.6	55.0	49.7	–5.3	11.0	√	
6	620819	55.1	90.8	38.4	29.4	–9.0	7.7		√
7	630703	95.1	15.4	12.6	11.6	–1.0	3.0	√	
8	630712	49.8	93.5	21.7	27.2	5.5	4.3		√
9	630724	68.3	100.0	43.0	40.3	–2.7	8.6	√	
10	640704	68.7	94.9	46.9	41.0	–5.9	9.4	√	
11	640706	59.2	94.9	48.9	34.8	–14.1	9.8		√
12	640818	116.9	94.9	91.1	79.8	–11.3	18.2	√	
13	640902	39.7	95.9	22.6	22.5	–0.1	4.5	√	
14	640908	67.8	93.0	52.9	41.0	–11.9	10.6		√
15	640912	60.3	88.1	38.8	30.7	–8.1	7.8		
16	650727	222.6	67.9	165.1	143.0	–22.1	33.0	√	
17	650804	122.5	90.8	88.5	80.4	–8.1	17.7	√	
18	650818	62.1	99.7	39.3	39.2	–0.1	7.9	√	
19	660731	27.6	85	14.3	3.0	–11.3	3.0		√
20	660810	38.3	86.8	15.5	16.5	1.0	3.1	√	
21	690808	86.5	83.5	45.5	46.5	1.0	9.1	√	
22	700724	76.2	97.6	52.5	49.0	–3.5	10.5	√	
23	710903	107.8	95.0	77.4	72.0	–5.4	15.5	√	
24	720817	187.0	94.3	138.0	135.9	–2.1	20.0	√	
25	730822	67.0	100	35.2	44.0	8.8	7.0		√
26	730831	179.0	66.3	119.7	106.7	–13.0	20.0	√	
27	740811	71.9	81.5	28.3	34.0	5.7	5.7	√	
28	740813	115.7	100.0	87.9	82.5	–5.4	17.6	√	
29	750718	53.8	52.3	12.3	9.3	–3.0	3.0	√	
30	750805	86.5	81.2	47.8	44.7	–3.1	9.6	√	
31	750814	132.1	75.6	73.0	76.2	3.2	14.6	√	
32	760813	84.8	97.3	52.2	55.2	3.0	10.4	√	
33	760818	59.1	100.0	43.3	37.9	–5.4	8.7	√	
34	770830	86.6	60.4	28.7	29.7	1.0	5.7	√	
35	780628	73.6	46.2	11.2	14.0	2.8	3.0	√	
36	780812	80.4	100.0	43.3	54.0	10.7	8.7		√
37	790624	83.0	47.7	17.8	19.8	2.0	3.6	√	
38	790802	140.7	100.0	96.0	102.8	6.8	19.2	√	
39	810726	145.9	59.5	63.3	74.0	10.7	12.7	√	
40	850819	129.5	86.7	66.6	82.8	16.2	13.3		√
41	850905	170.5	51.6	101.4	87.8	–13.6	20.0	√	
42	850909	67.0	85.7	38.6	33.5	–5.1	7.7	√	
43	860718	62.4	44.1	9.2	7.7	–1.5	3.0	√	
44	870904	119.7	73.5	64.8	64.6	–0.2	13.0	√	
45	880719	106.4	93.4	56.0	69.5	13.5	11.2		√
46	920901	153.0	53.9	51.6	75.3	23.7	10.3		√
47	940629	130.0	58.5	62.9	60.5	–2.4	12.6	√	
48	950822	135.8	85.7	92.8	87.3	–5.5	18.6	√	
49	970819	363.8	32.2	231.0	229.0	–2.0	20.0	√	
50	980822	76.0	76.8	36.4	33.4	–3.0	7.3	√	
51	010728	64.7	100.0	41.3	42.3	1.0	8.3	√	
52	010801	61.4	100.0	33.9	39.7	5.8	6.8	√	
53	020805	63.7	99.9	14.0	41.5	27.5	3.0		√
54	030823	221.2	100.0	152.1	168.0	15.9	20.0	√	
55	040805	74.4	100.0	33.7	49.7	16.0	6.7		√
56	050805	71.2	100.0	43.6	47.2	3.6	8.7	√	
57	050807	115.8	95.0	78.9	78.5	–0.4	15.8	√	
58	060727	56.4	64.4	28.9	14.7	–14.2	5.8		√
59	070810	312.9	100.0	236.3	242.3	6.0	20.0	√	
60	070920	116.4	41.7	36.2	37.2	1.0	7.2	√	
61	080724	106.9	95.0	60.5	69.5	9.0	12.1	√	
62	080818	52.2	100.0	27.8	34.3	6.5	5.6		√
63	090714	61.6	100.0	35.8	40.1	4.3	7.2	√	
64	120815	65.9	90.0	33.6	36.5	2.9	6.7	√	
65	120818	74.1	90.3	55.8	45.2	–10.6	11.2	√	
66	130713	74.2	100.0	44.7	48.8	4.1	8.9	√	
67	140725	204.5	40.0	87.0	101.5	14.5	17.4	√	
68	170805	90.5	100.0	61.3	61.3	0	12.3	√	
69	180820	61.7	85.0	28.1	31.0	2.9	5.6	√	
70	190811	135.0	50.0	18.8	50.0	31.2	3.8		√
71	200722	76.0	90.0	21.4	44.0	22.6	4.3		√

备注：1. 预报误差 = 预报值 – 实测值；2. 许可误差 = 实测值的 20%，以 20.0 mm 为上限，以 3.0 mm 为下限；3. 合格率 =76.1%，为乙级方案。

表 33–7　乳山河龙角山水库站峰量关系预报精度评定表

序号	洪号	实测径流 $R_{实}$（mm）	有效降雨历时 T_c（h）	净峰流量（m^3/s）		预报误差（m^3/s）	许可误差（m^3/s）	评定结果	
				实测 $Q_{m净实}$	预报 $Q_{m净预}$			合格	不合格
1	610723	1.9	2	23.7	20	−3.7	4.74	√	
2	610724	8.4	4	79.8	70	−9.8	16.0	√	
3	610811	21.1	4	193	190	−3	38.6	√	
4	610907	48.0	4	591	660	69	118	√	
5	620813	55.0	6	347	345	−2	69.4	√	
6	620819	38.4	4	510	465	−45	102	√	
7	630703	12.6	2	133	145	12	26.6	√	
8	630712	21.7	4	179	190	11	35.8	√	
9	630724	43.0	4	786	785	−1	157	√	
10	640704	46.9	6	538	640	102	108	√	
11	640706	48.9	6	428	440	12	85.6	√	
12	640818	91.1	10	660	665	5	132	√	
13	640902	22.6	4	215	220	5	43.0	√	
14	640908	52.9	4	836	800	−36	167	√	
15	640912	38.8	4	382	465	83	76.4		√
16	650727	165.1	26	1 220	1 220	0	244	√	
17	650804	88.5	14	785	825	40	157	√	
18	650818	39.3	10	257	290	33	51.4	√	
19	660731	14.3	2	373	190	−183	74.6		√
20	660810	15.5	2	163	195	32	32.6	√	
21	690808	45.5	6	388	385	−3	77.6	√	
22	700724	52.5	6	562	500	−62	112	√	
23	710903	77.4	14	570	565	−5	114	√	
24	720817	138.0	12	1 326	1 330	4	265	√	
25	730822	35.2	4	475	400	−75	95.0	√	
26	730831	119.7	8	1 938	1 455	−483	388		√
27	740811	28.3	2	366	300	−66	73.2	√	
28	740813	87.9	6	1 348	1 240	−108	270	√	
29	750718	12.3	2	136	150	14	27.2	√	
30	750805	47.8	6	359	415	56	71.8	√	
31	750814	73.0	8	905	580	−325	181		√
32	760813	52.2	6	517	500	−17	103	√	
33	760818	43.3	4	580	560	−20	116	√	
34	770830	28.7	2	544	560	16	109	√	
35	780628	11.2	2	151	140	−11	30.2	√	
36	780812	43.3	4	615	560	−55	123	√	
37	790624	17.8	2	364	240	−124	72.8		√
38	790802	96.0	6	1 322	1 440	118	264	√	
39	810726	63.3	8	423	445	22	84.6	√	
40	850819	66.6	8	797	385	−412	159		√
41	850905	101.4	10	1 160	785	−375	232		√
42	850909	38.6	4	468	470	2	93.6	√	
43	860718	9.2	4	188	100	−88	37.6		√
44	870904	64.8	16	465	465	0	93.0	√	
45	880719	56.0	8	694	560	−134	139	√	
46	920901	51.6	12	208	220	12	41.6	√	
47	940629	62.9	6	725	690	−35	145	√	
48	950822	92.8	10	1 245	680	−565	249		√
49	970819	231.0	36	695	695	0	139	√	
50	980822	36.4	6	240	260	20	48.0	√	
51	010728	41.3	6	239	210	−29	47.8	√	
52	010801	33.9	4	386	380	−6	77.2	√	
53	020805	14.0	4	113	113	0	22.6	√	
54	030823	152.1	12	1 189	1 365	176	238	√	
55	040805	33.7	4	392	390	−2	78.4	√	
56	050805	43.6	6	432	358	−74	86.4	√	
57	050807	78.9	8	756	667	−89	151	√	
58	060727	28.9	6	225	185	−40	45.0	√	
59	070810	236.3	30	736	947	211	147		√
60	070920	36.2	8	306	177	−129	61.2		√
61	080724	60.5	24	292	270	−22	58.4	√	
62	080818	27.8	10	250	115	−135	50.0		√
63	090714	35.8	18	152	145	−7	30.4	√	
64	120815	33.6	10	155	140	−15	31.0	√	
65	120818	55.8	10	210	300	90	42.0		√
66	130713	44.7	16	267	190	−77	53.4		√
67	140725	87.0	8	780	800	20	156	√	
68	170805	61.3	12	580	410	−170	116		√
69	180820	28.1	8	170	170	0	34.0	√	
70	190811	18.8	12	60	70	10	12.0	√	
71	200722	21.4	14	140	80	−60	28.0		√

备注：1. 预报误差 = 预报值 − 实测值；2. 许可误差 = 实测值的 20%；3. 合格率 =77.5%，为乙级方案。

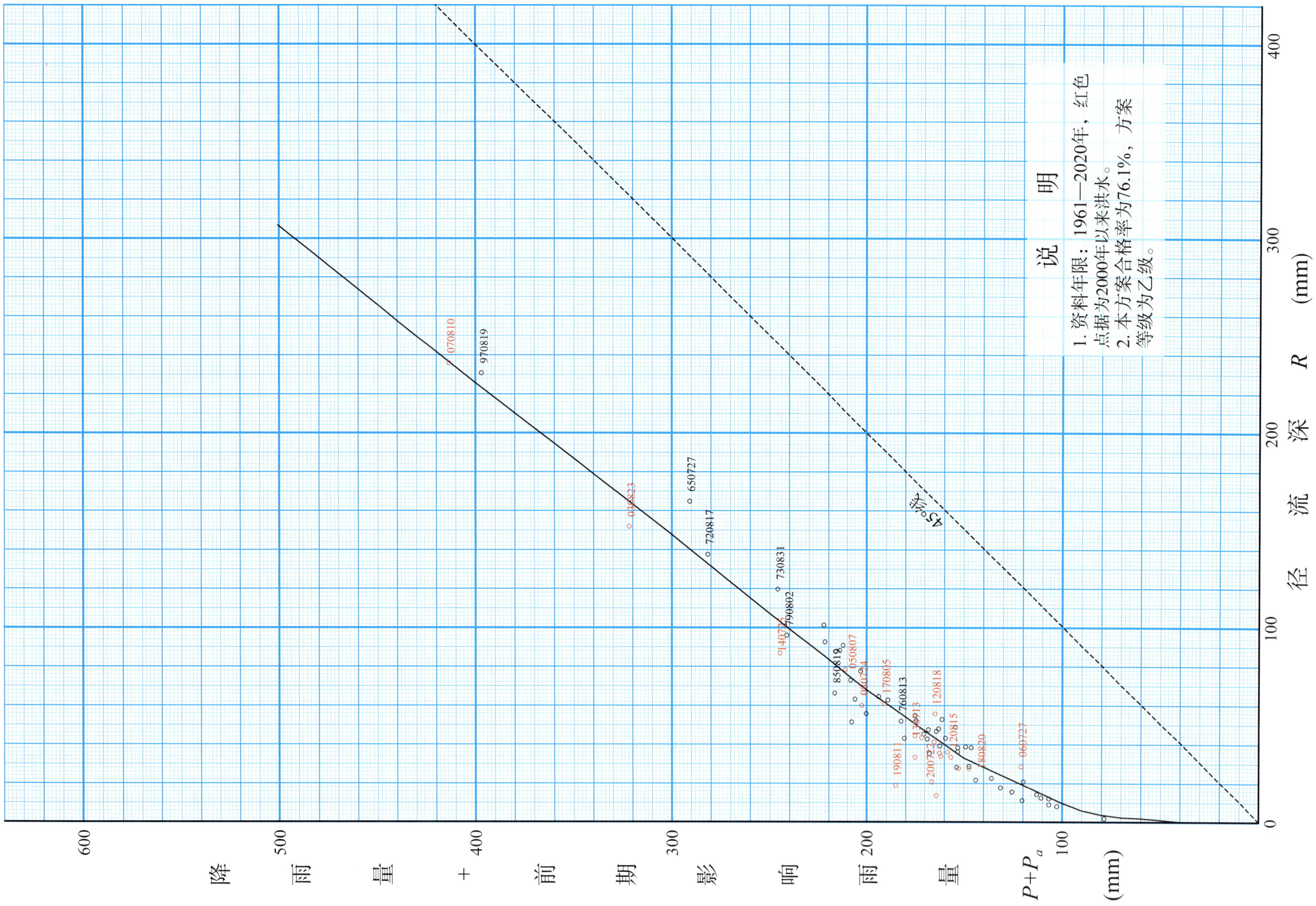

图 33–4　乳山河龙角山水库站 $P+P_a$–R 相关图

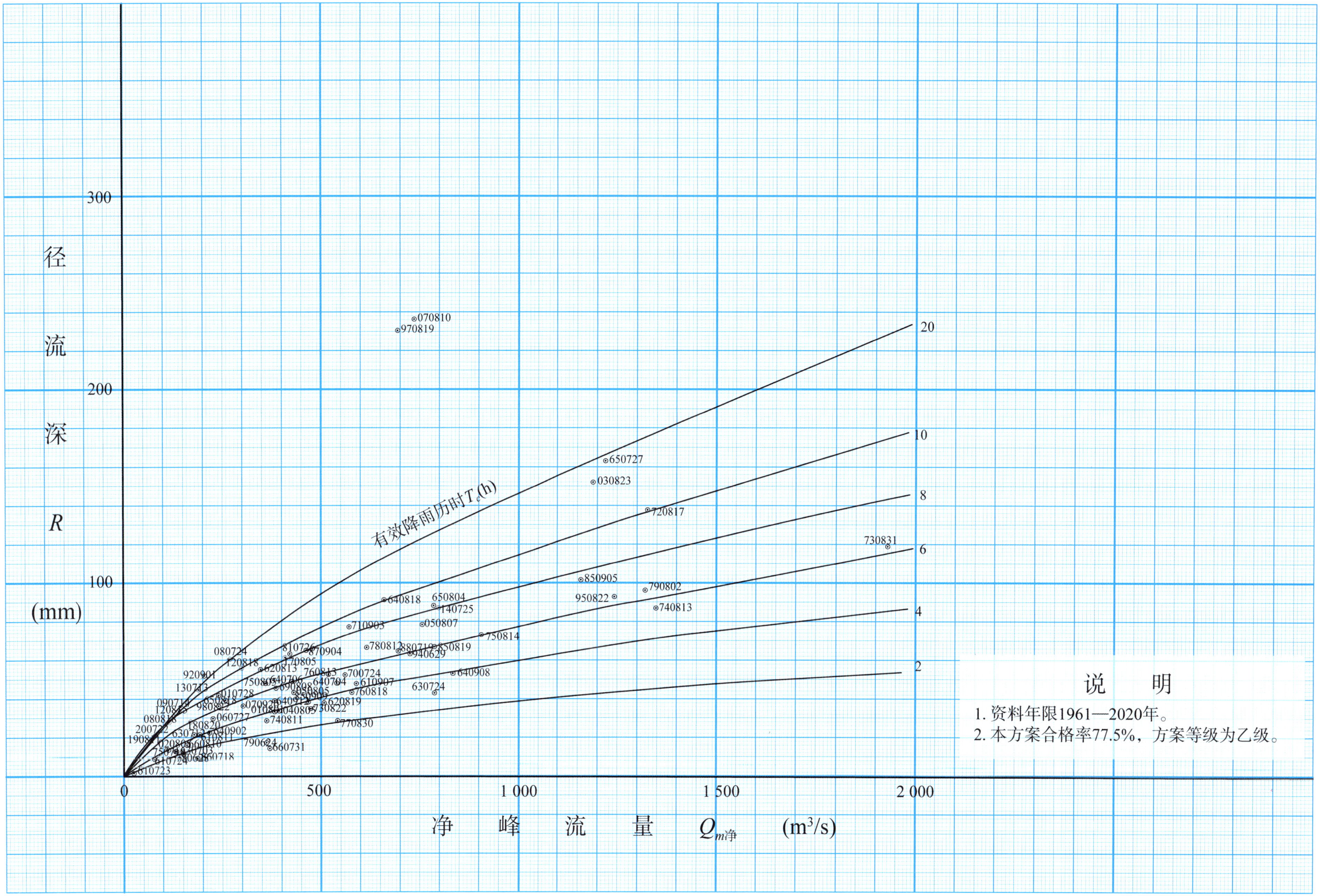

图 33-5　乳山河龙角山水库站 R-T_c-$Q_{m净}$ 关系图

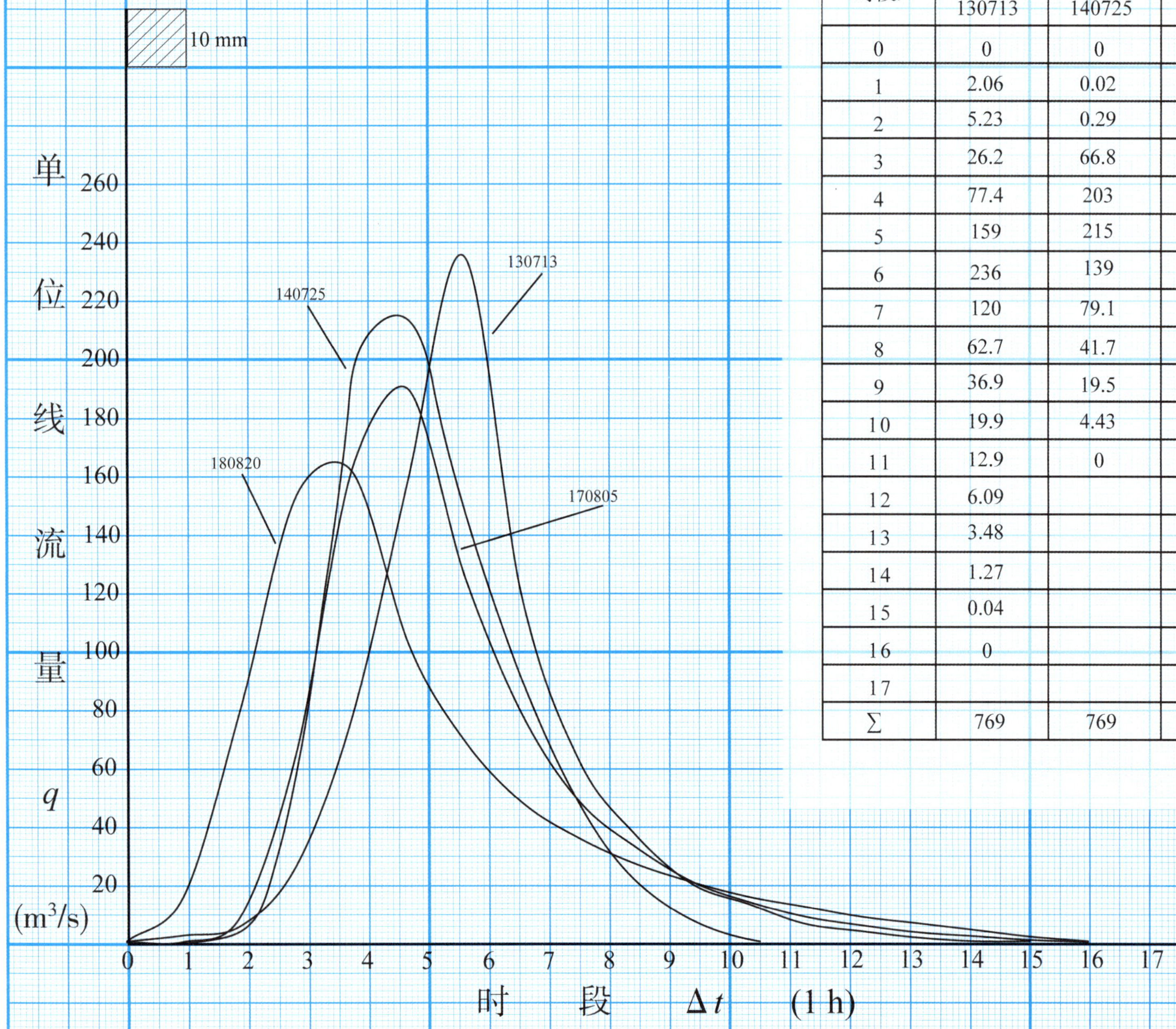

单位线成果表

F=227 km², Δt=1 h

时段t	单位线流量q(m³/s)				备注
	130713	140725	170805	180820	
0	0	0	0	0	0130713 号单位线据 2013年 7 月 13 日 洪水分析，为全流域降雨，暴雨中心位于中游，降雨总历时16 h，P=74.2 mm，R=44.7 mm，T_c=8 h，Q_m=275 m³/s q_m= 236 m³/s
1	2.06	0.02	0.07	15.8	
2	5.23	0.29	8.77	80.5	
3	26.2	66.8	65.7	156	
4	77.4	203	163	165	
5	159	215	191	104	140725 号单位线据 2014年 7 月 28 日 洪水分析，为全流域降雨，暴雨中心位于上游，降雨总历时22 h，P=204.5 mm，R=87.0 mm，T_c=8 h，Q_m=780 m³/s，q_m= 215 m³/s
6	236	139	126	69.6	
7	120	79.1	78.5	48.4	
8	62.7	41.7	48.4	35.9	
9	36.9	19.5	32.7	27.0	
10	19.9	4.43	20.7	20.6	170805 号单位线据 2017年 8 月 5 日 洪水分析，为全流域降雨，暴雨中心位于中游，降雨总历时12 h，P=90.5 mm，R=61.3 mm，T_c=12 h，Q_m=590 m³/s，q_m= 191 m³/s
11	12.9	0	13.8	15.5	
12	6.09		8.67	12.0	
13	3.48		5.66	8.48	
14	1.27		3.25	6.17	
15	0.04		1.94	3.86	180820 号单位线据 2018年 8 月 20 日 洪水分析，为全流域降雨，暴雨中心位于中游，降雨总历时12 h，P=61.7 mm，R=28.1 mm，T_c=8 h，Q_m=185 m³/s，q_m= 165 m³/s
16	0		0.63	1.54	
17			0	0	
Σ	769	769	769	769	

图 33–6　乳山河龙角山水库站单位线图

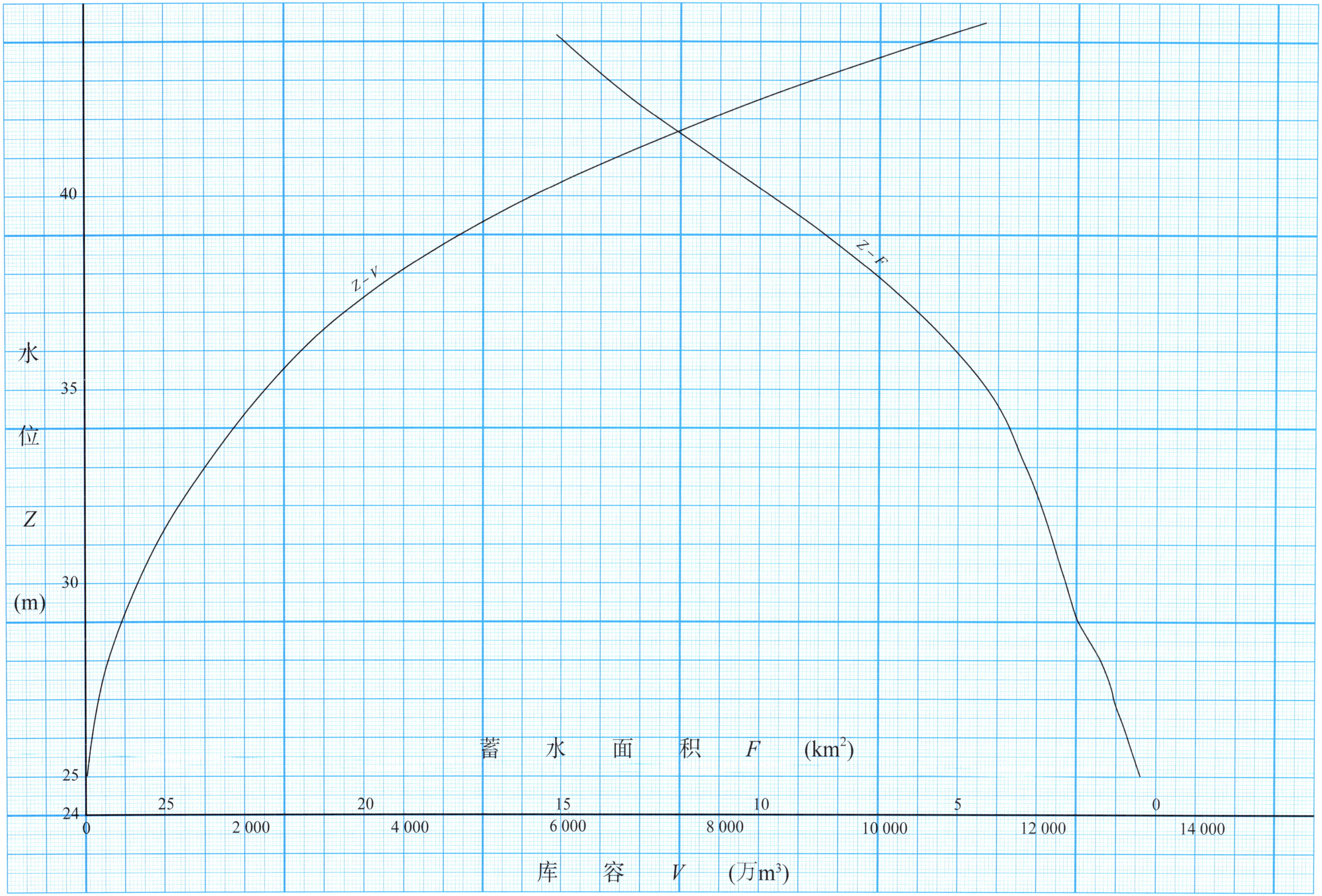

图 33–7 乳山河龙角山水库水位与面积、库容关系曲线图

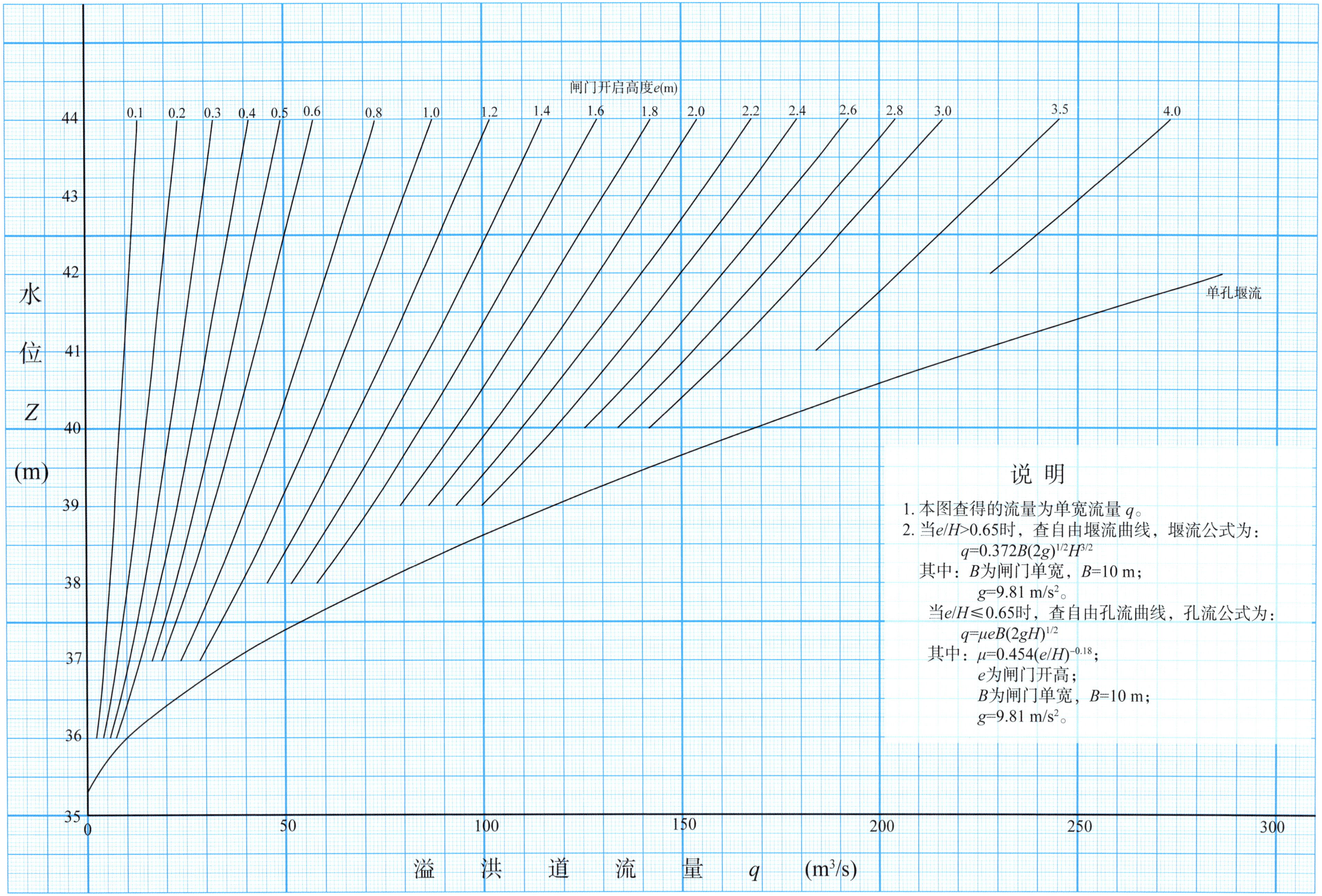

图 33–8 乳山河龙角山水库泄流曲线图（单宽流量）

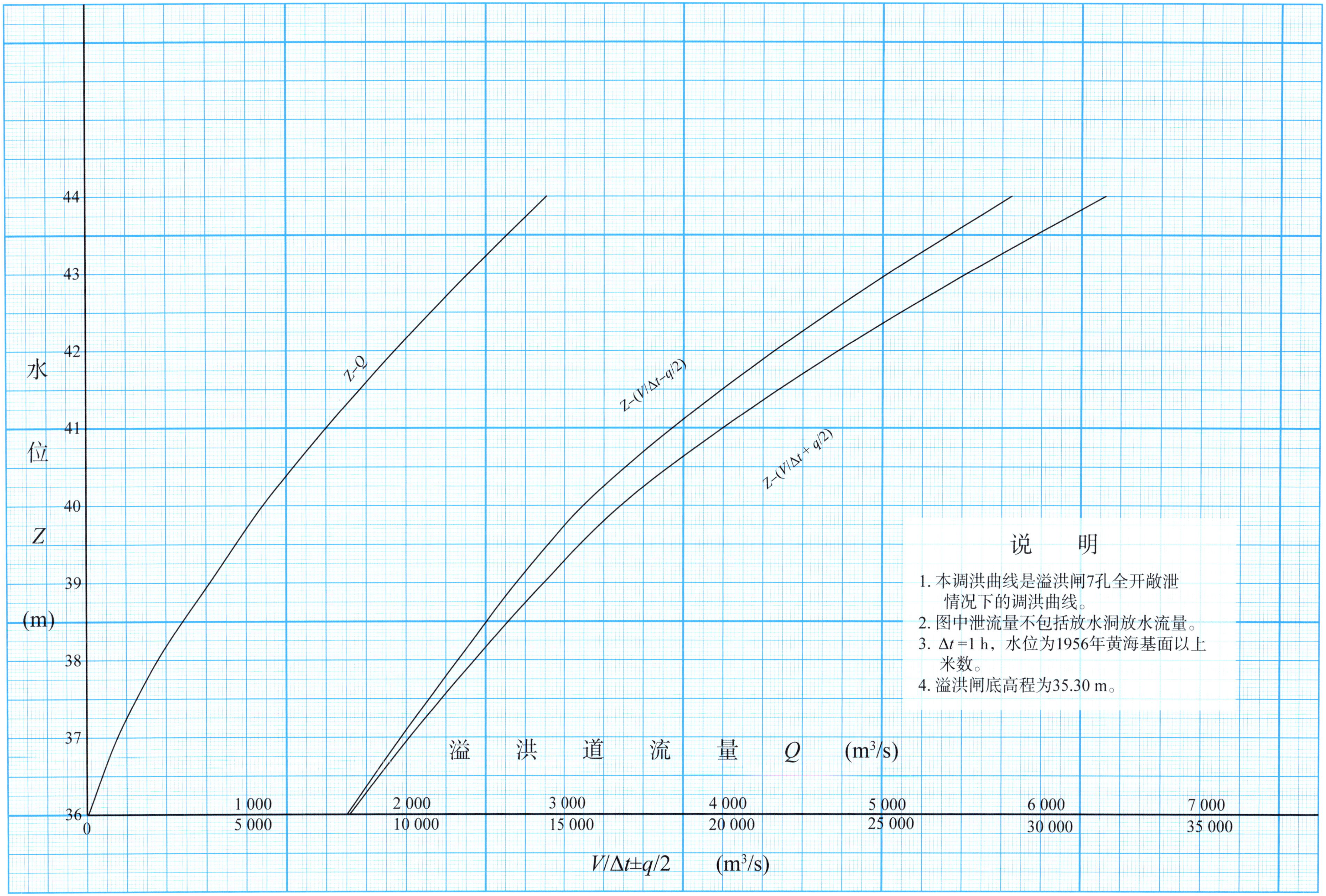

图 33-9 乳山河龙角山水库蓄率中线法调洪曲线图